ŒUVRES COMPLÈTES

Tome IV

RÉSISTANCE, PHILOSOPHIE BIOLOGIQUE ET HISTOIRE DES SCIENCES (1940-1965)

BIBLIOTHÈQUE DES TEXTES PHILOSOPHIQUES
Fondateur : Henri GOUHIER Directeur : Jean-François COURTINE

Georges CANGUILHEM

ŒUVRES COMPLÈTES

Tome IV

RÉSISTANCE, PHILOSOPHIE BIOLOGIQUE ET HISTOIRE DES SCIENCES

(1940-1965)

Textes présentés et annotés par
Camille LIMOGES

*Ouvrage publié avec le concours
du Centre national du Livre*

PARIS
LIBRAIRIE PHILOSOPHIQUE J. VRIN
6, Place de la Sorbonne, V[e]
2015

Les copyrights des textes reproduits dans ce tome IV des *Œuvres complètes* de Georges Canguilhem se trouvent en fin de volume, p. 1277.

Imprimé en France

ISSN 0249-7972

ISBN 978-2-7116-2363-1

www.vrin.fr

À Bernard Canguilhem (1933-2015)
Professeur, médecin et chercheur. Ami.
CL

INTRODUCTION

PHILOSOPHIE BIOLOGIQUE, HISTOIRE DES SCIENCES ET INTERVENTIONS PHILOSOPHIQUES GEORGES CANGUILHEM 1940-1965

CAMILLE LIMOGES

Ce volume réunit une centaine des écrits de Georges Canguilhem publiés entre 1940 et 1965, c'est-à-dire au cours de ses années de pleine maturité de 36 à 61 ans [1]. Il s'inscrit dans la continuité directe du tome I de ses *Œuvres complètes.*

Le Canguilhem de ce tome IV apparaîtra sans doute moins étrangement nouveau que celui du tome I, le « Canguilhem perdu » selon l'expression de Jean-François Braunstein. Mais ce recueil réserve néanmoins son lot d'inattendus, avec plus d'une quarantaine de titres probablement inconnus même de la plupart des lecteurs assidus de son œuvre. Outre quelques leçons, articles et communications savantes, on trouvera aussi ici des entretiens et des conférences radiophoniques, des articles publiés dans des quotidiens, des notices nécrologiques, des comptes rendus, etc. Mais non pas certains textes administratifs ou les rapports d'agrégation qui seront intégrés avec la biobibliographie au tome VI.

1. On ne trouvera pas ici tous les écrits publiés durant cette période, puisque les thèses pour le doctorat en médecine (1943) et pour le doctorat ès lettres (1952 et 1955) constituent le tome II des *OC.* C'est au tome III qu'on pourra lire les articles et les communications de la fin des années 1950 et du début des années 1960 que Canguilhem avait choisi d'intégrer au recueil de ses *Études d'histoire et de philosophie des sciences* publié en 1968 (que l'on trouvera intégralement au tome III). Pour garder à ce tome IV des dimensions raisonnables, le long travail collectif *Du développement à l'évolution*, publié d'abord en 1962, a été lui aussi assigné au tome III.

Si on examine les écrits de la période antérieure qui va de 1926 à 1939[1] et englobe les années de l'École normale supérieure, suivies, comme il était prévisible, d'une décennie d'enseignement dans plusieurs lycées, on constate qu'une forte continuité de préoccupations philosophiques et politiques a donné lieu à des travaux qui peuvent sembler d'une même venue. Il en va tout autrement pour ceux du quart de siècle suivant. Les écrits de ces années là, les plus cruciales dans l'évolution de la pensée de Canguilhem, présentent en effet une hétérogénéité de visées comme de factures, non sans que soit néanmoins sauvegardée une grande cohérence de pensée, comme il sied à un philosophe qui faisait précisément de cette qualité une exigence première de l'exercice philosophique. Cette hétérogénéité reflète les aléas de ces décennies, marquées par la guerre, l'Occupation nazie, le régime de Vichy, le départ de Toulouse et l'accès fortuit à l'enseignement universitaire à Clermont-Ferrand, la Résistance active suivie des tâches administratives et politiques assumées à la Libération, l'installation à Strasbourg, puis les années à l'Inspection générale, et enfin la première décennie de professorat à la Sorbonne et de direction de l'Institut d'Histoire des Sciences et des Techniques de la rue du Four.

Ce parcours irrégulier nécessite quelques points de repères. En justification du choix de ceux-ci, et sans toutefois simplement rabattre le sens de l'œuvre sur la biographie de son auteur, on peut s'appuyer sur la propre déclaration de Canguilhem pour qui, ce qu'on appelle son œuvre, ne serait que la « trace » de son métier[2].

Les scansions de sa carrière importent, d'autant que c'est bien Canguilhem qui a écrit : « Une carrière, c'est aussi bien le support que le carcan d'une existence d'homme, et sans doute tantôt l'un tantôt l'autre »[3]. Cette mise en perspective des écrits qui jalonnent ce quart de siècle aide à dépasser l'impression de disparité qui menacerait une lecture sans aucun point de repère.

Depuis l'automne 1936, Canguilhem enseignait en Première supérieure au Lycée Pierre de Fermat à Toulouse et il avait dès lors entrepris des études de

1. Écrits constituant le tome I des *OC*.

2. « Il ne m'est pas possible, à mon âge, de faire autrement que j'ai toujours fait, c'est-à-dire de considérer ce qu'on appelle mon œuvre comme autre chose que la trace de mon métier », dans *Georges Canguilhem. Philosophe, historien des sciences. Actes du Colloque (6-7-8 décembre 1990)*, Paris, Albin Michel, 1993, p. 324.

3. Dans sa notice sur son ami Louis Herland, l'un de ses condisciples à l'École Normale (cf. *infra*, p. 1089). Si la vie n'explique pas l'œuvre, elle en témoigne, comme Canguilhem lui-même le souligne par exemple à propos de Bachelard : « De sa philosophie, Bachelard a donné la seule preuve que puisse donner un philosophe, il a confondu sa vie avec son œuvre et son œuvre avec sa philosophie » (cf. *infra*, p. 1083). D'où son admiration pour Jean Cavaillès ou Maurice Halbwachs, par exemple : la biographie n'est pas anodine, singulièrement celle d'un philosophe, puisque pour Canguilhem la vocation même du philosophe est d'assurer l'instauration d'une cohérence axiologique.

médecine[1]. Père de trois jeunes enfants, il n'avait été mobilisé qu'à compter du 30 janvier 1940. D'abord brièvement affecté au dépôt d'artillerie de Castres, il fut muté dès février au Bureau du renseignement militaire à Toulouse et, en tant qu'« affecté spécial » au lycée Fermat, il y poursuivit son enseignement jusqu'à la fin de l'année scolaire. Démobilisé le 18 juillet 1940, dès le début de l'année scolaire suivante il demanda et obtint une mise en « congé pour convenance personnelle »[2] et quitta le lycée au début de novembre 1940, se consacrant alors entièrement à ses études médicales.

Pour très peu de temps puisque, à l'instigation de son ami Jean Cavaillès lui-même appelé comme suppléant à Paris, il acceptait quelques mois plus tard de le remplacer à la Faculté des Lettres de Strasbourg repliée depuis l'automne précédent à Clermont-Ferrand. Ces nouvelles fonctions, prises en avril 1941, marquent ainsi un tournant imprévu de sa carrière. À compter de l'automne suivant, inscrit à la Faculté de Médecine de Strasbourg, il poursuivit dans la capitale de l'Auvergne ses études médicales, terminées à l'été 1943. Il suivit la Faculté des Lettres lorsqu'elle réintégra Strasbourg à l'automne 1945 et y enseigna trois années encore.

Canguilhem avait refusé en 1945 la fonction d'Inspecteur général, mais il l'accepta en 1948 et l'assuma pendant sept ans. L'accès en octobre 1955 à la double succession de Gaston Bachelard à la Sorbonne et à la direction de l'Institut d'histoire des sciences et des techniques ouvrit la dernière période de sa carrière. Il y œuvra jusqu'à son départ à la retraite en 1971[3].

1. En fait, l'année 1936-1937 avait été celle, propédeutique, du P.C.B. Dans la préface de la première édition de sa thèse de médecine, en 1943, un bref texte qui n'a pas été repris dans les éditions subséquentes en précise les circonstances : « La longueur des études médicales, les nombreuses heures de présence quotidienne à l'hôpital, aux travaux pratiques et aux cours, font que la médecine est rarement choisie comme discipline complémentaire de culture. En ce qui me concerne, parvenu à travers plus de satisfactions que de déceptions au terme scolaire des études médicales, je dois dire que je ne regrette pas mes efforts pour concilier les exigences parfois contradictoires de ces études et de mon enseignement au Lycée de Toulouse et à la Faculté des Lettres de Strasbourg ».

2. Il ne s'agit donc pas d'une démission comme on a parfois écrit. Canguilhem a d'ailleurs été précis à ce sujet en 1995 lors de son entretien avec Jean-François Braunstein et François Bing : « en 1940, j'ai demandé à être mis en congé pour convenance personnelle afin de ne pas avoir à enseigner ce qui semblait se préparer, c'est-à-dire la morale du maréchal Pétain ».

3. Du fait de contraintes matérielles, pour conserver à ce volume une bonne maniabilité, la dernière de ces phases s'arrêtera en 1965. On a dû reporter les écrits de la fin de cette période, de 1966 à 1971, au tome V qui donnera aussi les écrits subséquents, ceux des années encore fort riches de la retraite.

*

En octobre 1940, la demande de mise en congé adressée au recteur de l'Académie de Toulouse par Canguilhem, qui estimait n'avoir pas passé l'agrégation pour enseigner « Travail, Famille, Patrie », était déjà un refus de l'idéologie de la Révolution nationale de Vichy et un acte de résistance.

Aussi Canguilhem s'insurge-t-il en 1947 dans l'un de ses tout premiers textes sur Jean Cavaillès : « Un magistrat aussi bouffon que tranchant, disait récemment "En 1940, il n'y avait pas de résistants !". Chacun parle de ce qu'il sait. Dès 1940, Cavaillès fut la Résistance » [1]. Canguilhem est bien placé pour le savoir, puisque lui aussi en 1940 en faisait déjà partie, et déjà avec Cavaillès [2]. On sait aussi, d'après le témoignage de Georges Friedmann notamment, que dès juillet 1940 Canguilhem participait à des réunions clandestines de syndicalistes et d'universitaires, organisées en banlieue de Toulouse par celui dont il reconnut plus tard qu'il avait été, après son arrivée dans cette ville en 1936, son vrai maître en politique : l'émigré antifasciste italien Silvio Trentin [3].

Avec sa mutation politique (la rupture avec le pacifisme étant sans doute consommée à la fin de 1936) prit fin la première série d'écrits à visée explicitement politique de Canguilhem, mais sans altération de sa résolution anti-fasciste qui l'avait fait s'associer au Comité de Vigilance des Intellectuels Antifascistes dès sa création en 1934. C'est cette continuité dans ses convictions qu'il allait d'ailleurs manifester en actes à la fin des années 1930, accompagnant et assistant à de nombreuses reprises Trentin dans ses actions d'appui et de secours aux combattants et autres réfugiés espagnols refluant du territoire de la république vaincue par les franquistes et parqués dans des camps du sud de la France.

Canguilhem n'avait en effet pas attendu 1943 et le basculement perceptible des probabilités sur l'issue de la guerre, voire 1944 comme bien d'autres, pour prendre le parti de l'anti-fascisme et de la Résistance ; il n'avait pas même attendu l'apparition d'une résistance organisée. Aussi pourra-t-il signer plus tard une déclaration officielle où il confirme avoir été « dans la Résistance organisée d'avril 1941 jusqu'au 27 août 1944 ». Avril 1941, c'est le moment de son arrivée à Clermont-

1. « Jean Cavaillès (1903-1944) », cf. *infra*, p. 257.

2. Cf. *infra*, p. 14.

3. Cf. « Témoignage de Georges-Philippe Friedmann recueilli par Madame Merlat le 21 mars et le 16 avril 1946 » *in* Pierre Grémion et Françoise Piotet (dir.), *Georges Friedmann. Un sociologue dans le siècle 1902-1977*, Paris, CNRS-Éditions, 2004, p. 81-89, p. 83. À propos de Trentin : G. Canguilhem, « Témoignage » *in* AA. VV., *Silvio Trentin e la Francia. Saggi e testimonianze*, Venezia, Marsilio Editori, 1991, p. 176-178.

Ferrand, et c'est aussi celui de la création du mouvement Libération-Sud [1] ; le 27 août 1944 est la date où les Allemands quittent Clermont-Ferrand et le moment où il rejoint le Commissaire Régional de la République pour l'Auvergne, Henry Ingrand, dont il devient le chef de cabinet et avec qui il servira de façon ininterrompue jusqu'à l'automne de l'année suivante et son départ pour Strasbourg.

Bien que sur son passé de résistant Canguilhem soit toujours resté d'une discrétion confinant à l'effacement [2], il reste possible, en se servant de certains de ses écrits commémoratifs sur des compagnons de Résistance, en recourant à diverses archives et documents dispersés, comme aussi aux témoignages écrits et oraux de certains de ses contemporains, de se former aujourd'hui une meilleure compréhension de ses activités durant cette période de sa vie [3].

Canguilhem, sur sa décision d'entrer dans la Résistance, n'a laissé dans ses écrits aucune confidence. On ne s'y attendrait d'ailleurs pas, ce n'était pas dans sa manière.

1. Sur le document officiel, Canguilhem inscrira en effet, en réponse à la question *Lieux et circonstances dans lesquels vous avez pris contact avec ces organisations ?* : « Pressenti par Cavaillès à Clermont pour fonder *Libération-Sud* avec d'Astier de la Vigerie (Emmanuel), Jean Rochon et Lucie Aubrac ». Il fut ainsi un des membres fondateurs de ce premier des trois grands mouvements de la résistance en Zone-Sud. On sait aussi qu'il était présent lors de la rédaction par d'Astier et Cavaillès, dans la cour intérieure de la Faculté des Lettres, du premier tract du mouvement. Plus tôt, il avait été, comme Cavaillès, l'un des membres actifs de l'éphémère Dernière Colonne, un embryon de mouvement encore très improvisé, créé à l'initiative de d'Astier de la Vigerie.

2. Canguilhem a en effet eu la Résistance moins bavarde que beaucoup de ceux qui en ont fait bien moins, voire rien du tout. En de rares moments, il s'est exprimé en privé là-dessus, et parfois non sans une brutale franchise qui n'étonnera pas ceux qui l'ont connu. Ainsi, écrit-il dans une lettre de refus de participation à un colloque, datée du 5 juin 1986 : « À vous parler librement, j'avoue que je ferai mon possible pour assister à quelques conférences dont le sujet concerne des acteurs que j'ai connus personnellement (Cavaillès, Déat, Sartre, Simone Weil). Mais je n'ai aucune envie de participer comme "témoin" à une table ronde. Je n'ai jamais refusé de revoir mes camarades de Résistance en Auvergne, et de discuter avec eux du passé, du présent et de l'avenir. Mais j'avoue ne trouver aucun intérêt à traiter de ces questions *sub specie universitatis*, comme l'ont fait quelques fois certains de mes camarades ou collègues qui pensaient avoir été résistants » (Fonds Canguilhem, CAPHÉS, GC. 42.1).

3. Sur ces épisodes de sa vie, comme sur le reste, j'ai voulu m'en tenir aussi rigoureusement que possible à la maxime *Testis unus, testis nullus*, y compris quant à mes propres souvenirs, me gardant par exemple de reproduire des informations dont j'ai pu bénéficier lors de conversations avec Canguilhem ou d'autres interlocuteurs, quand je n'ai pu les recouper avec d'autres sources. Ainsi que l'écrivait Canguilhem lui-même : « Du côté du jugement, l'erreur est un accident possible, mais du côté de la mémoire l'altération est d'essence » (« Le rôle de l'épistémologie dans l'historiographie scientifique contemporaine », *Idéologie et rationalité dans l'histoire des sciences de la vie*, p. 13).

À propos de ce qu'il avait dès 1941 désigné comme un « moment singulièrement trouble et périlleux pour la dignité humaine… » [1], Canguilhem, après la guerre, rappelant le vers de Sophocle que Hegel citait volontiers : « Parce que nous pâtissons nous reconnaissons que nous avons failli », ajoutait, « on peut se souvenir qu'après la défaite de 1940, quelques discours où perçait une pensée analogue furent tenus aux Français. C'était une façon de reconnaître le fait accompli et le Jugement du Monde. Ceux des Français qui ont récusé ce jugement – parmi lesquels Jean Cavaillès et Simone Weil qui en sont morts l'un et l'autre – l'ont-ils fait pour vérifier la Négativité de l'Histoire ou pour dominer l'Histoire par la Raison ? » [2]. Philosophe pour qui la valeur est ce qui s'oppose au fait, Canguilhem ne semble pas avoir hésité à faire valoir « la vision morale du monde si insupportable à Hegel » [3] et, contre toute probabilité rationnelle, à affirmer en acte sa conviction.

D'autres, pas si nombreux, l'ont fait. Ce n'est pas sans raison que certains commentateurs ont voulu transposer et appliquer à Canguilhem lui-même ce qu'il dit de ceux de ses contemporains qui avaient su faire au prix de leur vie le même choix que lui, et qu'il admire, Cavaillès au premier chef [4].

Mais en plus de ces « indices », deux de ses manuscrits inédits éclairent singulièrement le moment de sa décision. Il s'agit de deux leçons sur « l'expérience de la liberté ». La première pourrait bien être la dernière qu'il ait prononcée au Lycée Fermat à l'automne 1940 et donc en quelque sorte un message en guise d'adieu [5]. L'autre, plus développée, a été prononcée à Clermont-Ferrand très probablement quelques semaines après son entrée en fonction à la Faculté des Lettres de Strasbourg en avril 1941 [6]. Canguilhem y rappelle que dans la tradition philosophique, la question est de savoir si l'homme *est* libre ou *n'est pas* [7] libre, de sorte que le concept de liberté véhicule « comme un relent d'ontologie » ; la liberté est alors « conçue

1. « La société humaine selon Bergson », document conservé dans le Fonds Canguilhem au CAPHÉS (GC. 24.9.3). Il s'agit d'une conférence inédite prononcée devant la Société toulousaine de philosophie le 22 mai 1941, peu après la mort de Bergson.

2. Cf. *infra*, « Hegel en France », p. 321-341, note finale, p. 341.

3. *Ibid.*

4. Voir par exemple, dans *Vie et mort de Jean Cavaillès*, Ambialet, Pierre Laleure, 1976, p. 22-23 et 33 ; aussi *infra*, p. 219-226 et 251-272.

5. Fonds Canguilhem, CAPHÉS, GC. 10.4.9. Les notes pour cette leçon ont pour titre « En quel sens et sous quelle forme y a-t-il pour le MOI Expérience de la liberté ? » (3 feuillets). Le manuscrit porte l'inscription « Khâgne Toulouse nov. 1940 » ; on sait que Canguilhem quitta définitivement le lycée le 4 novembre.

6. Fonds Canguilhem, CAPHÉS, GC. 11.1.4, fol. 18-22. Le manuscrit porte, de la main de Canguilhem, l'inscription « Fac. de Strasbourg 1941 ». La leçon suivante dans ce dossier (fol. 23) est datée du 2 mai 1941.

7. Dans les citations qui suivent, les mots en italiques sont effectivement soulignés dans le manuscrit.

comme *essence formelle* qu'un sujet possède ou ne possède pas ». Elle est posée ainsi comme une donnée *hors du temps*, procédant d'un « choix unique et intégral, fait une fois pour toutes », comme chez Kant où le moi découle d'un choix libre initial, ou comme chez Bergson où, au contraire, le choix libre est continu, sans cesse formateur, mais procède du moi fondamental. Dans l'un et l'autre cas, « la liberté est un absolu qui surplombe et survole en quelque sorte l'expérience de tous les jours ». Dans ces conditions la liberté doit apparaître « au delà de toute expérience » comme devenir pur que n'entrecoupe aucun obstacle, ne scande aucun arrêt, aucun échec. Canguilhem soutient au contraire que « l'expérience de la liberté doit comporter essentiellement l'expérience des obstacles à la liberté » : elle « ne peut être qu'une *expérience de la libération* ». Expression forte et nette dans la conjoncture, dont la portée en 1940 ou 1941 aurait pu échapper seulement à des esprits indolents ou carrément obtus. D'autant que Canguilhem ajoutait : « Il y a des temps forts et des temps faibles de la liberté, c'est à dire de l'expérience de la libération [...] qui est proprement une expérience de la *Responsabilité* » ; et encore : « qui dit Responsabilité dit Risque et par là même imprévisibilité essentielle. C'est l'*histoire* qui devient ainsi l'expérience propre de la libération [...], dans l'histoire les *Chutes* ne sont pas moins effectives que les *Progrès*, le Bien n'est pas plus garanti que l'élimination du Mal n'est assurée ».

Cette conception d'une liberté qui s'éprouve dans une expérience de libération, dans le risque de l'affrontement et d'une revendication de responsabilité assumée sans garantie de succès, récuse l'optimisme rationaliste classique, tout autant que l'acceptation du fait accompli déguisée en jugement de l'histoire. Sa grandeur tient précisément à sa dimension tragique assumée.

Cette position, il la réaffirmera d'ailleurs quelques mois plus tard dans le cours de 1942-1943 sur « Les Normes et le Normal » : « Dès que l'on cherche ce dont la vie devrait être le moyen en cherchant une raison de vivre, on trouve aussi des raisons de perdre la vie. Rien n'est plus contraire au vivant que de voir dans l'interruption de la vie une valeur et non pas seulement un accident. Voilà une des sources de l'impopularité de la philosophie » [1].

1. Cf. *infra*, p. 88. Et dans une partie inédite de ce cours, il affirmera aussi (ce qu'un auditeur à l'esprit un peu aiguisé aurait pu entendre comme une critique à peine voilée de la « Révolution nationale » de Vichy) : « De même que la maladie est souvent un refuge pour l'être qui refuse de liquider un conflit avec lui-même, l'entourage ou le milieu à travers des situations dont il sent qu'elles lui procureront des réactions catastrophiques, de même les révolutions sont souvent un moyen de faire l'économie d'une rénovation. Ce n'est pas, dans la vie des hommes et des sociétés, le temps qui décide des normes : pas plus l'*hier* que le *demain*. Ce qui décide des normes et de leur valeur, c'est le courage d'affronter des situations où l'on soit de nouveau en position d'invention normative. Il y a des situations de refuge et des situations de productivité. Apparemment, souvent elles se ressemblent. Mais il y a en tout cas un critérium certain : la

Comme on sait, les actions de Canguilhem furent dans le droit fil de ses énoncés.

Remplaçant Cavaillès dans son enseignement à compter du début d'avril 1941, Canguilhem fit cours sans interruption jusqu'en mai 1944, moment où il rejoignit le maquis du Mont-Mouchet, à l'exception toutefois des semaines où l'Université de Strasbourg à Clermont-Ferrand fut fermée à la suite de la rafle du 25 novembre 1943 perpétrée par les forces allemandes et la Gestapo [1]. Il remplaça aussi Cavaillès dans certaines de ses tâches de construction et de développement du mouvement Libération-Sud dans la région de Clermont-Ferrand, de sorte que dès son arrivée il se trouva replongé dans l'action résistante. Ses études à la Faculté de Médecine de Toulouse se poursuivant en parallèle jusqu'à l'automne 1941, et sa famille continuant d'habiter Toulouse jusqu'à l'été de 1942 (Madame Canguilhem y enseignait les lettres au lycée de jeunes filles), Canguilhem faisait fréquemment la navette entre les deux villes et assurait la liaison avec le noyau toulousain du mouvement Libération-Sud et d'autres résistants.

Ce mouvement fut le plus politique des mouvements de résistance de la Zone-Sud, très proche des syndicats et de la base militante socialiste. Son action consista d'abord – avant de constituer aussi des groupes d'action directe – en une propagande d'une hostilité sans concession non seulement envers les nazis mais aussi à l'endroit du régime de Vichy. Tout comme l'avait d'ailleurs été son précurseur, Dernière Colonne, mouvement né en novembre 1940 et dissout en février 1941, fondé par Emmanuel d'Astier de la Vigerie, animé avec Cavaillès notamment et auquel Canguilhem déjà avait participé.

On ne connaît pas à Canguilhem, jusqu'à la Libération, de rédaction de tracts ou d'articles dans le journal clandestin *Libération* qui commença à paraître en juillet 1941. À l'exception de son enseignement, toute son activité fut concentrée sur des activités de liaison, de transport de documents à l'occasion de ses nombreux déplacements et d'organisation. Ces activités n'étaient pas sans dangers. C'est ainsi qu'à la suite d'imprudences commises par des membres inexpérimentés, le noyau toulousain fut très vite démantelé par la police de Vichy, dès décembre 1941, et plusieurs de ses membres emprisonnés. L'invasion de la Zone-Sud par les Allemands le 13 novembre 1942 accrut les périls, comme le manifeste, par exemple, l'action répressive féroce de novembre 1943, elle-même déjà précédée, dans la nuit du 24 au 25 juin, d'une première rafle d'étudiants de l'Université de Strasbourg.

décision de mettre les normes à l'épreuve de leur valeur sans truquer les conditions en vue de les faire paraître artificiellement normales. Le normal c'est ce qui est normatif dans des conditions données, mais tout ce qui est normal dans des conditions données n'est pas normatif. Il faut ne pas refuser au normal l'épreuve du changement des conditions ».

1. Cf. *infra*, p. 198-199, 221. Les cours reprirent le 13 décembre.

Les trois grands mouvements de la Résistance de la Zone-Sud, sous la pression de Jean Moulin, l'envoyé du général de Gaulle, s'étaient à la fin de janvier 1943 regroupés au sein des M.U.R., les Mouvements Unis de la Résistance. Le médecin Henry Ingrand, lui aussi résistant de la première heure, en avait été, au mois de mai suivant, nommé chef régional pour l'Auvergne (la région dite R6), qui comprenait une partie du Cher, l'Allier, le Puy-de-Dôme, la Haute-Loire et le Cantal. Canguilhem allait devenir pendant presque deux ans l'un de ses plus proches collaborateurs.

L'année suivante, au début de février 1944, Canguilhem commença à siéger au Directoire régional des M.U.R [1]. Dans les mois qui suivirent, les actions périlleuses se succédèrent rapidement. On sait qu'il fit des déplacements fréquents, en train ou autrement [2], transportant tantôt du matériel de propagande, tantôt de grosses sommes d'argent, notamment au titre du service social du maquis [3], surveillant la réception de quelques parachutages d'armes nocturnes.

Dans les premiers jours de mai 1944, lors d'une réunion du Comité régional de Libération dirigé par Ingrand, Canguilhem avait été en tant que représentant des M.U.R. nommé membre du « noyau actif » de la région et placé à la direction de l'État-major politique (Émile Coulaudon devenant chef de l'État-major militaire et bientôt chef régional des F.F.I.). C'est à cette réunion que se décida la concentration des maquisards au Mont-Mouchet [4]. Canguilhem s'y joignit le

1. Il remplace Jean Rochon, passé à l'État-Major de l'Armée secrète. Sur Jean Rochon, cf. *infra*, p. 215-218.

2. Ainsi par exemple, Michel Alexandre, alors réfugié à Limoges, toujours pacifiste inconditionnel et n'approuvant pas la résistance active de Canguilhem, en a laissé témoignage en avril 1944 dans sa correspondance avec Jean Laubier. *Cf.* « Lettres de Michel Alexandre à Jean Laubier », *Bulletin de l'Association des Amis d'Alain*, n° 35, novembre 1972, p. 48-91, p. 88.

3. À titre d'exemple encore, voir Pierre Fayol, *Le Chambon-sur-Lignon sous l'Occupation*, Paris, L'Harmattan, 1990, p. 80 : « Début juin, M. G. Canguilhem [...] favorablement impressionné par l'efficacité du Service social remit à Mme Fayolle les premiers fonds officiels. C'était, allouée par M. Ingrand, une somme de 50 000 francs pour le service social du secteur d'Yssingeaux ».

4. G. M. Levy, « Un épisode crucial de la Résistance française en mai-juin 1944 : La concentration des maquis d'Auvergne », *Revue historique de l'Armée*, vol. 24, n° 3, 1968, p. 43-62. Canguilhem n'était pas favorable à une telle concentration, mais son avis était de peu de poids dans les décisions à caractère militaire. On peut penser que la citation de Henry Ingrand recommandant en 1944 Canguilhem pour la Médaille militaire, de portée plus générale, s'applique néanmoins éminemment à cet épisode : « Sa modestie dut-elle en souffrir, il est juste de dire que Lafont a fait preuve pendant toute cette dure période, d'un remarquable esprit d'abnégation et de sacrifice d'autant plus méritoire que son intelligence pénétrante lui permettait de réaliser pleinement tous les points faibles et tous les risques que devait forcément comporter une telle entreprise ». Lafont était le pseudonyme de Canguilhem en clandestinité.

6 juin[1], date du début du débarquement de Normandie. Il y servit comme médecin durant toute la période des combats et c'est de peu qu'il échappa le 22 juin au massacre d'une partie de l'équipe médicale et de tous les blessés qu'elle évacuait. Pour le détail des circonstances, on se rapportera à son beau texte sur son confrère qui, lui, y trouva la mort, le docteur Paul Reiss[2].

Canguilhem réussit à se réfugier à l'Hôpital psychiatrique de Saint-Alban dans la Lozère voisine où, inscrit sur la liste des patients, il séjourna du 23 juin au 5 juillet pendant que les troupes allemandes ratissaient la région[3]. Après le départ de celles-ci, il rejoignit Henry Ingrand à son quartier général clandestin du Mont-Dore et devint son chef de cabinet. C'est à ce titre qu'à la mi-août il participa à quelques discussions avortées entre Ingrand et des envoyés de Vichy qui envisageaient de placer Pétain sous la « protection » de la Résistance. On sait que Pétain dut quitter Vichy, amené à l'est par les Allemands le 20 août, à peu près au moment où Canguilhem arrivait dans cette ville pour, selon les mots d'Ingrand, « y exercer jusqu'à la Libération des fonctions délicates et au demeurant encore dangereuses »[4]. Il s'agissait, dans cette ville encore occupée, de prendre le contrôle effectif de l'administration en tablant sur son noyautage déjà réalisé clandestinement en vue de procéder à sa liquidation, de faire arrêter des ministres et autres personnalités compromises encore présents, et de garantir la sécurité du corps diplomatique au moment de la libération de la ville qui fut effective le 26 août. Canguilhem rentra peu après à Clermont-Ferrand que les Allemands avaient évacué le 27. Il devait y exercer ses fonctions de chef de cabinet du Commissaire régional de la République[5] jusqu'à la fin du printemps de 1945, bien qu'il ait repris son enseignement à la Faculté des Lettres à l'automne 1944[6].

1. « J'ai passé deux mois dans le maquis… », Entretien avec François Bing et Jean-François Braunstein, 1995, p. 122.

2. Cf. *infra*, p. 195-199. Canguilhem, selon son habitude, à propos de cet épisode héroïque, y dérobe sa présence au lecteur. Les docteurs Reiss, Ingrand et Mallet seulement y sont nommément identifiés pour leur rôle dans l'infirmerie de campagne. Quant à l'évacuation des blessés qui se termina en massacre, la présence de Reiss y est signalée, celle d'un nommé Lafont aussi, sans plus.

3. Il y avait été accueilli par le directeur de l'établissement, François Tosquelles et par Lucien Bonnafé dont il avait fait la connaissance au cours de ses études médicales à Toulouse.

4. Henry Ingrand, *La libération de l'Auvergne*, Paris, Hachette, 1974, p. 149.

5. Sur ces fonctions à caractère politique et administratif, sans incidence directe sur la substance des écrits inclus dans ce tome IV, on se reportera à la partie biographique du tome VI des *OC*.

6. La ville de Strasbourg ne fut libérée qu'en novembre 1944. Canguilhem y entra pour le début de l'année scolaire 1945-1946 ; la rentrée solennelle de l'Université y eut lieu en novembre 1945.

Telles sont les circonstances entourant la conception et la rédaction de la thèse de médecine, l'*Essai sur quelques problèmes concernant le normal et le pathologique*, soutenue en juillet 1943. Très peu connues, il a paru approprié de les rappeler ici, puisque ce sont aussi celles des premiers écrits de ce tome IV, leçons de licence ou d'agrégation à la Faculté des Lettres de 1941 à 1943[1], ou encore comptes rendus probablement rédigés dès 1942 ou 1943[2]. La teneur comme la tenue de ces écrits (comme aussi de l'étonnant rapport d'« Observation » d'une malade mentale traitée à Saint-Alban, rédigé au début de juillet 1944[3]) révèlent une admirable et extrême capacité de maintien et de promotion des exigences de la pensée sous l'épreuve des risques de l'action clandestine et des menaces mortelles qui allèrent en s'intensifiant jusqu'à la Libération.

En 1944 et 1945, des éditoriaux[4] à caractère politique, fort révélateurs mais jusqu'ici oubliés[5], publiés dans un journal nouvellement créé et dont Canguilhem était l'un des administrateurs, *Liberté* (dont la première série était sous-titrée *Quotidien du Massif Central. Organe du Mouvement de Libération Nationale*), puis, de 1944 à 1947, des nécrologies sur des amis ou collègues tragiquement disparus prolongent directement l'activité de la période résistante : Jean Rochon, Paul Reiss, Maurice Halbwachs et Jean Cavaillès surtout, dont « personne de ceux qui l'ont

1. Le complément donné par Canguilhem à la bibliographie préparée par Cavaillès pour son enseignement dans le cadre du Certificat de Philosophie générale et de Logique (cf. *infra*, p. 55-63), des extraits des leçons sur « la Méthode » et sur « les Normes et le Normal » (p. 65-80 et 81-109 respectivement) et les deux premières parties (les seules effectivement rédigées) d'un « Commentaire au troisième chapitre de *L'Évolution créatrice* » (p. 111-170).

2. Cf. *infra*, p. 173-182.

3. Cf. *infra*, p. 183-189.

4. Cf. *infra*, « La Résistance et les élections », p. 191-194 ; « Les femmes voteront-elles ? », p. 201-203 ; « Épuration », p. 205-206 ; « La Résistance et l'année nouvelle », p. 207-209.

5. Contrairement à beaucoup de résistants, Canguilhem fut alors sans illusion – et plus tard sans amertume – quant au rôle que les combattants de la Résistance seraient appelés à jouer au retour d'un régime républicain : « Il est inutile de rappeler dans quelles conditions la République des professeurs fut envoyée à la ferraille par les gens de Vichy, avec le concours d'Hitler, et dans quelles conditions fut restaurée une République, dont nous ne savons pas quel titre un Albert Thibaudet aurait pu lui donner, pour un essai sur le personnel politique de la Quatrième. République des Résistants ? Ce serait ne rien dire. La Résistance ne fut pas une école de politique, ne conféra aucune expérience. Née de l'urgence d'un devoir national impérieux, elle fit surgir une sorte d'élite de militants, fort estimable n'en déplaise à ses détracteurs, mais soutenue davantage par une commune volonté de disqualification des indignes que par une idéologie accrochée, même sans rigueur, à une conception organique de l'homme, à une philosophie politique » (« De la République des professeurs à la République des colonels », *infra*, p. 853-858, p. 856).

connu ne peut évoquer, sans l'amertume aux lèvres, la mort tragique »[1], sur qui il ne cessera jusqu'à la fin de reprendre sa méditation.

Dès l'installation à Strasbourg à la fin de l'été 1945, les tâches administratives et politiques au Commissariat régional de la République devenues choses du passé[2], s'amorce pour Canguilhem la reprise intensive de ses travaux philosophiques. L'article « La théorie cellulaire »[3], deux importants essais à l'occasion de la publication des thèses de Georges Friedmann[4] et la très révélatrice « Note sur la situation faite en France à la philosophie biologique »[5] se succèdent rapidement en 1946-1947, de même que « Hegel en France » l'année suivante. C'est aussi au cours de ces années qu'il assure la publication d'importants inédits de Cavaillès[6] et qu'il prononce plusieurs conférences, dont certaines formeront le cœur de l'ouvrage qu'il publiera en 1952 sous le titre *La connaissance de la vie* et qui deviendront des classiques : « Aspects du vitalisme », « Mécanisme et organisme »[7] et « Le vivant et son milieu ».

Les trois années universitaires strasbourgeoises auront donc été fécondes. Sa nomination en tant qu'Inspecteur général du second degré pour la philosophie, en octobre 1948, va évidemment requérir la plus grande part de son attention et de son énergie – on sait l'homme consciencieux, et ce philosophe des valeurs est un homme de devoir. Cette charge va imposer au cours de ses publications une inflexion marquée, mais sans hiatus dans la poursuite de ses intérêts philosophiques.

*

Au contraire des années de guerre et de clandestinité dont la nature même appelait une restitution factuelle minimale du contexte des écrits, (période rendue encore plus énigmatique par la modestie du héros), c'est leur caractère largement public qui caractérise les activités des années de l'Inspectorat. Elles se sont déroulées dans une administration publique dont les actes ont été consignés, et Canguilhem s'est lui-même appliqué à maintes reprises, dans des écrits

1. En 1947, dans la « Note sur la situation faite en France à la philosophie biologique ». Cf. *infra*, p. 307-320, p. 309.

2. Il sera mis fin à l'institution des Commissaires régionaux de la République, conçue dès le départ comme une mesure d'urgence et donc temporaire, en février-mars 1946.

3. Inséré par Canguilhem dans son recueil *La connaissance de la vie*, ce texte n'est pas repris ici, mais se trouvera au tome II des *OC*.

4. « Georges Friedmann, Leibniz et Spinoza », cf. *infra*, p. 233-240) et « Milieu et normes de l'homme au travail » (*infra*, p. 291-306).

5. Cf. *infra*, p. 307-320.

6. *Sur la Logique et la Théorie de la science* (cf. *infra*, p. 243-247 ; aussi, p. 241) et « Mathématiques et formalisme » (cf. *infra*, p. 359-360).

7. Repris dans *La connaissance de la vie* sous le titre « Machine et organisme ».

ou conférences, à rendre compte des principes guidant son action. Pour la compréhension de ses écrits, il n'y a donc pas lieu de détailler la chronique de ces années [1].

Canguilhem n'a jamais conçu ni comme permanente, ni comme discrétionnaire et soustraite au regard évaluatif, sa fonction d'Inspecteur général. Il l'a explicitement déclaré : « un Inspecteur général [n'est] rien d'autre qu'un professeur mis provisoirement en circulation, sous la garantie de la Direction du Second degré, et sous bénéfice d'inventaire par ses collègues » [2].

Hautement estimé par son supérieur, Gustave Monod [3], le Directeur général de l'enseignement du second degré qui l'avait appelé à ces fonctions, Canguilhem fut aussi – et demeure – l'objet de beaucoup de rumeurs. Les témoins l'ont dit fort respecté de la grande majorité des professeurs, mais non sans quelque ambivalence : il fut semble-t-il autant craint qu'admiré.

La manière dont il exerça ce métier relève avant tout de sa conception de la philosophie et de son enseignement. Il s'en est lui-même expliqué très précisément dans l'une des parties qu'il a signées dans le rapport – dont il avait coordonné par ailleurs l'entière rédaction – du Comité international d'experts sur l'enseignement de la philosophie constitué par l'Unesco [4] au début des années 1950 :

> L'enseignement de la philosophie au second degré n'est pas dirigé, mais il est encadré, stimulé et contrôlé – ou plus exactement « expertisé » – grâce à un programme d'études, à des instructions destinées aux professeurs, à un corps d'inspecteurs généraux.
> Le programme d'études est établi sous la responsabilité de l'Inspection générale, et approuvé par le Conseil supérieur de l'instruction publique [...].
> Le programme est un cadre non impératif, mais plutôt normatif ; il représente, sous forme de rubriques générales, un maximum idéal et surtout une précaution utile contre la fantaisie individuelle et le bavardage possible [...].
> Les instructions destinées aux professeurs constituent un code de déontologie pédagogique qui garantit la liberté doctrinale et méthodique des maîtres. Elles énoncent, pour utiliser le langage kantien, plutôt des conseils de la prudence que des règles de l'habileté et recommandent avant tout de ne

1. Pas plus que nous ne l'avons d'ailleurs fait pour l'exercice de ses responsabilités de chef de cabinet du Commissaire régional de la République à Clermont-Ferrand. Dans l'un et l'autre cas, on y viendra au tome VI de ces *OC*.

2. Dans le compte rendu d'une allocution prononcée lors de Journées nationales d'études pédagogiques des professeurs de philosophie, en mars 1950. Cf. *infra*, p. 393-398, p. 393.

3. Sur Gustave Monod, cf. *infra*, p. 182, note 1.

4. Cf. *infra*, p. 529-600 sur ces travaux du comité, et p. 549 pour la citation qui suit.

> pas passionner la position des problèmes et de ne pas en déformer les solutions.
> Le contrôle – ou si l'on veut l'expertise – exercé par l'Inspection générale tend surtout à l'ajustement de l'enseignement au niveau des élèves; en outre et surtout il tend à préserver la vertu de tact philosophique, c'est-à-dire au fond les conditions du contact de deux libertés : celle du maître, condition de la personnalité et de l'authenticité de son enseignement; celle de l'élève, condition de la valeur spirituelle de son adhésion.

Fantaisie individuelle et bavardage ne trouvaient certes pas grâce à ses yeux. Quelques-uns, beaux esprits, beaux parleurs, ou "artistes" un peu trop négligents de leur devoir, le vérifièrent à leurs dépens. Le dogmatisme, ce manque de réserve à ses yeux essentielle à l'enseignement philosophique, cette faute de *tact*, « contact de deux libertés », lui était tout autant inacceptable. À l'une des parties du rapport, sur « La signification de l'enseignement de la philosophie », Canguilhem avait placé en épigraphe, tenant l'assertion pour toujours valide, une citation tirée de la *Critique de la Raison pure* : « Jusqu'ici, il n'y a pas de philosophie que l'on puisse apprendre. Car où est-elle ? Qui l'a en sa possession, et à quels caractères la reconnaître ? On ne peut qu'apprendre à philosopher » [1]. Ce sont les esprits doctrinaires qui sont ici visés, à quelque école qu'ils appartiennent. Sous ce rapport, certains différends, notamment avec des tenants du caractère scientifique du matéralisme dialectique[2], trouvèrent brièvement écho jusque dans la presse.

1. Canguilhem était ici au même diapason que Gustave Monod qui écrivait dans le même document : « Un professeur qui proposerait – et, à plus forte raison, qui imposerait – un système de pensée parfaitement clos et achevé ne remplirait pas la fonction qu'on attend de lui ».

2. Rendant compte en 1948 des actes d'un colloque, Canguilhem y constatait : « Des hommes pour qui la position du problème est elle-même un problème affrontent des hommes pour qui le problème est déjà résolu », cf. *infra*, « Progrès technique et progrès moral », p. 349-358, p. 350. Exemple entre beaucoup d'autres de ce dogmatisme philosophique sévissant à l'époque : « ...pour que la philosophie puisse revendiquer justement une place importante dans toutes les sections à la fin des études secondaires, il faut qu'elle se présente comme ce qu'elle a été à travers les siècles pour les plus grands philosophes, d'Aristote à Descartes, des Encyclopédistes à Marx : comme une réflexion sur tous les grands problèmes, théoriques et pratiques, qui se posent à l'homme et *comme une conception générale du monde, capable d'organiser, de discuter et de diriger toutes les sciences*, les sciences de la matière brute et vivante comme les sciences humaines. Elle est alors nécessaire à tous les spécialistes, non seulement pour dépasser leur spécialité et élargir leur horizon, mais aussi pour comprendre leur spécialité même et y travailler utilement ». René Maublanc, « Remarques sur l'enseignement de la philosophie », *La Pensée*, n° 52, décembre 1953, p. 100-110, p. 106. Italiques et soulignement ajoutés. Canguilhem ne pouvait consentir à cette prétention de philosophes à « diriger toutes les sciences ».

Pour Canguilhem, l'adoption d'une attitude brouillonne, désinvolte ou dogmatique, place un professeur au-delà des limites du respect que doit imposer la liberté académique. C'est alors que « des mesures d'ordre administratif [...] peuvent contribuer positivement à assurer à l'enseignement philosophique son sérieux et sa dignité, notamment dans le cas des pays où il existe un enseignement philosophique au niveau du second degré, ou au premier stade des études supérieures [...] »[1].

Les mêmes conceptions qui avaient animé son enseignement de la philosophie au cours des années 1930, dont plusieurs de ses élèves d'alors ont porté témoignage[2], continuèrent d'inspirer son activité d'inspecteur général. D'où un jugement toujours négatif sur l'usage des manuels et l'encouragement à une lecture directe des philosophes eux-mêmes, plutôt qu'aux écrits de leurs commentateurs[3]. Ces règles, il les réitère d'ailleurs dans le texte, presque un manifeste, qui ouvre presque tous les recueils de sa collection des « Textes et documents philosophiques » qui commencent à paraître avec son propre *Besoins & Tendances* en 1952, collection qu'il devait activement diriger avec grand succès chez Hachette pendant deux décennies[4].

L'exercice du métier d'inspecteur général ne fut en rien une sinécure; on ne s'y attendrait d'ailleurs pas s'agissant de Canguilhem. Chaque année, il participe à d'innombrables réunions administratives et à des journées pédagogiques, prononce plusieurs conférences, parcourt des milliers de kilomètres pour visiter et conseiller les professeurs de philosophie et, *in situ*, assister à leurs leçons, questionner les élèves, puis rencontrer les proviseurs et rédiger ses rapports évaluatifs. Il gère avec son collègue l'Inspecteur général André Bridoux[5], les nominations et affectations, bref les carrières des professeurs de philosophie, tâche délicate qui ne pouvait pas faire que des heureux. Il ne juge pas que le souci de promotion des idéaux philosophiques doive le dispenser d'acquérir une maîtrise poussée des détails du processus administratif. Sa maîtrise de la nécessaire besogne bureaucratique, son souci de s'en acquitter rigoureusement, transparaissent très nettement, par exemple, dans un article en deux parties de 1954, apparemment jusqu'ici oublié, sur « La philosophie comme débouché »[6].

1. Cf. *infra*, p. 575.

2. Jacques Piquemal au premier chef. Sur ce point, voir la présentation du *Traité de logique et de morale* de 1939 par Xavier Roth (*OC* I, p. 597-626, particulièrement p. 599-602).

3. Voir par exemple son allocution lors de journées pédagogiques (cf. *infra*, p. 396) et la discussion avec des professeurs de philosophie (*infra*, p. 397).

4. Sur cette collection, cf. *infra*, p. 437-442. Presque tous les titres de cette collection furent de nombreuses fois réimprimés.

5. Le philosophe André Bridoux (1893-1982), disciple d'Alain, fut inspecteur général de 1941 à 1963.

6. Cf. *infra*, p. 601-619.

Encore une fois on découvre l'immense capacité de travail et de discipline personnelle de Canguilhem. Car ces années de prise en charge intensive de tâches administratives d'orientation, d'évaluation et de gestion sont aussi des années de féconde activité intellectuelle.

Ainsi, ses interventions lors de journées pédagogiques réunissant des professeurs du secondaire procèdent-elles d'un véritable travail de recherche, si bien que sa conférence sur « L'expérimentation en biologie », prononcée lors d'une journée pédagogique en 1951, (réflexion épistémologique solidement documentée), put servir l'année suivante d'introduction au recueil *La connaissance de la vie*. Sa toute première conférence donnée dans des circonstances semblables, deux ans plus tôt, portait quant à elle sur les commencements de la physique moderne du mouvement, chez Descartes et Galilée[1]. Elle s'appuyait pour l'essentiel sur les travaux d'Alexandre Koyré et ne circula que sous forme de polycopié, mais elle représentait déjà un considérable travail de documentation historique et d'approfondissement épistémologique. Un article publié en 1951, « Le normal et le pathologique », qui retravaillait, comme son titre l'indique, la thématique de sa thèse de médecine, prit lui aussi place l'année suivante dans *La connaissance de la vie*, ouvrage entièrement constitué des résultats de travaux menés depuis 1945 et qui allait servir de thèse complémentaire lors de la soutenance pour le doctorat ès lettres.

C'est également en 1952 que parurent les « Réflexions sur la création artistique selon Alain »[2]. En plus de souligner le fait que la rupture politique sur la question du pacifisme à la fin de 1936 n'avait en rien diminué l'appréciation portée sur la qualité philosophique de l'œuvre de celui qui avait été son maître, l'article constituait aussi une reprise et une réaffirmation par Canguilhem de ses propres positions durant la seconde moitié des années 1930 sur la nature en définitive inanalysable du ressort organique du pouvoir synthétique et créatif. Enfin, trois ans plus tard, au cours de la même année 1955, furent publiés d'abord la conférence sur « Le problème des régulations dans l'organisme et dans la société »[3], prolongement de la thèse de 1943 – mais aussi texte véritablement précurseur des considérations qui constitueront les deux premières sections de la deuxième partie du *Normal et le pathologique* de l'édition de 1966 – puis l'essai suscité par la parution de l'ouvrage de Martial Gueroult sur *Descartes selon l'ordre des raisons*[4] et enfin la thèse principale pour le doctorat ès lettres soutenue le 30 avril 1955, *La formation du concept de réflexe aux XVIIe et XVIIIe siècles*.

1. Cf. *infra*, « Rôle de l'histoire des sciences dans la philosophie des sciences », p. 369-391.
2. Cf. *infra*, p. 415-435.
3. Cf. *infra*, p. 643-672.
4. Cf. *infra*, p. 625-642.

Ces années à l'Inspection générale, de 1948 à 1955, ne peuvent donc passer pour un intermède ou une distraction passagère dans l'itinéraire intellectuel de Canguilhem : il avait apporté dans l'exercice de cette fonction toute sa capacité philosophique et toute la richesse acquise de son expérience de professeur de philosophie[1] ; mais c'est sans interruption que cette capacité s'enrichit et continua d'être mise à profit pour un projet et des écrits proprement philosophiques.

La continuité de la production philosophique au cours de ces huit années, la poursuite et l'enrichissement des problématiques déjà inchoatives dans ses écrits d'importance majeure de 1937 et 1938[2] et brillamment élaborées dans la thèse de 1943, la réception très favorable de celle-ci comme aussi, une décennie plus tard, de *La connaissance de la vie*, des conférences publiques qui avaient attiré l'attention[3], faisaient qu'au moment de la soutenance pour le doctorat ès lettres, Canguilhem n'était plus un étranger pour les acteurs de la scène philosophique universitaire parisienne. Aussi, rétrospectivement, son élection à la Sorbonne, avec l'appui majeur de son directeur de thèse Gaston Bachelard, n'avait plus à ce stade rien de très surprenant[4].

*

La dernière phase de la carrière professorale de Canguilhem, de 1955 jusqu'à son départ à la retraite en 1971, est généralement bien mieux connue que les précédentes ; aussi n'y a-t-il pas lieu de s'y étendre ici, mais quelques balises et rappels s'imposent.

On notera d'abord, parce que ces gestes restent généralement méconnus ou oubliés, que libéré de l'obligation de réserve s'imposant à un Inspecteur général, Canguilhem prit rapidement, nettement, puis de façon continue publiquement position sur la Guerre d'Algérie et sur la crise politique qui secouait la IVe République en ses dernières années et qui devait se prolonger au début de la Ve.

Immédiatement après son entrée à la Sorbonne, il signe en effet l'appel des intellectuels « Pour la Paix en Algérie », et quelques mois plus tard la pétition de soutien à Henri Irénée Marrou dont le domicile venait d'être arbitrairement

1. Et probablement aussi des habilités administratives acquises et développées dans le cadre de son travail au cabinet du Commissaire régional de la République en Auvergne en 1944-1945.

2. « Descartes et la technique », « Activité technique et création », dans le tome I des *OC*.

3. Surtout les conférences très suivies, reprises dans *La connaissance de la vie*, prononcées au Collège philosophique à l'invitation du fondateur de celui-ci, Jean Wahl, à compter de février 1947.

4. Ce qui ne signifie nullement qu'elle ait eu un caractère automatique et qu'il n'y ait pas eu sur les rangs d'autres candidats effectifs ou possibles auxquels Canguilhem fut alors préféré. On y reviendra au tome VI.

perquisitionné[1]. En octobre 1960, il devait signer encore l'important « Appel à l'opinion. Pour une paix négociée en Algérie »[2].

Ces premiers actes ne sont pas isolés : quelques semaines avant le coup d'État appréhendé (et aux yeux de plusieurs effectivement réalisé de façon à peine feutrée en mai 1958), parce que « c'est le moment, aujourd'hui, de tenir bon pour l'Idée de République », Canguilhem composait et publiait une anthologie de textes d'Alain, *L'éducation du citoyen et de l'électeur*, présentée comme une « analytique générale des obligations civiques en démocratie »[3].

Il est remarquable – et il faut bien l'admettre à première vue un peu énigmatique – que, contrairement à ses célèbres condisciples de l'École normale, Raymond Aron et Jean-Paul Sartre, Canguilhem n'ait pas alors tenu la pensée politique d'Alain pour dérisoire ou dépassée, voire néfaste, et qu'il ait délibérément en ce moment crucial de l'actualité politique de la France voulu recueillir et rappeler la « leçon d'Alain » décédé six ans plus tôt. Aux yeux de Canguilhem, dont il ne faut jamais sous-estimer la profondeur de l'enracinement précoce et vivace dans les valeurs civiques du radical-socialisme – comme ce fut aussi le cas par exemple pour son contemporain Pierre Mendès France[4] –, la récusation nette des idées d'Alain pacifiste et munichois ne périmait pas du même coup la pertinence de l'intégralité de sa doctrine des valeurs et des devoirs républicains.

Dans le même esprit, d'août 1958 à septembre 1960, suivront rapidement cinq articles de critique politique dont le caractère direct et la vigueur des propos ne le cèdent en rien aux écrits de jeunesse : « De la République des professeurs à la République des colonels », « Colonels et psychologues », « Les janissaires politiques », « Âge atomique et laïcité », « Les demi-citoyens »[5]. Tous publiés dans *La Dépêche du Midi*, à l'invitation de son ami Joseph Barsalou alors rédacteur en chef de ce quotidien influent et à très large diffusion. L'amitié de ce dernier leur avait assuré chaque fois une place privilégiée, en première page. Fidèle aux idéaux de sa jeunesse,

1. Élu le 26 mai 1955, sa nomination à la Sorbonne devint effective à compter du 1er octobre. « Pour la Paix en Algérie » fut rendu public le 7 novembre ; la pétition pour Marrou le fut en mai 1956. Pour ces textes, cf. *infra*, p. 676-680 et 681-682. Comme il a été fait déjà au tome I des *OC*, on a repris ici ces documents collectifs que Canguilhem a voulu signer, même s'il n'en est pas le rédacteur. S'il les a signés, c'est qu'il les a suffisamment fait siens pour les endosser ; *a contrario*, ses archives en témoignent, il lui arriva de refuser à des pétitionnaires l'usage de son nom. Au contraire de plusieurs intellectuels et de quelques-uns de ses collègues, Canguilhem n'a jamais pu donner l'impression d'assujettir sa signature à un pilote automatique. Il faut tenir pour sien ce qu'il a signé.

2. Cf. *infra*, p. 935-939.

3. Cf. *infra*, p. 823-850.

4. Qui, lui aussi, en mai 1956, choisira une citation d'Alain en épigraphe à la présentation du premier numéro de sa revue, les *Cahiers de la République*.

5. Cf. *infra*, respectivement, aux p. 853-858, 859-864, 893-895, 897-901, 931-934.

Canguilhem y défend la vision d'une République qui « subordonne l'économique non seulement au social, mais aussi au politique, les intérêts à l'égalité, et les hiérarchies de fait aux normes de la justice »[1]. Sans complaisance aucune pour « la technique communiste – mais fasciste aussi – de prise du pouvoir par subversion »[2], il y rappelle, alors que sévit la menace putschiste, que « la légitimation du pouvoir c'est ce bout de papier, choisi en définitive dans le secret redoutable de l'isoloir et qui s'appelle un bulletin de vote »[3].

Canguilhem politique reste encore plutôt méconnu et l'ampleur de l'investissement personnel qu'il a consenti aux débats de la cité sous-estimée. Longtemps on a tout ignoré de ses écrits de jeunesse, de ses activités de responsable politique régional dans la Résistance, puis d'acteur clé au sein du Commissariat régional de la République en Auvergne à la Libération. Ensuite, même si on a parfois souligné, avec raison, la dimension politique de sa pratique philosophique (on y reviendra plus loin), le dédain largement répandu chez les intellectuels, philosophes compris, pour les intérêts jugés trop « mondains » de la stratégie politique et du débat démocratique, ont facilité la relégation de préoccupations, pourtant pérennes chez Canguilhem, dans l'ombre de sa grandissante réputation d'épistémologue et d'historien des sciences.

*

À aucun moment Canguilhem ne s'est laissé distraire des exigences spécifiques à chacune des phases de ce qu'il a tenu à appeler son métier. On le perçoit bien par exemple quand, à compter de sa prise de fonction dans sa chaire de la Sorbonne et à l'Institut du 13 de la rue du Four, il déploie une intense activité largement concentrée dans un domaine où jusque-là, hormis la thèse qu'il venait de soutenir sur la formation du concept de réflexe, il ne s'était pas particulièrement avancé : l'histoire des sciences.

Avant 1955, personne – et au premier chef certainement pas Canguilhem lui-même – n'aurait eu, n'a eu, l'idée de le désigner comme un historien des sciences.

En effet, parmi ses articles antérieurs à l'*Essai sur quelques problèmes concernant le normal et le pathologique* de 1943 aucun ne relève de cette discipline. Quant à l'*Essai*, sa thèse de médecine, il n'avait pas été lui non plus conçu comme un ouvrage d'histoire des sciences[4]. Il s'agissait de contribuer à la philosophie médicale

1. « De la République des professeurs à la République des colonels », *infra*, p. 854.
2. « Colonels et psychologues », *infra*, p. 860.
3. « De la République des professeurs à la République des colonels », *infra*, p. 854.
4. Malgré l'intérêt des brèves analyses historiques que recèle l'*Essai* (sur la pensée de Broussais ou celle de Claude Bernard), comme on en trouve par exemple dans des ouvrages d'Émile Meyerson ou de Léon Brunschvicg qui n'ont jamais été classés comme historiens des

ou à la « philosophie biologique », selon la locution dont il fera plusieurs fois usage dans *La connaissance de la vie* et dans son article majeur de 1947, la « Note sur la situation faite en France à la philosophie biologique » [1].

Les écrits inédits de l'immédiat après-guerre, conservés dans ses archives personnelles, ne livrent que de rares traces d'intérêt pour l'histoire des sciences et aucun exercice proprement historique. Il existe une note brève, datée de mars 1945, intitulée « Histoire de la philosophie et histoire des sciences » [2], mais malgré son titre elle porte essentiellement sur l'histoire de la philosophie. On trouve aussi quelques feuillets de notes pour une leçon donnée dans le cadre de son enseignement à Strasbourg (« Sur l'histoire de la Science 28 mars 1946 » [3]). Il s'agit d'un texte de réflexions critiques sur la pratique de l'histoire et sur celle de l'histoire des sciences, appuyées notamment sur une lecture des *Études galiléennes* d'Alexandre Koyré [4]. C'est d'ailleurs aussi encore essentiellement sur ces *Études* que s'appuie en 1949 la conférence mentionnée plus haut sur le « Rôle de l'histoire des sciences dans la philosophie des sciences : l'établissement des faits fondamentaux de la dynamique ». De fait, cette conférence de 1949 et l'article de 1946 sur la théorie cellulaire sont les deux premiers articles publiés par Canguilhem, et les seuls avant 1955, qui concernent directement l'histoire des sciences. Il est à remarquer que, dans *La Connaissance de la vie*, recueil que Canguilhem a organisé en trois parties, « Méthode », « Histoire », « Philosophie », cet article de 1946 constitue à lui seul la deuxième partie. Il est tout aussi remarquable, bien qu'à notre connaissance personne ne l'ait signalé, que cet article intitulé « La théorie cellulaire », paru initialement dans une publication de la Faculté des Lettres de Strasbourg, portait aussi à l'époque un sous-titre qui le désignait comme un texte de réflexion théorique plutôt que d'histoire, sous-titre que Canguilhem fit disparaître en 1952 : « Du sens et de la valeur des théories scientifiques ». De fait, en 1946, dans la table des matières de la revue

sciences. Les lecteurs de l'époque ne s'y sont d'ailleurs pas trompés, comme en témoignent les comptes rendus contemporains. Ainsi, Pierre Brunet, dans une revue toute nouvelle vouée à l'histoire des sciences commence-t-il son compte rendu par les mots : « Pour n'être pas une étude historique, ce travail dont toute la première partie est centrée autour des noms de Comte et de Cl. Bernard, est susceptible par là (et en raison aussi de certaines remarques plus disséminées) d'intéresser les historiens des sciences » (*Revue d'histoire des sciences*, vol. 1, n°1, 1947, p. 90-91). Enfin, il faut souligner que Canguilhem lui-même avait expressément déclaré dans sa thèse : « …nous n'entendons [pas] faire œuvre d'historien de la médecine. Si dans notre première partie nous avons placé un problème en perspective historique, c'est uniquement pour des raisons de plus facile intelligibilité ».

1. Cf. *infra*, p. 307-320.

2. Fonds Canguilhem, CAPHÉS, GC. 11.3.10.

3. Fonds Canguilhem, CAPHÉS, GC. 15.3.3, fol. 44-49.

4. On retrouve dans la première partie de l'article de 1946 sur « La théorie cellulaire » des traces des considérations théoriques esquissées dans ces notes.

universitaire strasbourgeoise, cet article avait été classé dans une section intitulée « Philosophie des sciences », de sorte que le seul article susceptible de conférer à une partie de *La connaissance de la vie* un caractère franchement historique, apparaît lui-même d'une nature équivoque [1]. Au-delà de ces deux seuls écrits sur la théorie cellulaire (1946), puis sur la physique galiléenne (1949), il faut attendre 1955, et la thèse sur la formation du concept de réflexe pour que s'engage vraiment chez Canguilhem une démarche continue de recherches en histoire des sciences [2].

Mais alors, à compter de l'année suivante, se déclenche soudainement une avalanche de prestations relevant de cette discipline : d'abord une demi-douzaine d'émissions radiophoniques à caractère nettement historique, sur Descartes, La Mettrie, Pinel (1956) [3], sur Lamarck et Darwin, sur Claude Bernard (1957) [4], sur l'histoire de la physiologie au XIXe siècle (1964) [5]. De 1957 à 1965, on assiste à la multiplication de comptes rendus d'ouvrages : sur le premier tome de l'*Histoire générale des sciences* publiée sous la direction de René Taton, sur *l'Histoire de la science* dirigée par Maurice Daumas [6], mais aussi d'ouvrages sur Darwin, Claude Bernard, Vésale, Boerhaave, William Harvey, Johannes Müller ou Étienne Geoffroy Saint-Hilaire [7].

Au cours de la décennie de 1956 à 1966 paraissent aussi à une cadence accélérée de nombreux articles nettement historiques, par exemple, sur Fontenelle [8], sur « La pathologie et la physiologie de la thyroïde au XIXe siècle » [9], sur l'histoire de la

1. Dans la version publiée en 1946, Canguilhem avait dédié cet article « À Marc Klein » son collègue à l'Université de Strasbourg. Ainsi qu'il le souligne, la préparation de son article lui avait été grandement facilitée par un travail de Klein, *Histoire des origines de la théorie cellulaire* qui se présentait explicitement comme une contribution historique. L'ouvrage de Klein avait été publié chez Hermann dans la collection des « Actualités scientifiques et industrielles » en 1936.

2. Canguilhem avait aussi signé dans la *Revue philosophique*, cette même année 1955, un long essai sur le *Descartes selon l'ordre des raisons* de Martial Gueroult, « Organisme et modèles mécaniques. Réflexions sur la biologie cartésienne ». Il s'agit d'une exégèse de nature essentiellement philosophique et non historique. Cf. *infra*, p. 625-642.

3. Cf. *infra*, respectivement aux pages 683-693 et 695-702, 703-711, 713-720.

4. Cf. *infra*, respectivement aux pages 743-755, 757-764.

5. Cf. *infra*, p. 1067-1077.

6. Cf. *infra*, respectivement aux pages 867-870 et 873-888.

7. Sur Darwin p. 909, 919-920, 921-925, 927, 951-952; sur Bernard, p. 941-944, 1115; Vésale, p. 945-946; Boerhaave, p. 949; Harvey, p. 947; Müller, p. 1113-1114; Geoffroy Saint-Hilaire, p. 1117-1120.

8. D'abord publié en 1968 et repris dans les *Études d'histoire et de philosophie des sciences*, p. 51-58.

9. D'abord publié dans *Thalès*, la revue de l'Institut d'histoire des sciences et des techniques, et repris en 1968 dans les *Études d'histoire et de philosophie des sciences*, p. 274-294.

physiologie animale dans l'*Histoire générale des sciences* de René Taton[1] et aussi dans le *Traité de physiologie* de Charles Kayser[2], sur Auguste Comte et la pensée médicale de l'École de Montpellier, sur le concept de réflexe au XIXe siècle, sur Galilée, sur Vésale et Copernic, sur Claude Bernard et Bichat, sur la psychologie humaine et animale chez Darwin[3], et avec des membres de son séminaire de l'Institut d'histoire des sciences, la longue étude historique « Du développement à l'évolution au XIXe siècle »[4].

De cette décennie très fertile, plusieurs des écrits seront intégrés au recueil publié en 1968, *Études d'histoire et de philosophie des sciences*. Quatre ans après l'article pionnier et remarqué de Pierre Macherey[5], la parution de ces *Études* confirme la stature de Canguilhem historien des sciences et épistémologue[6], bientôt consacré comme l'une des figures centrales de l'épistémologie historique.

Pourtant, jusqu'à la publication de la thèse de 1955, rien ne laissait vraiment présager chez Canguilhem une si abondante production en histoire des sciences. Ce nouveau régime de recherches et de publications est solidaire de l'exigeante conception qu'il se faisait des devoirs attachés à ses nouvelles fonctions dans sa chaire de la Sorbonne et à la direction de l'Institut d'histoire des sciences. Dans la succession des écrits qui jalonnent cette nouvelle étape de son itinéraire, on retrouve comme l'écho de sa lettre déjà citée à Michel Deguy. Qui accepte une fonction doit accepter d'orienter ses activités en conformité avec les obligations qu'elle lui crée. Non qu'il ait répugné à de telles responsabilités, bien sûr. Au contraire, après les années passées à l'Inspection générale, ces responsabilités professorales il les a souhaitées, voulues, et on peut penser que l'orientation donnée à sa thèse visait en

1. Cf. *infra*, p. 767-820 et 977-999.

2. Texte repris en 1968 dans les *Études d'histoire et de philosophie des sciences*, p. 226-273.

3. Tous ces textes sont repris dans les *Études* en 1968, respectivement aux pages 75-80, 295-304, 37-50, 27-35, 156-162 et 112-125.

4. D'abord sous la forme d'une livraison de la revue *Thalès* (ce numéro pour 1960 parut en 1962), puis sous forme d'un petit livre présenté par Étienne Balibar et Dominique Lecourt, aux Presses universitaires de France en 1985. Dans les *OC*, on trouvera cette étude au tome III.

5. « La philosophie des sciences de Georges Canguilhem. Épistémologie et histoire des sciences », *La Pensée*, n° 113, février 1964, p. 50-74 (avec une « Présentation par Louis Althusser » aux p. 50-54).

6. D'autres facteurs ont contribué à la diffusion, en France et à l'étranger, de cette représentation de l'œuvre et de son auteur : la référence forte à Canguilhem en 1965 chez les auteurs de la vague althussérienne (*Pour Marx* et *Lire le Capital*) et chez ceux des *Cahiers pour l'analyse* (à compter de janvier 1966), enfin, la large diffusion et les traductions des deux premiers livres de Dominique Lecourt (*L'épistémologie historique de Gaston Bachelard*, *op. cit.*, qui comporte un avant-propos de Canguilhem, et *Pour une critique de l'épistémologie*, Paris, Maspéro, 1972, dans lequel un chapitre lui est consacré).

toute lucidité l'accession au type de fonctions qui lui seront dévolues à la succession de Gaston Bachelard.

Cela dit, ses écrits d'histoire des sciences ne se réduisent ni à une parenthèse dans son œuvre, ni à un parcours adventice et donc d'intérêt secondaire. Ce serait trahir l'intelligence qu'il avait lui-même de son œuvre (la « trace » d'un métier), méconnaître sa volonté de soutenir dans toute la diversité de ses écrits une unité théorique intégratrice, cette visée lui apparaissant la marque propre de l'activité philosophique. Ce serait aussi sous-estimer le rôle de ses recherches historiques dans sa propre avancée philosophique. Mais tout cela n'empêche pas que ses préoccupations originaires aient été tout autres qu'historiques ou même épistémologiques, et qu'elles garderont jusqu'à la fin toute leur prégnance.

Cette lecture trouve confirmation dans un document récemment retrouvé, un bref entretien accordé en 1972 peu après son départ à la retraite, publié dans une revue médicale professionnelle. Canguilhem y déclare :

> Je ne suis pas véritablement un historien des sciences, je suis en fait un professeur de philosophie qui s'intéresse à un certain nombre de questions, qui sont les rapports entre la philosophie et la science et en particulier celle de la fabrication, de la naissance, de l'importation et de l'exportation d'un certain nombre de concepts interprétatifs de fonctions biologiques [1].

Questionné sur ses travaux historiques, Canguilhem répond en affirmant la priorité de son métier de professeur de philosophie et en plaçant au centre de son intérêt – il faut le souligner – ni l'histoire des sciences, ni la philosophie des sciences, mais « les rapports entre la philosophie et la science », ce qui est tout autre chose et renvoie dans son histoire intellectuelle personnelle à la continuité d'une problématique, née dans les années 1930 d'un double jeu d'interrogations, d'une part sur la valeur de la vérité au regard des autres valeurs [2] et, d'autre part, sur les fonctions du vivant, perspective engagée avec l'article décisif de 1937 sur « Descartes et la technique » [3], et dont la richesse se déploie ensuite dans l'*Essai* de 1943.

La boucle est bouclée. Il nous faut revenir à cette thèse de médecine de 1943 et à ses années de gestation, celles du début de ce tome IV.

1. Entretien de Georges Canguilhem avec François Proust, « La médecine et son histoire », *Tonus*, septembre 1972, p. 8.

2. Interrogations explicitement énoncées notamment dans sa conférence de 1938 « Activité technique et création » et, l'année suivante, dans le *Traité de logique et de morale*. Cf. *OC* I, p. 498-509 et p. 633-924, particulièrement p. 676-696 et p. 801-802.

3. Cf. *OC* I, p. 490-498.

*

La transformation du « Canguilhem avant Canguilhem » [1] en un Canguilhem devenu Canguilhem, c'est en effet au cours des années des premiers écrits de ce tome IV qu'elle s'opère. *Le normal et le pathologique*, selon l'appellation mieux connue de la thèse de 1943, n'est pas le début de son itinéraire. Il en est plutôt un premier achèvement, moment et lieu de cristallisation de ce qu'il nommera lui-même sa « philosophie biologique ». C'est sur le terrain d'une philosophie des valeurs, nouvellement instruite d'apports de la littérature biologique et médicale, que se jouera principalement cette philosophie biologique. On sait aujourd'hui, avec la publication des écrits de jeunesse, que la première philosophie de Canguilhem se nouait déjà en une sorte de dramatique axiologique, faite d'affirmations sur ce que valent les valeurs et d'interrogations sans cesse reprises sur les conditions de leur juste ordonnancement, selon une hiérarchie qui n'est jamais donnée une fois pour toutes [2].

À cet égard, Canguilhem devenu Canguilhem prolonge le combatif jeune philosophe de l'époque des *Libres Propos*, mais il aura effectué au regard de ses conceptions antérieures un double décrochage. D'abord, l'homme et sa vie spécifique n'ont plus le privilège exclusif de son attention, comme cela restait le cas encore dans les articles de 1937 et 1938 néanmoins fondateurs de sa nouvelle problématique [3]. Cette attention s'est déplacée vers la « connaissance de la vie », et elle englobe désormais la vie telle qu'elle se vit chez tout vivant. Ensuite, et corrélativement, la vie en ses fonctions se voit reconnaître comme sujet de valeurs, au lieu que dans les écrits de jeunesse, en toute fidélité à Kant, elle se voyait au contraire tout entière ramenée au statut de fait, comme on voit par exemple en 1927 dans le compte rendu très critique de *La logique des jugements de valeur* d'Edmond Goblot [4]. En 1943, au contraire, tout vivant se voit reconnu comme centre d'activités polarisées, acteur de valorisations, sujet de sa propre normativité.

1. Selon l'opportune formulation de Jean-François Braunstein.

2. On dispose désormais d'une nette et forte analyse de la première philosophie de Canguilhem et des ressorts de sa mutation dans Xavier Roth, *Georges Canguilhem et l'unité de l'expérience. Juger et agir 1926-1939*, « L'histoire des sciences – Textes et études », Paris, Vrin, 2013.

3. *Cf.* « Descartes et la technique » (*OC* I, p. 490-498) et « Activité technique et création » (*ibid.*, p. 499-509).

4. *OC* I, p. 177-180, p. 178 : « …pour ce qui est de la vie et du plaisir, c'est bien plutôt, malgré les apparences, de la nécessité qu'ils relèvent que de la valeur ». Canguilhem n'était pas seul dans son milieu à formuler pareille critique. Ainsi, encore au début des années 1940 une autre élève d'Alain, Simone Weil, écrit dans un texte qui sera publié après sa mort : « On a beaucoup loué ces temps-ci, et à juste titre, l'œuvre de Bergson; on a beaucoup parlé de l'influence exercée par elle sur la pensée et sur la littérature de notre époque. Or, au centre de la

Ce n'est pas sans justification que nombre de ses commentateurs ont étroitement associé à sa décision de poursuivre des études médicales la genèse de sa philosophie du vivant. De fait, Canguilhem l'a lui même souligné dans l'introduction de sa thèse de 1943, cette décision était portée par un projet proprement philosophique : il en attendait « précisément [...] une introduction à des problèmes humains concrets » et il visait à « intégrer à la spéculation philosophique quelques-unes des méthodes et des acquisitions de la médecine » [1]. Mais ces motivations et ces attentes ne suffisent pas à rendre compte des voies effectives qu'allait plus tard tracer la constitution de sa philosophie biologique dans sa spécificité [2]. Il reste à comprendre la provenance et la nature des apports qu'il a retravaillés et enrichis voire subvertis, tirés de cette formation médicale et de ses lectures.

Or Canguilhem – bien davantage qu'il n'est chez lui coutumier – a voulu lui-même rappeler, et de manière très explicite, au moins à deux reprises et de façons convergentes, les circonstances biographiques de ce segment de son itinéraire intellectuel. D'abord en 1987 dans son allocution à l'occasion de la remise de la Médaille d'or du CNRS, puis huit ans plus tard dans son entretien avec Jean-François Braunstein et François Bing.

philosophie d'où procèdent ses trois premiers ouvrages se trouve une notion essentiellement étrangère à toute considération de valeur, à savoir la notion de vie ». (« Lettre aux *Cahiers du Sud* sur les responsabilités de la littérature », *Cahiers du Sud*, 38e année, n° 310, 1951, p. 426-430, p. 429).

1. *N&P*, p. 7, 8.

2. La relative indépendance des motivations d'un choix en regard d'une situation finale allait aussi trouver à se manifester autrement.

Comme Canguilhem l'a plus tard confié, par exemple en 1995 dans l'entretien qu'il accorda à Jean-François Braunstein et à François Bing, où il déclare n'avoir jamais eu la « tentation » de pratiquer la médecine, ce n'était pas dans l'intention d'exercer cette profession (sans exclure toute pratique, vu l'intérêt de l'expérience clinique dans la formation d'un philosophe), qu'il avait pris sa décision en 1936, mais pour « ajouter à ce que j'avais pu acquérir jusqu'alors de connaissances d'ordre livresque en philosophie, quelques connaissances d'expérience, telles qu'on peut les obtenir de l'enseignement de la médecine et, peut-être, un jour, de sa pratique. Voilà la raison fondamentale ».

Mais après l'obtention de sa mise en congé à l'automne 1940, alors qu'on ne pouvait savoir combien de temps dureraient l'Occupation et le régime de Vichy, il avait dû envisager ne pouvoir retourner à l'enseignement. Les études de médecine, même choisies avant tout en fonction d'un projet purement intellectuel, ouvraient, dans l'incertitude des temps, une possibilité de solution non préméditée au besoin de « gagner sa vie » d'un homme qui avait charge de famille. Il s'en était d'ailleurs ouvert lors d'une de ses visites à Michel Alexandre alors réfugié à Limoges (*cf.* Fonds Jeanne et Michel Alexandre, Médiathèque de Nîmes) ; des membres de sa famille se souviennent aussi qu'il lui était alors arrivé de dire, face à un avenir peut-être bouché pour longtemps, « Je serai médecin à Belpech », du nom d'une commune rurale non loin de Toulouse, et très proche de la ferme familiale de Béziat.

Il en ressort que c'est au cours des deux premières années de sa présence à Clermont-Ferrand, entre avril 1941 et le dépôt de sa thèse en juin 1943, donc au cours de la période des tout premiers écrits réunis dans ce tome IV, que s'est joué l'essentiel. Canguilhem est parfaitement net là-dessus : « je tiens à dire que le *moment décisif dans l'orientation de mes travaux a été mon entrée à la Faculté des Lettres de Strasbourg* [1] ». Tout en exprimant sa reconnaissance à la Faculté de médecine de Toulouse, son récit marque clairement que c'est à l'endroit des maîtres de la Faculté de médecine de Strasbourg qu'il se reconnaît une « dette immense » : « Je dois à mes maîtres toulousains une grande reconnaissance pour la qualité de leur enseignement et pour leur compréhension à l'égard d'un étudiant de type insolite. Quand je suis devenu, en 1941, chargé d'enseignement à la Faculté des lettres de Strasbourg repliée à Clermont-Ferrand, j'ai poursuivi et terminé, en 1943, mes études de médecine sous la direction des maîtres strasbourgeois, envers lesquels ma dette est immense ».

Il dirait de même dans l'entretien de 1995, soulignant le caractère *transformateur* de l'expérience : « ... c'est à Clermont-Ferrand que j'ai trouvé, dans les professeurs de la Faculté de médecine de Strasbourg, une *représentation, une pratique de la biologie et de la médecine qui m'a réellement transformé.* Au premier rang duquel des gens comme [Alfred] Schwartz, qui fut plus tard mon directeur de thèse, Charles Kayser, physiologiste, et enfin, surtout, Marc Klein, un homme remarquable qui était histologiste. Et c'est à Strasbourg que j'ai [...] véritablement mesuré l'importance de la biologie et de la médecine lorsqu'elle est pratiquée et enseignée par des hommes supérieurs » [2].

« Moment décisif dans l'orientation de [ses] travaux », au cours duquel il sera « réellement transformé », ce sont des expressions fortes venant d'un homme qui savait le poids des mots. Selon les indications fournies par Canguilhem, cette « transformation » s'était opérée au contact d'un corps professoral nourri de culture allemande, « où les savants ont éprouvé souvent moins de réticences qu'en France à s'exprimer comme philosophes » [3], liant étroitement la biologie à une médecine « pratiquée et enseignée par des hommes supérieurs ». Cette dernière locution frappe, tant elle est tout à fait inhabituelle chez Canguilhem. Elle est symptomatique de l'admiration qu'il continuait un demi-siècle plus tard à vouer à ces maîtres qui avaient joué un rôle catalytique, vécu comme transformateur, dans son propre développement intellectuel.

1. Les italiques ont été ici ajoutés.

2. « Entretien avec Georges Canguilhem » dans Jean-François Braunstein *et al.*, *Actualité de Georges Canguilhem*, Paris, Les empêcheurs de tourner en rond, 1998, p. 121-135, p. 122. Les italiques d'insistance sont miens ; on notera la force de l'expression.

3. Canguilhem avait souligné aussi dans sa « Note sur la situation faite en France à la philosophie biologique » que « la philosophie allemande, surtout au XIXe siècle, [a] montré plus de complaisance à la vie que la philosophie française depuis 1870 ». Cf. *infra*, p. 311.

Mais il faut relever aussi que Canguilhem a précisément situé ce « moment décisif dans l'orientation de [ses] travaux », mais peut-être pas là où on l'aurait attendu compte tenu de ce que nous venons de rapporter : il le dit sans détour, ce moment « a été mon entrée à la *Faculté des Lettres* de Strasbourg ». C'est qu'une expérience transformatrice n'est pas, comme un don, reçue, même d'un enseignement excellent comme celui de ses maîtres admirés de cette Faculté de Médecine pétrie de culture allemande. C'est dans son travail personnel intense et dans son enseignement à la Faculté des Lettres qu'il faut plutôt chercher ce qu'il reconnaîtra comme le moment décisif dans l'orientation de ses travaux. La thèse de 1943 en est la résultante [1].

Les manuscrits minutieusement rédigés des enseignements que Canguilhem a donnés d'avril 1941 à mai 1943, surtout dans le cadre du programme de Certificat de Philosophie générale et de Logique, permettent une reconstitution détaillée du cheminement des méditations et de l'élaboration des idées de sa thèse. Qui lit ces documents constate que fréquemment la matière traitée, le choix des exemples, les formulations, le déroulement de l'argumentation se retrouvent quasi sans modification dans la thèse dont les leçons servirent en quelque sorte d'atelier ou de banc d'essai.

De ces documents n'ont pu être reproduits ici dans ce tome IV que des extraits du cours de l'année scolaire 1942-1943 sur « Les normes et le normal ». Or, ces extraits ne sont pas de ceux où se décèlent le mieux dans la gestation de la thèse l'ampleur de la mise à contribution des travaux allemands et le caractère proprement biologique, à la strasbourgeoise, du travail de conceptualisation menant à la formulation des thèses de philosophie biologique qui ont conféré à la thèse de médecine son originalité [2].

1. Dans sa facture finale celle-ci fut rédigée en deux phases principales. D'abord au cours de l'été 1942, dans la maison familiale de Mazalibrand, près du Chambon-sur-Lignon en Haute-Loire. Et, selon Bernard Canguilhem (communication personnelle), c'est aux vacances de Pâques de l'année suivante (en 1943, Pâques tombait le 25 avril) que, de nouveau à Mazalibrand, Canguilhem termina la rédaction (il s'agissait sans doute alors essentiellement de la rédaction du dernier chapitre de la 2e partie (« Maladie, guérison, santé »). L'examen des manuscrits semble s'accorder avec cette chronologie.

2. Comme on sait, les inédits du Fonds Canguilhem conservés au CAPHÉS ne peuvent être publiés. Heureusement, Canguilhem avait au tournant des années 1990 donné à François Delaporte, pour la composition du recueil *A Vital Rationalist. Selected Writings from Georges Canguilhem* (New York, Zone Books, 1994), l'autorisation de publier les leçons inédites de son choix. Ce sont ces extraits, déjà publiés, qui peuvent être repris ici. S'agissant de rendre accessible en anglais la pensée de Canguilhem, parce que *Le normal et le pathologique* était depuis 1978 déjà disponible en anglais, les leçons qui avaient servi en quelque sorte de matrice à cet ouvrage, du fait d'une certaine redondance, furent écartées du recueil de 1994 au profit d'autres écrits encore inconnus en anglais.

Dans le cadre de ses cours des dix-huit mois suivant son arrivée à Clermont-Ferrand, se déploient progressivement les réflexions menant à la formation et à l'articulation de tous les concepts centraux de la thèse de 1943. Comme on ne peut s'appuyer à ce sujet que sur des inédits appelés à le rester, on se permettra de citer fréquemment, pour rendre disponibles dans les formulations mêmes de Canguilhem, les pièces à l'appui de notre lecture.

Deux mois après son arrivée à Clermont-Ferrand, en juin 1941, Canguilhem fait un cours sur « La valeur », question au programme certes, mais aussi thématique à laquelle, comme on l'a dit, il avait toujours assigné la place centrale dans sa réflexion philosophique, depuis les années 1920 jusqu'au *Traité de logique et de morale* publié avec son ami Camille Planet en 1939 [1]. Comme au cours des années 1930, Kant, Le Senne, Dupréel et Nietzsche y servent de point d'appui pour engager la réflexion critique sur la vie et les valeurs [2]. Mais apparaissent aussi dans ces leçons des auteurs jusque-là absents de ses écrits, des néo-kantiens de l'École dite du sud-ouest, notamment Wilhelm Windelband (*Präludien*, 1884), Heinrich Rickert (*System der Philosophie*, 1921) et Robert Reininger (dont l'ouvrage *Wertphilosophie und Ethik*, venait de paraître) [3].

1. De cet ouvrage d'ailleurs Canguilhem voudra se reconnaître explicitement comme le rédacteur principal non pas, comme probablement on s'y attendrait, de la partie sur la logique (c'est-à-dire de la philosophie des sciences comme nous dirions plutôt aujourd'hui), mais de celle sur la morale. En effet dans une lettre au chercheur italien Giuseppe Sertoli, en 1984, il écrit à propos de sa collaboration avec son ami Planet : « Nous avons un jour comparé les leçons dactylographiées que nous remettions à nos élèves et décidé de les réunir après révision systématique. Planet a rédigé les leçons de philosophie des sciences. J'ai rédigé les leçons de morale » (le brouillon de cette lettre avait été inséré dans l'exemplaire de la thèse de Giuseppe Sertoli qui porte la cote CAN 1376 dans la bibliothèque de Canguilhem conservée au CAPHÉS) ; sur ce point voir aussi la présentation du *Traité* par Xavier Roth, *OC* I, p. 624.

2. Au moins depuis sa conférence de 1938 sur « Activité technique et création » (cf. *OC* I, p. 499-509) Nietzsche, sur ces questions, nourrit sa méditation. Canguilhem a laissé dans ses notes du printemps 1941 un intéressant tableau de l'évolution des idées de Nietzsche sur la valeur, dans *La Généalogie de la morale*, *Par delà le bien et le mal*, *Zarathoustra* et *La volonté de puissance*, où il énonce notamment que les morales sont « le langage chiffré des passions, mais les passions elles-mêmes le langage chiffré des fonctions organiques ». Canguilhem conclut : « La valeur c'est selon Nietzsche, la fécondité de la vie » [entendons ici l'activité synthétique du vivant]. Plus loin, il citera encore « Si nous parlons de la valeur nous parlons sous l'inspiration, sous l'optique de la vie : la vie elle-même nous force à déterminer des valeurs ».

3. En 1941. Canguilhem ajouta cet ouvrage à la bibliographie préparée pour les étudiants par Cavaillès l'année précédente; Windelband et Rickert y figuraient déjà. Cf. *infra*, p. 62 et 1158. Henning Schmidgen, sur la base d'une lecture attentive du *NP*, sans connaissance des manuscrits cités ici, a déjà, le premier semble-t-il, attiré l'attention sur cette relation de Canguilhem avec ces néo-kantiens allemands; voir « Georges Canguilhem et "les discours allemands" » dans Anne Fagot-Largeault, Claude Debru et Michel Morange (dir.),

En simplifiant, on pourrait dire que, de Rickert, ce qu'il retient au premier chef c'est un trait de la différence entre existence et valeur : s'il ne peut y avoir d'existence négative, il existe bien des valeurs négatives [1]. Que la valeur ne soit pas de l'ordre de l'exister, c'est chez Canguilhem une conviction ancienne, reprise notamment de Jules Lagneau; ce qui est neuf chez lui c'est son recours au concept de valeur négative [2] : « Tout évaluer confirme une contrariété », chaque acte de valorisation est indissociable d'une polarité propre. De Reininger, Canguilhem citera fréquemment dans ses cours l'énoncé qu'il reprendra aussi dans l'*Essai* de 1943 : « Unser Weltbild ist immer zugleich ein Wertbild ». Dans une leçon intitulée « La Biologie » [3], où les « tendances » sont présentées comme des « recherches [polarisées] de valeurs », il affirmera : « Vivre c'est *valoriser* : c'est-à-dire choisir, préférer et exclure. Le besoin et la défense sont des jugements de valeur. L'aliment et l'excrément sont des valeurs » [4].

Le besoin, qui est bien l'identité de ces « exigences du vivant » dans lesquelles sa communication marquante de 1937 plaçait l'initiative de la technique [5], apparaît à Canguilhem un mode de référence et de discernement. C'est, dira-t-il, ce qui réfère un milieu à un organisme : « Un être pour qui quelque chose est recherché selon un besoin n'est pas un être inerte, c'est un vivant polarisé. Le besoin c'est donc bien pour cet être un mode de référence, de discernement ». [6] « Dans l'activité pragmatique du vivant, toute opération technique (*référence positive* du milieu à l'être) implique un besoin (*référence négative* du milieu à l'être). C'est l'exigence vitale déçue dans le besoin, satisfaite par la technique, qui constitue le pôle positif de la référence » [7].

Cette polarité traduit déjà être en quelque sorte un jugement inchoatif; nous sommes bien sur le chemin de la normativité du vivant : « Si nous admettons, en accord du reste avec la suggestion étymologique, que juger c'est discriminer et évaluer, pourquoi refuserions-nous le jugement même à une amibe, à un végétal ? Partout où il y a vie [..] il y a discernement et choix et donc il y a jugement. Parce que la conscience relative dont il jouit permet à l'homme de construire une théorie du

Hee-Jin Han (éd.), *Philosophie et médecine. En hommage à Georges Canguilhem*, « L'histoire des sciences – Textes et études », Paris, Vrin, 2008, p. 51-62.

1. *System der Philosophie*, Tübingen, Mohr, 1921, tome I, p. 117 *sq.*

2. À propos de quoi Canguilhem, à la fin de la décennie, appuiera la traduction en français de l'opuscule de Kant sur le concept de grandeur négative (cf. *infra*, p. 361 *sq.*).

3. Cette leçon est de 1942-1943. *Cf.* CAPHÉS, GC. 11.2.1, fol. 3 et 7.

4. *Besoins & tendances* est le titre que Canguilhem donnera en 1952 à son recueil inaugurant sa collection de « Textes et documents philosophiques » chez Hachette. Cf. *infra*, p. 437-524.

5. « Descartes et la technique », *OC* I, p. 497.

6. « La valeur et la polarité du jugement », CAPHÉS, GC. 11.2.2, fol. 129.

7. *Ibid.*, fol. 130.

jugement, cela n'entraîne pas que la puissance de juger commence à lui et soit refusée aux vivants autres que lui »[1].

Le rôle assigné ici au besoin dans l'élucidation de la nature des « exigences du vivant » ne risque-t-il pas de mener à la subordination de la valeur au fait, à l'encontre de la conviction maintes fois fermement énoncée par Canguilhem, depuis les années 1920, de la priorité de la valeur sur le fait et la nécessité ? Sommes-nous ici sur la pente d'un reniement ? Non pas si le besoin est déjà reconnu comme norme, c'est-à-dire, comme référence d'une exigence à une existence : « On peut dire que toute théorie des valeurs tendant à les dériver d'un fait initial supposé, fût-il psychologique comme le besoin, ne peut le faire qu'en traitant ce fait comme une valeur : si dans le besoin on ne reconnaît pas une finalité implicite aucune valorisation des objets par le besoin ne peut être conclue »[2].

Comme dira Canguilhem, « le besoin *fait* la valeur. La faim n'est pas un besoin qui prend pour aliments tels ou tels objets. La faim *fait* de tels ou tels objets des aliments. [...] Le besoin est nettement intentionnel et sélectif. [...] Le besoin est créateur en ce sens que dans tout besoin une polarité est déjà impliquée [...]. Un besoin n'est [donc] pas un simple fait susceptible d'être expliqué selon des lois naturelles. L'exposition à la chaleur explique qu'une plante perde l'eau de ses tissus. Mais que la plante s'adapte à la chaleur en se donnant telle disposition de ses stomates, cela fait que *le fait de la dessiccation* est éprouvé par la plante comme ce à quoi elle doit s'opposer. Le besoin de conserver l'eau traduit le conflit d'une réalité et d'une exigence[3]. [...] À la racine du besoin il y a toujours un conflit entre l'existence et l'exigence, de sorte que finalement un besoin c'est une norme de solution de ce conflit. Le besoin est inséparable de l'instinct chez l'animal ou de la technique chez l'homme, c'est-à-dire du mode d'activité par laquelle la matière de l'existence est liée à la forme de l'exigence, ou les moyens à la fin ». [...] « Le besoin ne crée de la

1. *Ibid.*, fol. 128. Canguilhem reviendra sur cette question dans sa conférence inédite « La relativité des normes » prononcée au Collège philosophique en décembre 1950. L'obstacle à traiter la norme comme jugement, dira-t-il, vient de ce que celui-ci dans la tradition philosophique française est « identifié à une opération de caractère logique et théorique qui a pour objet la reconnaissance de réalités ou de faits [...], mais si nous conservons au jugement sa signification originelle de discrimination et d'appréciation critiques, nous pouvons aussi bien intégrer le connaître et l'agir dans le juger, à la condition bien entendu de ne pas préjuger d'avance de l'unicité ou de la multiplicité des postulats normatifs des systèmes de l'agir et du connaître. Car même si l'agir est jugement autant que le connaître, il est possible (il est peut-être même obligatoire) que leurs normes fondamentales pour être inverses ou rivales, n'en soient pas moins pareillement des normes, de légitimité égale sinon identique » (CAPHÉS, GC. 24.9.6, fol. 6).

2. *Ibid.*, fol. 129.

3. Ce qu'il appellera plus tard dans l'*Essai*, d'après Kurt Goldstein, le « débat de l'organisme avec son milieu ».

valeur qu'en rapport synthétique avec une donnée qui n'est pas éprouvée comme non valeur mais comme valeur négative. La polarité, caractère essentiel de la valeur, n'est pas postérieure et extérieure au besoin, elle lui est intérieure »[1].

Comme on voit, à ce stade, sont déjà constitués et mis en relation tous les éléments de la thèse centrale de la philosophie biologique de Canguilhem, celle d'une polarisation et d'une normativité des activités du vivant, telle que l'exprime l'*Essai* déposé vers la fin de mai ou au début de juin 1943.

On n'a pas jusqu'ici vu apparaître dans cette reconstitution les travaux de Kurt Goldstein dont on a souvent fait grand cas pour expliquer par leur influence les thèses centrales du *N&P*. C'est que l'examen des manuscrits donne à penser qu'il ne joua nullement le rôle de la « chiquenaude initiale », ou d'un terreau de croissance pour la réflexion canguilhemienne, à la différence par exemple de ce qui s'était passé pour *La structure du comportement* de Merleau-Ponty[2]. La rencontre survint relativement tard dans la préparation de la thèse[3], postérieurement à l'exposition dans son enseignement de toutes ses thèses centrales sur le besoin, le jeu des valeurs négatives, la polarité de la vie et la normativité qui la traduit. Canguilhem n'avait pas à emprunter à *La structure de l'organisme* les fondations de son discours ; il les avait lui-même déjà posées au moment où il le lut. Ce que lui offrit la lecture de Goldstein c'est surtout une confirmation indépendante et autorisée. Il en fit alors grand cas dans le dernier chapitre de sa thèse ; il lui emprunta d'opportunes formulations et il introduisit dans les chapitres déjà rédigés deux allusions aux travaux du neurophysiologiste allemand ; il faut se souvenir que Goldstein jouissait déjà d'une très grande réputation, de sorte que ses travaux offraient un appui de taille à des vues plutôt hétérodoxes et une certaine légitimation.

Canguilhem, dans son allocution de 1987 lors de la remise de la Médaille d'Or du C.N.R.S., a lui-même évoqué l'apport de ses lectures allemandes, soulignant que c'est alors qu'il mit fin à ses « hésitations concernant l'intérêt qu'il y aurait à s'interroger sur les pouvoirs de la vie par l'étude de leurs défaillances ». Après quoi il ajoutait, « Je ne puis omettre de dire que l'homme, encore inconnu de moi et à qui j'allais tant devoir par la suite, Gaston Bachelard, par le rôle qu'en 1938, déjà, il assignait aux « obstacles épistémologiques » dans la formation de l'esprit scientifique, me semblait une caution de mon intérêt pour les valeurs négatives dans l'étude des valeurs d'un pouvoir. Mon collègue et ami Camille Planet, philosophe, musicien

1. « Si l'on peut voir dans la Psychanalyse une théorie des valeurs ? », CAPHÉS, GC. 11.2, fol. 120-121.

2. Le cas est en effet tout à fait différent de celui de Maurice Merleau-Ponty dont de larges segments de *La structure du comportement* (ouvrage publié en décembre 1942, acquis par Canguilhem en mars 1943) sont explicitement une glose sur des travaux de Goldstein.

3. C'est dans un cours de Daniel Lagache que suivait Canguilhem à Clermont-Ferrand que son attention fut attirée sur les travaux de Goldstein. Cf. *infra*, p. 106, note 1.

et peintre, m'avait déjà entraîné sur cette voie alors peu fréquentée dans la France des philosophes ». Le rôle de Planet paraît ici fort plausible [1]. Celui de Bachelard, à ce stade et sur ces questions au cœur de l'*Essai* de 1943, à titre de « caution » peut-être mais non comme source. Et pour au moins trois raisons. D'abord parce que Canguilhem n'avait pas attendu que Bachelard mette en circulation la notion d'« obstacle », dans *La formation de l'esprit scientifique* en 1938, pour donner expressément à l'obstacle, c'est-à-dire à la négativité, le rôle qu'il lui assigne en 1943. Il écrivait en effet dès 1937 : « La science procède de la technique non pas en ceci que le vrai serait une codification de l'utile, un enregistrement du succès, mais au contraire en ceci que l'*embarras* technique, l'*insuccès* et l'*échec* invitent l'esprit à s'interroger sur la nature des *résistances* rencontrées par l'art humain, à concevoir l'*obstacle* comme indépendant des désirs humains, et à rechercher une connaissance vraie. [...] » [2]. Ensuite, parce que l'on chercherait en vain la mention de Bachelard et de ses travaux là où dans ses leçons de Clermont-Ferrand se mettent en place les concepts clés de sa philosophie biologique [3]. Enfin, il se trouve que Canguilhem a expressément nié toute contribution de l'épistémologie bachelardienne à l'élaboration de sa thèse (et, de fait, Bachelard n'est nulle part mentionné dans la première partie du *N&P*, celle qui date de 1943). En effet dans une lettre contemporaine de l'allocution citée plus haut, il écrit de façon non équivoque à un chercheur néerlandais : « Ma conception "normative de la vie" ne doit rien à la lecture des œuvres de Bachelard, pourtant connues de moi, à la fois par goût, et par obligation professionnelle. C'est dans ma thèse de philosophie sur le réflexe en 1955 que j'ai fait état de quelques références à Bachelard. Devenu son successeur, et professeur d'histoire et de philosophie des sciences j'ai développé des idées et traité des questions dans l'esprit de l'épistémologie bachelardienne et je n'en renie rien. Je fais seulement des réserves sur la parenté, exposée par vous, de ma conception de la "vie" et de son étude d'une part, et de ma conception épistémologique de l'histoire de sciences d'autre part » [4].

1. Xavier Roth en a déjà fort bien exposé les raisons; il n'est donc pas utile d'y revenir ici. Cf. *OC* I, p. 621-625.

2. « Descartes et la technique », *op. cit.*, p. 496-497. Les italiques ont été ici ajoutés.

3. Bien que, dans une leçon de son cours « Biologie 1942-1943 », intitulée « Des obstacles à la connaissance de la vie », Canguilhem souligne toutefois (en s'appuyant sur *La formation de l'esprit scientifique*, *La psychanalyse du feu* et *L'eau et les rêves*) qu'un « cours de méthodologie des sciences doit aujourd'hui commencer par un inventaire des objets de la science » (CAPHÉS, CG. 11.2.1, fol. 4). À ce stade de ses travaux, alors que sa conception distinctive du vivant est déjà formée, l'appel à Bachelard vient confirmer au plan épistémologique la prégnance de « l'obstacle de surdétermination affective de l'objet vivant ».

4. Lettre à Kees Hertogh, 5 février 1987. (Il s'agit d'une pièce afférente à la thèse cotée CAN 274 dans le Fonds Canguilhem conservé au CAPHÉS).

*

D'épistémologie, comme de Gaston Bachelard lui-même, il a été jusqu'ici fort peu question, ce qui pourrait surprendre, non sans raison, puisque Canguilhem, dans le sillage de celui qu'il a reconnu à cet égard pour son maître, demeure aux yeux de ses contemporains comme l'un des plus éminents théoriciens et praticiens de l'épistémologie historique. Or un lecteur un peu attentif aux écrits de 1940 à 1965 ne pourra manquer de remarquer que les mentions de Bachelard, comme aussi les occurrences de vocables de la famille « épistémologie », ne sont pas dans les écrits de cette période si nombreuses qu'on s'y attendrait, qu'elles sont d'apparition peut-être plus tardive qu'on l'aurait cru et que la croissance de leurs fréquences respectives se fait à peu près simultanément. Ce que l'on découvre à la lecture de ces écrits, c'est en effet que chez Canguilhem la thématisation de l'épistémologie s'effectue d'abord et surtout à l'occasion de ses écrits sur Bachelard. Or ces textes sont rares avant 1963.

Dans l'œuvre publiée de Canguilhem de 1926 à 1939 on ne relève que deux mentions du terme « épistémologie » et aucune pour l'épithète [1]. L'*Essai* de 1943 use trois fois de l'épithète, mais jamais du substantif et dans *La connaissance de la vie* qui réunit en 1952 des textes majeurs de l'immédiat après-guerre le substantif apparaît une seule fois, et l'épithète cinq fois. Aucune de ces occurrences ne fait l'objet d'un développement. Dans la thèse de 1955, *La formation du concept de réflexe* le substantif et l'épithète n'apparaissent chacun qu'en solitaire.

Il n'en va pas autrement dans la presque totalité des écrits de ce tome IV. En effet, avant le premier article que Canguilhem consacre à Bachelard en 1957 (« Une épistémologie concordataire » [2]), « épistémologie » apparaît cinq fois et l'épithète fait une unique apparition. En fait, de 1926 à 1962, on ne trouve chez Canguilhem qu'une vingtaine de mentions de vocables de cette famille. C'est peu pour un auteur dont la plupart des études qui lui ont été consacrées identifient l'œuvre à sa contribution à l'épistémologie historique. À l'évidence, cette lecture est réductionniste. Excellent praticien de l'analyse épistémologique, comme on voit dans nombre de ses

1. Je me permets de renvoyer à ma communication présentée au Max-Planck-Institut für Wissenschaftsgeschichte en décembre 2010, dont je reprends ici certains éléments, disponible sur le site de cet Institut (www.mpiwg-berlin.mpg.de) : « L'épistémologie historique dans l'itinéraire intellectuel de Georges Canguilhem ». On lira aussi avec intérêt l'article récent de Pierre-Olivier Méthot qui réexamine la question de la position de Canguilhem en regard du mouvement hétérogène d'auteurs se réclamant de l'épistémologie historique (« On the genealogy of concepts and experimental practices : Rethinking Georges Canguilhem's historical epistemology », *Studies in History and Philosophy of Science*, vol. 44, 2013, p. 112-123). Pour un regard critique sur ce mouvement, *cf.* Yves Gingras, « Naming without necessity. On the genealogy and uses of the label "historical epistemology" », *Revue de synthèse*, tome 131, 6e série, 2010, p. 439-454.

2. Cf. *infra*, p. 729-739.

écrits antérieurs aux années 1960, et éminemment dans sa thèse de 1955, Canguilhem néanmoins n'a entrepris de thématiser l'épistémologie historique qu'à compter de la rédaction de ses écrits sur Bachelard, surtout après la mort de celui-ci à l'automne 1962. Si de 1926 à 1962 on trouve dans ses écrits en moyenne moins d'une occurrence par année de vocables de la famille « épistémologie », en revanche, de 1963 à 1995, on n'en trouve pas moins de 110, dont 56 pour les 6 premières années, de 1963 à 1969. C'est au cours de cette période relativement courte, la mort de Bachelard suscitant un retour sur ses écrits, que l'intérêt de Canguilhem à sonder explicitement la nature et la portée de l'épistémologie connaît un développement rapide.

Aussi est-ce d'ailleurs à compter de cette époque où paraissent des publications et des interventions en avalanche sur la philosophie bachelardienne [1] que, de façon durable, s'imposera l'identification de Canguilhem à l'épistémologie que l'on dira historique [2], jusqu'à faire oublier que son itinéraire intellectuel avait suivi une courbe propre. Événement tardif chez Canguilhem – il a déjà 59 ans en 1963 – le jaillissement de ces écrits thématisant l'épistémologie ne résultait pas d'une nécessité interne à la conduite de ses propres travaux. On l'a vu, le mouvement de sa méditation et de ses travaux vient d'ailleurs, de sa philosophie des valeurs puis de l'investissement de

1. En 1962, deux conférences à l'ORTF sur la vie et l'œuvre de Bachelard (« La pensée et l'œuvre de Gaston Bachelard », I et II, en date du 24 octobre et du 31 octobre) (cf. *infra*, p. 1031-1033 et 1035-1040) et une notice dans *Moissons de l'esprit*, le bulletin des Presses Universitaires de France (cf. *infra*, p. 1041-1043); en 1963 trois articles majeurs, les plus connus et les plus souvent cités, repris dans les *Études d'histoire et de philosophie des sciences* : « L'histoire des sciences dans l'œuvre de Gaston Bachelard », « Gaston Bachelard et les philosophes » et « Dialectique et philosophie du non chez Gaston Bachelard »; en mai 1964, à la radio une conférence intitulée « Gaston Bachelard » (cf. *infra*, p. 1079-1084); en 1966, « L'évolution du concept de méthode de Claude Bernard à Gaston Bachelard », aussi repris dans les *Études d'histoire et de philosophie des sciences*; en 1970, la présentation du recueil des *Études* de Bachelard dont il avait préparé l'édition (Vrin) et en 1972, la préface au recueil *L'engagement rationaliste* dont il avait également été l'initiateur (Presses Universitaires de France); en 1974, l'article en italien sur « Gaston Bachelard » dans l'*Encyclopédie Mondadori*; en 1984, « Gaston Bachelard, psychanalyste dans la cité scientifique? » dans un périodique italien et, la même année, « Gaston Bachelard 1884-1952 », une fiche, publiée par les Postes, Téléphones et Télégraphes, destinée aux philatélistes, à l'occasion de l'émission d'un timbre à l'effigie de Bachelard (ces textes, de 1974 et 1984, seront repris dans le tome V des *OC*). À quoi on pourrait ajouter une allocution inédite, prononcée en l'honneur de Bachelard, à l'invitation d'Alexandre Koyré, devant les membres du Groupe français d'histoire des sciences, en 1963 (Fonds Canguilhem, CAPHÉS, GC. 31.5.7).

2. Chez Canguilhem, la locution « épistémologie historique » apparaît d'abord en 1963; elle n'est pas chez lui d'usage fréquent (quatre occurrences seulement dans l'ensemble des écrits publiés) et cet usage est générique s'appliquant par exemple aussi bien à Thomas Kuhn qu'à Bachelard.

celle-ci dans sa philosophie biologique, dans la compréhension des ressorts de l'activité normative du vivant.

Bien sûr, on ne saurait minimiser la valeur et la portée exceptionnelles des écrits épistémologiques de Canguilhem. C'est à juste titre qu'ils ont retenu tant d'attention, et il est fort compréhensible qu'ils aient fait école. Mais, s'agissant de la compréhension de la dynamique de l'œuvre canguilhémienne, c'est par illusion rétrospective qu'on a pu faire des objectifs et de la mise en œuvre des méthodes de l'épistémologie historique la grille explicative de tous ses écrits, et même par exemple de l'*Essai* de 1943, occultant sous cette interprétation le rôle moteur de sa philosophie des valeurs et de sa philosophie biologique.

On remarquera d'ailleurs que si la thèse de 1955 constitue un magnifique exemple d'histoire des sciences dont la démarche est éclairée par une réflexivité proprement épistémologique, qui en fait une sorte de discours de la méthode en histoire des sciences, il est loin d'être clair que le mouvement qui l'anime soit bachelardien, même si Canguilhem a voulu dans sa lettre à Hertogh signaler que « C'est dans ma thèse de philosophie sur le réflexe en 1955 que j'ai fait état de quelques références à Bachelard »[1]. On y trouve effectivement quelques références, mais aussi on constate que quelques thèses bachelardiennes s'y voient contestées et, comme dira Canguilhem dans son allocution de 1987 : « J'admets volontiers qu'on puisse me reprocher d'avoir été, en histoire de la médecine, plus indulgent que Bachelard pour ce qu'il appelait "La paléontologie d'un esprit scientifique disparu" ». *La Formation du concept de réflexe*, malgré son titre en clin d'œil et sa dédicace à Gaston Bachelard, n'est nullement une application de *La formation de l'esprit scientifique*.

Ici, parmi les écrits de ce tome IV, on notera également qu'à partir du moment où, du fait des obligations de son « métier », les prestations en histoire des sciences se multiplient rapidement, les premières d'entre elles ne portent guère de marques de l'épistémologie historique telle qu'on l'entendra à compter de la deuxième moitié des années 1960[2]. Jusqu'au début des années 1960, les conférences sur Descartes, La Mettrie, Lamarck et Darwin ou encore Claude Bernard, les deux longues contributions à l'*Histoire générale des sciences* de René Taton, les nombreux comptes rendus, sont certes d'intéressantes contributions à la discipline, souvent émaillées de considérations personnelles originales et d'aperçus nouveaux et perspicaces, mais s'ils portent une marque distinctive, ce serait plutôt celle de sa philosophie

1. Cf. *supra*, p. 38, n. 4.

2. Surtout à la suite de la publication des travaux de Dominique Lecourt, *L'Épistémologie historique de Gaston Bachelard* et la *Critique de l'épistémologie*.

biologique et de sa perspective vitaliste [1]. C'est plus tard, à compter de 1962-1963 environ, que, tout en continuant de faire valoir cette philosophie et cette perspective, il rend manifeste aussi dans ses travaux l'entrelacs de l'histoire des sciences et de l'épistémologie [2].

*

Même à ce stade, sa philosophie biologique, en élaboration pendant une décennie à compter du début des années 1940, continue d'être – elle le restera jusqu'à la fin – au centre de l'attention de Canguilhem en même temps que sa contribution fondamentale. On l'a vu, même après sa consécration comme historien des sciences, il n'hésite pas à déclarer ne pas être « véritablement » un historien de sciences, mais plutôt un « professeur de philosophie » intéressé aux rapports entre la philosophie et les sciences et tout particulièrement en ce qui a trait à des « concepts interprétatifs de fonctions biologiques » [3]. Et il ajoutait : « Si vous voulez, l'histoire de la médecine est le laboratoire de la philosophie biologique » [4].

Quatre ans après la thèse sur le normal et le pathologique, un an après la publication de son article sur « La Théorie cellulaire », et au moment où s'engage le cycle de ses conférences au Collège philosophique qui seront reprises dans *La connaissance de la vie*, « Aspects du vitalisme », « Le vivant et son milieu » et « Machine et Organisme », en 1947, Canguilhem a voulu faire le point. Sa « Note sur la situation faite en France à la philosophie biologique » s'avère en effet, tout autant

1. Sur cette perspective vitaliste, bien présente dans ses écrits de 1940 à 1965 et évidente aux yeux de n'importe quel lecteur un peu attentif, on doit surtout se rapporter aux trois ouvrages formant le tome II des *OC*. Ce sont en effet les textes clés pour la saisie des spécificités du vitalisme canguilhémien. On n'a pas cru devoir s'y étendre ici; on se rapportera plutôt là-dessus à ces écrits et aux présentations de chacun des éditeurs de ce tome II.

2. C'est vers le même moment, confronté aux découvertes de la biologie moléculaire, comme il est surtout clair dans plusieurs de ses écrits publiés à compter de 1966, que Canguilhem sentira de plus en plus cependant le besoin de réinterroger certains présupposés de cette philosophie. On y reviendra au tome V.

3. Dans l'entretien publié dans *Tonus* et déjà cité.

4. On notera que dans son article fameux sur « L'objet de l'histoire des sciences » (d'abord publié en 1968 dans les *Études d'histoire et de philosophie des sciences*) Canguilhem avait rejeté la notion d'une histoire des sciences laboratoire de l'épistémologie. (Au cours d'une argumentation d'ailleurs difficile, de sorte que certains commentateurs lui ont attribué à ce sujet une position exactement contraire à la sienne). Or, si Canguilhem peut affirmer ici en 1972 que l'histoire de la médecine est le laboratoire de la philosophie biologique, c'est justement parce que philosophie biologique et épistémologie ne sont pas du tout la même chose.

qu'un examen du sort fait à la philosophie biologique, une lecture par Canguilhem de sa propre position au sein du paysage philosophique de son pays [1].

Il relève que quelques biologistes, comme Frédéric Houssay, Georges Teissier, Marcel Prenant, Maurice Caullery, ont publié quelques articles sur la biologie, mais surtout à propos de « questions de méthode », c'est-à-dire d'épistémologie plutôt que de philosophie biologique entendue comme une « interprétation des phénomènes biologiques fondamentaux », question liée, écrit-il, au « problème plus général relatif à l'actualité de la pensée métaphysique » [2]. Chez les philosophes, à part Raymond Ruyer [3] dont il salue la parution récente des *Éléments de psychobiologie* (bien qu'il en juge par moments « la hardiesse un peu fantaisiste »), et dont il relève que les articles de 1940 sur l'individualité « font une exception mémorable à cette longue habitude d'indifférence à l'égard de la philosophie biologique », il ne voit guère à mentionner au cours du siècle en France que *L'Évolution créatrice*, ouvrage déjà très ancien [4] d'un auteur disparu au début de la guerre. Cette grande rareté paraît devoir le confiner à une quasi solitude. Or cette rareté est en France de tradition, rappelle-t-il.

1. Paysage qu'il contraste avec le paysage philosophique allemand. Cf. *infra*, p. 312.

2. Pour éviter toute méprise rappelons que la métaphysique chez Canguilhem, restera toujours en son centre une philosophie des valeurs en opposition au donné, et qu'elle se veut purgée de toute ontologie. Il désignait en 1938 cette position comme un « intellectualisme axiologique » (cf. *OC* I, p. 499). Des écrits de jeunesse jusqu'à l'entretien de 1965 « Philosophie et vérité » repris ici (cf. *infra*, p. 1121-1138), la conception du savoir chez Canguilhem – qui a lui-même avancé qu'il faut aller « jusqu'à exorciser le réalisme » – paraît bien difficile à réduire à un simple réalisme (*cf.* « L'évolution du concept de méthode de Claude Bernard à Gaston Bachelard », dans les *EHPS*, p. 171).

3. Canguilhem rendra compte en 1953 d'un autre ouvrage de Ruyer, *Néo-finalisme*, duquel il écrit alors : « On retrouve avec plaisir dans cet ouvrage les qualités qui ont fait le succès des *Éléments de Psychobiologie*, et particulièrement l'alliance d'une information biologique vaste et sûre avec une authentique vigueur philosophique ». Il y souligne encore que ses derniers chapitres « renouvellent bien des problèmes de philosophie biologique, dont l'intérêt est trop généralement méconnu » ; cf. *infra*, p. 527-528.

4. À propos de Bergson, Canguilhem tient à marquer qu'il n'entend pas faire « profession d'adhésion au bergsonisme, mais simplement aveu de perplexité devant la tâche philosophique du moment ». Il reconnaît « que la valeur de la philosophie bergsonienne, pourvu toutefois qu'on la lise sans préjugé – ce qui, nous pouvons l'avouer, n'a pas toujours été notre cas – c'est d'avoir compris le rapport exact de l'organisme et du mécanisme, d'avoir été une philosophie biologique du machinisme, traitant les machines comme des organes de la vie, et jetant les bases d'une organologie générale ». Et il ajoute : « la philosophie de l'*Évolution créatrice* nous semble l'essai le plus clairvoyant, sinon totalement réussi, pour compléter l'explication des mécanismes (y compris les mécanismes de la vie) ». (Cf. *infra*, p. 319-320).

Comme déjà chez Descartes, « dans la philosophie d'Alain, de Brunschvicg, de Sartre, la vie n'est pas reconnue comme objet métaphysique propre » [1].

D'autres attitudes, tout autant que le rationalisme français traditionnel, font obstacle à l'intelligence du projet. Ainsi le dogmatisme matérialiste de certains marxistes, particulièrement militant à cette époque en France. Pour ce matérialisme qui se méconnaît comme métaphysique et « au nom duquel, comme d'un dogme, on condamne chez nous toute conception de la vie dite, sommairement et sans nuances, vitaliste », la teneur même du projet canguilhémien de philosophie biologique paraît d'emblée irrecevable. Comme déjà au milieu des années 1930 [2], Canguilhem estime quant à lui que l'attitude des matérialistes marxistes « avère l'existence du problème [...] plutôt qu'elle n'en constitue la solution » [3].

Très conscient de ce risque d'incompréhension, de la part des philosophes comme aussi des scientifiques, Canguilhem demandait « qu'en matière de philosophie biologique, on veuille bien ne pas déconsidérer d'avance, « en la qualifiant d'anté- ou d'anti-cartésienne, c'est-à-dire comme il va de soi de réactionnaire, toute tentative de spéculation conservant sa liberté, non pas évidemment à l'égard des faits scientifiques bien établis, mais du moins à l'égard des conclusions philosophiques ou pseudo-philosophiques que quelques savants pensent devoir en tirer, tout en se flattant cependant de ne jamais quitter le terrain solide de leur savoir expérimental » [4].

1. De cette rareté en France, Canguilhem propose des explications qu'il n'est pas utile de rappeler ici. Cf. *infra*, p. 311 et 313 *sq*.

2. Là-dessus on peut se reporter dans le premier tome des *OC*, par exemple, au compte rendu de « La philosophie du marxisme et l'enseignement officiel, par René Maublanc », p. 482-484, p. 484.

3. Cf. *infra*, p. 314. Pierre Macherey dans son article de 1964, si totalement positif à l'endroit de Canguilhem historien des sciences et épistémologue, ne tait pas son embarras à l'endroit de sa philosophie biologique, de son vitalisme. Dans la même veine, quelques années plus tôt, dans les années 1950, Louis Althusser dans des notes pour un projet d'article resté inachevé, à propos des thèses vitalistes exposées dans *La connaissance de la vie* se demande à plus d'une reprise si Canguilhem ne cède pas à un « gauchisme », à un « gauchisme sociologique », voire à un « subjectivisme sociologique ». Canguilhem lui paraît « déchiré entre 1. une opposition matière-vie où il accepte les concepts naïfs de la science de la matière (– oppose organisme totalité à réalité analytique matière etc.) 2. une exigence de philosophie biologique universelle qui lui fait *réintégrer la connaissance dans la vie*, donc dans la normativité à la limite *vide* ». (Fonds Althusser conservé à l'IMEC, à l'Abbaye d'Ardenne, coté ALT2. A59-03). Si la notion d'un gauchisme de Canguilhem peut aujourd'hui faire sourire, en contrepartie la détection chez Canguilhem d'une possible réintégration de la connaissance dans la vie n'était pas mal vue.

4. « Note sur la situation faite en France à la philosophie biologique », *infra*, p. 312. Dans son article sur « La pensée de René Leriche » (cf. *infra*, p. 721-726, p. 721), Canguilhem observait que bien qu'il arrive à des scientifiques de signer des travaux auxquels ils donnent des titres à résonance philosophique, « [c']est au contraire lorsqu'elle se développe spontanément,

Sur ce point, s'il a sans cesse jugé que toute philosophie, sauf à y perdre sa légitimité et sa validité, « ne puisse être moins que la science » [1], il a aussi soutenu tout aussi résolument que cette astreinte, sous peine d'inutilité par redondance, ne peut limiter le discours philosophique au déjà dit de la science [2].

Dans une conférence contemporaine et par son titre apparentée à sa « Note sur situation faite en France à la philosophie biologique », Canguilhem l'exprime avec force : « Par comparaison avec les fonctions spécialisées, comme la science ou la technique, la philosophie apparaît non pas comme un redoublement – dont on devrait alors se demander quel peut bien en être l'intérêt ou l'importance – mais comme un examen critique et une assignation de valeur » [3].

Cette assignation de valeur n'a rien à voir avec une tâche de moralisation par simplification catéchistique : la philosophie est au contraire une « entreprise systématique de complication des consciences » [4]. Ce dont il s'agit, c'est de retenir que « la morale n'est pas la science mais [...] doit intégrer toute la science » et de « reconnaître l'originalité des valeurs sans empoigner la lyre spiritualiste » [5]. Cette originalité des valeurs tient moins à leurs particularités identitaires qu'aux singularités de situations qui en commandent les rapports. La hiérarchie des valeurs n'est jamais donnée une fois pour toutes. Ultimement, le rôle de la philosophie c'est dans chaque conjoncture d'assurer, dira Canguilhem, un « "pluralisme cohérent" de valeurs » [6], de mettre en cohérence la pluralité de ces valeurs. Or, ce travail n'est jamais achevé, chaque circonstance ouvrant la possibilité de remise en question d'un ordonnancement provisoirement stable.

sans rapport prémédité à la philosophie, qu'une investigation scientifique ou technique risque de lui fournir la matière de réflexions la plus suggestive ».

1. *Cf.* « Philosophie et science », *infra*, p. 1107. Aussi prise-t-il ce qu'il dit trouver chez Ruyer, « une parfaite connaissance des données de la science biologique la plus moderne et la plus circonspecte ».

2. Que la philosophie ne puisse être moins que la science n'est pas chez Canguilhem une invitation faite aux philosophes à céder à leur penchant à faire la leçon aux scientifiques sur leur propre terrain. L'épistémologie ne doit pas se vouloir une intervention *dans* la science : « La position de l'épistémologue doit être en retrait. On ne doit pas intervenir pour engager une recherche scientifique » (dans son entretien avec Jean-Pierre Chrétien-Goni et Christian Lazzeri dans les *Cahiers S.T.S.*, n° 1, 1984, p. 21-34, p. 24).

3. « Situation actuelle de la Philosophie française », conférence prononcée à Strasbourg en mars 1948; manuscrit de 13 feuillets conservé dans le Fonds Canguilhem au CAPHÉS (GC. 24.9.5).

4. *Ibid.*, fol. 1. L'idée se trouvait déjà chez René le Senne.

5. « Milieu et normes de l'homme au travail », *infra*, p. 293.

6. Dans le rapport du Comité international d'experts de l'Unesco, *infra*, p. 544.

L'examen des voies d'élaboration de la philosophie biologique canguilhémienne, projet différent de celui de la constitution d'une épistémologie[1], projet enté sur celui d'une philosophie des valeurs mais sans s'y fondre, nous a confronté à certains obstacles à sa réception, qui sont des obstacles à caractère politique. Quand on s'intéresse à la philosophie de Canguilhem sous ses divers aspects, et éminemment à sa philosophie biologique, et au fond parce que sa philosophie tout entière trouve ses justifications dans des choix axiologiques, on est toujours en quelque façon renvoyé à une dimension politique, non pas évidemment à une soumission à des diktats politiciens. Ici aussi, de nouveau, une boucle est bouclée.

*

Contre Nietzsche qui affirmait que « toute philosophie qui croit qu'un événement politique peut déplacer ou même résoudre le problème de l'existence est une philosophie de plaisanterie, une philosophie de mauvais aloi », Canguilhem rétorquait que « les événements politiques étant un des aspects de l'existence humaine, on voit mal comment une philosophie qui ignorerait les événements politiques pourrait encore se vanter d'être une réflexion sur le problème de l'existence. C'est bien plutôt une philosophie qui définirait d'avance l'existence, c'est-à-dire son problème, indépendamment de tous les visages que peut revêtir l'existence, qui paraîtrait une philosophie de plaisanterie, une philosophie de mauvais aloi »[2]. Pour Canguilhem, l'exercice philosophique a pour exigence l'attention au temps présent et pour fonction l'assertion en un moment déterminé d'une cohérence des normes du jugement et de l'action.

Aussi trouve-t-on dans son œuvre de nombreux écrits portant ostensiblement sur des questions philosophiques qui s'avèrent simultanément des interventions à dimension politique (et généralement polémique), et d'autres écrits à caractère évidemment politique, qu'un lecteur distrait tiendrait pour purement journalistiques et de portée éphémère, qui s'appuient pourtant sur des analyses proprement philosophiques et un recours inventif et rigoureux à la culture de cette discipline.

Parmi les exemples les plus connus postérieurs à 1940, on citera la conférence « Qu'est-ce que la psychologie ? ». C'est l'un de ses textes les plus célèbres de

1. Projet auquel Canguilhem a aussi œuvré ; il ne s'agit nullement ici de faire l'impasse sur sa contribution épistémologique qui reste majeure et vivace.

2. Dans sa conférence inédite de 1948, « Situation actuelle de la Philosophie française ». Il n'en va pas autrement pour l'histoire même de la philosophie selon Canguilhem : « il n'y a pas d'histoire de la philosophie vraiment philosophique sans une mise en perspective dont le foyer se situe au sein des problèmes actuels » (dans le compte rendu de la thèse de Georges Friedmann, « Leibniz et Spinoza », *infra*, p. 240).

critique épistémologique, qu'on a parfois ramené à un épisode des incessants conflits territoriaux entre universitaires de différentes disciplines, mais qui, prononcé en 1956, en pleine guerre d'Algérie, est aussi à placer dans le contexte de la vogue du recours à la « guerre psychologique » et des volontés de contrôle des populations [1]. De même, l'année précédente, « Le problème des régulations dans l'organisme et dans la société », qui récuse la notion conservatrice d'une homéostasie sociétale, problème que Canguilhem disait tenir pour « fondamentalement préoccupant » [2]. Plus tard, par exemple, les deux conférences « La pensée et le cerveau » (1980) ou « Qu'est-ce qu'un philosophe en France aujourd'hui ? » (1991), qui traitent bien évidemment des questions d'ordre philosophique, sont également des exercices de critique politique et de critique sociale [3].

À l'inverse, les articles dans la *Dépêche du Midi* entre 1958 et 1960, incontestablement de journalisme politique, sont aussi des articles de réflexion sur la norme de justice, la pluralité des valeurs, sur la vertu démocratique, sur le conditionnement, la croyance et la liberté du jugement, sans parler de leçons sur les règles de l'argumentation, les exigences de la langue et de la formation des notions, la nature, l'autorité et la science. De même les éditoriaux de l'époque de la Libération, qui collent à l'actualité politique et à l'événement, rappellent que l'exercice de la liberté en démocratie a ses exigences propres, que la liberté ne se concède pas et mûrit seulement dans la liberté des actes, que l'idéal ne saurait se ramener au fait, que les vertus politiques, guerrières ou intellectuelles sont distinctes et non interchangeables, etc. [4].

1. « Qu'est-ce que la psychologie ? », repris dans les *Études d'histoire et de philosophie des sciences*, p. 365-381 ; cf. *infra*, p. 858, 859-864.

2. Cf. *infra*, p. 644.

3. On pourrait multiplier les exemples, y compris avec des textes moins bien connus tels, entre autres : « Expérience et aventure » en 1949 (cf. *infra*, p. 673-676), « Mort de l'homme ou épuisement du cogito ? » en 1967, « La question de l'écologie : la technique ou la vie » en 1974, « La décadence de l'idée de progrès » en 1987, « La santé : concept vulgaire et question philosophique » l'année suivante. Un écrit comme « Hegel en France » (cf. *infra*, p. 321-341) pourrait apparaître superficiellement un texte d'érudition universitaire. En fait, si on le lit attentivement, on a vite fait de comprendre qu'il s'agit d'un texte de critique philosophique et politique. La puissance politique du PCF, l'agressivité idéologique des communistes, appelaient alors à faire le point sur le marxisme, le matérialisme historique et le matérialisme dialectique. Dans la même foulée, la « Théorie cellulaire » de 1946 dans sa reprise en 1952 fait place à une substantielle section additionnelle qui exhibe les prolongements sociologiques et politiques de travaux biologiques utilisés à des fins de propagande (dans *La connaissance de la vie*, p. 94-98 ; p. 98).

4. « La Résistance et les élections », *infra*, p. 191-194 ; « Les femmes voteront-elles ? », *infra*, p. 201-203 ; « Épuration », *infra*, p. 205-206 ; « La Résistance et l'année nouvelle », *infra*, p. 207-209.

Tous ces textes, et bien d'autres, aux desseins évidemment politiques ou non, pourraient être qualifiés de textes d'*intervention* philosophique. Rien n'est plus loin de Canguilhem que la notion de la philosophie comme contemplation. Chez lui, la méditation est une exigence, mais au service de l'intervention et de l'action. Il l'a donné à comprendre en maintes occasions ; il l'a dit explicitement par exemple dans sa conférence de 1948 sur la situation de la philosophie : « … la philosophie est bien loin d'être dépourvue de toute vertu offensive et de toute efficacité. Et cela explique que les conflits entre la philosophie et la religion ou la moralité d'une société et d'une époque ne laissent pas indifférents ceux qui ont charge de propager ou de maintenir l'une ou l'autre. S'il y a un danger dans la philosophie, c'est qu'il y a un pouvoir effectif de la philosophie. Il n'y a donc qu'apparence d'indifférence du public à l'égard de la philosophie » [1]. Il ne s'agit pas seulement de prendre acte d'incidences, de retombées de l'activité philosophique : « Les problèmes philosophiques parce qu'ils intéressent *tout l'homme* sont aussi des problèmes qui concernent *tout homme*. Et par conséquent la philosophie manquerait à son devoir si elle s'avérait incapable de sortir d'un cercle étroit de spécialistes » [2]. Il y va de la responsabilité du philosophe. Pour Canguilhem l'intervention philosophique est d'essence.

Canguilhem avant Canguilhem, dans toute l'ardeur de son exigeante et impertinente jeunesse, n'aurait pas trouvé à redire aux dires et aux actes du Canguilhem de la maturité.

Comme nous le suggérions au tout premier paragraphe de cette invitation à lire Canguilhem, ce tome IV s'inscrit bien effectivement dans la continuité directe des écrits de jeunesse.

1. « Situation actuelle de la Philosophie française », *op. cit.*, fol. 3.
2. *Ibid.*, fol. 1.

Remerciements

L'édition de ce tome des *Œuvres* n'aurait pas été possible sans l'appui, la patience, les informations et rectifications, et surtout la confiance, que m'ont consentis les membres de la famille Canguilhem, au premier rang Bernard Canguilhem et Françoise Canguilhem-Brocas, mais aussi leurs cousins Roger et Robert Canguilhem et leurs épouses, dont le chaleureux accueil et la générosité intellectuelle m'ont touché. Je ne saurais exagérer ce que leur doit ce volume, et surtout à Bernard Canguilhem qui a consacré des dizaines heures d'entretiens et des centaines d'échanges électroniques à m'instruire de multiples aspects de la vie et des préoccupations de son père.

Je tiens aussi à dire ma dette à l'endroit de nombreux collègues et amis pour les informations, les conseils et la documentation qu'ils m'ont fournies : Denis Arnaud, Jacques Bouveresse, Jean-François Braunstein, Alberto Cambrosio, Michele Cammelli, Lucie Comeau, Monique David-Ménard, Claude Debru, François Delaporte, François Duchesneau, Jean-Luc Gangloff, Yves Gingras, Gabriel Gohau, Gaël Kervoas, Dominique Lecourt, Claude Ménard, Pierre-Olivier Méthot, Françoise Olivier-Utard, Jean-Claude Pariente, Xavier Roth, Claire Salomon-Bayet et Yves Schwartz.

Il me fait aussi grand plaisir de souligner ici l'indéfectible soutien, la généreuse disponibilité et les très compétents apports de l'équipe du CAPHÉS, tout particulèrement de Nathalie Queyroux et de David Denéchaud.

Je veux aussi marquer ma gratitude à l'endroit des directions et des personnels de nombreux établissements qui m'ont ouvert leurs fonds, notamment la Bibliothèque de l'École normale supérieure, le Centre d'histoire de la Fondation nationale des sciences politiques, le Service Patrimoine de la Bibliothèque municipale de Nîmes, la Bibliothèque de la Maison des sciences de l'homme de Clermont-Ferrand, les Archives de l'UNESCO à Paris, le Lycée Chanzy à Charleville, les Archives départementales du Puy-de-Dôme à Clermont-Ferrand, les Archives départementales de la Haute-Garonne à Toulouse, l'IMEC à l'Abbaye d'Ardenne et la Bibliothèque nationale de France.

Enfin, pour avoir accepté de se prêter à la longue tâche ingrate de lectures minutieuses du manuscrit de cet ouvrage, ma reconnaissance va aussi à Anne-Marie Arnaud, Louise Bussière, Jean-Claude Cadieux, Louise Lafontaine et Yves Schwartz. Pour sa lecture critique de l'introduction, je veux aussi souligner combien je suis redevable à Françoise Canguilhem-Brocas. Leur souci partagé de la précision et de la correction m'aura valu d'éviter d'innombrables coquilles et nombre de bévues.

Les lacunes restantes demeurent, évidemment, de ma pleine responsabilité.

PRINCIPES DE L'ÉDITION

Cette édition des *Œuvres complètes* de Georges Canguilhem comportera au total six tomes.

Le tome premier, *Écrits philosophiques et politiques 1926-1939*, publié à la toute fin de 2011, rassemble tous les écrits publiés jusqu'à la Deuxième Guerre mondiale.

Le présent tome IV, le deuxième à paraître, s'inscrit dans la même foulée et présente les écrits publiés de 1940 à 1965, à l'exception des thèses publiées au cours de cette période, ouvrages que l'on trouvera au tome II.

Le tome V donnera tous les textes publiés de 1966 à 1995, à l'exception de ceux publiés en recueils par Canguilhem lui-même. Le tome III reprendra les *Études d'histoire et de philosophie des sciences, Idéologie et rationalité* et *Du développement à l'évolution*.

Le tome VI proposera une biobibliographie, ainsi qu'un index consolidé des noms, reprenant les entrées de tous les volumes, et enfin un index général des concepts.

Selon le souhait des ayants droit de Canguilhem, la composition des recueils déjà existants a été respectée : nous n'avons opéré ni démembrement de ces volumes, ni modification dans l'ordre des textes des recueils.

Les inédits conservés dans le Fonds Canguilhem au CAPHÉS ne seront pas publiés, ce qui aurait été contraire à la volonté de leur auteur. Ces documents inédits restent à la disposition des chercheurs au CAPHÉS, rue d'Ulm. Du fonds du CAPHÉS, seuls les textes ayant déjà fait l'objet d'une publication ou d'une diffusion radiophonique ou télévisuelle sont reproduits dans ces volumes d'*Œuvres*.

L'ordre d'apparition des textes dans chaque volume est chronologique. C'est la date de la fin de la composition de chaque écrit qui a été ici retenue pour l'insertion chronologique, plutôt que la date de publication parfois beaucoup plus tardive, toutes les fois qu'il a été possible de la fixer avec une précision suffisante.

Transcription des textes, notes et index

Dans la transcription de ces écrits, l'usage des majuscules par Canguilhem a été respecté, de même que sa ponctuation. En revanche, les coquilles ont été corrigées sans mention. Toutes les autres modifications sont indiquées en note et, le cas échéant, par l'usage de crochets.

Les notes originales de Canguilhem ont été reprises dans un premier étage de notes. Toutefois, les références qu'il donne étant parfois incomplètes au regard des normes éditoriales adoptées aujourd'hui, nous les avons complétées entre crochets [ ] avec les précisions bibliographiques qui s'imposaient. Ces notes sont appelées dans le texte par des lettres (a, b, c...).

Un second étage de notes, appelées cette fois par des chiffres (1, 2,3...), regroupe les annotations de l'éditeur scientifique. En particulier, des notices biographiques de certains auteurs, figures scientifiques ou personnalités politiques mentionnés par Canguilhem apparaissent généralement à la première occurence du nom propre dans le volume.

Enfin, un index reprend en fin de volume les noms mentionnés par Canguilhem dans tous les écrits rassemblés ici, de même que ceux figurant dans le texte de l'éditeur.

Abréviations et éditions utilisées

Pour les références aux œuvres de Canguilhem, nous utilisons les abréviations communes suivantes (les indications de pagination renvoyant aux éditions courantes, actuellement disponibles dans le commerce) :

CV *La Connaissance de la vie* (selon l'édition de poche Vrin)
EHPS *Études d'histoire et de philosophie des sciences* (selon la 7ᵉ édition Vrin)
FCR *La formation du concept de réflexe* (selon l'édition Vrin)
IR *Idéologie et rationalité* (selon l'édition de poche Vrin)
NP *Le Normal et le pathologique*, Paris, P.U.F., 4ᵉ édition, 1984
OC La présente édition des *Œuvres complètes* de Georges Canguilhem
TLM *Traité de logique et de morale* (selon le tome I des *OC*).

Les références aux papiers inédits conservés dans le Fonds Canguilhem au CAPHÉS, sont conformes aux indications portées sur les dossiers et celles données dans l'indispensable inventaire établi sous la direction de Mme Nathalie Queyroux et désormais accessible en ligne (http://www.caphes.ens.fr/wp-content/uploads/2010/03/archivesgcanguilhem.pdf).

PREMIÈRE PARTIE

1940-1948 : CLERMONT-FERRAND ET STRASBOURG

CERTIFICAT DE PHILOSOPHIE GÉNÉRALE ET DE LOGIQUE INDICATIONS BIBLIOGRAPHIQUES [1]

Bulletin de la Faculté des Lettres de Strasbourg, vol. 20, n° 3, janvier 1942, p. 110-112 [2]

Le *Bulletin* de novembre 1941 [3] a donné le programme du certificat pour l'année 1941-42, modifiant le programme de 1940-41. Les questions essentielles de logique formelle et de logique mathématique ont été

1. Georges Canguilhem avait à compter du 1er avril 1941 pris la relève de l'enseignement de Jean Cavaillès à la Faculté des Lettres de Strasbourg repliée à Clermont-Ferrand. Cavaillès avait été appelé en mars à Paris pour y suppléer à la Sorbonne René Poirier (1900-1995), agrégé de philosophie (1922), professeur à la Sorbonne depuis 1937, alors chargé de mission au Brésil pour travailler à la fondation de l'Université nationale et qui devait y rester jusqu'en 1945.

2. Ce Bulletin, publié pour l'usage des étudiants, paraissait chaque mois pendant l'année scolaire. On y trouvait surtout des cours de certains professeurs, de même que des textes à traduire ou à commenter. La publication se poursuivit après le repli de l'Université de Strasbourg à Clermont-Ferrand. Le *Bulletin* n'était pas réservé exclusivement aux étudiants de la Faculté et se vendait en librairie ainsi que « chez le concierge de l'Université de Clermont-Ferrand ».

Cette publication prendra après la guerre davantage la forme d'une revue scientifique. Canguilhem y publia notamment en 1946 son article sur l'histoire de la théorie cellulaire (repris dans *La connaissance de la vie* en 1952). Yves Béquignon (1899-1990), agrégé de grammaire (1923) et archéologue, directeur de l'Institut d'histoire grecque, alors responsable des publications de la Faculté des Lettres de Strasbourg, écrivait à Canguilhem le 9 mai 1951, pour l'autoriser à inclure cet article dans *La Connaissance de la vie* et il ajoutait : « [...] le *Bulletin* qui a complètement modifié son caractère et qui continue à évoluer (sans doute en vertu de je ne sais quel principe biologico-psychique) [...] ».

3. Le *Bulletin de la Faculté des Lettres de Strasbourg* (vol. 20, n° 1, novembre 1941, p. 17-24) avait donné le « Programme des certificats d'études supérieures, Strasbourg, 1941-1942 – 1942-1943 ». Celui du Certificat de Philosophie générale et Logique (p. 18), auquel réfère ici le texte de Canguilhem, se lisait comme suit :

« [1.] Les définitions de la logique. – Logique formelle : éléments du calcul des propositions et du calcul des prédicats. Système formel. Notion de démonstration. – 2. La

maintenues. C'est donc plutôt les questions de philosophie générale qu'on a renouvelées, si l'on peut ainsi nommer la reprise de quelques questions figurant à l'avant-dernier programme.

En conséquence, la Bibliographie proposée par M. Cavaillès dans le *Bulletin* de janvier 1941 [1] reste toujours valable et spécialement pour tout ce qui concerne la logique formelle et la logique mathématique (§ 1 et 2) [2] à quoi on s'interdit d'apporter quelque modification que ce soit.

Pour les autres questions, les additions suivantes sont proposées [3] :

§ 4. – *La Nature.*

– Max Planck, *Initiations à la Physique*, Paris, Flammarion, 1941 [4].

§ 5. – *La Vie*

– E. Le Roy, *L'exigence idéaliste et le fait de l'évolution*, Paris, Boivin, 1927 [5].

logique et les mathématiques ; axiomatisation d'une théorie : les définitions par récurrence et le principe d'induction complète ; le tiers exclu et l'infini. – 3. L'espace et la matière : les systèmes hypothético-déductifs en mécanique et en physique ; les grandes théories de l'expérience physique. – 4. La nature : causalité, déterminisme, probabilité. – 5. La vie ; méthode en biologie : la statistique en biologie et en sociologie ; l'individu, l'évolution. 6. Le temps : l'événement, la causalité historique ; les philosophies de l'histoire, devenir et destinée. – 7. La connaissance. Entendement et sensibilité. Entendement et raison. Les principes directeurs de la connaissance. Identité. Causalité. Légalité. Finalité. – 8. Définition de la métaphysique. – 9. Problèmes : Esprit et Nature, Nature et Liberté. – 10. Systèmes : Empirisme et apriorisme. Idéalisme et réalisme. Criticisme. Pragmatisme. – 11. Le problème de la valeur : hiérarchie, antagonisme. »

C'est à la numérotation dans le paragraphe ci-dessus que correspond celle utilisée dans son texte par Canguilhem.

1. Jean Cavaillès, « Bibliographie sommaire pour le certificat de Philosophie générale et logique », *Bulletin de la Faculté des Lettres de Strasbourg*, vol. 19, n° 3, janvier 1941, p. 85-90. Ce texte de Cavaillès, nécessaire à la compréhension de l'organisation du texte et à celle des « additions » de Canguilhem, est ici donné à l'Annexe I, *infra*, p. 1151-1159.

2. Ces indications de paragraphes renvoient au programme tel que publié en novembre 1941 (reproduit *supra*, à la fin de la note 3) et non à la bibliographie de Cavaillès.

3. Dans la suite de cette bibliographie, nous respectons les conventions typographiques qu'avait adoptées Canguilhem.

4. Traduction française (1re édition 1937) par J. du Plessis de Grenédan (1870-1951) ; publiée dans la collection « Bibliothèque de philosophie scientifique » (dans la bibliothèque de Canguilhem conservée au CAPHÉS, cote CAN 2532). Max Planck (1858-1947), physicien allemand, auteur de la théorie des quanta et initiateur de la physique quantique ; il obtint le prix Nobel en 1918.

5. Collection « Bibliothèque de la Revue des cours et conférences ». Cet ouvrage reproduit des leçons professées au Collège de France en 1926-1927. Édouard Le Roy (1870-1954), mathématicien et philosophe catholique, ancien élève de l'École normale supérieure (1892), agrégé de mathématiques (1895), docteur ès sciences (1898) et docteur ès lettres (1906), devint

– *Une controverse sur l'évolution* (Prenant, Lemoine, Grassé, Teissier, Lapicque) dans la Revue de l'Encyclopédie française (n° 3, 2e trimestre 1938) [1].
– H. Rouvière, *Anatomie philosophique : la Finalité dans l'Evolution*, Paris, Masson, 1941 [2].
– L. Cuénot, *Invention et finalité en biologie*, Paris, Flammarion, 1941 [3].
– Lecomte du Noüy, *Le Temps et la Vie*, Paris, Gallimard, 1936 [4].

Enfin on aimerait que sur tous les problèmes relatifs aux phénomènes biologiques et à leur étude les candidats au certificat aient consulté l'excellent *Précis de Biologie animale* de Aron et Grassé, Paris, Masson, 1935 [5].

en 1914, grâce à Bergson, suppléant dans la chaire de philosophie moderne au Collège de France ; il y devint professeur en 1921 et y enseigna jusqu'en 1941.

1. Dans son « Introduction générale », comme dans ses « Conclusions générales » au tome V de *l'Encyclopédie française* (Paris, Société de Gestion de l'Encyclopédie française, sous la présidence d'Anatole de Monzie et sous la direction générale de Lucien Febvre), publié en décembre 1937, Paul Lemoine, alors Directeur du Muséum National d'Histoire Naturelle, avait cru pouvoir conclure – à l'encontre de presque tous les autres contributeurs – que « ce tome de l'Encyclopédie qui me paraissait devoir assurer le triomphe des théories évolutionnistes, me semble, au contraire, aujourd'hui, signer leur glas » (p. 4). Cette prise de position avait suscité chez les biologistes une vive controverse. Un débat public, tenu à la Sorbonne le 6 mai 1938 sous les auspices de l'Association des Maisons de la culture, avait été « d'après la sténographie », publié dans la *Revue trimestrielle de l'Encyclopédie française* (p. 1-16). Le dossier, intitulé « En marge de l'Encyclopédie française. Une controverse sur l'évolution », comprend l'introduction au débat par Lucien Febvre (p. 1-2) et des interventions de Marcel Prenant, professeur à la Faculté des Sciences de Paris (p. 3-7), de Paul Lemoine (p. 7-9), puis de Pierre-Paul Grassé (p. 10-11), Georges Teissier (p. 11-14) et Louis Lapicque, ces derniers tous trois eux aussi professeurs à la Faculté des Sciences de Paris. Un exemplaire de ce numéro de la *Revue* se trouve dans la bibliothèque de Canguilhem conservée au CAPHÉS (cote CAN 1677).

2. Henri Rouvière (1875-1952), anatomiste, professeur à la Faculté de Médecine de Paris. Il publia également en 1944 (2e édition, 1947), aussi chez Masson, un ouvrage sur *Vie et finalité*.

3. Ouvrage paru dans la collection « Bibliothèque de philosophie scientifique ». Lucien Cuénot (1866-1951), fit l'essentiel de sa carrière à la Faculté des Sciences de Nancy. Il fut dans les années 1890 le premier et alors le seul biologiste néo-darwinien en France ; il apporta des contributions majeures à la génétique mendélienne animale au cours de la décennie suivante. Après 1918, devenu mutationniste, il publia une série d'ouvrages influents en France sur la théorie de l'évolution, l'adaptation et la finalité en biologie.

4. Ouvrage publié dans la collection « L'Avenir de la science », dirigée par Jean Rostand. Pierre Lecomte du Noüy (1883-1947), après des études de lettres et de droit, avait soutenu à l'Université de Paris une thèse sur la vitesse de cicatrisation des plaies (1917) ; collaborateur d'Alexis Carrel à l'Institut Rockefeller à New York de 1917 à 1927, puis chercheur à l'Institut Pasteur, il étudia notamment les sérums sanguins et il mit au point un tensiomètre superficiel appelé à de vastes applications. Avec *Le Temps et la vie*, d'ailleurs dédicacé à Alexis Carrel, où il se réclame de Bergson, il inaugure la seconde période de ses travaux, de nature philosophique, qui sera de plus en plus marquée par un spiritualisme finaliste et chrétien.

5. Max Aron (1892- 1974) professeur d'histologie à la Faculté de Médecine de Strasbourg et Pierre-Paul Grassé (1895-1985) qui occupa à Paris la chaire de zoologie et d'évolution des

§ 6. – *Le Temps*

On pourra lire, concernant la question Devenir et Destinée :
– Jean Grenier, *Le choix*, Paris, Alcan, 1941 [1].

§ 7. – *La Connaissance*

a) *Sur entendement et sensibilité :*
– Lavelle, *La dialectique du monde sensible*, Strasbourg, Coll. Fac. Lettres, 1921 [2].
– Pradines, *Le problème de la sensation*, Strasbourg, Coll. Fac. Lettres, 1928 [3].

b) *Sur entendement et raison :*
– Lalande, *Raison constituante et raison constituée*, Revue Cours et Conf., 15 et 30 avril 1925 [4].

êtres organisés et dirigea l'édition chez Masson d'un immense *Traité de zoologie* en 38 volumes). Le manuel recommandé par Canguilhem connut un grand nombre d'éditions et demeura en usage pendant plusieurs décennies.

1. En fait l'ouvrage fut plutôt publié sous le label des P.U.F., en 1941, dans la collection « Nouvelle encyclopédie philosophique », n° 27. Peut-être surtout connu comme essayiste (*Essai sur l'esprit d'orthodoxie*, Paris, Gallimard, 1938), Jean Grenier (1898-1971), agrégé de philosophie (1922), traducteur de Sextus Empiricus et éditeur de Jules Lequier, fut professeur au grand Lycée d'Alger (où il eut pour élève Albert Camus), puis à la Faculté des Lettres de Lille et, à compter de 1962, à la chaire d'Esthétique de la Sorbonne, succédant à Étienne Souriau.

2. Publications de la Faculté des Lettres de l'Université de Strasbourg, Fascicule 4. Louis Lavelle (1883-1951), agrégé de philosophie (1909), docteur ès lettres (*La Dialectique du monde sensible*, 1921 – dédicacé à Léon Brunschvicg), enseigna dans de grands lycées parisiens; chargé d'enseignement à la Sorbonne dans les années 1930, il enseigna au Collège de France à compter de 1941. Lavelle est considéré comme le chef de l'école française de la « philosophie de l'esprit ».

3. Maurice Pradines (1874-1958), agrégé de philosophie (1898), fut professeur à l'Université de Strasbourg pendant 20 ans (1919-1938) avant d'être nommé à la Sorbonne dans la chaire de psychologie générale. Sa *Philosophie de la sensation* fut publiée de 1928 à 1934 (Paris, Les Belles Lettres, 3 vol.) et son *Traité de psychologie générale* de 1956 à 1958 (P.U.F., 3 vol.).

4. André Lalande, « Raison constituante et raison constituée », *Revue des Cours et Conférences*, 26e année, 2e série, nos 9-10, 15 et 30 avril 1925, p. 1-12 et 97-111. Il s'agit d'un « Extrait de la Leçon d'ouverture et Conclusion d'un cours sur : La Raison et les principes rationnels professé à la Sorbonne en 1909-1910 ». Cette revue était alors publiée à Paris, chez Boivin, par Fortunat Strowski (1866-1952), professeur à la Sorbonne. Agrégé de philosophie (1888) et docteur ès lettres (1899), André Lalande (1867-1963) devint professeur à la Faculté des Lettres de Paris après une quinzaine d'années dans l'enseignement secondaire. Il est l'auteur de plusieurs ouvrages alors très connus, comme *Les Théories de l'induction et de l'expérimentation* (Paris, Boivin, 1929) et *Les Illusions évolutionnistes* (Paris, Alcan, 1930) ; il fut peut-être surtout le maître d'œuvre du *Vocabulaire technique et critique de la philosophie* (1902-1923, pour la première édition ; 7e édition, P.U.F., 1956).

– *Les conceptions modernes de la raison* (raison et monde sensible; raison et histoire; raison et valeur). Compte-rendu des entretiens d'Amersfoort, Paris, Hermann, 1939[1].
– H. Guthrie, *Introduction au problème de l'histoire de la philosophie* (2e et 3e parties notamment), Paris, Alcan, 1937[2].

c) *Sur Identité, Causalité, Légalité :*

– Meyerson, *Identité et Réalité*, Paris, Alcan, 2e éd., 1912.
– *La notion de l'identique*, Recherches philosophiques, 1933-34[3].

d) *Sur le problème de la connaissance :*

– G. Berger, *Recherches sur les conditions de la connaissance*, Paris, P.U.F., 1941[4].

1. Ces entretiens s'étaient déroulés à Amersfoort, en Hollande, en septembre 1938. Cavaillès, qui venait en mai de quitter le lycée d'Amiens pour prendre son poste de chargé de cours en remplacement de Maurice Pradines à la Faculté des Lettres de Strasbourg, y avait notamment rencontré Alfred Tarski (1902-1983) et Ferdinand Gonseth. Le premier des trois fascicules reproduisant les communications et des éléments de leur discussion (« Raison et monde sensible ») comprend la contribution de Gonseth (« Validité universelle dans notre connaissance du monde extérieur », p. 1-19), de même que la discussion qui s'ensuivit entre Cavaillès et Gonseth. Gaston Bachelard présenta aussi à ce colloque « La psychologie de la raison » (p. 28-34). Cavaillès avait écourté sa présence à ce colloque, du fait des menaces de guerre et de l'annonce d'une mobilisation partielle.

2. Il s'agit d'une thèse pour le doctorat de l'Université, préparée par Hunter Guthrie (1901-1974) sous la direction d'André Lalande. L'ouvrage porte en sous-titre : « La métaphysique de l'individualité à priori de la pensée ». Les 2e et 3e parties portent respectivement sur « L'aspect noétique de l'inquiétude » et sur « La métaphysique de la couche psychique ». Prêtre jésuite, Guthrie était alors professeur de philosophie à la Fordham University, à New York; il devint à la fin de sa carrière Président de la Georgetown University de Washington.

3. « La notion de l'identique » est un écrit posthume de Meyerson publié dans le vol. III (p. 1-17) de la nouvelle revue publiée sous la direction de Koyré, Puech et Spaier. Émile Meyerson (1859-1933), né à Lublin, alors ville russe, avait étudié la chimie avec Bunsen avant de s'installer à Paris en 1882. D'abord actif en chimie industrielle, il travailla ensuite pour l'Agence Havas puis comme l'un des directeurs d'une association juive de colonisation. Meyerson n'occupa aucune fonction universitaire. *Identité et réalité* avait d'abord été publié en 1908 (dans la collection « Bibliothèque de philosophie contemporaine »).

4. Cet ouvrage, dont le titre complet est *Recherches sur les conditions de la connaissance, essai d'une théorétique*, était la thèse principale pour le doctorat ès lettres de Gaston Berger (1896-1960), soutenue à la Faculté d'Aix-Marseille où il fut nommé en 1941. Il prit une part active à la Résistance. Nommé en 1953 Directeur général de l'Enseignement supérieur, il occupa cette fonction jusqu'en 1960.

§ 8. – *Définition de la Métaphysique*

Il va de soi que cette question renvoie l'étudiant aux systèmes philosophiques principaux ; on ne signale ici que les ouvrages ou articles les plus récents ou les moins classiques.

– Bradley, *Appearance and Reality*, Londres, 1908 [1].
– Bergson, *La Pensée et le Mouvant*, Paris, Alcan, 1934.
– Maurice Blondel, *Le point de départ de la recherche philosophique* (Annales de philosophie chrétienne, janvier et mai 1906) [2].
– René Le Senne, *Le Devoir*, Paris, Alcan, 1930 [3].
– Heidegger, *Qu'est-ce que la métaphysique ?* Paris, Gallimard [4].

1. *Appearance and Reality : A Metaphysical Essay*, de Francis Herbert Bradley (1846-1924), avait paru d'abord en 1893 (London, Swan Sonnenschein). En France, il fut surtout lu dans l'entre-deux guerres, mais un compte rendu de cet ouvrage avait immédiatement paru dans la *Revue de métaphysique et de morale*, vol. 2, janvier 1894, p. 98-112. Tenant d'un « idéalisme absolu », formé à Oxford, Bradley y demeura toute sa vie à titre de *Fellow* du Merton College.

2. Cet article parut dans le tome 151, p. 337-360 et dans le tome 152, p. 225-250. Dès sa thèse de doctorat sur *L'Action : essai d'une critique de la vie et d'une science de la pratique* (Paris, Alcan, 1893), Maurice Blondel (1861-1949) s'affirme comme un penseur chrétien soucieux de faire valoir la prégnance du problème religieux. Maître de conférences à Lille en 1895, il est nommé deux ans plus tard professeur à Aix-en-Provence où se poursuivra toute sa carrière.

3. René Le Senne (1882-1954), élève de Frédéric Rauh (1861-1909) et d'Octave Hamelin, agrégé de philosophie (1906) enseigne dans des lycées de province (Chambéry puis Marseille), puis à Paris à compter de 1923, notamment au lycée Condorcet puis au lycée Victor-Duruy et enfin dans la khâgne du lycée Louis-le-Grand. Il est nommé à la Sorbonne en 1942 et y enseignera pendant dix ans.

Ses ouvrages, certains avec envoi manuscrit, ont place dans la bibliothèque de Canguilhem conservée au CAPHÉS (cotes CAN 2936 et CAN 2980-2983). Canguilhem considérait Le Senne comme un ami et il a attentivement pratiqué certains de ses ouvrages, surtout *Le Devoir* (Paris, Alcan, 1930), la thèse de doctorat dont il rendit longuement compte dans la revue *Méthode* en 1933 (voir *OC* I, p. 441-444), l'*Introduction à la philosophie* (Paris, Alcan, 1925 ; 2e édition aux P.U.F., 1939) et *Obstacle et Valeur* (Paris, Aubier, 1934) où s'avère une vision partagée de la valeur comme refus des insuffisances du réel et du fait. Comme on verra plus loin, ces deux derniers ouvrages figurent aussi dans les additions bibliographiques de Canguilhem pour le programme de ce certificat.

4. Martin Heidegger, *Qu'est-ce que la métaphysique ? Suivi d'extraits sur l'être et le temps et d'une conférence sur Hölderlin*, traduction française avec un avant-propos et des notes par Henry Corbin, « Les Essais », Paris, Gallimard, 1938 (dans la bibliothèque de Canguilhem au CAPHÉS, cote CAN 1187). *Sein und* Zeit et l'article « Vom Wesen des Grundes » figuraient déjà dans la bibliographie pour ce cours préparée par Cavaillès (cf. *infra*, Annexe I, p. 1159). Cavaillès avait en 1929, à l'invitation de Célestin Bouglé, participé aux deuxièmes Rencontres philosophiques franco-allemandes de Davos et assisté à la confrontation fameuse entre Cassirer et Heidegger. Deux ans plus tard, alors boursier Rockefeller séjournant en Allemagne, il avait d'avril à juillet assisté au cours d'été de Heidegger (1889-1976). L'enseignement de Canguilhem témoigne de sa connaissance des travaux de Heidegger à l'égard duquel il maintint

§ 9. – *Esprit et Nature, Nature et Liberté*

Même remarque qu'au § précédent.

– E. Boutroux, *La Nature et l'Esprit*, Paris, Vrin, 1926[1].

– L. Brunschvicg, *Nature et Liberté*, Paris, Flammarion. *Le Progrès de la Conscience dans la Philosophie occidentale*, Paris, Alcan, 1927[2].

– V. Delbos, *La Philosophie pratique de Kant*, Paris, Alcan[3].

– Le Senne, *Introduction à la philosophie*, Paris, Alcan, 1939.

§ 10. – *Systèmes*

Plus encore qu'aux § 8 et 9 on doit rappeler ici l'obligation d'une culture philosophique authentique, par la lecture des textes et de leurs meilleurs commentateurs; il est clair par exemple qu'on ne peut parler honnêtement de l'empirisme, si on n'a pas lu Hume[4].

toujours une nette distance critique, pour des raisons philosophiques (parfois philologiques) et aussi politiques. On en trouve notamment trace dans son cours inédit de 1941 à Clermont-Ferrand sur « Apparence et réalité », ou dans celui de 1955 à la Sorbonne sur « La science et l'erreur », comme aussi dans son article sur « Hegel en France » (cf. *infra*, p. 334), et dans celui sur « La question de l'écologie » en 1974 (*Dialogue*, Cahier no 22, mars 1974, p. 37-44).

1. Émile Boutroux (1845-1921), élève de Jules Lachelier à l'École normale supérieure (1866), agrégé de philosophie (1868), professeur d'histoire de la philosophie moderne à la Sorbonne (1888), après avoir enseigné aux facultés de Montpellier et de Nancy et à l'École normale supérieure (1879). Critique du déterminisme (*De la contingence des lois de la nature*, sa thèse de doctorat de 1874 parut à Paris chez Baillière), Boutroux s'était attaché à démontrer l'existence d'une discontinuité entre la matière et les fonctions supérieures de l'esprit, préservant ainsi à la liberté sa sphère d'autonomie. On se souvient que Canguilhem, alors étudiant à l'École de la rue d'Ulm, à la suggestion de Léon Brunschvicg, avait traduit la thèse latine de Boutroux (cf. *OC* I, annexe II, p. 935-978).

2. *Nature et Liberté* fut publié en 1921. *Le Progrès de la conscience dans la philosophie occidentale* comporte deux tomes. Léon Brunschvicg (1869-1944), agrégé de philosophie, fut professeur de lycée pendant près de vingt ans, puis professeur à la Faculté des Lettres de Paris (1909). Canguilhem suivit certains de ses cours alors qu'il était élève à l'École normale supérieure. Malgré les relations difficiles entre Alain et Brunschvicg, Canguilhem garda toujours intérêt et respect pour les écrits de ce dernier.

3. L'*Essai sur la formation de la philosophie pratique de Kant* était la thèse de doctorat (1902) de Victor Delbos (1862-1916), ancien élève de l'École normale supérieure (1882), agrégé de philosophie (1885), nommé à la Sorbonne à titre de maître de conférence (1902), puis de professeur (1909), après une quinzaine d'années dans l'enseignement secondaire.

4. La critique de l'empirisme est une constante dans l'œuvre de Canguilhem. *Le Traité sur la nature humaine* de David Hume (1711-1776) faisait partie du « programme à option » de l'enseignement de la philosophie du baccalauréat de l'époque. La discussion des idées de Hume revient assez fréquemment dans le *Traité de Logique et de Morale*, de même que dans quelques écrits antérieurs (cf. *OC* I); sa bibliothèque conservée au CAPHÉS comprend plusieurs éditions d'œuvres de Hume.

a) *Sur l'idéalisme et le criticisme :*
– Brunschvicg, *L'idéalisme contemporain*, Paris, Alcan [1].
– *L'idée critique et le système Kantien*, R.M.M., 1924 [2].

b) *Sur le pragmatisme :*
– W. James [3], *Philosophie de l'expérience*, Paris, Flammarion, 1910 [4].
– *Le pragmatisme*, Paris, Flammarion, 1911 [5].
– *L'idée de vérité*, Paris, Alcan, 1913 [6].
– R. Berthelot [7], *Un romantisme utilitaire*, 3 vol., Paris, Alcan, 1911-1912.

§ 11. – *Valeurs*
– Reininger, *Wertphilosophie und Ethik*, Vienne-Leipzig, 1939 [8].
– Gurvitch, *Morale théorique et Science des Mœurs*, Paris, Alcan [9].

1. La première édition fut publiée en 1905, la deuxième en 1921.
2. *Revue de Métaphysique et de Morale*, tome 31, n° 2, p. 133-203.
3. William James (1842-1910), philosophe et psychologue américain, docteur en médecine, professeur à l'université Harvard de 1873 à 1907, largement responsable de la diffusion internationale du pragmatisme, mouvement philosophique né des travaux de Charles Sanders Peirce (1839-1914). Les trois ouvrages de James mentionnés ici en traduction française avaient été originellement publiés de 1907 à 1909, rapidité de traduction témoignant de l'intérêt en France pour le pragmatisme au début du siècle dernier.
4. Traduction, dans la collection « Bibliothèque de philosophie scientifique », de l'ouvrage paru sous le titre *A Pluralistic Universe. Hilbert Lectures at Manchester College on the Present Situation in Philosophy*, London, Longmans, Green and Co., 1909.
5. Traduction publiée dans la collection « Bibliothèque de philosophie scientifique », avec une introduction par Henri Bergson. L'ouvrage avait été publié en anglais sous le titre *Pragmatism. A New Name for Old Ways of Thinking. Popular Lectures on Philosophy*, New York et London, Longmans, Green and Co., 1907.
6. Traduction parue dans la collection « Bibliothèque de philosophie contemporaine », de l'ouvrage publié en 1909 sous le titre *The Meaning of Truth. A Sequel to Pragmatism*, New York et London, Longmans, Green and Co.
7. René Berthelot (1872-1960) était le fils du grand chimiste Marcelin Berthelot (1827-1907). Agrégé de philosophie, il fut professeur à l'université de Bruxelles. Canguilhem était depuis longtemps familier de cet ouvrage auquel il réfère déjà dans son « Manuel de philosophie », écrit resté inédit de la période 1929-1932. Le premier volume d'*Un Romantisme utilitaire. Étude sur le mouvement pragmatiste* a pour titre, *Le pragmatismne chez Nietzsche et chez Poincaré*; le volume suivant porte sur *Le Pragmatisme chez Bergson*, et le dernier sur *Le pragmatisme religieux chez William James et chez les catholiques modernistes*.
8. *Wertphilosophie und Ethik. Die Frage nach dem Sinn des Lebens als Grundlage einer Wertordnung.* Robert Reininger (1869-1955) fut professeur à l'Université de Vienne. Cet ouvrage de tendance psychologiste nourrit la réflexion de Canguilhem à un moment crucial de la préparation de sa thèse de 1943; comme dans ses cours d'alors à Clermont-Ferrand, il y cite en bonne place la formule de Reininger : « Unser Weltbild ist immer zugleich ein Wertbild ».
9. Georges Gurvitch (1894-1965), après un début de carrière en Russie, émigre et enseigne à l'Université de Prague, puis s'installe à Paris en 1925. Après ses thèses à la Sorbonne (1931),

– Dupréel, *Esquisse d'une philosophie des valeurs*, Alcan, 1939.
– *Traité de Morale* (tome II)[1]. *Consistance et Précarité* (Bull. Soc. franç., philos., 1936)[2].
– Le Senne, *Obstacle et Valeur*, Paris, Aubier, 1934.
– *Introduction à la philosophie*, Paris, Alcan, 1939.
– Lalande, *Logique normative et vérités de fait*, Revue philos., 1929[3].

En terminant, on ne saurait trop conseiller aux étudiants de ne pas séparer, dans leur préparation à la licence, le certificat de philosophie générale et le certificat d'histoire de la philosophie. Il semble qu'en aucun cas un candidat ne devrait préparer le certificat de philosophie générale avant le certificat d'histoire de la philosophie. La philosophie c'est une culture inséparable de l'étude de son histoire.

il enseigne la philosophie au Collège Sévigné puis est nommé à la Faculté des Lettres de Strasbourg (1935). Révoqué par le gouvernement de Vichy, il passe aux États-Unis où il participe à la fondation à New York de l'École libre des Hautes Études. Il est de retour à Strasbourg en 1945 (où il a donc Canguilhem pour collègue), avant d'être nommé professeur à la Sorbonne en 1949 puis, l'année suivante, à l'École pratique des Hautes Études. Il avait fondé dès 1946 les *Cahiers internationaux de sociologie* où Canguilhem publierait son important article « Milieu et normes de l'homme au travail » (cf. *infra*, p. 291-306).

1. Les deux volumes du *Traité de Morale* avaient été publiés aux Éditions de la Revue de l'Université de Bruxelles, en 1932. Eugène Dupréel (1879-1967) passa toute sa carrière de professeur, de 1906 à 1949, dans cette université. Sociologue et philosophe, théoricien du pluralisme et de la hiérarchisation des valeurs, ses travaux, surtout son *Esquisse d'une philosophie des valeurs* (Paris, Librairie Félix Alcan, « Bibliothèque de philosophie contemporaine », 1939 ; cote CAN 3558), sont toujours cités favorablement par Canguilhem.

2. « La morale et les valeurs. Consistance et précarité », *Bulletin de la Société française de philosophie*, tome 36, 1936, p. 61-102.

3. André Lalande, *Revue philosophique de la France et de l'Étranger*, vol. 107, janvier-juin 1929, p. 161-173.

COURS DE PHILOSOPHIE GÉNÉRALE ET DE LOGIQUE ANNÉE 1941-1942

(EXTRAITS)

MÉTHODE[1]

Les insuffisances du positivisme[2]

On a souvent remarqué qu'il y a de l'empirisme au positivisme un rapport de filiation : l'intermédiaire entre Comte[3] et les Sensualistes du

1. Cette leçon sur la méthode, professée en novembre 1941 selon une indication portée au folio 6 du manuscrit, existe dans le Fonds Canguilhem sous deux formes, un polycopié de 19 pages (fol. 26-44 du dossier CAPHÉS, GC. 11.1.5) et une version manuscrite (fol. 1-20). Suivent dans le dossier (fol. 45 *sq.*) des notes relatives à d'autres leçons du cours pour le Certificat de Philosophie générale et Logique, sur « Les probabilités et l'induction », « Événement et probabilité » et « Possibilité et Probabilité ».

Canguilhem avait autorisé Pierre Bourdieu, Jean-Claude Passeron et Jean-Claude Chamboredon à publier des extraits de cette leçon dans leur ouvrage *Le métier de sociologue. Problèmes épistémologiques* (Paris, Mouton et Bordas, 1968, vol. 1, p. 313-316 et 336-339). L'ordre des deux extraits alors publiés avait été interverti ; la séquence du document originel est ici rétablie, le tout formant une suite continue, du folio 12 au folio 19, le dernier, du texte polycopié destiné aux élèves.

La transcription publiée dans *Le Métier de sociologue* comporte cependant, en regard du texte polycopié, quelques écarts, dont certains affectent le sens. On signalera en note ces seuls cas ; les autres corrections ne seront pas mentionnées.

2. Ce titre de section, omis en 1968, se trouve dans le polycopié et dans le manuscrit ; il en va de même plus bas pour la « conclusion ». Les sections précédentes dans le polycopié, non publiées, retracent l'étymologie du terme méthode (« chemin vers »), les contradictions qui affectent la notion de méthode, de même que l'histoire de ses usages philosophiques et de leurs limitations.

3. Auguste Comte (1798-1857), dont il ne cessera de méditer le *Cours de philosophie positive*, avec Descartes et Kant reste l'un des auteurs qui accompagneront toutes les époques de la réflexion philosophique de Canguilhem, depuis son mémoire de Diplôme d'études supérieures de 1926 (*La théorie de l'ordre et du progrès chez Auguste Comte*), parfois pour marquer et penser sa différence comme à propos du principe de Broussais (éminemment dans sa

XVIIIe siècle c'est d'Alembert[1]. Le positivisme se définit lui-même par le refus de prendre en considération toute proposition dont le contenu ne soutient directement ou indirectement aucune correspondance avec des faits constatés. « En ajoutant (au terme de philosophie) le mot positive, j'annonce que je considère cette manière[2] spéciale de philosopher qui consiste à envisager les théories, dans quelque ordre d'idées que ce soit, comme ayant pour objet la coordination des faits observés »[a]. On remarque immédiatement comment les faits sont ici dissociés de la théorie qui leur est en quelque sorte postérieure et extérieure : de même, dans le schéma de la méthode positive selon laquelle l'esprit humain s'attache à découvrir « par l'usage bien combiné du raisonnement et de l'observation » les lois effectives des phénomènes, c'est-à-dire les relations invariables de succession et de similitude[b]. Ailleurs, Comte développe ainsi le sens du mot positif : réel, vérifiable, utile[c]. La relation, déjà sensible dans l'empirisme, de la spéculation théorique à l'utilisation pragmatique, est indéniable dans le positivisme. Elle se voit dans la distinction, du point de vue astronomique, entre l'*univers* et le *monde* (le système solaire) seul digne de l'intérêt humain; dans l'hostilité de Comte à l'emploi de méthodes ou d'instruments permettant soit de déterminer la composition des astres, soit de compliquer et de corriger des relations légales de forme simple telles que la loi de Mariotte; dans la proscription du calcul des probabilités en physique et en biologie. Quant à la subordination générale de la connaissance à l'action (savoir pour prévoir afin de pouvoir), elle est trop connue pour qu'il vaille d'insister.

a. A. Comte, Avertissement à la première édition du *Cours de philosophie positive*, 1830.
b. Cours phil. pos., 1re leçon.
c. Discours sur l'ensemble du positivisme, 1re partie.

thèse de 1943 sur le normal et le pathologique), et auquel il consacrera de nombreux articles, jusqu'à sa contribution « Histoire de l'homme et nature des choses dans le *Plan des travaux scientifiques pour réorganiser la société.* 1822 », paru dans les *Études philosophiques* en 1974 (vol. 5, n° 3, juillet – septembre 1974, p. 293-297).

1. Jean Le Rond d'Alembert (1717-1783), mathématicien, physicien et philosophe, co-responsable avec Denis Diderot (1713-1784) de la publication de l'*Encyclopédie.* D'Alembert avait traduit plusieurs textes philosophiques de l'anglais et ses propres écrits – au premier chef le *Discours préliminaire* de l'*Encyclopédie* – manifestent une connaissance de première main des écrits de Francis Bacon et de John Locke. Georg Misch avait dès 1900 fait valoir l'importance de d'Alembert sur le développement des idées de Comte (*Zur Entstehung des französischen Positivismus*, Berlin, Friedrich Wilhelms-Universität zu Berlin.

2. Le texte du *Métier de sociologue* donne incorrectement « matière ».

Les mêmes tendances se retrouvent dans ce qu'il est convenu d'appeler le néo-positivisme de l'École de Vienne[1], qui allie paradoxalement à une théorie radicalement sensualiste de l'exploration du réel, une théorie radicalement formaliste (dans le sens que lui ont conféré les travaux modernes sur l'axiomatique) de la pensée et du discours, qui se rattache à deux traditions aussi différentes[2] que celles dont les noms de Ernst Mach[3] et de Hilbert[4] sont les symboles. Les représentants les plus authentiques de cette école sont R. Carnap, M. Schlick et Neurath[5], auxquels il convient de

1. Une conférence avait été donnée en février 1935 par Alfred Stern (1899-1980) au séminaire d'histoire des sciences de l'Institut de la rue du Four sur « Le cercle de Vienne et la doctrine néopositiviste » (*Thalès*, 2e année, 1935, p. 227). Il n'y a pas d'indication que Canguilhem en ait alors rien su.

2. Les deux mots qui précèdent sont absents dans le texte polycopié, mais sont bien présents dans le manuscrit (fol. 16) et dans l'édition de 1968. Il semblerait donc que les extraits donnés dans *Le Métier de sociologue* l'ont été à partir de ce manuscrit ou d'une copie de celui-ci.

3. Ernst Mach (1838-1916), physicien et philosophe autrichien. Sa forme d'empirisme est l'une des sources principales des travaux du Cercle de Vienne. Son grand ouvrage sur la mécanique (*Die Mechanik in Ihrer Entwickelung : historisch-kritischdargestellt*, Leipzig, Brockhaus, 1883 ; trad. fr. par Émile Bertrand, Paris, Hermann, 1904) constitue à la fois un classique de l'histoire des sciences et une tentative fondatrice pour une épistémologie empiriste et antimétaphysique, positiviste, l'explication n'étant tenue que pour une description économique des phénomènes.

4. David Hilbert (1862-1943), mathématicien allemand, connu surtout pour son travail fondamental sur l'axiomatisation de la géométrie (1899) et sur les fondements des mathématiques (1934-1938). Ce sont très probablement les travaux de Cavaillès et ses échanges avec lui qui avaient familiarisé Canguilhem avec la pensée de Hilbert.

5. Rudolf Carnap (1891-1970) élève de Frege, professeur à l'université de Prague, fut membre du Cercle de Vienne et, en 1930, avec Hans Reichenbach, fondateur de la revue du groupe, *Erkenntnis*. Fuyant le nazisme, il s'installe aux États-Unis et devient l'un des éditeurs (avec Charles Morris et Otto Neurath) de l'*International Encyclopedia of Unified Sciences*. Il termina sa carrière à l'Université de Californie, après un passage à l'Institute for Advanced Studies de Princeton. Ses œuvres principales sont *Der logische Aufbau der Welt* (1928) et *Logische Syntax der Sprache* (1934). Il vise à substituer à la philosophie l'analyse logique de la science. Moritz Schlick (1882-1936) complète une thèse de physique sous la direction de Max Planck et consacre ses premiers travaux philosophiques à l'épistémologie de la relativité. Initiateur de la fondation du Cercle de Vienne, il mourut prématurément, assassiné par un étudiant d'extrême-droite. Otto Neurath (1882-1945), fonde et dirige à Vienne le Musée social et économique et à La Haye la Fondation internationale pour l'éducation visuelle. Devant la montée du nazisme, il émigre lui aussi aux États-Unis et y codirige à Chicago *l'International Encyclopedia of Unified Science*. Ces trois auteurs se trouvent dans la bibliographie de Cavaillès que vient compléter Canguilhem dans le texte précédent.

rattacher Ph. Frank[1] et, bien que de plus loin, H. Reichenbach[2], qui se défend d'être de stricte obédience[3].

Les néo-positivistes de Vienne empruntent, avec bien des restrictions, l'idée fondamentale de Wittgenstein[4] (*Tractatus logico-philosophicus*), à savoir que le langage est la copie du monde : le réel est un ensemble de « données » dont la connaissance fait la description. Aux objets correspondent les noms, aux relations effectives entre objets, les propositions. Le langage a les mêmes limites que le monde, il ne saurait rien comprendre d'intelligible qui ne soit dans le monde (par exemple la notion de frontière du monde n'a pas de sens). Allant jusqu'au bout – où Carnap refuse de le suivre – Wittgenstein pose qu'il ne saurait y avoir de « propositions sur les propositions ». La philosophie a seulement pour fin de

1. Philipp Frank, *Le Principe de causalité et ses limites*, traduction par J. du Plessis de Grenédan, « Bibliothèque de Philosophie scientifique », Paris, Flammarion, 1937 (cote CAN 2531). D'origine viennoise, Frank (1894-1966), l'un des fondateurs du Cercle de Vienne, professeur à l'Université de Prague, émigra aux États-Unis en 1938. Canguilhem écrit généralement Fran*c*k.

2. Hans Reichenbach (1891-1953) étudie à la Technische Hochschule de Stuttgart où il enseignera jusqu'à sa nomination comme professeur de philosophie à Berlin en 1926. C'est là qu'il crée la Société pour la philosophie empirique, avant de s'associer aux travaux du Cercle de Vienne dont il dirige avec Carnap la revue *Erkenntniss*. Il émigre à Istanboul dès 1933 et s'installe cinq ans plus tard aux États-Unis où il enseigne jusqu'à sa mort à l'Université de Californie à Los Angeles.

3. Le texte du polycopié (comme celui du manuscrit) ajoute ici : « À consulter : Carnap, *Logische Syntax der Sprache*, Vienne [J. Springer], 1934 ; – la revue *Erkenntnis* ; les *Actes de Prague* 1934, publiés par Hermann, Paris, 1935 ; – pour acquérir une familiarité rapide avec les principales thèses, *cf.* [Jean] Cavaillès *l'École de Vienne* au Congrès de Prague, R.M.M., [*Revue de métaphysique et de morale*, tome 42, n° 1,] janvier 1935, [p. 137-149] ; [Ernst] von Aster [1880-1948], *L'évolution du positivisme*, Bull. Soc. française de philosophie, [tome 34,] octobre 1934, [p. 161-191] ; P. Frank, *Le principe de causalité et ses limites*, Paris, Flammarion 1937) ».

4. Ludwig Wittgenstein (1889-1951), d'origine viennoise, d'abord formé comme ingénieur, est généralement reconnu comme le philosophe analytique clé. Il publie le *Tractatus* en 1921, émigre en Angleterre en 1929 et rejoint l'Université de Cambridge où il enseignera durant le reste de sa vie. Ses *Philosophical Investigations*, caractéristiques de sa « seconde philosophie », remettant en question l'ensemble de la tradition dont le *Tractatus* est issu, ne seront publiés que deux ans après sa mort. Le nom de Wittgenstein apparaît rarement et surtout de façon tardive dans l'œuvre publiée de Canguilhem (mais on n'en trouve pas mention non plus dans les inédits). Après cet exposé sur la méthode, qui s'inscrit dans le cadre du programme de cours d'abord tracé par Cavaillès, il faut attendre les années 1980-1990 pour trouver chez Canguilhem des références, d'ailleurs positives, à la pensée de Wittgenstein.

critiquer le langage, de clarifier les propositions (on doit en ce cas se demander, comment on peut travailler sur des propositions, si l'on ne peut pas faire de propositions sur les propositions).

Donc, toutes réserves étant faites, la base de la science est, selon les Viennois, des propositions qui portent sur le plan du langage le résultat d'observations. Ce sont seulement des propositions qui peuvent avoir un sens et non des mots isolés. Or *le sens d'un jugement sur la réalité est toujours en rapport avec une méthode de vérification.* Un jugement qu'on ne saurait vérifier, c'est-à-dire ramener à quelque observation effective, n'a pas de sens. Par exemple, le concept de *simultanéité* a reçu dans la physique relativiste une signification, parce qu'Einstein a défini les conditions d'une méthode de transmission et de réception de signaux. En dehors de cette expérience, la notion de simultanéité ne veut rien dire.

Selon Neurath toutes les sciences de la nature ou de l'esprit sont les pièces d'une « science unitaire » à faire, cette science c'est la philosophie. Cette science unitaire doit être dotée d'une langue universelle, cette langue sera celle de la physique. D'où le terme de *physicalisme*, qui signifie non pas que toute proposition scientifique doit être réductible aux théories physiques, actuellement admises parce que actuellement vérifiées, mais bien que toute proposition à portée réelle doit pouvoir trouver sa vérification de la même façon que les *énoncés protocolaires* ou *propositions-constats* (*Protokollsätze*) de la physique. Toute expérience physique revient à constater que, dans telles circonstances définies, tel fait élémentaire (déplacement d'une aiguille sur un cadran, apparition ou disparition d'une ombre ou d'une strie lumineuse sur un écran) a été noté par tel expérimentateur. Toute théorie physique valable doit conduire à de tels constats : le protocole fidèle de la constatation est capable de transmettre à tout homme le contenu et le résultat authentiques de l'observation; et la concordance des propositions-constats dérivées de la théorie (c'est-à-dire des observations qu'on *doit* être amené à noter) avec les propositions-constats énoncées directement par des observateurs réels garantit l'exactitude de la théorie.

C'est seulement en tant que *physicalisme* que le néo-positivisme viennois sera ici examiné.

Selon Neurath et Carnap, il faut préciser le sens du mot *données* lorsqu'on parle du rapport qui donne sa signification de validité à une proposition de portée réelle. Ils pensent que dans tout énoncé protocolaire on doit dire quelque chose relativement à des objets physiques, par exemple qu'on observe sur un écran, à tel endroit, une tache sombre ou un cercle clair. La conséquence de cette affirmation c'est que la distinction chère à toutes les philosophies ontologiques entre le monde « réel » et le monde « apparent » est dépourvue de sens. Le réel et l'apparent diffèrent l'un de l'autre comme « deux résultats expérimentaux obtenus dans des circonstances différentes » (Frank). Par exemple, la distinction entre le cristal de NaCl [1] apparent et le cristal réel (c'est-à-dire sa structure moléculaire) revient à la distinction de deux éclairements : à la lumière du soleil ou d'une lampe le corps est vu par l'œil humain comme un corps compact, mais sous un faisceau de rayons de Röntgen, on perçoit sur la plaque photographique une structure granulaire [a]. Dès lors, le rôle d'une théorie physique c'est seulement de coordonner des données de l'expérience suivant un schéma et afin d'orienter une attente de certaines constatations à venir. C'est ainsi que si on pose l'identité de la lumière et de l'électricité « on ne peut se dispenser de citer au moins un phénomène observable comme conséquence d'une identité « réelle », de la lumière et de l'électricité » [b]. Cette *orientation de l'attente* est le seul sens réel que l'on puisse donner au principe de causalité : « Si nous cherchons ce qu'il faut entendre quand, dans la vie pratique, nous parlons du principe de causalité, nous trouvons qu'il s'agit d'une certaine façon d'associer les données de notre expérience, dans un but d'adaptation au monde qui nous entoure et en vue de parer au souci que nous cause l'avenir le plus immédiat » [c]. On voit donc ici comment le néopositivisme fait proprement « retour à Hume », à travers Comte.

Il y a cependant entre l'empirisme sensualiste et le positivisme du XIXe siècle ou du XXe siècle, cette différence notable, c'est que selon les empiristes sensualistes le chaos des « impressions » finit par trouver en lui-même un ordre, par le fait des liaisons d'association. Le positivisme au contraire insiste sur la nécessité d'*apporter l'ordre*, par la théorie de type

a. Frank, *op. cit.*, p. 219.
b. Frank, *op. cit.*, p. 235 [il s'agit en fait de la page suivante, 236].
c. Frank, *op. cit.*, p. 276.

1. Le texte du *Métier de sociologue* donnait ici « Nace », ce qui n'a pas de sens mais a été repris dans toutes les éditions françaises subséquentes ; l'erreur a été corrigée dans la traduction allemande, mais non dans l'édition en espagnol. La traduction en anglais donne incorrectement « Na crystal ». Canguilhem a porté la correction sur son propre exemplaire (CAN 3386 ; p. 338).

mathématique selon Comte[1], par le schéma formel selon les Viennois. Mais il s'agit là de la *juxtaposition* de deux exigences (naturalisme et rationalisme) et en aucune façon de leur synthèse. La théorie physique comme le schéma formel restent *postérieurs* et *extérieurs* aux données[2]. Le positivisme admet donc la suffisance initiale du donné immédiat à constituer une matière de connaissance informable après coup par une exigence de coordination. C'est ce qu'a bien senti M. Gonseth[3] quand il dit de la doctrine du Cercle de Vienne : « *C'est le réalisme le plus sommaire*, le moins nuancé »[a]. Réalisme le plus sommaire sans doute, mais aussi le plus vulgaire, celui même du sens commun qui postule, sous forme de croyance absolue, l'identité de la sensation et de la connaissance. C'est ce postulat ou cette croyance qui doivent être jugés. Et nous le ferons en résumant d'abord la pensée, sur ce point, d'un des plus grands physiciens contemporains, Max Planck[b][4].

Si l'on admet que les perceptions sensibles sont à la fois une donnée primitive et la seule réalité immédiate, il est faux de parler d'illusions des sens. En outre, si l'on ne peut pas dépasser l'impression personnelle, il est impossible d'en sortir une connaissance objective ; il n'y a aucune raison de trier, de choisir parmi les impressions personnelles : toutes ont le même droit. Le positivisme, poussé jusqu'au bout, « repousse l'existence et même la simple possibilité d'une physique indépendante de l'individualité du

a. *Qu'est-ce que la logique ?* [Paris, Hermann, 1937], p. 34..

b. *Initiations à la physique* [Paris, Flammarion, « Bibliothèque de philosophie scientifique », 1941], chap. IX, Le positivisme et la réalité du monde extérieur, p. 201[-225].

1. Texte polycopié et manuscrit ajoutent ici « (*cf.* place éminente de la mathématique dans la hiérarchie des sciences) ».

2. Le texte polycopié donne ici « aux faits et aux données ».

3. Ferdinand Gonseth (1890-1975) d'abord formé comme mathématicien à l'École polytechnique de Zurich y enseignera à compter de 1929 après avoir été professeur de mathématiques à Berne depuis 1918. À Zurich, son enseignement scientifique s'accompagnera d'un enseignement de plus en plus important de philosophie des sciences, de même que de l'animation, de 1938 à 1958, des « Entretiens de Zurich ». Il fonda en 1947, en association avec Paul Bernays et Gaston Bachelard, la revue *Dialectica* qu'il dirigea jusqu'à la fin de sa vie.

4. On se souvient que Canguilhem avait ajouté cet ouvrage à la bibliographie de Cavaillès pour ce cours. Voir *supra*, p. 56.

savant »[a 1]. Il n'y a de science possible[2] qu'à la condition de poser qu'il existe un monde réel, mais que nous n'en pouvons avoir la connaissance immédiate. Le travail scientifique est donc un effort vers un but inaccessible « le but est de nature métaphysique, il est inaccessible »[b 3].

Le positivisme a raison de voir dans *les mesures* la base de la science, mais il méconnaît gravement ce fait que la mesure est un phénomène auquel le savant, l'instrument et même la théorie sont intérieurs.

On remarquera la parenté entre les critiques de Planck et celles que Meyerson adresse au positivisme : le concept de réalité, le concept de « chose » est, dit Meyerson, indispensable à la recherche scientifique[4].

Le fond du problème est finalement celui-ci : quelle est la valeur théorique des *données* sensibles.

D'abord ce ne sont pas[5] des *données.*

Ensuite l'épistémologie sensualiste ou positiviste méconnaît[6] ceci que si la science se fait à partir des données sensibles elle se fait *en s'en éloignant.* Comte reste, en dépit de son mathématisme, fidèle au réalisme empiriste : « Malgré toutes les suppositions arbitraires, les phénomènes lumineux constitueront toujours une catégorie *sui generis* nécessairement irréductible à aucune autre : une lumière sera éternellement hétérogène à un mouvement ou à un son. Les considérations physiologiques elles-mêmes s'opposeraient invinciblement, à défaut d'autres motifs, à une telle confusion d'idées par les

a. *Initiations à la physique* [Paris, Flammarion, « Bibliothèque de philosophie scientifique », 1941], chap. IX, Le positivisme et la réalité du monde extérieur, p. 201[-225].

b. P. 210.

1. La citation se trouve à la page 209 : « Le positivisme, quand il veut être conséquent avec lui-même, repousse l'existence et même la simple possibilité d'une physique indépendante de l'individualité du savant ».

2. L'édition de 1968 et le manuscrit (fol. 19) donnent ici « possible » ; le polycopié, « positive ».

3. Le texte exact de Planck, à la page 210, est : « Ce but est de nature métaphysique, il est donc au-delà de toute science ».

4. Le texte polycopié et le manuscrit ajoutent ici : « cf. *L'Explication dans les sciences*) ».

5. Le texte de 1968 donne « ce ne sont que des données » ; cependant le texte polycopié et le manuscrit donnent bien « D'abord ce ne sont pas des *données* ». « Que » trahirait d'ailleurs évidemment la pensée de Canguilhem.

6. Le texte de 1968 donne ici « reconnaît » ; mais ici aussi le texte polycopié et le manuscrit sont clairs, alors que le contexte même interdit ce contresens.

caractères inaltérables qui distinguent profondément le sens de la vue soit du sens de l'ouïe, soit du sens de contact ou de pression »[a].

Or, toute l'évolution du savoir donne un *démenti* à cette affirmation. La connaissance unifie ce que la sensorialité spécifie et distingue; elle est l'effort pour constituer un univers un[1], dont la réalité vient précisément de ce qu'il *discrédite* la prétention de la perception sensible à se poser comme un savoir. Sans doute, la théorie explicative garde le contact, et le contact le plus étroit, avec l'expérience, mais c'est pour autant que l'expérience est *le problème à débrouiller* et non pas un commencement de solution. Le rapport de la théorie avec l'expérience garantit que la théorie ne s'écarte pas du problème qui l'a suscitée, mais il n'implique nullement que c'est sous la forme de l'expérience de départ que la solution sera donnée[2].

Conclusion

On doit admettre aujourd'hui que, selon le mot de Brunschvicg, « la modalité des jugements physiques ne nous apparaît nullement différente de la modalité des jugements mathématiques »[b]. L'empirisme ne pouvait se donner comme la philosophie de la science expérimentale qu'en opposition à la prétention du rationalisme de se donner comme la philosophie de la science mathématique. L'expérience du physicien ne pouvait prétendre s'identifier avec l'intuition sensible qu'à l'époque où le raisonnement du mathématicien prétendait se suspendre de façon définitive à une intuition intellectuelle.

L'épistémologie contemporaine ne connaît ni les sciences inductives, ni les sciences déductives.

Elle n'admet pas la distinction, fondée sur les caractères intrinsèques des jugements scientifiques *hypothétiques* et des jugements scientifiques

a. *Cours de Philosophie positive*, 33e leçon, [Paris,] Schleicher [vol.] II, p. 338.

b. *L'Expérience humaine et la causalité physique*, [Paris, Librairie Félix Alcan, 1922], p. 606.

1. Ce dernier mot, présent dans le polycopié et dans le manuscrit, manque dans le texte de 1968.

2. Ici s'achève le 2e extrait dans *Le métier de sociologue* (p. 336-339). Nous poursuivons ici avec le premier extrait donné dans cet ouvrage, lequel constitue en fait la section terminale de la leçon; elle débute dans le polycopié par le sous-titre, « Conclusion » (p. 313-316).

catégoriques. Elle ne connaît que des sciences *hypothético-déductives.* En ce sens, il n'y a pas de différence essentielle entre la géométrie – science de la nature (Comte, Einstein) et la physique mathématique. Il n'y a pas non plus de coupure entre la *raison* et l'*expérience* : il faut la raison pour faire une expérience et il faut une expérience pour se faire une raison[1]. La raison apparaît non pas un décalogue de principes mais comme une norme de systématisation, capable d'arracher la pensée à son sommeil dogmatique.

Donc on admettra :

Contre l'empirisme : *qu'il n'y a pas à proprement parler de méthode inductive.* Ce qui est *induction*, c'est-à-dire invention d'hypothèses dans la science expérimentale, est le signe le plus net de l'insuffisance de la *méthode* à expliquer le progrès du savoir.

Contre le positivisme : *qu'il n'y a pas une différence de certitude relativement aux lois et aux théories explicatives.* Pas de fait qui ne soit pénétré de théorie, pas de loi qui ne soit de l'hypothèse momentanément stabilisée, donc la recherche des rapports de structure est aussi légitime que la recherche des rapports de succession ou de similitude.

Nous ne pouvons considérer l'hypothèse comme une insuffisance de la connaissance, ce n'est pas un pis-aller auquel l'intelligence se confie en l'absence de principes catégoriques.

L'hypothèse c'est l'anticipation d'un rapport capable à la fois de définir le concept impliqué dans la perception du phénomène et de l'expliquer. (Exemple : l'hypothèse de Torricelli[2] propose, pour le phénomène observé, le concept de *pression* et l'explication par l'*équilibre des fluides*). Si les savants font des hypothèses c'est afin de trouver par elles les faits qui permettront de les contrôler. *L'hypothèse c'est un jugement de valeur sur la réalité*[a]. Quelles sont les conditions *logiques* de contrôle d'une hypothèse ?

a. *Cf.* Planck : « La grande question [...] n'est pas [toujours] de savoir si telle idée est vraie ou fausse, pas même de savoir si elle a un sens nettement énonçable, mais bien plutôt de savoir si l'idée sera la source d'un travail fécond » (*Initiations à la physique*, p. 273). [Les crochets dans la citation indiquent des omissions].

1. Le texte polycopié donne ici « pour faire une raison » ; comme l'édition de 1968 nous suivons ici le texte du manuscrit (fol. 13).

2. Evangelista Torricelli (1608-1647), disciple de Galilée, surtout connu pour ses démonstrations expérimentales de l'existence du vide et d'une pression atmosphérique.

Un *fait* ne peut entrer en rapport de convenance ou de disconvenance avec une *idée* qu'à une condition, c'est qu'il y ait entre le fait et l'idée homogénéité logique. Cela veut dire que si l'idée est du jugement – du jugement à juger – le fait doit être aussi du jugement – du jugement assuré, provisoirement. L'idée – hypothèse ou loi – est un jugement universel, le fait un jugement particulier. Un fait ne peut donc confirmer ou infirmer une hypothèse que si les deux jugements relient les mêmes concepts. *En pratique expérimentale, toute la difficulté est d'établir que la relation est strictement la même, que les concepts ont la même compréhension.* Pour qu'un fait contredise une hypothèse, il faut que la même méthode ait déterminé les éléments de la particulière (le fait) et de l'universelle (l'hypothèse). Il faut que les concepts mis en rapport procèdent des mêmes techniques de détection et d'analyse. En biologie toute action d'une substance chimique sur un tissu ne peut être correctement interprétée qu'en fonction de la dose [1]. On ne peut même pas [2], très souvent, en biologie, étendre à une espèce entière une conclusion relative à une certaine variété de l'espèce : à la même dose, la caféine a une action sur le muscle strié de grenouille. Mais le mode d'action est différent chez la grenouille verte et la grenouille rousse [3]. En conséquence, bien loin qu'un fait perçu ou observé soit, du seul fait qu'il est perçu ou observé, un argument pour ou contre une hypothèse, il doit d'abord être critiqué et reconstruit de façon que sa traduction conceptuelle le rende logiquement comparable à l'hypothèse en question. Un fait ne prouve rien tant que les concepts qui l'énoncent n'ont pas été méthodiquement critiqués, rectifiés, réformés. Seuls les faits réformés apportent des informations.

Par là, on écarte l'objection de pragmatisme que pourrait susciter le fait de définir l'hypothèse comme un jugement de valeur. Ce qui fait la valeur (valeur de réalité) d'une hypothèse ce n'est pas le fait seul et brut de la concordance avec les faits. Il faut en effet pouvoir établir que l'accord ou le désaccord prévu entre une supposition et une constatation, recherchée à

1. Le polycopié ajoute ici : « ("la quantité se change en qualité" disait Hegel. Poison ou remède est la même substance, selon la quantité) », mais cette parenthèse a été biffée dans le manuscrit (fol. 2).

2. Le texte de 1968 pour les mots qui précèdent donne : « Il est rare que l'on puisse » ; le manuscrit et le polycopié donnent ici un texte identique que nous adoptons.

3. La phrase qui précède manque dans le texte polycopié ; nous suivons ici le manuscrit (fol. 13 bis).

partir de la supposition prise comme principe, n'est pas dû à une coïncidence, même répétée, mais que c'est bien par les méthodes que l'hypothèse implique qu'on est parvenu au fait observé.

On comprend ainsi que ce n'est pas toujours par misonéisme ou par amour-propre qu'un théoricien refuse d'admettre la validité d'un fait probatoire ou improbatoire. Michelson[1] est mort en croyant fermement que son expérience n'était pas concluante et qu'on devait pouvoir mettre en évidence le mouvement de la terre par la propagation anisotrope de la lumière relativement à un observateur terrestre. C'est le même fait qui conduisit Einstein, en 1905, à remanier les principes de la mécanique classique. Devant la contradiction d'un fait et d'une théorie, on peut douter du fait ou de la théorie au choix. Ce choix dépend de l'ancienneté de la théorie et du nombre de faits qu'elle a « cristallisés » en les systématisant ou au contraire de sa jeunesse et de ses tâtonnements, il dépend aussi de l'audace intellectuelle des savants. En tout cas, il n'y a pas de savoir qui ne soit *polémique*, il n'y a pas de fait brut si brutal qu'il interdise toute suspicion à son adresse. Confirmons-le par l'examen plus détaillé des méthodes de vérification.

Quand une hypothèse explique et sert à prévoir un fait ou un groupe de faits, il n'est pas assuré qu'elle soit la seule à le pouvoir faire. Quand deux hypothèses sont possibles, le seul moyen de trancher l'alternative serait de prévoir, en dehors de tous les faits que l'une ou l'autre peuvent prétendre expliquer indifféremment un fait auquel l'une des deux seulement conférerait l'intelligibilité. Une telle expérience est dite *cruciale* (*experimentum crucis*, Bacon[2]), par exemple l'expérience de Périer au

1. Albert Michelson (1852-1931), Prix Nobel de physique en 1907 pour la précision de ses instruments et pour ses travaux métrologiques et spectroscopiques, avait tenté en vain de mesurer le mouvement relatif de la terre en regard de l'« éther », entité que requérait la théorie ondulatoire de la lumière. Il avait persisté à considérer son travail expérimental comme fautif plutôt que de remettre en question l'existence même de cette entité.

2. La notion d'une expérience apte à départager deux théories rivales se trouve en effet (sous le nom *d'instantia crucis*) dans le *Novum Organum* de Francis Bacon (1561-1626). C'est Robert Hooke (1635-1703) qui lui donna le nom d'*experimentum crucis* qu'Isaac Newton (1642-1727) rendit fameux en février 1672 par sa lettre lue publiquement à la Royal Society of London et dans laquelle il démontre, contre la théorie cartésienne de la lumière, que celle-ci n'est pas simple mais décomposable par l'usage d'un prisme.

Puy-de-Dôme, à l'instigation de Pascal[1] (horreur du vide ou pression atmosphérique ?). On ne croit plus aujourd'hui aux expériences cruciales. P. Duhem a montré dans la *Théorie Physique*[2] qu'en droit sinon en fait, les hypothèses possibles sont toujours plus nombreuses que les deux branches d'une alternative. Par exemple Foucault a institué des hypothèses permettant de décider, pensait-il, entre l'hypothèse de l'émission et celle des ondulations concernant la nature du phénomène lumineux (propagation de la lumière dans l'air et dans l'eau)[3]. Mais Duhem montre qu'une troisième hypothèse, celle de l'électro-magnétisme était présente en droit au moment même où on pensait pouvoir poser la question sous forme d'alternative. Bref l'exclusion de toutes les hypothèses, hormis une seule – exclusion qui donnerait une preuve pleinement satisfaisante – est un idéal effectivement inaccessible. Comme le dit Edgar Poe, (*Euréka*)[4] : « Montrer que certains

1. Blaise Pascal (1623-1662) avait suggéré à son beau-frère Florin Périer (1605-1672) la « grande expérience » (réalisée en 1648) sur le poids de l'air et la mesure des différences de pression atmosphérique à différentes altitudes du Puy-de-Dôme.

2. Pierre Duhem (1861-1916), physicien, philosophe et historien de la physique, publia *La Théorie physique. Son objet et sa structure* en 1906 (Paris, Chevalier et Rivière). Cet ouvrage était déjà cité dans le *Traité de logique et de morale* de 1939, au titre de sa « négation sceptique opposée à la solution "positiviste" » et pour son caractère nominaliste ou conventionnaliste (cf. *OC* I, p. 797). Duhem avait en effet consacré un développement clé dans son ouvrage à la démonstration que « L'*Experimentum crucis* est impossible en physique » (p. 308 *sq.*).

3. Léon Foucault (1819-1868), physicien expérimentateur, surtout connu pour sa démonstration mécanique de la rotation de la terre et pour la détermination en laboratoire de la vitesse de la lumière. Duhem a expliqué comment Arago avait imaginé une expérience, alors irréalisable, qui aurait permis par la mesure de la vitesse de propagation de la lumière dans l'eau et dans l'air de conclure que le « système de l'émission est incompatible avec les faits ». C'est Foucault qui en rendit possible la réalisation (*La théorie physique*, p. 306 *sq.*), mais sans que, selon Duhem, elle permette en droit de trancher définitivement en faveur de l'hypothèse de l'émission ou de celle des ondulations, puisqu'il restait encore possible, au-delà de ce faux dilemme, d'imaginer d'autres hypothèses, ainsi qu'allait le montrer Maxwell (*ibid.*, p. 311-312).

4. Cette insertion de Poe dans la généalogie précoce de la thèse Duhem-Quine ne manque pas de piquant. Canguilhem avait, dès le tournant des années 1930, lu attentivement la traduction donnée par Baudelaire des œuvres de l'écrivain américain Edgar Allan Poe (1809-1849). Ainsi, dans le manuscrit conservé au CAPHÉS de son projet d'ouvrage sur la *Philosophie à l'usage des élèves de l'enseignement secondaire et des étudiants de l'enseignement supérieur* de 1931-1932 Canguilhem renvoie à *Morella*, l'une des nouvelles des *Histoires extraordinaires.* De même, dans le dossier « La création continuée. 1931-1932 », se trouve une feuille volante portant en titre : « Edgar A. Poë Euréka (trad. Baudelaire) ». Canguilhem y a copié la citation donnée ici, mais précédée de la phrase « Chaque loi de la nature dépend en tous points

résultats existants, que certains faits reconnus peuvent être, même mathématiquement, expliqués par une certaine hypothèse, ce n'est pas établir l'hypothèse elle-même. En d'autres termes, montrer que certaines données ont *pu* et même ont *dû* engendrer certain résultat existant n'est pas suffisant pour prouver que le résultat est la conséquence des données en question; il faut encore démontrer qu'il n'existe pas et *qu'il ne peut pas exister* d'autres données capables de donner naissance au même résultat.» Supposé même que deux théories seulement soient en concurrence, les principes, à l'intérieur de chaque théorie, sont multiples. Il faudrait pouvoir calculer, à part, les conséquences qui dépendent de chacun des principes séparément. Mais c'est leur totalité qui sera confirmée ou infirmée en bloc par l'expérience.

S'accordant à reconnaître qu'une confirmation n'est jamais catégorique et définitive, bien des logiciens[1] pensent que la négation est décisive, que le positif dans l'expérience c'est la négation de la théorie qui y est engagée. Jean Nicod écrit: «La confirmation ne fournit qu'une probabilité, au contraire l'infirmation crée une certitude. La confirmation n'est que favorable, quand l'infirmation est fatale»[2]. Il semble que ce soit là oublier l'impossibilité de donner à un fait une valeur théorique indépendante du moment de la culture scientifique et de l'état de la technique de détection et de mesure. Newton a dû confirmer sa théorie par certains calculs où entrait la longueur du rayon terrestre, nécessairement inférée de la mesure du méridien. Or cette mesure était si grossièrement approchée à l'époque que l'expérience – car c'en était une – contredisait la théorie. Newton abandonna sa théorie jusqu'au jour où il connut les résultats d'une nouvelle mesure du

de toutes les autres lois». *Euréka*, dédicacé à Alexandre von Humboldt, qualifié par Poe de «poème en prose», avait pour sous-titre «An Essay on the Material and Spiritual Universe». Poe tenait ce texte publié l'année précédant son décès pour le plus important de ses ouvrages.

1. Le texte polycopié ajoute ici les mots suivants qui sont biffés dans le manuscrit: «(notamment Goblot: *le oui est une absence de non*)».

2. *Le problème logique de l'induction*, p. 24. Jean Nicod (1893-1924), agrégé de philosophie, auteur de contributions remarquées à la logique mathématique (Bertrand Russell lui rend hommage dans la préface à la 2e édition des *Principia mathematica*). Il mourut de tuberculose peu avant la soutenance de ses deux thèses, *La géométrie dans le monde sensible* («Bibliothèque de philosophie contemporaine», Paris, Librairie Félix Alcan, 1924) et *Le problème logique de l'induction* (*ibid.*, 1923).

méridien opérée par l'abbé Picard [1]. La théorie fut alors vérifiée et Newton se décida à la publier.

Bien qu'on ne puisse privilégier l'expérience négative par rapport à l'expérience positive, il faut tout de même reconnaître que la pensée est mieux assurée du faux que du vrai. Le vrai est la position qu'on croit pouvoir toujours tenir, or assez d'erreurs d'aujourd'hui sont des vérités d'hier pour nous rendre circonspects. Par contre dans la reconnaissance d'une erreur il y a l'essentiel de ce que nous appelons la vérité, car la négation acceptée et reconnue se justifie par une affirmation plus compréhensive, le jugement n'abandonnant rien qu'il ne [2] se justifie de le faire. Si l'expérience du Puy-de-Dôme fit définitivement de l'horreur du vide une erreur c'est parce que dans l'hypothèse de Torricelli la méconnaissance, commune jusqu'alors, des effets de la pression atmosphérique était à la fois expliquée et excusée.

On revient par là à la définition proposée : l'hypothèse est un jugement de valeur sur la réalité. Sa valeur est dans ceci qu'elle permet de prévoir et de construire des faits nouveaux, souvent apparemment paradoxaux, que l'intelligence intègre avec le savoir acquis mais dont la signification se renouvelle dans un système cohérent. Les réalisations s'ajoutant à la réalité confirment la causalité naturelle par l'efficience pragmatique, mais une efficience pénétrée d'intelligence. Le pragmatisme a raison d'exiger que les idées valables soient des idées créatives [3], mais ne pas oublier que les réussites authentiques sont les réussites calculables sinon toujours préalablement calculées.

1. L'abbé Jean Picard (1620-1682) fut l'un des membres fondateurs de l'Académie royale des Sciences en 1666. Sa mesure de l'arc de méridien d'un degré, venant infirmer celle donnée par le Hollandais Willebrord Snell (1591-1626), aurait permis à Newton de vérifier ses calculs en faveur de la terre comme sphéroïde aplati et de reprendre l'hypothèse qu'il aurait abandonnée. Cependant, les recherches historiques de l'astronome italien Pio Emmanuelli (1888-1946) donnent aujourd'hui à penser que cette histoire serait une légende mise en circulation en 1728 par l'un des premiers biographes de Newton, Henry Pemberton (1694-1771).

2. Il manque dans le polycopié une dizaine des mots qui précèdent, rendant la phrase inintelligible. Comme l'édition de 1968, nous suivons ici le texte du manuscrit (fol. 15).

3. « Créatrices » dans l'édition de 1968.

*

Au terme de ces quelques leçons, nous devons conclure qu'il n'y a pas à proprement parler de méthode expérimentale si l'on veut entendre par là un procédé d'investigation distinct de la méthode déductive. Tout ce qui est méthode est déduction, mais aucune déduction, aucune méthode ne suffit à constituer une science. En ce sens, le rapport à l'expérience est essentiel au progrès du savoir et ce rapport qui est proprement d'Invention ne saurait être codifié dans les règles d'une méthode.

Le terme « expérimental » est ambigu. La Science est expérimentale pour autant qu'elle a rapport à l'expérience, mais comme au problème dont elle veut être la solution; elle n'est vraiment science que parce qu'elle se risque à être solution, c'est-à-dire système intelligible. La solution des problèmes empiriques ne peut être que rationnelle. Les problèmes qui appellent les solutions rationnelles ne peuvent être posés par la Raison.

COURS DE PHILOSOPHIE GÉNÉRALE ET DE LOGIQUE ANNÉE 1942-1943

(EXTRAITS)

LES NORMES ET LE NORMAL [1]

Du caractère normatif de la pensée philosophique [2]

Philosophie, c'est amour de la Sagesse. On voit immédiatement que la sagesse est pour le philosophe un Idéal, puisque l'amour est le désir d'une

1. Comme pour les leçons sur la méthode tirées du cours de l'année précédente, nous sommes en mesure de reprendre ici des extraits du cours de l'année scolaire 1942-1943 puisqu'ils ont déjà été publiés, avec l'autorisation de Georges Canguilhem, en traduction, dans le recueil publié sous la direction de François Delaporte (*A Vital Rationalist. Selected Writings from Georges Canguilhem*, New York, Zone Books, 1994). Ils sont ici donnés selon un ordre différent de celui adopté pour l'édition américaine, en suivant la séquence des leçons et de leur classement dans le dossier assemblé par Canguilhem lui-même.

Ce cours revêt une extrême importance puisqu'il correspond à une première élaboration circonstanciée des idées que rendra célèbres la thèse de médecine soutenue en juillet 1943, l'*Essai sur quelques problèmes concernant le normal et le pathologique*. Le cours comporte 14 sections correspondant chacune généralement à une ou deux leçons. Nous ne pouvons donner ici que les 7 e, 11 e et 12 e sections de ce cours, puisque ce sont les seules publiées du vivant de Canguilhem, et dans chaque cas partiellement, c'est-à-dire environ 15% de l'ensemble du dossier manuscrit.

Afin de mieux situer les sections publiées ici en regard de la logique de développement du cours, nous en donnons la séquence telle qu'elle se présente dans le dossier constitué par Canguilhem (CAPHÉS, GC. 11.2.2) :

1) Notes préliminaires; 2) De la priorité normale de l'infraction et de l'interdiction; 3) Propositions normatives et jugements de valeur; 4) Les disciplines normatives; 5) Logique et science; 6) Logique et psychologie; 7) *Du caractère normatif de la pensée philosophique*; 8) Le normal et la moyenne; 9) La maladie : Identité du Normal et du pathologique I–A. Comte, II-Claude Bernard, III–Les idées de R. Leriche; 10) De la monstruosité; 11) *La normalité et le problème des mentalités I–La mentalité primitive, II–L'enfant et l'adulte*; 12) *Normalité et normativité*; 13) Esquisse d'une théorie des valeurs comme fondement d'une théorie des normes; 14) La valeur et la polarité du jugement.

2. Les extraits de cette leçon qu'avait retenus François Delaporte en donnent une version presque complète. Les omissions sont ici signalées en note.

possession possible. Il y a donc, à la source de la recherche philosophique, l'aveu d'une privation, la reconnaissance d'une scission entre une existence et une exigence [1].

Sagesse, c'est plus que science, au sens strict et contemporain du terme, car science c'est possession contemplative de la réalité par exclusion de toute illusion, méprise ou ignorance, tandis que Sagesse c'est usage de principes d'appréciation fournis par la science, en vue d'ordonner la vie humaine à un état de perfection pratique et affective, le bonheur.

La sagesse est donc réalisation d'un état de plénitude et d'excellence humaine, réalisation immédiatement dérivée de la connaissance d'un ordre de perfection. La sagesse est donc, sans ambiguïté, forme pratique de la conscience.

Maintenant confrontons à la définition étymologique et à la conception antique l'image que le sens commun se fait de la philosophie. C'est, selon le vulgaire, une certaine disposition de l'âme à accepter les événements jugés nécessaires et inévitables, à opposer aux préjugés et aux fantômes de l'imagination un esprit d'examen ou de froide critique, à régler la conduite de la vie selon des principes de jugement et d'appréciation à la fois personnels et fermes. Disons en outre que l'exposé de ces principes, pour autant qu'ils sont éloignés de l'usage commun, incline le public à penser que la philosophie est une spéculation utopique et vaine, sans utilité immédiate et, partant, sans valeur. Le sens commun porte donc à l'égard de la philosophie deux jugements apparemment contradictoires, d'une part il voit en elle une discipline prestigieuse parce que rare, un exercice spirituel important s'il s'égalait à ses promesses, d'autre part méprisant la succession des doctrines et leur rivalité, il voit dans la philosophie un jeu intellectuel sans portée, puisque sans cohérence et sans stabilité. À ce dernier jugement, qui tend explicitement à discréditer la spéculation philosophique, contredit une pratique constante au cours de l'histoire humaine : c'est l'hostilité, voire même les persécutions dont les philosophes ont à souffrir, tantôt de la part des chefs responsables de l'organisation politique des États, et tantôt des masses populaires elles-mêmes. On doit conclure en effet que si l'enseignement et l'exemple des

1. Dans le manuscrit (fol. 33), Canguilhem a ajouté en marge : « Sur *Philosophie et Sagesse* : voir Kojève "Introduction à la lecture de Hegel", p. 271-291 ». Il s'agit évidemment d'un ajout tardif, l'ouvrage de Kojève n'ayant été publié, chez Gallimard, par les soins de Raymond Queneau, qu'en 1947.

philosophes sont si redoutés, c'est pour autant qu'ils ne sont ni l'un ni l'autre entièrement vains, qu'ils ont l'un et l'autre quelque efficacité.

Nous apporterons quelque unité dans ces diverses affirmations par les remarques suivantes. Dénier à la philosophie toute utilité, c'est reconnaître qu'elle traduit une attention de la conscience au sens ultime de la vie et non à ses expédients immédiats, aux fins de la vie et non aux moyens de vivre. De même qu'on ne peut fixer ses regards à la fois près et loin, de même on ne peut pas s'intéresser à la fois à la fin et aux moyens. Or il est constant – sinon normal – que les hommes s'intéressent d'abord aux moyens, ou du moins à ce qu'ils jugent tel, *sans voir qu'il n'y a de moyens que par des fins, et qu'en acceptant des moyens, ils acceptent, quoiqu'inconsciemment, les fins qui les font tels, c'est-à-dire une philosophie implicite incorporée dans les valeurs et les institutions d'une civilisation quelconque.* Par exemple, accepter l'épargne comme moyen de vie, c'est accepter implicitement les valeurs du système bourgeois, valeurs tout à fait différentes de celles du système féodal. Cette perversion du sens de l'attention est ce qui fait dire à Pascal : « C'est une chose déplorable de voir tous les hommes ne délibérer que des moyens et point de la fin »[1] ; et aussi : « La sensibilité de l'homme aux petites choses et l'insensibilité pour les grandes choses, marque d'un étrange renversement »[2]. De ce renversement, la philosophie est la correction et si le sens commun, en lui reprochant de n'être pas utile – ce qui est rigoureusement exact – entend lui reprocher aussi par là-même d'être absolument sans valeur, il ne se trompe au fond qu'en identifiant valeur et utilité, car il est exact que la philosophie doit, pour se justifier, avoir une valeur ou être une valeur, mais il n'est pas exact que toute valeur soit d'utilité, car l'utilité c'est strictement la valeur d'un moyen.

C'est précisément dans la mesure où elle est la recherche d'un sens de la vie qui la fonde en tant que savoir-vivre – très différent du pur vivre et même du vouloir vivre – que la philosophie entre en concurrence et parfois en conflit avec ces systèmes d'organisation collective des intérêts humains que sont les institutions politiques ou religieuses. Chaque institution sociale recouvre un intérêt humain, une valeur dont elle est le règlement et la codification : institutions militaires répondant à un besoin collectif de sécurité ou d'agressivité, etc.

1. Blaise Pascal (1623-1662), *Pensées*, éd. Brunschvicg, Paris, Nelson, s.d., Section II, § 98, p. 91.

2. *Ibid.*, section III, § 198, p. 142.

Or la philosophie est recherche individuelle (*cf.* texte de Hegel) : « La philosophie commence seulement là où l'individu se sait comme individu pour soi, comme universel, comme essentiel, comme ayant une valeur infinie en tant qu'individu » (*Cours d'histoire de la philosophie*)[1]. L'individu peut participer directement à l'Idée (disons ici à la valeur) sans passer par l'intermédiaire des institutions. La philosophie est une activité asociale. Il n'y a pas d'institutions philosophiques. Les écoles sont des associations et non des sociétés.

On comprend comment le jugement philosophique ne peut pas ne pas se présenter comme concurrent du jugement politique et du jugement religieux qui sont inséparables l'un de l'autre. Or il est normal qu'une concurrence devienne une rivalité. Ou bien la philosophie redouble les croyances collectives et alors elle est inutile. Ou bien elle diffère des croyances collectives et alors elle est nuisible. « La philosophie, dit Aristote, ne doit pas recevoir d'ordres, elle doit en donner.[2] »

En résumé, la confrontation de la conception antique et des réactions vulgaires à l'existence d'une philosophie nous permet d'affirmer comme essence de la spéculation philosophique dans ses rapports avec l'expérience humaine son caractère *correctif, normatif.* Mais cela ne suffit pas. Toute technique au fond est normative, puisqu'elle énonce ou applique des règles sous forme de recettes, de procédés, de modèles, etc., mais elle l'est *secondairement* et *abstraitement*, secondairement puisqu'elle concerne des moyens, abstraitement puisqu'elle est limitée à la recherche d'une satisfaction spéciale, la multiplicité des techniques supposant la dissociation des besoins. Si la philosophie est discipline normative, il faut ajouter qu'elle l'est *primordialement* et *concrètement.* Les définitions les plus célèbres qui ont été proposées de la philosophie et de son rôle insistent tantôt plus sur l'un, tantôt plus sur l'autre de ces caractères : normatif et concret, mais toutes au fond les acceptent l'un et l'autre. C'est sur l'aspect normatif qu'insistent les Stoïciens lorsqu'ils définissent la philosophie comme une *médecine*

1. Cette citation est tirée de l'édition par Henri Lefebvre et Norbert Guterman des *Morceaux choisis* de Hegel (Paris, Gallimard, 1939), p. 29. L'ouvrage se trouve dans la bibliothèque de Canguilhem conservée au CAPHÉS (CAN 978) ; ce passage est semble-t-il le seul de l'ouvrage portant une inscription manuscrite par Canguilhem.

2. *Métaphysique*, livre A. Dans la traduction de Jules Tricot, conservée dans la bibliothèque de Canguilhem au CAPHÉS (cote CAN 523), ce passage se lit « il ne faut pas que le philosophe reçoive de lois, il faut qu'il en donne ; il ne faut pas qu'il obéisse à autrui, c'est à celui qui est le moins philosophe d'obéir » (Paris, Vrin, 1933, vol. 1, p. 7).

spirituelle, ce qui suppose l'identification de la passion et de la maladie, de même Novalis lorsqu'il dit, quoiqu'en un sens un peu différent, que la philosophie est une *pathologie supérieure*[1]. [...][2]

Il est exact que la philosophie antique postule l'unité de la valeur, mais il nous semble que c'est dans un sens ontologique et que, par suite, si subordination de valeur il y a, c'est plutôt de l'action à la connaissance. La sagesse antique est intellectualiste. L'imposition de l'ordre suppose seulement la connaissance de l'ordre universel. Le vers virgilien *Felix qui potuit rerum cognoscere causas*[3] pourrait être mis en épigraphe à tous les systèmes antiques. Aucun anti-intellectualiste n'a été sur ce point plus clairvoyant que Nietzsche[4]. « Une métamorphose de l'être par la connaissance, voilà l'erreur commune du rationalisme, Socrate en tête» (Lettre à Deussen, 1870)[5].

1. Cette citation est en fait du dramaturge allemand Friedrich Hebbel (1813-1863) plutôt que de Novalis (Georg von Hardenberg, 1772-1801). La méprise tient sans doute à la source de Canguilhem, l'ouvrage d'Ernst Bertram, *Nietzsche. Essai de mythologie* (traduit de l'allemand par Robert Pitrou, Paris, Rieder, 1932, p. 178) où l'aphorisme de Hebbel apparaît dans le contexte d'un développement sur le rôle individualisant de la maladie chez Novalis. Ce passage est marqué dans l'exemplaire conservé dans la bibliothèque de Canguilhem au CAPHÉS (CAN 1017).

2. Un passage (fol. 35-36) a été omis ici dans la transcription de François Delaporte. Canguilhem y évoque notamment les conceptions de la philosophie d'Alain et de Dupréel (une « police de l'esprit »), de Platon (une « vision synoptique » par le truchement de la dialectique), de Comte (« un remède général à la division du travail intellectuel », et de Le Senne (une « complication de la conscience »), toutes des « définitions qui laissent clairement entendre que la philosophie est la correction d'un mal premier ».

3. *Géorgiques*, Livre II, vers 490 : « Heureux qui a pu connaître les principes des choses », selon la traduction de E. de Saint-Denis, collection Budé.

4. Les premiers écrits de Canguilhem dans les années 1920 adoptaient une position très critique à l'endroit de Friedrich Nietzsche (1844-1900) qu'il juge ici le plus clairvoyant des anti-intellectualistes. Logé à l'enseigne de la « philosophie de la vie », comme Keyserling, Quinton ou Bergson, Nietzsche était alors tancé pour sa posture inégalitaire et antidémocratique (cf. *OC* I, p. 342). Canguilhem toutefois ne cessera de le lire attentivement à partir des années 1930, en venant à juger scandaleuse son absence du programme d'agrégation (*Ibid.*, p. 428), et reconnaissant par exemple dans le *Traité de logique et de morale* que les *Considérations inactuelles* sont « une lecture riche de suggestions » (cf. *OC* I, p. 766). En même temps qu'il révisera son jugement sur Bergson avec qui il ne cessera, selon le mot de Dominique Lecourt, d'entretenir une relation de « proximité répulsive et féconde », Canguilhem qui se dirait plus tard un « nietzschéen sans carte », ne cessera de trouver chez le philosophe allemand des stimulations à approfondir sa propre thématisation de « l'évaluation créatrice » (Cours inédit sur "La Valeur", juin 1941, CAPHÉS, GC. 11.1.3).

5. Dans un billet de Nietzsche à son ami Paul Deussen (1845-1919), en février 1870. Cette citation est aussi tirée d'Ernst Bertram, *Nietzsche. Essai de mythologie*, *op. cit.*, p. 403-404. Ce passage est marqué dans l'exemplaire de Canguilhem.

Socrate, « père de l'optimisme théorique » est, selon Nietzsche, le responsable de l'illusion selon laquelle « la pensée, par le fil d'Ariane de la causalité, pourrait pénétrer jusqu'aux plus profonds abîmes de l'être et aurait le pouvoir non seulement de connaître, mais de réformer l'existence » (*Origine de la tragédie*, trad. Albert, p. 138). (Ajoutons que Pascal et Schopenhauer [1] ont frayé à Nietzsche la voie du pessimisme théorique).

Mais supposé que la philosophie moderne ne puisse prendre la sagesse antique pour *modèle*, ne peut-elle mieux servir *l'intention* qui animait les philosophes amoureux de la sagesse? Plus profondément qu'identité de l'idéal, n'y aurait-il pas prolongement de l'exigence de l'une à l'autre? L'exigence qui avait fait naître la sagesse, c'est celle d'une *organisation à la fois concrète et normative*, définissant par là-même une forme « normale » de conscience, dont le besoin se reconnaît au caractère inquiétant, instable et douloureux – et par là, anormal – de l'expérience vulgaire [...] [2].

Ce qui est sûr, c'est qu'il manque à la conscience antique la notion de *sujet spirituel*, c'est-à-dire de la puissance infiniment généreuse et créatrice; la sagesse antique subordonne l'âme à l'idée, la création à la contemplation, elle comporte une physique, une logique, une éthique, mais point

1. Chez Pascal, par exemple : *Pensées*, éd. Brunschvicg, Paris, Nelson, s.d., section II, § 72, p. 75 : « ... ce qui achève notre impuissance à connaître les choses, etc. ». Arthur Schopenhauer (1788-1860), philosophe allemand, après des études de philosophie et de sciences, s'engage sans succès dans une carrière universitaire à titre de *privat-dozent* à Berlin. C'est ensuite comme rentier, se réclamant surtout de Kant et des livres sacrés de l'hindouisme, qu'il se livrera à sa passion philosophique. Le jeune Canguilhem n'ignorait pas Schopenhauer. Ainsi, il le mentionne dans son manuel inédit de 1929-1932, mais de façon générale il le tient en piètre estime comme tous les autres tenants de la « philosophie de la vie » (cf. *OC* I, p. 338-342). Son enseignement de l'année 1941 à Clermont-Ferrand marque un revirement. Ses cours sur « Apparence et réalité » et sur « La finalité » démontrent d'une part une lecture attentive du *Monde comme volonté et comme représentation* (Leipzig, 1819; Paris, Alcan, 1888-1890, 3 vol.), lu dans la traduction d'Auguste Burdeau (1851-1894) – qui inspire le personnage de Bouteiller dans les *Déracinés* de Maurice Barrès qui avait reçu son enseignement à Nancy – et, d'autre part, l'approbation de la dénonciation par Schopenhauer de « l'illusion qui consiste à traiter l'organisation vitale (structure synthétique) sur le modèle de la fabrication humaine (composition analytique) »; cette « illusion consiste à croire que la synthèse vitale a réuni les éléments que l'analyse cognitive découvre a posteriori dans l'organisme, par une composition symétriquement inverse de notre décomposition ». (Manuscrit inédit, Fonds Canguilhem, CAPHÉS, GC. 11.1.2, fol. 18).

2. Le passage ici supprimé mentionne brièvement, et positivement, la thèse de Dupréel pour qui « la recherche de la sagesse était bien, à sa façon, celle d'une conscience concrète et pacifiée ».

d'esthétique. La pensée antique est spontanément naturaliste. Elle n'a nullement le sentiment qu'une valeur peut ne pas exister et doit ne pas exister, elle cherche la valeur dans l'être, la vertu dans la force, l'âme dans un souffle. La philosophie moderne a le sentiment des *puissances de l'esprit*, même la connaissance, conscience de l'impuissance, est d'une certaine façon interprétée, depuis la philosophie kantienne, comme puissance de la pensée. La philosophie moderne peut donc être sans difficulté *recherche d'une unité concrète des valeurs*. Nous la définissons, en abrégé des analyses précédentes, comme l'*activité primordialement et concrètement normative du jugement*.

En conséquence, il en va de la philosophie comme de toute norme. On a déjà dit [1] que l'anormal est en tant qu'a-normal postérieur à la définition du normal, qu'il est une négation logique, mais que c'est l'antériorité de l'anormal qui suscite l'attention normative, appelle la décision normatrice et donne occasion à l'usage de la norme pour l'instauration du normal. Une norme, a-t-on dit, qui n'a rien à régler *n'est rien puisqu'elle ne règle rien*. L'être d'une norme, c'est son rôle. Donc, pratiquement et fonctionnellement, *le normal est négation opératoire de l'état qui devient de ce fait sa négation logique*, et l'a-normal, logiquement second, se trouve fonctionnellement premier. *La philosophie ne peut donc être qu'un moment second. Elle ne fait pas les valeurs puisqu'elle est suscitée par leurs différends*. Historiquement, la philosophie nous apparaît comme un effort de l'esprit pour donner une valeur à l'expérience humaine par la recherche critique et l'appréciation systématique des valeurs spontanément incluses dans les civilisations et dans les cultures. Ce sont les sciences qui font peu à peu pour les hommes la vérité; ce sont les institutions politiques et religieuses qui font peu à peu pour les hommes le bien de leur action; ce sont les arts qui par la représentation de ses rêves donnent peu à peu aux hommes la mesure de leur ambition. Encore est-il que dans la conscience primitive, ces fonctions se trouvent intriquées; aussi voyons-nous les mythes définir impérativement

1. Dans une leçon précédente et inédite de ce même cours, intitulée « De la priorité normale de l'infraction et de l'interdiction ». Canguilhem soulignait, à propos du mythe de l'âge d'or ou du paradis originel, que « La valeur, pour la recherche poursuivie, de ce mythe de l'âge d'or c'est de figurer une contradiction entre la présence du normal et l'absence de toute norme, comme si le normal pouvait être pensé sans corrélation avec l'anormal ».

pour les hommes le réel, leur puissance et les rapports de l'un à l'autre, et c'est pourquoi nous voyons la philosophie réfléchir d'abord sur les mythes. Aujourd'hui, la philosophie est suscitée par le conflit des fonctions de la conscience, autrefois elle fut suscitée par le conflit des mythes.

L'intention de la philosophie qui est de retrouver sous le disparate de ces créations spontanées l'unité de l'effort qui les inspire ne peut réaliser cette intention qu'en référant les uns aux autres tous ces éléments de culture et de civilisation que sont les sciences, mœurs, religions, techniques, beaux-arts.

Or référer c'est – nous l'avons vu – choisir des valeurs et importer de la valeur. C'est donc nécessairement critiquer et hiérarchiser. La philosophie ne peut pas ne pas être une attitude critique, relativement à toutes les fonctions humaines qu'elle entend juger, puisqu'elle en cherche le sens en les réintégrant dans la plénitude de la conscience. On voit donc que c'est bien plus à ouvrir des problèmes qu'à les résoudre que s'attache la philosophie : elle est, selon M. Brunschvicg, « la science des problèmes résolus », c'est-à-dire la contestation des solutions acquises [1]. Nous retrouvons par là la raison de ces réactions historiques à l'existence de la philosophie, dont nous avons vu qu'elles sont essentielles à l'intelligence du concept. La philosophie est mise en question de la vie et par là, déjà menace pour la suffisance de la vie. Dès que l'on cherche ce dont la vie devrait être le moyen en cherchant une raison de vivre, on trouve aussi des raisons de perdre la vie. Rien n'est plus contraire au vivant que de voir dans l'interruption de la vie une valeur et non pas seulement un accident. Voilà une des sources d'impopularité de la philosophie.

1. *L'Idéalisme contemporain*, Paris, Alcan, 2e édition, 1921, p. 81 ; ouvrage portant la cote CAN 3358 dans la bibliothèque de Canguilhem conservée au CAPHÉS.

LE NORMAL ET LE PROBLÈME DES MENTALITÉS [1]

I. *La Mentalité primitive.*

Ribot[2], après A. Comte, a reproché à la psychologie introspective, traditionnelle depuis l'éclectisme, d'être la psychologie de *l'homme blanc civilisé, adulte et sain.* Ce mépris des modes de penser différents de celui d'un honnête homme cultivé – honnête et cultivé parce que spiritualiste – qui s'interroge sur lui-même, renfermait secrètement une préférence pour ce même mode de penser jugé valable ou normal et une répulsion à l'égard des autres. Montaigne s'était bien demandé de quel droit nous jugeons sauvages des indigènes de pays colonisés, mais on mettait facilement en cause ici son scepticisme. Érasme avait écrit l'*Éloge de la folie*, mais on n'y voyait pas moins de fantaisie que dans les féeries de Shakespeare où les fous sont si sages. Enfin, Rousseau enseignait dans l'*Émile* que l'enfant est un être complet qui ne diffère pas seulement de l'adulte par moins de connaissance ou d'expérience, mais par une tout autre attitude devant la vie. Mais comme on accusait Rousseau d'avoir abandonné ses propres enfants, on jugeait ses propos utopiques.

L'âge classique, dont le XVIIIe siècle conservait plus qu'il ne semble d'abord, identifiait l'homme avec son acmé, et Descartes pensait que « la première et principale cause de nos erreurs sont les préjugés de notre enfance », que ayant été « enfants avant que d'être hommes », notre raison ne

1. Le manuscrit de la leçon portant ce titre se trouve au CAPHÉS sous la cote GC. 11.2.2 (fol. 85-95). Les extraits publiés par François Delaporte dans *A Vital Rationalist* représentent la quasi-totalité de ce texte; les fol. 87-90 qui n'avaient pas été complètement traduits sont signalés dans la note 4 *infra*, p. 94.

Dans *La vie humaine. Anthropologie et biologie chez Georges Canguilhem* (« Pratiques théoriques », Paris, P.U.F., 2002), Guillaume Le Blanc a donné aux pages 140-144 un perspicace commentaire sur cette partie du cours de Canguilhem.

2. Théodule Ribot (1839-1916). Agrégé de philosophie en 1865, il est dès lors chargé de cours de psychologie expérimentale à la Sorbonne et crée chez Alcan en 1876 la *Revue philosophique*. Il occupe la chaire de psychologie expérimentale et comparée au Collège de France de 1889 à 1902. Au lieu que la classification des sciences de Comte exclut la psychologie comme science, Ribot, marqué par la pensée d'Herbert Spencer dont il avait traduit (avec Alfred Espinas) les *Principes de psychologie*, s'était fait l'avocat d'une psychologie comme science en rupture avec la philosophie et se fondant sur la biologie, et il défendait la thèse d'une pathologie en continuité avec la physiologie. Aussi les renvois de Canguilhem à Ribot ont-ils généralement un caractère négatif.

saurait être si pure qu'elle le serait si nous n'avions jamais fait usage de nos sens. Avant Pinel et Esquirol, on châtiait les aliénés plus qu'on ne les traitait, les asiles étaient d'un degré au-dessous des prisons dans l'ordre de l'effroyable [1]. Sans doute au XVIIIe siècle, commence pour l'esprit une ère de relativisme : le « Comment peut-on être Persan » est une invitation à comprendre qu'on peut être Persan; on admet de référer la société occidentale au jugement d'un Oriental, et l'organisation psycho-sensorielle humaine au jugement d'un surhomme mythique. Mais *Les Lettres Persanes* et *Micromégas* restent des contes. Si étrange même que cela semble, la dénonciation du préjugé qui fait ériger en norme de référence pour l'humanité l'homme blanc civilisé fait partie d'une philosophie qui renforce le caractère péjoratif de tout préjugé. Pour la philosophie des Lumières, ce qui importe dans pré-jugé, c'est *pré* plutôt que *jugé*, et ce préfixe *pré* prend une signification historique plus que logique. Le préjugé c'est le jugement d'âges révolus. Il est une erreur parce qu'il est d'hier. Il ne se maintient aujourd'hui que comme machine de guerre. Au fond, ce qui était visé dans la réhabilitation du primitif (Diderot, *Voyage de Bougainville*), c'était la dépréciation du christianisme. On lui appliquait sa propre loi de dépréciation: ce qui est avant doit disparaître. L'avant historique est un recul logique. C'est le même problème que celui de la tolérance. La tolérance est reconnaissance d'une pluralité de valeurs, refus d'ériger une valeur en norme. L'intolérance c'est l'impérialisme normatif. Mais on a beau faire, une pluralité de normes ne se comprend que dans une hiérarchie. Des normes ne peuvent coexister sur un pied d'égalité que lorsque l'intention normative qui les a appelées à l'existence sous forme de décisions normatives codifiées – solidifiées dans des institutions, des coutumes, des dogmes, des rites, des lois – les a déshabitées. Mais il est impossible qu'une norme soit normative et ne soit pas militante, c'est-à-dire intolérante. Certes dans l'intolérance, dans la normativité agressive, il y a de la haine, mais dans la tolérance il y a du mépris. Les valeurs tolèrent ce qu'elles jugent sans valeur. Le relativisme et la tolérance du XVIIIe siècle étaient inséparables de l'idée essentiellement normative de progrès. Mais le progrès n'était pas conçu comme un rapport

1. Canguilhem devait en 1956 consacrer à Philippe Pinel (1745-1826), « fondateur de la psychiatrie française », une conférence radiophonique (cf. *infra*, p. 713-720) au cours de laquelle il situe également les travaux de Jean-Étienne Dominique Esquirol (1772-1840) disciple de Pinel.

de valeurs, rapport dont le déplacement de valeurs en valeurs fait la seule valeur, le progrès était conçu comme identique à la dernière des valeurs qui transcendait les autres en permettant de les juger. Voilà pourquoi la tolérance était la valeur au nom de laquelle on devenait intolérant, et la relativité la valeur au nom de laquelle on devenait absolu.

Le positivisme, en conférant aux théories de Turgot[1] et de Condorcet[2] sur le progrès de l'intelligence dans ses modes de *comprendre* et de *modifier* le monde la forme d'une *loi* : loi des trois états, ne faisait qu'accommoder à l'esprit des sciences de la nature une anticipation de psychologie historique. En faisant de la notion de progrès le contenu d'une loi, Comte naturalisait l'esprit, au moment précis qu'il revendiquait pour la sociologie, science de l'esprit, son indépendance d'objet et de méthode relativement à la biologie. L'esprit positif apparaissait comme forme définitive de l'esprit humain, la théologie et la métaphysique étaient dévalorisées du fait qu'elles étaient la première une forme originelle, et la seconde une forme de passage. Du moment que l'esprit avait rejeté ces formes, c'est qu'il n'y pouvait demeurer, et s'il n'y pouvait demeurer, c'est qu'il n'y épanouissait pas toutes ses virtualités. Puisque l'esprit, insatisfait des fictions, avait construit les sciences, c'est que la pensée scientifique est l'état *normal*, c'est-à-dire normatif ou idéal, de la pensée. Le positivisme se présentait comme l'achèvement normal de cette approximation toujours plus étroite et fidèle de la norme intellectuelle. En cherchant dans la pensée enfantine, présente à la mémoire de l'adulte, un terme de comparaison pour la pensée théologique, Comte valorisait simultanément deux maturités, celle de l'individu et celle

1. Anne Robert Jacques Turgot, baron de l'Eaulne (1727-1781). Homme politique et économiste, il est connu pour ses *Lettres sur la tolérance* (1754) et surtout ses *Réflexions sur la formation et la distribution des richesses* (1776). Familier des salons philosophiques et contributeur de plusieurs articles à l'*Encyclopédie* de Diderot et D'Alembert, il est aussi l'auteur d'un *Tableau philosophique des progrès successifs de l'esprit humain* (1750) qu'Henri Gouhier qualifiait de « prépositiviste ».

2. Jean-Antoine-Nicolas de Caritat, marquis de Condorcet (1743-1794), mathématicien, contributeur à l'*Encyclopédie*, théoricien des institutions politiques et homme politique dont l'engagement devait lui coûter la vie sous la Terreur. Il est surtout reconnu aujourd'hui pour ses travaux sur l'application des mathématiques aux phénomènes sociopolitiques et pour son *Esquisse d'un tableau historique des progrès de l'esprit humain*, achevé à l'automne 1793, à la veille de son exécution, mais publié seulement en 1796.

de l'espèce et conférait à la seconde le même caractère de nécessité naturelle qui s'attache à la première.

– En Allemagne, la dialectique hégélienne invitait les penseurs à voir dans la philosophie hégélienne l'achèvement du travail d'avènement de l'Idée, et dans l'État bourgeois allemand la forme normale de toute société.

– En Angleterre, l'évolutionnisme de Spencer[1], relayant le positivisme de Mill[2], allait encore accentuer dans la conscience philosophique le sentiment que supériorité et postériorité se confondent. L'antérieur, le moins complexe et l'inférieur sont une seule et même chose.

Ainsi s'est peu à peu élaboré le dogme diffus selon lequel *primitivité intellectuelle* et *puérilité intellectuelle* sont deux formes d'une même *débilité.* Ajoutons que les études embryologiques faisaient apparaître les anomalies anatomiques comme des arrêts de développement. Biologiquement, un pied-bot ou un bec-de-lièvre ou une ectopie testiculaire sont la persistance de dispositions ou d'aptitudes momentanées du foetus ou de l'embryon durant la vie intra-utérine. Ce qui est anormal ici, c'est la fixation à un stade intermédiaire. Ce qui est normal à un moment donné devient par sa persistance anormal au moment suivant.

C'est pourquoi, lorsque Lévy-Bruhl[3] a publié en 1910 ses *Fonctions mentales dans les sociétés inférieures*, le terme de *prélogique* dont il s'est servi d'abord pour qualifier le mode de penser des primitifs a paru contenir une dépréciation implicite. À ce moment, les philosophes se sont séparés :

1. Sur Herbert Spencer, cf. *infra*, p. 128, note 1.

2. John Stuart Mill (1806-1873), fut l'un des intellectuels anglais les plus influents du XIXe siècle, comme philosophe empiriste (*System of Logic*, 1843), économiste libéral (*Principles of Political Economy*, 1848), moraliste utilitariste (*Utilitarianism*, 1861) et défenseur des droits des femmes (*The Subjection of Women*, 1869). Marqué dans sa jeunesse par la pensée de Saint-Simon et celle d'Auguste Comte, il publia en 1865 *Auguste Comte and Positivism*.

3. Lucien Lévy-Bruhl (1857-1939). Philosophe et sociologue, ancien élève de l'École normale supérieure (1876), agrégé de philosophie (1879), d'abord professeur en province et ensuite au Lycée Louis-le-Grand (1885-1895), puis maître de conférences suppléant (1895) et professeur titulaire à la Sorbonne (1908), il succède en 1917 à Théodule Ribot à la direction de la *Revue philosophique*. *Les fonctions mentales dans les sociétés inférieures* avaient été publiées chez Félix Alcan. Dès avant les années 1940, Canguilhem témoigne d'une familiarité certaine avec l'œuvre de Lévy-Bruhl. Durant ses années à l'École normale supérieure il emprunte à la bibliothèque un seul ouvrage de Lévy-Bruhl, *La philosophie d'Auguste Comte*

– les uns ont été ravis de trouver dans la théorie des « mentalités » un argument pour fonder une conception normative de l'histoire de la pensée. On avait désormais un critère pour départager les acteurs de joutes philosophiques, pour distinguer ce qui dans les doctrines était *survivance* ou *fécondité*, fixation au passé ou promesse d'avenir. C'est le cas de Brunschvicg utilisant simultanément Lévy-Bruhl et Piaget[1] pour asseoir sa doctrine des *Âges de l'intelligence* et déprécier la philosophie aristotélicienne, du fait qu'elle se meut encore dans les cadres de la pensée primitive ou de l'enfant de 6 ans.

– les autres, sentant que Lévy-Bruhl tendait à affirmer plutôt l'hétérogénéité de la pensée primitive que sa prélogicité, et sentant qu'on allait en venir à défendre les droits d'une pensée « autre » à être respectée au même titre que la pensée scientifique moderne, ont cherché à rétablir la continuité : ni le primitif n'est aussi étranger à notre logique qu'on le dit, ni le moderne n'est aussi intégralement logique qu'on nous le présente. Il y a passage d'une mentalité à l'autre par perte d'un certain contenu (la pensée moderne est *moins* riche) et par affermissement d'une certaine disposition (la pensée moderne est *plus* méthodique). Nous pouvons

(Paris, Alcan, 1900), mais à plusieurs reprises, dans le cadre de la préparation de son Diplôme d'études supérieures (*La théorie de l'ordre et du progrès chez Auguste Comte*, 1926). Il le juge sévèrement dans ses premiers écrits ; ainsi, en 1929 il l'estime de second ordre (*OC* I, p. 254*)* et il met en doute l'intérêt de chercher chez les Kwakiutl ou les Bororo (comme Lévy-Bruhl l'avait fait dans *Les fonctions*) ce que les sociologues trouveraient aisément chez eux (*ibid.*, p. 241), mais en 1936, il avait relevé positivement l'usage fait de la pensée de Lévy-Bruhl dans un ouvrage de son ami Pierre-Maxime Schuhl (*ibid.*, p. 485), et trois ans plus tard le *Traité de logique et de morale* considère comme « désormais classique » *La morale et la science des mœurs* (Paris, Félix Alcan, 1903), discute la thèse d'une mentalité prélogique en rupture avec la pensée scientifique ou civilisée et, positivement, la conception explicitée dans *L'âme primitive* (Paris, Alcan, 1927) de la relation primitive du travail à la personne (*ibid.*, p. 811, 682, 885). On sait par ses *Carnets* posthumes (Paris, P.U.F., 1949) que Lévy-Bruhl en était venu à remettre en question la distinction tranchée entre pensée logique et mentalité primitive.

1. Jean Piaget (1896-1980), né et mort en Suisse, d'abord formé comme zoologiste (sa thèse de doctorat portait sur les mollusques terrestres du Valais), étudia la philosophie à Paris, notamment avec Léon Brunschvicg et André Lalande. Nommé professeur de philosophie à Neuchâtel en 1925, puis d'histoire de la pensée scientifique et enfin de psychologie expérimentale à Genève où il fonda en 1956 le Centre international d'épistémologie génétique, il enseigna aussi à la Sorbonne de 1952 à 1963. Le nom de Piaget apparaît fort rarement chez Canguilhem : ici dans ce cours, puis quarante ans plus tard, dans « Le cerveau et la pensée » où se trouve mentionné le débat entre Piaget et Chomsky sur l'innéité des structures épistémiques au colloque de Royaumont de 1975.

comprendre ce qu'est le primitif: c'est nous quand nous abandonnons l'*esprit critique*, conquête de la pensée précaire, mais précieuse. (Thèse de Belot[1], de Parodi[2], discussion à la Société française de Philosophie[3] après la publication des livres de Lévy-Bruhl).

Mais les uns et les autres conservaient l'essentiel des normes rationalistes et positivistes: la raison est supérieure à la mystique; la non-contradiction est supérieure à la participation; la science est supérieure au mythe; l'industrie est supérieure à la magie; la foi au progrès est supérieure au progrès de la foi [...][4].

1. Gustave Belot (1859-1929), ancien élève de l'École normale supérieure, agrégé de philosophie, Inspecteur de l'Académie de Paris, puis Inspecteur général de philosophie (1913-1929), fut l'une des têtes de Turc d'Alain dans ses écrits intimes. Canguilhem avait à l'École Normale, en 1927, emprunté à la bibliothèque ses *Études de morale positive* (Paris, Félix Alcan, 1907). Cet auteur ne faisait assurément pas partie du panthéon philosophique de Canguilhem qui ne le cite jamais; mais en 1991 il croira bon de rappeler, à l'encontre des enthousiasmes du GREPH, que Belot tenait lui aussi, à ce que la philosophie s'enseigne en bloc dans la seule classe qui porte ce nom (cf. *OC* V, « Qu'est-ce qu'un philosophe en France aujourd'hui ? »).

2. Dans le cas de Dominique Parodi (1870-1955), thèse doit ici être entendue au sens de position intellectuelle, Parodi n'ayant pas soutenu de thèse doctorale. Normalien et agrégé de philosophie (1893), rationaliste intellectualiste, Inspecteur général de philosophie de 1919 à 1937, après avoir enseigné dans divers lycées en province et à Paris et exercé comme Inspecteur d'Académie à compter de 1917. Il dirigea la *Revue de Métaphysique et de Morale* après la mort d'Élie Halévy en 1937. C'est sous son inspectorat que Canguilhem mena la première phase de son enseignement, de Charleville jusqu'à Toulouse.

3. Cette discussion s'était tenue le 15 février 1923, à la suite de la parution de *La mentalité primitive* (Paris, Alcan, 1922), dix-sept ans après *Les fonctions mentales dans les sociétés inférieures* (cf. *Bulletin de la Société française de philosophie*, vol. 23, n° 2, avril 1923, p. 17-48). Lévy-Bruhl fit également une présentation sur *L'âme primitive* lors de la séance du 1er juin 1929 (cf. *Ibid.*, vol. 29, n° 4, août-septembre 1929, p. 105-139).

4. Ici s'insère dans le manuscrit (fol. 87-90) la discussion des positions de divers auteurs, (comme Frederick C. Bartlett (*Psychology and Primitive Culture*, Cambridge, Cambridge University Press, 1923), Raoul Allier (*Le non-civilisé et nous. Différence irréductible ou identité foncière ?* Paris, Payot, 1927) et Bergson (*Les Deux sources*) qui tout en manifestant des différences avec la conception de Lévy-Bruhl maintiennent implicitement la « valeur normative d'un développement historique »), puis l'exposition des modifications par Lévy-Bruhl de sa doctrine (intensité de la persistance du « besoin de participation » même dans nos sociétés, position d'une « catégorie affective du surnaturel comme essentielle à la mentalité primitive »), qui amènent à considérer que si la mentalité primitive ne peut être expliquée, « elle doit être comprise ». Selon Canguilhem, ceci « veut dire aussi admettre comme tel, respectueusement, et sans demander des comptes, sans demander une généalogie. Comprendre c'est renoncer à toute appréciation normative, à toute comparaison de type hiérarchique ». Lévy-Bruhl a ainsi « préparé la voie aux essais par lesquels, à partir d'une compréhension fidèle à l'originalité de son objet, on a opéré une "révolution copernicienne en anthropologie" le jour où on a parlé de la

En somme, devant la dépréciation rationaliste et positiviste de la pensée fabulatrice, dépréciation dont, malgré les attitudes rationalistes du christianisme, les théologiens ont aperçu qu'elle *ne se divisait pas*, les théologiens phénoménologues ont pensé qu'il n'y avait qu'une réaction possible, celle de *sauver en bloc toutes* les productions mythiques et religieuses de l'humanité.

La mythologie moderne se présente comme une valorisation du *mythe*, contre la dépréciation rationaliste. En somme, la reconnaissance de plusieurs structures de même valeur, c'est une restriction apportée à la valeur du rationalisme. Finalement, la tolérance normative s'annonce comme dépréciation de la dépréciation positiviste. On ne peut pas sauver le contenu d'une religion si on ne les sauve pas toutes [...] [1]. Pour sauver une religion qui a tout de même renoncé à l'Inquisition et aux bûchers, soit en place de Toulouse (Vanini [2]), soit en place de Genève (Michel Servet [3]), on se voit contraint de sauver les religions des derviches tourneurs et des sacrifices humains. Car s'il est vrai que la mentalité primitive est une structure totalitaire, la réhabilitation de la mentalité mythique c'est aussi la réhabilitation de toutes les sauvageries. L'ami de la mentalité primitive [4] objectera que la mentalité moderne ne repousse pas les bombardements de populations civiles. Mais nul ne dit qu'il faille préférer la mentalité moderne ni

primitivité du moderne ». L'historien néerlandais et philosophe de la religion Gerardus Van der Leeuw (1890-1950), professeur à l'Université de Groningen, auteur d'ouvrages traduits en français (*La Structure de la mentalité primitive*, trad. 1932 et *L'Homme primitif et la religion*, trad. 1940) est crédité par Canguilhem d'une conscience particulièrement claire de cette « inversion normative », dont il expose ensuite la nature et la portée (fol. 89-90).

1. Quelques mots seulement ont été ici omis : « Voilà ce qu'il y a au fond de la thèse de van der Leeuw. Et voilà ce qu'il y a d'incohérent ».

2. Giulio Cesare Vanini né en 1585 à Lecce, théologien et docteur en droit canon, prêtre carmélite puis séculier, fut l'auteur de deux ouvrages sur les « secrets de la nature », publiés l'un à Lyon et l'autre à Paris en 1615 et en 1616 respectivement. Condamné pour hérésie, il mourut la langue arrachée, étranglé et brûlé en 1619 à Toulouse où il pratiquait comme médecin.

3. D'origine espagnole, Michel Servet, théologien, philosophe et médecin, né en 1511, est généralement crédité de la découverte de la petite circulation sanguine, décrite dans son dernier ouvrage, *Christianismi restitutio*, livre hétérodoxe bientôt confisqué et brûlé; aussi cette découverte ne fut-elle reconnue qu'à la toute fin du XVIIe siècle, bien après les travaux de William Harvey. Recherché pour ses vues hérétiques sur la trinité, Servet dut à compter du début des années 1530 mener sous une fausse identité une vie clandestine. Reconnu à Genève et dénoncé par Calvin, il mourut au bûcher en 1553.

4. Canguilhem a vis-à-vis ce passage inscrit en marge, d'une plume plus tardive semble-t-il : « Levy Strauss » [*sic*].

aucune norme déjà constituée. *La mentalité moderne n'est pas une structure, mais une tendance.* La préférer, c'est seulement préférer une tendance, une intention normative [...] [1].

Les mentalités primitive et moderne ne sont pas des absolus coexistant, ce sont des relatifs successifs. Si la technique est apparue, c'est un progrès incontestable, car c'est l'échec de la magie qui est en cause; si la science est apparue, c'est un progrès incontestable, car c'est l'insuffisance de la technique qui l'a suscitée. Les avantages de la mentalité moderne qui lui donnent valeur *relative* et non absolue sont inséparables de la dévalorisation des normes antérieures.

L'homme moderne n'est donc pas *normal* comme un fait définitif, mais il est normatif, parce que par lui passe un courant ascensionnel incontestable. Bergson au moins a très bien vu que s'il n'y a pas de *vraie mécanique*, il ne peut y avoir de vraie mystique. Le bergsonisme n'est nullement, en dépit de l'attitude de sympathie objective à l'égard de la mentalité primitive, une revalorisation réactionnelle de l'irrationalité [...] [2].

Il y a crise de l'homme moderne, en ce sens que la domination et la maîtrise du milieu lui échappent.

Mais la solution de cette crise n'est pas en arrière. Elle n'est pas toute faite. Elle est à inventer.

Le moderne n'est moderne que pour avoir trouvé la solution des problèmes que le primitif se posait vainement. La modernité pose d'autres problèmes. Les valeurs modernes sont provisoires. Mais le passage qui a fait accéder la conscience à ces valeurs est *normatif* et c'est le sens normatif qui mérite normalement d'être poursuivi.

II. *L'Enfant et l'Adulte.*

L'enfance n'est pas un état, c'est un passage. Il est humainement normal qu'on sorte de l'enfance, et anormal qu'on y retombe. Il y a dans l'enfance une force interne de propulsion et de dépassement qui rend désirable à

1. Ici s'insère une mention de van der Leeuw à qui s'adresse spécifiquement la critique : « La thèse de van der Leeuw méconnaît ce qu'il y avait de profond dans la thèse positiviste. C'est que les mentalités primitives et modernes, etc. ».

2. Comme c'est le cas dans la thèse de van der Leeuw, elle-même symptôme de fatigue de la conscience moderne et abdication devant la difficulté, ajoutent les quelques lignes du manuscrit omises ici.

l'enfant un état de force physique, de perspicacité intellectuelle, de liberté dans le comportement supérieur au sens propre. La pensée constante de l'enfant c'est d'imiter l'homme adulte ou de se promettre de l'égaler. « Demain je serai grand », dit chaque jour l'enfant. Il y a chez Aristote une formule magnifique. *C'est l'homme*, dit-il, *qui engendre l'homme* (*anthropos anthropon genna*). Cela est vrai sous le rapport de la cause matérielle : c'est l'homme qui porte la semence d'où naîtra l'enfant, homme futur; – sous le rapport de la cause formelle : c'est la forme humaine qui oriente le développement et la croissance de l'embryon, de l'enfant et de l'adolescent; – sous le rapport de la cause finale, c'est l'idéal de l'homme, présent à la pensée de l'enfant par l'intermédiaire de l'éducation, qui élève l'enfant jusqu'aux vertus de l'homme. Toutefois, il ne faut pas donner à cette dernière phrase un sens par trop moderne. Pour les Anciens et pour Aristote particulièrement, l'essence d'un être s'identifie avec sa forme achevée, la puissance est tendue vers l'acte et le mouvement s'achève dans le repos. La théorie de la Forme télescope tout le devenir dans un état privilégié, typique. Il serait inintelligible qu'une puissance devienne un acte, qu'un indéterminé formel devienne une forme si l'acte et la forme n'étaient pas en tous les sens antérieurs à la puissance et à la matière. Voilà pourquoi l'humanité se transmet d'homme à homme, comme le savoir d'intelligence à intelligence. L'enfance, étant un passage, est sans valeur humaine. La pédagogie grecque repose donc sur cette identification de l'homme avec son achèvement typique, avec son acmé; elle ne voit dans l'enfant que le futur soldat, le futur citoyen. Platon ne témoigne d'aucune complaisance pour les goûts et les réactions propres de l'enfance. Rien n'est plus étranger à la conscience antique que l'idée selon laquelle l'enfance est en chaque enfant un départ nouveau de l'humanité, départ dont on doit respecter la fraîcheur et l'élan, car la possibilité d'aller plus loin qu'on n'est encore allé sur le chemin de l'homme s'y trouve enfermée. Il faut ajouter à cela la forte autorité paternelle s'exerçant dans la famille antique, et la violence du conflit père-fils, en raison de la domination exercée par le père sur les enfants et sur la femme. On sait quelle importance de Saussure[1] attache à ce fait dans *Le Miracle*

1. Raymond de Saussure, *Le Miracle grec. Étude psychanalytique sur la civilisation hellénique*, Paris, Denoël, 1939. Raymond de Saussure (1894-1971), fils du grand linguiste genevois Ferdinand de Saussure, médecin et psychiatre, fut l'un des analysants de Freud et l'un des fondateurs de la Société psychanalytique de Paris. Dans sa tentative d'explication de « l'achèvement le plus complet de l'homme », dont selon l'expression de Renan le « miracle

grec. Or nous pouvons dire déjà qu'on est d'autant plus longtemps enfant qu'on ignore comment se font les enfants et, à vrai dire, on l'ignore aussi longtemps qu'on n'a pas confronté à l'expérience les idées qu'on s'en fait. À la racine de la conscience puérile se trouve l'angoisse d'ignorer pourquoi on est puéril, c'est-à-dire faible, désarmé, dépendant, fixé à la mère comme le végétal au sol nourricier, angoisse à laquelle on remédie par le rêve d'une puissance magique, démesurée, d'une omnipotence compensatrice, mais dont le contact avec la réalité, prenant la forme d'un conflit, montre cruellement la vanité illusoire. Bref, la conscience antique, pour des raisons politiques et philosophiques et, plus profondément, religieuses, comportait une dépréciation de l'enfance qui avait précisément pour effet d'accentuer les caractères de l'enfance bien dignes de susciter le mépris des adultes. L'homme normal, pour les Anciens, c'était l'homme normatif et c'était par excellence l'adulte. C'est là du reste une caractéristique de toutes les périodes classiques. Le XVIIe siècle français ne pensait pas autrement au fond. Descartes parle de la crédulité enfantine et des contes de nourrice du même style que Platon. La Fontaine[1] est célèbre pour avoir dit qu'il prendrait plaisir à Peau d'Ane, mais ses *Fables* sont sévères pour les enfants. Le goût enfantin pour le merveilleux, pour les fictions est apprécié seulement par référence aux normes logiques, c'est-à-dire est tenu pour absurde.

Fait paradoxal, c'est le XIXe siècle auquel on a fait la réputation – la mauvaise réputation – de scientisme qui a revalorisé, en même temps que la poésie, la fantaisie enfantine. Cf. *Hugo* et *Baudelaire*[2]. (Tout enfant est un génie à sa façon, et tout génie un enfant… Le génie c'est l'enfance retrouvée

grec » serait la première manifestation, Saussure mobilise les travaux de Freud, mais aussi la psychologie génétique de Jean Piaget, amalgame que devait lui reprocher Jacques Lacan une décennie plus tard (*cf.* Élisabeth Roudinesco, *Histoire de la psychanalyse en France*, Paris, Le livre de poche\La Pochothèque, 2009, p. 790-791).

1. Canguilhem tenait Jean de La Fontaine (1621-1695) pour un lecteur avisé de la philosophie et des sciences de son temps; il se plaisait à le citer à l'occasion dans ses cours. Comme le montre une note manuscrite de 1932 conservée au CAPHÉS, intitulée « La théorie de la perception dans les fables de La Fontaine », il en avait effectué sous cet angle un dépouillement systématique.

2. On crédite parfois Victor Hugo (1802-1885) avec « Lorsque l'enfant paraît », Cosette et Gavroche, ou l'enfant grec qui demande « de la poudre et des balles » (*Les Orientales*), d'avoir fait entrer l'enfant dans la littérature. Mais c'est peut-être à « L'enfant » de *Toute la lyre* que fait surtout ici allusion Canguilhem, à celui qui : « … ignorant, plein d'un jour que rien n'efface,

à volonté). Ce sont les poètes, bien plus que les psychologues, qui ont les premiers proposé la pensée enfantine comme forme de pensée normale et valable, contre la mentalité positiviste et utilitaire de l'adulte bourgeois. (*Cf.* le mot de Baudelaire : Être un homme utile m'a toujours paru quelque chose de très hideux [1]). Dickens fait en Angleterre ce que Hugo et Baudelaire font en France : *cf.* notamment *Les temps difficiles* (The hard times) [2]. Ce sont les artistes dont la fonction est de rêver pour l'homme au-delà de son savoir, de mépriser le réel, pour en rendre impérieuse l'exigence de transformation, qui ont retrouvé dans la pensée enfantine leur bien. Quand Delacroix [3] dit :

\ A l'air de regarder notre science en face, \ Et jette, dans cette ombre où passe Adam banni, \ On ne sait quel rayon de rêve et d'infini. \...\ Comment on sent qu'il était hier l'esprit qui vole ! » Comme son maître Alain, Canguilhem usait volontiers de textes littéraires dans son enseignement. Ainsi, et pour nous en tenir ici à Hugo seulement, le manuscrit de son projet d'ouvrage didactique de 1931-1932 mentionne-t-il *Les Travailleurs de la mer* et aussi *Les Misérables* (dont il avait repris en 1929, en l'appliquant à Descartes, l'expression « écheniller Dieu », c'est-à-dire « ôter les superstitions de dessus la religion ») (cf. *OC* I, p. 256) ; en 1951 encore, lors d'une émission radiophonique sur « Le mythe de la jeunesse », c'est aux *Burgraves* qu'il renvoie (cf. *infra*, p. 407) ; et on se souvient qu'il citait dès 1928 *La légende des siècles* (cf. *OC* I, p. 204).

Charles Baudelaire (1821-1867), qui a écrit « le génie, n'est que *l'enfance retrouvée* à volonté » (*Le peintre de la vie moderne* (1863), dans *Œuvres complètes*, Bibliothèque de la Pléiade, tome 2, Paris, Gallimard, 1976, p. 690), est chez Canguilhem une référence constante, notamment quand il s'agit de création et d'esthétique. Ainsi, par exemple, son nom est-il déjà associé à celui de Delacroix dès le *Traité de logique et de morale* (cf *OC* I, p. 501 et 694).

1. Cette citation que l'on trouve déjà commentée dans le *Traité de logique et de morale* de 1939 (cf. *OC* I, p. 900) est tirée de l'ouvrage posthume *Mon cœur mis à nu. Journal intime* (1887), dans *Œuvres complètes*, « Bibliothèque de la Pléiade », tome 1, Paris, Gallimard, 1968, p. 679. La citation exacte est « Être un homme utile m'a paru toujours quelque chose de bien hideux ».

2. L'ouvrage, acquis lors d'un passage à Nancy en 1930, se trouve dans la bibliothèque de Canguilhem : *Les Temps difficiles*, traduction par William Hughes, « Les meilleurs romans étrangers », Paris, Hachette, 1927 (cote CAN 2166). Un autre titre de sa bibliothèque manifeste son intérêt pour le grand romancier anglais, celui de Gilbert Keith Chesterton, *Dickens*, traduction par Achille Laurent et L. Martin-Dupont, « Vie des hommes illustres », Paris, Gallimard, 1927 (cote CAN 2165).

3. Eugène Delacroix (1798-1863). *Journal 1822-1863*, Paris, Plon, 1932, 3 vol., vol. 1, p. 53, à la date du 27 février 1824. Le même passage était cité déjà dans le *Traité de logique et de morale* de 1939 (*OC* I, p. 681). Canguilhem renvoie même antérieurement au *Journal* dans le manuscrit de son *Manuel de philosophie* de 1929-1932. Il aimait aussi à citer l'adage exprimant la préséance de l'esprit dans la création artistique : « La nature n'est qu'un dictionnaire » (aussi,

« Ce qu'il y a de plus réel pour moi ce sont les illusions que je crée », il formule une pensée d'enfant. Bref, sur le point de la réhabilitation de l'enfance comme du reste sur bien d'autres points, la psychologie et la philosophie contemporaines arrivent à la rescousse. Elles sont le discours d'une intuition poétique.

Les études sur la mentalité enfantine ont été menées à peu près dans le même temps que les études sur la mentalité primitive, et dans les pays de langue française, le nom de Piaget résume les premières, comme celui de Lévy-Bruhl les secondes. Il est certain que les implications méthodologiques des recherches de Piaget sont les mêmes que celles de Lévy-Bruhl au début : Piaget réfère la pensée de l'enfant à la pensée d'un adulte contemporain cultivé, mais du genre de culture que Piaget tient pour normative de son temps, une culture pour qui les valeurs scientifiques et rationalistes tiennent le haut de la hiérarchie. C'est par référence à ce type de mentalité que la pensée de l'enfant peut être caractérisée par des adjectifs à préfixes morphologiques ou à valeur sémantique privatifs. Mais il faut bien retenir que l'adulte de Piaget c'est ce que Max Weber [1] et

notamment, dans le *Traité : OC* I, p. 694), formule qui ne se trouve pas dans le *Journal* et que Canguilhem tient tout probablement de Baudelaire, qu'il cite fréquemment, et dont il avait lu attentivement les critiques d'art (*cf.* Baudelaire, « Salon de 1846 », « Salon de 1859 » et « L'œuvre et la vie de Delacroix » (respectivement aux pages 433, 624 et 747 dans l'édition des *Œuvres complètes*, Pléiade, vol. 2, 1976).

1. Max Weber (1864-1920). Canguilhem a probablement été d'abord introduit à Weber par son ami Raymond Aron et *La sociologie allemande contemporaine* (Paris, Alcan, 1935), ouvrage dont il avait signé le compte rendu dans la revue *Europe* en 1936 (cf. *OC* I, p. 487-488), et aussi par la lecture de ses deux thèses, l'*Introduction à la philosophie de l'histoire. Essai sur les limites de l'objectivité historique* (Paris, Gallimard 1938) et l'*Essai sur une théorie de l'histoire dans l'Allemagne contemporaine ; la philosophie critique de l'histoire* (Paris, Vrin, 1938). De fait, quand Weber est mentionné par Canguilhem c'est généralement en le couplant avec Aron. Il y reviendra plus systématiquement dans son texte de 1992, « Raymond Aron et la philosophie critique de l'histoire : de Hegel à Weber » (cf. *OC* V). Weber n'était pas mentionné dans le *Traité de logique et de morale* de 1939. Toutefois, les manuscrits des cours donnés à Clermont-Ferrand montrent qu'à compter de 1941 Canguilhem était aussi familier avec l'ouvrage de Max Weinreich *Max Weber, l'homme et le savant : étude sur ses idées directrices* (Paris, Vrin, 1938), de même qu'avec *Morale théorique et science des mœurs* de Georges Gurvitch (Paris, Alcan, 1937) qui contraste les positions de Weber et celles de Lévy-Bruhl. Il n'est pas clair que Canguilhem ait conduit une lecture approfondie des textes mêmes du sociologue allemand. La bibliothèque de Canguilhem au CAPHÉS conserve deux ouvrages de Julien Freund sur Weber (CAN 2252 et 2253), de même que celui de Weinreich (CAN 3570), mais aucune œuvre de Weber lui-même.

Jaspers[1] appellent un *type idéal.* Sans doute on peut dire que ce type normal n'est pas seulement normatif, mais moyen, ce n'est pas seulement une compréhension de concept, il a une extension et cette extension est, comparativement à d'autres possibles, une majorité. Mais il ne faut pas oublier alors que la « mentalité » d'une époque est un fait social, par le moyen de l'éducation. Si nous pouvons constater en fait, par enquêtes et statistiques, que le type idéal est un type moyen, c'est parce que l'éducation scolaire obligatoire a imposé des normes. Ici encore une fois c'est l'homme qui a engendré l'homme, et si les normes qu'on a proposées sinon imposées à de nombreuses générations d'enfants enfermaient la dépréciation de l'enfance, il ne faut pas s'étonner que, comparant les enfants d'aujourd'hui aux adultes d'aujourd'hui, on ne retrouve dans leur mentalité aucun des traits qu'on a imprimés à celle des adultes, par référence à un idéal humain qui dépréciait systématiquement l'enfant. Le problème des mentalités est inséparable du problème de l'éducation, et le problème de l'éducation est inséparable du problème des générations[2]. Les adultes d'un moment ont été des enfants élevés par des adultes, qui ont mis le temps d'une génération humaine à confirmer ou à réformer les idées reçues dans leur propre éducation. Les valeurs philosophiques mettent environ cinquante à soixante ans (deux générations) pour s'incarner sous forme d'habitudes dans le comportement des individus. L'adulte de Piaget prodigue, le plus souvent sans le savoir, des marques plus ou moins extérieures de respect aux valeurs positivistes des années 1860-1880 qui ont triomphé dans les réformes pédagogiques de la fin du XIXe et du commencement du XXe siècle) [...][3].

1. Karl Jaspers (1883-1969), médecin psychiatre et philosophe allemand, rarement mentionné par Canguilhem. Sa thèse d'habilitation en psychologie, la *Psychopathologie générale* de 1913 avait curieusement été traduite par deux scientifiques contemporains de Canguilhem à l'École normale supérieure, Alfred Kastler et Jean Mendousse (tous deux plus âgés, de la promotion de 1921), traduction ensuite « corrigée » par Jean-Paul Sartre et Paul Nizan et publiée en français chez Alcan en 1928. Canguilhem lut la *Psychopathologie générale* au cours de la préparation de sa thèse de médecine à Clermont-Ferrand et il l'y cite. Il connaissait aussi son *Nietzsche*, le seul ouvrage de cet auteur conservé dans sa bibliothèque au CAPHÉS (CAN 1004).

2. Position contrastée en regard de celle adoptée dans son tout premier écrit de 1926 où la notion de génération était radicalement récusée. Cf. *OC* I, p. 147-152, p. 147.

3. Suit ici dans le manuscrit (fol. 93-95) une discussion, omise dans l'édition de Delaporte , de certaines thèses de Piaget, particulièrement dans *La Représentation du monde chez l'enfant* (Alcan, 1926), et des critiques méthodologiques d'Édouard Pichon dans *Le Développement*

Un enfant c'est un être caractérisé par le décalage qui existe entre les désirs qui l'habitent et les moyens qui lui sont donnés de les réaliser. C'est un être qui crée en conséquence un univers de représentations où les désirs ont une valeur immédiatement créatrice des objets présumés de leur satisfaction. L'enfant est un être qui ne peut jouir que par permission ou par délégation. Son rapport aux adultes est donc d'abord un rapport de dépendance vitale stricte. Obéir c'est vivre. Pas de différence initiale entre l'obligation sociale et la nécessité physique. L'adulte c'est donc à la fois pour l'enfance le rêve compensateur de l'impuissance, en même temps que le rappel permanent de l'impuissance actuelle. La psychologie freudienne a eu le mérite considérable de révéler, dans l'analyse des complexes de l'âme enfantine, la véritable essence de la pensée enfantine. L'enfant vit dans l'illusion parce qu'il vit dans le désir et que ce désir s'exerce bien longtemps avant que les possibilités physiques de réalisation lui soient données. Tant qu'il n'y a pas possibilité d'exercer une action technique, il y a indissociation du désir et du réel. Et tant qu'il n'y a pas possibilité de réaliser le désir par soi-même, il n'y a pas possibilité d'exprimer le désir pour lui-même. L'enfant ne peut pas avouer qu'il veut grandir pour faire subir au père la loi du père et au monde la loi du monde, c'est-à-dire dominer les hommes et domestiquer les choses, tant qu'il ne sait pas, en dehors de ce qu'on lui dit ou de ce qu'on lui cache (ce qui revient au même) comment on agit sur les choses et sur les hommes. Le fond de la pensée de l'enfant c'est l'ignorance où il est de sa réalité biologique d'enfant, tant qu'il ignore qu'il est le produit d'un accouplement, destiné à l'accouplement, et tant qu'il lui est interdit, tant par son inachèvement organique que par les interdits sociaux, de l'opérer à son tour.

La pensée enfantine cherche dans les Contes et les Merveilles l'assouvissement d'un besoin de plaisir, d'une affirmation de puissance dont les moyens efficaces se font attendre. L'enfant répond par la richesse de la fabulation à la pauvreté de la réalisation. En cela, l'enfant et le primitif se rejoignent.

Ce que nous appelons l'adulte c'est, pour nous modernes, l'homme conscient de la séparation du désir et du réel, l'homme qui n'est pas obligé de déléguer à une représentation mythique la satisfaction de ses désirs; qui peut déléguer au *jeu* et à l'*art*, c'est-à-dire à des illusions conscientes *de leur*

psychique de l'enfant et de l'adolescent (Masson, 1936) dont Canguilhem reconnaît le mérite en même temps que les visées socialement conservatrices. Sur Pichon, cf. *infra*, p. 175, note 1.

valeur pratique en même temps que de leur irréalité théorique, l'assouvissement de désirs que la réalité, actuellement connue, ne permet pas de satisfaire. L'homme adulte n'est pas nécessairement celui qui croit au progrès comme à une chose faite, qui croit à la toute-puissance du savoir et de l'industrie. L'homme adulte sait qu'il y a des obstacles épistémologiques[1] et des impuissances théoriques, mais il n'en doit pas pour autant chercher la compensation dans le retour à un mode de pensée qui croit intégralement à la réalisation du désir dans une réalité normative.

Il est normal de croire qu'il y a d'autres possibilités que celles enfermées à un moment dans une science et dans une technique. Il est normal que la *générosité enfantine* persiste dans l'adulte. Mais il est anormal, parce que historiquement régressif, de proposer la puérilité mythique comme supérieure à la science et à la technique. L'adulte moderne a ses limites qui doivent être surmontées, *mais elles ne sont pas surmontées par le retour à un genre de pensée qui ignore précisément qu'il y ait dans le réel des limites au désir, dans l'existence un obstacle à la valeur*.

Certes, l'enfance est, pour l'adulte, un état qui mérite de servir de norme, à condition de prendre dans l'enfance ce qu'elle contient d'*exigence normative*, de volonté de dépassement. Encore ne faut-il pas identifier cette surhumanité normative en puissance dans l'enfance avec les solutions que l'impuissance momentanée de l'enfance la contraint d'adopter et que l'enfance aspire de toutes ses forces à remplacer par des solutions vraies, c'est-à-dire vérifiables et efficaces [...][2].

En résumé, parce que l'enfant n'est pas un être complet, il y a en lui de la *générosité* qui est l'envers de son *avidité* : la générosité peut être proposée comme normale parce qu'elle est *normative*, elle est affirmation de valeur.

Mais parce que l'enfant est un être impuissant, il y a en lui de la *crédulité* ; la crédulité n'est pas humainement normale parce qu'elle n'est pas normative ; elle consiste à tenir pour donné ce qui est à construire.

Finalement, c'est la réhabilitation *poétique* de l'enfance qui est plus perspicace. Le poète c'est le visionnaire, le voyant. Mais il voit ce qui n'est pas. Et non ce qui est. Il désigne les valeurs plus qu'il ne décrit l'Existence.

1. On a probablement ici la première mention dans les écrits de Canguilhem de cette locution d'origine bachelardienne.

2. Un court paragraphe a été omis à propos de la fantaisie, porteuse à l'occasion de « rapprochements féconds », ce qui n'empêche que cette fécondité « n'est attestée que par des méthodes de discrimination et d'analyse ».

La conscience *poétique* est corrélative de la conscience scientifique, quoique inverse. La poésie est une fonction poétique et non pas noétique.

Proposer l'enfance à l'humanité adulte comme idéal, c'est lui montrer qu'elle est une *promesse* et non pas un fait. L'homme doit rester enfant en ce sens qu'il mérite de devenir cet homme complet dont l'enfance rêve.

Normalité et normativité[1]

D'une façon générale[2], l'état de tout vivant en situation donnée est toujours normal. Exactement comme Bergson dit qu'il n'y a pas de désordre, mais deux ordres dont l'un est substitué à l'autre à notre insu et à notre dépit[3], on doit dire qu'il n'y a pas d'*a-normal*, en entendant par là la simple privation d'un caractère positif préalable. L'état pathologique – du point de vue biologique, social, psychique – n'est jamais un état sans normes. Cela est impossible. Du moment qu'il y a *vie*, il y a norme : la vie est une activité polarisée, une polarité dynamique et cela seul suffit à poser des normes. Le normal est donc une catégorie universelle de la vie. Le pathologique doit donc pouvoir être dit sans absurdité normal. Mais cela n'autorise pas pour autant à nier la spécificité du pathologique, en particulier à dire, du point de vue biologique, qu'il y a identité, aux variations quantitatives près, du normal et du pathologique. Le normal n'est pas ce qui doit être opposé au pathologique, puisque le pathologique est, à sa façon et dans certaines conditions, normal. C'est la *santé* qui doit être opposée à la maladie. Car la santé c'est plus que le normal simplement. La santé c'est la normativité. Derrière toute normalité apparente, on doit rechercher si elle est capable de tolérer des infractions à la norme, de surmonter des contradictions, de liquider des conflits. Toute normalité ouverte sur sa correction éventuelle possible est normativité authentique, est santé. Toute normalité fermée sur le

1. Le manuscrit de cette leçon se trouve au CAPHÉS sous la cote GC. 11.2.2 (fol. 96-99). Encore une fois, les extraits qui peuvent être publiés ici sont ceux qu'avait retenus François Delaporte pour le recueil *A Vital Rationalist*. Les passages manquants sont signalés dans le texte et des indications sont fournies en notes.

2. Ce paragraphe est précédé dans le manuscrit d'une quinzaine de lignes d'introduction, dans lesquelles Canguilhem rappelle qu'il a au début du cours « défini le normal comme ce qui est normatif dans une situation donnée », et qu'il va « ajouter aujourd'hui que la transparence du normatif derrière le normal disparaît ou reparaît selon que la situation est stable ou critique ».

3. Voir *infra*, « Commentaire au troisième chapitre de l'*Évolution créatrice* », p. 159 *sq*.

souci de son maintien, hostile à toute variation des thèmes qui l'expriment, incapable d'adaptation à des situations nouvelles est une normalité déshabitée par l'intention normative. Il importe donc toujours de se demander en présence de toute situation apparemment normale si les normes qu'elle traduit sont: des normes à valeur propulsive – des normes créatrices, des normes à valeur répulsive – des normes conservatrices.

A) Au point de vue biologique *spécifique*, le problème du normal et du pathologique se pose à propos du problème des variations. Dans quelle mesure un individu porteur d'*anomalie*, c'est-à-dire d'écart relativement au type spécifique statistique et déterminé, est-il un malade ou un novateur? Une drosophile à ailes vestigiales ou sans ailes est-elle ou non malade? Les biologistes hostiles au fait de l'évolution en général, ou bien ceux qui sont réticents à l'égard de l'explication mutationniste, insistent sur le caractère récessif, sub-pathologique souvent, parfois létal des mutations. Mais si l'on considère que *le normal biologique se détermine à l'interférence des structures et comportements* d'une part *et des conditions de milieu* d'autre part, on a un moyen de distinguer, *non pas au moment même mais rétroactivement*, le normal pathologique du normal normatif. Par exemple, les expériences de L'Héritier et Teissier[1] sur les drosophiles sans ailes établissent la supériorité de cette variété en milieu ventilé.

Aucun milieu n'est *normal*, il est ce qu'il peut être.

Aucune structure n'est normale en soi.

1. Philippe L'Héritier (1906-1994) et Georges Teissier (1900-1972) se distinguent dans les années 1930 par leur contribution commune majeure, et alors exceptionnelle en France, à la génétique des populations et à la théorie dite synthétique de l'évolution. Cette contribution attira d'autant plus l'attention qu'elle s'appuyait sur des travaux expérimentaux en laboratoire selon une méthodologie originale, celle des « cages à population » (sur ces travaux, voir l'excellent article de Jean Gayon et Michel Veuille, « The Genesis of Experimental Populations: L'Héritier et Teissier's Population Cages (1932-1954) », dans R. Singh, K. Krimbas, J. Beatty et D. Paul (dir.), *Thinking About Evolution: Historical, Philosophical, and Political Perspectives*, Cambridge, Cambridge University Press, 2001, 2 vol., vol. 2, p. 77-102). L'Héritier avait été nommé maître de conférences à Strasbourg en 1938 et, après la défaite, rejoignit l'université repliée à Clermont-Ferrand. On ne sait pas toutefois si Canguilhem le fréquenta alors. Mais il connaissait déjà les travaux de ces deux biologistes, notamment à travers la participation de Teissier au débat public sur le transformisme (cf. *supra*, p. 57, note 1). Teissier y fit en effet alors expressément mention de leurs résultats et de l'adaptation circonstancielle d'insectes aptères mutants; Canguilhem mentionne d'ailleurs ces travaux dans sa thèse de médecine qu'il est alors en train de rédiger (cf. *NP*, p. 89-90; aussi p. 110) et il y cite notamment l'intervention de Teissier dans le débat de 1938 (p. 164).

C'est la relation du milieu et du vivant qui fait normaux l'un et l'autre. Un vivant est normal, au sens authentique, lorsqu'il traduit un effort de la vie pour se maintenir dans des formes et des normes qui admettent une marge de variation, une attitude de dissidence, telle que les conditions du milieu venant à varier, l'une quelconque de ces formes pourra se révéler plus avantageuse, donc plus *viable*. Un milieu est normal lorsqu'il permet à une espèce de s'y multiplier et de s'y diversifier, de façon à tolérer au besoin les infidélités du milieu.

Si le rapport du milieu et du vivant est tel que ni l'un ni l'autre ne puissent varier sans que la vie du vivant soit irréparablement compromise, la normalité de l'adaptation apparente est en fait pathologique.

Être malade c'est ne pas pouvoir supporter de le devenir

B) Au point de vue biologique *individuel*, le problème du normal et du pathologique se ramène à ce que Goldstein[1] appelle le *comportement privilégié* et la *réaction catastrophique*. Un organisme ne répond pas aux sollicitations du milieu par tous les comportements dont il est capable, mais seulement par certains qu'il préfère à d'autres parce que, grâce à eux, il réalise le mieux sa nature, grâce à eux il connaît le maximum d'ordre et de

1. Il s'agit ici de la première mention publique par Canguilhem du neurologiste clinicien allemand Kurt Goldstein (1878-1965) dont les idées découlent de ses travaux sur les traumatisés cérébraux. Mais c'est dans un carnet de notes prises durant l'automne 1941 par Canguilhem, alors qu'il assistait à Clermont-Ferrand au cours de psychologie pathologique de son ancien condisciple de l'École normale Daniel Lagache (1903-1972), que l'on trouve sous sa plume la première mention de Kurt Goldstein. Il s'agit de références bibliographiques, y compris la mention « Goldstein der Aufbau des Organismus » (CAPHÉS, GC. 11.1.8, au verso de la 4e page de ce carnet). Certains des travaux de Goldstein sur l'aphasie avaient été traduits et publiés en France dans les années 1930, et un article de l'un de ses disciples, Aaron Gurwitsch, sur « La science biologique d'après Goldstein », se trouve dans le numéro de mars-avril 1940 de la *Revue philosophique*. Canguilhem en prend note dans son carnet de l'automne 1941 et ne semble donc pas avoir connu antérieurement ces travaux. Un autre article de Gurwitsch qui donnait en références plusieurs travaux de Goldstein (« Développement historique de la Gestalt-psychologie »), avait paru en 1935 dans la revue *Thalès* (2e année, p. 166-176), de faible circulation, dont Canguilhem ignorait probablement alors même l'existence (sur cette revue, cf. *infra*, p. 871, note 1). C'est à l'instigation de Canguilhem que paraîtra à Paris, en 1951, en traduction française (Gallimard), le maître ouvrage de Goldstein. Canguilhem traduisit lui-même, avec sa femme, une contribution de Goldstein au Congrès international de philosophie des sciences tenu à Paris en 1949, ses « Remarques sur le problème épistémologique de la biologie » (cf. *infra*, Annexe II, p. 1161-1164).

stabilité. Un malade est un homme qui fait effort pour instaurer un nouvel ordre, une nouvelle stabilité dans son débat avec le milieu. Et s'il guérit, il y aura retour à une norme, mais non pas à l'ancienne. La norme nouvelle n'est jamais identique à l'ancienne. Mais, au cours de la maladie, le comportement du malade est dirigé par l'anxiété d'échapper aux réactions catastrophiques. Une réaction catastrophique traduit l'impossibilité pour le malade de s'adapter rapidement à des conditions nouvelles du milieu. Ce souci d'éviter les réactions catastrophiques traduit donc la tendance à la conservation de l'organisme. La conservation de soi n'est pas la tendance la plus générale de la vie, c'est la tendance caractéristique d'une vie diminuée, amoindrie. L'homme sain est capable d'affronter des risques et sa productivité – disons sa normativité – se traduit par sa capacité de supporter des catastrophes pour parvenir à un ordre nouveau.

Ces vues de Goldstein rencontrent tout à fait celles qui ont été exposées à propos de la conception de Leriche[1]. La santé n'est rendue sensible et son essence n'apparaît qu'en rapport avec la maladie, et son essence se révèle, du moment même qu'elle est modifiée, comme celle d'un passage possible à des normes de vie toujours nouvelles. Quelqu'un à qui son hypotension interdit la vie en altitude est normal entre 100 et 500 m au-dessus du niveau de la mer. Et sans doute nul n'est tenu de vivre à 1 000 m au-dessus, mais chacun peut y être un jour contraint. Ne pas pouvoir le faire, c'est être inférieur. L'homme est cet être vivant capable de vivre en tous les milieux en faisant varier sur place les conditions de vie et en s'adaptant à elles [...][2].

1. Dans une partie inédite de son cours sur "Les normes et le normal". Le nom de René Leriche (1879-1955), docteur en médecine (1906), professeur de clinique chirurgicale à la Faculté de Médecine de Strasbourg (1924), puis professeur au Collège de France (1937), revient souvent dans l'œuvre de Canguilhem. Il publia d'ailleurs en 1951 dans l'un des volumes de la *Somme de médecine contemporaine* dirigée par Leriche son article « Le normal et le pathologique » (repris dans *La connaissance de la vie* l'année suivante) ; il lui consacra en 1956, peu après sa mort, une étude où il lui reconnaissait une attention « au sujet indivis de la maladie » et soulignait positivement sa conception d'une chirurgie « paradoxale » de la douleur (cf. *infra*, p. 721-726). Mais il soutenait aussi que pour Leriche comme pour Claude Bernard « le pathologique n'est que du physiologique dévié » (cf. *infra*, p. 763), avant de faire amende honorable dix ans plus tard, dans l'introduction à ses « Nouvelles réflexions concernant le normal et le pathologique », restituant à Claude Bernard la notion d'une primauté de la clinique et jugeant qu'il fallait se montrer « comme je l'ai fait aussi, un peu moins généreux à l'égard de Leriche » (*NP*, éd. 1966, p. 172).

2. Un paragraphe résumant ce qui précède suit dans le manuscrit (fol. 98) : « En résumé la santé ce n'est pas tant l'état biologiquement normal que l'état de capacité normative, de

En matière de conscience, on a vu que la mentalité de l'adulte et la mentalité moderne ne sont pas normales parce qu'elles sont, *absolument parlant*, les dernières venues dans l'évolution individuelle ou collective. Elles sont normales parce qu'elles ont une efficacité de dévalorisation relative de certains modes de mentalité embarrassés dans leurs conflits internes : conflit du désir et de la réalité, conflit de la puissance et de la science. Certes, le moderne pour avoir pris conscience de ce conflit et n'avoir su le résoudre que par des moyens de portée médiocre n'est pas l'état définitif d'une évolution mécanique. Le moderne doit normalement être dépassé. Mais sa guérison ne peut pas être cherchée dans le retour simple à de vieilles normes. Sa guérison doit être vraiment une invention de normes de vie. La générosité d'un élan doit être imitée, mais la crédulité dans l'efficacité d'une solution immédiate doit être rejetée.

La normativité est dans le passage qui a fait accéder la conscience à la modernité. C'est cette normativité qui doit être normalement prolongée.

En conclusion, toute normalité doit être jugée par référence à sa dévalorisation possible dans un sens de normativité. Là est le moyen et le seul de dépister les *mystifications* de la conscience.

Le pathologique défini, comme nous l'avons dit, comme une espèce du normal peut singer la santé. De même que la maladie est souvent un refuge pour l'être qui refuse de liquider un conflit avec lui-même, l'entourage ou le milieu à travers des situations dont il sent qu'elles lui procureront des réactions catastrophiques, de même les révolutions sont souvent un moyen de faire l'économie d'une rénovation. Ce n'est pas, dans la vie des hommes et des sociétés, le temps qui décide des normes : pas plus l'*hier* que le

normativité biologique. C'est un état dans lequel la vie est habituellement en-dessous de ses possibilités effectives pour se montrer, le cas échéant, au-dessus de ses capacités escomptées ». La section suivante, qui a été omise (fol. 98-99), part de la discussion dans une leçon antérieure de la position de Durkheim « qui identifie normal et moyenne » et à qui il reproche de n'avoir pas plus que Comte saisi « le caractère authentiquement dynamique de l'évolution humaine » et « l'équilibre instable de forces sociales » que dissimule la division du travail, et ainsi de méconnaître le « rapport dialectique “maître-serviteur” si bien analysé par Hegel ». Canguilhem conclut ainsi cette section (fol. 99) : « En matière sociale, il n'y aurait de normal qu'une organisation où aucune norme de vie ne tirerait sa valeur normative de l'oppression des autres normes, où aucun sacrifice ne serait imposé au rebours de l'ordre des valeurs, ordre dont le nom est progrès. Dire qu'un tel état est *utopique* n'est pas lui retirer sa valeur de normal au contraire. L'utopie c'est le nom que prend en matière sociale le caractère d'exigence opposé à l'existence, de tout jugement normatif ».

demain. Ce qui décide des normes et de leur valeur, c'est le courage d'affronter des situations où l'on soit de nouveau en position d'invention normative. Il y a des situations de refuge et des situations de productivité. Apparemment, souvent elles se ressemblent. Mais il y a en tout cas un critérium certain : la décision de mettre les normes à l'épreuve de leur valeur sans truquer les conditions en vue de les faire paraître artificiellement normales. Le normal c'est ce qui est normatif dans des conditions données, mais tout ce qui est normal dans des conditions données n'est pas normatif. Il faut ne pas refuser au normal l'épreuve du changement des conditions. C'est en ce sens que *l'histoire du monde c'est le jugement du monde*.

COMMENTAIRE AU TROISIÈME CHAPITRE DE *L'ÉVOLUTION CRÉATRICE*[1]

Bulletin de la Faculté des Lettres de Strasbourg, vol. 21, n°s 5-6, mars-avril 1943, p. 126-143

1. Ce « Commentaire » a été publié de nouveau dans les *Annales bergsoniennes*, vol. III, *Bergson et la science* (Paris, P.U.F., 2007, p. 113-160), précédé d'une intéressante présentation par Giuseppe Bianco (p. 99-111). Malheureusement, en regard du texte tel que publié en 1943, cette réédition est entachée de plusieurs dizaines de lacunes ou erreurs de transcription, dont plusieurs affectent le sens du propos. Une édition italienne avait aussi paru l'année précédente, aussi par les soins de Giuseppe Bianco : « Commento al terzo capitolo dell'*Evoluzione creatrice* », dans Gilles Deleuze et Georges Canguilhem, *Il significato della vita. Letture del III capitolo dell'*Evoluzione creatrice *di Bergson*, Milan, Mimesis Edizioni, 2006, p. 53-96.

Le manuscrit de ces leçons d'agrégation données par Canguilhem à Clermont-Ferrand en 1942 et en 1943 est conservé dans le Fonds Canguilhem au CAPHÉS sous la cote GC. 11.1.6, dossier « Cours et notes sur Bergson, "Commentaire au troisième chapitre de *L'Évolution créatrice*". 1941-1942 ». Les épreuves corrigées par Canguilhem se trouvent dans le carton des pièces afférentes, à la cote CAN 3254 des ouvrages de sa bibliothèque. Un exemplaire de la livraison du *Bulletin* datée de mars-avril 1943 se trouve dans la bibliothèque de Canguilhem (même cote). Comme il ne s'agit pas ici d'une édition critique, nous ne relèverons pas toutes les variantes, mais seulement celles philosophiquement ou historiquement significatives. Les coquilles sont corrigées sans mention, selon les règles adoptées pour cette édition des *OC*. La ponctuation de même que l'usage de majuscules par Canguilhem, ont été généralement respectés.

INTRODUCTION[a]

Il est bon qu'une entreprise s'accompagne de la conscience des difficultés. C'est pourquoi nous voudrions dire quelques mots sur les difficultés d'explication d'un texte bergsonien, et sur les secours qu'on peut attendre dans cette tâche de la part des commentateurs de Bergson et de la part de Bergson lui-même[1].

Bergson a été souvent sollicité ou s'est trouvé contraint de se prononcer sur la valeur de telle interprétation de sa doctrine ou d'un élément de sa doctrine, un peu comme Valéry l'a été de se prononcer sur la pertinence de tel commentaire à ses poèmes. Bergson, comme aussi Valéry, s'est toujours défendu de pouvoir reconnaître sa pensée exactement dans les versions de ses admirateurs ou de ses critiques. Mais ce refus d'accorder patronage n'a pas les mêmes raisons chez le philosophe et chez le poète. Valéry soutient que l'artiste a sur sa création, une fois faite, une opinion qui vaut – ou ne vaut

a. L'*Évolution créatrice*, chapitre III : de la signification de la vie, figure au programme de l'agrégation de philosophie pour 1943, comme elle y figurait déjà pour 1942. Ayant cru devoir, l'an dernier, tenter de guider les étudiants dans la préparation d'un texte difficile[2], nous nous proposons de publier ici, aux mêmes fins pédagogiques, l'essentiel de nos explications[3].

Nous prévenons, une fois pour toutes, que nos références aux œuvres de Bergson doivent s'entendre des éditions suivantes : *Les données immédiates de la conscience*, 21ᵉ éd. – *Matière et Mémoire*, 16ᵉ éd. – *L'Évolution Créatrice*, 40ᵉ éd. – *Les deux sources de la morale et de la religion*, 20ᵉ éd. – *La pensée et le mouvant*, 6ᵉ éd. – *L'énergie spirituelle*, 8ᵉ éd. – Ces ouvrages seront respectivement désignés par les abréviations suivantes : *D.I.*, – *M.M.*, – *E.C.*, – *D.S.*, – *P.M.*, – *E.S.*[4].

1. Henri Bergson (1859-1941), a lui aussi dans son itinéraire une étape clermontoise : après avoir enseigné au Lycée d'Angers à compter de l'automne 1881, il est en effet nommé au Lycée Blaise Pascal de Clermont-Ferrand en septembre 1883 ; il y enseignera pendant 5 ans. Il est aussi chargé de cours à la Faculté des Lettres de 1885 jusqu'à son départ pour Paris en 1888.

2. Le manuscrit donnait ici, mots biffés : « et peu commenté – comme du reste l'ensemble de l'œuvre bergsonienne ».

3. Une phrase additionnelle a été biffée dans le manuscrit : « Sans nous dissimuler les lacunes de notre travail, nous espérons pouvoir être utile à nos étudiants et à ceux des candidats qui n'ont pas la faculté de suivre les cours de la Faculté ».

4. Tous ces ouvrages se retrouvent dans la donation faite au CAPHÉS par la famille Canguilhem, pour deux d'entre eux toutefois (M. M. et E.C.) dans des éditions différentes de celles mentionnées ci-dessus. Dans son exemplaire de *L'Évolution créatrice*, acquis à Toulouse (40ᵉ édition, 1932), le 3ᵉ chapitre est très copieusement annoté (cote du CAPHÉS, CAN 2645). L'exemplaire de l'*Essai sur les données immédiates de la conscience* (CAN 2644) comporte des soulignés et quelques annotations de différentes époques.

pas – au même titre que celles des spectateurs ou des critiques, étant l'une des opinions possibles parmi la multiplicité obligatoire des interprétations rétrospectives (voir la préface de Valéry à l'édition de *Charmes*, commentés par Alain, N.R.F. 1929)[1]. Bergson, au contraire, a toujours paru soutenir qu'il détenait lui-même et lui seul probablement la clef de l'intelligence totale de son œuvre. En somme, l'interprète même le plus intelligent fait à l'égard de la philosophie bergsonienne ce que cette philosophie prétend faire à l'égard du réel, un effort de sympathie. Or, comme la sympathie n'est pas un transport d'amour, mais un respect de l'originalité et de l'altérité de son objet, la philosophie bergsonienne est condamnée à être méconnue en partie par les esprits dont elle mérite le mieux l'intérêt, à proportion de leur vigueur et de leur originalité propres. « Il est impossible à un penseur original d'entrer *tout à fait* dans les vues d'autrui. Vous ne vous étonnerez donc pas si je vous dis que dans l'exposé général que vous avez fait de mes idées, il n'y a pas de chapitre auquel je puisse souscrire entièrement, pas de critique par conséquent qui me paraisse porter exactement sur ce que j'ai dit ou tout au moins sur ce que j'ai pensé (car nous ne sommes jamais sûrs que ce que nous pensons ait réellement passé dans ce que nous avons dit) » (Lettre de Bergson à Höffding, publiée en appendice à *La philosophie de Bergson*, p. 158)[2]. On sait cependant en quelle estime Bergson tenait deux au moins de

1. Paul Valéry (1871-1945) est de ces écrivains (comme Stendhal, Proust ou Joseph Conrad), que Canguilhem ne cessera de lire de sa jeunesse à sa maturité et qu'il appréciait tout particulièrement pour ses réflexions sur le processus de la création. Valéry dans sa préface (p. XI-XXVI) à cette édition de *Charmes* dont le commentaire d'Alain court en parallèle aux poèmes, déclare : « J'entends d'ici que l'on m'interroge si je m'accorde avec Alain sur le sens qu'il trouve à mes vers. On me dira : "Vous comprend-il comme vous-même ? Son commentaire est-il au plus près de votre pensée ? A-t-il développé vos intentions, dissipe-t-il vos ténèbres comme nous espérions bien que vous pourriez le faire vous-même." Mes vers ont le sens qu'on leur prête. Celui que je leur donne ne s'ajuste qu'à moi, et n'est opposable à personne » (p. XVIII-XIX). On trouve deux exemplaires de cet ouvrage dans la bibliothèque de Canguilhem (cotes CAN 42 et 907).

2. Harald Höffding, *La Philosophie de Bergson, Exposé et critique*, traduction d'après l'édition danoise avec un Avant-propos de Jacques de Coussange, suivie d'une Lettre de M. Henri Bergson à l'auteur, « Bibliothèque de philosophie contemporaine », Paris, Librairie Félix Alcan, 1916. Cette lettre du 15 mars 1915 est reprise dans l'édition Worms des *Écrits philosophiques* de Bergson (Paris, P.U.F., 2011), p. 441-445. Cet ouvrage est issu d'un cours sur Bergson professé au cours de l'hiver 1913-1914. À l'initiative du traducteur, la lettre de Bergson est donnée en appendice, p. 157-165. Le chapitre 4, p. 85-105, est consacré à la « Philosophie de l'Évolution ». Harald Höffding (1843-1931) était professeur à l'Université de Copenhague. Plusieurs ouvrages de Höffding avaient été traduits chez Alcan. Jacques de

ses commentateurs, Thibaudet[1] et Jankélévitch[2], dont les ouvrages sont désormais indispensables à toute étude sérieuse. Disons une fois pour toutes que nous leur devons beaucoup, mais pour une entreprise assez différente de la leur. Ils se sont proposé de retrouver le sens d'une doctrine et d'en apprécier la valeur en la situant parmi d'autres doctrines. Nous avons à trouver le sens d'un texte fragmentaire et à le situer dans le développement de la doctrine même.

En définitive, le premier interprète autorisé, sinon à la rigueur le seul, ce doit être, pour nous, Bergson lui-même; et la première des obligations ce doit être d'éclairer, aussi souvent que possible, un texte de Bergson par un autre texte de Bergson. On dira que ce procédé ne convient pas ici plus spécialement qu'ailleurs. Toute doctrine tend à se constituer comme un univers de notions, refermé sur lui-même, quasi sphérique, où chaque point peut être mis en rapport avec tout autre point. Certains philosophes, comme Spinoza dans l'*Éthique*, se sont acquittés pour leur propre compte de cette tâche. Mais il faut avouer aussi que pour beaucoup d'autres, l'exposé discursif, et donc nécessairement successif, de leur pensée ne va pas sans quelques variations telles que souvent se pose le problème de l'unité de leur

Coussange est le pseudonyme de la femme de lettres Barbe Calemard du Genestoux qui est la traductrice de cet ouvrage. Outre de nombreuses traductions, elle est aussi l'auteur de quelques ouvrages sur les pays scandinaves).

1. Albert Thibaudet, *Trente ans de vie française. III. Le Bergsonisme*, Paris, Gallimard, 1923, 2 vol. Les titres antérieurs dans la séquence de ces « Trente ans de vie française » étaient *Les idées de Charles Maurras* (1920) et *La vie de Maurice Barrès* (1921). Les deux volumes sur Bergson ont été acquis par Canguilhem à Strasbourg en novembre 1947 (12e édition, 1939; cotes CAN 2649 et 2650). Albert Thibaudet (1874-1936) fut professeur de lettres à l'Université de Genève à compter de 1925. À la mort de celui-ci, Bergson lui rendit hommage dans le numéro spécial que la *Nouvelle Revue Française* lui consacra.

2. Vladimir Jankélévitch, *Bergson*, « Les grands philosophes », Paris, Librairie Félix Alcan, 1931. L'exemplaire de Canguilhem est conservé au CAPHÉS et porte la cote CAN 2654. Vladimir Jankélévitch (1903-1985) était entré à l'École normale supérieure deux ans avant Canguilhem et fut reçu premier à l'agrégation de philosophie en 1926, un an avant celui-ci. Enseignant à l'Université de Prague de 1927 jusqu'à son retour en France en 1932, il fut ensuite professeur au Lycée du Parc à Lyon, puis enseigna à la Faculté des Lettres de Toulouse (en 1937 et 1938) avant d'être nommé à Lille. Il se réfugia à Toulouse après la débâcle de 1940 et, révoqué par le régime de Vichy, y demeura clandestinement jusqu'à la fin de la guerre. Il devait retrouver son poste de Lille en 1947; nommé professeur à la Sorbonne (plus tard Paris I), de 1951 à 1979, il y eut pour collègue Canguilhem. Jankélévitch, depuis le séjour à Toulouse, fréquenta pendant plusieurs années la famille Canguilhem qui appréciait particulièrement ses grands talents de pianiste.

doctrine. Pour combien de philosophes n'est-on pas conduit à se demander s'ils n'auraient pas plusieurs philosophies, par exemple pour Comte, pour Nietzsche? Bergson, quant à lui, a toujours milité pour une « philosophie qui dure », qui se crée progressivement et même imprévisiblement, non seulement d'un philosophe à un autre, mais pour un même philosophe. Du moment donc que le discours philosophique n'est qu'une approximation toujours inadéquate de l'intuition qu'il masque au moment précis où il la désigne, il n'y a a priori aucun vice de méthode à expliquer un texte bergsonien par un autre texte, même de venue postérieure, ce dernier ayant quelque chance de nous conduire plus près que le premier de cette source jaillissante qu'est l'intuition. En découvrant la source derrière un rideau de mots moins touffu et moins opaque que n'était le premier texte, nous n'aurons pas altéré le sens de ce texte, puisque expliquer ce n'est pas tant substituer un discours à un autre que viser, à travers les mots et par eux, dans des directions convergentes, un point unique et simple de jaillissement.

Pour au moins cinq passages importants du chapitre III de l'*Évolution créatrice* nous disposons d'éclaircissements importants dus à Bergson lui-même :

1) concernant les rapports de la science et de la métaphysique, on confrontera les textes de l'*E.C.* (p. 212-218) et les textes de *La Pensée et le Mouvant* (De la position des problèmes : p. 42 *sq.*);

2) concernant la valeur *absolue* de la science dans un domaine limité à la matière inerte, et inversement la valeur relative d'un mode de connaissance illégitimement étendu à ce pour quoi il n'est pas fait (*E.C.*, 216 et suiv.), on peut se reporter à un passage de la Lettre à Höffding (*La philosophie de Bergson*, p. 163-164);

3) concernant la géométrie naturellement inhérente à l'intelligence (*E.C.*, 230 *sq.*) on dispose de l'article publié par Bergson en 1908 dans la *Revue de Métaphysique et de Morale*, sous le titre « À propos de l'Évolution de l'Intelligence géométrique »[1], en réponse à des critiques d'Émile Borel[2];

1. Henri Bergson, « À propos de "L'Évolution de l'intelligence géométrique" », *Revue de métaphysique et de morale*, vol. 16, n° 1, janvier 1908, p. 28-33.

2. Émile Borel, « L'Évolution de l'intelligence géométrique », *Revue de métaphysique et de morale*, vol. 15, n° 6, juin 1907, p. 747-754. Émile Borel (1871-1956), normalien (1889), fut professeur à la Faculté des Sciences de Lille (1893-1897), puis maître de conférences à l'École de la rue d'Ulm et enfin professeur à la Faculté des Sciences de Paris à compter de 1909 et jusqu'à sa retraite en 1941. Ses travaux mathématiques portèrent notamment sur la théorie des

4) concernant la nature de l'élan vital, on trouvera un éclaircissement très important dans un long passage des *Deux sources* où l'auteur note quelles sont les idées positives et négatives réunies sous cette unique expression (p. 115-120); – dans la lettre de Bergson à Floris Delattre, publiée par ce dernier dans son article *Samuel Butler et le Bergsonisme*, où sont exposés les rapports du concept et de l'image (*Revue anglo-américaine*, juin 1936, p. 399-400) [1]; dans le récit fait par M. Jean de la Harpe d'un entretien avec Bergson en septembre 1936 (*Henri Bergson, Essais et témoignages inédits*, recueillis par A. Béguin et P. Thévenaz, Neuchâtel 1941, p. 362) [2];

5) concernant les derniers développements du chapitre III sur l'individualité, les rapports de la conscience et du corps, le sens métaphysique de la vie spirituelle, c'est dans *l'Énergie spirituelle* qu'on trouvera les textes capables de fournir les meilleurs éclaircissements, voir notamment, *la*

fonctions et sur les probabilités; il fut l'un des fondateurs de l'Institut Henri Poincaré (1928) qu'il dirigea. Député radical-socialiste de l'Aveyron de 1924 à 1936 et brièvement ministre de la Marine, en 1925, il fut arrêté pour des raisons demeurées obscures par l'*Abwehr* avec trois autres académiciens et emprisonné pendant quelques semaines à Fresnes (*cf.* Laurent Mazliak et Glenn Shafer, « What Does the Arrest and Release of Emile Borel and His Colleagues in 1941 Tell Us about the German Occupation of France? », *Science in Context*, vol. 24, n° 4, p. 587-823).

1. Floris Delattre, « Samuel Butler et le bergsonisme, avec deux lettres inédites d'Henri Bergson », *Revue anglo-américaine*, n° 5, juin 1936, p. 385-405. Les extraits de la première lettre, du 24 août 1923, se trouvent aux pages 392-393 ; ceux de l'autre lettre, de décembre 1935, sont donnés aux pages 395-401. Floris Delattre (1880-1950), neveu de Bergson, agrégé d'anglais et docteur ès lettres, fut maître de conférences puis professeur de langue et littérature anglaises à la Faculté des Lettres de Paris (1932-1950); il fut notamment traducteur de William James, de même que de très nombreux ouvrages sur la littérature anglaise.

2. Jean de la Harpe, « Souvenirs personnels d'un entretien avec Bergson », dans *Henri Bergson : Essais et témoignages inédits recueillis par Albert Béguin et Pierre Thévenaz*, Neuchâtel, À la Baconnière, 1941, p. 357-364. Jean de la Harpe (1892-1947) était alors, depuis 1930, professeur à la Faculté des Lettres de Neuchâtel; il avait notamment publié chez Vrin, en 1936, *De l'ordre et du hasard, le réalisme critique d'Antoine-Augustin Cournot.* Le recueil d'essais et de témoignages, conçu en 1941 comme « un hommage funèbre », réunit près de quarante auteurs, dont, notamment, outre ceux cités par Canguilhem, Louis Lavelle, Léon Brunschvicg, Gabriel Marcel, Emmanuel Mounier, Arnold Reymond, Paul Valéry et Jean Wahl. Il a été réédité dans la collection « Les Cahiers du Rhône » en 1943. Albert Béguin (1901-1957) était professeur à la Faculté des Lettres de Bâle. Pierre Thévenaz (1913-1955), auteur d'une thèse sur *L'Âme du Monde, le devenir et la matière chez Plutarque* (Paris, Les Belles Lettres, 1938) fut notamment professeur de philosophie à l'École Polytechnique de Zürich, puis à l'Université de Lausanne.

Conscience et la Vie (1911), *l'Âme et le Corps* (1912), *le Cerveau et la Pensée* (1904).

*

INDICATIONS BIBLIOGRAPHIQUES. – On sait que l'*Évolution Créatrice* a paru en 1907 (l'année même où Hamelin publiait sa thèse, *Essai sur les Éléments principaux de la représentation*[1]). Il n'est pas sans intérêt, pour tenter de se rendre contemporain de l'événement philosophique, de relire les comptes-rendus donnés à l'époque par les revues philosophiques et scientifiques. Dans l'ensemble, quoique élogieux, ils sont plus déconcertés que pénétrants. On lira notamment les comptes-rendus

a) de Louis Weber, dans la *Revue de Métaphysique et de Morale*, 1907[2],
b) de Gaston Rageot, dans la *Revue philosophique*, 1907[3],

1. Collection « Bibliothèque de philosophie contemporaine », Paris, Librairie Félix Alcan, 1907. Octave Hamelin (1856-1907) avait soutenu cette thèse à la Sorbonne le 29 avril 1907; il mourut accidentellement quelques mois plus tard en portant secours pour éviter une noyade. Sa thèse complémentaire portait sur le Livre II de la *Physique* d'Aristote. La *Revue de métaphysique et de morale* (supplément du numéro de juillet 1907, p. 19-31) rendit compte de cette soutenance et Émile Chartier (Alain) consacra une forte étude critique à l'*Essai* dans la même revue, à la fin de l'année (p. 797-820). Le supplément du numéro de novembre 1907 (p. 1-2) donnait la nécrologie de Hamelin. Canguilhem avait une connaissance approfondie de l'*Essai*; son exemplaire de la 2e édition, conservé au CAPHÉS (cote CAN 3372), a été, selon l'inscription sur la première page de garde, acquis en mars 1925, quelques mois donc après son entrée à l'École normale supérieure.

2. Louis Weber, « L'Évolution créatrice par Henri Bergson », *Revue de métaphysique et de morale*, vol. 15, nº 5, septembre 1907, p. 620-670. L'œuvre la plus connue de Louis Weber (1866-1949), polytechnicien et d'abord officier d'artillerie, l'un des premiers collaborateurs de la *Revue de métaphysique et de morale*, longtemps Directeur adjoint au ministère du Travail, où il implanta les techniques de l'actuariat, est sans doute *Vers le positivisme absolu par l'idéalisme* (Paris, Félix Alcan, 1903); Émile Chartier en rendit compte dans la *Revue de métaphysique et de morale* en janvier 1904 (vol. 12), p. 88-108. Weber publia aussi en 1913, chez le même éditeur, *Le Rythme du progrès*.

3. Gaston Rageot, « L'Évolution créatrice », *Revue philosophique de la France et de l'étranger* (désormais citée *Revue philosophique*), vol. 64, nº 7, juillet 1907, p. 73-85. Auteur d'un ouvrage sur *Les Savants et la philosophie* (« Bibliothèque de philosophie contemporaine », Paris, Félix Alcan, 1908), Gaston Rageot (1872-1942) fut surtout un prolifique auteur de romans et d'études littéraires; il fut élu à la présidence de la Société des gens de lettres en 1930.

c) de Marcel Hérubel, dans *l'Année Biologique*, 1910[1] (dans cette revue, le compte-rendu était annoncé en 1908 et a été remis deux fois. Les biologistes ne savaient sans doute quelle attitude adopter !).

Il y a eu un « temps de latence » dans la réaction de la conscience philosophique aux idées bergsoniennes. C'est dans les années postérieures à 1910 que se placent les premières études systématiques, explicatives ou critiques, touchant le bergsonisme. Citons principalement parmi les ouvrages d'ensemble :

1) René Berthelot, *Un romantisme utilitaire*, t. II : le pragmatisme chez Bergson (Alcan, 1913)[2].
2) Jacques Maritain, *La philosophie bergsonienne* (Rivière, 1913 – deuxième édition revue et augmentée d'une longue préface en 1930)[3].
3) Édouard Le Roy, *Une philosophie nouvelle* (Alcan, 1914)[4].
4) Harald Höffding, *La philosophie de Bergson* (trad. fr., Alcan, 1916 – en appendice, une lettre de Bergson à l'auteur)[5].

1. « Bergson, H. – *L'évolution créatrice* », *L'Année biologique*, 15e année, 1910, publié en 1913, p. 532-535. Marcel Hérubel (1879-1947), qui était alors préparateur à la Faculté des Sciences de Paris, termine ainsi son compte rendu : « En dépit de son caractère hautement métaphysique, ce livre est profitable au naturaliste. […] il élargit l'horizon des idées […], il met en garde le biologiste contre la séduction des grandes hypothèses scientifiques […], il fortifie le sens critique […]. Mais je ne lui vois aucune vertu "créatrice" de recherches nouvelles. Il informe plus qu'il n'inspire et il est moins une synthèse des connaissances que l'exposé d'un état d'âme […] ». Hérubel, après une thèse de doctorat en biologie marine (1908), fit l'essentiel de sa carrière en biologie et en économie des pêcheries.

2. Le chapitre 3 de cet ouvrage traite spécifiquement du 3e chapitre de *L'Évolution créatrice* (p. 39-49).

3. Jacques Maritain, *La philosophie bergsonienne*, « Bibliothèque de philosophie expérimentale », 2e éd. revue et augmentée, Paris, Librairie Marcel Rivière, 1930 [1931 en fait; la 1re édition est de 1914]. Jacques Maritain (1882-1973), agrégé de philosophie (1905), converti au catholicisme l'année suivante, professeur au Collège Stanislas, puis à l'Institut catholique, fut le porte-étendard du néo-thomisme. Émigré aux États-Unis durant la guerre, il fut à New-York l'un des fondateurs de l'École libre des Hautes Études.

4. *Une philosophie nouvelle : Henri Bergson* fut publié à Paris en 1912, à la Librairie Alcan, dans la collection « Bibliothèque de philosophie contemporaine ».

5. Voir ci-dessus, p. 113, note 2.

Dans la période désormais baptisée « entre-deux-guerres », de nouvelles études sont consacrées, en France, au bergsonisme et à ses premiers commentaires[1] :

5) Albert Thibaudet, *Le Bergsonisme* (2 vol., N.R.F., 1923)[2].
6) Jacques Chevalier, *Bergson* (Plon, 1926)[3].
7) Vladimir Jankélévitch, *Bergson* (Alcan, 1931)[4].
8) Roger Lacombe, *La psychologie bergsonienne* (Alcan, 1933)[5].
9) Michel Fénart, *Les assertions bergsoniennes* (Vrin, 1936)[6].

Parmi les nombreux articles français et étrangers plus particulièrement relatifs à l'*Évolution Créatrice* signalons :

A) un article de Bergson lui-même, A propos de l'Évolution de l'intelligence géométrique, – Revue de Métaphysique et de Morale, 1908[7].
B) deux articles du philosophe américain A.O. Lovejoy[8] :

1. On notera que Canguilhem ne juge pas à propos de signaler ici le *Bergson* de Félicien Challaye (Paris, Mellottée, 1929) qu'il disait en 1929 tenir pour l'un des « meilleurs exposés du bergsonisme » (cf. *OC* I, p. 221.

2. Voir ci-dessus, p. 114, n. 1.

3. Jacques Chevalier, *Bergson*, « Les Maîtres de la pensée française », Paris, Plon, 1926. Jacques Chevalier (1882-1962), philosophe catholique et spiritualiste, professeur puis doyen de la Faculté des Lettres de Grenoble. C'est alors qu'il était Secrétaire d'État à l'Instruction publique du régime de Vichy (septembre-décembre 1940) que Canguilhem, révulsé par l'idéologie régnante, avait pris la décision de se faire mettre en congé sans solde « pour convenance personnelle ».

4. Voir ci-dessus, p. 114, n. 2.

5. Roger Étienne Lacombe (1896-1998), agrégé de philosophie, après avoir enseigné en province, était alors professeur de philosophie au Lycée Henri IV ; il avait aussi publié en 1926 *La Méthode sociologique de Durkheim. Étude critique*, chez le même éditeur, dans la collection « Bibliothèque de Philosophie contemporaine ».

6. Michel Fénart, *Les Assertions bergsoniennes*, Paris, Librairie philosophique J. Vrin, 1936. Le chapitre III, p. 143-276, est spécifiquement consacré à la critique de *L'Évolution créatrice*. Michel Fénart (? -1938) avait été notamment professeur à Oran.

7. Voir ci-dessus, p. 115, n. 1.

8. Pour l'essentiel de sa carrière, Arthur Oncken Lovejoy (1873-1962), élève de William James à Harvard, fut professeur à l'université Johns Hopkins de Baltimore, de 1910 à son départ à la retraite en 1938. L'un des fondateurs en 1940 du *Journal of the History of Ideas*, il est surtout connu pour son ouvrage sur l'histoire de la notion d'une échelle des êtres, *The Great Chain of Being* (Harvard University Press, 1936).

a) *Some antecedents of the philosophy of Bergson*, – *Mind*, 1913 [1];
b) *Bergson and Romantic Evolutionism*, – *University of California Chronicle*, 1913 [2].
C) Oliver Quick, *Bergson's « Creative Evolution » and the Individual*, – *Mind*, 1913 [3].
D) W. Riley, *La Philosophie française en Amérique : III, le bergsonisme*, – *Revue philosophique*, 1921 [4].
E) Vl. Jankélévitch, *Deux philosophies de la vie : Bergson, Guyau*, – *Revue philosophique*, 1924 [5].
F) Floris Delattre, *Samuel Butler et le Bergsonisme*, – *Revue anglo-américaine*, XIII, juin 1936.

L'intérêt essentiel de cet article est de reproduire une lettre de Bergson à l'auteur relative au sens et à la portée des termes « élan vital ». Voir aussi l'article du même auteur : Les dernières années de Bergson, dans *Études Bergsoniennes, Revue Philosophique*, mars-août 1941 [6].

1. Arthur O. Lovejoy, « Some Antecedents of the Philosophy of Bergson », *Mind*, nouvelle série, vol. 22, n° 88, octobre 1913, p. 465-483.

2. *Bergson and the Romantic Evolutionism*, Berkeley, University of California Press, avait été publié en 1914. Un compte rendu de cet ouvrage avait paru dans la *Revue de métaphysique et de morale*, vol. 22, n° 3, mai 1914, p. 20-21 du supplément.

3. Rev. Oliver Quick, « Bergson's 'Creative Evolution' and the Individual », *Mind*, nouvelle série, vol. 22, n° 86, avril 1913, p. 217-230. Oliver Chase Quick (1885-1944), pasteur anglican, auteur de nombreux ouvrages de théologie, avait étudié à Oxford où il termina sa carrière comme professeur de théologie.

4. W. Riley, « La philosophie française en Amérique. III. – Le Bergsonisme », *Revue philosophique*, vol. 91, n° 1-2, janvier-février 1921, p. 75-107. Cet article est issu de conférences données en 1920 par Isaac Woodbrige Riley (1869-1933) à l'invitation de la Sorbonne. Après des études de philosophie à l'Université Yale, il fut pour un temps chercheur en résidence à l'université Johns Hopkins avant de devenir en 1908 et pour le reste de sa carrière professeur de philosophie au Collège Vassar dans l'État de New York. Il se fit surtout connaître pour des travaux pionniers sur l'histoire de la philosophie américaine (*American Thought from Puritanism to Pragmatism*, New York, H. Holt, 1915) et pour le mordant de ses critiques des sectarismes religieux aux États-Unis.

5. Vladimir Jankélévitch, « Deux philosophes de la vie : Bergson, Guyau », *Revue philosophique*, vol. 97, n° 2, janvier-juin 1924, p. 402-449. Il s'agit semble-t-il du premier travail publié par Jankélévitch ; il est repris dans *Premières et dernières pages*, Paris, Seuil, 1994, p. 13-62 (dans la bibliothèque de Canguilhem, sous la cote CAN 2653).

6. Floris Delattre, « Les dernières années d'Henri Bergson », *Revue philosophique*, n° 3 à 8, mars-août 1941, p. 124-138.

G) Hans Urs von Balthasar. *La Philosophie de la Vie chez Bergson et les Allemands modernes*[1] (*Henri Bergson, Essais et témoignages inédits* recueillis par A. Béguin et P. Thévenaz, Neuchâtel, 1941).

H) G. Davy, *Henri Bergson, – Revue Universitaire*, 1941, n°s 4 et 5[2].

Pour terminer citons, comme lecture auxiliaire possible, un ouvrage directement inspiré des théories bergsoniennes et qui a traité plus récemment des mêmes problèmes que *L'Évolution Créatrice* ;

I) Édouard Le Roy, *L'exigence idéaliste et le fait de l'évolution*, [Paris,] Boivin, 1927.

*

PLAN DU CHAPITRE III. – Il faut être déjà avancé dans la lecture du chapitre avant de saisir comment le développement justifie son titre : De la signification de la Vie. Les articulations de la pensée de Bergson sont fort nettes, mais de longs développements incidents les masquent. Certaine analyse comme « le désordre et les deux ordres » prend tant de relief qu'on cesse d'y voir, comme c'est le cas, la critique à une objection visant l'idée principale. Il nous paraît indispensable d'obtenir une vue synoptique ou panoramique du chapitre. Voici donc un plan, plus détaillé pour la partie polémique initiale que pour la partie thétique finale.

1. « La philosophie de la vie chez Bergson et chez les Allemands modernes », dans *Henri Bergson : Essais et témoignages inédits*, *op. cit.*, p. 264-270. Hans Urs von Balthasar (1905-1988), théologien et philosophe, prêtre jésuite (1936) puis prêtre diocésain (1950), était alors aumônier des étudiants catholiques à Bâle. Il avait soutenu en 1929 une thèse sur l'histoire du problème eschatologique dans la littérature allemande moderne.

2. 50e année, n° 4, juillet-octobre 1942, p. 243-255 et n° 5, novembre-décembre 1941, p. 321-336. Georges Davy (1883-1976), agrégé de philosophie, sociologue durkheimien, collaborateur de Marcel Mauss, auteur en 1922 d'une thèse remarquée sur *La foi jurée. Étude sociologique du problème du contrat : la formation du lien contractuel* (Paris, Alcan, 1922) qui établit sa réputation de sociologue. Après un court passage dans l'enseignement secondaire, il devint professeur puis doyen de la Faculté des Lettres de Dijon, puis recteur de l'Académie de Rennes, inspecteur général de philosophie, enfin professeur et doyen de la Faculté des Lettres de la Sorbonne jusqu'à sa retraite en 1955, année où Canguilhem y entrait comme professeur.

I. *Définition d'une tentative philosophique originale: Explication génétique simultanée de l'Intelligence et de la Matière.*

A) Les deux premiers chapitres de *L'Évolution Créatrice* ont abattu des barrières, sur le plan horizontal entre vie et matière, instinct et intelligence; il s'agit maintenant de tenter une unification, sur le plan vertical, de la matière et de l'intelligence, en engendrant simultanément l'une et l'autre (p. 203-204).

B) Hardiesse apparente de cette tentative; en quoi elle se distingue de la psychologie, de la cosmogonie, de la métaphysique (204).

La psychologie suit le développement de l'intelligence dans la série animale. Mais alors elle se donne comme terme à retrouver l'intelligence humaine. Elle ne l'engendre donc pas (204-205).

Une cosmogonie, du type de celle de Spencer, se donne également l'intelligence en se donnant au départ de l'évolution les objets et les faits, car le découpage du donné concret en choses et en relations est le fait de l'intelligence. Ici donc encore, illusion de genèse (205-206).

La métaphysique, dont le système de Fichte est un bon exemple, prétend déduire les catégories : en fait, elle se donne un principe qu'elle a subrepticement bourré de tout ce qu'elle pense en retirer (207).

Les deux dernières tentatives, quoiqu'inverses, – l'une tire l'intelligence du monde et l'autre, le monde de l'intelligence – postulent en commun l'unité de la nature organique et inorganique et la validité sans limites de l'intelligence (207-208).

C) En fait, la modestie est du côté de la tentative bergsonienne. Toutes les autres tentatives, supposant la validité illimitée de l'intelligence, font une confiance démesurée au pouvoir de la pensée individuelle; les systèmes philosophiques sont à prendre ou à laisser, comme des vêtements de confection. Il est, au contraire, fait appel ici à une philosophie qui dure, c'est à dire s'accroisse et se corrige. La philosophie n'est pas une vision du tout mais un effort pour se fondre à nouveau dans le tout (208-209).

II. *Défense de la méthode proposée contre une objection préalable.*

A) Cette méthode n'est-elle pas un cercle vicieux? Engendrer l'intelligence c'est la rendre relative et donc la dépasser; or comment le faire sinon avec l'intelligence elle-même (209)?

Rupture du cercle. Il n'y a de cercle que pour la raison raisonnante. Mais l'action brise le cercle. Exemple : l'apprentissage de la nage (210-211). Il faut pousser l'intelligence hors de chez elle (211).

B) Cercle vicieux réel de toute autre méthode (211). Remise en question des rapports traditionnellement établis, du point de vue intellectualiste, entre métaphysique et science (211-212).

Abandonner aux savants les questions de fait, pour se réserver les questions de principes, c'est méconnaître qu'accepter des faits revient à accepter, du même coup, les principes que le savant ne peut pas ne pas engager inconsciemment dans sa recherche (212). Les lois sont intérieures aux faits, la forme n'est pas isolable de la matière (213).

Plus précisément, la science positive, œuvre de l'intelligence, se laisse imposer sans y prendre garde une vision du réel soumise aux habitudes d'investigation de la matière inerte (213). Par suite, étudier avec les méthodes de la physique les phénomènes biologiques c'est accepter une conception métaphysique de la vie (214). La philosophie doit se faire un regard neuf devant le fait vital (214). Sinon, la philosophie est déjà faite : elle sera ou bien dogmatique, affirmant l'unité de l'être, ou bien sceptique, en présence des pauvres résultats de la méthode (215). Donc, on tourne ici dans un cercle bien réel, celui qui consiste à retrouver, métaphysiquement, une unité qu'on postulait déjà en abandonnant à l'intelligence tout le réel (215-216).

C) Bénéfices d'une distinction initiale entre l'inerte et le vivant. D'abord on rend à la science une valeur absolue sur le terrain qui lui revient, celui de la matière (216). Ensuite, on donne à la philosophie une dignité authentique en lui reconnaissant le devoir de compléter la science, de dépasser l'entendement (217). Dépasser à la fois la matière et l'entendement c'est se donner la possibilité d'en apercevoir la genèse commune (217-218).

III. *Rapports de l'intelligence et de la matière.*

A) Opposition de la *tension* spirituelle et de la *détente* matérielle (218-219). Inversion et interruption de l'effort spirituel comme genèse de l'étendue (219). Détente et Extension (220-221). Intelligence et spatialité (222-223). Conception kantienne de l'étendue et de l'intelligence : sa valeur négative (223), ses limites (224).

B) Solution proposée. Explication du caractère approximatif de la connaissance de la matière (225). Opposition normale de la philosophie et de la physique, de la psychologie et de la cosmologie (227). De l'objet spatial et de l'ordre géométrique entendus comme des négations (227-228-229). Vérification de cette proposition par la mise au jour des postulats engagés dans les opérations intellectuelles fondamentales, déduction et induction (230): homogénéité, identité, abolition de la durée (231). Limites de la déduction dans les sciences morales (232). Opposition de la déduction et du bon sens (232). Induction comme spatialisation du temps, négation de la durée (233-235). Limites de la mathématisation en physique (237-239).

C) Examen des objections tendant à défendre le caractère positif de l'ordre géométrique (239). Rôle de l'idée de désordre dans la théorie de la connaissance (240). Illusion génératrice de toute idée négative (240-241). Les deux ordres et le désordre: le désordre n'est pas absence d'ordre mais présence d'un ordre inattendu et décevant (242-243). Comment l'idée d'un ordre général de la nature se dissocie en représentation des genres et représentation des lois; distinction sur ce point de la science antique et de la science moderne (244-251). Dissociation de l'idée d'ordre selon l'idée d'ordre géométrique et l'idée d'ordre vital (252-257). Du chaos et du hasard (253-254).

IV. *La matière et la vie.*

A) Genèse idéale de la matière (257). Opposition du *tout fait* et du *se faisant* (258). Le courant de vie (259). De la création comme croissance (260-262). Conservation et dégradation dans l'univers (263-267). Irréversibilité du devenir physique, ascension du devenir biologique (267). Caractère explosif de la vie (268-269). Contrariété du flux matériel et de l'élan vital (269-272). Caractères de l'élan vital et signification de l'évolution biologique; contingence des formes vivantes actuelles; pluralité possible des mondes vivants (273-279).

B) Caractère psychologique de la vie (279). Unité et multiplicité de la conscience et de la vie (280). Le problème de l'individualité du vivant (281). Individualité et association (282-283). La marche de la vie vers la réflexion (283). Conscience et système nerveux (284-285). Disponibilité de l'homme, invention et libération (286) : rôle du cerveau, du langage, de l'outil (287).

C) En quel sens l'homme est le terme de l'évolution (288). Impasses de l'évolution et avenir de l'évolution (288-289). Rançon de la supériorité intellectuelle chez l'homme (289). Sacrifice de l'intuition (290). Unité de la vie mentale (290-291). En quel sens le spiritualisme est le vrai (291-292). La vie de l'esprit est une vie universelle (292-293). Solidarité des vivants (293). Victoire, grâce à l'homme, de la vie sur la mort (293-294).

Possibilité et légitimité d'une Genèse de l'Intelligence

Le chapitre est intitulé : De la signification de la vie, et il se présente, dès le début, comme visant à retracer une genèse de l'intelligence. On voit par la suite qu'il ne s'agit de rien de moins que du problème de la connaissance. Rien de surprenant à cela, si l'on remarque d'abord avec A. Thibaudet (*Le bergsonisme*, I, 79) que pour une philosophie de l'Action et de la Vie c'est le problème de la connaissance qui est crucial, exactement comme c'est le problème de l'action qui est essentiel à résoudre pour une philosophie intellectualiste. Il faut noter ensuite qu'engendrer l'intelligence c'est la référer à autre chose qu'elle même, c'est donc l'inscrire dans un mouvement qui la dépasse après l'avoir déposée à un moment de son cours. L'intelligence est bien un caractère de la nature humaine, mais de la nature naturée, non de la nature naturante. Ces termes de dépôt, de nature naturée, ne se trouvent pas dans *L'Évolution créatrice*, mais ils se trouvent dans les *Deux Sources* (p. 52, 55).

Cette tentative de Bergson est un des points de sa philosophie qui ont suscité le plus d'hostilité et le plus d'incompréhension. Les uns l'ont interprétée comme une dévaluation de l'intelligence, par exemple Gustave Rodrigues dans *Bergsonisme et Moralité*[1] : « La genèse de l'intelligence c'est le procès de l'intelligence… En la ramenant à n'être qu'un effet, entre mille autres, de la vie dont elle émane, on lui interdit de commander au développement de cette vie » (p. 141). D'autres ont considéré cette tentative de genèse comme injustifiable et inconciliable avec les faits (Fénart, *Assertions bergsoniennes*, p. 199). En somme on admet communément soit

1. Paris, Étienne Chiron, 1922. Le dernier chapitre de cet ouvrage (p. 109-156) porte sur *L'Évolution créatrice*. Gustave Rodrigues (1871-1940), agrégé de philosophie, docteur ès lettres (1903), était à cette date professeur de philosophie au Lycée Janson-de-Sailly. Après avoir été l'adjoint de Georges Valois (1878-1945), le fondateur du mouvement fascisant du Faisceau, il s'en était dissocié en 1935 après avoir publié une théorie « distributionniste » exposées dans *Le droit à la vie : l'unique solution du problème social* (Paris, Éditions Liberté, 1934). Il fut un opposant aux accords de Munich et devait se suicider à Bayonne à l'été 1940 alors que Valois, résistant, mourut en déportation à Bergen Belsen.

que Bergson a échoué, soit qu'il a réussi au sens où une opération chirurgicale réussit mais en tuant le patient.

La première des précautions à observer pour avoir quelque chance de juger sainement de cette tentative c'est de ne pas confondre genèse de l'intelligence et genèse de la pensée. C'est ce qui explique qu'un bergsonien d'obédience aussi stricte que M. Le Roy ait pu opposer à l'idée d'une genèse de la pensée les arguments mêmes que Bergson affirme sans valeur quand ils tendent à nier la possibilité d'une genèse de l'intelligence: «Il y aurait contradiction flagrante à prétendre penser la genèse de la pensée, puisqu'il faudrait commencer pour cela par supposer, par se donner d'avance à titre de moyen préalable, tout prêt à servir, cela-même qu'il s'agissait d'engendrer. On peut bien penser la genèse d'une fonction partielle de la pensée, de la faculté logique par exemple, de la faculté d'analyse conceptuelle, en tant qu'elle est une limitation, une adaptation, une détermination particulière de la pensée primitive, je dirais volontiers la pensée consolidée en discours, bref un groupe d'habitudes peu à peu contractées [...]. Mais ce qu'il est impossible de penser, d'aucune manière, sans pétition de principe, c'est une genèse totale de la pensée, parce que le néant de pensée est, à la lettre, impensable.» (*Exigence idéaliste*, avant-propos, X-XI).

Pour comprendre le sens de cette genèse de l'intelligence, il faut bien se représenter que, selon Bergson, l'intelligence est le produit d'un choix de la vie. Une des propositions secrètement importantes du bergsonisme est que «la force qui évolue à travers les formes vivantes est une force limitée» (*E.C.*, p. 162). La vie, dans sa recherche de ce à quoi elle devait s'adapter, ne pouvait obtenir une connaissance à la fois *pleine* et *universelle.* L'intelligence est le produit de l'effort vital dans le sens d'une connaissance à la fois illimitée et formelle (cf. *E.C.*, p. 164, 165).

Dès que l'on rend l'intelligence relative aux exigences de l'action, premièrement on en peut déduire les principaux caractères, deuxièmement on confère à la connaissance une valeur absolue. Si on admet que l'intelligence est essentiellement et exclusivement spéculative, on ne peut s'empêcher de penser qu'autre eût été l'intelligence, autre, la connaissance (*E.C.*, 165). Si au contraire l'intelligence, relative à l'action, est un produit de la vie universelle, la connaissance obtenue par elle est une partie de la réalité (*E.C.*, 165).

A) *Distinction entre la tentative bergsonienne et la psychologie comparée de l'intelligence (E.C., 204).*

Suivre et retracer le progrès des fonctions intellectuelles dans la succession des formes prises par l'animalité, ce n'est pas engendrer l'intelligence. C'est au fond se donner l'intelligence comme un modèle préformé et[1] refaire rétroactivement l'histoire de sa formation. On pourra juger de la valeur de cette remarque en la référant à de récents travaux de psychologie animale, notamment à l'ouvrage de P. Guillaume, *La psychologie animale* (Colin, 1940) et spécialement au chapitre V: les problèmes de l'intelligence[2]. On pourra constater que l'expérience et les réactions animales sont décrites et analysées avec les termes et les notions formés pour la description de l'expérience perceptive et pragmatique de l'homme. « Si l'intelligence est l'aptitude à résoudre des problèmes, à apercevoir dans une situation de nouveaux aspects (objets, événements, formes, relations), elle est moins en rapport avec le contenu de la perception qu'avec sa structure et ses remaniements » (Guillaume, p. 159). Ces termes *aspect, forme, relation* sont précisément les mêmes qui servent à définir l'intelligence en opposition à l'instinct dans l'*Évolution créatrice* (p. 161-162). Quant aux moments successifs de l'examen fait par Guillaume des ressources intellectuelles animales, il est clair qu'ils répondent à des déterminations intellectuelles valables pour l'intelligence humaine: la grandeur et le nombre (p. 161); – les formes

1. À la place de « et », le manuscrit (feuillet 10 selon la pagination de Canguilhem) donne « que de », ce qui fait également sens. Il s'agit ici d'une correction portée sur épreuves (Fonds Canguilhem au CAPHÉS, pièce CAN 3254, fol. 9).

2. L'ouvrage se trouve dans la bibliothèque de Canguilhem (cote CAN 2826). Paul Guillaume (1878-1962), agrégé de philosophie (1902), docteur ès lettres (*L'imitation chez l'enfant*, Paris, Alcan, 1925), professeur de philosophie au Lycée d'Alger puis à Paris, chargé de cours (1932) puis professeur à la Sorbonne (1938-1946), auteur de nombreux travaux en psychologie, notamment sur *La formation des habitudes* (Paris, Alcan, 1936) et *La psychologie de la forme* (Armand Colin, 1937). Canguilhem connaissait dès la rédaction de son manuel de philosophie inédit de 1931-1932 l'article de Guillaume sur « La théorie de la forme », publié dans le *Journal de psychologie* en 1925. Il cite encore les travaux de Guillaume sur la psychologie de la forme dans deux des articles réunis dans *La connaissance de la vie*, « Machine et organisme » et « Le vivant et son milieu », et l'ouvrage sur *La formation des habitudes* dans sa thèse sur *La formation du concept de réflexe*. Il le citera encore, de façon critique cette fois, dans la conférence de 1956, publiée en 1958, *Qu'est-ce que la psychologie ?*, à propos de ce qu'il écrit de la prise des tests de psychologie dans son *Introduction à la psychologie* (Paris, Vrin, 1943).

(p. 164); – l'orientation lointaine (p. 169); – le problème du labyrinthe (p. 178); – le détour et l'instrument (p. 183); – l'emploi des symboles (p. 195).

B) *Distinction entre la tentative bergsonienne et l'évolutionnisme de Spencer (E.C., 205-06).*

Spencer[1] et Bergson c'est l'histoire d'un grand enthousiasme et d'une grande déception. « M. Bergson, dans *L'Évolution créatrice*, parle de Spencer un peu comme le Socrate du *Phédon* parle d'Anaxagore » (Thibaudet, *Le bergsonisme*, I, 201). Confirmation de cet enthousiasme juvénile nous est apportée par *L'Évolution créatrice* (p. 393[2] *sq.*) et dans l'entretien rapporté par Jean de la Harpe (*H. Bergson, Essais et témoignages*, Neuchâtel, 1941, p. 358-59). L'explication de la déception nous est donnée dans la *Pensée et le Mouvant* (p. 118) : « A quoi sert le temps ? Tel fut jadis le point de départ de mes réflexions. Il y a quelque cinquante ans j'étais fort attaché à la philosophie de Spencer. Je m'aperçus, un beau jour, que le temps n'y servait à rien, qu'il ne faisait rien. Or ce qui ne fait rien n'est rien ».

Le reproche adressé à Spencer par Bergson c'est d'avoir fait un évolutionnisme facile, où le complexe procède du simple et l'hétérogène de l'homogène comme un puzzle reconstitué n'est que la juxtaposition des fragments obtenus par découpage du dessin d'ensemble initial, – et c'est d'avoir fait facilement cet évolutionnisme c'est-à-dire de parler d'évolution sans faire l'effort pour la penser (*E.C.*, 393, 397). Citons ici sur Spencer ce trait rapporté et exploité par Thibaudet : « Spencer nous dit dans son

1. Herbert Spencer (1820-1903), formé comme ingénieur, connu comme philosophe, fut le père de l'idéologie évolutionniste et du darwinisme social, un ardent défenseur du laisser-faire le plus extrême en économie et en politique. Ses *Premiers principes* figuraient encore dans les années 1930 au programme de philosophie de l'enseignement secondaire (cf. *OC* I, p. 630). Les mentions de Spencer par Canguilhem, du début à la fin de son œuvre, sont généralement très négatives. Sa pensée biologique est examinée au début des années 1960 dans *Du développement à l'évolution* (cf. *OC* III) et elle sert en quelque sorte d'idéal-type de ce que Canguilhem nommera en 1970 une « idéologie scientifique » (texte repris en 1977 dans *Idéologie et rationalité*, p. 33-54).

2. Le texte de 1943 donnait incorrectement p. 343. Le manuscrit donne bien 393, et Canguilhem a lui-même corrigé dans son exemplaire imprimé (CAN 3254).

Autobiographie que George Eliot[1] s'étonnait de ne pas lui voir de rides sur le front. Il se vante de n'en avoir presque jamais eu et l'explique en disant que sa philosophie n'est pas née chez lui d'un effort, d'une tension, d'une réflexion, mais simplement d'une aptitude à retenir les faits d'une valeur générale et à laisser tomber les autres. Une pareille candeur n'est pas propre en effet à faire un front soucieux. Il se voit que la philosophie de Spencer vient toute seule. » (*Le Bergsonisme*, II, 219. – Le passage en question se trouve p. 190 de l'*Autobiographie*, adaptée et traduite par H. de Varigny, Alcan, 1907).

Le vice fondamental de la construction de Spencer est en ceci qu'elle place à l'origine des temps, dans l'ordre de l'être, pour les combiner entre eux, des éléments matériels et des forces réputés simples et initiaux, alors que ces éléments sont, comme tels, des produits intellectuels, inséparables de l'état des méthodes du savoir et des habitudes intellectuelles. « Comment ne pas voir qu'on suppose l'intelligence dès qu'on pose les objets et les faits ? » (*E.C.*, 205). Cela est vrai, tant de la genèse de la nature matérielle que de la genèse de la conscience. On doit confronter le texte des pages 205-206 au texte des pages 394-397.

I. « En dehors de toute hypothèse sur l'essence de la matière, il est évident que la matérialité d'un corps ne s'arrête pas au point où nous le touchons » (*E.C.*, 205). Bergson dénie par là à Spencer le droit de poser sous forme de « points matériels » les éléments diffus initiaux dont il va reconstituer l'intégration progressive. Rien ne garantit que l'état solide – et la notion de corpuscule inclut cette image de fragment solide, individualisé, insulaire – soit l'état initial de la matière (*E.C.*, 394). C'est là une idée sur laquelle Bergson revient très souvent. Voir à ce sujet : *E.C.*, 221, et noter la référence aux conceptions de Faraday[2].

1. George Eliot, pseudonyme de la romancière anglaise Mary Ann Cross, née Evans (1819-1880), auteur de nombreux romans, notamment *Le moulin sur la Floss* (1860) et *Middlemarch* (1871-1872).

2. Michael Faraday (1791-1867), physicien et chimiste anglais qui, après un apprentissage comme relieur, devint en 1813 l'assistant de Humphry Davy (1778-1829) à la Royal Institution où il atteignit bientôt la célébrité pour son génie de l'expérimentation, surtout pour ses travaux sur l'électromagnétisme. Le passage mentionné ici par Canguilhem appartient à l'article « A Speculation Touching Electric Conduction and the Nature of Matter » paru dans *The London, Edinburgh, and Dublin Philosophical Magazine and Journal of Science*, 3e série, tome 24, janvier-juin 1844, p. 136-144.

Voir également *Matière et Mémoire* (p. 221 *sq.*) avec la même référence à Faraday, p. 223 : « Nous n'avons aucune raison de nous représenter l'atome comme solide, plutôt que liquide ou gazeux, ni de nous figurer l'action réciproque des atomes par des chocs plutôt que de tout autre manière. Pourquoi pensons-nous à un atome solide et pourquoi à des chocs ? Parce que les solides, étant les corps sur lesquels nous avons le plus manifestement prise, sont ceux qui nous intéressent le plus dans nos rapports avec le monde extérieur, et parce que le contact est le seul moyen dont nous paraissions disposer pour faire agir notre corps sur les autres corps [...]. Nous voyons force et matière se rapprocher et se rejoindre à mesure que le physicien en approfondit les effets. Nous voyons la force se matérialiser, l'atome s'idéaliser, ces deux thèmes converger vers une limite commune, l'univers retrouver ainsi sa continuité. » (*M.* et *M.*, p. 221-22 et 223). Dans tous ces passages, Bergson s'inspire des théories sur l'action à distance propres aux physiciens anglais, dans la deuxième partie du XIXe s., Maxwell[1], Faraday, Thomson[2]. On pourra lire dans le livre de R. Berthelot l'exposé et la critique de cette conception bergsonienne. Berthelot la rapproche, non sans à propos, de la théorie stoïcienne relative à l'universelle interpénétration des parties apparentes du cosmos (« Rien n'empêche qu'une goutte de vin versée dans la mer s'étende à toute la mer et finalement à l'univers entier » Chrysippe), et se propose d'examiner dans quelle mesure les théories des physiciens cités par Bergson l'autorisent à en tirer ce qu'il en tire. En fait, Berthelot ne remplit pas son programme sur ce point précis. (*Un Romantisme utilitaire*, tome II, p. 218-223). En tout cas, en l'an 1943[3], on

1. James Clerk Maxwell (1831-1879), physicien et mathématicien écossais à qui on doit les bases de la théorie de l'électromagnétisme. Professeur de physique expérimentale à l'Université de Cambridge à compter de 1871, il y fonda le fameux Cavendish Laboratory qui deviendra une pépinière de Prix Nobel. De ce scientifique, c'est surtout l'expérience de pensée dite du « Démon de Maxwell » qui a retenu l'attention de Canguilhem, comme celle de la plupart des philosophes. D'abord énoncée par Maxwell dans une lettre de 1867, elle a été exposée quatre ans plus tard dans sa *Theory of Heat* (London, Longmans, Green and Co, 1871), p. 338-339.

2. William Thomson, Lord Kelvin (1824-1907), physicien anglais dont l'essentiel de la carrière se déroula à l'Université de Glasgow. Théoricien majeur de la physique du XIXe siècle, ses contributions portèrent notamment sur la thermodynamique et la théorie de l'électromagnétisme.

3. En regard de ce passage, Canguilhem avait inscrit en marge sur le manuscrit : « V[oir] Bachelard Les intuitions atomistiques/ De Broglie Individualité et Interaction R.M.M. 1937 ».

Il s'agit ici de la première et de l'une des rares mentions par Canguilhem de cet ouvrage de Bachelard (*Les intuitions atomistiques. Essai de classification* (Paris, Boivin, 1933)) ;

aurait mauvaise grâce à dénier à Bergson une certaine perspicacité lorsqu'il écrit : « plus la physique avance, plus elle efface d'ailleurs l'individualité des corps et même des particules en lesquelles l'imagination scientifique commençait par les décomposer... » (*E.C.*, p. 205). Nous conclurons donc que Bergson a raison de tenir les éléments matériels que Spencer se donne au départ de l'évolution pour relatifs à des hypothèses sur l'essence de la matière, donc de remarquer qu'à l'origine de l'évolution l'intelligence est impliquée dans cela même à partir de quoi on se flatte de la produire. Dans cette course à l'intelligence que devrait être l'évolution, c'est l'intelligence qui donne le départ. D'où la définition célèbre « la méthode de Spencer consiste à reconstituer l'évolution avec des fragments de l'évolué » (*E.C.*, 393). Précisément, l'*évolué* c'est ici la représentation de la matière que se fait une intelligence contrainte par les exigences de l'action à morceler la continuité universelle en corps dont les lignes de clivage sont des lignes *d'action possible*, c'est à dire d'abord les directions d'une attention affectivement polarisée.

II. « Nos perceptions nous donnent le dessin de notre action possible sur les choses bien plus que celui des choses mêmes etc. » (*E.C.*, 206). Comparer avec *E.C.*, p. 396 *in fine* et 397 : « Pense-t-on que le Mammifère et l'Insecte notent les mêmes aspects de la nature etc. »

La théorie résumée ici est exposée tout au long dans *Matière et Mémoire*, p. 15-29, p. 56-57, p. 260-62. Selon le procédé d'inversion qui lui est cher, Bergson pose que ce qui est à expliquer, pour une théorie de la perception, ce n'est pas comment la perception naît, mais comment elle se limite, puisqu'en droit elle s'étend à tout, alors qu'en fait elle se réduit à ce qui intéresse le vivant qui perçoit (*M. et M.*, p. 29). Pour nous aider à nous représenter cette opération de morcelage pragmatique, Bergson utilise deux métaphores, tantôt celle d'un découpage suivant des articulations (cela est un rappel de la comparaison platonicienne entre le bon dialecticien et le cuisinier habile)

il y renverra encore seulement à quatre reprises : en 1957 dans sa contribution à un volume d'hommages à Bachelard, « Sur une épistémologie concordataire » (*cf.* ici, *infra*, p. 733 note d ; 734, note b) et dans trois articles de 1963 : « L'histoire des sciences dans l'œuvre épistémologique de Gaston Bachelard », « Gaston Bachelard et les philosophes » et « Dialectique et philosophie du non chez Gaston Bachelard », tous trois repris en 1968 dans les *Études d'histoire et de philosophie des sciences*.

L'article de Louis de Broglie « Individualité et interaction dans le monde physique » se trouve aux pages 353-368 de la *Revue de métaphysique et de morale*, vol. 49, n° 2, avril 1937.

(*E.C.*, p. 206), tantôt celle d'un lotissement de terrain (*E.C.*, p. 397). Il peut sembler que la meilleure des deux est, du point de vue bergsonien, la deuxième, car la première a encore le défaut de laisser supposer qu'il y a des articulations naturellement préexistantes au découpage ou à la dissection, alors qu'un lotissement est toujours purement conventionnel, donc entièrement pragmatique. W. James[1] dans ses *Principes de psychologie* développe avec beaucoup de complaisance cette idée que la division en objets et la classification selon des propriétés sont des opérations relatives aux intérêts subjectifs des vivants, qu'aucune classification n'est en soi plus essentielle qu'une autre.[2] On peut rappeler ici les idées de Goldstein : « Le milieu (Umwelt) se découpe dans le monde selon l'être de l'organisme – étant entendu qu'un organisme ne peut être que s'il trouve dans le monde

1. Les *Principles of Psychology* de William James avaient d'abord été publiés en 1890 (New York, Henry Holt). Il ne semble pas que cet ouvrage ait été traduit en français. En revanche, sa version abrégée, aussi publiée chez Holt, *Psychology. Briefer Course* (1892), le fut dès 1909, à Paris, chez Rivière, sous le titre *Précis de psychologie*. C'est sans doute à cet abrégé que réfère ici Canguilhem.

2. Ici, le manuscrit (feuillet 13 de la pagination par Canguilhem) ajoute ce qui suit : « Et bien avant eux, Marx notait que le plus simple objet de certitude sensible, tel qu'un cerisier, n'était pas une donnée naturelle, mais le produit d'une activité qui nous renvoie à l'histoire de la technique humaine ».

Ce passage a été biffé par Canguilhem sur les épreuves (pièce afférente à CAN 3254). On trouve aussi au verso du feuillet manuscrit la citation suivante : « Le monde sensible [...] n'est pas quelque chose qui a été donné immédiatement de toute éternité et éternellement le même. Il ne voit pas qu'il est le produit de l'industrie et de l'ordre social – un produit en ce sens qu'à chaque époque historique, il est un résultat de l'activité d'une série de générations placées sur les épaules de celles qui la précèdent, qui étend l'industrie et modifie les relations sociales en accord avec les besoins changeants. Même les objets de la plus simple certitude sensible (un cerisier) sont donnés à l'homme seulement en vertu du développement social, de l'industrie et des échanges... Même la science rationnelle pure acquiert ses desseins et ses fins – aussi bien que ses matériaux – à travers le commerce et l'industrie, l'activité sensible de l'Humanité... Naturellement la priorité de la nature extérieure n'est pas affectée par ces considérations [...]. K. Marx *Die deutsche Ideologie* in *Marx-Engels Archiv*, Bd. I, p. 241-243 cité par Nizan, *Les chiens de garde*, p. 243 ».

L'omission de ce renvoi à Marx et de la citation afférente est probablement une mesure préventive, chaque livraison du *Bulletin de la Faculté des Lettres de Strasbourg*, comme de toute publication de l'époque, étant soumise à la censure préalable par les autorités de Vichy. Ainsi lorsque paraît fin 1944 le *Bulletin* daté 1943-1944 (22e année), il est précédé d'un « Avertissement important » expliquant que « malgré la dureté des temps, le *Bulletin* ne s'est jamais résigné à disparaître au cours des années cruelles que nous venons de traverser. Mais il a dû se plier aux exigences de la Censure et ne publier aucun article, aucun texte, dont la signature, le titre, le contenu fussent de nature à choquer l'autorité française ou la puissance occupante ».

un milieu adéquat» (cité par Merleau-Ponty, *Structure du Comportement* 1942 p. 10[1]. – on se reportera au même ouvrage p. 219-224 où la théorie bergsonienne de la perception est confrontée avec les théories modernes de la Forme et de la Structure).

Nous trouvons dans la *Psychologie animale* de Guillaume une confirmation expérimentale des vues bergsoniennes (V. notamment p. 160) : «Cette ségrégation [des formes] ne suit pas toujours les mêmes lignes chez eux [les animaux] que chez nous : toutes nos choses ne sont pas toujours des choses pour eux, pas plus que toutes les relations, tous les aspects perceptibles pour nous ne le sont pas nécessairement pour eux»[2].

III. «Si, par quelque côté, la matière se prête à une division en agents et patients ou plus simplement en fragments coexistants et distincts [...] une matière qui tend sans doute à la spatialité, mais dont les parties sont cependant encore à l'état d'implication et de compénétration réciproques.» (p. 206).

Si on prend à la lettre ces expressions, il y aurait contradiction avec ce qui a été dit précédemment de la continuité originelle de la matière. En fait il faut toujours avoir présent à l'esprit que chez Bergson les distinctions et les oppositions sont bien plutôt d'intention (on devrait dire d'*in-tension*[3]) et de tendance que de fait. On le verra mieux à propos de la Genèse de la Matière. La matière n'est pas spatiale c'est à dire faite de parties extérieures

1. La *structure du comportement* avait été publiée aux P.U.F. en décembre 1942; son dépôt légal est du 30 novembre. L'exemplaire de Canguilhem (cote du CAPHÉS CAN 1298) porte sur la page de garde, de sa main, au crayon, la mention «G. Canguilhem/mars 1943», tout probablement la date d'acquisition. Il semble ne comporter aucune annotation.

Maurice Merleau-Ponty (1908-1961) entra à l'École normale supérieure en 1926, alors que s'engageait la troisième et dernière année de Canguilhem à l'École. Agrégé de philosophie (1930), il enseigne d'abord dans des lycées en province, puis est nommé répétiteur à l'École normale; il enseigne durant la guerre aux lycées Carnot et Condorcet. Docteur ès lettres avec la *Phénoménologie de la perception* (Paris, Gallimard, 1945), il est nommé à la Faculté de Lyon, puis à la Sorbonne en 1949 et enfin au Collège de France en 1952. Canguilhem estimait ce collègue et lui avait offert, chaque fois avec un envoi manuscrit, *La connaissance de la vie* et *La formation du concept de réflexe*. Il le cite à plusieurs reprises, généralement en associant son nom à celui de Kurt Goldstein, pour marquer son rôle majeur dans la diffusion en France des idées de celui-ci.

2. Dans cette citation, et dans celle qui suit, les crochets sont de Canguilhem.

3. Le manuscrit indique clairement «*in-tension*». Le texte imprimé de 1943 portait équivoque puisque le trait d'union intervenait à la fin d'une ligne et pouvait passer pour simple convention orthographique de report, risquant d'occulter l'insistance voulue par Canguilhem.

les unes aux autres comme des points géométriques (*partes extra partes*), elle est étendue ou mieux elle s'étend, c'est-à-dire qu'elle tend vers la spatialité. Et dans la mesure où cette spatialité achevée serait un néant, étant interruption d'un effort positif parce que créateur, on peut bien dire que cette tendance est une *tentation* de la conscience (V. p. 218 *sq.*, matière et détente).

C[1]) *Coupure entre la matière et la vie et partialité congénitale de l'intelligence* (p. 207-209).

Le vice commun à toutes les théories concernant les ressources et la portée de l'intelligence c'est la supposition de l'unité dans les objets de la connaissance et de l'universelle validité des opérations intellectuelles, la méconnaissance de la *coupure* entre l'inorganique et l'organique. Le matérialisme, comme par exemple l'atomisme antique, pose comme type fondamental et universel de réalité la matière; l'hylozoïsme, comme par exemple le stoïcisme, pose comme type fondamental et universel de réalité la vie (*cf.* Berthelot, *op. cit.*, p. 126). Dans l'un et l'autre cas la continuité de l'être est affirmée, et la diversité s'y ramène à des différences de degré (*E.C.*, 207); la nature est une (208).

I. Or, selon Bergson, la nature n'est pas une. Un dualisme incontestable, dont nous aurons à déterminer le sens, retient Bergson de souscrire soit au monisme évolutionniste soit au monisme romantique. Sur ce dernier, se reporter à *E.C.*, p. 391[2] : « La philosophie post-kantienne, si sévère qu'elle ait pu être pour les théories mécanistiques, accepte du mécanisme l'idée d'une science une, la même pour toute espèce de réalité, etc. ».

L'article de Jankélévitch précédemment cité (*Revue philosophique*, 1924) est intéressant à lire sur ce sujet : « Pour Bergson, il ne s'agit pas d'élever la matérialité à la hauteur de la vie, mais d'épurer la vie de toute matérialité, non pas de concevoir la nature entière sur le modèle d'un organisme vivant, mais de séparer la matière du vital ». Dans une note du même article, allusion est faite à une lettre de Bergson à l'auteur sur ce point. De même : « Ce que Bergson dénonce et poursuit sans relâche, aussi

1. Le texte imprimé de 1943 donnait ici D, mais sans mention d'un sous-titre C. Le même décalage a été corrigé pour les sous-parties des pages 136 et 139.

2. Le texte imprimé de 1943 donnait ici p. 39, mais il s'agit bien de la page 391.

bien chez les spencériens que chez les romantiques c'est l'idée d'une science unique, qu'elle soit fondée sur la notion de vie ou sur le principe de causalité mécanique. » A ce sujet Jankélévitch suggère un rapprochement entre Bergson et Rickert. Rickert dans sa *Philosophie des Lebens* (1920)[1] distingue en biologie une tendance aristocratique et une tendance démocratique. Le biologisme démocratique se fonde sur le principe d'économie vitale et présente un caractère déterministe : la vie, réductible à un phénomène mécanique et matériel, ne tend qu'à sa conservation. Selon Nietzsche, inversement, la vie se présente comme volonté de dépassement, instrument de création hiérarchique.

II. Étant posé que la nature n'est pas une, il suit comme conséquences que l'intelligence n'est pas omnivalente, que l'intelligence échappe au dilemme sceptique du Tout ou Rien, que la philosophie renonce à la prétention de s'achever dans un système définitif.

S'opposant ici nettement à Descartes pour qui l'œuvre d'un seul est supérieure au produit de n'importe quelle collaboration et pour qui l'intuition synoptique instantanée l'emporte sur la spéculation rectifiée et progressive[2], Bergson plaide pour une entreprise « plus modeste, seule capable aussi de se compléter et de se perfectionner » (*E.C.*, 208). Mais ce n'est pas Descartes que Bergson désigne expressément comme son antagoniste, c'est Platon. À l'intelligence contemplative, aristocratique, que Platon célèbre dans l'allégorie de la Caverne, Bergson propose de substituer l'image de l'intelligence fabricatrice, prolétarienne, attelée à la tâche comme un bœuf de labour. On lira dans Thibaudet (*op. cit.*, II, 189) un brillant commentaire de ce passage.

1. Ouvrage publié à Tübingen, chez Mohr, en 1920. Heinrich Rickert (1863-1936), philosophe allemand néokantien et l'une des figures centrales de l'École de Bade/Heidelberg, avait été élève de Wilhelm Windelband (1848-1915) à Strasbourg, auquel il devait succéder en 1915 à Heidelberg. Il avait été professeur à Freiburg/Breisgau depuis 1896, année où il publia le premier volume de *Die Grenzen der naturwissenschaftlichen Begriffsbildung* (1896-1902), ouvrage qui fonda sa réputation. Figure importante pour le jeune Heidegger, aussi bien que pour Max Weber et Georg Simmel, Rickert est aujourd'hui l'objet d'un intérêt renouvelé après avoir été pour un temps oublié ; une édition critique de ses œuvres complètes est en cours depuis 1999. Bien qu'il n'apparaisse que rarement dans les travaux publiés de Canguilhem, les manuscrits de celui-ci, notamment ses cours de 1941 à 1943, montrent qu'il l'a attentivement pratiqué au tout début des années 1940 alors qu'il développait sa conception de la polarité normative du vivant.

2. Descartes, *Discours de la méthode*, Seconde partie, AT, VI, p. 11-12, 16, et p. 545-546, 549, pour l'édition latine des *Specimina* de 1644.

C'est en réfléchissant son caractère de rectification progressive que l'intelligence retrouvera la mobilité et la fluidité du courant dont elle est le dépôt, la solidification. L'intelligence, se retrempant dans la vie, revit à rebours sa genèse, de statique elle redevient dynamique, de figée elle redevient agile.

Nous saisissons ici l'occasion de relever, une fois pour toutes, la multiplicité des images bergsoniennes tendant à suggérer la fluidité et la continuité du mouvement vital, tout au long de ce chapitre III. P. 209, c'est un fluide qui nous baigne, un océan dans lequel nous sommes immergés; p. 258, la vie est pur vouloir (image schopenhauerienne sur laquelle nous reviendrons) et courant qui traverse la matière; p. 271, après un rappel de l'image du courant, c'est l'unité de l'élan qui est proposée; p. 288, la vie est une onde qui se propage; p. 292, c'est un grand fleuve, un flot qui monte. Océan, courant, élan, chacune de ces images a un pouvoir de suggestion différent. L'océan c'est un mouvement passif d'oscillation où le reflux balance le flux; le courant c'est un mouvement dirigé, mais passif, de descente; l'élan est mouvement conquérant d'ascension. L'océan et le courant sont contenus ou déviés par le solide inerte, mais l'élan, butant contre la matière, la fait obstacle qu'il convertit en appui et en tremplin.

D) *Le cercle et la rupture du cercle* (p. 209-212).

Mais n'y a-t-il pas une objection majeure à la prétention d'engendrer l'intelligence? On ne peut engendrer l'intelligence qu'en usant de l'intelligence. « Vous êtes intérieur à votre pensée, vous ne sortirez pas d'elle » (p. 210). La réponse est que l'intelligence est débordée par la pensée, elle n'est pas le tout de la pensée, mais une spécialisation, une *habitude* de la conscience et de la vie.

L'objection vaudrait contre la possibilité d'acquérir n'importe quelle habitude. Bergson va la réfuter *en général*, signifiant par là qu'il fait rentrer l'intelligence dans le genre de l'habitude.

Quand on définit l'acquisition de l'habitude par la répétition de l'acte, on tourne dans un cercle. Si l'acte initial est imparfait ce n'est pas en le répétant qu'on peut atteindre la perfection, et si ce qu'on répète est initialement parfait, à quoi bon le répéter. Ce n'est pas sous cette forme abstraite que Bergson rapporte l'objection. Il analyse l'exemple de l'apprentissage de la nage et met au jour par là le mécanisme de l'objection. « Il est de l'essence du raisonnement de nous enfermer dans le cercle du donné. Mais l'action brise le cercle » (p. 210). Complétons la symétrie entre les deux phrases : l'action brise le cercle, car elle est le mouvement même qui donne. Or dès qu'on vit un mouvement on vit un passage d'un état à un autre état. Dès qu'on dure on change et dès qu'on change on échappe à tous les interdits de la logique formelle, car l'interdit du cercle vicieux, comme celui de l'absurde, suppose que la même relation est affirmée et niée en même temps. Dès que la durée devient l'être même, la logique formelle n'a plus juridiction sur l'être. Le cercle c'est la projection sur le plan logique d'un mouvement hélicoïdal par lequel on s'élève sans jamais repasser par le même point.

Bergson peut ignorer les interdits de la logique formelle parce qu'il voit dans les concepts une violence faite par le langage à la souplesse de l'intuition. Pour se contredire il faut dire, user des mots, et parce que les mots restent les mêmes nous croyons que les choses qu'ils désignent à des moments différents sont fixes comme eux. Si nous vivons l'apprentissage de la nage, au lieu de le parler, nous saisissons que nager c'est d'abord utiliser une certaine résistance de l'eau, c'est en user avec elle comme avec une espèce de solide. Au fond solidité et fluidité ne sont pas des absolus fermés l'un à l'autre. « Je me soutiendrai d'abord sur l'eau tant bien que mal en me débattant contre elle » (p. 210). « Force lui est de se cramponner à ce que l'eau présente encore, pour ainsi dire, de solide » (p. 211). Pour confirmer cette analyse bergsonienne, on peut ajouter qu'inversement sur un plan assez incliné nous n'avançons que par une locomotion des quatre membres assez analogue à la nage, et que le batracien amphibie, sortant de l'eau, nous présente bien cette équivocité des mouvements de déplacement[a].

a. Nous ne résistons pas au plaisir de transcrire ici un passage d'un ancien traité de physiologie que l'on rapprochera de l'analyse de Bergson : « L'homme n'ayant ainsi aucune des conditions physiques convenables, pour se maintenir, par le seul fait des lois de l'hydrostatique, en suspension dans l'eau, n'y parvient qu'à l'aide de mouvements assez fatigants et qui ont ce double objet : de donner à son corps le plus de surface possible pour qu'il soit par son poids en disproportion moindre avec un pareil volume d'eau, et de lui faire trouver un point d'appui sur l'eau, quelque peu résistant que soit ce sol [.]... La nage de l'homme n'est qu'un saut sur un sol liquide ; sans doute celui-ci cède en partie, mais cédant moins vite que les membres inférieurs ne s'étendent, il réfléchit un peu de mouvement sur le corps et lui imprime une certaine impulsion. Il ne s'agit dès lors que d'employer une force qui supplée à ce qui manque de résistance au sol et au peu d'étendue de la surface avec laquelle on le choque [...]. La nage de l'homme est donc un vrai saut horizontal sur l'eau, telle qu'est celle de la grenouille : le tronc est comme un bateau

De même que nous voyons l'arboricole marcheur acquérir, en dépit de l'interdit logique, l'aptitude à nager, de même nous pourrons voir l'intelligence naître de la conscience, par une adaptation de la conscience à un certain rôle. L'exemple de l'habitude de la nage vaut pour l'habitude de l'intelligence, *mais à rebours.* La nage c'est l'adaptation au fluide de comportements efficaces à l'égard du solide. L'intelligence c'est l'adaptation au solide d'une conscience fluide parce que vivante.

Ce passage est à rapprocher du texte de *Matière et Mémoire* concernant la genèse des idées générales : « En serrant d'aussi près que possible les difficultés d'ordre psychologique soulevées autour du problème des idées générales, on arrivera croyons-nous, à les enfermer dans ce cercle : pour généraliser il faut d'abord abstraire, mais pour abstraire utilement il faut savoir déjà généraliser. C'est autour de ce cercle que gravitent, consciemment ou inconsciemment, nominalisme et conceptualisme, chacune des deux doctrines ayant surtout pour elle l'insuffisance de l'autre » (p. 170). La solution du cercle consiste à se représenter dans la durée et le devenir

que les membres font mouvoir à la manière de véritables rames. » N.-P. Adelon, *Physiologie de l'Homme*, Paris, 1823, tome II, p. 217-20-22. [Cette description convient spécialement à la classique brasse, mais l'auteur n'ignore aucune des autres manières de nager] [1].

1. Les crochets de la dernière phrase sont de Canguilhem. Par ailleurs, le manuscrit ajoute à la fin de cette note une phrase qui a peut-être été oubliée, ou supprimée par Canguilhem sur épreuves : « L'auteur s'est vraisemblablement inspiré de la description, quoique plus brève, de Magendie Traité de Physiologie 1816 tome I p. 292 ».

Cette mention d'Adelon semble un hapax dans les écrits de Canguilhem, les inédits compris. Nicolas-Philibert Adelon (1782-1862) fut professeur de physiologie, puis professeur de médecine légale à la Faculté de Médecine de Paris de 1826 à 1861 ; sa *Physiologie de l'homme*, en 4 volumes, fut publiée à Paris chez Compère jeune en 1823-1824.

Quant à la référence à François Magendie (1783-1855), elle devrait renvoyer sans doute plutôt au *Précis élémentaire de physiologie* dont les deux volumes furent publiés chez Méquignon-Marvis à Paris en 1816. Docteur en médecine en 1808, assistant en anatomie à l'École de médecine dès l'année précédente, Magendie s'illustra tôt en toxicologie expérimentale, puis surtout en physiologie nerveuse (v.g. fonction des racines des nerfs rachidiens, 1822 ; description du liquide cérébro-spinal, 1825) ; il fonda dès 1821 le *Journal de physiologie expérimentale*. Maître de Claude Bernard qui fut son préparateur à compter de 1841, il occupa pendant un quart de siècle la chaire de Médecine au Collège de France (1830-1855). Selon les termes même de Canguilhem, Magendie « a réagi énergiquement contre l'idée d'un ordre biologique séparé de l'ordre physico-chimique, contre la croyance à l'existence de propriétés vitales irréductibles » (cf. *infra*, p. 763). Ses *Leçons sur les phénomènes physiques de la vie* (Paris, Baillière, 1836-1838) sont reconnues comme un monument de la physiologie expérimentale du premier dix-neuvième siècle.

l'opération de conceptualisation : « Nous voici donc enfin affranchis du cercle où nous paraissions enfermés d'abord [...] La vérité est qu'il n'y a pas de cercle parce que la ressemblance d'où l'esprit part, quand il abstrait d'abord, n'est pas la ressemblance où l'esprit aboutit lorsque, consciemment, il généralise. Celle d'où il part est une ressemblance sentie, vécue, ou si vous voulez automatiquement jouée. Celle où il revient est une ressemblance intelligemment aperçue ou pensée. » (*M.M.*, p. 175).

Le rapprochement des deux passages est important, car il montre, donnant à la fois la règle et un exemple, que c'est par rupture du cercle que s'élabore cette pensée logique qui crée les cercles dès qu'on s'en tient uniquement à elle. C'est pourquoi la pensée bergsonienne use elle-même si allègrement de cette notion de cercle. Comme l'expérience universelle est une dualité de tendances – élan et inertie, conquête et consolidation, conscience et automatisme, mémoire et habitude, etc. – la réflexion crée des cercles en essayant de recomposer ces tendances dans une unité qui leur serait postérieure, au lieu de saisir la diffraction de ces tendances à partir de leur source originellement commune. Dès qu'on se place au centre du mouvement de génération, dès qu'on aperçoit la dichotomie à son principe, on aperçoit aussi que l'unité des contraires peut et doit être réalisée, sans cercle. Le bergsonisme rend compte de la possibilité des cercles en même temps qu'il leur retire leur caractère de vicieux. (*Cf.* Thibaudet, *op. cit.*, I, 172). On pourrait multiplier les exemples de cercles transcendés par la vie : la personnalité en est un : « Ce que nous faisons dépend de ce que nous sommes ; mais il faut ajouter que nous sommes, dans une certaine mesure, ce que nous faisons et que nous nous créons continuellement nous-mêmes » (*E.C.*, p. 7) ; – la société humaine en est un autre : « La société ne peut subsister que si elle se subordonne l'individu ; elle ne peut progresser que si elle le laisse faire : exigences opposées qu'il faudrait réconcilier » (*E.S.*, p. 27).

E) *Rapports de la Science et de la Philosophie* (p. 212-218).

L'ensemble du développement est à rapprocher de *La Pensée et le Mouvant* (p. 42 *sq.*).

La philosophie ne doit pas commencer là où la science finit, car la science est déjà, à sa manière, philosophie. En matière de spéculation, les questions de droit ne commencent pas après les questions de fait, mais le droit est intérieur au fait. Lorsqu'en fait la science traite le vivant comme l'inerte, étend jusqu'aux formes et forces vivantes la juridiction des lois physicochimiques, elle s'arroge un droit, elle a résolu d'avance dans le sens de l'unité le problème de l'unité ou de la pluralité de l'être. Or, c'est à la philosophie de rouvrir ce problème, en se posant la question du droit et de la valeur d'une telle réduction moniste.

Thibaudet a voulu voir (*op. cit.*, II, 30) dans une réflexion de Cournot une anticipation de la théorie bergsonienne : « Le propre de l'esprit humain est d'avoir ce qu'il faut pour saisir nettement ce qui est du ressort de la mécanique et de manquer de ce qu'il faudrait pour saisir de même la nature et le mode d'action de ce principe supérieur qui met en branle les fonctions de la vie » (*Considérations sur la marche des idées*, I, 297)[1]. Il est vrai que Bergson reconnaît avoir lu Cournot avec beaucoup d'attention et de profit (*cf.* entretien avec J. de la Harpe, in *Henri Bergson*, Neuchâtel, 1941, p. 358). Mais, à la différence de Cournot, *Bergson pense que c'est l'intelligence, non l'esprit humain, qui est désarmée devant le problème de la vie.* Le rapprochement de Thibaudet ne doit donc pas être accepté sans réserves.

L'extension à l'ordre du vivant des lois valables dans l'ordre de la matière tient au caractère pragmatique de la science. Traiter le vivant comme l'inerte est une condition implicite de l'utilisation du vivant. C'est une idée très importante que Bergson indique ici. Toute connaissance, en posant l'impersonnalité de l'objet, légitime le mépris qu'elle en fait en rendant possible l'action qui détruira ou changera cet objet. La première des conditions pour brutaliser un être est de le tenir pour brut et c'est pourquoi la haine est d'abord retrait de valeur ou refus de valeur. Inversement si on spiritualise la matière, si on la tient pour animée, on se place à son égard dans une attitude de révérence, d'adoration, nullement en posture agressive. C'est

1. Les *Considérations sur la marche des idées et des événements dans les temps modernes* (Paris, Boivin, 1934, 2 vol.) se trouvent dans la bibliothèque de Canguilhem (CAN 808-809). Antoine-Augustin Cournot (1801-1877), élève de l'École normale supérieure (1820), licencié ès sciences et licencié en droit, poursuit d'abord une carrière de professeur de mathématiques, jette les bases de la mathématisation de l'économie politique – *Recherches sur les principes mathématiques de la théorie des richesses* (Hachette, 1838) et *Principes de la théorie des richesses* (Hachette, 1863) ; après 1850, tout en poursuivant ses études économiques, il engage la publication de ses contributions philosophiques : outre les *Considérations* (Hachette, 1872), l'*Essai sur les fondements de nos connaissances et sur les caractères de la critique philosophique* (Hachette, 1851), le *Traité de l'enchaînement des idées fondamentales dans les sciences et dans l'histoire* (Hachette, 1861) et *Matérialisme, vitalisme, rationalisme* (Hachette, 1875).

une idée développée notamment par Max Scheler (*Nature et Formes de la Sympathie*)[1]. On n'oubliera pas que chez Descartes, la théorie de l'animal-machine repose sur des postulats d'ordre éthique et technique autant que métaphysique (voir la lettre à Morus[2], 5 février 1649, Ad. et T. V, 278 : « Mea opinio non est tam crudelis erga bestias quam pia erga homines, etc. »)[3]. On retiendra la valeur symbolique de la première opération d'une étude histologique, la fixation des cellules en vue de leur observation au microscope. « Fixer » est un terme technique plein de sens philosophique. Fixer, c'est tuer.

À l'inverse de la science, la philosophie est spéculation, vision pure, refus d'action. Quel est le bénéfice d'une conception philosophique et non scientifique de la vie ? (p. 214). C'est d'échapper au dilemme du Tout ou Rien en matière de valeur de la connaissance, dilemme engendré par une illusion de l'intelligence concernant l'unité de l'être.

Il y a deux types de philosophies de l'unité. Certaines philosophies ne conçoivent l'unité qu'au terme de ce que Le Senne appelle une « dialectique d'aplatissement » (*Obstacle et valeur*, p. 77). Ce même auteur voit très justement en Bergson et Heidegger deux insurrections contre ces techniques d'aplatissement, insurrection de Bergson contre la réduction à la spatialité, insurrection de Heidegger contre le nivellement par réduction de l'originalité à la moyenne, de l'être authentique à la banalité quotidienne de l'*on*. Cette unité par aplatissement est factice. Vivante au contraire est l'unité pour laquelle Bergson milite, originelle et non plus substantielle. Il en est alors de la connaissance comme de l'art d'un tailleur sur mesures. Autre chose est

1. Ouvrage traduit en français et publié chez Payot, en 1928. Max Scheler (1874-1928), disciple de Husserl, parfois désigné, malgré l'oxymore, le « Nietzsche catholique », a été lu par Canguilhem au moins depuis les années 1930. Il le cite dans un article de 1933 (cf. *OC* I, p. 438), comme aussi dans le *Traité* de 1939 (cf. *ibid.*, p. 863), et encore par exemple en juin 1941 à Clermont-Ferrand dans son cours inédit sur la valeur. La dernière mention de Scheler par Canguilhem dans ses écrits semble dater de la fin des années 1940, dans « Machine et organisme » où se trouve citée *La Situation de l'homme dans le monde* (trad. Dupuy, Paris, Aubier, 1951). Georges Gurvitch avait consacré à « L'expérience morale d'après M. Scheler » une section de son ouvrage *Morale théorique et science des mœurs* (« Nouvelle encyclopédie philosophique », Paris, Alcan, 1937, p. 144-158), ouvrage utilisé par Canguilhem dans son enseignement.

2. Henry More (1614-1687), théologien et philosophe platonicien de Cambridge.

3. « Mon opinion n'est pas tant cruelle envers les bêtes qu'elle n'est pieuse envers les hommes… ».

d'imposer à tous les clients un vêtement de confection, même au prix de retouches, autre chose de tailler dans une même pièce d'étoffe autant de vêtements que de statures et de conformations (*E.C.*, 217)[1].

Dès lors entre science et métaphysique disparaît toute question de hiérarchie et de prévalence. *Science et Métaphysique deviennent égales en cessant d'être identiques.* Elles ont même dignité à des titres différents. Elles ne se disputent plus l'absolu, du fait qu'elles prétendent légitimement l'une et l'autre à l'absolu dans deux directions différentes. Il faut noter que selon Bergson, absolu et relatif s'opposent qualitativement et non pas quantitativement. La relativité est une souillure (p. 216), inversement l'absolu est pureté. Relativité ce n'est plus incomplétude (p. 217). Dès lors, *une connaissance peut être à la fois incomplète et absolue* (p. 217).

Peut-on voir ici quelque analogie avec la séparation cartésienne des *natures simples* (*Regulae*, XII) ? Descartes dit que « les natures simples sont toutes connues par elles-mêmes et ne contiennent jamais rien de faux », il dit aussi « qu'il n'y a aucune peine à se donner, pour connaître ces natures simples, car elles sont suffisamment connues par elles-mêmes, mais seulement pour les séparer les unes des autres, et, en fixant son attention, avoir l'intuition de chacune isolément ». L'analogie n'est que partielle. Chez Descartes les natures sont dites simples relativement à l'entendement et non en elles-mêmes. De plus, si selon Bergson comme selon Descartes l'effort d'intuition est pénible pour autant qu'il doit séparer ce qui est confondu et faire violence à une habitude (*E.C.*, p. 258), il reste, selon Bergson, *toujours pénible*, parce que l'intuition étant la pensée selon la durée est aussi la pensée de l'imprévisible, de l'original, et doit à chaque instant rompre avec son propre passé. L'intuition bergsonienne est bien la connaissance d'une nature simple qui est l'esprit, mais pour cette raison précisément il y a toujours de la peine à se donner si l'on veut l'obtenir. « Penser intuitivement est penser en durée [...]. L'intuition est pénible et ne saurait durer » (*P.M.*, p. 38-39). Le paradoxe bergsonien c'est que l'intuition de la durée ne saurait durer.

1. L'explicitation de la comparaison avec le tailleur sur mesure est de Canguilhem ici plutôt que de Bergson : celui-ci se contente en effet d'écrire : « ... comme la matière se règle sur l'intelligence, comme il y a entre elles un accord évident, on ne peut engendrer l'une sans faire la genèse de l'autre. Un processus identique a dû tailler en même temps matière et intelligence dans une étoffe qui les contenait tous les deux. » Canguilhem, fils de l'artisan tailleur de Castelnaudary parle ici évidemment d'expérience.

Pour conclure ce développement concernant les rapports de la science et de la philosophie, renvoyons à *La Pensée et le Mouvant* : « Nous voulons une différence de méthode, nous n'admettons pas une différence de valeur entre la métaphysique et la science » (p. 53).

Ici s'achève la réfutation des objections qu'on peut opposer à une tentative de genèse de l'intelligence. Cette polémique étant close, Bergson va s'efforcer d'engendrer simultanément la matière et l'intelligence.

(*À suivre*).

G. CANGUILHEM

COMMENTAIRE AU TROISIÈME CHAPITRE DE *L'ÉVOLUTION CRÉATRICE* (SUITE)

Bulletin de la Faculté des Lettres de Strasbourg, vol. 21, n° 8, juin 1943, p. 199-214[a]

LA GENÈSE DE LA MATIÈRE

Le philosophe suisse Jean de la Harpe rapporte que Bergson lui déclara au cours d'un entretien de septembre 1936 : « J'ai fait chacun de mes livres en oubliant tous les autres. Je me plonge dans la méditation d'un problème ; je pars de « la durée » et je cherche à éclairer le problème soit par contraste, soit par similitude avec elle. Malheureusement, voyez-vous, mes livres ne sont pas toujours cohérents entre eux : « le "temps" de *l'Évolution créatrice* ne "colle" pas avec celui des *Données immédiates* » (*Henri Bergson, Essais et Témoignages*, Neuchâtel 1941, p. 360). Ces mots autorisent le lecteur de *l'Évolution créatrice* à formuler dans les mêmes termes une impression qu'il n'est pas libre de rejeter légèrement, c'est que la « matière » de *l'Évolution créatrice* ne « colle » pas avec celle de *Matière et Mémoire*. Le fait a été noté par Jankélévitch, dans le chapitre IV de son *Bergson* (notamment p. 183, 237, 240, 252, 282-84), et encore plus récemment par H. von Balthasar, dans son article sur *La philosophie de la vie chez Bergson et chez les Allemands modernes* : « On pourrait tirer de Bergson deux systèmes diamétralement

a. Voir le précédent *Bulletin*[1].

1. En fait, la première partie du *Commentaire* n'avait pas paru dans le « précédent » *Bulletin*, celui de mai 1943 (n° 7), mais bien dans le numéro double de mars-avril, portant les numéros 5-6.

opposés. Le premier aurait pour centre l'intensité pure de la durée, de la liberté, de la création, et pour circonférence la désintégration spatiale et intellectuelle. L'Esprit créateur est, au sommet de la pyramide, le point qui concentre en lui toute l'intensité de l'être ; la matière pure en serait la base – mais resterait toujours hors d'atteinte. Cependant, une seconde interprétation – à laquelle Bergson nous convie par son image du cône renversé (*Matière et Mémoire*, p. 165) – verrait le maximum d'intensité dans la perception pure, champ de l'action la moins imprégnée de souvenirs, tandis que le maximum de détente se trouverait dans la mémoire spirituelle qui serait pure contemplation du temps » (*Henri Bergson, Essais et témoignages*, p. 276).

De cette impossibilité de passer, sans effort d'ajustement, d'une notion empruntée à l'un de ses ouvrages à la même notion empruntée à un ouvrage suivant, Bergson lui-même nous a prévenus en nous en donnant la raison : « Tension, concentration, tels sont les mots par lesquels nous caractérisions une méthode qui requiert de l'esprit, pour chaque nouveau problème, un effort entièrement nouveau. Nous n'aurions jamais pu tirer de notre livre *Matière et Mémoire* qui précéda *l'Évolution créatrice* une véritable doctrine d'évolution (ce n'en eût été que l'apparence) : ni de notre *Essai sur les données immédiates de la conscience* une théorie des rapports de l'âme et du corps comme celle que nous exposâmes ensuite dans *Matière et Mémoire* (nous n'aurions eu qu'une construction hypothétique) » (*P. et M.*, p. 112). Si donc il y a impossibilité de réduire à la matière de *M. et M.* la matière de l'*E.C.* c'est dans le rapport entre la matière et l'évolution de la vie que nous devons en chercher la raison. *Dans Matière et Mémoire, ce qui est étudié c'est le rapport entre la matière du corps individuel organisé et la conscience individuelle, dans l'Évolution créatrice il s'agit des rapports entre la matière cosmique et la conscience universelle dans son effort d'organisation*, comme Jankélévitch l'a très bien vu.

*

Dans l'*E.C.* comme dans *M. et M.*, Bergson définit la matière par confrontation avec l'esprit. Cette confrontation se fait ici sous les deux rapports de la durée et de l'étendue. C'est par notre personnalité que nous avons l'expérience de l'esprit, c'est d'elle que nous devons partir.

I. *La personnalité :*

A) *Sous le rapport de la durée* (p. 218), notre personnalité est à la fois accroissement et tension, synthèse de mémoire et de volonté, pont entre le passé et l'avenir, bref contraction, effort de ressaisissement de soi et de coïncidence avec soi. Cet effort n'est jamais totalement heureux, ni définitivement achevé; il admet des degrés et la personnalité apparaît comme une limite, une promesse et non une possession.

B) *Sous le rapport de l'étendue* (p. 219), notre personnalité est un progrès de concentration, parallèle à cet effort de contraction. Nous nous sentons devenir « pointus » plus encore que punctiformes (l'image dynamique et instrumentale de la *pointe* l'emporte sur l'image statique et mathématique du *point*). Être une personne c'est être capable de poindre dans l'avenir, comme une lumière dans la nuit. Une pointe est un instrument d'insertion ou d'insinuation (« La vie procède par insinuation », *E.C.*, p. 77) et de division ou de ruse (« C'est comme si la liberté avait divisé pour régner » *E.S.*, p. 21; « Il s'agissait de créer avec la matière, etc. » *E.C.*, p. 286). Deux objets sont suggérés par l'image de la pointe : le cône et le couteau. L'image du cône est utilisée dans *M. et M.* (p. 177), mais pour illustrer la théorie inverse de celle qui est exposée ici (voir plus bas). L'image du couteau est utilisée dans *E.C.* (p. 285) : « Le cerveau est la pointe acérée par où la conscience pénètre dans le tissu compact des événements ».

On comparera les analyses de ces pages 218-219 avec le chapitre III de *l'Essai*, notamment : les deux aspects du moi; avec la conférence sur *la Conscience et la Vie* du 29 mai 1911 où sont indiqués les rapports entre *tension de durée* et *puissance d'agir* (*E.S.*, p. 16-17); avec le résumé substantiel donné par J. Grivet dans la revue *Études*[1] (t. 129) du Cours du Collège de France sur *La Personnalité* (en 1910-1911)[2]. Dans ces leçons, Bergson définit la personnalité comme un mouvement ramassant l'expérience le long de sa course et poussant dans l'avenir le passé accumulé.

1. Jules Grivet « La théorie de la personne d'après Henri Bergson », *Les Études*, vol. 129, n° 16, 20 novembre 1911, p. 449-485. Ce texte est repris dans Henri Bergson, *Mélanges*, textes publiés et annotés par André Robinet, Paris, P.U.F., 1972, p. 847-875. Le père Grivet (? – ?), surtout auteur d'ouvrages religieux, était membre de la Compagnie de Jésus.

2. Bergson a aussi prononcé, dans le cadre des Gifford Lectures à Edimbourg onze conférences sur le problème de la personnalité, mais en 1914. La traduction en français de leur sommaire en est publiée dans l'édition Worms des *Écrits philosophiques*, *op. cit.*, p. 418-441.

Si on cherche dans la dynamique une analogie on dira, traitant la personnalité comme la force vive, que ses altérations peuvent tenir à la masse (souvenirs) ou à la vitesse (élan). « Il sera fatigant d'être une personne; il faudra en acheter le privilège au prix d'un effort continuel, auquel, dans certaines conditions psychologiques, le sujet refusera de se prêter ». C'est souvent du reste une levée d'inhibition des fonctions intellectuelles, une débauche de pensée logique, qui est au fond du trouble de la personnalité. L'inertie est la rançon de la clairvoyance. Certes l'intelligence est dans son rôle en calculant des éventualités, mais il en est en nombre infini. Il faut à un moment passer outre, car il y a autre chose à faire, « La pensée d'avoir autre chose à faire est le grand stimulant de l'action qui se fait ». La personnalité est une possibilité de création indéfinie. C'est cela que la vie cherchait en tendant vers la forme humaine (cf. *E.C.*, 286).

II. *La matérialité :*

A) *Sous le rapport de la durée (p. 219).*

La détente de l'effort en quoi consiste la personnalité, c'est l'abolition de la mémoire et de la volonté, à la limite ce serait inertie ou passivité et discontinuité ou instantanéité réitérée. La matière c'est l'incapacité de lier le présent au passé, de contracter des habitudes, d'utiliser le présent en le poussant dans l'avenir. La matière n'est que chute, aucun passé ne l'accroche et elle ne se suspend à aucun avenir. Il y a analogie avec la conception leibnizienne dans la *Theoria motus abstracti* et la *Theoria motus Concreti* (Corpus, mens momentanea, seu carens recordatione). L'analogie s'étend jusqu'à la façon de présenter l'expérience de la matière comme une « interruption » de l'expérience de l'esprit : « Nous expérimentons en nous-mêmes un état où nous ne nous souvenons de rien et n'avons aucune perception distinguée, comme lorsque nous tombons en défaillance ou quand nous sommes accablés d'un profond sommeil sans aucun songe » (*Monadologie*, § 20)[1].

1. Gottfried Wilhelm Leibniz (1646-1716) avait respectivement dédié à l'Académie royale des Sciences et à la Royal Society of London, la *Theoria motus abstracti* et la *Theoria motus concreto*, deux ouvrages de 1671, geste dont le caractère diplomatique avait été remarqué par Fontenelle dans son « Éloge de Monsieur Leibniz » (dans Fontenelle, *Œuvres complètes*, « Corpus des œuvres de philosophie en langue française », tome 6, Paris, Fayard, p. 377-417, p. 391). Leibniz y soutenait qu'« un corps est un esprit momentané ou privé de mémoire », parce

La matière c'est donc ici d'abord le produit de l'oubli. Bergson cite dans *M.M.* (p. 195) le mot de Ravaisson[1] sur la matérialité qui met en nous l'oubli (*La philosophie en France au* XIXe *siècle*, 5e éd., p. 176). Il semble que Bergson ait renversé ici le rapport des notions : c'est l'oubli qui met hors de nous la matière. Dans *l'Habitude* (1838)[2] Ravaisson conçoit la matière comme l'être hors du temps : « L'habitude n'est pas possible dans cet empire de l'immédiation et de l'homogénéité qui forme le règne inorganique [...]. Le corps existe sans rien devenir, il est en quelque sorte hors du temps » (éd. Baruzi, p. 6 et 11). Bergson pense que si le corps ne devient rien, il n'est rien, s'il est hors du temps, il n'est pas. C'est pourquoi il dit que la matière est une limite, le terme idéal d'une inclination (p. 219). La durée des vibrations en quoi l'analyse résout la matière est évanouissante mais non nulle (p. 219). Or cette idée de l'évanouissement limite est aussi dans Ravaisson, mais dans le

qu'aucun *conatus* sans mouvement ne dure plus d'un instant. Dans les *Principes de la philosophie ou Monadologie* (« Bibliothèque de philosophie contemporaine », Paris, P.U.F., 1954), la citation se trouve à la p. 80. La *Monadologie* fut publiée de manière posthume, en latin d'abord, en 1721.

1. Félix Ravaisson, *La Philosophie en France au* XIXe *siècle*, Paris, Vrin-Reprise, 1983, donne avec sa pagination d'origine la 5e édition, parue chez Hachette en 1904, celle qu'utilise Canguilhem. Cet ouvrage avait d'abord paru en 1867, dans la série du « Recueil de rapports sur les progrès des lettres et des sciences en France » où figurait notamment le *Rapport sur les progrès et la marche de la physiologie générale en France* de Claude Bernard. Félix Ravaisson-Mollien (1813-1900) reste la grande figure de la philosophie spiritualiste française du XIXe siècle. Il avait étudié sous Friedrich Schelling à Münich, puis à Paris sous Victor Cousin, à l'éclectisme duquel il devait plus tard fortement s'opposer. Il enseigna brièvement à Rennes, puis devint Inspecteur général des Bibliothèques jusqu'en 1860 et fut ensuite Inspecteur général de l'éducation. Passionné d'histoire de l'art, il termina sa carrière comme directeur du Département des antiquités du Louvre. Canguilhem aimait à rappeler que Ravaisson s'était heureusement porté à la défense de la classe de philosophie des lycées quand elle fut attaquée en 1894, et il avait pour l'occasion dépeint un professeur irréprochable « en qui tout le monde reconnut Jules Lagneau » (conférence inédite, « Jules Lagneau, l'homme et le philosophe », 1951, Fonds Canguilhem, CAPHÉS, GC.24.9.7). En 1955 encore, dans la *Formation du concept de réflexe*, Canguilhem cite le *Testament philosophique* et rappelle que Ravaisson « ne croyait pas devoir renoncer à l'idée essentielle de sa thèse sur *L'habitude* (1837) et continuait à penser que tout mouvement automatique n'est dans son fond que de la réflexion mécanisée par l'oubli » (p. 149). Le *Testament philosophique* est un écrit posthume, publié en 1901 dans la *Revue de métaphysique et de morale*, p. 31-52.

2. *De l'habitude*, Paris, Imprimerie de H. Fournier, 1838. Dans l'édition Vrin-Reprise, 1981, qui reprend le texte donné dans la *Revue de métaphysique et de morale* en 1894, les passages cités se trouvent aux pages 4 et 7. Canguilhem dès les années 1930 commentait en classe la thèse de Ravaisson sur *L'Habitude*.

Ravaisson du *Rapport* de 1867, auquel Bergson se réfère dans la note concernant Plotin (*E.C.*, p. 229). Ravaisson écrit : « Du point de vue intérieur et central de la réflexion sur soi, l'âme ne se voit pas seulement et aussi, comme en son fond, l'infini d'où elle émane ; elle se voit, elle se reconnaît, plus ou moins différente d'elle-même, de degré en degré jusqu'à ces extrêmes limites, où, dans la dispersion de la matière, toute unité semble s'évanouir et toute activité disparaître sous l'enchaînement des phénomènes. De ce point de vue, puisque l'on trouve dans l'âme tout ce qui se développe dans la nature, on comprend cette sentence d'Aristote selon laquelle l'âme est le lieu de toutes les formes ; puisque tous les objets nous apparaissent alors comme représentant par des formes dans l'espace les phases que l'âme parcourt dans la succession de ses états, on comprend cette sentence de Leibniz que le corps est un esprit momentané » (*Philos. en France au* XIX*e s.*, 5e éd., p. 271)[1]. Or Bergson a prononcé en 1904 (*Matière et Mémoire* est de 1896 et *l'Évolution créatrice* de 1907) l'éloge de Ravaisson auquel il succédait à l'Académie des Sciences Morales et Politiques (cf. *P.M.*, p. 281). Dans cet éloge, Bergson insiste avec reconnaissance sur l'influence profonde, exercée sur les esprits de sa génération, par les pages du *Rapport* de 1867 concernant la nature de la matière. Le résumé que Bergson donne de ces pages (*P.M.*, 305) doit être confronté avec le texte de l'*E.C.*, 219 *sq.* On notera en particulier que Bergson utilise, en le soulignant, le terme de *distension* et il nous semble bien que c'est là qu'apparaît pour la première fois une notion destinée à jouer dans ce chapitre III de l'*E.C.* un rôle si important. Dans *M.M.* il n'est question que de *tension* et *d'extension* (p. 200, 201, 277), mais l'*E.C.* intercale la *détente* entre la tension et l'extension.

En résumé, sous le rapport de la durée, esprit et matière n'apparaissent pas comme des choses mais comme des mouvements, non comme des substances mais comme des tendances. Le second des mouvements naît du premier par interruption et comme il est inverse on doit poser qu'*interruption égale inversion.* Dès que l'esprit cesse d'agir, il ne se contente pas d'être tout simplement, il est annulé sous forme de matière. La démission de la création ce n'est pas le repos c'est l'amorce de la destruction. On ne peut plus dire « sublata causa, tollitur effectus »[2] mais « sublata causa, evertitur

1. Nous rétablissons ici la ponctuation de Ravaisson et corrigeons la pagination.
2. « La cause enlevée, l'effet cesse ».

effectus »[1]. Pour démontrer que inversion est identique à interruption, Bergson devra avoir recours aux intermédiaires suivants : l'ordre spatial ou géométrique est un ordre négatif, en tant que tel il est seulement la suppression d'un ordre positif.

Quels rapports jusqu'à présent entre *E.C.* et *M.M.* concernant la matière et l'esprit ? Dans *M.M.* aussi la vie de l'esprit est une oscillation perpétuelle entre deux limites extrêmes (p. 184 et 189) : le plan de l'action ou de vie sensori-motrice pure, le plan du rêve ou de vie imaginative pure. La vie sensori-motrice pure c'est la vie dans le présent pur ou l'impulsivité (p. 166) ; la rêverie pure c'est la vie dans le passé pour le seul plaisir (*ibid.*). En fait nous vivons toujours entre ces limites avec plus ou moins de bon sens et de bonheur et ces degrés correspondent à des degrés de contraction (p. 184) ou de tension (p. 185). Mais dans *M.M.*, la personnalité est du côté de la dilatation, et la banalité impersonnelle, du côté de l'habitude et des organes sensori-moteurs, c'est à dire du côté du resserrement (p. 185). Ces degrés de tension sont des dispositions mentales diverses (p. 185). Il ne s'agit pas dans *M.M.* de tendances inverses.

B) *La matérialité sous le rapport de l'étendue (p. 220).*

1) La personnalité c'est une pointe agressive, la matérialité un laisser-aller, un abandon. C'est au rêve que Bergson demande ici de nous introduire à la matière. La personnalité est insertion dans l'avenir, le rêve désinsertion, « décrochage », désintéressement (*cf.* la conférence sur *Le Rêve*, en 1901, *E.S.*, 91). Or pour la première fois, dans l'*E.C., le rêve est présenté comme une descente en direction de l'espace.* On parvient à cette idée en trois stades : le rêve est éparpillement, puis décomposition, extériorité enfin. Cette idée reste acquise à partir de 1907, car en 1908 dans l'article sur *Le Souvenir du présent et la fausse reconnaissance* Bergson écrit : « Cessez de vouloir, détachez-vous de la vie, désintéressez-vous, par là même vous passez du moi de la veille au moi des rêves, moins *tendu*, mais plus *étendu* que l'autre » (*E.S.*, 136). Cette idée n'apparaît pas dans *Le Rêve* de 1901 où le moi qui rêve est seulement un moi qui se détend, et en 1896, dans *M.M.*[2],

1. « La cause enlevée, l'effet est détruit ».

2. Dans le manuscrit (p. 4 de la pagination par Canguilhem), après l'abréviation *M.M*, on trouve les mots suivants soulignés c'est-à-dire à imprimer en italiques, mais omis à l'impression : « *c'est l'idée exactement inverse qui est longuement développée* ». Après quoi,

c'est l'action du vivant qui est responsable de la décomposition et de l'extériorité, c'est la perception et non le rêve qui nous introduit à la matière (p. 218-221) ; – c'est en évoluant vers l'activité que l'état d'âme se rapproche davantage de l'extension (p. 246); – inversement, le rêve c'est l'évocation du passé sous forme d'image (p. 79-80), c'est la fonction de l'inutile et pour un être voué à l'action, à l'utilisation, rêver exige un effort (p. 80) [alors que dans l'*E.C.* le rêve est laisser-aller (p. 220)][1]. En nous reliant à notre passé comme passé, le rêve nous donne l'expérience de l'inextensif et du spirituel avec celle du souvenir pur, impuissant et inutile (p. 152 et 269).

L'*E.C.* présente la matérialité comme une menace permanente que la personnalité porte en elle, car la personnalité est un *plus* et l'étendue un *moins* et le passage de l'une à l'autre n'est rien que *déficit*. Il nous semble que c'est dans cette idée qu'il faut chercher l'explication du renversement des rapports entre la matérialité et le rêve. Certains ont constaté ce renversement sans s'en étonner (par exemple E. Rideau, *Les rapports de la matière et de l'esprit dans le Bergsonisme* : chap. I, part. 4)[2] mais son caractère « curieux et paradoxal » n'a pas échappé à Jankélévitch (*Bergson*, p. 240). A cet égard, la conférence de 1901 sur *Le Rêve* peut, par sa position intermédiaire entre *M.M.* et *E.C.*, nous servir de médiation vers l'idée.

Dans *M.M.* (p. 243), Bergson note que l'espace, extériorité de parties, n'est pas *support* du mouvement, mais *dépôt* du mouvement, postérieur et inférieur à lui. Nous logeons le mouvement dans l'espace, bien qu'en droit l'espace ne soit rien que *la fatigue* de notre vision du mouvement. De même, *le rêve*, dans la conférence de 1901, *se distingue de la perception, non par un plus qui est en elle, mais par un moins qui est en lui.* « Le rêve est la vie mentale tout entière, moins l'effort de concentration » (*E.S.*, p. III). Le rêveur est un fatigué (*E.S.*, 110-111) et c'est l'impossibilité pour lui de fournir un effort d'ajustement précis qui explique la rapidité du déroulement du rêve (*E.S.*, 112). Dans le rêve, les images sont surtout visuelles et la rapidité de l'évocation d'une multitude d'événements successifs tend en somme vers la

un nouveau paragraphe commence par les mots : « Dans *M.M.*, c'est l'action du vivant qui est responsable etc. ».

1. Les crochets sont ici de Canguilhem.

2. Il s'agit de la thèse de doctorat ès lettres d'Émile Rideau (1899-1981), soutenue à Clermont-Ferrand et parue en 1932 à Paris chez Alcan, en même temps que son *Dieu et Bergson* chez le même éditeur. Émile Rideau était membre de la Société de Jésus et publia de nombreux ouvrages philosophiques, littéraires et religieux.

simultanéité d'une vision panoramique (*E.S.*, 113). Tout se passe comme si pour la conscience désinsérée du présent et de l'action, tout tendait à devenir également présent. Il faudrait, en somme, distinguer entre *le présent* qui est l'actuel, c'est à dire l'agissant, et qui donne à la durée un sens par la polarité du passé et de l'avenir, et *la présence* qui est présentation de toute la richesse intérieure, sur un même plan de valeur où la valeur s'annule par équivalence. Le désintéressement du rêveur fait que tout lui devient indifférent (*E.S.*, 110). *L'attitude d'indifférence fait l'indifférence, c'est-à-dire l'équivalence ou l'homogénéité des objets*. La position spectaculaire, non agressive, *fait* du contenu du moi un spectacle. La détente *fait* l'extension. Encore ce genre de causalité est-il très mal rendu par le terme de *faire*. Il s'agit bien plutôt de laisser se faire l'étendue en laissant se défaire la personnalité. Il ne s'agit pas de causalité efficiente, mais selon le mot de Leibniz dans la *Théodicée* (I, § 20) très heureusement repris par Jankélévitch, de *causalité déficiente* (*Bergson*, p. 251)[1].

Voilà une façon possible de comprendre le rapport de l'espace au rêve sans rompre brutalement la continuité de la pensée bergsonienne. Si la lecture de la conférence de 1901 suggère cette hypothèse, elle ne la garantit naturellement pas. Mais entre *M.M.* et *E.C.*, Bergson a relu Plotin à l'occasion d'un cours (1897-1898)[2], a relu Ravaisson à l'occasion de l'Éloge de 1904, a repris le problème de l'effort (*L'Effort intellectuel*, 1902), a médité les problèmes posés par le conflit en physique du mécanisme et de l'énergétisme, et l'acquisition intellectuelle propre à cette période c'est celle de la *détente*, concept polyvalent, à la fois moral, psychologique et physique. De plus, Bergson a élaboré dans cette période l'idée que la conscience a horreur du vide et que pour elle renoncer à un mode de penser c'est passer par là même à un mode inverse. En 1906, Bergson a publié dans *La Revue*

1. Leibniz écrit que la « région des vérités éternelles [...] est la *cause idéale* du mal, pour ainsi dire, aussi bien que du bien ; mais, à proprement parler, le formel du mal n'en a point d'*efficiente*, car il consiste dans la privation, [...] c'est-à-dire que la cause efficiente ne fait point. C'est pourquoi les scolastiques ont coutume d'appeler la cause du mal déficiente » (éd. Jacques Brunschwig, Paris, Garnier-Flammarion, 1969, p. 116. Jankélévitch reprend : « Le mal trouve en Dieu, dit la *Théodicée*, sa cause "déficiente" et non point "efficiente".

2. Le cours sur Plotin a été depuis publié dans Henri Bergson, *Cours IV, Cours sur la philosophie grecque*, édité par Henri Hude, avec la collaboration de Françoise Vinel, « Épiméthée », Paris, P.U.F., 2000, p. 17-78. Selon ses éditeurs, ce cours aurait été professé à l'École normale supérieure, « probablement vers 1898-1899 ».

philosophique[1] l'article sur l'idée de néant qui passe en 1907 dans le chapitre IV de l'*E.C.* Mais auparavant en 1904, le fond de la thèse est l'argument principal de la réfutation du *Paralogisme psycho-physiologique*[2]. La doctrine du parallélisme psycho-physiologique est définie comme une oscillation du réalisme à l'idéalisme et inversement, oscillation si rapide qu'elle se prend pour la vision immobile d'une fusion de systèmes.

En résumé, *déficience, détente* et *inversion*, seraient les notions qui autorisent le rapprochement entre rêve et matérialité. Ce qui est commun aux deux c'est d'avoir leur origine dans une défaite de l'esprit, et c'est leur qualité de *substratum.* Le rêve est le substratum de la perception (*E.S.*, 135), comme la matière est le substratum de la personnalité (*E.C.*, 220), mais leur qualité de *substratum* ne fait qu'un avec leur qualité de *substractum.* On ne passe pas par addition du rêve à la veille et de la matière à l'esprit, on passe par soustraction de la veille au rêve et de l'esprit à la matière (*E.C.*, 228).

2) « Notre personnalité redescend ainsi dans la direction de l'espace. Elle le côtoie sans cesse, d'ailleurs, dans la sensation. Nous ne nous appesantirons pas ici sur un point que nous avons approfondi ailleurs » (p. 220). Bergson renvoie ici à *M.M.* (p. 233 *sq.*, notamment 242-43).

Il convient de bien distinguer entre *matière, étendue* et *espace.* La matière est une direction possible de la conscience et à ce titre elle est étendue plus encore que spatiale.

L'*étendue*, c'est le contenu de la perception, produit effectif de l'extension consécutive à la détente. Mais l'extension, s'opérant dans la conscience participe toujours de l'unité de celle-ci, l'extension est indivisée et c'est pourquoi l'étendue est indivisible. Voir là-dessus un texte capital dans *M.M.* (p. 246) : « Cette extension une fois atteinte reste indivisée et par là même ne jure en aucune manière avec l'unité de l'âme ». On pensera à une parenté sur ce point entre le bergsonisme et le spinozisme (*cf.* Lettre de Spinoza à Louis Meyer, éd. Appuhn, III, p. 152). Mais selon Spinoza c'est

1. Henri Bergson, « L'Idée de Néant », *Revue philosophique*, vol. 62, n° 11, novembre 1906, p. 449-466.

2. « Le paralogisme psycho-physiologique », *Revue de Métaphysique et de Morale*, tome 12, novembre 1904, p. 895-908. Même en 1930, alors qu'il était encore très anti-bergsonien, Canguilhem approuvait la démonstration de Bergson sur le paralogisme psycho-physiologique (cf. *OC* I, p. 300). Et en 1980 encore, dans sa conférence fameuse sur « Le cerveau et la pensée », il y reviendra, tenant à souligner que l'argumentation bergsonienne valait réfutation de l'ouvrage d'Hyppolite Taine de 1870, *De l'intelligence* (cf. *OC* V).

l'entendement qui unifie ce que l'imagination a divisé[1], alors que selon Bergson c'est l'intelligence qui morcelle la continuité de l'étendue.

L'*espace*, pure extériorité de parties homogènes, l'espace, division et nombre, est le produit d'une conception qui assigne à l'extension un terme idéal. L'espace est un schème, et ce schème est obtenu par l'extrapolation à la limite de la détente qui engendre l'étendue par extension.

En somme nous obtenons, dans l'ordre de réalité spirituelle décroissante : *dé-tente* (par quoi la matière soutient avec l'esprit un rapport privatif), *ex-tension* (ordre proprement matériel où s'oublie progressivement le rapport à l'ordre spirituel), *étendue* (participe passé signifiant l'oubli de la participation spirituelle passée), *espace* (extériorité des parties les unes aux autres et de l'ensemble à l'esprit). L'espace c'est l'achèvement par l'intelligence d'une esquisse. On reconnaît là le caractère brutal de l'action, le caractère abusif de la pensée logique. Rapprocher des pages 220-21 de l'*E.C.*, la page 170 de l'*E.C.* et les pages 234-35 de *M.M.*

Donc l'étendue est une donnée de la conscience, une donnée par abandon; l'espace est construction de l'intelligence, suggéré seulement par la conscience. Quand nous nous représentons la matière comme divisée, c'est parce que l'intelligence a exploité à fond une suggestion, en ce sens *la matière spatiale est une vue de l'esprit* (*E.C.*, 170); au fond la matière est naturellement plus proche de l'unité concrète.

On voit réapparaître ici une idée déjà exposée p. 205 de l'*E.C.*, et p. 221 *sq.* dans *M.M.* On rapprochera ces vues de Bergson de celles, plus récentes, de Whitehead[2]. Un objet est ingrédient dans tout son voisinage, il est ingrédient à travers toute la nature. Voir sur ce point Jean Wahl, *Vers le*

1. Spinoza, *Œuvres*, éd. Charles Appuhn, Paris, classiques Garnier, 1929, tome 3, Lettre XII, p. 150-156; dans l'édition des *Œuvres complètes* de la Bibliothèque de La Pléiade (Paris, Gallimard, 1954), cette lettre se trouve aux pages 1096-1101; le passage pertinent se trouve p. 1098.

2. Alfred North Whithehead (1861-1947), mathématicien et philosophe anglais. Co-auteur avec Bertrand Russell des *Principia mathematica* (Cambridge University Press, 3 vol., 1910-1913); il enseigna d'abord en Angleterre puis à compter de 1924 à l'Université Harvard où il développa davantage le versant métaphysique de sa pensée. La première édition de *The Concept of Nature* est de 1920 (Cambridge University Press). Canguilhem connaît alors Whitehead seulement de seconde main, surtout à travers l'ouvrage de Jean Wahl mentionné à la note suivante. La bibliothèque de Canguilhem conservée au CAPHÉS ne compte qu'un titre de Whitehead, *La science et le monde moderne* dans la traduction en français parue en 1930 chez Payot (CAN 3565).

Concret, p. 144-145[1]. Dans *P.M.* (p. 90, note 2) Bergson se réfère lui-même à Whitehead, d'après l'ouvrage même de Wahl. On a déjà vu que R. Berthelot rapproche sur ce point le bergsonisme et le stoïcisme. On remarquera que dans *E.C.*, Bergson affirme moins nettement que le découpage de la matière en corpuscules, par passage de l'étendue à l'espace, soit une violence faite à la matière par l'intelligence : « La matière se prête à cette subdivision, et en la supposant morcelable en parties extérieures les unes des autres, nous construisons une science suffisamment représentative du réel » (*E.C.*, 222). Dans *M.M.*, ce sont des représentations de fluides, tels que tourbillons ou lignes de force, plutôt que des images de solides, tels que les atomes, qui indiquent la direction du réel (p. 224). On trouvera dans *P.M.* (p. 89-90) une synthèse des deux théories, conforme selon Bergson, aux récentes acquisitions de la mécanique quantique. On peut dire que selon *E.C.*, la matière a plus de réalité naturelle que selon *M.M.* Ce n'est que sous sa forme spatiale et géométrique que la matière est une vue de l'esprit. Sous sa forme étendue, la matière s'offre et se prête aux habitudes de l'intelligence. En somme, l'étendue est plus réelle que l'espace mais l'espace est plus intelligible que l'étendue.

3) L'analyse bergsonienne rencontre ici, inévitablement, la théorie kantienne de l'espace (222-225).

Kant a établi de façon définitive, contre l'empirisme, le caractère *a priori* de la représentation de l'espace. Mais il n'a pas interprété le fait aussi heureusement qu'il l'a établi.

1. *Vers le concret. Études d'histoire de la philosophie contemporaine*, consacré à William James, Alfred North Whitehead et Gabriel Marcel, avait paru chez Vrin, dans la « Bibliothèque d'histoire de la philosophie », en 1932 (deuxième édition, augmentée, chez le même éditeur en 2004). Jean Wahl (1888-1974) ancien élève de l'École normale supérieure, agrégé de philosophie (1910), d'abord professeur au lycée de Saint-Quentin, auteur d'une thèse sur les *Philosophies pluralistes d'Angleterre et d'Amérique* (Paris, Alcan, 1920), est ensuite successivement nommé aux Facultés de Besançon, de Nancy, puis de Lyon. Il accéda à la Sorbonne en 1936 et y demeura jusqu'en 1967 avec une interruption durant la guerre. Il fut en effet privé de son poste sous Vichy et emprisonné par la Gestapo, mais libéré grâce à l'appui d'amis, il devra passer, à compter de 1942, le reste de la guerre aux États-Unis. De retour en France, il dirige bientôt la *Revue de métaphysique et de morale*, préside la Société française de philosophie, et fonde en 1946 le Collège philosophique où Canguilhem présente dès 1946-1947 les trois conférences (« Aspects du vitalisme », « Machine et organisme », « Le vivant et son milieu ») qui formeront le corps central de *La connaissance de la vie.* Il y donnera deux autres conférences, restées inédites, l'une, en 1950, sur « La relativité des normes » et l'autre, en 1954, « Y a-t-il encore des adultes ? ».

La doctrine kantienne est insuffisante en ce sens qu'elle se donne l'espace comme une forme toute faite de la faculté de percevoir, dont le corrélatif requis est la chose en soi. Bergson reproche à Kant une contradiction : pourquoi parler de choses dont on prétend ne rien connaître (223-224) ? Hamelin dit de même : « Les partisans de l'inconnaissable le sondent volontiers et en pénètrent les mystères. Kant, par exemple, est passablement instruit de la nature foncière du monde nouménal. » (*Essai*, 2e éd., p. 8)[1].

En identifiant matière et espace, Kant est conduit aux antinomies. Dès qu'on considère la matière comme une direction esquissée dont l'espace est l'achèvement, les antinomies disparaissent.

Kant n'a pas saisi que l'intelligence est inscrite dans l'esprit qui la déborde et qu'à l'intelligence seule convient la représentation spatiale, et il n'a pas saisi que le temps n'est pas au niveau de l'espace, mais plus haut ou plus profond que lui. Or ce sont là les conditions requises pour comprendre la genèse de l'espace. *L'espace naît dans l'esprit d'une interférence et d'une accommodation réciproque.*

Kant avait inventé l'idéalisme transcendantal pour échapper aux embarras du réalisme ontologique (l'esprit se réglerait sur les choses) ou aux expédients de l'empirisme sceptique (il y aurait harmonie naturelle entre le cours des choses et les démarches de l'esprit; *cf.* Hume). En fait il y a une autre solution possible qui consiste à confronter la matière et l'intelligence non pas comme des choses et une forme, capable de déformer ou d'informer, mais comme des mouvements capables de se régler l'un sur l'autre. La formation de la forme serait corrélative de la matérialisation de la matière. Dans la description de la forme spatiale, Kant s'intéresse à son usage. Bergson pense qu'on ne peut pas comprendre l'usage si on ne comprend pas la formation, car ici aussi c'est la fonction qui crée l'organe. Plus haut, (*E.C.*, 175) Bergson a qualifié la matière d'*organe.* On peut dire la même chose de l'espace, que Bergson du reste qualifie ailleurs de *pouvoir* (*E.C.*, 170). C'est pourquoi après que les deux termes de *forme* et de *schème* ont servi à définir l'espace (*E.C.*, 221), c'est le dernier terme qui est préféré. Au lieu que Kant qui a défini, dans la *Dissertatio* de 1770, l'espace comme un « *schème*

1. *Essai sur les éléments principaux de la représentation*, Paris, Alcan, 1925. La première édition, chez le même éditeur, était de 1907. Dans l'édition procurée par André Darbon aux P.U.F. en 1952 (avec des notes, ce dont Hamelin s'était abstenu) cette citation se trouve à la p. 6.

subjectif, idéal, procédant de la nature de l'esprit en vue de coordonner, selon une loi de stabilité, tous les objets de la sensibilité externe »[1], finit par préférer le terme de *forme.* Or le schème c'est moins une forme qu'une indication, une direction de forme.

On comparera ces vues de Bergson sur la philosophie kantienne avec celles qu'il expose plus bas p. 387-390. Ces dernières sont peut-être plus nettes. Le point de départ de Kant est défini comme suit : Kant s'est demandé ce que devait être l'esprit humain puisque la science humaine est ce qu'elle est. C'est faire là une critique de la connaissance, mais non une critique de la science. Bergson se prétend plus radicalement critique que Kant, en faisant la critique de la science, c'est-à-dire en distinguant dans l'objet qu'elle s'assigne ce qui revient à une physique et ce qui ne peut lui revenir. Kant admettait l'unité de la science et l'unité de l'expérience. Bergson pense que cette unité doit être mise en question. En somme, Kant était resté très cartésien, postulant l'unité de l'intelligence et l'unité de l'objet du savoir. Bergson serait plutôt aristotélicien, attentif à la pluralité de l'être et des disciplines noétiques.

En ce qui concerne le problème de l'espace qui est, dans notre texte d'explication le seul en cause, on notera que Bergson se fait de la théorie kantienne une idée bien traditionnelle, limitée à la connaissance des textes courants et méconnaissant ce que le kantisme, intégralement exposé, contient de nuances et de progrès. On doit à M. Lachièze-Rey la connaissance récente d'un kantisme moins rigide. Voir en particulier *l'Idéalisme Kantien*[2] et *Schématisme Kantien et perception* (*Journal de Psychologie*, janvier-mars 1939, p. 18 notamment)[3].

1. Emmanuel Kant, *De mundi sensibilis atque intelligibilis forma et principiis* (Königsberg, Imprimerie de l'université, 1770). Dans la traduction de Ferdinand Alquié, *Œuvres philosophiques*, vol. 1, « Bibliothèque de la Pléiade », Paris, Gallimard, 1980, p. 654, le même passage se lit : « il est *subjectif* et idéal, et provient, par une loi fixe, de la nature de l'esprit, à la manière d'un schéma destiné à coordonner dans leur ensemble toutes les données du sens externe ».

2. Pierre Lachièze-Rey (1885-1957), élève de l'École normale supérieure (1906), agrégé de philosophie, fut professeur aux Facultés des Lettres de Toulouse et de Lyon. Tenant d'un idéalisme personnaliste et chrétien, il est l'auteur de nombreux travaux d'histoire de la philosophie. *L'Idéalisme kantien* était sa thèse principale pour le doctorat ès lettres (Paris, Librairie Félix Alcan, « Bibliothèque de philosophie contemporaine », 1932).

3. « L'utilisation du schématisme kantien pour une théorie de la perception », *Journal de psychologie normale et pathologique*, vol. 32, n°s 1-2, janvier-mars 1939, p. 11-20.

LES OPÉRATIONS INTELLECTUELLES. L'ORDRE ET LE DÉSORDRE

On doit maintenant considérer comme un tout le long passage qui va de la page 227 : « La physique comprend son rôle quand elle pousse la matière dans le sens de la spatialité [...] » jusqu'à la page 257 : « Cette longue analyse était nécessaire pour montrer comment le réel pourrait passer de la tension à l'extension [...] ». Durant ces trente pages, Bergson s'efforce d'établir que les concepts et les raisonnements du mathématicien et du physicien ont un caractère négatif, parallèle au caractère spatial de la matérialité. Ainsi se remplit le programme annoncé : engendrer simultanément l'intelligence et la matière. Engendrer ce n'est pas, en l'espèce, faire ; bien plutôt, c'est voir se faire en laissant se défaire. Il n'y a de positif que ce qui peut poser, c'est à dire créer, et cela c'est l'esprit. La matière n'est que la défaillance de cette création, tout comme des mots sont ce à quoi se réduit un poème dès que cesse la sympathie du lecteur avec l'inspiration qui a fondu les sons et le sens.

I. *Les postulats de la pensée logique.*

A) Toutes les opérations de l'intelligence tendent à s'achever en géométrie, c'est à dire en calcul de grandeurs. Mais c'est seulement parce que une géométrie spontanée est le moteur de l'intelligence. Vérifions-le sur le cas de la déduction. Démontrer c'est construire des conséquences du même coup qu'on pose des principes, en les exhibant par un tracé. La liaison a priori des propriétés d'une figure à sa définition génératrice n'est parfaitement possible que par supposition d'une quantité sous les qualités, d'une homogénéité sous une hétérogénéité. Toute déduction repose sur une géométrie naturelle, immanente à l'exercice intellectuel et dont la logique, code des identifications possibles, n'est qu'une dégradation (p. 230).

À la publication de l'*E.C.*, ce passage provoqua les protestations d'Émile Borel dans un article sur l'Évolution de l'intelligence géométrique (v. *supra*, Introduction)[1]. Borel reprochait à Bergson de faire l'apologie de la géométrie naturelle contre la géométrie d'Euclide, de déprécier l'intelligence au profit de l'instinct. Bergson, répondit en 1908, dans la même *Revue de Métaphysique et de Morale* : « La géométrie savante dont je parle n'est

1. Cf. *supra*, p. 115, note 2.

pas plus celle d'Euclide que celle de Descartes ou de n'importe quel mathématicien; c'est d'une manière générale toute géométrie qu'il faut apprendre. Aucune intelligence humaine, fût-ce celle du plus puissant géomètre ne reconstruira à elle seule la géométrie tout entière [...]. Mais toute intelligence humaine, si humble soit-elle, est sur le chemin des vérités élémentaires de la géométrie et n'a qu'un effort d'attention à fournir pour y arriver »[1].

L'esclave du *Ménon* fait ses premières armes dans la géométrie par simple docilité à la réminiscence des rapports idéaux. Selon Bergson, l'esprit fait les premiers pas vers la géométrie et la logique du seul fait qu'il s'abandonne à une détente au terme de laquelle apparaît l'espace. La déduction ne se sent à l'aise que dans le domaine de l'identité qui est le devenir nié. Cette idée trouve sa contre-épreuve vérificatrice dans les limites étroites où la déduction est tenue en matière de sciences psychologiques et morales (p. 232). En ces matières, on n'irait pas loin sans le bon sens. Le rôle du bon sens dans la philosophie bergsonienne est capital. Le bon sens c'est vraiment le sens selon lequel on avance au lieu de piétiner, selon lequel on découvre au lieu de se répéter. « Rester en contact avec les choses[2] exige un effort ininterrompu de tension intellectuelle. Le bon sens est cet effort même » (*Le Rire*, p. 199[3]). Pour d'autres définitions du bon sens par éclaircissement ou par usage, voir *E.C.*, p. 175, *M.M.*, p. 167, *E.S.*, p. 109. En 1895, Bergson a prononcé un Discours de distribution des prix du Concours Général sur le *Bon sens et les Études classiques*[4]. Plusieurs textes demandent à être confrontés avec la page 232 : sur l'esprit de géométrie et l'esprit de finesse, *P.M.*, p. 43; – sur la difficulté de la connaissance de l'esprit par lui-même, *P.M.*, p. 50;

1. « À propos de "L'Évolution de l'intelligence géométrique" », *Revue de métaphysique et de morale*, 1908, vol. 16, n° 1, janvier 1908, p. 28-33. Repris dans l'édition Worms des *Écrits philosophiques*, *op. cit.*, p. 354-359.

2. Cette citation est tronquée dans la version imprimée. Le manuscrit (feuillet 32) insère ici correctement les mots manquants : « et avec les hommes, ne voir que ce qui est et ne penser que ce qui se tient, cela exige etc. ». Il se peut qu'il s'agisse d'une erreur de composition à l'imprimerie, lacune qui aurait échappé à l'attention lors de la lecture des épreuves.

3. Dans la première partie, parmi les œuvres dont il fournit les sigles pour référence, Canguilhem ne mentionne pas *Le Rire*. Dans l'édition qui se trouve dans sa bibliothèque, la 44e (Paris, Alcan, 1938 ; CAN 2646), on trouve cette citation à la page 198.

4. Ce discours prononcé le 30 juillet 1895 au Grand amphithéâtre de la Sorbonne fut d'abord publié sous forme de plaquette (Paris, Delalain, 1895). Le texte est repris dans l'édition Worms des *Écrits philosophiques*, *op. cit.*, p. 152-164.

– sur les lacunes de l'hygiène et de la pédagogie, *E.C.*, p. 179. Éclairer par la lecture de la page 177 la conclusion lapidaire de ces pages sur la déduction « C'est la *durée* qui met des bâtons dans les roues ».

B) De même qu'il y a une déduction spontanée, il y a une induction spontanée qui consiste à attendre de conditions semblables la répétition d'un même fait. Le corps vivant, par sa capacité de contracter des habitudes, est un pouvoir d'identification de situations auxquelles une même réaction initiale doit répondre. Mais dans l'induction savante explicite, un double postulat se trouve impliqué : d'abord qu'il existe des *systèmes* mécaniques, physiques ou chimiques *clos*, en dépit de l'insertion dans un système plus vaste de tout système d'objets; ensuite qu'il existe des conjonctions d'aspects indissociables; par exemple, de l'eau dans un récipient sur un réchaud allumé cela entraîne ébullition, aujourd'hui comme hier et demain comme aujourd'hui. Cette présomption revient à annuler le temps comme principe de nouveauté et de changement. Induire c'est abolir le temps, en ramenant l'univers à des grandeurs (p. 235).

Bref déduction et induction sont des opérations logiques rendues possibles à un certain niveau de fatigue et de relâchement de la conscience. Sans fatigue ni relâchement, sans distraction ni détente, nous serions des êtres libres coïncidant avec l'universel mouvement de création, mais nous ne chercherions pas à expliquer, à réduire les nouveautés à des éléments identiques antécédents. Déduire et induire c'est toujours réduire, c'est à dire quantifier et identifier, au lieu que produire c'est qualifier et diversifier. Pour Bergson, la pensée logique est une fatigue de l'esprit. Pour Nietzsche, la pensée logique est le fruit d'un mensonge (cf. *Volonté de puissance, passim*)[1]. La vérité logique est un mensonge métaphysique. Pour établir logiquement une vérité, il faut éviter la contradiction, chercher l'identité, supposer des concepts fixes, identiques à eux-mêmes. C'est là une fiction, puisque tout est en devenir. La logique est selon Bergson une chute à demi involontaire, selon Nietzsche une imposture.

1. Canguilhem possédait dans sa bibliothèque et utilisait le volume 1 de la 4e édition et le volume 2 de la 5e édition de cet ouvrage, dans la traduction par Geneviève Bianquis publiée chez Gallimard en 1935 et 1937 (CAN 1015 et 1016).

II. *Relativité et objectivité de la physique mathématique.*

En soi, toute loi physique particulière de forme quantitative est conventionnelle, étant le produit d'une opération de mesure, acte humain que la nature n'a point prévu dans son plan. Et pourtant, l'ensemble des lois tend à se rapprocher de l'objectivité. En somme, le système des quantités physico-mathématiques est ce qui diffère *à peine* de la matière. Cette minime différence est cependant considérable : car ce n'est rien de moins que le rapport, bien que lâche, que la matière soutient avec la durée (p. 237). Sur le caractère conventionnel des lois mathématiques en physique, Bergson renvoie aux articles de E. Le Roy parus dans la *Revue de Métaphysique et de Morale* : il s'agit de « Science et Philosophie » (1899-1900) [1]. Le paradoxe ici c'est que l'accord entre la science et son objet repose sur un à peu près. La matière n'est point tellement spatiale que les lois quantitatives soient, dans leur détail, intégralement objectives. Il existe un ordre contingent des problèmes abordés qui rend relatives à leurs circonstances historiques d'établissement les lois physiques prises individuellement. Mais, en dépit de la contingence de cet ordre, la science physique réussit dans son ensemble parce que la matière est *lestée de géométrie* (p. 239). On est loin ici du « *Deus omnia fecit in numero, pondere et mensura* » [2] ou du « *Dum Deus calculat fit mundus* » [3], mais précisément parce qu'aucun calcul divin n'a présidé à la naissance des choses, n'importe quel calcul humain finit par retrouver l'ensemble des choses, car le calcul et les choses matérielles vont dans un même sens.

Pour mieux comprendre toutes les implications de l'idée, se reporter au chapitre II : p. 167, la continuité de l'objet c'est la possibilité de n'importe

1. *Revue de métaphysique et de morale*, tome 7, juillet 1899, p. 375-425, septembre 1899, p. 503-562, novembre 1899, p. 708-731 et tome 8, janvier 1900, p. 37-72.

2. « Dieu a tout fait en poids, mesure et nombre ». Ces mots, tirés du *Livre de la sagesse* (chap. XI, v. 20), dans la traduction de la *Vulgate*, sont très fréquemment cités par des poètes, philosophes ou savants des XVIe et XVIIe siècles (*La Bible. Ancien Testament*, « Bibliothèque de la Pléiade », tome II, Paris, Gallimard, p. 1681).

3. « Alors que Dieu calcule, le monde se fait ». Louis Couturat avait placé cet énoncé en exergue de sa *Logique de Leibniz. D'après des documents inédits* (Paris, Félix Alcan, 1901). La phrase complète de Leibniz, « Dum Deus calculat et cogitatem exercet, fit mundus », est une annotation marginale à son *Dialogus de connexione inter res et verba et veritatis realitate* de 1677 (*cf.* Leibniz, *Die philosophischen Schriften*, éd. C. I. Gerhardt, 7 vol., Berlin, Weldmann, 1875-1899, vol. 7, p. 191, note).

quelle discontinuité; – p. 170, la matière c'est une étoffe où nous pouvons tailler et recoudre comme il nous plaît. « L'intelligence est caractérisée par la puissance indéfinie de décomposer selon n'importe quelle loi et de recomposer en n'importe quel système ». Si la spatialité, l'extériorité des parties, était pour la matière plus qu'un pôle à quoi elle tend et que seule l'intelligence conçoit nettement, il serait inconcevable que l'intelligence humaine eût construit une représentation quantitative de la matière qui en représentât nettement les articulations.

III. *Le désordre et les deux ordres.*

À la conception d'un ordre mathématique simplement négatif par interruption de l'ordre spirituel positif, s'oppose l'idée selon laquelle l'ordre mathématique ne peut être que positif puisqu'il est *ordre*. Un ordre ne peut pas être négatif. Le négatif c'est le désordre. D'où analyse de l'idée de désordre, problème capital de la théorie de la connaissance, cas particulier du problème des idées négatives. Pour un nouveau résumé de l'analyse voir *P.M.*, p. 122-26. La décomposition du concept de *désordre* en interférence des concepts de *deux ordres, vital* et *géométrique*, ne requiert pas de commentaire littéral, car le développement est suffisamment long et explicite. Mais c'est le sens général de la théorie bergsonienne des idées négatives qu'il paraît utile de déterminer à ce propos, en se portant par anticipation au chapitre IV, p. 296 *sq*.

Le fond de la thèse est que le problème de la négation est importé de la pratique dans la spéculation, ce n'est pas un problème de théorie c'est un problème de valeur.

L'inintelligibilité pour le sens commun, même philosophique, d'une existence qui dure tient à la difficulté de concevoir que l'existence ait commencé par la victoire remportée sur un néant antérieur. Le néant et le vide paraissent théoriquement antérieurs à l'être et au plein. Le prestige de la logique tient à la supposition qui la fonde de l'éternité de l'être. *Il convient donc de retracer la genèse des postulats logiques.*

En fait, il n'y a pas de non-être. L'existence n'a pas de contraire. Mais il y a corrélativement à nos désirs une présence ou une absence des objets de leur satisfaction présumée. Or une absence c'est toujours la présence d'autre chose que ce dont j'ai besoin. Devant mon désir jamais il ne se trouve rien, mais souvent ce dont il n'a que faire. Toute préférence est corrélative d'une répulsion. Tout désir est polarisé. Toute valeur positive est liée à une valeur négative. *Bergson, sans employer un vocabulaire axiologique spécial, établit de la façon la plus nette qu'il n'y a de contrariété que dans l'ordre de la valeur.* La contradiction ontologique est une ombre ou un reflet de la contrariété ou mieux du contraste axiologique. « Tout ce qui s'exprime négativement par des mots tels que le néant ou le vide n'est pas tant pensée qu'affection » (p. 305). Ainsi l'idée d'abolition, d'anéantissement, est un amalgame des notions de préférence et de substitution. C'est l'attente qui crée la déception et c'est la déception qui fait le vide. Il n'y a de vide que dans le cœur humain, par le contraste entre la perception de la présence et le souvenir ou l'attente de quelque chose qui n'est plus ou n'est pas encore à notre portée. La représentation du vide est donc une représentation pleine (p. 306). De même l'idée de néant est une idée positive. Bergson rompt la fausse symétrie de l'affirmation et de la négation logiques. La négation n'est pas un simple acte de déposition, symétrique inverse de l'acte affirmatif simple de position. La négation est « la moitié d'un acte intellectuel » (p. 311). Nier c'est prendre pour objet le contenu d'un jugement affirmatif et se préparer à lui substituer un autre contenu. La négation est un acte de correction personnelle ou sociale. Elle suppose la mémoire qui oppose l'inactuel à l'actuel, elle est la reconnaissance d'un contraste. Ce n'est qu'après avoir été formulée que la négation se présente comme symétrique de l'affirmation. L'objectivité de l'affirmation retentit alors sur la négation. Il est bien vrai que nier c'est se préparer à affirmer à la place d'une affirmation donnée, mais c'est par la distance prise à l'égard de cette affirmation que la négation est négation. Et en cela elle est la conscience d'une opposition de valeur. Nous sommes théoriciens parce que nous sommes praticiens et pour mieux l'être, et nous importons les formes de nos actes dans notre représentation. Notre action procède d'une dissatisfaction et tend à créer des utilités. Notre vie tend à combler les vides du désir et du regret (p. 322). Ce que nous appelons le vide ou le néant c'est l'absence d'utilité des choses qui nous sont présentées. Il n'y a de néant que sentimental, il n'y a pas de néant logique[1].

1. À la suite de l'expression « néant logique » Canguilhem a ajouté au crayon : « Sans les désirs, le langage, la société il n'y aurait pas de néant ».

Voilà une thèse de première importance, malgré les réserves de J. Lachelier (cf. *Vocabulaire philosophique* de Lalande, art. négation)[1]. À notre connaissance, il n'y a avant Bergson que Gabriel Tarde qui ait esquissé des idées analogues[2]. Dans l'*Opposition Universelle* (1897), Tarde a soutenu que les oppositions logiques procèdent d'oppositions psychologiques. Des termes opposés doivent être également positifs. Le vide n'est pas l'opposé du plein, ni l'obscurité l'opposé de la lumière, ni le repos, du mouvement. Le néant en soi n'existe pas. Le néant c'est l'équilibre et la stabilité de deux forces opposées qui se compensent. L'opposition du plus et

1. Jules Lachelier, « Sur Négation », dans André Lalande, *Vocabulaire technique et critique de la philosophie*, nouvelle édition, revue et augmentée, Paris, Félix Alcan, 1928, 2 vol., vol. 1, p. 513; dans la 10e édition (P.U.F., 1972), p. 680. Élève de Ravaisson, Jules Lachelier (1832-1918), entré à l'École normale supérieure en 1851, agrégé des lettres en 1855, puis de philosophie en 1863, obtint son doctorat en 1871 avec sa thèse *Du fondement de l'induction* (publiée à Paris chez Ladrange). Professeur aux lycées de Toulouse et de Caen, puis suppléant au Lycée Bonaparte à Paris, il devint maître de conférences à l'École normale de 1864 à 1875 où il y eut comme élève Jules Lagneau. Ainsi Lachelier peut-il s'inscrire en quelque sorte dans l'ascendance généalogique des élèves d'Alain qui comme Canguilhem eurent toujours un respect certain pour Lachelier, son intégrité républicaine et sa pensée de souche kantienne. Lachelier exerça les fonctions d'Inspecteur général de 1875 jusqu'à sa retraite en 1900.

2. *L'Opposition universelle, essai d'une théorie des contraires*, « Bibliothèque de philosophie contemporaine », Paris, Félix Alcan, 1897. Cet ouvrage a été récemment republié, avec une préface de Jean-Clet Martin (Le Plessis-Robinson, Institut Synthélabo, 1999).

Dans la marge de gauche du manuscrit, en face des mots « n'y a avant Bergson que Gabriel de Tarde », Canguilhem a, à la plume, inscrit deux traits verticaux et les mots : « Erreur./ Sigwart./ Logique 1872/Lotze ».

Gabriel Tarde (1843-1904), juge d'instruction pendant une quinzaine d'années, responsable de la statistique judiciaire au ministère de la Justice, joua un rôle central en France dans le développement de la criminologie. Il fut nommé en 1900 dans la chaire de philosophie du Collège de France. Son ouvrage le plus influent fut sans doute *Les Lois de l'imitation, Étude sociologique* (Paris, Alcan, 1890), où il se distingue fortement de Durkheim par sa conception du fait social.

Christoph Sigwart (1830-1904) mena l'essentiel de sa carrière à l'université de Tübingen. Sa *Logik* (vol. 1, *Die Lehre vom Urteil, vom Begriff und vom Schluss*, 1873, vol. 2, *Die Methodenlehre*, 1878) jouit durant plusieurs décennies d'une grande réputation.

Rudolf Hermann Lotze (1817-1881), après des études de philosophie et de médecine à Leipzig où il eut notamment Gustav Theodor Fechner (1801-1887) comme professeur, enseigna à cette université, puis à Göttingen et à Berlin. Une première *Logik* avait paru en 1843 ; il s'agit ici de sa seconde *Logik* qui parut dans le premier volume de son *System der Philosophie : Drei Bücher vom Denken, vom Untersuchen und vom Erkennen*, Leipzig, Verlag von S. Hirzel, 1874.

du moins doit être cherchée dans nos pertes et nos acquisitions intérieures. Et la condition de toute acquisition est le besoin, c'est-à-dire le vide à combler. L'opposition du positif et du négatif se rapporte à celle du *faire* et du *défaire*. Tarde oppose la *croyance* et le *désir* comme source de valeurs logiques : « Tout animal qui reconnaît sa proie, affirme, *in petto*, que ce qu'il voit est semblable à ce qu'il a déjà vu et mangé, et tout animal qui discerne telle espèce de nourriture comme n'étant point celle qui lui convient fait une proposition négative sans le savoir » (p. 163, *op. cit.*).

En dépit de différences évidentes, il y a entre Tarde et Bergson cette identité qu'ils ont cherché dans la polarité psychologique la source de l'opposition logique et dans le contraste axiologique le moule où la pensée spéculative a coulé le principe de contradiction. On ne dira pas grossièrement que Bergson a fait des emprunts à Tarde, mais il est certain qu'il ne pouvait l'ignorer. Dans la *Revue philosophique* de 1897, Tarde a donné en articles deux fragments de son *Opposition Universelle*[1], et dans la même revue la même année Bergson a donné un article[2] sur Paul Janet[3]. De plus, Bergson a écrit une préface courte mais très élogieuse pour les Morceaux choisis de Tarde publiés dans la Collection Michaud[4].

IV. *Les genres et les lois (245-251).*

Dans le long développement sur le désordre, le passage sur les genres et les lois mérite un examen spécial. Les deux ordres distingués, le vital et le géométrique, interfèrent dans une zone d'indistinction ou de neutralité apparente, du fait que la vie est invention de thèmes organiques dont les variations individuelles respectent une similitude fondamentale. La

1. Gabriel Tarde, « L'Idée d'opposition », *Revue philosophique*, vol. 43, janvier-juin 1897, p. 1-18, et juillet-décembre 1897, p. 160-175.

2. « *Principes de métaphysique et de psychologie* de Paul Janet », *Revue philosophique*, vol. 44, novembre 1897, p. 526-551, repris dans les *Écrits philosophiques* de l'édition Worms de Bergson aux P.U.F., 2011, p. 179-213.

3. Paul Janet (1823-1899), philosophe spiritualiste de l'école éclectique; après quelque 25 ans dans l'enseignement secondaire, il devint professeur d'histoire de la philosophie à la Faculté des Lettres de Paris (1862-1898). Il est notamment l'auteur d'ouvrages sur *Le Cerveau et la pensée* (Paris, Germer, 1867), *Les Causes finales* (Paris, Baillière, 1876) et *La Philosophie française contemporaine* (Paris, C. Lévy, 1879).

4. Henri Bergson, « Préface » dans Gabriel de Tarde, *Pages choisies*, « Les grands philosophes français et étrangers », Paris, Louis Michaud, 1909, p. 5-6. Cette préface est reprise dans l'édition Worms des *Écrits philosophiques* de Bergson mentionnée ci-dessus, p. 377-379.

génération n'est pas toute originalité mais aussi généralisation, reproduction. L'évolution, sur des lignes indépendantes, engendre des formes qui se répondent [par exemple le type nageur chez les poissons, les reptiles (ichtyosaures), les mammifères (cétacés)][1] (245).

Sans doute, la ressemblance générique des organismes vivants n'est pas superposable à la ressemblance mécanique qui lie les mêmes effets aux mêmes causes. Dans le cas de la vie, les causes ne sont jamais les mêmes. Et cependant, le fait qu'il y ait dans les deux cas ressemblance donne lieu à la conception d'un *ordre général de la nature*, planant à la fois sur la vie et sur la matière.

On trouverait – ô ironie[2] des convergences philosophiques ! – une vérification historique des vues de Bergson dans les recherches de R. Berthelot sur *l'Astrobiologie et la pensée de l'Asie*[3]. L'astrobiologie désigne une forme de mentalité étendant aux astres l'idée de vie végétale ou animale et soumettant le développement des vivants à des lois périodiques strictes comme celles qui régissent les mouvements célestes. Il y a en somme pénétration réciproque des idées de cycle astronomique et de génération vitale, deux formes de la répétition. L'astrobiologie ce n'est pas de la mentalité primitive, c'est déjà une élaboration savante. La pensée grecque à ses origines en est très proche. Cela même autorise le rapprochement avec Bergson, car celui-ci fait remarquer combien chez les anciens *la loi tient du genre.* La légalité physique est régularité biologique. Le caractère de normalité biologique est éclatant dans la physique aristotélicienne. La pierre qui tombe regagne son lieu propre, comme un être en se développant gagne sa forme générique. Tout le réel possède des articulations naturelles. La physique antique est une traduction du physique en vital (248).

Inversement, chez les modernes, le genre tient de la loi, c'est à dire du rapport quantitatif. Dans la philosophie moderne, *le problème des genres est éclipsé.* Toutes les séparations dans le réel sont des produits de la connaissance. Les lois sont des rapports sans supports. Les relations ne

1. Les crochets sont de Canguilhem.

2. À la place de « ô ironie », le manuscrit donnait « ô hasard ». Sans doute s'agit-il d'une correction effectuée sur les épreuves.

3. René Berthelot, *La Pensée de l'Asie et l'astrobiologie*, Paris, Payot, 1938. Cet ouvrage avait d'abord paru sous la forme d'une dizaine d'articles dans la *Revue de métaphysique et de morale*, de 1932 à 1937.

supposent pas l'existence, préalable à leur établissement, de termes indépendants.

L'illégitimité du rabattement des deux espèces d'ordre sur un même plan de validité trouve quelque excuse dans le fait que l'ordre vital *imite* l'ordre géométrique. Imitation c'est, selon Bergson, non pas réédition et fidélité, mais falsification, escroquerie sur l'essence. Voir deux autres exemples d'imitation : l'intelligence imite la matière, *E.C.*, 290; – l'intelligence défigure l'action en lui substituant une imitation *E.C.*, 293. Sur ce concept d'imitation voir Jankélévitch (*Bergson*, p. 232) : « Il y a chez Bergson toute une théorie de l'imitation, une sorte de mimétique qui oppose non pas comme chez Platon un archétype à son image, mais deux réalités distinctes dont l'une usurpe le visage de l'autre. Cette imposture et elle seule fait toute l'illégitimité de la science intellectuelle. Il est, au reste, dans la nature de l'intelligence de chercher à s'annexer cette terre étrangère qu'est l'esprit. Elle imite la durée, le mouvement, l'instinct ».

Le prétexte de l'imitation du géométrique par le vital est donné dans l'uniformité statistique des organismes individuels au fond tous dissemblables. L'hérédité n'est pas seulement transmission de caractères, mais transmission d'une instabilité, d'une latitude de dissemblance, Bergson oppose ici la variabilité à l'invariance. L'élan vital n'est pas linéaire, il tolère une marge de dissidence. Telle est la reprise bergsonienne du principe des indiscernables.

Il n'est pas possible de ne pas confronter ici les idées de Bergson et celles de Lachelier, mais non pour soulever un problème de filiation qui, après tout, mériterait d'être posé (on sait que l'*Essai sur les données immédiates* est dédié à Lachelier). Quand Bergson écrit : « On peut présumer que la seule reproduction du type de l'ascendant par ses descendants est déjà tout autre chose que la répétition d'une même composition de forces qui se résumeraient dans une résultante identique, etc. » (*E.C.*, 245), on se reporte à Lachelier écrivant : « Il y a peut-être lieu de distinguer dans la nature deux sortes de lois : les unes s'appliquent à des faits très simples, comme celle qui porte que deux forces égales et opposées se font équilibre, les autres au contraire énoncent, entre les phénomènes, des rapports plus ou moins complexes comme celle qui porte que dans les espèces vivantes le semblable engendre le semblable. Rien n'est moins simple, en effet, que la transmission de la vie et il est certain que la formation d'un nouvel être exige le concours d'un nombre prodigieux d'actions physico-chimiques : il est certain également que ces actions ne s'exécutent pas toujours de la même manière puisqu'il naît quelquefois des monstres, etc. » (*Du fondement de l'induction*, 8ᵉ éd., p. 10-11).

Le rapprochement ne paraît pas artificiel, car Lachelier, empruntant à Cl. Bernard[1] la théorie de *l'idée directrice* régissant les phénomènes vitaux (*Leçons sur les Phénomènes de la Vie*, 1878-79), en étend la validité à l'ensemble des phénomènes physico-chimiques. Au lieu que Bergson se refuse à admettre qu'un principe vital – dont *l'idée directrice* organique n'est autre qu'une traduction moins chargée d'implications préscientifiques – veille même à la marche régulière des phénomènes vitaux. Lachelier postule « l'existence d'un principe d'ordre qui veille, pour ainsi dire, au maintien des espèces chimiques aussi bien qu'à celui des espèces vivantes » (p. 11). Bergson affirme que « la ressemblance entre individus d'une même espèce aurait ainsi un tout autre sens, une tout autre origine que la ressemblance entre effets complexes obtenus par la même composition des mêmes causes » (*E.C.*, 246). En recherchant un *principe d'ordre* unique, Lachelier fait ce que Bergson entend expressément ne pas faire, il subsume sous un même concept deux exigences inverses de la conscience. Lachelier écrit : « La nature est tout à la fois une science qui ne se lasse pas de déduire les effets des causes et un art qui s'essaie sans cesse à des inventions nouvelles ; et s'il nous est donné dans quelques cas de suivre par le calcul la marche uniforme de la science qui travaille au plus profond des choses, l'induction proprement dite consiste plutôt à deviner par une sorte d'instinct, les procédés variables de l'art qui se joue à la surface » (p. 73). On voit bien immédiatement, à quoi, dans ces lignes, Bergson ne souscrirait pas. Il n'y a pas de science en soi « naturelle », il n'y a pas de calcul qui nous introduise en soi au « profond des choses », la déduction et l'induction n'ont pas des rôles

1. Claude Bernard (1813-1878). Canguilhem était évidemment déjà, depuis la classe de philosophie à Castelnaudary, familier avec l'*Introduction à l'étude de la médecine expérimentale* (1865) – ouvrage sur lequel il donnerait à l'automne 1964 une série de leçons à l'Institut de la rue du Four – mais ses manuscrits montrent aussi que les *Leçons sur les phénomènes de la vie* mentionnées ici, dont il éditerait en 1966 le premier tome, lui étaient connues dès la rédaction de son manuel de philosophie inédit du tournant des années 1930. En fait, l'œuvre de ce grand physiologiste ne cessa de susciter son attention, depuis le *Traité de logique et de Morale* de 1939 et la thèse de médecine de 1943 où la critique de l'acceptation par Bernard du « principe de Broussais » joue un rôle pivot, jusqu'au recours aux *Principes de médecine expérimentale* – publication posthume de 1947 – dans son compte rendu de *La maîtrise du vivant* de François Dagognet en 1988 (cf. *OC* V).

différents, elles sont des espèces du même genre, la réduction théorique par identification.

V. *Le hasard (254-255).*

Ce texte ne présente pas de difficulté. On le confrontera avec le texte des *Deux Sources*, p. 151 *sq.*, – et aussi avec l'article de Henri Poincaré sur *le Hasard* (in *Science et Méthode*) [1].

(*à suivre*) [2]

G. CANGUILHEM

1. « Le hasard » constitue le chapitre IV du Livre I de *Science et méthode*, « Bibliothèque de Philosophie scientifique », Paris, Flammarion, 1905, p. 64-94. Henri Poincaré (1854-1912), mathématicien d'une extraordinaire fécondité, notamment en physique mathématique, professeur à la Sorbonne (1886), fut aussi l'auteur très influent de travaux d'épistémologie inductiviste et conventionnaliste : outre *Science et méthode*, surtout *La science et l'hypothèse* (Flammarion, 1902) et *La Valeur de la science* (Flammarion, 1905). Ces deux derniers ouvrages sont dans la bibliothèque de Canguilhem conservée au CAPHÉS, aux cotes CAN 2271 et CAN 2270 respectivement.

2. Aucune suite ne fut publiée. Il n'existe pas non plus, à notre connaissance, de manuscrit correspondant à la suite de ce cours.

ESSAI SUR QUELQUES PROBLÈMES CONCERNANT LE NORMAL ET LE PATHOLOGIQUE

Cet ouvrage, la thèse de doctorat en médecine soutenue en juillet 1943, signalé ici à sa place chronologique pour mémoire, appartient au tome II des *Œuvres complètes.*

MÉLANGES OFFERTS À M. PIERRE JANET[1]

Paris, Éditions d'Artrey, 1939

Études de Métaphysique et de Morale, 1944, I, p. 91-92[2]

1. Il s'agit ici d'un compte rendu non signé, comme pour toutes les autres « notes critiques » dans cette revue. Nous devons à l'amabilité de Madame Françoise Olivier-Utard, Maître de conférences d'histoire contemporaine à l'Université de Strasbourg, la communication d'une note au dossier Canguilhem conservé dans les documents déposés par le rectorat et conservés aux Archives départementales du Bas-Rhin, à Strasbourg ; cette pièce indique que ce compte rendu et les deux suivants sont bien de Canguilhem.

Comme le précise la note suivante, ce numéro de la revue a été imprimé en avril 1944. La rédaction de ce compte rendu, comme c'est aussi le cas pour les deux autres qui suivent immédiatement ci-dessous, pour lequel nous n'avons ni texte manuscrit ni tapuscrit, est tout probablement postérieure à l'entrée en fonction de Canguilhem à Clermont-Ferrand (avril 1941) et antérieure au début de 1944. D'où notre décision d'insérer ici ce groupe de trois textes.

2. La publication de la *Revue de métaphysique et de morale* avait été interdite à la fin de 1943 alors que venait de paraître avec retard le quatrième numéro de 1941 (48e année). Elle reparut en 1944, sous le titre *Études de métaphysique et de morale* (trois livraisons), retrouvant son titre d'avant-guerre dès l'année suivante. L'année 1945 comporta les quatre livraisons habituelles, dont un numéro double, en hommage à Léon Brunschvicg décédé en 1944 qui avait été avec Xavier Léon et Élie Halévy l'un des fondateurs de la revue.

Le premier des trois numéros des *Études* aurait été imprimé dès avril 1944 et son dépôt légal serait du 2e trimestre de 1944, donc avant même la Libération de Paris (*cf.* p. 96 dans ce numéro). Pour le deuxième numéro, la date d'impression est d'août 1944 et le dépôt légal du 3e trimestre de cette même année ; le troisième et dernier numéro, comme les deux premiers est daté 1944 sur sa couverture, mais porte pour l'impression la date de janvier 1945 et pour le dépôt légal « 1er trimestre de 1945 ».

Aucune indication n'est fournie sur la direction et le comité de rédaction de ces *Études*. Il est parfaitement clair cependant que les *Études* s'inscrivent dans l'exacte continuité de la *Revue* : non seulement la typographie et la présentation de la couverture restent-elles identiques, mais une brève notice nécrologique consacrée à Léon Brunschvicg, indique qu'il s'était éteint « au milieu du désastre public », « à la date même pour laquelle il nous avait promis de commémorer ici le cinquantenaire de la *Revue* » (p. 96). Il semblerait donc qu'il y eut aussi continuité de l'équipe de direction. De fait, les trois numéros des *Études* de 1944 constituent le volume de la 49e année de la *Revue*. L'annonce de la composition d'un nouveau comité de rédaction eut lieu en janvier 1947.

Ce volume de *Mélanges* [1] offerts par sa famille, ses amis et ses disciples à l'illustre psychologue, à l'occasion de ses quatre-vingts ans, est un recueil extrêmement riche de travaux souvent originaux et toujours instructifs. Comme exemple de travail original citons l'article d'Adrien Borel [2] sur *les réactions mentales morbides dans les psychoses chroniques* et comme exemple de travail instructif, l'article de Henry Ey [3] sur *la psychopathologie de Pierre Janet et la conception dynamique de la psychiatrie.*

D'une façon générale ce qui ressort des travaux proprement psychologiques réunis par ces *Mélanges*, c'est, pour employer une expression d'H. Ey « la fonction historique » des recherches et des publications de P. Janet, « véritable trait d'union entre la psychiatrie du XIXᵉ siècle et celle du XXᵉ ». Il suffit pour s'en convaincre de lire par exemple l'article de W. Boven [4] (de Lausanne) intitulé *Fantômes.* L'auteur entend par là, « tout ce que nous mettons de sentiments, de réflexions, de croyances, d'efforts, dans une œuvre en cours, dans une entreprise déterminée [...]. Nous ne sommes pas seulement nous-mêmes jusqu'au bout de nos idées, de nos gestes et de nos rêves ». Admettant avec P. Janet que l'angoisse est une conduite de l'échec, W. Boven la définit ainsi : cette espèce de souffrance

1. Il s'agit d'un ouvrage « réservé aux souscripteurs », à l'occasion des 85 ans de Pierre Janet (1859-1947). Canguilhem connaissait bien les travaux de Janet, ancien élève de l'École normale supérieure (1879), agrégé de philosophie (1882), docteur ès lettres (1889) et docteur en médecine (1893), dont *L'automatisme psychologique* (Paris, Alcan, 1889) et *De l'angoisse à l'extase* (Paris, Alcan, 1926 et 1928), deux ouvrages dont il use dès l'époque de la rédaction du manuel de philosophie inédit de 1931-1932. Janet succéda à Théodule Ribot dont il était le suppléant au Collège de France ; il y fut professeur titulaire de 1902 à 1934.

2. Aux pages 13-20. Adrien Borel (1886-1966), médecin psychiatre, fut l'un des fondateurs de la Société psychanalytique de Paris. Il abandonna la psychanalyse après la guerre.

3. P. 87-99. Henri Ey (1900-1977), médecin psychiatre, fondateur de la psychiatrie dynamique. Son influence s'exerça peut-être surtout à travers la revue *L'Évolution psychiatrique* qu'il dirigeait. Canguilhem confiait en 1992 : « Si ma thèse de doctorat en médecine, en 1943, concernait principalement des problèmes de physiologie, s'interroger sur le normal et le pathologique invitait à se référer aussi à des auteurs tels que Karl Jaspers, Eugène Minkowski, Henri Ey » (dans « Ouverture », dans Elisabeth Roudinesco (dir.), *Penser la folie. Essais sur Michel Foucault*, Paris, Galilée, 1992, p. 39-42, p. 39). Ey est effectivement brièvement évoqué dans la thèse de 1943, et aussi dans la thèse de 1955, pour « un bon résumé des critiques modernes de la notion de réflexe, du point de vue de la neurologie et de la psychiatrie ».

4. P. 21-30. William Boven (1887-1970), médecin psychiatre, professeur de caractérologie, de psychiatrie générale et de psychiatrie légale à la Faculté de Médecine de l'Université de Lausanne dont il fut aussi recteur.

qu'éprouve l'homme à l'échec ou à la perte d'un fantôme nourri de ses espérances.

Mais ce ne sont pas seulement les recherches psychiatriques que ces *Mélanges* nous montrent fécondées par les travaux de P. Janet. L'article d'E. Pichon[1], *Nombre et Quantité*, emprunte à *l'Intelligence avant le langage* une distinction fondamentale exploitée de façon originale grâce à des considérations de linguistique. L'article de M. Parodi[2]*Psychologie et philosophie*, renouvelle une question classique au contact des principes de la psychologie des conduites.

On doit citer encore, parmi les articles les plus importants de ce remarquable recueil, celui de M. Léon Brunschvicg : *Quelques remarques à propos de l'analogie*[3] et celui de M. André Ombredane[4] sur *Les usages du langage.*

1. P. 205-215. Édouard Pichon (1890-1940), médecin pédiatre, avait épousé la fille de Pierre Janet. Maurassien, passionné de linguistique, il fut notamment l'auteur du *Développement psychique de l'enfant et de l'adolescent* (Paris, Masson, 1936), ouvrage utilisé par Canguilhem dans ses leçons sur les normes et le normal (cf. *supra*, p. 101, n. 3) et qu'il cite aussi dans « Machine et organisme », mais jamais ensuite semble-t-il. C'est Édouard Pichon qui avait assuré la direction de la publication de ce recueil d'hommage à Pierre Janet.

2. P. 199-203 ; sur Dominique Parodi, cf. *supra*, p. 94, n. 1.

3. P. 31-38.

4. P. 183-198. André Ombredane (1898-1958), ancien élève de l'École normale supérieure (1919), agrégé de philosophie (1922), obtint son doctorat en médecine en 1929 et fit une carrière de professeur de psychologie à Paris et à l'Université libre de Bruxelles.

MÉLANGES OFFERTS À M. ARNOLD REYMOND

Un vol. in-8° de 232 pages. *Revue de Théologie et de Philosophie*, janvier-juin 1940, Lausanne

Études de Métaphysique et de Morale, 1944, I, p. 92

Le nom de M. Arnold Reymond [1] est bien connu du public philosophique français. Ses ouvrages sur l'histoire des sciences exactes dans l'antiquité gréco-romaine, sur les problèmes de la logique et la critique contemporaine, ont été accueillis en France avec beaucoup de faveur. Il a plusieurs fois été appelé à professer à la Sorbonne, dont il est docteur *honoris causa*. Ses élèves de Neuchâtel et de Lausanne ont voulu témoigner de l'ampleur de son œuvre et de son influence en lui offrant l'hommage de leurs recherches et de leurs meilleures pensées. D'où ce livre de *Mélanges*.

Ce qui frappe le plus le lecteur français de ces *Mélanges* c'est paradoxalement leur unité. Il y a vraiment en Suisse un groupe de philosophes qui mériterait le nom d'école. Son caractère le plus marquant c'est l'accord intime qu'elle institue sans peine entre la philosophie et la théologie chrétienne, et par suite l'orientation métaphysique très franche et très nette de sa pensée. A l'exception des articles de M. Jean Piaget sur *le groupement additif des relations transitives asymétriques* et de

1. Arnold Reymond (1874-1958), après des études de mathématiques et de théologie, soutint à Genève en 1908 une thèse de doctorat (*Logique et mathématiques. Essai historique et critique sur le nombre infini*) et fut nommé en 1913 professeur de philosophie à l'Université de Neuchâtel, puis en 1925 à l'Université de Lausanne. Il publia en 1924 son *Histoire des sciences exactes et naturelles dans l'antiquité gréco-romaine* (Paris, Blanchard) et en 1932 *Les Principes de la Logique et la critique contemporaine*, « Bibliothèque de la Revue des cours et conférences » (Paris, Boivin).

Mme A. Virieux-Reymond[1] sur *la nature de la négation en logique*, il n'est aucun article, pas même celui de M. Jean Larguier des Bancels[2] sur *l'Invention*, qui n'ait une ambition métaphysique et même religieuse. Les pages de M. Henri-L. Miéville[3] sur *le problème de la transcendance et de la mort dans la philosophie existentielle de Karl Jaspers*, de M. Jean de la Harpe sur *Pensée réflexive et mystère de l'existence*, et de M. Maurice Gex[4] sur les *Orientations fondamentales en métaphysique* sont, il nous semble, les plus significatives de la tendance commune à tous ces auteurs, que réunit ici leur déférent attachement à M. Reymond. S'il la fallait caractériser brièvement, on dirait qu'elle cherche à élargir au contact de l'existentialisme allemand les leçons d'intellectualisme réflexif que M. Léon Brunschvicg et d'autres auteurs français contemporains, par exemple M. Lachièze-Rey, ont tirées d'une méditation approfondie de Spinoza et de Kant. On ne s'étonne donc pas de voir M. Brunschvicg appelé à collaborer à ces *Mélanges* où son nom est si souvent cité, sa méthode si souvent rappelée et analysée.

C'est un grand profit que tire le lecteur français d'une revue si riche des problèmes contemporains, faite par des penseurs si proches et pourtant différents. Ce ne nous paraît pas petit éloge d'ajouter qu'il se dégage de ce recueil une impression constante de probité intellectuelle.

1. Antoinette Virieux-Reymond (? – ?), fille d'Arnold Reymond, soutint en 1949 une thèse de doctorat à l'Université de Lausanne où elle devait ensuite enseigner la logique et l'épistémologie.

2. Jean Larguier des Bancels (1876-1961), avait étudié avec Alfred Binet (1857-1911) et avec Alfred Dastre (1844-1917) qui dirigea son doctorat en physiologie à la Faculté des Sciences de Paris (1902). Il fut professeur de physiologie et de psychologie expérimentale à l'Université de Lausanne.

3. Henri-L. Miéville (1877-1963), docteur en théologie avec une thèse sur *La philosophie de M. Renouvier et le problème de la connaissance religieuse* (1902), termina sa carrière comme professeur honoraire de l'Université de Lausanne.

4. Maurice Gex (? – ?), professeur au Gymnase de la Cité à Lausanne, puis à l'université de cette ville, auteur de plusieurs ouvrages d'introduction à la philosophie, dont des *Éléments de philosophie des sciences* (Neuchâtel, Éditions du Griffon, 2e édition 1964). Il est surtout connu pour ses travaux en caractérologie dont le *Test caractériel pour un diagnostic rapide*, Paris, P.U.F., 1953.

L'ÉDUCATION DE DEMAIN, PAR J.-E. MARCAULT ET THÉRÈSE BROSSE [1]

Un vol. in-8º de xi-308 p. Paris, Alcan, 1939

Études de Métaphysique et de Morale, 1944, I, p. 92-94

Le célèbre cardiologue Ch. Laubry [2] a préfacé ce livre dans lequel son élève et collaboratrice Thérèse Brosse a versé une expérience variée, mais toujours directe et fermement méditée, des maladies fonctionnelles en rapport avec des désordres nerveux et des ruptures d'équilibre physique; en particulier, Th. Brosse est bien connue pour son enquête originale et fructueuse sur les mécanismes psycho-physiologiques qui permettent aux Yoghis hindous la maîtrise volontaire des fonctions de la vie végétative (cf. *Presse Médicale*, 14 octobre 1936, et *Évolution psychiatrique*,

1. L'ouvrage a pour sous-titre « La biologie de l'esprit et ses applications biologiques ».

Jean-Émile Marcault (1878-1968), psychologue de l'« Éducation nouvelle », fut aussi de 1934 à 1945 secrétaire général de la section française de la Société de Théosophie.

Thérèse Brosse (1902-1991), médecin cardiologue, résistante, élève de Charles Laubry avec qui elle avait conduit des recherches sur les arythmies respiratoires réflexes. Elle devait devenir l'une des grandes spécialistes des techniques orientales à incidences psychosomatiques, dont le yoga. Elle avait adhéré à la Société de Théosophie où Jean-Émile Marcault l'incita à s'intéresser aux pratiques spirituelles en Inde. Son adhésion à la pensée de Krishnamurti devait l'amener à abandonner la théosophie.

L'attention de Canguilhem avait pu être attirée sur l'ouvrage de Marcault et Brosse du fait qu'il connaissait déjà les travaux de Laubry et de son élève sur la vie végétative, ayant déjà commenté leurs travaux dans sa thèse de médecine (cf. *NP*, éd. Quadrige, p. 106-109).

L'ouvrage avait aussi attiré l'attention de Bachelard qui, dans *La poétique de l'espace*, renvoie « au livre si positif de Marcault et Thérèse Brosse » (Paris, P.U.F., 1957, p. 170).

2. Charles Laubry (1872-1960), médecin cardiologue et clinicien de réputation internationale, titulaire d'une chaire de cardiologie clinique à l'Hôpital Broussais à Paris à compter de 1936.

1938, n° 1)[1]. Dans cet ouvrage, la collaboration intime d'un médecin et d'un professeur apparaît tout à fait heureuse et féconde. Il est assez rare que des spéculations psychologiques et pédagogiques, prolongeant une information physiologique et médicale, donnent une telle impression de sérieux et de maîtrise philosophiques.

« La responsabilité de la famille et de l'école à l'égard de l'éducation n'a d'égale que celle de la médecine à l'égard de l'école et de la famille et des conceptions sur lesquelles elle consent à ce que l'éducation soit donnée » (p. 205). Cette profession de foi peut sembler annoncer en matière de pédagogie un impérialisme médical. Il n'en est rien, bien que les auteurs tendent délibérément à combattre, en cette même matière, un impérialisme sociologique qu'il serait puéril de nier ou d'ignorer. Ils pensent, en effet, que l'éducation renie son idéal en s'efforçant avant tout d'insérer l'individu dans un milieu social donné, la variation leur paraissant un trait de l'évolution sociale aussi important que l'hérédité. Or, la variation évolutive humaine, c'est la création, et elle est avant tout individuelle (p. 10-11). L'éducation doit aider l'individu à conquérir la maîtrise des fonctions psycho-physiologiques et à atteindre par la culture l'originalité spirituelle. Ce qu'il faut éduquer, c'est le moi conscient de son activité créatrice. De là on vient aux services que l'expérience médicale peut rendre dans cette marche vers l'autonomie de « l'homme total ». En bref, l'ouvrage se présente comme une introduction à la connaissance des moyens psycho-physiologiques de l'autonomie spirituelle.

La première partie concerne les bases physiologiques, la seconde, les bases psychologiques de la culture. L'une et l'autre se présentent comme une excellente mise au point des acquisitions de la physiologie et de la psychologie contemporaines. En particulier, les lois générales de l'intégration évolutive des structures et de la subordination hiérarchique des fonctions biologiques, sont exposées avec beaucoup de clarté et utilisées avec beaucoup d'habileté, les données expérimentales étant toujours éclairées par le résultat de la pratique clinique. On remarque le soin spécial avec lequel les

1. Charles Laubry et Thérèse Brosse, « Documents recueillis aux Indes sur les "Yoguis" par l'enregistrement simultané de la respiration et de l'électrocardiogramme », *La Presse Médicale*, n° 83, 14 octobre 1936, p. 1601-1604; et Thérèse Brosse, « L'Énergie consciente, facteur de régulation psycho-physiologique », *L'Évolution psychiatrique*, 1938, fasc. 1, p. 35-50, suivi d'une discussion, p. 51-56.

auteurs tendent à exposer et à faire prévaloir une physiologie synthétique, selon laquelle aucune fonction supérieure ne saurait être expliquée par une sommation de fonctions inférieures préexistantes. Sur cette physiologie se greffe aisément une psychologie, pour laquelle les niveaux de conscience et de disposition de soi ne sont pas reliés selon une continuité qui prolongerait simplement le passé dans l'avenir. Il y a bien une efficience du futur. « La pyramide se forme parce que son sommet a été dès le début le centre dynamique de la fonction qui a construit la pyramide en attirant vers soi et en intégrant la matière sous-jacente » (p. 193). On pense très souvent, en lisant ces deux premières parties, à la loi d'addition des possibilités psychiques, chère à Édouard Pichon[1] dans son livre sur le *Développement psychique de l'Enfant et de l'Adolescent.* Il nous semble cependant que les auteurs, en utilisant avec une sécurité un peu dogmatique les principes physiologiques de Sherrington[2] et de Lapicque[3], ont couru le danger de lier le sort d'une réforme souhaitable à des notions biologiques peut-être déjà un peu dépassées. En tout cas, aux yeux d'un neurologue ou d'un physiologiste pour qui Goldstein ferait autorité, la psycho-physiologie de nos auteurs ferait encore figure de mécanisme et d'atomisme. Tel est toujours le sort des extrapolations, et tant il est difficile de réunir le point de vue analytique du savant et le point de vue synthétique de la psychologie.

Les grands principes pédagogiques qui se déduisent des examens antérieurs sont exposés en troisième partie. De la loi d'intégration et de subordination dérive une norme d'autonomie. Donc proscription en matière scolaire de l'imitation, de l'imposition des tâches et des délais. Les auteurs

1. Cf. *supra*, p. 175, n. 1.

2. Sir Charles Scott Sherrington (1857-1952), physiologiste du réflexe et plus généralement du système nerveux, dont l'œuvre est souvent commentée par Canguilhem, de ses thèses de 1943 et 1955 jusqu'à son article sur l'histoire de la physiologie dans l'*Encyclopaedia Universalis* au tournant des années 1970 (cf. *OC* V). Sherrington fut lauréat du prix Nobel en 1932. *Cf.* aussi *infra*, p. 985, 986, 989, 997.

3. Louis Lapicque (1866-1952), docteur en médecine (1895) et docteur ès sciences (1897), professeur de physiologie générale à la Faculté des Sciences de Paris de 1919 à 1936. Il fut l'un des neurophysiologistes influents de son époque, notamment pour son modèle du neurone. Son ouvrage le plus connu est sans doute *L'excitabilité en fonction du temps. La chronaxie, sa signification et sa mesure* (Paris, P.U.F., 1926). Canguilhem fait notamment état de ses travaux dans son cours inédit de 1941 à Clermont-Ferrand sur « La finalité » et dans *La Formation du concept de réflexe*.

s'appuient ici sur l'expérience des « écoles nouvelles »[1] au cours des trente dernières années. Bien loin de conclure dans le sens d'un individualisme didactique, qui risquerait de n'aboutir qu'à une autre forme d'inculture, les auteurs insistent sur la nécessité de l'*inspiration*, c'est-à-dire de l'animation d'une conscience par une autre parvenue à un niveau supérieur de maîtrise. « Nul ne peut grandir quant à sa conscience, c'est-à-dire passer d'un niveau quelconque à un niveau plus élevé et en réaliser l'expérience, si ce n'est à l'intérieur de l'expérience d'un autre qui vit, lui, de façon permanente à ce niveau. Nous ne pouvons grandir spirituellement tout seuls » (p. 219). En ce sens, l'éducation est un devoir permanent; il n'y a point dans la vie humaine de moment où elle prenne fin. « Il importe infiniment au progrès social que l'on sache qu'il n'est pas d'âge où cette possibilité de croissance s'achève, si ce n'est celui où nous renonçons à l'aspiration » (p. 220). Par suite, aucune institution sociale n'est digne de limiter et d'arrêter le développement humain, de se présenter pour lui comme une forme définitive. Toute institution peut et doit être dépassée par l'individu. J.-E. Marcault et Th. Brosse consacrent aux modernes méthodes éducatives une revue qui est aussi un renouvellement, étudiant successivement l'éducation à ses diverses phases, sensorielle, active, affective et mentale. Quelques remarques vigoureuses sur l'éducation de l'adulte achèvent ce livre instructif et excitant, dans lequel les auteurs ont su éviter la banalité qui menace un sujet aussi rebattu, un problème qui ne cesse d'appeler des solutions trop souvent aussi légèrement présentées qu'il mérite lui-même d'être gravement abordé.

1. La création des « écoles nouvelles » est associée au nom de Gustave Monod (1885-1968), agrégé de philosophie (1912), professeur après la guerre dans divers lycées de 1919 à 1931, puis Inspecteur général de l'Éducation nationale et, après la Libération, de 1944 à 1951, Directeur de l'enseignement du second degré. Monod avait déjà joué un rôle clé dans le démarrage du grand projet de *L'Encyclopédie française* dans les années 1930, et en 1944 c'est à son initiative que fut créée la Commission pour la réforme de l'enseignement présidée par Paul Langevin d'abord, puis par Henri Wallon, et dont sont issues les « classes nouvelles » de l'enseignement du second degré, caractérisées notamment par les « méthodes actives » (cf. *Les classes nouvelles*, Paris, Imprimerie nationale, 1950; Marc-André Bloch, *La pédagogie des classes nouvelles*, « Nouvelle encyclopédie pédagogique », Paris, P.U.F., 1953; aussi, Tristan Lecoq et Annick Lederlé, *Gustave Monod. Une certaine idée de l'école*, Paris, Centre international d'études pédagogiques, 2009, p. 72-78). C'est Gustave Monod qui devait, après avoir reçu un premier refus, convaincre en 1948 Canguilhem d'accepter de devenir à son tour Inspecteur général. Canguilhem a publié en 1981 une substantielle et admirative notice sur Gustave Monod (cf. *OC* V).

OBSERVATION À L'HÔPITAL PSYCHIATRIQUE DE SAINT-ALBAN (LOZÈRE) (JUILLET 1944, MAQUIS) MME C...

Observation proposée et contrôlée par le Docteur Tosquelles
Séjour à St Alban du 23 juin au 5 juillet 1944 [1]

1. Le titre ci-dessus correspond à l'inscription portée par Canguilhem en tête de ce document, à l'exception du nom de la patiente tel qu'il figure dans le manuscrit. On trouvera au tome VI des *OC* un récit circonstancié des activités de Georges Canguilhem dans la Résistance. On s'en tiendra donc ici aux éléments jugés nécessaires pour la mise en contexte de ses écrits de cette époque. Canguilhem avait rejoint au début de juin 1944 le Mont-Mouchet où à l'appel du Commissaire régional de la République Henry Ingrand s'étaient rassemblés un grand nombre des maquisards d'Auvergne. Canguilhem y servit à titre de médecin. Après une première attaque le 10 juin, les Allemands étaient revenus en force le 20 juin et avaient forcé la dispersion des maquisards survivants et l'évacuation des blessés. C'est dans l'après-midi du 22 juin que le segment du convoi d'évacuation des blessés dont Canguilhem faisait partie tomba dans une embuscade et que furent massacrés les blessés et le docteur Paul Reiss, alors que Canguilhem échappait à la tuerie (cf. *infra*, « Le professeur Reiss », p. 195-199). Canguilhem parvint à rejoindre le lendemain l'hôpital psychiatrique de Saint-Alban-sur-Limagnole où il devait séjourner pendant deux semaines. Cet hôpital, qui allait devenir célèbre comme le haut lieu de la psychothérapie institutionnelle, était dirigé par les deux médecins psychiatres, marxistes et résistants, François Tosquelles (1912-1994), déjà condamné à mort par le régime de Franco, et Lucien Bonnafé (1912-2003), formé à la Faculté de Médecine de Toulouse, associé au mouvement surréaliste et membre du PCF. Ils y avaient accueilli déjà plusieurs clandestins, dont le poète Paul Éluard (1895-1952). Les Allemands ayant mis fin à leur ratissage de la région, Canguilhem quitta Saint-Alban pour aller d'abord retrouver sa famille dans sa maison de la Haute-Loire à Mazalibrand. Au début d'août, il rejoignit le quartier-général clandestin d'Henry Ingrand. À la fin du mois, c'est nanti des pouvoirs de délégué de celui-ci qu'il s'introduisit dans la ville de Vichy encore occupée pour organiser la liquidation de l'administration du régime.

Transcription par le Docteur François Bing [1]

[I]

Mme C… 1 juillet 1944

On présente à Mme C. les tableaux de Rorschach. Comme c'est le problème général de la ressemblance qui se pose très explicitement à elle, il a paru intéressant de relever les commentaires faits à côté des tentatives expresses – du reste peu systématiques – d'identification par ressemblance.

« Comment expliquez-vous que vous soyez à créer quelque chose avec rien ? Si mon corps n'est pas mon corps ? Si mon corps m'appartient ?

Celui qui fait des caricatures dans les casinos va très vite. Moi, je ne sais pas faire mon portrait. Mon corps est mon corps, ce n'est pas le corps du créateur. Quoique faite par un créateur est-ce que je m'appartiens ? Cette table faite par un homme elle ne s'appartient pas. Comment a-t-on fait tous ces magasins, tout ?

Pourquoi un pied s'appelle-t-il un pied ? Pourquoi corps s'appelle-t-il corps ? Il y a bien aussi le cor au pied. Expliquez-moi. Je ne demande pas mieux que d'être très claire.

C'est comme la France. Y a-t-il 86 départements en France ?

Ça c'est du rouge [il s'agit d'une tache du Rorschach] [2]. Pourquoi le rouge s'appelle-t-il rouge ? C'est une couleur.

Je ne savais pas écrire, pas tenir une aiguille. On m'a appris à l'école. Mais pas avec cette main [elle montre la main gauche]. Je me demande pourquoi j'ai un corps en deux. Cette moitié [il s'agit de la main droite] est-elle à moi ou bien est-elle le corps du créateur ?

Ça ressemble à du sang [retour à la tache du Rorschach]. Sang ? C'est du rouge. Sang Sens. Il y a les sens, l'odorat.

1. Georges Canguilhem, à la suite de l'entretien du 21 juin 1995 avec François Bing et Jean-François Braunstein, avait donné le carnet contenant ce texte manuscrit au docteur Bing. (Le compte rendu de cet entretien, l'un des rares consentis par Canguilhem pour publication, est donné aux pages 121-135 dans Jean-François Braunstein, François Bing et Élisabeth Roudinesco (dir.), *Actualité de Georges Canguilhem. Le normal et le pathologique*. Le Plessis-Robinson, Institut Synthélabo, 1998. C'est au docteur Bing que nous devons l'autorisation de donner ici sa transcription de cet écrit de Canguilhem ; nous l'en remercions bien vivement.

2. Dans ce texte l'usage des crochets est de Canguilhem.

[D'une façon générale, devant les tableaux, Mme C. procède par distinctions, éliminations, négations : ce n'est pas une jambe; ça ne ressemble pas à un aéroplane].

« Ce corps est composé de membres. Pourquoi ça s'appelle membres ? Pourquoi ça s'appelle nez, bouche, oreille ?

Quelles sont les responsabilités de ceux qui m'ont à charge toute la journée ?

Un corps c'est un être. Un hêtre c'est un arbre. Le verbe Être. Je suis le verbe avoir.

Le corps est-il fait de plâtre ou de ciment ? Ce n'est pas fait de relations intimes. Vous avez dit que j'avais des gosses. Comment ? La science devrait faire que faire des enfants soit un plaisir ou une indifférence. Le ventre grossit, on ne peut plus avancer. C'est atroce les accouchements.

Et tout partout ! C'est grand ce tout ! Qu'est-ce que ça veut dire Tout ?

Comme une statue ! Elle ne vit pas une statue. Je suis comme une statue. On me fait vivre tout le temps, on me surveille. Est-ce que vous entendez l'appareil ? Ou bien alors j'ai une valeur. Quelquefois j'ai une béatitude, même dans la foule, bien que je me fasse de la bile pour la minute d'après, car je n'ai rien. Voyez mes yeux, ça souffre.

Vous ne pouvez pas me donner mon vrai portrait, mes vrais traits ? Mais il ne faut pas m'induire en erreur.

Quelle responsabilité est engagée pour quelqu'un qui voit toujours une personne se plaindre ou souffrir. Et cette personne ne se rend pas compte. Comment avec rien allez-vous créer ce bois, ce papier. Ce n'est pas moi.

Vous avez des faux, des faux rois, des faux Christs, des faux prophètes. Vous me disiez que je suis ceci plutôt que cela. Je ne croirais ni ci ni ça. Même si vous me donniez mon portrait je ne pourrais pas vous croire.

[II]

Cette carte est pliée [allusion à la façon dont on a obtenu les taches du Rorschach]. Quant à plier, je plierai tout de suite dans mon intérêt. Dans le présent, à cause du néant, mais dans l'avenir je veux que tout le monde soit libre.

Je ne veux plus que le responsable [de moi] soit responsable. Je veux pouvoir me suffire.

Qu'est-ce que vous appelez une vision ? Il y a des choses qui sont visionnaires sur la terre. Comme le cinéma. On dirait que c'est réel, que c'est vivant.

Et qu'est-ce que vous appelez une tache ? C'est quelque chose qui donne une couleur à une autre.

Quelle est la nature naturelle des choses ? Je ne sais pas ce que c'est l'histoire naturelle.

Pourquoi que vous ne me donnez pas mon portrait ? Je ne peux pas imaginer comment que j'existe. Et les traits ? Ils sont immuables. Depuis 45 ans, ils sont toujours les mêmes.

— D. Vous n'avez rien à me dire au sujet du temps ?

— R. Le Temps ? Il y a un journal. Et le chaud et le froid, et puis il y a tant. Qu'est-ce que cela veut dire ? Et puis il y a la grammaire. Être et Avoir, les temps. Avoir. C'est la vue. J'ai. Jais, perle noire. Être qu'est-ce que c'est, c'est ce corps. Êtres qu'est-ce que ça voudra dire ? Qu'on existe, qu'on est fait. Quand je suis moi-même, cela ne veut pas dire que je suis la personne que je suis. Je suis vous. Qu'est-ce que Je, Tu, Il, Nous ?

Je ne sais pas me faire un nom. On me dit qu'on m'insulte, qu'on me veut nulle part.

Le coupable ne sera pas coupable toute sa vie. On n'a pas besoin d'aimer quelqu'un pour ne pas faire du mal aux gens.

— D. Avez-vous souvenir de vos parents ?

— R. Amélie et Théodore [ce sont ses parents] n'étaient ni l'un ni l'autre. L'Amélie ce n'est pas le lit. Il paraît que ce n'est pas ceux-là. Je ne sais pas que je suis la Geneviève. Je ne sais pas que je suis elle, moi, née de Théodore N. et d'Amélie NN[1]. Née, nez. Pourquoi il y a un Z à nez ?

Ils ont dit des horreurs. Pour ne pas être un traître. C'est Paul Bourget. Cette édition à 7 francs. « On ne meurt pas. » Et il y a des grands cimetières pleins de morts, tout ce fourbi. On ne meurt pas ! Et pourquoi qu'on meurt. Et mourir cela veut dire qu'il faut rire au lieu de pleurer. Le Credo du paysan. Qu'est-ce que ça veut dire ? Ça veut dire qu'on crée de l'eau.

— D. Vous voulez nous parler de vos rêves ? Rêvez-vous ?

— R. Le rêve n'est pas la réalité. Qu'est-ce que c'est ? C'est comme le cinéma, je ne sais pas ce que c'est.

1. Les noms ont été omis ici pour des raisons de confidentialité.

Je me touche. Hé bien c'est nul ! Pourquoi fait-on tant de scènes pour manger. Les choses que je mange c'est nul. Ce n'est ni salé, ni sucré, ni fade. Parfois il y a bien un petit commencement de sentir, mais pas assez.

*

Besoin permanent d'authenticité, de responsabilité, de transparence de soi à soi.

Inauthenticité. Préoccupation du vrai portrait, des vrais traits. Problème du miroir, de la photographie (« Il ne faut pas m'induire en erreur »). À la rigueur il est évident que pour se reconnaître dans une image il faudrait avoir de soi une vue autrement que par image. Nous n'avons de notre visage jamais la représentation comme d'un original. « Quelle est la nature naturelle des choses ? » Sentiment très pascalien (variation sur nature première habitude etc.). Chez Pascal voir le mépris pour les images : « quelle vanité que la peinture qui attire l'admiration par la ressemblance de choses dont on n'admire pas les originaux. » Sentiment que l'originalité gît dans la relation de la créature au créateur et qu'il n'y a eu qu'une création. Nous sommes créés, non créateurs. Mme C. a le sentiment très net que la responsabilité est un choix de soi, une création de soi, mais son sentiment est nostalgique parce qu'il n'y a plus d'authenticité possible, parce que la création ne continue pas.

Irresponsabilité. « Je suis une statue qu'on surveille, qu'on fait vivre. Je suis comme une table qui est faite et qui ne s'appartient pas. » Statue et Table produits de l'art et de la technique. Objets artificiels. Mêmes exemples que ceux donnés par Aristote quand il veut montrer que l'art est principe de mouvement extérieur à la chose; cause formelle et cause finale et cause efficiente sont extérieures à la matière. Être, selon Mme C. c'est être fait. Être c'est défendu. *Cf.* le jeu de mots sur « plier », « Je plie dans le présent à cause du néant, mais dans l'avenir je veux que tout le monde soit libre. »

Opacité de soi à soi. Mme C. interroge toujours sur elle-même, sur le problème qui l'intéresse. « Je veux être très claire. » C'est qu'en effet on ne peut être clair pour soi que si on est source de soi. Dès que je prends une suite je ne sais plus ce que je prends. Clarté cartésienne implique refus de la tradition.

En somme, le problème de Mme C. c'est celui de l'existence de Dieu. Au dix-septième siècle, problème de la causalité de Dieu par rapport à lui-même. Doit-on dire que Dieu est a se, per se, ou causa sui (Spinoza, causa sui) ? Problème de la suffisance de soi à soi. « Je veux pouvoir me suffire » dit Mme C. Et elle ajoute « ou je suis une statue qu'on surveille (i.e. dont tout l'être est dépendance) ou bien alors j'ai une valeur » mot remarquable. L'être se suffisant à soi, c'est la valeur.

Au XVIIe s. on disait la perfection. Argument ontologique. Existence de l'être parfait du fait seul qu'il est parfait.

On comprend alors pourquoi les termes de négation, néant, nullité, etc. reviennent constamment dans le soliloque de Mme C.

Mme C. n'est pas, puisque être c'est refaire et qu'elle est faite.

Tout se comprend dans les préoccupations dominantes de Mme C. et des thèmes directeurs de sa conversation.

I°. Les deux moitiés du corps ne sont pas symétriques, ne sont pas équivalentes. Il y a celle qui a appris à faire quelque chose et celle qui ne sait rien faire. Sentiment très juste que la reprise de l'organisme de la conscience intentionnelle et volontaire est incomplète. Moitié active et moitié passive se distinguent comme corps de la créature et corps du créateur.

II°. Tout ce qui est seulement ressemblant est du fait même faux-semblant. Cinéma, vision, rêve, participent au non être comme les faux rois et les faux prophètes.

III°. À la question de l'image se rattache la question des signes linguistiques. Quel rapport entre le signe (mot) et la chose signifiée? Pourquoi membre s'appelle membre ?

Mme C. est très sensible à la conventionnalité du rapport sémantique. Tout signe est artificiel. Cela explique les jeux sur les mots, les coq-à-l'âne à base d'homonymie : corps et cor au pied, être et hêtre, sang et sens, temps et tant, j'ai et jais, née et nez.

Le mot n'est rien de la chose.

IV°. Le monde est pour Mme C. totalement dis-qualifié. Plus de qualités sensibles. « Ce que je mange c'est nul ». Les choses (et elle-même compris) étant sans authenticité sont sans propriétés. La propriété d'une chose (amertume du sel, douceur du sucre) résulte d'une authenticité par inhérence. On sait assez que toute qualité sensible traduit une relation des objets entre eux et des objets au sujet (*cf.* le morceau de sucre dans la *Phénoménologie* de Hegel)[1] mais cela qui est une vérité de réflexion est méconnu par la conscience spontanée.

Pour la conscience spontanée les choses sont des êtres magiques qui produisent leurs propriétés (le fer est dur, le soufre est jaune) alors qu'en réalité cela dépend de « toutes choses égales d'ailleurs ». Pour la conscience spontanée les choses ont la responsabilité de leurs propriétés comme l'homme l'a de ses vertus (du reste une propriété est une vertu (vertu des plantes)). Chez Mme C., le sentiment d'irresponsabilité intégrale du cosmos va de pair avec son incapacité de qualification des choses.

En résumé : remarquable expérience vécue de néantisation.

1. Aux pages 95-96 dans la traduction de Jean Hyppolite, dont le premier volume était paru en 1939 (Paris, Aubier; cote CAN 1027). Canguilhem pourrait aussi avoir eu en tête la 3e addition au § 42 de la *Logique* (p. 297-298) ouvrage qu'il avait lu déjà à l'École normale dans la traduction de Véra et dont il possédait un exemplaire (2e édition, Paris, Germer Baillière, 1874; cote CAN 1023).

LA RÉSISTANCE ET LES ÉLECTIONS [1]

Liberté. Organe du Mouvement de Libération Nationale (Mouvement Unis de la Résistance), n° 46, 2 novembre 1944, p. 1 [2]

1. Canguilhem avait joué un rôle significatif au sein du mouvement Libération-Sud, puis, à la suite de la fusion des mouvements de la zone sud (Combat, Libération, et Franc-Tireur – à ne pas confondre avec les FTP d'obédience communiste), au sein des Mouvements Unis de la Résistance (M.U.R.) dans la région de l'Auvergne. Celle-ci comprenait alors les départements de l'Allier, du Puy-de-Dôme, du Cantal et de la Haute-Loire. Canguilhem siégeait au directoire régional des M.U.R. depuis février 1944. En mai 1944, il devint le responsable de l'état-major politique d'Henry Ingrand (qui disposait aussi d'un état-major militaire). Ingrand était alors chef régional des M.U.R. et déjà secrètement désigné Commissaire régional de la République depuis le début de l'année. Canguilhem continuera après la Libération d'occuper des fonctions de direction au cabinet d'Ingrand, installé à la préfecture de Clermont-Ferrand.

Après la saisie des journaux qui avaient continué de paraître sous Vichy, en Auvergne comme ailleurs en France, l'autorisation de paraître avait été accordée exclusivement à de nouveaux journaux dirigés par de nouvelles équipes, issues de la Résistance, avec, chose essentielle, des attributions spécifiques de papier, matière alors très rare et strictement contingentée. Avait ainsi été créé *Liberté*, au conseil d'administration duquel Canguilhem devait siéger jusqu'à la fin de 1949. Ce nouveau quotidien s'était vu attribuer des installations du *Moniteur*, le journal qui avait été la propriété de Pierre Laval (1883-1945).

Canguilhem y fit paraître en 1944-1945 quelques articles et des éditoriaux non signés, comme c'était l'usage à *Liberté*. L'attribution à Canguilhem des textes non signés repris ici repose sur la présence de tapuscrits et d'indications autobiographiques dans divers documents conservés dans le Fonds Canguilhem au CAPHÉS.

2. Texte non signé. Un tapuscrit de 2 feuillets dont le texte est identique à celui paru dans le journal (sauf pour une majuscule et quelques ponctuations), se trouve dans le Fonds Canguilhem au CAPHÉS.

Le Congrès des Cadres du M.L.N[1] qui s'est tenu la semaine dernière à Paris avait à se prononcer sur les propositions du Front National[2] relatives à la constitution des listes électorales en vue de la prochaine consultation municipale et cantonale[3].

On sait que le Front National propose la constitution de listes uniques pour tous les mouvements et partis représentés au Conseil National de la Résistance[4]. Ces listes uniques seraient établies au sein de larges assemblées patriotiques convoquées dans tous les quartiers, dans toutes les villes, dans tous les villages du pays, assemblées dans lesquelles serait exposé le programme du C.N.R. et les conditions de son adaptation aux besoins municipaux et cantonaux.

Par 95 voix contre 58, le Congrès s'est prononcé pour une motion favorable à la liberté d'action au premier tour de scrutin, et envisageant, pour le second tour, la constitution d'une liste unique des organisations de

1. Le Mouvement de Libération Nationale, constitué à la fin de 1943, regroupait les M.U.R. et d'autres groupes plus restreints (comme France au Combat, Résistance, ou Lorraine). Plusieurs de ses leaders, comme les chefs de Libération-Sud, Emmanuel d'Astier de la Vigerie et Pascal Copeau, ou Kriegel Valrimont, allaient bientôt tous se révéler communistes ou très proches compagnons de route et favoriser une fusion avec le Front National, organisation contrôlée par les instances du Parti communiste Français.

Canguilhem, pourtant issu de Libération-Sud, dont c'est ici le premier éditorial dans le quotidien *Liberté*, partageait au contraire très nettement les vues de Henry Ingrand, favorable à une action commune, mais opposé à une totale prise de contrôle par le PCF, inévitable dans l'éventualité d'une telle fusion. Cette fusion échoua, ses partisans s'avérant minoritaires au congrès du M.L.N. tenu à Paris à la fin de janvier 1945. Le M.L.N. devait éclater en juin 1945.

2. Le Front National, de large composition (François Mauriac (1885-1970) et Jacques Debu-Bridel (1902-1993), par exemple, y avaient adhéré), constitué à compter de mai 1941 à l'instigation du Parti communiste, avait pour aile paramilitaire les Francs-Tireurs et Partisans français. Le Front National avait en septembre 1944 lancé le projet des « États généraux de la Renaissance française ». Selon l'expression de Daniel Virieux, le Front National « entre en déshérence » à partir de 1949 (« Front National », dans François Marcot (dir.), *Dictionnaire historique de la Résistance*, Paris, Robert Laffont/Bouquins, 2006, p. 122-124).

3. Les deux tours des élections municipales, les premières après la Libération, devaient se tenir les 29 avril et 13 mai 1945.

4. Le Conseil national de la Résistance avait été créé sous l'impulsion de Jean Moulin (1899-1943) pour favoriser l'unification de la Résistance en France, assurer son ralliement au général de Gaulle et, par l'inclusion de représentants de syndicats et de partis, rassurer les alliés, le gouvernement américain surtout, sur le caractère démocratique de la mouvance gaulliste. Il tint sa première réunion le 27 mai 1943, à Paris, au 48 rue du Four. Le « programme » du CNR avait été signé à l'unanimité par ses membres en mars 1944.

résistance d'après la proportion des forces révélée par les résultats du premier tour.

Quelle est la raison d'une telle attitude ?

Il faut la chercher uniquement dans le souci exprimé par la plupart des délégués du M.L.N. de ne pas altérer le sens et la portée du suffrage universel au moment même où son rétablissement traduit le vœu profond de la nation.

En matière de suffrage universel, deux principes, chèrement acquis en France au cours du XIXe siècle, doivent être maintenus : la liberté du choix et le secret du vote.

Sans doute, on objectera que l'établissement de listes uniques, par acclamations ou votes à mains levées au sein d'assemblées patriotiques, ne constituerait qu'une opération préliminaire, et que ce premier acte n'empêcherait pas la présentation d'autres listes se proposant au choix des électeurs en concurrence avec la liste unique de la Résistance.

Cela est théoriquement juste et pratiquement dangereux [1].

En fait, il est inévitable que la constitution d'une liste unique de la Résistance jette le discrédit sur toute autre liste différente possible. Du discrédit à la condamnation, il n'y a pas loin. La conséquence pourrait être – il faut avoir l'honnêteté d'en convenir – que certains éléments de la Résistance, animés des meilleures intentions mais faisant preuve d'un zèle intempestif, en prennent à leur aise avec la liberté du vote. C'est ce dont personne ne peut vouloir.

Le Gouvernement Provisoire de la République Française [2] a voulu le retour à la légalité républicaine à des fins conjuguées de consolidation intérieure et de prestige international. Si l'on approuve ces intentions, il ne faut pas en compromettre la réalisation effective. Il importe grandement de ne pas glisser vers la liste officielle sous couleur de liste unique.

Les Français ont derrière eux une assez riche expérience politique pour comprendre qu'on ne doit pas apporter en une seule fois trop de variations dans le jeu d'une institution solidement codifiée. Déjà le vote des femmes [3]

1. Contrairement à beaucoup de ses collègues, Georges Canguilhem n'a jamais vacillé sur ce point. Comme on l'a plus d'une fois entendu dire : « la démocratie exige et commence avec le bulletin de vote dans le secret de l'isoloir ».

2. Le Gouvernement provisoire de la République française, succédant au Comité français de la Libération nationale, avait été créé à Alger le 3 juin 1944, sous la présidence du général de Gaulle.

3. Cf. *infra*, p. 201-203.

vient modifier les données du problème électoral. Pour qu'on puisse tirer utilement la leçon de cette importante expérience il convient de ne pas la compliquer d'une autre.

Les Organisations de Résistance ont misé dans la clandestinité sur le retour à la légalité républicaine. Elles ne peuvent pas aujourd'hui modifier cette légalité par leur seule volonté. Ce n'est pas à dire que la légalité traditionnelle soit intangible. Mais bousculer est une chose et corriger une autre.

LE PROFESSEUR PAUL REISS [1]

Le Médecin français[2], vol. 4, nº 28, 10 novembre 1944, p. 8

Au petit cimetière de Saint-Just, du canton de Ruines (Cantal), dans neuf tombes fraîchement creusées reposent, côte à côte, neuf de nos camarades morts pour la Libération, dans l'après-midi du jeudi 22 juin. La tombe numéro huit est celle du « Docteur Raymond », Paul Reiss, professeur agrégé de physique médicale à la faculté de Strasbourg[3].

1. Ce texte, que Canguilhem avait communiqué à Madame Paul Reiss, aurait été publié dans *Le Médecin français* à la suite d'une indiscrétion, sans que celle-ci ou son auteur en ait pris l'initiative. Il fut intégralement repris l'année suivante dans la thèse de médecine du docteur Pierre Canlorbe, *Le Service de santé de la Résistance*, Paris, Faculté de Médecine de Paris/Amédée Le Grand et Jean Bertrand, 1945, p. 161-162. Dans les deux publications Canguilhem est orthographié « Ganguilhem ».

2. *Le Médecin français*, une publication du Front National, parut clandestinement de mars 1941 à août 1944, et ensuite jusqu'en janvier 1952. Il avait été fondé par le docteur Jean-Claude Bauer (1910-1942) bientôt assisté par le docteur Maurice Tenine (1907-1941). Le docteur Raymond Leibovici (1901-1982) prit la relève après l'exécution de ces derniers par les Allemands. Après la Libération, nommé Lieutenant colonel des Forces françaises de l'intérieur, il assura le Service de Santé de la colonne Fabien jusqu'en Allemagne. *Cf.* Dominique Beurier, *Contribution à l'étude de la presse médicale clandestine française pendant la Seconde Guerre mondiale*. Le Médecin français *et* Le combat Médical *de 1941 à 1944*. Thèse pour le doctorat en médecine, Université Pierre et Marie Curie (Paris 6), Faculté de Médecine Pitié-Salpêtrière, 1994. Sur les médecins en Résistance et sur le rôle controversé du docteur Leibovici (Lecœur dans la Résistance), voir aussi Anne Simonin, « Le Comité Médical de la Résistance : un succès différé », dans Antoine Prost (dir.), *La Résistance, une histoire sociale*, Paris, Éditions de l'Atelier, 1997, p. 159-172. On consultera aussi utilement Didier Descatoire, *Contribution à l'étude de la presse médicale clandestine sous l'Occupation*, Le Combat Médical, Thèse pour le doctorat en médecine, Université René Descartes, Faculté de Médecine Cochin Port-Royal, 1995.

3. Paul Reiss (1901-1944) avait fait toutes ses études à Strasbourg et il était un élève de Fred Vlès (voir *infra*, p. 199, suite de la note 2 de la page précédente). Il avait soutenu en 1926 une thèse de médecine sur *Le pH intérieur cellulaire*. Agrégé de physique biologique à la Faculté, il

Depuis trois ans, Paul Reiss luttait secrètement contre l'oppression dans les rangs du groupe clermontois de « Franc-Tireur [1] ». Beaucoup de ceux qui l'ont connu n'apprendront pas sans surprise que ce savant discret était l'un des informateurs les plus actifs du service de renseignements des M.U.R.

Reiss rejoignait le réduit du Mont-Mouchet [2] et prenait la direction de l'infirmerie centrale rattachée à l'état-major F.F.I. Tous les combattants du Mont-Mouchet et de Chaudesaigues qui ont eu affaire à l'infirmerie garderont le souvenir du docteur Raymond, de son blouson de cuir aux poches bourrées de sulfamides, de son dévouement méticuleux, de ses remontrances fraternelles, de sa simple modestie. Lorsque Rouvres – sous qui perçait déjà (ou plutôt à nouveau) Henry Ingrand [3] – ou bien l'admirable docteur Mallet [4] de Saint-Flour, fusillé par les Allemands le 21 juin, étaient requis pour quelque intervention chirurgicale, Reiss était l'anesthésiste attitré.

Lors des deux décrochages du Mont-Mouchet le 10 juin, et de Chaudesaigues le 20 juin, Reiss conserva toute sa tranquillité, sa lucidité. Jamais il ne laissa paraître le moindre désarroi. Son ironie même ne l'abandonna pas. « Mes collègues, disait-il en riant, pensent peut-être que j'ai disparu pour me mettre à l'abri. » Lorsque, le 20 au soir, l'infirmerie reçut l'ordre d'évacuer les blessés en direction d'Albaret-le-Comtal, Reiss fut au premier rang de ceux qui, dans cette nuit tragique, se dépensèrent sans

conduisait une productive carrière de chercheur à la Faculté de Médecine depuis 1930 (il avait au moment de sa mort déjà signé plus d'une centaine de publications scientifiques). Médecin capitaine, cité à l'ordre de l'armée pour des actions courageuses en 1940, il avait rejoint son université repliée à Clermont-Ferrand après sa démobilisation. Résistant actif depuis 1941, c'est de sa propre initiative qu'il avait rejoint le Mont-Mouchet où l'on réclamait des médecins. Il est inhumé dans la crypte de la Sorbonne.

1. Le mouvement Franc-Tireur, qui publia un journal clandestin du même nom à compter de l'automne 1941, est né à Lyon, surtout grâce à l'initiative de Jean-Pierre Lévy (1911-1996) qui en étendrait l'action à toute la zone sud. (*Cf.* Jean-Pierre Lévy, *Mémoires d'un franc-tireur. Itinéraire d'un résistant. (1940-1944)*, édition établie et annotée par Dominique Veillon, Bruxelles, Éditions Complexe/IHTP CNRS, 2000.

2. Il sera traité de manière détaillée au tome VI de ces *OC* des combats livrés en juin 1944 dans la région du Mont-Mouchet, dans la Margeride, et du rôle qu'y joua Canguilhem.

3. Rouvres était l'un des nombreux alias dont avait usé Henry Ingrand dans la clandestinité. Ingrand aussi était médecin.

4. Le docteur Louis Mallet (1889-1944), diplômé de la Faculté de Médecine de Montpellier (1919) était le chef de la Résistance à Saint-Flour dans le Cantal. Il y fut fusillé par les Allemands avec son fils aîné. Le plus jeune de ses fils, Pierre, était mort quelques jours plus tôt, à 16 ans, l'un des 25 fusillés du massacre de Soubizergues.

compter. Le mercredi 21, quoique exténué, Reiss eut le courage de faire ce qu'il n'avait jamais fait : une amputation. Mallet n'était plus là[1]. On avait retrouvé un blessé avec le bras fracassé, que ses camarades avaient porté en brancard pendant vingt-quatre heures. Aucun retard n'était possible. Reiss, après beaucoup d'hésitations, opéra et s'en tira bien.

Le 22 juin, la situation imposa une nouvelle évacuation des blessés vers Saint-Just, prolongée en cours de route vers Albaret-Sainte-Marie. Il faut dire que depuis la nuit du 20 juin, ayant dû abandonner ses véhicules[2] dans les gorges du Bès, le service de santé était réduit à faire transporter ses blessés par des paysans dévoués au moyen de chars à bœufs. Une première partie du convoi réussit à franchir, près du village d'Estremihac, la route nationale numéro 9 contrôlée par les Allemands entre Saint-Flour et Saint-Chély-d'Apcher. La deuxième partie du convoi qu'accompagnaient Reiss et Lafont[3] tomba dans une embuscade au moment de parvenir à la route.

Reiss est mort face à l'ennemi. Depuis le matin, il savait que la journée serait décisive pour lui comme pour ses compagnons. Depuis quelques heures, il sentait, comme tous, que la route numéro 9 franchie, la sécurité commençait. Reiss est mort aux portes de la liberté, comme est mort aux portes de la résurrection le jeune blessé sauvé par l'amputation de la veille et que les Allemands achevèrent, ainsi que six autres, d'une balle dans la nuque à même les charrettes qui les transportaient[4].

Telles furent, au maquis, la vie et la mort du docteur Raymond, un des « terroristes » ! Israélite, Reiss avait été suspendu de ses fonctions en vertu des lois raciales[5] du gouvernement de Vichy. Mais ses mérites de savant et de chercheur l'avaient, par la suite, fait relever de l'interdiction

1. Mais Canguilhem, lui, y était, et il assista le docteur Reiss, bien que sans expérience aucune en chirurgie.

2. Deux autocars qui avaient été transformés en infirmeries mobiles.

3. Lafont était le pseudonyme de Canguilhem dans la clandestinité.

4. Canguilhem seul échappa au massacre avec le conducteur de son char. Tous deux, sans armes, avaient eu la présence d'esprit de se coucher, jusqu'au départ des Allemands, le long de la rive couverte d'aulnes d'un petit ruisseeau.

5. Un premier Statut des juifs, leur interdisant l'accès aux fonctions publiques et à certaines professions et en assujettissant d'autres à un *numerus clausus*, avait été promulgué par Vichy dès le 3 octobre 1940; une seconde loi suivit le 2 juin de l'année suivante, étendant les interdictions et précisant à quelles conditions celles-ci pouvaient dans certains cas être levées.

d'enseigner[1]. On comprendra par là combien sa perte pour la science est lourde. Alsacien, Reiss, avec le professeur Collomp, assassiné par la Gestapo, avec les professeurs Cavaillès, Sadron, Yvon, Kirrmann, Terroine, Lassus, Vlès, Gery[2] et tous leurs collègues déportés, arrêtés ou pourchassés,

1. Par un décret du 5 janvier 1941, grâce à une citation à l'ordre du jour de l'armée en juin 1940 (*cf.* Claude Singer, *Vichy, l'université et les juifs*, Les Belles Lettres/Pluriel, p. 148 et p. 318.

2. Paul Collomp (1885-1943) ancien élève de l'École normale supérieure (1906), sergent puis officier durant la guerre, maître de conférences à la Faculté des Lettres de Strasbourg en 1919, soutint ses thèses de doctorat à Paris en 1926 et fut titularisé comme professeur de papyrologie et langue grecques à la Faculté de Strasbourg. Capitaine d'État-major en 1939-1940, il rejoignit l'Université de Strasbourg repliée à Clermont-Ferrand après sa démobilisation. Lors de la rafle du 25 novembre 1943, faute d'obéir assez docilement au gré d'un agent de la Gestapo, il est abattu.

Sur Jean Cavaillés, cf. *infra*, p. 219-226; 251-272 et 903-907.

Charles Sadron (1902-1993), agrégé de physique (1926), professeur à la Faculté des Sciences de Strasbourg, physicien spécialisé dans les macromolécules biologiques, fut emprisonné à la suite de la grande rafle du 25 novembre 1943 à Clermont-Ferrand, déporté à Buchenwald, puis à Dora; il fut libéré en mai 1945. Canguilhem ignorait donc encore le sort de Sadron au moment où il écrivait cette notice sur Paul Reiss, comme celui de ses autres collègues déportés. Sadron a laissé un fort témoignage sur ses quatorze mois passés dans l'usine souterraine de Dora (« À l'usine de Dora », dans l'ouvrage collectif, *De l'Université aux Camps de Concentration. Témoignages strasbourgeois*, Publications de la Faculté des Lettres de Strasbourg, Hors série, Paris, Société d'éditions "Les Belles Lettres", [1947], 2e édition, 1954, p. 177-231). Sadron, professeur de physique générale à Strasbourg à compter de 1945, dirigea de 1947 à 1967 un centre de recherche sur les macromolécules et de 1961 à 1975 il fut aussi titulaire d'une chaire de biophysique au Muséum National d'Histoire Naturelle à Paris.

Jacques Yvon (1903-1979), élève à l'École normale supérieure (1922), agrégé de physique, après une décennie comme professeur de lycée fut nommé maître de conférences à la Faculté des Sciences de Strasbourg en 1938. Il fut déporté après son arrestation lors de la rafle de novembre 1943. Il entra au Commissariat à l'énergie atomique en 1949 et devint l'une des grandes figures de la physique de l'énergie nucléaire en France. Professeur de physique théorique à la Faculté des Sciences de Paris, il fut Haut-Commissaire à l'énergie atomique de 1970 à 1975.

Albert Kirrmann (1900-1974), élève de l'École normale supérieure (1919), enseigna d'abord à Bordeaux puis devint professeur de chimie organique à la Faculté des Sciences de Strasbourg. Arrêté lors de la grande rafle, emprisonné à Clermont-Ferrand jusqu'en janvier 1944, il fut ensuite envoyé au camp de Compiègne et arriva à Buchenwald en janvier 1944. Il y fut libéré par l'armée américaine le 19 avril 1945. Son témoignage est publié dans *De l'Université aux Camps de Concentration*, *op. cit.*, p. 67-76. Il reprit son poste à la Faculté de Strasbourg dont il fut le doyen jusqu'à son départ pour Paris en 1954; il termina sa carrière comme Directeur associé de l'École normale supérieure.

Sur Émile Terroine, cf. *infra*, p. 213-214.

Jean Lassus (1903-1990), ancien élève de l'École normale supérieure (1923), agrégé des Lettres, docteur ès lettres (1944), professeur d'histoire et de civilisation byzantines à la Faculté

est l'un des témoins du tribut bien lourd que l'université de Strasbourg a payé à la cause de la France, dans l'Auvergne où elle fut repliée [1].

La mort au maquis du docteur Raymond, mort consentie, qui couche cet Alsacien dans la terre du Cantal, et ce savant parmi les laboureurs, est pour tous ceux qui lui survivent une leçon de foi patriotique, d'unité sociale, de courage humain.

Georges GANGUILHEM

des Lettres de Strasbourg ; avec l'appui du général de Lattre de Tassigny, il avait organisé sur le plateau de Gergovie un site de fouilles archéologiques qui fut aussi un foyer de résistance pour les étudiants alsaciens et lorrains repliés en Auvergne. Arrêté à Chamalières dans le Puy-de-Dôme le 5 juin 1944, il est d'abord incarcéré à Clermont-Ferrand puis à Compiègne, envoyé à Dachau en juillet 1944 et enfin à Dora en janvier 1945, camp qu'il quittera dans un convoi d'évacuation en avril. Il est libéré par l'avance russe le mois suivant et rapatrié en France le 22 mai 1945. Son récit « Au Camp de Dachau » est aussi publié dans *De l'Université aux Camps de Concentration*, *op. cit.*, p. 137-155. Il prit après la guerre la direction de l'Université franco-vietnamienne à Hanoï puis à Saïgon. Professeur, puis doyen de la Faculté des Lettres d'Alger, il termina sa carrière à la Sorbonne (1964-1969).

Fred Vlès (1885-1944), professeur de physique biologique à la Faculté de Médecine de Strasbourg, avait échappé à une rafle à l'Hôtel-Dieu de Clermont-Ferrand perpétrée à la suite d'une dénonciation commise par le directeur de cet hôpital (lequel sera exécuté en octobre 1944) et au cours de laquelle avait été arrêté son collègue Gery (*infra*). Mais Vlès se présenta de lui-même aux autorités allemandes deux jours plus tard pour éviter à d'autres des représailles, et fut incarcéré à la prison militaire de Clermont-Ferrand d'où il fut trois mois plus tard expédié au Camp de Compiègne. Il mourut durant son transfert vers Dachau, en même temps que plusieurs dizaines d'autres prisonniers du même wagon, en juillet 1944.

Louis-Auguste Gery (1883-1957), professeur d'anatomie pathologique à la Faculté de Médecine de Strasbourg, fut arrêté par la Gestapo le 8 mars 1944, lui aussi à la suite d'une dénonciation par le directeur de l'Hôtel-Dieu où il avait son laboratoire. Il avait d'abord été détenu à la prison militaire de Clermont-Ferrand, puis transféré au camp de Compiègne-Royallieu le 16 juin. Il fut libéré le 23 août 1944 par les Allemands qui se repliaient. Gery a laissé un témoignage sur « Les arrestations de mars 1944 » et sur l'internement au camp de Compiègne-Royallieu (*De l'Université aux Camps de Concentration*, *op. cit.*, p. 17-19 et p. 39-56 respectivement.

1. À la suite de la déclaration de guerre et de la mobilisation générale le 1er septembre 1939, la population civile de Strasbourg avait été évacuée et l'Université de Strasbourg avait été repliée à Clermont-Ferrand (23 septembre), à l'exception d'une section de la Faculté des Sciences (forage et géologie) qui avait été repliée à Toulouse, et des services cliniques de la Faculté de Médecine qui avaient suivi l'Hôpital civil de Strasbourg à Clairvivre en Dordogne (*cf.* Léon Strauss, « Chronique de la Faculté des Sciences de Strasbourg repliée à Clermont-Ferrand 1939-1945 », dans Elisabeth Crawford et Josiane Olff-Nathan (dir.), *La science sous influence. L'université de Strasbourg enjeu des conflits franco-allemands 1872-1945*, Strasbourg, Université Louis Pasteur et La Nuée bleue, 2005, p. 179-184, p. 179.

LES FEMMES VOTERONT-ELLES ?[1]

Liberté. Quotidien du Massif Central. Organe du Mouvement de Libération Nationale, nº 67, 28 novembre 1944, p. 1

Il n'y a jamais eu en France beaucoup de suffragettes. Fait étrange, les dames[2] propagandistes du vote des femmes se réclamaient généralement de partis – tel le parti radical-socialiste – dont les membres étaient en grande majorité hostiles à ce vote pour les mêmes raisons qu'ils étaient anti-cléricaux. Aujourd'hui la bataille est gagnée sans que les troupes féministes aient expressément songé à la livrer[3].

Nous pensons ne fâcher personne en remarquant que si le gouvernement n'avait pas fait aux femmes françaises ce cadeau et cet honneur, elles ne s'en seraient pas violemment indignées[4]. Certes, les femmes ont été amenées, durant ces quatre ans d'oppression, à ressentir dans leur chair et dans leur âme les méfaits d'une politique à laquelle elles n'avaient jusqu'alors point de part. Mais des épouses et des mères étaient plus naturellement portées à

1. Texte non signé. Le tapuscrit dont le texte est identique à celui paru dans le quotidien, à un mot près, se trouve dans le Fonds Canguilhem au CAPHÉS.

2. Ce dernier mot est absent dans le tapuscrit conservé au CAPHÉS.

3. Le général de Gaulle s'était prononcé en faveur du droit de vote des femmes dès avril 1942 dans sa déclaration aux mouvements de la Résistance. Il devait réaffirmer cette position devant l'Assemblée consultative à Alger le 18 mars 1944. L'Assemblée donna son assentiment par un vote largement majoritaire le 24 mars 1944. L'ordonnance qui déclarait « Les femmes sont électrices et éligibles dans les mêmes conditions que les hommes » fut prise le 21 avril 1944.

4. C'est à voir. Il n'y avait à l'origine que deux femmes désignées pour siéger à l'Assemblée consultative à Alger, Lucie Aubrac (1912-2007) et Marthe Simard (1901-1993). Durant toute la durée de l'existence de cette assemblée, il « n'y eut que seize femmes sur trois cent trente membres » (*cf.* Laurent Douzou, *Lucie Aubrac*, Paris, Perrin, 2009, p. 151-152).

ressentir plus profondément la douleur et à agir directement sur ses effets, qu'à s'interroger sur la nature des causes. On annonce que les femmes seront inscrites sur les listes électorales d'après les indications fournies par le fichier des cartes d'alimentation. Ce fait nous paraît traduire une certaine indifférence des femmes à réclamer d'elles-mêmes leur inscription.

Le fait est fâcheux. Puisqu'une arme vient d'être donnée aux femmes, il leur convient de l'utiliser. La propagande antiparlementaire des gens de Vichy a-t-elle réussi à déconsidérer les institutions républicaines au point que l'exercice du droit de vote apparaisse aux femmes comme la participation à un acte collectif peu reluisant ? Les arguments mêmes par lesquels on étayait autrefois la propagande féministe ont-ils eu pour effet de dévaloriser dans le présent ce qu'on réclamait dans le passé ? Les femmes croient-elles vraiment, pour se l'être si longtemps laissé dire, que les ivrognes, les escrocs et les morts de Marseille composaient la majorité des électeurs de France ?

Voter ce n'est pas seulement quitter le domicile conjugal au matin pour y rentrer le soir, l'œil mauvais ou l'haleine en fermentation, après avoir passé sa journée à hurler ou à lamper. Voter c'est choisir des guides, c'est contribuer à définir un plan d'action commune. Voter c'est se reconnaître citoyen. Le citoyen c'est une invention de l'admirable civilisation grecque. Le citoyen c'est l'homme qui obéit à une loi qui ne lui est pas étrangère puisqu'il a participé à son élaboration. Qui n'est pas citoyen est nécessairement esclave. On n'est pas citoyen comme on est noir ou blanc ou maigre ou chauve. On est citoyen pour autant qu'on le mérite, et on le mérite en revendiquant le devoir plus encore que le droit d'assumer des responsabilités dans l'organisation de la communauté politique. Sans doute, il y a une objection classique consistant à dire qu'on ne peut reconnaître la qualité de citoyen qu'aux hommes déjà mûrs pour la liberté. Mais on ne peut mûrir pour la liberté sous un climat de tyrannie. On ne peut mûrir pour la liberté que dans la liberté.

Le gouvernement a donc agi très sagement en accordant aux femmes le droit de suffrage total du premier coup[1]. C'est aux femmes de montrer

1. La Commission de réforme de l'État sous la présidence du radical-socialiste de Corse Paul Giaccobbi (1896-1951) avait adopté le principe d'un droit de vote des femmes, mais souhaitait en repousser l'application à une élection ultérieure. Elle avait aussi envisagé, paradoxalement, de reconnaître aux femmes l'éligibilité mais sans le droit de vote. Il est vrai

qu'elles sont dignes de la confiance que les hommes, dont elles n'attendaient pas tant, leur ont accordée. On a assez insinué, au temps où on leur refusait les droits politiques, qu'elles votaient en fait quand même par l'influence qu'elles exerçaient en famille sur leur mari ou sur leurs enfants. Il y avait plus de perfidie que d'hommage dans cette affirmation, puisqu'elle tendait à représenter les femmes comme intrigantes autoritaires ou séductrices satisfaites d'un pouvoir aux limites du gynécée ou du sérail. Puisque les femmes travaillent comme les hommes, elles doivent comme les hommes avoir leur mot à dire sur les moyens et les fins de leur travail. Puisque les femmes ont obtenu le droit de vote, elles ont le devoir de voter[1].

que la France avait vu sous le Front Populaire des femmes qui n'avaient pas le droit de vote occuper des fonctions, non électives, de Sous-secrétaires d'État : Cécile Brunschvicg (1877-1946) à l'Éducation nationale et Irène Joliot-Curie (1897-1956) à la Recherche scientifique.

1. Les élections seront d'abord les municipales (avril-mai 1945), puis les cantonales (septembre 1945). Le référendum sur la rédaction d'une nouvelle constitution et sur les pouvoirs de l'assemblée constituante aura lieu le 21 octobre 1945.

ÉPURATION [1]

Liberté. Quotidien du Massif Central. Organe du Mouvement de Libération Nationale, n° 72, 4 décembre 1944, p. 1

Pourquoi faut-il épurer la société française d'aujourd'hui ? La question est loin de comporter une réponse évidente à tous. L'épuration prend, pour certains de ceux qui la demandent comme pour beaucoup de ceux qui la redoutent ou la paralysent, figure de vengeance de clan ou de débauchage cyclique du personnel politique. Selon son degré de culture, le critique de l'épuration y voit la réalisation technique d'impératifs tels que « Ôte-toi de là que je m'y mette » ou « Faisons Brutus César ». Le sceptique pense et dit – car on peut maintenant penser à haute voix dans les wagons de troisième classe – que l'épuration ne changera rien, soit parce que les hommes sont incorrigibles, soit parce qu'il faudrait épurer les épurateurs eux-mêmes. Un pur trouve toujours un plus pur qui l'épure. En vertu de quoi l'on demande : Qui gardera les gardiens ? Qui salera le sel ? etc.

Prise entre les deux feux de la critique de droite et de la critique de gauche, de ceux qui disent que l'épuration est inique et maladroite et de ceux qui la proclament timide et insuffisante ou caricaturale, la notion même d'épuration risque de perdre son sens.

Il faut comprendre l'épuration beaucoup plus comme un problème biologique ou chimique que comme un problème moral. Du point de vue moral, on pourra parfois suspecter la pureté des purificateurs et souvent alléguer la pureté d'intentions des épurés. Par exemple, il est possible que tous les gens de lettres accusés de collaboration n'aient pas été des hommes

1. Texte non signé. Cet article figure dans le dossier « Résistance » constitué par Canguilhem, conservé dans le Fonds Canguilhem au CAPHÉS.

vendus à Abetz[1] et que certains aient été des naïfs ou des illuminés. On pourrait invoquer ici la liberté d'expression d'une pensée sincère. Mais la question n'est pas là. Quand un idéaliste manque du tact humain élémentaire qui empêche d'identifier un idéal avec un fait brutal imposé par le plus fort, sa place n'est plus à la direction spirituelle d'une société humaine.

Il faut épurer la France parce que certains Français ont perdu le sens élémentaire de la défense sociale. Nous ne vivons pas encore dans la Cité de Dieu. Une société actuelle ne peut continuer à vivre, comme toute espèce vivante, si elle ne possède pas certaines réactions de défense contre des agressions perturbatrices ou hostiles. A vrai dire, les Français promis à l'épuration avaient moins perdu leur sens de la défense qu'ils ne l'avaient perverti. C'est contre certains Français que s'exerçaient leurs réactions de défense. Non pas contre des Français au titre d'individus tarés ou criminels, mais contre des Français au titre de leur appartenance à une classe, à une confession, à une idéologie. Depuis 1789, il y a des hommes qui n'ont pas cessé de défendre la France des privilèges contre les lois du peuple français. En 1939-40, ils ont bien fait la guerre, mais ils visaient l'ennemi dans les rangs du Front populaire.

Ceux qui demandent aujourd'hui l'épuration de la France ce ne sont pas seulement les électeurs de 1936 battus en 1940. 1944 est autre chose qu'une année de changements dans l'équipe gouvernementale. La Résistance a opéré en France un reclassement des hommes qui est une promesse d'unification nationale. Il faut épurer la France comme on désintoxique un organisme en qui des poisons altèrent le sens et la vivacité de certaines réactions. Il faut que la France en finisse avec les ferments de guerre civile et les perversions du sens social. Nul ne peut contester qu'il faille épurer parfois l'eau que l'on boit. Cela n'a rien à voir avec une purification religieuse. Il n'est pas nécessaire que ceux qui réclament ou dirigent l'épuration soient individuellement des saints ou des anges. Il suffit qu'ils comprennent, sans passion, le sens de l'opération qu'ils réclament.

1. Otto Abetz (1903-1958) avait été nommé à la tête des services de l'ambassade d'Allemagne à Paris à l'été 1940. Connaissant bien la France – il y avait séjourné dans les années 1930 et avait épousé une Française – il tenait à passer pour francophile et avait constitué au cours des ans dans le monde politique et culturel français un vaste réseau informel de personnalités favorables à l'« amitié » franco-allemande et à la collaboration. Arrêté en Allemagne à l'automne 1945, il fut condamné en France à vingt ans de travaux forcés, mais fut libéré en 1954.

LA RÉSISTANCE ET L'ANNÉE NOUVELLE [1]

Liberté. Quotidien du Massif Central. Organe du Mouvement de Libération Nationale, n° 95, 1 et 2 janvier 1945, p. 1

L'élan de la Libération a porté la Résistance française jusqu'au terme de l'année qui meurt. Nous n'ignorons pas que des critiques peuvent être adressées à l'œuvre déjà accomplie. Nous en connaissons les raisons tout aussi bien que les censeurs malveillants qu'une bourgeoisie apeurée et incompréhensive applaudit lorsqu'elle ne les suscite pas. Un héros n'est pas nécessairement toujours un homme politique avisé. Le courage et l'intelligence sont deux vertus distinctes, car l'intelligence aussi est une vertu qui veut être cultivée. On n'y supplée pas par de bons sentiments. Et pourtant, dans l'ensemble, la Résistance française n'a-t-elle pas fait preuve d'une intelligence politique certaine en pariant et en prévoyant la défaite allemande, en travaillant à rendre inévitable cette défaite possible ? Lorsque les Français de bonne foi, même d'abord réticents, se reconnaissent dans les actes et les discours du général de Gaulle, ne rendent-ils pas un hommage implicite à tous ceux de leurs compatriotes qui n'ont fait que suivre un illustre exemple ?

Certes le général de Gaulle a plusieurs fois, et avant-hier soir encore, proclamé l'unité foncière de tous les Français, à l'exception d'une minorité de stipendiés et de traîtres. Or ce n'est un mystère pour personne que les résistants de la base sont moins prompts à l'absolution et à l'amnistie [2]. Nul

1. Texte non signé. Cet article figure dans le dossier « Résistance » constitué par Canguilhem, conservé dans le Fonds Canguilhem au CAPHÉS.

2. Dans son discours radiodiffusé du 31 décembre 1944, de Gaulle avait renouvelé son appel à « l'union de tous les Français » et réaffirmé que « Sauf un nombre infime de malheureux qui ont consciemment préféré le triomphe de l'ennemi à la victoire de la France et qu'il

ne saurait leur en vouloir et sans doute pas même leur chef au moment où il paraît les contredire. Savoir qui a tort ou raison est une question dépourvue de sens. C'est avant tout affaire d'horizon. Le chef du gouvernement voit la France comme une force qui doit en son intégrité en affronter d'autres dans le jeu compliqué des antagonismes et des équilibres internationaux. Son horizon a les dimensions de la planète habitée. Le résistant de base voit la France du dedans, en individu qui a eu à lutter pendant quatre ans contre la sottise ou la lâcheté quand ce n'était pas contre l'ignominie d'autres individus. Son horizon a les dimensions du village, de la ville, du département. Entre ces deux visions il n'y a pas à choisir. Mais il faut les coordonner, il faut les mettre en perspective.

Au seuil de l'année 1945, la Résistance doit faire le point. Elle doit renoncer à certaines tournures d'esprit que les circonstances historiques nouvelles ont rendu périmées. Elle doit, avant tout, déterminer, c'est-à-dire définir exactement, par quels moyens effectifs immédiats elle entend réaliser des buts dont, c'est entendu, il importait avant tout de redonner le goût aux Français, même au prix de quelque imprécision doctrinale : démocratie, justice sociale, égalité devant la loi. Il est certainement préférable de voir des divergences se faire jour sur les moyens de nationaliser les trusts plutôt que d'afficher l'unanimité d'une vague décision de les abattre.

Les hommes de la Résistance ont fait preuve d'abnégation et d'esprit de sacrifice individuel. Il faut qu'ils témoignent maintenant de leur compréhension des exigences de l'intérêt national. Mais, dira-t-on, prescrire un tel devoir c'est avouer qu'on l'a méconnu jusqu'alors ? Est-ce aux résistants à commencer le procès de la Résistance ? Il ne faut pas confondre procès et examen de conscience. Les résistants ont assez de raisons personnelles et douloureuses de ne pas croire au pouvoir magique des mots, puisqu'ils savent de quel prix ils ont dû payer leur prestige. Ils savent mieux que d'autres que le mot de Résistance n'est pas un mot magique qui puisse pallier à toutes les insuffisances, couvrir toutes les défaillances.

Enfin, les hommes de la Résistance savent qu'ils travaillent dans le provisoire. Ils savent que les meilleurs d'entre eux sont encore aux mains de

appartient à la Justice de l'État de châtier équitablement, la masse immense des Français n'a jamais voulu autre chose que le bien de la patrie, lors même que beaucoup furent parfois égarés sur le chemin. » (*Discours et messages. Pendant la guerre (1940-1946)*, Paris, Plon/Le Livre de poche, 1974, p. 520-524, p. 523.

l'ennemi[1]. Ils doivent réserver dans leurs projets, leurs décisions, leurs entreprises, la place et la part de ceux dont ils sont les délégués obligés en même temps que les camarades. Au seuil de l'année 1945 qui sera l'année de la victoire et du retour, il faut que la Résistance française sache rompre avec certaines habitudes pour acquérir de nouvelles possibilités, car aucun mouvement de pensée et d'action ne peut survivre sans réadaptation aux circonstances qui l'ont suscité. La Résistance exige l'épuration de la France. La France doit pouvoir compter sur le renouvellement de la Résistance.

Nous pensons que le prochain congrès national du M.L.N. et les pourparlers entre le M.L.N. et le F.N. concernant l'unification de toute la Résistance française, doivent être l'occasion de ce renouvellement, condition préliminaire d'un renforcement.

1. À cette date, Canguilhem ignore encore que ses amis Jean Cavaillès et Jean Rochon ne reviendront pas.

À LA FACULTÉ DE MÉDECINE DE STRASBOURG DEUX PRIX SONT DÉCERNÉS AU PROFESSEUR KLEIN [1]

Liberté. Le grand quotidien républicain du centre de la France, n° 142, 26 février 1945, p. 2

M. Marc KLEIN [2], professeur agrégé d'histologie à la Faculté de Médecine de STRASBOURG vient de se voir décerner presque simultanément, pour l'ensemble de ses travaux et recherches, deux prix : le Prix BOUCHARD attribué par la Société de Biologie et le Prix SAINTOUR attribué par l'Assemblée des professeurs du Collège de France.

Il nous paraît d'autant plus important de publier ici les mérites de ce jeune savant, l'un des espoirs de la biologie française, que le Professeur KLEIN est à l'heure actuelle déporté en ALLEMAGNE, comme plusieurs de ses

1. Le tapuscrit de cet entrefilet se trouve dans le Fonds Canguilhem conservé au CAPHÉS.

2. Marc Klein (1905-1975), histologiste et endocrinologue, avait fait ses études de médecine à Strasbourg où il avait soutenu en 1934 une thèse de doctorat sur l'histophysiologie de l'ovaire durant la grossesse; il fut nommé en 1946 à la chaire de biologie médicale de la Faculté de Médecine où se poursuivit toute sa carrière. Canguilhem connaissait bien Klein dont il avait suivi une partie de l'enseignement dans le cadre de la continuation de ses études de médecine à Clermont-Ferrand et qui devint un ami.

Klein est aussi l'auteur de nombreuses contributions à l'histoire de la biologie et de la médecine, dont *L'Histoire des origines de la théorie cellulaire* (Paris, Hermann, 1936) sur laquelle s'appuiera Canguilhem pour la rédaction de son article de 1946 sur « La théorie cellulaire ». Canguilhem soulignera le caractère significatif des contributions historiques de Klein dans une notice publiée peu après la mort de celui-ci et c'est à son instigation qu'un recueil des travaux historiques de Klein, dont il rédigea l'introduction, serait publié en 1980 (cf. *OC* V).

collègues de l'Université de STRASBOURG, comme tant d'intellectuels français[1].

L'absence de tant de professeurs et de chercheurs n'est certes pas le moindre des maux que la fureur nazie ait infligés à notre pays.

1. Arrêté à Saint-Étienne en mai 1944, Klein fut déporté à Auschwitz jusqu'à l'évacuation du camp devant l'avance russe en janvier 1945, puis transféré à Grossrosen et enfin en février à Buchenwald où il fut libéré par les Alliés en avril (cf. *De l'Université aux Camps de Concentration*, *op. cit.*, p. 119-124, 429-455, 501-510).

DANS LES GEÔLES DE LA GESTAPO [a]

Liberté. Le grand quotidien républicain du Centre de la France, n°145, 1er mars 1945, p. 2 [1]

Sous ce titre, le Professeur TERROINE [2] de la Faculté des Sciences de STRASBOURG, publie ses souvenirs de captivité à la prison de MONTLUC à LYON. Arrêté le 22 juin 1944, M. TERROINE a été libéré le 24 août avec tous les emprisonnés de MONTLUC, les Allemands ayant quitté la ville encerclée par les F.F.I.

La notoriété du Professeur TERROINE en France et à l'étranger donne à ce petit livre de souvenirs l'autorité d'un témoignage historique. Aucune emphase, aucune enflure littéraire mais une sobriété, une objectivité toute scientifique derrière lesquelles on sent toujours une émotion contenue [3].

a. Un vol. de 150 p. aux Éditions de la Guillotière, Lyon.

1. Un tapuscrit de ce texte se trouve dans le Fonds Canguilhem du CAPHÉS (GC. 1.2.2, « Documents relatifs à la Résistance de Georges Canguilhem », fol. 21). Il comporte un surtitre qui n'a pas été repris dans le journal : « Un témoignage sur les malheurs de ce temps ».

2. Émile Terroine (1882-1974), maître de conférences à l'École pratique des Hautes Études, puis professeur de physiologie à la Faculté des Sciences de Strasbourg et à celle de Lyon. Il avait été replié de Strasbourg à Lyon. Arrêté par la Gestapo pour faits de Résistance, il passa deux mois à la prison de Montluc. Il sera appelé à un rôle important dans l'organisation de la restitution des biens spoliés durant la guerre. Créateur d'un Centre national d'études et de recherches sur la nutrition, il joua un rôle influent au CNRS auprès de son directeur Georges Teissier.

3. Ici s'insèrent dans le tapuscrit deux paragraphes qui n'ont pas été retenus dans le journal :

« M. TERROINE, physiologiste, sait ce qu'est une ration alimentaire et dit, parce que c'est vrai, que les rations servies aux prisonniers étaient nourrissantes sinon raffinées. Homme de grande culture, il sait ce que sont les valeurs spirituelles et il dit comment tous ses compagnons

Grâce à la probité intellectuelle et à l'élévation morale dont ce livre est empreint, la dramatique "expérience" du Professeur TERROINE aura heureusement tourné au service de la Vérité et par là au service de la France.

G.C.

de détresse ont su les préserver dans la fraternité. Démocrate, il sait ce que vaut la liberté et il montre comment l'esclavage aura pu servir à la libération de l'homme.

M. TERROINE ne s'abstient pas de juger ni de condamner mais il veut surtout décrire, sans cultiver l'anecdote. Il réussit précisément à force de simplicité, à évoquer des figures inoubliables, par exemple celle du jeune professeur [Jacques-Gabriel] CAHEN, quittant ses camarades à la dernière aube en disant : "Après tout, c'est plus facile de se faire fusiller que de ne pas renverser sa soupe". Ce livre, l'auteur veut expressément qu'il appelle la Justice sans exciter la Vengeance : "À aucun prix, il ne faut laisser contaminer notre pays, si profondément humain, par la peste nazie. Ce qui nous fait horreur chez les Allemands ne doit pas se produire en France, même d'une manière exceptionnelle. La torture ne doit être appliquée à personne, car elle est dégradante pour celui qui l'emploie (p. 78)" ».

HOMMAGE À JEAN ROCHON
SON ACTION DANS LA RÉSISTANCE [1]

Liberté. Le grand quotidien républicain du Centre de la France (Clermont-Ferrand), n°208, 16 mai 1945, p. 3

Jean Rochon[2] est mort à Buchenwald[3]. On voudrait pouvoir écrire que l'on ne se fait pas à cette idée. Et l'épouvantable vérité est pourtant que l'on était trop préparé à cette idée, depuis que beaucoup ont vu ce que d'autres avaient su prévoir, l'immense et minutieux appareil d'anéantissement des valeurs humaines, que le froid calcul des tortionnaires nazis avait agencé !

1. Le tapuscrit de cet article se trouve dans les archives du Fonds Canguilhem au CAPHÉS. Il est signé G.C. Les termes « Hommage à Jean Rochon » ne coiffent pas seulement le texte de Canguilhem ; il s'agit en fait du surtitre de la page entière qui comprend plusieurs textes dont celui de Canguilhem, lequel a pour titre spécifique : « Son action dans la Résistance ». Le tapuscrit conservé au CAPHÉS s'intitule « Jean Rochon Résistant ». Cette page du quotidien comprend en outre des extraits d'articles et un inédit de Rochon, de même que d'autres témoignages sur son activité de journaliste et de résistant, signés du directeur et d'un autre membre de l'équipe de rédaction de *Liberté*.

2. Jean Rochon (1903-1944) après des études de droit avait mené toute sa carrière de journaliste à Clermont-Ferrand. À l'époque où Canguilhem le rencontra, au printemps 1941, Rochon était secrétaire de rédaction au quotidien *La Montagne* où il tiendra une chronique jusqu'en février 1942. Maurice Mandon a consacré une monographie à ce grand résistant : *Une plume contre Vichy*, Publications de l'Institut d'Études du Massif Central, Faculté des Lettres et Sciences humaines de l'Université Blaise-Pascal (Clermont II), 1996.

3. Déporté à Buchenwald, Rochon y resta peu de temps. Arrivé le 20 août, il est transféré le 3 septembre au complexe concentrationnaire de Dora, puis quelques jours plus tard au camp satellite d'Ellrich. Il y mourut à la fin de septembre ou en octobre 1944, et non à Buchenwald comme Canguilhem le croyait encore lors de la rédaction de cet article.

Jean Rochon, celui qui fut pour ses amis clandestins Chevrier, Bertrand et Berger, celui qu'on embrassa un soir à Paulhaguet[1], au départ du train qui l'amenait à Paris où il devait se faire prendre, Jean Rochon n'est plus.

Jean Rochon n'a quitté Clermont – dont il faisait partie, disait-il, comme les maisons de la Rue Gaultier-de-Biauzat[2] (où il habita dans sa jeunesse), – qu'au dernier moment, sous la menace non illusoire d'une arrestation. La Gestapo, la Panthère et Mathieu[3] étaient sur sa trace. On le cherchait à un domicile qu'il avait quitté.

Rochon a été, en mars 1941, l'un des fondateurs de *Libération*, le premier rédacteur et imprimeur du journal du même nom. Il a été pendant trois ans celui que quelques amis privilégiés voyaient chaque soir à son bureau de *La Montagne* dans l'exercice de fonctions qu'il accordait sans réticence avec la vie clandestine. Il y a eu des gens que la Résistance elle-même a contraints au double jeu. Il y a eu les virtuoses du double jeu qui, depuis, se sont trouvé des tendresses insoupçonnées pour la Résistance. Rochon n'a joué qu'un jeu, qu'il fût à son travail ou hors de son travail, le grand jeu de l'opposition à la sottise, à la trahison, à la collaboration.

Un jour vint où Rochon quitta un journal trop lent, selon lui, à se saborder[4] pour se consacrer tout entier à l'organisation et à l'action politique, au sein des M.U.R. (il était avec Mazières-Ingrand, membre du Directoire Régional)[5]. D'aucuns s'étonnèrent de ce départ et lui dirent : « On

1. La gare de cette petite commune de la Haute-Loire permettait sans doute un embarquement plus discret qu'à celle de Clermont-Ferrand étroitement surveillée. Rochon quitta l'Auvergne à la fin de 1943.

2. Le tapuscrit donnait « Rue Sainte-Claire ».

3. L'Allemande Ursula Brandt dite « la Panthère », sobriquet qu'elle tenait de son manteau, faisait partie d'un commando spécial d'agents de la Gestapo chargé de la répression à Clermont-Ferrand. Elle serait rentrée en Allemagne avant juin 1944. Georges Mathieu (1920-1944), ancien Saint-Cyrien, inscrit à la Faculté des Lettres de Strasbourg à Clermont-Ferrand, était un jeune résistant qui avait trahi et qui deviendrait un agent de confiance de la Gestapo locale. Il avait joué un rôle clé lors de la grande rafle à l'université le 25 novembre 1943, désignant à la police allemande les professeurs et étudiants résistants parmi les quelque 800 arrêtés ce jour là. Il sera fusillé le 12 décembre 1944.

4. Le 28 août 1943, soit plus de neuf mois après l'occupation de la zone sud par les Allemands (11 novembre 1942). Comme on l'a mentionné plus haut, Rochon avait quitté le journal en février 1942.

5. Rochon avait eu à Libération-Sud la responsabilité de la « Région noire » composée des départements de l'Auvergne, de la Lozère et de parties de l'Aveyron, du Cher et de la Corrèze. Il accéda au Directoire régional des M.U.R. à la suite de la formation de ce regroupement en

ne vous savait pas d'opinions politiques». «C'est exact, répondit Rochon, mais c'est une question morale». Le mot doit être rapporté pour donner une mesure approximative de l'homme.

Rochon n'était ni partisan, ni fanatique. Il est un des esprits les plus fins, les moins pédants que l'on put connaître. C'est pourquoi, bien que chef, Rochon était dans la clandestinité, l'être le plus simple et le plus spontané que nous aurons connu. Il y a eu des pontifes et des docteurs de la Résistance. Il y a eu des amateurs et des snobs de la Résistance. Rochon n'appartenait à aucune de ces catégories. Il était un simple soldat de la Résistance.

Rochon n'a pas été contraint à la Résistance, comme d'aucuns qui peut-être s'en seraient bien passés[1]. Rochon a choisi la Résistance, comme on choisit, sans nécessité et sans pression extérieures, un devoir intime. Rochon n'a cédé à aucune contagion, puisqu'il fut l'un des premiers. Rochon n'a cédé à aucune passion, puisqu'il ignorait tout dogmatisme politique. Rochon n'a eu en vue aucun avantage, puisqu'il a abandonné sa situation pour un risque intégral à un moment où l'expérience de tant d'accidents survenus à des militants amis pouvait l'instruire de la gravité des dangers encourus. Jean Rochon est entré dans la Résistance gratuitement, pour un idéal qui n'était pas celui d'un affilié ou d'un cotisant[2], mais celui d'un homme libre, dont le cœur n'était pas moins sensible que l'intelligence n'était perçante.

Son arrestation avait consterné ses amis[3]. Mais nous espérions. Surtout peut-être, parce que nous avions besoin de son retour. Nous attendions avec impatience, mais sans crainte – Rochon est si bon – son jugement. Nous attendions de savoir de lui s'il estimerait[4] que nous étions restés fidèles aux résolutions prises en commun. Nous resterons dans l'incertitude de savoir si

janvier 1943. Avec son habituelle modestie, Canguilhem ne signale pas que c'est lui qui remplaça Rochon dans ces périlleuses fonctions quand celui-ci trop directement menacé eut quitté l'Auvergne.

1. Allusion à tous ceux qui devinrent résistants moins par choix fondamental que, tardivement, pour échapper au S.T.O., le Service du Travail Obligatoire, à compter de février 1943.

2. On reconnaît ici chez Canguilhem le refus de tout embrigadement – à ne pas confondre avec l'engagement – et sa méfiance envers les lignes de parti et leur opportunisme souvent vérifié.

3. Cette arrestation survint le 7 mai 1944. Torturé, emprisonné à Fresnes, Rochon sera d'un des derniers convois de déportés vers l'Allemagne, le 15 août.

4. Le journal donne «estimait». Nous retenons plutôt ici la leçon du tapuscrit.

nous avons fait tout ce que nous pouvions. Nous resterons à nous demander ce qu'il eût pensé de nous que son retour eût transportés et que sa mort accable.

Il nous restera de Jean Rochon le souvenir de son sourire, de son empressement affectueux, des poèmes qu'il récitait inlassablement, d'une conversation où la justesse le disputait à la vivacité. Il nous restera le souvenir de sa grâce. Mais aussi le souvenir de son courage serein, de sa décision sans illusion, de sa clairvoyance sans méchanceté.

Avant la défaite de 1940, Jean Rochon était à Clermont-Ferrand un grand journaliste. Depuis 1940, Jean Rochon, s'était révélé un grand Français. Sa renommée sera désormais à l'étroit dans les limites d'une cité où son existence professionnelle fut, pendant trois ans, le prétexte qui couvrait sans la dissimuler l'activité inlassable d'un grand caractère. Le tragique de cette existence, c'est que la mort, la mort abominable et empoisonnée, nous en révèle la grandeur, au moment où elle la retire à la poésie, à la grâce, à l'amitié.

G. C.

JEAN CAVAILLÈS, RÉSISTANT [1]

Bulletin de la Faculté des Lettres de Strasbourg, vol. 24, n° 2, décembre 1945, p. 29-34 [2]

1. Il s'agit ici du premier écrit publié de Canguilhem sur son ami Jean Cavaillès. Le manuscrit et des tapuscrits en sont conservés dans le Fonds Canguilhem au CAPHÉS (GC. 32.3.1). Le texte de cette allocution n'a pas été repris dans le recueil qu'il lui a consacré en 1976, *Vie et mort de Jean Cavaillès*, non plus que dans la section intitulée « *In Memoriam* » à la fin de l'édition des *Œuvres complètes de philosophie des sciences* de Jean Cavaillès (Paris, Hermann, 1994, p. 665-686). Dans l'un et l'autre cas, Canguilhem avait réuni seulement des textes rédigés à compter de 1967.

2. Le texte de Canguilhem est précédé d'un chapeau que nous transcrivons ici intégralement car il en offre une parfaite mise en contexte :

« Jean CAVAILLÈS (1903-1944)

Le 1er décembre dernier, l'Université et la Résistance ont évoqué, dans le grand amphithéâtre de la Sorbonne, la mémoire de Jean Cavaillès, maître de conférences de philosophie générale et logique à la Faculté des Lettres de Strasbourg, professeur suppléant à la Sorbonne, Compagnon de la Libération, Chevalier de la Légion d'honneur, Croix de guerre. Jean Cavaillès, animateur et héros de la Résistance française, a été exécuté par les Allemands à la prison d'Arras en 1944. Le *Bulletin* ne pouvait manquer, au moment où il reparaît à Strasbourg, de rappeler à ceux qui l'ont connu, et de présenter à ceux qui sont désormais privés du privilège de son commerce et de son enseignement, la belle figure de Jean Cavaillès dont la vie, les travaux et la mort honorent l'Université. Nous publions, à cet effet, le texte des allocutions prononcées à la Sorbonne par deux amis de J. Cavaillès, M. Canguilhem, chargé de conférences à la Faculté des Lettres et M. Henri Cartan [3], professeur à la Faculté des Sciences de Strasbourg. »]

3. Le texte d'Henri Cartan a pour titre « Jean Cavaillès, le philosophe mathématicien » (p. 34-37). Un demi-siècle plus tard, c'est encore Henri Cartan (1904-2008) qui signerait dans l'Annuaire de l'École normale supérieure la notice sur Canguilhem : « Canguilhem (Georges), né à Castelnaudary (Aude) le 4 juin 1904, décédé à Paris le 11 septembre 1995 », Association Amicale de Secours des Anciens Élèves de l'École normale supérieure, 1997, vol. I, p. 27-29.

L'été de 1938 aux Entretiens d'Amersfoort Jean Cavaillès défendait contre M. Gonseth[1] « l'autonomie du savoir mathématique qui se satisfait lui-même, exige donc une idée de la vérité sans rapport avec la vérité physique ». Il définissait l'expérience physique comme une « indication vers quelque chose qui n'est pas la pensée, quoiqu'il soit absurde de lui accorder un visage hors de la pensée de ce visage : le monde dans lequel nous vivons et où quelque chose se passe, le monde des animaux, de l'industrie et de l'histoire »[2].

L'été de 1939, Cavaillès revêtait son uniforme d'officier d'infanterie coloniale, sur la sommation de l'événement qui mettait en question une fois de plus, pour l'humanité, le sens de ses rapports avec les animaux, avec l'industrie et avec l'histoire. C'est ainsi que le philosophe français le plus familier avec les théories logiques les plus pures de toute relation à la contingence d'un devenir extra-rationnel allait contribuer pour sa part, avec le sang froid et l'audace conjugués d'un homme d'action et même par moments d'un homme de main, à faire que quelque chose se passe dans le monde où nous vivons.

L'été de 1940, plus révolté par la capitulation que meurtri par ce qui n'était pas, par ce qui ne devait pas être la défaite, Cavaillès décidait de continuer le combat; en sorte qu'au début de l'année suivante, sentant les énergies se retendre autour de lui, il prenait des contacts, nouait des réseaux et donnait à la Résistance intérieure, naissante sous l'oppression, à la fois un exemple et un mot d'ordre. Il convient de se souvenir, au moment où les cadres et les troupes de la Résistance se cherchent dans l'ancienneté une garantie d'authenticité, que Cavaillès ne vint pas à la Résistance après hésitation, ni par contagion, ni par conversion. Cavaillès fut la Résistance, du premier jour où ce terme prit un sens pour tout Français en tant que tel. Bien des Français « ont fait de la Résistance », mais Cavaillès est l'un de ceux qui firent la Résistance française.

Trois étés, trois visages et le même homme : rigoureux et indulgent, concentré et rieur, soucieux et décidé. Cavaillès philosophe, Cavaillès soldat, Cavaillès résistant, par quels cheminements secrets et irrésistibles

1. Sur Ferdinand Gonseth, cf. *supra*, p. 71, n. 3.

2. Ces deux citations sont tirées de la discussion suivant la communication de Gonseth ; voir Raymond Bayer (dir.), *Les conceptions modernes de la raison (Entretiens d'été – Amersfoort 1938)*. I *Raison et monde sensible*, Paris, Hermann, 1939, p. 41 et p. 42.

procèdent-ils de la même exigence ? ou bien par quelles voies inattendues et imprévisibles convergent-ils vers un accord à obtenir ?

*

Pour mieux esquisser ce portrait, il faut résumer un historique. Je rappellerai que Cavaillès a été, dans l'hiver de 1941, le compagnon d'Emmanuel d'Astier de la Vigerie pour la fondation du mouvement *Libération* (*zone sud*). Le manifeste publié dans le premier journal clandestin du même nom a été composé par Cavaillès et d'Astier à Clermont-Ferrand, sur un banc de cette cour de la Faculté des Lettres [1] où le 25 novembre 1943 les agents de la Gestapo devaient parquer pendant plusieurs heures, les professeurs et les étudiants de l'Université de Strasbourg [2]. L'occasion d'une suppléance à Paris permit ensuite à Cavaillès de participer à la direction de *Libération-Nord.* Durant l'année 1942, il établit la liaison entre les organisations clandestines que sépare la ligne de démarcation, il écrit pour les deux *Libération*, il travaille à l'unification des mouvements de zone sud, en dépit ou à cause de la méfiance qu'il peut avoir contre certaines orientations ou certaines personnalités. Mais, à cet âge infantile des organisations de résistance, Cavaillès ne peut se contenter de propagande et de diffusion. Il crée un réseau de renseignements et d'action directe, le réseau « Cohors » devenu, après la deuxième arrestation de son chef, « Asturies ». Plus encore que la lutte par le tract contre Vichy c'est la lutte contre l'occupant, sur le plan militaire et par des moyens militaires, qui lui paraît importante et urgente. C'est naturellement cette dernière activité qui le conduit à affronter les plus grands risques et périls. La tentative manquée d'embarquement pour Londres en septembre 1942, la première arrestation près de Narbonne, l'incarcération à la prison militaire de Montpellier, l'internement au camp de Saint-Paul d'Eyjeaux, l'évasion à la fin de l'année n'ont pas même interrompu l'action de Cavaillès, à plus forte raison diminué son audace [3].

1. On sait que Canguilhem était présent à cette occasion.

2. Sur cette rafle, cf. *supra*, p. 198, n. 2.

3. Sur ces épisodes et de façon générale sur l'action de Cavaillès dans la Résistance, on dispose maintenant de ressources historiques de grande qualité venant s'ajouter à l'ouvrage pionnier de Gabrielle Ferrières sur son frère, *Jean Cavaillès, philosophe et combattant (1903-1944). Avec une étude de son œuvre par Gaston Bachelard*, Paris, P.U.F., 1950, ouvrage

En mars 1943, il réussit sa mission à Londres d'où il rapporte un programme d'action, qui va multiplier ses risques du même coup que ses responsabilités. En juin, il échappe de justesse à la surveillance du contre-espionnage allemand, pour tomber en août dans un filet mieux tendu et plus serré[1]. C'est alors la prison de Fresnes avec toutes les épreuves dont on sait assez maintenant le régime et le système. Par ce que Cavaillès a pu confier à d'autres qui sont revenus d'où il n'est pas revenu, on sait qu'il était sans illusion sur ce que ses juges pouvaient connaître de son activité. Par ce que ses juges ont laissé entendre à sa sœur et à son beau-frère, arrêtés en même temps que lui, on sait que le tribunal allemand avait mesuré la qualité exceptionnelle de l'adversaire prisonnier. Certes Cavaillès s'est défendu, mais sans tricherie. À la question posée : « Pourquoi vous, professeur, intellectuel de grande classe, êtes-vous devenu agent de renseignements et chef de saboteurs ? » cette réponse fut donnée : « Je suis officier, fils d'officier. Je continue la guerre avec les moyens à ma portée. Le reste, la politique ne m'intéresse pas. » Après Fresnes, c'est Compiègne. À Compiègne, c'est déjà « la nuit et le brouillard ». Sa famille, ses amis croient Cavaillès en Allemagne, – et la preuve a été faite depuis qu'il devait être emmené. On cherche par toutes les voies possibles à faire connaître à ses geôliers, à ses bourreaux quelle sorte d'homme ils ont en leur pouvoir. Qui voudra s'étonner de savoir qu'on a prêté, contre l'évidence, à ces geôliers, à ces bourreaux, un reste de dignité, en leur supposant quelque capacité d'attention, même pervertie, à ce qui fait la grandeur d'un homme ? On a donc frappé à plusieurs portes. Mais l'inhumanité voulue du système nazi se mesure à ceci. Il y a peut-être quelqu'un derrière la porte à laquelle on frappe, mais même s'il entend et s'il veut bien répondre qu'on se trompe, il ne peut pas dire à quelle autre porte on devrait frapper. Peut-être n'y a-t-il pas de bonne porte. Peut-être derrière la bonne porte, y a-t-il un sourd ? Toujours

republié sous le titre *Jean Cavaillès, un philosophe dans la guerre* (Seuil, 1982 ; Calligrammes, 1996 et Éditions du Félin, 2003, ces deux dernières éditions avec une préface de Jacques Bouveresse). Voir notamment : Laurent Douzou, « Un itinéraire résistant hors du commun : Jean Cavaillès (1940-1944) », *Philosophia Scientiae*, vol. 3, cahier 1, 1998, p. 139-155 ; Alya Aglan, *La Résistance sacrifiée. Histoire du mouvement « Libération-Nord »*, Paris, Champs-Flammarion, 1999 ; Alya Aglan et Jean-Pierre Azéma (dir.), *Jean Cavaillès résistant, ou la Pensée en actes*, Paris, Flammarion, 2002.

1. Sur la traque et la capture de Cavaillès par l'*Abwehr*, voir Benoît Verny, « La chute », dans *Jean Cavaillès résistant*, *op. cit.*, p. 137-202.

est-il qu'au moment même où, à la Libération, on attend Cavaillès, on cherche Cavaillès, on fait sa place à Cavaillès, il faut buter sur son cadavre. Il est mort exécuté à la prison d'Arras, en janvier 1944 [1], date à laquelle on le pensait parti de Compiègne.

*

Ce qui distingue Cavaillès parmi les grands noms de la Résistance française, c'est l'alliance, apparemment surprenante, de l'idéalisme purement philosophique qui a dicté les buts de son combat et du réalisme proprement militaire qui en a organisé les moyens. La Résistance a connu ses théoriciens, parfois byzantins, ses chefs d'état-major, parfois prudents, ses exécutants, parfois frustes. Cavaillès a été tout à la fois un théoricien pratique, un chef sans égard pour soi, un exécutant lucide. C'est le même qui donne à *Libération* un article sur l'unité symbolique de la résistance européenne et qui fait sauter un train d'essence; le même qui discute à Bruxelles avec le professeur Lameere [2] des bases d'une renaissance de la philosophie européenne et qui organise des parachutages d'armes; le même qui prépare son évasion du camp d'internement au moment où il y rédige un Traité de Logique. À Londres, il s'enquiert méthodiquement de l'aspect international des problèmes de la Résistance et il en revient pour préparer un raid de commando dans le Pas-de-Calais. Dans la tâche qu'il a choisie Cavaillès ne choisit pas sa place, il les occupe toutes. Et si l'on songe que jusqu'à l'été de 1942, il n'a pas cessé de donner son enseignement à Clermont-Ferrand puis à Paris, on aura quelque idée de l'organisation mentale et de l'endurance physique que suppose une telle activité.

Parmi les intellectuels qui ont risqué leur vie ou donné leur vie dans le combat clandestin, Cavaillès est l'un de ceux que l'aspect politique de la

1. En fait le 17 février 1944, comme on l'apprendrait plus tard.

2. Il s'agit de Jean Lameere (1901-1964), professeur de philosophie à l'Université de Bruxelles, homologué résistant dès juin 1941, qui dirigeait la portion belge du réseau Cohors fondé par Cavaillès. Dans sa présentation, en 1949, de l'article de Cavaillès « Mathématiques et formalisme » (*Revue internationale de philosophie*, 1949, n° 2, p. 158), Canguilhem confie : « Au retour d'un des voyages qu'il fit en Belgique comme organisateur de mouvements et de réseaux de Résistance, Cavaillès nous avait personnellement entretenu du projet formé par M. Jean Lameere de faire reparaître la *Revue internationale de philosophie* le plus tôt après la fin d'un conflit dont l'issue ne faisait de doute, dès cette époque, ni pour l'un ni pour l'autre » (cf. *infra*, p. 359-360).

Résistance a le moins intéressé. Certes nous ne prenons pas à la lettre ses déclarations, au fond ironiques à l'égard d'autrui et de lui-même, d'incompétence en la matière. Dans un des premiers articles qu'il a donnés à *Libération* il a écrit que l'avènement d'un vrai socialisme est l'un des enjeux de la Résistance française. Son intransigeance intégrale à l'égard du régime de Vichy, son refus de tout ce qui s'autorisait du double jeu, avaient des raisons parfaitement réfléchies. Son hostilité au nazisme n'était pas sentimentale. Mais il n'en est pas moins que Cavaillès s'est réservé volontairement un rôle militaire. Sans méconnaître le devoir politique, il a préféré assumer le devoir le plus direct, le plus urgent et, reconnaissons-le, le plus certainement dangereux.

On remarquera qu'ayant fait la guerre d'abord dans un corps franc, ensuite au service du chiffre, Cavaillès se trouvait préparé aux techniques de la résistance clandestine. Mais une préparation n'impose pas la décision d'agir qui lui donnera occasion de révéler son efficacité et son prix. C'est cette décision même qu'il faut comprendre.

Il serait tentant d'invoquer ici une nature fortifiée par l'éducation et par l'exemple. La Résistance fut, pour beaucoup, d'abord une réaction avant d'être un principe. Mais déléguer à un tempérament et même à un caractère la responsabilité d'une action si clairvoyante et si soutenue dans des événements si inusités et si périlleux, c'est esquiver le problème. Seul le héros lui-même peut se le permettre, par modestie et par refus de s'examiner, ayant mieux à faire. Et de fait, en 1941, au Chambon-sur-Lignon, au cours d'une conversation où nous avions décidé de refuser éventuellement le fameux serment de fidélité[1], Cavaillès me dit parlant de lui : « C'est une question de foie ! » Et comme il me devinait abusé par une homonymie, il ajouta en riant : « C'est comme Descartes ! » Je ris avec lui de l'allusion à la lettre où Descartes confie à Mersenne qu'il est guéri de la chaleur de foie qui lui faisait, dans sa jeunesse, aimer les armes. Je ris, sans être dupe du rapprochement.

Mais en dissipant ma confusion, Cavaillès ne pouvait cependant en détruire la raison. Si j'avais pensé à sa Foi religieuse, c'est parce que je lui en savais une. Il est normal que sa Foi protestante, si large au demeurant ait

1. Cette rencontre est évoquée dans Gabrielle Ferrières, *Jean Cavaillès*, *op. cit.*, (éd. 1950), p. 166 *sq*. Il s'agit du serment d'allégeance à la personne du maréchal Pétain qu'il avait été question un temps d'imposer à tous les fonctionnaires.

suscité en Cavaillès une attitude de refus intime, même de résistance déclarée. Cet impératif: Résistez!, c'est bien une protestante, Marie Durand[1], qui jadis l'a gravé sur la pierre dans la Tour d'Aigues-Mortes. Mais est-ce la Foi qui conduisit Cavaillès à choisir précisément, parmi les moyens clandestins de lutte, le plus dangereux parce que le moins verbal, le plus exposé parce que le plus efficace? Une chose est de résister en pensée, en parole, par l'écrit, autre chose de déboulonner un rail de chemin de fer, de manipuler un émetteur radio-télégraphique.

Je dirai donc comment je vois Cavaillès. Si je ne me trompe, c'est dans sa rigueur logique qu'il faut chercher l'unité de Cavaillès philosophe et de Cavaillès résistant. En cherchant les ressorts de la pure pensée rationnelle, Cavaillès est venu à la logique. C'est pour mieux la fonder en approfondissant la structure des théories mathématiques qu'il est allé en Allemagne explorer l'œuvre d'un Cantor, d'un Hilbert[2], d'un Husserl. Mais c'est en Allemagne aussi qu'il découvre une menace non équivoque pour les valeurs rationnelles en quoi consiste selon lui l'essentiel et le meilleur de l'esprit. Quand viennent la guerre et l'armistice, Cavaillès sait exactement quelles conséquences pour son pays et pour l'intelligence humaine vont découler d'une victoire nazie. Il voit exactement sur quel terrain on doit tenter la résistance. Quand le propagandiste officiel d'un système politique peut dire: « Lorsque j'entends parler de culture, je dégaine mon revolver », n'est-il pas logique de conclure que la défense de la culture requiert d'autres armes que des discours académiques? Au cours de cette conversation, dont je m'excuse d'avoir déjà cité un souvenir personnel, Cavaillès déclarait, en regrettant qu'on n'enseignât pas assez la logique en France: « Toute la sottise malfaisante de l'heure est à base de sophismes. La morale c'est la rectitude du raisonnement ». On n'aura garde d'identifier la vie morale de Cavaillès avec son goût pour l'axiomatique, mais on doit convenir que l'incisive inflexibilité de son action porte la marque de sa rigueur intellectuelle. Et c'est là qu'est l'héroïsme, ne rien dire qu'on ne le pense, ne rien dire qu'on ne le

1. Marie Durand (1711-1776), héroïne de la religion réformée, arrêtée à l'âge de quinze ans et emprisonnée à la Tour de Constance à Aigues-Mortes pendant 38 ans.

2. Sur Hilbert, cf. *supra*, p. 67, n. 4 et *infra*, p. 267-268. Cavaillès avait travaillé en profondeur, dans le cadre de la préparation de ses thèses de doctorat, la pensée de Georg Cantor (1845-1918) sur la théorie des ensembles et la numération transfinie. Il avait en 1937 publié la correspondance inédite entre Cantor et Richard Dedekind (1831-1916). Sur la publication de cette correspondance, cf. *infra*, p. 255.

fasse. Cavaillès philosophe n'a pas délégué à d'autres le soin de défendre par les armes la philosophie. Cavaillès résistant défend lui-même la philosophie par les armes.

Cavaillès conclut de ses exigences philosophiques à son devoir militaire directement, sans l'invitation d'un parti, sans le secours d'un appareil politique donné. C'est ce qui explique la solitude volontaire de celui qui ne trouva jamais qu'en lui-même les ressources de son activité. Ses études d'enfant doivent plus à la force de sa seule intelligence qu'à la valeur de ses maîtres trop souvent remplacés, au hasard des garnisons de son père. Il prépare tout seul, à son gré, son entrée à l'École Normale Supérieure. C'est en solitaire qu'il entreprend la Résistance. La création et l'organisation ultérieures des mouvements ne lui ôtent pas le goût et le besoin de l'indépendance. C'est pourquoi sa mort ne peut être revendiquée pour l'apologie d'aucun groupement. L'Université, la France, la Philosophie ne le disputent à personne. Son exemple n'est légué exclusivement à personne et c'est pourquoi il vaut pour tous.

Cavaillès n'a pas choisi sa mort, mais son combat qui l'entraînait à la mort. Il nous enseigne qu'on finit toujours par trouver la mort lorsqu'on a décidé de ne pas la refuser. Une volonté d'accomplissement si tragiquement parfaite qu'elle se détruit en s'achevant oblige tout survivant à s'interroger et à se demander des comptes. Dans le combat de volontaires, où il n'y avait pas de règles de jeu, pas de conventions, pas de rémission, l'engagement de Cavaillès a été totalement logique et lucide. La vie et la mort de ce philosophe contribuent désormais à la définition d'une philosophie de la vie et de la mort. C'est en quoi déjà triomphe du destin le philosophe mathématicien, identifié dans l'anonymat des héros de la Résistance par la singularité d'un numéro, « L'Inconnu N° 5 » du Cimetière d'Arras, notre ami Jean Cavaillès [1].

1. Sur cette thématique de Cavaillès l'Inconnu n° 5, cf. *infra*, p. 906-907.

VINGT-TROISIÈME LETTRE À JEAN-RICHARD BLOCH [1]

Strasbourg, le 19 mars 1946
3 place de l'Université [2]

Cher Jean-Richard Bloch,

Que direz-vous de cette lettre d'un revenant tardif dans ses manifestations? Des amis qui ont vu ces temps derniers Mme Antonina Valentin [3], me disent que vous êtes surpris et peiné de n'avoir reçu jusqu'à

1. Les premières 22 lettres de Canguilhem à Jean-Richard Bloch ont été publiées dans le premier tome des *OC*. Jean-Richard Bloch (1884-1947), agrégé d'histoire, romancier, essayiste et journaliste avait dirigé la revue *Europe*, dont il était l'un des fondateurs (1923), après la prise de contrôle de celle-ci par le Parti communiste français et l'éviction de Jean Guéhenno. Avec Louis Aragon, il avait aussi en 1937 fondé le quotidien *Ce Soir*. Inquiété comme communiste à la suite du pacte germano-soviétique, puis sous Vichy visé par les lois sur le statut des juifs, il passa en URSS en avril 1941 avec sa femme Marguerite (1886-1975), elle aussi juive, née Herzog, sœur d'Émile Herzog dit André Maurois. Bloch exerça à Radio-Moscou et dans la presse une incessante activité d'information et de propagande. Il était rentré en France en janvier 1945. Ses textes radiophoniques de Moscou ont été publiés (non sans quelques retouches) : *De la France trahie à la France en armes*, Paris, Éditions sociales, 1949.

2. La rentrée de l'Université à Strasbourg s'était faite solennellement le 22 novembre 1945. L'installation de la famille Canguilhem à Strasbourg avait eu lieu à la mi-septembre. Plusieurs familles de professeurs habitaient l'immeuble du 3 Place de l'Université devenu disponible après que les professeurs allemands de la *Reichsuniversität* l'eussent évacué.

3. Antonina Valentin, nom de plume d'Antonina Silberstein (1893-1957), auteur de nombreuses biographies. Jean-Richard Bloch avait fait sa connaissance à Florence peu avant la Première guerre mondiale. Très liée à plusieurs écrivains allemands anti-nazis, elle avait publié en 1940 chez Denoël une brochure sur *Les atrocités allemandes en Pologne*. Canguilhem la connut sans doute alors qu'elle était durant la guerre réfugiée à Clermont-Ferrand avec son mari, Lucien Luchaire (1876-1962), associé à la Résistance et très lié avec des professeurs de l'Université de Strasbourg repliée à Clermont-Ferrand.

présent de moi aucun signe de vie et de sympathie. Je me serai donc trompé une fois de plus par timidité et par discrétion. Ce n'est pas la première fois que mes scrupules à m'exprimer me font perdre le bénéfice moral de mes sentiments et me valent peut-être d'être taxé d'office au rebours de l'authenticité ! Vous vous souvenez peut-être d'une lettre que vous m'avez écrite en 1938 (ou 39) en réponse à l'invitation que je vous adressais, au nom d'un Cercle Culturel, de venir donner une conférence à Toulouse. Vous m'y reprochiez, avec quelque ironie tempérée de bienveillance, d'avoir assisté en 1936 à un congrès de Vigilance sans être venu vous y serrer la main [1]. Fait exact, mais auquel les circonstances, autant que je me souvienne, avaient plus de part que la préméditation. Les événements ayant fait que votre lettre est restée sans réponse, je pouvais me demander si une lettre de moi ne vous semblerait pas plus ou moins inspirée par le souci de rentrer en grâce. Je ne me crois pas important au point de supposer que le récit de ce que j'ai pu faire ou dire ou penser, durant les années où des événements inouïs ont fait sortir hommes et choses de leurs gonds, eût pu, en précédant cette lettre éventuelle, lui donner un sens et une justification.

Puisque vous voulez bien, si généreusement, en vous affligeant de mon apparente indifférence, laisser entendre qu'elle ne convient pas tout à fait à l'image que vous avez gardée de moi, laissez-moi m'accuser simplement d'avoir manqué de simplicité et vous prier de trouver mes excuses dans mes explications.

1. Cette lettre de Bloch à Canguilhem ne nous est pas connue. Canguilhem avait en effet assisté au deuxième congrès du Comité de Vigilance des Intellectuels Anti-fascistes, le 21 juin 1936 à Paris, étant alors secrétaire de la section de Béziers du CVIA.

Le 27 mai, la section de Béziers avait adressé une résolution de caractère pacifiste en vue de ce congrès, faisant valoir que la brutalité des nazis ne devait pas masquer la « justice de la revendication » (la révision des traités) et que si « le fascisme porte en lui la guerre », la guerre serait elle-même une chance d'extension du fascisme. « La paix sera mortelle au fascisme hitlérien en dissipant l'équivoque sur laquelle il vit » (*Vigilance*, n° 37, 27 mai 1936, p. 27).

Au congrès, Canguilhem avait tenté sans succès de faire adopter une motion fusionnant des éléments des deux motions antagonistes présentées d'une part par des pacifistes disciples d'Alain (motion de Francis Delaisi) et d'autre part par les communistes (motion de Jean-Richard Bloch). La victoire resta aux pacifistes. Les communistes quittèrent les organes dirigeants du CVIA le mois suivant (*Vigilance*, n° 38-39, 8 juillet 1936, p. 10).

Je ne suis pas resté indifférent aux nouvelles de vous et des vôtres pendant la guerre et depuis la Libération. Les Mahn[1], Parrot[2], et Mme Valentin m'en ont donné à Clermont-Ferrand. Je savais la disparition de France[3], l'internement de Michel[4] – entre parenthèses c'est moi qui ai préparé et fait signer par le Commissaire de la République l'arrêté de réintégration de Michel et de tous les universitaires de la région révoqués par Vichy[5]. J'ai appris, depuis, la mort de France à Auschwitz, mais sans aucun détail. Vous pensez bien que je ne peux oublier les années 1925 et 1926, l'enrichissement que je dois à votre amitié et à celle de vos enfants. J'ai retrouvé cet été, à l'occasion de notre déménagement, des papiers de France

1. Berthold Mahn (1881-1975), peintre et illustrateur avec qui Bloch se lia alors qu'il servait comme officier interprète en Italie en 1917. Mahn avait parcouru l'Auvergne dans les années 1940 (*cf.* Henri Pourrat, « Dans le haut pays avec Berthold Mahn », *L'Auvergne Littéraire*, 1946, n° 115, p. 21-28). On ne sait dans quelles circonstances Canguilhem le connut.

2. Louis Parrot (1906-1948), écrivain et journaliste au quotidien *Ce Soir* que codirigeait Bloch. Il avait été responsable de la section littéraire d'une librairie de Poitiers où probablement Bloch le connut. Présent à Clermont-Ferrand pour l'agence Havas durant l'Occupation, ami de Jean Rochon (cf. *supra*, p. 215 *sq.*), actif dans les éditions clandestines de Minuit, il fut dès 1945 auteur du premier ouvrage sur la Résistance intellectuelle en France, *L'intelligence en guerre* (Paris, La Jeune Parque, 1945 ; nouvelle édition Le Castor Astral, 1990).

3. Françoise, dite France, Bloch (1913-1943) était l'une de deux filles cadettes de Jean-Richard Bloch à qui Canguilhem servit de répétiteur au milieu des années 1920, jusqu'à 1927 (cf. *OC* I, p. 160, note 1). Devenue chimiste, France Bloch avait mis ses compétences au service de la Résistance pour la fabrication d'explosifs. Elle fut arrêtée par la police française en mai 1942 et remise aux Allemands. Condamnée à mort comme ses co-accusés du procès de la « Maison de la Chimie », elle n'était pas morte à Auschwitz comme le croyait alors Canguilhem – ce fut plutôt le sort de la mère de Jean-Richard Bloch, à 86 ans, gazée à son arrivée le 3 juin 1944 – mais fut guillotinée à la prison de Hambourg le 12 févier 1943. Son mari, Frédéric Sérazin, dit Fredo, (1906-1944), militant communiste, interné en août 1940, évadé puis repris en mars 1941, évadé de nouveau en octobre 1943, entra dans la clandestinité à Saint-Étienne et se joignit aux FTP ; arrêté par la Gestapo, il fut torturé et exécuté le 15 juin 1944, mais son corps ne fut identifié qu'en avril 1945.

4. Michel Bloch (1911-2000), professeur délégué à la nouvelle École Nationale Professionnelle de Thiers dans le Puy-de-Dôme, avait été révoqué en vertu du Statut des Juifs du 18 octobre 1940. Arrêté comme résistant en janvier 1941, il fut condamné à cinq ans de prison. Libéré par un maquis de l'Armée Secrète le 10 juin 1944, il rejoignit les FTP de la région de Limoges où il servit bientôt et jusqu'en avril 1945 au cabinet du nouveau préfet, Jean Chaintron. Appelé à Paris, il entra au cabinet de François Billoux alors ministre de la Santé.

5. Canguilhem était en effet à l'automne 1944 chef de cabinet d'Henry Ingrand, Commissaire régional de la République pour la région de l'Auvergne.

et de Claude[1], datant de l'époque du boulevard Beaumarchais et de Meudon[2]. Ça ne ressemble à rien de ce qu'ont coutume d'écrire des enfants de cet âge (l'âge de mes deux aînés). Bien que l'imagination me manquât à l'époque pour anticiper les reculs dont le cheminement historique de l'homme est susceptible, je ne crois pas avoir développé chez vos petites filles une vision trop idyllique de l'existence humaine, sans manquer toutefois au devoir d'optimisme qui s'impose, selon moi, à tout éducateur, car on ne peut élever que dans l'espoir. Je sais que France n'a pas été arrêtée par hasard, je suis sûr qu'elle n'a pas souffert sans rester lucide. Mais cela ne peut être une consolation. Si ce pouvait en être une, autant vaudrait redevenir chrétiens. Dès qu'on refuse la providence et l'imprévisibilité de ses voies dont pourtant le terme est fixé à l'avance, il ne reste rien qui garantisse absolument la valeur d'un sacrifice conscient et qui rachète la fin, même héroïque, d'une individualité. L'histoire humaine est faite de pertes absolues, et la survivance comporte des douleurs qu'on oublie ou qu'on n'oublie pas mais que rien ne compense. Le mot de Goethe : En avant par delà les tombeaux[3], me paraît une affectation de littérateur. Contrairement à ce que pensent les tenants d'une providence, l'impossibilité de croire que la vie et la mort des individus sont une prise d'hypothèque sur le futur, donne un sens à la vie bien loin de le lui retirer. Un sens ne peut être qu'aléatoire. Je ne puis donc vous offrir, non plus qu'à Madame Bloch et à vos enfants, des paroles qui s'efforceraient vainement à la consolation, mais seulement la fidélité de mon souvenir à celle qui reste, pour moi, une petite fille rieuse et sérieuse, sensible et décidée, une petite fille à qui je voudrais que la mienne ressemblât. Ma petite fille s'appelle Francette et elle a une chatte qu'elle

1. Claude Bloch (1915-2009), l'autre élève de Canguilhem, avait quitté avec son mari la France pour le Chili en 1939. Ces « papiers », de l'année 1927, se trouvent dans le Fonds Canguilhem au CAPHÉS.

2. Les Bloch ont habité le 113 boulevard Beaumarchais dans le 3e arrondissement de Paris jusqu'en octobre 1926. Canguilhem dut ensuite aller au 63 bis rue de la République à Meudon Val-Fleury pour y donner ses leçons ; de Paris, on s'y rendait en train en 15 minutes depuis la gare des Invalides.

3. « … und so, über Gräber, vorwärts ! », injonction tirée d'une lettre du 23 février 1831 de Johann Wolfgang Goethe (1749-1832) à son ami Carl Friedrich Zelter (1758-1832), musicien compositeur (cf. *Briefwechsel zwischen Goethe und Zelter in den Jahren 1799 bis 1832*, éd. Edith Zehm et Sabine Schäfer, München, Carl Hanser Verlag, 1998, p. 1454). Le fils de Goethe, August, venait de mourir en voyage, à Rome.

appelle Tota, car depuis que j'ai été reçu à La Mérigote [1] toutes les chattes de la maison ont porté héréditairement le nom de Tota (il y avait à la Mérigote en 1927 deux chattes qui s'appelaient Tota et Mitu). Que tout cela est près aujourd'hui !

Cher Jean-Richard Bloch, pardonnez-moi, Madame Bloch et vous, de vous avoir laissé croire que mon silence recouvrait ce qu'il ne saurait recouvrir, et de vous avoir peiné. Recevez, l'un et l'autre, l'expression de mon souvenir le plus amical,

G. CANGUILHEM

Je pense que je pourrai passer vous voir quand je viendrai à Paris ? [2]

1. La Mérigote, où Canguilhem avait été reçu plus d'une fois, était la propriété en proche banlieue de Poitiers que Bloch avait achetée en 1913 et qui était devenue depuis la fin des années 1920 sa résidence principale.

2. On ne sait pas si une telle rencontre put effectivement avoir lieu avant le décès soudain de Jean-Richard Bloch le 15 mars 1947. Lors de la constitution de l'Association des Études Jean-Richard Bloch, au printemps 1993, Madeleine Rebérioux en étant présidente et Claude Bloch l'une des élèves de Canguilhem, secrétaire, celui-ci fit partie du Comité d'honneur de la nouvelle Association, avec notamment le fils de l'écrivain, Michel Bloch.

GEORGES FRIEDMANN, *LEIBNIZ ET SPINOZA*

321 p., Paris, Gallimard, 1946[a]

Bulletin de la Faculté des Lettres de Strasbourg, vol. 25, n° 2, décembre 1946, p. 43-47

Voici un livre longtemps médité qui vient combler un vide et une attente. Techniquement parlant, c'est la reprise d'un problème mal posé, pour des

a. Nous ne croyons pas superflu de signaler, dans ce *Bulletin*, que l'ouvrage est dédié à la mémoire de Marc Bloch et de Jean Cavaillès [1].

1. Cette dédicace se lit : « À la mémoire de Marc Bloch et Jean Cavaillès professeurs à la Sorbonne Hommes justes et savants morts en 1944 sous les coups de barbares au service de la liberté et d'une cité meilleure ». Sur Marc Bloch, cf. *infra*, p. 277, n. 3.

Georges Friedmann (1902-1977) était entré à l'École normale supérieure en 1923, un an avant Canguilhem, et il devint agrégé de philosophie en 1926. De retour à l'École comme assistant de Célestin Bouglé au Centre de documentation sociale, de 1931 à 1934, il enseigna dans une école professionnelle, l'école Boulle, de 1935 jusqu'à la guerre. Brièvement Inspecteur général de l'enseignement technique en 1945, il fut de 1946 à 1959 professeur d'histoire du travail au Conservatoire National des Arts et Métiers et, à compter de 1948, directeur d'études à l'École pratique des Hautes Études.

Comme Canguilhem, Friedmann prit précocement figure d'intellectuel engagé (dès 1926, il est de la *Revue marxiste*, qu'il finançait personnellement, de même que la *Revue de psychologie concrète* que dirigeait son ami Georges Politzer). Son itinéraire est alors étroitement associé à celui des intellectuels communistes, et il est de ceux qui visitèrent plusieurs fois l'URSS au cours des années 1930. La guerre venue, il retrouva Canguilhem à Toulouse et ils participèrent ensemble à des réunions clandestines, notamment avec Boris Vildé (1908-1942) du réseau du Musée de l'Homme, préludes à la résistance organisée en zone sud à laquelle Friedmann devait participer pleinement. Très proche du PCF jusqu'en 1950, il s'en éloigna à la suite des violentes attaques de celui-ci contre Jean Cassou (1897-1986) qui avait été un de ses compagnons dans la résistance toulousaine. Son ouvrage sur *Les problèmes humains*

raisons intéressées, par Foucher de Careil[1] et mal résolu par Ludwig Stein[2]. Friedmann procède à la confrontation, à l'examen et au commentaire des textes de Leibniz relatifs à Spinoza, écrits entre 1669 et 1716, soit au cours d'environ un demi-siècle. Mais avant ce recensement et cette analyse des « réfractions de Spinoza à travers Leibniz » (p. 14) l'auteur met au point ce que l'on peut savoir aujourd'hui de la pensée et de l'orientation de Leibniz, au moment où, selon son propre témoignage, il commence à être à la fois attiré et troublé par Spinoza. Quelles que soient en ce travail la richesse et la précision de l'information ou la sûreté de sa mise en œuvre, ce n'est pas là que résident l'originalité et le mérite de Friedmann, mais bien dans la méthode d'éclaircissement historique qu'il emploie et dans l'ampleur des conclusions philosophiques auxquelles elle le conduit. Les deux mérites se commandent du reste. Cette méthode qui consiste à replacer Leibniz dans son milieu social, intellectuel, religieux, à ne pas séparer l'idée de l'homme, c'est l'expression d'une philosophie. Et cette extrapolation du « cas » Leibniz en problème de la philosophie humaniste, cette esquisse d'une structure de l'optimisme à propos du philosophe qu'on tient généralement, quoique à tort, pour l'optimiste en soi, c'est un essai remarquable et une heureuse réussite d'une méthode à laquelle l'histoire des idées offre un vaste champ d'exercice.

Ayant à caractériser la pensée de Leibniz au moment des premiers contacts avec le spinozisme, Friedmann attache, utilisant en cela les

du machinisme industriel (cf. *infra*, p. 291 *sq.*) eut une grande influence sur le développement de la sociologie du travail en France. À l'occasion du centième anniversaire de sa naissance se tint un colloque dont les travaux ont été publiés : Pierre Grémion et Françoise Piotet (dir.), *Georges Friedmann. Un sociologue dans le siècle 1902-1977*, Paris, CNRS Éditions, 2004).

La première édition de *Leibniz et Spinoza* est absente de la bibliothèque de Canguilhem telle que conservée au CAPHÉS. Il s'agit de la thèse principale pour le doctorat ès lettres.

1. On doit à Louis-Alexandre Foucher de Careil (1826-1891), avant qu'il ne se consacre à la politique (il fut sénateur de 1882 à sa mort), l'édition d'importants inédits de Leibniz, dont les *Animadversiones ad Wachteri librum* (in *Réfutation inédite de Spinoza par Leibniz*, Paris, typ. E. Brière, 1854), mais marquée au coin du souci de faire valoir une opposition radicale à Spinoza et la réfutation de celui-ci par un Leibniz spiritualiste orthodoxe.

2. Ludwig Stein (1859-1930), théologien, prédicateur et philosophe, avait repris la question des rapports complexes de Leibniz à Spinoza arguant d'un revirement oppositionnel vers sa quarantième année : *Leibniz und Spinoza. Ein Beitrag zur Entwicklungsgeschichte der Leibnizischen Philosophie* (Berlin, J. Reimer, 1890).

importants travaux de Jagodinsky[1], la plus grande attention à la notion d'Harmonie, principe d'explication physique et métaphysique dont le choix répond à des préoccupations morales et religieuses. L'Harmonie est pour Leibniz l'intuition initiale, le noyau organisateur du système. On reconnaîtra ici une vue bergsonienne d'autant plus intéressante que Friedmann est bien loin de mépriser, comme extrinsèques et superficielles, les explications par le milieu historique et social. Mais ce n'est pas lui qui confondrait une philosophie avec l'idéologie qui en dérive, parfois du fait du philosophe même. Friedmann insiste sur le fait, habituellement trop peu marqué, que Leibniz a peu subi l'influence de Descartes. Il attache une juste importance à l'individualisme leibnizien, et je lui reprocherais seulement, à ce sujet, de n'avoir pas rappelé plus explicitement, dans le chapitre X, où il confronte les deux systèmes en leur totalité, que la question de l'individualité est un des points fondamentaux de divergence pour Spinoza et Leibniz, car, par delà l'immortalité personnelle, que Leibniz cherche à justifier en tant que tonique individuel et ciment social (p. 210), c'est la réalité et la valeur de l'individu qui sont en jeu. Enfin, les recherches logiques sur la Caractéristique Universelle, sont rappelées comme un des thèmes essentiels de la pensée de Leibniz, avec d'autant plus d'à propos que l'ambition spinoziste d'édifier une philosophie *more geometrico* est l'un des attraits principaux que l'*Éthique* ait offerts au logicien exigeant, rapidement déçu sur ce point. Au reste Friedmann n'admet pas, contre Couturat et Russell[2], que la philosophie de Leibniz soit un panlogisme (p. 46). C'est à partir de l'Harmonie qu'on a une vue centrale sur le système naissant.

1. Le philosophe russe Ivan Jagodinsky (1869-?), professeur à l'Université de Kazan, avait publié des éditions pour la première fois complètes mais parfois fautives d'inédits de Leibniz, avec leur traduction en russe : en 1913 *Leibniziana, Elementa philosophiae arcanae, de summa rerum* et, en 1915, *Leibnitiana inedita. Confessio philosophi* (Kazan, Typo-lithographie de l'Université Impériale). Albert Rivaud (1876-1956) en avait rendu compte de manière détaillée dès 1914 : « Textes inédits de Leibniz publiés par M. Ivan Jagodinsky », *Revue de Métaphysique et de Morale*, vol. 22, n° 1, p. 94-120. Selon des sources russes, la date de décès de Jagodinsky est inconnue, mais on sait qu'elle ne survint pas avant 1918. (Information communiquée par les soins d'Alberto Cambrosio.)]

2. Louis Couturat (1868-1914), *La logique de Leibniz d'après des documents inédits* (Paris, Félix Alcan, 1901) et Bertrand Russell (1972-1970), *A Critical Exposition of the Philosophy of Leibniz, with an Appendix of Leading Passages*, Cambridge, Cambridge University Press, 1900.

Par l'analyse de la philosophie leibnizienne et le recoupement des données biographiques, Friedmann établit qu'il n'y a pas eu d'influence de Spinoza sur Leibniz à l'époque où ce dernier est déjà en possession des thèmes fondamentaux de sa philosophie. Et par la suite? Les rapports personnels et épistolaires entre L. et S., les annotations de L. sur les exemplaires des œuvres de S., les allusions à la doctrine de S. dans la correspondance de L., sont pour Friedmann l'occasion de faire valoir une érudition si bien dominée – dont les éléments remplissent pourtant 65 pages terminales de notes – qu'elle ne gêne jamais l'exercice d'un jugement toujours sûr de lui. Au terme de cette longue et minutieuse enquête, l'auteur conclut : « on n'est pas scientifiquement justifié de parler d'un spinozisme de Leibniz » (p. 201). Il n'y a pas eu à proprement parler d'influence. On peut parler d'un emprunt de formules (par exemple « automate spirituel »), mais intégrées par L. dans un mode de pensée tout différent. On peut parler de réminiscences du spinozisme dans la psychologie leibnizienne, notamment dans la théorie des affections et des passions. Mais l'opposition des intentions et des intuitions centrales des deux philosophies ne permettait pas davantage. L. a « profité » de ses lectures de S. ou de ses entretiens avec S., au fond il ne pouvait pas le comprendre. En philosophie, selon ses propres dires, L. « ne méprisait presque rien », mais il n'était pas un esprit disponible. Il était sensible mais non réceptif. C'est sur ce point que la thèse de Friedmann s'écarte radicalement de l'interprétation de Stein.

L'opposition des vues centrales de L. et de S. suffit-elle à expliquer la violence des réactions de L. à l'égard des thèses fondamentales du Spinozisme? Sans doute, et l'auteur a raison de le rappeler plusieurs fois et avec force, L. ne pouvait accepter la réduction de la religion à la seule morale (p. 81), non plus que l'élimination, comme illusoire, de la notion d'Ordre et spécialement d'Ordre Moral, non plus que la négation des notions de possibilité et de finalité. Sans doute la déception du logicien, devant la tentative spinoziste de parvenir en philosophie à des démonstrations du type mathématique, vient-elle renforcer la réprobation du moraliste chrétien (p. 190). Mais de là à voir dans le spinozisme une doctrine « impie » ou « monstrueuse » il y aurait place, semble-t-il, pour une sérénité plus philosophique. Friedmann n'exagère rien en affirmant à plusieurs reprises que, dans la pensée de L., sa polémique contre S. se présentait comme l'une des phases de la lutte permanente de l'Ange contre le Démon : « Dans la galerie de doctrines meublée par la propagande leibnizienne des dernières années, le spinozisme joue de plus en plus le rôle du Malin que l'Harmonie préétablie vient exorciser » (p. 163).

A cette question particulièrement épineuse, l'art de Friedmann autant que sa sagacité apportent une réponse apparemment définitive, en campant de Leibniz un portrait d'un relief étonnant. Et là est, à mon avis, la réponse anticipée à ceux qui pourraient s'étonner de voir tant de ressources intellectuelles, rares et précieuses, employées à la solution, par la négative, d'un problème d'influence dont la limitation n'est pas entièrement compensée par la personnalité des protagonistes. Les deux derniers chapitres de l'ouvrage : *Leibniz juge de Spinoza, Leibniz et Spinoza* constituent une des meilleures contributions à l'intelligence de Leibniz et de sa philosophie, car dans cette confrontation des deux philosophes c'est sur Leibniz que convergent les feux des projecteurs.

Si le *Discours de la Méthode* et la *Correspondance* de Descartes ont de tout temps permis à ses lecteurs de se faire une image de l'homme, de voir Descartes et de le voir vivre, il faut avouer que ni le *Discours de Métaphysique*, ni la *Monadologie*, ni même la *Théodicée* ou les *Nouveaux Essais* n'offrent, même de loin, semblable possibilité. À s'en tenir à l'œuvre proprement philosophique, les idées de Leibniz ne mènent pas vers leur auteur. La présentation du système est nettement plus scolastique chez Leibniz. Descartes, quoique hautain et distant, nous est plus proche. Friedmann aura contribué sinon à restituer à Leibniz son visage – cela est dépourvu de sens – du moins à lui donner un visage. Lequel ?

Leibniz, philosophe et mathématicien, fut aussi diplomate ou plus exactement agent diplomatique secret, homme politique enfin. Ce rôle de conseiller des puissants, de courtisan, auquel Descartes se résolut, après tant d'hésitations, si tard et pour sa perte, auquel Spinoza se refusa toujours, Leibniz l'assuma pleinement avec passion dès le début de sa carrière. Il est bien « le seul des princes de la pensée qui ait été aussi assidûment un courtisan des princes du sang » (p. 167). Selon les plans où l'on veut situer son activité, on peut le dire esprit encyclopédique ou agent de liaison. Mais de même que toute tolérance est aveu – par réaction contre lui – d'un parti-pris, de même tout éclectisme enferme quelque duplicité. On admirera la maîtrise avec laquelle Friedmann écrit : « L'historien doit, en tout cas, constater, sans former aucun jugement moral, que cette prudence s'accompagne souvent chez Leibniz d'une duplicité, au sens le plus objectif du mot, qui n'est nullement gênée par l'expression simultanée d'appréciations contradictoires. Cet auteur d'un « livre intolérablement licencieux », d'un « livre horrible », cet

« homme qui est tombé si bas », Leibniz le recherche, lui écrit… » (p. 168). C'est que, comme il est dit plus loin, l'éclectisme comporte un risque, celui de frôler l'hétérodoxie, perpétuellement parce que de plusieurs côtés. Leibniz était nécessairement enclin à se défendre du reproche possible d'incroyance en attaquant l'incroyance d'autrui. Le milieu intellectuel à travers lequel le spinozisme est parvenu à Leibniz et la personnalité de Leibniz expliquent donc l'intensité de ses réactions sinon leur sens.

Ce sens, on l'a déjà vu, intéresse le plus profond de la philosophie leibnizienne. Leibniz a dit un jour de lui-même : « Je commence en philosophe, mais finis en théologien ». Or il s'agit de savoir s'il n'aurait pas, au fond, commencé par où il devait finir et s'il n'a pas cherché ce qu'il avait déjà trouvé. Sa devise *Conciliare veritatem pietati* (p. 206) ne marquerait-elle pas, par sa construction même, que la piété constituait d'abord le pôle positif de toutes ses références ? Selon Friedmann, Leibniz est le plus grand philosophe du sens commun chrétien; il a cherché à s'accorder à la psychologie moyenne du christianisme, à rationaliser des dogmes (p. 207). Bien que dans son système Dieu soit au centre, ce Dieu est celui d'une tradition, ce qui permet à Friedmann d'écrire sans contradiction ni paradoxe que l'homme est le centre du système (p. 207). Cette philosophie tend, par la rationalisation et la consolidation d'une religion de salut, à calmer l'angoisse humaine, en affirmant que le monde est bon, que le mal est une apparence. Il faut sauver l'homme moyen du pessimisme lié à l'incroyance. Le meilleur des mondes possibles c'est l'assurance donnée par la meilleure des philosophies. Cette préoccupation constante de fonder la meilleure philosophie, trahit « une disposition anxieuse » (p. 218). On rapprochera le jugement, à première vue surprenant pour le lecteur satisfait de clichés, du mot de J. Baruzi [1] sur l'optimisme de Leibniz dissimulant « le pessimisme humain le plus accentué que jamais philosophe ait conçu ». C'est que, selon Friedmann, le Dieu de Leibniz est lui-même déjà le premier serviteur du bien tel que le conçoit Leibniz, par défaut d'optimisme : « Le Dieu de Leibniz ne choisit pas l'univers le meilleur. Antérieurement à Dieu, Leibniz pose le « meilleur » qui contraint Dieu. Nous ne voyons là ni un signe d'optimisme

1. Jean Baruzi (1881-1953), docteur ès lettres (1924), professeur au Collège Stanislas, puis au Collège de France où, d'abord suppléant d'Alfred Loisy (1857-1940), puis professeur titulaire, il enseigna l'histoire des religions de 1926 à 1951. Il avait publié *Leibniz et l'organisation religieuse de la terre, d'après des documents inédits*, Paris, Alcan, 1907.

fondamental, ni une marque de confiance en Dieu. Bien au contraire, Leibniz semble se défier de Dieu lui-même » (p. 218). Dieu n'a pas le choix, pas plus que l'homme n'a le choix. « L'homme est serf de sa notion » (p. 219), « Dieu est le premier serviteur du bien et du vrai » (p. 206). Nous conseillons de confronter sur ce point les analyses de Friedmann (p. 218-221) avec celles de Léon Brunschvicg dans *la Raison et la Religion* (chap. VI) [1] et celles de J.P. Sartre dans *l'Être et le Néant* (p. 546 *sq.*)[2]. En philosophie il n'y a pas que disparate ou dissonance, et dans ce cas précis on voudra bien convenir que les auteurs cités n'ont pas le culte des mêmes Dieux. En somme, Leibniz n'a pas réussi à fonder authentiquement la notion qu'il reprochait si âprement à Spinoza d'avoir annulée, celle de possible. S'il eût réussi, il eût pu garantir aux efforts faits par l'homme pour se libérer de l'angoisse initiale leur valeur présumée sinon leur succès obligé. C'est ce que pense Friedmann quoiqu'un peu différemment : « Si l'on veut juger les résultats d'un système c'est à ses intentions qu'il faut les confronter. Au regard de ses ambitions de préserver la liberté, la responsabilité, et de fonder une philosophie de l'effort humain, Leibniz a échoué » (p. 221).

Inversement, Spinoza n'a jamais prétendu, comme il l'écrivait à Albert Burgh[3], avoir trouvé la philosophie la meilleure. Il cherchait seulement une philosophie vraie. « Spinoza ne pense pas *pour* l'homme. Il pense » (p. 225). Spinoza ignore le meilleur, « cette drogue à l'usage de nos faiblesses »

1. Léon Brunschvicg, *La Raison et la religion*, Paris, Alcan, 1939 ; le chapitre VI, intitulé « Période leibnizienne », dans la deuxième partie, « Les disgrâces de l'éclectisme », occupe les pages 111-192, dans la réédition de 1964 aux P.U.F.

2. Jean-Paul Sartre (1905-1980), *L'Être et le néant*, « Bibliothèque des idées », Paris, Gallimard, 1943. Canguilhem avait inscrit à la bibliographie de son cours de philosophie générale à la Faculté des Lettres de Strasbourg à compter de l'année 1944-1945 *L'Être et le néant* et *L'Imaginaire, psychologie phénoménologique de l'imagination* (« Bibliothèque des idées », Paris, Gallimard, 1940). Bien qu'il ne soit pas revenu souvent à Sartre dans son œuvre publiée, Canguilhem n'ignorait rien des œuvres de son condisciple de ses années d'École normale, et il a notamment donné un commentaire de l'existentialisme sartrien dans sa conférence devant les membres de l'Union rationaliste à Strasbourg le 17 mars 1948. Cette conférence qui demeure inédite est conservée dans le Fonds Canguilhem au CAPHÉS.

3. Albert Burgh était le fils d'un ami de Spinoza et connaissait personnellement celui-ci. Le jeune Burgh s'était converti au catholicisme durant un voyage en Italie et avait le 11 novembre 1675 envoyé de Florence à Spinoza une longue lettre lui enjoignant de cesser « son œuvre de perversion » (*cf.* Lettre LVII, avec la réponse de Spinoza, lettre LXXVI, dans les *Œuvres complètes*, Paris, Gallimard, Bibliothèque de la Pléiade, 1954, respectivement p. 1265-1274 et p. 1288-1293).

(p. 18). L'opposition des deux systèmes est parfaitement résumée par ces mots : « L'un est tout entier construit autour de l'homme et pour lui. L'autre est le plus puissant effort jamais tenté pour décentrer la réflexion philosophique par rapport à l'homme et penser celui-ci à partir du Tout infini dont il fait partie » (p. 225). En fin de compte la philosophie de Spinoza, qui n'est à aucun degré un humanisme, est cependant une philosophie plus virile. Certes tous les hommes ne peuvent prétendre à la sagesse dont le livre V de *l'Éthique* expose la technique, mais « Spinoza entr'ouvre, au moins pour quelques-uns l'issue, Leibniz la bouche définitivement sur leur destin préétabli » (p. 225). Des deux philosophes, c'est Spinoza qui fut le plus mystique et le plus confiant (p. 226). Ces derniers mots de l'ouvrage rejoignent l'inspiration du vigoureux avant-propos, un de ses meilleurs morceaux, et dont je veux longuement citer la fin : « Ni Spinoza, ni Leibniz, est-il besoin de le dire, ne constituent des termes historiquement isolés ou isolables : ils sont eux-mêmes pris dans le vaste flux qui suit son cours à travers les bouleversements des sociétés, les transformations des civilisations matérielles, les progrès de la science et de l'outillage mental. Il n'en reste pas moins que, considérés en eux-mêmes, dans leur grandeur et leur nudité, ils offrent, avec une sorte de pureté symbolique, deux *types* de pensée sur l'homme et l'Univers dont le rapprochement nous a paru singulièrement riche d'enseignements et, par ses incidences sur la religion, la morale et la politique, digne d'être attentivement médité » (p. 19).

Il est possible que certains reprochent à Friedmann d'avoir mêlé à l'examen d'un problème historique des jugements dont il ne cherche pas à dissimuler quel choix philosophique ils impliquent. Il me paraît au contraire qu'en affirmant aussi nettement qu'il n'y a pas d'histoire de la philosophie vraiment philosophique sans une mise en perspective dont le foyer se situe au sein des problèmes actuels, Friedmann a gagné la difficile partie qu'il a voulu jouer.

G. CANGUILHEM

JEAN CAVAILLÈS, LA THÉORIE DE LA SCIENCE SELON BOLZANO [1]

Deucalion. Cahiers de philosophie, n° 1 (1946), p. 195-202 [2]

Extrait d'un travail de Cavaillès sur la logique et la théorie de la science, composé pendant l'internement au camp de Saint Paul d'Eyjeaux et presque entièrement mis au point entre le moment de l'évasion et celui de la dernière arrestation par la police allemande. L'ouvrage sera prochainement publié par les *Presses universitaires*. Nous devons à l'obligeance de Madame Ferrières, sœur de Cavaillès, et des *Presses universitaires* de pouvoir en présenter ici quelques pages. N.D.L.R.

1. L'extrait dont il est question dans cette brève note constitue la conclusion de la première partie de *Sur la logique et la théorie de la science*, ouvrage de Cavaillès alors encore inédit dont Canguilhem préparait l'édition (voir le texte immédiatement ci-après). Il est repris dans ses *Œuvres complètes de philosophie des sciences*, *op. cit.*, p. 653-657 et ne sera donc pas donné ici.

Cette note, malgré la mention terminale N.D.L.R., est bien de Canguilhem. Le tapuscrit s'en trouve dans ses archives au CAPHÉS (GC. 32.3.2).

2. Jean Wahl venait de fonder aux « Éditions de la revue *Fontaine* » cette nouvelle revue de philosophie, *Deucalion*, dont l'achevé d'imprimer du premier numéro est du 30 août 1946. Le dernier numéro de cette revue, le sixième, parut en 1957.

Wahl avait sollicité Canguilhem dans une lettre du 29 janvier 1946 : « Je serais très heureux que le premier numéro paraisse en Avril avec un article de vous ». Et il ajoute : « Je veux vous demander s'il existe des manuscrits de Cavaillès que l'on puisse imprimer ? Je voudrais qu'une partie de la revue soit consacrée à la publication de pages écrites par ceux qui sont morts au service du pays ». Canguilhem ne fut pas en mesure de fournir un de ses propres textes dans les délais prévus, mais avec l'autorisation de Gabrielle Ferrières et avec celle des P.U.F. avec lesquelles un contrat avait déjà été signé, il procéda au choix de l'extrait auquel il donna son titre (*cf.* dans le Fonds Canguilhem au CAPHÉS, GC. 32.3.2).

Ce premier numéro de *Deucalion* comprend notamment des articles d'Alphonse de Waelhens, Emmanuel Levinas, Jean Wahl, Roland Caillois, Raymond Ruyer, Ferdinand Alquié, Vladimir Jankélévitch et Louis de Broglie mais aussi, du côté des disparus, outre celui de Cavaillès, un texte d'Yvonne Picard (1920-1943), étudiante de la Sorbonne morte en déportation (« Le temps chez Husserl et chez Heidegger »).

AVERTISSEMENT
[À *SUR LA LOGIQUE ET LA THÉORIE DE LA SCIENCE*] [1]

dans Jean Cavaillès, *Sur la logique et la théorie de la science,* collection « Bibliothèque de philosophie contemporaine », Paris, Presses universitaires de France, 1947, p. V-VIII [2]

Quelques mots d'explication nous paraissent nécessaires en tête de cette œuvre de Jean Cavaillès, la dernière [3].

Cavaillès, dès l'achèvement de ses thèses de philosophie, en 1938, s'est préparé à une nouvelle étape du travail d'expression de sa propre pensée. Mais, un an après, la guerre lui proposait d'autres exercices. On sait comment, après une courageuse campagne dans l'hiver 1939-40, fait

1. Cet avertissement est signé conjointement par Georges Canguilhem et Charles Ehresmann. Le manuscrit qui en est conservé dans le Fonds Canguilhem au CAPHÉS (GC. 32.3.2), identique au texte publié à quelques majuscule et signes de ponctuation près, est entièrement de la main de Canguilhem. Il y a inscrit le nom des deux signataires. Cet « avertissement » est repris dans toutes les éditions subséquentes, mais avec des variations de pagination.

Charles Ehresmann (1905-1979), mathématicien français d'origine strasbourgeoise, était spécialiste de la topologie et de la théorie des catégories. Normalien de la même promotion que Canguilhem, il obtint aussi son agrégation en 1927. Nommé en 1939 maître de conférences à la Faculté des Sciences de Strasbourg, il passa la guerre à Clermont-Ferrand avec son université qui y était repliée. Il fut nommé à la Sorbonne la même année que Canguilhem, en 1955, et poursuivit sa carrière à Paris VII-Diderot à compter de 1969. Il fut membre du groupe Bourbaki auquel était associé Cavaillès dès les débuts en 1934-1935 (*cf.* Hourya Benis-Sinaceur, « L'épistémologie mathématique de Jean Cavaillès », *op. cit.*, p. 18-19). Ehresmann avait notamment participé à la discussion qui avait suivi la double présentation de Cavaillès et Lautman sur « La pensée mathématique », à Paris, à la Société française de Philosophie, en février 1939 (pour la référence, cf. *infra*, p. 271); il avait aussi avec Cavaillès, Henri Cartan et Jean Dieudonné (1906-1992), contribué aux discussions du groupe Bourbaki tenues à Clermont-Ferrand en juillet 1941 ; c'est à l'occasion de ce retour à Clermont-Ferrand, Cavaillès étant alors depuis mars en poste à Paris, qu'eut lieu la rencontre en Haute-Loire narrée par Canguilhem en 1950 (cf. *supra*, p. 224).

2. Comme l'indique la fin du texte, cet écrit de Canguilhem est de mai 1946. L'impression de l'ouvrage et son dépôt légal sont du 1er trimestre 1947. Une deuxième édition parut aux P.U.F. en 1960. Les éditions suivantes ont été publiées chez Vrin.

3. Sur l'engagement résistant de Cavaillès et la séquence des événements formant contexte à cet ouvrage, cf. *supra*, p. 220 *sq.* et *infra*, p. 251 *sq.*

prisonnier en mai, Cavaillès s'évada en Belgique, durant son transfert en Allemagne, et reprit en octobre 1940 ses cours à l'Université de Strasbourg repliée à Clermont-Ferrand. On sait aussi qu'il ne se contenta pas de reprendre sa tâche de professeur, qu'il ne s'estima pas démobilisé par l'armistice et qu'il fut en France un des quatre ou cinq fondateurs des premiers mouvements de Résistance. La tâche de Cavaillès, en ce domaine, jusqu'à sa deuxième et définitive arrestation en août 1943, fut écrasante.

Cette tâche pourtant ne le détourna pas du travail philosophique. Les deux à vrai dire ne se séparaient pas pour lui. Le retour à la réflexion lui paraissait indispensable, au sein de l'action, pour lui garantir son sens. Il avait l'intention, dont il nous avait fait part à plusieurs reprises, d'écrire un *Traité de Logique*, mais ajoutait-il en riant: « Je n'aurai le temps de l'écrire qu'en prison ». C'est bien ce qui est arrivé. S'embarquant pour l'Angleterre, une nuit d'août 1942, Cavaillès fut arrêté sur une plage voisine de Narbonne et transféré à la prison militaire de Montpellier. C'est alors que, pour vaincre le désespoir de la captivité, il entreprit de rédiger le travail dont il avait mûri le projet.

On peut se demander comment Cavaillès a pu rédiger en prison un texte où les références sont nombreuses à des ouvrages peu vulgarisés. Le général De Lattre de Tassigny commandait alors la région militaire de Montpellier. Il connaissait et estimait Cavaillès. Par son autorisation, des amis purent visiter Cavaillès dans sa prison et lui porter des livres. Albert Lautman[1] vint de Toulouse à Montpellier apporter quelques textes très spéciaux en sa possession. Lorsqu'au mois de novembre les Allemands répondirent au débarquement d'Alger par l'occupation de la zone Sud, il y eut dans le commandement militaire quelque flottement et quelques velléités. Le

1. Albert Lautman (1908-1944) fut reçu à l'École normale supérieure en 1926. Agrégé de philosophie (1930), il avait étudié la physique mathématique et la logique mathématique. Il soutint ses thèses en 1938, sur les notions de structure et d'existence en mathématiques et sur l'unité des sciences mathématiques. Officier d'artillerie en 1939-1940, il est fait prisonnier et s'évade de Silésie à l'automne 1941. Actif dans la Résistance dès son retour en France, il est arrêté à Toulouse le 15 mai 1944 et fusillé au camp de Souge le 1er août. Sur ses idées en philosophie mathématique et sur ses relations avec Jean Cavaillès (avec notamment une correspondance), voir le numéro spécial de la *Revue d'histoire des sciences* consacrée à ces deux amis : tome 40, nº 1, janvier-mars 1987.

général De Lattre de Tassigny fut arrêté, on sait dans quelles circonstances [1]. Le Tribunal militaire de Montpellier clôtura par un non-lieu l'affaire Cavaillès. Mais le préfet de l'Hérault prit à l'encontre de Cavaillès un arrêté d'internement [2]. Il fut envoyé au camp de Saint-Paul-d'Eyjeaux, près de Limoges. Il y resta, si l'on ose dire, juste le temps nécessaire pour terminer son travail et s'évada, ayant son manuscrit en poche, dans les derniers jours de l'année 1942. Il ne lui restait plus, disait-il, qu'à mettre les références au bas des pages, avant de donner le manuscrit à l'éditeur.

C'est cet ultime travail de mise au point que les circonstances l'ont empêché de faire. En mars 1943, Cavaillès réussissait à partir pour l'Angleterre. Il en revenait en mai. En juin, il échappait de peu à l'arrestation par la police allemande. En août, il était arrêté par les services du contre-espionnage allemand. Entre temps, il avait confié par précaution à sa sœur, Mme Ferrières [3], un exemplaire dactylographié de son travail, corrigé par lui. Un deuxième exemplaire, dont on a retrouvé quelques feuillets après la perquisition allemande dans sa chambre, rue Chardon-Lagache, avait été conservé par lui aux fins de dernière révision.

Cavaillès a dit à plusieurs reprises à sa sœur et à nous-mêmes qu'il ne méconnaissait pas la difficulté de son texte et qu'une longue introduction serait nécessaire pour le présenter. Il se proposait de l'écrire, mais n'a pu réaliser son projet. Il est bien entendu que le présent avertissement ne vise pas le moins du monde à suppléer cette introduction. Nous nous sommes bornés au travail purement matériel d'établissement définitif du texte et de recherche des références, sans lequel le manuscrit ne pouvait être publié. Cavaillès, en somme, a laissé une œuvre achevée mais non entièrement polie. Lorsque la clarté du texte ou des citations nous a semblé exiger ça et là l'adjonction de quelque cheville nous l'avons toujours signalée par des crochets. Toutes les notes au bas des pages sont de nous, à l'exception de trois signalées comme étant de l'auteur. Concernant les citations entre

1. Le général Jean de Lattre de Tassigny (1889-1952) était en 1942 commandant de la 16ᵉ Division à Montpellier. Lors de l'invasion de la zone sud de la France par les troupes allemandes à la mi-novembre, il refusa de rendre les armes et fut condamné à 10 ans de prison en janvier 1943. Il devait s'évader en septembre de la même année et rejoindre Londres puis Alger et faire une brillante campagne depuis le débarquement en Provence jusqu'à la libération de l'Alsace et la cérémonie de la capitulation finale de l'Allemagne où il représenta la France.

2. Cf. *infra*, p. 259.

3. Cf. *infra*, p. 254, n. 1.

guillemets, on remarquera souvent qu'elles sont assez libres mais toujours fidèles à l'esprit. Cela n'a rien qui puisse surprendre, étant donné les conditions dans lesquelles Cavaillès a travaillé et sa méthode de travail révélée par ses autres ouvrages. Le titre même de l'ouvrage, *Sur la Logique et la théorie de la science*, est de nous [1]. Il est clair qu'il ne s'agit pas d'un traité de logique. Étant donné en outre que ce texte représente une partie du travail complet – l'introduction projetée par Cavaillès faisant défaut – l'intention d'un titre valant pour l'ensemble n'avait pas lieu d'être respectée. Le titre que nous avons proposé est du reste une étiquette plutôt qu'un programme et réserve toute référence à l'esprit de la doctrine qu'il recouvre. C'est le résumé de la lecture, sans préméditation ou arrière-pensée.

La décision de publier ce texte tel quel, sans introduction, a été prise par la famille et un groupe d'amis de Cavaillès [2]. Il est apparu qu'une introduction explicative, faite par tout autre que lui-même, n'aurait pu être au fond qu'un commentaire, mettant au jour cette assise de culture philosophique et mathématique que Cavaillès a précisément voulu sous-entendre, estimant sans doute que ceux qui ne feront pas l'effort nécessaire pour comprendre ne méritaient pas d'être éclairés.

Nous livrons maintenant ce texte au public avec la certitude qu'il suscitera, par son importance propre, et par la comparaison avec les autres ouvrages de notre ami, toutes sortes de problèmes relatifs à l'intention

1. Gabrielle Ferrières avait écrit à Canguilhem le 8 février 1946 pour lui demander « le titre à donner au manuscrit de Jean, titre que les Presses universitaires me réclament ».

2. Il avait bien été envisagé de faire précéder le texte de Cavaillès par une introduction. Le 6 janvier 1946, Gabrielle Ferrières écrivait à Canguilhem : « Comme vous le savez, [Raymond] Aron s'était chargé de demander au Père [Dominique] Dubarle [(1907-1987)] de faire une introduction au livre de Jean. Le Père Dubarle, très occupé, ne pourrait se consacrer à ce travail qu'après les vacances, et Aron arrive, avec nous, à la conclusion qu'il vaut mieux publier le manuscrit, sans attendre davantage – et accompagné, seulement, de vos notes et de celles d'Ehresmann. Il faudrait, seulement, que vous rédigiez, en plus, tous les deux, sans doute la préface, où vous expliqueriez les circonstances sous lesquelles cette publication posthume est faite. Pourriez-vous me dire, mon cher Canguilhem, si vous êtes de notre avis. Les Presses Universitaires réclament le manuscrit, et nous aimerions que cette publication se fasse aussi rapidement que possible » (CAPHÉS, GC. 32.3.2, dossier Jean Cavaillès, chemise « Édition des œuvres de Cavaillès »). Le Père Dubarle ferait effectivement paraître l'année suivante un texte qui est probablement proche de ce qu'il avait envisagé comme introduction : « Le dernier écrit de Jean Cavaillès », *Revue de métaphysique et de morale*, vol. 53, n° 3, juillet 1948, p. 225-247 et n° 4, octobre 1948, p. 350-378 ; et aussi, la même année, « Jean Cavaillès et la philosophie », *Les études philosophiques*, n.s., n° 3, 1948, p. 82-85.

profonde et à la signification authentique de l'œuvre si tragiquement interrompue. Que ces problèmes ne puissent pas honnêtement recevoir de solution nécessaire, cela rendra plus éclatant le vide ouvert dans la philosophie par la mort de celui qui repose au cimetière d'Arras, sous la croix qui l'identifie comme « Inconnu n° 5 ».

Georges CANGUILHEM, Ch. EHRESMANN
Strasbourg, mai 1946.

LA THÉORIE CELLULAIRE EN BIOLOGIE

DU SENS ET DE LA VALEUR DES THÉORIES SCIENTIFIQUES

Cet article d'abord publié en 1946 (3e trimestre) a été intégré avec des modifications par Canguilhem à *La Connaissance de la vie*, ouvrage qui appartient au tome II des *Œuvres complètes*.

JEAN CAVAILLÈS (1903-1944) [1]

Mémorial des années 1939-1945. Publications de la Faculté des Lettres de Strasbourg, Fascicule 103, Paris, Les Belles-Lettres, 1947, p. 141-158 [2]

Par Georges CANGUILHEM.
Chargé de cours de philosophie générale et logique

Ceux qui ont connu Cavaillès, élève à l'École Normale Supérieure, de 1923 à 1927, ont gardé le souvenir d'un garçon pensif mais gai, solitaire mais cordial, au front tourmenté et au regard limpide. Sans tomber dans la prophétie rétrospective, on peut dire avec vérité que ses camarades sentaient en lui une force contenue qui cherchait son expression plutôt que sa voie. Sa voie, nous le savions, il l'avait trouvée dans l'approfondissement de problèmes philosophiques qui exigeaient de lui un détour prolongé et attentif à travers la culture mathématique. Il n'assistait aux cours de philosophie qu'assez rarement et pour des fins précises, écouter tel exposé fait par un camarade et la discussion avec le professeur, prendre lui-même la parole sur un sujet longtemps médité. Le reste du temps, il préparait sa licence de mathématiques. On savait par ses camarades de la section scientifique qu'il ne leur était pas inégal. C'était bien plus qu'un curieux ou un amateur. De fait, il avait longtemps hésité entre des études littéraires ou scientifiques, et il avait fini par choisir de ne pas choisir, mais de confronter et d'unir. Cette sorte d'intelligence, bien propre à déconcerter les spécialistes, est aussi peu répandue qu'éclatante par la qualité des succès qu'elle obtient : succès

1. Comme le texte de l'allocution de 1945 (cf. *supra*, p. 219, n. 1), cet article n'a pas été repris dans les recueils ultérieurement constitués par Canguilhem. Le manuscrit et une copie dactylographiée sont conservés dans le Fonds Canguilhem au CAPHÉS (GC. 32.3.1).

2. Cette publication porte la cote CAN 3487 dans la bibliothèque de Canguilhem conservée au CAPHÉS. La rédaction est probablement de 1946 ou du tout début de 1947 ; le dépôt légal est du 2e trimestre 1947.

imprévus, puisque non classiques, mais non fortuits, puisque doublement conditionnés par l'interférence des disciplines qu'ils éclairent simultanément. Déjà, en Cavaillès, l'homme dominait l'étudiant. Ses fonctions de « cacique général »[1] lui valaient parfois de devoir faire acte de chef. Il n'y mettait ni ostentation ni suffisance, mais seulement décision et fermeté. Nos premiers rapports furent pour nous heurter. J'évoque aujourd'hui ce souvenir sans aucun regret. Nous avons eu depuis l'occasion de vérifier qu'on ne s'appuie que sur ce qui résiste.

Cavaillès n'appartenait pas à cette espèce d'intellectuels sans instincts ni intuitions qui recomposent les situations du dehors pour prendre position – s'ils le font – sans prendre parti. Sa force tenait autant de la nature que de la discipline. Il n'était pas raisonnable par impuissance d'être vivant. Mais par ailleurs, il préférait en tout le construit au spontané. Reprendre et repenser lui paraissaient les tâches de l'intelligence pourtant indissociable de la vie, créatrice de cela précisément que l'intelligence doit refaire si elle veut pouvoir le justifier. Il n'a pas été l'un de ceux dont la mort rehausse rétroactivement la vie, en lui conférant, sur un plan supérieur, un sens imperceptible à tous, y compris à lui-même. Et sans vouloir dire de lui qu'il cherchait ce qu'il avait déjà trouvé, il faut reconnaître qu'il n'attendait pas des événements d'apprendre d'eux ce qu'il devait attendre. Sa mort l'a confirmé plus qu'elle ne l'a révélé. Quand ses compagnons de lutte clandestine le voyaient affronter si hardiment les dangers qu'il se résignait mal à leur faire courir, ils se sentaient pleins d'anxiété à la pensée qu'une conscience si claire des mille visages possibles de la mort n'avait d'autre effet que de multiplier pour lui les risques, en l'incitant à chercher dans une action encore plus efficace un enjeu le moins inégal possible à la perte absolue éventuelle.

L'admirable, en effet, dans le risque que Cavaillès a affronté par le genre d'action qu'il entreprit après l'armistice de juin 1940, c'est qu'il était pleinement averti des valeurs déjà manifestes qu'il sacrifiait à d'autres biens plus précaires. Il avait à cette époque surmonté cette sorte de désespoir qui l'habitait au moment de la préparation de ses thèses, il savait qu'il avait quelque chose à dire, qu'il pouvait et devait le dire. Et c'est si vrai, que son action clandestine, si exténuante, si absorbante, ne l'a pas détourné de l'exigence impérieuse d'exprimer une idée venue à maturité, témoin ses réflexions sur la logique et la théorie de la science qui vont être publiées.

1. Dans le jargon de l'École normale supérieure, le cacique est le candidat classé premier au concours d'entrée. Il joue de ce fait le rôle de porte-parole des élèves de sa promotion et d'intermédiaire avec la direction de l'École.

Mais il n'était pas la belle âme, aux espoirs simples et candides, qui voyait dans la Résistance l'avènement difficile d'une ère à venir de facilité politique, « pâle incarnat de sérénité fade »[1]. Les conséquences qu'il espérait de ses actes ne lui paraissaient pas tellement garanties, que le doute ne l'effleurât jamais. Mais il redoutait de se préférer en préférant au service de valeurs incertaines les valeurs qu'il se savait certain de servir. Et c'est là un autre trait de Cavaillès, la crainte de confondre la valeur et son serviteur. Ses jugements sévères sur bien des hommes et bien des œuvres, pourtant auréolés de prestige, ne s'expliquent qu'en rapport avec la certitude qu'il avait de posséder un sens plus aigu des exigences du vrai travail intellectuel. Cependant cette certitude, tempérée par une sensibilité extrême aux difficultés de la tâche, ne tourna jamais en complaisance à soi-même, n'entrava jamais ses efforts de dépassement de soi.

JEAN CAVAILLÈS
(1903-1944)

1. Réserve quant aux « lendemains qui chantent ». Il s'agit d'une citation de Nietzsche, dans la traduction française, par Jean Marnold et Jacques Morland, de *L'origine de la tragédie ou Hellénisme et Pessimisme* (Paris, Mercure de France [1901], p. 106 dans la 10e édition (1923) dont Canguilhem acquit un exemplaire en octobre 1925 (CAN 1062).

*

Jean Cavaillès est né à Saint-Maixent, le 15 mai 1903, d'une famille où la foi protestante et une culture authentique créaient une atmosphère de dignité et de chaleur spirituelle. Son père et son grand-père maternel étaient officiers. Les amis de Cavaillès savent l'intensité, même par delà la mort, de son affection pour ses parents, sa sollicitude admirative et protectrice pour sa sœur[1].

Des études assez mouvementées, au hasard des villes de garnison, favorisèrent, bien loin de le gêner, le développement précoce de son intelligence et de sa personnalité, en le contraignant à compenser par la concentration ce qu'il perdait en continuité. D'abord séduit par l'idée de faire une carrière scientifique, il décida de préparer le concours d'entrée à l'École Normale Supérieure, section des lettres. La Khâgne ne lui convint pas, il l'abandonna en cours de préparation. Ayant travaillé seul, il fut reçu premier en 1923. C'est alors que revenant en un sens à ses rêves antérieurs, il se consacra à l'étude des mathématiques et à la philosophie des sciences mathématiques. En 1927, après son agrégation, il quitta l'École Normale, où il devait revenir comme agrégé préparateur en 1932, comme examinateur en 1939 et comme chargé de conférences en 1941. L'École Normale lui doit autant qu'il lui doit, bel exemple d'interaction entre une école et son élève.

Son service militaire accompli, Cavaillès partit pour l'Allemagne, comme boursier de la Fondation Rockefeller. Il se proposait d'étudier, aux sources mêmes, les problèmes posés par la théorie mathématique des ensembles, dont ses études d'épistémologie et de mathématiques lui avaient révélé l'importance proprement fondamentale. Cette période de recherches devait aboutir à la thèse de 1938, *Remarques sur la formation de la*

1. Gabrielle Ferrières, née Cavaillès (1900-2000). Résistante dans le réseau Cohors dirigé par son frère, elle fut avec son mari et comme son frère arrêtée à Paris en août 1943 par le service de contre espionnage de la Wehrmacht, l'*Abwehr*. Marcel Ferrières (1897-1977) sera déporté à Buchenwald, mais en reviendra. Gabrielle Ferrières passera cinq mois à la prison de Fresnes puis sera libérée. Elle a laissé sur son frère un ouvrage qui demeure essentiel (cf. *supra*, p. 221, n. 3) et elle garda avec Canguilhem, jusqu'à la mort de celui-ci, des relations empreintes de confiance, le consultant à plusieurs reprises sur des décisions à prendre relativement à l'œuvre de son frère. Ainsi, « Vous savez que je m'en remets à vous pour tout » lui écrit-elle le 26 février 1946. (Fonds Canguilhem, dossier « Éditions des œuvres de Cavaillès »,CAPHÉS, GC. 32.3.2.

théorie abstraite des ensembles[1]. Entre temps, Cavaillès avait dépouillé à Göttingen, pour la première fois systématiquement, les manuscrits de Cantor, avait retrouvé la correspondance entre Cantor et Dedekind et préparé, en collaboration avec Mlle Noether, la publication de cette correspondance[2]. Ayant approfondi simultanément les problèmes mathématiques et philosophiques, il publiait en 1932 un travail expressément mathématique relatif à la deuxième définition proposée par Dedekind de la notion d'ensemble fini[3].

En Allemagne, Cavaillès ne sépara pas l'étude de la vie ni l'intelligence de la société. Il s'intéressa du point de vue politique, moral et religieux à l'esprit de la jeunesse allemande et à la crise du protestantisme, dans les années où l'hitlérisme militant s'acheminait vers son triomphe. Il n'observa pas du dehors. Il se mêla à la vie des groupements de jeunesse et des églises. Il en retira l'impression très nette que les aspirations confuses des *Jugendbewegungen* vers une forme de sociabilité allemande et non conventionnelle avaient trouvé dans le racisme et le mythe du 3e Reich un prétexte pour tourner au naturalisme social le plus borné et éventuellement le

1. Paris, Hermann. L'ouvrage a pour sous-titre « Étude historique et critique ». Il se trouve dans la bibliothèque de Canguilhem conservée au CAPHÉS (CAN 1343) et ne comporte pas d'annotation.

2. Cette correspondance, *Briefwechsel Cantor-Dedekind*, éditée par Emmy Noether et Jean Cavaillès, parut chez Hermann en 1937. Sur ces manuscrits et leur édition, voir : Gabrielle Ferrières, *Jean Cavaillès*, *op. cit.*, p. 69, 74-76 et, sur le rôle d'Emmy Noether, voir Hourya Benis-Sinaceur, « Structure et concept dans l'épistémologie mathématique de Jean Cavaillès », *Revue d'histoire des sciences*, vol. 40, n° 1, janvier-mars 1987, p. 5-30, part. p. 8 *sq.* Emmy Noether (1882-1935), physicienne et mathématicienne algébriste de très grande réputation, que Cavaillès connut à l'Université de Göttingen, eut un rôle significatif dans l'évolution de ses idées sur la formation des concepts mathématiques. Elle perdit son poste en 1933 à la suite de la prise du pouvoir par les nazis et émigra aux États-Unis où elle devint professeur au Bryn Mawr College. Elle mourut peu après des suites d'une intervention chirurgicale.

La correspondance Cantor-Dedekind est reprise, mais en traduction française par Cavaillès, dans ses *Œuvres complètes de philosophie des sciences* (Paris, Hermann, 1994). L'édition originale de 1937 ne se trouve pas dans la bibliothèque de Canguilhem.

3. « Sur la deuxième définition des ensembles finis donnée par Dedekind », *Fundamenta mathematicae*, tome 19, 1932, p. 143-148. L'édition des *Œuvres complètes de philosophie des sciences* ne reproduit pas ce texte de cette revue polonaise et indique (p. 563) : « Cet article du jeune Cavaillès ne contient pas de résultat mathématique qui fût nouveau à l'époque où il a été écrit. En outre, le texte original des *Fundamenta Mathematicae* comporte des ambiguïtés et même des incohérences difficilement explicables, estime Henri Cartan ».

plus fanatique. Par ailleurs, il voyait le protestantisme allemand d'une part menacé par la création d'un christianisme national, d'autre part secoué plus encore qu'éclairé – dans la masse s'entend – par la prédication de Barth [1], au total inquiet mais passif. Plusieurs articles [2], donnés à diverses revues, exprimèrent à l'époque les soucis de Cavaillès.

A son retour d'Allemagne, Cavaillès fut agrégé préparateur à l'École Normale, puis durant un an professeur de philosophie au lycée d'Amiens. C'est en mai 1938, qu'il soutint ses thèses de doctorat dont l'une a été citée ci-dessus et dont l'autre avait pour sujet *Méthode axiomatique et formalisme* [3]. La soutenance de ces thèses, devant un jury qui s'était adjoint un illustre géomètre [4], révéla chez Cavaillès une rare maîtrise. Ce jour-là il se libérait d'un coup de dix années de tension et d'interrogation sur le sens de sa recherche et la valeur de son choix philosophique, et il se préparait déjà à se renouveler.

En juillet 1938, il fut nommé maître de conférences de philosophie générale et logique à la Faculté des Lettres de Strasbourg, en remplacement de M. Maurice Pradines nommé à la Sorbonne. C'est à Strasbourg que la guerre le trouva en 1939. Ici commence pour lui une période d'activité d'une intensité extraordinaire. Activité qui est action authentique et non pas agitation. Sans transition ni rupture, directement, l'effort de Cavaillès passait de la réforme de la raison à la défense de la liberté.

1. Karl Barth (1886-1968), théologien calviniste d'origine suisse, inscrit au parti social-démocrate allemand, fut l'un des porte-parole de l'opposition chrétienne au nazisme, refusa de prêter serment au Führer et fut expulsé d'Allemagne.

2. Cf. *infra*, p. 271.

3. Paris, Hermann, 1938 ; l'ouvrage a pour sous-titre « Essai sur le problème du fondement des mathématiques » ; il se trouve dans la bibliothèque de Canguilhem (CAN 1344) avec quelques marques au crayon.

4. Canguilhem a ajouté au crayon, en marge de ce passage : « Élie Cartan ». Sur cette soutenance, le 22 janvier 1938, voir G. Ferrières, *Jean Cavaillès*, *op. cit.*, p. 123-126. Le jury était présidé par Léon Brunschvicg, l'autre mathématicien membre du jury était Arnaud Denjoy (1884-1974), les deux autres philosophes étaient Abel Rey (1873-1940) et Jean Laporte (1886-1948). Élie Cartan (1869-1951), le père d'Henri Cartan que Canguilhem connut bien, enseigna à la Faculté des Sciences de Paris de 1909 à sa retraite en 1940.

Lieutenant d'infanterie coloniale, Cavaillès fut d'abord chef de section dans une unité engagée presque constamment au cours de l'automne 1939. Vivant en première ligne avec les guetteurs, multipliant les patrouilles et les reconnaissances, il mérita en décembre la croix de guerre. À la fin de l'hiver 1940, il fut affecté, comme officier-chiffreur à l'État-Major d'une division d'infanterie coloniale. « Quand il partit, écrit un de ses collègues qui fut son compagnon d'armes, pour un poste où il pouvait rendre d'autres services que d'effectuer de stupides patrouilles sur la Bliess, il y eut quelques sourires de jaloux : quatre ans plus tard sa fin héroïque les rend méprisables. » Vint la débâcle de mai 1940. Il participa aux combats de la Somme, et séparé de son État-Major, précipitamment replié, fit le coup de feu en isolé. Se heurtant à une formation de chars ennemis, il se cacha. Il tenta de rejoindre les lignes françaises, marcha deux nuits dans les bois pour enfin tomber sur une patrouille allemande qui le fit prisonnier. Après quelques semaines d'internement dans la forteresse de Cambrai, il prit la direction de l'Allemagne, mais profitant d'un arrêt dans une ville flamande, il s'évada. Ayant traversé la frontière belge et les deux lignes de démarcation, il vint se faire démobiliser en zone sud. En octobre 1940, il reprenait son poste à l'Université de Strasbourg, repliée à Clermont-Ferrand.

En s'évadant, Cavaillès visait moins à se soustraire aux épreuves de la captivité, passivement subies, qu'à en affronter d'autres librement choisies. Il était trop averti du sens profond du conflit pour croire à sa liquidation par la démission de la France; il pensait que puisque la guerre continuait en fait, elle devait continuer pour la France et même en France. Un magistrat aussi bouffon que tranchant, disait récemment : « En 1940, il n'y avait pas de résistants ! » [1] Chacun parle de ce qu'il sait. Dès 1940, Cavaillès fut la Résistance. Bien des Français « ont fait de la Résistance », dont certains fort tard et comme on fait de la politique, avec à peine quelques dangers de plus. Cavaillès fut l'un des premiers de ceux qui firent la Résistance française. Il n'était pas de ceux dont l'idéalisme coïncide, par hasard on veut bien le croire, avec les fins du parti momentanément le plus fort.

C'est en 1941 que son action devait trouver, dans un ressaisissement des énergies, les concours et les moyens indispensables à son efficacité. Dès le début de cette année, Cavaillès fondait avec Emmanuel d'Astier de la

1. Nous n'avons pu identifier l'auteur de cette déclaration.

Vigerie le mouvement de résistance *Libération* (Zone sud)[1]. C'est lui qui amena à *Libération* Lucie Aubrac[2] et Jean Rochon[3]. Ce dernier, journaliste de grand avenir, devait jouer dans la Résistance en Auvergne un rôle exceptionnel avant son arrestation, sa déportation et sa fin misérable en Allemagne. À la même époque Cavaillès fut appelé à la Sorbonne pour une suppléance de Logique et de Méthodologie des Sciences[4]. Cela lui permit de participer à Paris à la direction de *Libération-Nord*[5]. Pendant un an et demi, franchissant à plusieurs reprises la ligne de démarcation, il établit la liaison entre les divers mouvements de résistance, attentif à leur orientation qui n'était pas parfois sans équivoque. Cavaillès n'admit jamais la thèse du double jeu. Il disait de l'auteur étoilé[6] de cette thèse : « Il joue un triple jeu. Le troisième consiste à dire qu'il en joue un double. » Mais à cet âge infantile des mouvements de résistance, Cavaillès ne put se contenter d'écrire des articles ou de stimuler une propagande de contrepied. Il créa un réseau de renseignements et d'action directe, nommé « Cohors » qui devait devenir

1. Emmanuel d'Astier de la Vigerie (1900-1969), officier de marine (entré à l'École navale en 1919, démissionaire en 1931), journaliste, résistant, Commissaire à l'intérieur de la France libre de novembre 1943 à septembre 1944. Compagnon de route du parti communiste (Prix Lénine en 1958), il fut député de 1945 à 1958, condamna l'intervention soviétique en Hongrie en 1956 et deviendra « gaulliste de gauche ». Il dirigea après la guerre le quotidien *Libération* jusqu'en novembre 1964, alors que le PCF lui retira son soutien financier. Il est notamment l'auteur de plusieurs livres de témoignage sur la Résistance. Canguilhem connut d'Astier de la Vigerie à l'époque de la création du mouvement Libération-Sud (cf. *supra*, p. 11, n. 1).

2. Lucie Aubrac (1912-2007), militante aux Jeunesses communistes, agrégée d'histoire et de géographie, nommée professeur au lycée de Strasbourg en 1938, retrouva dans cette ville Jean Cavaillès qu'elle avait d'abord connu lors de leurs affectations à Amiens et avec qui elle reprendra contact durant la guerre à Clermont-Ferrand. Avec son mari Raymond Aubrac (1914-2012), elle est du noyau fondateur de Libération-Sud. (Cavaillès passa quelques jours chez les Aubrac, à Lyon, après son évasion du camp de Saint-Paul-d'Eyjeaux à la fin de 1942.) Bientôt traqués, ces résistants très actifs seront évacués vers Londres en février 1944. Lucie Aubrac a laissé plusieurs ouvrages de témoignages et de souvenirs sur cette période. L'historien Laurent Douzou lui a récemment consacré une biographie fortement documentée (Paris, Perrin, 2009).

3. Sur Jean Rochon, cf. *supra*, p. 215-218.

4. On se souvient que c'est Canguilhem qui, en avril 1941, le remplaça dans son poste à la Faculté des Lettres de l'Université de Strasbourg repliée à Clermont-Ferrand.

5. Sur Libération-Nord et le rôle de direction qu'y joua Cavaillès, voir Alya Aglan *La Résistance sacrifiée. Histoire du mouvement « Libération-Nord »*, *op. cit.*, et Alya Aglan et Jean-Pierre Azéma (dir.), *Jean Cavaillès résistant, ou la Pensée en actes*, *op. cit.*

6. Il s'agit ici, bien sûr, de Philippe Pétain.

« Asturies » après l'arrestation définitive de son chef[1]. En septembre 1942, en compagnie de Christian Pineau[2], il tenta de s'embarquer pour Londres aux environs de Narbonne. Arrêtés, ils furent incarcérés à la prison militaire de Montpellier. Lorsqu'au début de novembre, les Allemands répliquèrent au débarquement d'Alger, par l'occupation de la zone sud, le tribunal militaire clôtura l'affaire Pineau-Cavaillès par un non-lieu, mais le préfet de l'Hérault[3] ayant pris un arrêté d'internement à leur encontre, ils furent conduits au camp St-Paul-d'Eyjeaux près de Limoges. Pineau s'échappa durant le transfert. Pour Cavaillès ce fut partie remise. Après quelques semaines d'internement, il s'évada, les derniers jours de 1942.

En mars 1943[4], il réussit à partir pour Londres. Il y rencontra Raymond Aron[5], son camarade d'École Normale. Il en revint à la fois plus résolu à

1. Sur ce réseau, voir Marie Granet (? -1991); aussi, Fabienne Federini, *Écrire ou combattre. Des intellectuels prennent les armes (1942-1944)*, Paris, La Découverte, 2006, et Alya Aglan *La Résistance sacrifiée*, *op. cit.*

2. Christian Pineau (1904-1995), militant CGT dans les années 1930, membre du CAS, le Comité d'action socialiste, fut l'un des fondateurs de Libération-Nord et avec Jean Cavaillès participa à la constitution des réseaux de résistance Phalanx et Cohors. Arrêté par la Gestapo en mai 1943, il fut déporté à Buchenwald. Député socialiste de 1945 à 1958, il fut plusieurs fois ministre, notamment lors de l'expédition de Suez; il est aussi l'un des signataires du Traité de Rome qui créa la Communauté économique européenne. Il a laissé des mémoires sur son expérience dans la Résistance: *La simple vérité, regard sur la période 1940-1945*, Paris, Julliard, 1961.

3. Alfred-Roger Hontebeyrie (1895-1969) alors préfet de l'Hérault et de la région de Montpellier (11 octobre 1942-16 juillet 1944).

4. La chronologie des événements était encore, au moment où écrivait Canguilhem, mal établie. En fait Cavaillès quitta clandestinement pour Londres le 24 février 1943, amené par un bateau de pêche jusqu'à une vedette anglaise venue le chercher au large de la côte bretonne. Canguilhem donnera bien février 1943 dans ses textes subséquents sur Cavaillès.

5. Raymond Aron (1905-1983) est de la même promotion que Canguilhem à l'École normale supérieure (1924). Agrégé de philosophie en 1928, il passe quatre années en Allemagne, à Cologne en 1930, puis de 1931 à 1933 à Berlin. Après une année au lycée du Havre, il rentre à Paris où il est secrétaire du Centre de documentation sociale mis en place par Célestin Bouglé à l'École normale supérieure et rédige ses thèses qu'il soutient en 1938. Il est nommé maître de conférences à la Faculté des Lettres de Toulouse en 1939 et y côtoie de nouveau Canguilhem qui enseigne alors au lycée Fermat tout en poursuivant des études de médecine. Aron a raconté leur détermination commune dès l'effondrement de 1940 de refuser le régime de Vichy et l'assujettissement à l'Allemagne nazie (*Mémoires. 50 ans de réflexion politique*, Paris, Julliard, 1983, p. 164-165). Aron s'embarqua pour Londres le 24 juin 1940, fut brièvement engagé dans les Forces françaises libres puis se consacra à la rédaction de la revue indépendante et critique *La France Libre* jusqu'à son retour en France en 1945.

continuer la lutte et plus sceptique sur le sens politique d'un combat dont les fins ultimes étaient loin d'être les mêmes pour tous. Ses entretiens avec certaines personnalités de la France libre l'avaient inquiété. Il rendit ses compagnons de la Résistance Intérieure attentifs à des dissonances dissimulées par un accord de façade. Et pour lui, il s'affermit de plus en plus dans la résolution de centrer son action sur des objectifs militaires et par des moyens militaires. En juin 1943, il échappa de peu aux services du contre-espionnage allemand. En août il fut arrêté. Par des détenus de Fresnes avec lesquels il put communiquer, nous savons qu'il était sans illusion sur la gravité et la précision des documents qui étaient entre les mains de ses juges. Ceux-ci n'ont pas dissimulé à sa sœur, arrêtée en même temps que lui, qu'ils savaient à quel adversaire de qualité ils avaient affaire. Cavaillès s'est défendu et pourtant n'a pas triché : « Je suis officier, fils d'officier. Je continue la guerre en officier avec les moyens à ma portée, le reste ne m'intéresse pas ». Après Fresnes ce fut Compiègne. À Compiègne, ce fut déjà la nuit et le brouillard. Sa famille, ses amis ont espéré jusqu'en juin 1945 retrouver Cavaillès ou du moins sa trace en Allemagne. Ne sachant rien de lui mais connaissant sa ténacité, ses ressources de courage et de décision, tous voulaient espérer contre leur angoisse. La nuit et le brouillard ne l'ont pas rendu. Tous les espoirs tendus vers son retour ont brutalement pris conscience en juin 1945 du néant qui les faisait rétroactivement dérisoires. Le dépouillement des archives de la Commission d'Armistice de Wiesbaden a permis de retrouver une partie du dossier Cavaillès et d'apprendre la condamnation à mort et l'exécution en janvier 1944[1] à la prison d'Arras. Le bref séjour à Compiègne, qui autorisa tant d'espoirs anxieux, fut-il de la part des Allemands une feinte, une erreur, une solution contrecarrée par des rivalités de services ou de bandes ? Nul n'en sait rien. Une enquête permit à la famille de retrouver son corps, exhumé d'une fosse creusée sous un sentier où il reposait avec onze suppliciés, et réinhumé dans un coin du cimetière d'Arras, identifié dans l'anonymat des morts de la Résistance par cette inscription sur une croix : « Inconnu N° 5 ».

1. Cavaillès fut exécuté le 17 février 1944 (voir : Alyan Aglan dans Aglan et Azéma (dir.), *Jean Cavaillès Résistant*, *op.cit.*, p. 109). Canguilhem donnera bien février 1944 dans ses textes subséquents.

*

Cette vie et cette mort posent un redoutable problème de compréhension psychologique. Rien dans la vie de Cavaillès avant 1939 qui soit d'un conformiste – il en est très loin par le goût de l'indépendance, la décision de brusquer les solutions de convenance en allant droit au cœur des difficultés intellectuelles, la liberté d'allures qui n'accorde pas plus qu'il ne convient, même quand on est professeur, à la prudence et à la réserve bourgeoises – mais rien non plus qui soit d'un aventurier. La guerre fut pour lui l'occasion de révéler son énergie, son sang-froid et la conscience exigeante des valeurs propres qui veut précisément que ces valeurs soient risquées, mises en jeu. Mais enfin, à la guerre il y a des soutiens extérieurs, l'institution militaire, l'assentiment commun, une codification des devoirs et des moyens. Tout cela reste légal et public. En 1940, Cavaillès a franchi le pas que tant d'autres n'ont jamais su franchir, retenus qu'ils furent par le souci de la légalité formelle, même quand leur conscience devint mauvaise conscience. Il fallait risquer des jugements officiellement défavorables, fût-ce ceux d'un policier, des assimilations péjoratives, des destitutions et des dévalorisations sociales; il fallait rompre avec l'honorabilité, renoncer aux droits acquis, chercher d'autres normes de vie, d'autres amitiés, d'autres hiérarchies, d'autres références. Cavaillès ne s'arrêta pas un instant à réfuter ces arguments. Du fait de son choix, il ne les rencontra pas. Quand on a jugé qu'un ordre social se condamne et se suicide en liant, sous prétexte de conservation, son sort à un système politique qui ne peut que l'entraîner dans sa chute ou l'étouffer par sa victoire, pourquoi se préoccuper du rang qu'on y tient ou de la figure qu'on y fait? Et quand on a décidé de défendre des valeurs qui se justifient par la chance qu'elles permettent à l'homme d'en créer de nouvelles, peut-on faire une discrimination parmi les moyens de défense et s'en réserver certains plus intellectuels en abandonnant les plus matériels et les plus dangereux à des compagnons plus frustes? N'est-il pas plus logique et dès lors plus normal que celui qui a la conscience la plus aiguë des valeurs menacées ait aussi le courage d'utiliser à leur défense les armes les plus efficaces?

Cavaillès n'a pas choisi une place dans la Résistance, il les a assumées toutes. Il a fondé des feuilles clandestines et fait sauter des trains; il a quitté plusieurs fois la France pour la Belgique et pour l'Angleterre, et chaque fois autant préoccupé de relations intellectuelles futures que de son réseau de renseignements. Il n'a pas seulement résisté en pensée, en paroles et par l'écrit. Il a agi en militaire, en partisan, en technicien du sabotage.

Il faut voir là la marque d'une rectitude intellectuelle rare, la même qui éclate dans l'œuvre philosophique. Comme il va, pour résoudre les paradoxes et les difficultés de la théorie des ensembles, droit à ce qu'il appelle la « préhistoire » de la question, de même il va, pour défendre la raison après l'avoir réformée, droit au cœur du danger. Cavaillès savait, pour avoir vécu en Allemagne, quelles conséquences allaient découler pour son pays et pour l'intelligence humaine d'une victoire des nazis. Il savait sur quel terrain on devait tenter la résistance. Quand le propagandiste officiel d'un système politique peut dire : « Lorsque j'entends parler de culture, je dégaine mon revolver » n'est-il pas logique de conclure que la défense de la culture requiert d'autres armes que des discours ? Cavaillès, philosophe, n'a pas délégué à d'autres le soin de défendre par les armes la philosophie. C'est ainsi que les circonstances ont suscité Cavaillès résistant et prolongé la rigueur intellectuelle jusqu'à l'héroïsme : Ne rien dire qu'on ne le pense, ne rien dire qu'on ne le fasse.

Mais enfin la logique est seconde. Pour tirer des conséquences il faut avoir choisi des principes. Pas plus qu'il ne réduit les mathématiques à une axiomatique nous ne pouvons réduire l'action de Cavaillès à la rigueur de sa pensée. Où chercher les soutiens du choix ? Dans la Foi protestante de Cavaillès ? Je ne me chargerai pas de dire si sa pensée avait ou non pris à l'égard d'une Église une liberté totale. Je pense ne pas déformer la vérité et ne blesser personne en disant d'abord que Cavaillès avait élargi sa foi en philosophie et ensuite que jamais, en deux ans d'action clandestine, je ne l'ai entendu se référer à sa foi pour s'expliquer et se justifier. Il résistait sur un autre plan que la défense d'une tradition. Et certes l'on peut bien dire qu'il y a plusieurs demeures dans la maison du Père. C'est bien de cela qu'il s'agit. Celui qui confiait à son ami Raymond Aron au cours d'une de ses dernières conversations à Londres : « Je suis spinoziste », celui-là ne pouvait spécialiser Dieu. Dans ce même entretien il disait aussi : « Je crois que nous saisissons partout du nécessaire… Nécessaire aussi cette lutte que nous menons. » Naturellement on n'ira pas chercher ici sous peine de contre-sens, quelque fatalité ou déterminisme, mais la puissance intrinsèque d'une idée claire. L'éclaircissement biographique trouve ici sa limite. La vie de l'homme n'est pas la cause mais l'effet de l'idée.

Ce qui est certain en tout cas, c'est que Cavaillès a conclu de ses exigences philosophiques à son devoir militaire directement, sans l'invitation d'un parti, sans le secours d'un appareil politique, sans le soutien de quelque institution que ce soit. Devant cette vie et cette mort, les revendications d'appartenance doivent céder. Il appartenait à la philosophie, à une philosophie à faire plus encore que faite. Notre seul silence est adéquat à l'ouverture infinie des possibilités de son dépassement dont la mort a brisé l'élan.

*

Son œuvre en tant qu'elle existe en partie, en parties jugées par lui provisoirement définitives, nous pose, un peu dans les mêmes termes que sa vie, un problème ardu d'intelligence et de perspicacité. Cavaillès est un auteur difficile, ce qui ne signifie pas obscur : Chez lui aucune éloquence, le développement naissant est constamment freiné. A vrai dire, nous avons affaire à des enchaînements plutôt qu'à des développements, enchaînements selon une technique tout à fait spéciale. Le chaînon intermédiaire n'est pas nécessairement où on l'attendrait, entre deux propositions successives, il est ou bien sous-entendu, ou bien sous-tendu. Pas d'intelligence de cette pensée si on la suit pas à pas. Il faut dominer ou creuser, régresser ou dépasser. Cavaillès connaît si bien sa question à l'avance qu'il s'exprime comme il cite les auteurs qu'il a lus, sans être esclave de l'ordre linéaire strict d'exposition, en se déplaçant sur toute la gamme de l'exposé. La pensée ne peut jamais être uniquement contemporaine de la phrase si elle veut l'entendre. Non, pas de complaisance à la facilité, mais, grâce à cette méthode de conditionnement multilatéral, quel bloc de cohérence interne !

Quel était le problème central pour Cavaillès au moment où il préparait ses thèses ? C'est la crise de la théorie des ensembles qui a fait apparaître la pleine gravité du problème du fondement des mathématiques. Jusqu'alors on pouvait espérer trouver des ressources techniques dans tel ou tel domaine mathématique de solidité « réservée ». La crise de 1905 vint révéler l'impossibilité d'isoler arbitrairement une méthode des conditions de son application et l'impossibilité de limiter, au nom de pures considérations mathématiques, le champ mathématique. Le mathématicien ne jouit en aucun cas d'une sécurité définitive : « C'est l'imprévu d'un problème, le détour d'une application qui rendent vaine la règle de sécurité ou obligent qu'on l'abandonne. » (*Méthode axiomatique...*, p. 21). Dès lors, le problème du fondement des mathématiques exige bien plus qu'une habileté technique, et rien de moins qu'une « régression qui conduit à creuser au-delà du mathématique proprement dit dans le sol commun de toutes les activités rationnelles » (*ibid.*). Cette « théorie de la raison » est œuvre proprement philosophique. Cavaillès en définit, par la phrase précédente, le programme dans les mêmes termes que fait Platon pour la dialectique, métamathématique philosophique. Je n'entends, par ce rapprochement, comparer que des programmes et nullement leur réalisation. Cavaillès n'a pas une théorie platonicienne des mathématiques.

Cavaillès aborde son problème par la méthode historique. La préhistoire ou période pré-cantorienne de la question comprend les travaux de Bolzano [1] sur le concept de limite, ceux de Dedekind sur la théorie des nombres irrationnels, ceux de Dirichlet [2] et de Riemann [3] sur les séries trigonométriques. Dedekind avait essayé de fonder la théorie des entiers naturels sur la notion d'ensemble en donnant une définition de l'ensemble qui ne dût rien à l'intuition du nombre entier. Cantor découvrait la notion de puissance d'un ensemble, distinguant l'ensemble des nombres réels de l'ensemble des nombres entiers. Cette notion conduit à la théorie des nombres cardinaux, de même que la notion d'ensemble bien ordonné conduit à la théorie des nombres ordinaux transfinis. L'infini actuel et la pluralité des sortes d'infinis sont introduits en mathématiques. L'œuvre de Cantor est le déroulement d'un drame que Cavaillès raconte, dans la préface qu'il a donnée à la correspondance Cantor-Dedekind, en élevant les conflits théoriques jusqu'au niveau des passions et les incertitudes jusqu'à la souffrance. Cantor paraît bien avoir entrevu le paradoxe de Burali-Forti : l'ensemble de tous

1. Bernard Bolzano (1781-1848) étudia la philosophie, les mathématiques et la physique à l'Université de Prague. Prêtre à compter de 1804, il devait quinze ans plus tard être jugé hérétique, démis de ses fonctions professorales et interdit de publication dans l'empire autrichien. Jusqu'à sa mort en 1848, il se consacra entièrement à ses travaux de recherche pour la plupart restés longtemps inédits. Critique de Kant et de sa postérité idéaliste, il fut l'un de ceux qui jetèrent les bases de la logique moderne et fait figure d'ancêtre du Cercle de Vienne. Son immense *Wissenschaftslehre* (1837) le fait aujourd'hui reconnaître comme l'un des philosophes modernes les plus importants. C'est à la suggestion de Georges Canguilhem que Jan Sebestik consacra à Bolzano sa thèse de doctorat, *Logique et mathématique chez Bolzano* (Paris, Vrin, 1992 ; *cf.* p 15).

2. Peter Gustav Lejeune Dirichlet (1805-1859), mathématicien allemand, familier de Laplace et Fourier, collaborateur de Carl Friedrich Gauss (1777-1855) à qui il succédera à l'Université de Göttingen.

3. Bernhard Riemann (1826-1866), mathématicien allemand qui étudia à Göttingen (où il connut Gauss) et à Berlin où il eut pour professeur Dirichlet notamment. Il est le fondateur de la géométrie qui porte son nom.

les nombres ordinaux implique contradiction. Mais cette interrogation ne retentit-elle pas sur toutes les « multiplicités finies » ? Le fait de leur consistance, c'est-à-dire de leur non-contradiction comme « choses unes », n'est-il pas une vérité indémontrable, un axiome au sens antique, mais qu'aucune intuition ne soutient plus ? C'est la raison pour laquelle les mathématiciens cherchent, après Cantor, à se libérer du recours à l'intuition et à substituer à l'évidence de base, indéfendable, une construction du type axiomatique. Les axiomatisations de Dedekind, de Zermelo [1], de von Neumann [2] retrouvent les résultats des travaux de Cantor et ne rencontrent plus les paradoxes de la contradiction. Mais c'est là une constatation plus qu'une démonstration à proprement parler. La non-contradiction des axiomatiques n'est pas elle-même démontrée. « Toutes les démonstrations de non-contradiction connues consistent à fabriquer un modèle de la théorie, dans une théorie mathématique déjà fondée : pour la théorie des ensembles, le procédé est évidemment inapplicable. » (*Remarques sur la formation...*, p. 137). Et c'est ainsi que le problème de la théorie des ensembles s'élargit en problème du fondement des mathématiques.

Dans *Méthode axiomatique et formalisme*, Cavaillès étudie d'abord les tentatives de l'école empiriste française (Borel, Lebesgue [3], Baire [4]). Quels objets et quelles méthodes peut-on définir par des constructions

1. Ernst Zermelo (1871-1953), mathématicien allemand, surtout connu pour ses travaux sur la théorie des ensembles et sur leur axiomatisation.

2. John von Neumann (1903-1957), mathématicien et physicien d'origine hongroise, formé à Budapest et à l'École polytechnique fédérale de Zürich. Il enseigne d'abord à Berlin puis à Hambourg, et enfin aux États-Unis, à l'invitation de l'Université de Princeton où, de 1933 à sa mort, il sera titulaire d'une chaire à l'Institute for Advanced Studies où il aura notamment pour collègues Albert Einstein et Kurt Gödel. Naturalisé américain en 1937, il devient l'un des conseillers scientifiques les plus écoutés en matière militaire. Ses contributions sont importantes dans une multiplicité de domaines, axiomatisation des mathématiques, mathématisation de la mécanique quantique, théorie des jeux, informatique.

3. Henri Lebesgue (1875-1941), mathématicien français, normalien (1894), agrégé de mathématiques (1897), puis professeur de lycée, ses premiers travaux s'inscrivent dans le sillage de la théorie de la mesure d'Émile Borel. Il est surtout connu pour sa théorie de l'intégration présentée d'abord dans sa thèse doctorale (1902). Maître de conférences (1910), puis professeur à la Faculté des Sciences de Paris (1918), il accéda au Collège de France en 1921 et y enseigna pendant vingt ans.

4. René Baire (1874-1932), mathématicien français, normalien, agrégé, soutint en 1899 son doctorat sur le concept de limite et de discontinuité. Il termina sa carrière professorale à l'Université de Dijon où il poursuivit ses travaux en analyse et en théorie des ensembles.

intuitivement claires (Borel), par des définitions descriptives (Lebesgue)? En fait, on limite le champ de l'analyse aux ensembles mesurables B introduits pour la théorie de l'intégration, ou bien par la méthode de Lebesgue on élargit le domaine mais sans pouvoir se garantir contre des contradictions imprévisibles. C'est ensuite la théorie de Brouwer[1] qui est examinée. Son originalité réside dans l'effort pour approfondir en la reprenant la doctrine kantienne de l'intuition mathématique. « L'activité mathématique en réalité s'éprouve elle-même dans son développement original : on ne peut la définir mais la poursuivre » (p. 33). La mathématique est activité historique et non doctrine systématisée. D'où son indépendance par rapport à la logique dont les principes, notamment le tiers exclu, correspondent à des opérations intuitivement possibles sur des ensembles finis, en rapport avec la considération d'un univers discret et fini, suffisante pour la pratique. Dans la langue de la mathématique infinie, l'utilisation du tiers exclu engendre des paradoxes. Il faut donc abandonner ce principe. La transformation radicale des mathématiques classiques aboutit en fait à construire à leur côté une mathématique nouvelle. On ne fonde pas l'édifice ancien, on le double. C'est la raison pour laquelle les mathématiciens n'ont pas accepté sans protestations de sacrifier des méthodes et des notions éprouvées, à la racine desquelles ils continuaient à voir autre chose que des malentendus. On conçoit alors que les mathématiciens aient cherché à transformer une logique insuffisante avant de se résigner à trancher dans ce qui était encore pour eux le vif de leur science. Ainsi s'explique la vogue de la méthode axiomatique, dont la genèse s'est faite au XIXe siècle sous la pression même des problèmes. La question est ici dominée par les travaux de Hilbert dont Cavaillès étudie longuement les acquisitions originales : théorie de la compatibilité, de l'indépendance des axiomes groupés en système, théorie de la saturation du système d'axiomes. Mais enfin la méthode axiomatique « en tant que méthode pour fonder » se heurte à deux obstacles : d'une part les axiomes font appel à des notions préalables (notions élémentaires et vagues d'objets ou de fonctions), d'autre part le système d'axiomes est caractéristique d'une unité opératoire, d'un processus intellectuel original. « L'axiomatisation est

1. Luitzen Egbertus Jan Brouwer (1881-1966), mathématicien néerlandais, professeur à l'Université d'Amsterdam où il avait obtenu son doctorat en 1904. Ses apports principaux concernent la logique formelle, la topologie, mais sa réputation tient peut-être surtout à sa récusation du formalisme au profit de l'intuitionnisme.

en général postérieure à la constitution de la théorie, elle ne fait que dépouiller tout l'adventice pour la rendre purement elle-même » (p. 88). La méthode axiomatique est effort d'ignorance bien informée, elle est nécessairement relative à ce qu'elle veut ignorer. Certes on peut tenter d'éviter le recours au donné préalable en ramenant la non-contradiction d'une théorie à la non-contradiction d'une autre, par exemple celle des axiomes euclidiens à celle des axiomes de l'arithmétique. En 1900, Hilbert pense que la chose est possible et facile, en 1904 il reconnaît que fonder l'arithmétique sur la logique est une entreprise contradictoire car, pour exposer les lois logiques, certaines notions arithmétiques sont indispensables, par exemple celles d'ensemble et de nombre cardinal. D'où la décision de réédifier simultanément la mathématique et la logique (p. 90). L'axiomatisation se prolonge en formalisation, puisque le signe est l'élément commun à la mathématique et à la logique. Cavaillès retrace l'histoire de la construction des systèmes formels de Russell et de Hilbert et montre comment toutes les tentatives pour fonder un système mathématique par démonstration de sa non-contradiction échouent devant l'axiome général d'induction complète, où intervient un irréductible; l'infini (p. 143). C'est Gödel[1] qui établit enfin les limites de l'entreprise hilbertienne en montrant qu'on peut formaliser dans l'arithmétique ordinaire, prise comme langue, les raisonnements finis de la métamathématique correspondante. Le théorème de Gödel fixe les limites du formalisme en allant jusqu'au bout de la formalisation (p. 178). Il subsiste pourtant des analyses de Hilbert – sinon du formalisme radical – ceci en particulier : la théorie de la généralisation et de la méthode axiomatique, et la théorie du signe. Fonder une théorie c'est l'engendrer à partir d'une structure mathématique préliminaire, soit par généralisation (libération d'opérations de conditions extrinsèques à leur accomplissement, dissociation de processus accidentellement unis) soit par adjonction d'éléments idéaux, soit par « thématisation » (transformation d'une opération en élément d'un champ opératoire supérieur). Ainsi la définition et la justification d'êtres mathématiques c'est la mathématique même, c'est son histoire même. En fin de

1. Kurt Gödel (1906-1978), mathématicien et logicien d'origine tchèque, fameux pour le théorème d'incomplétude qui porte son nom. Il avait étudié les mathématiques et la philosophie dans la capitale autrichienne où il avait fréquenté le Cercle de Vienne et fut très affecté par l'assassinat de son ami et collègue Moritz Schlick (1936). Il accepta plusieurs fois des invitations à l'Institut de Princeton à compter de 1933 et il s'y installa définitivement en 1940 après avoir fui le *Reich* où il était menacé.

compte, une meilleure définition des opérations constitutives de la mathématique arrive à faire reconnaître ce qu'il y avait d'artificiel et de superficiel dans ce qu'on a appelé la crise de la théorie des ensembles. Il y avait là seulement deux sortes de problèmes, le vrai problème des insuffisances techniques normales, le faux problème né de l'importation dans la pensée mathématique d'exigences philosophiques (logiques) déplacées consistant dans la définition a priori d'un idéal d'évidence à atteindre, aussi bien du côté de Hilbert que de celui des intuitionnistes. L'erreur fut d'extrapoler sans précaution, sans attention à l'expérience nouvelle exigeant « un effort positif d'authentique aperception », et de faire de l'axiomatisation et de la formalisation « des uniformes obligatoires » au lieu de voir en elles des « moments d'une dialectique créatrice » (p. 182).

Voici un nouveau et grave problème. En pacifiant les mathématiques, Cavaillès ne décèle-t-il pas une crise dans la philosophie ? Ce terme de dialectique vient sous sa plume à plusieurs reprises, et notamment dans son travail de 1943 – son dernier travail écrit dans la prison de Montpellier et au camp de St-Paul d'Eyjeaux – qui finit ainsi : « Ce n'est pas une philosophie de la conscience, mais une philosophie du concept qui peut donner une doctrine de la science. La nécessité génératrice n'est pas celle d'une activité mais celle d'une dialectique. » En quel sens faut-il entendre ici : dialectique ? Cavaillès annonce-t-il par là sa révolution en philosophie ou se rallie-t-il à une révolution philosophique déjà faite ? Il y a quelques types de dialectique jusqu'à présent connus en philosophie : platonicienne, hégélienne, marxiste, hamelinienne. Cavaillès ne fait allusion à la théorie platonicienne des mathématiques que pour la refuser (*Méthode axiomatique*, p. 176). À aucun moment, il ne fait, dans son œuvre, mention de la dialectique hégélienne ou marxiste. S'il eût admis les principes de la dernière, il aurait été conduit à faire des mathématiques une physique. Or il en est aussi éloigné que de faire des mathématiques une logique. Faut-il rappeler son refus d'intégrer aux mathématiques « l'application des mathématiques à la réalité, c'est-à-dire au système d'interactions vitales entre homme et choses » (*Ibid.*, p. 180) ? Et les textes capitaux, selon moi, pour l'intelligence de sa pensée, dans sa discussion avec Gonseth aux entretiens d'Amersfoort[1] en 1938 (*Les Conceptions modernes de la Raison*, Hermann 1939, p. 40) ? « Je ne crois pas possible d'unir sous un même concept expérience mathématique et

1. Cf. *supra*, p. 59, n. 1.

expérience physique. Il y a un savoir mathématique autonome qui se satisfait lui-même, exige donc une idée de vérité sans rapport avec la vérité physique. Sans quoi, on arriverait au paradoxe qu'une théorie mathématique est plus vraie quand elle reçoit une utilisation physique, ce qu'aucun mathématicien n'admettra. » Et poursuivant la démonstration de l'irréductibilité de l'expérience mathématique à l'expérience physique : « Décrire de même façon l'expérience mathématique serait abuser d'une analogie superficielle : s'il y a appréhension d'un résultat imprévisible, celui-ci se produit à la rencontre de gestes réglés dont l'accomplissement, parce que réglé, n'est pas un évènement. Le rôle des éléments intuitifs peut être essentiel et difficile à préciser : M. Gonseth a étudié ailleurs la dialectique des schématisations qui relient l'intuition sensible à la pensée, celle-ci n'est pas, pour autant, enchaînée à de l'historique. » Et enfin : « Quelle que soit l'importance des suggestions de la physique pour la position de nouveaux problèmes mathématiques et l'édification de nouvelles théories, le développement authentique des mathématiques sous les accidents de l'histoire est orienté par une dialectique interne des notions. » Aucun autre texte, pas même celui de 1943, l'ultime, ne nous laisse supposer que la dialectique à laquelle songeait Cavaillès fût autre chose qu'une « dialectique interne des notions ». Dans ce dernier écrit on relèvera cette affirmation significative : « Que tout ne soit pas d'un seul coup n'a rien à voir avec l'histoire, mais est le caractéristique de l'intelligible. » La difficulté est de concevoir que Cavaillès puisse parler simultanément d'un développement mathématique pour lequel l'histoire est un accident et d'un déroulement de l'histoire des mathématiques depuis la dyade qui est les mathématiques mêmes. Il est vrai qu'en reprenant cette opinion de Brouwer, Cavaillès spécifie que selon lui le déroulement est unique, alors qu'il y a pour Brouwer un arbitraire des créations (*Méthode axiomatique*..., p. 177).

On comprend que cette unicité, c'est-à-dire au fond cette nécessité, du déroulement, s'accordant avec la théorie d'une dialectique interne des notions, puisse incliner à chercher un précédent dans la dialectique hégélienne. « Peut-être, dit Raymond Aron, s'orientait-il vers un spinozisme qui aurait réintégré une histoire, c'est-à-dire vers une forme d'hégélianisme »

(*Jean Cavaillès*, in *Terre des Hommes*, 15 décembre 1945)[1]. Hégélianisme? Je n'en sais rien. Spinozisme? Je l'accorderais plus volontiers. Lorsque Cavaillès défend, comme le dit Gonseth, « la pureté de l'inspiration mathématique vis-à-vis de toute autre discipline et, avec une particulière intransigeance, vis-à-vis de l'activité du physicien », on pense malgré soi à la thèse spinoziste selon laquelle l'essence ne doit rien à l'existence et n'a pas besoin d'exister pour être vraie.

Du reste le problème est trop ample et trop ardu pour être traité dans le cadre de cette étude commémorative. On ne l'a signalé que pour faire saisir concrètement en quoi la mort de Cavaillès est une perte absolue. Les conclusions de ses thèses, les écrits postérieurs sont le programme d'une œuvre pour laquelle il avait fait place nette. On peut, par convergence de passages divers, en deviner le sens, et peut-être même le définir, d'après lui-même, comme « Théorie des rapports entre raison et devenir ». Je fais allusion ici à la fin de l'article si profond *Du Collectif au Pari*[2]. « L'activité même de la conscience, le rapport entre raison et devenir, d'abord opaque mais partiellement pénétré par elle, se trouvent ici en jeu. Le pari se situe à la ligne de partage entre action pure vécue et spéculation autonome : à la fois élan vers l'avenir, reconnaissance d'une nouveauté radicale, risque, et, d'autre part, essai de domination par imposition d'un ordre, établissement de symétries. » Et peut-être trouvons-nous ici, dans le pari, l'unité de la vie et de la pensée de notre ami.

Cavaillès a pensé sa vie intégrale c'est-à-dire aussi son risque. Et il a vécu toute sa pensée y compris la pensée du risque. « Élan vers l'avenir… essai de domination par imposition d'un ordre », son exemple illustre sa leçon, non celle d'un autre. Voici resurgie, parmi tant de falsifications, la pure autonomie de la conscience philosophique. Cavaillès mort, c'est une perte sans compensation. Et nous ne pouvons trouver de consolation dans les mots pourtant si justes de Raymond Aron : « Il aurait pu *servir* davantage, il n'aurait pu *valoir* davantage ».

1. Raymond Aron, « Jean Cavaillès », *Terre des Hommes*, n° 12, samedi 15 décembre 1945, p. 1-2. Revue devenue rarissime, *Terre des Hommes, Hebdomadaire d'information et de culture nationale*, eut 23 numéros ; elle parut du 29 septembre 1945 jusqu'au 2 mars 1946.

2. « Du collectif au pari, à propos de quelques théories récentes sur les probabilités », *Revue de métaphysique et de morale*, vol. 47, n° 2, avril 1940, p. 139-163, p. 163.

PUBLICATIONS DE CAVAILLÈS

1) *Ouvrages et articles de philosophie mathématique et logique :*

1932 – Sur la deuxième définition des ensembles finis donnée par Dedekind (*Fundamenta Mathematicae*, tome XIX, Varsovie) [p. 143-148].
1935 – L'École de Vienne au Congrès de Prague (*Revue de Métaphysique et de Morale*) [tome 42, n° 1, janvier 1935, p. 137-149].
1937 – Briefwechsel Cantor-Dedekind (Hermann, éd. Paris) [avec Emmy Noether].
– Réflexions sur le fondement des mathématiques (*Travaux du IXe Congrès international de philosophie*, tome VI, [Paris,] Hermann) [p. 136-139].
– Logique mathématique et syllogisme (*Revue philosophique*) [vol. 62, n° 3-4, mars-avril 1937, p. 163-175].
1938 – Méthode axiomatique et formalisme. – Essai sur le problème du fondement des mathématiques ([Paris,] Hermann).
– Remarques sur la formation de la théorie abstraite des ensembles ([Paris,] Hermann).
1939 – Discussion (en collaboration avec Albert Lautman) sur la pensée mathématique, à la Société française de philosophie (*Bulletin de la Société française de philosophie*, 1946, [vol. 40,] no 1, [p. 1-39, Paris,] Colin, édit.).
1940 – Du Collectif au Pari (*Revue de Métaphysique et de Morale*) [vol. 47, n° 2, avril 1940, p. 139-163].
1943 – Transfini et Continu (à paraître chez Hermann)[1].
– Sur la Logique et la théorie de la Science (à paraître aux Presses universitaires de France)[2].

2) *Autres articles :*

1932 – Un mouvement [des jeunes] en Allemagne (*Annales de l'Université de Paris*) [7e année, n° 2, mars-avril 1932, p. 148-174].
– L'Allemagne et le Reichstag (*La Paix par le Droit*, [42e année,] n° 9 [septembre 1932, p. 385-396]).
1933 – Protestantisme et Hitlérisme : La Crise du protestantisme allemand (*Esprit*, N° de novembre) [n° 2, p. 306-316].
1934 – Le conflit à l'intérieur du protestantisme allemand [n° 2, p. 179-183]. – La crise de l'Église protestante allemande [n° 12, p. 1036-1042] (*Politique*, N°s 2 et 12).

1. Cet article qui avait été écrit en 1940 ou 1941 aurait dû être publié en 1941 dans la *Revue philosophique*. Mais il ne paraîtrait qu'en 1947, chez Hermann, dans la collection « Actualités scientifiques et industrielles » (n° 1020), car la *Revue philosophique* avait été interdite.
2. Cf. *supra*, p. 243.

ASPECTS DU VITALISME, MACHINE ET ORGANISME[1] LE VIVANT ET SON MILIEU

Ces trois conférences prononcées en février 1947 au Collège philosophique qui venait d'être créé par Jean Wahl ont été intégrées par Canguilhem à *La connaissance de la vie* qui parut en 1952 et que l'on trouvera au tome II des *Œuvres complètes*.

1. Selon l'affiche conservée dans les archives de Jean Wahl par les soins de l'IMEC à l'Abbaye d'Ardenne, la conférence « Machine et organisme » avait alors été présentée sous le titre « Mécanisme et organisme ».

MAURICE HALBWACHS (1877-1945) [1]

Mémorial des années 1939-1945, Publications de la Faculté des Lettres de Strasbourg, Fascicule 103, Paris, Les Belles Lettres, 1947, p. 229-241 [2]

Par G. CANGUILHEM
Chargé de cours de philosophie générale et logique

Maurice Halbwachs est mort en déportation à Buchenwald, dans les derniers jours de février 1945. Il avait été arrêté à Paris, le 23 juillet 1944, quelques jours après son fils Pierre, résistant et réfractaire au S.T.O., sous l'inculpation d'avoir donné à ce dernier asile et protection. Grâce à son sang-froid, Madame Halbwachs avait échappé de justesse aux policiers allemands. Ces deux arrestations venaient porter à leur comble les épreuves d'une famille déjà si cruellement atteinte par l'ignoble assassinat de Monsieur et Madame Victor Basch [3]. À l'époque, Maurice Halbwachs avait

1. Canguilhem connaissait bien Maurice Halbwachs (1877-1945), depuis l'époque de sa participation à la rédaction des *Libres Propos*, et il y avait d'ailleurs signé en novembre 1931 un substantiel compte rendu de l'ouvrage de ce dernier sur *Les Causes du suicide* (cf. *OC* I, p. 375-382; voir aussi dans le vol. I, p. 376, la note que lui a consacrée Jean-François Braunstein). Son nom revient aussi à plusieurs reprises dans la thèse de 1943, notamment dans la discussion des idées de Quételet. Maurice Halbwachs était le frère de Jeanne Alexandre (1890-1980) qui faisait partie du cercle des amis les plus proches de Canguilhem dans les années 1920-1930.

2. Cette publication porte la cote CAN 3487 dans la bibliothèque de Canguilhem conservée au CAPHÉS. La rédaction de cet article est probablement de 1946 ou du tout début de 1947; le dépôt légal est du 2e trimestre 1947.

3. Les beaux-parents de Halbwachs, Victor Basch (1863-1944), l'un des fondateurs de la Ligue des droits de l'homme (1898), et sa femme Hélène, née Fürth (1862-1944) avaient été assassinés ensemble par la milice à Neyron dans l'Ain en janvier 1944.

tenu à stimuler et à compléter l'enquête relative au meurtre de ses beaux-parents. À ce moment, la simple fidélité se nommait courage.

Maurice Halbwachs fut d'abord incarcéré à Fresnes, puis emmené en Allemagne. Il ne semble pas qu'il ait eu à subir les brutalités et les sévices qui n'ont pas manqué à tant de ses compagnons de captivité. Mais il est certain que les effets voulus d'un régime savamment organisé de misère physiologique ne lui ont pas permis d'égaler ses forces à son espoir. Il s'est éteint, soutenu à ses derniers moments par son fils, retrouvé au camp. Il n'a pu durer jusqu'au retour, dont la certitude était alors acquise. Nous savons qu'à Buchenwald il a mis son intelligence et son cœur, son savoir et son dévouement, au service de ses camarades, qu'il a participé à la vie intellectuelle du camp, qu'il a donné quelques conférences, notamment sur Marx, sur la natalité allemande, dont la baisse incontestable était bien connue du spécialiste des questions de démographie qu'il était.

On peut penser, pour peu qu'on ait quelque notion des travaux de Maurice Halbwachs, des thèmes fondamentaux de son intérêt et de sa recherche, pour peu qu'on ait sympathisé avec l'ampleur de ses vues, avec son objectivité qui était chez lui une forme de la générosité, quelle expérience sociologique pouvait être pour lui la vie d'un camp de déportés, quel enseignement par preuves ou contre-épreuves il pouvait recueillir sur la mémoire, les besoins, l'attachement à la vie, dans leurs rapports avec des cadres sociaux, des formes de sociabilité, des tâches techniques sans analogues connus à l'époque moderne. Il ne manque pas, il ne manquera pas de témoignages pathétiques sur la vie des camps. Mais on sait assez qu'il ne suffit pas d'être témoin pour être observateur, à plus forte raison pour comprendre. Maurice Halbwachs aurait pu nous donner une œuvre où le malheur collectif se fût converti en intelligence de ses effets, œuvre à laquelle une autorité incontestée eût conféré une valeur certaine. Ce savoir restera intérieur aux circonstances qui l'auraient rendu possible. La mort d'Halbwachs anéantit avec lui une source de vive lumière sur une situation dont un sociologue humaniste comme lui pouvait mesurer et apprécier si elle restait ou non humaine. Sans vouloir sacrifier à une mode abusive, on doit dire qu'ici l'absurde rejoint le tragique.

*

Né en 1877, ancien élève de l'École Normale Supérieure, Agrégé de philosophie, Docteur en Droit, Docteur ès lettres, Maurice Halbwachs entra dans l'enseignement supérieur au sortir de la guerre, en 1918, où il fut nommé maître de conférences de philosophie à l'Université de Caen. En 1919, il vint à la Faculté des Lettres de Strasbourg, comme professeur de sociologie. Il occupa cette chaire jusqu'en 1935, date de sa nomination à la Sorbonne. C'est donc à Strasbourg qu'il a vécu la période la plus longue de sa carrière et la plus féconde aussi, puisqu'il y a composé l'essentiel de son œuvre, ses thèses mises à part. À ce double titre, il appartient à l'Université de Strasbourg d'une façon beaucoup plus étroite et authentique que ne le laisse supposer habituellement la qualité de professeur honoraire.

À Strasbourg, il enseigna et travailla, ayant pour collègues et amis, et l'on dirait volontiers pour co-équipiers, Charles Blondel[1], Lucien Febvre[2] et Marc Bloch[3]. Entre un psychologue enclin à envisager ses propres

1. Charles Blondel (1876-1939), ancien élève de l'École normale supérieure, agrégé de philosophie (1900) et médecin (1906), avait soutenu en 1914 une thèse de doctorat ès lettres remarquée sur *La conscience morbide, essai de psychopathologie générale* (Paris, Alcan). Professeur de psychologie expérimentale à l'Université de Strasbourg, il était proche des historiens fondateurs des *Annales*. Il fut nommé professeur de psychologie pathologique à la Sorbonne en 1937.

2. Lucien Febvre (1878-1956), co-fondateur avec Marc Bloch de l'école historique des *Annales*, normalien (1899), agrégé d'histoire (1902), avait été nommé professeur d'histoire moderne à l'Université de Strasbourg en 1919. Professeur d'histoire de la civilisation moderne au Collège de France de 1933 à 1949, il présida aussi la VIe section de l'École pratique des Hautes Études à compter de 1948, après avoir été directeur d'études à la Ve section depuis 1943. Canguilhem appréciait chez cet historien le rejet des explications déterministes et la parenté affirmée avec les approches de l'école française de géographie humaine (notamment avec le « possibilisme » de Vidal de la Blache).

3. Lucien Febvre est l'auteur de la notice sur Marc Bloch (1886-1944) dans ce *Mémorial des années 1939-1945* (p. 171-193) dans lequel Canguilhem lui-même signe cet article sur Halbwachs et le précédent sur Cavaillès. Normalien (promotion 1904), Bloch avait lui aussi été nommé à Strasbourg en 1919. Démis de ses fonctions en vertu du Statut des Juifs, il retrouva bientôt un poste de professeur du fait de ses états de services militaires, mais non plus à la Sorbonne où il avait été nommé en 1936, mais à l'Université de Strasbourg repliée à Clermont-Ferrand, puis à celle de Montpellier qu'il quitta pour Lyon quand la zone sud fut envahie par les Allemands en novembre 1942, ce qui entraîna sa révocation par Vichy pour « abandon de poste ». Il mena dès lors une existence clandestine. Résistant très actif, il siégea au directoire régional des Mouvements Unis de la Résistance comme représentant du Mouvement Franc-Tireur. Arrêté par la Gestapo au printemps 1944, il fut torturé et fusillé le 16 juin à la prison militaire de Montluc.

problèmes du point de vue sociologique, des historiens renouvelant leur discipline par la considération des faits d'économie sociale et un sociologue qui passait avec aisance des problèmes de démographie et d'économie aux questions traditionnelles de la psychologie traitées par la méthode sociologique, on devine quels échanges intellectuels purent s'établir où chacun donnait autant qu'il recevait. Blondel et Halbwachs étaient apparentés par la communauté d'influences subies au temps de leur jeunesse, celles de Bergson et de Durkheim[1]. *Les Cadres Sociaux de la Mémoire* aussi bien que la *Conscience Morbide* traduisent deux efforts originaux pour confronter sur un terrain très circonscrit deux méthodes d'investigation des réalités psychiques. Il est vrai qu'Halbwachs finit par rejeter le bergsonisme que Blondel intègre.

MAURICE HALBWACHS
(1877-1945)

1. Comme Yves Schwartz et Jean-François Braunstein l'ont tous deux signalé dans leurs textes introductifs au premier tome des *OC* (vg. p. 34, 122, 376 n. 1), Émile Durkheim (1858-1917) est généralement négativement connoté dans les écrits que signe Canguilhem tout au long de sa carrière. Il lui reproche son « dogmatisme sociologique », sa réification des valeurs et lui préfère l'approche anthropologique des « genres de vie » de l'école géographique française issue de Vidal de la Blache à l'égard de laquelle il se plaît à souligner les apparentements de Halbwachs. Normalien, agrégé de philosophie (1882), Durkheim est d'abord, après quelques années dans l'enseignement secondaire, chargé de cours (1887) puis professeur à la Faculté des Lettres de Bordeaux (1896). Chargé de cours à la Sorbonne (1902), il y est nommé professeur à compter de 1906. Sa thèse de doctorat, *De la division du travail social* (Paris, Alcan, 1893) et son traité de méthodologie sociologique, *Les Règles de la méthode sociologique* (*Ibid.*, 1895) avaient jeté les bases intellectuelles de l'école française de sociologie.

Ce ne fut pas seulement avec ses collègues de la Faculté des Lettres que Maurice Halbwachs entretint un cordial et fructueux commerce, ce fut aussi avec les professeurs de la Faculté des Sciences et notamment avec le physiologiste Terroine[1] et le mathématicien Fréchet avec qui il publia en 1924 *Le Calcul des Probabilités à la portée de tous*[2].

Cette ouverture qu'il avait sur les disciplines différentes de la science, Halbwachs l'avait également sur les pays autres que le sien. Il avait été boursier de doctorat de la Sorbonne à Berlin et à Vienne, dans les années qui précédèrent la soutenance de ses thèses de lettres. Comme chargé de mission de l'Académie des Sciences et de l'Académie des Sciences morales et politiques pour l'édition internationale des Œuvres de Leibniz, il séjourna en Allemagne (Hanovre), en Angleterre, en Belgique, en Hollande. En 1930, il fut accueilli à l'Université de Chicago, comme Visiting Professor. Il siégea à Genève, au B.I.T., en 1936, comme délégué à la Conférence des Statisticiens du Travail, à la S.D.N., en 1937, comme expert au Comité mixte sur l'alimentation des travailleurs. Il visita la Palestine, pour vérifier, sur les lieux mêmes, sa théorie d'une modification, dans la mémoire collective des communautés chrétiennes successives, de *la Topographie légendaire des Évangiles en Terre Sainte*[3]. Tous ces voyages furent l'effet autant que la cause de la notoriété d'Halbwachs à l'étranger, où ses travaux étaient attentivement suivis.

Ajoutons que les charges ne lui avaient pas manqué, plus encore que ce qu'on est convenu d'appeler les honneurs. Il était depuis 1932 correspondant de l'Académie des Sciences Morales et Politiques, depuis 1935 membre de l'Institut international de Statistique, depuis 1938 président de l'Institut français de Sociologie, depuis 1943 vice-président de la Société de Psychologie.

1. Sur Émile Terroine cf. *supra*, p. 213, n. 2.

2. L'ouvrage fut publié chez Dunod. Maurice Fréchet (1878-1973), mathématicien français, fortement intéressé aux mathématiques appliquées et notamment aux statistiques, ancien élève de l'École normale supérieure (1900), agrégé de mathématiques (1903), enseigna à l'Université de Poitiers (1910-1918), puis à Strasbourg de 1919 à 1928, alors que, pour faire pièce au prestige de l'université allemande, le ministère tenait à rassembler au sein de cette université redevenue française certains des éléments les plus brillants de la jeune génération. Il fut nommé à la Faculté des Sciences de Paris en 1928 et y enseigna jusqu'en 1939.

3. Paris, P.U.F., 1941.

En 1944, il avait été élu au Collège de France. Dans cette chaire de psychologie sociale qu'il n'a pas occupée il sera difficilement remplaçable, tant en raison de la richesse de sa culture que de l'indépendance de sa pensée. On voit par le bref résumé de sa carrière que si ce sociologue ne s'occupa point de politique au sens usuel et étroit du terme, il ne cessa par contre jamais de vivre au contact de la réalité sociale. C'est la raison pour laquelle ce chercheur qui se voulut seulement théoricien ne donne à aucun moment dans son œuvre l'impression d'une pensée livresque. A lire les *Cadres Sociaux de la Mémoire* ou *les Causes du Suicide*, on est frappé constamment du bon sens, c'est à dire de la sensibilité aux situations concrètes, qui oriente les discussions théoriques vers une solution où faits et théorie se chargent réciproquement de signification et de poids.

*

Un trait qui me paraît distinctif des travaux de Maurice Halbwachs c'est leur portée philosophique immédiate qui tient à leurs thèmes fondamentaux autant qu'à la méthode dont ils procèdent. En France, et particulièrement avec l'école de Durkheim la sociologie apparaît comme greffée sur l'arbre philosophique. Cela remonte à Auguste Comte, et la tradition universitaire dans les Facultés des Lettres y est pour beaucoup. Or, certains sociologues de l'école durkheimienne, se voulant sociologues purs, ont dirigé contre la philosophie des attaques parfois acerbes, sans toujours se rendre parfaitement compte des présupposés métaphysiques de leur dogmatisme sociologique. Maurice Halbwachs n'éprouva jamais ce besoin de polémique. Son attitude à l'égard des problèmes sociologiques, ses méthodes d'investigation et ses hypothèses de travail sont authentiquement scientifiques. Mais les résultats de ses recherches comportent toujours d'eux-mêmes une latitude de mise en perspective philosophique.

De l'interprétation des statistiques, on voit se dégager des indications convergentes, quoique non systématiquement sollicitées, vers une anthropologie philosophique. L'étude de la représentation des besoins et des niveaux de vie dans la classe ouvrière s'élargit en considérations sur les rapports de l'homme et de la matière. L'étude des taux de mortalité, de suicide, de la détermination des sexes à la naissance fait surgir le problème de la reprise, en grande partie inconsciente, par l'homme de ses déterminations biologiques. La société et non plus seulement la nature préside à la détermination de ces événements extrêmes entre lesquels s'inscrit pour son accomplissement et sa signification la destinée de l'individu. Cette destinée historique, scandée d'événements singuliers réfléchis comme souvenirs, emprunte à la vie sociale les cadres qui la mettent en valeur, qui la détachent sur un fond d'anonymat. Venir au monde et s'en retirer, y vivre d'une vie menacée dans son originalité possible par le contact avec l'impersonnalité de la matière, ou au contraire intégrer en soi pour les éclairer et les multiplier en les dominant les acquisitions du passé humain, tout cela certes ne dépend pas d'un choix individuel conscient. Mais comme cela dépend toujours en définitive de la société, on comprend que la possibilité d'une technique sociale des conditions de la vie fasse en définitive que l'homme ait la vie et la mort qu'il mérite.

Je n'ignore pas que Maurice Halbwachs ne s'est jamais livré lui-même à la transposition philosophique des résultats de ses recherches. Il n'est même pas certain qu'il approuvât une telle sorte de considérations. Comme j'avais donné des *Causes du Suicide* un compte rendu[1] où j'avais esquissé une interprétation métaphysique de la conclusion de cet ouvrage où il est montré que le suicide est un fait en rapport global avec le genre de vie des groupes sociaux, et qu'on se tue moins à la campagne qu'à la ville, Maurice Halbwachs m'écrivit, avec cet humour discret qui était le sien : « Ah ! ne me brouillez pas avec la République ». Il m'est cependant loisible de penser que sa décision, car c'en était une, de refuser toute extrapolation de ses acquisitions de spécialiste ne procédait nullement d'une timidité devant les idées ou d'un mépris pour elles, mais probablement d'une grande honnêteté devant les exigences de l'analyse.

On sait que le premier travail d'Halbwachs a trait à Leibniz[2]. Il a consacré, en 1907, à cette philosophie complexe, à cet esprit encyclopédique dont les intuitions sont aussi stimulantes que les constructions sont souvent déconcertantes – on dirait la même chose de deux autres esprits de même famille, Aristote et Hegel – un ouvrage repris et remanié depuis (1928). J'ai déjà dit que l'influence de Bergson fut profonde sur lui. Or, il y a, dans l'œuvre de Halbwachs, un sujet qui lui tient à cœur, qu'il a abordé plusieurs fois et de plusieurs biais, celui des rapports entre l'homme et la matière, sous forme de l'existence dans la société moderne d'une classe spécialisée dans l'action sur la matière, la classe prolétarienne. Je n'arrive pas à penser qu'on

1. Cf. *OC* I, p. 375-382.
2. Cf. *infra*, p. 286 où Canguilhem donne une liste de publications de Halbwachs.

diminuerait la valeur de l'ouvrage sur *La Classe Ouvrière et les Niveaux de Vie*[1] en y retrouvant une parenté d'inspiration avec la conception leibnizienne des rapports de la matière et de l'esprit et la théorie bergsonienne des rapports de la matière et de la vie.

Ce qui distingue la classe ouvrière des autres groupes sociaux, c'est, selon Halbwachs, que les travailleurs industriels sont, dans leur travail et par l'essence même de leur travail, en rapport avec des choses et non avec des hommes. Un vendeur de quincaillerie, par exemple, exerce dans son travail des aptitudes à la persuasion et des vertus de politesse qui trouvent aussi bien à s'exercer en famille ou au dancing. Un mineur ou un métallurgiste qui quittent leur foyer ou leur café habituel pour leur travail passent d'un monde dans un autre. La porte de l'usine est une frontière entre la zone des relations entre personnes et la zone des relations entre personnes et choses. Parce que le temps consacré à la vie sociale est plus restreint dans la classe ouvrière que dans les autres classes de la société, la classe ouvrière est une classe plus simple et plus homogène (*La Classe Ouvrière et les Niveaux de Vie*, Introduction). Elle est plus simple aussi, parce qu'elle est moins compliquée par la conscience de son passé. (*Ibid.*). C'est que, comme l'expliquent les *Cadres Sociaux de la Mémoire*, c'est dans la vie sociale extra-professionnelle que la société conserve et élabore ses souvenirs (p. 328). Avant Halbwachs, des économistes libéraux ou socialistes comme Adam Smith, Proudhon ou Marx[2] n'avaient pas manqué de noter comment l'utilisation

1. *Ibid.*

2. Adam Smith (1723-1790), Pierre Joseph Proudhon (1809-1865), Karl Marx, ces trois noms convoqués à propos de cette même question, la mécanisation de l'homme dans le cours de la division du travail, sont déjà associés dans le *Traité de logique et de morale* de 1939 (*OC* I, p. 890). Dans le cas de Smith, le renvoi est évidemment ici à son œuvre majeure, *An Inquiry into the Nature and Causes of the Wealth of Nations*, publiée en 1776, surtout aux trois premiers chapitres et à la première partie du chapitre X du livre I. Mais si Canguilhem a bien lu la *Théorie des sentiments moraux* (1759), ce n'est peut-être pas le cas pour l'ouvrage de 1776 qu'il connaît surtout de seconde main. En revanche, comme Alain et ses proches, les Alexandre par exemple, il a lu Proudhon (référence fréquente dans les *Libres Propos*) dont il a emprunté plusieurs ouvrages à la bibliothèque de l'École normale en 1925 (*Qu'est-ce que la propriété ?*, *La guerre et la paix*, *De la création de l'ordre dans l'harmonie*) et dont, comme l'a remarqué Jean-François Braunstein, il se plaisait à reprendre la formule tirée du *Système des contradictions économiques ou Philosophie de la misère* (1846), « La pensée d'un homme en place c'est son traitement » (*OC* I, p. 327, note 1). Quant à l'assujettissement de l'homme à la machine, thème fréquemment traité chez Proudhon, Canguilhem aurait pu avoir ici en tête le chapitre IV de cette *Philosophie de la misère*, ou encore la 2e étude dans *L'Idée générale de la révolution* (1851) à

des machines mécanise l'homme du fait de la division professionnelle et technique du travail. Halbwachs voit dans le contact avec la matière par le fait du travail une cause de mécanisation de l'homme par réduction de la mémoire.

Est-il aventureux de suggérer qu'Halbwachs retrouve à l'échelle de la société un antagonisme de fonctions analogue à celui que Bergson découvre, dans la conscience individuelle, entre la matière et la mémoire ? La vie doit se matérialiser en habitudes, en techniques, en organes et en outils pour agir sur la matière et elle tend par là à perdre la conscience de sa durée. Et avant Bergson n'est-ce pas Leibniz qui définissait la matérialité par l'instantanéité[1], la privation de souvenir ? Pour devenir social, le phénomène d'aliénation de la conscience perd-il son caractère fondamental d'oubli ?

Cette partie de l'œuvre d'Halbwachs est peut-être celle que dans l'avenir on jugera la plus libre eu égard à certaines traditions de méthode scientifique. Or nous voudrions tenter de montrer qu'un des mérites permanents de toute son œuvre sociologique, c'est la liberté dont elle témoigne dans l'exploration et l'essai des voies et moyens.

Si l'œuvre sociologique de Halbwachs apparaît, sur le plan strict de la spécialité, particulièrement instructive et féconde, c'est apparemment parce que la méthode ne procède pas chez lui d'une doctrine ou du moins d'une doctrine exclusive. Dans la sociologie de Durkheim, on a bien souvent relevé quel paradoxe c'est de prétendre à la fois traiter les faits sociaux comme des choses et identifier les faits sociaux à des représentations. Durkheim pense en fait qu'une représentation, parce qu'elle est collective, et exerce ainsi sur chaque sujet individuel une sorte de limitation et de contrainte, participe, pour le sujet individuel, de la même réalité que le monde physique. Mais la difficulté reste néanmoins d'expliquer des représentations comme des faits par leurs conditions d'existence, analytiquement déterminées, et de comprendre simultanément ces représentations comme des pensées, c'est-à-dire des appréciations ou des jugements synthétiquement proposés. Le propre d'une science, c'est bien de dissoudre des synthèses subjectives et de leur substituer un milieu de choses. Mais on ne

laquelle il renvoyait déjà dans le *Traité de logique et de morale* (*ibid*, p. 890, note a). Dans le cas de Marx, il s'agit tout probablement du traitement devenu canonique de cette question, dans *Le Capital*, chapitre XV du livre I (« Le machinisme et la grande industrie »).

1. « Corpus, mens momentanea, seu carens recordatione ». Cf. *supra*, p. 148.

transforme pas des pensées en choses tout en leur conservant leur originalité de pensées, fût-ce au prix de la reconnaissance de leur caractère collectif. Ainsi, ou bien l'on étudie du dehors les conditions démographiques, économiques, d'une transformation de telle ou telle institution sociale et alors on s'interdit de sous-tendre d'une intention le mouvement étudié, ou bien on définit les institutions par des représentations de valeurs, donc par des intentions, évidemment collectives, mais on s'interdit de les expliquer comme des choses par des choses.

Halbwachs conserve certes la tendance durkheimienne à définir les faits sociaux comme des représentations. Dans la *Classe Ouvrière et les Niveaux de Vie*, il montre qu'il n'y a pas de classe sans conscience de classe, sans conscience d'un niveau de vie dans une hiérarchie, ce qui implique la conscience des valeurs sociales et du degré d'accès à ces valeurs. Dans les *Cadres Sociaux de la Mémoire*, il montre qu'il n'y a pas de représentation de classe qui ne soit à la fois tournée vers le présent et vers le passé, car s'il est vrai que la fonction est une condition toujours présente de la vie sociale, c'est seulement dans le passé qu'ont pu se manifester les qualités personnelles requises pour la remplir. Et pourtant les travaux d'Halbwachs l'ont conduit à donner progressivement plus d'importance à des phénomènes d'infrastructure sociale, soit phénomènes proprement morphologiques, soit encore genres de vie, phénomènes indivisiblement morphologiques et techniques. C'est pourquoi les *Causes du Suicide* ne sont pas seulement une « mise au point » du travail de Durkheim sur *le Suicide*, exigée par de nouvelles informations statistiques, mais aussi et surtout l'introduction d'un nouveau « point de vue »; Durkheim liait le taux des suicides au degré d'intégration de la société religieuse, domestique, politique. Halbwachs, poussant plus loin l'analyse, explique le principe d'explication, l'intégration sociale, par le recours au milieu et au genre de vie (au sens que ces termes ont pris dans la géographie humaine). Il n'est donc pas surprenant, ni arbitraire, que des sociologues marxistes aient trouvé une confirmation de leur façon d'aborder les problèmes sociologiques dans des conclusions qui procédaient de la rectification loyale d'une méthode par son exercice et non d'une préméditation de convergence. Dans son domaine propre, Halbwachs donne l'exemple, remarquable et stimulant, d'un esprit non prévenu.

*

Ceux qui ont connu Maurice Halbwachs connaissent sa bonté qui ne le disputait qu'à sa discrétion. Bonté et discrétion soutenues d'ailleurs par une fermeté inébranlable concernant certains principes d'action civique et morale choisis dans sa jeunesse. Certains sociologues n'ont pas toujours échappé à la tentation de traiter l'homme comme un mécanisme qu'on peut dominer de l'extérieur du moment qu'on en connaît les lois. Rien de tel chez Maurice Halbwachs. Peut-être conservait-il de sa familiarité avec la pensée de Leibniz le sens de la valeur de l'individualité sinon de sa réalité. À ceux qui n'ont connu ni le professeur ni l'homme, on ne saurait conseiller de lecture plus propre à en donner l'idée que la préface écrite en 1937 pour la publication posthume du travail d'un de ses étudiants. Il s'agit d'un diplôme d'études supérieures sur *le Problème de la Limitation des Créatures chez Leibniz* que M. Bernard Gertzberg [1] lui avait demandé de diriger. Halbwachs raconte en des lignes d'une simplicité et d'une délicatesse émouvantes, comment après la soutenance du mémoire l'élève et le maître descendent le Boulevard Saint-Michel, l'un faisant confidence de ses appréhensions et de ses soucis, l'autre rendant plus claires à son jeune interlocuteur ses propres raisons d'espérer. Dix jours après, un coup de téléphone apprend au professeur la mort de l'étudiant, à la suite d'une intervention chirurgicale banale. Voici les dernières lignes de cet hommage désolé d'un maître à un étudiant qui n'était pas un disciple à proprement parler, mais un esprit attiré par cette même philosophie dont Halbwachs avait, lui aussi et jeune aussi, mesuré les profondeurs : « *La Limitation des Créatures chez Leibniz.* Ce n'est pas moi qui lui avais suggéré le sujet de son travail. Il l'a choisi lui-même. Sujet classique : c'est le grand problème du bien et du mal, de l'optimisme et du pessimisme, tel qu'il sera repris par tant d'auteurs, de Voltaire à Schopenhauer et à Paul Valéry. On verra qu'il ne s'en est pas tenu à expliquer la pensée du philosophe de l'harmonie préétablie. En plus d'une de ces pages, surtout lorsqu'il se réfère à des auteurs modernes, très modernes, qui ont traité ce thème dans un tout autre esprit, on sentira un accent personnel et pénétrant, qui trouble lorsqu'on songe à son destin. "La Limitation des créatures" nous pensons avec tristesse au cadre étroit où sa

1. L'ouvrage de Bernard Gertzberg (1914-1936) fut publié à Paris, à la Librairie Picart, en 1937.

vie a été enfermée. Cet essai, écrit par un adolescent, et si riche de promesses, est le commencement d'une courbe, mais peut-être aussi de plusieurs courbes que nous pouvons imaginer. »

Dans la vie et l'œuvre de Maurice Halbwachs nous avons certes beaucoup plus que le commencement d'une courbe. Mais nous regrettons, nous aussi, en pensant à ces années de recherche, plus libre désormais du fait de ses nouvelles fonctions, dont sa mort nous prive, toutes ces autres courbes que nous pouvons imaginer. Si toutefois, concédant à Leibniz le débordement du réel par le possible, nous refusons à Spinoza l'équation du possible et du réel. La mort de Maurice Halbwachs, Buchenwald... Faut-il redire ici avec lui : « Sujet classique, c'est le grand problème du bien et du mal » ? Faut-il penser que le tremblement de terre de Lisbonne fut un jeu de la nature somme toute assez innocent au regard de ces massacres par millions, et que Voltaire n'a pas été témoin de calamités dignes de sa vigueur d'esprit ? Est-ce que les données du problème ont changé ou bien ne nous manque-t-il aujourd'hui qu'un Voltaire ? Mais cette absence même d'une pensée à la hauteur du problème est sans doute une des données du problème. Car s'il y avait pour notre génération quelque possibilité de Voltaire, il y a beaucoup de chances pour qu'elle ait fini, elle aussi, à Buchenwald ou en quelque autre camp de déportés.

Publications de M. Halbwachs

A) *Ouvrages :*

Leibniz, Collection : les Philosophes, 1907. Nouvelle édition très augmentée, [Paris,] Mellottée, 1928.

La Classe ouvrière et les Niveaux de vie. Recherches sur la hiérarchie des besoins dans les sociétés industrielles contemporaines. Travaux de l'*Année Sociologique*, [Paris,] Alcan, 1913.

La théorie de l'homme moyen. Essai sur Quételet et la Statistique morale, [Paris,] Alcan, 1913.

Le calcul des probabilités à la portée de tous. En collaboration avec M. Fréchet, professeur à la Faculté des sciences de l'Université de Strasbourg, [Paris,] Dunod, 1924.

Les Origines du sentiment religieux d'après Durkheim, [Paris,] Stock, 1925.

Les Cadres sociaux de la Mémoire. Travaux de l'*Année Sociologique*, [Paris, Alcan], 1925.

La population et les tracés de voies à Paris depuis cent ans, avec 2 plans hors texte, [Paris, Presses universitaires de France], Cornély, 1928 [1].

Les Causes du suicide. Travaux de l'*Année Sociologique*, [Paris, Alcan,] 1930.

L'évolution des besoins dans les classes ouvrières, [Paris, Alcan,] 1933.

L'Espèce humaine (3ᵉ partie) : *le point de vue du nombre. Encyclopédie française*, tome VII (Paul Rivet dir., avec la collaboration de Paul Lester), en collaboration avec M. [Alfred] Sauvy, 1936, [p. 7.76-1 à 7.94-4].

Morphologie sociale, [Paris,] Colin, 1938.

La topographie légendaire des évangiles en terre sainte. Étude de mémoire collective. [Paris,] Les Presses Universitaires de France, 1942 [1941].

B) *Articles :*

Budgets de familles ouvrières et paysannes en France, en 1907. (Résultats d'une enquête portant sur 80 familles, organisée et dirigée par l'auteur). Bulletin de la Statistique Générale de la France, [tome 4, fasc. 1,] octobre 1914, p. 47 à 83.

La doctrine d'Émile Durkheim, Revue philosophique, [vol. 85, janvier-juin,] 1918, [p. 353-411].

La doctrine sociologique de Vilfredo Pareto, Revue d'économie politique, deux articles, 1918 et 1920 [2].

Matière et société, Revue Philosophique, [vol. 90, juillet-décembre] 1920, p. 89 à 122.

L'interprétation du rêve chez les primitifs. Journal de psychologie, [19ᵉ année,] 1922, p. 577 à 604.

Le rêve et les images-souvenirs. Contribution à une théorie sociologique de la mémoire. Revue Philosophique, [vol. 95], Mars 1923, [p. 57-97].

L'instinct ouvrier dans l'art industriel (Étude sur la sociologie de Thorstein Veblen) [3], Revue Philosophique, [vol. 91, janvier-juin 1921, p. 214-233].

L'expérimentation statistique et les probabilités. Revue Philosophique, [vol. 113, janvier-juin] 1923, p. 340 à 371.

Les plans d'extension de Paris du XVIIᵉ au XIXᵉ siècle, la *Vie urbaine* [vol. 2, 1920, p. 5-28].

1. Il s'agit ici d'une nouvelle édition de la première partie de la thèse de doctorat de Maurice Halbwachs, qui avait été présentée à la Faculté de Droit de Paris (*Les expropriations et les prix des terrains à Paris (1860-1900)*, Paris, E. Cornely, 1900).

2. Les titres exacts sont : « Le Traité de sociologie générale de M. Vilfredo Pareto », *Revue d'économie politique*, 32ᵉ année, nº 5-6, septembre-décembre 1918, p. 578-585 ; « Science économique et sociologie. Le Traité de sociologie générale de M. Vilfredo Pareto », 34ᵉ année, nº 4, juillet-août 1920, p. 467-475.

3. Le titre exact est « Le facteur instinctif dans l'art industriel ».

La population et les tracés de voies à Paris depuis cent ans. Metron [*Rivista internazionale di statistica*] (Padova), [vol. 5,] 1925, [p. 154-178] 23 p.

Les origines puritaines du capitalisme (d'après Max Weber). Revue d'histoire et de philosophie religieuses (Faculté de théologie de Strasbourg), [vol. 5, n° 2, mars-avril] 1925, p. 132-154.

Histoires dynastiques et légendes religieuses en Chine, d'après un livre récent de M. Marcel Granet. Revue de l'histoire des religions, [47e année, tome 94,] 1926 [p. 1-16].

Max Weber: un homme, une œuvre. Annales d'histoire économique et sociale, [vol. 1, n° 1, janvier] 1929[p. 81-88].

Le suicide et les maladies mentales, Revue Philosophique, [vol. 108, juillet-décembre]1929, p. 321 à 360.

La psychologie collective d'après Charles Blondel, Revue Philosophique, [vol. 107, janvier-juin] 1929 [, p. 444-456].

Les économistes étrangers : Gottl von Ottlilienfeld. Revue d'économie politique, 1930 [1].

La représentation de l'âme chez les Grecs : le double corporel et le double spirituel. Revue de Métaphysique et de Morale, [vol. 37, n° 4, octobre-décembre,] 1930, p. 493 à 534.

Chicago, expérience ethnique, Annales d'histoire économique et sociale, vol. 4, n° 13, janvier 1932, [p. 11-49] 42 p. avec deux plans.

Les budgets de familles ouvrières aux États-Unis, Bulletin de la Statistique Générale de la France, [tome 20, fascicule 3,] 1931, p. 395-430.

Une théorie expérimentale du salaire (d'après le livre de François Simiand), Revue Philosophique, [vol. 114, juillet-décembre] 1932, p. 321 à 363.

Recherches statistiques sur la détermination du sexe à la naissance. Communication à la Société de statistique (d'après des dépouillements statistiques faits par l'auteur, dont l'un a porté sur 75 000 naissances, relevées sur les fiches des « familles nombreuses » dans le Bas-Rhin), Journal de la Société de Statistique de Paris, [n° 5,] Mai 1933, [p. 164-191 ; suivi d'une discussion, p. 191-195] 32 pages, graphiques.

La loi en sociologie. [Dans Centre international de synthèse, *Science et loi*,] Cinquième semaine du Centre international de synthèse, [Paris, Alcan,] 1934, p. 173 à 196.

« *Gross-Berlin* » : *grande agglomération ou grande ville ?* Annales d'histoire économique et sociale, [vol. 6, n° 30,] nov. 1934, p. 547-570.

1. Le titre exact est « L'œuvre scientifique de quelques économistes étrangers. VI. Friedrich von Gottl-Ottlilienfeld » et il parut l'année suivante : *Revue d'économie politique*, 45e année, n° 1, janvier-février 1931, p. 37-60.

Les débuts du Néomalthusianisme en Angleterre. Extrait des Mélanges [d'économie politique et sociale offerts à M.] Edgard Milhaud, [Paris, Presses universitaires de France,] 1934 [p. 103-117].

Les facteurs biologiques et la population, Revue Philosophique, [vol. 119, mai-juin] 1935, p. 285 à 303.

La nuptialité en France pendant et depuis la guerre (1914-18), Mémoire, dans les Annales Sociologiques, Série E, Fascic. I, 1935, [p. 1-46] 46 p.

La méthodologie de François Simiand. Un empirisme rationaliste, Revue Philosophique, [vol. 121,] mai-juin 1936, p. 281 à 319.

La psychologie collective du raisonnement, Zeitschrift für Sozialforschung, [vol. 7,] 1938, p. 357 à 375.

La notion du double et les rites funéraires en Chine, Journal de psychologie, [35e année, juillet-décembre] 1938, p. 518-547.

La mémoire collective chez les musiciens, Revue Philosophique, [vol. 127, n° 3-4, mars-avril] 1939, p. 136-165.

Individual and collective conciousness[1], The American Journal of Sociology, [vol. 44, n° 6, mai] 1939 [, p. 812-822].

Genre de vie. De la France d'avant-guerre à la France d'aujourd'hui, Revue d'économie politique, [53e année, n° 1, janvier-février] 1939, p. 439 à 455.

Sociologie économique et démographie, [Actualités scientifiques et industrielles n° 875,] Fascicule de la chronique annuelle de l'Institut international de collaboration philosophique, [Paris, Hermann,] 1940, 63 p.

Célestin Bouglé sociologue, Revue de Métaphysique et de Morale, [vol. 48, n° 1, janvier] 1941, p. 24 à 47.

La population d'Istanbul depuis un siècle, Mémoire dans les Annales Sociologiques, Série E, Fascic. 3 et 4, 1942, p. 16 à 43.

1. Le titre exact est « Individual Conciousness and collective Mind ».

MILIEU ET NORMES DE L'HOMME AU TRAVAIL [a] [1]

Cahiers internationaux de sociologie, 2e année, vol. 3, 1947, p. 120-136 [2]

Les amis de G. Friedmann savent la continuité, la patience et le scrupule avec lesquels il a conduit, pendant de longues années, ses enquêtes sur les problèmes de la rationalisation technique et du machinisme, la probité avec laquelle il a fait effectivement l'apprentissage de la conduite de machines modernes. Pour eux, par conséquent, l'extraordinaire densité de son ouvrage sur les *Problèmes humains du machinisme industriel* [b] n'est pas une surprise. Pour tous, elle est une révélation.

Le sujet n'est pas de ceux qui tentent habituellement les philosophes. Ils l'abandonnent généralement à des spécialistes. Le grand mérite de Friedmann est d'avoir réuni tous les points de vue spécialisés possibles : mécanique, biologique, psychologique, sociologique, et de les avoir dominés en les jugeant, à la fois par référence réciproque des uns aux autres et tous

a. A propos d'un livre récent de Georges Friedmann.

b. 1 volume in-8° de 381 pages, Gallimard, Paris, 1946 [3].

1. Ce texte encore trop méconnu est l'un des plus prégnants dans l'œuvre de Canguilhem ainsi que l'ont montré de nombreux travaux de Yves Schwartz. Il prolonge les réflexions de la thèse de médecine de 1943 sur les normes et la normativité du vivant, thématise déjà les questions au cœur de ses deux écrits classiques sur « Le vivant et son milieu » et « Machine et organisme » repris dans *La connaissance de la vie*, et préfigure les « Nouvelles réflexions » de 1966 sur la rationalisation et la normalisation dans le chapitre « Du social au vital » (*Le normal et le pathologique*, P.U.F., p. 175-191).

2. L'achevé d'imprimer de ce numéro est du 4e trimestre 1947.

3. Cote CAN 2931 dans la bibliothèque de Canguilhem au CAPHÉS ; l'ouvrage porte sur la page de garde un envoi manuscrit, comme plusieurs autres ouvrages de Friedmann. L'ouvrage n'est pas annoté par Canguilhem, mais il comporte quelques marques au crayon.

ensemble conformément à la préoccupation éthique impliquée nécessairement dans une philosophie humaniste. Nous sommes ici bien loin des dissertations littéraires et moralisantes sur les rapports de l'homme et de la machine. Nous avons affaire à la première tentative, selon nous, d'ethnographie sociale (p. 369) appliquée à des formes de civilisation de l'occident moderne et contemporain. Mais cette ethnographie et plus encore cette éthologie de *l'homo faber* dans les sociétés capitalistes, est pratiquée par un philosophe de grande classe, le même qui a donné la mesure de sa perspicacité critique dans un ouvrage un peu antérieur sur *Leibniz et Spinoza*[1].

La documentation de Friedmann est considérable et pourtant elle n'est pas écrasante, car, avec une sûreté d'appréciation digne de tous les éloges, il a su, en chaque problème, découvrir et utiliser l'auteur de plus grande valeur et les travaux de plus grande solidité. C'est ainsi par exemple qu'en matière de physiologie du travail ses connaissances précises, que beaucoup de physiologistes français pourraient lui envier, s'appuient sur les recherches fondamentales d'Edgar Atzler[2] et qu'en matière de psychotechnique industrielle, c'est aux travaux d'Elton Mayo[3] qu'il se réfère de préférence.

L'enquête porte électivement sur les conditions de travail dans les ateliers de la grande industrie, en Amérique du Nord et dans l'occident européen, au cours de la seconde révolution industrielle, caractérisée du point de vue technique par l'usage de l'électricité comme force motrice, et du point de vue économique par la tendance impérialiste du capitalisme bancaire.

1. Cf. *supra*, p. 233 *sq*.

2. Edgar Atzler (1887-1938), physiologiste allemand, fut l'un des créateurs de la physiologie du travail, d'abord de 1921 à 1926 à la Kayser-Wilhelm-Gesellschaft, puis à titre de professeur à l'Université de Berlin de 1922 à 1937. Son ouvrage clé, *Körper und Arbeit, Handbuch der Arbeitswissenschaft* (Leipzig, George Thieme, 1927) est fréquemment cité par Friedmann.

3. George Elton Mayo (1880-1949), d'origine australienne, professeur à la « Business School » de l'Université Harvard de 1926 à 1947, joua un rôle clé dans le développement des études de relations et de psychologie industrielles et de gestion organisationnelle en prônant une approche globale du travail, prenant en compte l'ensemble des relations humaines au travail à l'encontre des méthodes analysant les performances individuelles arbitrairement isolées et ne se souciant que des techniques et des conditions matérielles en jeu. Il conduisit l'enquête Hawthorne (cf. *infra*, p. 304, n. 1) aux résultats de laquelle Friedmann accorda beaucoup d'attention.

Le résultat de cette enquête est la dissipation d'une illusion, l'illusion techniciste, parallèle à l'illusion scientiste. Si par illusion scientiste on entend la prétention de déduire et de commander tout le progrès humain à partir du seul progrès de la connaissance scientifique, par illusion techniciste on doit entendre la prétention de déduire et de commander tout le progrès social à partir du seul progrès du rendement industriel, obtenu par une rationalisation simultanée, et univoquement conçue, de l'emploi des machines et de la main-d'œuvre.

Le bénéfice philosophique incontestable du travail de Friedmann paraît bien consister en ceci qu'il délie le sort de l'humanisme, comme philosophie à fortifier et à construire, du sort d'un rationalisme entendu comme privilège systématique et universel d'une méthode de mathématisation de l'expérience. Il n'est pas raisonnable de vouloir être, en tout ordre de réalités, uniformément rationnel. La rationalisation, telle que la conçut d'abord Taylor [1], ce serait finalement l'homme asservi par la raison et non le règne de la raison en l'homme. Et de fait, on doit à la fois, pour justifier l'entreprise du taylorisme, concevoir l'homme comme une machine à embrayer correctement sur d'autres machines, et comme un vivant simplifié, dans ses intérêts et réactions à l'égard du milieu, jusqu'à ne connaître d'autres stimulants attractifs et répulsifs que « la prune et le fouet ». L'absurdité c'est ici comme ailleurs la toute-puissance de la logique.

Rien de cela n'est à la rigueur très neuf. Mais ce qui l'est authentiquement c'est de dépasser l'attitude analytique et mécaniste dans l'étude de l'homme au travail, de prôner clairement et consciemment l'examen synthétique des problèmes anthropologiques [a] et de ne pas verser pour autant dans le mépris de l'analyse, de reconnaître l'originalité des valeurs sans empoigner la lyre spiritualiste. La morale n'est pas la science mais elle doit intégrer toute la science. Les derniers mots de l'ouvrage distinguent les « démarches » et les « espoirs » de l'humanisme et soulignent son souci

a. « Les sciences humaines sont *diverses* par leurs instruments et leurs modes d'investigation, mais dans le fond, *une* comme leur objet : l'homme » (p. 13).

1. Frederick Winslow Taylor (1856-1915), ingénieur américain, instigateur de la théorie et des pratiques de l'« organisation scientifique du travail ». Celle-ci visait l'instauration d'une productivité optimale sur la base de l'analyse technique des gestes, rythmes et cadences de travail (taylorisme). Ses *Principles of Scientific Management* en exposent la méthode (New York, Harper and Brothers, 1911).

de transformer *effectivement* la condition humaine (p. 373). Condition et non pas situation. Cela suffit à distinguer, par delà la même intention d'anthropologie synthétique, Friedmann et les existentialistes[a]. La démonstration des insuffisances méthodiques et doctrinales de la rationalisation se fait en trois temps : exposé de l'illusion techniciste qui consiste à aligner simplement l'homme sur la machine et à traiter l'un et l'autre du seul et même point de vue strictement métrique et quantitatif ; examen des limites de la correction psychotechnicienne qui reconnaît dans le travail humain un phénomène organique et non mécanique et qui prend en compte l'aspect biologique et psychologique – mais individuel – du facteur humain ; critique de ce qu'on peut appeler l'étroitesse de l'élargissement tenté par la psychosociologie de l'entreprise, qui substitue à la considération des réactions mentales de l'ouvrier isolé la recherche des réactions mentales du groupe ouvrier dans les relations industrielles, mais qui isole l'entreprise dans le complexe social. À ces trois stades successifs, l'ambition de traiter l'homme comme *objet* de la rationalisation et de l'organisation scientifique du travail se heurte à la résistance d'un donné vital, puis psychologique et enfin sociologique. Ce donné se présente comme un aspect de la subjectivité humaine que chaque progrès dialectique de la connaissance de l'homme au travail essaie, sur son propre plan, de traiter objectivement. C'est ainsi par exemple que la psychotechnique prend comme objet de son étude les aptitudes individuelles ignorées du taylorisme mais non abolies par lui ; que la psychosociologie de l'entreprise cherche dans l'étude de la structure des entreprises les composantes objectives du facteur, subjectivement variable,

a. Naturellement, nous n'entendons pas dire, malgré un rapprochement possible des attitudes que nous distinguons de celle de Friedmann, que les existentialistes soient tous des spiritualistes lyriques ![1]

1. Ici, en 1947, à propos des existentialistes qui « empoignent la lyre spiritualiste », c'est Gabriel Marcel et ses émules que Canguilhem a évidemment à l'esprit. Dans une conférence inédite sur la « Situation actuelle de la philosophie française », prononcée à Strasbourg devant un auditoire de l'Union rationaliste, le 17 mars 1948, Canguilhem dira : « n'en déplaise à M. Marcel, la philosophie de M. Marcel rentre dans un genre d'exercice très connu : c'est l'acrobatie avec filet. Si on tombe, on ne risque pas de se rompre les os. Autrement dit, une fois admise la révélation chrétienne, on peut feindre d'ignorer cette certitude fondamentale, se livrer à toutes les explorations apparemment les plus périlleuses, en réalité on a au départ une adresse en poche. Personnellement je ne puis appeler philosophique qu'une exploration qui ne comporte pas la certitude qu'il y a une auberge au bout de la route ». (Fonds Canguilhem, GC. 24.9.5, CAPHÉS). Sur Gabriel Marcel, cf. *infra*, p. 567, n. 1.

qui constitue un obstacle irréductible dans l'usage des tests tendant à déterminer la fatigue du travailleur ou la monotonie de sa tâche. Bref, la subjectivité reparaît sur chaque plan où on tente de nier, en le dépassant, le « heurt » qu'elle inflige à la recherche objective sur un plan de moindre complexité et de plus facile – mais aussi de plus illusoire – abstraction analytique. Car, finalement, en invoquant expressément à plusieurs reprises (p. 348 et 355 notamment) la valeur que l'ouvrier attache à son travail comme la référence dernière dont dépend toute mesure, ou plus exactement toute appréciation des normes d'un travail parcellaire quelconque, Friedmann débouche et nous fait déboucher au cœur même du problème sociologique. « L'analyse physiologique et psychotechnique détaillée du travail à la chaîne (pris comme exemple) montre en celui-ci d'abord un fait *technique*, à travers le fait technique un fait *psychologique*, à travers le fait psychologique, un fait *social* » (p. 357). Ce problème sociologique, c'est une question que Friedmann n'aborde pas – et qu'il n'avait pas à aborder ici – de savoir s'il est seulement et strictement de nature scientifique. Si l'on pouvait établir qu'à la racine des valeurs sociales – dont la présence latente mais indiscutable à la conscience ouvrière conditionne, en dernier ressort, toutes les attitudes d'adhésion ou de freinage des travailleurs devant les décisions techniques des directeurs de l'entreprise – ne se trouve jamais aucun élément de la nature du choix, alors certes, une reprise intégrale par la science des problèmes de l'organisation du travail pourrait être espérée. Mais on peut se demander si un tel espoir n'est pas encore une forme de la fameuse illusion scientiste dénoncée par Friedmann au début et à la fin de son ouvrage. Avec une grande discrétion, où l'on reconnaîtra assurément une volonté d'objectivité maxima chez un auteur dont les sympathies et les principes de conduite politique ne sont pas un secret, Friedmann désigne la structure capitaliste des sociétés économiques qu'il étudie comme l'obstacle principal à la mise en jeu par les ouvriers de « leur pleine capacité physique de rendement » (p. 329; *cf.* aussi p. 343), à leur complète intégration dans les mécanismes du travail sous leur forme contemporaine. La rationalisation cesse alors d'apparaître comme un absolu technique. Il faut la replacer, pour en comprendre le sens, dans son milieu historique, sa structure sociale (p. 349). Pour tout dire la rationalisation ne peut s'entendre que des moyens d'obtenir une certaine fin. Or, les fins d'une société économique ne sont pas inscrites dans la nature des choses ni dans la nature des hommes. Aussi bien d'un point de vue capitaliste que d'un point de vue socialiste, la technique et l'économie peuvent et doivent changer la nature des choses et des hommes[a]. Mais les sens d'un changement, les fins d'une entreprise peuvent être multiples et incompatibles. Des compromis sont possibles, mais nécessairement précaires, qui masquent les conflits sans les résoudre. Il n'y a donc pas une rationalisation, mais des rationalisations. Entre le *maximum* de rendement et de profit et *l'optimum* d'épanouissement des potentialités humaines, où qu'elles apparaissent, il faut à un moment choisir. La psychotechnique et l'organisation scientifique du travail ne peuvent être neutres (p. 351). On voit reparaître, à la dimension des collectivités économiques et avec l'urgence d'une révolution à accomplir, le vieux problème (qu'ont naturellement rencontré les sociologues de l'école française) de la science des fins. Quand Taylor disait à ses ouvriers, rebutés et révoltés par la chute dans l'automatisme à laquelle les contraignait ses premières méthodes de direction des ateliers : « On ne vous demande pas de penser », il allait, d'une façon fruste et brutale, au cœur du problème. Il est évidemment désagréable que l'homme ne puisse s'empêcher de penser, souvent sans qu'on le lui demande et toujours quand on le lui interdit (il est vrai que, depuis lors, l'art d'interdire aux hommes la pensée a fait de grands progrès dont nous avons été et serons encore peut-être les témoins). Sans doute, devant ce fait général qu'est la résistance de l'ouvrier aux mesures qui lui sont imposées du dehors (p. 275), Taylor, vers la fin de sa vie, a reconnu que la collaboration des ouvriers et des employeurs, dans une entreprise rationalisée, exigeait une révolution mentale (p. 277). Mais ni Taylor, ni la plupart des psychotechniciens, ni C.S. Myers[1], ni E. Mayo, n'ont su voir que la forme véritable de cette révolution mentale c'est l'apparition d'une mentalité révolutionnaire. Même sortis de l'illusion techniciste, la plupart des psychotechniciens ne sont pas

a. Friedmann inscrit en épigraphe de son livre ces mots de Gœthe dans *Le Second Faust* : « Je sens en moi des forces et une énergie audacieuses… Ce globe terrestre offre encore ses espaces à de grandioses entreprises. D'admirables œuvres doivent y surgir. »

1. Charles Samuel Myers (1873-1946), psychologue anglais, fut l'un des initiateurs de la psychologie industrielle ; il est l'auteur de *Mind and Work. The Psychological Factors of Industry and Commerce*, London, University of London Press, 1920.

sortis de l'illusion capitaliste. Des psychiatres, tels que Vl. Eliasberg[1], ont pu parler d'une pathologie du travail, à base de complexe d'infériorité et de ressentiment (p. 261). Ils auraient pu trouver dans l'arsenal psychiatrique, le concept d'aliénation qui les eût sans doute, Hegel et Marx[2] aidant, conduits un peu plus loin.

Il n'entre pas dans notre intention de donner ici un résumé exhaustif des analyses de Friedmann. Nous signalerons seulement que l'examen du taylorisme à la lumière des sciences de l'homme rappelle et complète l'exposé déjà magistral de cette question donné dans un ouvrage plus ancien, *La Crise du Progrès*[a]. Et nous voudrions plus spécialement centrer l'ensemble des autres considérations sur la physiologie du travail, l'environnement du travail, l'adaptation des machines à l'homme, les relations industrielles, autour de deux questions plus larges et selon nous fondamentales, celle des rapports de l'homme et du milieu, celle de la détermination et de la signification des normes humaines.

L'ensemble des outils et des machines de production en service dans l'industrie contemporaine constitue la partie la plus massive de ce que

a. 1 vol., Gallimard, Paris, 1936. Une nouvelle édition de cet ouvrage est actuellement sous presse[3].

1. Vladimir Eliasberg (1887-1969), psychiatre et psychothérapeute d'origine allemande, émigra aux États-Unis pour fuir le nazisme. Il avait publié en 1924 son *Grundriss einer allgemeinen Arbeitspathologie* (Leipzig, J. A. Barth).

2. Canguilhem était un lecteur de Georg Wilhelm Friedrich Hegel (1770-1831) depuis les années 1920, ainsi qu'en témoignent d'ailleurs ses écrits (cf. *supra*, p. 189, n. 1 ; *infra*, p. 309, n. 3 et p. 321 *sq.*). C'est également le cas pour Karl Marx (1818-1883) dont il possédait et avait lu la plupart des ouvrages disponibles en traduction française. Sans doute écrivait-il en 1929 le « connaître imparfaitement » (cf. *OC* I, p. 221), mais il le commentera fréquemment au cours des années 1930, récusant la thèse épistémologique matérialiste (car « même le matérialisme historique suppose la valeur qu'il nie » (manuscrit inédit de 1932 : « Des sciences dites morales », CAPHÉS, GC. 9.1, fol. 15), tout en tenant le matérialisme historique pour un outil méthodologique indispensable dans l'analyse des faits sociaux, ainsi qu'on le voit dans sa contribution de 1935 sur *Le fascisme et les paysans* (*OC* I, p. 535-593). Son observation sur l'opportunité du recours à un « arsenal psychiatrique » qui inclurait la notion d'aliénation découle peut-être de ses échanges de 1944 avec les marxistes Bonnafé et Tosquelles lors de son séjour clandestin à Saint-Alban (cf. *supra*, p. 183).

3. *Problèmes humains du machinisme industriel* se présente comme le second ouvrage d'une trilogie intitulée « Machinisme et humanisme », précédé par *La crise du progrès* et suivi par *Essai sur la civilisation technicienne* (qui devait rester inachevé).

Friedmann appelle ailleurs le *nouveau milieu*[a] par opposition au milieu naturel, c'est-à-dire au fond au milieu de civilisation pré-machiniste. D'un point de vue de biologiste ou de psychologue behavioriste ce nouveau milieu, comme le milieu naturel, se décompose en une somme d'excitants de nature physique auxquels le vivant réagit selon des mécanismes, analytiquement démontables, dont la structure de l'organisme donne la clé. Le problème de l'adaptation du travailleur à son milieu de travail (machines, matériaux, produits finis, locaux industriels, etc.) semble se présenter comme un cas spécial des problèmes étudiés par la psychologie de réaction ou mieux la psychologie du comportement. Il est logique de réduire la condition du travailleur dans le nouveau milieu au conditionnement d'un vivant dans le milieu géographique. De même que selon des behavioristes comme Watson[1] et Albert Weiss[2], la puissance déterminante du milieu domine et annule la constitution génétique et les aptitudes de l'individu, de même selon Taylor, un ensemble de mécanismes étant donné, il est possible, par assimilation du travail humain à un jeu de mécanismes inanimés (p. 58),

a. « L'ensemble des techniques… a transformé et transforme chaque jour les conditions d'existence de l'homme… L'homme est soumis à des milliers de sollicitations, d'excitations, de stimulants naguère inconnus. Ainsi l'ensemble de ces techniques crée, installe, épaissit chaque jour davantage autour de lui ce que nous appellerons globalement le *nouveau milieu* ». (*L'homme et le milieu naturel*, Annales d'histoire économique et sociale 1945 : Hommages à Marc Bloch II)[3].

1. John Broadus Watson (1878-1958), psychologue américain dont le nom s'identifie à celui de l'école behavioriste. Il avait d'abord étudié la philosophie avec John Dewey à l'Université de Chicago où il obtint son doctorat en 1903 avec une thèse sur « L'éducation des animaux », une étude expérimentale sur le développement psychique du rat blanc. Fortement marqué par les travaux de Jacques Loeb (cf. *infra*, p. 299, n. 1) et d'Ivan Pavlov (cf. *infra*, p. 990 et p. 998, n. 4), il publia en 1913 ce qui est généralement considéré comme le manifeste du mouvement behavioriste, « Psychology as the Behaviorist Views It » (*Psychological Review*, vol. 20, n° 2, p. 158-177). Il termina sa carrière comme vice-président d'une grande compagnie de publicité.

2. Albert Weiss (1879-1931), psychologue américain d'origine allemande, apôtre du réductionnisme physiologique qu'illustrèrent sa thèse de doctorat sur l'audition (1916), puis de manière plus générale son ouvrage *A Theoretical Basis of Human Behavior* (Columbus, R. G. Adams & co., 1925).

3. Le titre complet de cet article de Georges Friedmann est « L'homme et le milieu naturel : Panorama du nouveau milieu (1939) » et il se trouve aux pages 103-116 du volume II des « Hommages à Marc Bloch ». Sur cette notion de « nouveau milieu », voir François Vatin, « Machinisme, marxisme, humanisme : Georges Friedmann avant et après guerre », *Sociologie du travail*, vol. 46, 2004, p. 205-223, p. 212).

de faire dépendre entièrement et uniquement les mouvements de l'ouvrier du mouvement de la machine, réglé selon les exigences du plus grand rendement économique dans une branche de l'industrie donnée à un moment donné de la conjoncture. Dans ses rapports avec le milieu physique et le milieu social au sein de l'entreprise l'ouvrier réagit – ou plutôt est conçu par Taylor comme devant réagir – sans initiative personnelle à une somme de stimulations, mouvements mécaniques, ordres sociaux, dont il ne peut choisir ni la qualité, ni l'intensité, ni la fréquence. Le chronométrage des temps opératoires, l'élimination des temps morts, des mouvements inutiles, sont les conséquences d'une conception mécaniste et mécanicienne de la physiologie, province sans autonomie d'une science énergétique totalitaire. Atzler a jugé le système de façon définitive : « Taylor était en première ligne un ingénieur; il connaissait le mécanisme de la machine morte, mais non celui du moteur vivant » (p. 48).

Une telle conception des rapports de l'homme et du milieu dans l'activité industrielle constitue un énorme contresens, non seulement du point de vue psychologique – ce qui est évident, – mais d'abord et aussi du point de vue biologique – ce qui est moins évident. En matière de comportement animal, les outrances mécanistes de Jacques Lœb[1] ont suscité la réaction de Jennings[2], celles de Watson, les réactions de Kantor[3] et Tolmann[4]. L'animal

1. Jacques Loeb (1859-1924), physiologiste d'origine allemande, docteur en médecine de l'Université de Strasbourg (1884), fut de 1892 à 1910 professeur à l'Université de Chicago, puis à l'Université de Californie, et enfin au Rockefeller Institute à New York. Ses travaux sur la parthénogénèse artificielle chez les invertébrés et ses idées sur la conception mécaniste de la vie, notamment en ce qui a trait aux tropismes, eurent un retentissement exceptionnel. Sur Loeb, voir Philip J. Pauly, *Controlling Life. Jacques Loeb & the Engineering Ideal in Biology*, New York, Oxford University Press, 1987.

2. Herbert Spencer Jennings (1868-1947), zoologiste américain, professeur à l'Université Johns Hopkins durant l'essentiel de sa carrière, spécialisé dans l'étude du comportement des protozoaires et des rotifères, de leurs réactions à divers stimuli et de leur génétique.

3. Le texte imprimé donne la graphie Krantor, mais il s'agit sûrement de Jakob Robert Kantor (1888-1984) psychologue américain, formé à l'Université de Chicago et qui enseigna à l'Université de l'Indiana durant près de quarante ans. Kantor était tenant d'une psychologie objective comprise comme une des sciences naturelles.

4. Edward Tolmann (1886-1959), psychologue américain dont l'essentiel de la carrière se déroula à l'Université de Californie à Berkeley. Surtout connu pour ses travaux sur le comportement cognitif des rats placés dans des labyrinthes, élève de William James, son behaviorisme s'écarte du réductionnisme extrême pratiqué par Weiss et Watson et s'inspire fortement des travaux des psychologues de la *gestalt*. Son ouvrage le plus influent reste *Purposive Behavior in Animals and Men* (New York, The Century Co., 1932).

ne réagit pas par une somme de réactions moléculaires à un milieu décomposable en éléments d'excitation, mais comme un tout à un environnement saisi comme un complexe, dans lequel les mouvements doivent être pris comme des régulations pour les besoins qui les commandent et auxquels par conséquent leur sens est essentiel. Le milieu ne peut imposer aucun mouvement à un organisme que si cet organisme se propose d'abord au milieu selon certaines orientations propres. Une réaction forcée c'est une réaction pathologique. Les psychologues de l'école de la *Gestalt* (Koffka[1] notamment) ont dissocié deux aspects du milieu : le milieu de comportement est un choix opéré par le vivant au sein du milieu physique ou géographique. Avec Von Uexküll[2] et Goldstein les biologistes achèvent de comprendre que le propre du vivant c'est de se composer son milieu[3].

Les réactions ouvrières à l'extension progressive de la rationalisation taylorienne (p. 245-258), en révélant la résistance du travailleur aux « mesures qui lui sont imposées du dehors » (p. 275), doivent donc être comprises autant comme des réactions de défense biologique que comme des réactions de défense sociale et dans les deux cas comme des réactions de santé. Inversement « les observations démontrent que les ouvriers réagissent plus favorablement à la rationalisation de leurs gestes dans la mesure où ils participent (ou ont l'impression de participer) psychologiquement à la critique de leurs mouvements empiriques et au choix des mouvements rationnels » (p. 271). Cette critique et ce choix impliquent en effet que, plus ou moins clairement, les ouvriers saisissent le sens de leur travail et se situent

1. Kurt Koffka (1886-1941), élève de Carl Stumpf (1848-1936) à l'Université de Berlin, présenta une thèse sur la perception du rythme en 1908. Sa carrière professorale se déroula d'abord à Gießen (1911-1927) puis aux États-Unis. Il est reconnu comme l'un des fondateurs de la psychologie de la forme dont il présenta une synthèse dans ses *Principles of Gestalt Psychology* en 1935 (New York, Hartcourt, Brace and Co.).

2. Jakob von Uexküll (1864-1944), biologiste d'origine allemande, né en Estonie. Sa contribution principale a été le développement de la théorie de l'*Umwelt*, monde propre à chaque organisme, structuré par sa capacité active d'organisation (*Umwelt und Innenwelt der Thiere*, Berlin, Springer, 1909). Ses idées ont exercé une puissante influence sur le développement de l'éthologie et elles ont alimenté dans la seconde moitié des années 1940 la pensée de Canguilhem sur le dynamisme axiologique et la normativité du vivant. Sur Uexküll, *cf.* Anne Harrington, *Reenchanted Science. Holism in German Culture from Wilhelm II to Hitler*, Princeton, Princeton University Press, 1996, surtout p. 44-71 ; sur Goldstein, p. 140-174.

3. À l'exception de Watson, les auteurs mentionnés dans ce paragraphe ne le sont pas dans le livre de Friedmann. On reconnaît ici chez Canguilhem un ordre de préoccupations qui est déjà celui de *La connaissance de la vie*.

eux-mêmes au sein du *nouveau milieu*, c'est-à-dire en fin de compte qu'ils se réfèrent à eux-mêmes le milieu en même temps qu'ils se soumettent à ses exigences. L'ouvrier cesse de se sentir *objet* dans un milieu de contrainte pour s'apercevoir *sujet* dans un milieu d'organisation (p. 275). Ainsi apparaît l'urgence et se justifie l'obligation de cette révolution dans les rapports de l'homme et de son milieu technologique qu'est la constitution d'une technique, encore embryonnaire, d'adaptation des machines l'homme (p. 96). Cette technique apparaît d'ailleurs justement à Friedmann comme la redécouverte savante des procédés tout empiriques par lesquels les peuplades primitives tendent à adapter leurs instruments rudimentaires aux normes organiques d'une activité à la fois efficace et biologiquement satisfaisante, où la valeur positive d'appréciation des normes techniques est cherchée dans les attitudes de l'organisme humain au travail luttant spontanément contre toute subordination exclusive du biologique au mécanique[a].

C'est dans ce renversement de perspective que doit se poser correctement le problème des normes du travail. S'il est vrai que la raison a toujours été considérée par les rationalistes comme la norme des normes, il est normal que le concept de normalisation soit devenu l'équivalent usuel

a. Friedmann cite les recherches, d'ailleurs remarquables, d'Haudricourt[1] sur *les Moteurs Animés en Agriculture* (*Revue de Botanique Appliquée*, 1940). D'une façon plus systématique Leroi-Gourhan[2] confirme la subordination normale des mécanismes techniques à l'opérateur organique dans son ouvrage magistral, *Milieu et Techniques*, Paris, A. Michel, 1945.

1. André-Georges Haudricourt (1911-1996), linguiste et ethnobotaniste français. Ingénieur agronome (1931), il poursuit des études de génétique végétale en France et en URSS et il conduit durant la guerre des travaux de botanique au CNRS. Il se concentrera davantage à compter de 1945 sur des questions de linguistique (langues romanes et langues d'Asie du sud-est surtout), sans abandonner son intérêt pour l'anthropologie des techniques. Ainsi, le numéro des *Annales d'histoire sociale* en hommage à Marc Bloch (cf. *supra*, p. 298, note a) contient-il une note complémentaire à ses travaux antérieurs sur l'attelage (« Lumières sur l'attelage moderne ») alors qu'il publiera encore en 1955, avec Mariel J. Bruhnes Delamarre (1905-2001) *L'Homme et la charrue à travers le monde* (Paris, Gallimard); réimpression : Lyon, La Manufacture, 1986.

2. André Leroi-Gourhan (1911-1986), ethnologue, préhistorien et résistant français. Après une thèse de doctorat sur *L'Archéologie du Pacifique Nord* (1945), sous la direction de Marcel Mauss, il soutiendra en 1954 une thèse de doctorat ès sciences sur l'évolution des équilibres dans le crâne des vertébrés terrestres. Professeur à la Sorbonne en 1956, il est titulaire de la chaire de préhistoire du Collège de France de 1969 à 1982. Canguilhem manifesta toujours une vive admiration pour les travaux de Leroi-Gourhan, et notamment pour les deux volumes de *Le geste et la parole* (Paris, Albin Michel, 1964-1965).

du concept de rationalisation. Mais il est également normal qu'une rationalisation d'inspiration scientiste ait présenté les normes de rendement technique qu'elle tendait à imposer comme l'expression d'une nécessité de fait, qu'elle ait eu la prétention de déterminer objectivement pour un certain travail la meilleure méthode à suivre, la meilleure et la seule, *the one best way* (p. 45). Mais ici une grave question se pose, où sont engagées des attitudes non seulement de technicien et d'économiste, mais des attitudes authentiquement philosophiques concernant les rapports du normal et de l'expérimental, et à travers eux les rapports du réel et des valeurs.

La première difficulté qui apparaît est de choisir le sujet ou les sujets des expériences de chronométrage dont les résultats devront être proposés – disons plus justement imposés – comme norme générale ou moyenne à tous les ouvriers employés à une tâche identique. Il est inévitable que l'expérience de détermination du temps moyen pour chaque élément d'un travail donné ait lieu dans des conditions singulières (ouvrier spécialement choisi et stimulé par un système de primes au rendement) qui laissent entièrement ouvert le problème d'extrapolation des résultats obtenus. Qui définira une fatigue normale, lorsque toutes les études de psychologie et de psychotechnique concordent à établir que l'intérêt, l'excitation, la suggestion, sont ici en jeu pour faire varier, chez le même individu occupé à un même travail, les bornes de son effort et sa décision de céder à l'épuisement ? Qui déterminera la durée et la place normale des pauses, en présence du fait que les effets en seront différents, pour une même distribution, selon que l'ouvrier sent ou non qu'on se livre sur lui à des expériences dont les fins dernières sont plutôt hors de lui qu'en lui et pour lui. « Les effets des pauses sont inexplicables en termes purement physiques ou physiologiques, ce qui ne doit pas surprendre : la fatigue elle-même contient des éléments personnels et sociaux et c'est sur elle qu'agit la pause » (p. 86).

On sait quelle est déjà, dans la pure biologie, la difficulté de tenir pour normaux les résultats d'expériences pratiquées sur des vivants placés artificiellement dans un environnement et des conditions d'existence analytiquement définies et entièrement perméables à la connaissance de l'expérimentateur. La réclusion en milieu de laboratoire est loin de fournir aux animaux toutes les sollicitations de leurs instincts qu'ils trouvent dans le milieu libre, c'est-à-dire exactement dans le milieu qu'ils se font, nécessairement différent du milieu qu'on leur fait. Les naturalistes ne s'accordent pas sur la description des amours des scorpions ou des mantes, selon qu'ils les ont observés en captivité ou dans la nature. Achille Urbain[1] constate que le jaguar capable, en liberté de détours d'une centaine de mètres pour atteindre une proie vivante, est incapable, dans un labyrinthe, d'un détour de trois mètres pour saisir un morceau de bœuf.

Taylor ne s'embarrassait pas de considérations de cet ordre. Dans ses expériences sur le portage des gueuses de fonte, il avait choisi comme sujet un homme de force exceptionnelle, surnommé « l'homme-bœuf » (p. 47). Mais Atzler avait fait remarquer que des indices établis par cette voie ne pouvaient être pris, raisonnablement, comme normes du travail quotidien d'un ouvrier moyen (p. 48). Certes à condition de mécaniser l'homme et de mécaniser le temps, en négligeant systématiquement le caractère rythmique de l'activité d'un vivant quelconque, on peut établir la norme de rendement d'un ouvrier donné, par la mesure du temps minimum pratiqué par des ouvriers différents pour chaque élément d'une tâche décomposée. L'inconvénient est que cette norme n'ait aucune signification concrète pour un individu pris dans la totalité biopsychologique de son existence.

Les éléments de la solution sont donnés dans le travail de Friedmann. De même qu'il n'y a pas *une* mais *des* rationalisations, de même il n'y a pas *une* mais *des* normes. La raison profonde de ce pluralisme des normes se trouve dans la pluralité des valeurs dont est justiciable toute organisation économique. La relativité du normal dépend de la multiplicité des valeurs. « Par ce canal de la valeur tout un flot de réalités psychiques, morales et sociales fait irruption » (p. 355). En fin de compte, les valeurs qui donnaient leur allure de normes aux résultats du chronométrage taylorien se trouvaient présentes, quoique latentes parce qu'indiscutées, dans la pensée de Taylor, à un certain moment de l'essor capitaliste en Amérique du Nord, lorsqu'en période d'abondance de la main-d'œuvre tout ouvrier qui ne se pliait pas à la prétendue norme (*the one best way*) était automatiquement congédié. Les problèmes des aptitudes individuelles, du normal individuel, et du normal

1. Achille Urbain (1884-1957), zoologiste français, directeur du Parc zoologique de Vincennes (1934-1946) en même temps que de la Ménagerie du Muséum National d'Histoire Naturelle (1936-1946), établissement dont il fut le directeur de 1942 à 1949. Il avait publié en 1940 une *Psychologie des animaux sauvages : instinct, intelligence* (Paris, Flammarion).

collectif pour une classe autre que celle des employeurs, ne se posaient pas (p. 56).

Certes, les entrepreneurs capitalistes, reconnaissant comme un élément de la réalité économique à organiser rationnellement la résistance des ouvriers à l'imposition des normes de leur travail, n'ont pas tardé à comprendre l'intérêt qu'il y avait à les associer à la détermination de ces normes. Ils ont converti en méthodes d'exploration et d'expérimentation les leçons de la physiologie du travail et de la psychotechnique. L'exemple le plus fameux est l'enquête Hawthorne [1] qui a porté de 1927 à 1939 sur le personnel de la Western Electric C°, dans les ateliers de construction de matériel téléphonique pour la Société Bell. Friedmann relate longuement ces expériences dont le point de départ fut l'observation, durant cinq années, du comportement et du rendement de cinq ouvrières employées à l'assemblage des relais de téléphone. Les sujets de l'expérience furent mis en confiance, dès le début, par l'explication du sens et de la portée escomptée des épreuves auxquelles on les soumettait avec leur consentement réfléchi. On leur demanda de ne pas se croire tenues d'adopter une attitude de compétition et un rythme de performance. On les soumit à des régimes divers de distribution et de durée des pauses, de longueur de la journée de travail. Tout cela dans une pièce d'expérience équipée comme l'atelier de production correspondant, aux appareils d'enregistrement et de mesure près. On put ainsi constater une croissance régulière du rendement pendant les trois premières années, suivie d'une stabilisation à un niveau élevé (p. 289). Les modifications de l'environnement physique n'eurent pas d'influence sur ce rendement stabilisé, non plus que celles des stimulants financiers. L'essentiel des facteurs capables d'influer sur la qualité et la quantité du travail se révéla d'ordre psychologique : perte du sentiment de contrainte à l'égard de la tâche à accomplir, cordialité des relations avec le personnel de maîtrise et de contrôle. Mais les

1. L'enquête à l'usine Hawthorne de la compagnie Western Electric à Cicero près de Chicago se déroula sous la direction d'Elton Mayo de 1927 à 1932. Cette enquête est à l'origine de l'école dite des relations humaines en sociologie du travail. Les enquêteurs qui observaient non seulement les ouvriers au travail mais aussi leur milieu de vie notèrent rapidement une augmentation de la productivité sans changement dans les conditions de travail autre que leur présence et l'intérêt manifeste porté aux travailleurs eux-mêmes (l'« effet Hawthorne »). Les principaux résultats furent publiés par deux collaborateurs de Mayo, Fritz Roethlisberger (1878-1974) et William Dickson (1904-?) dans leur ouvrage *Management and the Worker*, Cambridge, Mass., Harvard University Press, 1939.

premiers résultats de l'enquête posaient à la Compagnie plusieurs problèmes pratiques concernant l'ensemble des travailleurs et notamment celui-ci: « En quoi consiste, normalement, du point de vue l'ouvrier, un bon environnement du travail? » (p. 291). Autrement dit, dans quelle mesure peut-on importer dans l'usine les normes établies au laboratoire, quelque effort qui ait été fait pour opérer expérimentalement dans les conditions les plus proches du milieu normal d'activité pour l'ouvrier moyen? C'est pour permettre la conversion en norme générale des résultats expérimentaux que fut entreprise, parmi le personnel des usines, une campagne d'interviews (21 216 en un peu plus de deux années). Friedmann résume ainsi les résultats de cette enquête unique: « D'une manière générale, aucune modification dans les conditions physiques ou financières du travail ne produit d'effet prévisible et calculable en termes de rendement si elle n'est mise en connexion avec *l'attitude morale et sociale de l'ouvrier*: notion qui comprend le lien personnel de l'ouvrier avec son travail, le degré de signification qu'il lui accorde, son intégration dans l'équipe, l'atelier, l'usine, sa situation sociale et familiale hors de l'usine. C'est dans ce complexe social que les faits individuels d'ordre physique ou psychologique doivent être replacés pour prendre un sens objectif, un déterminisme, une grandeur mesurable » (p. 299).

Mais le vrai problème est ailleurs et Friedmann le sait bien quand il cherche à définir la doctrine sous-jacente à cette formidable enquête (p. 300). La question est de savoir si l'attitude morale et sociale de l'ouvrier trouve sa place dans les catégories de la psycho-sociologie familière aux enquêteurs. Mayo et ses collaborateurs ont bien vu qu'à l'intérieur de l'usine se rencontrent trois sortes de logique, celle du prix de revient, celle du rendement, celle du sentiment. Cette dernière, qui est celle des exécutants, s'accorde mal avec les deux premières que les dirigeants arrivent assez facilement à concilier. Le comportement ouvrier se révèle comme une donnée rebelle à la prévision et au calcul. La pratique ouvrière de restriction de rendement est un symptôme de la non-intégration de l'ouvrier à l'entreprise. On croit pouvoir y porter remède par le développement des services sociaux, des clubs, des sociétés sportives. Mais il est clair que l'insuffisance de ces pratiques révèle l'incapacité où sont les enquêteurs, agents au service de l'entreprise, de voir l'entreprise avec des yeux d'ouvriers, de voir l'entreprise dans la société au lieu de faire coïncider la société et l'entreprise. Les mobiles de la résistance ouvrière à la rationalisation sont qualifiés d'irrationnels (p. 308) c'est-à-dire finalement d'anormaux. Le malheur est qu'un terme puisse être axiologiquement négatif sans être pour autant nul et qu'on ne puisse pas comprendre toutes les normes à l'intérieur d'une norme. Comprendre des normes c'est les admettre et non les réduire. On ne peut être à la fois juge et partie. Ce qui a échappé aux psychologues de l'enquête Hawthorne c'est que les ouvriers ne tiendraient pour authentiquement normales que des conditions de travail qu'ils auraient d'eux-mêmes instituées en référence à des valeurs propres et non pas empruntées, c'est que le milieu de travail qu'ils tiendraient pour normal serait celui qu'ils se seraient fait eux-mêmes, à eux-mêmes, pour eux-mêmes. Tout homme veut être sujet de ses normes. L'illusion capitaliste est de croire que les normes capitalistes sont définitives et universelles, sans penser que la normativité ne peut être un privilège. Ce que Friedmann appelle la « libération du potentiel de l'individu » (p. 329) n'est pas autre chose que cette normativité qui fait pour l'homme le sens de sa vie. L'ouvrier est un homme ou du moins sait et sent qu'il doit aussi être un homme. Comme le dit Friedmann, quoiqu'en un sens un peu différent : « L'homme est *un* » (p. 337).

L'étude du milieu et des normes de l'homme au travail, à travers le travail de Friedmann, fait apparaître l'existence de ce qu'il appelle le primat de l'humain sur le mécanique, le primat du social sur l'humain. Nous dirions un peu différemment : primat du vital sur le mécanique, primat des valeurs sur la vie. La vie n'est, à vrai dire, selon nous, que la médiation entre le mécanique et la valeur, c'est d'elle que se dégagent par abstraction, comme termes d'un conflit toujours ouvert, et par là même générateur de toute expérience et de toute histoire, le mécanisme et la valeur. Le travail est la forme que prend pour l'homme l'effort universel de solution du conflit. Les normes du travail ont donc inévitablement un aspect mécanique mais ne sont des normes que par leur rapport à la polarité axiologique de la vie, dont l'humanité est la prise de conscience. L'œuvre de Friedmann contribue à la restitution de leur signification authentique aux normes du travail. En quoi elle nous apparaît profondément philosophique.

G. CANGUILHEM
Institut de Philosophie Université de Strasbourg

NOTE SUR LA SITUATION FAITE EN FRANCE À LA PHILOSOPHIE BIOLOGIQUE[1]

Revue de métaphysique et de morale, vol. 52, n°s 3-4, juillet-octobre 1947, p. 322-332[2]

La publication par M. Raymond Ruyer[3] des *Éléments de Psychobiologie*[4] constitue, dans l'histoire de la philosophie française contemporaine, un événement dont la signification échappe peut-être en partie à quelques-uns de ceux que la lecture de cet ouvrage a le plus vivement intéressés. Il n'est pas question ici de peser exactement les mérites intrinsèques de ce travail, et par exemple d'en regretter la composition parfois décevante ou la hardiesse un peu fantaisiste, au moment même où on doit lui reconnaître une sûreté d'information et une vigueur dans la mise en œuvre réellement remarquables. Il s'agit seulement de l'utiliser à poser un problème bien déterminé, à l'occasion du problème plus général relatif à l'actualité de la pensée métaphysique.

Si l'on parcourt la *Revue de Métaphysique et de Morale* depuis sa fondation, on constatera facilement quelle importance, statistiquement

1. Cette question est déjà évoquée par Canguilhem au tout début de son cours « Philosophie et Biologie » de 1946-47 (*cf.* GC. 12.1.8). En fait les premières pages du cours sont en quelque sorte une première version de cet article. Le Fonds Canguilhem au CAPHÉS conserve le manuscrit de cet article, de même qu'un tapuscrit (GC. 25.2).

2. L'impression de ce numéro est de décembre 1947 ; son dépôt légal du 1er trimestre 1948.

3. Raymond Ruyer (1902-1987), normalien (1921), agrégé de philosophie (1924), professeur de lycée, puis prisonnier de guerre de 1940 à 1945, enseigna à l'Université de Nancy pour l'essentiel de sa carrière, de 1945 à 1972. Canguilhem appréciait sa liberté de réflexion et sa posture anti-réductionniste ; ils partageraient aussi plus tard un intérêt commun pour les apparentements de la biologie avec la théorie de l'information.

4. Paris, P.U.F., 1946.

mesurable au nombre des articles, elle a accordée au rationalisme critique, étayé plus ou moins directement par la philosophie des sciences mathématiques, pour lesquelles d'ailleurs le manifeste des fondateurs, en tête du premier numéro, avouait une affinité élective [1]. Assez peu d'articles ont été consacrés à la biologie, par Houssay [2], Caullery [3], G. Teissier [4] notamment, et de préférence sur des questions de méthode. Les deux articles de M. Ruyer sur *l'Individualité*, en 1940 [5], font une exception mémorable à cette longue habitude d'indifférence à l'égard de la philosophie biologique. Ils amorçaient un retour à l'aristotélisme dans cette Revue où l'un de ses plus vigoureux animateurs avait plusieurs fois dénoncé la puérilité de la vision aristotélicienne du monde [6], où l'on se réclamait ouvertement de Lachelier et de la réforme qu'il avait opérée en France par la restitution de l'esprit du Kantisme, mais où l'on paraissait vouloir oublier que le même Lachelier

1. Ce texte-manifeste n'est pas signé mais il est d'Alphonse Darlu (1849-1921) qui avait été le professeur de philosophie de Xavier Léon (1868-1935), Élie Halévy (1870-1937) et Léon Brunschvicg au lycée Condorcet. Cette « Introduction », ouvre le premier numéro de la *Revue de métaphysique et de morale* qui parut à l'automne 1893 (p. 1-5). On y souligne en effet que la conception de la philosophie qu'on entend promouvoir « a une prédilection marquée [...] pour les sciences mathématiques, ce grand art aux ressources inépuisables, né, lui aussi, de l'esprit humain » (p. 3).

2. Frédéric Houssay (1860-1920), naturaliste néo-lamarckien français, normalien (1879), agrégé des sciences naturelles (1882), nommé professeur à la Sorbonne en 1904 après avoir été maître de conférences à la Faculté des Sciences de Lyon, puis à l'École normale supérieure. Il avait publié un seul article dans la *Revue de métaphysique et de morale* : « De la controverse en biologie » (vol. 11, septembre 1903, p. 537-572).

3. Caullery lui aussi n'avait publié qu'un seul article dans la *Revue de métaphysique et de morale*, « La nature des lois biologiques », en mai 1914 (vol. 22, p. 334-360). Maurice Caullery (1868-1958), zoologiste évolutionniste français, normalien (1897), élève d'Alfred Giard (1846-1908), passa l'agrégation en 1891 et obtint son doctorat ès sciences en 1895. Il enseigna aux Facultés des Sciences de Lyon et de Marseille, puis à la Faculté de Paris (maître de conférence en 1903) où il succéda en 1909 à Giard à la chaire d'Évolution des êtres organisés et y enseigna jusqu'à sa retraite en 1939. Hostile au régime de Vichy, il fut arrêté par les Allemands en même temps qu'Émile Borel (cf. *supra*, p. 115, n. 2) et emprisonné quelques jours à Fresne.

4. Sur Georges Teissier, cf. *supra*, p. 105, n. 1. Il publia lui aussi un seul article dans la *Revue*, « La description mathématique des faits biologiques », en janvier 1936 (vol. 43, n° 1, p. 55-87).

5. *Revue de métaphysique et de morale*, vol. 47, n° 3, juillet 1940, p. 286-304 et n° 4, octobre 1940, p. 386-410. Ces deux numéros datés de 1940 ne parurent en fait qu'en 1942.

6. Il s'agit évidemment ici de Léon Brunschvicg qui, dans *Les âges de l'intelligence*, tenait que la pensée aristotélicienne « se meut encore dans les cadres de la pensée primitive ou de l'enfant de 6 ans » (cf. *supra*, p. 93).

avait pu regretter que Descartes eût substitué sa philosophie à celle d'Aristote[1]. Ce disant nous n'entendons condamner qui que ce soit ou déplorer quoi que ce soit. D'abord, parce que nous estimons, contrairement au mot de Lachelier dans *Psychologie et Métaphysique*, que même ce qu'on condamnerait, on doit chercher à le comprendre[2], et donc à plus forte raison ce qu'on ne condamne pas; ensuite parce que nous aurions lieu d'être fiers, somme toute, si notre génération se révélait capable de mettre sur pied un programme de travail et d'imprimer à la philosophie française un élan comparable, quoique dans une autre direction, à ceux dont nous avons été à la fois les témoins tardifs et les derniers bénéficiaires directs. Même si, comme le dit Hegel, la pensée est ingrate[3], elle n'est pas tenue à l'injustice envers les penseurs. Même si la philosophie mathématique peut paraître à certains ne pas rencontrer la totalité des problèmes authentiquement philosophiques, personne de ses élèves ne peut oublier ce qu'il doit à Léon Brunschvicg, comme personne de ceux qui l'ont connu ne peut évoquer, sans l'amertume aux lèvres, la mort tragique de Jean Cavaillès.

1. Lachelier écrivait en effet, en commentaire sous l'article « Spiritualisme » du *Vocabulaire de la philosophie* de Lalande : « On ne peut parler trop sévèrement du mal que Descartes a fait à la philosophie en substituant sa doctrine à celle d'Aristote » (p. 1020, dans l'édition des P.U.F. de 1960). Sur Lachelier, cf. *supra*, p. 165, n. 1.

2. Vers la fin de cet ouvrage, Lachelier écrivait : « Nous accomplissons, en un mot, une destinée que nous avons choisie, ou plutôt que nous ne cessons pas de choisir : pourquoi notre choix n'est-il pas meilleur, pourquoi préférons-nous librement le mal au bien, c'est ce qu'il faut, selon toute apparence, renoncer à comprendre. Expliquer, d'ailleurs, serait absoudre, et la métaphysique ne doit pas expliquer ce que condamne la morale. » (*Du fondement de l'induction, suivi de Psychologie et métaphysique et de Notes sur le pari de Pascal*, Paris, Alcan, 1924, 8e édition, p. 171). Cet ouvrage conservé dans la bibliothèque de Canguilhem au CAPHÉS (CAN 2266) a visiblement été lu et relu et comporte plusieurs marques et annotations.

3. Canguilhem a probablement présent à l'esprit ce passage de la *Logique* dans la traduction d'Auguste Véra (Paris, Ladrange, 1859, vol. 1, p. 226-227) : « … on dira de la pensée ce qu'on peut dire du manger. Car les aliments sont la condition du manger, puisqu'on ne saurait manger sans aliment. Mais le manger peut être accusé d'ingratitude, car il détruit la condition même de son existence. Or, comme la pensée est essentiellement la négation de l'objet fourni par l'expérience, elle n'est pas, à cet égard, moins ingrate ». La bibliothèque de Canguilhem contient les 2 volumes de la deuxième édition, de 1874. Canguilhem a commencé tôt à lire Hegel sérieusement : quelques jours après son entrée à l'École normale supérieure, en novembre 1924, il emprunte déjà la *Wissenschaft der Logik*, et en même temps la traduction par Véra ; l'année suivante, ce seront la *Philosophie de la nature* et l'*Esthétique*.

Si nous nous sommes référé à l'œuvre de M. Ruyer, c'est pour donner forme concrète à une interrogation, et nous demander si, en 1910 par exemple, il eût paru non pas rationnel mais même simplement raisonnable, de proposer une interprétation des phénomènes biologiques fondamentaux, tels que le développement embryonnaire, à partir de modèles psychologiques, de retrouver dans les rapports des individus à l'espèce la théorie platonicienne des Idées, de ressusciter en les réinventant, et non en les époussetant, les concepts aristotéliciens de puissance et de forme, – toutes gageures tenues, comme en se jouant, par M. Ruyer, en parfaite connaissance des données de la science biologique la plus moderne et la plus circonspecte. Nous n'avons pas choisi l'année 1910 au hasard. Les philosophes français avaient pu, la première stupeur passée, méditer sur *l'Évolution Créatrice*, parue trois ans auparavant. Quant aux biologistes, c'est seulement cette année-là que leur principale revue, *l'Année Biologique*, donnait, sous la signature de Marcel Hérubel, un bref compte rendu de l'ouvrage, annoncé pour 1908 et jusque-là remis [1]. Bergson avait conquis sa célébrité en dehors de la philosophie universitaire et même en un sens contre elle [a]. Au Collège de France, il concurrençait la Sorbonne, bien plus qu'il ne la complétait. Par suite, il était cette exception, il est probablement encore, cette exception qui confirme la règle d'indifférence, dans le cas le plus favorable, mais aussi de méfiance et même d'hostilité à l'égard de la philosophie biologique en France.

a. En 1898, dans la *Revue de Métaphysique et de Morale*, B. Jacob [2] avait souhaité à Bergson de trouver des admirateurs nombreux, mais pas un disciple.

1. Canguilhem avait déjà relevé ce signe d'embarras de Hérubel dans son cours sur le 3e chapitre de *L'Évolution créatrice*; cf. *supra*, p. 118.

2. Baptiste Jacob, « La philosophie d'hier et celle d'aujourd'hui », p. 170-201. Élève d'Octave Hamelin, Baptiste Jacob (1858-1909) avait été reçu premier à l'agrégation de philosophie de 1887. Professeur d'abord dans des lycées de Bretagne, il enseigna ensuite au lycée Rolin à Paris, puis aux Écoles normales supérieures de jeunes filles de Sèvres, Fontenay-aux-Roses et Saint-Cloud. Militant socialiste et laïque, ami de Célestin Bouglé, il fut aussi l'un de ceux qui assurèrent la diffusion de l'œuvre de Jules Lequier (1814-1862). Stéphan Soulié a consacré quelques pages substantielles à cet article de ce philosophe aujourd'hui peu connu : *Les philosophes en République. L'aventure intellectuelle de la* Revue de métaphysique et de morale *et de la Société française de philosophie (1891-1914)*, Rennes, Presses universitaires de Rennes, 2009, p. 264-273.

À cause de Descartes, plus exactement que depuis Descartes, la philosophie biologique est chez nous un genre de spéculation assez suspect. La vie, dans le système cartésien, ne se voit accorder aucune originalité ontologique. Comprise par la raison et comprise dans la matière, elle ne pose aucun problème théorique spécial, à plus forte raison n'enferme-t-elle aucun mystère. Certes, Descartes admet, outre l'étendue et la pensée, une troisième nature simple, l'union de l'âme et du corps. Mais cela c'est, pour l'homme seulement, l'expérience du fait de vivre, l'existence, en un sens assez voisin de celui que les existentialistes donnent à ce terme, plutôt que la vie. De même que chez Descartes, dans la philosophie d'Alain, de Brunschvicg, de Sartre, la vie n'est pas reconnue comme objet métaphysique propre. Ne parlons pas naturellement de la plupart des biologistes, pour qui le vivant n'est rien qu'un objet physique dont le déterminisme ne fait pas question alors même que sa formule exacte est encore à trouver. Et comme il n'est pas de problème si abstrait qui ne puisse, par ses solutions possibles, retentir sur les questions politiques, quand les questions de philosophie biologique deviennent la pâture des publicistes, la préférence nationaliste s'en mêle, et le rationalisme et les idées claires deviennent un héritage sacré et des armes de combat. Il a suffi que la philosophie allemande, surtout au XIXe siècle, ait montré plus de complaisance à la vie que la philosophie française depuis 1870, pour que la philosophie biologique apparaisse chez nous comme une louche excroissance sur la science positive, apte à servir les desseins politiques ou sociaux les moins avouables. Ne citons personne. Le lecteur averti mettra des noms sous ce signalement rapide des penseurs, d'ailleurs très différents, prompts à dénoncer dans tout essai de philosophie biologique une aberration à situer quelque part entre le mysticisme, le romantisme et le fascisme, un genre de spéculation naïve, malsaine ou criminelle dont les représentants typiques ont nom, selon les cas, Hegel, Nietzsche, Bergson ou Hitler.

Notre intention n'est pas, naturellement, d'en remontrer à Descartes. Il nous semble que nous comprenons aussi bien que tant d'autres la portée et la signification de son mécanisme. Mais nous nous demandons parfois si, dans l'interprétation qu'on en donne usuellement, on n'oublie pas un aspect essentiel de sa pensée. Il est bien vrai que le vivant n'est, selon lui, rien de plus qu'une machine dont l'entendement doit expliquer les fonctions selon les principes généraux de l'inertie, de la quantité constante de mouvement et les lois du choc. Mais cette machine, Descartes n'oublie jamais de le dire, se trouve montée par les soins et les mains de Dieu. Nous ne pensons pas que ce soit là une exclusion de la téléologie aussi radicale qu'on veut bien le dire. Toute la finalité se trouve télescopée au départ. Descartes paraît avoir nettement aperçu que le mécanisme peut rendre compte de tout, sauf de la production de mécanismes, qu'ils soient naturels ou artificiels [1]. Admettre le mécanisme en refusant l'ontologie et la théologie ne nous paraît pas une fidélité méritoire à la pensée cartésienne. Et c'est pourquoi nous prierions volontiers qu'en matière de philosophie biologique, on veuille bien ne pas déconsidérer d'avance, en la qualifiant d'ante- ou d'anti-cartésienne, c'est-à-dire comme il va de soi de réactionnaire, toute tentative de spéculation conservant sa liberté, non pas évidemment à l'égard des faits scientifiques bien établis, mais du moins à l'égard des conclusions philosophiques ou pseudo-philosophiques que quelques savants pensent devoir en tirer, tout en se flattant cependant de ne jamais quitter le terrain solide de leur savoir expérimental.

Quant au rationalisme français traditionnel et au culte de l'idée claire, si facilement opposés aux troubles intuitions de la pensée germanique, qui sait si ce cliché, à force d'être banal, ne tend pas aussi à devenir fatal. Il se pourrait que les Allemands exercent autrement que nous leur rationalisme. Serait-il particulièrement faux de dire que l'Allemand rationalise plus volontiers les moyens de la vie et le Français les fins ? Le premier tend à rationaliser le présent et le second l'avenir. L'un accepte volontiers l'indétermination de ses fins dernières, mais ne supporte pas d'improviser les moyens et instruments de son action, l'autre tient absolument à savoir où il va, mais accepte fort bien de devoir à l'improvisation, à l'intuition du moment, les expédients et les trucs par lesquels il supplée à l'absence d'équipements méthodiquement préparés. Aucune vie individuelle ou collective n'est possible si elle n'affronte à quelque moment le risque ou l'aventure. Les Allemands et les Français ne situent pas le risque au même moment. Est-il absurde d'apercevoir dans ce phénomène, pour la période historique qui commence au milieu du XIXe siècle, un phénomène d'énergie biologique collective et d'asynchronisme dans la croissance et la décroissance de cette énergie, ici et là ? Nous arrivons par là au cœur de notre propos.

L'attitude rationaliste d'hostilité à la philosophie biologique en France ne se laisserait-elle pas réduire à une attitude à la fois plus profonde, relativement aux philosophes pris comme individus participant à un milieu

1. On reconnaît ici déjà la thématique centrale de « Machine et organisme ».

social donné, et plus superficielle, c'est-à-dire fondée sur des valeurs moins permanentes, moins universelles, que la raison qui, après tout, n'est à personne, pas même à ses défenseurs auto-patentés ? Nous songeons à un mot de Whitehead, à la fin de son livre, *La Science et le Monde moderne* : « C'est le rôle de l'avenir que d'être dangereux, et c'est un des mérites de la science que d'armer l'avenir en vue des devoirs qu'il comporte. Les classes moyennes prospères, qui ont gouverné le XIXe siècle, ont attribué une valeur excessive au calme dans l'existence »[1]. Ce que Whitehead dit de l'avenir, Goldstein le dit de la vie. Chez le vivant normal, vivre c'est affronter des risques, accepter l'éventualité de réactions catastrophiques. La gêne de la raison devant l'objet vie ne serait-elle pas une forme de prudence à classer parmi les réactions de l'instinct de conservation, réactions qui traduisent, selon Goldstein, un état de vie pathologique ?[2] Il faut avouer que voilà un paradoxe, pour le moins.

Il est pourtant incontestable que la vie est un objet de pensée peu rassurant pour la raison. Raison, c'est lucidité et rectitude. Au regard de la raison, la vie est trouble, au cordeau de la raison, la vie est fuyante. La raison est régulière comme un comptable ; la vie, anarchique comme un artiste. La raison, l'étymologie l'enseigne, c'est le calcul. Elle vit de faire des bilans et n'approuve que ceux où l'on peut poser une équation entre les deux postes, ceux où la somme des parties nous donne la connaissance du tout. La vie c'est la production ou, comme on l'a dit, l'émergence. Elle se fait et se nourrit de synthèses, que la raison s'efforce, péniblement parfois, de reproduire par inversion du sens d'une analyse pratiquée après coup. Le rationalisme est une philosophie de l'après coup. Pris à la lettre et en toute rigueur, le rationalisme, philosophie de l'homme savant, finirait par faire perdre de vue à l'homme qu'il est un vivant. En dévalorisant tout ce qui précède son propre exercice et lui fournit occasion ou pâture, puisque cet exercice ne trouve son prix que dans la substitution du reconstruit au donné, la raison tend à faire mépriser toute activité spontanée de production et de don, toute vie. C'est oublier qu'une prudence, une sagesse ne peuvent être que secondes. Des raisons ne seront, ne feront jamais des causes. C'est si vrai du reste que le rationalisme, s'il veut être fécond, ne peut rester pur. Quand Hamelin essaie d'intégrer au rationalisme la synthèse, il rencontre les

1. Paris, Payot, 1930, p. 267-268 (CAN 3565).
2. Sur Kurt Goldstein, voir *supra*, p. 106-107.

critiques des bergsoniens, à cause du rationalisme, et de Léon Brunschvicg, à cause de la synthèse. Et quand le même Léon Brunschvicg revendique pour la raison le droit et le devoir d'assouplissement et d'adaptation, il se voit reprocher l'impureté de cette concession à la mobilité, c'est-à-dire au fond à la philosophie biologique de Bergson. Nous n'ignorons naturellement pas qu'il existe aussi un rationalisme dialectique, celui des matérialistes marxistes. Mais il nous semble que cette attitude avère l'existence du problème qui nous occupe plutôt qu'elle n'en constitue la solution. Ici au moins est reconnu qu'il s'introduit dans l'expérience universelle le *plus* et *l'autre* dont l'analyse ne suffit pas à retrouver les sources antérieures cachées et dont l'identification ne rend pas compte. Nous croyons comprendre assez bien la nécessité d'une pensée dialectique, mais nous avouons mal comprendre la rationalité d'un conflit d'opposés dont on enferme d'avance le principe dans une seule réalité donnée, la matière. Nous n'ignorons pas ce que cet aveu risque de nous valoir de qualifications péjoratives, mais nous n'y pouvons rien. Nous savons bien que pour les rationalistes dialecticiens, la vie ne se déduit pas linéairement de la matière, qu'elle procède d'un saut et que les biologistes mettent le plus grand soin à distinguer leur matérialisme du mécanisme. Mais nous savons aussi que ce matérialisme, au nom duquel, comme d'un dogme, on condamne chez nous toute conception de la vie dite, sommairement et sans nuances, vitaliste, prend un visage différent selon qu'il est professé ici ou là. Il n'est que de comparer à ce propos le livre de M. Prenant[1], *Biologie et Marxisme*, avec le livre de J.B.S. Haldane, *La Philosophie Marxiste et les Sciences*[2], et la façon dont le premier parle de

1. Paris, Éditions sociales internationales, 1935 (CAN 2466). Marcel Prenant (1893-1983), zoologiste français, normalien (1911), agrégé (1919) et docteur ès sciences (1922), fut en 1928 nommé maître de conférences à la Faculté des Sciences de Paris où devait jusqu'en 1966 se dérouler le reste de sa carrière de professeur. Vétéran de la Guerre de 1914-1918, militant communiste, actif au sein du Comité de Vigilance des Intellectuels Antifascistes, il s'engagea résolument dans la Résistance après sa libération d'un camp de prisonniers de guerre en 1941 et devint chef d'état-major des FTP. Arrêté par la Gestapo en 1944, il fut déporté à Neuengamme mais en revint. Néo-darwinien affirmé dès les années 1930 (*Darwin*, Paris, Éditions sociales, 1937), bien qu'adepte du matérialisme dialectique, il ne put soutenir la biologie lyssenkiste avec la fermeté alors exigée par le PCF et fut écarté de ses instances dirigeantes.

2. John Burdon Sanderson Haldane (1892-1964), biologiste évolutionniste britannique dont les contributions à la biométrie et à la génétique des populations furent influentes. Ses convictions athées et communistes étaient proclamées. Il termina sa carrière en Inde et devint citoyen de ce pays, pour marquer son désaccord avec les politiques de l'Angleterre.

Bergson, avec la façon dont le second parle de son père, l'illustre physiologiste J.S. Haldane, dont l'ouvrage *Philosophy of a biologist*[1] contient un remarquable chapitre sur la conception vitaliste de la vie. Ce que la vie contient d'invention et ce que le vitalisme peut contenir d'objectivité à l'égard de certains aspects de la vie est plus sensible au second qu'au premier. J.B.S. Haldane pense même qu'une théorie comme celle de Samuel Butler[2], qui place comme on sait la conscience au principe de la vie, ne contient *a priori* rien dont le matérialisme dialectique ne pourrait éventuellement s'accommoder. Nous n'avons jamais rien lu d'analogue en France. Affaire sans doute de tradition rationaliste, de tradition de philosophie scientifique en France et en Angleterre. En tout cas, les condamnations brutales de certaines attitudes philosophiques nous paraissent relever de l'histoire et de la géographie des rationalistes bien plutôt que de l'universalité de la raison. Et nous en revenons à notre hypothèse. Si ce n'est pas trahir la raison que de refuser une conception mécanique ou matérialiste (même sous forme dialectique) de la vie, le sens de la condamnation, assez fréquente en France, de ce refus ne serait-il pas à chercher dans certains caractères anatomiques et physiologiques de la société française ?

Nous n'apprendrons rien à personne en disant, à notre tour et une fois de plus, que la propriété essentielle de la vie, celle qui ne trouve aucun équivalent connu dans l'ordre de la matière, c'est le pouvoir de reproduction ou de génération, indissociable du pouvoir de construction et de régénération de l'organisme. Or, s'il est vrai que la génération ne requiert pas nécessairement la sexualité et que par la fécondation, c'est autant que la reproduction de l'espèce la diversification des individus qui est obtenue, c'est un fait que, chez l'homme comme chez la plupart des organismes complexes, la génération trouve dans la sexualité sa condition nécessaire, hors les cas de parthénogenèse. Mais l'exercice de ses fonctions sexuelles

1. Oxford, Clarendon Press, 1935. Il s'agit du chapitre II, « Philosophy and Biology », p. 29-78 (CAN1754). John Scott Haldane (1860-1936) était un physiologiste d'origine irlandaise dont les travaux les plus connus portèrent sur la respiration.

2. Les idées de l'écrivain anglais anti-darwiniste Samuel Butler (1835-1902) auxquelles Canguilhem fait ici allusion sont notamment exposées dans son ouvrage *Life and Habit* (London, Trübner, 1878). Plusieurs années plus tard, à l'incitation de sa fille, agrégée de lettres anglaises, Canguilhem qui avait soigneusement lu le grand roman de Butler, *The Way of All Flesh*, dans la traduction de Valéry Larbaud, a rédigé des notes, conservées dans sa famille, sur la trame évolutionniste de cet ouvrage.

pose à l'homme, on le sait, des problèmes plus troublants, au sens strict, que la suite infinie des nombres entiers ou la diffraction de la lumière. Tous les problèmes biologiques, à partir et en raison de ces problèmes fondamentaux, sont des problèmes grevés de surdétermination affective. Dans l'enseignement du second degré en France, le programme des sciences biologiques comporte les phénomènes de reproduction chez les végétaux exclusivement. Ainsi la vie n'est pas seulement un objet trouble, c'est un objet troublant, ce n'est pas seulement un objet ambigu, c'est un objet scandaleux. Les Français n'aiment en général pas la métaphysique de la sexualité, ayant coutume de parler de façon plus légère ou plus grossière des choses de l'amour. Au Moyen Âge, Platon c'était *Timée*, depuis Descartes et Kant, Platon c'est, en France, plus volontiers *Théétète, Parménide* ou la *République* que *Le Banquet*[1]. Parallèlement, la dénatalité, au cours du XIXe siècle, a fait progressivement de la population française une population de vieillards. On peut alors se demander si la dépopulation française et le style donné par les Français à tout ce qui touche au comportement sexuel ne seraient pas des symptômes objectifs du même fait qui se traduit dans la conscience philosophique française par une indifférence quasi générale, sinon une répulsion, pour les questions biologiques. Pour reprendre le mot célèbre de Valéry[2] sur les causes de la dépopulation, les Français perdent leur race en gardant leur tête. Se peut-il que leur tête, même quand elle est philosophique, ne soit pas à quelque degré la tête de gens qui laissent se perdre leur race? Prévenons ici une question qui rendrait son auteur ridicule. Sur le terrain où nous nous plaçons, il n'est pas question d'individus. Nous ne faisons pas de la psychologie ou de la psychanalyse individuelles. Nous ne visons donc strictement personne et nous entendons bien que le nombre de ses enfants n'a rien à voir avec l'orientation, favorable ou hostile à la biologie, de tel ou

1. À l'appui de cette remarque de Canguilhem à propos du *Banquet*, on notera les propos embarrassés et les silences de Léon Robin (Platon, *Œuvres complètes*, « Bibliothèque de la Pléiade », Paris, Gallimard, 1953) ou encore d'Émile Chambry (Paris, Garnier, 1964), en regard de l'introduction et de la traduction qu'en donne par exemple Luc Brisson (Paris, Flammarion, 1998).

2. « La cause de la dépopulation est claire : *C'est la présence d'esprit*. Une somme d'époux prévoyants de l'avenir constitue un peuple insoucieux de l'avenir. Il faut perdre la tête ou perdre sa race ». Ce passage se trouve dans *Rhumbs*, texte repris au début de *Tel quel II*, à la p. 612 dans les *Œuvres* (Paris, Gallimard, « Bibliothèque de la Pléiade, 1960). La bibliothèque de Canguilhem conservée au CAPHÉS contient l'édition de 1933 de *Rhumbs* (Gallimard; CAN 2333).

tel philosophe ! Cela dit, et revenant au paradoxe antérieurement proposé, le paradoxe devient presque une évidence. La sécurité que la raison se donne devant la vie en l'enfermant dans les limites d'un déterminisme matériel, et la prudence obligée d'un peuple où la classe moyenne est si nombreuse et la natalité si faible, se renforcent l'une l'autre. Et l'on sait qu'une conspiration recouvre une inspiration unique. La psychanalyse, même celle de la connaissance scientifique, n'y contredit pas. On s'est bien moqué du vitalisme et de la formule de Bichat : « La vie est l'ensemble des forces qui résistent à la mort »[1]. Mais on ne remarquait pas assez qu'en France, le vitalisme biologique a coïncidé avec l'explosion révolutionnaire, le moment où les Français avaient la tête épique et où la Raison prenait chez eux une allure assez énergique.

On pourrait vouloir discerner dans les considérations qui précèdent quelque contradiction. Cette esquisse d'explication est du type de celles qui réduisent quelque idéologie à la valeur d'indice ou de symptôme de quelque infrastructure sociale. Elle s'apparenterait donc – non sans bâtardise, nous en conviendrions – à la philosophie dialectique dont nous n'avons pas dissimulé que nous l'estimons insuffisante en matière d'explication de la vie. Et l'on serait par suite en droit de nous reprocher d'utiliser à un certain niveau un instrument dont l'inadéquation, à un autre niveau, nous paraît manifeste. Nous ferions alors remarquer que nos conclusions sont en réalité inverses de celles auxquelles parviennent des marxistes quand ils interprètent en fonction des structures sociales l'apparition de certaines formes de philosophie biologique, car ce sont les conceptions non matérialistes de la vie qu'ils tiennent pour l'expression de la décadence des sociétés bourgeoises. C'est ainsi que la philosophie de l'élan vital est souvent présentée comme un irrationalisme mystique révélant la décomposition, la

1. Phrase souvent citée des *Recherches physiologiques sur la vie et la mort* (Paris, Brosson, Gabon et Cie, an VIII), sa formulation exacte est « La vie est l'ensemble des fonctions qui résistent à la mort » (début de l'Article premier de la Première partie). Le nom de Xavier Bichat (1771-1802), anatomiste et physiologiste français de tendance vitaliste est identifié à l'émergence de l'école de médecine clinique de Paris. Sa pratique systématique de la dissection, son *Traité des membranes en général et des diverses membranes en particulier* (Paris, Richard, Caille et Ravier, 1799) et son immense travail sur l'*Anatomie générale appliquée à la physiologie et à la médecine* (5 volumes, Paris, Brosson, Gabon et Cie, 1801-1803) en furent des gestes fondateurs. Le nom de Bichat revient très fréquemment dans l'œuvre de Canguilhem qui signa notamment l'article le concernant dans le *Dictionary of Scientific Biography* publié sous la direction de Charles C. Gillispie (cf. *OC* V).

perte de confiance en soi et la chute de tension constructive du capitalisme français à la fin du XIXe siècle, en un mot son impuissance à surmonter ses contradictions internes.

En matière de polémique, c'est une règle que, de deux théories dont l'une comprend pour quelles raisons l'autre ne la comprend pas elle-même, cette intelligence de sa négation désigne celle dont la valeur est la plus grande. Les principes de sa mécanique permettaient à Galilée de comprendre pourquoi les juges du Saint Office ne le comprenaient pas [1]. C'est là l'exemple canonique justement invoqué par les rationalistes pour défendre l'excellence de la raison. En appliquant ce critère au problème présent, nous apporterons peut-être quelque clarté dans une polémique toujours ouverte.

En greffant le rationalisme sur la dialectique marxiste, et par suite en souscrivant au primat historique et logique de la technique et de l'économie sur toutes les autres fonctions humaines, on assure la continuité, sous le nom de relève, des normes fondamentales de la conception bourgeoise de la vie. La question est de savoir si ces normes et cette conception, pour avoir changé de camp, ont pour autant transcendé leurs conditions d'historicité. Nous admettons que le développement de la grande industrie, réfléchi dans la conscience du prolétariat, mette fin à l'aliénation sociale du prolétariat. Mais il n'est pas certain que la fin de l'aliénation sociale de la classe prolétarienne emporte avec elle la fin de l'aliénation humaine en général. La reprise de l'aliénation n'est totale que dans la mesure où l'homme retrouve, non seulement sa dignité politique, mais aussi sa plénitude vitale d'être dominant le mécanisme universel – dont la forme machiniste de la technique n'est qu'un aspect – au lieu d'être asservi par lui. C'est dire que, si dialectique il y a, il faut que le renversement dialectique du rapport mécanisme-organisme soit opéré lui aussi. La raison ne suffit pas à opérer ce renversement, car sa fonction de mesure et de calcul ne trouve à s'exercer pleinement que dans l'ordre du mécanisme et de la matière. Nous ne voyons pas que les rationalistes dialectiques en France se préparent à opérer ce renversement, parce qu'en dépit de leurs affirmations de rupture et de renouvellement, ils sacrifient encore à l'illusion scientiste, forme laïcisée et durcie du rationalisme classique, c'est-à-dire d'un style de vie lié à l'essor économique de la classe capitaliste, classe dont les principes d'auto-justification consistent à considérer la totalité de l'expérience, vivants et hommes y compris, comme

1. Sur Galilée, voir *infra*, p. 370 *sq*.

des objets dont l'utilisation technique suppose la réduction préalable à des mécanismes. Ainsi s'explique que la philosophie biologique soit condamnée à la fois par les rationalistes se disant marxistes et par ceux qu'ils disent bourgeois. Les premiers reprochent à la philosophie biologique son caractère petit bourgeois fatigué, en oubliant qu'ils la jugent eux-mêmes d'après des normes de grands bourgeois conquérants, lui reprochant peut-être moins la tentation de vitalisme que le péché de spiritualisme, prompt à engendrer l'habitude de ne plus cultiver le jardin, en laissant ce soin à la Providence. Les seconds reprochent à la philosophie biologique de leur découvrir un visage assez peu rassurant de la vie, n'arrivant pas toujours à démêler si ce qu'ils redoutent dans le darwinisme, par exemple, ce ne serait pas l'utilisation que Marx en a pu faire, ou dans le bergsonisme, d'être parvenu jusqu'à Mussolini en passant par Georges Sorel [1].

Inversement, ce qui fait, selon nous, la valeur de la philosophie bergsonienne, pourvu toutefois qu'on la lise sans préjugé – ce qui, nous pouvons l'avouer, n'a pas toujours été notre cas [2] – c'est d'avoir compris le rapport exact de l'organisme et du mécanisme, d'avoir été une philosophie biologique du machinisme, traitant les machines comme des organes de la vie, et jetant les bases d'une organologie générale. De ce point de vue, on peut comprendre à la fois la nécessité et l'insuffisance de la raison pour l'action créatrice, même créatrice des machines les plus simples, la nécessité et l'insuffisance de la science pour l'activité technique, et parallèlement l'insuffisance philosophique d'une science pourtant nécessaire de la vie. Car la philosophie de l'*Évolution Créatrice* nous semble l'essai le plus clairvoyant, sinon totalement réussi, pour compléter l'explication des

1. Georges Sorel (1847-1922), polytechnicien, ingénieur des Ponts et Chaussées, décide au début des années 1890 de se consacrer à des études à caractère sociologique et politique. Anticapitaliste et proudhonien, un temps proche des communistes, puis convaincu de l'échec du réformisme socialiste et démocratique, il développe la doctrine d'un syndicalisme révolutionnaire prétendant trouver dans *L'Évolution créatrice* le fondement d'une philosophie de l'action mobilisatrice des puissances de la croyance et du mythe, dont celui de la grève générale (*Réflexions sur la violence*, Paris, Librairie de « Pages libres », 1908). Il finira sa dérive à la fois admirateur du mépris léniniste de la démocratie et tout aussi bien du fascisme mussolinien.

2. Canguilhem a sans nul doute ici présent à l'esprit plusieurs de ses articles dans les *Libres propos* de la fin des années 1920 et du début des années 1930, comme son approbation de l'éreintement de Bergson par Politzer, dans son compte rendu du pamphlet de celui-ci *La fin d'une parade philosophique, le bergsonisme* (cf. *OC* I, p. 221 *sq.*), ou encore son dédain de 1930 pour *L'Évolution créatrice* qui « autorise toutes les confusions » (*ibid.*, p. 300), etc.

mécanismes (y compris les mécanismes de la vie), ce qui relève de la science, par une compréhension de la construction des machines prises comme faits culturels et non plus physiques, ce qui suppose la réinscription des mécanismes dans l'organisation vivante comme condition nécessaire d'antériorité. L'histoire du mécanisme doit être réinscrite dans l'histoire de la vie.

Ce disant nous ne faisons pas profession d'adhésion au bergsonisme, mais simplement aveu de perplexité devant la tâche philosophique du moment. Il nous semble que le renouveau, en France, de l'intérêt métaphysique, et non plus seulement scientifique, pour les problèmes biologiques pourrait avoir des conséquences de grande portée pratique pour notre civilisation. Remettre le mécanisme à sa place dans la vie et pour la vie, c'est peut-être là ce qui est en cause sous les aspects tragiques des conflits du passé récent – et faut-il le dire ? – de l'avenir proche. Si l'on entend par raison moins un pouvoir d'aperception de rapports essentiels inclus dans la réalité des choses ou de l'esprit qu'un pouvoir d'institution de rapports normatifs dans l'expérience de la vie, alors en ce sens nous voulons nous dire aussi rationaliste ou, plus exactement, nous pouvons souscrire à la belle formule de M. Bachelard, dans son livre l'*Eau et les Rêves* : « Rationaliste ? nous nous efforçons de le *devenir.* » [1].

1. Paris, José Corti, 1942 (l'exemplaire de Canguilhem dans sa bibliothèque au CAPHÉS porte la cote CAN 1111). L'ouvrage a pour sous-titre « Essai sur l'imagination de la matière ». Canguilhem cite de mémoire probablement et son verbe est plus fort : le passage cité se trouve à la page 10 où Bachelard écrit plutôt : « Rationaliste ? Nous essayons de le *devenir* ».

Dans sa présentation des œuvres de jeunesse de Canguilhem, Jean-François Braunstein a relevé cet acte d'adhésion de Canguilhem à l'injonction bachelardienne (« À la découverte d'un Canguilhem perdu », *OC* I, p. 136) et il a aussi noté que jusqu'en 1939 Bachelard avait été rarement et seulement brièvement mentionné (*ibid.*, note 6).

HEGEL EN FRANCE[1]

Revue d'histoire et de philosophie religieuses, vol. 28-29, n° 4, 1948-1949, p. 282-297[2]

La pensée philosophique contemporaine est dominée par l'hégélianisme. À côté de lui, bien des doctrines peuvent être tenues pour littérature. Hegel a commencé par le sentiment tragique de l'existence et il a fini par la logique, mais en cherchant à concilier le tragique, conscience du conflit entre l'individu et le destin, et la logique qui est l'élimination de

1. Canguilhem s'est tôt intéressé à Hegel, probablement sous l'influence d'Alain qui l'opposait à ses contemporains français : « À coté des puissantes idées de Hegel, leurs petites construction paraîtraient ridicules » (cité par André Sernin, *Alain. Un sage dans la cité*, Paris, Robert Laffont, 1985, p. 300). On trouve dans le Fonds Canguilhem au CAPHÉS des notes sur Hegel prises au cours d'Alain à Henri IV (GC. 3.3.1), et on a signalé déjà ses emprunts d'ouvrages de Hegel dès son entrée à l'École normale en 1924 (cf. *supra*, p. 309, n. 3). Ses œuvres de jeunesse, de son premier article publié en 1926 au *Traité de logique et de morale* de 1939 (*OC* I) recèlent plus d'une vingtaine de citations ou commentaires sur Hegel. En 1931, comme ici dans cet article de 1948, dans son compte rendu d'un ouvrage de Pierre Viénot (*ibid.*, p. 370-374, p. 371), il marquait le retard de pénétration de Hegel en France : « … la pensée hégélienne, philosophie du devenir, est généralement aussi mal connue et mal comprise en France que le fut pendant longtemps la pensée de Kant ». L'année suivante, il qualifiait d'ailleurs de scandaleux ostracisme l'absence de Hegel du programme d'agrégation (*ibid.*, p. 428). Il est très possible que la publication toute récente (1946) de la thèse de son ami Jean Hyppolite (cf. *infra*, p. 328, n. 3), ait suscité chez Canguilhem un regain d'intérêt pour le sort fait à Hegel en France.

2. Cette revue créée en 1921 était et demeure publiée sous l'égide de la Faculté de Théologie protestante de l'Université de Strasbourg. Elle avait accueilli de nombreux articles de chercheurs étrangers, comme aussi de professeurs de facultés françaises et notamment de la Faculté des Lettres de Strasbourg, comme Jean Pommier (1893-1973) ou Maurice Halbwachs ; Alexandre Koyré était alors membre du comité de la revue.

la contradiction, la pensée de l'identité et l'identité de la pensée avec elle-même. Cette conciliation n'a rien d'une entreprise éclectique. Elle aboutit au contraire à un système, le plus vaste et le mieux charpenté peut-être qu'aucun philosophe ait jamais conçu, le plus prodigieux résultat de l'effort philosophique pour édifier, au moyen de concepts et de mots, une réponse totale et concrète aux problèmes humains fondamentaux, à une époque historique donnée.

L'authenticité et l'importance d'une pensée philosophique se mesurent d'abord au rapport qui existe entre l'envergure de la question posée (le monde et l'homme à un moment critique du cours de leur relation) et la totalité de la réponse proposée (le système organisé des concepts et des mots). En ce sens, l'hégélianisme est bien à la hauteur de la situation : Révolution française, Empire napoléonien et leurs conséquences européennes; avènement de la grande bourgeoisie industrielle et du titanisme technologique; divorce de la Science et de la Religion; conscience romantique de l'autonomie créatrice de l'Art.

Quant à l'influence exercée par une philosophie et qui mesure aussi son importance, qui est un des critères assurés dont dispose un historien de la philosophie, elle n'est que la traduction objective du rapport d'adéquation entre la totalité des abstractions philosophiques et le concret de l'expérience qu'il s'agit par l'analyse d'élever jusqu'à la conscience. Cette influence de l'hégélianisme, elle crève nos yeux, même et d'abord sous forme d'affiches sur les murs : Marxisme, Existentialisme.

On sait que Marx d'une part, Kierkegaard[1] de l'autre, après avoir été d'abord nourris de Hegel se sont fait un devoir de le réfuter, en des sens divergents quoique à partir d'une position initiale semblable : le refus d'identifier la notion de Philosophie à celle de Système. La conscience philosophique doit vaincre la tentation du Système, la tentation d'identifier

1. Le théologien et philosophe danois Søren Kierkegaard (1813-1855) avait commencé à être connu en France grâce surtout aux études de Jean Wahl (cf. *infra*, p. 325) à travers lesquelles Canguilhem s'était introduit à sa pensée. Bien que Canguilhem mentionne « Le concept d'angoisse » dans ses leçons inédites de 1941 sur « Apparence et réalité », Kierkegaard n'est guère présent dans son œuvre, si ce n'est quand il s'agit de retracer la généalogie de l'existentialisme.

le Jugement du monde avec le jugement du système hégélien, – la tentation, du reste vouée à l'échec, de comprendre dans le système, l'existence historique de l'auteur du système et le choix des principes dont procède sa philosophie dans la philosophie.

Nous n'avons pas à rappeler ici par quelles filiations de pensée ni à la faveur de quels événements historiques (Révolution russe de 1917; défaite allemande en 1918) et de leurs répercussions politiques et idéologiques en France, le marxisme et l'existentialisme sont devenus ce qu'ils sont dans la situation actuelle de la philosophie française[1]. Nous prenons leur attrait sur les esprits et leur rivalité – rivalité de descendants d'une même souche – pour un fait incontestable. Mais leur dialogue plus apparent que réel – car pour dialoguer il faut admettre au moins implicitement l'éventualité de concessions à l'autre ou de rectifications chez soi, ce que refuse l'un des interlocuteurs, porteur d'une vérité hors de laquelle il n'y a point de salut – s'il est le phénomène le plus spectaculaire de la situation présente des études philosophiques en France, n'est pas, selon nous, l'essentiel de cette situation. Le dialogue marxisme-existentialisme nous le retrouvons aujourd'hui ailleurs, par exemple en Italie. Le phénomène essentiel et original – presque au sens de démodé – de la situation française, c'est la découverte de Hegel. Hegel est entré en France un siècle après sa mort. Actuellement, les philosophes français sont dans leur ensemble à même, pour la première fois, de lire sérieusement, d'étudier Hegel, donc de remonter à la source des doctrines, marxisme et existentialisme, dont ils sont abondamment abreuvés. La France prend l'étude des philosophies du XIXe et du XXe siècles à rebours de leur succession historique.

On ne peut pas dire qu'au XIXe siècle, Victor Cousin, Renan et Taine[2] aient tout à fait ignoré Hegel, qu'ils n'aient pas tenté de faire passer quelques

1. C'est le titre même de la conférence inédite qu'il avait prononcée devant les membres de l'Union rationaliste à Strasbourg quelques mois plus tôt (cf. *supra*, p. 45, n. 3), conférence qui fait bonne place à l'examen de la postérité de la pensée de Hegel et qui, sous cet aspect, peut apparaître en partie comme une première version du présent article.

2. Victor Cousin (1792-1867), Ernest Renan (1823-1892), Hyppolite Taine (1828-1893), forment un trio d'auteurs que Canguilhem n'a jamais appréciés ni ménagés, prenant à cet égard en quelque sorte le relais des philosophes fondateurs de la *Revue de métaphysique et de morale*, y compris ceux de sa propre généalogie, Alain et, par delà, Lagneau.

thèmes hégéliens dans la pensée française. On est cependant en droit de se demander s'ils avaient bien lu Hegel. La génération des philosophes rationalistes de la IIIe République se méfiait de Hegel, au moins autant qu'elle le lisait peu, à l'exception de Lucien Herr[1] qui a pratiquement gardé secrète la profonde connaissance qu'il en avait. Presque tous voyaient dans Hegel le père spirituel du germanisme et du pangermanisme. Tous les penseurs allemands, à partir de lui, étaient victimes d'un préjugé de caractère nationaliste, né de circonstances dont on faisait remonter jusqu'à lui la responsabilité : la guerre de 1870 et la victoire de la Prusse. À quoi s'ajoutait, à la fois comme cause et effet de cette hostile ignorance, que personne ne s'attachait à traduire en français les textes de Hegel. L'entreprise était effectivement ardue[a] et la traduction de textes étrangers est une œuvre

a. Les difficultés d'une traduction de Hegel ont été exposées par M. Alexandre Koyré dans un article : Note sur la langue et la terminologie hégéliennes, *Revue philosophique*, [vol. 112, n° 11-12, novembre-décembre,] 1931, [p. 409-439][2].

1. Lucien Herr (1864-1926) avait dans le panthéon personnel de Canguilhem une place qu'il garda jusqu'à la fin. Canguilhem déplorait qu'il ait si peu écrit, mais il savait ce que lui et ses contemporains devaient dans leur formation aux conseils et à la bienveillance de cet agrégé de philosophie (1886), dreyfusard, compagnon de Jean Jaurès et très savant bibliothécaire de l'École normale (de 1888 à sa mort). L'article « Hegel » qui avait paru en 1890 dans le tome XIX de *La Grande Encyclopédie. Inventaire raisonné des sciences, des lettres et des arts* (publiée en 31 volumes sous la direction de Marcelin Berthelot à Paris, par la Société anonyme de la Grande Encyclopédie, de 1885 à 1902) avait été repris et rendu plus aisément accessible dans le deuxième volume du *Choix d'écrits* de Lucien Herr publié à Paris aux Éditions Rieder en 1932, (p. 109-140); Canguilhem avait rendu compte de cet ouvrage dans les *Libres Propos* en septembre 1932 (cf. *OC* I, p. 431-435).

2. Cet article de Koyré a été repris dans ses *Études d'histoire de la pensée philosophique*, « Bibliothèque des idées », Paris, Gallimard, 1971, p. 191-224 (une première édition de cet ouvrage avait paru, en 1961, dans les « Cahiers des Annales » chez Armand Colin).

On notera que Canguilhem ne mentionne pas dans le présent article deux autres textes significatifs de Koyré, l'un paru en 1934 et qu'il pouvait difficilement ignorer, dans la *Revue d'histoire et de philosophie religieuses*, « Hegel à Jena », qui traite notamment de publications françaises, et l'autre, le « Rapport sur l'état des études hégéliennes en France » qui avait paru en 1931, mais à Tübingen, dans les *Verhandlungen des ersten Hegelkongresses*, congrès qui s'était tenu à La Haye l'année précédente. Ces deux articles sont repris dans les *Études d'histoire de la pensée philosophique*, respectivement aux pages 147-189 et 224-251.

généralement – et bien à tort – jugée peu glorieuse. L'ancienne traduction de Vera[1] ne jouissait que d'un crédit limité. C'était un pis-aller.

Cette situation a commencé à changer aux environs de 1930. En 1929, Jean Wahl publiait : *Le Malheur de la Conscience dans la Philosophie de Hegel*[2]. C'était la philosophie de jeunesse de Hegel, consacrée à l'examen de problèmes religieux, présentée par le philosophe français qui devait faire le plus en France pour la diffusion et le commentaire de la pensée de Kierkegaard et qui cherchait dans Hegel quelques anticipations des thèmes proprement kierkegaardiens. Le même auteur publiait, en 1931, un très bel article sur *Hegel et Kierkegaard*[a][3]. L'autre aspect de la pensée et de l'influence hégéliennes était révélé en 1938 par Henri Lefebvre qui publiait *Les Cahiers de Lénine sur la Dialectique de Hegel*[4], où plus d'un marxiste

a. Article reproduit dans les *Études kierkegaardiennes* [« Philosophie de l'esprit », Paris, F. Aubier, 1938; l'article est reproduit en appendice au chapitre IV (« La lutte contre le hégélianisme ») aux p. 159-171, avec la mention « Communication faite au Congrès hégélien de Rome (avril 1933) ».]

1. Auguste Véra (1813-1885), philosophe italien, docteur ès lettres de la Sorbonne, avait entre 1850 et 1870 traduit les grandes œuvres hégéliennes en français. Canguilhem possédait un exemplaire de la 2e édition (1874) de la traduction en deux volumes de la *Logique* (Paris, Baillière, 1851) cotes CAPHÉS, CAN 1023-1024.

2. L'ouvrage avait paru à Paris, chez Rieder, dans la collection « Philosophie » alors dirigée par Pierre Morhange.

3. Dans la *Revue philosophique*; voir *infra*, p. 326, n. 3. Les archives de Canguilhem au CAPHÉS contiennent des notes (3 feuillets) sur cet article « Kierkegaard et Hegel » (GC. 24).

4. Lénine, *Cahiers sur la dialectique de Hegel*, trad. du russe par Henri Lefebvre et Norbert Guterman, Paris, Gallimard, 1938. (Une « nouvelle édition revue » a paru en 1967 dans la collection « Idées » chez Gallimard). Lefebvre et Guterman devaient aussi publier l'année suivante, des *Morceaux choisis* de Hegel (Paris, Gallimard, 1939).

Henri Lefebvre (1901-1991), philosophe et sociologue français, avait été membre du groupe « Philosophies » dans les années 1920 (notamment avec Pierre Morhange (1901-1972), Georges Friedmann, et Georges Politzer (1903-1942)). Entré au PCF en 1928, son éloignement du stalinisme à compter de 1953 devait mener à son exclusion en 1958. Résistant, il fut après la guerre, pendant 5 ans, directeur de la station de Toulouse de la Radiodiffusion française, avant de reprendre son activité de professeur de lycée, puis de passer à l'enseignement supérieur en 1962 comme professeur de sociologie à l'Université de Strasbourg, pour terminer sa carrière, de 1965 à 1968, à l'Université de Paris X-Nanterre.

Norbert Guterman (1900-1984), d'origine polonaise, s'était dans les années 1920 installé à Paris où il fut lui aussi membre du groupe « Philosophies ». Très lié à Henri Lefebvre, avec qui il fut l'un des premiers à s'intéresser aux manuscrits de jeunesse de Marx, il signa aussi avec lui la

français apprenait de Lénine que, faute de bien connaître la logique hégélienne, tous ceux qui avaient écrit sur Marx depuis cinquante ans n'y avaient rien compris. Entre temps, et entre ces deux aspects possibles de l'hégélianisme, Alain avait donné dans *Idées* (1932), une étude sur Hegel[1]. Étude directe, sans érudition, sans appareil critique, presque un compte-rendu de la lecture faite par un philosophe nullement préparé par sa formation à la méthode hégélienne, mais que son intelligence supérieure entraînait hors des voies universitaires traditionnelles et qui avait auparavant, dans sa classe de première supérieure du Lycée Henri-IV, fait à plusieurs reprises des cours sur Hegel[a]. À l'occasion du centenaire de la mort de Hegel, en 1931, la *Revue de Métaphysique et de morale*[2], la *Revue Philosophique*[3] avaient publié des numéros très substantiels. En 1933,

a. Le premier eut lieu en 1923[4]. Alain avait été encouragé par Lucien Herr à traiter de Hegel devant ses élèves de Khâgne. Profitons de l'occasion pour dire que l'étude sur Hegel contenue dans *Idées* reste, en son genre, une réussite exceptionnelle et qu'elle ne souffre pas, aujourd'hui, du voisinage d'études plus savantes et plus compactes.

longue préface introductive aux *Morceaux choisis* de Marx publiés en 1934 et dont Canguilhem utilisa fréquemment l'édition de 1939 (cote CAN 978 dans sa bibliothèque). Guterman poursuivit ses activités d'intellectuel de gauche après son émigration aux États-Unis; il devait vers la fin de sa vie se convertir au judaïsme hassidique.

1. Alain, *Idées. Platon, Descartes, Hegel*, Paris, Paul Hartmann Éditeur, 1932, p. 207-297.

2. 38e année, no 3, juillet-septembre 1931. Le numéro comprend les articles suivants: Benedetto Croce, « Un cercle vicieux dans la critique de la philosophie de Hegel », p. 277-284; Nicolaï Hartmann, « Hegel et le problème de la dialectique du réel », p. 285-316; Charles Andler, « Le fondement du savoir dans la "Phénoménologie de l'esprit" de Hegel », p. 317-340; Victor Basch, « Des origines et des fondements de l'esthétique de Hegel », p. 341-366; René Berthelot, « Goethe et Hegel », p. 367-412; Martial Gueroult, « Le jugement de Hegel sur l'antithétique de la Raison pure », p. 413-439; Edmond Vermeil, « La pensée politique de Hegel », p. 441-510.

3. 56e année, nos 11-12, novembre-décembre 1931. Le numéro comprend les articles suivants: Jean Wahl, « Hegel et Kierkegaard », p. 321-380; Victor Basch, « De la philosophie politique de Hegel », p. 381-408; Alexandre Koyré, « Note sur la langue et la terminologie hégéliennes », p. 409-439. Ces articles sont suivis, p. 440-451, de comptes rendus de travaux récents sur Hegel.

4. Toutefois, des notes d'un cours d'Alain (un cahier manuscrit de 26 feuillets) se trouvent dans le Fonds Canguilhem et portent la mention « "Hegel". 1920 »; le deuxième feuillet de ce cahier porte bien la mention manuscrite « oct-1920 » (GC, 3.3.1).

l'ouvrage de Georges Noël[1], *La Logique de Hegel*, épuisé depuis sa parution en 1897, était réimprimé par l'éditeur Vrin. De 1933 à 1939, M. Alexandre Kojève[2] commentait à l'École des Hautes Études, devant un public limité et attentif, la *Phénoménologie de l'Esprit*; une partie remarquable de ce commentaire, sur la dialectique du maître et de l'esclave, avait été publiée en 1939 dans la revue *Mesures*[3].

Mais enfin si le public philosophique français trouvait désormais à lire sur Hegel, il lui était difficile encore de lire directement Hegel, à moins d'une solide connaissance de la langue allemande et de beaucoup de patience et d'ingéniosité. En 1936, Henri Lefebvre et N. Guterman avaient traduit et préfacé un recueil de *Morceaux Choisis*[4] de Hegel. Livre utile, mais plus apte, par son caractère même, à exciter l'appétit qu'à le satisfaire.

1. Paru chez Alcan, dans la « Collection historique des grands philosophes » pour la première édition; chez Vrin, dans la collection « Bibliothèque d'histoire de la philosophie » pour la deuxième, réimprimée encore en 1967. Le texte avait d'abord paru sous forme d'articles dans la *Revue de métaphysique et de morale* : « La Logique de Hegel. L'idéalisme absolu et la logique spéculative », vol. 2, n° 1, janvier 1894, p 36-57; « La Logique de Hegel. La science de l'être », mai 1894, p. 270-298; « La Logique de Hegel. La science de l'essence », vol. 2, novembre 1894, p. 644-675; « La Logique de Hegel. La science de la notion », vol. 3, mars 1895, p. 184-210; « La Logique de Hegel. La logique dans le système », vol. 3, 1895, p. 503-526; « La Logique de Hegel. Le dogmatisme de Hegel », vol. 4, janvier 1896, p. 62-85; « La Logique de Hegel. Hegel et la pensée contemporaine », vol. 4, septembre 1896, p. 585-614. Georges Noël (? -1900 ?), agrégé de philosophie (1878), termina sa carrière comme professeur au lycée Lakanal après avoir enseigné à Bourges, Brest et Bordeaux.

2. Alexandre Kojève (1902-1968), philosophe français d'origine russe dont le séminaire d'analyse de la *Phénoménologie de l'esprit* à l'École pratique des Hautes Études entre 1933 et 1939 devait attirer durablement l'attention, notamment par la qualité et le rayonnement de ses auditeurs, parmi lesquels Raymond Aron, Alexandre Koyré, Éric Weil, et aussi Raymond Queneau à qui on doit l'édition des leçons sous le titre *Introduction à la lecture de Hegel*, ouvrage publié chez Gallimard en 1947. Kojève fit carrière après la guerre et jusqu'à sa mort comme conseiller auprès de la direction des Relations économiques extérieures du ministère français de l'économie.

3. Hegel, « Autonomie et dépendance de la conscience de soi », traduit et commenté par Alexandre Kojève, *Mesures*, n° 1, 15 janvier 1939, p. 107-139. Cette revue trimestrielle de grande tenue, dirigée par le mécène américain Henry Church (1880-1947) et Jean Paulhan (1884-1968), avec aussi comme membres du comité de rédaction Bernard Groethuysen (1880-1946), Henri Michaux (1899-1984) et Giuseppe Ungaretti (1888-1970), avait un caractère essentiellement littéraire (ainsi, figurent au sommaire de ce premier numéro Claudel, Queneau, Éluard, Michaux et Amiel). Elle parut régulièrement du 15 janvier 1935 au 15 avril 1940.

4. La 4e édition de ces *Morceaux choisis* se trouve dans la bibliothèque de Canguilhem (cote CAN 978).

En 1937, une traduction des *Leçons sur la Philosophie de l'Histoire* paraissait chez Vrin[1]; en 1940, une traduction de *La Philosophie du Droit*, chez Gallimard[2]. Mais l'événement qui a changé en France l'état des études hégéliennes, c'est la publication, par Jean Hyppolite, de la première traduction française de *La Phénoménologie de l'Esprit* (tome I en 1939, tome II en 1941)[3]. Cette fois, enfin, qui s'en sentait le goût et le courage pouvait affronter la dialectique hégélienne. On doit admirer dans ce travail de traduction autant sa valeur intrinsèque de fidélité, fruit d'un très gros travail, que la probité dont il témoigne de la part d'un auteur qui, voulant élucider la pensée de Hegel, commençait d'abord par permettre à tout lecteur éventuel d'en connaître l'expression et par suite de juger, en connaissance de cause, l'interprétation qui en serait ultérieurement proposée. Le cas est assez rare pour qu'il mérite d'être relevé. Trop souvent l'originalité philosophique consiste aujourd'hui à faire profit sans trop faire état d'œuvres restées ésotériques. On peut penser qu'il y aurait moins de réputations enflées si l'esprit soufflait sur terre en une seule langue[a].

a. Depuis la *Phénoménologie*, d'autres œuvres capitales de Hegel ont été traduites par le Dr S. Jankélévitch : *L'Esthétique* ([Paris,] Aubier [« Philosophie de l'esprit », Éditions Montaigne], 1944 [4 vol.]) et *La Science de la Logique* ([Paris,] Aubier [« Bibliothèque philosophique » Éditions Montaigne], 1947 [2 vol.]). Quelques écrits sur *Les Preuves de l'Existence de Dieu* ont été traduits par H. Niel (Aubier, [« Bibliothèque philosophique », Éditions Montaigne] 1947).

1. Traduction par Jean Gibelin, collection « Bibliothèque des textes philosophiques », 2 volumes ; l'ouvrage daté de 1937 parut en fait en février 1938.

2. *Principes de la philosophie du droit*, traduction par André Kaan.

3. Paris, Aubier, Éditions Montaigne, dans la collection « Philosophie de l'esprit ». Dans la bibliothèque de Canguilhem, aux cotes CAN 1027-1028.

Jean Hyppolite (1907-1968), entré à l'École normale supérieure un an après Canguilhem, en 1925, fut de cette génération l'un de ses amis universitaires les plus proches. Agrégé de philosophie (1929), il enseigne d'abord en province, puis en première supérieure à Henri IV. Il devient professeur à la Faculté des Lettres de Strasbourg en 1945, et accède à la Sorbonne dès 1949. Directeur de l'École normale en 1954, il est finalement élu au Collège de France en 1963. Canguilhem devait lui consacrer plusieurs écrits, à la suite de sa mort prématurée (voir *OC* V).

*

En 1946, J. Hyppolite présentait comme thèse de doctorat un travail sur *La Genèse et la Structure de la Phénoménologie de l'Esprit*[a 1]. Accueilli avec la plus grande faveur dans les milieux universitaires, cet ouvrage a paru déconcerter quelques spécialistes ou amateurs, plus ou moins éclairés, de la pensée de Hegel. Peut-être en raison du fait bien contingent qu'il a été publié quelques mois après *La Médiation dans le Système de Hegel*, du R.P. Niel[2], et quelques mois avant *l'Introduction à la lecture de Hegel*, d'A. Kojève. Si le fait de cette triple publication, de cette concurrence d'ouvrages relatifs à Hegel, répond à quelque nécessité que nous tenterons d'interpréter, l'ordre de l'apparition du moins relève du pur événement. Or, à lire J. Hyppolite, on constate qu'il s'est d'abord préoccupé de donner un fil conducteur pour la lecture de la *Phénoménologie* et ensuite seulement de déterminer le sens dans lequel l'ouvrage doit être lu; qu'il a cherché à présenter Hegel au moins autant qu'à l'interpréter. Cette ambition peut sembler modeste et honnête. Elle est en fait aussi intelligente que féconde. À vrai dire, Hegel n'est pas pour les Français un auteur depuis longtemps assimilé, à défaut de compris, comme le sont Descartes ou Kant. Peu de gens, même philosophes, savent exactement ce qu'a dit Hegel. Il importait par conséquent de lui procurer audience avant de lui prêter telle ou telle pensée, pour ne pas dire telle ou

a. J. Hyppolite a depuis enrichi l'exégèse française de Hegel par une *Introduction à la Philosophie de l'Histoire de Hegel* ([Paris,] Rivière, 1948).

1. La première édition de la *Genèse et structure de la Phénoménologie de l'esprit* avait paru en un volume, à Paris, chez Aubier, Éditions Montaigne, dans la collection « Philosophie de l'esprit », en 1946. *L'Introduction à la Philosophie de l'histoire* avait paru dans la collection « Bibliothèque philosophique »; l'exemplaire dans la bibliothèque de Canguilhem (CAN 1030) porte une inscription manuscrite de Jean Hyppolite « À Madame Canguilhem / À mon ami Canguilhem ».

Une note de la rédaction, placée immédiatement sous la note précédente, signalait que ce même numéro de la *Revue d'histoire et de philosophie religieuses* qui accueillait le présent article de Canguilhem (nº 4, 1948-1949) comprenait aussi un compte rendu par Roger Mehl (1912-1997) de ce dernier ouvrage de Jean Hyppolite (p. 351-354). Mehl était rédacteur en chef de cette revue et termina sa carrière comme professeur et doyen de la Faculté de Théologie protestante de l'Université de Strasbourg.

2. Henri Niel, *De la médiation dans la philosophie de Hegel*, « Philosophie de l'esprit », Paris, Aubier, 1945. Le père Henri Niel (1910-?), de la Société de Jésus, docteur en médecine et docteur ès lettres, était professeur de psychologie et d'histoire de la philosophie aux Facultés catholiques de Lyon.

telle arrière-pensée. On part aujourd'hui assez volontiers à la recherche du « contenu réel » de la pensée de Hegel, comme fait le psychanalyste suspectant le contenu manifeste du récit de quelque rêve. On vient nous dire assez imperturbablement : Quand Hegel dit Ceci il faut entendre Cela; quand il dit le Savoir entendez le Système hégélien; quand il dit l'Absolu entendez Napoléon; quand il dit Dialectique entendez Lutte des Classes. En somme Hegel ne serait pas seulement Rébus mais Oracle. Certes, en cette sorte d'exercice, toutes les tentatives ne se valent pas et nous sommes tout prêt à reconnaître l'éminente supériorité du travail de M. Kojève sur l'article de M. Tran-Duc-Thao : *La Phénoménologie de l'Esprit et son contenu réel*[a 1]. C'est que de nos jours les philosophes paraissent assez enclins à « engager » leurs devanciers en même temps qu'eux-mêmes. Par exemple, quels engagements ne sollicite-t-on pas de Descartes ? Pour Hegel, le problème qu'il pose – ou plutôt qu'on se pose – en France aujourd'hui est le suivant : la prise de conscience du sens de l'histoire universelle, dont la *Phénoménologie* prétend décrire les étapes et clore le bilan, a-t-elle pour effet de renforcer en la renouvelant la foi chrétienne ou bien de valider les thèses idéologiques et la stratégie politique des marxistes, plus exactement des communistes ?

Il nous semble qu'ainsi posé le problème peut au moins revendiquer, pour la justification de son énoncé, l'actualité de la situation humaine en général, dont il cherche à élucider quelques aspects fondamentaux. Mais nous avons à nous demander si cette annexion, cette mobilisation de Hegel est ou non autre chose et plus qu'une simple complaisance à des faits qu'une authentique pensée philosophique devrait bien plutôt refuser, méthodiquement s'entend, afin de les juger. On comprend mieux alors pourquoi l'attitude de J. Hyppolite, dans son commentaire à la *Phénoménologie*, irrite à des degrés différents ceux qui ne cherchent le contenu réel de l'hégélianisme que pour le capter dans leur filet et vanter ensuite la solidité de la maille.

a. *Les Temps modernes*, [3e année, no 36], septembre 1948, p. 492-519].

1. Tran Duc Thao (1917-1993), philosophe et militant communiste d'origine vietnamienne, normalien (1939) et agrégé de philosophie (1943). Son œuvre la plus connue, *Phénoménologie et matérialisme dialectique* (Paris, Mihn-Tan, 1951) allait susciter un grand intérêt à une époque où chez plusieurs les perspectives du matérialisme dialectique – devenue orthodoxie stalinienne – semblaient pouvoir nourrir de grands espoirs. Canguilhem, résolument non matérialiste, ne fut jamais de ceux-là, ni dans les années 1930 (*v.g.*, *OC* I, p. 483-484), ni après la guerre (cf, *infra*, p. 334 *sq.* et 354).

« Professeur scrupuleux, historien impartial, il (M. Hyppolite) se refuse à choisir entre droite et gauche hégéliennes et nous abandonne le souci d'une telle option », dit le R.P. Fessard[a 1]. « L'œuvre de M. Hyppolite se dénoue apparemment dans le vide. À cette massive étude il n'y a pas de conclusion personnelle… Nous sommes en présence d'un travail universitaire modèle… Il semble que pour M. Hyppolite il n'y a rien au delà de l'histoire : l'esprit étant acte de faire l'histoire grâce à la possibilité qu'il a de se détacher du présent. Négativité de l'esprit, principe unique de l'histoire. Le problème humain est en lui-même sa réponse. L'histoire est crise. Rien ne nous permet de décider si M. Hyppolite admet ou non l'existence de Dieu », écrit le R.P. Niel[b]. Au fond, peu importe au R.P. Niel que J. Hyppolite croie ou non à l'existence de Dieu, l'important est que Hyppolite, s'il était croyant, serait naturellement conduit à trouver dans Hegel, selon les mots du R.P. Fessard, « la voie la plus magnifique pour redonner une pleine actualité aux vérités historiques autant qu'éternelles du christianisme ». Nous avouons ignorer la réponse d'Hyppolite, s'il y en a une. S'il n'y en a pas, ce n'est pas à nous de la donner. Du moins pouvons-nous essayer de saisir le sens de ce qu'on appelle une prudence universitaire, en suivant de plus audacieux jusqu'au bout de leur audace.

Admettons avec A. Kojève que Hegel soit athée, que sa philosophie soit un humanisme intégral et que la Conscience Absolue qui clôt l'histoire humaine dans le Savoir qu'elle en obtient au terme de la Phénoménologie soit Hegel lui-même, instrument du Jugement Dernier. Quel sens faut-il donner en ce cas au travail remarquable de M. Kojève ? Il ne peut pas être un épiphénomène du système de Hegel, puisqu'il s'en écarte assez souvent pour y déceler quelque erreur (le préjugé moniste notamment). Or, tant qu'il

a. « Deux interprètes de la *Phénoménologie* de Hegel. [Jean Hyppolite et Alexandre Kojève] », in *Études*, [vol. 255,] décembre 1947, [p. 368-373].

b. L'interprétation de Hegel, in *Critique*, [n° 18], novembre 1947 [p. 426-437].

1. Gaston Fessard (1897-1978), philosophe et théologien jésuite dont les travaux furent très inspirés par les grandes œuvres hégéliennes dont il fut un diffuseur en France. Il publia notamment une *Dialectique des Exercices spirituels de saint Ignace de Loyola* (Paris, Aubier-Montaigne, 1956 et 1966, 2 vol.). Il avait été durant l'Occupation résistant et critique des positions de la hiérarchie catholique (Gaston Fessard, *Au temps du Prince-Esclave. Écrits clandestins et autres écrits 1940-1945*, Limoges, Critérion, 1989). Gaston Fessard était aussi un ami proche de Raymond Aron depuis leur rencontre au séminaire hebdomadaire de Kojève dans les années 1930.

y a erreur, dit très justement M. Kojève, l'histoire n'est pas terminée, puisque la négativité, comme critique et comme lutte, continue son œuvre simultanément destructrice et créatrice. L'existence du livre de M. Kojève, comme « moment historique » – il l'est, pensons-nous, sans flatterie – de l'influence active de Hegel en France, contredit à ce point le contenu réel reconnu par lui à la pensée de Hegel qu'il la fait apparaître quasi démentielle. M. Kojève a trouvé beaucoup de Marx – beaucoup trop, au gré de certains – dans Hegel. Mais si Hegel c'est déjà Marx, pourquoi Marx a-t-il éprouvé le devoir plus encore que le besoin de dénoncer l'illusion idéaliste de Hegel ? Bref si M. Kojève a vraiment lu la pensée secrète de Hegel, toute l'histoire de l'homme et de la pensée après Hegel, Marx et Kojève compris, devient inexprimable en termes hégéliens ? Quel sens hégélien peut bien avoir en 1947 une *Introduction à la lecture de Hegel*, écrite non pas pour Hegel, mais pour les Français de 1947 ?

Admettons avec le R.P. Fessard que les réactions indignées des marxistes, trotskystes ou communistes, devant l'interprétation de Kojève, prouvent en faveur du théisme de Hegel, car si Hegel n'est pas théiste, le marxisme perdrait son sens et les marxistes leur temps. A-t-on pour autant démontré, en s'appuyant d'ailleurs sur quelques textes de Hegel aussi ambigus que beaucoup d'autres, que Hegel ne croit pas à la finitude radicale de l'homme ? L'histoire de la philosophie, la critique philosophique vont-elles s'appuyer maintenant sur l'argument des applaudissements ou des sifflets ? Si c'est être universitaire que de rester indifférent à de tels arguments, vivent alors la pensée et la méthode universitaires ! Allons plus loin, supposons qu'après cinquante ans de travail intellectuel collectif, comme le dit le R.P. Niel[a], on ait pris possession de la pensée de Hegel et qu'on puisse enfin décider – ce qui me paraît d'avance absurde – lequel des interprètes athées ou chrétiens de Hegel a raison, le mérite d'Hyppolite sera-t-il moindre pour avoir laissé à ses lecteurs, aux exégètes à venir de Hegel, le soin de répondre autrement qu'il n'a fait – car il a répondu, discrètement mais nettement ? On lui reproche moins en somme de ne pas prendre parti que de ne pas choisir un parti et de faire de l'histoire en s'abstenant, ce faisant, de faire l'histoire. Cela revient à lui reprocher de n'être pas Hegel ou de ne pas faire son Hegel. Mais ses critiques sont-ils Hegel ? Et s'ils font leur Hegel,

a. Article cité [p. 428].

c'est que la réponse aux problèmes qu'ils se posent sur Hegel n'est pas dans Hegel. Alors pourquoi reprocher à Hyppolite de ne pas l'y avoir trouvée ?

Posons le problème central de l'hégélianisme comme le R.P. Fessard : « Quelle est au juste la nature du Temps que Hegel identifie au Concept ? »[a]. Ce problème sur lequel M. Hyppolite « se borne à rassembler les éléments opposés » est expressément et longuement traité par M. Kojève (p. 336-411). C'est le problème de la signification de l'Histoire humaine. Selon M. Kojève il faut séparer radicalement le temps de la nature et le temps de l'humanité. Seul ce dernier est historique, seul l'homme fait une histoire parce que seul il se réalise par une action négatrice de tout donné et dont le nom est travail. La fin de l'histoire c'est donc la fin de l'action humaine, quand l'homme, réconcilié avec la nature, n'est plus rien qu'un homme heureux. Ce n'est pas ici un événement cosmique ni un accident biologique : « L'histoire s'arrête quand l'homme n'agit plus au sens fort du terme, c'est-à-dire ne nie plus, ne transforme plus le donné naturel et social par une lutte sanglante et un travail créateur » (p. 465). Les marxistes disent : quand la lutte des classes est supprimée (p. 435, note).

Si succinct que soit ce résumé d'une thèse développée avec autant de rigueur que de force il nous permet de poser quelques questions. M. Kojève insiste à plusieurs reprises sur le fait que le temps humain n'est pas le temps biologique ni le temps cosmique, car l'homme est Projet, la vie est Mémoire et le monde, Présence (p. 367, note 1). L'Être est, identiquement à soi, il est Espace. L'Homme n'est pas, se niant perpétuellement lui-même, se faisant Temps. À plusieurs reprises, M. Kojève est donc amené à plaider pour le dualisme. Selon lui, il n'y aurait pas de dialectique naturelle, mais seulement humaine. Si l'on peut parler d'une dialectique du réel, du concret, c'est pour autant qu'il inclut l'homme. Mais tout cela, reconnaît expressément M. Kojève, « *Hegel ne le dit pas* » (p. 378)[b]. Il dit même le contraire. Et c'est pourquoi M. Kojève est conduit à laisser tomber, fort allègrement, du Système de Hegel toute la Philosophie de la nature, philosophie cosmologique et philosophie biologique. Après avoir reconnu que Hegel, dans *l'Encyclopédie* – c'est-à-dire dix ans après la *Phénoménologie* –, introduit la négativité dans l'être naturel lui-même, M. Kojève décide : « Personnellement je partage le point de vue de la Phénoménologie et je n'admets pas la

a. Article cité [p. 370].
b. C'est nous qui soulignons.

dialectique de l'être naturel, du *Sein*» (p. 472, note). Nous demanderions alors si M. Kojève n'estime pas qu'en identifiant l'Homme, l'Esprit et l'Histoire, en séparant radicalement l'histoire et la nature, la Liberté et l'Identité, il n'escamote pas un problème traditionnel en philosophie, celui des rapports en l'homme, de la nature et de la liberté ? L'homme, dit-il, est *essentiellement* différent de tout ce qui est seulement nature (p. 480). En convenir n'est pas nier que l'homme soit *aussi* nature. L'histoire humaine c'est quand même quelque chose du système solaire, dans la biosphère. Et ce qui nous fonde à croire que notre question a un sens, quoique entachée de traditionalisme philosophique, c'est que M. Kojève, reprochant à Hegel d'avoir admis le monisme de la dialectique dans la Nature et l'Homme, et annonçant comme tâche philosophique de l'avenir l'élaboration du dualisme, se reconnaît comme précurseurs Heidegger et... Kant (p. 483, note).

Que la difficulté de la position de M. Kojève soit bien là, c'est ce qu'a aperçu, bien qu'évidemment à d'autres fins, un glossateur de Hegel plus acharné encore que M. Kojève à révéler le contenu réel, c'est-à-dire marxiste, de la *Phénoménologie de l'Esprit.* À la fin de l'article précédemment cité, M. Tran-Duc-Thao écrit : « En défendant le dualisme... M. Kojève se place délibérément en dehors de l'horizon hégélien... La séparation absolue de l'homme et de la nature aboutit pratiquement à une forme nouvelle du spiritualisme qui laisse la porte ouverte à un retour offensif de la religion. » Et voilà Kojève accusé, en propres termes, de faire le lit du R.P. Niel. On voit la subtilité du raisonnement. Pour remplir le programme de M. Kojève, c'est-à-dire pour faire de l'hégélianisme un humanisme strict, il faut descendre jusqu'au naturalisme, affirmer que la nature passe dans son opposé, l'esprit, et que le sens du mouvement dialectique universel va de bas en haut. « La nature devient esprit par une dialectique qui lui est propre. » Nous pensons avoir compris ces propositions clairement obscures. Il faut une dialectique moniste comme celle de Hegel, *mais* il faut une dialectique matérialiste comme celle de Marx, Engels, Lénine, Staline. Que cette solution, plus facile à indiquer qu'à développer concrètement, apparaisse à quelques bons esprits comme verbale, c'est ce dont témoignent les réserves poliment formulées par une Note de la Rédaction des *Temps Modernes*, au début de l'article en question :

« Les mots de "matérialisme", l'idée d'une dialectique "propre" à la nature sont-ils… les plus convenables pour exprimer cette pensée [la pensée de Hegel][1], voilà ce que nous nous demanderions… » Comment en effet oublierait-on dans cette revue que J.-P. Sartre avait écrit dans son article *Matérialisme et Révolution* : « Nos matérialistes ont construit sans bonne foi un concept glissant et contradictoire de "matière". Tantôt c'est l'abstraction la plus pauvre et tantôt la totalité concrète la plus riche, selon leurs besoins. Ils sautent de l'une à l'autre et masquent l'une par l'autre. »[a][2].

Cette tension dans l'audace dont on vient de donner quelques échantillons fait apprécier la mesure. Avec Hyppolite le ton du commentaire change. Il lui arrive fréquemment d'écrire, à propos d'un problème donné : « Quelle est donc la solution de Hegel ? C'est ce qu'il est bien difficile, avouons-le, de déterminer. » Et pourquoi après tout Hegel serait-il, en tous les points de sa doctrine, plus clair que ne le sont Platon, Descartes et Kant ou saint Thomas et Duns Scot ? Sur tous les points où il croit pouvoir commenter et développer, avec certitude, la pensée allusive ou ramassée de Hegel, Hyppolite le fait aussi résolument que d'autres, aussi clairement, quoique plus sobrement. Que l'on compare les commentaires d'Hyppolite et de Kojève sur la conscience de soi, le désir, le désir de reconnaissance et la dialectique du maître et de l'esclave. Kojève est plus abondant, Hyppolite plus près du texte. Mais n'est-ce pas Hegel qu'il s'agit d'éclairer ?

a. *Les Temps modernes*, juin 1946. Dans la même revue F. Alquié avait donné (mai 1946) un article : *Matérialisme ou Cartésianisme ?* où il écrivait : « Si l'on veut être matérialiste que l'on définisse d'abord la matière. » Il nous semble que sur ce point J.-P. Sartre et F. Alquié sont plus près de la pensée de Hegel que ceux qui vont à la recherche de son contenu réel à travers les dogmes du matérialisme dialectique. Qu'on relise les textes de Hegel sur le matérialisme comme produit de la scission de l'Aufklärung : *Phénoménologie*, trad. Hyppolite, II, p. 123-125.

1. Les crochets ci-dessus sont de Canguilhem.

2. Il s'agit de la première partie de « Matérialisme et Révolution », dans *Les Temps modernes*, 1re année, n° 9, juin 1946, p. 1537-1563 ; p. 1554 pour la citation. L'article de Ferdinand Alquié se trouve aux pages 1378-1400 du n° 8 de la revue ; pour la citation, p. 1386. Ferdinand Alquié (1906-1985), comme Canguilhem dont il fut l'ami, était natif de l'Aude ; 1er à l'agrégation de philosophie (1931), il enseigna d'abord dans divers lycées de province, et notamment à Carcassonne où en 1935-1936 le retrouve fréquemment Canguilhem alors professeur à Béziers. À compter de 1939 Alquié est professeur de khâgne à Paris jusqu'en 1947 alors qu'il devient maître de conférences à la Faculté des Lettres de Montpellier jusqu'à sa nomination comme professeur titulaire d'Histoire de la Philosophie moderne à la Sorbonne, en 1953, après y avoir été d'abord élu comme maître de conférences l'année précédente.

En tout état de cause je ne parviens pas à découvrir ici de divergences entre les commentateurs. J'en conclus que la méthode d'Hyppolite a ce mérite supplémentaire de renvoyer le lecteur à l'auteur même. En fait, l'interprétation de Kojève est présentée de façon telle que si nous ne disposions pas de la traduction de la *Phénoménologie* par Hyppolite, elle serait inutilisable pour le lecteur français, soucieux de comprendre Hegel, et non pas seulement de connaître les idées que la lecture de Hegel a inspirées à M. Kojève.

Je vois par contre une divergence entre Kojève et Hyppolite quant au problème du dualisme dans la philosophie de Hegel. Kojève, on l'a vu, reproche à Hegel son préjugé moniste. Hyppolite conclut au contraire au dualisme de Hegel (p. 581), « mais ce dualisme n'est pas la juxtaposition de deux substances ». J'avoue ne me reconnaître aucune compétence pour me prononcer. Mais je ferais volontiers remarquer que, probablement parce qu'il croit au dualisme de Hegel, Hyppolite a mieux réussi que Kojève à analyser un concept aussi capital que celui d'aliénation. Or, on peut se demander si précisément ce n'est pas dans le mécanisme de l'aliénation qu'il faudrait chercher une réponse à ce problème que M. Kojève met au centre de son commentaire : comment Hegel peut-il tantôt exclure la vie de l'histoire, tantôt placer la vie et l'esprit en continuité dans l'histoire ? M. Kojève dit que la vie est Mémoire et l'homme Projet. Mais la mémoire est-ce un mécanisme simple de répétition et d'intégration, ou déjà, en quelque façon, un procès dialectique où se limitent réciproquement l'habitude, c'est-à-dire l'aliénation, et l'émergence, c'est-à-dire la création ? C'est en se relevant de son aliénation dans l'habitude que l'esprit s'aperçoit histoire. Ainsi l'histoire et la vie cesseraient d'apparaître comme des pièces juxtaposées et l'on pourrait reconnaître que le monisme de Hegel n'est pas si éloigné du dualisme que M. Kojève lui reproche de n'avoir pas suffisamment contribué à formuler.

Quant au problème qui retient électivement l'attention des R.P. Niel et Fessard : la religion de Hegel, mysticisme ou humanisme ? Hyppolite, après en avoir longuement exposé la difficulté, se décide pour l'interprétation humaniste : « Ce qui nous paraît caractéristique surtout de la pensée hégélienne, c'est son effort pour surmonter le grand dualisme chrétien, celui de l'*au-delà* et de l'*en-deçà*. Le but de la dialectique de la religion n'est-il pas d'aboutir à une réconciliation complète de *l'esprit dans le monde* et de l'esprit *absolu* ? Mais alors il n'y a plus aucune transcendance en dehors du devenir historique. Dans ces conditions, la pensée hégélienne – en dépit de certaines formules – nous paraît très loin de la religion. Toute la phénoménologie apparaît comme un effort héroïque pour réduire la « transcendance verticale » à une « transcendance horizontale » (p. 525, note). Qu'importe après cela qu'il soit impossible de déceler si Hyppolite admet ou n'admet pas l'existence de Dieu. S'agit-il de savoir ce qu'il pense personnellement du problème ou ce qu'il pense que Hegel a pu en penser ?

Quand on reproche à Hyppolite son refus du risque, on oublie simplement qu'il a voulu courir le risque – car c'en est un aujourd'hui – de se voir reprocher ce que le R.P. Niel lui reproche, son effort d'objectivité. Hyppolite s'est, en effet, montré par ailleurs tout à fait capable d'« interpréter » aussi bien que d'autres, de chercher aussi dans la confrontation de l'hégélianisme à ses avatars postérieurs, le sens et le contenu de la dialectique hégélienne[a][1]. Mais enfin qu'attend-on d'un travail philosophique ? Qu'il nous fournisse dogmatiquement les résultats d'une recherche, ou qu'il nous soutienne dans la poursuite de la nôtre ? Selon moi, le mérite inappréciable des travaux de J. Hyppolite c'est autant d'avoir introduit Hegel dans les lectures des Français que d'avoir introduit les Français à la lecture de Hegel, c'est d'avoir par là permis l'ouverture d'une foule de problèmes philosophiques concrets. Je voudrais rapidement indiquer quelques-uns des miens.

*

Le premier est de savoir quel sens il convient d'attribuer à ce fait paradoxal que les philosophes français, dans leur ensemble, découvrent la philosophie allemande du XIXe siècle à rebours et remontent, en matière de marxisme, d'existentialisme et de philosophie de l'histoire, soit de

a. L'existence dans la Phénoménologie de Hegel, in *Études germaniques* (avril-juin 1946) ; – Marxisme et Philosophie, in *Revue socialiste*, novembre 1946 ; – Situation de l'homme dans la Phénoménologie hégélienne, in *Les Temps modernes*, avril 1947.

1. « L'existence dans la Phénoménologie de Hegel » se trouve aux pages 132-141 du n° 2 de la revue ; il s'agit d'une communication faite à la Société des Études germaniques et elle est suivie d'une discussion, p. 142-145. « Marxisme et philosophie » occupe les p. 540-549 du n° 5 de la *Revue socialiste*. Le dernier article est aux pages 1276-1289 du n° 19 de la 2e année des *Temps modernes*. Ces numéros de la *Revue socialiste* et des *Études germaniques* se trouvent dans la bibliothèque de Canguilhem (cotes CAN 1032 et 1034). Sous la cote PerCAN 2738 se trouve la série complète des *Temps Modernes*, de sa création à la mort de son fondateur Jean-Paul Sartre.

l'objection à la proposition, soit de la conséquence aux prémisses. À l'âge de la Révolution Mondiale, de la Guerre Mondiale, la France découvre, au sens propre, une philosophie contemporaine de la Révolution française et qui en est en grande partie la prise de conscience. Alain disait précisément à propos de Hegel : « Les Français ont fait la Révolution et les Allemands l'ont pensée », et c'était, je m'en souviens bien, lors d'un commentaire du mot de Gœthe : « Celui qui agit n'a jamais conscience, seul celui qui contemple a conscience. »

Doit-on penser que la méconnaissance en France de l'importance de Hegel, la méfiance à l'égard de toute philosophie de l'histoire jusqu'à la période nommée depuis l'Entre-Deux-Guerres, était un symptôme de la décadence de la France comme grande puissance au cours du XIXe siècle, l'écroulement du Second Empire venant confirmer cruellement les conséquences de l'échec du Premier ? Les Français ne se sentant plus de taille à faire l'histoire, c'est-à-dire à créer un monde nouveau, conserver la philosophie à l'écart de l'histoire alors qu'ailleurs (Allemagne, Italie, Angleterre), l'histoire envahissait la philosophie, c'était manifester que, faute de pouvoir participer positivement à l'histoire, on souhaitait, craintivement, la voir s'arrêter.

Inversement, la découverte de Hegel plutôt que le retour à Hegel, dans les années 30 du XXe siècle, postérieure à la victoire française de 1918, redonnant conscience aux Français – illusoirement d'ailleurs peut-être – de la renaissance de leur pouvoir de participation à l'histoire, vient-elle à l'appui de notre interprétation ? D'une part le complexe d'infériorité nationaliste ne jouait plus à l'égard d'une philosophie dont s'étaient méfiées les générations antérieures à 1914. D'autre part, c'était par Marx et pour Marx que beaucoup cherchaient Hegel, en raison de la Révolution bolchevique de 1917 et du fait que sa consolidation progressive annonçait, même aux moins clairvoyants, son caractère essentiellement historique, c'est-à-dire générateur d'histoire à venir.

Quelle est maintenant la valeur du fait dont nous venons d'indiquer le sens, arbitrairement peut-être ? Ne peut-on penser qu'à tout prendre l'ignorance d'hier pourrait être aujourd'hui convertie en clairvoyance ? Car jeter sur Hegel des yeux à la fois plus vieux et plus neufs que ceux de ses commentateurs antérieurs, n'est-ce pas se donner une chance de le mieux juger ? La pensée française, prenant à l'envers de son cours historique le mouvement d'idées qui a conduit la philosophie à intégrer dans les catégories fondamentales du jugement l'historicité de l'homme, pourrait avoir plus de liberté pour opérer la confrontation qui n'a pas encore été réellement tentée entre la Raison et l'Histoire, et qui est peut-être impossible à d'autres peuples, à la fois avides et contraints aujourd'hui d'être à la pointe agressive de l'histoire.

Marx et Kierkegaard ont pu accuser Hegel d'avoir intégré à la logique non pas l'histoire vécue et vivante, mais l'histoire morte, non pas l'avenir, mais le passé. L'un et l'autre ont prétendu, quoique différemment, ouvrir à la pensée la carrière du futur et orienter la pensée vers le futurisme. Mais le futurisme, nous le voyons maintenant prendre le visage de la guerre à outrance. Faut-il nous abandonner à l'histoire? Faut-il repenser l'histoire? Faut-il remettre en question la notion de philosophie de l'histoire? Le fait de reprendre – dans une intention expressément critique –, à sa source et avec la connaissance de quelques-unes de ses conséquences imprévues dans son système, une philosophie qui a servi à la fois à interpréter l'histoire et à la faire, témoignerait de la vitalité d'une certaine puissance qui définit l'homme au moins autant que la capacité de faire l'histoire. Cette puissance de critique et de domination du cours de l'histoire c'est la raison, telle que les philosophes antiques et classiques l'entendaient.

Rien n'est aujourd'hui plus démodé que la Critique. On lui a substitué la propagande polémique, forme intellectuelle et préparatoire de la guerre, utilisation des armes du dogme préalable à l'utilisation du dogme des armes. Or la critique c'est d'abord le refus des dogmes. Pour n'être pas vermoulu – certes! –, le dogmatisme d'aujourd'hui n'en appelle pas moins – au contraire – sa dissolution. Ce dogmatisme repose sur le postulat hégélien que l'histoire est une théodicée. Comme la philosophie d'hier, après s'être confiée à la Science, a dû s'en prendre sceptiquement au Scientisme, la philosophie d'aujourd'hui, après s'être confiée à l'Histoire, a peut-être le devoir de s'en prendre à l'Historisme. Assurément, on comprend bien l'attrait sur les esprits de cette affirmation que l'histoire du monde c'est le jugement du monde. Mais l'admettre ne sera-ce pas finir par réduire un jour la philosophie à l'absolution de tous les conquérants? À moins de référer à un concept rationnel du progrès l'histoire humaine et la situation actuelle de l'homme, comment éviter d'adorer successivement, ou même simultanément, tous les puissants de la terre? Si l'histoire n'est que Négativité, qu'est-ce qui en garantit la continuité? Si l'homme est seulement cet être qui s'attend soi-même demain ou qui attend de demain soi-même, qui pourra savoir demain que Demain est la réponse qu'attend Aujourd'hui? Finalement n'y a-t-il pas une aliénation de l'homme dans l'avenir qui n'est pas un mal moindre que l'aliénation dans le passé?

Je devine qu'on pourra éluder ces questions en disant qu'elles concernent en fait une certaine interprétation de Hegel qu'on dira existentialiste ou pseudo-marxiste, alors qu'il existe une autre interprétation, qui se veut précisément « rationaliste », de l'hégélianisme, celle des marxistes orthodoxes. Pour ces derniers aussi l'histoire du monde est le jugement du monde, mais ils prétendent retrouver une continuité dans le cours catastrophique de l'histoire, et par là le rationaliser. Toutefois, avant de chercher si la lutte des classes est le contenu réel – c'est-à-dire marxiste – de la dialectique hégélienne, faudrait-il soumettre la notion de classe à une analyse critique. Mettre la lutte des classes au principe de l'histoire humaine c'est donner à un concept ambigu une validité rétroactive que peut-être il n'a pas. La démonstration du *Manifeste Communiste* commence par une proposition à forme d'axiome mathématique, mais sans définition de concept. Le rapport des classes est simplement assimilé au rapport d'oppression et illustré par des exemples : hommes libres et esclaves, barons et serfs, etc. Est-ce là, puisque les marxistes se recommandent de la raison et de la science, une méthode rationnelle et scientifique ? Quelle est la compréhension du concept de classe pour que son extension englobe à la fois les esclaves romains et le prolétariat anglais observé par Marx et Engels ? Quelle idée se fait-on de la volonté de puissance pour admettre comme allant de soi que les rapports d'oppression disparaissent dans une société sans classes ? [1]

On voit que les problèmes concrets suscités par l'intérêt passionné que les Français portent aujourd'hui à la lecture de Hegel ne manquent pas, à commencer par le plus urgent et le plus redoutable de tous, la mise en question des concepts hégéliens ou accrédités par l'hégélianisme. Ce ne serait pas céder à un goût de byzantinisme que de regarder de près à la structure de quelques fétiches idéologiques : l'Histoire, la Négativité, le Travail, la Classe [a]. Et du seul point de vue intellectuel, ce ne serait pas perdre

a. Le premier de ces fétiches est examiné avec une vigueur critique peu commune dans l'ouvrage posthume de Simone Weil, *L'Enracinement* [2], qui contient un plaidoyer pathétique et incisif pour les causes perdues, les vaincus de l'histoire, les possibles avortés et la vision morale du monde si insupportable à Hegel. Simone Weil écrit : « Qui peut admirer Alexandre de toute son âme s'il n'a l'âme basse ? » Rappelons qu'Hegel admirait Napoléon et que c'est sans doute à lui qu'il pensait en écrivant : « Le grand homme est ce qu'il a fait et on doit dire qu'il a voulu ce

1. Critique notamment adressée par Léo Strauss à Kojève.

2. Simone Weil, *L'Enracinement. Prélude à une déclaration des devoirs envers l'être humain*, « Espoir », Paris, Gallimard, 1949.

le temps que d'examiner à la loupe ce concept de « dépassement », devenu le mot d'ordre de tant de jeunes esprits. Au nom du dépassement, on risque d'en arriver à une périlleuse régression, à une barbarie mentale savamment dissimulée sous un vocabulaire et une technique purement scolastiques, scolastiques à contenu hégélien ou pseudo-hégélien.

Georges CANGUILHEM

qu'il a fait comme il a fait ce qu'il a voulu ». Hyppolite dit que Hegel citait volontiers ce vers de Sophocle : « Parce que nous pâtissons nous reconnaissons que nous avons failli ». On peut se souvenir qu'après la défaite de 1940, quelques discours où perçait une pensée analogue furent tenus aux Français. C'était une façon de reconnaître le fait accompli et le Jugement du Monde. Ceux des Français qui ont récusé ce jugement – parmi lesquels Jean Cavaillès et Simone Weil qui en sont morts l'un et l'autre – l'ont-ils fait pour vérifier la Négativité de l'Histoire ou pour dominer l'Histoire par la Raison ?

LE TRAVAIL ET LES TECHNIQUES

« Le Travail et les Techniques », [numéro spécial du] *Journal de Psychologie*, 41e année, n° 1, janvier-mars 1948 ; 148 p., par Meyerson, (I.), Febvre (L.), Aymard (A.), Delaruelle (E.), Vignaux (P.), Mauss (M.), Lalande (A.), Faucher (D.), Bloch (Marc), Camichel (Ch.), Friedmann (G.) [1]

L'Année sociologique, 3e sér., 1940-1948, vol. 2 (publié en 1949), p. 773-775 [2]

Présentés par M.I. Meyerson [3], les travaux composant ce recueil sont les communications et discussions de la Journée de psychologie et d'histoire du

1. Comme Canguilhem l'indique au début de l'article, bien qu'ayant quitté Toulouse pour Clermont-Ferrand en mars 1941, il y était revenu pour assister à ce colloque – et aussi sûrement pour revoir sa famille restée à Toulouse jusqu'à l'été 1942 (Madame Canguilhem poursuivant son enseignement au lycée de jeunes filles) et, plus discrètement, pour y entretenir ses liens avec certains résistants précoces de la région toulousaine.

2. Le numéro du *Journal de psychologie* dont Canguilhem rend compte ici avait fait l'objet d'un dépôt légal au cours du 2e trimestre de 1948. Le compte rendu a donc été rédigé entre ce moment et le dépôt légal du 2e volume du tome 1940-1948 de *L'Année sociologique*, au cours du 2e trimestre 1949.

La nouvelle série, la troisième, de *L'Année sociologique*, la revue fondée par Durkheim cinquante ans plus tôt, parut sous forme d'un tome en deux volumes en 1949, couvrant les années 1940-1948. On trouvait parmi les membres de la nouvelle rédaction de la revue « ressuscitée » à l'initiative de Marcel Mauss, Georges Duveau (1903-1958), alors professeur à l'Université de Strasbourg, et Georges Gurvitch (cf. *supra*, p. 62, n. 9) qui venait de quitter la Faculté des Lettres de cette université pour la Sorbonne, (*cf.* Marcel Fournier, *Marcel Mauss*, Paris, Fayard, 1994, p. 758, note 1). C'est probablement du fait de ses liens avec l'un ou l'autre de ces collègues, ou encore sollicité par son ami Georges Friedmann, que Canguilhem, qui n'était certes pas de la mouvance durkheimienne, donna quelques comptes rendus dans la section « Technologie » dont Friedmann était responsable.

3. Ignace Meyerson (1888-1983), philosophe, médecin et psychologue français d'origine polonaise, avait dû quitter son pays après avoir participé à la révolution de 1905 et il s'installa à Paris l'année suivante y retrouvant son oncle, Émile Meyerson. Directeur adjoint du laboratoire

travail et des techniques, organisée le 23 juin 1941 par la Société toulousaine d'Études psychologiques. Les auditeurs d'alors, dont j'étais, furent frappés à la fois par la valeur scientifique des communications, dont la haute tenue tranchait sur les plates élucubrations des penseurs vichystes et par l'unité de la méthode, sinon de la doctrine, qui se dégageait de ces travaux. Personnellement, je ne puis oublier quelle profonde impression firent sur moi les deux conférences de Marc Bloch et de D. Faucher [1].

Les textes sont réunis sous deux rubriques : Histoire de l'idée de travail; Techniques et Esprit.

Dans la première partie, L. Febvre esquisse, avec sa lucidité et son alacrité coutumières, l'*Évolution du mot et de l'idée de travail*: depuis le travail torture jusqu'au travail devoir et dignité. Du programme tracé par L. Febvre, A. Aymard [2] réalise une part importante, dans son étude sur l'*Idée de travail dans la Grèce archaïque.* Contrairement à l'opinion traditionnelle et abusivement simple, le travail manuel n'est pas en soi tenu pour dégradant par les Grecs de l'époque homérique. Si le commerce, l'artisanat,

de psychologie de l'École pratique des Hautes Études de 1923 à 1940, il en fut exclu par les mesures racistes du régime de Vichy et il quitta Paris pour s'installer à Toulouse où, sous la direction de Jean-Pierre Vernant (1914-2007) venu dans cette ville à l'automne 1940 pour remplacer Canguilhem à la classe de khâgne du lycée Fermat, il se joignit à la Résistance et dirigea le journal clandestin de l'Armée secrète du sud-ouest. Sa thèse de doctorat ès lettres, souvent considérée comme l'acte officiel de naissance de la psychologie historique, fut soutenue à la Faculté des Lettres de Paris en 1947 et publiée chez Vrin en 1948 (*Les fonctions psychologiques et les œuvres*). C'est Meyerson qui était l'initiateur de ce colloque tenu à Toulouse au début de l'été 1941 sous l'égide de la Société toulousaine de psychologie comparative qu'il venait d'y fonder, et il était aussi, avec Paul Guillaume, codirecteur du *Journal de psychologie* qui publiait ces actes du colloque.

1. On a déjà souligné l'intérêt de Canguilhem pour les travaux menés dans la tradition de la géographie humaine issue de Vidal de la Blache (cf. *supra*, p. 277, n. 2 et p. 278, n. 1) dans laquelle s'inscrivent et Bloch et Faucher, l'un et l'autre attachés à la géographie agraire dont Canguilhem avait en 1935 tiré le parti que l'on sait dans *Le fascisme et les paysans* (cf. *OC* I, p. 535-593, et la présentation de cette brochure par Michele Cammelli, p. 515-533, particulièrement p. 526-527). Sur Marc Bloch, voir *supra*, p. 277, n. 3. Daniel Faucher (1882-1970) était depuis 1926 professeur de géographie à la Faculté des Lettres de Toulouse dont il deviendrait le doyen après la guerre au cours de laquelle il fut un résistant très actif. Sa thèse de doctorat, *Plaines et bassins du Rhône moyen entre Bas-Dauphiné et Provence* (Valence, imp. Charpin et Reyne, 1927) avait retenu l'attention de Marc Bloch qui lui consacra une substantielle analyse dans les *Annales d'histoire économique et sociale* (1929, vol. 1, n° 4, p. 606-611).

2. André Aymard (1900-1964), agrégé d'histoire (1923), spécialiste de la civilisation hellénistique, fut professeur à l'École pratique des Hautes Études à compter de 1955 ; il avait été nommé à la Sorbonne en 1942 et y enseignera jusqu'à sa mort.

l'esclavage sont tenus pour indignes, non libéraux, c'est parce qu'ils placent ceux qui les exercent ou les subissent en position de dépendance à l'égard de leurs clients ou de leurs maîtres. Le travail n'est déprécié que pour autant qu'il cesse d'être un moyen d'autarcie individuelle, garantie de liberté personnelle. E. Delaruelle[1] étudie le *Travail dans les règles monastiques occidentales du* IVe *au* IXe *siècle.* Paul Vignaux[2], à propos de textes de Proudhon, consacre quelques notes à *Travail et Théologie.*

Dans la deuxième partie, une étude de Marcel Mauss[3] sur les *Techniques et la Technologie* contient une définition précise et différentielle : « On

1. Le chanoine Étienne Delaruelle (1904-1971), agrégé d'histoire et de géographie (1934), docteur en théologie et docteur ès lettres, était un spécialiste de l'histoire de l'Église médiévale, auteur de livres qui firent date sur *L'Idée de croisade* et sur *La piété populaire* au moyen âge. Il fut professeur à l'Institut catholique de Toulouse de 1949 à sa mort.

2. Paul Vignaux (1904-1987), normalien de la même promotion que Jean Cavaillès (1923), se classa premier à l'agrégation de philosophie en 1927 alors que Canguilhem prenait au même concours la deuxième place et Cavaillès la quatrième. Directeur d'études à l'École pratique des Hautes Études de 1934 à 1976, Paul Vignaux se fit connaître comme l'un des spécialistes éminents de la philosophie médiévale. Très actif à la CFTC où il jouera après la guerre un rôle clé dans sa laïcisation et sa transformation en CFDT, il avait été en 1937 l'un des fondateurs du SGEN et en deviendrait de 1948 à 1970 le secrétaire général. La participation de Vignaux au colloque dont rend compte ici Canguilhem se situe au cours de la brève période pendant laquelle, étant mis en août 1940 à la disposition de la Faculté des Lettres de Toulouse, il séjourne dans cette ville et participe, avec Canguilhem et Georges Friedmann notamment, à des réunions clandestines en vue d'organiser une résistance au régime de Vichy. Il embarque à Lisbonne fin juin 1941 pour les États-Unis où il restera jusqu'à novembre 1945, invité grâce à son ami Jacques Maritain (1882-1973) par l'université catholique Notre-Dame en Indiana. Très actif dans la liaison avec les centrales syndicales américaines et dans la cueillette de fonds auprès de celles-ci en faveur de la résistance syndicaliste non-communiste en France, Vignaux se signale durant son séjour américain par des actions soutenues de propagande antigaulliste et par son engagement dans l'Office of Strategic Services (OSS) dont il devient l'un des agents (voir à ce sujet Laurent Jean-Pierre, « Paul Vignaux, inspirateur de la "Deuxième Gauche" : récits d'un exil français aux États-Unis durant la Seconde Guerre Mondiale », *Matériaux pour l'histoire de notre temps*, n° 60, octobre-décembre 2000, p. 48-56.)]

3. Marcel Mauss (1872-1950), agrégé de philosophie (1895), obtint une chaire d'Histoire des religions des peuples non civilisés à l'École pratique des Hautes Études en 1901 et se joignit la même année à l'équipe de rédaction de *L'Année sociologique*. Il fut en 1925 l'un des fondateurs, avec Lucien Lévy-Bruhl et Paul Rivet, de l'Institut d'ethnologie de Paris et en 1931 devint titulaire de la première chaire du Collège de France à porter l'intitulé « Sociologie ». Canguilhem s'était fort intéressé à plusieurs des travaux de Mauss, notamment à son article rédigé en collaboration avec son oncle Émile Durkheim, « De quelques formes de classification – Contribution à l'étude des représentations collectives » (paru dans *L'Année sociologique* en 1901-1902), et surtout à celui sur « Les techniques du corps » (*Journal de psychologie*, vol. 32, n°s 4-5, mars-avril 1934, p. 271-293).

appelle technique un groupe de mouvements, d'actes, généralement et en majorité manuels, organisés et traditionnels, concourant à obtenir un but connu comme physique ou chimique ou organique. » M. André Lalande, dans *Technique et Science* distingue très clairement les relations possibles de ces deux activités : la technique avant la science ; la technique dans la science ; la technique d'après la science. On peut seulement regretter que cette étude soit plutôt descriptive qu'analytique. Ch. Camichel[1] définit *les caractères des techniques modernes et leurs effets.* G. Friedmann esquisse une *Psychosociologie du travail à la chaîne* dont je ne dirai rien puisque j'ai eu l'occasion de dire ailleurs l'admiration que j'ai éprouvée à la lecture de l'ouvrage fondamental dont cette esquisse résume quelques chapitres[2]. Je voudrais insister un peu plus sur les communications de D. Faucher et de Marc Bloch.

Sous le titre *Routine et Innovation dans la vie paysanne*, D. Faucher apporte des observations extrêmement pénétrantes et riches qui suffiraient à justifier le programme de travail de la Société toulousaine d'Études psychologiques : associer à la psychologie toutes les autres disciplines biologiques, sociologiques, historiques pour la compréhension de l'homme total. D. Faucher montre que la routine paysanne, l'opposition aux innovations culturales ou techniques recouvre un besoin fondamental de sécurité et obéit à l'impératif de ne pas compromettre, quand il a été obtenu dans un milieu géographique donné, l'équilibre vital garanti au groupe producteur par un système agricole déterminé. Inversement les innovations sont venues, la plupart du temps, de personnalités ou de collectivités à demi étrangères à l'état paysan, c'est-à-dire par qui la méthode des essais et des erreurs pouvait être pratiquée sans conséquences vitalement dommageables.

Marc Bloch étudie directement les *Transformations des Techniques comme problème de psychologie collective.* Le problème est de rechercher pourquoi dans une société donnée une invention ou un import techniques

1. Charles Camichel (1871-1966), physicien français spécialiste de l'électrotechnique ; normalien (promotion 1889), fut professeur à la Faculté des Sciences de Lille de 1895 à 1900, le reste de sa carrière se déroulant à la Faculté des Sciences de Toulouse.

2. Cette contribution de 1941 de Georges Friedmann a pu être considérée comme « l'acte fondateur de la sociologie du travail française ; antérieure à la rédaction de la thèse sur les *Problèmes humains du machinisme industriel* (cf. *supra*, p. 291-306), elle en assied certaines des propositions (*cf.* Gwenaële Rot et François Vatin, « Les avatars du "travail à la chaîne" dans l'œuvre de Georges Friedmann (1931-1966) », *Genèses*, n° 57, décembre 2004, 4e cahier, p. 23-40.

seront tantôt acceptés et tantôt refusés; il est ensuite de savoir pourquoi, dans l'évolution des sociétés, il y a des périodes d'invention technique intense suivies de périodes de stérilité, pourquoi dans certains cas la manie inventive n'aboutit pas à des réalisations. À l'un et l'autre problème, M. Bloch cherche une solution, plutôt qu'il ne prétend l'avoir trouvée, du côté de la structure interne des sociétés et de l'action qu'exercent les uns sur les autres les divers groupes qui les composent. Enfin le dernier problème abordé est celui de la prise de conscience de l'importance des faits techniques. Il s'agit d'expliquer pourquoi l'invention technique n'est pas nécessairement accompagnée de l'effort d'imagination pratique, économique et sociale, qui permette d'en saisir avant l'événement le rendement et la portée possibles. Mon admiration pour Marc Bloch, son talent, sa fin héroïque ne m'interdit pas de me demander si ce dernier problème ne serait pas mal posé. Le seul exemple de solution positive cité par Marc Bloch relève de la poésie, de l'anticipation mythologique (p. 114)[1]. C'est tout le problème de la représentation concrète de l'avenir qui est en question. Comme en biologie, en technologie le problème des rapports entre l'organe et la fonction se pose. À quels moments l'homme se rend-il compte qu'il lui est venu de nouveaux organes? L'organe ne peut apparaître comme tel qu'en rapports avec une fonction. Je ne suis pas d'accord avec M. Mauss quand il écrit (p. 75) que « l'idée bergsonienne de la création est exactement l'idée contraire de la technicité ». La thèse bergsonienne, bien développée, ferait apparaître la technologie comme un chapitre d'une organologie générale[2].

Puisse ce précieux recueil de textes contribuer à faire en France de tout ce qui touche à la technique une matière de réflexion philosophique, authentique et suivie, et plaider, par l'exemple, pour la possibilité et la valeur de travaux collectifs.

Georges CANGUILHEM

1. Marc Bloch écrit: « Dans l'*Anthologie* grecque, vous trouverez une épigramme, des environs de l'ère chrétienne, qui, sous une forme mythologique, explique, de la façon la plus pertinente, comment l'invention du moulin à eau, en supprimant la meule à bras, déchargera les esclaves d'une des plus dures parmi les anciennes besognes ».

2. C'est ce que suggérait déjà la conférence de 1938 sur « Activité technique et création » (cf. *OC* I, p. 499-506, p. 506.) et ce qu'avait affirmé explicitement l'article de 1947 sur la situation de la philosophie biologique en France (cf. *supra*, p. 319).

PROGRÈS TECHNIQUE ET PROGRÈS MORAL

Siegfried (A.), Berdiaeff (N.), Mounier (E.), d'Ors (E.), Siddheswarananda, Prenant (M.), Spoerri (Th.), Haldane (J.B.S.), de Ruggiero (G.).
Progrès technique et Progrès moral
(*Rencontres internationales de Genève, 1947*)
Éditions de La Baconnière, Neuchâtel, 1948, 1 vol., 487 p., in-16[1]

L'Année sociologique, 3e sér., vol. 2, 1940-1948 (publié en 1949), p. 785-791[2]

Si les participants aux Rencontres internationales de Genève 1947 ont pu remporter chez eux l'impression d'avoir contribué à l'élucidation du problème *Progrès technique et Progrès moral*, il faut avouer que le lecteur de leurs conférences et entretiens hésite un peu à partager cette impression. Ce recueil se recommande autant par le problème très actuel de psychologie sociale qu'il pose sans le vouloir que par le problème qu'il veut expressément exposer. On comprend de quelle intention de bonne volonté

1. Il s'agissait de la seconde de ces Rencontres internationales de Genève, organisées « sur l'initiative d'un groupe de personnalités genevoises conscientes de la nécessité d'une reprise du dialogue dans un monde déchiré ». Ces rencontres, internationales et interdisciplinaires, d'abord annuelles puis biannuelles, visaient à « faire le point, par le biais d'un thème d'actualité, sur les problèmes du moment présent » ; elles existent toujours. Jean Starobinski (1920-...), professeur de littérature française à l'Université de Genève, que Canguilhem connaissait et estimait hautement, en fut le président de 1965 à 1996. Canguilhem n'y participa jamais ; parmi ses proches, Georges Friedmann en 1950, Gaston Bachelard en 1952 et Raymond Aron en 1969 y furent conférenciers.

2. L'ouvrage dont Canguilhem rend compte ici porte un achevé d'imprimer du 10 janvier 1948 et un copyright de la même année. Le compte rendu a donc été rédigé entre le début de 1948 et le 2e trimestre de 1949 moment du dépôt légal du 2e volume du tome 1940-1948 de *L'Année sociologique*.

procèdent ces Rencontres internationales. Mais on se demande si une telle intention procède elle-même d'une naïveté assez anachronique dans la société de l'après nouvelle grande guerre ou bien de cette sorte de foi qui transporte les montagnes.

Le propre d'une Rencontre, internationale ou non, c'est d'instituer un dialogue. On a toujours entendu par dialogue un échange de paroles, c'est-à-dire de pensées, au terme duquel les interlocuteurs se trouvent modifiés, chacun ayant cédé ou gagné. Plusieurs monologues, même synchronisés, ne font pas un dialogue. Certes les dialogues platoniciens, comme l'a fait remarquer M. Koyré, n'aboutissent en général à aucune conclusion positive, ils se terminent par une confession d'ignorance[1]. Ce n'est pas le cas des entretiens de Genève. Parmi les interlocuteurs, certains apportent d'entrée une telle assurance concernant leur méthode et leur doctrine que les autres en sont réduits soit à reprocher aux premiers d'être ce qu'ils sont, soit à éprouver un sentiment de mauvaise conscience concernant leur impuissance personnelle à s'installer dans des positions aussi fortes quoique différentes. Des hommes pour qui la position du problème est elle-même un problème affrontent des hommes pour qui le problème est déjà résolu. S'il s'agissait de démontrer que les conditions minima d'un accord des esprits sont plus éloignées que jamais d'être remplies, les Rencontres de 1947 auraient atteint leur objet. Sans doute, aux derniers instants, des apaisements furent donnés, notamment par M. Benda[2] (p. 442), par M. Mounier[3] (p. 454) : ils ne font que rendre plus sensible le durcissement des positions que la courtoisie se devait d'atténuer.

1. *Introduction à la lecture de Platon*, New York, Brentano's, 1945, p. 21-22. Cet ouvrage, qu'il acquit en mars 1947, se trouve dans la bibliothèque de Canguilhem conservée au CAPHÉS (CAN 520).

2. Julien Benda (1867-1956), essayiste et philosophe français dont Canguilhem avait favorablement rendu compte d'un des ouvrages en 1930 (*OC* I, p. 272-273) et avec qui, en compagnie de Michel Alexandre, il avait eu l'année suivante un différend à propos de jugements portés sur l'attitude de la revue *Europe* vis-à-vis les positions de Romain Rolland (*ibid.*, p. 289-294).

3. Emmanuel Mounier (1905-1950) était un élève de Jacques Chevalier. Agrégé de philosophie en 1928, il enseigne dans des lycées de 1928 à 1932, puis de 1935 à la guerre, après une interruption de quelques années au cours desquelles il se consacre à l'action et à des écrits de promotion du personnalisme et à la formation de l'équipe de la revue *Esprit* dont le premier numéro avait paru en octobre 1932. *Esprit* sera interdit en 1941, menant Mounier à la clandestinité. La revue reparut dès décembre 1944.

Comme l'ont fait remarquer M. Spoerri[1] (p. 413) et Mlle Davy[2] (p. 434) le problème initial des Rencontres a tourné à un débat passionné sur la validité intellectuelle et politique du marxisme et, d'une façon plus stricte et plus exacte, du communisme. C'est au point que l'un des interlocuteurs communistes put dire à un moment qu'on était en train de « chercher des poux sur cet éléphant qu'on appelle l'Union Soviétique » (p. 324). Le marxisme était en effet représenté par MM. J.-B.-S. Haldane, Pierre Hervé[3], Marcel Prenant qui ne font pas mystère de leur affiliation. Lorsque G. Friedmann[4], qui peut lui aussi à bon droit se réclamer de la méthode marxiste, crut devoir aborder, à ses risques et sans garantie de gouvernement, quelques problèmes fondamentaux dont on sait assez comment il les a renouvelés, il ne lui fut pas caché qu'il existe une orthodoxie en la matière (p. 427) et qu'on ne saurait rien dire de valable qui ne s'y réfère, hors de quoi il n'y a que portes ouvertes qu'on enfonce (p. 409). On voit donc la difficulté. Pour un communiste, quand un non-marxiste ou un marxiste non communiste affronte par ses propres moyens et sous sa seule responsabilité un problème quelconque, s'il réussit à obtenir un résultat c'est que la porte était ouverte, ce qui revient à dire que seul le marxisme communiste peut enfoncer des portes réellement fermées, résoudre de vrais problèmes. Mais inversement, M. Benda a pu objecter, non sans humour et pénétration, à ses

1. Theophil Spoerri (1890-1974) était professeur de littérature romane à l'Université de Zurich dont il fut aussi le recteur de 1948 à 1950.

2. Marie-Madeleine Davy (1903-1998), disciple d'Étienne Gilson (1884-1978), historienne de la pensée religieuse et de la mystique médiévales, docteur en théologie (1941), puis en philosophie (1946), enseigne à l'École pratique des Hautes Études puis passe au CNRS où elle deviendra Maître de recherches en 1955. Après sa retraite en 1968, elle se fait surtout connaître pour des œuvres à caractère littéraire et mystique.

3. Pierre Hervé (1913-1986), philosophe de formation, tôt engagé avec les organisations du Parti communiste français, résistant dès 1941, occupe des fonctions de direction dans le mouvement Libération-Sud à Lyon et Toulouse, puis dans les Mouvements Unis de la Résistance (M.U.R.). Il sera après la guerre député de 1946 à 1948, après avoir été membre de l'Assemblée consultative provisoire et des deux Assemblées nationales constituantes en 1945-1946. Très actif au sein du Parti communiste, il devient journaliste puis directeur adjoint à *L'Humanité* après avoir collaboré avec Emmanuel d'Astier de la Vigerie au journal *Libération*. Exclu du PCF en 1956, il retourne à l'enseignement.

4. Les difficultés de Georges Friedmann avec le Parti communiste français avaient commencé avec la publication en 1938 de son livre *De la sainte Russie à l'URSS* (Paris, Gallimard) qu'il percevait lui-même comme très favorable à l'expérience soviétique mais qui n'était plus conforme à la ligne du parti.

interlocuteurs communistes que s'ils peuvent se vanter d'enfoncer toutes les portes fermées, c'est parce qu'ils annexent au marxisme toutes les méthodes efficaces d'ouverture, inventées avant eux, en les rebaptisant. Le marxisme n'apparaît si vaste et si fort que parce qu'il intègre tout ce qui a fait, avant lui, ses preuves. « Vous vous trouvez obligés, dit M. Benda, d'opter entre être original et dire des choses très discutables ou dire des choses qui sont la vérité même et que nous disons tous » (p. 411).

Cela dit, on imagine aisément quelle révélation a pu être, pour un auditoire où les Suisses étaient la majorité, la cohésion des participants communistes dont on n'a pas de peine à convenir qu'ils surclassaient beaucoup de leurs interlocuteurs, en vigueur et en talent : « Est-ce que nous avons l'air de robots, de machines à calculer ou de phonographes ? » dit à un moment M. Prenant, parlant de ses camarades communistes et de lui-même (p. 376). Certain incident entre M. Berdiaeff[1] et M. Hervé sur le cas Alexandrov[2] (p. 324) a dû paraître comme le signe d'un nouveau style en train de s'établir dans l'ordre de la polémique intellectuelle. Quand M. Prenant dit à ses auditeurs suisses : « Vous connaissez une douceur de vivre que vous ne connaîtrez peut-être plus longtemps » (p. 387), il provoque cette réponse du président : « Ces Rencontres permettent, en profitant de la situation spéciale de la Suisse, d'inviter nos hôtes à un échange d'idées dont le choc peut être ici moins nocif qu'ailleurs. Ils y trouvent peut-être une certaine satisfaction » (p. 475). Signe des temps ! L'échange des idées, pièce essentielle d'une civilisation libérale et tolérante, n'est possible que dans un climat de prospérité. Mais s'il faut aujourd'hui venir dans un pays prospère – et menacé de ne plus l'être un jour – pour pouvoir polémiquer, c'est la preuve que les normes de la polémique intellectuelle dépendent, même quand il n'y paraît point, des lois de la rivalité et de la concurrence économiques. La preuve serait donc donnée aux intellectuels suisses qu'il y a

1. Nicolas Berdiaeff ou Berdiaev (1874-1948), philosophe russe d'ascendance partiellement française, fut sous le tsarisme accusé d'activité révolutionnaire et déporté. Nommé professeur à l'Université de Moscou en 1920, il est arrêté par la Tchéka et expulsé de l'URSS deux ans plus tard ; il s'installera finalement en France. De culture religieuse orthodoxe, sa pensée prendra de plus en plus un caractère mystique et eschatologique.

2. Gueorgui Fedorovitch Alexandrov (1908-1961) philosophe russe, membre de l'Académie des sciences de l'URSS, particulièrement actif dans les années 1947-1954 comme porte-parole idéologique officiel, ministre de la culture en 1954-1955. Berdiaev avait qualifié Alexandrov de « Goebbels soviétique ».

quelque chose de vrai dans ce qui leur fut dit chez eux, à la stupéfaction de la plupart d'entre eux, par les communistes. Si quelque chose pouvait convertir les Suisses au communisme ce serait donc ce qu'ils se sont trouvés contraints de dire plutôt que ce qu'ils se sont trouvés amenés à écouter.

Enfin ce n'est pas seulement un style de la polémique qui s'est esquissé dans ces entretiens, c'est un style tout court. Relevons, entre autres, ce mot de M. Benda à M. Hervé : « Vous avez un sens de la tangente qui doit vous rendre mathématicien » (p. 411) et cette pathétique adjuration de Mlle Davy : « Si les spiritualistes ont quelque chose dans la peau, qu'ils disent ce qu'ils ont dans la peau » (p. 435). Nous avions donc raison de dire que ce recueil de discussions constituait un document précieux de psychologie sociale. Plus exactement il s'agit d'un document pour l'histoire des mœurs intellectuelles et pour la sociologie du savoir.

*

Nous voudrions signaler premièrement que sur le fond de la question, l'avantage de la clarté dans l'exposition ou de l'ampleur dans le sens du problème ne revient pas nécessairement aux neuf vedettes qui avaient été chargées des conférences : « Historique de la notion de progrès » (A. Siegfried[1]) ; « le Progrès humain vu par un biologiste » (M. Prenant) ; « Du paternel et du fraternel » (E. d'Ors[2]) ; « L'Homme dans la civilisation technique » (N. Berdiaeff) ; « Influence du progrès technique sur le progrès moral » (J.-B.-S. Haldane) ; « la Fin et les moyens » (G. de Ruggiero[3]) ; « la Conscience humaine et l'angoisse de la civilisation » (Swâmi Siddheswarananda[4]) ; « le Christianisme et l'idée de progrès » (E. Mounier). C'est qu'après tout, le problème en question n'était pas un problème pour spécialistes. C'est le type même du problème philosophique, celui par conséquent devant lequel tous les hommes peuvent se trouver égaux.

1. André Siegfried (1875-1959), économiste et politologue français, professeur à l'École des sciences politiques, puis à compter de 1933 au Collège de France. Sa réputation continue à se fonder surtout sur ses études de sociologie électorale.

2. Eugenio d'Ors (1882-1954), essayiste et critique d'art catalan.

3. Guido de Ruggiero (1888-1948), historien de la philosophie et homme politique italien de tendance libérale et antifasciste, proche de Croce.

4. Swâmi Siddheswarânanda (1897-1957), historien de formation, issue d'une grande famille du Kerala, devint moine en 1925 et fut désigné par la Mission Râmakrishna pour diffuser la spiritualité indienne, le Vedanta, en France.

Beaucoup d'interventions improvisées se sont révélées supérieures en profondeur à certaines conférences préparées, et parmi les conférenciers certains se sont révélés meilleurs dans leurs réponses à des objections imprévisibles que dans leurs développements prémédités. Nous n'entendons pas par là faire l'éloge à tout prix de l'amateur, car, d'une part, trop d'amateurs ont présumé de leur maturité en pareil exercice et, d'autre part, la qualité et la densité d'interventions comme celles de G. Friedmann ont montré qu'il est quelquefois bon de savoir précisément de quoi l'on parle.

Il nous semble ensuite que trop de conférenciers ou d'interlocuteurs ont manqué d'esprit critique et ont abordé le problème à partir de lieux communs qui, pour être différemment inspirés, n'en étaient pas moins regrettables en tant que tels. Le spiritualisme a les siens, mais le matérialisme marxiste n'en est pas exempt. M. Paul-Émile Victor[1] a pu s'étonner qu'on n'ait pas pris soin de définir d'abord le terme de *moral* (p. 234) et M. Mounier, qu'on ne l'ait pas fait pour le terme de progrès (p. 240). Un proverbe esquimau cité par M. Paul-Émile Victor a eu, de ce fait, un succès trop facile : « Quand tu vas chasser le phoque, ne va pas te promener en sifflant sur la montagne » (p. 274). M. Arminjon[2] pouvait à un moment se demander si l'on n'avait pas trop confondu progrès moral et progrès politique communiste (p. 281). Il est en effet certain que si, comme l'a souligné M. Friedmann, être étranger au marxisme, c'est aujourd'hui se couper d'une part considérable et capitale de la réalité (p. 311), cela ne justifie pas pour autant d'avancer, comme un des arguments en faveur de la liaison du progrès moral et du progrès technique, que les communistes ne s'adonnent pas au marché noir (p. 377).

Concernant le progrès technique, on aurait aimé voir circonscrire cette notion, ce qui n'a jamais été fait avec force et précision. Et spécialement on ne s'est jamais attaché à établir si le politique doit être compris ou non dans le technique. Pour beaucoup d'interlocuteurs il y a glissement du technique à l'économique et de l'économique au politique. Pour certains (notamment MM. Prenant et Friedmann) le politique et le social sont intermédiaires entre

1. Paul-Émile Victor (1907-1995), ingénieur et officier de marine, formé à l'ethnologie sous la direction de Marcel Mauss, surtout connu pour ses voyages et travaux d'exploration polaire.

2. Pierre Arminjon (1869-1960), juriste français d'origine arménienne, spécialiste du droit international privé. Il fut au début de sa carrière professeur à l'École khédivale de droit du Caire, et la termina avec le titre de professeur honoraire à l'Université de Lausanne et à l'Université de Genève.

le technique et le moral. Mais s'agit-il là d'un troisième ordre ou d'un ordre mixte ? S'agit-il d'un ordre à la fois simple et de liaison, comme par exemple, dans la philosophie cartésienne, l'union de l'âme et du corps ? Cela nous paraît important, car si le politique et le social étaient par exemple à l'interférence du technique et du moral, les introduire comme éléments et instruments de solution ce serait répondre au problème par le problème. Le *social* c'est encore un terme assez générique pour qu'on éprouve le besoin de le voir spécifier. M. Robert Aron[1] a donc pu objecter à M. Prenant que son optimisme, fondé sur la solution du problème par la disparition des classes, n'est pas le seul possible puisqu'il y a un autre optimisme à la mode américaine, de sorte que le pessimisme naît aujourd'hui de la rencontre (euphémisme, évidemment !) de deux optimismes (p. 235).

On s'est naturellement demandé si la technique était ou non une simple application de la science[2]. Cette solution aussi insuffisante que traditionnelle est celle de M. Siegfried et de Benedetto Croce[3] (p. 227). Sur ce même point, la pensée de M. Prenant, quoique plus nuancée et dialectique, ne nous paraît pas très claire (p. 253). Par contre, M. René Sudre[4] – dont nous avouons n'avoir rien lu d'autre antérieurement – nous paraît être allé au cœur du problème en affirmant que la technique n'est pas une invention de l'homme, mais qu'elle est coextensive à la vie elle-même et qu'elle a son

1. Robert Aron (1898-1975), agrégé de lettres (1922), amorce après la guerre une carrière de journaliste, entre aux Éditions Gallimard et se fait connaître – avec Arnaud Dandieu (1897-1933) – par des essais à succès, typiques de ce que l'on a nommé « le non-conformisme des années 1930 » : *Décadence de la nation française* (Paris, Rieder, 1931) et *Le cancer américain* (Paris, Rieder, 1931), ouvrages dont Canguilhem avait rendu compte peu après leur parution (cf. *OC* I, p. 397-400). Bien qu'il ait été l'un des rédacteurs des premiers discours du maréchal Pétain en 1940, Robert Aron était menacé comme juif. Arrêté et interné en 1941, puis relâché, il est protégé par Jean Jardin (1904-1976), alors directeur du cabinet de Pierre Laval. Grâce à celui-ci, il passe à Alger où il occupe des fonctions administratives dans la mouvance du général Giraud puis de de Gaulle. Il se distingue après la guerre comme l'un des principaux porte-parole du mouvement fédéraliste et comme historien de Vichy, de la libération et de l'épuration.

2. Question définitivement réglée par la négative chez Canguilhem, au moins depuis 1937 (« Descartes et la technique »).

3. Benedetto Croce (1866-1952), philosophe idéaliste italien, d'orientation libérale et ouvertement opposé au fascisme.

4. René Sudre (1880-1968), professeur à l'École des Hautes Études Sociales de 1931 à 1940, vulgarisateur scientifique à la Radiodiffusion française (1926-1940) et au *Journal des débats* (1935-1940), il passa après la guerre au Ministère de l'information (1945-1956). Il fut l'auteur de nombreux ouvrages sur la parapsychologie et la métapsychique.

modèle dans la nature (p. 249 et p. 463). Cette interprétation biologique de l'activité technique eût gagné à être soutenue par des considérations empruntées à l'ethnographie (M. Sudre n'a pas cité le nom de M. Leroi-Gourhan[1]). Mais elle a conduit M. Prenant, qui avait d'abord affirmé que l'homme a cessé d'être animal au moment où il a acquis une technique (p. 26 et p. 251), à reconnaître qu'il y a des techniques chez les animaux (p. 253). C'est donc que l'humain ne se distingue pas au sein du vivant par la technique, mais par l'effort pour rationaliser, en soumettant les résultats de sa science à des normes d'activité anté- et extra-scientifiques, une technique dont le sens et l'origine ne sont à chercher dans la raison ni dans la connaissance. C'est ce que dit M. J.-B.-S. Haldane dans une très pénétrante conférence : « La technique naissante du moyen âge a détruit le système féodal en créant la bourgeoisie. La bourgeoisie a créé le capitalisme et a invoqué la science pour faciliter la production » (p. 103).

Il nous semble qu'en se montrant plus exigeants sur le sens des fonctions de technique et de science et sur le rapport d'information réciproque des résultats de l'une par l'autre, les interlocuteurs de la Rencontre de Genève auraient été conduits à chercher si la morale qu'on fait arriver généralement du dehors et du dessus pour guider et contrôler la technique n'est pas en un sens déjà impliquée par la technique. Nous voulons dire que la technique est peut-être déjà une forme concrète et pré-réfléchie de solution aux problèmes de la vie, aux problèmes de l'adaptation, que la technique se comporte comme le fait toute morale pour accorder le moins mal possible le savoir et le pouvoir, une fois qu'ils se sont posés en fonctions abstraites et rivales, l'un par l'autre et l'un contre l'autre. En ce sens, le rapport entre technique et morale serait fondamentalement moins un rapport de conflit qu'un rapport de dépassement et d'anticipation, particulièrement sensible dans les moments historiques d'« affolement » des inventions techniques en certains domaines et de « blocage » en d'autres. Ce qui est devoir à un moment, c'est ce qui n'est encore que pouvoir rêvé, utopique, momentanément non assuré par une technique, et ce qui confère au devoir son caractère impérieux, inéluctable, c'est l'impatience du conflit vécu entre l'impuissance sur un point et la puissance sur quelques autres. L'anesthésie ne doit pas son existence comme technique médicale journalière à la connaissance des propriétés biologiques de certaines substances chimiques, mais d'abord à

1. Sur André Leroi-Gourhan, cf. *supra*, p. 301, n. 2.

certaines attitudes morales devant la douleur; il a fallu éprouver le devoir d'anesthésier pour trouver – on sait que ce fut par hasard [1] – le pouvoir de le faire. En conséquence, si le rapport actuel de la technique et de la morale – vulgarisé, même pour les intellectuels, sous les espèces de la bombe atomique – se pose comme un rapport de conflit ce n'est pas par la faute de la technique mais faute de technique – par exemple, faute peut-être des techniques adéquates aux problèmes posés par le fonctionnement d'un gouvernement mondial. Nous ne pouvons donc souscrire aux considérations nostalgiques de MM. Robert de Traz [2] et Berdiaeff et nous nous sentons tout près de M. J.-B.-S. Haldane constatant que le progrès technique a fait désormais tout homme gardien de toute l'espèce humaine (p. 106), qu'il ouvre des champs toujours nouveaux au devoir (p. 107), c'est-à-dire d'abord au devoir précis de rendre la moralité adéquate en fait aux dimensions de l'action technique. M. Haldane dit que le capitalisme a créé des forces immenses, mais qu'il ressemble à un animal sans système proprioceptif (p. 103). C'est la raison pour laquelle il est soumis à des crises de dérèglement dont la solution réside traditionnellement dans la guerre. Personne n'a objecté à M. Haldane que la solution révolutionnaire et communiste ne faisait peut-être que traduire l'impuissance technique, où s'est trouvé jusqu'à présent l'homme de construire pour ses sociétés un système proprioceptif. Sous ce rapport il n'y a pas que les sociétés capitalistes qui aient connu cette impuissance de régulation spontanée que les Grecs appelaient l'*hybris*. Et le jour où le capitalisme inventerait son système proprioceptif, tout ce qui est aujourd'hui devoir socialiste perdrait-il toute signification? En fait la morale ne risque de disparaître dans la technique que parce qu'elle doit d'abord s'y incarner. Ce qui est pouvoir aujourd'hui c'est le devoir de la

1. Il s'agit sans doute ici de la découverte inopinée des propriétés anesthésiantes du protoxyde d'azote. Découvert au XVIIIe siècle, ce gaz a un effet euphorisant quand il est inhalé, d'où son nom commun de gaz hilarant. Il servit rapidement à des démonstrations de foire et de science amusante. C'est au cours de l'un de ces spectacles que dans les années 1840 un dentiste américain observa que sous l'effet de ce gaz un sujet hilare ne répondait pas à la douleur qu'aurait dû lui causer une meurtrissure survenue accidentellement. La maîtrise de la douleur était une préoccupation éminente des chirurgiens et des dentistes; l'usage du protoxyde d'azote devait s'imposer, après diverses péripéties, étant plus sécuritaire que celui de l'éther que l'on avait commencé à administrer à la même époque.

2. Robert de Traz (1884-1951), homme de lettres genevois, avait fondé en 1920 la *Revue de Genève* qui fusionna quatre ans plus tard avec la *Bibliothèque universelle*. Le premier écrit publié de Canguilhem l'avait été dans cette revue en 1926 (cf. *OC* I, p. 147-152).

veille dont les moyens s'égalent maintenant à la fin et la rendent désormais inaperçue par la conscience humaine. Mais la morale doit s'incarner comme telle, c'est-à-dire [comme] sens de la supériorité initiale et définitive de la conscience sur les automatismes qu'elle doit constituer sous peine de s'aliéner.

Car il y a deux aliénations. L'aliénation par excès et l'aliénation par défaut d'automatismes. Les spiritualistes sont plus sensibles à la première forme, les matérialistes à la seconde. Ils ont raison les uns et les autres. Mais il serait temps de dépasser leur opposition maintenant aussi banale que stérile. Quand M. de Ruggiero déclare : « La dépendance de la technique ne se rachète pas par la technique. C'est seulement en nous élevant au niveau d'une vraie moralité que nous pourrons espérer nous racheter véritablement » (p. 131), il ne manque, en somme, à ces affirmations pieuses que de définir la « vraie moralité ». Car – et sur ce point la critique marxiste est irréfutable et presque trop facile – la difficulté consiste à déduire d'une morale transcendante une règle d'action pratique pour aujourd'hui. Comme le dit M. René Sudre : « Un principe de résignation (morale chrétienne) ne nous sert à rien pour lutter contre les exagérations de la technique » (p. 250) ni, ajouterons-nous, contre ses insuffisances. Il semble qu'une règle élémentaire d'action soit qu'on ne peut opposer à des automatismes que d'autres automatismes. La liberté consiste en cela même et non en une sécession spirituelle loin de l'automatisme. La pure intériorité, dit Hegel, retombe immédiatement à la pure extériorité.

C'est en quoi des interventions comme celle de M. Friedmann apportent un élément précis et concret de solution. L'intercalation du social entre la technique et le moral suppose d'abord – *Les Problèmes humains du Machinisme industriel* sont là pour le montrer – le sens de l'importance et de l'insuffisance à la fois des techniques d'utilisation humaine, des techniques d'action sur la matière. Mais M. Friedmann a trop insisté sur la présence irrépressible des valeurs au sein de tout jugement que le technicien porte sur sa technique pour qu'on puisse craindre par là de méconnaître ou de mutiler ce sens de l'utopie, c'est-à-dire de la valeur, dont M. Mounier a justement fait remarquer (p. 343) qu'il reste essentiel à la définition de tout progrès humain.

Georges CANGUILHEM

PRÉSENTATION DE « MATHÉMATIQUES ET FORMALISME »[1]

Jean Cavaillès, « Mathématiques et formalisme. (Inédit présenté par G. Canguilhem) », *Revue internationale de philosophie*, vol. 3, n°8, 15 avril 1949, p. 158

Nous avons trouvé dans les papiers de Jean Cavaillès ces pages manifestement destinées à la publication, comme en témoignent le soin donné à l'écriture, et donc le déchiffrement exceptionnellement aisé, et la signature à la fin. Malheureusement nous ne pouvons assigner à cet écrit aucune date précise. Nous pensons toutefois qu'une image utilisée par Cavaillès – « comme un saut après l'aguet » – trouve son sens dans l'expérience du combat. Cavaillès fut en 1939-1940 lieutenant dans un corps franc engagé aux avant-postes. L'écrit appartiendrait donc à la période intermédiaire entre la publication des thèses en 1938 et la rédaction en 1942-1943 de l'étude publiée depuis sous le titre *Sur la Logique et la Théorie de la Science*[2]. Il est certain que d'une part la formule relative à l'histoire des mathématiques « qui n'est pas une histoire » fait la continuité avec un des thèmes fondamentaux de *Méthode axiomatique et formalisme*, et que, d'autre part, l'affirmation que « le développement de la mathématique entière se fait suivant un rythme nécessaire » laisse pressentir les dernières

1. Dans la revue, le bref texte de Canguilhem, sans titre propre, suit immédiatement le titre de la contribution de Cavaillès qui occupe les pages 159 à 165. Il est précédé (p. 157) d'un bref « Hommage à Cavaillès » signé J. L., c'est-à-dire Jean Lameere qui était le directeur de cette nouvelle revue. Celui-ci, qui mena des actions de résistance avec Cavaillès, rappelle que ce dernier « fut, durant la guerre même, et dès 1941, étroitement mêlé à notre projet de ressusciter la Revue aussitôt que la liberté serait rétablie dans le monde par la victoire de ses défenseurs. Il aurait été aujourd'hui, s'il avait vécu, étroitement mêlé à sa résurrection ». Sur Lameere, voir *supra*, p. 223, n. 2.

2. Cf. *supra*, p. 243 *sq*.

lignes de *Sur la Logique et la Théorie de la Science* où la dialectique des concepts est restituée dans son importance aux dépens d'une philosophie de la conscience, impuissante à justifier le cours d'une succession de moments imprévisibles sans être arbitraires. La dernière formule de cet article[1] ne manquera pas de soulever autant de problèmes d'interprétation que celle qui termine l'ouvrage posthume[2].

Au retour d'un des voyages qu'il fit en Belgique comme organisateur de mouvements et de réseaux de Résistance, Cavaillès nous avait personnellement entretenu du projet formé par M. Jean Lameere de faire reparaître la *Revue Internationale de Philosophie*, le plus tôt possible après la fin d'un conflit dont l'issue ne faisait de doute, dès cette époque, ni pour l'un ni pour l'autre. L'approbation donnée par J. Cavaillès à un tel projet justifie la publication par la *Revue Internationale* d'une étude bien propre à faire mesurer à tous, une fois de plus, quelle perte cruelle représente pour la philosophie la fin tragique d'un grand esprit et d'un grand caractère.

Georges CANGUILHEM

1. « L'activité mathématique est objet d'analyse et possède une essence : mais comme une odeur ou comme un son, elle est elle-même ».

2. « Ce n'est pas une philosophie de la conscience mais une philosophie du concept qui peut donner une doctrine de la science. La nécessité génératrice n'est pas celle d'une activité, mais d'une dialectique ».

PRÉFACE À KANT,
ESSAI SUR LE CONCEPT DE GRANDEUR NÉGATIVE [1]

Emmanuel Kant, *Essai pour introduire en philosophie le concept de grandeur négative*, traduction, introduction et notes par Roger Kempf[2], collection « Bibliothèque des textes philosophiques », Paris, Vrin, 1949, p. 7[3]

Grâce en particulier aux soins de M. Vrin[4], la liste des œuvres de Kant accessibles aux lecteurs ignorants de la langue allemande s'est beaucoup

1. Cette préface par Canguilhem est remplacée dans la deuxième édition, en 1972, par un texte entièrement nouveau (*cf.* tome V des *OC*).

2. Roger Kempf (1927-2014) a aussi traduit, introduit et annoté deux autres écrits de Kant, les *Observations sur le sentiment du beau et du sublime* (Vrin, 1953) et la *Réponse à Eberhard* (Vrin, 1959). L'introduction de l'*Essai* provient du mémoire de diplôme d'études supérieures alors que l'auteur était l'élève de Jean Hyppolite et de Georges Canguilhem à l'Université de Strasbourg.

Professeur émérite à l'École polytechnique fédérale de Zurich, Roger Kempf a surtout enseigné les lettres et mené une carrière littéraire ; il a notamment signé avec Jean-Paul Aron (à qui l'introduction de l'*Essai* est dédicacée) *Le pénis et la démoralisation de l'Occident*, Paris, Grasset, 1978 ; ouvrage réédité dans Le Livre de poche, Paris, Librairie générale française, 1999.

3. L'achevé d'imprimé de cet ouvrage est du 2e trimestre de 1949. Cette première édition de la traduction de l'*Essai* se trouve dans la bibliothèque de Canguilhem au CAPHÉS (CAN 745) ; elle porte un envoi manuscrit de Roger Kempf. L'intérêt de Canguilhem pour cet opuscule de Kant remonte probablement à la réflexion qu'il a conduite au début des années 1940 sur la philosophie de la valeur de Heinrich Rickert dans le cadre de la préparation de sa thèse de médecine : la négation de l'être donne le rien ; il y a en revanche des valeurs négatives, telles que les révèle par exemple la polarisation du vivant (*cf.* Rickert, *Les deux voies de la théorie de la connaissance*, éd. Arnaud Dewalque, Paris, Vrin, 2006, notamment p. 141 *sq.*). Cette question est explicitement traitée dans le cours inédit de 1941, professé à Clermont-Ferrand et conservé au CAPHÉS (GC. 11.1).

4. Joseph Vrin (1884-1957) après des études classiques au Petit Séminaire de Bourges et un apprentissage en librairie à Paris avait, en 1911, acheté le fonds d'un libraire situé Place de la

allongée ces dernières années. La traduction par M. Roger Kempf de l'*Essai pour introduire en philosophie le concept de grandeur négative* vient enrichir d'un texte précieux une collection réputée. M. Kempf, étudiant en philosophie à l'Université de Strasbourg, avait souhaité consacrer son diplôme d'études supérieures à mettre en lumière l'importance de l'*Essai*, importance plusieurs fois signalée, en France notamment, mais trop brièvement selon lui. Sur les conseils de mon collègue Jean Hyppolite et de moi-même, M. Kempf voulut bien tenter de donner d'abord une traduction du texte allemand qui pût éventuellement se substituer à l'ancienne traduction de Tissot, souvent oubliée et toujours difficile à trouver[1]. C'est l'ensemble du travail universitaire de M. Kempf, traduction, commentaire, notes explicatives, qu'il nous a demandé de présenter au public philosophique. Naturellement, dans notre pensée comme dans celle de M. Kempf, c'est la traduction de l'*Essai* qui représente le bénéfice le plus certain de ce travail pour l'ensemble de ses lecteurs possibles[2]. Chacun tirera de l'*Essai* ce qu'il jugera le meilleur, eu égard à sa propre connaissance de la philosophie kantienne et à l'orientation propre de sa réflexion philosophique.

Nous estimons toutefois que le commentaire de M. Kempf, donné ci-dessous comme introduction, modeste essai à propos d'un *Essai* plus illustre, se recommande par des qualités de personnalité dans la recherche du sens et de la portée du texte et aussi de précision dans l'éclaircissement critique telles qu'elles méritaient mieux que l'appréciation favorable d'un jury d'examen.

M. Kempf, par le rapprochement qu'il tente entre la pensée de Kant et certaines thèses relevées par lui chez G. Tarde ou M. Dupréel, souligne l'actualité possible de l'*Essai* comme matière à réflexion pour une philosophie critique des valeurs. Le texte kantien se trouve donc auréolé, non uniquement peut-être par une illusion de rétrospection, d'une signification qui méritait, selon nous, d'être signalée.

Sorbonne et s'y était installé. C'est Étienne Gilson qui, quelques années plus tard, cherchant un éditeur pour l'un de ses ouvrages, suscita chez le jeune libraire sa vocation d'éditeur d'œuvres philosophiques.

1. La traduction par Joseph Tissot (1801-1876) de l'*Essai sur l'introduction en philosophie de la notion des quantités négatives* avait paru dans son recueil de *Mélanges de logique* de Kant (Paris, Ladrange, 1862), p. 126-188. Tissot était alors doyen de la Faculté des Lettres de Dijon.

2. Dans la deuxième édition, parue chez le même éditeur en 1972 (CAN 744), la traduction paraîtra amputée du commentaire. Cf. *OC* V.

Les problèmes du néant et de la négation ont été repris et leurs solutions renouvelées en France récemment, par des études dont la notoriété nous dispense même d'allusions. Il nous paraît que la confrontation entre ces études-ci et l'*Essai* kantien est susceptible d'alimenter richement la méditation du philosophe.

Enfin, d'un point de vue plus limité, nous pensons que le travail de M. Kempf constitue un bon exemple de l'espèce de travaux qu'on peut obtenir, à un certain moment de leur formation, d'étudiants cultivés et sérieux. Trop souvent, pour des raisons de fait qu'on doit regretter, les coups d'essai de nos étudiants, même quand ils sont plus qu'une simple formalité scolaire, sont ignorés au profit de prétendus coups de maîtres. Si cette exception pouvait inaugurer une règle, grâce à la compréhension bienveillante de quelques éditeurs, nous sommes certains que la vitalité de la pensée philosophique française s'en trouverait accrue.

Georges CANGUILHEM

Deuxième partie

1948-1955 :
LES ANNÉES D'INSPECTORAT

REMARQUES SUR LE PROBLÈME ÉPISTÉMOLOGIQUE DE LA BIOLOGIE PAR KURT GOLDSTEIN

Communication traduite par G[eorges] et S[imone] Canguilhem

Cette communication de Goldstein a été lue par Georges Canguilhem au Congrès international de philosophie des sciences tenu à Paris en octobre 1949. Le texte en est donné ici à l'Annexe II[1].

1. Cf. *infra*, p. 1161-1164.

RÔLE DE L'HISTOIRE DES SCIENCES DANS LA PHILOSOPHIE DES SCIENCES : L'ÉTABLISSEMENT DES FAITS FONDAMENTAUX DE LA DYNAMIQUE [1]

Les Journées d'information pour la coordination des enseignements de la Philosophie et des Sciences physiques dans les classes de Philosophie et de Sciences expérimentales, Strasbourg, novembre 1949, Paris, Publication du Centre national de documentation pédagogique, 1949, p. 26-37 [2]

1. Canguilhem avait pris ses fonctions d'Inspecteur général le 1er octobre 1948 (cf. *supra*, p. 9 et 18 *sq.*). À compter d'octobre 1947, les nouveaux programmes prévoyaient que le professeur de physique enseignant en classe de philosophie « traite de l'évolution des idées sur l'énergie, la lumière, la constitution de la matière, etc. ».

2. Les conférences de cette « Journée d'information » ont été publiées par le CNDP sous forme de brochure polycopiée; je remercie Jean-Luc Gangloff de m'en avoir généreusement offert un exemplaire original.

Un tapuscrit (fol. 2-22) et une version antérieure manuscrite (fol. 23-36), conservés dans le Fonds Canguilhem du CAPHÉS, recèlent peu d'écarts significatifs en regard du polycopié. Le cas échéant, ces variantes sont ici données en note. Canguilhem a lui-même inscrit sur le dossier : « Strasbourg 20 novembre 1949. Réunion de professeurs du 2e degré en philosophie et physique. Organisé par Ch. Brunold et moi-même. »

Charles Brunold (1893-1984), agrégé de sciences physiques, titulaire de deux doctorats d'État, en philosophie (1930) et en mathématiques (1934), était alors Inspecteur général de physique et donc collègue de Canguilhem; de 1951 à 1960, succédant à Gustave Monod (cf. *supra*, p. 182, n. 1) il fut le Directeur de l'enseignement du second degré. Il avait fait paraître en 1948 son *Esquisse d'une pédagogie de la redécouverte dans l'enseignement scientifique* (Paris, Masson; 2e éd. 1960) et la *Revue d'histoire des sciences* venait de publier sa substantielle communication, « Le tricentenaire de la "grande expérience de l'équilibre des liqueurs" de Pascal » (vol. 2, n° 3, mai-août 1949, p. 225-240).

Brunold avait prononcé la première conférence de la journée (p. 5-7 de la brochure polycopiée), suivi par Albert Kirrmann (*cf.* p. 198, n. 2), alors doyen de la Faculté des Sciences

Le concept de science expérimentale

Il est aujourd'hui inutile de perdre du temps à réfuter l'empirisme sous sa forme sensualiste ou pragmatiste. Il n'y a pas de données sensibles de fait qui puissent servir de principes immédiats du savoir.

Il n'y a pas de faits, saisis par une constatation sans jugement, tels qu'ils pourraient d'abord forcer puis former le jugement. Toute constatation est jugement, clôture d'une attente et d'une inquiétude, c'est-à-dire d'une question.

Du moment que nous parlons de science, c'est-à-dire de connaissance vraie, nous sommes dans l'ordre de cette opération mentale qui seule peut être dite vraie ou fausse, c'est-à-dire l'établissement dans le jugement d'un rapport entre concepts.

Le fait n'est pas ce dont la science est faite, mais ce que fait la science en se faisant.

Donc s'il est vrai qu'il n'y a de science que sous forme de théorie, c'est-à-dire de démonstration, et qu'il n'y a pas de démonstration sans principes, nous dirons que la science expérimentale est celle qui va à la recherche de ses principes. Le concept de science expérimentale est un concept mixte qui retient à la fois la relation de la science à l'expérience comme au problème à résoudre et la relation de l'expérience à la science comme au théorème, c'est-à-dire au problème résolu.

Dans l'épistémologie française contemporaine, c'est P. Duhem, qui, avant Gaston Milhaud, E. Le Roy, H. Poincaré, L. Brunschvicg,

de Strasbourg (p. 8-10) et par Pierre Ducassé (p. 11-25). La conférence de Canguilhem, la dernière de la journée, occupe les p. 26-37.

Pierre Ducassé (1905-1983), docteur ès lettres (*Essai sur les origines intuitives du positivisme* (Paris, Alcan, 1939), secrétaire général de l'Institut d'histoire des sciences et des techniques depuis sa fondation en 1934, sous Abel Rey puis sous Gaston Bachelard, fut professeur à la Faculté des Lettres et sciences humaines de Besançon et obtint en 1960, après y avoir fait cours quelques années, la chaire des « Méthodes d'expression de la pensée scientifique et technique » nouvellement créée au Conservatoire National des Arts et Métiers. Il animait depuis 1948 la revue *Structure et évolutions des techniques* et il publiera en 1958 *La technique et les philosophes* (Paris, P.U.F.). Il élargira dans les années 1960 ses activités à l'examen de questions d'économie et de management. Sur Ducassé, voir : Ronan Le Roux, « Pierre Ducassé et la revue *Structure et évolutions des techniques* (1948-1964) », *Documents pour l'histoire des techniques*, n° 20, 2011, p. 119-134.

G. Bachelard, a montré qu'il n'y a de fait scientifique qu'à l'intérieur d'une théorie[a].

Mais si toute science est théorie, composition rationnelle, c'est-à-dire déductive de concepts, il y a dans la constitution des théories des moments de stabilité et des moments de crise. Il y a une naissance, une vie et une mort des théories. Quand on oppose les faits à la théorie, on oppose en réalité des moments du savoir à d'autres moments du savoir. C'est Whewell[1] qui a dit : « Les théories de chaque génération deviennent les faits de la génération suivante. »

Si l'on a tenu si longtemps pour des faits les principes et les relations fondamentales de la mécanique classique, c'est parce qu'ils étaient soutenus et pétrifiés par la coalescence de toutes les connaissances mécaniques, physiques, astronomiques, géographiques qui les supposaient comme leur raison d'intelligibilité. Par exemple, si le principe d'inertie et la relation $v = g.t$ étaient tenus pour des faits, c'est parce que les lois du pendule simple et composé (Huygens), la formule newtonienne de l'attraction $f = k\,mm^1/d^2$, les variations de g avec la latitude, la détermination de la forme et les dimensions de la terre, tout cela à la fois se supposait et se supportait réciproquement. Mais au XVIIe siècle il y avait beaucoup de bons esprits qui

a. [Pierre] Duhem : « Quelques réflexions au sujet de la physique expérimentale », *Revue des questions scientifiques*, tome [36], 1894, p. 179–229. *La théorie physique* [: *son objet et sa structure*, Paris, Chevalier et Rivière], 1906. – G[aston] Milhaud : *Le rationnel : études complémentaires à l'« Essai sur la certitude logique »*, Paris, Librairie Félix Alcan, 1897. – E[ugène] Le Roy : « Science et Philosophie » (*Revue de métaphysique et de morale*, 1899 [tome 7, juillet 1899, p. 375-425, septembre 1899, p. 503-562, novembre 1899, p. 708-731 et tome 8, janvier 1900, p. 37-72]). – H[enri] Poincaré : *La science et l'hypothèse*, [Paris, Flammarion,] 1902; *Science et méthode*, [Paris, Flammarion, 190[8]. – L[éon] Brunschvicg : *L'expérience humaine et la causalité physique*, [Paris, Librairie Félix Alcan, 1922] 1925. – G[aston] Bachelard : *Le nouvel esprit scientifique*, [Paris, Librairie Félix Alcan,] 1934; *La formation de l'esprit scientifique* [: *contribution à une psychanalyse de la connaissance objective*, Paris, J. Vrin,] 1938.

1. William Whewell (1794-1866) écrit en effet, dans son *History of the Inductive Sciences* (London, Parker and Son, 3e édition, 1857, p. 139) : « the theories of each generation in the scientific world are (when thoroughly verified and established) the facts of the next generation ». La source de Canguilhem est ici probablement Robert Blanché, qui, dans *Le Rationalisme de Whewell* (« Bibliothèque de philosophie contemporaine », Paris, Librairie Félix Alcan, 1935, p. 101), cite ainsi Whewell : « les vues théoriques qu'une génération a découvertes et établies, deviennent les faits qui inspirent à la génération suivante de nouvelles théories ».

étaient loin de tenir tous ces faits pour des faits. Quand Richer[1] eut constaté en 1679 que « la longueur du pendule à seconde de temps s'est trouvée plus courte à Cayenne qu'à Paris », des astronomes tels que Cassini[2] et La Hire[3] contestaient le fait en invoquant « la dilatation des règles de fer employées à cette mesure ». On voit, en passant, que ceux qui nient un fait ne peuvent eux-mêmes le faire qu'au moyen d'une autre explication. Exemple simple, mais suffisant pour faire comprendre combien il est superficiel de croire que les faits se constatent et que c'est être sot que de les nier.

Il suit de là que si nous voulons vraiment comprendre en quoi consiste « l'établissement des faits » dans une science expérimentale, nous ne pouvons jamais nous dispenser d'avoir une idée précise des théories accréditées à l'époque considérée.

L'ÉTABLISSEMENT DES FAITS DE LA DYNAMIQUE CLASSIQUE COMME SUBSTITUTION D'UNE THÉORIE COSMOPHYSIQUE À UNE AUTRE THÉORIE COSMOPHYSIQUE

L'établissement des faits fondamentaux de la dynamique classique au début du XVIIe siècle par Galilée et Descartes a requis comme condition nécessaire et presque suffisante la critique et la réfutation de la physique et de la cosmologie aristotélicienne et scolastique, cette dernière étant du reste bien loin de la reproduction servile de la première qu'on se plaît trop souvent, à tort, à imaginer.

---

1. L'astronome Jean Richer (1630-1696), membre de l'Académie royale des sciences dès sa fondation, en 1666, avait été envoyé à Cayenne pour vérifier la diminution vers l'équateur de la longueur du pendule battant la seconde, dans le cadre de recherches pour fixer un étalon universel de mesure de la longueur.

2. Il s'agit ici de Jean-Dominique Cassini (1625-1712), le premier d'une lignée de Cassini astronomes, membres de l'Académie royale des Sciences et le premier directeur de l'Observatoire de Paris.

3. Philippe de la Hire (1640-1718), astronome membre de l'Académie royale des sciences, directeur de l'Observatoire de 1710 à sa mort.

I) Rappelons brièvement les traits fondamentaux de la cosmophysique aristotélicienne.

a) *Le Cosmos* est une organisation fermée, finie, de qualités absolues, polarisées et hiérarchisées. La perfection de tout être à l'intérieur du cosmos se manifeste par le repos.
b) À la surface de la terre le mouvement naturel d'un corps accomplit la tendance du corps à retrouver son lieu propre dans lequel il reste en repos. Le mouvement violent est celui qui contrarie le sens dans lequel se fait spontanément le mouvement naturel.
c) La chute des corps graves est le type du mouvement naturel, le lieu propre des graves c'est la terre, centre du cosmos. Ainsi les corps graves (absolument parlant) tendent naturellement vers le bas (absolument parlant). Le mouvement naturel est donc un devenir accidentel et provisoire; le mouvement violent anti-naturel ne continue que contraint et forcé. D'où le problème des projectiles : qu'est-ce qui meut le projectile quand l'organe de coercition (main ou machine à catapulter) ne l'accompagne plus ?
d) Tout mouvement est impossible dans le vide : 1° Le mouvement naturel exige un lieu propre absolu vers quoi le corps tend le plus vite possible par le plus court chemin. Dans le vide, il n'y aurait ni terme ou fin du mouvement, ni obstacle; sans obstacle le mouvement de retour au lieu propre serait instantané, de vitesse infinie, au lieu d'être ce qu'il est selon l'observation : accéléré mais de vitesse finie. 2° Le mouvement violent, dans le vide, d'où continuerait-il à recevoir cette action motrice du milieu environnant qui est nécessaire à son entretien ?

II) Cette théorie est-elle incohérente ? Pas du tout. Est-elle arbitraire, sans rapport à l'observation ? Bien loin de là. Tous les auteurs sont d'accord là-dessus :

a) Pierre Duhem : « Cette dynamique (d'Aristote) semble s'adapter si heureusement aux observations courantes qu'elle ne pouvait manquer de s'imposer tout d'abord à l'acceptation des premiers qui aient spéculé sur les forces et les mouvements [...]. Pour que les physiciens en viennent à rejeter la dynamique d'Aristote et à construire la dynamique moderne, il leur faudra comprendre que les faits dont ils sont chaque jour les témoins ne sont aucunement les faits simples, élémentaires, auxquels les lois fondamentales de la dynamique se doivent immédiatement appliquer; que la marche du navire tiré par les haleurs, que le roulement sur une route de la voiture attelée doivent être regardés comme des mouvements d'une extrême complexité; [...] en un mot que pour formuler le principe de la science du mouvement on doit, par abstraction, considérer un mobile qui sous l'action d'une force unique se meut dans le vide. Or, de sa *Dynamique*, Aristote va jusqu'à conclure qu'un tel mouvement est inconcevable » (*Le système du monde*, I, p. 194-5)[1].

b) Paul Tannery : « Si, pour juger le système dynamique d'Aristote, on fait abstraction des préjugés qui dérivent de notre éducation moderne, si l'on cherche à se replacer dans l'état d'esprit que pouvait avoir un penseur indépendant au commencement du XVIIe siècle, il est difficile de méconnaître que ce système est beaucoup plus conforme que le nôtre à l'observation immédiate des faits » (*Galilée et les principes de la dynamique*)[2].

c) E. Jouguet : « Les principes de la mécanique péripatéticienne sont pour la plupart à l'opposé des idées modernes. Ils ont néanmoins une base expérimentale solide. Qu'il faille de la force pour faire marcher une voiture à vitesse constante ..., qu'une force trop petite soit

1. *Le Système du monde. Histoire des doctrines cosmologiques de Platon à Copernic*, Paris Hermann, 1913-1959, 10 vol. Nous avons maintenu la transcription par Canguilhem qui diffère de sa source par la ponctuation et l'usage de majuscules ; la seconde des omissions indiquées ici entre crochets n'est pas signalée dans l'original.

2. Paul Tannery, « Galilée et les principes de la dynamique », dans ses *Mémoires scientifiques* publiés par J.-L. Heiberg et H.G. Zeuthen, vol. VI, *Sciences modernes 1883-1904*, Toulouse et Paris, Édouard Privat et Gauthier-Villars, 1926, p. 387-413, p. 399. (Cet article avait paru d'abord dans la *Revue générale des sciences pures et appliquées*, 15 août 1901, p. 330-338.) Canguilhem tire cette citation d'Alexandre Koyré, *Études galiléennes*, III. *Galilée et la loi d'inertie*, « Actualités scientifiques et industrielles », n° 854, Paris, Hermann, 1939, p. 46, note 2 (désormais cité *Études galiléennes* III). Paul Tannery (1843-1904), élève de Jules Lachelier au Lycée de Caen, ingénieur polytechnicien, fit carrière dans les manufactures de l'État dont il devint Directeur général. Très marqué par la lecture d'Auguste Comte, il consacra ses temps libres à l'histoire des sciences mathématiques et entreprit avec Charles Adam (1857-1940) la monumentale édition des *Œuvres* de Descartes qui commença à paraître en 1897 et se termina en 1904. *Cf.* aussi : Ernest Coumet, « Paul Tannery : L'organisation de l'enseignement de l'histoire des sciences », *Revue de synthèse*, vol. 102, n°s 101-102, 1981, p. 88-123.

incapable de mouvoir si peu que ce soit une voiture trop lourde, ce sont des affirmations de sens commun. Que les mouvements violents soient destinés à périr, c'est ce que montrent sans conteste tous les phénomènes d'amortissement » (*Lectures de mécanique*[1], I, p. 4).

d) Einstein et Infeld : « Nous avons l'idée intuitive que le mouvement est en connexion avec les actes de pousser, de tirer, ou de soulever ... il semble naturel de conclure que plus forte est l'action exercée sur un corps et plus grande sera sa vitesse. Une voiture traînée par quatre chevaux avance plus rapidement qu'une voiture traînée par deux chevaux seulement. L'intuition nous dit ainsi que le mouvement est essentiellement lié à l'action ... Nous lisons dans les *Mécaniques* qu'on lui attribuait (à Aristote) pendant deux mille ans : le corps en mouvement s'arrête quand la force qui le pousse ne peut plus agir de façon à le pousser » (*L'évolution des idées en physique*[2], p. 9 *sq.*).

On pourrait vouloir dire ici qu'Aristote se fonde sur des expériences vulgaires au lieu que Galilée se fonderait sur des expériences scientifiques, c'est-à-dire des expérimentations. On confirmerait alors, comme on verra plus loin, que dans le rapport de l'expérience au savoir c'est le savoir qui appelle et requiert l'expérience et l'expérience qui précède le savoir. En tout état de cause, la physique aristotélicienne se fonde sur des expériences vécues irrécusables. Il est absurde de dire que Galilée a renversé la physique aristotélicienne et scolastique en substituant l'expérience au raisonnement livresque. Il n'y a pas moins d'expérience chez Aristote que chez Galilée, il n'y a pas moins de raisonnement chez Galilée que chez Aristote. Seulement, il ne s'agit pas du même raisonnement et des mêmes expériences. La théorie

1. E. Jouguet, *Lectures de mécanique : la mécanique enseignée par les auteurs originaux*, Paris, Gauthier-Villars, 1908-1909, 2 vol. Émile Jouguet (1871-1943), polytechnicien et ingénieur du Corps des Mines, élève de Pierre Duhem à Bordeaux, consacra l'essentiel de ses travaux à l'application de la thermodynamique à la mécanique. Le premier volume de ses « lectures » était consacré aux prédécesseurs de Newton et le second à « l'organisation de la mécanique » jusqu'à Poincaré. Un troisième volume qui devait traiter de la mécanique des fluides reste inédit.

2. Les membres de phrases librement assemblés par Canguilhem dans ce paragraphe se trouvent aux pages 10-11 dans l'édition (11e mille) de la bibliothèque de Canguilhem (CAN 2530) : Albert Einstein et Léopold Infeld, *L'Évolution des idées en physique, des premiers concepts aux théories de la relativité et des quanta*, trad. fr. par Maurice Solovine, « Bibliothèque de philosophie scientifique », Paris, Flammarion, 1938.

aristotélicienne du mouvement naturel est une physique de biologiste. C'est un fait d'expérience que tout animal, l'homme non excepté, se déplace dans son milieu selon des pôles d'attraction et de répulsion. La théorie aristotélicienne du mouvement violent est une physique de technicien des transports, car il est vrai que pour soulever et déplacer les fardeaux l'homme doit faire effort, et qu'abandonné à lui-même, un corps soulevé tombe, un corps mû s'arrête.

III) On voit alors comment se posait le problème de la possibilité d'une autre dynamique; sa solution éventuelle dépendait du succès de deux entreprises connexes préliminaires.

a) Le rejet d'une conception physique et métaphysique de l'espace comme système organique de lieux qualifiés absolument;
b) Le rejet des expériences de « sens commun » que la dynamique péripatéticienne retrouvait et expliquait.

Cela revient à dire que l'établissement des principes fondamentaux de la dynamique par Galilée et Descartes exigeait :

a) une métaphysique justifiant la juridiction de la géométrie sur l'expérience par l'identification de la réalité et de la quantité. Cette métaphysique, Galilée l'emprunte à Platon par l'intermédiaire d'Archimède (*cf.* Koyré[1]). Descartes la construit à nouveaux frais à partir du *cogito*.
b) une méthode d'explication du concret perçu par des relations abstraites et, au regard du sens commun, absurdes, impossibles, irréalisables. C'est en particulier le sens du troisième précepte de la méthode cartésienne : « Conduire par ordre mes pensées, en commençant par les objets les plus simples et les plus aisés à connaître pour monter peu à peu comme par degrés jusques à la connaissance des plus composés, et supposant même de l'ordre entre ceux qui ne se précèdent point naturellement les uns les autres »[2]. Le plus simple

1. Alexandre Koyré, *Études galiléennes* I. *À l'aube de la science classique*, « Actualités scientifiques et industrielles », n° 852, Paris, Hermann, 1939, p. 69-73; aussi *Études galiléennes* III. *Galilée et la loi d'inertie*, « Actualités scientifiques et industrielles », n° 854, 1939, p. 99.

2. Descartes, *Discours de la méthode*, 2e partie, AT VI, p. 18-19.

n'est pas le plus familier, le plus aisé à connaître n'est pas le plus facile à observer, et l'ordre des raisons n'est pas l'ordre des matières[1].

LES « EXPÉRIENCES » DE GALILÉE

Les « faits » établis par Galilée ne sont pas que le mouvement de chute se fait selon une droite, c'est-à-dire le plus court chemin, que le mouvement de chute est progressivement accéléré. Cela, Aristote d'abord, les scolastiques ensuite le savaient. Mais Aristote cherchait la cause et le pourquoi du mouvement. Et Galilée se résignait à dire que la « pesanteur » n'est qu'un nom, – sans toutefois se dispenser d'admettre à la suite de Gilbert[2] (*De Magnete*, 1600) que c'est une force analogue à l'attraction magnétique, pensant, comme Gilbert, que la terre est un grand aimant[3]. Galilée ne pouvait pas être Newton, lequel lui-même n'expliquait pas l'attraction. Et donc ce que Galilée cherchait, c'était l'*essence* du mouvement, sa *définition*, entendant par là la formule mathématique qui lui permît de déduire « les accidents » du mouvement, c'est-à-dire les phénomènes perçus. Galilée a rompu avec ses prédécesseurs non en observant des faits, mais en les mesurant après les avoir a priori supposés susceptibles de mesure. Il leur a donné une allure géométrique et par là a rendu possible des mesures exactes plus qu'il n'a effectivement opéré toutes celles qu'on lui prête. Toutes les mesures de Galilée ont abouti à des résultats inexacts, tous contestés par les contemporains ! Telle est en effet la situation de la science expérimentale à ses débuts : elle vise l'exactitude et la rigueur sans avoir les moyens techniques d'obtenir ce qu'elle cherche. Il faudrait en effet être déjà en

1. Un feuillet (fol. 27) est ici intercalé dans le manuscrit, dont le texte n'est repris ni dans le tapuscrit ni dans le polycopié. Il signale que c'est Giordano Bruno et non Copernic qui a rejeté la « conception de l'espace comme système organique de lieux qualifiés privilégiés pourvus de propriétés absolues », et qu'il s'agit d'un cas remarquable de « la philosophie anticipant sur la science », mais sans suffire à renverser effectivement la physique d'Aristote, ce pourquoi « il fallait la physique de Galilée ».

2. William Gilbert (1540-1603), docteur en médecine, fut le médecin de la reine Élisabeth, puis de Jacques Ier; son *De Magnete* devait exercer une grande influence tout au cours du XVIIe siècle.

3. Koyré, *Études galiléennes*, II, *La loi de la chute des corps, Descartes et Galilée*, « Actualités scientifiques et industrielles », n° 853, Paris, Hermann, 1939, p. 64.

possession des résultats pour pouvoir construire les instruments aptes à les fournir. Le P. Mersenne prêtre minime[1], en France, et le P. Riccioli[2], en Italie, reprenant les expériences de Galilée, ont trouvé des résultats différents des siens et plus près des chiffres admis aujourd'hui. Écoutons M. Koyré : « Comme on comprend Descartes qui « nie » toutes les expériences galiléennes. Comme il avait raison ! Car toutes les expériences de Galilée, du moins toutes les expériences réelles et aboutissant à une mesure et à un chiffre, ont été trouvées fausses par ses contemporains » (II, 23)[3]. Nous allons maintenant chercher dans les textes mêmes de Galilée quelle conception il se fait des rapports de la science et de l'expérience.

I) En 1604[a], Galilée écrit dans une lettre à Paolo Sarpi[4] : « Réfléchissant aux problèmes du mouvement pour lesquels, afin de démontrer les accidents observés par moi (*li accidenti da me osservati*), il me manquait un principe absolument indubitable que je pourrais poser pour axiome (*per assioma*), j'en suis venu à une proposition qui paraît suffisamment naturelle et évidente, laquelle étant supposée, je démontre après tout le reste, notamment que les espaces franchis par le mouvement naturel sont dans la proportion double du temps et que par conséquent les espaces franchis dans des temps égaux sont comme les nombres impairs *ab unitate*, et les autres choses. Et le principe est celui-ci : que le mobile naturel va en augmentant de vitesse dans la proportion même où il s'éloigne de son point de départ … »[b]. Or ce dernier principe est faux : la vitesse du mobile est proportionnelle au temps écoulé – ce que Léonard de Vinci[5] savait déjà – et non à l'espace. Galilée a reconnu

a. La même année Descartes entre au Collège de la Flèche, Shakespeare fait jouer *Othello*. Un an après paraît la première partie de *Don Quichotte*.

b. *Études galiléennes* II, p. 78, note 2.

1. Le père Marin Mersenne (1588-1648), dans le premier volume de son *Harmonie universelle, contenant la théorie et la pratique de la musique* (Paris, 1636-1637, p. 112), cité par Koyré, *Études galiléennes* II, p. 73, note 1.

2. Giambattista Riccioli (1598-1671), jésuite italien, astronome et géographe, opposé à la théorie copernicienne.

3. A. Koyré, *Études galiléennes*, II, p. 71-73 et non 23.

4. Paolo Sarpi (1552-1623), théologien et philosophe italien.

5. Léonard de Vinci (1452-1519), peintre et ingénieur italien, avait adopté une approche géométrique pour la solution des problèmes de la mécanique dont il disait qu'elle est « le paradis

plus tard son erreur et a formulé le principe correct, mais grâce à un raisonnement mathématiquement faux (Koyré, II, 24, note). Mais ce qui nous importe c'est d'analyser les exigences méthodologiques de Galilée.

Galilée pense que les lois doivent démontrer les accidents observés, mais pour que la démonstration soit scientifiquement complète, il faut que les lois elles-mêmes soient déduites d'un principe pris comme axiome. Les formules mathématiques descriptives du mouvement de chute, $e_2 = e \times 2^2$, $e_3 = e \times 3^2$, formules elles-mêmes exactes, sont données comme étant déduites d'un principe qui se trouve être faux[1]. Si la vitesse était proportionnelle à l'espace (au lieu de l'être au temps) la formule mathématique serait une fonction exponentielle[2]. Les formules mathématiques de Galilée ont donc été trouvées par une autre voie que cette voie déductive. Est-ce par la voie expérimentale? Oui et non. L'expérimentation est venue pour contrôler la formule, non pour l'établir. La relation fondamentale de la dynamique a été formulée a priori à partir d'une présupposition fondamentale : la nature est mathématicienne, la nature est simple. « Vouloir traiter des questions naturelles sans géométrie, c'est tenter de faire quelque chose qui ne peut être fait » (*Dialogue sur les deux plus grands systèmes du monde*[3], 1632). « La philosophie est écrite dans cet immense livre, toujours ouvert sous nos yeux (je veux dire l'univers) mais on ne peut le comprendre sans s'efforcer de connaître la langue et les caractères dans lesquels il est écrit. Et il est écrit dans la langue mathématique, et les caractères sont le triangle, le cercle et les autres figures géométriques, sans lesquels il est impossible de comprendre la moindre parole » (Lettre à Liceti[4], 1641)[5].

des sciences mathématiques ». Sur l'accélération par rapport au temps et par rapport à l'espace, il semble que Léonard ait oscillé dans ses conceptions et il n'est pas certain qu'il ait eu une conception parfaitement arrêtée.

1. Ces formules, absentes du tapuscrit, incorrectement transcrites dans l'édition du CNDP, sont déjà présentes dans le manuscrit.

2. Le manuscrit ajoute ici, mais non le tapuscrit : « (de forme $y=a^x$) que Galilée ne pouvait pas connaître ».

3. Cité dans *Études galiléennes* III, p. 121.

4. Canguilhem traduit ici directement du texte italien cité par Koyré (*Études galiléennes*, III, p. 123, note 3); ce texte provient du *Il Saggiatore* et non de la lettre du 11 janvier 1641 au philosophe aristotélicien Fortunio Liceti (1577-1657) à laquelle Koyré référait seulement en appui, Galilée usant d'expressions semblables dans les deux textes.

5. Le manuscrit ajoute ici, mais non le tapuscrit : « Signalons en passant que *Torricelli*, l'élève de Galilée, a tenu à maintes reprises des propos analogues et de même Cavalieri. »]

Nous devons ici reconnaître le triomphe du platonisme, le retour conscient à Platon, c'est-à-dire au mathématisme physique, par-delà Aristote, symbole durant des siècles de la validité de l'empirisme. « Les Pythagoriciens avaient de la science des nombres la plus haute estime et Platon lui-même admirait l'intellect humain et l'estimait participant de la divinité uniquement parce qu'il comprenait la nature des nombres. Je le sais fort bien et je ne suis pas éloigné de faire le même jugement » (*Dialogue*, Koyré, III[1], 124). Galilée pense comme Platon, comme Descartes : « Je dis que l'intellect humain n'entend aucune chose parfaitement et n'en a ainsi de certitude absolue tant qu'il n'en possède la nature même, et telles sont les sciences mathématiques pures, c'est-à-dire la géométrie et l'arithmétique dont l'intellect divin sait bien une infinité de propositions de plus (que l'homme) puisqu'il les connaît toutes, mais quant à ces quelques-unes qui sont dans l'intellect humain, je crois que leur connaissance arrive à égaler la divine par sa certitude objective, parce qu'elle arrive à comprendre la nécessité au-dessus de laquelle il ne paraît pas qu'il puisse y avoir de certitude plus grande » (*Dialogue*, Koyré, III, 125)[2].

II) Galilée a découvert la loi de la chute des corps en supposant que ce mouvement accéléré était, à sa façon, uniforme : dans des temps égaux se font des accroissements égaux de vitesse. Galilée a admis la nécessité de l'expérimentation *après* cette supposition, comme vérification du fait général que les lois de la nature, dans l'expérience, sont effectivement les relations de la géométrie. D'où l'expérience du plan incliné. Elle est rapportée dans les *Discours et Démonstrations mathématiques concernant deux sciences nouvelles* (1638). Dans les *Discours*, Galilée déduit la relation fondamentale $e_n = e \times n^2$ de l'axiome, exact cette fois, que la vitesse croît proportionnellement au temps[3]. C'est devant l'objection éventuelle d'un aristotélicien qu'il reconnaît la légitimité du recours à l'expérience et qu'il confesse l'avoir fait : « Dans l'épaisseur d'une règle, c'est-à-dire d'une planche de bois longue de douze coudées environ, large d'une demi-coudée

1. A. Koyré, *Études galiléennes*, III.
2. *Ibid*, p. 124-125 en fait.
3. Formule absente du tapuscrit, mais présente dans le manuscrit.

et épaisse de trois doigts, on a creusé un canal large d'un peu plus d'un doigt. On l'a tracé très droit et pour qu'il soit bien poli et bien lisse, on l'a recouvert intérieurement d'une feuille de parchemin aussi lustrée que possible. On faisait descendre dans le canal une bille de bronze très dur, bien ronde et bien polie. La règle, faite comme on vient de dire, avait une de ses extrémités élevée d'une coudée, ou de deux, arbitrairement, au-dessus du plan horizontal. On laissait descendre la bille par le canal et l'on notait, comme je vais dire, la durée de toute la course [...]. Cette opération faite et établie avec précision, nous fîmes descendre la même bille sur le quart seulement de la longueur du canal; la durée de la chute mesurée se trouva toujours rigoureusement égale à la moitié de l'autre [...]. Pour ce qui est de la mesure du temps, un grand seau plein d'eau était suspendu en l'air; un petit orifice percé dans son fond laissait échapper un petit filet d'eau qu'on recevait dans un petit vase pendant tout le temps de la descente de la bille le long du canal ou de ses parties; les quantités d'eau recueillies étaient pesées sur une balance très exacte, les différences et les rapports de leurs poids donnaient les différences et les rapports des temps, et cela avec une telle justesse que, comme je l'ai dit, ces opérations, maintes et maintes fois répétées, n'ont jamais donné une différence notable. » (Koyré, II, 71-72)[1].

On voit donc que Galilée n'aurait jamais trouvé la loi fondamentale des espaces parcourus dans le mouvement de chute s'il n'avait été *d'abord* en possession de l'hypothèse mathématique du parcours des espaces selon les nombres 1, 3, 5, 7 ... Cette expérience répond entièrement à l'idée que Galilée se fait de la place et du rôle de l'expérience dans le savoir, d'après la lettre à Ingoli[2] : « Je suis doublement supérieur en tant que philosophe à ces gens-là parce que, non contents d'avoir dit le contraire de ce qui se passe en effet, ils y ont ajouté un mensonge quand ils ont dit l'avoir appris par

1. Le manuscrit comporte ici le schéma de deux expériences sur le plan incliné; elles n'ont pas été reprises dans le tapuscrit ni dans le polycopié. Peut-être ont-elles servi à illustrer le propos au tableau lors de la présentation orale.

2. Le cardinal Francesco Ingoli (1578-1649) devint en 1622 le premier secrétaire de la Congrégation de la Propagation de la Foi. Il avait rédigé en 1616 *De situ et Terrae contra Copernici Systema Disputatio* qui connut en version manuscrite une vaste circulation (il ne fut publié qu'au dix-neuvième siècle) et suscita en 1624 une longue lettre de réplique de Galilée, considérée comme une première esquisse de ses *Dialogues sur les deux principaux systèmes du monde*. Une première traduction française de ce document a été donnée dans Galilée, *Écrits coperniciens* (Philippe Hamou et Marta Spranzi, éd.), Paris, Le Livre de poche, 2004, p. 237-324.

l'expérience; alors que moi je n'ai fait l'expérience qu'après que le raisonnement m'avait persuadé fermement que l'effet devait se produire comme il s'est effectivement produit »[1]. Que veut-on désormais de plus pour reconnaître que Galilée, s'il a fondé la science moderne, ne l'a pas fait parce qu'il aurait rompu avec « l'apriorisme stérile et verbal de la physique scolastique » (Koyré, III, 66) ? On comprend alors pourquoi Paul Painlevé a pu écrire : « En définitive, la méthode expérimentale n'a joué qu'un rôle auxiliaire dans la formation de la mécanique. Ce sont des idées générales, précédant toute expérience scientifique, qui ont engendré les axiomes de cette science, et le rôle de l'expérience a été surtout de préciser ces idées générales et de guider les tâtonnements qu'entraînait leur interprétation » (*Les axiomes de la mécanique*, p. 36; *cf.* aussi même ouvrage, p. 8)[2]. Plus philosophiquement encore, M. Koyré écrit : « Ce que réclame l'empirisme aristotélicien, ce sont des « expériences » qui puissent servir de base et de fondement à la théorie; ce que lui offre l'épistémologie galiléenne aprioriste et expérimentaliste à la fois (on pourrait même dire : l'une parce que l'autre), ce sont des expérimentations construites à partir d'une théorie et dont le rôle est de confirmer ou d'infirmer l'application au réel de lois déduites de principes dont le fondement est ailleurs » (II, 71)[3]. On doit rappeler ici que, mieux inspiré que tant d'historiens des sciences ou d'auteurs de manuels de philosophie, Kant avait, dans la préface à l'édition de 1787 de la *Critique de la Raison Pure*, dégagé le véritable sens et le véritable ressort de la constitution de la science moderne : « Lorsque Galilée fit rouler ses billes sur un plan incliné suivant une accélération déterminée ... »[4].

---

1. Canguilhem traduit ici directement de la citation donnée en italien par Koyré (*Études galiléennes*, III, p. 66, note 2).

2. Paul Painlevé, *Les axiomes de la mécanique. Examen critique* [suivi de] *Note sur la propagation de la lumière*, Paris, Gauthier-Villars, 1922. L'exemplaire de la bibliothèque de Canguilhem porte la cote CAN 3024. Paul Painlevé (1863-1933) mena une double carrière, de professeur (à la Faculté des Sciences de Paris et à l'École Polytechnique) se distinguant par des travaux sur les mathématiques et l'aérodynamisme et par ailleurs de politicien socialiste très actif, plusieurs fois ministre et à deux reprises chef du gouvernement.

3. Il s'agit bien de la p. 71 des *Études galiléennes* II et non des *Études galiléennes* III comme l'indiquait le polycopié du CNDP.

4. Canguilhem cite ici selon la traduction de Jules Barni : « Lorsque Galilée fit rouler ses billes sur un plan incliné avec une accélération [déterminée et]* choisie par lui-même, ou que Torricelli fit porter à l'air un poids qu'il savait être égal à [celui d'une colonne d']*eau à lui connue [...] alors ce fut une [nouvelle]* lumière pour tous les physiciens. Ils comprirent que la raison n'aperçoit que ce qu'elle produit elle-même d'après ses propres plans, qu'elle doit

III) Dans ces conditions, on peut comprendre pourquoi Galilée n'a pas fait toutes les expériences qu'on lui prête. C'est qu'il n'en éprouvait pas le besoin. C'est que pour lui les expériences de pensée (l'expression est d'É. Meyerson[1]), c'est-à-dire des déductions d'effets nécessairement dépendants des principes qu'il posait, avaient une autre valeur théorique que les expériences telles que les entendaient les aristotéliciens.

Voici par exemple une expérience simple que Galilée aurait pu faire, dont il annonce d'avance le résultat nécessaire, mais qu'il n'a pas faite, non plus du reste que ses contradicteurs. Depuis Copernic, c'est-à-dire depuis 1543[2], le problème de la relativité du mouvement était posé sous une forme véritablement dramatique. Si c'est la terre qui est mobile et non le soleil, quoique changées de sens, les mêmes apparences des mouvements célestes restent perceptibles à l'homme. Du point de vue optique, on ne peut pas décider pour un système de références plutôt que pour un autre. Mais le vrai problème de la relativité du mouvement est d'ordre mécanique ou physique, et pas seulement optique. Les adversaires de Copernic, défenseurs d'Aristote et de Ptolémée, concluaient à l'absurdité de l'héliocentrisme en invoquant l'expérience supposée d'un corps projeté verticalement vers le haut : si la terre tournait, aucun corps ne saurait retomber à l'endroit même d'où il a été projeté. Il fallait comprendre – ce que les aristotéliciens ne pouvaient pas faire – que le mouvement d'un système de points matériels ne peut pas être mis en évidence à l'intérieur de ce système. Cela Galilée le savait et c'est pourquoi, contre les scolastiques, il soutient que si du haut d'un mât d'un navire en mouvement on laisse tomber un poids sur le pont, le poids tombera au pied du mât tout comme quand le navire est au repos. Les aristotéliciens soutenaient que si le bateau se déplace vers l'avant, un boulet lâché du haut du mât tombera sur le pont à l'arrière du pied du mât. Et Tycho-Brahé pensait sur ce point comme les aristotéliciens. Quant à

prendre les devants avec les principes qui déterminent ses jugements suivant des lois constantes, et forcer la nature à répondre à ses questions, au lieu de se laisser conduire par elle comme à la lisière [...]. » (Les crochets portant astérisque sont de Barni.) Canguilhem possédait cette édition probablement depuis ses années de khâgne à Henri IV et il la couvrit d'annotations durant ses années d'études (l'exemplaire de sa bibliothèque porte la cote CAN 758).

1. Émile Meyerson, *Identité et réalité*, Paris, Librairie Félix Alcan, [1908], 3e éd. 1926, p. 157 : « ... la façon même dont Galilée présente les choses n'indique-t-elle pas clairement qu'il s'agit d'expériences non pas réelles, mais "de raisonnement", de ce que les Allemands appellent "expériences de pensée" (*Gedankenexperimente*)... ».

2. Date de publication à Nuremberg du *De Revolutionibus Orbium Coelestium*.

Galilée il reprenait une analyse de Giordano Bruno, car c'est Bruno qui le premier avait proclamé « que toutes les choses qui sont sur la terre se meuvent avec la terre, comme toutes les choses qui sont sur un navire se meuvent avec le navire ». C'est Bruno qui le premier a compris que les lieux ne sont pas absolument situés dans le Cosmos, mais qu'ils sont différemment déterminés dans des systèmes différents de référence et qu'un corps en un lieu peut être au repos par référence à un système et en mouvement par rapport à un autre. Descartes ne dira pas mieux en 1644 dans les *Principes de la Philosophie*.

Dans le *Dialogue*, Salviati (c'est-à-dire Galilée) objecte à Simplicio (c'est-à-dire Aristote) que cette expérience du boulet tombant à l'arrière du mât quand le bateau se meut, personne ne l'a faite et que ceux qui l'invoquent se réfèrent toujours à l'autorité de la chose dite. À quoi Simplicio répond avec un grand bon sens : « Avez-vous fait vous-même cette expérience, vous qui en parlez avec tant d'assurance ». Et Salviati : « Cette expérience est tout à fait inutile. Sans expérience, je suis sûr que l'effet s'ensuivra comme je dis et vous-même n'en pouvez juger autrement malgré vos dénégations. Mais je suis un si bon accoucheur des cerveaux que je vous le ferai confesser de force ».

Et pourtant cette expérience a été faite, mais non par Galilée. Elle a été réalisée pour la première fois en 1641, à Marseille, par Gassendi (Koyré, III, 65)[1].

IV) On s'attend à ce que, parlant de Galilée, il soit question de la tour de Pise. Il faut en parler seulement pour dire que les fameuses expériences de Galilée relèvent de la légende[a]. On dit que Galilée a fait ces expériences pour établir que tous les corps, quels que soient leur poids ou leur constitution

a. Voir à ce sujet Koyré : « Galilée et l'expérience de Pise. [À propos d'une légende)] » (*Annales de l'Université de Paris*, [vol. 12], 193[7], [p. 441-453]) et L[ane] Cooper : *Aristot*[*l*]*e, Galileo and the Tower of Pis*[*a*], Ithaca, [Cornell University Press,] 1935.

1. *Études galiléennes* III, p. 65, note 1, où Koyré appuie cette information sur une citation tirée de la préface au *Recueil de Lettres des sieurs Morin, De la Roche, de Nevre et Gassend, et suite de l'apologie du sieur Gassend, touchant la question* DE MOTU IMPRESSO A MOTORE TRANSLATO, Paris, chez Augustin Courbé, 1650. Sur l'expérience de Pierre Gassend, dit Gassendi (1592-1655), *cf.* Vincent Jullien, « Gassendi à Marseille, qu'allait-il faire dans cette galère ? » *in* Michela Malpangotto, Vincent Jullien et Efthymios Nicolaïdis (dir.), *L'homme au risque de l'infini. Mélanges d'histoire et de philosophie des sciences offerts à Michel Blay*, Turnhout, Brepols, 2013, p. 139-157.

physique, tombent toujours à la même vitesse. Or ici, comme l'a montré M. Koyré, les historiens de la physique confondent deux affirmations :

a) Celle selon laquelle, dans le vide, tous les corps de même nature tombent également vite. Cette proposition n'est pas de Galilée, mais, avant lui, de Benedetti [1] qui l'a démontrée par des raisons et non tirée de l'expérience (Koyré, I, 53) [2]. Galilée qui souscrit à cette opinion de Benedetti dit dans son mémoire *De Motu* que si l'on disposait d'une tour suffisamment haute on pourrait constater le fait par expérience ;

b) La seconde affirmation distincte de la première, puisque Galilée a pu longtemps admettre celle-là sans admettre celle-ci, c'est que les corps, quelle qu'en soit la nature, tombent également vite, et de cela il donne la démonstration à la fin de sa vie dans les *Discours et démonstrations*.

Il est exact qu'on a procédé à des expériences de chute des corps en utilisant des tours, mais c'est après et non avant l'établissement des relations métriques fondamentales. Sous la conduite du P. Riccioli, des équipes de Jésuites ont utilisé les tours et les balcons de Bologne et de Parme en vue d'expériences tendant à corriger les mesures de Galilée concernant l'accélération de la pesanteur. C'est donc Riccioli plutôt que Galilée qui a rendu à proprement parler expérimentale l'étude de la chute des corps. C'est notamment lui qui a cherché, à partir de la loi de l'isochronisme, à construire le pendule battant la seconde [3].

1. Giambattista Benedetti (1530-1590), mathématicien copernicien, publie en 1585 *Diversarum speculationum mathematicarum et physicarum liber* largement consacré à la réfutation de la physique aristotélicienne et notamment de sa négation de l'existence du vide.

2. *Études galiléennes* I, p. 51-54.

3. Un appel de note donné ici dans le polycopié ne correspond à aucun texte en bas de page, mais le manuscrit et le tapuscrit indiquent : « Koyré, "Un Experimentum au XVIIe siècle, la mesure de g" ». Sous ce titre, un feuillet daté 18 octobre 1949, se trouve dans le dossier conservé au CAPHÉS. Il s'agit des notes prises par Canguilhem lors de la communication présentée par Koyré au Congrès international de philosophie des sciences tenu à Paris en octobre 1949 (dans les actes du congrès de 1949, parus en 1951-1952 à Paris chez Hermann, cette communication, « Un *Experimentum* au XVIIe siècle : la détermination de *G* », se trouve aux pages 83-92 du volume 8 ; l'analyse des travaux de Riccioli se trouve aux pages 87 *sq*.). Ce n'est pas le même texte, mais une version plus longue qui paraîtra en 1966 dans les *Études d'histoire de la pensée scientifique* (Paris, Tel-Gallimard, 1985, p. 289-319 ; « Une expérience de mesure ») dont l'original en anglais, « An Experience in Measurement », avait paru dans les *Proceedings of the American Philosophical Society*, vol. 97, avril 1953, p. 222-237.

V) Il y a pourtant un cas où Galilée a procédé de façon à justifier en un certain sens, mais en un certain sens seulement, sa réputation d'observateur de faits empiriques ; c'est quand il a braqué vers le ciel nocturne la lunette qui porte son nom, non pas parce qu'il l'aurait construite, mais parce qu'il est le premier à lui avoir conféré la valeur et la dignité d'un instrument scientifique. On sait comment Galilée a découvert les phases de Vénus, les satellites de Jupiter, le mouvement des taches du soleil (*Sidereus Nuncius*[1], 1610). Mais il faut savoir aussi que ces découvertes n'auraient été que des miracles, sources de nouveaux problèmes, si elles n'avaient été la confirmation du système astronomique de Copernic. Ce dernier avait prévu que si les planètes tournent autour du soleil, Vénus doit présenter des phases comme la lune ; et la découverte de satellites de Jupiter (Galilée en compte 4) montrait que le système solaire n'était pas un fait unique, mais que d'autres systèmes analogues existaient effectivement. De sorte qu'encore une fois, bien qu'il ne fût pas l'auteur de la théorie qui donnait leur sens aux faits observés par lui, Galilée montrait qu'un dispositif expérimental, œuvre de la main de l'homme et complément de ses organes des sens, est en réalité le prolongement de son intelligence. C'est l'esprit de Copernic qui voyait par l'œil de Galilée.

LA DYNAMIQUE CARTÉSIENNE

Un schéma classique en histoire de la philosophie et en histoire des sciences oppose Descartes, théoricien systématique et audacieux, à Galilée, expérimentateur humble et sagace, l'esprit métaphysique à l'esprit positif. En fait Descartes invoque l'expérience aussi souvent que Galilée (*Discours de la Méthode*, 6e partie), mais il distingue expressément entre expliquer les effets par les causes et prouver les causes par les effets. Lui aussi a pensé qu'on peut utiliser la « tour de Strasbourg » à des expériences sur la pesanteur (*Lettre* du 16 juillet 1636)[2]. M. Koyré dit avec raison que c'est

1. Galilée avait organisé une première démonstration de la lunette devant le sénat de Venise en août 1609 ; c'est aussi dans cette ville qu'il publia l'année suivante le *Sidereus Nuncius*.

2. Il ne semble pas exister de lettre de Descartes portant cette date. Mais dans sa lettre à Mersenne du 18 décembre 1629 (AT I, 82-104, p. 95-96) il écrit : « Sans faire d'experience à la

Descartes lui-même qui est responsable de cette tradition historique erronée (*Lettre* à Mersenne du 11 octobre 1638)[1]. Descartes reproche à Galilée de chercher les causes des faits particuliers sans chercher les raisons de ces causes, c'est-à-dire sans se soucier d'explication systématique. En fait Galilée a une métaphysique, c'est le platonisme, mais Descartes l'ignore. Il n'a jamais rencontré Galilée et n'a eu ses *Dialogues* entre les mains que pendant trente heures[2].

Entre Descartes et Galilée la différence n'est pas où on la cherche. Descartes, comme Galilée, a fait des expériences et dans le même esprit. Galilée, comme Descartes, a raisonné a priori et, comme Descartes, s'est trompé quelquefois.

On a pu remarquer que jusqu'ici il n'a pas été question du mouvement uniforme. C'est à dessein. Naturellement Galilée savait que sur un plan horizontal un corps sur lequel ne s'exerce aucune force poursuit son mouvement de façon rectiligne et uniforme s'il a été mis en mouvement. Pour Galilée cette proposition est encore le résultat d'un raisonnement : « Il faut remarquer que le degré de vitesse que l'on trouve dans le mobile lui est éternellement imprimé, de par sa nature, tant que des causes externes d'accélération ou de retard ne le détruisent pas. Ce qui n'arrive que dans le seul mouvement horizontal. Car sur des plans inclinés on est en présence d'une cause d'accélération et sur des plans inclinés qui s'élèvent, d'une cause de retard : d'où il s'ensuit que le mouvement sur le plan horizontal est éternel. Car s'il est uniforme il ne s'affaiblit ni ne se ralentit ni ne se détruit »

tour de Strasbourg, ou je n'ay point d'habitudes, j'oze assurer qu'un poids de matière pesante descend plus viste qu'un de plus legere, & que, de deux poids de mesme figure & matiere, le plus gros descendra plus vite. »

1. Koyré avait en effet consacré sa communication au Congrès Descartes à cette démonstration qu'il appuyait notamment sur l'interprétation de cette lettre de 1638 (AT II, p. 379-405, surtout p. 380). Voir « Galilée et Descartes », *Travaux du IXe Congrès International de Philosophie*, II. *Études cartésiennes*, IIe partie, Paris, Hermann, 1937 p. 40-46, p. 42.

2. Descartes, dans sa lettre à Mersenne du 14 août 1634 (AT, I, p. 303-306; p. 303-304), écrit en effet : « Le sieur Beecman vint icy [à Amsterdam] samedy au soir & me presta le livre de Galilee; mais il l'a remporté à Dort ce matin, en sorte que je ne l'ay eu entre les mains que 30 heures ».

(Koyré, III, 113). C'est ce qui a fait dire que Galilée a énoncé le principe d'inertie. Ce n'est pas exact. La pensée de Galilée implique ce principe mais, fait extraordinaire, comme une supposition d'impossibilité. En effet Galilée n'est pas arrivé à se dégager de l'idée de *gravité* : « Si le plan horizontal et sans obstacle sur lequel se meut le corps est limité et s'il est installé en l'air, lorsque le mobile que nous supposons soumis à la gravité dépassera son extrémité, il ajoutera à son premier mouvement uniforme la propension que, du fait de sa gravité, il a d'aller vers le bas. » (Koyré, III, 115). De là naîtra un mouvement composé du mouvement horizontal et du mouvement vertical de chute et dont Galilée n'arrive pas à concevoir la gravité comme relative, c'est-à-dire à distinguer le poids et la masse. Un corps même indéfiniment éloigné de la terre pèse toujours le même poids. La gravité est inséparable du corps physique. C'est par sa gravité et de lui-même qu'un corps se refuse au mouvement rectiligne uniforme et non parce qu'il est gêné ou retardé par des obstacles. En outre, si Galilée est copernicien, il n'admet pas comme Giordano Bruno[1] l'infinité de l'univers. L'univers de Galilée est héliocentrique, mais il est *fini* ; Galilée ne peut donc pas concevoir le mouvement à l'infini.

C'est Descartes qui a su formuler le principe d'inertie. Dès 1633, dans le *Monde*, Descartes énonce une relation d'invariance comme loi fondamentale de sa physique. Dieu maintient ce qu'il a créé. Le mouvement n'est pas un être ni un devenir, il est un état. Si une chose est mue, elle reste mue en l'absence d'obstacles. La quantité de mouvement est constante dans le monde. En 1644 les *Principes de la Philosophie* ajoutent à la loi d'invariance la loi de persistance du mouvement en ligne droite, la notion du mouvement comme déplacement relatif, la conception du monde comme *indéfini*, c'est-à-dire d'abord et expressément non-fini.

1. Pour l'exposé des idées de Giordano Bruno (1548-1600), cf. *Études galiléennes* III, p. 11-22, p. 19-20.

RÔLE DE L'HISTOIRE DES SCIENCES [1]

Nous voudrions avoir montré par un exemple que l'histoire des sciences n'est pas un passe-temps pour érudits. Indispensable pour donner à l'enseignement des sciences le sens de la conquête du savoir, elle est capitale en philosophie des sciences pour lui conserver le sens de son autonomie. Si la philosophie des sciences n'est que le parcours, à la suite des savants, des voies bien aplanies, bien pourvues de poteaux indicateurs, elle n'a aucun intérêt puisqu'elle fait double emploi. Mais une méthodologie authentique ne peut oublier que méthode veut dire « chemin vers », et un chemin ne préexiste pas à son tracé[2]. Du point de vue philosophique, c'est la science souffrante[3], la science militante, non la science triomphante, qui sont intéressantes. (Voir quel beau parti M. Le Senne a su tirer, dans son livre *Le devoir*, de la découverte de l'argon par Ramsay et Rayleigh)[4]. Sachons faire voir à nos élèves, dans le plus humble instrument du laboratoire de physique, de l'intelligence morte, que l'intelligence vivante ressuscite. Mais pour cela ayons cette même probité intellectuelle que nous disons être la première vertu du savant. L'histoire des sciences ne s'invente pas. On ne supplée pas à l'ignorance par la légende.

1. Dans le manuscrit, Canguilhem a inscrit vis-à-vis de ce titre une citation d'Auguste Comte, avec pour référence la 2e leçon du *Cours de philosophie positive* : « Je pense qu'on ne connaît pas complètement une science tant qu'on n'en sait pas l'histoire ».

2. Sur ce point, voir la leçon sur « La méthode », *supra*, p. 65, n. 2.

3. Canguilhem tire probablement cette notion d'une « science souffrante » des écrits de Lucien Poincaré à l'occasion de la réforme de l'enseignement des sciences de 1902. Cette réforme introduisait dans l'enseignement des sciences au lycée des exercices pratiques, de sorte que « les élèves n'apprennent plus seulement par les livres à connaître les phénomènes, mais [...] sont appelés à les produire eux-mêmes » (Lucien Poincaré, « L'évolution de l'enseignement secondaire » [1907], dans *Éducation. Science. Patrie*, « Bibliothèque de philosophie scientifique », Paris, Flammarion, 1926, p. 9-15, p. 12). Une telle méthode d'enseignement imposait la prise en compte de ce que « les choses ont leur difficulté propre qu'il serait imprudent et presque malhonnête de vouloir dissimuler. [...] la vraie expérimentation ne laisse pas que d'être très difficile [... ;] la science a trempé de beaux caractères, [...] les a amenés à ne jamais craindre de *souffrir pour la vérité...* » (« Les méthodes d'enseignement des sciences expérimentales » [1904], *Ibid.*, p. 74-110, p. 95, 103). Ces textes venaient en effet de connaître un regain d'actualité à l'occasion des efforts de l'Inspecteur général Charles Brunold en faveur d'une « pédagogie de la redécouverte ».

4. Canguilhem avait déjà en 1933, dans son compte rendu de ce livre de Le Senne (*OC* I, p. 443-444) souligné le caractère exemplaire de son analyse de la découverte de l'argon : cf. *Le Devoir*, Paris, Librairie Félix Alcan, 1930, chapitre II.

Donnons peu à nos élèves mais donnons leur des exemples simples, recueillis aux meilleures sources et correctement analysés. Pas de vulgarisation facile, pas de grands tableaux, pas de fresque récapitulant en une demi-heure quelques siècles d'histoire de la pensée. Nous ne voulons pas de la méthode d'autorité, n'en usons donc pas au moment même où nous montrons à nos élèves combien l'esprit humain a eu de mal à s'en délivrer. Constituons peu à peu une histoire des sciences scientifiquement coélaborée nous assurant de la réalité de l'événement, de la justesse de l'interprétation.

Ce n'est pas revenir à prêcher le culte du fait. En science comme en politique, le culte du fait est une forme de barbarie. Nous croyons avoir servi à démontrer quelle absurdité c'est de croire que l'on connaît d'autant mieux qu'on comprend moins. Il faut donc que l'histoire des sciences que nous utilisons dans la philosophie des sciences conserve une valeur subordonnée. Il faut la constituer scientifiquement pour l'utiliser philosophiquement. Ici aussi il faut une idée directrice, une intention de démonstration explicite. L'histoire des sciences doit être sous-tendue par une philosophie des sciences et une philosophie des sciences par une théorie de la connaissance.

En résumé, nous avons essayé de dégager de l'exemple une règle. Nous avons tâché de faire que l'objet de cette conférence et le projet qu'elle veut servir se justifient et s'éclairent l'un par l'autre. Ayant parlé de la science en philosophe devant des philosophes et des scientifiques, nous conclurons pour les uns et pour les autres. Ayant beaucoup parlé de Galilée, nous laisserons à un auteur italien qui n'est ni philosophe ni scientifique le soin de nous fournir un dernier mot auquel tout le monde ici, physicien ou philosophe, puisse souscrire. Nous dirons avec Luigi Pirandello[1] : « Les faits sont comme des sacs ; s'ils sont vides, ils ne tiennent pas debout ».

Georges CANGUILHEM
Inspecteur général de l'instruction publique

1. Cette citation est tirée de la comédie de Luigi Pirandello (1867-1936), *Six personnages en quête d'auteur* (1921). Une version française, par Benjamin Crémieux avait été publiée dans les *Cahiers dramatiques* dès 1923. Canguilhem estimait les écrits de Pirandello et avait déjà, en 1930, dans une critique de l'introspection, fait état d'un roman du même auteur (Cf. *OC* I, p. 321-323).

BIBLIOGRAPHIE

Nous signalons en tête et tout à fait à part le travail remarquable de M. Koyré à l'égard duquel nous ne dissimulons pas notre dette : *Études galiléennes* : I, À l'aube de la science moderne ; II, La loi de la chute des corps : Descartes et Galilée ; III, Galilée et la loi d'inertie (Hermann, 1939). Voir aussi, du même auteur, *Galilée et Descartes* (Travaux du IXe Congrès international de philosophie, t. II, Hermann, 1937)[1].

À consulter également :

P. Duhem, *L'Évolution de la Mécanique*, Paris, Joanin, 1903.

– « De l'accélération produite par une force constante. [Notes pour servir à l'histoire de la dynamique] », ([*Comptes rendus du* IIe] Congrès international d'histoire des Sciences, Genève [4-8 septembre 1904]) [p. 859-915].

– *Le Système du Monde de Platon à Copernic*, 6 vol., [Paris,] Hermann, 1913-1917[2].

– *Études sur Léonard de Vinci*, Paris, [Hermann, 1906-]1913.

P. Tannery, *Galilée et les principes de la dynamique* (Mémoires Scientifiques, VI [Sciences modernes], Paris, 1936)[3].

P. Painlevé, *Les Axiomes de la Mécanique*, [Paris,] Gauthier-Villars, 1922.

E. Jouguet, *Lectures de Mécanique* (1re partie : Naissance de la Mécanique), [Paris,] Gauthier-Villars, 1908.

[A.] Einstein et [L.] Infeld, *L'Évolution des Idées en Physique*, [Traduction par Maurice Solovine, Paris,] Flammarion [1938].

F. Enriques, « Descartes et Galilée », (Revue de Métaphysique et de Morale, [vol. 44], janvier 1937, [p. 221-235]).

É. Meyerson, *Identité et Réalité* : chap. III, Le principe d'inertie, [Paris,] Alcan, 1907.

1. Cette communication se trouve aux p. 41-46 du Tome II, *Études cartésiennes*, IIe Partie des actes du congrès. C'est à ce « Congrès Descartes » que Canguilhem, alors professeur au lycée Fermat de Toulouse, présenta sa première communication scientifique, « Descartes et la technique » (p. 77-85 du même fascicule; cf. *OC* I, p. 490-498), et c'est là qu'il fit la connaissance d'Alexandre Koyré alors professeur au Caire.

2. D'autres tomes parurent après la guerre, le 10e et dernier en 1956.

3. Cette édition de 1936 ne nous est pas connue. Les *Mémoires scientifiques* de Paul Tannery furent publiés en 17 volumes à Toulouse, aux Éditions Édouard Privat, de 1912 à 1950, sous la direction générale de J.-L Heiberg et G. Zeuthen. Le volume 6, avait été édité par Gino Loria et publié en 1926 (cf. *supra*, p. 374, n. 2).

ALLOCUTION DE M. CANGUILHEM, INSPECTEUR GÉNÉRAL DE L'INSTRUCTION PUBLIQUE [1]

Revue de l'enseignement philosophique, 1re année, nos 2-3, janvier-février 1951, p. 48-50 [2]

G. Canguilhem, déclare vouloir parler non comme Inspecteur général, mais comme professeur, un Inspecteur général n'étant rien d'autre, à ses yeux, qu'un professeur mis provisoirement en circulation, sous la garantie de la Direction du Second degré, et sous bénéfice d'inventaire par ses collègues.

1. Ce compte rendu de l'allocution de Canguilhem du 31 mars 1950 et de la discussion qui l'a suivie a d'abord circulé sous forme de texte ronéotypé, que m'a signalé et procuré Xavier Roth que je tiens à remercier ici. Ce texte a été repris dans la *Revue de l'Enseignement philosophique.*

Cette allocution fut prononcée dans le cadre des « Journées nationales d'études pédagogiques des professeurs de philosophie » organisées au Centre international d'Études pédagogiques, à Sèvres (du 30 mars au 1er avril 1950). Gustave Monod, le Directeur général de l'Enseignement du Second degré avait ouvert et présidé ces Journées (sur Monod, cf. *supra*, p. 182, n. 1). Cette allocution d'ouverture précédait la lecture des communications prononcées par des membres de l'Association des professeurs de philosophie de l'enseignement public et suivies de discussions. L'allocution de Canguilhem, elle aussi suivie d'une discussion, s'insérait dans le programme de la journée du 31 mars.

Des Journées de coordination avaient aussi été organisées par l'Inspection générale pour l'enseignement mathématique et l'enseignement philosophique à Sèvres en décembre 1949 et, comme on l'a vu plus haut, pour l'enseignement de la physique et l'enseignement de la philosophie, à Strasbourg, en novembre de la même année (cf. *supra*, p. 369).

2. La publication de la *Revue de l'enseignement philosophique, Bulletin de l'Association des Professeurs de philosophie de l'Enseignement public*, commence avec le numéro de décembre 1950, paru en 1951 (1re année, n° 1). Elle avait été précédée, depuis 1946, par un *Bulletin de l'Association amicale des professeurs de philosophie des lycées.* L'extension de l'association aux membres de l'enseignement supérieur avait été décidée par référendum en 1947. Le Comité de rédaction de la *Revue* est alors composé de « [Jean] Costilhes,

Concernant la liberté du professeur, il faut bien distinguer la liberté d'expression du philosophe dans la société, la liberté d'enseignement du professeur dans sa classe, la liberté du fonctionnaire hors de la classe. L'enseignement de la philosophie est à la fois un devoir intellectuel et un service public. Il ne peut pas être conçu indépendamment du régime politique et social à un moment donné. Pour aujourd'hui, en France, la réponse au problème de la liberté du professeur se trouve au moins en partie dans le fait qu'un congrès de professeurs peut librement se poser le problème.

À considérer la liberté du professeur dans l'absolu, on a oublié de penser à la liberté au moins égale de l'élève, c'est-à-dire à son droit d'exiger que soit respectée sa liberté future. L'élève jugera son maître. Quelle que soit la personnalité du professeur et la vigueur de ses convictions, il doit se poser une question qui l'obligera à certaine pudeur devant ses élèves: suis-je tellement sûr moi-même de ce que j'enseigne? puis-je surprendre et séduire, sans éveiller leur esprit critique, des esprits qui n'ont pas eu, en fait, à me choisir pour leur maître?

Concernant l'ordonnance et l'esprit du cours de philosophie, M. CANGUILHEM se prononce pour l'unité du cours, pour la liaison organique de problèmes qui, selon la belle expression de Mme DELHOMME[1], «se nouent les uns aux autres sans se dénouer». Un cours ressemble moins à un fil qui se déroule de façon continue quoique imprévisible qu'à une sphère où à tout moment on peut apercevoir n'importe quel point à partir de n'importe

[Jean] Hyppolite, [Claude] Khodoss, [Jean] Laubier, [Louis-Marie] Morfaux». Selon la déclaration liminaire (p. 3), la *Revue* «s'efforce d'être un instrument d'entraide à la disposition de tous ceux qui ont à enseigner la philosophie aussi bien dans l'Enseignement supérieur ou l'Enseignement technique que dans les Enseignements du premier et du second degré». L'initiative découle des journées pédagogiques de l'année précédente qui «ont permis, entre autres choses, de recenser les difficultés variées du métier de professeur de philosophie, et de comprendre à quel point la confrontation des expériences pouvait permettre à quiconque exerce de s'y perfectionner». On trouve effectivement des traces précises de ces décisions dans la discussion suivant immédiatement l'allocution de Canguilhem, avant que ne s'engage la discussion sur celle-ci (cf. *infra*).

1. Jeanne Delhomme (1911-1983), philosophe d'inspiration chrétienne et bergsonienne, professeur à l'Université de Poitiers, auteur de plusieurs ouvrages, notamment sur l'existentialisme, sur Nietzsche et sur *La connaissance interrogative* («Épiméthée», Paris, P.U.F., 1954). Alors professeur au Lycée Fénelon, elle avait le matin même présenté une communication où elle disait: «la difficulté la plus grande dans l'enseignement de la philosophie m'a toujours semblé être de trouver l'unité entre les différents exercices et les différentes parties du programme» (*cf.* p. 15-18).

quel autre, les dimensions et les relations à l'intérieur de la sphère variant naturellement, selon un progrès réglé, d'un bout de l'année à l'autre. A partir de là, on conçoit que, comme le veut M. ULLMANN[1], toute discussion en classe doive être orientée et que, comme le veut M. JOULIA[2], la dictée continue – sinon continuelle – ne soit pas systématiquement à rejeter. Un professeur qui pense avoir mis au point une question doit prendre ses responsabilités, c'est-à-dire proposer à ses élèves ce qu'il juge honnêtement satisfaisant. En conséquence aussi, les exposés d'élèves ne sont utiles que s'ils sont peu nombreux, portant sur des sujets bien délimités et apportant à la classe une bonne information auxiliaire. Par contre l'utilisation de textes choisis se justifie pleinement. M. CANGUILHEM pense avoir été l'un de ceux qui l'ont pratiquée les premiers[3]. A l'expérience, le seul inconvénient du procédé c'est la multiplication de clichés (la tasse de thé ou de tilleul, le morceau de sucre, le morceau de cire, la colombe légère, l'oiseau de Minerve, etc.). D'où la faiblesse du recueil imprimé. C'est à chacun de faire son choix et surtout de le renouveler.

1. Canguilhem se réfère ici à une intervention de Jacques Ulmann (1910-2008) dans la discussion des communications du matin (p. 25). Ulmann est alors professeur au Lycée Saint-Louis. Il sera quelques années plus tard l'auteur de plusieurs ouvrages philosophiques sur le corps et l'éducation physique et notamment d'une thèse sous la direction de Canguilhem, *De la gymnastique aux sports modernes : histoire des doctrines de l'éducation physique* (1re édition, P.U.F., 1965; éditions subséquentes chez Vrin, dont une 3e édition corrigée et augmentée en 1982). Il sera aussi coauteur avec Canguilhem et d'autres chercheurs du séminaire de celui-ci à l'Institut d'histoire des sciences et des techniques du recueil *Du développement à l'Évolution* (repris dans les *OC*, au tome III).

2. L'intervention de Pierre Joulia (1890-1965) s'appuyait sur une lettre de Descartes qui se félicitait de ce que ses maîtres « parlaient lentement afin que les élèves pussent tout noter » (p. 26). Ancien élève de l'École normale supérieure (1919) et agrégé de philosophie (1925), membre actif du Centre catholique des intellectuels français, Joulia était professeur au lycée Janson-de-Sailly.

3. Canguilhem semble avoir mis à la disposition de ses élèves des extraits choisis par lui dès sa première année d'enseignement, en 1929-1930, au lycée de Charleville. La publication chez Hachette à compter de 1952 des fascicules de sa collection de « Textes et documents philosophiques » visait à favoriser la diffusion de cette pratique (cf. *infra*, p. 437 *sq.*).

M. Canguilhem est d'accord avec M. Laubier[1] sur l'essentiel de sa communication. Il est certain qu'il ne faut pas confondre l'histoire de la philosophie et l'utilisation des auteurs avec le parcours obligé, à propos de toute question, dans un cimetière de doctrines, résumées de façon trop schématique pour n'être pas caricaturale.

Au sujet des Manuels, M. Canguilhem pense que l'enseignement de la philosophie n'a pas à officialiser des Manuels, mais qu'au contraire un bon professeur met son honneur à faire sentir aux élèves que l'essentiel de la pensée philosophique consiste dans une certaine appropriation personnelle des problèmes et un goût de la réflexion que, par définition, aucun Manuel, quelle qu'en soit la valeur, ne peut servir. Les Manuels ne devraient pas être utilisés régulièrement en classe[2].

Enfin, avec M. Feinberg[3], M. Canguilhem pense que le cours, quel qu'en soit le niveau, doit s'adresser à tous les élèves d'une classe. La difficulté est de le faire au niveau des meilleurs, tout en aidant les autres, par la patience et l'ingéniosité dans la variation des moyens, dans leurs efforts pour s'élever à niveau. Si, naturellement, ils font effort, car après tout, « nous ne pouvons donner qu'une échelle ». Sur ce dernier point, M. Canguilhem

1. Jean Laubier (1901-1987) avait présenté une communication sur « L'histoire de la philosophie dans la classe de philosophie » (p. 39-41). Il dirigera aux P.U.F. avec Claude Khodoss (?-1979), une collection, « Les grands textes. Bibliothèque classique de Philosophie », et y publiera un volume d'extraits d'Auguste Comte (1957). Il est aussi l'auteur d'une *Technique de la dissertation philosophique* (Masson, 1971). Disciple d'Alain, ancien élève de l'École normale supérieure (1921), agrégé de philosophie (1925), Laubier fut toute sa vie adulte un ami de Michel et Jeanne Alexandre, et aussi de Canguilhem, avec qui il avait collaboré aux *Libres Propos* au tournant des années 1930 et qui devait rédiger sa notice nécrologique pour l'*Annuaire* de l'École en 1989 (cf. *OC* V). Laubier fit l'ensemble de sa carrière de quarante ans dans l'enseignement secondaire, débutant à Saint-Omer en 1926-1927 et la terminant au Lycée Louis-le-Grand à Paris (1964-1966) après avoir enseigné à Lakanal de 1957 à 1964.

2. Cette question de l'usage des manuels est relancée dans la discussion à la suite de l'allocution de Canguilhem (cf. *infra*).

3. Feinberg avait observé dans une discussion qu'il « est grave de considérer 90% des élèves comme des incapables » (p. 26). Sacha Feinberg (1915-1998), agrégé de philosophie et résistant, notamment professeur aux lycées Jacques-Decour, Janson-de-Sailly et Louis-le-Grand, est avec Madeleine Barthélémy-Madaule (1911-2001) et Denis Huisman (1929-…) l'un des auteurs d'un traité de *Morale* qui connut plusieurs éditions (« Court traité de philosophie », Paris, Fernand Nathan, 1958).

remercie M. JOULIA d'avoir cité la lettre de Descartes sur l'enseignement de la philosophie, et regrette de ne pouvoir en donner lecture[a].

[...][1]

À un assistant, qui s'étonnait de voir M. CANGUILHEM condamner les manuels après en avoir écrit un, M. CANGUILHEM répond que l'ouvrage dont il est question est justement un exemple du travail qu'un professeur peut mettre à la disposition de ses élèves. Après avoir, pendant plusieurs années, fait polycopier ou dactylographier son cours, M. CANGUILHEM l'a rédigé, en collaboration avec un de ses collègues, et l'a fait imprimer. Pour éviter toute confusion avec un manuel, il l'a intitulé : Traité de Philosophie et l'a édité à ses frais (l'édition est du reste épuisée)[2].

[...][3]

a. Cette lettre, du 12 septembre 1638, se trouve dans l'édition Adam-Tannery, tome II, p. 377, et dans l'édition Bridoux (La Pléiade), [Paris, Gallimard, 1937] p. 800 [-801 ; dans l'édition subséquente, de 1952, cette lettre se trouve aux p. 1023-1024].

1. Un passage non pertinent est ici supprimé correspondant à l'intercalation d'une information sur les activités de l'association.

2. Il s'agit évidemment ici du *Traité de logique et de morale* de 1939, rédigé avec Camille Planet (cf. *OC* I, p. 633-924). Dans sa présentation de cet ouvrage Xavier Roth a explicité la différence pour Canguilhem entre manuel et traité (*ibid.*, p. 607-609). Mis en vente en 1939 à la veille de la déclaration de guerre, le *Traité*, publié à compte d'auteurs, probablement à 500 exemplaires seulement, ne put avoir une grande diffusion ; les exemplaires qui subsistent sont rarissimes.

3. Nous nous abstenons de reproduire ici la suite des discussions qui sont relatives à d'autres communications que celle de Canguilhem. Celui-ci intervient dans le cours de ces discussions pour apporter la précision suivante :

« M. CANGUILHEM rappelle que M. MONOD tient beaucoup aux bibliothèques de classe ; mais il soumet l'attribution des crédits à trois conditions :

1° que ce don corresponde à un besoin réel aussi bien chez les professeurs que chez les élèves ;

2° que la bonne volonté des uns et des autres soit prouvée par un embryon de bibliothèque déjà existante ;

3° que les livres soient logés dans un meuble fermant à clef.

Il convient aussi de veiller à la composition de la bibliothèque, qui ne doit pas être peuplée d'ouvrages techniques à la façon d'une bibliothèque de l'enseignement supérieur, mais d'ouvrages de culture.

[Suite de la note de la page précédente] MORFAUX[1] ajoute à ces conditions une quatrième : que les livres rentrent avant le baccalauréat.

BOUFFANAIS[2] (Dreux) demande à M. CANGUILHEM s'il est vrai qu'il existe un règlement opposable aux bibliothèques de classe, comme l'aurait affirmé un Principal désireux de grouper tous les livres dans une Bibliothèque générale administrée par le lycée.

M. CANGUILHEM répond que, en tous cas en fait les bibliothèques de classe existent. Ce qui est vrai, c'est que le Principal est responsable des livres qui entrent dans l'établissement achetés par des professeurs ».

1. Louis-Marie Morfaux (1904-1999), ancien élève d'Alain au lycée Henri IV, agrégé de philosophie (1938), résistant, était depuis l'après-guerre professeur au lycée Claude-Bernard à Paris, et il présida jusqu'à son départ à la retraite en 1969 l'Association des professeurs de philosophie de l'enseignement public dont il avait été en 1947 l'un des fondateurs. Il fut aussi professeur en hypokhâgne à Condorcet à compter de 1953, et l'auteur de manuels de philosophie pour l'enseignement secondaire, notamment d'un *Vocabulaire de la philosophie et des sciences humaines*, Paris, Colin, 1re édition 1980.

2. Jean Bouffanais (? – ?), professeur de philosophie et de lettres au Collège de garçons de Dreux, puis au lycée de Pontoise, est l'auteur de recueils de poésie et de travaux à caractère historique.

INDUSTRIALISATION ET TECHNOCRATIE

Byé, Bettelheim, Fourastié, Friedmann, Gurvitch, etc. *Industrialisation et technocratie*, Recueil publié sous la direction de G. Gurvitch, introduction de Lucien Febvre, in-16, XIII-214 p., Paris, Colin éd., 1949

L'Année sociologique, 3e série, année 1948-1949 (publié en 1951), p. 483-484[1]

Ces exposés et discussions représentent les travaux de la Semaine Sociologique de juin 1948, organisée par le centre d'Études Sociologiques[2]. Le lecteur de ce recueil ne peut se défendre contre l'impression que la plupart des participants aux débats étaient mieux préparés à traiter de l'industrialisation que de la technocratie. Ce que l'on a le moins réussi à circonscrire et à définir c'est le concept de technocratie, au sens d'abord le plus fondamental et le plus large, et le problème des rapports entre la technique et le pouvoir. L'aspect immédiatement contemporain de la question a retenu presque exclusivement l'attention. Et si étrange que cela puisse paraître de la part d'une assemblée de sociologues, des jugements de valeur parfaitement explicites ont le plus souvent orienté les conclusions après avoir dicté les prises de position. Il est clair que ce sont les thèses de Burnham[3] qui ont servi de pôle aux préoccupations et aux discussions. On

1. Le recueil dont Canguilhem rend ici compte a été imprimé en juin 1949, bien que son dépôt légal soit du 3e trimestre de la même année. L'achevé d'imprimer de ce tome de *L'Année sociologique* est de janvier 1951. Ce compte rendu se trouve dans la section « Industrie et société » de la revue.

2. Le Centre d'Études Sociologiques venait d'être fondé par Georges Gurvitch. Sur Gurvitch, cf. *supra*, p. 62, n. 9.

3. James Burnham (1905-1987), après des études à Princeton et à Oxford, devint professeur de philosophie à la New York University. Leader trotskyste dans les années 1930, considérant

aurait pu consacrer à cet auteur et à son œuvre une étude solide de présentation objective, historique et critique à la fois. Il n'en est rien. On a préféré parler avec mépris de la probité intellectuelle et morale de Burnham. Ce n'est pas l'équivalent, selon nous, d'un bon exposé critique. De même, on s'est beaucoup interrogé sur la nature et le critère des classes sociales, afin de déterminer si les techno-bureaucrates formaient ou non, dans les sociétés actuelles, capitalistes ou socialistes, une classe indépendante. Mais faute également d'une véritable étude sociologique sur le concept de classe, on a pu donner à la question les réponses les moins compatibles. Au risque de paraître exigeant à peu de frais, l'honnête lecteur moyen est tenté de conclure au manque de sérieux et de préparation de certaines communications. Ce n'est pas à dire que ce recueil n'apporte rien d'utile ou d'utilisable. Bien loin de là. Les conférences de G. Friedmann (*Les Technocrates et la civilisation technicienne*), d'H. Lefebvre[1] (*Les Conditions sociales de l'industrialisation*), de G. Gurvitch (*La Technocratie est-elle un effet inévitable de l'industrialisation ?*) nous semblent les plus riches et les plus suggestives du recueil.

Georges CANGUILHEM

alors l'URSS comme un État des travailleurs dégénéré, il en vint avec le pacte germano-soviétique et l'invasion de la Pologne, des États baltes et de la Finlande à la concevoir comme un état impérialiste. Abandonnant bientôt toute analyse marxiste, il publiait dès 1941 *The Managerial Revolution. What is Happening in the World* (New York, John Day; traduit en français sous le titre *L'ère des organisateurs*, avec une préface de Léon Blum, Paris, Calmann-Lévy, 1947). Burnham soutenait dans cet ouvrage que le capitalisme était engagé dans une transformation qui ne menait nullement au socialisme, mais à des formes de sociétés conduites par des élites managériales. Très engagé dans la lutte idéologique durant la guerre froide, il allait progressivement devenir l'un des principaux maîtres à penser du néo-conservatisme américain.

1. Sur Lefebvre, cf. *supra*, p. 325, n. 4.

L'EXPÉRIMENTATION EN BIOLOGIE

Le texte de cette conférence, prononcée en 1951 au Centre international pédagogique de Sèvres lors de Journées pour la coordination des enseignements de la philosophie et des sciences naturelles, les 17 et 18 mars 1951, a été intégré par Canguilhem à *La connaissance de la vie*, ouvrage reproduit au tome II des *Œuvres complètes*.

LE NORMAL ET LE PATHOLOGIQUE

Cet article, d'abord publié au 3e trimestre de 1951, a été intégré par Canguilhem à *La Connaissance de la vie*, ouvrage qui appartient au tome II des *Œuvres complètes.*

LE MYTHE DE LA JEUNESSE [1]

Radiodiffusion française, série « Connaissance de l'Homme », émission diffusée le 5 septembre 1951

MICHEL TOURNIER [2] — Monsieur Georges Canguilhem nous donne l'exemple d'une conjonction assez rare et d'autant plus précieuse : professeur de philosophie, il est également docteur en médecine. Ses recherches se situent donc naturellement dans cette zone critique où se rencontrent les normes biologiques et les exigences de la pensée. Prenant au pied de la lettre le précepte de Spinoza qui voulait que la philosophie fût une méditation de la vie, Monsieur Canguilhem a publié en 1943 un ouvrage intitulé : *Essai sur quelques problèmes concernant le normal et le pathologique*, ouvrage qui, malgré la modestie de son titre, semble bien avoir épuisé pour longtemps le redoutable problème de la santé et de la maladie. C'est donc à Monsieur

1. À l'intérieur du dossier conservé au CAPHÉS (GC. 26.3.1), Canguilhem a collé un papillon portant de sa main l'inscription « Radiodiffusion française ». Un tapuscrit de 10 feuillets, daté du 5 septembre 1951, jour de la diffusion de l'émission radiophonique, donne le texte de l'échange, nullement improvisé, entre Canguilhem et la personne qui l'interrogeait, « M. Tournier ».

2. Michel Tournier (1924-...), inspiré par la lecture de Bachelard, s'était engagé dans des études philosophiques, jusqu'à ce que son échec à l'agrégation de 1949 (cf. *Le vent Paraclet*, Paris, Gallimard, 1977, p. 148, 158) ne le mène à se consacrer de plus en plus entièrement à la littérature. Dans une lettre du 14 octobre 1993 adressée à Canguilhem, Tournier fait allusion à son expérience radiophonique du début des années 1950 : « Peut-être mon nom vous rappellera-t-il un temps où à côté de mon ami Gilles Deleuze je mêlais la philosophie et des émissions de radio » (Fonds Canguilhem, CAPHÉS, GC. 42.4). Dans *Le miroir des idées*, publié l'année suivante (Paris, Mercure de France) dans l'essai sur « La santé et la maladie » (p. 43-46), Tournier fait référence à Canguilhem.

Canguilhem que nous allons demander de nous éclairer sur le mythe de la jeunesse et du rajeunissement[1].

MICHEL TOURNIER — Monsieur Canguilhem, la jeunesse est communément considérée comme la préparation et l'apprentissage de l'âge adulte. C'est du moins l'interprétation raisonnable de cette période de la vie humaine. Mais le propre de la jeunesse est de se croire au contraire éternelle et de vouloir former un univers fermé, une manière de franc-maçonnerie où les générations plus anciennes n'ont pas accès. Qu'est-ce donc alors que la jeunesse ? Est-ce un avenir ou un éternel présent ? Est-ce une attente ou est-ce un achèvement ?

GEORGES CANGUILHEM — Que la jeunesse soit une préparation et un apprentissage, c'est bien entendu une idée d'adulte ou de vieillard. Que la jeunesse soit éternelle, ou du moins mérite de l'être, c'est bien entendu une idée de jeune homme. Si l'on demande : la jeunesse est-elle ceci ou cela ? La réponse est donnée par le fait. Les jeunes gens du fait qu'ils se croient éternels reconnaissent que la vie est durée et changement et simultanément confèrent à leur présent le pouvoir de se dépasser lui-même, de se conserver lui-même. Le fait est donc que la jeunesse n'est pas une allure de vie qui trouve son sens dans sa solitude et dans sa suffisance. On n'est pas toujours jeune, on est toujours plus ou moins jeune. La jeunesse n'est donc ni une attente ni un achèvement, c'est l'attente d'un achèvement, comme la vieillesse est l'achèvement d'une attente.

M. TOURNIER — C'est donc en quelque sorte une valeur intemporelle. À ce propos, Claude Lévi-Strauss nous rapporte que chez les Nambikwara du Brésil central, il n'y a qu'un seul mot pour dire jeune et pour dire beau. Ce n'est sans doute pas le seul exemple de ce genre. Mais alors, quelle est donc cette parenté intime entre beauté et jeunesse qui fait toute la valeur esthétique et permanente de la jeunesse ?

1. Dans le tapuscrit, ce texte introductif est précédé du titre « Connaissance de l'homme » qui est celui de la série radiophonique dans laquelle s'était inscrit cet entretien et il est suivi de la mention « Thèmes et questions pour un entretien sur le Mythe de la Jeunesse ».

G. CANGUILHEM — Assurément, nous n'avons pas besoin d'aller chercher au Brésil central l'identification de la jeunesse et de la beauté [1], car nous l'avons déjà dans le folklore, dans les *Dialogues* de Platon, dans les *Contes* de Perrault et dans nos poètes. « Innocence, vertu, jeunesse, amour, beauté » dit Victor Hugo dans *Les Burgraves*. Vous me demandez quelle est cette parenté intime entre jeunesse et beauté? Répondre en invoquant l'étymologie c'est rester encore en deçà des racines d'un rapport. Je dirai cependant qu'il paraît bien que le mot latin *juventus* est de la famille de *juvare* qui signifie à la fois aider et être agréable. Les jeunes gens sont donc ceux qui combattent, qui secourent et qui font plaisir. Lorsque Stendhal, dans son livre *De l'Amour*, définit la beauté comme une promesse de bonheur, il retrouve une idée analogue. La beauté de la jeunesse tient au sentiment que nous avons de son indétermination, de sa grâce, c'est un mouvement de communion avec l'élan qui la porte et qui nous porte aussi ou qui nous a portés. Du reste, de la jeunesse comme de la beauté, l'inutilité et la gratuité sont manifestes. Être jeune, cela ne sert strictement à rien. Il n'y a pas de fonction biologique, pas de pouvoir intellectuel qui s'exercerait mieux chez le jeune que chez l'adulte. Du point de vue biologique, un jeune c'est un vivant qui n'a pas encore tous ses traits permanents, ceux qui permettent la définition de l'espèce. Je prévois une objection: dans les chansons populaires la jeunesse c'est le moment de l'amour. Et il est bien certain qu'on cesse d'être un enfant au moment où l'on se sait et se sent capable de faire des enfants. Mais n'être plus tout à fait puéril ce n'est pas encore être tout à fait viril. Vous connaissez dans Stendhal le chapitre des fiascos et je vous renvoie au Dr. Besançon [2].

1. On retrouve ici une attitude constante chez Canguilhem et comme l'écho d'assertions de sa jeunesse. Ainsi, dans son article « Préjugés et jugement » en 1929 il concluait : « … vaut-il la peine d'aller chez les Kwakiutl ou les Bororos ? » (*OC* I, p. 240-241, p. 241).

2. *De l'amour* parut d'abord en 1822 sans ce chapitre qui fut connu à compter de l'édition posthume de 1853 (Paris, Michel-Lévy frères). Le docteur Julien Besançon (1862-1952) était à l'époque l'auteur à succès d'ouvrages de vulgarisation médicale dont plusieurs consacrés à la vie émotive et sexuelle : *Les jours de l'homme*, (Paris, Vigot, 1940), *Le visage de la femme* (Paris, Vigot, 1942), *Ma médecine* (Paris, La clé d'or, 1948). Certains de ses ouvrages furent réédités jusque dans les années 1960.

M. TOURNIER — Mais la jeunesse n'est pas seulement belle, elle est aussi saine. Pourriez-vous nous dire maintenant quelle relation profonde vous voyez entre jeunesse et santé ?

G. CANGUILHEM — Sur l'identification de la jeunesse et de la santé, il faut s'entendre. On n'en doit pas conclure que la vieillesse est une maladie. La vieillesse est un âge qui a son équilibre, ses normes de vie et sa santé spécifiques. Quant à la jeunesse, elle paie son tribut à tant de maladies contagieuses qu'on pourrait, sans grave paradoxe, la tenir pour le stade pathologique de la vie. Tout compte fait, si l'immunité est une acquisition organique, une résistance après le coup, les adultes et les vieillards se trouvent en position plus favorable que les jeunes.

Il n'en reste pas moins vrai que la jeunesse est identifiée avec la santé en général, en raison de ceci que la santé est l'expression d'une plasticité physiologique, d'un crédit vital qui se mesurent à l'ampleur des écarts que peuvent tolérer les normes d'adaptation de l'organisme à son milieu. Être jeune, c'est pouvoir vivre dangereusement, biologiquement parlant, c'est-à-dire pouvoir affronter des ruptures d'habitudes et surmonter des crises d'adaptation. On reproche souvent aux jeunes d'abuser de leur santé. Mais précisément la santé consiste à pouvoir abuser, à pouvoir mettre en question les normes usuelles de sa vie. Inversement vieillir c'est voir diminuer ses capacités biologiques de riposte et de substitution. Et mourir c'est un petit peu comme « rester sec » le jour d'un examen.

M. TOURNIER — Pourriez-vous revenir sur cette question du vieillissement et nous expliquer comment on vieillit ?

G. CANGUILHEM — Il ne manque pas de théorie du vieillissement ou de la sénescence. Ce sont des théories. Un fait cependant est réel. Tout être vivant a une histoire irréversible. Il développe ses potentialités et les épuise. Biologiquement, le vieillissement commence à la fécondation de l'œuf. Une vie est faite de morts partielles. Un enfant naît précisément au moment où son placenta a atteint la limite de son évolution propre. Notre rate, par exemple, est un cimetière où les cellules du système sanguin meurent chaque jour par centaines de milliers. On dit que les adultes ont l'âge de leurs artères, c'est-à-dire de leurs soucis, puisque la réaction athéromateuse est liée à l'activité du système neuroendocrinien et notamment à l'hyperactivité des sécrétions surrénaliennes. Je renvoie aux travaux de Selye sur les états de détresse organique et les réactions d'alarme[1]. Bien entendu, les travaux de Carrel sur la culture des tissus ont trait à ce problème[2]. Mais il me semble que nous ignorons encore ce qui vieillit exactement dans un organisme : sont-ce les cellules ou les liquides interstitiels? S'agit-il d'un dérèglement des régulations ? On n'en sait rien. Cela n'empêche pas les hommes de chercher aujourd'hui comme toujours à retarder ou à abolir la vieillesse et à prolonger la vie. Mais Metchnikoff est mort, comme était mort Descartes, et Voronoff aussi vient de mourir[3].

1. Hans Selye (1907-1982), physiologiste canadien d'origine autrichienne, spécialiste de l'endocrinologie, professeur à l'Université McGill puis à l'Université de Montréal, connu pour ses travaux sur le stress. Canguilhem écrivait dans la préface à la deuxième édition de l'*Essai sur quelques problèmes concernant le normal et le pathologique* (Paris, Les Belles Lettres, 1950) : « Je devrais, si j'écrivais aujourd'hui cet essai, faire une grande place aux travaux de Selye et à sa théorie de l'état d'alarme organique ».

2. Alexis Carrel (1873-1944), chirurgien et physiologiste français (sa thèse à la Faculté de Médecine de Lyon est de 1900), prix Nobel de physiologie en 1912 pour ses travaux conduits à l'institut Rockefeller de New York où il fut nommé professeur en 1906. Canguilhem se montra attentif aux travaux de Carrel sur la culture des tissus dès la fin des années 1930. Le *TLM* les mentionne déjà (cf. *OC* I, p. 750), et son enseignement à Clermont-Ferrand dans les années 1942-1944 y renvoie. Il le mentionne ensuite rarement, mais encore dans « Le tout et la partie dans la pensée biologique » en 1966 et dans l'article « Vie » du début des années 1970. Canguilhem semble n'avoir jamais commenté dans ses écrits les thèses sociologiquement réactionnaires de Carrel (*L'homme cet inconnu*, Paris, Plon, 1935), non plus que ses positions politiques associées à l'extrême-droite militante.

3. Élie Metchnikoff (1845-1916), zoologiste et microbiologiste, découvreur de la phagocytose, avait émigré à Paris en 1888, à l'invitation de Pasteur, alors que sa réputation scientifique était déjà fortement établie par ses travaux menés en Russie et en Allemagne. Il partagea en 1908 avec Paul Ehrlich (1854-1915) le Prix Nobel de physiologie pour ses travaux en immunologie. Ses dernières années furent consacrées à des études sur le vieillissement et sur les moyens de supprimer les maladies et de prolonger la vie (v.g. *Études sur la nature humaine, essai de philosophie optimiste*, Paris, Masson, 1903).

Serge Voronoff (1866-1951), chirurgien et endocrinologue français d'origine russe, avait émigré en France à la fin de son adolescence. Spécialiste des greffes animales, il avait étudié sous la direction d'Alexis Carrel les techniques de transplantation et en était venu à effectuer des greffes de tissus testiculaires de singes sur l'homme dans l'espoir de contrer le vieillissement. Cf. *Étude sur la vieillesse et le rajeunissement par la greffe* (Paris, Doin, 1926), et *Aux sources de la vie* (Paris, Fasquelle, 1933). Ses travaux suscitèrent de nombreuses et sévères critiques dès les années 1930.

Descartes avait écrit dans le *Discours de la méthode* : « On se pourrait exempter d'une infinité de maladies tant du corps que de l'esprit, et même aussi peut-être de l'affaiblissement de la vieillesse, si on avait assez de connaissance de leurs causes et de tous les remèdes dont la nature nous a pourvus » (AT, VI, p. 62). Canguilhem estimait que Descartes « a sans doute

M. TOURNIER — Passons si vous le voulez bien maintenant au mythe et aux perspectives plus proprement mythologiques. Les adultes regrettent communément leur jeunesse. Mais les jeunes ne se reconnaissent pas dans l'image optimiste qu'ils se font de cette jeunesse. Les jeunes ont, je crois, ce sentiment de vivre la période grave, voire tragique de leur existence. Comment expliquer cette contradiction ? Et pourriez-vous nous dire où est la part du mythe ici et là ?

G. CANGUILHEM — Il me semble Monsieur Tournier que vous vous placez à deux points de vue différents. L'adulte regrette sa jeunesse. Mais que pourrait-il faire d'autre, étant adulte, c'est-à-dire peu ou prou instruit et expérimenté ? Regret c'est d'abord régression. Et tout savoir est d'une part possession d'adulte et d'autre part régression. Un savoir c'est la conscience d'une illusion dépassée et sans doute rien de plus. Or une expérience d'adulte, je veux dire une lucidité péniblement acquise ce n'est que la moitié de la responsabilité qu'il faut bien continuer à assumer tant que l'on continue à vivre. Rien ne se répète et il faut toujours à quelque degré risquer. Être adulte c'est donc mesurer désormais mieux les obstacles et les limites, mais c'est aussi avoir chaque jour plus de mal à se confier à l'élan qui emporte une jeunesse imprudente et ignorante. Ce que l'adulte regrette, sous le visage de la jeunesse, c'est le courage de risquer qui est une forme du rêve et de l'illusion et sans doute le ressort du pouvoir de créer. L'adulte voudrait le savoir et la croyance, la lucidité et l'élan, il voudrait être à la fois critique et créateur. Son image de la jeunesse est optimiste, elle doit l'être, puisque c'est le désir d'un pouvoir positif de création que n'auraient pas freiné ses mécomptes et ses repentirs.

Vous me dites : les jeunes gens ne se reconnaissent pas là. Ils ont le sentiment de vivre, avec leur jeunesse, la période tragique de leur vie. Mais le tragique de la jeunesse ce n'est pas de se sentir prêt à tout, c'est de se constater inefficace, c'est de vivre le conflit du désir et du pouvoir, de l'amour et de l'ambition. Les places sont prises, il faut attendre, faire ses preuves sans obtenir de responsabilité. La jeunesse c'est l'âge des examens et concours : ils sont des initiations rituelles et des freins à user et ils apprennent à s'ennuyer.

pensé, selon le mot populaire que lui cite Huygens, que "cette facheuse habitude de mourir prendra fin un jour" » (*cf.* « Descartes et la technique », *OC* I, p. 493). Voir aussi, *infra*, p. 698.

Il n'y a donc pas de contradiction. Les deux points de vue sont vrais tous les deux, l'adulte rêve de sa jeunesse dans sa vertu propre qui est la générosité et les jeunes gens vivent leur jeunesse dans sa situation concrète qui est l'impatience.

Où est le mythe me demandez-vous ? Il n'y a pas là de mythe. Mais il y a plus. Cette opposition du désir et du pouvoir c'est la source du mythe, et de tous les mythes je pense. C'est la jeunesse qui fait les mythes et les mythes sont comme la jeunesse obligée de la pensée humaine.

M. TOURNIER — Je vous ai demandé tout à l'heure comment on vieillit. Je voudrais vous demander maintenant comment on meurt. Il est couramment admis que la mort est le comble du vieillissement. Pourtant il semble bien que ce soient encore les jeunes qui meurent le mieux, je veux dire qui pensent le mieux leur mort. Je pense surtout à Novalis, à Hölderlin, et au consentement dionysiaque au sacrifice total. N'est-ce pas une mort de ce genre qui est le véritable accomplissement de la jeunesse, et non point l'avènement à un adultat douteux ?

G. CANGUILHEM — Monsieur, je ne sais pas si ce sont les jeunes gens qui pensent le mieux leur mort. Je me méfie de la littérature et particulièrement de la littérature romantique. Il me semble normal que ce soient les jeunes qui meurent le mieux. Car la mort n'est pas un acte que l'on puisse apprendre, ni auquel on puisse se préparer puisque c'est un événement sans réplique. On ne meurt dignement que par surprise. Ainsi la mort se trouve accomplir une vie que la pensée de sa fragilité n'a pas habitée et n'a pas stérilisée dès le principe.

M. TOURNIER — Mais les jeunes vivent avec les adultes, dans le monde, dans un milieu, et je voudrais vous demander, à ce propos, si il n'y a pas des circonstances, historiques ou autres, sous l'empire desquelles le milieu, le monde lui-même semble jeune et ne devoir être peuplé que d'êtres jeunes ? Je pense, par exemple, à la guerre.

G. CANGUILHEM — Cela me semble une illusion qui serait belle si elle n'était pas sanglante. C'est une illusion qui relève de la psychologie de la forme. Elle naît de l'oubli d'un fond, d'un arrière plan. Dans la guerre les jeunes se battent et se font tuer, n'ayant d'yeux que pour leurs partenaires, jeunes comme eux et comme eux impatients de vaincre. Il suffit de penser à *L'Iliade*. Mais la guerre ne consiste pas à mourir et à tuer, elle consiste dans une organisation, une réglementation, une rationalisation du tuer et du mourir. La guerre c'est une technique et une politique. Les jeunes sont ici l'instrument de la communauté froidement gouvernée par les adultes et les vieillards. Hegel a dit sur ce point l'essentiel dans la *Phénoménologie de l'Esprit* et aussi Alain dans *Mars ou la Guerre Jugée*. J'en dirais autant de la Révolution. Fatigués de voir qu'on prend les mêmes et qu'on recommence, les jeunes se disent ou se laissent dire « On prend les jeunes et on commence ». Mais c'est assez souvent une savante escroquerie pratiquée par des adultes. Cela finit par un massacre. Et ici le mythe est proprement une mystification. Vous pouvez constater que tous les régimes totalitaires s'entendent à monter parfaitement les ressorts de cette mystification.

M. TOURNIER — Et maintenant comment rajeunir? Pourquoi la mythologie allie-t-elle plus particulièrement l'eau vive et le rajeunissement? Pourquoi faut-il se baigner dans une fontaine de Jouvence ou dans la rosée des prairies pour retrouver sa jeunesse?

G. CANGUILHEM — Sur cette question M. Gaston Bachelard en saurait bien plus long que moi-même et du reste il en parle fort pertinemment et fort joliment dans son ouvrage *L'Eau et les Rêves*[1]. *Fonte revivisco*, je revis par la source, c'est la fière devise d'une eau minérale. La source comme la rosée c'est l'eau initiale, l'eau primitive, à la fois originelle et pure. Étant sans cause antécédente perceptible, elle est aussi sans passé, et donc sans contamination. Cette fois nous sommes vraiment au cœur du mythe. La source jaillit de la terre, c'est-à-dire du noir, comme la rosée sort de la nuit. Leur limpidité et leur transparence attestent de leur pureté, de leur innocence. La jeunesse de la vie comme la jeunesse du monde c'est le matin de la création, où tout est possible, où tout est permis. La Fontaine, dans *Psyché*, a placé la Source de Jouvence à l'origine des choses : « Aux premiers temps du Monde, écrit-il, il était libre à tous les mortels d'y aller puiser. Mais les abus qu'ils en firent obligèrent les dieux à leur en ôter l'usage »[2]. Vous voyez bien que tout commence dans l'innocence et que tout finit dans l'infraction.

1. *L'Eau et les rêves. Essai sur l'imagination de la matière*, Paris, Librairie José Corti, 1942. Dans la bibliothèque de Canguilhem, cote CAN 1111.

2. *Les amours de Psyché et de Cupidon*, livre second, p. 230 dans l'édition des *Œuvres diverses*, « Bibliothèque de la Pléiade », Paris, Gallimard, 1948.

M. Tournier — Voudriez-vous pour terminer résumer ce que vous avez bien voulu nous dire dans une définition de la jeunesse, ou du mythe de la jeunesse ?

G. Canguilhem — Le plus banal ici risque d'être le plus profond. Je dirais donc comme tant d'autres : « La Jeunesse c'est la Vie Rêvée », mais dans un sens bien différent. Non la jeunesse n'est pas l'âge heureux. Fort heureusement du reste, car rien n'est plus bête en un sens que le goût du bonheur. Dire que c'est la vie rêvée c'est dire que c'est la vie telle que doit à un moment se la représenter un vivant qui se sait vivant. Ce savoir ne peut être qu'un faux savoir, étant le savoir de ce qui n'est plus – et la vie est rêvée comme un regret – ou le savoir de ce qui n'est pas encore – et la vie est rêvée comme un projet. Ce savoir est donc un mythe.

Je vous ai dit tout à l'heure : la jeunesse ne sert à rien. N'entendez pas par là, je vous prie, que la jeunesse n'a pas de prix, bien au contraire, elle est sans prix car elle est la valeur de la vie. Si la fin de la vie était simplement de se reproduire, on pourrait très bien concevoir une multiplication d'organismes homogènes quant à leurs potentialités et à leur âge biologique. Mais le fait que chaque individu humain soit capable de se représenter, sous le nom de jeunesse, sous la forme du mythe de la jeunesse, une chance et une responsabilité de nouveauté, cela doit suffire à nous faire entendre que la vie est au fond poésie, c'est-à-dire création.

RÉFLEXIONS SUR LA CRÉATION ARTISTIQUE SELON ALAIN [1]

Revue de métaphysique et de morale, vol. 57, n° 2, avril-juin 1952, p. 171-186[2]

Consciemment ou non, l'idée que l'homme se fait de son pouvoir poétique répond à l'idée qu'il se fait de la création du monde et à la solution qu'il donne au problème de l'origine radicale des choses. Si la notion de création est équivoque, ontologique et esthétique, elle ne l'est ni par hasard, ni par confusion. Dès que l'homme se met à trouver le monde excentrique, hors des gonds, ou inquiétant, dès qu'il se demande : « Comment ces choses sont-elles possibles ? », dès qu'il confronte ce qu'il lui est donné de percevoir à ce qu'il pourrait lui-même concevoir, c'est-à-dire enfanter, il donne naissance simultanément à deux problèmes, celui de la création et celui de ses créations.

Or, c'est un fait historique, né à la rencontre du monde hellénique et du monde judéo-chrétien, que la réflexion philosophique sur la fonction artistique est traditionnellement séduite par le prestige d'une conception

1. Alain venait de mourir un an plus tôt, le 2 juin 1951. Malgré les différends politiques profonds qui s'étaient creusés à compter de la deuxième moitié des années 1930 entre Alain et son ancien élève, sur la justesse de la thèse du pacifisme inconditionnel et sur la résistance active contre les nazis, et aussi contre Vichy, tous liens étaient loin d'avoir été rompus. Dans une lettre du 12 juin 1951 à Henri Bouché, Michel Alexandre évoquait les tout derniers moments du vieux maître dans sa maison du Vésinet : « Canguilhem s'est joint à nous vers le soir, et ce fut lui qui, à 23h35, recueillit son dernier soupir (qui fut vraiment le soupir par où l'âme se rend) ». Canguilhem avait d'ailleurs été désigné par Alain pour faire partie du « petit cercle d'amis » auquel il avait « par écrit remis le soin de son œuvre » (*cf.* « Sur les derniers jours d'Alain », dans Association des Amis d'Alain, *Bulletin*, n° 3, juin 1956, p. 21-23, p. 22).

Un dossier conservé dans le Fonds Canguilhem au CAPHÉS comprend des notes constituant sans doute un premier état de la réflexion en vue de cet article (GC. 12.1.15, aux fol. 46 *sq.*) ; le manuscrit de cet article et une copie dactylographiée sont conservés au CAPHÉS (GC. 25.3).

2. Cette livraison de la revue était consacrée entièrement à « Lagneau et Alain ». Son achevé d'imprimer est d'août 1952.

intellectualiste de l'activité démiurgique, conception que même le dogme chrétien de la création *ex nihilo* s'est trouvé comme contraint d'intégrer. Si le Dieu de Descartes crée des créatures sans préméditation, sans une contemplation d'essences ou d'archétypes auxquels l'exécution se référerait comme à un canon, c'est vraiment un Dieu assez insolite dans le panthéon des idées de Dieu. *Le Timée*, à bien regarder, continue de hanter les théologies occidentales, incertaines à décider si la création du monde pose un problème d'origine et de dépendance, ou de destination et d'organisation, ou bien les deux. C'est au point que Kant peut affirmer, dans la *Critique du Jugement*, qu'une théologie couronne nécessairement une téléologie (§ 75).

Or, la conception platonicienne de la démiurgie entraîne deux conséquences concernant les rapports du faire au savoir et de l'œuvre au modèle. D'une part, le Socrate des Dialogues méprise les artisans incapables de rendre compte de ce qu'ils font, aussi bien que les poètes aliénés dans l'enthousiasme, c'est-à-dire toute forme d'activité inconsciente de ses procédés et de ses fins; d'autre part, l'art du démiurge ou de l'homme consiste à imiter l'Idée ou l'imitation de l'Idée, à se conformer à un modèle, à réaliser dans l'œuvre un certain plan. L'imitation d'un objet déjà fabriqué par imitation est une tromperie. C'est l'εἰχαστιχὴ surpassée encore en nocivité par la φαυταστιχὴ, art de simuler l'imitation (*Sophiste*, 235 d-236 c).

S'il nous fallait un exemple à la fois de la connexion entre le problème ontologique et le problème esthétique de la création et de l'ascendant de la solution intellectualiste type, le platonisme, en pareille matière, nous nous permettrions de le demander à Pascal.

« La dernière chose qu'on trouve en faisant un ouvrage est de savoir celle qu'il faut mettre la première. »[a] Il ne convient pas de chercher, ici, un argument pour quelque théorie de la création artistique, hostile au primat de l'inspiration sur l'exécution, et mettant l'accent, au contraire, sur la fécondité, pour elle-même miraculeuse, d'un exercice qui se crée, chemin faisant, ses normes. Pascal n'anticipe pas sur Nietzsche : « Voilà qui est fâcheux. C'est toujours la vieille histoire. Lorsqu'on a fini de se bâtir sa maison, on s'aperçoit soudain qu'en la bâtissant on a appris quelque chose qu'on aurait dû savoir avant de commencer. L'éternel et douloureux « trop tard ». La mélancolie de tout achèvement. »[b 1] Non, il n'y a pas dans cette

a. *Pensées*, éd. [Léon] Brunschvicg, [Paris, Nelson, s.d., p. 53, section] I, § 19.
b. *Par delà le Bien et le Mal*, § 277.

1. Canguilhem utilise la traduction française de Henri Albert, Paris, Mercure de France, 1938 (CAN 1067).

Pensée la moindre trace de compréhension sympathique pour le possible désespoir d'un créateur, conscient de l'inadéquation de sa créature, rendu par sa création même plus lucide et plus exigeant. C'est que Pascal est assuré qu'il existe des choses premières en soi et des choses dernières en soi. Il y a un Créateur, un seul authentique, le Dieu de la Genèse, qui a créé le monde sans retouches, satisfait de son œuvre et s'accordant le repos après l'achèvement. Au regard de cette création, toute activité poétique humaine est dérisoire. L'originalité est un monopole divin. Il n'y a d'originalité qu'originelle et il ne peut y avoir qu'une origine, de même qu'il ne peut y avoir qu'une fin. Entre l'origine et la fin toutes choses sont distribuées selon un ordre de type organique[a], où les termes ne peuvent échanger leur place ni leur rang. « La nature a mis toutes ses vérités chacune en soi-même, notre art les renferme les unes dans les autres, mais cela n'est pas naturel : chacune tient sa place. »[b] On comprend, dès lors, la double dépréciation de la science (« Je trouve bon qu'on n'approfondisse pas l'opinion de Copernic »)[c] et de l'art : « Quelle vanité que la peinture, qui attire l'admiration par la ressemblance des choses dont on n'admire point les originaux »[d]. De cette Pensée célèbre, si souvent mal comprise, André Malraux dit justement qu'elle n'est pas une erreur, mais une esthétique[e][1]. Pascal fonde sur la hiérarchie ontologique des êtres la hiérarchie du plan des œuvres de l'esprit. Partout ce qui est en soi premier doit être placé premier. De même qu'une vie humaine, pour être heureuse, doit commencer par l'amour et finir par l'ambition, au lieu d'allier ces deux passions pour leur ruine réciproque[f], de même un discours vrai doit suspendre l'enchaînement des démonstrations à des notions premières, garanties, faute de pouvoir être explicitées sans régression à l'infini, par la clarté de la lumière naturelle. Il y a donc un ordre géométrique, parfaitement véritable, absolument certain, sinon absolument

a. *Pensées*, VII, 475, 476, 477.
b. *Pensées*, I, 21.
c. *Ibid.*, III, 218.
d. *Ibid.*, II, 134.
e. *Les Voix du Silence*, [« La Galerie de la Pléiade », Paris, Nrf, 1951] p. 70.
f. *Discours sur les Passions de l'Amour.* On sait que l'authenticité de cet écrit est objet de litige.

1. André Malraux (1901-1976). La bibliothèque de Canguilhem possède la plupart des ouvrages de Malraux sur l'art.

convaincant, soutenu par la nature à défaut du discours[a]. L'art de plaire lui-même comporte des règles aussi sûres que l'art de démontrer, et c'est seulement l'impuissance de l'homme qui l'empêche de se faire aimer des rois aussi sûrement qu'il peut démontrer les éléments de la géométrie à qui en comprend les hypothèses[b]. Il est donc tout à fait logique de dénoncer l'imagination, puissance du possible, comme maîtresse d'erreur et de fausseté, et de décider en fin de compte que « ce n'est pas dans les choses extraordinaires et bizarres que se trouve l'excellence de quelque genre que ce soit... »[c].

Inversement, certains auteurs ont pu penser que le pouvoir poétique de l'homme manifeste sa valeur par le sentiment de choc qu'il donne à éprouver à qui contemple ses produits. On connaît les jugements de Baudelaire : « Le beau est toujours bizarre... »[d] et : « Parce que le beau est toujours étonnant, il serait absurde de supposer que ce qui est étonnant est toujours beau. »[e] Alors que chez Pascal une théorie de la création ontologique et théologique commande la théorie de la création artistique, chez Baudelaire la théorie de la création artistique commande une théorie de la création ontologique. À qui reconnaît la valeur authentiquement créatrice de l'imagination de l'artiste, la création du monde doit apparaître comme une œuvre d'imagination : « Comme elle (l'imagination) a créé le monde (on peut bien dire cela, je crois, même dans un sens religieux), il est juste qu'elle le gouverne... L'imagination est la reine du vrai, et le *possible* est une des provinces du vrai. Elle est positivement apparentée avec l'infini. »[f] Et Baudelaire trouve la justification de cette affirmation encore timide dans ces mots de Miss Crowe : « Par imagination, je ne veux pas seulement exprimer l'idée commune impliquée dans ce mot dont on fait si grand abus, laquelle est simplement *fantaisie*, mais bien l'imagination *créatrice*, qui est une fonction beaucoup plus élevée, et qui, en tant que l'homme est fait à la ressemblance

a. *De l'Esprit géométrique*, I.

b. *De l'Esprit géométrique*, II.

c. *Ibid.*

d. *Curiosités Esthétiques* : Exposition Universelle de 1855. [*Œuvres complètes*, Paris, Gallimard, Bibliothèque de la Pléiade, 1976, tome II, p. 578.]

e. *Salon de 1859* : II, Le public moderne et la photographie. [*Ibid.*, p. 616. Dans le texte de Baudelaire, *toujours* est en italiques dans ses deux occurrences.]

f. *Le Salon de 1859* : III, La Reine des facultés. [*Ibid.*, p. 621.]

de Dieu, garde un rapport éloigné avec cette puissance sublime par laquelle le Créateur conçoit, crée et entretient son univers. »[a] [1]

On voit, par cette rapide confrontation, de quel poids la notion hellénique de causalité exemplaire pèse sur la théorie judéo-chrétienne de la création *ex nihilo*. Et c'est pourquoi la doctrine classique de l'opération esthétique comporte trois éléments permanents d'interprétation de l'œuvre d'art : l'inspiration, le canon, le modèle. La notion d'inspiration répond analogiquement à celle de contemplation, celle de canon à celle d'archétype, celle de modèle à celle d'application démiurgique. Mais si l'explication de l'œuvre par une contemplation inspirée peut convenir à un art symbolique, si l'explication par le canon convient à un art hiératique et l'explication par le modèle à un art académique, il reste encore à se demander si, ayant interprété l'art comme phénomène religieux et social, il n'y a pas encore tout à faire pour comprendre l'art en tant que fonction originale de l'esprit, fonction de production universelle.

On a plusieurs fois soupçonné que si la notion de création, conçue comme comportant anticipation, conformité et justification, est descendue du ciel sur la terre, c'est qu'elle était d'abord montée de la terre au ciel. La pensée exploite une analogie qu'elle a d'abord inventée elle-même. En croyant faire l'homme à l'image de Dieu, on fait Dieu à l'image de l'homme ; en croyant subordonner la copie au modèle, on ne fait que modeler le modèle d'après sa copie supposée. Il est donc permis de se demander si, en faisant la psychologie du technicien et de l'artiste sans référence à la psychologie préalablement privilégiée de l'*homo sapiens*, en épousant naturellement le procès naturel du faire ou du produire, déliés de leur rapport au connaître, en purgeant la création de toute contamination par la représentation, on ne parviendrait pas à mieux saisir l'originalité de l'acte de création.

En fait, cette entreprise a été tentée. Cet essai d'insurrection contre l'esthétique platonicienne et platonisante existe. On le trouve dans l'œuvre d'Alain, comme dans celle de Bergson. Ces deux philosophes, s'ils n'ont pas prononcé eux-mêmes la formule, ont, chacun à sa manière, construit leur

a. *Ibid.* IV, Le Gouvernement de l'imagination. [*Ibid.*, p. 624.]

1. Catherine Crowe (~1800-1876) était l'auteur de *The Night Side of Nature, or Ghosts and Ghost Seers* (Londres, T.C. Newby, 1848) d'où Baudelaire a extrait la citation qu'il traduit (*ibid.*, note de Claude Pichois, p. 1393-1394).

théorie de l'activité artistique sur ce principe que, dans l'œuvre d'art, aucune sorte d'essence ne précède l'existence.

Alain pense comme Socrate et Platon, que ce que les artisans et les artistes disent d'eux-mêmes et de leurs pouvoirs est sans portée, mais cette affirmation est coupée, chez lui, de ce qui la supporte chez Platon, car, précisément, ce en quoi l'artiste se trompe, c'est sa croyance à un pouvoir de contemplation, imaginaire et préalable, de l'œuvre qu'il veut réaliser. « L'art n'a pas pour fin d'exprimer une idée. »[a] « La conception d'un modèle préexistant, à la manière d'un fantôme, et traduite par l'exécution, est elle-même imaginaire. Il y a de l'imaginaire dans l'imagination. »[b 1] Il convient donc d'être sévère pour les confidences autobiographiques et de « ne pas juger de l'artiste puissant, qui ne parle guère, par l'artiste ambitieux et égaré, qui parle, au contraire, beaucoup. »[c 2] « Aucune conception n'est œuvre, aucune rêverie n'est œuvre, aucun possible n'est beau. »[d] Dans le même sens, Malraux écrit : « La relation entre les théories et les œuvres appartient souvent à la comédie de l'esprit. Les artistes mettent en théorie ce qu'ils voudraient faire, mais font ce qu'ils peuvent. »[e]

Le paradoxe fondamental de l'esthétique d'Alain, c'est donc que les œuvres de l'art sont des choses dont seules le manque d'imagination, l'impuissance à contempler avant de rêver sont responsables : « Si le pouvoir d'exécuter n'allait pas beaucoup plus loin que le pouvoir de penser ou de rêver, il n'y aurait point d'artistes. »[f] « C'est parce que l'imagination est incapable de créer dans l'esprit seulement, c'est pour cela qu'il y a des

a. *Vingt leçons sur les Beaux-Arts*, [5[e] édition, Paris, Gallimard, 1931,] p. 251.

b. *Système des Beaux-Arts*, Édition nouvelle avec notes, [3[e] édition, Paris, Gallimard, 1926,] p. 43.

c. *Système*, p. 34.

d. *Système*, p. 33.

e. *Les Voix du Silence*, p. 115.

f. *Système*, p. 35.

1. Cet ouvrage se trouve dans la bibliothèque de Canguilhem (CAN 1524) ; une inscription manuscrite sur la première page de garde indique qu'il a été acheté le 22 juillet 1926. Il possédait aussi l'édition originale de 1920, acquise le 29 mai 1923.

2. En fait le passage cité se lit plus exactement : « [...] l'on juge trop souvent de l'artiste puissant, qui ne parle guère, d'après l'artiste ambitieux et égaré, qui parle au contraire beaucoup ». De tels écarts mineurs sont nombreux dans les citations de Canguilhem probablement faites de mémoire ; elles n'altèrent cependant jamais le sens. Aussi ne les relève-t-on pas ici systématiquement.

Beaux-Arts. »[a] Selon une telle conception, s'il y a un artiste suprême, créateur du monde, c'est par manque d'imagination qu'il l'aurait créé. C'est pour savoir ce que serait un monde qu'il faudrait créer un monde, puisqu'il est impossible de le savoir avant de l'avoir fait. Bien entendu, c'est toujours là de l'anthropomorphisme. Mais anthropomorphisme pour anthropomorphisme, autant choisir celui qui est le plus fidèle à la situation humaine. En tout état de cause, le rapport de créateur à créature se comprend mieux dans une philosophie existentialiste que dans une philosophie essentialiste. Le créateur vaut mieux toujours que sa créature, il la dépasse. L'ouvrier vaut mieux que l'œuvre. Il y a plus dans la cause que dans l'effet. Mais l'inégalité de la créature au créateur peut être interprétée soit comme l'impossibilité d'adéquation de l'exécution à l'intention, soit comme la multiplication du pouvoir de création par la création même. C'est de la création et par la créature que naît le pouvoir créateur. Le créateur se surprend lui-même, se découvre supérieur à lui-même, mais seulement après l'œuvre. Selon un mot d'Henri Focillon, « c'est la genèse qui crée le Dieu »[b] [1].

Par deux fois déjà, les propositions d'Alain en ont appelé d'autres, de Malraux ou de Focillon, à l'appui et à la rescousse. C'est qu'il nous faut bien décrire la situation d'Alain dans la pensée contemporaine. *Le Système des Beaux-Arts* a été écrit pendant la guerre de 1914-1918, par besoin de réaction contre l'univers de la boue, de la ferraille et de la mort, sans documents, sans reproductions, sans références. C'est une invention solitaire. Proust et Valéry n'étaient encore qu'eux-mêmes, leur renommée et la plus grande partie de leurs œuvres étaient à venir. Le propre du *Système des Beaux-Arts*, quand il a paru chez Gallimard, en 1920, c'était qu'il n'était accrédité par rien, qu'il n'entrait en relation avec rien qui fût pour lui préparatoire, analogue ou consonant. C'est bien là le signe de l'originalité, elle est

a. *Vingt leçons*, p. 280.
b. *Vie des Formes*, [Imprimerie des P.U.F. et Librairie Ernest] Leroux, éd., 1934, p. 76.

1. Henri Focillon (1881-1943), agrégé et docteur ès lettres, professeur d'histoire de l'art à la Faculté des Lettres de Lyon, puis à celle de Paris, devint titulaire de la chaire d'esthétique et d'histoire de l'art au Collège de France en 1938, mais il s'exila aux États-Unis en 1940 et fut révoqué par le régime de Vichy en 1942. Canguilhem possédait un exemplaire de la deuxième édition (1939) de *Vie des formes*, « nouvelle édition, suivie de l'Éloge de la Main » achetée en 1939 (CAPHÉS, cote CAN 156).

la communion solitaire. Aujourd'hui, nous sommes familiarisés avec les idées de Proust sur la création continuelle et renouvelée du monde par les artistes, avec les idées de Valéry sur la parenté de l'invention et du travail, avec celles de Focillon sur la vie des formes dans la matière et dans l'esprit, avec les idées de Sartre[1] sur l'imaginaire, avec les thèses de Malraux sur l'opposition de l'imitation et du style. Le *Système des Beaux-Arts* jette chaque jour de nouveaux rameaux en direction de nouveaux arbres. La forêt des connexions s'épaissit peu à peu.

On sait que le départ de l'esthétique d'Alain est dans une critique de la notion d'image et du pouvoir d'évocation de l'imagination. Sartre, qui sait assez du reste ce qu'il doit à Alain sur ce point, fait remonter à Descartes avant Hume cette conception de l'image mentale qui en fait une impression des choses dans la pensée, un objet dans l'esprit, une carte dans un album. Il nous semble personnellement que Sartre n'est pas remonté assez loin dans la recherche des responsabilités en matière de cette conception de l'image, copie et présence, qu'il refuse avec Alain et après lui. Car c'est finalement Aristote qui tient l'imagination pour un pouvoir théorique sans activité productrice propre, son rôle étant seulement de fournir à la pensée rationnelle un contenu. Si l'imagination joue un rôle dans l'art, c'est par sa fonction d'instrument de la connaissance, par sa fonction logique.

Mais il ne suffit pas de refuser une théorie de l'imagination, il faut en proposer une. Alain propose donc une théorie physiologique de l'imagination, et, par suite, une théorie physiologique de l'art. Cette théorie, il la fonde sur la conception cartésienne de l'imagination ou plus exactement sur la conception cartésienne de l'union de l'âme et du corps dans la passion. « Je voudrais tenter, dit-il, d'esquisser une physiologie des Beaux-Arts. »[a] « Le corps humain est le tombeau des Dieux. »[b] Cela signifie que la réalité des fictions gît dans le mécanisme physiologique, générateur d'émotions et prétexte de jugements faux. L'imagination n'est pas la perception décharnée d'un programme d'objet, d'une possibilité d'existence. L'imagination est non-perception. C'est perception de quelque objet autre que son objet

a. *Vingt leçons*, p. 10.
b. *Système*, p. 25.

1. Jean-Paul Sartre, *L'Imaginaire. Psychologie et phénoménologie de l'imagination*, « Bibliothèque des idées », Paris, Gallimard, 1940. Canguilhem possédait la 2e édition, aussi de 1940 (CAN1304).

authentique. En sorte que, partis avec Alain de Descartes, nous retrouvons avec Alain Platon et *Le Sophiste* : le non-être n'est pas le contraire de l'être, c'est l'être-autre. Il n'y a pas de conscience vide, privée d'objet, et la perception est de tous les instants. Mais tantôt la perception est droite, tantôt elle est gauche ; en ce dernier cas, elle est imagination. L'imagination est la pensée ayant toujours un contenu, mais capable de poser pour elle-même un objet différent de celui par lequel elle est suscitée. Imaginer, c'est donc vivre un comportement effectif, corrélatif d'un objet différent de l'objet réel. « Désordre dans le corps, erreur dans l'esprit, l'un nourrissant l'autre, voilà le réel de l'imagination. »[a]

L'imagination, quand on la dit créatrice, n'est donc jamais vision d'objet inexistant et qui chercherait matière où s'incorporer. L'imagination ne voit ou ne vise rien sans matière ou sans objet. Elle est simplement l'éclair d'une liberté prise à l'égard du perçu. Qu'est-ce alors que l'art ? Rien de plus que sa fonction. Cette fonction est de fixer l'imaginaire. Mais dire cela, c'est tuer l'idée imaginaire d'imagination, car seul un geste, un changement opéré par une nouvelle relation du corps humain à son environnement, peut fixer une liberté, en faire un objet de perception. Le secret de la création, selon Alain, tient dans une formule, qui n'est pas de lui : le monde propose, les passions disposent, le travail impose.

S'appliquant d'abord à lui-même la règle selon laquelle toute invention est d'abord exploitation, Alain répétait volontiers qu'il se contentait de prendre la suite des grands auteurs. Or, si l'on veut bien apprécier, plutôt en dégustateur qu'en sourcier, cette étonnante théorie de la création artistique, voici ce qu'on peut y déceler. Pour réfuter le platonisme incorporé à l'état de lambeaux anonymes dans la théorie classique de l'imagination, Alain cherche renfort chez Descartes, – non sans reconnaître qu'il l'entraîne d'un côté où Descartes n'était pas allé[b], – il en tire une théorie de l'imagination-illusion qu'on peut apparenter à la théorie platonicienne de l'erreur, et il finit par aboutir à une théorie du faire et du travailler qui n'est ni platonicienne ni cartésienne, mais kantienne. Car lorsqu'il écrit que « la loi suprême de l'invention humaine est qu'on n'invente qu'en travaillant. Artisan d'abord »[c], Alain a tourné le dos à Platon et à Descartes, puisqu'il attend de l'artisan

a. *Système*, p. 18.
b. *Système*, p. 8.
c. *Système*, p. 34.

précisément qu'il soit tel que Platon et Descartes le refusent. Selon Platon, l'artisan doit réaliser une idée. Selon Descartes, l'artisan qui n'est que tel, qui ne peut s'expliquer sur son art, est méprisable[a]. Autant que de l'inventeur sans méthode[b], Descartes se méfie des artisans qui ne travaillent pas sous sa direction aux applications qu'il suggère lui-même[c]. Alain enracine les Beaux-Arts dans les métiers, la poétique dans la technique, la création dans le travail. Mais, c'est parce que, selon lui, l'artisan est déjà, à sa façon et par moments, un artiste, un exploitant d'improvisations. L'artisan d'Alain c'est l'ébéniste de village, le maçon sculpteur, le jardinier. C'est l'artisan d'avant la Renaissance, s'il est vrai que de cette époque date la séparation de l'artisan et de l'artiste. « Toutes les fois que l'idée précède et règle l'exécution, c'est industrie. Et encore il est vrai que l'œuvre souvent, même dans l'industrie, redresse l'idée en ce sens que l'artisan trouve mieux qu'il n'avait pensé dès qu'il essaye; en cela, il est artiste mais par éclairs. »[d] Quant à l'artiste, « l'idée lui vient ensuite comme au spectateur et il est spectateur aussi de son œuvre en train de naître. Et c'est là le propre de l'artiste. Il faut que le génie ait la grâce de nature et s'étonne lui-même. »[e]

Or, c'est là une idée kantienne. Alain citait souvent la formule de Kant : « Le génie, c'est la disposition innée de l'esprit par laquelle la nature donne ses règles à l'art. »[f] Selon Alain, comme selon Kant, l'art prend la suite de la nature, puis prend sa propre suite, sans aucun passage par les formes de la représentation. Plaire sans concept, manifester une finalité séparément de toute représentation de fin, les caractères reconnus par Kant à l'objet esthétique sont retrouvés sans effort à partir de la définition qu'Alain propose de l'œuvre d'art : « Un beau vers n'est pas d'abord en projet et ensuite fait; mais il se montre beau au poète; et la belle statue se montre belle au sculpteur, à mesure qu'il la fait; et le portrait naît sous le pinceau. »[g] Lorsque Kant définit le faire en le distinguant du savoir, il insiste sur ceci que l'art ne consiste jamais à appliquer un savoir préexistant : « Ce que l'on peut dès que l'on sait seulement ce qui doit être fait et que l'on connaît

a. *Œuvres*, Éd. Adam-Tannery, I, p. 195. [*Cf.* « Descartes et la technique », *OC* I, p. 494.]
b. *Ibid.*, X, p. 380.
c. *Ibid.*, I, p. 501 et 506.
d. *Système*, p. 37 [p. 36 plutôt].
e. *Ibid.*
f. *Critique du Jugement*, § 46.
g. *Système*, p. 37.

suffisamment l'effet recherché ne s'appelle pas de l'art. Ce que l'on n'a pas l'habileté d'exécuter de suite, alors même qu'on en possède complètement la science, voilà seulement ce qui, dans cette mesure, est de l'art. »[a] L'art, selon Alain, c'est le faire surprenant le savoir. « Le travail de l'artiste ne conduit jamais du concept à l'œuvre et le plus beau dans ce qu'il fait est toujours ce qu'il n'a pas prévu, et ne saurait nommer. »[b] C'est précisément dans cet écart qu'éclate la nouveauté et que la création se révèle vraiment comme l'inexplicable, étant l'incalculable à l'avance. Il n'y a authentiquement production que là où il ne saurait y avoir ni déduction ni réduction.

Nous étions partis d'une physiologie de l'imagination et voici qu'à l'occasion des thèses kantiennes nous nous orientons vers une biologie des formes. Car on sait que Kant a lié la critique du jugement téléologique et la réflexion sur les formes organiques à la critique du jugement esthétique et à la réflexion sur les belles formes. Alain ne fait pas moins, quoique plus sommairement, et c'est finalement à Darwin qu'il demande les principes d'explication de la formation progressive des formes qu'affectent les instruments humains et les œuvres de l'art. Déjà, dans un de ses anciens *Propos*, Alain montrait comment on peut expliquer la forme, parfaitement adaptée à la mer, du bateau de pêcheur par l'imitation successive des meilleures formes, sélectionnées par le milieu et l'usage, et par un progrès imperceptible de petites variations stabilisées par la routine. La sélection s'exerçant sur les petites variations, la méthode des essais et erreurs font que le pêcheur, comme l'abeille, « sans trace de raisonnement ni de géométrie », parvient à la perfection de la mécanique[c] [1]. Or, cette idée est reprise plusieurs fois, souvent par allusions seulement, dans le *Système des Beaux-Arts* et les *Vingt Leçons sur les Beaux-Arts.* « La forme du violon s'est conservée en s'adaptant à la manière des formes animales ; les meilleurs violons ont été

a. *Critique du Jugement*, § 43.

b. *Vingt leçons*, p. 241.

c. *Les Propos d'Alain*, N.R.F., éd. 1920, [tome] I, p. 60 [61 en fait]. Comment ne pas rappeler au passage que, dans *Eupalinos*[2], quand Valéry veut montrer comment pour l'homme de métier la connaissance doit se muer en instinct et la prévision conceptuelle en palpation charnelle, c'est, comme Alain, l'exemple de la construction des bateaux qu'il choisit.

1. L'exemplaire de Canguilhem (CAN1517) a été, selon une inscription manuscrite sur la deuxième page de garde, acquis à Toulouse le 19 septembre 1923.

2. *Eupalinos ou l'architecte, précédé de L'Âme et la danse*, Paris. Éditions de la Nouvelle revue française, 1923, acquis par Canguilhem le 23 novembre 1923 (CAN 41).

naturellement préservés, transmis, et plus tard copiés scrupuleusement, ce qui a fini par fixer de petites différences dues au hasard. »[a] « Les beaux meubles sont nés d'eux-mêmes, peu à peu, par le travail des artisans, par la préférence accordée aux meilleurs modèles, et par les copies qu'on en faisait. »[b] Les maisons des paysans se joignent à la terre comme des choses de nature[c]. Comparant, sous le rapport de leur naissance et de leur mort, les anciennes machines et les nouvelles machines, le bateau et la machine à écrire, Alain écrit : « La forme belle se développe de bas en haut, comme la poésie et la musique nous l'ont fait comprendre. »[d] Mais, enfin, il faut un bas des formes, c'est-à-dire une occasion, prétexte, obstacle ou contrainte, à ce procès de formation qui n'a point de commencement. En fait, c'est parce que la matière et la vie sont toujours déjà formes que l'artiste trouve, dans la matière ou dans la vie, des formes à prolonger, soit en les achevant, soit en les déformant. « Chacun sait qu'il y a des effets de nature, formes de pierres, troncs noueux, nœuds de bois, taches ou fissures, qui présentent par moments ou sous un certain angle d'étranges figures, mais instables. Sans doute un des mouvements les plus naturels de l'artiste est d'ajouter alors un peu à la nature et de finir cette ébauche, c'est donner à un fantôme la forme d'un objet. »[e] Alain citait volontiers les réflexions de Léonard de Vinci sur les ressources qu'offrent à l'imagination les taches d'un vieux mur[f]. Il aurait pu citer Victor Hugo : « Qui longe cette côte passe par une série de mirages. À chaque instant, le rocher essaie de vous faire sa dupe. Où les illusions vont-elles se nicher ? Dans le granit. Rien de plus étrange… Le bloc est un trépied, puis c'est un lion, puis c'est un ange, et il ouvre les ailes ; puis c'est une figure assise qui lit dans un livre. Rien ne change de forme comme les nuages, si ce n'est les rochers. »[g] Il aurait pu citer Gauguin : « Je viens de terminer une tête de canaque coupée bien arrangée sur un coussin dans un palais de mon invention et gardée par des femmes de mon invention. Je crois que c'est un joli morceau de peinture. Il n'est pas tout à fait de moi, car je l'ai volé dans

a. *Système*, p. 118.
b. *Système*, p. 190.
c. *Système*, p. 180-[181].
d. *Vingt leçons*, p. 191.
e. *Système*, p. 35.
f. *Traité de la Peinture*, [Paris, traduction par Joséphin Péladan (1859-1918),] Delagrave éd., 1940, chap. VI, § 141 [p. 74].
g. *Les Travailleurs de la Mer*, VI, Les rochers.

une planche de sapin. Il ne faudra rien dire, mais que voulez-vous, on fait ce qu'on peut, et quand les marbres ou les bois dessinent une tête c'est joliment tentant de voler. »[a 1] Sans parler de Valéry : « La marche générale des inventions appartient à ce type général : une suite de déformations successives, presque continues, de la matière donnée et un seuil – une perception brusque de l'*avenir* de l'un des états. »[b] C'est donc parce que la matière est aussi forme, parce que la vie est forme et rythme, que l'art peut surgir et diversifier ses créations, de l'architecture à la poésie[c].

Ce que l'homme ajoute à la nature, c'est le travail. L'imagination cesse, avec Alain, d'être un spectacle pour devenir un procès laborieux. Nous avons conscience de ne pas forcer la pensée d'Alain en disant que cette dernière idée est de style hégélien, plus encore que d'origine hégélienne, car le plus beau est qu'Alain l'ait formée avant d'avoir lu attentivement Hegel et de l'avoir incorporé à sa philosophie en général, et à son esthétique en particulier. La théorie de l'imagination-travail, c'est, sur l'imaginaire, le point de vue du « serviteur », non celui du « maître ». Il y a deux façons de concevoir le pouvoir de produire ou de créer : le mode magique et le mode technique, le mode bourgeois et le mode prolétarien. L'incantation et le pouvoir de la parole, la docilité à l'inspiration, ce sont des idées magiques ; elles supposent toutes l'oubli de l'effort, de la causation, de la peine et de la soumission au monde. Au contraire, la conception de l'imagination comme travail d'imposition des formes nie dialectiquement la précédente mais en l'intégrant. Car Alain interprète même la poésie, même l'art de la parole comme un travail qui change effectivement la situation de l'homme en changeant le corps humain : « Nul ne cherche à imaginer un air sans le chanter, ni un pas de danse sans le danser, ni un discours sans le prononcer ;

a. *Lettres à Daniel de Monfreid*, [Paris,] Plon, éd., p. 10-11.

b. *Cahier B 1910*, [Paris, Gallimard, 1930] p. 118 [-119].

c. Voir, dans le *Système des Beaux-Arts*, les chapitres sur le Rythme (p. 109), sur les Formes (p. 179), sur l'Invention des formes (p. 210).

1. On trouve trace dans sa bibliothèque de l'intérêt particulier de Canguilhem pour la peinture et les écrits de Paul Gauguin (1848-1903) : le catalogue de l'exposition du centenaire de la naissance du peintre, à l'orangerie des Tuileries en 1949 (CAN 151) et *Avant et après*, avec des dessins de l'artiste (Paris, éditions G. Crès et Cie, 1923 [1re éd. 1903]), ouvrage acquis en 1927 (CAN 165).

encore moins voudrait-on imaginer un vers sans le dire au moins à sa propre oreille. »[a] L'imagination est donc, même dans la poésie et dans la musique, une fonction du muscle. Avant d'être un esprit inspiré, un poète est un larynx.

Mais si l'esthétique d'Alain intègre à sa façon un des principaux thèmes hégéliens, mais si les Notes annexes à la deuxième édition du *Système des Beaux-Arts* se réfèrent expressément à l'Esthétique de Hegel et à la succession des arts symbolique, classique et romantique, il faut bien dire qu'Alain est resté indifférent, en matière d'esthétique, à l'esprit historique. Car s'il réinscrit les arts dans les métiers et les métiers dans les circonstances, il s'intéresse très médiocrement à ce qu'il peut y avoir de singulier et d'historique dans ces techniques et dans ces circonstances. Il n'aimait pas qu'on lui rappelât que les statues grecques étaient peintes, comme l'étaient les statues et les colonnes des églises romanes. Il prenait les œuvres comme elles sont dans les musées sans se mettre beaucoup en peine de savoir ce qu'elles pouvaient être à leur place, dans leur décor ou leur environnement, dans leur fonction et dans leur relation aux hommes de leur temps. Et c'est pourquoi il parle plus volontiers de la technique comme fonction humaine essentielle et permanente que des techniques comme procédés, recettes d'école et d'époque. Alain croit à la nature humaine, à l'Éternelle Histoire. Si contradictoire que cela semble, c'est un fait que cette physiologie des beaux-arts, qu'il a plus qu'esquissée, n'est pas une science du mouvement des formes ou des formes en mouvement (ce que doit être une physiologie authentiquement physiologique); c'est encore une morphologie statique. Et pourquoi s'en étonner, puisque Alain tient et conserve de Descartes l'idée que le corps vivant est une machine dont la structure explique et commande le mouvement et non l'inverse. C'est pourquoi, lorsque dans *Les Dieux*, Alain esquisse une suite des mythes et des religions, c'est de Comte et non de Hegel qu'il se réclame tout naturellement: « Je me propose d'essayer une statique des religions, et non pas du tout une histoire. »[b] Et il affirme, encore plus explicitement, qu'il veut « revenir à une histoire plus géographique, et à une géographie plus géologique, comme on a fait déjà pour les choses

a. *Vingt leçons*, p. 280-281.
b. *Les Dieux*, [Paris, Gallimard, 1934] p. 146.

inanimées. Cette autre géologie expliquera donc les religions par la structure de l'homme, autant que faire se peut. »[a]

On remarquera qu'Alain accorde strictement son interprétation de l'activité créatrice à l'idée qu'il se fait de la fonction de l'art. Elle reste, en dernière analyse, platonicienne. Elle est l'écho de la préférence accordée à l'être sur le devenir. L'Art a pour fin de fixer, d'immobiliser le mouvement : « Une chose a mille formes; et la chose vivante passe d'une forme à l'autre sous le regard. La chose humaine surtout, qui change par le regard même; et cette agitation est mensonge toujours; l'être s'y cache, comme Protée. Aussi ce n'est pas une faible puissance, dans les arts qui viennent maintenant, de représenter toujours l'immobile et le mouvement même par l'immobile. »[b] Cela est vrai de la danse, de la sculpture, du dessin, du portrait[c]. Si tout art tend à fixer une forme, à arrêter un mouvement, c'est qu'il doit rassurer, apaiser. L'imagination naît du tumulte des émotions, mais doit le vaincre. L'homme ne peut penser qu'un monde, c'est-à-dire un ordre. La liberté est possible dans le réel, elle est impossible dans le possible. Fournir à l'imagination un objet fini à percevoir, une forme bien cernée à explorer, c'est substituer le cosmos au chaos, le déterminé à l'inquiétant. « Percevoir, c'est prévoir. Le monstre ne fait plus peur, il prend forme; il ressemble à lui-même. »[d] « Les récits de génies et de lutins sont, sans doute, un commencement de remède à la peur sans objet; l'art de David commence là. »[e] Pour toutes ces raisons, on comprend que l'art dont les exigences et les produits vérifient le mieux les idées d'Alain soit l'architecture et tout ce qui en dépend, comme la sculpture, ou s'y apparente, comme la prose. Le sculpteur, selon Alain, c'est précisément l'artisan qui ne portait pas ce nom spécifique au temps de l'édification des cathédrales, c'est le tailleur de pierres, l'artisan anonyme qui livrait sur commande des statues-colonnes. « Heureux qui orne une pierre dure. »[f]

Nous venons de retrouver assez de platonisme dans l'esthétique d'Alain. Comment alors avons-nous pu proposer, au début de cette étude, que cette esthétique se présente comme un anti-platonisme décidé? Certes, on peut

a. *Les Dieux*, p. 149.
b. *Système*, p. 187.
c. *Vingt leçons*, p. 32 et 33.
d. *Ibid.*, p. 32.
e. *Les Dieux*, p. 103.
f. *Système*, p. 38.

toujours penser que nous nous sommes trompés et nous n'y verrons point de mal. Mais nous avons entendu le platonisme comme la doctrine selon laquelle l'essence des choses précède – au moins logiquement – et commande leur existence. Nous avons pris le platonisme sans malice, comme tout le monde – nous n'osons pas dire, bien sûr, comme un Père de l'Église. Or, il est certain qu'Alain refusait ce platonisme-là. Pour lui, l'Idée platonicienne n'est pas un Être transcendant au monde perçu, elle n'est pas l'objet possible et la récompense d'une intuition intellectuelle, le terme d'un voir qui supposerait d'abord closes les paupières de nos yeux de chair. Car nos yeux de chair ne sont l'organe du voir que parce qu'ils sont les yeux de l'âme. « L'œil animal n'est pas un œil. »[a] L'Idée platonicienne, c'est la trame même de notre expérience usuelle. « Les idées ne sont pas loin; elles ne sont pas ailleurs; elles sont devant nous. »[b] Alain pense que toute l'erreur sur le compte des Idées, erreur que Platon n'aurait pas commise, « consiste à croire que le modèle de l'homme ressemble à l'homme. »[c]

Comme l'a bien vu J. Hyppolite, dans son bel article sur *Alain et les Dieux*, « la philosophie d'Alain est une philosophie du jugement, et non de l'idée ou de la nécessité »[d][1], mais il faut ajouter que déjà la philosophie de Platon est pour Alain cela même. Cette certitude l'entraîne à affirmer que « la doctrine de Platon portait plus d'avenir qu'aucune autre; et, sans doute, est-il plus facile aujourd'hui d'entendre Platon qu'il ne le fut jamais. »[e] Aujourd'hui, c'est-à-dire après Descartes et après Kant, après les philosophes qui ont substitué le jugement au concept et la relation à l'essence. Bergson, qui disait que de Platon à Plotin toute la philosophie antique consiste à tenir l'Action pour une Contemplation affaiblie et l'Âme pour une chute de l'Idée, a pu écrire : « Pour emprunter encore une fois aux Platoniciens leur langage, nous dirons, en dépouillant les mots de leur sens psychologique, en appelant Idée une certaine *assurance de facile intelligibilité* et Âme une certaine *inquiétude de vie*, qu'un invisible courant porte la

a. *Les Dieux*, p. 180.
b. *Onze chapitres sur Platon*, [Paris, Paul Hartmann, 1928] p. 70 [CAN 1533].
c. *Ibid.*, p. 71.
d. *Le Mercure de France*, [n° 1060,] 1er décembre 1951, [p. 611-635] p. 623.
e. *Onze chapitres sur Platon*, p. 60.

1. Le numéro du *Mercure de France* consacré à Alain se trouve dans la bibliothèque de Canguilhem (CAN 1565).

philosophie moderne à hausser l'Âme au-dessus de l'Idée. »[a] Pour Alain, bien au contraire, « parce que Platon a rassemblé en ses écrits justement ce qu'il faut d'espérance, de foi, de doute, pour élever nos faibles pensées, on l'a surnommé le divin, et bien nommé. »[b] C'est donc parce que la philosophie platonicienne est déjà, selon lui, une philosophie de l'esprit et de la liberté, que tout en construisant sa théorie esthétique d'une création qui stabilise, par le travail sur les choses et dans les choses, ces éclairs de liberté que le jugement prend à l'égard du perçu, sous l'empire de l'émotion, c'est-à-dire de la désadaptation organique, Alain se soucie le moins du monde de rechercher si son existentialisme esthétique s'accorde ou non à la théorie platonicienne des Idées.

Et, puisqu'à plusieurs reprises, nous avons rapproché Alain et Bergson[1], nous voulons, maintenant, en disant quelques mots de l'esthétique bergsonienne, mieux souligner l'originalité de leurs conceptions respectives. Par chance, nous pouvons comparer des textes presque semblables que nous transcrivons à la suite. « Le portrait achevé s'explique par la physionomie du modèle, par la nature de l'artiste, par les couleurs délayées sur la palette; mais même avec la connaissance de ce qui l'explique, personne, pas même l'artiste, n'eût pu prévoir exactement ce que serait le portrait, car le prédire eût été le produire avant qu'il fût produit, hypothèse absurde qui se détruit elle-même. »[c] « Pensons au travail du peintre de portrait, il est clair qu'il ne peut avoir le projet de toutes les couleurs qu'il emploiera à l'œuvre qu'il commence; l'idée lui vient à mesure qu'il fait. »[d] « Le portrait est un signe qui n'a point d'équivalent et que le modèle ne peut égaler. »[e]

Nous pouvons confondre ces textes dans un même commentaire et dire, en utilisant Malraux, que pour Bergson comme pour Alain, faire le portrait d'un homme c'est moins, pour l'artiste, une façon d'imiter qu'une façon

a. *Introduction à la métaphysique*, [p. 201-255] in *La Pensée et le Mouvant*, [Paris, P.U.F., 1939, 6e édition p. 247 (CAN 2641)].

b. *Onze chapitres sur Platon*, p. 60.

c. *Évolution Créatrice*, p. 7.

d. *Système des Beaux-Arts*, p. 37.

e. *Vingt leçons sur les Beaux-Arts*, p. 260.

1. Malgré la distance à Bergson à laquelle Alain lui-même s'était senti tenu. Le rapprochement est rare chez les élèves d'Alain.

d'annexer[a]. Le portrait ressemble autant à l'artiste qu'au modèle et finalement c'est le modèle, à qui le portrait propose un modèle, qui finit par ressembler au portrait.

Mais la parenté des idées ne va pas loin, car si, selon Alain, l'art est procès et travail qui attendent l'homme et commencent avec lui, selon Bergson, l'art est évolution créatrice qui traverse l'homme et s'en sert pour révéler son propre sens. Il n'y a, au fond, qu'une source de pensées commune à Alain et à Bergson, c'est Darwin et la biologie évolutionniste. Pour le reste, Bergson est indépendant de Descartes, en raison du mécanisme, indépendant de Kant, en raison du formalisme, et la méditation sur la vie le conduit à valoriser expressément le devenir, d'où son anti-platonisme conscient et total et l'ouverture possible de sa philosophie en philosophie historique. D'une part, le talent de l'artiste se modifie, se forme, se crée sous l'influence des œuvres créées, et il est impossible de saisir son rapport à ses œuvres autrement que dans l'histoire de ses créations ; et, d'autre part, les styles, les formes et les écoles se succèdent, sans possibilité d'anticipation, autrement que par l'illusion rétrospective dénoncée dans *La Pensée et le Mouvant*.

Et ainsi, nous saisissons que Bergson, comme Alain, mais de façon inverse, est fidèle, dans sa conception de l'acte de création artistique, à l'idée qu'il se fait de la fonction de l'art. Pour Bergson, l'art n'a pas pour fin de fixer, mais de suggérer le mouvement en tant que tel. S'il est vrai qu'Alain voit toujours dans l'artiste le tailleur de pierres médiéval, on pourrait dire que Bergson évoque toujours la sculpture baroque ou bien le dessin de Léonard de Vinci. « Que votre esprit conçoive toute superficie comme l'extrémité d'un volume qui la pousse par derrière. Figurez-vous les formes comme pointées vers nous. Toute vie surgit d'un centre, puis elle germe et s'épanouit du dedans au dehors. De même dans la belle sculpture, on devine toujours une puissante impulsion intérieure. » C'est Rodin qui parle, mais ce pourrait être Bergson[b][1]. N'est-ce pas lui qui cite ces mots de Ravaisson, inspirés d'une page du *Traité de la Peinture* de Léonard : « Le secret de l'art de dessiner est de découvrir dans chaque objet la manière particulière dont se dirige, à travers toute son étendue, telle qu'une vague centrale qui se déploie

a. *Les Voix du Silence*, p. 117-118.

b. [Auguste Rodin (1840-1917)] *L'Art*, entretiens recueillis [« réunis »] par P[aul] Gsell, [Paris, Grasset, « édition définitive », 1932,] p. IX.

1. Cet ouvrage se trouve dans la bibliothèque de Canguilhem (CAN 150).

en vagues superficielles, une certaine ligne flexueuse qui est comme son axe générateur. »[a]

Nous voici assez loin d'Alain. Selon lui, le propre d'une belle œuvre c'est qu'il ne lui manque rien; elle clôt une ouverture, elle tranche dans la foison des possibles. Fruit d'une action pure, sans dette à l'égard de la représentation, elle aboutit cependant à faire du spectateur un contemplateur reposé. Selon Bergson, au contraire, en tout contemplateur il y a un contempteur, sympathisant sans doute avec un mouvement intérieur à l'œuvre, mais sourdement exigeant du prolongement, de l'avenir de ce même mouvement. L'incessante formation en quoi se diversifie l'élan vital discrédite secrètement toutes formes. Car l'art nous révèle directement la réalité, c'est-à-dire la durée créatrice universelle. Et, en conséquence aussi, il faut bien le noter, l'art s'instaure comme rupture avec la vie pragmatique, avec la technique, avec l'action intéressée sur la matière, avec la fabrication des outils et des armes. Si la réalité nous touchait directement, si nous pouvions entrer en communication immédiate avec les choses et avec nous-mêmes, l'art serait inutile, parce que nous serions tous artistes[b]. Alain pense que nous sommes tous artistes; le berger qui sculpte une canne, en faisant de nécessité ornement, ne diffère pas fondamentalement de Michel-Ange cherchant dans les blocs de marbre des permissions de formes. Partout où le travail non mécanique affronte l'homme et la matière, l'art est possible. En distinguant de l'apparence pragmatique une réalité créatrice, Bergson serait donc, malgré son hostilité à Platon, aussi platonicien sur ce point qu'Alain peut l'être sur d'autres.

Il nous faudrait consacrer une étude spéciale à la question de savoir si Bergson même n'est pas, en dépit de toute vraisemblance, plus platonicien qu'il ne croit, et en tout cas plus platonicien qu'Alain lui-même, sur un problème essentiel à examiner pour toute théorie de la création, le problème du néant. Parce qu'au fond Bergson se donne l'être comme un, parce qu'il pose la contrariété de l'élan vital et de la matière sans admettre l'égale quoiqu'inverse positivité des contraires, dont l'un ne représente, selon lui, que la détente et la dégradation de l'autre, il arrive bien à expliquer le néant comme une erreur, comme l'erreur type. Mais parvient-il à expliquer l'erreur elle-même? Parvient-il à expliquer comment peut naître au sein de

a. *La Vie et l'Œuvre de Ravaisson*, [p. 281-322] in *La Pensée et le Mouvant*, p. 293.
b. *Le Rire*, [Paris, Alcan, 1938, 44e édition,] p. 152-153.

l'être une illusion sur l'être? Et la raison de cet échec n'est-elle pas à chercher dans le fait que Bergson n'admet le dualisme que comme tendance ou plus exactement n'admet de dualisme qu'entre des tendances, inscrites cependant dans une unique réalité, dans une unique positivité?

Il n'en va pas de même chez Alain. Car il nous faut nous demander, en terminant, comment une création, au sens authentique du mot, est possible pour l'homme et par l'homme dans un monde où rien ne ment, où rien ne manque. Du fait de ses origines cartésiennes, la théorie de l'imagination proposée par Alain contiendrait une immense difficulté. Dans un univers où l'objet n'exprime que la nécessité des lois, où l'homme n'agit que par son corps, dont l'explication physiologique n'est au fond qu'un chapitre de mécanique ou de physique, bref dans un tout où les événements apparents masquent la stricte conservation du mouvement, que peut-il y avoir à créer et comment créer? Dans un monde plein, quel vide à combler? Sans néant, où poser un être? En fait, c'est parce que le jugement humain est libre, ou si l'on veut parce que la pensée a le pouvoir d'être autre chose qu'un savoir, c'est parce que l'homme peut penser le faux que l'imaginaire est possible. On n'en finirait pas de relever les allusions à la théorie cartésienne du jugement, dans le *Système des Beaux-Arts*, les *Vingt Leçons sur les Beaux-Arts, Les Dieux*: jugement trompeur; croyance vraisemblable, mais anticipée, et finalement sans objet; imaginer, c'est juger et penser. La théorie de la création chez Alain, c'est sa façon originale d'exposer le dualisme du réel et de la pensée, de l'être et du non-être. L'homme est double, c'est-à-dire d'abord faux. Avant d'être actif, l'homme de l'imagination est acteur. « Observons aussi qu'on ne retrouve ces illusions étonnantes que par une complaisance à l'émotion et comme par une espèce de jeu tragique. »[a] L'homme est double, c'est-à-dire ensuite libre. « L'âme, c'est ce qui refuse le corps. »[b] Il faut que ce refus des choses soit possible pour que brille l'éclair de l'imaginaire. Et il faut que ce refus soit converti en travail pour que l'apparition apparaisse, c'est-à-dire devienne objet. « L'œuvre inscrit l'oracle. »[c] Ainsi l'œuvre créée procède du néant, qui n'est pas un rien d'être ou l'être du rien, mais l'esprit dans sa liberté. Et la beauté manifeste en ce monde, par toutes les

a. *Système*, p. 29.
b. [Alain] *Définitions*, in *Le Mercure de France*, 1er décembre 1951, [p. 583-593] p. 585.
c. *Vingt leçons*, p. 288.

formes qu'elle vient miraculeusement habiter, la servitude et la grandeur mêlées, et « cette nature institutrice portant l'infinitésimale volonté. »[a]

On a trop souvent répété qu'Alain est un moraliste. De la part de certains, c'était une forme déguisée de malveillance. On l'égalait à La Rochefoucauld[1] pour lui refuser la grandeur d'un philosophe. Quelques-uns de ses amis, lui accordant la grandeur de Montaigne[2], croyaient faire mieux. C'était pourtant chausser les mêmes lunettes que les autres. Alain n'est plus, et bientôt, passé le temps, qui n'a qu'un temps, des exhibitions de souvenirs, des contributions biographiques, des récits d'anecdotes, Alain ce sera son œuvre. Cette œuvre ce sera un problème, même pour ceux d'entre nous qui pensent la comprendre simplement parce qu'ils ont été les témoins de sa confection ou qu'ils ont eu le bonheur de recueillir directement l'enseignement du maître. Alors, comme pour toute grande œuvre philosophique, il faudra y chercher la structure, l'unité, le sens, la correspondance des thèmes et ce que, finalement, elle a voulu dévoiler. Nous pensons qu'Alain est un vrai philosophe. Nous fondons notre conviction sur l'existence de ces quatre ouvrages, *Le Système des Beaux-Arts, Les Idées et les Âges, Les Entretiens au bord de la mer, Les Dieux.* Pour la première de ces quatre œuvres magistrales, nous avons voulu expressément tenter d'en parler, dès maintenant, comme d'un texte philosophique plein, opaque, inépuisable. Paix cependant aux tenants de Montaigne.

Georges CANGUILHEM

a. *Vingt leçons*, p. 252.

1. François de La Rochefoucauld (1613-1680) dont les *Maximes* (1664) assurèrent la réputation de moraliste pessimiste.

2. L'expression est d'André Maurois (1885-1967). Claude Mauriac (1914-1996) devait la reprendre, intitulant « Notre Montaigne » sa contribution au numéro spécial de la *Nouvelle revue française* en « Hommage à Alain » (septembre 1952, p. 95-97).

BESOINS & TENDANCES[1]

Textes choisis et présentés par G. Canguilhem, Inspecteur général de l'instruction publique, Paris, Hachette, collection « Textes et documents philosophiques », 1952[2]

1. Canguilhem, depuis les débuts de son enseignement au tournant des années 1930, avait pris l'habitude, en appui à son cours de philosophie, de mettre à la disposition de ses étudiants des textes choisis. Le Fonds Canguilhem contient de très nombreuses traces de cette pratique maintenue jusqu'à ses années d'enseignement à Toulouse de 1936 à 1940. Il avait déjà formé le projet de publier des recueils de textes choisis dès le début des années 1930 et s'était brièvement associé à Michel Alexandre et Jean Laubier pour leur constitution. Un tel recueil devait notamment accompagner le *Manuel de philosophie* rédigé en 1932 (cf. *OC* I, p. 604). Ce projet initial fut sans lendemain. Mais le lancement en 1952 de la collection « Textes et documents philosophiques » doit être vu comme l'aboutissement de sa pratique d'enseignement et de ce projet depuis longtemps entretenu de publication de textes choisis pour accompagner les leçons sur des questions philosophiques particulières. Canguilhem en effet ne jugeait pas alors un tel outil moins nécessaire que vingt ans plus tôt, ainsi qu'en témoigne son intervention à l'une des journées pédagogiques tenues en 1951 : « l'utilisation de textes choisis se justifie pleinement. M. Canguilhem pense avoir été l'un de ceux qui l'ont pratiquée les premiers » (cf. *supra*, p. 395).

2. La collection « Textes et documents philosophiques » compte 14 titres. Outre *Besoins & tendances*, Canguilhem lui-même y publiera en 1970 et 1971 les deux volumes de l'*Introduction à l'histoire des sciences* préparés avec les chercheurs de son séminaire de doctorat à l'Institut d'histoire des sciences et des techniques (voir tome V).

Les autres titres publiés dans cette collection sont : François Dagognet, *Sciences de la vie et de la culture* (première édition 1953) ; Gilles Deleuze, *Instincts et institutions* (1953) ; Robert Derathé, *La justice et la violence* (1953) ; Jean Brun, *La connaissance et l'inconscient* (1954) ; Jean Svagelski, *Les affections et le sentiment* (1954) ; Francis Courtès, *La science et la logique* (1955) ; Jacques Muglioni, *Passions, vices et vertus* (1955) ; Pierre Picon, *L'œuvre d'art et l'imagination* (1955) ; Louis-Léon Grateloup, *Expérience – connaissance* (1957) ; Louis Guillermit, *La liberté* (1959) ; Robert Pagès, *Le langage* (1959) ; Jacques Guillerme, *Technique et technologie* (1973). La plupart de ces recueils ont été plusieurs fois réimprimés. Ici comme ailleurs, pour le détail des indications bibliographiques, on se reportera au tome VI de ces *OC*.

L'achevé d'imprimer et le dépôt légal de la première édition de *Besoins & tendances* sont du 3e trimestre 1952.

PRÉSENTATION DE LA COLLECTION [1]

Ce recueil de textes et ceux qui le suivront sont conçus et composés plutôt à l'usage des élèves pour toutes fins que se proposeront et leur proposeront leurs professeurs qu'à l'usage des professeurs eux-mêmes; ils ne sont pas destinés à dispenser d'un cours personnel, suivi et explicite, mais bien à le favoriser. Ils tendent à fournir une première matière sur laquelle pourra s'exercer un travail d'analyse, de critique ou d'extension, enfin et surtout un effort individuel ou collectif de mise en forme. Très souvent, la lecture du texte dispensera professeurs et élèves du résumé conventionnel, scolaire et banal, de son contenu essentiel, elle permettra la substitution d'une connaissance directe, quoique fragmentaire, à une allusion ou à une notation de catalogue.

1. Ce texte de présentation se trouve seulement dans certains titres de la collection, y compris dans des réimpressions tardives.

Le manuscrit initial de cette présentation, avec des ratures et des variantes mineures en regard de la version imprimée, mais aussi des lacunes importantes, se trouve dans le Fonds Canguilhem conservé au CAPHÉS (GC. 19.1.1).

Un autre texte, sur un feuillet de la main de Canguilhem, dans le même dossier, « Principes directeurs pour un choix de textes philosophiques », daté du 10 novembre 1951, constitue tout probablement un mémorandum destiné à confirmer les termes de son entente avec la maison d'édition Hachette. Le document donne en première partie la « Méthode » de composition des recueils et préfigure en substance le texte imprimé de la présentation de la collection. Une seconde partie, « Technique », décrit la démarche à suivre, notamment en ce qui a trait au recrutement des « collaborateurs » à la collection. Il y est aussi précisé : « Pour chaque fascicule, Canguilhem fournira quelques directives de plan et d'orientation en vue d'assurer la coordination des rubriques, d'éviter les redites, bref de maintenir une unité d'économie. La librairie Hachette demandera que chaque fascicule soit d'abord communiqué à Canguilhem pour examen et avis. »

Un tapuscrit de deux feuillets portant le même titre que le feuillet de novembre 1951, mais dont le texte est différent, développant seulement la première partie (« Méthode »), se trouve aussi dans ce dossier d'archives. Il fut tiré une version imprimée de ces « *Principes directeurs pour un choix de Textes philosophiques* destinés à orienter les auteurs de votre collection », ainsi que l'indique une lettre du 22 janvier 1952 signée par le directeur des collections aux éditions Hachette, René Vaubourdolle (1894-1979), lui-même ancien élève de l'École normale supérieure et agrégé des lettres. Ce texte est sans aucun doute de Canguilhem. Il y spécifie quant au choix des œuvres dont les extraits doivent être tirés et sur l'exclusion de celles d'auteurs vivants : « Sans tradition philosophique, la spéculation philosophique est livrée à la mode. L'histoire de la philosophie est le jugement de la philosophie. On peut aujourd'hui, sans risque d'injustice, ignorer, dans une classe de philosophie, les Idéologues, les Éclectiques, Renan et Taine. Il nous est impossible de discerner parmi nos contemporains les Éclectiques de demain, les Taine de demain ».

Ces recueils ne sont destinés expressément ni aux étudiants, ni aux candidats aux grandes écoles, mais aux élèves de classes terminales de l'enseignement du second degré, sans que l'on ait pensé spécialement à ceux qui prolongeront leurs études secondaires par des études supérieures. On s'efforcera donc de retenir qu'il s'agit de faciliter des débuts, sans cependant accepter de confondre la philosophie avec un amusement littéraire. Qu'on n'attende donc de nous ni une Logique sans larmes, ni une Morale puérile et honnête, ni une Métaphysique par l'image. Il n'y a point de réflexion philosophique sans difficulté, mais sans doute y a-t-il dans la difficulté philosophique des degrés, sinon au sens algébrique, du moins au sens architectural. Nous partirons du bas des marches.

On veut que ces recueils contiennent des textes et des documents capables de fournir des rudiments solides et des ensembles cohérents, c'est-à-dire un noyau dont la valeur d'initiation et de documentation ne se trouve pas périmée du fait des efforts individuels ou collectifs que ces choix de textes pourraient susciter s'ils répondent, comme on peut le croire, à un vœu général et si leur présentation fait paraître clairement leur intention.

Tout choix implique des principes; tous principes de choix sont discutables; leur justification réside dans leur fécondité. Disons quels principes, volontairement nets et accusés, guident et guideront nos choix.

À identité de contenu – dans la mesure où ces mots peuvent avoir un sens – on préférera un texte ancien à un texte moderne, un texte original à un commentaire.

On s'interdira de proposer des textes empruntés aux travaux de professeurs de philosophie actuellement en exercice en France.

Mais on ne suivra pas la même règle pour les savants, les artistes, les techniciens.

Expliquons-nous. Sans appui sur la tradition philosophique, la spéculation philosophique est livrée à la mode, trop aisément confondue avec le souci d'être moderne et de comprendre son temps, tâche pour laquelle les auteurs anciens et classiques nous sont, en raison de leur rectitude et de leur goût des distinctions, parfois plus secourables que bien des contemporains adeptes de la confusion des genres. Car il convient de séparer la position des problèmes de leur examen. C'est pourquoi, il nous semble que ce qui devrait le moins importer à un professeur de philosophie, c'est d'être le contemporain des solutions de ses collègues professeurs. Par contre, il ne lui est pas permis de n'être pas le contemporain des problèmes qui sont posés à tous les philosophes, donc d'abord à lui, et par suite, de l'information que ces problèmes supposent. Voilà pourquoi, en matière de philosophie, nos choix partiront du passé le plus classique pour s'arrêter aux frontières de l'actualité; alors qu'en matière de sciences ou de techniques, nos choix partiront du présent, pour aller chercher, dans le passé, aussi haut qu'il conviendra, la préparation ou l'anticipation de ce présent.

La disposition et la répartition des textes à l'intérieur d'un même recueil et d'un recueil à l'autre doivent obéir à un plan, pour éviter les deux inconvénients de la rhapsodie et du système dogmatique. Que ce plan soit subjectif (ce qui ne veut pas dire ici individuel) – et comment ne le serait-il pas? – n'enlève nullement aux textes réunis à telle place la possibilité d'être autrement confrontés pour leur utilisation dans un cours qui n'adopterait pas ce plan. Mais si l'ordre des rubriques de la classification des textes affecte plutôt l'allure d'un cours que celle d'un programme, c'est, d'une part, parce que dans la tradition française de l'enseignement, le programme des questions de philosophie n'impose pas d'ordre obligatoire à leur examen, c'est d'autre part pour que soit bien marquée, même et peut-être surtout dans une publication de caractère scolaire, l'indépendance de la philosophie par rapport aux vicissitudes des programmes. Ainsi, l'unité, même schématiquement indiquée, d'une préoccupation philosophique, se manifestant peu à peu dans le plan général des recueils, inclura la variété des programmes scolaires, s'ils restent des programmes de philosophie. Et par là, ne disparaîtra pas, derrière la philosophie en tant que programme, la philosophie en tant que problème.

Bien entendu, on n'oublie pas qu'aucun des textes retenus n'a été écrit pour devenir une pièce dans un recueil de morceaux choisis. Son caractère d'extrait, ses limites, ses coupures internes, tout cela est artificiel. Dans le tout de l'œuvre où on l'a prélevé le texte avait une valeur autre que celle qu'il reçoit dans sa nouvelle situation, comme le font dans un musée une statue ou un bas-relief. Mais de même que, selon André Malraux, le musée crée à la lettre des œuvres d'art originales, jamais voulues comme telles par leurs auteurs, de même ces recueils composent pour chacun des fragments, par leur ensemble, un contexte nouveau, différent de l'original[1]. Tels textes rapprochés, sans considération d'époques, de genres ou d'écoles, sous la responsabilité de l'auteur du recueil et à l'image des relations que son jugement a pu tendre entre ses lectures, reçoivent, chacun des autres, un éclat

1. La rédaction par Canguilhem de cette présentation suit de quelques mois son article sur « La création artistique chez Alain » dans lequel il reprenait des éléments d'analyse chez Malraux. Voir *supra*, p. 417, 420, 431-432.

singulier, un sens non arbitraire sans doute, mais non davantage exclusif de tout autre possible. En cela, l'auteur du recueil oriente le texte – pourquoi feindre de l'ignorer? – par l'insertion, l'ordre et le cadre, et pourtant il ne le sollicite pas.

Aux textes, dans le sens usuel du terme, c'est-à-dire à des extraits d'œuvres philosophiques ou littéraires dans lesquelles des valeurs esthétiques sont toujours, à quelque degré, liées à la rigueur logique ou à la précision de l'analyse, sont joints parfois des documents, nous voulons dire des emprunts à des rapports ou à des travaux scientifiques ou historiques, dans lesquels le souci rhétorique ou artistique passe au second plan. On ne peut demander à un économiste ou à un biologiste d'écrire comme un métaphysicien ou comme un romancier. Mais à ne vouloir retenir que des pages « bien écrites », on risquerait de se priver d'une information utile, d'un témoignage précieux. En conséquence, parmi ces extraits les uns seront des instruments, d'autres pourront passer pour des modèles, d'autres seront les deux à la fois. Des textes de portée philosophique ne sont pas nécessairement des textes beaux, mais s'ils sont gonflés de signification ils font toujours de beaux textes. Nous tâcherons de rendre manifeste dans nos choix notre goût commun pour des morceaux choisis qui soient plutôt des objets de saveur que des comprimés chimiques.

Les textes sont et seront choisis assez courts. Il est entendu par là qu'on évitera, autant que possible, d'une part les «pensées», d'autre part les extraits à longueur de chapitre. Naturellement, il ne peut y avoir de règle stricte de dimension typographique. Toutes les fois qu'on le jugera utile, on indiquera que le texte peut être confronté à tel ou tel passage d'un autre ouvrage.

Comme nous voudrions proposer une méthode de travail plus encore que des résultats – car à vrai dire ils sont inépuisables – nous ne donnerons pas, sous chaque rubrique de groupement, une extension et une importance égales aux différents exemples qui pourraient l'illustrer. Au respect constant de la liberté et de l'ingéniosité personnelles de nos collègues se joindra parfois un souci de réserve ou de discrétion à l'égard des élèves. Chacun pourra s'exercer à compléter, selon l'opportunité ou le goût, ce qui sera resté intentionnellement esquissé ou lacunaire.

Pour les mêmes raisons, et sans que nous pensions devoir nous en excuser, nous ne donnerons pas un mode d'emploi à l'appui de ces recueils. S'il arrive aux auteurs de suggérer eux-mêmes quelque rapprochement d'un texte à l'autre ou d'un recueil à l'autre, ce sera seulement dans la pensée que l'ouvrage peut éventuellement avoir pour lecteur un isolé, élève sans direction magistrale ou amateur sans objectif scolaire. Il y a plusieurs façons d'utiliser ces recueils, y compris celles auxquelles leurs auteurs n'ont pas pensé et qui ne sont peut-être pas les moins bonnes.

Chaque fascicule sera précédé de l'indication du plan composé par les principales rubriques; chaque texte sera suivi du nom de l'auteur, car on ne lit pas du même œil une page signée ou non; toutes les références et indications d'origine seront groupées dans un tableau final [1].

G. CANGUILHEM

1. *Cf.* p. 446, n. 1.

SOMMAIRE

BESOINS ET TENDANCES

I. Les besoins élémentaires étudiés par le biologiste

1. *Vie organique, Vie animale, Vie sexuelle.*

On cherche dans des considérations abstraites la définition de la vie; on la trouvera, je crois, dans cet aperçu général: *La vie est l'ensemble des fonctions qui résistent à la mort.* – Tel est en effet le mode d'existence des corps vivants que tout ce qui les entoure tend à les détruire. Les corps inorganiques agissent sans cesse sur eux; eux-mêmes exercent les uns sur les autres une action continuelle; bientôt ils succomberaient s'ils n'avaient en eux un principe permanent de réaction. Ce principe est celui de la vie; inconnu dans sa nature, il ne peut être apprécié que par ses phénomènes; or, le plus général de ces phénomènes est cette alternative habituelle d'action de la part des corps extérieurs, et de réaction de la part du corps vivant, alternative dont les proportions varient suivant l'âge…

… Telle est la vie considérée dans sa totalité; examinée plus en détail, elle nous offre deux modifications remarquables. L'une est commune au végétal et à l'animal, l'autre est le partage spécial de ce dernier. Jetez en effet les yeux sur deux individus de chacun de ces règnes vivants; vous verrez l'un n'exister qu'au-dedans de lui, n'avoir avec ce qui l'environne que des rapports de nutrition, naître, croître et périr fixé au sol qui en reçut le germe; l'autre allier à cette vie intérieure dont il jouit au plus haut degré, une vie extérieure qui établit des relations nombreuses entre lui et les objets voisins, marie son existence à celle de tous les autres êtres, l'en éloigne ou l'en rapproche selon ses craintes ou ses besoins, et semble ainsi, en lui appropriant tout dans la nature, rapporter tout à son existence isolée…

… Il résulte de là que les fonctions de l'animal forment deux classes très distinctes. Les unes se composent d'une succession habituelle d'assimilation et d'excrétion; par elles, il transforme sans cesse en sa propre substance les molécules des corps voisins, et rejette ensuite ces molécules lorsqu'elles lui sont devenues hétérogènes. Il ne vit qu'en lui, par cette classe de fonctions; par l'autre, il existe hors de lui, il est l'habitant du monde, et non, comme le végétal, du lieu qui le vit naître…

… La génération n'entre point dans la série des phénomènes de ces deux vies, qui ont rapport à l'individu, tandis qu'elle ne regarde que l'espèce; aussi ne tient-elle que par des liens indirects à la plupart des autres fonctions. Elle ne commence à s'exercer que lorsque les autres sont depuis longtemps en exercice, elle s'éteint bien avant qu'elles finissent. Dans la plupart des animaux, ses périodes d'activité sont séparées par de longs intervalles de nullité; dans l'homme, où ses rémittences sont moins durables, elle n'a pas des rapports plus nombreux avec les fonctions[a][1].

BICHAT[2]

*

2. *Liaison dans la vie animale du mouvement et du besoin.*

Les animaux, considérés en général, présentent des êtres vivants très singuliers par les facultés qui leur sont propres, et à la fois très dignes de notre admiration et de notre étude. Ces êtres infiniment diversifiés dans leur forme, leur organisation et leurs facultés, sont susceptibles de se mouvoir ou de mouvoir certaines de leurs parties sans l'impulsion d'aucun mouvement communiqué, mais par une *cause excitatrice* de leur irritabilité qui, dans les uns, se produit en eux, tandis qu'elle est entièrement hors d'eux dans les autres. Ils jouissent la plupart de la faculté de changer de lieu, et tous possèdent des parties éminemment irritables.

On observe que, dans leurs déplacements, les uns rampent, marchent, courent ou sautent; que d'autres volent, s'élèvent dans l'atmosphère et en traversent différents espaces; et que d'autres, vivant dans le sein des eaux, y nagent et se transportent dans différentes parties de leur étendue.

Les animaux n'étant pas comme les végétaux, dans le cas de trouver près d'eux et à leur portée les matières dont ils se nourrissent, et même parmi eux, ceux qui vivent de proie étant obligés de l'aller chercher, de la poursuivre,

a. *Recherches physiologiques sur la Vie et la Mort* (1800), 1re partie, article I, § 1.

1. Dans l'édition Hachette, les références données par Canguilhem sont placées en fin de recueil, dans une « Tables des références » (p. 85-87). Elles sont ici placées en notes de bas de page, pour en faciliter la consultation.

2. Sur Xavier Bichat, cf. *supra*, p. 317 n. 1.

enfin de s'en saisir, il était nécessaire qu'ils aient la faculté de se mouvoir, et même de se déplacer, afin de pouvoir se procurer les aliments dont ils ont besoin.

D'ailleurs, ceux des animaux qui se multiplient par la génération sexuelle, n'offrant point d'hermaphrodisme assez parfait, pour que les individus se suffisent à eux-mêmes, il était encore nécessaire qu'ils pussent se déplacer pour se mettre à portée d'effectuer les actes de fécondation et que les milieux environnants en facilitassent les moyens à ceux qui, comme les huîtres, ne peuvent changer de lieu.

Ainsi la faculté que les animaux possèdent de mouvoir des parties de leur corps et d'exécuter la locomotion, intéressant leur propre conservation et celle de leur race, les besoins surent la leur procurer[a].

LAMARCK[1]

*

3. *Le besoin, catégorie de la pensée physiologique.*

La vie… parce qu'elle est un incessant renouvellement, ne peut subsister qu'en empruntant sans arrêt au milieu extérieur matière et énergie ; aussi la notion de besoin, qui ne fait que traduire la nécessité de ces emprunts, est-elle d'usage courant dans la physiologie la plus matérialiste qui non seulement admet des besoins de calories, d'azote, de vitamines, etc., mais qui cherche sans cesse et réussit à les évaluer quantitativement. On peut même dire qu'il est impossible de faire de la physiologie, d'étudier une fonction quelconque, sans se servir, inconsciemment, de la notion de besoin : toute fonction, en effet, toute démarche de la vie, implique une direction, une tendance vers quelque chose qui, par cela même, est qualifié par l'être vivant comme utile et désirable pour sa vie ; c'est dire que tout fonctionnement correspond d'une façon plus ou moins précise à un besoin que son rôle consiste justement à satisfaire.

Il est facile de voir que le besoin n'est que la tendance à une régulation déterminée et prend sa source dans un état physiologique qui appelle cette régulation. Or, le comportement externe ne fait que compléter le rôle du fonctionnement interne à l'égard du besoin : l'animal qui a faim commence

a. *Philosophie zoologique* (1809) : VI, Généralités sur les animaux, début.

1. Sur Lamarck, voir *infra*, p. 743 *sq*.

par mobiliser ses réserves, fait appel notamment à la fonction glycogénique de son foie pour rétablir la composition de son milieu intérieur, appauvri en métabolites ; l'homéotherme qui a froid augmente ses combustions internes pour maintenir son équilibre thermique. Si ces fonctions n'apportent pas une satisfaction suffisante à l'organisme, celui-ci réagit d'une façon plus étendue sous la forme d'un comportement : l'animal affamé part en quête d'une proie ; l'homéotherme qui a besoin de chaleur recherche dans la prairie les rayons du soleil ou gagne dans la maison le coin du feu.

La conduite de l'animal n'est donc, d'une manière générale, qu'un processus extériorisé de régulation tendant à la satisfaction d'un besoin. Une telle interprétation n'est pas une simple vue de l'esprit ; elle s'appuie sur des constatations expérimentales relatives aux besoins physiologiques les mieux définis. Le Cobaye, privé d'acide ascorbique, corps qui représente pour lui une vitamine indispensable, manifeste une tendance marquée à rechercher et à manger les aliments qui en contiennent abondamment[a].

L. BOUNOURE[1]

*

FAIM ET SOIF

4. *Soulagement et satisfaction dans les régulations biologiques.*

On peut considérer le désir de nourriture et de boisson, ainsi que la faim et la soif, qui font en sorte de maintenir les réserves organiques en matières nutritives et en eau, comme des types d'autres mécanismes favorables au bien-être de l'individu et de la race. Le comportement d'un être peut être divisé en actes qui tendent à le libérer des excitations douloureuses ou

a. *L'Autonomie de l'Être vivant* (1949), p. 140-141. P.U.F. éd. Paris. M. Louis Bounoure est professeur à la Faculté des Sciences de Strasbourg.

1. Louis Bounoure (1885-1966), agrégé des sciences naturelles, docteur ès sciences (Paris), est nommé en 1919 maître de conférences à la Faculté des Sciences de Strasbourg où il sera ensuite professeur de biologie générale de 1922 jusqu'à sa retraite en 1955. Plusieurs de ses écrits seront consacrés à dénoncer la théorie de l'évolution qu'il caractérisera encore en 1964 comme « le plus bel exemple de système *a priori* pseudo-scientifique ». Dans son ouvrage sans doute le plus connu des philosophes, *L'autonomie de l'être vivant. Essai sur les formes organiques et psychologiques de l'activité vitale* (« Bibliothèque de philosophie contemporaine », Paris, P.U.F., 1949), Bounoure renvoyait à l'article de 1946 de Canguilhem sur « La théorie cellulaire » et il reprenait favorablement plusieurs des idées de l'*Essai sur quelques problèmes concernant le normal et le pathologique*, tout en en déplorant « l'obsession évolutionniste ».

pénibles, et en actes qui tendent à prolonger ou renouveler une sensation agréable.

La faim et la soif appartiennent à la première catégorie. Chacun de ces états s'associe à un mouvement naturel; chacun d'eux excite, pousse à l'action plus ou moins vigoureusement; tous les deux peuvent être si pénibles qu'ils forcent l'individu qui est leur proie à chercher un soulagement à cette sensation insupportable d'ennui ou de détresse. D'autre part, l'expérience peut conditionner le comportement en révélant que le fait de prendre une nourriture ou une boisson s'accompagne d'un plaisir inattendu. C'est ainsi que s'établit le désir de répéter ces expériences : la personne en état d'appétit est tentée et non forcée d'agir – elle cherche une satisfaction et non pas un soulagement. Il ne faut pas supposer que les deux mécanismes excitateurs – la douleur et le plaisir – sont aussi séparés que nous les avons considérés pour faciliter notre analyse actuelle. Ils peuvent être intimement mêlés; le soulagement de la faim ou de la soif peut s'accompagner de la satisfaction de l'appétit.

En ce qui concerne le maintien des réserves en matières nutritives et en eau, l'appétit ou la prise habituelle de ces aliments est le mécanisme qui intervient en premier lieu. Mais si les demandes de l'organisme ne sont pas satisfaites de cette manière douce et accidentelle, les douleurs de la faim et de la soif se font puissantes, persistantes, violentes et exigent impérieusement la prise de nourriture et d'eau pour mettre un terme à ce tourment. Par ces mécanismes l'approvisionnement de l'eau et de la nourriture nécessaires aux réserves est automatiquement assuré[a].

W.B. CANNON[1]

a. *La Sagesse du Corps*, traduction française de l'ouvrage *The Wisdom of the Body* ([New York, W. Norton,] 1932), p. 58-59. Éditions de la Nouvelle Revue Critique, Paris.

W. B. Cannon qui fut professeur de physiologie à l'Université Harvard, est l'auteur de travaux célèbres sur les modifications de l'organisme dans la douleur, la faim, la peur et la colère (*Bodily Changes in Fear, Hunger, Pain and Rage*, [New York, Appleton,] 1915), où il étudie le rapport entre les émotions et les fonctions des glandes endocrines.

1. Walter Bradford Cannon (1871-1945) apparaît souvent dans l'œuvre de Canguilhem, à compter de son article de 1951 sur « Le normal et le pathologique » (repris dans *La connaissance de la vie*), surtout pour ses travaux sur l'homéostasie et la régulation physiologique. Cannon avait obtenu son doctorat en médecine à Harvard en 1900 où il devint rapidement

*

5. *Faim globale et faims spécifiques.*

Si l'on cherche l'origine de la faim, on la trouve dans l'appauvrissement du milieu interne, devenu incapable de fournir aux cellules les substances réparatrices. Quand la dépense organique est générale et harmonique, elle porte à la fois et proportionnellement sur l'eau, les sels, les graisses, les substances protéiques, les hydrates de carbone. Cette dépense globale dans le milieu interne s'accuse dans la sphère psychique sous forme de faim globale. Cette sensation complexe ne saurait être décomposée par l'introspection; elle apparaît comme une force irrésistible qui nous pousse à manger. Mais si, laissant ce point de vue subjectif, nous considérons les diverses substances alimentaires, alors nous remarquons que cette force interne est une résultante dont l'analyse physiologique révèle les composantes; elles ne sont autres que les faims particulières provenant des divers déficits substantiels qu'éprouve le milieu interne, déficits que doivent combler les diverses substances ingérées.

Instruits par leurs parents et par leur propre expérience, les animaux absorbent de l'eau, des sels, des hydrates de carbone, des substances protéiques et ils les absorbent dans une mesure donnée, selon leur espèce. Comment ont-ils appris dans cette conscience inférieure où s'accuse la faim, que ces corps contiennent, au moins virtuellement, les substances que réclame, à la suite de son appauvrissement, le milieu interne ? Comment ont-ils appris qu'il faut absorber 40 ou 80 grammes de viande et 300 ou 400 grammes de légumes pour réparer exactement leurs déperditions ? Tel est le vrai problème psychophysiologique de la faim.

La nature de cette sensation, nous ne pouvons la connaître sans connaître ses causes, c'est-à-dire les excitations qui la déterminent. Si l'on ne considère la soif que comme une impulsion à boire, on ne s'expliquera jamais quand ou comment se réveille cette sensation. De même pour la faim : si on ne la considère que comme une impulsion à manger, on ne s'expliquera jamais pourquoi cette impulsion varie avec l'âge, le climat, les professions, etc. Pour étudier scientifiquement la faim et la soif, il faut en rechercher les

professeur de physiologie, poste qu'il occupa jusqu'en 1942. Ses premières recherches avaient été menées sous la direction d'Henry Pickering Bowditch (1840-1911), lui-même un élève de Claude Bernard.

causes, en découvrir le mécanisme. Or, on ne s'engagera dans la voie vraiment scientifique qu'en rattachant ces impulsions aux modifications qualitatives et quantitatives du milieu interne[a].

R. TURRO[1]

*

6. *Comment l'organisme fixe lui-même ses rations alimentaires.*

La chimie biologique, en nous montrant la belle régularité avec laquelle fonctionnent les processus nutritifs, soulève un problème qu'elle n'aborde pas elle-même, car ce problème est de nature psychophysiologique… Il suffit de connaître la quantité et la qualité des produits de la désassimilation pour pouvoir calculer la ration des diverses substances qui doivent les remplacer. Mais avant que la science eût fait ces calculs, l'homme et les animaux s'y conformaient sans le savoir. Grâce à un ensemble de tendances électives, ils choisissaient les substances les mieux appropriées, ils se fixaient leur ration alimentaire avec autant de précision que si l'analyse chimique leur en eût révélé les propriétés. Ce fait est trop significatif pour qu'on ne puisse admettre l'existence d'une sorte d'intelligence inférieure où se répercutent les impressions propres aux diverses substances alimentaires, impressions d'où naissent les tendances qui guident l'animal dans le choix de sa nourriture…

… On observe que les animaux omnivores prennent de chaque aliment ce qu'ils peuvent en consommer. Il suffit de considérer la quantité de légumes frais ou secs, de viande, d'œufs, etc. que prend l'homme, pour voir qu'il est guidé par une sorte d'intuition, fruit d'une expérience constante de

a. *Les Origines de la Connaissance* (1914), p. 15-17. Alcan éd., Paris. – Ramon Turró [1854-1926], physiologiste catalan, a été professeur au Laboratoire municipal de Barcelone. Ses travaux sur le mécanisme de la faim méritent mieux que les citations discrètes qu'en ont faites ceux qui n'ont pas manqué de les utiliser.

1. Il est plausible que Canguilhem ait eu connaissance des travaux de Turró par son professeur de physiologie de la Faculté de Médecine puis ami à Toulouse, le docteur Camille Soula (1888-1964). Celui-ci traite notamment des travaux de Turró dans sa communication sur « Les réflexes conditionnés » prononcée à la Société Toulousaine de Philosophie le 3 mars 1934 (Société Toulousaine de Philosophie, *Communications et Discussions, 1928-1936*, Toulouse, Faculté des Lettres, 1937, p. 37-41).

leur valeur nutritive par rapport aux dépenses de son organisme. Tandis qu'il recherche les légumes comme un ruminant, il est plus réservé à l'égard des viandes et des œufs; ce qu'il en consomme est bien inférieur comme quantité à ce qu'il absorbe en fait de riz, de haricots, de pois chiches, de choux, de laitue.

En résumé, les expériences se sont si bien organisées dans les centres psychotrophiques que l'homme et le reste des animaux, à la vue d'un aliment, savent d'avance la ration qui leur convient, comme si sa valeur nutritive leur était déjà connue. Cette connaissance des valeurs nutritives, d'où vient-elle? Elle ne vient pas de l'éducation ou d'un enseignement extérieur mais de l'expérience interne. Ainsi ce n'est pas la mère qui mesure le lait à l'enfant, c'est l'enfant qui se le mesure lui-même. Ce n'est point par convention qu'on mange la viande, les haricots, dans des proportions si différentes. C'est le sujet qui, de lui-même, s'est fixé ces rations et il en a toujours été ainsi. C'est le mécanisme physiologique qui proportionne la ration aux besoins intérieurs. Par la répétition, les expériences se gravent dans les centres psychotrophiques sous forme de souvenirs; grâce à ces souvenirs, nous savons, à la vue d'un aliment, quelle quantité nous devons en prendre[a].

R. TURRO

*

7. *La détermination spontanée des objets alimentaires.*

L'organisme dénonce, au moyen de la sensibilité trophique qui se manifeste par des sensations de faim et de soif, l'absence des substances dont il a besoin. Si tout se terminait là, ces réactions sensorielles n'auraient aucun but, caractère distinctif du phénomène psychique.

Indubitablement, la soif est une sensation spécifique, comme la faim, de telle ou telle autre substance déterminée, mais, entre l'apparition de ces sensations, ou besoins élémentaires, et la connaissance des corps qui peuvent rétablir la composition du milieu interne et les satisfaire, il existe un processus dont il est intéressant d'entreprendre l'étude…

… Par l'action isolée de la sensibilité trophique, le sujet ne saurait jamais qu'il y a dans le monde des choses extérieures capables de satisfaire les

a. Même référence, p. 31 et 38-39.

besoins de l'organisme; et il n'arriverait pas non plus à savoir que ce qui impressionne ses sens, sous une forme donnée, contient quelque chose qui les complète; pour que cette induction puisse être formulée dans l'intelligence, il est nécessaire qu'il s'établisse une relation intérieure entre les indices sensoriels accusés d'un côté par la sensibilité trophique, de l'autre par les centres de la sensibilité extérieure.

Cette induction primordiale, la plus importante de la vie psychique est ce qui constitue dans les termes les plus généraux, ce que nous désignons du nom d'*expérience trophique*, expérience au moyen de laquelle nous savons quels sont les corps qui, transportés du monde extérieur dans l'organisme, remédient à tel déficit substantiel et non à tel autre.

L'homme, ainsi que les animaux, sait qu'il y a des corps qui sont nutritifs. Il est clair que jamais on ne pourra attribuer cette qualité à un corps, si la conscience n'a pas appris à le connaître par les sens; mais il est clair aussi que les indices en vertu desquels on connaît le besoin trophique que satisfait un aliment donné ne sont pas fournis par les sens…

… Physiologiquement, ce qui manque à l'organisme s'accuse dans les centres psychotrophiques sous la forme de sensations spécifiques; mais pour savoir ce qui, dans le monde extérieur, correspond à ces besoins et la quantité qui les satisfait, il faut les ingérer et procéder à leur essai. Cet essai n'établira jamais une véritable expérience trophique, tant que la sensation trophique ne se mêlera pas à des images externes; c'est seulement au moyen de cette connexion centrale que l'animal arrive à savoir que la substance qui satisfait la faim est celle qui s'accuse dans les sens sous une forme sensorielle déjà connue par des actes antérieurs. S'il n'existe pas de liaison entre les activités des centres psychotrophiques et ceux de la sensibilité externe, il est possible que la faim soit apaisée par l'ingestion aveugle de l'aliment, mais l'animal n'arrivera jamais à former ce jugement en vertu duquel on affirme que *ce qui calme la faim est ce que les sens accusent comme présent*[a].

R. TURRO

a. Même référence, p. 45, p. 54-55, p. 69.

*

SOMMEIL

8. *Intermittence périodique des fonctions de la vie animale : rythme du sommeil.*

La cause qui suspend la respiration et la circulation suspend et même anéantit la vie pour peu qu'elle soit prolongée. Toutes les sécrétions s'opèrent sans interruption et si quelques périodes de rémittence s'y observent, comme dans la bile, hors le temps de la digestion, dans la salive, hors celui de la mastication, etc., ces périodes ne portent que sur l'intensité et non sur l'entier exercice de la fonction. L'exhalation et l'absorption se succèdent sans cesse; jamais la nutrition ne reste inactive, le double mouvement d'assimilation et de désassimilation dont elle résulte n'a de terme que celui de la vie. Dans cet enchaînement continu des phénomènes organiques, chaque fonction est dans une dépendance immédiate de celles qui la précèdent…

… Considérez, au contraire, chaque organe de la vie animale dans l'exercice de ses fonctions, vous y verrez constamment des alternatives d'activité et de repos, des intermittences complètes, et non des rémittences comme celles qu'on remarque dans quelques phénomènes organiques. – Chaque sens fatigué par de longues sensations devient momentanément impropre à en recevoir de nouvelles. L'oreille n'est point excitée par les sons, l'œil se ferme à la lumière, les saveurs n'irritent plus la langue, les odeurs trouvent la pituitaire insensible, le toucher devient obtus, par la seule raison que les fonctions respectives de ces divers organes se sont exercées quelque temps… Tout muscle qui s'est fortement contracté ne se prête à de nouvelles contractions qu'après être resté un certain temps dans le relâchement : de là les intermittences nécessaires de la locomotion et de la voix. – Tel est donc le caractère propre à chaque organe de la vie animale, qu'il cesse d'agir par là même qu'il s'est exercé, parce qu'alors il se fatigue et que ses forces épuisées ont un besoin de se renouveler. L'intermittence de la vie animale est tantôt partielle, tantôt générale, elle est partielle quand un organe isolé a été longtemps en exercice, les autres restant inactifs. Alors cet organe se relâche, il dort tandis que tous les autres veillent…

… L'animal est maître de fatiguer isolément telle ou telle partie. Chacune devait donc pouvoir se relâcher et par là même réparer ses forces d'une manière isolée : c'est le sommeil partiel des organes…

… Le sommeil général est l'ensemble des sommeils particuliers, il dérive de cette loi de la vie animale qui enchaîne constamment, dans ses fonctions, des temps d'intermittence aux périodes d'activité, loi qui la distingue d'une manière générale, comme nous l'avons vu, d'avec la vie organique : aussi le sommeil n'a-t-il jamais sur celle-ci qu'une influence indirecte, tandis qu'il porte tout entier sur la première…

… Pourquoi, la lumière et les ténèbres sont-elles dans l'ordre naturel régulièrement coordonnées à l'activité et à l'intermittence des fonctions externes ? C'est que, pendant le jour, mille moyens d'excitation entourent l'animal, mille causes épuisent les forces de ses organes sensitifs et locomoteurs, déterminent leur lassitude et préparent un relâchement que la nuit favorise par l'absence de tous les genres de stimulants…

… Il suit de ce que nous avons dit dans cet article que par sa nature, la vie organique dure beaucoup plus que la vie animale. En effet la somme des périodes d'intermittence de celles-ci est presque à celle de ses temps d'activité, dans la proportion de la moitié ; en sorte que, sous ce rapport, nous vivons au-dedans presque le double de ce que nous existons au-dehors [a].

BICHAT

*

9. *Description et définition de la fatigue.*

La fatigue est une sensation spéciale que chacun connaît. Mais dès que l'on essaie de décrire cette sensation, on voit déjà surgir des difficultés. Le soir d'une journée de travail, nous ressentons un certain bien-être mêlé d'un besoin de sommeil. La sensation de fatigue ne nous est pas désagréable. Mais pour ressentir un certain bien-être dans la fatigue, il faut que les conditions de notre milieu soient favorables : il nous faut un siège confortable, une température agréable. Le même degré de fatigue nous est pénible si nous ne pouvons nous étendre, si nous éprouvons une sensation de froid, ou encore si nous devons fournir un nouvel effort intellectuel ou physique.

Dans d'autres conditions, la fatigue est d'emblée ressentie comme sensation désagréable. La fatigue du travail statique en est un exemple connu : si nous maintenons les bras étendus horizontalement, sans charge, nous sentons progressivement une douleur articulaire dans le bras. Cette

a. Même référence que le n° 1 : Ire partie, article IV, § 1, 2 et 3.

sensation devient telle qu'après une lutte de courte durée entre la volonté de persister dans l'effort et le besoin de l'arrêter, nous cessons l'effort, la sensation devenant de plus en plus douloureuse. Il est difficile de dissocier la fatigue de la douleur dans le travail statique.

Les deux exemples cités sont des cas extrêmes, rarement rencontrés dans le sport et le travail industriel, où tous les degrés et toutes les formes se rencontrent, allant de la simple inattention jusqu'à la douleur…

… La sensation de fatigue se dissipe par le repos : le repos le plus complet des muscles, associé à un repos intellectuel, sera le meilleur moyen de dissiper la fatigue : par conséquent, le sommeil en position couchée est le procédé physiologique le plus simple pour rétablir l'organisme…

… Dans la fatigue intellectuelle, dans la fatigue industrielle, où les mécanismes nerveux centraux jouent un rôle soit exclusif, soit prépondérant, un aspect spécial de la fatigue, l'inattention et le manque d'intérêt, peuvent être supprimés par un changement d'occupation. De là l'introduction de pauses, de récréations dans l'industrie et à l'école.

La description sommaire de quelques types de fatigue et le moyen de la faire disparaître nous permettent de définir avec plus de précision la fatigue : on parle de fatigue quand – toutes choses égales d'ailleurs – on voit le rendement d'un appareil ou d'un organisme diminuer par son activité même, à condition que cet état soit réversible et que la seule suspension de la fonction restitue une capacité fonctionnelle de nouveau identique à celle enregistrée au début du travail…

… La définition de la fatigue qu'on vient de lire, nous conduit à deux nouvelles conclusions :

1° On pourra évaluer la fatigue objectivement d'après le rendement.

2° On pourra parler de fatigue de l'œil, du bras, du cœur, de la transmission nerveuse, de la transmission neuro-musculaire, etc.[a].

Ch. KAYSER[1]

a. *Physiologie du Travail et du Sport* (1947), p. 128-130. Hermann éd., Paris. – M. Charles Kayser est professeur de physiologie à la Faculté de Médecine de Strasbourg.

1. Charles Kayser (1899-1981), docteur ès sciences naturelles, titularisé professeur de physiologie à la Faculté de Médecine de Strasbourg en 1949, y continuera sa carrière, dirigeant l'Institut de physiologie jusqu'à sa retraite en 1969. C'est à Clermont-Ferrand, poursuivant ses études de médecine, que Canguilhem avait connu Kayser qu'il remercie comme l'un de ses

*

10. *Le sommeil comme anticipation prophylactique de l'épuisement.*

Le besoin subjectif de sommeil ne précède pas nécessairement l'acte de s'endormir. On peut tomber endormi sans en avoir ressenti préalablement le besoin. C'est le plus souvent le cas lorsque nous allons nous coucher à l'heure habituelle, ou lorsque nous nous endormons en chemin de fer. Cette absence de besoin s'explique par la loi de la prise de conscience : nous ne prenons pas conscience des réactions que nous accomplissons d'une façon automatique. Il n'y a prise de conscience que si la réaction est empêchée ou gênée. Le besoin de sommeil ne surgit dans notre conscience que lorsque pour une raison ou pour une autre nous sommes poussés à prolonger l'état de veille quoique notre organisme incline au sommeil. Il est le résultat d'un conflit de tendances.

Il en est de même pour les autres besoins : nous ne ressentons pas toujours la faim avant de manger ni le besoin d'uriner avant la miction. Lorsque ces actes sont régis par l'habitude et peuvent s'accomplir sans obstacle, ils se passent de l'avertissement du besoin…

… La théorie biologique du sommeil part de ce fait capital que le sommeil, tout en étant en relation étroite avec l'épuisement, peut être différé cependant de plusieurs heures, voire de plusieurs jours, lorsque l'intérêt de l'individu l'exige ; donc que le sommeil précède l'épuisement. Et elle se demande alors, puisque le sommeil ne peut plus être conçu comme un état passif, de paralysie, d'inactivité par épuisement, en un mot comme un accident, s'il ne serait pas un processus *actif*, réflexe ou instinct de défense, ayant pour fonction, *en frappant l'animal d'inertie, de l'empêcher de parvenir au stade d'épuisement.* Selon la théorie biologique, *ce n'est pas parce que nous sommes intoxiqués, ou épuisés, que nous dormons, mais nous dormons pour ne pas l'être.*

maîtres dans la préface de la première édition de l'*Essai* de 1943. En 1955, sa thèse de doctorat ès lettres, *La formation du concept de réflexe*, sera dédicacée à Gaston Bachelard et à Charles Kayser conjointement. Une relation d'amitié s'établit entre les deux hommes ; Canguilhem fut l'auteur de l'introduction historique au *Traité de physiologie* de Kayser (Paris, Flammarion, 1963, 3 vol.), « La constitution de la physiologie comme science », vol. 1, p. 11-50, texte repris dans les *Études d'histoire et de philosophie des sciences*.

La théorie biologique coordonne donc ces deux faits, qui dominent la phénoménologie du sommeil :

1° le sommeil est en relation avec l'épuisement;

2° le sommeil, dans les circonstances habituelles, n'est pas commandé par lui.

La théorie biologique fait aussi comprendre ce *désintérêt* pour la situation présente qui caractérise l'endormissement: cette inhibition de l'intérêt est en effet nécessaire pour que l'individu accepte l'état léthargique qui vient quotidiennement suspendre son activité. Ce désintérêt est donc lui-même une réaction de défense contre la menace d'épuisement[a].

E. CLAPARÈDE[1]

*

GÉNÉRATION

11. *L'impulsion sexuelle chez l'animal: description et mesure de sa force relative.*

L'impulsion sexuelle s'exerce avec une énergie et une continuité qui lui donnent l'allure d'une force irrépressible; elle domine chez le mâle les tendances individuelles les plus impérieuses.

Chez beaucoup de Poissons, toute recherche de la nourriture cesse, au moment de la fraie, à tel point que l'individu ne vit plus qu'aux dépens de ses propres tissus (Saumon, etc.). Le Crapaud, qui entre dans la saison des noces en état d'inanition complète, au sortir d'une longue période d'hibernation, ne mange rien avant d'avoir sacrifié aux besoins de l'espèce. On a vu des Coqs tenus isolés et à jeun durant plusieurs jours, puis lâchés dans une basse-cour, satisfaire d'abord leur appétit sexuel, avant leur faim.

a. *Le Sommeil et la Veille* dans *Nouveau Traité de Psychologie* de G[eorges] Dumas, tome IV, p. 462 et 503, Alcan éd., Paris, 1934. – C'est en 1904 qu'Édouard Claparède a exposé pour la première fois sa théorie biologique du sommeil : *cf.* [« Esquisse d'une biologie du sommeil »,] *Archives de Psychologie*, [février-mars] 1905, vol. IV [p. 245-349].

1. Édouard Claparède (1873-1940), de nationalité suisse, docteur en médecine (1897), fut de 1904 à sa mort directeur du laboratoire de psychologie de la Faculté des Sciences de l'Université de Genève.

Warden[1] (1931) a cherché à comparer, avec précision, les variations en fonction du temps, de quelques besoins essentiels, faim, soif, appétit sexuel, en exprimant la force de ces besoins par l'énergie que met l'animal à surmonter des obstacles s'opposant à leur satisfaction : chez le Rat mâle, la force des tendances correspondant aux besoins d'aliments et d'eau s'élève rapidement au début de la privation, puis diminue dès le quatrième jour pour la faim et dès le deuxième jour pour la soif, par suite de l'affaiblissement général de l'organisme ; au contraire, la force de l'impulsion sexuelle se maintient constante durant environ 25 jours.

Il est bien connu d'autre part que si la peur, habituellement, tient une grande place dans la vie affective de beaucoup d'animaux, l'appétit sexuel efface en eux toute crainte et les livre souvent sans défense à leurs ennemis.

Les phénomènes réflexes de l'accouplement témoignent de la force de l'ardeur sexuelle ; on en trouve un exemple dans le réflexe d'embrassement par lequel le mâle des Grenouilles et des Crapauds enserre la femelle : Spallanzani (1785), dans de cruelles expériences, vérifia que ni l'amputation des membres postérieurs ou des mains, ni la décapitation, ni la brûlure progressive des pattes, ne mettait fin à l'étreinte du mâle[2].

L'effacement des autres tendances devant le besoin sexuel est surtout frappant chez les animaux qui n'acquièrent leur maturité qu'à la fin de leur vie, dans une période exclusivement consacrée à la reproduction (Insectes à l'état parfait, Lamproies, etc.)[a].

L. BOUNOURE

a. *Reproduction sexuelle et Histoire naturelle du Sexe* (1947), p. 109-111, Flammarion éd., Paris.

1. Carl John Warden (1890-1961), spécialiste américain de la psychologie comparée, après avoir obtenu un Ph. D. de l'Université de Chicago (1922) fut rapidement recruté par l'Université Columbia de New York où se déroula le reste de sa carrière. *Animal motivation. Experimental studies on the albino rat* (New York, Columbia University Press, 1931) présentait une synthèse de ses recherches expérimentales jusqu'à cette date.

2. Sur Spallanzani, cf. *infra*, « La physiologie au XVIIIe siècle », p. 769, n. 4 et p. 776-778, 781-783.

*

12. *L'instinct maternel chez l'animal: méthodes et limites de son explication par un déterminisme chimique.*

Si le déterminisme de l'instinct maternel a fortement sollicité la curiosité des naturalistes, aucune question ne reste plus obscure. Giard[1] (1905) avait cherché les origines de cet instinct dans les avantages que retireraient les parents des soins donnés à leur progéniture, l'oiseau, par exemple, trouvant « une sensation de fraîcheur des plus agréables dans le contact des corps doux, frais et polis que sont les œufs », et la femelle des mammifères allaitant pour satisfaire « le besoin de se débarrasser d'une sécrétion gênante », mais il est clair que ces explications puériles ne peuvent rendre compte de la genèse d'une tendance si puissante et si perfectionnée. Aujourd'hui on recherche son déterminisme dans des actions endocriniennes, telles que celles dont dépend, chez la femelle des mammifères, le fonctionnement des glandes mammaires; on sait en effet que le développement de ces glandes durant la gestation est dû à l'action d'une hormone ovarienne, la *progestérone*, et que leur entrée en activité, après la mise bas, doit être attribuée à une hormone du lobe antérieur de l'hypophyse, la *prolactine*. Il y a des raisons de penser que ces facteurs hormoniques, et plus spécialement la prolactine, interviennent comme conditions déterminantes du comportement maternel: Riddle (1935)[2], par des injections de prolactine, a provoqué des manifestations

1. Alfred Giard (1846-1908) fut l'un des plus illustres néo-lamarckiens français. Ancien élève de l'École normale supérieure (1867), docteur ès sciences (1872), il enseigna à Lille et à l'École normale au début de sa carrière, puis fut nommé à la Faculté des Sciences de Paris où il occupa de 1888 à sa mort la Chaire d'évolution des êtres organisés. L'article de Giard sur « Les origines de l'amour maternel », avait d'abord été publié dans le *Bulletin de l'Institut général psychologique*, tome 5, n° 1, 1905, p. 3-33, puis repris dans la *Revue des Idées*, tome 2, n° 16, p. 249-273. Ce texte est absent des deux volumes de ses *Œuvres diverses* publiées en 1911 par les soins d'un « groupe d'élèves et d'amis » (Paris, Laboratoire d'évolution des êtres organisés).

2. « Maternal Behavior Induced in Virgin Rats by Prolactin », *Proceedings of the Society for Experimental Biology and Medicine*, vol. 32, février 1935, p. 730-734; « Prolactin Induces Broodiness in Fowl », *American Journal of Physiology*, vol. 111, n° 2, février 1935, p. 352-360; « Aspects and Implications of the Hormonal Control of the Maternal Instinct », *Proceedings of*

typiquement maternelles chez la poule en état d'ovulation, ainsi que chez de jeunes rates vierges; chez la Chatte, l'hypophysectomie abolit l'instinct maternel (Allan et Wiles, 1932)[1]; en revanche elle le laisse intact chez les souris (Leblond, 1937)[2] et d'ailleurs, chez ces animaux, cet instinct peut apparaître *en dehors de toute maternité*, chez les femelles mises en présence de souriceaux, ce qui conduit à admettre l'existence de tendances maternelles prédéterminées. Ces tendances, indépendantes d'après Leblond des phénomènes de la lactation, seraient mises en jeu par des impressions sensorielles dues à la présence des jeunes; il semble que ceux-ci n'exercent leur pouvoir d'attraction sur la mère qu'à condition de réaliser un certain état physiologique, où, d'après de curieuses constatations d'Orent et

the American Philosophical Society, vol. 75, n° 6, 1935, p. 521-525. Oscar Riddle (1877-1968), biologiste américain, fut le premier, en 1933, à isoler l'« hormone de la maternité » qu'il nomma prolactine. Il avait étudié avec Jacques Loeb à l'Université de Chicago où il obtint un Ph. D. en zoologie en 1907. L'essentiel de sa carrière se déroula au Cold Spring Arbor Laboratory à Long Island dans l'État de New York.

1. Hamish Allan et Philip Wiles, « The role of the pituitary gland in pregnancy and parturition. I. Hypophysectomy », *Journal of Physiology*, vol. 75, 1932, p. 23-28. Allan (? – ?) et Wiles (1899-1967) étaient alors chercheurs au Courtauld Institute of Biochemistry de la London University.

2. Charles Philippe Leblond (1910-2007) a publié avec Warren O. Nelson deux articles sur cette question la même année : « Maternal behavior in hypophysectomized male and female mice », *American Journal of Physiology*, vol. 120, n° 1, 1937, p. 167-172 et « Présence d'instinct maternel sans stimulation hormonale », *Comptes rendus de la Société de Biologie*, vol. 124, 1937, p. 1064-1066. Biologiste canadien né en France, il est inventeur de l'autoradiographie et l'un des découvreurs des cellules souches (1953). Après l'obtention d'un doctorat à la Faculté de Médecine de Paris (1934), des études postdoctorales aux États-Unis et un séjour dans le laboratoire d'Antoine Lacassagne (1884-1971) à l'Institut du Radium à Paris, il joignit en 1941 le corps professoral de l'Université McGill de Montréal où se déroula le reste de sa carrière, à l'exception de ses deux années de service dans les Forces Françaises Libres en 1944-1945. Warren O. Nelson (1906-1964) était alors professeur au College of Medicine de la Wayne University à Detroit dans le Michigan; sa carrière se poursuivit au College of Medicine de l'Université de l'Iowa, puis à la direction du Population Council du Rockefeller Institute à New York. Leblond et Nelson continuèrent à collaborer à diverses occasions tout au long de leurs carrières.

Mac Collum (1931)[1], la présence du manganèse paraît jouer un rôle important : de jeunes rats, issus d'une mère nourrie sans manganèse et dont l'organisme est privé de cet élément minéral, n'éveillent aucun intérêt chez des rates qui se montrent d'autre part nettement portées à soigner et à allaiter des petits normaux.

En somme, malgré les précisions déjà obtenues sur ses conditions hormoniques et biochimiques, l'instinct maternel reste assez profondément mystérieux ; ce mystère s'épaissit encore lorsqu'on considère, dans les sociétés d'Insectes, l'aptitude des femelles stériles à l'élevage des larves, pour lesquelles leur comportement ressemble à une véritable sollicitude. D'ailleurs la connaissance, même complète, des conditions physico-chimiques de ce comportement ne révèlerait point par quelles transmutations impénétrables de telles conditions peuvent donner naissance aux activités maternelles, « condition seconde, dit Rémy de Gourmont[2], de la perpétuité de la vie » ; de quelque instinct qu'il s'agisse, ce serait une grossière confusion que de chercher une commune nature entre ce phénomène qualitatif et téléologique et les conditions matérielles qui en stimulent les manifestations[a].

L. BOUNOURE

a. Même référence [que pour l'extrait précédent], p. 125-26.

1. Elsa Orent et Elmer Verner McCollum, « Effects of Deprivation of Manganese in the Rat », *Journal of Biochemical Chemistry*, vol. 92, 1931, p. 651-678. McCollum (et non MacCollum) (1879-1967), biochimiste renommé pour ses travaux sur la nutrition, fut professeur à l'Université Johns Hopkins de 1917 jusqu'à sa retraite en 1946. Sa collaboratrice, Elsa Orent Keiles (1904-1987), avait complété sous sa direction, à la même université, son Ph. D. en sciences en 1925.

2. La citation est tirée de la *Physique de l'amour. Essai sur l'instinct sexuel* (Paris, Mercure de France, 1903, p. 161) : « Comme la génération, l'amour maternel est un commandement ; c'est la condition seconde de la perpétuité de la vie. » Sur Rémy de Gourmont, cf. *infra*, p. 943, n. 4.

*

SOCIÉTÉ

13. *Spécificité de la tendance sociale.*

L'habitude de se grouper, de vivre en société n'est pas certes générale chez tous les êtres, la tendance inverse, celle de l'isolement, s'observe dans de nombreux cas. De toute façon il est beaucoup d'animaux qui vivent rassemblés. Les groupements peuvent affecter des modalités très diverses, depuis les sociétés compliquées des Abeilles et des Fourmis, jusqu'à de simples rassemblements d'individus. Un même déterminisme est-il à la base de toutes ces formes de vie sociale ? …

L'isolement provient, avons-nous vu, d'une tendance innée, indépendante de toute finalité; il y a de même une tendance au groupement. Pour Wheeler[a] [1], c'est une « appétition » de même que la faim, l'instinct sexuel etc. Mais il s'agit d'une propension plus faible, plus continue, moins spasmodique, par conséquent moins évidente. Il n'y aurait pas lieu davantage de rechercher d'où vient cet instinct que de se demander l'origine de l'instinct d'accouplement ou de la sensation de faim.

Rabaud[2] trouve ce terme d'appétition insuffisamment explicatif et le compare à la vertu dormitive de l'opium. Pour lui, le phénomène social est

a. Wheeler (W. Morton), entomologiste américain, auteur d'un ouvrage sur *Les Sociétés d'Insectes* [: *leur origine, leur évolution*, Paris, G. Doin,] (1926).

1. Les premiers travaux de William Morton Wheeler (1865-1937) portaient sur l'embryologie. Plus tard, dans l'exercice de ses responsabilités muséales (au Musée d'histoire naturelle de New York notamment) aussi bien que dans sa carrière universitaire (à Harvard pour l'essentiel), ses travaux restèrent orientés par la résolution de grands problèmes biologiques. Sur la base de ses travaux myrmécologiques universellement reconnus, il élabora la thèse selon laquelle certaines "sociétés animales" sont en fait des superorganismes.

2. Étienne Rabaud (1868-1956) avait étudié sous la direction de Mathias-Duval (Mathias-Marie Duval, 1844-1907) à la Faculté de Médecine de Paris, puis avec Camille Dareste (1822-1899), au Laboratoire de tératologie de l'École des Hautes Études où il avait mené ses travaux pour le doctorat ès sciences (1898), et enfin au Laboratoire d'évolution des êtres organisés d'Alfred Giard (1846-1908). Maître de conférence à la Faculté des Sciences de Paris à compter de 1907, il occupa la chaire de Biologie expérimentale de 1923 jusqu'à sa retraite en 1938. Convaincu de la suffisance des explications purement physico-chimiques, mais aussi de l'unité de l'organisme, ses travaux sur l'hérédité se doublaient d'une critique soutenue des travaux de l'école mendélienne, notamment de ceux de William Bateson (1861-1926) et Thomas Hunt Morgan (1866-1945).

déterminé par une « interattraction ». De même que les animaux sont attirés ou repoussés par des odeurs, des sensations visuelles, thermiques, etc. de même certains d'entre eux sont attirés par les autres individus de même espèce…

Appétition de Wheeler, interattraction de Rabaud, désignent en fin de compte une tendance au rapprochement entre êtres de même espèce. La comparaison de l'opium s'applique aux deux termes, et, en dernière analyse, à toutes les propriétés physico-chimiques, à toutes les manifestations psychiques.

Dans toutes les sociétés, même les plus compliquées, l'interattraction peut être mise en évidence; elle demeure le facteur déterminant originel sans lequel il ne saurait y avoir de vie sociale. Il ne s'ensuit pas que d'autres causes ne puissent s'ajouter à celle-là et ne viennent parfois renforcer son action ou imprimer un caractère particulier à chacune des diverses sortes de sociétés[a].

Une des erreurs les plus répandues, partagée par la majorité des auteurs ayant écrit sur les sociétés animales, est de les faire dériver de la famille et même de la vie sexuelle… L'attraction sexuelle n'est certes pas à la base des sociétés. On ne doit pas la confondre avec l'attraction sociale qui tend à rapprocher les individus en dehors de toute finalité. Ces deux tendances peuvent, au contraire, se montrer antagonistes, car beaucoup de sociétés se dissolvent quand l'attrait sexuel se fait sentir. La plupart des bandes d'oiseaux se dissipent en couples isolés au moment de la reproduction. Ainsi font les Outardes, les Pinsons, les Moineaux, les Mésanges; ainsi font les Rennes parmi les Mammifères…

Si l'on ne peut soutenir en aucune façon que la Société provienne de l'instinct de rapprochement des sexes, est-il plus juste de prétendre qu'elle dérive de la vie de famille? Ce ne serait pas l'attraction sexuelle, mais l'éducation des jeunes qui créerait la société… Les êtres sociaux tout comme les autres, doivent se reproduire et élever leur progéniture, on observe donc, dans le sein des sociétés, des processus familiaux. Mais il ne faut pas tomber dans l'illusion de croire qu'ils ont créé la société indépendamment d'une attraction réciproque préexistante, dont les effets se font sentir sur les parents comme sur les autres. Il arrive que les membres du groupement se

a. L'auteur étudie successivement l'action de la mémoire des lieux et du retour au nid, le régime de vie, l'échange de nourriture.

reproduisent le plus souvent entre eux et finissent par être tous plus ou moins apparentés.

Les êtres insociables n'élèvent-ils pas leurs enfants? Le Chat-qui-va-tout-seul comme dit Kipling[1], prend-il moins soin de ses petits que la Marmotte ou l'Ondatra? Le Rouge-gorge, solitaire intraitable, ne nourrit-il pas sa couvée avec autant d'amour que le Héron ou le Choucas? …

La sociabilité se montre chez des espèces où il n'y a pas la moindre trace de vie familiale… La famille n'est pas une première étape vers la vie sociale[a].

FRANÇOIS PICARD[2]

II. L'EXPRESSION SOCIALE DU BESOIN CHEZ L'HOMME

Non seulement par manque de place, mais aussi pour présenter plus nettement l'idée que les besoins humains sont liés, quant à leur manifestation et à leur satisfaction, aux formes diverses de la vie sociale et de la culture, on a choisi de grouper ici des textes relatifs à la seule alimentation humaine, en souhaitant que cet exemple suscite des exercices analogues concernant d'autres besoins.

a. *Les Phénomènes sociaux chez les Animaux* (1933), chap. II, p. 20-40 *passim.* A. Colin éd., Paris.

Sur les divers types de sociétés animales, on peut lire une étude de MARGUERITE COMBES[3] : *Le Mystère des Sociétés animales*, dans [AA.VV.,] *Le Mystère animal* ([Paris,] Plon, 1935 [p. 203-229]).

1. Rudyard Kipling (1865-1936), écrivain et journaliste britannique, dont l'ouvrage aujourd'hui le plus lu demeure sans doute *Le livre de la jungle*. Canguilhem écrivait en 1929 à Jean-Richard Bloch qu'il lisait Kipling pour apprendre l'anglais (cf. *OC* I, p. 219) – avec un succès mitigé – et en 1932, dans le cadre de la controverse avec Thédore Ruyssen (1868-1967), il renvoyait celui-ci à la lecture de *Stalky & Cie*, (*ibid.*, p. 409). « Le Chat qui va tout seul » est l'un des récits animaliers des *Histoires comme ça* de Kipling, les *Just so Stories for Little Children* de 1903.

2. François Picard (1879-1939), entomologiste, docteur ès sciences (1919), termina sa carrière à la Faculté des Sciences de la Sorbonne.

3. Marguerite Combes (188? -1946), auteur d'œuvres littéraires et de travaux sur le comportement des insectes a aussi signé *Le Rêve et la Personnalité* (Paris, Boivin, 1922), publié avec une préface d'André Lalande. Elle était la fille du botaniste Gaston Bonnier (1853-1922) qui avait été professeur à la Faculté des Sciences de Paris à compter de 1887.

14. *L'attente du repas.*

Le mouvement et la vie occasionnent dans le corps vivant une déperdition continuelle de substance; et le corps humain, cette machine si compliquée, serait bientôt hors de service, si la Providence n'y avait placé un ressort qui l'avertit du moment où ses forces ne sont plus en équilibre avec ses besoins.

Ce moniteur est l'appétit. On entend par ce mot la première impression du besoin de manger.

L'appétit s'annonce par un peu de langueur dans l'estomac et une légère sensation de fatigue.

En même temps, l'âme s'occupe d'objets analogues à ses besoins; la mémoire se rappelle les choses qui ont flatté le goût; l'imagination croit les voir; il y a là quelque chose qui tient du rêve. Cet état n'est pas sans charmes; et nous avons entendu des milliers d'adeptes s'écrier dans la joie de leur cœur : « Quel plaisir d'avoir un bon appétit, quand on a la certitude de faire bientôt un excellent repas. »

Cependant l'appareil nutritif s'émeut tout entier, l'estomac devient sensible; les sucs gastriques s'exaltent; les gaz intérieurs se déplacent avec bruit, la bouche se remplit de sucs, et toutes les puissances digestives sont sous les armes, comme des soldats qui n'attendent plus que le commandement pour agir. Encore quelques moments, on aura des mouvements spasmodiques, on bâillera, on souffrira, on aura faim[a].

On peut observer toutes les nuances de ces divers états dans tout salon où le dîner se fait attendre.

Elles sont tellement dans la nature, que la politesse la plus exquise ne peut en déguiser les symptômes; d'où j'ai dégagé cet apophtegme : *De toutes les qualités du cuisinier, la plus indispensable est l'exactitude*[b].

BRILLAT-SAVARIN[1]

a. Cette admirable description est confirmée par la physiologie. Voir CANNON, *La Sagesse du Corps*, p. 55-57.

b. *Physiologie du goût* (1825), Méditation VI : De l'appétit.

1. Anthelme Brillat-Savarin (1755-1826), député à l'Assemblée constituante émigra en 1794 et ne revint en France que sous le Directoire, pour y poursuivre sa carrière de magistrat. Sa *Physiologie du goût ou Méditations de gastronomie transcendante*, publiée de manière

*

15. *Différence entre le plaisir de manger et le plaisir de la table.*

Le plaisir de manger est la sensation actuelle et directe d'un besoin qui se satisfait.

Le plaisir de la table est la sensation réfléchie qui naît de diverses circonstances de faits, de lieux, de choses et de personnes qui accompagnent le repas.

Le plaisir de manger nous est commun avec les animaux; il ne suppose que la faim et ce qu'il faut pour la satisfaire.

Le plaisir de la table est particulier à l'espèce humaine; il suppose des soins antécédents pour les apprêts du repas, pour le choix du lieu et le rassemblement des convives.

Le plaisir de manger exige, sinon la faim, au moins de l'appétit; le plaisir de la table est le plus souvent indépendant de l'un et de l'autre.

Ces deux états peuvent toujours s'observer dans nos festins.

Au premier service et en commençant sa session, chacun mange avidement, sans parler, sans faire attention à ce qui peut être dit, et, quel que soit le rang qu'on occupe dans la société, on oublie tout pour n'être qu'un ouvrier de la grande manufacture. Mais quand le besoin commence à être satisfait, la réflexion naît, la conversation s'engage, un autre ordre de choses commence, et celui qui jusque-là n'était qu'un consommateur devient convive plus ou moins aimable, suivant que le maître de toutes choses lui en a dispensé les moyens[a].

BRILLAT-SAVARIN

*

16. *Dis-moi ce que tu manges, je te dirai ce que tu es*[b].

Le mode de nourriture diffère peu chez la grande majorité des habitants ruraux de la France; ni la cuisine même, en dépit de quelques ingrédients qui sont objets de litiges entre le Nord et le Midi. Le paysan champenois que

a. Même référence [que l'extrait précédent]; Méditation XIV : Du plaisir de la table.

b. C'est le quatrième des aphorismes énoncés par Brillat-Savarin en tête de sa *Physiologie du Goût.*

anonyme à Paris chez Sautelet en 1826 (« Dédiée aux gastronomes parisiens par un professeur ») reste un classique que Canguilhem appréciait et citait volontiers. Le tout premier aphorisme de l'ouvrage commence par les mots : « L'univers n'est rien que par la vie... ».

Taine montre mangeant sa soupe à l'entrée de sa maison se trouverait en cette attitude et cette occupation partout en France. Quand on voit dans les tableaux des rares peintres qui n'ont pas dédaigné de peindre le paysan, les Lenain[1], l'attitude et la physionomie des ruraux du XVIIe siècle, on les reconnaît chez leurs descendants d'aujourd'hui. Ce sont bien les gestes lents de ces mangeurs de pain, sachant à l'occasion déguster le vin, assis autour d'une miche, pesamment sur leurs escabeaux de bois.

Le pain, avec des légumes et des végétaux, une nourriture animale dont la volaille et le porc font surtout les frais, telle est l'alimentation conforme à un sol où les céréales, avec les genres d'élevages qui en dépendent, tiennent la plus grande place. Le blé est l'aliment préféré des méridionaux de l'Europe, et précisément nos principales terres à blé sont au Nord. Autant le Français se distingue de l'Anglais et même de l'Allemand par son mode de nourriture, autant il se ressemble à lui-même sur ce point au Nord et au Midi. Pour les peuples germaniques qui nous avoisinent, notre paysan appréciateur de pain blanc, amateur de végétaux, et ingénieux dans l'art de les produire est un objet d'attention et de curiosité. Dans son récit de la campagne de France, Gœthe remarque l'antagonisme des deux peuples au sujet du pain : « Pain noir et pain blanc sont la pierre de touche entre Français et Allemands » (*das Shibolet, das Feldgeschrei zwischen Deutschen und Franzosen*)[2]. Nos pêcheurs bretons, tous plus ou moins jardiniers sur leur littoral doux et humide, font à Terre-Neuve l'étonnement des équipages anglais, en trouvant moyen de faire croître quelques salades sur cette côte stérile. Au XVIIe siècle nos réfugiés transformèrent par leurs cultures de légumes et de jardinage le triste *Moabit*, dans la sablonneuse banlieue de Berlin[a].

P. VIDAL DE LA BLACHE[3]

a. *La France, tableau géographique* (1908), p. 49. Hachette éd., Paris.

1. Les trois frères Lenain, dont la production s'étend de 1630 à 1695 environ, ne signaient leurs peintures que de leur nom de famille.

2. Le passage se trouve à la date du 24 septembre 1792, à la suite du récit de la bataille de Valmy. Cf. *Kampagne in Frankreich*, dans *Goethes Werke*, éd. Karl Heinemann, Leipzig, Bibliographisches Institut, s.d., vol. 15, p. 245-445, p. 311.

3. Paul Vidal de la Blache (1845-1918), ancien élève de l'École normale supérieure (1863), agrégé d'histoire et géographie (1866), docteur ès lettres (1872), après un bref passage dans le

*

17. *Géographie des régimes alimentaires.*

Nous pouvons maintenant aborder l'étude des régimes alimentaires. Toutefois les considérations biologiques ne suffisent pas à rendre compte de leur composition. D'autres influences interviennent à côté des besoins physiologiques, des goûts, des disponibilités de nourriture.

Ce sont essentiellement des prescriptions ou des interdits de nature religieuse ou sociale. Parfois l'usage de certains aliments est défendu à tous les fidèles d'une même religion. Les Hindous ne peuvent pas consommer la chair des vaches. L'usage de la viande de porc et des boissons fermentées est défendu aux musulmans. La loi hébraïque dit : « Vous ne mangerez pas des animaux qui ruminent seulement ou qui ont la corne fendue ou le pied fourchu seulement. » Et cette prohibition porte sur le chameau, le lièvre, le daman, le porc, qui sont regardés comme impurs… Tantôt l'interdiction de certains mets est générale et absolue ; tantôt elle ne joue que pour certaines castes, ou pour les femmes ; ou pour les jeunes gens non encore initiés (prohibition de la chair de l'émeu aux non-initiés) ; tantôt encore elle est temporaire, limitée à un temps d'impureté ou d'initiation ou à une période de disette (poules, bananes et ignames en Polynésie)…

On a trop souvent cherché à ces prescriptions une raison d'hygiène et d'utilité. Il est vrai qu'une interdiction alimentaire est chose naturelle dans les temps de famine, mais le cas demeure exceptionnel. Les explications rationalistes sont aujourd'hui périmées pour cet ordre de faits. Personne ne soutiendrait plus sérieusement que les Orientaux ont en abomination la viande de porc à cause du danger offert par sa consommation dans un pays chaud… Chez les primitifs, l'interdit qui frappe certains mets impurs est souvent en relation avec les idées totémiques. Un ensemble d'idées religieuses, où la notion d'impur ou de sacré liée à des traditions et à des légendes voisine avec la notion de macération et de sacrifice, se trouve à

secondaire, est chargé de cours à la Faculté des Lettres de Nancy (1872), maître de conférences (1877) puis sous-directeur de l'École normale supérieure et, de 1898 à 1909, professeur de géographie à la Faculté des Lettres de Paris. Son *Tableau géographique de la France* avait d'abord été publié en 1903 (Paris, Hachette) ; ses *Principes de géographie humaine*, ouvrage posthume et devenu classique, furent publiés en 1922 (Paris, Armand Colin) par les soins de son élève Emmanuel de Martonne (1873-1955).

l'origine d'autres pratiques alimentaires. Il est possible aussi que le triomphe d'une civilisation sur une autre ait fait regarder comme vulgaires et impurs les mets des peuples subjugués : il y a quelque chose comme cela dans la réputation d'impureté attachée aux lentilles dans l'ancienne Égypte. Considérées sous cet angle, les coutumes alimentaires n'apparaissent plus seulement comme les filles du besoin et de la nécessité, mais encore comme le reflet d'une structure mentale collective et le legs d'une très ancienne histoire, une manifestation essentielle du genre de vie total…

Sous le bénéfice de cette observation préliminaire, disons ce qu'un géographe entend par régime alimentaire. Le régime d'un groupe est la combinaison d'aliments, produits par son territoire ou apportés par des échanges, qui assure son existence quotidienne en satisfaisant ses goûts et assure sa persistance dans un ensemble de conditions de vie déterminé. Cette notion répond à une norme. Elle diffère par là de la notion médicale de régime alimentaire. Cette dernière a un caractère individuel et ne se conçoit qu'en fonction d'un tempérament défini [a].

M. SORRE [1]

*

18. *Fonction sociale du repas familial chez les ouvriers.*

Pour l'ouvrier, entre les heures qu'il passe au travail le matin et l'après-midi (quand il rentre chez lui pour déjeuner), entre celles-ci et celles qu'il consacre au sommeil, l'essentiel de la vie de famille paraît bien le repas pris en commun avec la femme et les enfants. Pour la femme, qu'elle travaille ou non au-dehors, la préparation des repas est l'occupation domestique essentielle. Pour les enfants, qu'ils soient à l'école, jouent au-dehors, commencent leur apprentissage, l'heure des repas est celle où ils se

a. *Les Fondements de la Géographie humaine* [3 vol., 1943-1952] : tome I, *Les Fondements biologiques* (1943), 2e édition 1947, p. 247-249, A. Colin éd., Paris.

1. Maximilien Sorre (1880-1962), géographe français, disciple de Vidal de la Blache, avait aussi étudié avec le botaniste Charles Flahaut (1852-1935) à Montpellier. Il avait après sa thèse de doctorat (*Les Pyrénées méditerranéennes : étude de géographie biologique*, Paris, Armand Colin, 1913) engagé une carrière administrative tout en continuant à publier. Il accéda à une chaire de géographie à la Sorbonne en 1941. Son vaste traité, d'orientation écologique, sur *Les Fondements de la géographie humaine* est devenu classique.

retrouvent avec leurs parents. La table de famille où le père, au retour du travail de l'usine, a la place d'honneur, et ces repas préparés surtout d'après ses goûts et ses préférences symbolisent périodiquement son autorité de chef de groupe. Toutes les solennités familiales, les fêtes, les jours de repos sont marqués surtout par des repas plus substantiels et meilleurs…

Tandis qu'au travail, et lorsqu'il dépense de l'énergie, l'ouvrier, nous l'avons dit, perd de vue la société, se trouve seul en face des choses, prend conscience de son isolement et d'être surtout un instrument matériel et mécanique engagé dans la nature brute, lorsque, sous forme d'aliments, il recouvre de nouvelles forces, il oublie momentanément l'usine, le travail, et que c'est pour retourner dans celle-ci et continuer celui-là qu'il doit renouveler sa substance. Du moins, il tend à y parvenir. Précisément parce qu'il y a un rapport entre la consommation d'aliments et le travail de l'ouvrier, si celui-ci n'envisage, dans le fait de se nourrir, que l'obligation de se refaire en vue du travail, ses repas deviendront comme une pièce et un complément nécessaire de ses opérations productrices, et c'est la vie de l'usine qui pénétrera profondément dans la vie sociale, sans s'y confondre. Mais cela est pénible. Pour oublier ce rapport il faut séparer en pensée les deux phases solidaires, considérer que la consommation est en elle-même une fin, et que l'ouvrier travaille en vue de se nourrir, non qu'il se nourrit en vue de travailler. Il faut donc que les repas se présentent de plus en plus sous un aspect social, et non matériel et qu'ils soient pour l'ouvrier l'occasion et le moyen essentiel de rentrer dans la société…

La famille est l'unité consommatrice par excellence, on peut même dire que consommer est sa fonction sociale essentielle, la seule qui manifeste au-dehors sa réalité. Car ce n'est pas comme famille qu'elle travaille (dans notre système économique), alors même que tous ses membres iraient à l'usine. Aussi, comme chef de famille, l'ouvrier prend le mieux conscience d'être un membre de la société. Il n'obéit pas à l'instinct animal (le plus remarquable) qui porte la mère à assurer la subsistance à ses petits, mais au besoin social d'assurer à sa famille (où il se confond) et de lui conserver sa place et son rang dans la société. Il n'y a point de famille, nous l'avons vu, sans un sentiment de classe commun à tous ses membres. Un certain niveau de consommation, l'habitude d'une alimentation à la fois aussi régulière et variée que possible, où les aliments de qualités diverses se trouvent en des proportions définies, servent le mieux à entretenir dans le groupe domestique le sentiment de sa situation sociale[a].

M. HALBWACHS[1]

*

19. *Composition des repas et niveau social de vie.*

Si l'homme était une sorte de moteur mécanique, on pourrait calculer exactement la quantité de force qu'il faut lui fournir, pour qu'on en obtienne un rendement convenable ou suffisant. Mais malgré le vœu exprimé en ce sens par un commissaire de la Statistique du Travail en Amérique, et que nous avons reproduit, le moment ne paraît point venu où les ouvriers, au lieu de viande, de légumes, de sucre, de lait, de vin, etc., achèteront simplement, dans un magasin d'alimentation rationalisé, un certain nombre d'unités d'énergie. Pas plus que le vêtement ne répondrait qu'au besoin de disposer d'une enveloppe isolante, qui empêche la chaleur emmagasinée dans l'homme-machine de rayonner au-dehors et de se perdre. Pas plus qu'on ne considère le logement comme un abri pour des bêtes de somme, ou comme un garage.

Viendra-t-il un jour où l'on appliquera des méthodes aussi « scientifiques » à la consommation qu'à la production, et où aucune partie de la vie du travailleur n'échappera au système Taylor ? En ce moment, du moins, et depuis que nous pouvons les observer, on ne peut dire que, dans la pensée des ouvriers, l'idée de ce qui leur est physiquement nécessaire pour vivre soit au premier plan. On mange pour se nourrir, mais aussi parce qu'on a plaisir à manger. On laisse un certain jeu à la fantaisie, éventuellement au soin de paraître. La dépense en aliments répond aussi à des besoins très divers et dont beaucoup peuvent demeurer insatisfaits sans que l'organisme en souffre. Au reste, quand l'homme, la femme, les enfants, tous ou l'un ou les autres seraient sous-alimentés, les conséquences ne s'en feraient pas sentir immédiatement. Il arrive qu'on sacrifie sa santé, sa vie et celle des siens, à ce que nous appelons des vices, et encore à un besoin d'excitation, de changement, d'ostentation. C'est pourquoi si un motif assez fort de réduire

a. *La Classe ouvrière et les Niveaux de vie* (1913), p. 420-422, [Félix Alcan], Paris.

1. Sur Maurice Halbwachs, cf. *supra*, p. 275-289.

la dépense pour la nourriture se fait jour, nous verrons peut-être l'ouvrier sacrifier un peu plus le nécessaire, maintenir et même augmenter d'autant, ou de presque autant, les achats alimentaires de fantaisie, ou même de luxe. Mais l'inverse pourra aussi se produire : on peut dépenser moins pour la viande, pour le pain, et en consommer les mêmes quantités, mais en substituant la charcuterie à la viande de boucherie et, comme nous l'avons vu en Allemagne, le pain noir au pain blanc ou la graisse au beurre. Du fait que la somme consacrée à la nourriture se divise en une quantité d'achats partiels, bien des remaniements et des adaptations sont possibles dans le détail, qui se traduisent dans une diminution de la dépense totale... [a]

M. HALBWACHS

III. L'EXPÉRIENCE DU BESOIN AUX LIMITES DE LA RÉSISTANCE HUMAINE

La maladie de la soif dans le désert.

20. Nous avons fait ce que nous avons pu : soixante kilomètres presque sans boire. Maintenant nous ne boirons plus. Est-ce notre faute si nous ne pouvons pas attendre bien longtemps ? Nous serions restés là, si sagement à téter nos gourdes. Mais dès la seconde où j'ai aspiré le fond du gobelet d'étain, une horloge s'est mise en marche. Dès la seconde où j'ai sucé la dernière goutte, j'ai commencé à descendre une pente. Qu'y puis-je si le temps m'emporte comme un fleuve ? ...

Il faut quinze jours de recherches pour retrouver dans le désert un avion dont on ne sait rien, à trois mille kilomètres près : or l'on nous cherche probablement de la Tripolitaine à la Perse... Il me revient à la mémoire ce que je sais du désert de Libye. Il subsiste dans le Sahara, 40 % d'humidité, quand elle tombe ici à 18 %. Et la vie s'évapore comme une vapeur. Les Bédouins, les voyageurs, les officiers coloniaux enseignent que l'on tient dix-neuf heures sans boire. Après vingt heures les yeux se remplissent de lumière et la fin commence : la marche de la soif est foudroyante...

« Prévot, découpons en triangles un parachute. Nous fixerons ces panneaux au sol avec des pierres. Et si le vent n'a pas tourné, à l'aube, nous

a. *L'Évolution des besoins dans les classes ouvrières* (1933), p. 138-142, Alcan éd., Paris.

recueillerons la rosée dans un des réservoirs d'essence, en tordant nos linges… »

Nous avons recueilli une énorme quantité d'eau : deux litres peut-être, finie la soif. Nous sommes sauvés, nous allons boire. Je puise dans mon réservoir le contenu d'un gobelet d'étain, mais cette eau est d'un beau vert jaune, et, dès la première gorgée, je lui trouve un goût si effroyable, que, malgré la soif qui me tourmente, avant d'achever cette gorgée, je reprends ma respiration. Je boirais cependant de la boue, mais ce goût de métal empoisonné est plus fort que ma soif. Je regarde Prévot qui tourne en rond, les yeux au sol, comme s'il cherchait attentivement quelque chose. Soudain il s'incline et vomit, sans s'interrompre de tourner en rond. Trente secondes plus tard c'est mon tour…

Il fait nuit, la lune a grossi depuis l'autre nuit… La terre rayonne vite sous cette atmosphère sans vapeur d'eau. Il fait déjà très froid. Je me lève et je marche. Mais bientôt je suis pris d'un insupportable tremblement. Mon sang déshydraté circule très mal[a], et un froid glacial me pénètre, qui n'est pas seulement le froid de la nuit. Mes mâchoires claquent et tout mon corps est agité de soubresauts. Je ne puis plus me servir d'une lampe électrique tant la main la secoue. Je n'ai jamais été sensible au froid, et cependant je vais mourir de froid, quel étrange effet de la soif ! …

Nous avons emporté un peu de pharmacie. Cent grammes d'éther pur, cent grammes d'alcool à 90 et un flacon d'iode. J'essaie de boire deux ou trois gorgées d'éther pur. C'est comme si j'avalais des couteaux. Puis un peu d'alcool à 90, mais cela me brûle la gorge…

Nous avons mangé un peu de raisin le premier jour. Depuis trois jours une demi-orange et une moitié de madeleine. Avec quelle salive eussions-nous mâché notre nourriture ? Mais je n'éprouve aucune faim, je n'éprouve que la soif. Et il me semble que désormais, plus que la soif, j'éprouve les

a. Selon A. Mayer et Cannon[1], la teneur en eau du sang, dans la soif est maintenue constante, aux dépens des réserves d'eau des cellules et des tissus.

1. André Mayer (1875-1956), médecin (doctorat en 1900) et physiologiste français, qui terminera sa carrière au Collège de France, avait publié en 1901 un *Essai sur la soif, ses causes et son mécanisme* (Paris, Alcan). Walter B. Cannon allait en souligner l'importance dans sa *Croonian Lecture* de 1918 : « The Physiological Basis of Thirst », *Philosophical Transactions of the Royal Society of London*, série B, vol. 90, n° 629, p. 283-301. Sur Cannon, cf. *supra*, p. 449, n. 1.

effets de la soif. Cette gorge dure. Cette langue de plâtre. Ce raclement et cet affreux goût dans la bouche. Ces sensations-là sont nouvelles pour moi. Sans doute l'eau les guérirait-elle mais je n'ai point de souvenirs qui leur associent ce remède. La soif devient de plus en plus une maladie et de moins en moins un désir...

... Nous sommes sauvés, il y a des traces dans le sable... Et cependant, nous ne sommes point sauvés encore. Il ne nous suffit pas d'attendre. Dans quelques heures on ne pourra plus nous secourir. La marche de la soif, une fois la toux commencée, est trop rapide. Et notre gorge...

... L'Arabe nous a simplement regardés. Il a pressé, des mains, sur nos épaules et nous lui avons obéi. Nous nous sommes étendus. Il n'y a plus ici ni races, ni langages, ni divisions. Il y a ce nomade pauvre qui a posé sur nos épaules des mains d'archange. Nous avons attendu, le front dans le sable. Et maintenant nous buvons à plat ventre, la tête dans la bassine, comme des veaux. Le Bédouin s'en effraie et nous oblige, à chaque instant, à nous interrompre. Mais dès qu'il nous lâche, nous replongeons tout notre visage dans l'eau.

L'eau !

Eau, tu n'as ni goût, ni couleur, ni arôme, on ne peut pas te définir, on te goûte, sans te connaître, tu n'es pas nécessaire à la vie : tu es la vie. Tu nous pénètres d'un plaisir qui ne s'explique point par les sens. Avec toi rentrent en nous tous les pouvoirs auxquels nous avions renoncé. Par ta grâce, s'ouvrent en nous toutes les sources taries de notre cœur[a].

ANTOINE DE SAINT-EXUPÉRY[1]

21. On comprend que la Palestine fût une terre de lait et de miel pour qui avait passé quarante années dans le Sinaï. Damas a le renom d'un Paradis Terrestre chez les tribus qui n'y entrent qu'après des semaines et des

a. Il est important de lire le récit entier dans l'ouvrage cité en référence [:] *Terre des Hommes* (1939). Au Centre du Désert, p. 153-186 *passim*. Gallimard éd., Paris.

1. Antoine de Saint-Exupéry (1900-1944), écrivain français, a laissé de puissants récits de son expérience de pilote de ligne dans les années 1920-1930, puis de sa vie de combattant en 1940 : *Courrier-Sud* (1927), *Vol de nuit* (1931), *Pilote de guerre* (1942). Ayant repris du service dans la lutte contre les nazis, son avion devait être abattu en Méditerranée en 1944.

semaines de marches douloureuses dans les cailloux de ce désert du Nord. De même les cinq jours passés face à face avec une tempête de sable dans le Houl incandescent, donnaient aux Kaseim d'Arfaja une fraîcheur campagnarde. Elles s'élevaient seulement de quelques pieds au-dessus de la Biseita; des vallées semblaient en descendre à l'Est vers une vaste dépression où se trouvait le puits que nous cherchions. Mais le puits nous semblait maintenant moins désirable que le repos: en sécurité désormais dans le Sirhan, le désert franchi, nous oubliions la terreur de la soif pour éprouver une souffrance plus réelle, la fatigue. Nous fûmes d'accord pour camper cette nuit sur place: on alluma des feux pour guider l'esclave de Nouri Chalaan qui, le jour même, avait disparu, comme Gasim, de notre caravane.

Nous n'avions pas trop d'inquiétudes à son sujet: il était à dos de chameau, en effet, dans un pays qu'il connaissait. Peut-être avait-il pris la route directe vers Jauf, la capitale de Nouri, pour annoncer le premier notre arrivée avec des cadeaux, ce qui lui vaudrait une prime. En tout cas, il ne revint ni cette nuit ni le jour suivant. Lorsque des mois plus tard, je demandai de ses nouvelles, Nouri m'apprit que son cadavre desséché avait été trouvé, très loin, dans le désert; son chameau, avec son équipement intact, était mort à côté de lui. Il avait dû se perdre dans la tempête de sable, errer jusqu'au moment où sa monture s'était effondrée et mourir là de chaleur et de soif. Ce n'est pas une mort trop longue (pour les plus forts deux jours d'été suffisent), mais très douloureuse. La soif est une maladie active; une peur panique déchire le cerveau et, en une heure ou deux, abaisse l'homme le plus brave à un babil de gâteux flageolant. Puis le soleil le tue.

Sans une gorgée d'eau nous ne pouvions rien manger: ce fut une nuit de tempérance. Pourtant la certitude de boire au matin nous permit de dormir, à condition de rester couchés sur le ventre pour éviter le gonflement du jeûne. Les Arabes ont l'habitude, à chaque puits, de se gorger d'eau jusqu'à en vomir; ils vont ensuite jusqu'au suivant sans boire; du moins, s'ils portent de l'eau, l'épuisent-ils dès la première halte, soit à boire, soit à pétrir du pain. Mon ambition était d'attirer le moins possible l'attention sur mon caractère d'étranger. J'imitai sur ce point aussi les indigènes; leur supériorité physique, pensai-je avec raison, n'était pas telle que je dusse un jour, pris à mon propre piège, en souffrir sérieusement. Je ne fus, en effet, qu'une fois malade de soif[a].

T.E. LAWRENCE[1]

*

22. *La sous-alimentation dans les camps de déportation.*

Ce qui importait dans les chances de survie d'un détenu, ce n'était pas seulement le travail auquel il était soumis, mais encore ses possibilités de couvrir ses besoins journaliers de nourriture. Au point de vue de l'alimentation, les détenus d'Auschwitz se divisaient en deux catégories distinctes : une minorité qui avait le droit de correspondance et qui recevait régulièrement des colis, la grande majorité coupée de toute relation avec le monde extérieur et qui n'avait comme ration journalière que la nourriture du camp. Celle-ci comportait trois repas. Le matin, on distribuait un liquide chaud, café ou tisane, qui théoriquement devait être sucré trois fois par semaine. Le repas de midi représentait le plat de résistance, un litre de soupe, bouillie dans laquelle entraient les ingrédients les plus divers. Le fond en était toujours constitué par des choux, il s'y ajoutait des farines, des graines, des légumes, des pommes de terre, des débris de viande. Dans aucun camp je n'ai mangé de soupe aussi mauvaise qu'à Auschwitz ! ...

La médiocrité tenait à la malhonnêteté foncière du personnel polonais et russe travaillant à la cuisine, qui, de connivence avec les surveillants S.S., détournait des quantités importantes des aliments les plus essentiels, margarine, pommes de terre, semoules, viande, pour les écouler sous forme séparée à l'intérieur du camp...

Au repas du soir avait lieu la distribution d'un liquide chaud, de la ration journalière de pain, et de la « portion ». La ration de pain était de 375 g., à laquelle s'ajoutait deux fois par semaine pour les travailleurs un supplément

a. *Les Sept Piliers de la Sagesse* (1921), trad. fr. par Ch. Mauron, p. 321-323. Payot éd., Paris.

1. Thomas Edward Lawrence (1888-1935), dit Lawrence d'Arabie, après des études à Oxford devint un spécialiste reconnu du monde arabe et joua au Moyen-Orient un rôle important dans le ralliement arabe à la lutte contre la Turquie durant la première guerre mondiale. Réprouvant l'attitude de son pays à l'endroit de l'indépendance arabe dont il était le promoteur, le colonel Lawrence renonça à son statut et termina sa vie sous un nom d'emprunt comme simple soldat dans l'aviation anglaise.

de 550 g. La portion était faite d'une tranche de saucisson, ou d'un morceau de margarine, ou de marmelade, ou de fromage. Deux fois par semaine aussi, il y avait un supplément de « portion ». Le pain et la « portion » aboutissaient au détenu plus ou moins rognés selon la malhonnêteté de la cuisine et surtout du personnel intermédiaire chargé de la distribution. J'estime que la valeur calorifique de la nourriture journalière devait théoriquement osciller entre 1 500 et 1 800 calories. Elle était donc nettement insuffisante pour couvrir quantitativement les besoins de l'organisme humain, en particulier pendant la saison froide et plus particulièrement encore chez les travailleurs de force (rappelons que selon les traités de physiologie, les besoins moyens, en temps de paix, d'un homme astreint à un travail moyen sont de 3 000 calories par jour). Vu l'uniformité de cette alimentation presque exclusivement composée d'hydrates de carbone, vu la longue cuisson de la soupe, vu l'absence de crudités, la ration alimentaire du camp était nettement déficiente du point de vue qualitatif : manque presque total d'albuminoïdes, de graisses, de vitamines. Pour survivre, il fallait donc, de toute nécessité, trouver un supplément journalier et cette obligation devait constituer un souci majeur et constant pour tout détenu ne recevant pas de colis[a].

Marc KLEIN[1]

*

IV. LE SOMMEIL, OUBLI ET REFUS DES BESOINS ET DES TENSIONS

23. *Dormir c'est se désintéresser.*

Qu'est-ce que dormir ? Je ne demande pas, bien entendu, quelles sont les conditions physiologiques du sommeil. C'est une question à débattre entre physiologistes. Elle est loin d'être tranchée. Je demande comment nous devons nous représenter l'état d'âme de l'homme qui dort. Car l'esprit continue à fonctionner pendant le sommeil, il s'exerce – nous venons de le voir – sur des sensations, sur des souvenirs, et soit qu'il dorme, soit qu'il

a. *De l'Université aux Camps de Concentration. Témoignages strasbourgeois* (1947), p. 441-443. Les Belles Lettres éd., Paris.

M. Marc Klein, professeur de biologie médicale à la Faculté de Médecine de Strasbourg, a été déporté en Allemagne de mai 1944 à avril 1945.

1. Sur Marc Klein, cf. *supra*, p. 211, n. 2.

veille, il combine la sensation avec le souvenir qu'elle appelle. Le mécanisme de l'opération paraît être le même dans les deux cas. Pourtant, nous avons d'un côté la perception normale, de l'autre le rêve. Le mécanisme ne travaille donc pas, ici et là, de la même manière. Où est la différence ? Et quelle est la caractéristique psychologique du sommeil ?

Ne nous fions pas trop aux théories. On a dit que dormir consistait à s'isoler du monde extérieur. Mais nous avons montré que le sommeil ne ferme pas nos sens aux impressions du dehors, qu'il leur emprunte les matériaux de la plupart des songes. On a vu encore dans le sommeil un repos donné aux fonctions supérieures de la pensée, une suspension du raisonnement. Je ne crois pas que ce soit plus exact. Dans le rêve, nous devenons souvent *indifférents* à la logique, mais non pas incapables de logique…

Il faut instituer une expérience décisive sur soi-même. Au sortir du rêve – puisqu'on ne peut guère s'analyser au cours du rêve lui-même – on épiera le passage du sommeil à la veille, on le serrera d'aussi près qu'on pourra : attentif à ce qui est essentiellement inattention, on surprendra, du point de vue de la veille, l'état d'âme encore présent de l'homme qui dort. C'est difficile, ce n'est pas impossible à qui s'y est exercé patiemment… Le moi de la veille, qui vient de paraître, va se retourner vers le moi du rêve, qui est encore là, et lui dire : « Je te prends en flagrant délit. Tu me montres une assemblée qui crie, et il y a simplement un chien qui aboie. N'essaie pas de fuir ; je te tiens ; tu me livreras ton secret, tu vas me laisser voir ce que tu faisais. » À quoi le moi des rêves répondra : « Regarde : *Je ne faisais rien*, et c'est justement par là que nous différons, toi et moi, l'un de l'autre. Tu t'imagines que pour entendre un chien aboyer et pour comprendre que c'est un chien qui aboie, tu n'as rien à faire ? Erreur profonde. Tu donnes, sans t'en douter, un effort considérable. Il faut que tu prennes ta mémoire entière, toute ton expérience accumulée, et que tu l'amènes par un resserrement soudain, à ne plus présenter au son entendu qu'un seul de ses points, le souvenir qui ressemble le plus à cette sensation et qui peut le mieux l'interpréter : la sensation est alors recouverte par le souvenir… Ta vie à l'état de veille est donc une vie de travail, même quand tu crois ne rien faire, car à tout moment tu dois choisir et à tout moment exclure. Tu choisis parmi tes sensations, puisque tu rejettes de ta conscience mille sensations « subjectives » qui reparaissent alors que tu t'endors. Tu choisis avec une précision et une délicatesse extrêmes, parmi tes souvenirs, puisque tu écartes tout souvenir qui ne se moule pas sur ton état présent. Ce choix que tu effectues sans cesse, cette adaptation continuellement renouvelée, est la condition essentielle de ce que l'on appelle le bon sens. Mais adaptation et choix te maintiennent dans un état de *tension* ininterrompue. Tu ne t'en rends pas compte sur le moment, pas plus que tu ne sens la pression de l'atmosphère. Mais tu te fatigues à la longue. Avoir du bon sens est très fatigant.

Or je te le disais tout à l'heure : je diffère de toi précisément en ce que je ne fais rien. L'effort que tu fournis sans trêve, je m'abstiens purement et simplement de le donner. Tu t'attaches à la vie, je suis détaché d'elle. Tout me devient indifférent. Je me désintéresse de tout. Dormir c'est se désintéresser. On dort dans l'exacte mesure où l'on se désintéresse. Une mère qui dort à côté de son enfant pourra ne pas entendre des coups de tonnerre, alors qu'un soupir de l'enfant la réveillera. Dormait-elle réellement pour son enfant ? Nous ne dormons pas pour ce qui continue à nous intéresser[a].

H. BERGSON

*

24. *Le sommeil, retour à la vie prénatale.*

Qu'est-ce que le sommeil ? Ceci est un problème physiologique ou biologique encore très discuté et discutable. Nous ne pouvons rien décider à son sujet, mais j'estime que nous devons essayer de caractériser le sommeil au point de vue psychologique. Le sommeil est un état dans lequel le dormeur ne veut rien savoir du monde extérieur, dans lequel son intérêt se trouve tout à fait détaché de ce monde. C'est en me retirant du monde extérieur et en me prémunissant contre les excitations qui en viennent, que je me plonge dans le sommeil. Je m'endors encore lorsque je suis fatigué par ce monde et ses excitations. En m'endormant, je dis au monde extérieur : « Laisse-moi en repos, car je veux dormir. » L'enfant dit, au contraire : « Je ne veux pas encore m'endormir, je ne suis pas fatigué, je veux encore veiller. » La tendance biologique du repos semble donc consister dans le délassement ; son caractère psychologique, dans l'extinction de l'intérêt pour le monde extérieur. Par rapport à ce monde dans lequel nous sommes venus sans le vouloir, nous nous trouvons dans une situation telle que nous ne pouvons pas le supporter d'une façon ininterrompue. Aussi nous

a. *Le Rêve* (1901), dans *L'Énergie spirituelle*, p. 100-103. P.U.F. éd. Paris. Il est important de noter l'antériorité chronologique de ce texte relativement aux textes 10, 24, 25.

replongeons-nous de temps à autre dans l'état où nous nous trouvions avant de venir au monde, lors de notre existence intra-utérine. Nous nous créons du moins des conditions tout à fait analogues à celles de cette existence : chaleur, obscurité, absence d'excitations. Certains d'entre nous se roulent en outre en paquet serré et donnent à leur corps, pendant le sommeil, une attitude analogue à celle qu'il avait dans les flancs de la mère. On dirait que même à l'état adulte nous n'appartenons au monde que pour les deux tiers de notre individualité et que pour un tiers nous ne sommes pas encore nés. Chaque réveil matinal est pour nous, dans ces conditions, comme une nouvelle naissance[a].

S. FREUD[1]

*

25. *Dormir pour ne plus penser.*

Les circonstances dans lesquelles nous sommes placés rendent les actions tantôt faciles, tantôt difficiles, et quoique nous préférions les premières, nous nous résignons à faire les secondes, quand cela est utile : il y a simplement une dépense supplémentaire, en rapport avec l'effort qu'il est toujours possible de faire. Nos inactifs font, au contraire, un choix très net, ils acceptent l'action facile, ils suppriment régulièrement et immédiatement l'action qui devient un peu difficile…

Enfin, il faut signaler chez les inactifs une conduite importante… qui paraît supprimer plus complètement encore toute activité, même celle qui

a. *Introduction à la Psychanalyse* (1916-1917), trad. fr. par le docteur Jankélévitch, p. 100-101 – Payot éd., Paris.

1. En 1929, dans son compte rendu du pamphlet anti-bergsonien de Politzer (*OC* I, p. 221), Canguilhem avouait ne pas connaître les travaux de Sigmund Freud (1856-1939) et ses premières mentions de la psychanalyse ne sont pas positives (cf. *ibid.*, p. 251, 254). Or même si le nom de Freud est absent du *Traité de logique et de morale* de 1939, les écrits inédits, comme le manuel de 1931-1932, démontrent cependant que depuis le début des années 1930 Canguilhem l'avait lu attentivement et que les cours professés à Clermont-Ferrand durant la guerre en font notablement état, même si dans la thèse de 1943 sa présence n'est qu'allusive, à propos des lapsus et actes manqués (cf. *NP*, p. 139). Absent des deux thèses du doctorat ès lettres (*CV* et *FCR*), Freud apparaît néanmoins ici en 1952, et assez régulièrement à compter de 1959 (« Thérapeutique, expérimentation et responsabilité », repris dans les *EHPS*). De nombreux textes des années 1970 et 1980 (« Puissance et limites de la rationalité en médecine », « Une pédagogie de la guérison est-elle possible ? » tous deux de 1978, et de nombreux autres écrits que l'on trouvera au tome V des *OC* le manifestent à l'évidence.

était facile. Il y a chez beaucoup de ces malades une exagération du besoin de dormir, de la somnolence et quelquefois du véritable sommeil.

Voici, par exemple, l'observation curieuse de Olga, cette jeune fille si intelligente, si remarquable dans les écoles, qui, dans les compositions, était toujours la première : « J'étais un aigle au lycée. » Elle était alors au premier degré de la névrose que nous avons décrit dans le chapitre précédent comme un état de pression ; le besoin exagéré d'un succès d'orgueil déterminait un effort perpétuel. Un peu plus tard, une autre passion se substitua à la passion du succès scolaire, celle du succès des conquêtes féminines. Coquette avec excès, amoureuse en apparence, obsédée par le désir d'être aimée successivement par tous les hommes, d'être considérée comme la plus jolie, comme autrefois par le désir d'être première en composition, elle était dans une autre forme de l'état de pression. Mais bientôt, tout change, elle tombe dans l'inaction morose et ne peut plus s'intéresser à rien : « A quoi bon ! »

Dans cet état, elle semble de temps en temps troublée par un besoin de sommeil irrésistible, elle reste toujours endormie sans qu'on puisse la réveiller. « Ce sommeil, dit-elle, est une sorte de vice ; je peux dormir n'importe où et n'importe quand. Dès que j'ai un chagrin qui me tourmente et dès que j'ai un tracas, je me réfugie dans le sommeil. Je n'ai pas envie de penser à cela et je dormirais des journées entières pour ne pas penser ; je m'endors en me disant : quel bonheur, encore quelques heures à ne pas penser. [a] »

PIERRE JANET [1]

*

26. *La conscience du temps dans le sommeil.*

Comme ces soirs-là je rentrais plus tard, je retrouvais avec plaisir dans ma chambre qui n'était plus hostile le lit où, le jour de mon arrivée, j'avais cru qu'il me serait toujours impossible de me reposer et où maintenant mes membres si las cherchaient un soutien, de sorte que successivement mes cuisses, mes hanches, mes épaules tâchaient d'adhérer en tous leurs points aux draps qui enveloppaient le matelas, comme si ma fatigue, pareille à un sculpteur, avait voulu prendre un moulage total d'un corps humain. Mais je

a. *De l'Angoisse à l'Extase* (1928), tome II, p. 231-232 et p. 239-240. Alcan éd., Paris.

1. Sur Pierre Janet, cf. *supra*, p. 174, n. 1.

ne pouvais m'endormir, je sentais approcher le matin; le calme, la bonne santé n'étaient plus en moi. Dans ma détresse, il me semblait que jamais je ne les retrouverais plus. Il m'eût fallu dormir longtemps pour les rejoindre. Or, me fussé-je assoupi, que de toutes façons je serais réveillé deux heures après par le concert symphonique. Tout à coup je m'endormais, je tombais dans le sommeil lourd où se dévoilent pour nous le retour à la jeunesse, la migration des âmes, l'évocation des morts, les illusions de la folie, la régression vers les règnes les plus élémentaires de la nature (car on dit que nous voyons souvent des animaux en rêve, mais on oublie presque toujours que nous y sommes nous-même un animal privé de cette raison qui projette sur les choses une clarté de certitude; nous n'y offrons au contraire, au spectacle de la vie, qu'une vision douteuse et à chaque minute anéantie par l'oubli, la réalité précédente s'évanouissant devant celle qui lui succède comme une projection de lanterne magique devant la suivante quand on a changé le verre), tous ces mystères que nous croyons ne pas connaître et auxquels nous sommes en réalité initiés presque toutes les nuits ainsi qu'à l'autre plus grand mystère de l'anéantissement et de la résurrection…

Tout à coup, je m'éveillais, je m'apercevais qu'à la faveur d'un long sommeil je n'avais pas entendu le concert symphonique. C'était déjà l'après-midi; je m'en assurais à ma montre, après quelques efforts pour me redresser, efforts infructueux d'abord et interrompus par des chutes sur l'oreiller, mais de ces chutes courtes qui suivent le sommeil comme les autres ivresses, que ce soit le vin qui les procure ou une convalescence; du reste, avant même d'avoir regardé l'heure, j'étais certain que midi était passé. Hier soir, je n'étais plus qu'un être vidé, sans poids; et comme il faut avoir été couché pour être capable de s'asseoir et avoir dormi pour l'être de se taire, je ne pouvais cesser de remuer ni de parler, je n'avais plus de consistance, de centre de gravité, j'étais lancé, il me semblait que j'aurais pu continuer ma morne course jusque dans la lune. Or, si en dormant mes yeux n'avaient pas vu l'heure, mon corps avait su la calculer, il avait mesuré le temps non pas sur un cadran superficiellement figuré, mais par la pesée progressive de toutes mes forces refaites que comme une puissante horloge il avait cran par cran laissées descendre de mon cerveau dans le reste de mon corps où elles entassaient maintenant jusqu'au-dessus de mes genoux l'abondance intacte de leurs provisions. S'il est vrai que la mer ait été autrefois notre milieu vital où il faille replonger notre sang pour retrouver nos forces, il en est de même de l'oubli, du néant mental; on semble alors absent du temps pendant quelques heures; mais les forces qui se sont rangées pendant ce temps-là sans être dépensées le mesurent par leur quantité aussi exactement que les poids de l'horloge ou les croulants monticules du sablier. On ne sort d'ailleurs pas plus aisément d'un tel sommeil que de la veille prolongée, tant toutes choses tendent à durer, et s'il est vrai que certains narcotiques font dormir, dormir longtemps est un narcotique plus puissant encore, après lequel on a bien de la peine à se réveiller[a].

MARCEL PROUST

*

27. *Paix du Soir, Justice de la Nuit.*

Le plus fort, le plus brutal, le plus attentif, le plus soupçonneux, le plus redouté des hommes doit pourtant revenir à l'enfance, fermer les yeux, se confier, être gardé, lui qui gardait. C'est encore peu de chose que cette faiblesse qui l'envahit, cet abandon de soi et de tout que la nature lui impose non moins impérieusement que la faim et la soif; c'est encore peu cette naturelle abdication, si sensible dans le geste du corps dormant. On peut à peine penser à Louis XIV dormant, mais cette faiblesse est peu à côté de l'idée qu'il en a et de la crainte qu'il en a. La plus douce chose peut être la plus redoutée. À quoi bon cette attention à ce que tu as dit, ce souvenir de ce que tu as ordonné, cette revue de tes chères pensées? À quoi bon ce mouvement que tu imprimes et entretiens autour de toi afin que tes pensées soient les pensées de tous? tu seras négligent tout à l'heure; et, à ton image, toute cette tyrannie autour s'assoupira.

D'où cette paix qui vient avec le soir. L'œil du jour se ferme. C'est une invitation à être bon et juste; et certes la fatigue termine nos soupçons; mais de toute façon il faut être bon et juste. Non pas demain. Le sommeil nous presse par cette lente approche. Selon la vue platonicienne, qu'on n'épuisera pas, il te faut la paix en toi brigand. D'où peut-être une disposition à se pardonner à soi-même, ce qui suppose qu'on pardonne aux autres. N'est-ce pas prier? Comment ne pas remarquer que le geste de plier les genoux est aussi de fatigue, ainsi que la tête basse? Prier, ce serait sentir que la fatigue vient, et la nuit sur toutes les pensées.

a. *À l'ombre des jeunes filles en fleurs* (1919), 3e volume, p. 77-80. Gallimard éd., Paris.

Ma fille, va prier; vois, la nuit est venue,
Une planète d'or là-bas perce la nue [1].

Il faut maintenant que la douceur l'emporte. Il y a assez à dire sur la fureur. Mais n'est-il pas de précaution, si l'on veut juger équitablement ces violentes et difficiles natures qui sont nous, de remarquer que ni la colère, ni l'orgueil, ni la vengeance ne tiendront jamais à aucun homme plus longtemps qu'un tour de soleil? Oui, par l'excès même de la force, il viendra le consentement, le renoncement, l'oubli de soi-même, l'enfance retrouvée, la confiance retrouvée, enfin cette nuit de la piété filiale, première expérience de tous, expérience quotidienne de tous. Ainsi, la commune nuit finit par nous vaincre. En ces fortes peintures de l'ambition, de l'envie, de l'emportement, de la férocité, qui ne manquent point, il n'y a qu'un trait de faux qui est la durée. La moitié de l'histoire est oubliée. C'est une perfection, dans Homère, que toutes les nuits y sont, aussi celles où l'on dort. D'où certainement une règle de durée pour les tragédies; car, la nuit divine, il se peut qu'elle roule une fois vainement ses ombres, une fois, mais non pas deux [a].

ALAIN

*

V. ANALYSE PHILOSOPHIQUE DE LA TENDANCE ET DU DÉSIR

Le désir et son objet complémentaire.

28. « Faire signe que oui et faire signe que non, désirer un objet et le refuser, l'attirer à soi et le repousser, toutes les choses de ce genre ne doivent-elles pas être considérées comme contraires l'une à l'autre, actions ou passions, peu importe?

— Oui, dit-il, ce sont des choses contraires. »

Je poursuivis : « Et la faim et la soif, et les appétits en général, et de même la volonté et le désir, tout cela ne rentre-t-il pas, à ton avis, dans les genres dont nous venons de parler? Par exemple chaque fois qu'un homme désire, ne diras-tu pas que son âme tend à ce qu'elle désire, ou qu'elle attire à elle ce qu'elle voudrait avoir, ou qu'en tant qu'elle veut qu'une chose lui soit

a. *Les Idées et les Âges* (1927), tome I, p. 14-16. Gallimard éd., Paris.

1. Victor Hugo, « La prière pour tous », dans *Les feuilles d'automne*.

procurée, elle se fait à elle-même un signe d'acquiescement, comme si elle répondait à quelqu'un qui l'interrogerait, impatiente qu'elle est de voir son désir réalisé ?

— Si fait.

— Et ne pas vouloir, ne pas souhaiter, ne pas désirer, n'est-ce pas la même chose qu'écarter et repousser loin de soi et ne faut-il pas ranger cela dans le genre contraire au précédent ?

— Sans contredit.

— Ceci posé, n'admettrons-nous pas qu'il y a une espèce particulière de désirs et que les plus manifestes de cette espèce sont ce que nous appelons la faim et la soif ?

— Nous l'admettrons, dit-il.

— L'une n'est-elle pas le désir de boire, l'autre de manger ?

— Si.

— Or la soif, en tant que soif, est-elle dans l'âme un désir d'autre chose encore que ce que je viens de dire ? Par exemple, la soif est-elle soif d'une boisson chaude ou froide, abondante ou modique, en un mot d'une boisson déterminée ? ou plutôt si l'échauffement se joint à la soif, n'y ajoutera-t-il pas le désir de la fraîcheur, et si c'est le froid, le désir de la chaleur ? et si, en raison de sa violence, la soif est grande, elle fera naître le désir de boire beaucoup ; si elle est petite, de boire peu. Mais pour la soif prise en soi, elle ne saurait être le désir d'autre chose que de son objet naturel, la boisson en soi, comme la faim n'est autre chose que le besoin de manger.

— C'est vrai, dit-il ; chaque désir pris en lui-même ne convoite que son objet naturel pris en lui-même ; le désir de telle chose déterminée relève des accidents qui s'y ajoutent.

— Ne nous laissons pas surprendre, repris-je, ni déconcerter par l'objection qu'on ne désire pas la boisson, mais une bonne boisson, ni le manger, mais un bon manger, attendu qu'on désire naturellement les bonnes choses, que par conséquent, si la soif est un désir, c'est le désir de quelque chose de bon, quel que soit son objet, soit la boisson, soit autre chose ; et il en est ainsi des autres désirs[a]. »

PLATON

a. Sur l'identité entre désir et désir de ce qui est bon, voir aussi *Menon 77b-78b*. *La République*, livre IV, 437*b*-428*1*, trad. Chambry. Les Belles Lettres éd., Paris.

*

29. *Chaque chose, autant qu'il est en elle, s'efforce de persévérer dans son être.*

L'effort par lequel chaque chose s'efforce de persévérer dans son être n'est rien en dehors de l'essence actuelle de cette chose.

L'effort par lequel chaque chose s'efforce de persévérer dans son être, n'enveloppe aucun temps fini, mais un temps indéfini.

L'âme, en tant qu'elle a des idées claires et distinctes, et aussi en tant qu'elle a des idées confuses, s'efforce de persévérer dans son être pour une durée indéfinie et a conscience de son effort.

L'essence de l'âme est constituée par des idées adéquates et des idées inadéquates; par suite, elle s'efforce de persévérer dans son être en tant qu'elle a les unes et aussi en tant qu'elle a les autres, et cela pour une durée indéfinie. Puisque, d'ailleurs, l'âme par les idées des affections du corps a nécessairement conscience d'elle-même, elle a conscience de son effort.

Cet effort, quand il se rapporte à l'Âme seule, est appelé *Volonté*; mais quand il se rapporte à la fois à l'âme et au corps, il est appelé *Appétit*; l'appétit n'est par là rien d'autre que l'essence de l'homme, de la nature de laquelle suit nécessairement sa conservation; et l'homme est ainsi déterminé à le faire. De plus, il n'y a nulle différence entre l'appétit et le désir, sinon que le désir se rapporte généralement aux hommes, en tant qu'ils ont conscience de leurs appétits et peut, pour cette raison, se définir ainsi : le Désir est l'Appétit avec conscience de lui-même. Il est donc établi par tout cela que nous ne nous efforçons à rien, ne voulons, n'appétons ni ne désirons aucune chose, parce que nous la jugeons bonne; mais, au contraire, nous jugeons qu'une chose est bonne parce que nous nous efforçons vers elle, la voulons, appétons et désirons[a].

SPINOZA

a. *Éthique*, partie III, propositions 6, 7, 8, 9, démonstration et scolie ; trad. Appuhn. Garnier éd., Paris.

*

30. Tout besoin… est rapporté à un objet, il est besoin de quelque chose; mais cette chose n'est pas là, nous en sommes privés, et le besoin est justement la conscience de cette absence et du vide qu'elle laisse en nous. D'où le caractère original de cet état : ce n'est pas une donnée, comme celle des sens, mais au contraire la constatation qu'une certaine chose *ne* nous est *pas* donnée, l'épreuve d'un manque, et ce n'est pas non plus un acte, puisque le moi ne s'y affirme par aucune démarche positive, mais seulement comme une puissance indigente.

Ainsi le besoin ne saurait-il être réduit à un état purement subjectif. Certes il ne transparaît pas au-dehors, il ne se révèle qu'à l'individu même qui le ressent. Mais bien loin d'enfermer le sujet en lui-même, il marque plutôt son insuffisance radicale, sa dépendance à l'égard d'une autre chose que lui-même. C'est parce qu'on a confondu le besoin avec les affections variables qui l'accompagnent, comme l'inquiétude, la déception ou la satisfaction, que l'on a pu prétendre l'isoler au sein de l'individu. Mais il est aisé de voir que toutes ces affections sont relatives aux vicissitudes d'une approche et d'un éloignement, lesquels supposent nécessairement un terme étranger au moi…

Que l'objet de la tendance [*le désir amoureux*][1] puisse précéder la personne en qui elle se fixera, c'est ce que montre le passage bien connu de saint Augustin : *Quaerebam quod amarem, amans amare*, qu'Arnauld d'Andilly[2] traduit fort justement par : « je cherchai un objet que je pusse aimer », car l'indétermination si remarquable du *quod* latin ne saurait être mieux rendue en français que par ce mot d'objet employé en son sens le plus primitif[a]. Plus tard, lorsque le sentiment est en voie de cristallisation, il peut encore ignorer celui ou celle qui l'a déjà retenu, de sorte que le lien apparaîtra visible à tous, sauf à qui en éprouve les effets; contraste dont Marivaux[3] a tiré ses plus fines comédies. Ce lien aperçu, le sentiment, du

a. Rapprocher du début du texte n° 31.

1. Les crochets sont ici de Canguilhem.

2. Robert Arnauld d'Andilly (1589-1674) après une carrière dans l'administration royale et dans les finances fit retraite à Port-Royal des champs vers 1645. Il publia en 1649 une traduction des *Confessions* de saint Augustin (Paris, Veuve J. Camusat et P. Le Petit).

3. Pierre Carlet de Marivaux (1688-1763), écrivain et dramaturge français, auteur notamment de *La vie de Marianne* (1731), du *Paysan parvenu* (1735) et de nombreuses comédies, comme *Le jeu de l'amour et du hasard* (1730) ou *Les fausses confidences* (1737).

reste, ne s'aveugle-t-il pas étrangement sur les qualités et l'être auquel il s'attache, comme s'il demeurait indifférent à l'apparence même qui le charme ? Enfin les intermittences du cœur, l'inconstance et l'oubli prouvent assez que l'idole sensible n'est pour le désir que le prétexte de son objet – du moins aussi longtemps que, par sa propre métamorphose, et devenu amour, il ne l'aura pas rapportée à une personne dont elle manifeste le consentement et les dons [a].

JEAN NOGUÉ [1]

*

31. *Le désir amoureux et sa visée propre.*

J'avais vu descendre de voiture et entrer, les unes dans la salle de danse du Casino, les autres chez le glacier, des jeunes femmes qui, de loin, m'avaient paru ravissantes. J'étais dans une de ces périodes de la jeunesse, dépourvues d'un amour particulier, vacantes, où partout – comme un amoureux la femme dont il est épris – on désire, on cherche, on voit la beauté. Qu'un seul trait réel – le peu qu'on distingue d'une femme vue de loin, ou de dos – nous permette de projeter la Beauté devant nous, nous nous figurons l'avoir reconnue, notre cœur bat, nous pressons le pas et nous restons toujours à demi persuadés que c'était elle, pourvu que la femme ait disparu ; ce n'est que si nous pouvons la rattraper que nous comprenons notre erreur.

D'ailleurs, de plus en plus souffrant, j'étais tenté de surfaire les plaisirs les plus simples, à cause des difficultés mêmes qu'il y avait pour moi à les atteindre. Des femmes élégantes, je croyais en apercevoir partout, parce que j'étais trop fatigué si c'était sur la plage, trop timide si c'était au Casino ou dans une pâtisserie pour les approcher nulle part. Pourtant, si je devais bientôt mourir, j'aurais aimé savoir comment étaient faites de près, en

a. *La Signification du Sensible* (1936), p. 29-31. Aubier éd., Paris.

1. Jean Nogué (1899-1940) étudia à la Faculté des Lettres de Strasbourg après avoir combattu durant la Première Guerre mondiale (licence en 1920; diplôme d'études supérieures en 1921); il choisit après l'agrégation de philosophie (1922) d'enseigner à l'étranger, à Upsal, Cologne et Athènes, jusqu'à ce qu'il prenne la direction de l'Institut français de Stockholm où il devait mourir. Sa thèse principale de philosophie, sur *La signification du sensible* (Paris, F. Aubier, 1936) le désignait comme un disciple de Maine de Biran.

réalité, les plus jolies filles que la vie pût offrir, quand même c'eût été un autre que moi, ou même personne, qui dût profiter de cette offre (je ne me rendais pas compte, en effet, qu'il y avait un désir de possession à l'origine de ma curiosité)…

… Un instant, tandis que je passais à côté de la brune aux grosses joues qui poussait une bicyclette, je croisai ses yeux obliques et rieurs, dirigés du fond de ce monde inhumain qui enfermait la vie de cette petite tribu[a], inaccessible inconnu où l'idée de ce que j'étais ne pouvait certainement ni parvenir ni trouver place. Tout occupée à ce que disaient ses camarades, cette jeune fille coiffée d'un polo qui descendait très bas sur son front m'avait-elle vu au moment où le rayon noir de ses yeux m'avait rencontré ? Si elle m'avait vu, qu'avais-je pu lui représenter ? Du sein de quel univers me distinguait-elle ? …

Si nous pensions que les yeux d'une telle fille ne sont qu'une brillante rondelle de mica, nous ne serions pas avides de connaître et d'unir à nous sa vie. Mais nous sentons que ce qui luit dans ce disque réfléchissant n'est pas dû uniquement à sa composition matérielle, que ce sont, inconnues de nous, les noires ombres des idées que cet être se fait, relativement aux gens et aux lieux qu'il connaît – pelouse des hippodromes, sable des chemins, où pédalant à travers champs et bois, m'eût entraîné cette petite péri, plus séduisante pour moi que celles du paradis persan –, les ombres aussi de la maison où elle va rentrer, des projets qu'elle forme ou qu'on a formés pour elle ; et surtout que c'est elle, avec ses désirs, ses sympathies, ses répulsions, son obscure et incessante volonté. Je savais que je ne posséderais pas cette jeune cycliste si je ne possédais aussi ce qu'il y avait dans ses yeux. Et c'était par conséquent toute sa vie qui m'inspirait du désir; désir douloureux parce que je le sentais irréalisable, mais enivrant, parce que ce qui avait été jusque-là ma vie ayant brusquement cessé d'être ma vie totale, n'étant plus qu'une petite partie de l'espace tendu devant moi que je brûlais de couvrir, et qui était fait de la vie de ces jeunes filles, m'offrait ce prolongement, cette multiplication possible de soi-même qui est le bonheur. Et sans doute, qu'il n'y eût entre nous aucune habitude – comme aucune idée – commune, devait me rendre plus difficile de me lier avec elles et de leur plaire. Mais peut-être aussi c'était grâce à ces différences, à la conscience qu'il n'entrait pas, dans

a. Il s'agit d'un groupe, d'une petite bande de jeunes filles en promenade sur la digue de Balbec.

la composition et la nature des actions de ces filles, un seul élément que je connusse ou possédasse, que venait en moi de succéder à la satiété, la soif – pareille à celle dont brûle une terre altérée – d'une vie que mon âme, parce qu'elle n'en avait jamais reçu jusqu'ici une seule goutte, absorberait d'autant plus avidement, à longs traits, dans une plus parfaite imbibition[a].

MARCEL PROUST

*

32. *L'inquiétude dans le désir.*

L'inquiétude (*uneasiness* en anglais) qu'un homme ressent en lui-même par l'absence d'une chose qui lui donnerait du plaisir si elle était présente, c'est ce qu'on nomme *désir. L'inquiétude* est le principal pour ne pas dire le seul aiguillon qui excite l'industrie et l'activité des hommes; car quelque bien qu'on propose à l'homme, si l'absence de ce bien n'est suivie d'aucun déplaisir ni d'aucune douleur, et que celui qui en est privé puisse être content et à son aise sans le posséder, il ne s'avise pas de le désirer et moins encore de faire ses efforts pour en jouir. Il ne sent pour cette espèce de bien qu'une pure *velléité*, terme qu'on a employé pour signifier le plus bas degré du désir, qui approche le plus de cet état où se trouve l'âme à l'égard d'une chose qui lui est tout à fait indifférente, lorsque le déplaisir que cause l'absence d'une chose est si peu considérable qu'il ne porte qu'à de faibles souhaits sans engager de se servir des moyens de l'obtenir… [1]

On appelle *Unruhe* en allemand, c'est-à-dire *inquiétude*, le balancier d'une horloge. On peut dire qu'il en est de même de notre corps, qui ne saurait jamais être parfaitement à son aise : parce que, quand il se ferait une nouvelle impression des objets, un petit changement dans les organes, dans les viscères, dans les vases, cela changerait d'abord la balance et leur ferait faire quelque petit effort pour se remettre dans le meilleur état qu'il se peut;

a. Même référence que le texte n° 26, p. 34-35 et 42-44.

1. Dans l'exemplaire de sa bibliothèque (CAN 697) annoté par Canguilhem, l'extrait qui précède, tiré du § 6 du chapitre XX du Livre II des *Nouveaux essais sur l'entendement humain* (Paris, Flammarion, s.d.), se trouve aux pages 119 et 120.

ce qui produit un combat perpétuel, qui fait pour ainsi dire *l'inquiétude* de notre horloge, de sorte que cette appellation est assez à mon gré... [1]

Il est bon de considérer cependant que ce qui détermine la volonté à agir n'est pas le plus grand bien, comme on le suppose ordinairement, mais plutôt quelque inquiétude actuelle, et pour l'ordinaire celle qui est la plus pressante. On lui peut donner le nom de désir, qui est effectivement une inquiétude de l'esprit causée par la privation de quelque bien absent, outre le désir d'être délivré de la douleur. Tout bien absent ne produit pas une douleur proportionnée au degré d'excellence qui est en lui ou que nous y reconnaissons, au lieu que toute douleur cause un désir égal à elle-même, parce que l'absence du bien n'est pas toujours un mal, comme est la présence de la douleur. C'est pourquoi l'on peut considérer et envisager un bien absent sans douleur, mais à proportion qu'il y a du désir quelque part, autant y a-t-il d'inquiétude... [2]

Bien loin qu'on doive regarder cette inquiétude comme une chose incompatible avec la félicité, je trouve que l'inquiétude est essentielle à la félicité des créatures, laquelle ne consiste jamais dans une parfaite possession qui les rendrait insensibles et comme stupides mais dans un progrès continuel et non interrompu à de plus grands biens, qui ne peut manquer d'être accompagné d'un désir ou du moins d'une inquiétude continuelle, mais telle que je viens d'expliquer, qui ne va pas jusqu'à incommoder, mais qui se borne à ces éléments ou rudiments de la douleur, inaperceptibles à part, lesquels ne laissent pas d'être suffisants pour servir d'aiguillon et pour exciter la volonté; comme fait l'appétit d'un homme qui se porte bien, lorsqu'il ne va pas jusqu'à cette incommodité, qui nous rend impatients et nous tourmente par un trop grand attachement à l'idée de ce qui nous manque [3].

LEIBNIZ

1. *Ibid.*, p. 122.

2. *Ibid.*, § 31 du chapitre XXI, p. 139.

3. *Ibid.*, § 36, p. 144.] *Nouveaux Essais sur l'Entendement humain* (1704), publiés en 1756. Livre II, chap. XX et XXI, *passim*.

*

33. *La négativité du désir selon Hegel*[a].

L'objet individuel du désir, ce fruit que je vais cueillir, n'est pas un objet posé dans son indépendance, on peut aussi bien dire qu'en tant qu'objet du désir, il est et il n'est pas; il est, mais bientôt il ne sera plus; sa vérité est d'être consommé, nié, pour que la conscience de soi à travers cette négation de l'autre se rassemble avec elle-même. De là le caractère ambigu de l'objet du désir, ou mieux encore la dualité de ce terme visé par le désir. « Désormais la conscience, comme conscience de soi, a un double objet, l'un immédiat, l'objet de la certitude sensible et de la perception, mais qui, pour elle, est marqué du caractère du négatif (c'est-à-dire que cet objet n'est que phénomène, son essence étant sa disparition) et le second elle-même précisément, objet qui est l'essence vraie, et qui, initialement, est présent seulement dans son opposition au premier objet. » Le terme du désir n'est donc pas, comme on pourrait le croire superficiellement, l'objet sensible – il n'est qu'un moyen – mais l'unité du Moi avec lui-même. La conscience de soi est désir; mais ce qu'elle désire, sans le savoir encore explicitement, c'est elle-même, c'est son propre désir et c'est bien pourquoi elle ne pourra s'atteindre elle-même qu'en trouvant un autre désir, une autre conscience de soi. La dialectique téléologique de la *Phénoménologie* explicite progressivement tous les horizons de ce désir qui est l'essence de la conscience de soi. Le désir porte sur les objets du monde, puis sur un objet déjà plus proche de lui-même, *la Vie*, enfin sur une autre conscience de soi, c'est le désir qui se cherche lui-même dans l'autre, le désir de la reconnaissance de l'homme par l'homme…

… Comment se présente cette expérience au cours de laquelle je découvre l'indépendance de l'objet par rapport à moi? On peut dire qu'elle naît tout d'abord de la reproduction incessante du désir autant que de l'objet. L'objet est nié et le désir est assouvi mais alors le désir se reproduit et un autre objet se présente pour être nié. Peu importe la particularité des objets et des désirs, cette monotonie de leur reproduction a une nécessité, elle révèle à

a. En donnant ici un texte de M. Jean Hyppolite nous semblons enfreindre les règles que nous avons fixées à notre choix. Ce n'est qu'une apparence. Le passage relatif au désir dans la *Phénoménologie de l'Esprit* de Hegel serait parfaitement inintelligible à des débutants. Par ailleurs l'idée hégélienne nous paraît mériter d'être exposée. La parfaite fidélité du commentaire de M. Hyppolite nous permet donc de proposer un texte ayant à la fois valeur d'équivalent et de clé.

la conscience que l'objet est nécessaire pour que la conscience de soi puisse le nier. « Pour que cette suppression soit, cet autre aussi doit être »; il y a donc une altérité essentielle du désir en général. Cette altérité n'apparaît que provisoire pour tel désir particulier, mais son caractère essentiel résulte de la succession des désirs « c'est en fait un autre que la conscience de soi qui est l'essence du désir, et par cette expérience, cette vérité devient présente à la conscience de soi ».

Je découvre donc au cours de cette expérience que le désir ne s'épuise jamais, et que son intention réfléchie me conduit à une altérité essentielle. Cependant la conscience de soi est aussi absolument pour soi, elle doit donc se satisfaire, mais elle ne le peut que si l'objet lui-même se présente à elle comme une conscience de soi, dans ce cas en effet et dans ce seul cas « l'objet est aussi bien moi qu'objet… ».

… Le désir est moins celui de l'amour que celui de la reconnaissance virile d'une conscience désirante par une autre conscience désirante. Le mouvement de la reconnaissance se manifestera donc par l'opposition des consciences de soi : il faudra en effet que chaque conscience se montre comme elle doit être, c'est-à-dire comme élevée au-dessus de la vie qui la conditionne et dont elle est encore prisonnière[a].

J. HYPPOLITE

*

34. *Le désir comme manque et dépassement de son manque.*

Que la réalité humaine soit manque, l'existence du désir comme fait humain suffirait à le prouver. Comment expliquer le désir, en effet, si l'on y veut voir un *état* psychique, c'est-à-dire un être dont la nature est d'être ce qu'il est? Un être qui est ce qu'il est, dans la mesure où il est considéré comme étant ce qu'il est, n'appelle rien à soi pour se compléter. Un cercle inachevé n'appelle l'achèvement qu'en tant qu'il est dépassé par la transcendance humaine. En soi il est complet et parfaitement positif comme courbe ouverte. Un état psychique qui existerait avec la suffisance de cette courbe ne saurait posséder par surcroît le moindre « appel vers » autre chose : il

a. *Genèse et Structure de la Phénoménologie de l'Esprit de Hegel* (1946), p. 154-158. Aubier éd., Paris.

serait lui-même, sans aucune relation avec ce qui n'est pas lui; il faudrait, pour le constituer comme faim ou soif, une transcendance extérieure qui le dépasse vers la totalité « faim apaisée », comme elle dépasse le croissant de lune vers la pleine lune. On ne se tirera pas d'affaire en faisant du désir un *conatus* conçu à l'image d'une force physique. Car le *conatus*, derechef, même si on lui concède l'efficience d'une cause, ne saurait posséder en lui-même les caractères d'un appétit vers un autre état. Le *conatus* comme producteur d'états ne saurait s'identifier au désir comme appel d'*état*. Un recours au parallélisme psychophysiologique ne permettrait pas davantage d'écarter ces difficultés: la soif, comme phénomène organique, comme besoin «physiologique» d'eau n'existe pas. L'organisme privé d'eau présente certains phénomènes positifs, par exemple, un certain épaississement coagulescent du liquide sanguin, lequel provoque à son tour certains autres phénomènes. L'ensemble est un état positif de l'organisme qui ne renvoie qu'à lui-même, tout juste comme l'épaississement d'une solution dont l'eau s'évapore ne peut être considéré en lui-même comme un désir d'eau de la solution. Si l'on suppose une exacte correspondance du mental et du physiologique, cette correspondance ne peut s'établir que sur fond d'identité ontologique, comme l'a vu Spinoza. En conséquence l'être de la soif psychique sera l'être en soi d'un *état* et nous sommes renvoyés derechef à une transcendance témoin. Mais alors la soif sera désir *pour* cette transcendance, non pour elle-même: elle sera désir aux yeux d'autrui. Si le désir doit pouvoir être à soi-même désir, il faut qu'il soit la transcendance elle-même, c'est-à-dire qu'il soit par nature échappement à soi vers l'objet désiré. En d'autres termes, il faut qu'il soit un manque – mais non pas un manque-objet, un manque subi, créé par le dépassement qu'il n'est pas: il faut qu'il soit son propre manque de… Le désir est manque d'être, il est hanté en son être le plus intime par l'être dont il est désir. Ainsi témoigne-t-il de l'existence du manque dans l'être de la réalité humaine[a].

J.P. SARTRE

a. *L'Être et le Néant* (1943), p. 130-131. Gallimard éd., Paris.

*

VI. Problèmes de fondement et de classification

Il est normal, puisqu'elles posent à tout homme concurremment sollicité par elles des problèmes concrets de compromis ou d'équilibre, que les tendances, dans leur multiplicité, imposent au psychologue et au philosophe l'examen du problème de leur unité réelle ou possible. De tout temps, on a recherché si la variété et donc la rivalité des besoins et des tendances admet ou non une certaine unité, soit par réduction généalogique, soit par organisation hiérarchique. D'où les problèmes traditionnels de fondement et de classification que les textes suivants – dont certains inattendus ou trop peu connus – pourront contribuer sinon à renouveler du moins à rafraîchir.

Faim ou sommeil ?

35. *Tout pour la tripe.*

En iceluy jour, Pantagruel descendit en une isle admirable entre toutes aultres, tant à cause de l'assiette que du gouverneur d'icelle... Le gouverneur d'icelle estoit messere Gaster, premier maistre es ars de ce monde. Si croyez que le feu soit le grand maistre des ars, comme escrit Cicero, vous errez et vous faites tort. Car Cicero ne le creut oncques. Si croyez que Mercure soit premier inventeur des ars, comme jadis croyaient nos antiques druides, vous fourvoyez grandement. La sentence du satyrique est vraye, qui dit messere Gaster estre de tous ars le maistre. Avec iceluy pacifiquement résidait la bonne dame Pénie, aultrement dit souffreté, mère des neuf Muses : de laquelle jadis en compaignie de Porus, seigneur de Abondance, nous nasquit Amour, le noble enfant médiateur du Ciel et de la Terre, comme atteste Platon *in Symposio.* A ce chaleureux roy force nous fut faire révérence, jurer obéissance et honneur porter. Car il est impérieux, rigoureux, rond, dur, difficile, inflectible. À lui on ne peut rien faire croire, rien remontrer, rien persuader. Il ne oyt point. Et comme les Aegyptiens disaient Harpocras dieu de Silence, en grec nommé Sigalion, estre astomé, c'est-à-dire sans bouche, ainsi Gaster sans oreilles fut créé : comme en Candie le similaire de Jupiter estoit sans oreilles. Il ne parle que par signes. Mais à ces signes tout le monde obéist plus soudain qu'aux édictz des préteurs et mandemens des roys. En ses sommations delay aucun et demeure aucune il n'admet. Vous dictes que au rugissement du lyon toutes bestes loing à l'entour frémissent, tant (sçavoir est) qu'estre peut sa voix ouïe. Il est écrit. Il est vray. Je l'ay veu. Je vous certifie qu'au mandement de messere Gaster tout le ciel tremble, toute la terre bransle. Son mandement est nommé : faire le fault sans delay ou mourir...

En quelques compaignies qu'il soit, discepter ne fault de supériorité et préférence : toujours va davant, y fussent roys, empereurs, voire certes le pape. Et au concile de Basle, le premier alla, quoy qu'on vous die que le dict concile fut séditieux, à cause des contentions et ambitions des lieux premiers. Pour le servir tout le monde est empesché, tout le monde labeure. Aussi pour récompense il fait ce bien au monde qu'il luy invente toutes ars, toutes machines, tous mestiers, tous engins et subtilités. Mesmes es animans brutaulx il apprend ars deniées de nature. Les corbeaulx, les gays, les papegays, les estourneaulx, il rend poêtes; les pies il fait poetrides, et leur apprend langage humain proférer, parler, chanter. Et tout pour la trippe...

Ces diables Gastrolatres retirés, Pantagruel fut attentif à l'estude de Gaster, ce noble maistre des ars. Vous savez que par institution de nature, pain avec ses apennaiges luy a esté pour provision adjugé et aliment, adjointe cette bénédiction du Ciel que pour pain trouver et garder rien ne luy defauldroit. Dès le commencement il inventa l'art fabrile, et agriculture pour cultiver la terre, tendant à fin qu'elle produisist grain. Il inventa l'art militaire et armes pour grain défendre; médecine et astrologie, avec les mathématiques nécessaires, pour grain en saulveté par plusieurs siècles garder et mettre hors les calamités de l'air, deguast des bestes brutes, larecin des briguands. Il inventa les moulins à eau, à vent, à bras, ou aultres mille engins, pour grain mouldre et réduire en farine, le levain pour fermenter la paste, le sel pour luy donner saveur (car il eust ceste cognoissance que chose au monde plus les humains ne rendoit à maladies subjects que de pain non fermenté, non salé user), le feu pour le cuire, les horologes et quatrans pour entendre le temps de la cuicte de pain, créature de grain[a]...

RABELAIS

a. Nous pensons que cet extrait donnera l'envie de relire – ou de lire ! – les deux chapitres de Rabelais cités en référence : *Le Quart Livre des Faicts et Dicts héroïques du noble Pantagruel* (1552), chap. LVII et LXI, *passim*.

*

36. *Ô nuit, reine des villes!*

Le sociologue me dit : « On serait tenté d'expliquer toute l'organisation sociale par le besoin de manger et de se vêtir, l'Économique dominant et expliquant tout le reste; seulement il est probable que le besoin d'organisation est antérieur au besoin de manger. On connaît des peuplades heureuses qui n'ont point besoin de vêtements et cueillent leur nourriture en étendant la main; or elles ont des rois, des prêtres, des institutions, des lois, une police; j'en conclus que l'homme est citoyen par nature, et qu'il aime l'Administration pour elle-même.

— J'en conclus, lui dis-je, autre chose, c'est que l'Économique n'est pas le premier des besoins. Le sommeil est bien plus tyrannique que la faim. On conçoit un état où l'homme se nourrirait sans peine; mais rien ne le dispensera de dormir. Si fort et si audacieux qu'il soit, il sera sans perceptions et par conséquent sans défense pendant le tiers de sa vie à peu près. Il est donc probable que ses premières inquiétudes lui vinrent de ce besoin-là. Il organisa le sommeil et la veille; les uns montèrent la garde pendant que les autres dormaient, telle fut la première esquisse de la cité. La cité fut militaire avant d'être économique. Ces sauvages, dont vous parlez, avaient à se défendre contre leurs voisins, contre les fauves, contre les serpents. Je crois que la Société est fille de la peur et non pas de la faim. Bien mieux, je dirais que le premier effet de la faim a dû être de disperser les hommes plutôt que de les rassembler, tous allant chercher leur nourriture justement dans les régions les moins explorées. Seulement tandis que le désir les dispersait, la peur les rassemblait. Le matin ils sentaient la faim et devenaient anarchistes; mais le soir, ils sentaient la fatigue et la peur et ils aimaient les lois. Ainsi, puisque vous vous plaisez à défaire le tissu social afin de comprendre comment il est fait, n'oubliez pas que la relation militaire est le soutien de toutes les autres, et comme le canevas qui porte la tapisserie.

— Bon, dit-il, nous rangerons donc les besoins dans l'ordre suivant : le besoin d'être gardé ou de dormir en paix, puis le besoin de manger, puis le besoin de posséder, qui n'est que le besoin de manger en imagination avant de sentir la faim.

— Je ne sais, lui répondis-je, si vous tirez de la peur toutes les vertus sociales qu'elle renferme. Le sommeil est père des veilleurs de nuit et des armées. Il est père des songes aussi; de là une autre peur, la peur des morts et des fantômes, d'où les religions sont sorties. Le soldat écartait les fauves et le prêtre écartait les revenants. Une caserne et un temple, tels furent les noyaux de la cité primitive. C'est beaucoup plus tard que la machine et l'usine achevèrent l'œuvre.

— Et le besoin de procréer, où le mettrons-nous ?

— Je le rangerais, lui dis-je, à côté de l'Économique, parmi les besoins antisociaux ; car tous deux arment l'homme contre l'homme. Mais le sommeil est un roi encore plus puissant. On loue le soleil, mais on craint la nuit. Voilà pourquoi la troupe des bergers et la clochette des troupeaux parlent si vivement à notre cœur, quand le jour s'en va. Ô nuit, reine des villes[a] ! »

ALAIN

*

INSTINCT DE CONSERVATION ?

37. *Volonté de puissance contre Instinct de conservation.*

Les physiologistes devraient réfléchir avant de poser « *l'instinct de la conservation* » comme l'instinct cardinal de tout être organique. Le vivant veut avant tout dépenser sa force : la « conservation » n'en est qu'une conséquence entre autres. – Gare aux principes téléologiques *superflus !* Et tout le concept de « l'instinct de la conservation » est un de ces principes.

La « lutte pour l'existence » – cette formule désigne un état d'exception, la règle est bien plutôt la lutte pour la *puissance*, l'ambition d'avoir « plus » et « mieux » et « plus vite » et « plus souvent ».

Nous avons coutume de considérer l'épanouissement d'une extraordinaire multitude de formes comme compatible avec l'unité d'origine.

Ma théorie serait que la *volonté de puissance* est la forme affective primitive, que tous les autres sentiments n'en sont que le développement ;

Que l'on éclaircit notablement la question en posant la « puissance » à la place du « bonheur » individuel (que tout vivant doit rechercher) : « il s'efforce vers la *puissance*, vers une *augmentation* de puissance » ; le plaisir n'est qu'un symptôme de la sensation de la puissance acquise, la conscience d'une différence (le vivant ne recherche pas le plaisir, mais le plaisir se

a. Rapprocher le début de ce texte du texte n° 27 et la fin, du texte n° 13. *Les Propos d'Alain* (1920), tome I, p. 61-62. N.R.F. éd., Paris.

produit quand il a atteint le but de son effort ; le plaisir accompagne l'acte, ne le déclenche pas) ;

Que toute force motrice est volonté de dominer, qu'il n'y a pas d'autre force physique, ni dynamique, ni psychique.

Dans notre science où le concept de cause et d'effet se réduit à un rapport d'équivalence, avec l'ambition de démontrer qu'il y a de part et d'autre une même quantité de force, *la force motrice fait défaut* : nous n'envisageons que des résultats, nous les posons comme égaux en contenu de force…

C'est un simple fait d'expérience que le changement *ne cesse pas* ; nous n'avons pas la moindre raison de comprendre qu'un changement doive être suivi d'un autre. Au contraire ; un état auquel on est *parvenu* semblerait devoir se conserver s'il n'y avait en lui un pouvoir de *ne pas vouloir durer…* Le principe spinoziste de la « conservation de soi-même » devrait, au fond, mettre un terme au changement ; mais ce principe est faux ; le *contraire* est vrai. C'est chez le vivant justement qu'on peut démontrer avec le plus d'évidence qu'il fait tout, non pour se conserver, mais pour s'accroître… [a]

NIETZSCHE

*

38. *Conservation de soi, forme pathologique de la vie.*

Si d'un côté nous attribuons à certaines formes de comportement, à certaines opérations déterminées, une valeur prééminente en raison de leur signification quant à l'essence de l'organisme, nous pouvons, d'un autre point de vue, considérer comme les plus importantes celles des opérations qui restent conservées en dépit d'une lésion… En ce sens, on parle avec raison d'opérations qui ont une *importance vitale* plus ou moins grande que d'autres. C'est ce qu'implique le terme « instinct de conservation ». Mais si l'on entend par là simplement la conservation de l'existence, la question… se pose, pour le moins, de savoir si un tel « instinct » existe dans l'organisme normal, plus particulièrement s'il faut le considérer comme l'instinct principal ou si, au contraire, son apparition ou sa manifestation exclusive ne sont pas déjà un signe d'anomalie, de lésion. En effet, comme nous le verrons, l'organisme normal est caractérisé par un « être » qui suit un cours

a. *La Volonté de Puissance* (1888), trad. par G. Bianquis, tome I, p. 212-213. Gallimard éd., Paris.

déterminé. L'existence momentanée, la « vie pure et simple » joue certes un rôle important dans la réalisation de cet être, mais non pas le rôle essentiel. Dans certaines situations extrêmes il se peut même qu'il soit requis, conformément à certaine « essence », de sacrifier la vie, c'est-à-dire l'existence matérielle momentanée, pour sauver le côté essentiel de l'organisme. La conservation de l'existence ne devient l'essentiel que dans le cas de déficience, ou parfois dans certaines situations critiques où le corps devient le bien suprême parce que toutes les autres possibilités dépendent de lui. En ce qui concerne l'organisme déficient, l'échelle de valeur des opérations peut être différente de ce qu'elle est pour l'organisme normal…

Je voudrais encore préciser mon point de vue vis-à-vis de l'hypothèse d'une pulsion qui joue un grand rôle dans l'idée qu'on se fait des êtres vivants : celle de la conservation de soi-même. Une telle tendance existe sans aucun doute chez le malade. Il cherche autant que possible à se maintenir au moins dans l'état où il se trouve et ainsi il incline nettement à revenir à l'état d'équilibre, d'uniformité et d'inertie. Si l'on part de telles observations et d'observations analogues, faites dans des situations expérimentales, on peut être conduit à admettre que la conservation est un signe caractéristique de la vie. Il est vrai que, si l'on tient compte du fait que le malade est en même temps changé quant à des caractères essentiels de l'homme, qu'il est tombé à un niveau où aucun développement, aucune productivité ne sont plus possibles, on ne considérera pas cet état comme l'état normal, on n'en conclura pas que la tendance à la conservation est caractéristique de la vie normale. L'observation des malades montre que la *simple conservation est un signe de vie anormale, de vie en déclin.* Pour le malade, le maintien de l'état est la seule possibilité d'existence. La force impulsive de la vie normale est la tendance de l'organisme à l'*activité*, au *développement des capacités*, à une *réalisation aussi haute que possible de son essence.* Dans des conditions anormales, dans lesquelles la réalisation de sa nature est devenue impossible, l'organisme normal, lui aussi, tendra à la simple conservation de lui-même[a].

KURT GOLDSTEIN[1]

a. *La Structure de l'Organisme*, trad. fr. par Burckardt et Kuntz de l'ouvrage *Die Aufbau des Organismus* (1934), p. 31-32 et 169-170, Gallimard éd., Paris.

1. Sur Kurt Goldstein, cf. *supra*, p. 106, n. 1.

*

INSTINCT SEXUEL ?

Toutes les tendances ne procèdent pas de la sexualité.

39. Toutes les fois que la psychanalyse envisageait tel ou tel événement psychique comme un produit des tendances sexuelles, on lui objectait avec colère que l'homme ne se compose pas seulement de sexualité, qu'il existe dans la vie psychique d'autres tendances et intérêts que les tendances et intérêts de nature sexuelle, qu'on ne doit pas faire « tout » dériver de la sexualité, etc. Et bien, je ne connais rien de plus réconfortant que le fait de se trouver pour une fois d'accord avec ses adversaires. La psychanalyse n'a jamais oublié qu'il existe des tendances non sexuelles, elle a élevé tout son édifice sur le principe de la séparation nette et tranchée entre tendances sexuelles et tendances se rapportant au *moi* et elle a affirmé, sans attendre les objections, que les névroses sont des produits, non de la sexualité, mais du conflit entre le *moi* et la sexualité…

Il convient de noter que les tendances sexuelles et l'instinct de conservation ne se comportent pas de la même façon à l'égard de la nécessité réelle. Les instincts ayant pour but la conservation et tout ce qui s'y rattache sont plus accessibles à l'éducation ; ils apprennent de bonne heure à se plier à la nécessité et à conformer leur développement aux indications de la réalité. Ceci se conçoit, attendu qu'ils ne peuvent pas se procurer autrement les objets dont ils ont besoin et sans lesquels l'individu risque de périr. Les tendances sexuelles qui n'ont pas besoin d'objet au début et ignorent ce besoin sont plus difficiles à éduquer. Menant une existence pour ainsi dire parasitaire associée à celle des autres organes du corps[a], susceptibles de trouver une satisfaction auto-érotique, sans dépasser le corps même de l'individu, elles échappent à l'influence éducatrice de la nécessité réelle et, chez la plupart des hommes, elles gardent, sous certains rapports, toute la vie durant, ce caractère arbitraire, capricieux, réfractaire, « énigmatique ». Ajoutez à cela qu'une jeune personne cesse d'être accessible à l'éducation au moment même où ses besoins sexuels atteignent leur intensité définitive…

a. *Cf.* la fin du texte n° 1.

En ce qui concerne les tendances sexuelles, il est évident que du commencement à la fin de leur développement, elles sont un moyen d'acquisition de plaisir et elles remplissent cette fonction sans faiblir. Tel est également, au début, l'objectif des tendances du *moi.* Mais sous la pression de la grande éducation qu'est la nécessité, les tendances du *moi* ne tardent pas à remplacer le principe de plaisir par une modification. La tâche d'écarter la peine s'impose à elles avec la même urgence que celle d'acquérir du plaisir; le *moi* apprend qu'il est indispensable de renoncer à la satisfaction immédiate, de différer l'acquisition de plaisir, de supporter certaines peines et de renoncer en général à certaines sources de plaisir. Le *moi* ainsi éduqué est devenu « raisonnable », il ne se laisse plus dominer par le principe de plaisir, mais se conforme au *principe de réalité* qui, au fond, a également pour but le plaisir, mais au plaisir qui, s'il est différé et atténué, a l'avantage d'offrir la certitude que procurent le contact avec la réalité et la conformité à ses exigences. Le passage du principe de plaisir au principe de réalité constitue un des progrès les plus importants dans le développement du *moi.* Nous savons déjà que les tendances sexuelles ne franchissent que tardivement et comme forcées et contraintes cette phase de développement du *moi*, et nous verrons plus tard quelles conséquences peuvent découler pour l'homme de ces rapports plus lâches qui existent entre sa sexualité et la réalité extérieure[a].

FREUD

*

40. Notre droit de faire une distinction entre les tendances du moi et les tendances sexuelles est donc incontestable. Nous tirons ce droit de l'existence même de l'instinct sexuel comme activité particulière de l'individu. On peut seulement demander quelle importance et quelle profondeur nous attribuons à cette distinction…

Nous n'avons naturellement aucune raison d'affirmer une différence de nature, d'ailleurs peu concevable, entre ces deux groupes de tendances. L'un et l'autre désignent des sources d'énergie de l'individu, et la question est de savoir si ces deux groupes n'en forment au fond qu'un ou s'il existe entre eux une différence de nature, et, s'ils n'en forment au fond qu'un, à quel moment

a. Même référence que le texte n° 24, p. 37 et 382-384.

ils se sont séparés l'un de l'autre – cette question, disons-nous, peut et doit être discutée non d'après des notions abstraites, mais sur la base des faits fournis par la biologie…

Nous ne gagnons évidemment rien à insister, avec Jung[1], sur l'unité primordiale de tous les instincts et à donner le nom de « libido » à l'énergie se manifestant dans chacun d'eux. Comme il est impossible, à quelque artifice que l'on ait recours, d'éliminer de la vie psychique la fonction sexuelle, nous nous verrions obligés de parler d'une libido sexuelle et d'une libido asexuelle. C'est cependant avec raison que le nom de libido reste réservé aux tendances de la vie sexuelle, et c'est uniquement dans ce sens que nous l'avons toujours employé.

Je pense donc que la question de savoir jusqu'à quel point il convient de pousser la séparation entre tendances sexuelles et tendances découlant de l'instinct de conservation est sans grande importance pour la psychanalyse. Celle-ci n'a d'ailleurs aucune compétence pour résoudre cette question. Toutefois la biologie nous fournit certains indices permettant de supposer que cette séparation a une signification profonde. La sexualité est en effet la seule fonction de l'organisme vivant qui dépasse l'individu et assure son rattachement à l'espèce. Il est facile de se rendre compte que l'exercice de cette fonction, loin d'être toujours aussi utile à l'individu que l'exercice de ses autres fonctions, lui crée, au prix d'un plaisir excessivement intense, des dangers qui menacent sa vie et la suppriment même assez souvent. Il est en outre probable que c'est à la faveur de processus métaboliques particuliers, distincts de tous les autres, qu'une partie de la vie individuelle peut être

1. Il semble que Canguilhem lui-même ne se soit autorisé de Carl Jung (1875-1961), le disciple schismatique de Freud, qu'une seule fois dans toute son œuvre publiée ; il le fait dans son article sur « La théorie cellulaire » (repris dans *La connaissance de la vie*) où il en appelle à la traduction française de l'ouvrage de Jung sur *Les types psychologiques*. Il n'y a pas d'indication que, contrairement à son intérêt croissant pour Freud, il ait vraiment pratiqué Jung. Les rares autres mentions de Jung par Canguilhem se trouvent dans des articles de 1974 et 1984, où il indique d'une part que la psychanalyse façon Gaston Bachelard doit davantage à Jung qu'à Freud et, d'autre part, que la prévalence chez Bachelard de l'intérêt psychique sur la *libido* trouve aussi appui sur sa lecture de Jung, lui-même inscrit à ce sujet dans le sillage d'Édouard Claparède (ces textes peu connus de Canguilhem sont repris au tome V des *OC*). Rien dans les manuscrits inédits conservés au CAPHÉS ne manifeste un intérêt pour Jung d'ailleurs absent de sa bibliothèque, si ce n'est sous la forme de sa correspondance avec Freud (CAN 920 et 921). En revanche, les ouvrages de Freud et les études sur celui-ci et sur la psychanalyse freudienne sont dans sa bibliothèque fort nombreux.

transmise à la postérité à titre de disposition. Enfin, l'être individuel, qui se considère lui-même comme l'essentiel et ne voit dans sa sexualité qu'un moyen de satisfaction parmi tant d'autres, ne forme, au point de vue biologique, qu'un épisode dans une série de générations, qu'une excroissance caduque d'un protoplasma virtuellement immortel, qu'une sorte de possesseur temporaire d'un fidéi-commis destiné à lui survivre[a].

FREUD

*

ÉGOÏSME OU ALTRUISME ?

41. *L'Intérêt et l'Amour-propre.*

Je me contenterai de vous avertir de deux choses : l'une, que, par le mot d'intérêt, on n'entend pas toujours un intérêt de bien, mais le plus souvent un intérêt d'honneur ou de gloire; et l'autre, qui est la principale et comme le fondement de toutes ces réflexions, est que celui qui les a faites n'a considéré les hommes que dans cet état déplorable de la nature corrompue par le péché; et qu'ainsi la manière dont il parle de ce nombre infini de défauts qui se rencontrent dans leurs vertus apparentes ne regarde point ceux que Dieu en préserve par une grâce particulière.

L'amour-propre est l'amour de soi-même et de toutes choses pour soi; il rend les hommes idolâtres d'eux-mêmes, et les rendrait les tyrans des autres, si la fortune leur en donnait les moyens; il ne se repose jamais hors de soi, et ne s'arrête dans les sujets étrangers que comme les abeilles sur les fleurs, pour en tirer ce qui lui est propre. Rien n'est si impétueux que ses désirs, rien de si caché que ses desseins, rien de si habile que ses conduites; ses souplesses ne se peuvent représenter, ses transformations passent celles des métamorphoses, et ses raffinements ceux de la chimie.

L'intérêt parle toutes sortes de langues, et joue toutes sortes de personnages, même celui de désintéressé.

Ce que les hommes ont nommé amitié n'est qu'une société, qu'un ménagement réciproque d'intérêts, et qu'un échange de bons offices; ce

a. Même référence [que pour l'extrait précédent], p. 441-443.

n'est enfin qu'un commerce où l'amour-propre se propose toujours quelque chose à gagner.

Les vertus se perdent dans l'intérêt, comme les fleuves se perdent dans la mer.

Ce qui paraît générosité n'est souvent qu'une ambition déguisée qui méprise de petits intérêts pour aller à de plus grands.

Il n'y a point de passion où l'amour de soi-même règne si puissamment que dans l'amour; et on est toujours plus disposé à sacrifier le repos de ce qu'on aime, qu'à perdre le sien.

La pitié est souvent un sentiment de nos propres maux dans les maux d'autrui. C'est une habile prévoyance des malheurs où nous pouvons tomber. Nous donnons du secours aux autres, pour les engager à nous en donner en de semblables occasions; et ces services que nous leur rendons sont, à proprement parler, des biens que nous nous faisons à nous-mêmes par avance.

L'intérêt, que l'on accuse de tous nos crimes, mérite souvent d'être loué de nos bonnes actions[a].

LA ROCHEFOUCAULD

*

42. *Distinction entre l'amour-propre et l'amour de nous-mêmes.*

Plusieurs philosophes rapportent généralement à l'amour-propre toute sorte d'attachements. Ils prétendent qu'on s'approprie tout ce que l'on aime, qu'on n'y cherche que son plaisir et sa propre satisfaction, qu'on se met soi-même avant tout; jusque-là qu'ils nient que celui qui donne sa vie pour un autre le préfère à soi. Ils passent le but en ce point; car si l'objet de notre amour nous est plus cher sans l'être que l'être sans l'objet de notre amour, il paraît que c'est notre amour qui est notre passion dominante et non notre individu propre, puisque tout nous échappe avec la vie, le bien que nous nous étions approprié par notre amour, comme notre être véritable. Ils répondent que la passion nous fait confondre dans ce sacrifice notre vie et celle de l'objet aimé; que nous croyons n'abandonner qu'une partie de nous-mêmes

a. *Réflexions ou Sentences et Maximes morales.* – Les textes cités sont dans l'ordre : Avis au lecteur, de l'édition de 1666; Pensée n° 1 de l'édition de 1665; Pensées n°s 38, 83, 171, 246, 262, 264 et 305 de l'édition de 1673.

pour conserver l'autre; au moins ils ne peuvent nier que celle que nous conservons nous paraît plus considérable que celle que nous abandonnons. Or, dès que nous nous regardons comme la moindre partie dans le tout, c'est une préférence manifeste de l'objet aimé. On peut dire la même chose d'un homme qui, volontairement et de sang-froid, meurt pour la gloire : la vie imaginaire qu'il achète au prix de son être réel est une préférence bien incontestable de la gloire, et qui justifie la distinction que quelques écrivains ont mise avec sagesse entre l'amour-propre et l'amour de nous-mêmes. Ceux-ci conviennent bien que l'amour de nous-mêmes entre dans toutes nos passions; mais ils distinguent cet amour de l'autre. Avec l'amour de nous-mêmes, disent-ils, on peut chercher hors de soi son bonheur; on peut s'aimer hors de soi davantage que son existence propre; on n'est point à soi-même son unique objet. L'amour-propre, au contraire, subordonne tout à ses commodités et à son bien-être : il est à lui-même son seul objet et sa seule fin : de sorte qu'au lieu que les passions qui viennent de l'amour de nous-mêmes nous donnent aux choses, l'amour-propre veut que les choses se donnent à nous et se fait le centre de tout[a].

VAUVENARGUES[1]

*

43. *La distinction entre égoïsme et altruisme est morale et non psychologique.*

Toutes les tendances sans exception portent l'être vivant en dehors de lui-même, et, par conséquent, toutes sont *altruistes* (en admettant que ce terme signifie plutôt l'amour de l'*autre* que l'amour d'*autrui*), à moins que se vouant dès l'abord à des raffinements d'analyse inépuisables, on ne veuille poursuivre jusque dans les impulsions qui nous jettent hors de nous et nous dévouent corps et âme à l'objet, les traces de je ne sais quel égoïsme, à nouveau métaphysique, qu'on se met en demeure de retrouver même dans les sacrifices de soi qu'inspirent si souvent, tant aux animaux qu'aux

a. *Introduction à la connaissance de l'esprit humain* (1749) § XXIV.

1. Luc de Clapiers de Vauvenargues (1715-1747), écrivain moraliste français. Il reste surtout connu pour ses *Maximes et réflexions*, parues en 1746, qui sont une bonne illustration de l'optimisme des Lumières.

hommes, la rage du combat ou celle de l'amour. Nous admettons sans doute que ce paroxysme d'attachement hors de soi puisse être considéré comme un égoïsme élargi : et c'est une hypothèse qui, sans le secours d'aucune métaphysique, peut s'appuyer d'ailleurs, comme nous le verrons, sur de sérieuses raisons biologiques; mais alors c'est la notion même d'égoïsme qui perd son sens en perdant ses limites. On objecte : ce que le sujet aime dans l'*autre* qu'il se sacrifie pour conquérir, c'est lui-même. Mais *aimer les autres comme d'autres soi-même* est précisément la formule de l'altruisme, et l'on voit qu'on n'en sortirait plus des subtilités si l'on voulait maintenir contre l'expérience populaire la notion d'un égoïsme capable de s'attacher hors de soi sans se détruire.

La vérité est que la notion d'un égoïsme à la fois fondamental et universel nous est moins venue de l'expérience psychologique que de notions morales mal comprises ou mal appliquées. La morale seule et non la psychologie, non plus du reste que la biologie, nous fournit de l'égoïsme une notion claire, précise et exempte d'ambiguïté. Mais elle nous la fournit en ruinant plutôt l'idée que la psychologie courante nous porterait à nous en faire. L'égoïsme est pour elle un vice qui, loin d'exprimer l'élan de la tendance, en manifesterait plutôt une certaine *dénaturation*[a] …

Dans l'ordre social est égoïste (et l'égoïsme est ici le vice de l'*injustice*) celui qui, tournant en buts directs les bienfaits qu'il tire d'une collaboration de sympathie avec ses *semblables*, prend ceux-ci pour simples *instruments* de ces bienfaits, et cessant de les considérer *altruistement* pour ses semblables, ne les envisage plus que comme des *moyens* quelconques de ces fins devenues tout égoïstes. L'homme est alors ravalé pour l'homme à l'état de *chose* : d'où peuvent dériver toutes les formes de la contrainte brutale, de la spoliation et de l'exploitation[b].

M. PRADINES[1]

a. Rapprocher du début du texte n° 41 où La Rochefoucauld affirme ne viser dans ses *Réflexions* que la nature humaine corrompue par le péché.

b. *Traité de Psychologie générale*, tome I (1943), p. 161-162, P.U.F. éd., Paris

1. Sur Maurice Pradines, cf. *supra*, p. 58, n. 3.

*

44. *Coexistence fondamentale et hiérarchie de l'égoïsme et de l'altruisme.*

Cette vie affective qui domine et coordonne toute l'existence, se décompose d'abord en personnalité et sociabilité. A la vérité, la première anime seule les êtres inférieurs, jusqu'au degré zoologique où commence l'entière séparation des sexes. Mais la seconde s'y joint toujours chez la plupart des animaux supérieurs, tout comme dans l'homme, quoique avec un moindre développement... Un tel dualisme affectif ne comporte jamais une véritable équivalence entre ces deux éléments généraux, dont l'un prévaut nécessairement, de manière à constituer l'unité totale qui ne saurait s'établir autrement. Sans détruire ni neutraliser la sociabilité, la personnalité tend ordinairement à la dominer, même chez notre espèce, quand l'être puise en lui seul ses principes de conduite. Cette prépondérance est, en effet, nécessaire pour que la vie animale atteigne assez sa destination individuelle, toujours relative à l'existence végétative, dont les besoins continus et irrésistibles impriment seuls une direction fixe aux fonctions supérieures[a]. Au fond, les mêmes exigences inférieures continuent à dominer notre propre espèce, mais suivant un mode indirect, qui tend au régime opposé, lorsque chacun vit surtout pour les autres. Car si la conservation fondamentale ne suscitait aucuns besoins personnels, notre existence collective serait autant dépourvue de direction fixe et de caractère déterminé que chaque vie individuelle... Il faut donc concevoir ce conflit permanent entre la sociabilité et la personnalité comme la base naturelle d'une vraie théorie générale de la vie affective... Tel est le début fondamental du classement positif des divers penchants élémentaires suivant leur énergie décroissante et leur dignité croissante... Il s'agit de décomposer peu à peu la personnalité, puis la sociabilité, en penchants vraiment irréductibles, dont la succession totale développe entièrement la progression où je viens de poser les deux termes extrêmes. Entre l'égoïsme complet et le pur altruisme, il faut intercaler les diverses affections intermédiaires, en procédant toujours par décomposition binaire... Entre l'intérêt direct, propre à l'individu isolé, et le vrai sentiment social, il existe un intérêt indirect, qui, sans cesser d'être personnel, se rapporte aux liaisons

a. Il faut savoir que Comte se réfère ici à Bichat. Voir les textes n° 1 et n° 8.

de chacun avec les autres, pour en tirer des satisfactions individuelles… Sa division spéciale se trouvera naturellement déterminée ci-dessous entre celles du plein égoïsme et du pur altruisme. Je puis ainsi construire immédiatement la progression finale de la vie affective, en y procédant toujours par décomposition binaire et succession ternaire[a].

A. COMTE

*

45. *Les dix penchants élémentaires, personnels et sociaux, selon A. Comte.*

Cet intérêt propre et direct qui constitue l'égoïsme fondamental, se divise d'abord en instinct de la conservation et instinct du perfectionnement. Le premier est certainement le plus énergique et le plus universel, comme étant le plus indispensable, quoique le moins noble. Il existe, sous un mode quelconque, chez les moindres animaux qui sans lui disparaîtraient bientôt. Mais cet instinct prépondérant n'est presque jamais simple. On ne peut s'en former que des notions vagues et confuses en le concevant comme unique. Son appréciation positive exige qu'on y distingue ce qui concerne la conservation de l'individu et ce qui se rapporte à celle de l'espèce. Au point de vue biologique la séparation de ces deux instincts devient évidente, puisque le second ne peut se prononcer dans toute la partie inférieure de la série animale, où les sexes ne sont point assez séparés. Mon tableau final qualifie le premier de *nutritif*, d'après sa principale attribution : mais on ne doit jamais oublier qu'il en a d'autres, devant comprendre, en général, tout ce qui intéresse immédiatement la conservation matérielle de l'individu. C'est le seul instinct qui soit pleinement universel, aucun animal ne pouvant subsister sans lui. Il demeure partout le plus fondamental même chez notre espèce…

a. *Système de Politique positive*, I, *Introduction fondamentale* (1851) ; 4e édition, 1912 : chap. III, p. 691-694, Crès éd., Paris.

Quant à la conservation de l'espèce, elle exige nécessairement deux instincts différents l'un sexuel, l'autre maternel, dont le premier est plus énergique et moins noble que le second. Leur distinction est notoire dans l'échelle animale qui montre quelquefois les sexes pleinement séparés, sans aucune sollicitude pour les petits... Telle est donc la progression spéciale des trois premiers termes de la série affective, comprenant les trois instincts conservateurs, d'abord nutritif, puis sexuel et enfin maternel...

À cette progression conservatrice succède une combinaison, plus élevée et moins universelle, entre les deux instincts du perfectionnement que mon tableau final qualifie de *militaire* et *industriel*, par une extension systématique des termes usités envers l'espèce humaine. Plus élevés et moins énergiques que les précédents, ils se rapportent directement à l'animalité, tandis que ceux-ci concernent, au fond, la vie végétative. Néanmoins ils continuent comme eux d'appartenir à l'égoïsme fondamental, puisqu'ils ne poussent l'être à améliorer sa condition que pour la seule satisfaction personnelle. Cette amélioration s'obtient de deux manières différentes, quoique souvent coexistantes, par la destruction des obstacles et par la construction des moyens. Loin que le premier mode soit particulier aux carnassiers, il est, au contraire, plus universel que le second, comme étant à la fois plus indispensable et plus facile. Aucun animal, même herbivore, ne saurait subsister sans détruire beaucoup d'objets, et souvent d'autres êtres animés, sans excepter ses semblables, surtout dans les luttes sexuelles... Quant à l'instinct industriel, quoique plus rare et moins prononcé, il appartient assez à l'animalité pour que la biologie doive en ébaucher la théorie naturelle. S'il ne se développe pleinement que dans la race humaine, on peut, au fond en dire autant de l'autre, puisque, partout ailleurs, la guerre n'aboutit jamais à la conquête permanente, même individuelle...

Les cinq instincts égoïstes étant ainsi classés... il devient aisé d'étendre la série affective aux penchants intermédiaires, qui préparent graduellement sa terminaison sociale. Cette transition s'accomplit par deux inclinations très distinctes, quoique souvent confondues, l'orgueil ou le besoin de domination et la vanité ou le besoin d'approbation. Toutes deux sont essentiellement personnelles, d'après leur source et leur but. Mais elles deviennent sociales quant à leurs moyens de satisfaction qui, en effet, rendent leurs tendances beaucoup plus modifiables que les précédentes, même hors de notre espèce. Néanmoins il existe entre elles, à cet égard, une grave différence qui place la vanité au-dessus de l'orgueil, comme Gall[1] l'a bien senti. Son aptitude à être modifiée par les influences sociales est assez prononcée pour que d'irrationnels penseurs lui aient attribué la sociabilité, qu'elle suppose, au contraire… On doit d'ailleurs regarder, pour l'espèce humaine, cette distinction entre les deux penchants intermédiaires comme la première source naturelle de la division des deux pouvoirs élémentaires… Car chacun d'eux aspire également à l'ascendant personnel; mais l'un y prétend surtout par la force, et l'autre par l'opinion. L'orgueil pousse donc à commander et la vanité à conseiller, en persuadant ou convainquant. Or le lecteur sait déjà d'après l'ensemble de mon discours préliminaire que telle est, au fond, la distinction normale entre les deux puissances temporelle et spirituelle…

Cette coordination partielle prépare graduellement la noble terminaison de la série affective par l'ensemble des penchants sociaux ou altruistes. L'accroissement de dignité et le décroissement d'énergie, qui dirigent toute ma classification morale, s'y manifestent autant que possible. Mais leur infériorité de puissance trouve une certaine compensation dans leur aptitude naturelle à un essor plus complet, puisque tous les êtres peuvent y participer à la fois sans aucun conflit et même en retirant de ce concours un surcroît de satisfaction…

Les penchants supérieurs sont peu nombreux: mais on ne pourrait les réduire à un seul, sans retomber aussitôt dans la confusion métaphysique d'où Gall nous a retirés. Il y distingua judicieusement trois instincts… d'abord l'attachement, puis la vénération, et enfin l'instinct suprême, la bonté ou l'amour universel, dont la *charité* des chrétiens constituait l'ébauche théologique. Leur gradation naturelle termine la série affective par une progression partielle évidemment conforme au principe général de ma coordination morale. Comme les précédents, elle résulte aussi d'une décomposition toujours binaire. En effet, on doit d'abord diviser les affections sympathiques suivant que leur destination est spéciale ou générale. Dans le premier cas elles sont plus intenses mais moins nobles. Aussi les a-t-on souvent taxées d'égoïsme collectif quoique cette irrationnelle

1. Franz Joseph Gall (1758-1828), médecin allemand, auteur de la théorie phrénologique qui lui assura une immense réputation dans la première moitié du XIXe siècle et contribua, par l'hypothèse de localisations cérébrales, au développement de la neurologie.

exagération méconnaisse radicalement leur vraie nature, toujours caractérisée par la tendance à vivre pour autrui. Mais ce cas initial comprend réellement deux penchants, qu'il importe de bien distinguer, d'après leur inégale spécialité. La sagesse populaire a heureusement qualifié le premier sous le nom d'*attachement* qui indique l'énergie supérieure des affections les plus circonscrites. Il ne lie profondément que deux êtres à la fois. La vie domestique lui suffit et même lui convient mieux. Aussi se développe-t-il beaucoup chez les animaux et souvent davantage que parmi nous. Il y produit surtout la monogamie, poussée quelquefois jusqu'au veuvage complet. Quant à l'autre sympathie spéciale, elle consiste dans la *vénération* proprement dite, dont la destination, quoique toujours déterminée, comporte une extension très supérieure à celle du pur attachement. La soumission volontaire constitue son caractère essentiel. C'est pourquoi elle s'applique surtout aux chefs, tandis que le penchant précédent préfère l'égalité. Cette noble affection appartient encore à beaucoup d'animaux, quoique plus rarement que la pure tendresse… Ce grand sentiment constitue une transition naturelle entre la tendresse particulière et l'amour universel. Quant à cette dernière inclination, terme suprême de la progression affective, elle comporte beaucoup de degrés, mais sans admettre aucune division. Son caractère consiste, en effet, dans une destination collective, quelle que soit l'étendue de la collection. Depuis l'amour de la tribu ou de la peuplade, jusqu'au plus vaste patriotisme, et même jusqu'à la sympathie envers tous les êtres assimilables, le sentiment ne change jamais de nature. Seulement il s'affaiblit et s'ennoblit à mesure qu'il s'étend, suivant la loi commune de ma série affective. Quoique les animaux y participent moins qu'aux deux autres penchants sympathiques, on ne saurait l'ériger en privilège exclusif de notre espèce, dont il constitue pourtant la principale propriété. Une admirable équivoque consacre, en effet, la même expression pour désigner à la fois la plus vaste extension habituelle de cette suprême affection et l'ensemble de la race où elle se développe le mieux. Comme une telle expansion est réellement incompatible avec la haine envers les autres espèces, il y a peu d'inconvénients à se servir de ce terme usuel pour caractériser davantage la sympathie vraiment universelle[a].

A. COMTE

a. Même référence [que l'extrait précédent], p. 694-703.

*

VII. BESOINS, VALEURS, TECHNIQUES

46. *Orientation du vivant et valeurs biologiques.*

Ce qui semble avoir la première importance déterminante dans tout comportement naturel, c'est la tendance affective de l'animal, *appétition* ou éventuellement *répulsion*, ces mots étant entendus dans un sens proprement physiologique et sans même que l'on ait à se préoccuper de ce qui se passe dans la conscience de l'animal. Il suffit de remarquer qu'il se meut par rapport à ce qui, dans le milieu, offre pour lui une *valeur*, valeur positive ou valeur négative, et le même objet pouvant être tantôt attractif, tantôt répulsif, suivant l'état physiologique du sujet.

Le terme de *valeur* exprime la façon dont s'établit le contact de l'être vivant avec les circonstances du monde extérieur; certaines de ces circonstances lui sont indifférentes, mais il en est d'autres dont dépend l'insertion même des êtres animés dans le monde, et le fonctionnement vital consiste dans une incessante expérience où s'affirment le discernement et le choix de valeurs, qui sont par là même définies comme valeurs vitales. En ce sens, la vie est un perpétuel jugement de valeurs.

Comme l'ont montré les travaux de von Uexküll[1] et de son école, non seulement la sensibilité et l'activité de l'animal sont orientées vers ce qui présente un intérêt pour sa vie, mais chaque espèce n'a avec l'univers qu'un contact partiel: le reste du monde est pour elle sans valeur et pour ainsi dire sans existence; sa nature constitutive et physiologique lui découpe dans le milieu ambiant un univers limité et suffisant, un *Umwelt* propre, qui lui est à la fois une source de stimulation et un champ d'action, plus ou moins bornés et adaptés à ses besoins…

Ainsi non seulement le monde entier ne presse pas sur les organismes de toutes ses forces physico-chimiques, comme l'imaginaient les naturalistes lamarckiens; mais au contraire c'est la vie qui choisit pour ses représentants un monde taillé à la mesure de leur organisation et de leurs besoins spécifiques. Bien loin de pouvoir servir à expliquer la vie de l'organisme, sa forme et sa finalité, le milieu ne peut être compris lui-même que par rapport à

1. Sur von Uexküll, cf. *supra*, p. 300, n. 2.

l'organisme : c'est l'organisme qui le définit, par ses tendances, par ses conditions optima d'activité, par le choix de ses valeurs…[a]

L. BOUNOURE

*

47. *Tendance et Technique.*

Le groupe humain se comporte dans la nature comme un organisme vivant; de même que l'animal ou la plante, pour qui les produits naturels ne sont pas immédiatement assimilables, mais exigent le jeu d'organes qui en préparent les éléments, le groupe humain assimile son milieu à travers un rideau d'objets (outils ou instruments). Il consomme son bois par l'herminette, sa viande par la flèche, le couteau, la marmite et la cuillère. Dans cette pellicule interposée, il se nourrit, se protège, se repose et se déplace. Différents des espèces animales, qui ont chacune un capital fixe de moyens d'acquisition et de consommation, les hommes sont tous sensiblement égaux dans la nudité et augmentent par des actes conscients l'efficacité de leurs ongles et de leur fourrure…

Les techniques sont implicitement contenues dans le jeu de deux milieux : le milieu extérieur et le milieu intérieur du groupe humain… Par le premier terme, on saisit tout ce qui matériellement entoure l'homme : milieu géologique, climatique, animal et végétal. Il faut, avec des modalités que nous dégagerons, étendre la définition aux témoins matériels et aux idées qui peuvent provenir d'autres groupes humains. Par le second terme, on saisit, non pas ce qui est propre à l'homme nu et naissant, mais à chaque moment du temps, dans une masse humaine circonscrite (le plus souvent incomplètement) ce qui constitue le capital intellectuel de cette masse, c'est-à-dire un bain extrêmement complexe de traditions mentales…

Le nombre des solutions techniques est limité et l'on peut dire : « les hommes ont résolu le problème du bois par l'herminette, celui du fer par la forge, celui du fil par le fuseau… » Ce phénomène, dans lequel se répètent les étapes du progrès, est le plus simple et par là même le plus difficilement saisissable des mouvements de l'Évolution. Pour distinguer cette propriété toute spéciale de l'Évolution qui rend en quelque sorte prévisibles les conséquences de l'action « milieu extérieur-milieu intérieur » nous avons

a. Même référence que le texte n° 3, p. 141-143.

pris à notre compte le terme philosophique de « tendance ». Nous y voyons un mouvement, dans le milieu intérieur, de prise progressive sur le milieu extérieur… La tendance est propre au milieu intérieur, il ne peut y avoir de tendance du milieu extérieur : le vent ne propose pas à la maison un toit déterminé, c'est l'homme qui tend à donner à son toit le profil le plus favorable. Quoique banale cette constatation s'impose, car les explications mécanistes de l'adaptation au milieu tendent à la perdre de vue. Le milieu extérieur se comporte comme un corps absolument inerte contre lequel la tendance vient se briser : c'est au point de choc que se trouve le témoin matériel…

Le milieu technique traversé par la tendance et sollicité par le milieu extérieur, est le champ de réactions complexes qui se matérialisent dans le groupe technique[a]. L'objet, suivant le point de vue de l'observateur, apparaît comme une réponse à l'excitation du milieu extérieur ou à une attaque du milieu technique sur la matière.

Il serait vain de trancher : que la matière provoque le milieu intérieur ou que celui-ci aille fouiller le terrain, qu'il y ait un réflexe de création ou un acte libre, peu importe à notre niveau, l'essentiel pour nous est qu'un acte se produise souvent *comme* une réponse et souvent aussi *comme* une véritable expansion volontaire du milieu interne. La vérité moyenne est sans doute dans des actes où le milieu extérieur et le milieu intérieur prennent alternativement le pas pour atteindre un but unique. Mais nous avons cru établir que le milieu extérieur est absolument inerte ; il y a donc toujours un fait d'initiative du milieu intérieur, alors même que la matière le met dans l'obligation de donner à ce qu'elle lui impose une réponse mécanique. D'autre part, l'expansion volontaire du milieu intérieur ne s'amorce jamais sans posséder un objectif externe : on n'a jamais rencontré un outil créé de toutes pièces pour un usage à trouver sur des matières à découvrir[b].

A. Leroi-Gourhan[1]

a. L'auteur désigne par là l'ensemble organique des témoins matériels de l'activité technique propre à un groupe humain, qui fait par exemple qu'on trouve des rapports, en Chine, entre la soie textile et le papier de mûrier, entre la teinture des tissus et le vernissage des poteries (cf. *Milieu et Techniques*, p. 367-369).

b. *Milieu et Techniques* (1945), p. 352-393 *passim*. A. Michel éd., Paris.

1. Sur Leroi-Gourhan, cf. *supra*, p. 301, n. 2.

*

48. *Forme et Valeur économiques des objets de consommation.*

La marchandise est d'abord un objet extérieur, une chose qui par ses propriétés satisfait des besoins humains de n'importe quelle espèce. Que ces besoins aient pour origine l'estomac ou la fantaisie, leur nature ne change rien à l'affaire. Il ne s'agit pas non plus ici de savoir comment ces besoins sont satisfaits, soit immédiatement, si l'objet est un moyen de subsistance, soit par une voie détournée, si c'est un moyen de production…

L'utilité d'une chose fait de cette chose une valeur d'usage. Mais cette utilité n'a rien de vague et d'indécis. Déterminée par les propriétés du corps de la marchandise, elle n'existe point sans lui. Ce corps lui-même, tel que fer, froment, diamant, etc., est conséquemment une valeur d'usage, et ce n'est pas le plus ou moins de travail qu'il faut à l'homme pour s'approprier les qualités utiles qui lui donnent ce caractère… Les valeurs d'usage ne se réalisent que dans l'usage de la consommation. Elles forment la *matière de la Richesse* quelle que soit la forme sociale de cette richesse. Dans la société que nous avons à examiner [*la société capitaliste*][1], elles sont en même temps les soutiens matériels de la valeur d'échange.

La valeur d'échange apparaît d'abord comme le rapport *quantitatif*, comme la proportion dans laquelle des valeurs d'usage d'espèce différente s'échangent l'une contre l'autre, rapport qui change constamment avec le temps et le lieu… Dans l'échange, une valeur d'utilité vaut précisément autant que tout autre, pourvu qu'elle se trouve en proportion convenable. Ou bien, comme dit le vieux Barbon[a][2] : « Une espèce de marchandise est aussi bonne qu'une autre, quand sa valeur d'échange est égale; il n'y a aucune différence, aucune distinction dans les choses chez lesquelles cette valeur est la même. » Comme valeurs d'usage les marchandises sont avant tout de qualité différente, comme valeurs d'échange, elles ne peuvent être que de différente quantité.

a. Économiste anglais, contemporain de Locke, que Marx cite à plusieurs reprises.

1. Les crochets sont ici de Canguilhem.

2. Nicholas Barbon (c. 1640 – c. 1698), dont l'ouvrage *A Discourse Concerning Coining the New Money Lighter in Answer to M. Locke's Considerations about Raising the Value of Money* avait été publié à Londres, chez Chiswell, en 1696.

La valeur d'usage des marchandises une fois mise de côté, il ne leur reste plus qu'une qualité, celle d'être des produits du travail… Chacun d'eux ressemble complètement à l'autre. Ils ont tous une même réalité fantomatique. Métamorphosés en *sublimés* identiques, échantillons du même travail indistinct, tous ces objets ne manifestent plus qu'une chose, c'est que dans leur production une force de travail humaine a été dépensée, que du travail humain y est accumulé. En tant que cristaux de cette substance sociale commune, ils sont réputés valeurs[a].

KARL MARX

*

Le fondement de la vie économique est-il la production ou la consommation ?

49. La production ne fournit pas seulement des matériaux aux besoins, elle fournit aussi un besoin aux matériaux. Quand la consommation sort de sa grossièreté primitive, perd son caractère immédiat – et s'y attarder serait le résultat d'une production enfoncée encore dans la grossièreté primitive –, elle est elle-même sollicitée par l'objet comme cause excitatrice. Le besoin qu'elle éprouve de lui est créé par la perception de cet objet. L'objet d'art – et pareillement tout autre produit – crée un public sensible à l'art, capable de jouir de la beauté. La production ne produit donc pas seulement un objet pour le sujet, mais un sujet pour l'objet.

La production produit donc la consommation : 1° en lui fournissant les matériaux ; 2° en déterminant le mode de consommation ; 3° en excitant dans le consommateur le besoin des produits posés par elle comme objet. Elle produit donc l'objet de la consommation, le mode de consommation, la tendance à la consommation…

Dans la société, le lien du producteur et du produit, dès que celui-ci est achevé, est un lien extérieur et son retour du produit à l'individu dépend des relations de celui-ci avec d'autres individus. Il ne s'en empare pas immédiatement. Aussi bien l'appropriation immédiate du produit n'est pas son but, quand il produit en société. Entre le producteur et les produits se place la

a. *Le Capital* (1867), Livre I, chap. I : La Marchandise, trad. par J. Roy, Costes éd., Paris.

distribution, qui, par des lois sociales, détermine sa part du monde des produits, et se place donc entre la production et la consommation…

Le résultat auquel nous arrivons n'est pas que la production, la distribution, l'échange, la consommation sont identiques, mais qu'ils sont tous des membres d'une totalité, des différences à l'intérieur d'une unité. La production se dépasse aussi bien elle-même dans la détermination antagonistique de la production qu'elle dépasse les autres facteurs. C'est par elle que le processus recommence sans cesse de nouveau. Que l'échange et la consommation ne puissent être le facteur prédominant, c'est clair. Il en va de même de la distribution comme distribution des produits. Mais comme distribution des agents de la production, elle est elle-même un moment de la production. Une (forme) déterminée de production détermine donc des formes définies de la consommation, de la distribution, de l'échange et des rapports réciproques définis de ces différents facteurs [a].

KARL MARX

*

50. Il ne manque pas d'économistes qui déclarent que la consommation n'a rien à faire dans l'Économie politique, mais relève de la Morale ou de l'Hygiène.

La consommation, dit l'un d'eux, n'est qu'un acte essentiellement individualiste. Mais on ne voit pas pourquoi la consommation serait un acte plus individualiste que la production puisqu'au contraire c'est plutôt une idée de convivialité qu'elle évoque, la table de famille, le banquet où les hommes ont coutume de fraterniser et même la Sainte Cène, qui est le symbole de la Communion entre chrétiens.

La consommation n'est pas seulement l'acte de manger : il faut prendre ce mot dans le sens large du meilleur emploi de la richesse disponible : c'est la cause finale et, comme le nom le dit si bien, « l'accomplissement » de tout le procès économique, production, circulation, répartition…

Le procès économique forme un circuit fermé : l'homme produit pour manger et il faut bien aussi qu'il mange pour produire.

a. *Introduction à une critique de l'Économie politique* (1857) dans *Morceaux choisis de Marx*, par Nizan et Duret, p. 98-100. Gallimard éd., Paris, 1934.

Mais il faut pourtant, si l'on veut s'y reconnaître, marquer à un point quelconque la fin et le commencement du circuit. Or, la fin de tout le procès économique c'est la satisfaction des besoins de l'homme; c'est à ce moment seulement que la richesse se transforme définitivement; jusque-là et à travers toutes ses transformations elle est simplement en cours de production. Le « geste auguste du semeur » doit rester le symbole de l'acte de production par excellence; le qualifier d'acte de consommation, assimilant par là deux faits aussi opposés que semer le blé et le manger, serait tout brouiller[a]...

Il est évident que la consommation est le but et la seule raison d'être de toute production. Il est clair que du jour où les hommes ne mangeraient plus de pain, ils ne sèmeraient plus de blé. Mais de ce que la consommation apparaît comme la *cause finale* de la production, il ne s'ensuit pas qu'elle soit aussi la *cause efficiente*. Il faut prendre garde que les seuls facteurs de la production sont ceux déjà connus, travail, terre et capital, et ce n'est pas la consommation qui peut avoir pour effet de créer ou d'augmenter aucun des trois[b].

CHARLES GIDE[1]

a. Sur les rapports de la consommation et des besoins, voir aussi le *Cours d'Économie politique* de Jean Marchal, tome I, p. 326[-346]. Librairie de Médicis, [éditions M.-T. Génin,] Paris, [1946] 1950[2].

b. *Principes d'Économie politique*, 25e édition, 1929, p. 637-640. Recueil Sirey éd., Paris.

1. L'économiste français Charles Gide (1847-1932), promoteur des coopératives et de l'économie sociale, animateur du mouvement intellectuel dit l'École de Nîmes, faisait partie du réseau d'amis et de collaborateurs des *Libres Propos*, le journal d'Alain, qui republiait fréquemment dans les années 1920 des articles qu'il signait dans son mensuel *L'Émancipation*. Docteur (1872) et agrégé en droit et sciences économiques (1874), il avait enseigné aux facultés de Bordeaux et de Montpellier avant d'être nommé à la Faculté de Droit de Paris (1898-1905); il fut enfin professeur au Collège de France de 1921 à 1930. Son traité d'économie politique (1re éd. 1884) a contribué à la formation de plusieurs générations d'étudiants. Il est aussi l'auteur, avec Charles Rist (1874-1955), d'une *Histoire des doctrines économiques depuis les physiocrates jusqu'à nos jours* (Paris, Larose et Tenin, 1909) que Canguilhem avait empruntée à la bibliothèque de l'École normale supérieure à la fin de 1924.

2. Jean Marchal (1905-1995), docteur de droit (1929) et agrégé des sciences économiques (1934), était alors membre du Conseil économique, professeur à la Faculté de Droit de Paris et professeur honoraire de la Faculté de Nancy après y avoir enseigné une quinzaine d'années.

*

51. *Provisions, prévisions.*

Une demeure bien assise, des conserves surabondantes, toutes les sûretés essentielles retrouvées, ont le loisir pour conséquence. C'est le fruit des fruits que le calme et la certitude. Robinson au milieu de ses biens se sentait confusément redevenir un homme, c'est-à-dire un être indécis. Il respirait distraitement, il ne savait quels fantômes poursuivre. Il était menacé de songes et d'ennui. Le soleil lui semblait beau et le rendait triste.

Contempler des monceaux de nourriture durable, n'est-ce point voir du temps de reste et des actes épargnés? Une caisse de biscuits, c'est tout un mois de paresse et de vie. Des pots de viande confite, et des couffes de fibre bourrées de graines et de noix sont un trésor de quiétude; tout un hiver tranquille est en puissance dans leur parfum.

Robinson humait la présence de l'avenir dans la senteur des caissons et des coffres de sa cambuse. Son trésor dégageait de l'oisiveté. Il en émanait de la durée, comme il émane de certains métaux une chaleur absolue.

Il ressentait confusément que son triomphe était celui de la vie, qu'il était un agent de la vie, et qu'il avait accompli la tâche essentielle de la vie qui est de transporter jusqu'au lendemain les effets et les fruits du labeur de la veille. L'humanité ne s'est lentement élevée que sur le tas de ce qui dure. Prévisions, provisions, peu à peu nous ont détachés de la rigueur de nos nécessités animales et du *mot à mot* de nos besoins. La nature le suggérait : elle a fait que nous portions avec nous de quoi résister quelque peu à l'inconstance des événements; la graisse qui est sur nos membres, la mémoire qui se tient toute prête dans l'épaisseur de nos âmes, ce sont des modèles de ressources réservées que notre industrie a imités[a].

PAUL VALÉRY

a. *Histoires brisées* (1950), p. 44-47. Gallimard éd., Paris.

*

VIII. RÉCAPITULATION

52. *Le Mythe de Protagoras.*

C'était le temps où les dieux existaient déjà, mais où les races mortelles n'existaient pas encore. Quand vint le moment marqué par le destin pour la naissance de celles-ci, voici que les dieux les façonnent à l'intérieur de la terre avec un mélange de terre et de feu et de toutes les substances qui se peuvent combiner avec le feu et la terre. Au moment de les produire à la lumière, les dieux ordonnèrent à Prométhée et à Épiméthée de distribuer convenablement entre elles toutes les qualités dont elles avaient à être pourvues. Épiméthée demanda à Prométhée de lui laisser le soin de faire lui-même la distribution : « Quand elle sera faite, dit-il, tu inspecteras mon œuvre. » La permission accordée, il se met au travail.

Dans cette distribution, il donne aux uns la force sans la vitesse ; aux plus faibles, il attribue le privilège de la rapidité ; à certains, il accorde des armes ; pour ceux dont la nature est désarmée il invente quelque autre qualité qui puisse assurer leur salut. À ceux qu'il revêt de petitesse, il attribue la fuite ailée ou l'habitation souterraine. Ceux qu'il grandit en taille, il les sauve par là même. Bref, entre toutes les qualités, il maintient un équilibre. En ces diverses inventions, il se préoccupait d'empêcher aucune race de disparaître.

Après qu'il les eut prémunies suffisamment contre les destructions réciproques, il s'occupa de les défendre contre les intempéries qui viennent de Zeus, les revêtant de poils touffus et de peaux épaisses, abris contre le froid, abris aussi contre la chaleur et en outre, quand ils iraient dormir, couvertures naturelles et propres à chacun. Il chaussa les uns de sabots, les autres de cuirs massifs et vides de sang. Ensuite, il s'occupa de procurer à chacun une nourriture distincte, aux uns les herbes de la terre, aux autres les fruits des arbres, aux autres leurs racines ; à quelques-uns il attribua pour aliment la chair des autres. A ceux-là, il donna une postérité peu nombreuse ; leurs victimes eurent en partage la fécondité, salut de leur espèce.

Or Épiméthée, dont la sagesse était imparfaite, avait déjà dépensé sans y prendre garde, toutes les facultés en faveur des animaux, et il lui restait encore à pourvoir l'espèce humaine, pour laquelle, faute d'équipement, il ne savait que faire. Dans cet embarras, survient Prométhée pour inspecter le travail. Celui-ci voit toutes les autres races harmonieusement équipées, et l'homme nu, sans chaussures, sans couvertures, sans armes. Et le jour marqué par le destin était venu, où il fallait que l'homme sortît de la terre pour paraître à la lumière.

Prométhée, devant cette difficulté, ne sachant quel moyen de salut trouver pour l'homme se décide à dérober l'habileté artiste d'Héphaestos et d'Athéna et en même temps le feu – car sans le feu, il était impossible que cette habileté fût acquise par personne ou rendît aucun service –, puis cela fait, il en fit présent à l'homme.

C'est ainsi que l'homme fut mis en possession des arts utiles à la vie mais la politique lui échappa : celle-ci était en effet auprès de Zeus : or Prométhée n'avait plus le temps de pénétrer dans l'acropole qui est la demeure de Zeus : en outre, il y avait aux portes de Zeus des sentinelles redoutables. Mais il put pénétrer sans être vu dans l'atelier où Héphaestos et Athéna pratiquaient ensemble les arts qu'ils aiment, si bien qu'ayant volé à la fois les arts du feu qui appartiennent à Héphaestos et les autres qui appartiennent à Athéna, il put les donner à l'homme. C'est ainsi que l'homme se trouve avoir en sa possession toutes les ressources nécessaires à la vie, et que Prométhée, par la suite, fut, dit-on, accusé de vol.

Parce que l'homme participait au lot divin, d'abord il fut le seul des animaux à honorer les dieux, et il se mit à construire des autels et des images divines ; ensuite il eut l'art d'émettre des sons et des mots articulés, il inventa les habitations, les vêtements, les chaussures, les couvertures, les aliments qui naissent de la terre. Mais, les humains, ainsi pourvus, vécurent d'abord dispersés, et aucune ville n'existait. Aussi étaient-ils détruits par les animaux, toujours et partout plus fort qu'eux, et leur industrie suffisante pour les nourrir demeurait impuissante pour la guerre contre les animaux, car ils ne possédaient pas encore l'art politique, dont l'art de la guerre est une partie. Ils cherchaient donc à se rassembler et à fonder des villes pour se défendre. Mais une fois rassemblés, ils se lésaient réciproquement, faute de posséder l'art politique ; de telle sorte qu'ils recommençaient à se disperser et à périr.

Zeus alors, inquiet pour notre espèce menacée de disparaître, envoie Hermès porter aux hommes la pudeur et la justice, afin qu'il y eût dans les villes de l'harmonie et des liens créateurs d'amitié.

Hermès demande donc à Zeus de quelle manière il doit donner aux hommes la pudeur et la justice : « Dois-je les répartir comme les autres arts ? Ceux-ci sont répartis de la manière suivante : un seul médecin suffit à beaucoup de profanes et il en est de même des autres artisans ; dois-je établir ainsi la justice et la pudeur dans la race humaine, ou les répartir entre tous ? –

Entre tous, dit Zeus, et que chacun en ait sa part : car les villes ne pourraient subsister si quelques-uns seulement en étaient pourvus, comme il arrive pour les autres arts ; en outre, tu établiras cette loi en mon nom, que tout homme incapable de participer à la pudeur et à la justice doit être mis à mort, comme un fléau de la cité.[a] »

PLATON

a. *Protagoras*, 320*c*-322*d*, trad. par [Alfred] Croiset et [Louis] Bodin. Les Belles Lettres éd., Paris [, 1923].

LA CONNAISSANCE DE LA VIE

Cet ouvrage, dont le dépôt légal est du 4e trimestre 1952, appartient au tome II des *Œuvres complètes.*

RAYMOND RUYER, *NÉO-FINALISME*

Paris, P.U.F., 1952

L'Éducation nationale, n° 14, 23 avril 1953, p. 12-13

On retrouve avec plaisir dans cet ouvrage les qualités qui ont fait le succès des *Éléments de Psycho-Biologie*[1], et particulièrement l'alliance d'une information biologique vaste et sûre avec une authentique vigueur philosophique. L'analyse retrouve dans le *cogito* son sens, ses fins et ses valeurs. L'activité finaliste s'exprime déjà dans la vie organique et c'est donc seulement par distraction qu'une philosophie biologique peut encore s'en tenir au mécanisme. La causalité proprement dite n'est qu'un mode dérivé d'activité, valable seulement pour les systèmes liés seulement par des actions de proche en proche (interaction dans une multitude d'individus vrais).

L'originalité de la pensée de M. Ruyer se révèle spécialement dans ce qu'il appelle « la région du trans-spatial et du trans-individuel ». Il ne s'agit pas d'une résurrection du platonisme. Car cette région peut être atteinte à partir des descriptions tout à fait positives d'un certain nombre de faits psychologiques, notamment des phénomènes de mémoire et d'invention. En bref, l'homme n'est pas responsable des sens qu'il découvre dans la nature, il les rencontre véritablement, et il doit admettre qu'il y a des types et des espèces.

1. Sur Raymond Ruyer et l'appréciation par Canguilhem de ses *Éléments de psychobiologie*, cf. *supra*, p. 307, n. 3.

Les derniers chapitres du livre sur le Néo-darwinisme, sur l'organicisme, sur la Génétique, sur le Psycho-Lamarckisme renouvellent bien des problèmes de philosophie biologique, dont l'intérêt est trop généralement méconnu.

G. CANGUILHEM

Recommandé pour Bibl. de prof., B. Cl. T., B. univ., grdes B [1]

1. C'est-à-dire recommandé pour achat pour des bibliothèques de professeurs, bibliothèques de classes de terminale, bibliothèques universitaires, grandes bibliothèques publiques.

L'ENSEIGNEMENT DE LA PHILOSOPHIE

Georges Canguilhem (dir.), *L'Enseignement de la Philosophie. Une enquête internationale de l'UNESCO*, Paris, UNESCO, 1953 [1]

1. La publication de cet ouvrage découle de la décision prise en mai-juin 1950 par la Conférence générale de l'Unesco de faire mener, dans le cadre de son programme pour 1951, une enquête internationale « sur la place que l'enseignement de la philosophie occupe dans divers systèmes d'éducation, sur la façon dont il est donné et sur l'influence qu'il exerce sur la formation du citoyen ».

Un comité international de neuf experts avait été constitué sous l'autorité du Directeur général de l'Unesco dont le directeur de cabinet (avant de devenir lui-même directeur général en 1961) était René Maheu (1905-1975), condisciple de Canguilhem à l'École normale supérieure. Ce comité se composait de Guido Calogero de l'Université de Rome, directeur de l'Institut italien de la culture à Londres ; Canguilhem identifié comme Inspecteur général de la philosophie en France ; Eugen Fink de l'Université de Fribourg-en-Brisgau ; Donald MacKinnon de l'Université d'Aberdeen ; Ibrahim Madkour, sénateur et membre de l'Académie Fouad-Ier de la langue arabe au Caire ; Gustave Monod alors directeur honoraire de l'enseignement du Second degré et professeur honoraire de philosophie ; Merritt H. Moore, professeur au Knox College dans l'État américain de l'Illinois ; Narayanrao Appurao Nikam, secrétaire général du Congrès philosophique indien et professeur à l'Université de Mysore ; Humberto Piñera Llera, président de la Société cubaine de philosophie et professeur à l'Université de La Havane.

Le comité se réunit à Paris à la Maison de l'UNESCO du 26 au 30 novembre 1951 pour organiser les travaux et échanger « sur les principaux aspects de l'enseignement de la philosophie et sur les meilleurs moyens de lui donner toute sa valeur dans les différents pays ». Gustave Monod y fut élu président, Donald MacKinnon et Ibrahim Madkour vices-présidents, Guido Calogero rapporteur. Le comité convint que Canguilhem fût chargé de la direction de l'ouvrage issu des travaux du comité et « rédigeât le chapitre de portée générale », c'est-à-dire « un exposé général concernant l'importance et la signification de l'enseignement de la philosophie ».

DÉCLARATION COMMUNE DES EXPERTS[1]

I. Le comité s'accorde à reconnaître que l'enseignement de la philosophie dans les différents pays où il existe déjà sous différentes formes traduit par ce seul fait l'importance que ces sociétés accordent à la pensée philosophique comme indispensable à la prise de conscience des problèmes

L'enquête menée en 1951 et 1952, sur la base d'un questionnaire largement distribué, visait plus de vingt pays. Ce questionnaire avait été rédigé par le Secrétariat de l'Unesco en consultation avec la Fédération internationale des sociétés de philosophie et le concours de deux membres du Comité d'experts, Donald MacKinnon et Ibrahim Madkour et de Richard McKeon, professeur à l'Université de Chicago. Il ne semble pas que Canguilhem y ait en quelque façon contribué.

L'ouvrage, publié en français et en anglais, comprend des exposés sur l'enseignement de la philosophie dans divers pays (RFA, Égypte, États-Unis, France, Inde, Italie, Royaume-Uni), individuellement signés par chacun des membres du comité international d'experts, dont Canguilhem pour la France. Ces exposés sont précédés d'une « Déclaration commune des experts » et d'une analyse des problèmes soulevés par l'enseignement de la philosophie, due comme prévu à Canguilhem. Le tout se termine par les conclusions qui se dégagent de l'enquête elle-même.

On ne reprend ici que les parties de cet ouvrage dont Canguilhem est le seul auteur ou l'un des auteurs : la « Déclaration commune des experts » ; « La signification de l'enseignement de la philosophie » ; « L'enseignement de la philosophie en France » ; et enfin les « Conclusions de l'enquête et suggestions en vue du développement et du perfectionnement de l'enseignement de la philosophie ».

L'achevé d'imprimer de l'ouvrage est du 11 mai 1953 ; sa rédaction était sans doute achevée à la fin de 1952.

Georges Canguilhem avait été désigné en 1951 comme membre de la Commission Nationale française pour l'Unesco, à titre d'expert de la section des Sciences Humaines. Il devait le 15 janvier 1953 adresser à Paul Montel, alors président de cette Commission, une lettre de démission. Il y écrit : « Je tiens à préciser que cette décision m'est dictée par l'admission à l'UNESCO de l'Espagne franquiste. Comme je n'ignore pas quelle a été l'attitude de la Commission Nationale, il va de soi que mon geste ne la vise en aucune façon » (Fonds Canguilhem, CAPHÉS, GC. 42.3).

1. Cette « Déclaration » collective, qui se trouve aux pages 13-15 de l'ouvrage, est datée de la dernière journée de la réunion à Paris du Comité d'experts, le 30 novembre 1951. Elle fixait en quelque sorte le cadre intellectuel commun et préalable aux travaux du comité. Plusieurs indices donnent tout probablement à penser que Canguilhem n'est pas seulement l'un des signataires, mais aussi le rédacteur de cette déclaration, tout au moins pour certaines de ses parties. Ainsi, des formules comme « tout homme ne peut devenir mûr pour la liberté intellectuelle que dans la liberté intellectuelle même », « le tact c'est le contact de deux libertés »,

fondamentaux de la science et de la culture, et par suite à l'orientation de la conduite en fonction d'une réflexion personnelle et libre sur les valeurs et sur la condition humaine.

II. En conséquence, le comité non seulement estime que cet enseignement doit être maintenu et préservé partout où il existe déjà, développé et renforcé partout où il est en voie d'instauration, mais encore souhaite qu'il puisse être créé, compte tenu des traditions pédagogiques et culturelles, dans tous les pays où il n'existe pas encore.

III. En formulant ce souhait, le comité ne méconnaît pas les risques inhérents à l'exercice de la réflexion libre et autonome, mais il estime être respectueux des principes promulgués par la Déclaration universelle des droits de l'homme en maintenant que tout homme ne peut devenir mûr pour la liberté intellectuelle que dans la liberté intellectuelle même.

Le comité ne peut ignorer que le *tact*, vertu pédagogique fondamentale, s'impose particulièrement aux professeurs de philosophie, en raison de l'âge moyen des élèves qui reçoivent la première initiation à la philosophie, et de l'importance humaine des problèmes traités, mais il tient à affirmer que la discrétion ne doit pas dégénérer en opportunisme et qu'en somme le tact c'est le contact de deux libertés.

Ce serait cependant un suicide pour la pensée philosophique que d'accorder, au nom même de cette vertu de tact, la même attention respectueuse aux doctrines qui reconnaissent la valeur essentielle de la liberté et de la tolérance et à celles qui la nient.

IV. Le comité tient donc pour essentiel :

a) Que l'enseignement de la philosophie soit toujours donné dans l'esprit de libre recherche et de libre discussion ;

b) Que l'autonomie de la pensée et de l'enseignement philosophiques ne soit jamais compromise, ni indirectement par la structure des institutions, ni directement par l'intervention des pouvoirs organisés ;

« étudier dans des œuvres consacrées certains types de solutions possibles aux problèmes vécus, c'est parer au danger d'un modernisme sommaire », portent la marque de son style et font écho à de semblables formulation dans certains de ses écrits antérieurs ou contemporains.

c) Que cet enseignement s'adressant par définition à tout membre de la communauté sans aucune discrimination, ne soit pas réservé par les institutions à certains élèves ou étudiants à l'exclusion de certains autres, pour des raisons étrangères aux seules règles de la compétition et de l'orientation scolaires dans le système d'institutions éducatives de la communauté.

V. Pour parvenir à la pleine réalisation de ces objectifs, il paraît opportun au comité de proposer quelques principes définissant l'inspiration d'un enseignement philosophique authentique, évitant les deux écueils de l'abstraction scolaire et de la confusion empirique.

D'une part, il apparaît souhaitable que l'enseignement philosophique commence, surtout à son premier stade, par un éclaircissement de l'expérience vécue. Par exemple, des problèmes comme la certitude, le mal ou le destin n'appartiennent pas seulement au passé, mais concernent aussi l'homme d'aujourd'hui. Des adolescents peuvent en avoir l'expérience directe, et parfois cruelle, à la mesure de leurs difficultés et de leurs responsabilités. C'est donc dans cette expérience que l'enseignement devrait chercher à la fois l'occasion initiale et l'écho irremplaçable de tout exposé des problèmes en question.

D'autre part, à s'en tenir trop étroitement à la description et à l'expression d'une expérience particulière, la philosophie perdrait sa signification d'une recherche de principes universels d'intelligibilité et de valorisation. La pensée philosophique a son style propre qui fait son originalité par rapport à la littérature ou à la pensée technique, juridique et scientifique. Le commerce direct avec les œuvres des philosophes semble indispensable.

Ainsi, chercher d'abord les problèmes philosophiques dans l'expérience, c'est parer au danger d'un commentaire purement livresque des meilleurs textes philosophiques; étudier dans des œuvres consacrées certains types de solutions possibles aux problèmes vécus, c'est parer au danger d'un modernisme sommaire. Car le premier bénéfice de l'éducation, c'est d'élever l'homme à la hauteur des plus grands esprits du passé.

En raison de ces principes directeurs, il paraît souhaitable au comité que les institutions culturelles fassent aussi une plus grande place à l'enseignement philosophique à l'usage des adultes, à proportion précisément de l'expérience de la vie qu'ils peuvent mettre spontanément au service d'une étude plus directe des doctrines philosophiques.

Paris, le 30 novembre 1951

Guido CALOGERO[1], Georges CANGUILHEM, Eugen FINK[2], Donald MACKINNON[3], Ibrahim MADKOUR[4], Gustave MONOD[5], Merritt MOORE[6], N. A. NIKAM[7], Humberto PIÑERA LLERA[8]

1. Guido Calogero (1904-1986), historien de la philosophie et de la logique dans l'antiquité et de la philosophie des droits de l'homme. Il enseigna dans les universités de Florence, Pise et Rome. Actif dans diverses organisations internationales, il fut un promoteur d'une démocratie d'orientation socialiste, laïque et tolérante.

2. Eugen Fink (1905-1975) fut, pour l'essentiel de sa carrière, professeur à l'Université de Fribourg-en-Brisgau. Actif dans la diffusion de la phénoménologie de Husserl dont il avait été l'assistant, l'évolution de sa pensée propre, d'orientation ontologique et très marquée par la lecture de Nietzsche, déboucha sur la notion d'un jeu symbole d'un cosmos qui n'est le jeu de personne.

3. Donald MacKinnon (1913-1994), philosophe et théologien écossais de tradition kantienne, fut professeur de philosophie morale à l'Université d'Aberdeen de 1947 à 1960, puis professeur de théologie à Cambridge jusqu'à son départ à la retraite en 1978.

4. Ibrahim Madkour (1902-1995) consacra une grande part de ses énergies à la restitution des textes fondamentaux de la culture arabe et islamique. Docteur ès lettres de l'Université de Paris (*L'*Organon *d'Aristote dans le monde arabe*, Paris, Les Presses modernes, 1934; *La place d'al Fârâbî dans l'école philosophique mulsulmane*, Paris, Adrien-Maisonneuve, 1934), il fut à son retour en Égypte nommé professeur de philosophie à l'Académie Fouad-Ier de la langue arabe, au Caire; il en devint plus tard le secrétaire général (1959-1974), puis jusqu'à sa mort le président (1974-1995).

5. Sur Gustave Monod, cf. *supra*, p. 182, n. 1. Monod avait rédigé un rapport à la demande de la Commission nationale française pour l'Unesco; des extraits de celui-ci sont incorporés par Canguilhem à son chapitre sur l'enseignement de la philosophie en France. Cf. *infra*, p. 548-549 et 556-558.

6. Meritt H. Moore (1884-1970) était professeur au Knox College, une petite université privée fondée en 1837 par des réformateurs anti-esclavagistes à Galesburg dans l'État de l'Illinois. Moore signa des articles sur des philosophes européens, tels Cournot ou Gentile, et avait publié en 1936 une édition de l'ouvrage du philosophe et sociologue américain George Herbert Mead (1863-1931) sur les mouvements de pensée au XIXe siècle.

7. Narayanrao Appurao Nikam (1902-?), professeur de philosophie à l'Université de Mysore en Inde, dont il devint vice-chancelier. Auteur d'ouvrages sur Kant et sur Gandhi notamment, il publia avec Richard P. McKeon, *The Edicts of Asoka; Some Concepts of Indian Culture*, Simla, Indian Institute of Advanced Study, 1967, souvent réédité depuis.

8. Humberto Piñera Llera (1911-1986), né au Texas, avait obtenu son doctorat en lettres et philosophie à l'Université de La Havane en 1942. Il y poursuivit sa carrière jusqu'à son exil en 1960, alors qu'il devint professeur à la New York University. Il est l'auteur de nombreux travaux sur la philosophie moderne et contemporaine et, notamment, d'un *Panorama de la Filosofia cubana* (Washington, Unión Panamericana, 1960).

La signification de l'enseignement de la philosophie [1]

> Jusqu'ici, il n'y a pas de philosophie que l'on puisse apprendre. Car où est-elle ? Qui l'a en sa possession, et à quels caractères la reconnaître ? On ne peut qu'apprendre à philosopher.
>
> Emmanuel Kant, *Critique de la raison pure* (Architectonique)

C'est bien sans doute comme un honneur, mais plus encore certainement comme un péril qu'est échue, à l'un des « experts » français, par le vœu de ses collègues, la charge de présenter le fruit de nos réunions et les résultats rassemblés de l'enquête de l'Unesco. Et pourtant, à qui en serait plus digne la tâche serait grandement facilitée par le souvenir vif de l'esprit qui anima nos séances de travail, nos discussions et nos conclusions. La déclaration commune des experts exprime fidèlement tout ce sur quoi il se fit un accord sans réticences, tout ce qui fonda et qui fonde un espoir réfléchi.

Si dans quelques réponses au questionnaire de l'Unesco on a pu croire et craindre que l'enquête qu'il inaugurait et les recommandations qu'il semblait préparer eussent pour objectif latent et différé de définir et de diffuser une sorte d'orthodoxie philosophique internationale, nous pensons que la lecture du présent volume suffira à montrer la vanité de ces appréhensions. Car le premier et plus saisissant effet des exposés successifs concernant ce que l'on entend obtenir, dans les pays qui ont participé à l'enquête, par l'enseignement de la philosophie a été la mise en évidence d'une unanimité non préméditée dans le refus de subordonner la pensée philosophique à un impératif d'uniformité extrinsèque et circonstanciel, fût-il dicté par les meilleures intentions du monde. Comme l'écrit, dans sa réponse, M. Henri Gouhier [2] (Université de Paris), « ce que la philosophie peut donner, la philosophie ne peut l'imposer ». À plus forte raison, pas un des experts réunis par l'Unesco ne pense que ce que la philosophie ne peut imposer l'Unesco pourrait le faire.

1. Ce texte se trouve aux pages 17 à 26 de l'ouvrage. Il existe de ce texte dont Canguilhem est le seul auteur un tapuscrit de 13 feuillets conservé au CAPHÉS, identique au texte publié (GC. 18.5.2, fol. 50-62).

2. Henri Gouhier (1898-1994), ancien élève de l'École normale supérieure (1919), agrégé de philosophie (1921), docteur ès lettres (1926), professeur aux facultés de Lille (1929), puis de Bordeaux (1940), est nommé à Paris en 1941 où il professera jusqu'en 1968. Gouhier a consacré l'essentiel de son œuvre à l'histoire de la philosophie française.

Aucun d'entre nous, en effet, n'a oublié, en novembre 1951, que s'il traitait directement de l'enseignement de la philosophie dans son pays, il traitait aussi indirectement de la philosophie dont l'enseignement pose tant de problèmes, et que s'il avait bien été chargé de parler par son pays et au nom de son pays, il y aurait eu grande outrecuidance de sa part à penser qu'en parlant de philosophie il parlait *au nom* de la philosophie. Et, de fait, en confrontant, pendant cinq journées[1], nos informations et nos expériences, nos méthodes et nos usages, nous avions admis comme un postulat que la philosophie peut s'enseigner, puisqu'on enseigne en bien des lieux quelque discipline scolaire ou universitaire qui porte ce nom; nous avions cherché quels moyens techniques, quelles institutions à la rigueur, nationales ou internationales, pourraient contribuer à une plus large extension de cet enseignement, à une plus sûre réalisation de ses visées, définies de façon semi-empirique et semi-normative. Mais à aucun moment nous ne nous étions posé la question de savoir ce qu'est la philosophie et *si* elle peut s'enseigner. Nous ne nous étions pas demandé ce qu'est et pourrait être l'enseignement de la philosophie relativement à la philosophie, mais bien ce qu'est et pourrait être l'enseignement de la philosophie relativement à l'homme.

Il est clair pourtant que les deux questions n'étaient pas alors tout à fait indépendantes puisqu'elles sont toujours étroitement liées. Si l'on admet, dans un esprit humaniste, que c'est l'homme qui fait la philosophie, par l'exercice d'une réflexion purement humaine sur des fonctions purement humaines (sciences, techniques, arts), il va de soi que définir l'enseignement de la philosophie par référence à l'homme, c'est aussi le définir par rapport à la philosophie. Si l'on pense, inversement, que c'est la philosophie qui, en éclairant ou en dévoilant le sens de l'expérience et de la vie, permet à l'homme de se définir peu à peu et de s'accomplir comme tel, c'est-à-dire comme pouvoir conscient et non comme être naturel, simplement donné, il suit que fixer les meilleures méthodes d'enseigner la philosophie par référence à ce qu'est la philosophie, si cela peut avoir un sens, c'est du même coup définir cet enseignement par rapport à l'homme au moins comme possible.

1. Lors de la réunion du Comité à la Maison de l'Unesco à Paris, du 26 au 30 novembre 1951.

On voit bien que, dans l'un comme dans l'autre cas, il n'est pas philosophiquement possible d'amener la philosophie à quelque orthodoxie ou à quelque dogmatisme. En effet, dans la perspective humaniste, l'homme est un être majeur, qu'aucun prestige, fût-il celui d'une organisation internationale au service de la culture, ne dispense de la fonction critique. Mais, dans l'autre perspective, la philosophie, n'étant pas le produit contingent de l'homme empirique, ne saurait non plus être transmise ni comme un avoir ni comme un savoir. On peut bien donner le goût de la philosophie aux étudiants, les éveiller à une sorte de honte à l'égard de l'arrogance non philosophique en matière d'idées et de valeurs, tout en s'efforçant de s'effacer, de s'éclipser soi-même, au moment où l'on cerne avec eux les problèmes philosophiques et où l'on écoute avec eux, en lisant les auteurs, la voix de ceux qu'a choisis, pour s'exprimer, le génie philosophique. C'est en ce sens que Malebranche écrivait : « Il est donc clair que les hommes que nous appelons nos *maîtres* ne sont en effet que des *moniteurs*; que s'ils comprennent ce qu'ils nous disent, en cela ils sont *doctes*, mais ils ne sont pas véritablement nos *docteurs*[a][1]. »

Lorsque le professeur MacKinnon (Université d'Aberdeen), faisant allusion dans son rapport à une appréhension du professeur Emmet (Manchester)[2], écrit que « les philosophes anglais considéreraient comme une véritable « trahison des clercs » la suggestion que leur tâche consiste à endoctriner leurs élèves », il formule une opinion qu'on retrouve dans la plupart des réponses au questionnaire et qui fut assurément celle de tous les

a. Préface des *Entretiens sur la métaphysique.*

1. Dans l'édition de la bibliothèque de Canguilhem (« Les classiques de la philosophie », Paris, Colin, 1922), le texte de cette citation se trouve à la page 8. Ce passage est marqué par Canguilhem, comme aussi de nombreux autres. Cet exemplaire acheté en 1926 (cote CAN 654) a visiblement été lu très soigneusement, probablement d'abord dans le cadre du programme d'agrégation pour 1927.

2. Dorothy Emmet (1904-2000), professeur à l'Université de Manchester où elle enseignait depuis 1938, et dont elle dirigea le département de philosophie pendant deux décennies, est citée à la p. 163 dans le chapitre de MacKinnon sur « L'Enseignement de la philosophie au Royaume-Uni » (p. 163-193 de l'ouvrage collectif). Elle écrivait : « Je dois dire que la plupart de mes collègues n'ont pas constaté sans une certaine indignation qu'un questionnaire prétendument objectif était rédigé de façon à laisser entendre que la philosophie doit avoir une orientation idéologique. Il nous est impossible de partager ce point de vue, non que nous désapprouvions l'idéologie démocratique, mais parce qu'il représente pour nous une conception erronée de la nature de la philosophie ».

experts du comité de novembre 1951[1]. (*Cf.* paragraphe IV de la déclaration commune des experts.[2])

Il ne faut donc pas s'étonner si, bien qu'en fait nous ayons siégé comme comité de professeurs et non comme congrès de philosophes, nos résolutions restent finalement fidèles à ce que nous estimons, à tort ou à raison, être notre devoir philosophique premier, celui de ne pas absorber et dissoudre, comme l'a dit le professeur Eugène Fink (Fribourg-en-Brisgau), « la philosophie comme problème » dans « la philosophie comme matière d'enseignement »[3]. Ce faisant, nous avions le sentiment de n'avoir pas « compromis » la philosophie dans nos discussions et dans notre décision de proposer à l'Unesco une déclaration commune, prélude à d'éventuelles recommandations.

Qu'est-ce en effet que cette liberté de l'enseignement philosophique – liberté tempérée par la vertu de tact dont on trouve la définition au paragraphe III de la déclaration – que tous les experts ont reconnue indispensable, dont ils savent qu'ils ne l'ont pas inventée mais qu'ils l'ont déjà rencontrée dans la pratique, et dont ils souhaitent la durée et le renforcement ? Ce n'est pas seulement le refus de reconnaître à quelque autorité sociale ou politique de fait le droit d'intervenir dans la formulation détaillée de ce qui doit être enseigné, selon des vues collectivement utilitaires. C'est aussi et surtout la projection sur le plan pédagogique de l'ouverture essentielle à toute pensée originellement philosophique. Qu'on interprète cette ouverture comme fécondité d'une réflexion opiniâtre ou comme soumission aux données d'une intuition indocile, le philosophe est libre, alors même qu'il se sent tenu de dire ce qu'il dit, en ce sens précis que seul il peut et doit apprécier vers quoi et comment orienter sa réflexion ou son attention, que seul il est responsable, non pas, bien sûr, du fait qu'il aura ou non trouvé une philosophie authentique, mais de la sincérité, de la simplicité et du sérieux de

1. Cette citation se trouve aux pages 191-192 du texte de MacKinnon.

2. Cf. *supra*, p. 531.

3. Eugen Fink, dans « L'Enseignement de la philosophie en Allemagne », *op. cit.*, p. 27-42, signale qu'en Allemagne « il n'existe pas de programme officiel pour l'enseignement philosophique » (p. 38), et il écrit à propos de l'Université allemande : « On s'efforce d'enseigner non des thèses philosophiques, mais l'art de philosopher » (p. 29) ; il ajoute : « Le professeur ne présente donc pas de résultats universellement reconnus et indiscutables, mais de préférence des problèmes non encore résolus. L'auditeur ne doit pas seulement être instruit ; il doit être amené à philosopher lui-même » (p. 34).

l'effort fait par lui pour risquer et mériter d'avoir un jour quelque signification à donner au monde et à l'homme.

En somme, la liberté descend de la pensée philosophique vers l'enseignement de la philosophie, et c'est pourquoi il en va de celui-ci bien autrement que des autres enseignements. Après tout, un enseignement dirigé des mathématiques garderait quelque rapport avec les mathématiques, un enseignement dirigé de la musique ne pourrait pas altérer les lois qui fixent les rapports des sons, tandis qu'un enseignement de la philosophie, dès qu'il n'est plus libre, rompt toute relation avec la philosophie. Il n'y a dans cette rupture ni magie, ni mystère; elle est d'essence, contre quoi nulle institution ne peut prévaloir.

Que la liberté de l'enseignement philosophique se traduise par un empirisme libéral hostile à l'établissement d'un programme d'études, comme dans les pays anglo-saxons, que les programmes, les instructions pédagogiques et les mœurs universitaires fassent de cette liberté un devoir et un fait, comme en France ou en Italie, tous les rapports nationaux qu'on lira ci-après, alors même qu'ils se présentent plutôt comme des exposés de vœux et de projets que comme des bilans de réalisations (c'est le cas notamment du rapport concernant l'Inde [1]), reconnaissent comme indispensable à la vie de la philosophie l'air de la liberté. La philosophie est d'abord une recherche, aussi bien dans son élaboration que dans son enseignement. C'est un pléonasme que la liberté de la recherche.

De là suit que les méthodes d'enseignement qui paraissent en fait les meilleures, et dont l'extension systématique paraît souhaitable, varient d'un pays à l'autre. Le professeur Price écrit: « C'est une opinion reçue à Oxford que les étudiants les plus capables apprennent davantage l'un de l'autre que de l'enseignement systématique qu'ils reçoivent [a] [2]. » Dans le même sens, le professeur Eugène Fink, parlant de l'institution du séminaire dans les instituts allemands de philosophie, écrit: « L'auditeur ne doit pas seulement être instruit: il doit être amené à philosopher lui-même. De même le séminaire tend à créer par l'exemple et le dialogue une situation dans

a. Voir « L'enseignement de la philosophie au Royaume-Uni », *op. cit.*, p. 163.

1. N. A. Nikam, « L'Enseignement de la philosophie en Inde », *ibid.*, p. 131-147.

2. En fait, le texte de cette citation se trouve à la p. 174, dans la section du chapitre de MacKinnon (*op. cit.*, p. 172-174) qu'a rédigée Henry Habberley Price (1899-1984), professeur de logique à Oxford).

laquelle le *symphilosophein* devienne possible.[1] » En France, aussi bien dans l'enseignement secondaire que dans l'enseignement supérieur, on garde un goût très marqué pour le cours personnel. Cela ne veut pas dire que rien n'existe à côté : les conférences d'étudiants, les explications de textes, les directions de travaux rendent possibles et fréquents les échanges entre maîtres et élèves. Mais surtout, si le cours magistral est en faveur, c'est beaucoup moins par amour du dogmatisme que comme témoignage, au contraire, de ceci que, selon les mots de M. Raymond Polin (Université de Lille), « l'expression d'une pensée personnelle est le meilleur excitant à la réflexion et à la construction philosophique chez les autres »[2]. Là se trouve aussi la raison d'être d'un exercice scolaire et universitaire, bien plus répandu en France qu'à l'étranger, la dissertation philosophique. Dans la mesure où cet exercice écrit exige de l'élève ou de l'étudiant un plus vif sentiment de sa responsabilité devant ce qu'il va exprimer et tend à cultiver en lui la rigueur du raisonnement et la précision des termes, il développe plus que le dialogue ou l'exposé oral le sentiment que philosopher c'est vraiment faire une œuvre personnelle.

Dans l'ensemble, il y a accord pour condamner l'usage de manuels, dans la mesure où ils dispenseraient le professeur de s'engager lui-même dans les problèmes qu'il pose et où ils tendraient à faire croire aux élèves que la philosophie est un savoir qui peut être délimité, résumé, transmis et en fin de compte possédé. Puisque la pensée philosophique est méditation libre, puisque l'enseignement philosophique ne peut pas être une instruction, mais doit affecter plutôt l'allure d'une initiation aux difficultés de l'expérience humaine et d'une invitation à admirer les grands esprits qui ont su les élever jusqu'à la conscience, rien ne peut remplacer dans l'enseignement de la philosophie le recours au vécu d'une part, l'étude directe des auteurs d'autre part. C'est pourquoi, au paragraphe V de la déclaration commune,

1. *Op. cit.*, p. 34.

2. Le chapitre de Canguilhem sur « L'Enseignement de la philosophie en France » intègre un extrait du rapport de Raymond Polin (cf. *infra*, p. 561-562). Raymond Polin (1910-2001), élève de l'École normale supérieure (1931), agrégé de philosophie (1934), travaille comme assistant de Célestin Bouglé au Centre de documentation sociale de l'École Normale de 1935 à 1938 ; il est nommé au lycée de Laon en 1938, puis à celui de Chartres. Il défend ses thèses de doctorat ès lettres en 1944 (*La création des valeurs*, Paris, P.U.F., 1944) et devient professeur à la Faculté de Lille en 1945 où il restera jusqu'à sa nomination comme professeur de philosophie morale et politique à la Sorbonne en 1961. Il terminera sa carrière comme président de l'Université de Paris-IV Sorbonne.

l'abstraction scolaire et la confusion empirique sont citées comme les principaux écueils à éviter : « Chercher d'abord les problèmes dans l'expérience, c'est parer au danger d'un commentaire purement livresque des meilleurs textes philosophiques; étudier dans des œuvres consacrées certains types de solutions possibles aux problèmes vécus, c'est parer au danger d'un modernisme sommaire. » Ce qui rejoint en partie le vœu du professeur Brumbaugh [1] (Université d'Indiana) : « La philosophie doit être présentée sous une forme qui reste en contact étroit avec l'expérience de ceux qui l'étudient et comporter un aspect de recherche commune et d'aventure intellectuelle. »

La liberté de la pensée philosophique ne fonde pas seulement la liberté du maître ou de l'étudiant dans l'enseignement ou l'étude de la philosophie, en ce sens qu'elle y introduirait une fantaisie personnelle dans le choix des exercices et dans le mode de traitement des problèmes, une sorte particulièrement poussée de non-conformisme technique, une volonté étudiée de dissidence et d'hérésie pédagogique. C'est là l'aspect caricatural, et d'ailleurs insignifiant, de la chose. Car cette attitude est possible et permise en d'autres ordres d'enseignement, dans celui de la littérature ou des langues vivantes. Il n'est même pas sans exemple que des professeurs de mathématiques aient enseigné la géométrie non euclidienne à des élèves de l'enseignement secondaire, dont le programme n'en comporte pas.

En insistant sur la liberté de l'enseignement philosophique on a moins voulu encourager le professeur de philosophie à se faire un franc-tireur de l'instruction publique que lui rappeler la diversité des sources et des fondements d'où il tire son mandat ou sa charge de professeur attitré et sa qualité de philosophe éventuel. Sous ce dernier rapport le professeur de philosophie n'a pas à être utile, ni à l'État ni à ses élèves; il a, ce qui est beaucoup plus difficile, à faire paraître – ou du moins à ne pas empêcher qu'apparaisse – la philosophie comme cette conscience que toute autre activité suppose et qui ne suppose elle-même rien que d'être ce qu'elle est, car elle est ce qui pose tout le reste avec soi, elle est fin et elle est sa fin. C'est Aristote qui a écrit : « Il ne faut pas que le philosophe reçoive des lois, il faut qu'il en donne… Il est donc évident que nous n'avons en vue dans la

1. Robert Sherrick Brumbaugh (1918-1992), alors professeur à Université de l'Indiana, plus tard professeur à l'Université Yale, est l'auteur de nombreux ouvrages sur la philosophie grecque et sur la philosophie de l'éducation, de Platon à Whitehead.

philosophie aucun intérêt étranger. Mais, de même que nous appelons homme libre celui qui est à lui-même sa fin et n'est pas la fin d'autrui, ainsi cette science est aussi la seule de toutes les sciences qui soit libre, car seule elle est sa propre fin [a] [1]. »

Ce serait donc renoncer à l'originalité de l'enseignement de la philosophie que de ne pas lui reconnaître le droit à un style d'exercice propre, à une allure indépendante. Le philosophe n'a pas à exhorter, à convertir, pas même à moraliser. Faire paraître des valeurs, ce n'est pas prêcher. Donner l'exemple de l'autonomie, ce n'est pas séduire la liberté d'autrui. La philosophie n'a pas à rougir de n'être pas efficace, au sens usuel de ce terme, si usité de nos jours. Elle aurait bien plutôt à exiger des autres disciplines qu'elles fassent la preuve de l'efficacité qu'elles s'attribuent à elles-mêmes, transgressant en cela la règle d'incompatibilité entre juge et partie. On s'associera donc ici à la prise de position de la commission nationale britannique pour l'Unesco, exprimée par le professeur MacKinnon : « [On ne peut pas dire] que la philosophie [...] n'a aucun rapport avec la vie de tous les jours, ses émotions et sa confusion [...] mais son action dans la communauté ne saurait être qu'indirecte ; le philosophe ne saurait usurper la fonction du prêtre, du prédicateur, du médecin ou du psychanalyste ; il ne peut donner aux hommes une foi pour guider leur vie. [2] »

La liberté et l'originalité de la pensée philosophique fondent également son droit au refus d'assimilation et de confusion avec des modes de traitement ou d'approche des problèmes philosophiques qui tendent aujourd'hui à proposer sa relève et qui, forts de l'intérêt que le grand public y trouve, se flattent d'y avoir réussi. Les rapports nationaux pour la France et pour l'Allemagne font état du succès incontestable de la littérature à tendances philosophiques. Ce n'est pas faire montre d'esprit chagrin ou de déformation professionnelle que de n'accepter pas de reconnaître la vertu philosophique dans des entreprises qui visent plutôt l'effet que la vérité et qui pensent pouvoir épargner au lecteur ou au spectateur l'effort difficile et souvent vain de l'intelligence exigeante et solitaire. Il ne paraît pas

a. *Métaphysique*, A, 2 et 3.

1. Les passages cités par Canguilhem, tirés de la traduction par Jules Tricot du livre A de la *Métaphysique*, se trouvent aux p. 7 et 9 dans l'édition conservée dans sa bibliothèque au CAPHÉS (Paris, Vrin, 1933, vol. 1 ; cote CAN 523).

2. MacKinnon, *op. cit.*, p. 164.

souhaitable que l'enseignement de la philosophie, sous le prétexte de rester vivant et de ne pas se couper du goût du jour, renonce à l'austérité de sa discipline propre.

Il y avait enfin une question que le comité se devait d'examiner, non seulement conformément à la règle du jeu, c'est-à-dire à l'une des intentions et des fins de l'enquête de l'Unesco, mais aussi en raison de sa relation fondamentale à l'enseignement de la philosophie, de son actualité et de son acuité. C'est celle de savoir dans quelle mesure l'enseignement de la philosophie peut retentir d'une part sur la formation du citoyen et d'autre part sur les relations internationales.

Il n'échappe à personne que le risque est ici de voir l'enseignement de la philosophie accepter de s'assimiler implicitement ou explicitement à la diffusion d'une idéologie, de se subordonner à une espèce de consigne, même généreuse. Or les experts, à l'unanimité, se sont prononcés contre toute orientation de l'enseignement philosophique qui tendrait à le convertir en propagande, et la quasi-totalité des réponses au questionnaire, même très sympathiques à cet aspect de l'enquête, avaient été rédigées dans le même esprit.

Mais, par ailleurs, personne n'a pensé que la question posée par l'Unesco sur l'influence sociale, nationale ou internationale de l'enseignement philosophique fût un problème à écarter comme pseudo-philosophique. C'est tout naturellement que la discussion sur ces points, lors des réunions du comité d'experts, a inscrit (au sens géométrique du terme) les préoccupations légitimes de l'Unesco dans les problèmes de la philosophie et non la philosophie dans les cadres de l'Unesco. On peut ici se référer à l'intéressant rapport du professeur Warner Wick [1] (Université de Chicago). Le monde est un et la diversité des visions philosophiques prises sur lui est portée par son unité fondamentale. C'est cette communauté d'origine que veut souligner l'Unesco pour inspirer entre les doctrines un esprit de famille et un respect mutuel qui chassent l'intolérance. Mais une autre intolérance peut naître du fait qu'on veuille considérer les doctrines comme engendrées seulement par des conditions locales. C'est dissoudre la raison qu'expliquer ses démarches par les coordonnées du raisonnant. Or, si l'on repousse à la fois l'unité de la

1. Warner Wick (1911-1985), philosophe américain et auteur prolifique, détenteur d'un doctorat de l'Université de Chicago (1941) où il fut professeur d'éthique et philosophie morale de 1946 jusqu'à son départ à la retraite en 1979.

philosophie et la philosophie de la diversité, que reste-t-il? Il reste une méthode, celle de Platon, la discussion. Au contact des autres chacun se rabote et il naît la raison. C'est le caractère universel de la raison que doit enseigner la philosophie.

On voit donc comment le problème de la démocratie et le problème de la paix, c'est-à-dire le problème d'une humanité enfin en possession de son type spécifique de sociabilité – contraire au type biologique, animal, de sociabilité – est un problème philosophique, s'il est vrai que la philosophie, sens de l'unité et effort pour l'unité de la pensée, est en droit tout à fait étrangère aux déterminations, aux divisions, aux rivalités humaines. En ce sens, la démocratie et la paix ne se présentent pas comme des idéologies de fait dont des déterminations historiques et géographiques puissent pleinement rendre compte et dont l'aire de pénétration dépende de la puissance d'un appareil international donné, mais bien comme des catégories ou au moins comme des idées régulatrices. En ce sens aussi il y a un effet possible d'influence indirecte de l'enseignement philosophique, dans l'esprit que le comité des experts a tenté d'esquisser, sur la vie politique des sociétés et sur les rapports internationaux. Pour parler plus nettement, il est possible qu'un enseignement philosophique sincèrement respectueux de l'autonomie de la philosophie développe naturellement l'esprit de tolérance et de compréhension, mais s'il le fait c'est de biais et sans y viser expressément. Car il y a ici un paradoxe : c'est qu'à viser spécialement la culture et la formation d'individus tolérants on rabaisse la tolérance au rang de panacée, selon la belle expression du professeur Merritt H. Moore (Knox College, Galesburg, Illinois) et qu'en proposant des thèmes préfabriqués de jugement et de conduite on dément l'idéal dont on se réclame. Il faut donc savoir admettre que si l'enseignement de la philosophie *peut* avoir pour effet de contribuer à l'extension des institutions démocratiques, favorables à la prise de conscience par chacun de ses responsabilités en matière sociale, et à l'avènement d'une humanité pacifiée, ce même enseignement *ne peut pas* recevoir, à ce sujet, de directives, à plus forte raison de mots d'ordre. Et il ne le peut pas du fait que, s'il l'acceptait, il accepterait de donner la solution d'un problème qu'il se pose, sans l'avoir préalablement posé et examiné. Le professeur McKeon (Université de Chicago) a bien raison d'écrire que l'un des objets de la philosophie étant la structure des relations humaines, le seul fait pour elle de s'en préoccuper constitue sa contribution spécifique aux tâches de l'Unesco[1].

Il y a donc une possibilité de consonance entre les objectifs de l'Unesco et certaines conséquences possibles de l'enseignement de la philosophie, s'il reste inspiré par la philosophie seule. Pas plus qu'il n'est illicite ou déplacé pour l'Unesco de se préoccuper d'en faire un noble usage, il n'est scandaleux de voir des philosophes, ou plus modestement des professeurs de philosophie, se soucier de ne pas promettre plus qu'ils ne pourraient donner, sans compromettre, assez légèrement, la philosophie. C'est qu'en la matière la philosophie n'a rien à demander, mais au contraire à fournir. Elle n'a pas à se faire la servante d'un idéal de tolérance puisque c'est d'elle, et d'elle seulement, qu'un tel idéal procède en droit et en fait. C'est elle et elle seule qui distingue la vraie et la fausse tolérance. Car il y a une tolérance qui ne recouvre qu'indifférence, sinon mépris, pour les valeurs de jugement et de conduite qu'elle laisse coexister avec la valeur dont elle se sent capable, au fond, d'imposer le règne, le jour venu. Cette tolérance n'est qu'impérialisme à terme. Mais il y a une tolérance authentique qui est l'acceptation réfléchie d'un « pluralisme cohérent » de valeurs. C'est celle-là qui doit inspirer toute organisation nationale ou internationale normale. Il n'y aurait, en effet, de normale qu'une organisation où aucune norme de pensée et de vie ne tirerait sa valeur normative de l'oppression des autres types de normes, mais qui permettrait à toutes de faire la preuve de leur fécondité, dans une hiérarchie où aucun sacrifice ne serait imposé par la force au rebours de l'ordre propre aux valeurs, ordre dont le nom, quoique aujourd'hui désuet et défloré, est Progrès. C'est cette tolérance qu'à la rigueur la philosophie peut indiquer, utopiquement peut-être, mais de façon irremplaçable. Il n'appartient pas à la philosophie de la faire entrer dans les mœurs, elle peut tout au plus la faire entrevoir aux esprits.

1. Richard McKeon (1900-1985), après des études à l'Université Columbia à New York, à la Sorbonne et à l'École pratique des Hautes Études à Paris, enseigna d'abord à Columbia puis, à compter de 1934, à l'Université de Chicago. Ses travaux ont principalement porté sur Aristote et Spinoza, sur la philosophie médiévale et sur la rhétorique. McKeon fut très actif comme conseiller auprès de l'Unesco durant les premières années de l'Organisation, surtout sur les questions relatives à la démocratie et aux droits de l'homme. On doit aussi signaler, sur l'idée de tolérance, très présente dans les travaux de l'Unesco de cette période, son travail conjoint avec un autre membre du comité d'experts, N. A. Nikam : *The Edicts of Asoka* (University of Chicago Press, 1959).

La philosophie, si elle n'attend rien de l'éclat du succès, ne saurait pourtant s'accommoder d'être dans le monde des hommes comme un jeu de nulle conséquence. Plus encore que bien des activités jugées sérieuses par le commun des hommes, parce que leurs effets semblent s'offrir dans leur évidence et se laisser mesurer quant à leur ampleur, la philosophie, du fait qu'elle est, selon l'expression du professeur Eugène Fink (Fribourg-en-Brisgau), « pensée radicale », engendre un sérieux radical dans l'attitude de l'homme envers le monde et envers lui-même. Les problèmes auxquels l'Unesco s'intéresse, en fonction des circonstances historiques qui ont produit à l'existence cette organisation, sont de ceux que la philosophie ne peut pas ne pas rencontrer aujourd'hui, même s'ils ne font que présenter sous un nouveau visage des obstacles depuis toujours affrontés par elle.

C'est pourquoi, si l'avenir de la philosophie dépend de la qualité de l'enseignement de la philosophie, dans la mesure où ce dernier peut entretenir un état d'esprit favorable, une orientation d'attention docile à la voix de la philosophie, il faut savoir gré à l'Unesco de son initiative, à laquelle les experts nationaux se sont associés du mieux qu'ils l'ont pu et avec le seul regret de n'avoir pu mieux encore.

Georges CANGUILHEM
Inspecteur Général de l'Instruction Publique
Paris

L'ENSEIGNEMENT DE LA PHILOSOPHIE EN FRANCE [1]

Il est relativement aisé de décrire les traits originaux de l'enseignement de la philosophie en France, en raison de l'unité de structure et d'intention de cet enseignement. Cette unité est moins l'effet de l'obéissance à une doctrine ou à un appareil d'État que le fruit d'une longue tradition dont le sens est, surtout depuis un demi-siècle, assez libéral pour que les innovations inévitables et du reste nécessaires n'aient jamais sérieusement menacé la continuité de sa destination.

Le trait le plus original de la structure de cet enseignement est l'existence dans les lycées et les collèges, établissements d'enseignement secondaire, d'une dernière année d'études consacrée à la philosophie (classe de philosophie) ou comportant obligatoirement des cours de philosophie (classes de mathématiques élémentaires et de sciences expérimentales). Le baccalauréat est toujours la sanction d'études couronnées plus ou moins largement par une initiation philosophique. Il n'y a donc en France aucune carrière, pour laquelle la possession du baccalauréat constitue une condition requise, qui ne suppose une certaine culture philosophique.

La première conséquence de cette institution est le recrutement obligé de professeurs compétents et par suite la transformation de l'enseignement philosophique en carrière, en fonction publique ou privée, et, pour tout dire, en débouché possible [2]. De ce fait, et à proportion des besoins, le nombre des étudiants d'université que la vocation ou simplement le désir d'une profession honorable orientent vers l'enseignement de la philosophie, donc vers la philosophie, est certainement bien plus élevé en France que partout ailleurs. Et comme c'est dans les universités, dans les facultés des lettres qu'on se prépare aux examens ou aux concours donnant les titres requis pour enseigner, la liaison des enseignements secondaire et supérieur de la philosophie est spontanément étroite et permanente. Là est la seconde originalité de structure de l'enseignement philosophique français.

1. Ce texte, dont Canguilhem est le seul auteur, se trouve aux pages 111-130 de l'ouvrage.

2. Ce qui devait faire précisément dès l'année suivante l'objet d'un article en deux parties de Canguilhem dans *L'Éducation nationale* : « De la philosophie comme débouché ». Cf. *infra*, p. 601-619.

Pour parler plus explicitement, disons que les titres requis par l'État pour l'enseignement de la philosophie sont soit l'agrégation, soit le certificat d'aptitude au professorat de l'enseignement du second degré : ce sont bien des titres, obtenus par concours, et non des grades universitaires proprement dits, comme la licence ou le doctorat. Or d'une part les concours précités ne sont ouverts qu'aux licenciés et d'autre part leur préparation est organisée de façon régulière dans la plupart des facultés des lettres. Les jurys nationaux de ces concours comprennent des professeurs d'université, des inspecteurs généraux de l'instruction publique, des professeurs de lycée. Les jurys sont souverains pour fixer les programmes (notamment le programme d'histoire de la philosophie à l'agrégation, renouvelable par moitié tous les deux ans) et choisir les sujets des épreuves écrites et orales, qu'elles concernent ou non telle ou telle partie, désignée à l'avance, du programme des matières à enseigner dans les lycées et collèges. Ainsi, grâce à une collaboration tacite, mais effective, du jury, de l'ensemble des professeurs d'université compétents et de l'administration de l'enseignement du second degré, l'agrégation de philosophie revêt une importance singulière en ce qu'elle définit et maintient le niveau élevé des études philosophiques, pour la majorité des étudiants. Il y a là, sans doute, un risque possible, celui de conférer aux études philosophiques un style de compétition, une certaine orientation limitative et utilitaire, peu favorables à la rigueur, à la recherche et à la théorie philosophiques. Mais l'avantage réel, et du reste incontesté, c'est de contrarier l'amateurisme, d'exiger des étudiants l'ampleur de leur culture et le sérieux de leur travail. Lachelier, Bergson, Hamelin, Durkheim, Alain, J.-P. Sartre étaient ou sont agrégés de philosophie. Le seul argument sérieux contre l'agrégation de philosophie, ce serait l'existence de plusieurs philosophes reconnus, aussi bien à l'étranger qu'en France, et qui auraient boudé l'agrégation ou dont l'agrégation n'aurait pas voulu. Nous attendons qu'on nous les cite.

D'autre part, l'usage français fait qu'en philosophie, peut-être plus qu'ailleurs, les professeurs d'université ont en général enseigné d'abord dans le cadre du second degré, que c'est à côté de leur enseignement, mais non sans liaison avec lui, qu'ils ont poursuivi des travaux personnels en vue du doctorat.

Il résulte de tout cela que la hiérarchie normale des deux enseignements, secondaire et supérieur, n'implique aucun complexe d'infériorité d'une part, aucun sentiment de transcendance universitaire d'autre part. Les sociétés philosophiques de Paris (Société française de philosophie) et de province

(Bordeaux, Lyon, Marseille, Toulouse, Strasbourg) groupent sans distinction, selon l'égalité et la cordialité philosophiques, les professeurs de tous les degrés d'enseignement qui veulent bien s'intéresser à leurs travaux.

Quant à l'esprit de cet enseignement, il suffira de rapprocher quelques passages des réponses au questionnaire de l'Unesco pour en obtenir une notion suffisamment expressive. « Dans l'enseignement secondaire et même dans l'enseignement supérieur, les études philosophiques sont chargées de donner une formation intellectuelle et humaine et non d'apprendre un certain nombre défini de connaissances. Elles ont pour tâche de donner des habitudes de pensée, de former à une méthode d'information, de réflexion et d'expression, unie, dans les meilleurs cas, à une méthode d'action. » (R. Polin, Université de Lille.) « En philosophie, il n'y a rien *à apprendre* pour la bonne raison qu'il n'y a pas de « faits philosophiques ». La philosophie apparaît avec la réflexion, c'est-à-dire avec la critique et elle s'évanouit quand celle-ci cesse de s'exercer. » (G. Berger[1], Université d'Aix.) « La philosophie est une réflexion sur ce qu'on pense et ce qu'on fait. Il est difficile de savoir quelle influence elle peut avoir. Cette influence est évidemment variable selon les individus. La première condition de cette influence est que les individus réfléchissent. Or rien n'est plus contraire, semble-t-il, aux tendances de la nature humaine... Il est manifeste que, soit par la faute des élèves et des étudiants, soit par celle des professeurs, soit par celle des deux à la fois, la réflexion ne se pratique guère. On ne se rend pas compte que, au lieu d'apprendre, il faut ici réfléchir sur ce qu'on sait, sur ce qu'on pratique, sur ce qu'on aime, sur ce qui vous est familier... » (P. Lachièze-Rey, Université de Lyon.[2]) « L'enseignement philosophique achève de donner son caractère propre à l'enseignement secondaire français. Cet enseignement n'est pas un enseignement encyclopédique, tourné vers le savoir. C'est un enseignement de culture qui se propose avant tout d'éveiller et d'exercer la pensée ; la connaissance n'intervient ici que comme stimulant et thème d'exercice. Mais la « pensée » n'est qu'une abstraction. Seul vit et agit le sujet pensant. Il faut donc amener l'élève, à l'âge où il est capable de l'effort réflexif, à se saisir comme sujet pensant. Au fond, comme le disait un maître de philosophie, la classe de philosophie n'a pas d'autre objet que de

1. Sur Gaston Berger, cf. *supra*, p. 59 n. 4.
2. Sur Lachièze-Rey, cf. *supra*, p. 158, n. 2.

faire passer l'esprit de l'élève par le *cogito*. Si elle y parvient, elle a rempli sa tâche d'initiatrice, et l'on peut dire que la culture de l'élève, considérée du point de vue formel, est à peu près achevée. » (Gustave Monod, directeur général honoraire de l'enseignement du second degré).

Toute appréciation, tout commentaire personnel de ces considérations convergentes nous paraît superflu.

L'ENSEIGNEMENT DE LA PHILOSOPHIE DANS LES LYCÉES ET COLLÈGES

Nous avons à parler ici essentiellement de la classe de philosophie, classe terminale de l'enseignement de second degré et préparatoire à la deuxième partie du baccalauréat ès lettres. Cette année d'études constitue une année de couronnement, sans préparation spéciale préalable (dans aucune des classes précédentes il n'est donné d'enseignement philosophique ou ayant un caractère philosophique). Si l'élève de la classe de philosophie *poursuit* des études d'histoire, de sciences physiques, de langues vivantes, il *commence* réellement l'étude de la philosophie.

L'enseignement de la philosophie au second degré n'est pas dirigé, mais il est encadré, stimulé et contrôlé – ou plus exactement « expertisé » – grâce à un programme d'études, à des instructions destinées aux professeurs, à un corps d'inspecteurs généraux.

Le programme d'études est établi sous la responsabilité de l'Inspection générale, et approuvé par le Conseil supérieur de l'instruction publique, comprenant des représentants élus des professeurs d'université, des professeurs de l'enseignement secondaire et des membres de l'enseignement privé. Le programme est un cadre non impératif, mais plutôt normatif; il représente, sous forme de rubriques générales, un maximum idéal et surtout une précaution utile contre la fantaisie individuelle et le bavardage possible. Certains maîtres de philosophie, prestigieux sous la IIIe République (Lachelier, Lagneau, Alain) sont demeurés célèbres pour n'avoir jamais traité la totalité du programme.

Les instructions destinées aux professeurs constituent un code de déontologie pédagogique qui garantit la liberté doctrinale et méthodique des maîtres. Elles énoncent, pour utiliser le langage kantien, plutôt des conseils de la prudence que des règles de l'habileté et recommandent avant tout de ne pas passionner la position des problèmes et de ne pas en déformer les solutions.

Le contrôle – ou si l'on veut l'expertise – exercé par l'Inspection générale tend surtout à l'ajustement de l'enseignement au niveau des élèves; en outre et surtout il tend à préserver la vertu de tact philosophique, c'est-à-dire au fond les conditions du contact de deux libertés: celle du maître, condition de la personnalité et de l'authenticité de son enseignement; celle de l'élève, condition de la valeur spirituelle de son adhésion.

Il faut ajouter ici que la philosophie est aussi enseignée, dans les établissements du second degré, dans les classes préparatoires aux concours d'entrée dans les grandes écoles de l'État: écoles normales supérieures, écoles d'ingénieurs, écoles d'administration, écoles d'officiers. Ces concours comportent des épreuves de caractère philosophique, d'un niveau parfois très élevé (écoles normales supérieures), ou du moins de caractère philosophico-littéraire (École polytechnique).

La philosophie est même enseignée dans les écoles normales de l'enseignement du premier degré, où sont formés les instituteurs et institutrices; tous les maîtres du premier degré doivent en effet être pourvus du baccalauréat ès lettres ou ès sciences, et les professeurs qui enseignent la philosophie dans les écoles normales primaires subissent depuis quelques années la même formation universitaire que leurs collègues du second degré, au point que le passage des professeurs d'un degré d'enseignement à l'autre est possible et effectif.

Ainsi l'unité organique des règles et pratiques définissant l'allure et les conditions de l'enseignement de base de la philosophie est telle qu'il suffira de reproduire ici le programme de la classe de philosophie et la partie essentielle des instructions pour que l'on s'en fasse l'idée la plus claire et la plus fidèle.

A. *Programme de philosophie (Classe de philosophie. Horaire hebdomadaire : neuf heures)*

I. *Programme obligatoire*

N.B. L'ordre adopté dans le programme n'enchaîne pas la liberté du professeur; il suffit que les questions indiquées au programme obligatoire soient toutes traitées.

Introduction

Caractère général de la philosophie.

Psychologie

Objet de la psychologie. Caractères des faits psychologiques; leurs relations avec les faits physiologiques. Le point de vue introspectif et le point de vue objectif.

Sensations et images. La perception. L'étendue. L'idée d'objet.

L'association des idées. La mémoire. L'imagination.

L'attention.

L'abstraction et la généralisation. Rôle des signes. Rapports du langage et de la pensée.

Le jugement et le raisonnement.

Sensibilité et activité. Les tendances et les mouvements.

Les plaisirs et les douleurs d'ordre physique et d'ordre moral. Les émotions. Les passions.

L'instinct. L'habitude. La volonté.

Conscience, inconscience, personnalité.

Problèmes métaphysiques posés par la psychologie : la raison, la liberté.

Logique

Les procédés généraux de la pensée: intuition et connaissance immédiate, raisonnement et connaissance discursive. Déduction et induction. Analyse et synthèse.

La science et l'esprit scientifique.

Les mathématiques: objet et méthode. Leur rôle actuel dans l'ensemble des sciences.

Les sciences expérimentales: l'établissement des faits; la découverte et la vérification des lois; les principes, les théories.

Quelques exemples des grandes théories de la physique, de la chimie ou de la biologie modernes.

Les sciences morales; le rôle de l'histoire et de la sociologie.

Morale

Le problème moral. La morale et la science.

La conscience morale : sa nature et sa valeur.

Le devoir et le droit. La responsabilité.

La justice et la charité.

Les grandes conceptions de la vie morale. (Il est entendu qu'il s'agit uniquement de caractériser les grandes tendances morales et que l'histoire n'interviendra que pour fournir des exemples.)

La morale et la vie personnelle. La vie du corps et la vie de l'esprit. La dignité individuelle. Rapports de la moralité personnelle et de la vie sociale.

La morale et la vie domestique. La famille. La morale et la crise de la natalité.

La morale et la vie économique. La division du travail. La solidarité. La profession. La question sociale.

La morale et la vie politique. Liberté et égalité. L'État. La loi. Droits et devoirs civiques.

La patrie. La morale et les relations internationales.

L'humanité. Devoirs envers l'homme sans considération de race.

Philosophie générale. Les grands problèmes métaphysiques

Les théories de la connaissance. Les principes de la raison.

La valeur de la science et l'idée de la vérité.

L'espace et le temps. La matière. La vie.

L'esprit. La liberté.

Dieu.

II. *Programme à option*

Remarque 1. Le professeur devra choisir trois articles dans le programme suivant, qui comprend d'une part des questions complémentaires, d'autre part une liste des textes d'auteurs philosophiques à expliquer.

Remarque 2. Les articles choisis par le professeur pourront être, tous les trois, des textes. L'un des trois au moins devra être un texte.

Remarque 3. Quant aux questions complémentaires, il ne devra pas être consacré plus de six leçons à l'enseignement de chacune d'elles.

Remarque 4. Une note écrite indiquant le ou les textes expliqués et, s'il y a lieu, les questions complémentaires choisies, avec l'indication très sommaire des points étudiés, devra être remise à l'examinateur par le candidat au baccalauréat ou figurer sur le livret scolaire.

1. *Questions complémentaires*

1. Histoire de la philosophie, sous l'une ou l'autre des formes suivantes :
   a) Tableau d'ensemble indiquant la succession et les relations des doctrines et des écoles ;
   b) Exposé historique, soit d'un grand problème, soit d'une grande doctrine, soit d'une grande époque de la philosophie.
2. Notions de psychologie expérimentale. Par exemple : ce qu'on fait dans un laboratoire de psychologie ; les tests, les applications actuelles de la psychologie.
3. Notions de psychologie pathologique. Par exemple : les troubles de la personnalité ; les maladies du langage.

4. Notions d'esthétique.
5. Notions de logique formelle.
6. Notions de la science du langage. Par exemple : l'évolution des langues ; linguistique générale.
7. Notions de sociologie.

2. *Auteurs philosophiques*

Platon, *Phédon ; Gorgias ; la République* (un livre).
Aristote, *Morale à Nicomaque* (un livre) ; *la Politique* (un livre).
Épictète, *Entretiens* (un livre).
Marc-Aurèle, *Pensées.*
Lucrèce, *De rerum natura* (livre II ou livre V).
Descartes, *Discours de la méthode ; Méditations ; Les principes* (livre Ier).
Pascal, *Pensées et Opuscules.*
Malebranche, *De la recherche de la vérité* (livre Ier ou livre II) ; *Entretiens sur la métaphysique ; Traité de morale.*
Spinoza, *Éthique* (un livre).
Leibniz, *Nouveaux essais* (avant-propos et livre Ier) ; *Théodicée* (extraits) ; *Monadologie ; Discours de métaphysique.*
Berkeley, *Dialogues entre Hylas et Philonoüs ; Traité sur les principes de la connaissance.*
Hume, *Traité de la nature humaine* (un livre).
Condillac, *Traité des sensations* (livre Ier).
J.-J. Rousseau, *Le contrat social* (un livre) ; *La profession de foi du vicaire savoyard.*
Kant, *Critique de la raison pure* (préface de la deuxième édition) ; *Fondements de la métaphysique des mœurs.*
A. Comte, *Cours de philosophie positive* (leçons I et II) ; *Discours sur l'esprit positif.*
Renan, *L'avenir de la science* (extraits).
Cl. Bernard, *Introduction à l'étude de la médecine expérimentale* (première partie).
Stuart Mill, *L'utilitarisme.*
H. Spencer, *Les premiers principes* (première partie) ; *Introduction à la science sociale.*
Cournot, *Matérialisme, vitalisme, rationalisme.*

B. *Instructions relatives à l'enseignement de la philosophie, à l'usage des professeurs du second degré (extraits)*

Un des traits les plus importants qui caractérisent l'enseignement secondaire français est l'établissement, au terme des études, d'un enseignement philosophique élémentaire, mais ample et distinct, auquel une année est spécialement consacrée. Nous n'avons pas ici à justifier cette institution :

elle n'est plus discutée aujourd'hui et n'a jamais été battue en brèche que par les gouvernements hostiles à toute conception libérale [...] [1].

I. *L'esprit de l'enseignement philosophique*

C'est pourquoi nous voulons que le mot liberté soit inscrit au début même de ces instructions.

La liberté d'opinion est dès longtemps assurée au professeur et il paraîtrait aujourd'hui contradictoire avec la nature même de l'enseignement philosophique qu'il en fût autrement. Cette liberté, sans doute, comporte les réserves qu'imposent au professeur son tact et sa prudence pédagogique, c'est-à-dire en somme le respect qu'il doit à la liberté et à la personnalité naissante de l'élève. Le maître ne peut oublier qu'il a affaire à des esprits jeunes et plastiques, peu capables encore de résister à l'influence de son autorité, disposés à se laisser séduire par les formules ambitieuses et les idées extrêmes. La jeunesse, non encore lestée par la science et l'expérience personnelle, verse volontiers dans les doctrines qui la frappent par leur nouveauté ou leur caractère tranchant. C'est au professeur d'aider les jeunes gens à garder l'équilibre en l'observant pour son propre compte.

De même, si personne ne lui conteste le droit de faire transparaître, sur toutes les questions litigieuses, ses conclusions personnelles et de les proposer aux élèves, encore faut-il qu'il ne leur laisse jamais ignorer l'état réel des problèmes, les principales raisons invoquées par les doctrines qu'il rejette et les options qui s'imposent à tout homme de notre temps.

Le sens même de la liberté doit donc le prémunir contre tout dogmatisme. De leur côté, c'est dans la classe de philosophie que les élèves font l'apprentissage de la liberté par l'exercice de la réflexion, et l'on pourrait même dire que c'est là l'objet propre et essentiel de cet enseignement. Sans doute il ne faut pas méconnaître la valeur intrinsèque des connaissances qu'il va leur fournir; cependant et par la nature même de ces études et par les bornes que l'âge des élèves y impose, elles ont surtout une valeur éducative [...].

Ce qui apparaîtra essentiel au professeur, ce sera, plutôt que la discussion de « thèses » et les débats d'école, la position même des questions. Elles

1. L'usage des crochets dans cette description du programme de philosophie est de Canguilhem.

doivent se présenter non comme le produit artificiel de la tradition particulière au monde des philosophes, non comme résultant du heurt de certaines « catégories » ou de certains partis pris décorés de quelque nom de système, mais comme issues de la réalité elle-même, morale ou physique, et des obscurités qu'elle présente à qui veut la rendre plus intelligible. Les « doctrines », lorsqu'on croira utile cependant de les faire connaître, apparaîtront alors comme l'expression des divers points de vue possibles sur la question étudiée. Elles aideront à classer les idées tirées des choses mêmes et prendront ainsi toute leur valeur.

Rien n'est plus propre à fausser la pensée, à détourner de toute réflexion sérieuse, à dégoûter les esprits solides d'une philosophie où ils ne verraient qu'une vaine éristique, comme ces interminables « revues » d'opinions diverses et contraires sur des problèmes à peine énoncés. De telles « revues », peu instructives en raison de leur inévitable brièveté et de l'impossibilité où l'on se trouve le plus souvent de les appuyer sur une étude directe des textes originaux, surchargent la mémoire sans éclairer l'esprit.

C'est pourquoi aussi, le professeur ne négligera pas les occasions, que le programme lui offre si nombreuses, de mettre la culture philosophique en relation avec les problèmes réels que pose la vie morale, sociale, économique des milieux où le jeune homme est appelé à vivre. S'il ne doit pas avoir l'impression que la réflexion philosophique se meut dans un monde à part, sans relation avec celui de la science ou celui de la vie, pourquoi craindrait-on d'aborder devant lui les questions « d'actualité » ? Ne vaut-il pas mieux les éclairer à la lumière sereine de la pensée désintéressée que d'attendre le moment où elles se résoudraient pour lui dans l'entraînement des passions, sous l'influence de préjugés sociaux, sous la pression des intérêts, toutes causes d'aveuglement auxquelles, dans une grande mesure, notre élève a encore l'heur d'échapper [...].

II. *La méthode*

Le professeur est libre de sa méthode comme de ses opinions. Les instructions présentes ne font ici que confirmer les instructions antérieures : une même méthode ne peut convenir également à toutes les questions ni à tous les professeurs.

L'ordonnance du cours, les programmes le disent expressément, est laissée à la convenance du professeur. Tel peut avoir ses raisons pour rapprocher des questions qu'un autre dissociera, ou pour aborder son cours par un côté ou par un autre. Ce pourra même être une pratique profitable de poursuivre parallèlement deux parties différentes du cours, par exemple psychologie et morale, logique et métaphysique, etc. Les élèves y trouveront plus de variété, et le professeur plus de facilité pour certains rapprochements utiles.

L'usage d'un manuel ne saurait, en lui-même, constituer une méthode acceptable. À s'abriter derrière un livre, le professeur perdrait son autorité en abdiquant sa personnalité. Ce n'est donc qu'accidentellement qu'il pourra recourir à un manuel, soit pour compléter son cours sur les points où lui-même ne revendique aucune originalité, soit pour se gagner un peu de temps. Même dans le cas où, sous la forme d'un cours dactylographié, par exemple, c'est son œuvre même que le professeur remettrait entre les mains de ses élèves, cela n'irait pas sans quelques inconvénients. Il risque d'être lui-même trop enchaîné à son texte et d'être gêné dans l'effort de rénovation que suppose toujours un enseignement vraiment actif. L'élève, de son côté, fort du texte sûr qu'il possède, se désintéressera souvent de ce qui se fera en classe. Une telle pratique n'est donc favorable ni au progrès personnel, ni à l'autorité pédagogique du maître. Rien ne vaudra jamais, ici, la transmission directe et vivante de la pensée par la parole, où vraiment les esprits communiquent.

Conclusion

Telle est la conception que nous nous faisons de l'enseignement philosophique. Développer les facultés de réflexion des jeunes gens; les mettre en état et surtout en disposition de juger plus tard par eux-mêmes, sans indifférence comme sans dogmatisme, leur donner sur l'ensemble des problèmes de la pensée et de l'action, des vues qui leur permettent de s'intégrer vraiment à la société de leur temps et à l'humanité, voilà quelle est au fond la fonction propre du professeur de philosophie [...].

Les instructions précédentes datent de 1925[1]. Pour bien montrer à quel point elles sont restées actuelles et vivantes, nous voulons faire état, à leur suite, des principaux passages du rapport que M. Gustave Monod,

1. Voir aussi le Programme d'enseignement de la philosophie pour 1923, dont le texte est donné en annexe de la présentation par Xavier Roth du *Traité de logique et de morale* (*OC* I, p. 627-630).

professeur agrégé honoraire et qui a exercé de 1944 à 1951 les hautes fonctions de directeur général de l'enseignement du second degré au Ministère de l'éducation nationale, a rédigé, à la demande de la commission nationale française pour l'Unesco, lors de la réunion du comité d'experts (Paris, novembre 1951) consécutive à l'enquête dont le présent volume présente les résultats.

> [...] L'enseignement philosophique n'est qu'une introduction au monde de la pensée philosophique. C'est pourquoi le *programme* de la classe de philosophie n'a pas une importance essentielle. Son aménagement interne peut être mis en question et modifié. Ce qui demeure sous les changements, c'est l'objet, à savoir la réflexion sur tout le donné. Le programme ne fait que marquer les divers moments de cette réflexion et indique un ordre dans lequel ils pourraient se succéder : *la connaissance sensible*, ses conditions, les organes des sens, les sensations, l'image, le souvenir, etc., valeur de la connaissance sensible ; *l'action*, ses conditions, les tendances, la volonté, la liberté. Il s'agit en tout ceci d'un enchaînement de problèmes qui peut être présenté sous diverses formes ou articulations.
>
> C'est dire que le professeur a une grande liberté à l'égard du programme. Les instructions ministérielles lui laissent toute latitude d'organiser son cours à sa guise. Il y a quelques années, les professeurs de philosophie ont demandé que les programmes soient modifiés. À vrai dire, on s'est borné à moderniser le vocabulaire, à préciser certaines formules des problèmes en fonction des courants de pensée contemporains, mais on n'a rien changé au fond des choses, parce qu'il est immuable.
>
> Il faut insister sur le fait que le professeur de philosophie en France a beaucoup moins pour tâche d'apporter des solutions aux différents problèmes philosophiques que de révéler ceux-ci aux élèves et de leur en préciser les formules. On cherche à éveiller la curiosité philosophique et – si l'on ose dire – à inquiéter l'esprit plus qu'à le satisfaire. Par là s'affirme une fois de plus l'intention profonde de l'enseignement secondaire français ; provoquer la réflexion personnelle, amener l'élève à juger par soi-même, éveiller l'autonomie de la conscience. Un professeur qui proposerait – et, à plus forte raison, qui imposerait – un système de pensée parfaitement clos et achevé ne remplirait pas la fonction qu'on attend de lui. L'effort n'est nullement d'amener l'élève de dix-sept ou dix-huit ans à se prononcer sur les problèmes de la valeur de la connaissance ou du matérialisme historique. On cherche avant tout à lui faire prendre conscience de ces problèmes et à le mettre autant que possible en état de les traiter, lorsque son expérience de la vie et des hommes, les lectures qu'il aura faites, etc., lui en feront chercher les solutions.

> Ce n'est pas à dire que certaines de ces solutions n'aient pas à être présentées aux élèves : l'histoire de la philosophie, c'est-à-dire l'histoire de certaines idées et doctrines, tient sa place dans les cours de philosophie (il arrive même que cette place y soit trop grande). Ce n'est pas à dire non plus que le maître ne puisse indiquer la solution que personnellement il apporte à ces problèmes.
> Comment un homme voué à la réflexion philosophique et ayant adopté lui-même une certaine attitude philosophique pourrait-il, sans se mentir à lui-même, la dissimuler dans son enseignement ? Il est même d'une très saine pédagogie que l'élève débutant sache par quelles démarches son maître a passé pour faire son choix. Mais il est important que l'élève comprenne, en même temps, qu'il s'agit bien d'un choix et sente profondément qu'aucune atteinte n'est portée à sa liberté intérieure, c'est-à-dire à son pouvoir de choisir [...].
> Il suit de là que l'enseignement philosophique en France est très éloigné de tout dogmatisme. Tout ce qu'on peut dire c'est qu'il reflète inévitablement les grands courants de pensée contemporains, ceux-là mêmes qui ont agi pendant ses années d'études sur le professeur de philosophie. Mais cette action de grands courants de pensée ne saurait aller très loin : il ne faut pas perdre de vue que dans le secondaire, l'enseignement philosophique s'adresse à des débutants, qu'il ne dispose que de sept à huit mois de l'année scolaire, que le professeur de philosophie doit passer en revue la « somme » des problèmes philosophiques et qu'ainsi il consacrera presque exclusivement son temps à faire surgir les problèmes ou à en fixer les formules.
> Si l'histoire de la philosophie ne peut tenir qu'une place restreinte dans l'année de philosophie (et parce que restreinte elle ne donnera jamais lieu qu'à des exposés sommaires et appauvrissants) il n'en est pas de même des *textes* philosophiques. Des instructions récentes ont recommandé, à titre d'exercice, l'explication dans les classes d'un texte classique de philosophie. Le professeur choisit ce texte sur une liste établie par l'Inspection générale et où figurent les plus grands noms de la philosophie grecque, latine, française, anglaise ou allemande. On expliquera ainsi tout ou partie d'un *Dialogue* de Platon, d'une *Méditation* de Descartes ou d'un chapitre de Kant. Exercice essentiel, qui amène l'élève à retrouver un problème philosophique, à découvrir le langage philosophique, à prendre contact avec un grand texte qui a nourri la pensée des hommes [...] [1].

Nous ne voudrions pourtant pas donner l'impression que nous estimons tout parfait dans l'enseignement français de la philosophie. Les professeurs de philosophie des lycées et collèges et des écoles normales primaires ont eu, ces récentes années, à s'interroger et à discuter entre eux des ajustements et

1. Dans la longue citation qui précède, les crochets sont de Canguilhem.

des corrections possibles et souhaitables, soit au sein de l'Association des professeurs de philosophie de l'enseignement public, soit dans des réunions organisées par la Direction de l'enseignement du second degré au Centre pédagogique international de Sèvres[1]. Si la quasi-unanimité désire voir l'enseignement s'appuyer davantage encore sur la lecture et l'explication de textes des grands philosophes français et étrangers, dont on souhaite que la liste offerte aux options soit étendue, il y a par contre diversité de tendances sur la place et l'importance de l'enseignement de disciplines positives spécialisées, telles que la psychologie ou la sociologie. Certains voudraient voir la philosophie s'orienter plus délibérément vers les sciences humaines, d'autres tiennent que la philosophie générale (c'est-à-dire au fond la métaphysique) doit continuer à orienter, à unifier et à couronner le cours de philosophie pour maintenir l'unité d'études que des spécialisations prématurées détourneraient de leur fin originale et irremplaçable. Dans les réponses au questionnaire de l'Unesco, ces mêmes tendances se font jour.

Sur cette question vient se greffer tout naturellement celle de savoir si un enseignement qui met au premier plan le souci d'éveiller et d'exercer la réflexion ne court pas le risque de rester formel, éclectique, et finalement décevant pour les élèves. Dans sa réponse au questionnaire, M. Henri Lefebvre[2] (professeur actuellement détaché au Centre national de la recherche scientifique) affirme qu'en demandant à la philosophie de « poser seulement les problèmes », alors que « les adolescents attendent des solutions », on ne fait qu'exprimer « un point de vue d'adulte et d'adulte sceptique ». On développe alors chez les élèves le sentiment que la philosophie juxtapose, sans trop de difficulté et donc sans sérieux, des théories à l'occasion de problèmes; et faute de vouloir proposer une solution, de peur de paraître dogmatique ou partial, on finit par créer effectivement une sorte de doctrine à forme et à portée de dogme, qui est une philosophie universitaire, « éclectisme de qualité souvent contestable ». Pour dissiper cette équivoque de plus en plus sensible dans l'enseignement, surtout dans le secondaire, M. Lefebvre propose « une articulation plus précise et plus concrète entre les sciences (et l'enseignement des sciences naturelles et

1. Pour un exemple d'échanges au sein de l'Association, ou dans le cadre de réunions organisées sous l'égide de la Direction de l'enseignement du Second degré, voir, *supra*, p. 393-397.

2. Sur Lefebvre, cf. *supra*, p. 325, n. 4.

sociologiques) et la philosophie (et l'enseignement de la philosophie)». C'est là une critique à laquelle souscrivent volontiers les professeurs orientés vers le marxisme, nettement opposés sur ce point à ceux que la phénoménologie ou l'existentialisme inspirent et qui se soucient de ne pas subordonner la description de l'expérience vécue aux résultats de l'analyse scientifique dans les divers ordres de phénomènes. Dans l'ensemble, les professeurs sont partagés entre le désir de trouver dans cette information scientifique une garantie contre les constructions arbitraires et la crainte de se voir entraînés, par mauvaise conscience à l'égard de leurs collègues scientifiques, à sacrifier l'originalité de la philosophie.

L'interrogation sur le sens de la philosophie et sur l'essence et les fins de l'enseignement de la philosophie est très actuelle. L'Association des professeurs de philosophie de l'enseignement public a consacré, dans l'hiver 1950, plusieurs séances à une discussion vivante et serrée sur la question : la philosophie peut-elle s'enseigner ?[1]

L'ENSEIGNEMENT DE LA PHILOSOPHIE À L'UNIVERSITÉ

S'il est vrai que les candidats aux examens et concours requis pour l'enseignement de la philosophie composent la plus grande partie de l'auditoire des professeurs des facultés des lettres, on aurait tort de croire que l'enseignement supérieur ne s'adresse qu'à de futurs spécialistes et ne se préoccupe que de recrutement professionnel. Ce n'est pas d'abord à cela que les chaires d'université sont destinées, mais elles visent avant tout à permettre aux maîtres, élus par leurs collègues, et choisis sur une liste

1. Sur cette discussion, *cf.* Dina Dreyfus, « La philosophie peut-elle s'enseigner ? ou La "mauvaise conscience" du professeur de philosophie », *Revue de l'enseignement philosophique*, vol, 2, n°s 5-6, p. 3-6; Mikel Dufrenne, « La philosophie peut-elle s'enseigner ? Réponse à Mme Dreyfus », *ibid.*, vol. 3, n°s 2-3, p. 8-13. Ces articles avaient été précédés du compte rendu d'une Journée nationale d'études pédagogiques des professeurs de philosophie, du 30 mars au 1er avril 1950 lors de laquelle Canguilhem avait prononcé une allocution donnée ci-dessus, p. 393-398. Les délibérations avaient porté sur « L'Esprit de l'enseignement philosophique », « La forme de la classe de philosophie », « Le Contenu du cours de philosophie », un « Rapport sur les horaires et les programmes », « Les moyens auxiliaires de l'enseignement », et un « Rapport sur les examens et les concours » ; le compte rendu des diverses séances en avait été donné dans la *Revue de l'enseignement philosophique*, vol. 1, n°s 2-3, janvier-février 1951, p. 1-51.

d'aptitude établie par un comité consultatif des universités, de faire la preuve de la valeur dont leur thèse de doctorat contenait les promesses. Pour être plus astreint que ses collègues étrangers à un travail, en somme utilitaire, de préparation directe ou indirecte de certains étudiants aux concours qu'ils ont en vue, le professeur de philosophie dans une université française n'en reste pas moins, tout comme eux, un libre chercheur, voué d'abord à la perfection des études personnelles qu'il a entreprises. Et c'est à l'imiter qu'au fond il invite ses étudiants; c'est à voir plus loin que l'obtention d'un titre ou d'un diplôme qu'il les conduit par son exemple même.

Nous voulons ici laisser la parole à quelques-uns des maîtres qui ont répondu au questionnaire, et qui l'ont fait de façon synthétique.

Extrait du rapport de M. Raymond Polin (Université de Lille)

> [...] Dans l'enseignement supérieur, les problèmes de méthodes sont commandés par le petit nombre des heures de cours – trois en principe – que donne chaque professeur.
>
> Les travaux pratiques absorbent souvent une ou deux heures et comportent des exposés d'étudiants suivis de discussion, et des explications de texte. Il convient d'insister tout particulièrement sur les explications de texte, auxquelles certains professeurs attachent un très grand prix : rien mieux que la lecture prolongée, minutieuse, exigeante, d'un grand texte, entreprise avec une méthode rigoureuse d'élucidation et d'explication, ne permet de pénétrer au fond de la pensée d'un auteur, d'en reconstituer la genèse et le style, d'en apercevoir les conséquences et les retentissements, bref, de la comprendre. Fort souvent, en histoire de la philosophie, les explications de texte tendent à remplacer systématiquement les cours *ex cathedra*, pour l'étude des auteurs. De façon plus générale, l'organisation des travaux pratiques est renforcée par l'institution récente de nombreux « assistants », institution qui tend à se généraliser de plus en plus.
>
> Les cours magistraux sont conçus de façons fort diverses selon les buts qu'ils visent et qui sont assez variables. Ils se contentent rarement d'assurer la simple documentation de l'étudiant et ils ne se bornent guère à la présentation et à la mise en forme de connaissances reçues ; c'est dire que l'on renonce, en général, à traiter de l'ensemble, ou même de larges fragments, d'un programme. Il arrive plus souvent que le cours constitue un effort pour construire, sur des problèmes précis (constituant des fragments étroits du programme), une synthèse élaborée dans une perspective toute personnelle. Enfin, le cours, par excellence, c'est l'exposé de travaux originaux, ou des résultats de recherches personnelles, ou bien, mieux encore, l'expression de sa propre philosophie.

C'est dire qu'il n'est pas possible d'écarter le problème des rapports de l'enseignement philosophique et de la recherche, bien qu'il ne figure pas expressément dans le questionnaire soumis.

Dans certains domaines scientifiques, on se plaît à opposer comme incompatibles l'enseignement et la recherche, au nom des droits de celle-ci à l'exclusivité. En philosophie, c'est l'inverse : on peut dire qu'il n'y a pas d'enseignement valable sans recherche (et tout particulièrement, pas d'enseignement supérieur). Même là où l'enseignement n'apporte pas toujours de renseignements originaux, seule la recherche le féconde en assurant l'autorité du maître, l'efficacité de sa méthode dans la recherche, l'habitude de l'invention et du contrôle, la richesse et la résonance de ses constructions. Le chercheur seul peut se muer en professeur, car seul il est capable de manifester la présence et le témoignage du philosophe.

Mais, réciproquement, l'enseignement aide grandement à la recherche philosophique, à laquelle ne suffit pas une simple diffusion imprimée. La philosophie est trop profondément un discours cohérent et une discussion pour ne pas bénéficier d'un dialogue. Exposé oral et discussion exigent un effort de clarté accrue, un supplément de rigueur, l'art d'enseigner les objections les plus diverses. Ils forment une occasion et une excitation au travail philosophique. Sans l'enseignement, la recherche tendrait souvent à se confiner dans une érudition fort légitime, mais insuffisante à elle seule. Le philosophe renonce à lui-même s'il n'est pas un éducateur.

Extrait du rapport de M. Gaston Berger (Université d'Aix-Marseille)

L'enseignement de la philosophie, au niveau de l'université, pose un problème préalable qu'on pourrait formuler ainsi : « Que signifie la préparation à la recherche, lorsqu'il n'y a proprement rien à découvrir ? »

Ce qu'il y a d'étrangement paradoxal dans une telle question s'atténue quand on remarque que la philosophie ne porte jamais sur des objets, mais sur des objets « en rapport avec » une subjectivité. Il n'y a donc jamais à découvrir une vérité nouvelle, au sens où cela signifierait qu'une nouvelle proposition objective viendrait s'ajouter à celles dont on était déjà assuré, ou qu'elle viendrait nous inviter à opérer dans notre représentation des choses une transformation profonde. Il s'agit seulement de comprendre, de plus en plus clairement, la nature des rapports originaux qui existent entre les structures du monde objectif et certains termes non donnés, mais que tout le donné implique et auxquels il renvoie : le Je, l'Absolu, les Valeurs, etc. Ces termes ne sont pas seulement « non donnés », ils sont proprement ineffectuables, si bien que, là encore, la philosophie n'est jamais la découverte de quelque « chose » – même en donnant au mot « chose » un sens généralisé et, si l'on veut, métaphysique.

Quelles conséquences cette nature particulière de la philosophie va-t-elle avoir sur son enseignement ?
À l'université, dans toutes les disciplines et puisqu'il s'agit d'initier les étudiants à la recherche, le professeur doit être un *inventeur.* Il ne doit pas exposer les résultats obtenus par d'autres, il doit véritablement faire progresser le savoir dans son domaine et associer petit à petit ses élèves à sa découverte. Sans doute, dans le domaine proprement scientifique, y a-t-il tant de connaissances à absorber et tant de procédés auxquels il faut s'entraîner qu'il n'est pas toujours possible, même à l'université, de faire exclusivement de la recherche. On reprend la fonction primaire et on demande à l'étudiant d'« apprendre » des faits, des lois, des formules… Rien de pareil ne doit se produire en philosophie, puisque, ainsi que nous l'avons déjà dit, il n'y a pas de faits particuliers qu'on puisse ici apprendre. Enseigner la philosophie, c'est simplement être philosophe et, si l'on peut dire, penser tout haut, pour laisser apercevoir à l'étudiant en quoi cela consiste.

Dans l'enseignement de la philosophie ainsi compris, c'est donc la recherche qui est à elle-même son propre objet. C'est par là que cet enseignement s'apparente à l'enseignement des arts – par là peut-être qu'il en est un lui-même. Et pris, comme tout art, entre la technique qui le sert et l'imitation qui le tue. Aussi, s'il peut y avoir une technique de la recherche, il doit être entendu qu'elle servira toujours la construction personnelle de la pensée, et revêtira, par conséquent, toutes les formes que peut prendre cette autonomie dans l'édification qui finalement est son but propre.

C'est ce que souligne excellemment M. Gaston Berger :

On a parfois pensé que le « séminaire » était l'équivalent du laboratoire et on a souvent multiplié à l'excès ces réunions d'études en commun et de conversation dirigée. Nous pensons qu'il y a là une assimilation trop hâtive qui repose sur des analogies superficielles. On peut faire, en séminaire, l'étude de textes. On peut fournir des explications et répondre à des questions. On ne saurait y faire de la recherche que très exceptionnellement. L'invention philosophique demande de la préparation, du silence, de la liberté, peut-être de la solitude. Elle ne tolère pas les interruptions et même les changements de perspective que provoquent généralement les questions. Elle veut la concentration de l'effort, et non l'éparpillement de la conversation. Les questions permettent à l'étudiant d'obtenir les éclaircissements dont il a besoin. Mais elles ne sont acceptables que lorsque le professeur qui doit y répondre est disponible, c'est-à-dire lorsqu'il ne se trouve pas précisément absorbé par l'attention que supposent la recherche des idées et la poursuite de la clarté dans la profondeur. D'autre part, elles doivent correspondre à une difficulté véritable que l'étudiant n'est pas capable de résoudre par lui-

> même, malgré un effort soutenu pour en triompher. La véritable méthode active ne consiste pas à lever tous les doutes dès qu'ils se présentent. Elle consiste à laisser l'étudiant chercher par lui-même et à ne l'aider que lorsque son effort lui a permis au moins de préciser un peu son problème [...].
> Les questions ne doivent donc pas être ces remarques superficielles que se croient tenus de faire les auditeurs pour témoigner de leur participation au travail du groupe. À la fin d'une partie un peu serrée d'un exposé, il n'est pas normal que des étudiants de philosophie aient tout de suite des questions à poser ou des objections valables à faire. L'activité ne consiste pas ici à se lancer dans une discussion confuse sur un problème auquel l'étudiant ne peut pas avoir réfléchi, puisque le professeur lui apporte du nouveau. Fort utile, quand on sait le limiter, le séminaire n'est et ne peut être qu'un appoint pour l'étudiant. L'essentiel est de voir inventer, d'assister à l'éclosion de la pensée de son maître. Cela ne peut se faire que dans le cours [...] [1].

À ce point de notre exposé, il s'est déjà dégagé bien clairement ce qui est considéré en France comme méritant véritablement le nom de cours de philosophie : une sorte d'effort exemplaire de pensée individuelle, où la valeur d'enseignement réside tout entière dans l'authenticité et la nouveauté permanente de la recherche. En est par là même essentiellement exclu tout ce qui n'est qu'exposition dogmatique des résultats, comme aussi tout prestige qui ne naîtrait que de l'autorité du passé de sa propre recherche. Le professeur de philosophie n'enseigne que dans la mesure où, devant son auditoire et porté par la révérence qu'il maintient vive en lui-même pour la résonance fondamentale entre les esprits, il offre l'exemple de cet ascétisme fécond qui se refuse à admettre sans soumettre et à édifier sans approfondir.

On ne serait pas autorisé à craindre qu'une semblable liberté risquât de se perdre dans des repliements sur soi et dans des sortes d'arabesques subjectives qui se développent à l'écart des grandes questions humaines. On a vu précédemment que le professeur français de philosophie recevait une information préalable assez vaste pour se sentir durablement sollicité par elle. La recherche philosophique universelle est toujours présente et c'est elle qui ouvre son domaine à cette pensée essentiellement individuelle. Aussi bien que Descartes, ce sont, avec tant d'autres, Kant, Hume, ou Hegel qui offrent constamment leur tracé exemplaire et le rappel de leurs problèmes.

1. Dans les paragraphes de cette citation, les crochets sont de Canguilhem.

Ainsi, porté par le passé, pour susciter un présent aussi informé qu'il est libre, le professeur peut, en alliant à la sienne propre l'exploration d'autrefois, communiquer à ses étudiants cette « position de recherche » où nous voulons voir la philosophie elle-même.

LES TENDANCES ACTUELLES EN PHILOSOPHIE

Si quelques rares réponses à l'enquête, notamment celle de M. Cuvillier [1] (professeur agrégé honoraire, Paris) mentionnent « une éclipse plutôt qu'une défaveur » dans l'enseignement philosophique, la plupart s'accordent par contre à reconnaître l'intensité de l'intérêt pour la philosophie. « Faveur accrue », disent identiquement M. Henri Gouhier (Sorbonne) et M. Marc-André Bloch [2] (lycée Lakanal). Et nous pensons ainsi, personnellement.

> Il faut signaler la faveur accrue de la philosophie en France. Elle se manifeste dans un fait important : la licence de philosophie et l'agrégation de philosophie prennent la place des études littéraires dans la formation des écrivains, critiques, etc.; elles deviennent de plus en plus les formes pédagogiques de la culture générale.
> Quand, après la guerre, une nouvelle revue a paru, *Les Temps modernes*, son comité de direction comprenait : Sartre, Raymond Aron, Merleau-Ponty, Simone de Beauvoir, quatre agrégés de philosophie sur cinq membres (je n'ai pas les

1. Armand Cuvillier (1887-1973), ancien élève de l'École normale supérieure (1908), agrégé de philosophie (1919), surtout connu pour son fameux *Manuel de philosophie*, paru en 1927 et réédité jusqu'à aujourd'hui, en contraste duquel s'était défini le *Traité de logique et de morale* de Canguilhem et Planet (*cf.* l'exposé de Xavier Roth dans *OC* I, p. 608-609), avait aussi publié en 1950 un *Manuel de sociologie* qui fut réédité jusque dans les années 1970. Socialiste d'orientation chrétienne, dont Canguilhem avait pris la défense en 1930 alors qu'il était attaqué par la droite (cf. *OC* I, p. 304), particulièrement intéressé à Proudhon et à Malebranche, il avait en 1945, après avoir occupé de nombreux postes dans des lycées de province puis à Paris, été nommé professeur de sociologie à la Faculté des Lettres de Paris où il enseigna jusqu'en 1953.

2. Marc-André Bloch (1895-1982), agrégé de philosophie, proche de Célestin Freinet, auteur de nombreux ouvrages sur la pédagogie et le système d'enseignement, fut nommé professeur de philosophie à la Faculté des Lettres de Caen après la défense de ses thèses pour le doctorat ès lettres (*Les tendances et la vie morale*, Paris, P.U.F., 1948 et *Philosophie de l'éducation nouvelle*, « Nouvelle encyclopédie pédagogique », Paris, P.UF., 1948; il est aussi l'auteur de *La pédagogie des classes nouvelles*, Paris, P.U.F., 1953).

numéros sous les yeux, mais je crois qu'il y avait aussi Albert Camus, licencié de philosophie). Le fait est significatif. (H. Gouhier.)[1]

L'enseignement de la philosophie connaît aujourd'hui en France une faveur accrue; la cause principale me paraît en résider dans le caractère nettement philosophique des problèmes qui sous-tendent une grande partie de la littérature romanesque ou dramatique contemporaine (notamment son secteur « existentialiste ») : nos jeunes gens et nos jeunes filles vivent ainsi dans une atmosphère intellectuelle qui les sensibilise d'avance, plus que leurs aînés, à l'importance, à la signification, à l'urgence de la recherche philosophique. (M.-A. Bloch.)

S'il est difficile de grouper sous quelques rubriques rigides l'esprit des divers enseignements et recherches du côté des professeurs, il est à la rigueur plus aisé d'esquisser les directions les plus fréquentes de l'intérêt des étudiants.

Il est certain que l'existentialisme est davantage du goût des étudiants que de leurs maîtres. La phénoménologie par contre fait l'objet d'enseignements solides et réputés (M. Merleau-Ponty[2], Paris; M. Ricœur[3], Strasbourg).

L'hégélianisme, et c'est là un des traits caractéristiques de la situation actuelle, a été révélé par les travaux de M. Hyppolite, et son succès n'est pas niable, en partie du fait de sa relation avec le marxisme. Mais le kantisme maintient des positions solides, notamment à Lyon avec M. Lachièze-Rey.

1. Le comité de rédaction initial des *Temps Modernes*, en octobre 1945, sous la direction de Sartre, ne comprenait pas Albert Camus, mais outre les autres membres mentionnés par Gouhier, s'y trouvait aussi Michel Leiris, Albert Olivier et Jean Paulhan.

2. Sur Maurice Merleau-Ponty, cf. *supra*, p. 133, n. 1.

3. Paul Ricœur (1913-2005), agrégé de philosophie (1935), professeur aux lycées de Colmar puis de Lorient, est mobilisé en 1939 puis prisonnier de guerre pendant cinq ans. Il reprend l'enseignement au Collège Cévenol, au Chambon-sur-Lignon, et y prépare sa thèse de doctorat ès lettres sur la *Philosophie de la volonté : Le volontaire et l'involontaire* (Paris, Aubier Montaigne, 1949) et y termine la traduction des *Ideen I* de Husserl (Paris, Gallimard, 1950). Nommé à l'Université de Strasbourg en 1948, il y demeure jusqu'à son élection à la Sorbonne en 1957. Fondateur du département de philosophie de l'Université de Nanterre, doyen en 1969, il quitte l'université en 1970 et accepte l'invitation de l'Université de Chicago où il enseigne jusqu'en 1992. Plusieurs de ses livres eurent un grand retentissement, notamment *De l'interprétation : Essai sur Freud* (Paris, Seuil, 1965) et *Temps et récit* (Paris, Seuil, 1983-1985, 3 vol.). Il fut depuis les années 1930 jusqu'à sa mort un proche puis un membre actif du groupe de la revue *Esprit*.

Nous laissons à M. Gouhier le soin d'indiquer les préoccupations philosophiques des étudiants qu'il connaît bien :

> Je trouve une extrême diversité de préoccupations : il y a Sartre, bien sûr, il y a aussi Gabriel Marcel[1] ; nombreux – beaucoup plus qu'on ne le croit – sont ceux qui s'intéressent à Bergson; Maurice Blondel a quelques fidèles... Bref, la situation est *très* complexe.
> Parmi les étudiants les meilleurs, je crois discerner un retour aux maîtres : pour certains, c'est Descartes, pour d'autres, Pascal ; pour ceux-ci, Kant, pour ceux-là, Hegel. Mais je suis frappé par l'actualité des grandes doctrines dans les milieux jeunes.
> Je crois discerner surtout un intérêt très vif pour les philosophies qui ont un accent religieux, qui, même athées, emploient les schèmes de la pensée religieuse : salut, péché, inquiétude, etc.

À ce sujet, nous pensons devoir ajouter que l'un des traits du goût philosophique aujourd'hui répandu chez les étudiants, à quoi certains de leurs maîtres ne sont pas tout à fait étrangers, c'est l'intérêt qu'ils accordent à la pensée dialectique et l'usage – parfois l'abus – qu'ils en font. Il y a là un fait qui mérite d'être signalé, précisément en raison de ceci que selon le professeur McKeon (Université de Chicago), dont on a lu le rapport ci-dessus[2], l'étudiant américain reste en général fermé ou indifférent à cette façon de poser les problèmes et d'en chercher la solution.

1. Gabriel Marcel (1889-1973), agrégé de philosophie (1910), enseigna de façon intermittente dans le second degré et se consacra intensivement à une carrière d'auteur et de critique dramatique, de même qu'à des fonctions d'édition chez Plon. Son *Journal métaphysique* (Paris, Gallimard, 1927) le fit connaître comme le premier philosophe de l'existence français. Pour un jugement global de Canguilhem sur Marcel, cf. *supra*, p. 294, n. 1.

2. Ce rapport, « L'Enseignement de la philosophie dans une grande université américaine », se trouve aux pages 81-110, à la suite du chapitre signé par Merritt H. Moore, « L'Enseignement de la philosophie aux États-Unis d'Amérique. Tableau d'ensemble », p. 73-110.

CONCLUSIONS DE L'ENQUÊTE ET SUGGESTIONS EN VUE DU DÉVELOPPEMENT ET DU PERFECTIONNEMENT DE L'ENSEIGNEMENT DE LA PHILOSOPHIE [1]

CARACTÈRES PARTICULIERS DE L'ENSEIGNEMENT DE LA PHILOSOPHIE

I. Quoique l'objet de l'enquête fût l'enseignement de la philosophie, et non la philosophie elle-même, il apparut que la signification de l'enseignement et le rôle du professeur de philosophie ne pouvaient être précisés que sur la base d'une notion claire, et généralement acceptée, de ce qui fait, en termes très généraux, *l'originalité de la philosophie comme branche du savoir.* Malgré les différences importantes qui existent entre les courants philosophiques des diverses nations étudiées[a], le comité d'experts a considéré qu'il était possible de s'accorder sur certains traits qui caractérisent toute philosophie. Il a reconnu que la philosophie ne constitue pas seulement une activité intellectuelle spécialisée, mais que, tendant à définir les problèmes humains dans toute leur ampleur et à dégager les valeurs dans leur pureté, elle concerne des questions qui se posent non seulement aux spécialistes, mais à tous les êtres humains.

La nature de la philosophie se reconnaît aussi à ce que chaque esprit demeure, en face d'elle, maître de ses démarches et de ses adhésions, et qu'aucun corps de vérités intangibles n'est considéré comme définitivement acquis; l'activité philosophique, on a pu le dire, consiste dans une réflexion que chacun doit mener ou reprendre pour son propre compte, à la mesure de ses capacités.

Puisqu'elle repose sur la pratique d'une libre réflexion, la philosophie tend à inspirer le respect de toute conviction sincère; son climat est celui du dialogue et de l'échange, non point du combat, de la contrainte et de l'incompréhension. Par elle, les hommes, même lorsque de profondes oppositions les divisent, s'efforcent d'éclaircir les termes dont ils se servent

a. Cette diversité est illustrée par les chapitres qui précèdent.

1. Ce dernier chapitre du rapport, p. 195-225, a un caractère collectif et n'est pas signé. Comme il se termine par des résolutions du Comité international d'experts (p. 223-225) et engage la responsabilité de tous ses membres, on peut être certain que Canguilhem, par ailleurs responsable de la mise en forme de l'ensemble de l'ouvrage, a joué dans sa rédaction un rôle significatif.

et les concepts qu'ils manient, et cherchent à mieux s'entendre les uns les autres. Qu'elle se présente sous son aspect critique ou sous son aspect constructif, ce qui la caractérise toujours, c'est le besoin de fonder toutes les prises de position – même celles qui consistent en des professions de foi mystiques ou irrationalistes – à l'aide de propositions considérées comme universellement valables. Aussi, comme l'écrit par exemple le professeur Perelman [1], de Bruxelles, la philosophie est-elle « le terrain idéal [...] où toute doctrine, toute dogmatique, doit se justifier en se référant aux aspirations communes de l'humanité, qui dépassent tout intérêt et toute position plus limités ».

II. Les caractères généraux de la philosophie qui sont brièvement exposés ci-dessus font de *l'enseignement* auquel elle donne lieu un enseignement original. Le but essentiel de cet enseignement est en effet d'apprendre à chacun à penser par lui-même. L'acquisition de certaines connaissances n'en est pas exclue, mais elle est subordonnée à la pratique de la libre réflexion; aussi le rôle du maître est-il de guider l'étudiant, de lui permettre d'assimiler les méthodes de la réflexion, de l'aider à prendre conscience des problèmes en en précisant les termes.

Les élèves et étudiants ne sont initiés à cette matière qu'à un âge assez avancé; ils disposent déjà de connaissances de base en d'autres matières, et ils sont déjà capables d'une réflexion cohérente, alimentée par leurs expériences personnelles au sein de la société. Cet enseignement nouveau tend à introduire de l'ordre et de la clarté dans leurs connaissances préalables et à susciter leur réflexion lucide sur les différentes activités humaines; il vise au développement de la personnalité, à la prise de conscience des valeurs et à la culture de l'autonomie et du sens des responsabilités impliquées par la jouissance de la liberté.

Cet enseignement permet finalement d'acquérir une idée personnelle des grands problèmes qui se posent à l'esprit humain. Aussi, malgré la liberté de la réflexion philosophique, exprime-t-il, à des degrés divers, la physionomie culturelle originale de chaque groupe. En revanche, la généralisation de l'enseignement philosophique a sans doute une influence, diffuse et non

1. Chaïm Perelman (1912-1984), philosophe belge d'origine polonaise, a renouvelé la rhétorique dans ses nombreux travaux sur la théorie de l'argumentation et son application aux domaines de la morale et du droit.

immédiate, mais certaine, sur l'attitude d'esprit des hommes; elle exerce notamment un effet sur la formation du citoyen, surtout en régime démocratique. Enfin, elle a souvent des répercussions sur la conception générale de l'éducation, et sur l'esprit dans lequel sont enseignées d'autres matières.

En résumé, l'enseignement de la philosophie, lorsqu'il ne tend pas à former des spécialistes de cette matière, se recommande pour les raisons suivantes :

1. Il est capable de contribuer puissamment à l'unité de la culture générale ou de la *general education*, en fournissant un lien et un fil conducteur entre des disciplines différentes, et en donnant à l'esprit un point de vue à partir duquel la place des connaissances particulières peut être évaluée;
2. Il conduit à une réflexion qui appelle et fonde l'autonomie personnelle, et qui ne se satisfait pas d'une réponse sommaire aux problèmes les plus graves (il apprend à « penser par soi-même » et à juger sans indifférence comme sans dogmatisme);
3. Il éclaire et affine le sens des valeurs humaines et il fonde leur universalité;
4. Il inspire le respect de la libre réflexion d'autrui et la recherche d'une compréhension approfondie et tolérante entre les hommes;
5. Il donne à l'individu, sur l'ensemble des problèmes de la pensée et de l'action, des vues qui lui permettent de s'intégrer vraiment à la société de son temps et à l'humanité.

Les civilisations démocratiques se fondant sur l'autonomie des personnes et sur la sagesse des citoyens, il est donc essentiel qu'entre tous les enseignements, celui de la philosophie soit dispensé au plus grand nombre possible, notamment à une époque où les propagandes sont particulièrement dangereuses pour la liberté.

III. Cependant, comme la philosophie a son style propre, par lequel elle se distingue de la pensée littéraire, technique, juridique, etc., l'apprentissage de la philosophie implique une certaine connaissance des grandes doctrines et la maîtrise d'un vocabulaire qui doit être manié avec précision. Quel que soit l'avantage d'une diffusion accrue de cet enseignement, on devrait se garder d'enseigner, sous le nom de « philosophie », une simple vulgarisation qui tombe trop souvent dans l'historiette ou la biographie, ou une réflexion sans règles où la notion de la vérité et celle des responsabilités de l'esprit se perdraient. *La philosophie ne peut être enseignée comme telle qu'à un certain niveau des études*; d'autre part, il importe, dans les programmes qui peuvent être établis afin de développer cet enseignement, de prêter attention aux ressources qui sont disponibles pour assurer sa qualité, et notamment aux mesures à prendre en vue de la formation de maîtres compétents. Compte tenu de ces précautions, on peut conclure que l'enseignement de la philosophie devrait occuper une place importante dans la formation générale, notamment au cours des premières années des études supérieures; il est nécessaire de former des spécialistes pour satisfaire aux besoins de la société, mais il est aussi nécessaire de former des hommes libres et réfléchis, des citoyens éclairés : l'enseignement de la philosophie a ici un rôle de tout premier plan à jouer. Quant à l'introduction ou au développement de cet enseignement dans les études secondaires, techniques, etc., les données de l'enquête amènent à prendre sur ce problème une position nuancée qui est exposée ci-dessous.

IV. Un certain nombre de correspondants se sont penchés sur les *deux critiques majeures* qui sont souvent adressées à l'enseignement philosophique, et au nom desquelles on s'oppose souvent à sa généralisation : *a*) l'enseignement philosophique serait trop abstrait, trop académique, en un mot trop loin de la vie; *b*) il fournirait trop facilement un terrain de propagande idéologique, politique ou religieuse, propagande d'autant plus pernicieuse qu'elle s'adresse à des esprits jeunes et non prévenus.

Pour ce qui est de la première de ces critiques, une majorité de correspondants ont considéré qu'il n'y a nulle raison valable de traiter la philosophie comme une matière aride et livresque; si, parfois, elle semble éloignée de la vie, c'est qu'elle n'est pas enseignée comme elle devrait l'être. Au contraire, tout invite à inclure dans les programmes une référence à l'expérience vécue, aux données des sciences modernes, à la signification des arts et de la culture, aux problèmes sociaux et moraux. Quant aux méthodes, elles doivent être adaptées à ce but : faire de la réflexion philosophique une activité passionnante pour de jeunes esprits, en montrant que les problèmes de la philosophie ne sont pas autre chose que les problèmes de la vie eux-mêmes, traités dans un esprit de lucidité et de cohérence, et éclairés par les pensées des grands philosophes du passé (voir ci-dessous ce qui concerne les méthodes d'enseignement). Il appartient aux professeurs de mettre en valeur le contenu humain de l'enseignement philosophique : les membres du comité, et de nombreux correspondants, se sont plu à rappeler tous les témoignages de professeurs et d'anciens étudiants qui décrivent la découverte passionnante que constitue une bonne initiation à la philosophie.

Quant à la critique selon laquelle, en l'absence d'un corps de vérités bien établies à enseigner, le cours de philosophie peut trop facilement devenir prétexte à une propagande pernicieuse, il faut reconnaître que ce risque est celui de tout apprentissage de la pensée libre; il est possible que le véritable esprit philosophique soit dénaturé par certains enseignements; mais cela ne saurait être général, et l'absence de formation philosophique recèle encore plus de dangers, car elle revient à renoncer à aider les étudiants à conquérir leur autonomie. On trouvera ci-dessous la formulation d'une sorte de déontologie professionnelle que le comité d'experts a souhaité proposer aux professeurs, et dont le concept central est celui de « tact ». D'autre part, dans les cas où un enseignement philosophique est donné au niveau du secondaire, ou dans les écoles techniques, et en général dans les établissements fréquentés par des esprits encore jeunes qui sont placés sous la direction d'un professeur de philosophie unique, certaines précautions peuvent être prises par les administrations en vue de contrôler la manière dont l'enseignement de la philosophie est donné, sans que pour cela la liberté du maître soit niée dans ses aspects légitimes (voir ci-dessous). On ne renoncerait donc à la philosophie, par crainte de ce danger, qu'en renonçant à la vie de l'esprit elle-même.

V. Pour des raisons tenant à la nature même de cet enseignement de nombreux correspondants ont souligné – et le comité d'experts a insisté sur ce point – qu'*il serait tout à fait impossible de préjuger son contenu et son orientation, et de lui proposer une mission particulière, si élevées que puissent être les valeurs et les fins invoquées.* Il doit aider des personnalités libres à conquérir leur autonomie et à se déterminer en pleine conscience; c'est donc au sein même de la réflexion philosophique que les valeurs et les fins doivent se dégager; elles ne sauraient être formulées par avance.

Le comité d'experts a notamment examiné avec beaucoup d'attention les considérations qui lui étaient soumises à ce propos par le professeur MacKinnon, au nom de la commission nationale du Royaume-Uni. D'une part, l'esprit de l'enseignement de la philosophie dans chaque pays est étroitement lié aux tendances de l'activité philosophique dans ce pays; on ne peut, par des moyens extérieurs, amener cette activité à être spéculative et constructive, plutôt qu'analytique et critique. Pour citer les mots du professeur Price (Oxford): « Les idées s'usent en quelque sorte avec le temps et finissent par perdre tout pouvoir; il faut alors une pause avant que se constitue une somme d'idées nouvelles. Rien ne peut accélérer ce processus de développement : ni l'ardeur de la pensée ou de l'effort, ni à plus forte raison une quelconque action internationale» (Rapport de la commission nationale du Royaume-Uni).

D'autre part, toujours d'après la commission nationale du Royaume-Uni, même lorsque la philosophie est analytique et critique « on ne peut dire qu'elle n'ait aucun rapport avec les incertitudes et les préoccupations de l'homme de la rue... mais l'influence qu'elle exerce sur la communauté est essentiellement indirecte; aucun philosophe ne saurait usurper la fonction du prêtre, du prédicateur, du médecin ou du psychanalyste; il ne peut donner aux hommes une foi qui soit une raison de vivre... Ce qui n'empêche pas la Grande-Bretagne d'avoir eu de grands professeurs qui ont marqué leur époque et leur génération par l'intégrité de leur pensée et de leur attitude ».

Malgré la diversité des traditions philosophiques nationales représentées au sein du comité d'experts (et dont certaines, comme celle de l'Inde, sont de nature spéculative et constructive), le comité a considéré qu'un tel point de vue s'impose lorsqu'il s'agit de l'enseignement de la philosophie; la généralisation de cet enseignement ne peut que contribuer à développer un climat de responsabilité civique, de compréhension et de tolérance internationales, mais on ne peut lui assigner par avance aucune orientation particulière, si noble soit-elle, sans le dénaturer.

Ces conclusions du comité s'appuient sur les avis exprimés par de très nombreux correspondants, et s'accordent notamment avec ces lignes du professeur Perelman (Bruxelles) : «L'importance de la philosophie ne semble pas consister tant dans les solutions définitives qu'elle pourrait fournir aux problèmes humains fondamentaux, que dans l'ouverture d'esprit qu'elle exige à l'égard des croyances et des intérêts qui représentent certains aspects des aspirations largement humaines, négligés dans d'autres perspectives. Or cette ouverture d'esprit semble la condition même d'une collaboration intellectuelle, telle qu'elle est préconisée par l'Unesco. »

VI. En accord avec ces principes généraux, les paragraphes suivants tentent de préciser les moyens les plus propres à développer et à répandre l'enseignement de la philosophie et de définir les programmes et les méthodes pédagogiques les plus aptes à lui donner son véritable esprit, et les moyens *indirects* grâce auxquels les horizons de chaque tradition nationale peuvent être élargis au profit d'un climat d'universalité et de compréhension favorable au respect mutuel et à la paix.

LA LIBERTÉ DANS L'ENSEIGNEMENT DE LA PHILOSOPHIE

I. L'enquête a mis en évidence l'importance du maintien d'une totale liberté dans tous les aspects de l'enseignement philosophique. Le principe de la liberté académique doit être appliqué dans tous les domaines, mais il est encore plus capital pour la philosophie que pour les autres matières, étant donné la démarche propre de la philosophie et la nature des objets dont elle traite. Il faut ajouter que, dans ce domaine, la tentation d'imposer certaines limites à cette liberté peut être plus grande que pour d'autres matières d'enseignement.

Comme on l'a souligné ci-dessus, le professeur de philosophie ne saurait se borner à enseigner un corps de vérités admises; aussi l'enseignement demeure-t-il proche de la recherche et de la controverse. Étant donné la nature du sujet, les professeurs de philosophie devraient jouir de la liberté de recherche et de l'immunité académique, dans la mesure où leurs recherches sont menées dans un esprit de désintéressement intellectuel.

II. Cependant, il faudrait se garder de confondre cette liberté avec l'irresponsabilité et l'absence de sérieux. Dans beaucoup de pays, la liberté académique est combattue au nom du mauvais usage qui peut en être fait. Aussi, jouissant d'une telle liberté, les professeurs doivent-ils se pénétrer de l'idée de leurs responsabilités, et pratiquer une forme exigeante d'auto-discipline; c'est à eux de veiller à ce que leur liberté ne dégénère pas en licence ou en fantaisie intellectuelle; ils ne feront ainsi, d'ailleurs, qu'être fidèles à l'esprit même de la philosophie.

III. Si la liberté du maître doit demeurer entière, il faut aussi qu'elle n'ait pas pour résultat de contraindre celle de l'élève : celui-ci, dans certains cas, ne dispose pas encore des moyens intellectuels nécessaires pour soumettre à la critique l'influence d'un maître qui, de plus, jouit souvent à ses yeux d'un grand prestige moral. Il appartient au maître, par la pratique d'un tact nécessaire, de respecter et même de promouvoir la liberté de l'élève, en l'aidant à découvrir sa vérité, au lieu de lui imposer la sienne propre.

On peut conclure avec le comité d'experts que, d'une manière générale, la liberté du maître ne doit être limitée que par le respect de celle de l'élève.

IV. Enfin, on peut se demander quelles limites le respect de la liberté académique impose à l'intervention des autorités. Celles-ci (qu'il s'agisse des autorités publiques ou des conseils de gestion de certains établissements privés) sont amenées à prendre des mesures d'ordre administratif; ces mesures, comme l'a exposé le professeur Canguilhem (France) au sein du comité d'experts, peuvent contribuer positivement à assurer à l'enseignement philosophique son sérieux et sa dignité, notamment dans le cas des pays où il existe un enseignement philosophique au niveau du second degré, ou aux premiers stades des études supérieures, ou, plus encore, dans les écoles où sont formés les professeurs et les maîtres du premier degré. Dans certains cas, non seulement la fixation de programmes d'études minimum, mais encore la rédaction d'instructions sous forme de conseils aux maîtres ou l'inspection pédagogique peuvent être recommandables. Mais le comité d'experts a reconnu qu'il convenait de bien distinguer entre l'attitude envers l'inspiration personnelle de tel ou tel maître et le respect des droits de l'université en tant que telle; aussi a-t-il considéré qu'en vue de donner toutes garanties de libéralisme, *les administrations ne devraient définir ces mesures qu'en consultation et en accord avec des représentants qualifiés de la profession enseignante.*

NÉCESSITÉ DU MAINTIEN, DU DÉVELOPPEMENT OU DE LA CRÉATION D'UN ENSEIGNEMENT PHILOSOPHIQUE

N'étant pas enseignement d'un sujet particulier, mais éducation par et pour la liberté, la philosophie a un rôle à jouer dans l'éducation à tous les niveaux.

Il serait cependant peu indiqué, en vue de répandre l'enseignement de la philosophie, de sacrifier son caractère d'initiation à une réflexion libre et générale. On peut mettre l'accent sur certaines disciplines philosophiques, plutôt que sur d'autres, en relation avec le genre d'études auxquelles l'enseignement de la philosophie peut être associé, mais cet enseignement ne doit pas être ramené à l'acquisition d'un simple bagage de connaissances spécialisées, ce qui lui ôterait sa valeur formative.

D'autre part, l'initiation à la philosophie implique la possession d'un certain nombre de connaissances de base (notamment en histoire, en littérature, en sciences, etc.) qui composent une culture générale. On ne peut réformer et développer l'enseignement de la philosophie que *a*) sur la base d'une solide formation préalable; *b*) en l'associant à un programme de culture générale destiné à compenser les excès de la spécialisation technique. Réciproquement, la présence d'un important enseignement de la philosophie doit avoir une influence sur la manière dont est compris cet enseignement de culture générale et contribuer à lui donner un tour plus libre et à en faire une occasion de réflexion personnelle.

À ce point de vue, il a paru regrettable que la philosophie soit, dans bien des systèmes d'éducation, devenue une spécialité parmi d'autres et qu'elle se soit trouvée isolée par la scission des disciplines autrefois considérées comme philosophiques et maintenant érigées en sciences autonomes. Il serait souhaitable que l'enseignement de la philosophie et celui de ces disciplines soient associés en vue de la formation de l'esprit, tant au profit des étudiants qui se spécialiseront en d'autres matières qu'au profit des spécialistes de la philosophie.

Il a donc été recommandé que les départements ou facultés de philosophie offrent des enseignements auxquels soient associés les membres d'autres départements. L'accent a le plus souvent été mis par les correspondants de l'enquête sur la nécessité d'associer plus étroitement l'enseignement de la philosophie non seulement à celui des lettres classiques, mais aussi à celui des sciences exactes et naturelles d'une part, des sciences sociales et politiques de l'autre. Il a aussi été recommandé que les universités accordent des crédits pour des recherches où soient associés les spécialistes de différentes disciplines.

L'enseignement de la philosophie ne peut être réellement développé que s'il présente un attrait pour les étudiants; son contenu et son style devraient souvent être modernisés; d'autre part, des carrières intéressantes, comme l'administration, la magistrature, l'enseignement, le journalisme, devraient être ouvertes aux étudiants qui ont reçu une certaine formation philosophique; enfin, des mesures devraient être prises pour la formation de professeurs vraiment compétents à tous les niveaux où cet enseignement sera développé. Ce développement ne peut donc être que progressif; de simples mesures administratives (multiplication des heures de cours, création de chaires, etc.) n'y suffisent pas; il implique que la philosophie elle-même soit mise, ou remise, en honneur dans la vie culturelle et universitaire.

Une grande diversité de situations existe dans les différents pays considérés : dans certains pays, un enseignement complet de la philosophie est dispensé très largement, au niveau du secondaire ainsi que dans les écoles de formation des maîtres du primaire et dans maints autres établissements[a]; dans d'autres, la philosophie est assez largement dispensée au niveau supérieur, dans le cadre de l'éducation générale; dans d'autres encore, seuls les futurs spécialistes de philosophie reçoivent un enseignement en cette matière; enfin, il existe des pays dans lesquels l'enseignement de la philosophie, même à l'université, est insuffisamment développé, ou même presque inexistant. En tentant de formuler des suggestions en vue de ce développement, il convient de souligner la diversité de ces situations, l'inégalité des ressources disponibles, enfin la différence des traditions culturelles.

Diffusion de l'enseignement philosophique comme formation générale

Lorsqu'il est dispensé dans le cadre de la formation générale, l'enseignement philosophique devrait se proposer les fins suivantes, en vue de contribuer à la culture de personnalités libres :

Donner le sens des problèmes philosophiques;

Affiner l'appréciation des valeurs;

Donner le sens de la réflexion théorique, notamment sur les opérations de l'esprit;

Donner la maîtrise d'un langage et de formes d'expression;

Permettre l'évaluation de l'importance et de la place des connaissances spécialisées, notamment scientifiques, dans l'édifice de l'humanisme.

Il devrait à la fois procurer à l'esprit une formation précieuse en elle-même et préparer l'étudiant à aborder plus lucidement des études supérieures spécialisées en d'autres matières.

Études secondaires

Il ne semble pas qu'on puisse raisonnablement recommander à tous les pays l'adoption d'un programme complet d'études philosophiques au niveau du secondaire, tout en notant que, d'après l'expérience de certains des correspondants, les élèves du secondaire semblent, dans certains pays, suffisamment mûrs au cours des dernières années de leurs études pour

a. En France, par exemple, au terme des études secondaires, une année lui est presque entièrement consacrée; les instituteurs de l'enseignement primaire, les officiers, etc., reçoivent aussi obligatoirement une formation philosophique sanctionnée par un examen.

aborder l'étude des questions philosophiques lorsqu'un tel enseignement peut être organisé.

Il convient de souligner que, même à ce niveau, l'enseignement philosophique, lorsqu'il existe, doit dégager *des problèmes*, et non inculquer des solutions dogmatiques, et que l'historique des problèmes ne peut être négligé.

Dans d'autres pays, les correspondants ont souligné l'intérêt qu'il y aurait à introduire dans les programmes du secondaire non point une étude générale et technique de la philosophie, mais une conception élargie de l'éducation civique qui inclurait la théorie des droits de l'homme et l'analyse de la tradition démocratique dans la morale sociale, en vue d'amener les élèves à la prise de conscience raisonnée des problèmes internationaux actuels. Comme l'écrit le professeur Nikam (Mysore, Inde), un enseignement philosophique de ce genre, même modeste, donnerait à l'éducation civique un caractère universellement humain et non seulement national ou international; il ferait appel à la liberté de réflexion.

Il paraît même possible, outre cette éducation civique élargie, de prévoir à la fin des études secondaires une sorte d'introduction aux problèmes généraux de la philosophie dans le cadre de l'enseignement des humanités; d'autres correspondants, notamment aux États-Unis, pensent qu'on pourrait introduire *un cours de morale élémentaire et de logique* – ou au moins de logique formelle élémentaire – au niveau du secondaire; un enseignement de la logique fournirait une «discipline de la précision» plus générale et plus étroitement liée au langage ordinaire que l'enseignement des mathématiques, comme le fait remarquer le professeur Brightman [1] (Boston University, E.-U.A.).

Cependant, dans beaucoup de pays, il semblerait peu réaliste, ou peu conforme aux traditions les plus vivaces, de demander l'introduction de la philosophie comme matière d'enseignement séparée au niveau du secondaire. Il est remarquable que les correspondants des pays où un tel enseignement existe se félicitent de cette situation, tandis que ceux des pays

1. Edgar Sheffield Brightman (1884-1953), philosophe et théologien américain, pasteur méthodiste, avait obtenu son doctorat à l'Université de Boston après deux années d'études à Berlin et à Marburg. Nommé professeur de philosophie à l'Université de Boston il y poursuivit sa carrière jusqu'à sa mort. Ses travaux portèrent essentiellement sur la philosophie de la religion.

où il n'existe pas ne semblent pas considérer son introduction comme possible, ni souvent souhaitable.

Quelle que soit l'importance accordée à un enseignement philosophique ou paraphilosophique dans les études secondaires, il est nécessaire que *les professeurs* chargés de cet enseignement aient eux-mêmes une formation philosophique sérieuse, qui les rende capables, non seulement de communiquer quelques connaissances à leurs élèves, mais d'exposer les problèmes d'une manière vivante et personnelle. Il a de même été reconnu par de nombreux correspondants que, d'une façon générale, les professeurs du secondaire, même spécialisés en d'autres matières, devraient avoir certaines connaissances générales en philosophie.

Mais, étant donné les difficultés pratiques qui ne doivent pas être sous-estimées, il paraît peu réaliste de recommander que, dans tous les pays, les maîtres de l'enseignement primaire reçoivent une telle initiation. Certains professeurs font pourtant remarquer qu'il peut souvent être indiqué d'adopter un point de vue philosophique pour traiter de certaines questions auxquelles les enfants s'intéressent spontanément.

Premiers stades de l'enseignement supérieur

Ces considérations s'appliquent *a fortiori* aux premiers stades de l'enseignement supérieur. Non seulement certains aspects de la philosophie sociale et politique devraient être enseignés à tous les étudiants, mais encore la philosophie devrait jouer un rôle central en vue de l'intégration des connaissances. Les étudiants en lettres et en sciences devraient être initiés aux grandes pensées philosophiques et aux grandes idées qui ont influencé l'humanité; au minimum, un cours libre de caractère assez élémentaire devrait être offert aux non-spécialistes; au mieux, cet enseignement de formation générale devrait être mis en relation étroite avec le caractère des études de chaque groupe d'étudiants : grâce à l'organisation de cours adaptés à chaque public, les jeunes étudiants en science seraient de préférence initiés à la théorie de la connaissance, à la logique et à la méthodologie, tandis que les jeunes étudiants en lettres le seraient à l'histoire des idées morales, les jeunes étudiants en sciences humaines à la philosophie de l'histoire, de la société, à la méthodologie des sciences humaines, etc. Le comité a considéré que l'absence de toute formation philosophique chez les étudiants spécialisés en d'autres matières peut constituer un danger pour la culture. Plus encore que dans l'enseignement secondaire, il est nécessaire que *les professeurs* qui dispenseront cet enseignement aient reçu une formation philosophique très solide, et qu'ils disposent de connaissances de base en d'autres matières, notamment pour coordonner l'enseignement de la philosophie avec celui de ces matières.

Autres établissements

Enfin, il semble important d'introduire un enseignement de la philosophie dans d'autres établissements d'enseignement, comme les écoles techniques, les écoles d'administration, de diplomatie, etc. Cet enseignement devrait non seulement porter sur la morale sociale et la théorie des droits de l'homme, et comprendre une initiation générale aux problèmes philosophiques, avec lecture de quelques grands textes, mais encore accorder une attention toute particulière à la philosophie de l'histoire et de la civilisation, étude la plus propre à développer le sens de la solidarité des divers peuples du monde. Un tel enseignement ne devrait pas se surajouter simplement à celui des autres disciplines, mais demeurer en relation étroite avec lui, et être conçu comme un lien et un couronnement.

Développement des études supérieures spécialisées en philosophie

Les correspondants et le comité d'experts se sont surtout intéressés à l'extension de l'enseignement philosophique à l'usage des non-spécialistes, mais ils ont aussi considéré brièvement les problèmes des études supérieures spécialisées en philosophie. Il a été reconnu que leur développement est surtout entravé par le fait que peu de carrières sont ouvertes aux spécialistes de philosophie; le développement et l'amélioration de l'enseignement philosophique au niveau moyen et dans le cadre de la formation générale impliqueraient la multiplication des postes de professeur offerts aux spécialistes et contribueraient ainsi à la création d'un climat où la philosophie jouirait d'une faveur accrue auprès des étudiants.

Cependant, dans nombre de pays, ce développement impliquerait aussi la création de chaires spécialisées et même de départements de philosophie dans les universités.

D'une manière générale, il a paru tout à fait nécessaire que les étudiants qui se spécialisent en philosophie aient reçu au préalable une formation en d'autres matières d'enseignement; il a aussi paru souhaitable qu'ils aient déjà bénéficié d'une certaine initiation aux problèmes philosophiques. Enfin, l'enseignement de la philosophie, tel qu'il est dispensé aux spécialistes, ne devrait pas être isolé de celui des autres matières, et les étudiants qui deviendront des diplômés en philosophie devraient continuer à parfaire leur culture générale.

Rôle des examens spécialisés

Les avis sont divisés sur la question des examens. Certains correspondants ont considéré qu'un examen bien organisé demeure la meilleure manière de s'assurer du sérieux de la formation philosophique reçue ; ce principe a été généralement admis dans le cas des spécialistes et notamment des futurs professeurs. Cependant, dans certains pays, il semble que la hantise du succès aux examens constitue un sérieux obstacle à la pratique de la réflexion libre et à la recherche de la culture désintéressée ; certains correspondants ont considéré que la formation philosophique générale des étudiants spécialisés en d'autres matières devrait demeurer indépendante de la sanction d'un examen.

La place faite aux femmes

Le comité d'experts a abordé la question des sexes ; il a reconnu qu'on ne saurait parler d'une infériorité des femmes sous le rapport de l'aptitude à la réflexion philosophique. Certains des meilleurs professeurs, certains des écrivains philosophiques les plus notables sont du sexe féminin. Cependant, la plupart des professeurs de l'enseignement supérieur sont des hommes : cela tient, dans la plupart des cas, aux conditions générales de la vie sociale qui n'encouragent pas les femmes à poursuivre de très longues études personnelles. Cependant, le comité a reconnu que le rôle des femmes dans l'éducation en général, soit comme professeurs à différents niveaux d'enseignement, soit dans le cadre familial, est de première importance, et que leur formation philosophique ne devrait pas être négligée. D'autre part, nul obstacle réglementaire ou administratif ne devrait s'opposer à l'admission des femmes aux études supérieures de philosophie et aux examens les plus élevés.

LES MÉTHODES DANS L'ENSEIGNEMENT DE LA PHILOSOPHIE

I. L'enseignement de la philosophie devrait combiner le recours à plusieurs méthodes : leçon magistrale, exposés d'étudiants, séminaires et discussions, lectures et commentaires de textes, dissertations.

Il semble bien que la *leçon magistrale* soit nécessaire pour donner aux étudiants les connaissances de base indispensables, la maîtrise d'un vocabulaire, l'usage d'une méthode, la perception claire des termes des problèmes. Cependant, il importe que la leçon ne consiste pas dans l'exposé purement dogmatique des convictions philosophiques du maître; celui-ci doit dégager les problèmes, en préciser les termes, et associer les étudiants à la recherche du vrai (la très grande majorité des correspondants ont souligné que rien n'est plus contraire à l'esprit de l'enseignement philosophique qu'une attitude passive de la part de ceux qui le reçoivent); il peut naturellement indiquer les solutions qui lui paraissent valables, mais en s'appuyant sur une analyse aussi objective que possible.

À ce point de vue, il y a intérêt à compléter les leçons magistrales en recourant largement aux méthodes qui mettent en jeu l'activité intellectuelle des étudiants: *séances de discussions, séminaires, exposés faits par les étudiants.* Il y aurait cependant un danger pour le sérieux de l'enseignement à développer exclusivement la libre discussion aux dépens de la leçon magistrale: la recherche philosophique y perdrait son style propre et se ramènerait à une vaine controverse sur des opinions hâtives. Pour que les discussions soient fécondes, le professeur a d'ailleurs un rôle important à jouer dans leur déroulement même. Le Club des sciences morales (Moral Science Club) qui existe à l'Université de Cambridge[1] présente un exemple intéressant de combinaison entre la liberté d'expression et la discipline intellectuelle qu'assure la participation des professeurs à la discussion.

Certains correspondants ont souligné l'importance, pour les étudiants, d'une expérience directe de la réflexion philosophique, analogue à celle qu'ils peuvent recevoir de la création artistique. Le professeur Brumbaugh, de l'Université d'Indiana (É.-U.A.), formule, à ce point de vue, deux suggestions pratiques:

> La première est de fournir aux étudiants des occasions de discussions libres sur des questions d'intérêt philosophique et pratique. Un membre du corps enseignant servirait de modérateur ou d'auditeur et apporterait au débat des

1. Le *Moral Science Club* avait été fondé par des étudiants de premier cycle de l'Université de Cambridge en 1874. Voué aux échanges philosophiques, il donna lieu notamment à la discussion de communications par George Edward Moore, John Maynard Keynes, Bertrand Russell et Ludwig Wittgenstein. On lui reconnaît un rôle dans la généalogie de la philosophie analytique et dans la diffusion des idées de Wittgenstein.

commentaires sur la manière dont les problèmes ont été traités : sur la validité des inférences, la valeur des preuves, l'exactitude des définitions, etc.
La seconde est de dresser une liste de problèmes intéressants du point de vue spéculatif, mais qui soient à la portée de l'étudiant néophyte. Par exemple, on peut demander à une classe de faire des dissertations ou de procéder à des discussions sur des questions comme la signification de la "justice" appliquée aux relations entre nations (si la classe a étudié *la République* de Platon), ou les conséquences du rejet par Whitehead de la "localisation simple" si on l'applique aux relations du travail et à la notion du travailleur comme situé "dans" l'usine (si la classe a étudié *La science et le monde moderne*, de Whitehead)[1]; de tels exercices sont passionnants en eux-mêmes et exigent de l'étudiant une réflexion authentiquement philosophique.

Dans beaucoup de pays, la rédaction de *dissertations* par les étudiants, exercice qui peut paraître artificiel, fournit une occasion de réflexion personnelle; il appartient au professeur, en notant ces dissertations, d'apprécier l'effort de méditation personnelle de l'étudiant.

L'enseignement de la philosophie ne peut être vivant et constituer un apprentissage de la pensée libre que s'il prend appui sur l'expérience vécue par les étudiants, et sur les réflexions auxquelles ils se sont déjà livrés par eux-mêmes avant toute initiation philosophique. Cela est particulièrement vrai des premières étapes de cet enseignement, au cours desquelles les étudiants risquent parfois d'être rebutés par l'aspect livresque et gratuit de cette nouvelle discipline. Au contraire, l'étudiant doit être amené à prendre appui sur ses propres expériences et ses propres problèmes, pour s'engager dans la voie d'une réflexion plus méthodique. Ainsi, il développera mieux ses propres ressources intérieures et sera plus facilement pénétré du respect dû à des convictions, à des attitudes, à des réalités culturelles différentes des siennes.

Il semble que cela soit particulièrement vrai à une époque comme l'époque actuelle, où les événements sociaux, politiques et militaires ont

1. Dans le plus lu de ses ouvrages, *Science and the Modern World* (New York, Macmillan, 1925), constitué de conférences prononcées à l'Université Harvard en 1925, Whitehead expose le caractère central de la notion de « localisation simple » dans l'élaboration de la science moderne d'inspiration mécaniste (chapitre III), et il en souligne les limites quand il s'agit d'appréhender dans leur réalité concrète les objets éprouvés dans notre expérience (chapitre IV).

souvent valu à de jeunes esprits une expérience déjà riche et leur ont offert une occasion de réflexion sérieuse sur des problèmes qui les touchent intimement, et parfois cruellement.

Cependant, il est essentiel de marquer la nature propre de la réflexion philosophique, laquelle ne saurait, sans se renier, demeurer sur le plan de l'individuel et du subjectif; la philosophie tend à dégager la signification universelle de toute expérience individuelle, à préciser des principes universels d'intelligibilité, à permettre une appréciation des valeurs qui soit autre chose que l'expression d'une préférence subjective. D'autre part, la philosophie a un style propre qui la distingue d'autres formes de pensée. Autant pour restaurer les problèmes dans leur dimension universelle que pour conserver aux études philosophiques leur style de pensée original, les étudiants, dès les premiers stades de leur initiation, doivent être mis en contact direct avec les meilleurs textes des grands philosophes.

Il appartient aux professeurs non seulement de replacer ces grandes pensées dans leur contexte historique, mais encore d'opérer la jonction entre leur étude et l'expérience personnelle des étudiants, en montrant comment les grands philosophes classiques n'ont pas abordé des problèmes artificiels et conventionnels, mais les problèmes mêmes qui surgissent naturellement de la condition humaine. Ces problèmes, dont le professeur saura montrer le contenu humain, les philosophes classiques ont su les traiter dans un esprit de rigueur philosophique et souvent de sérénité. Certains correspondants et membres du comité ont exprimé l'opinion que, dans une époque troublée et instable, cette étude est particulièrement importante : elle permet à l'esprit de prendre un certain recul par rapport à ses préoccupations et de mesurer la longue continuité de l'expérience humaine et de son interprétation philosophique.

L'enquête a mis en évidence que l'enseignement de la philosophie connaît *deux dangers majeurs* : celui du dogmatisme et celui du scepticisme indifférent. Il ne conviendrait pas, pour échapper au dogmatisme, que le professeur se bornât à dresser avec neutralité un catalogue des doctrines philosophiques, devant lequel l'étudiant serait désorienté et ne tenterait plus de fonder sa conviction personnelle; il peut, sans contraindre le jugement de l'étudiant, montrer comment chaque solution proposée aux problèmes philosophiques traditionnels procède d'une démarche originale dans la recherche du vrai, et comment les contradictions des philosophes ne sauraient être confondues avec l'opposition brutale de pensées non élaborées.

De ce point de vue, la lecture des grands textes classiques, notamment accompagnés de commentaires, semble à la majorité des correspondants bien préférable au simple résumé des doctrines. Dans ces textes vit une pensée qui est en même temps un exemple pour toute pensée libre; l'éducation doit élever l'homme à la hauteur des plus grands esprits du passé. De plus, la lecture des classiques est une école de tolérance et de respect humain, en ce qu'elle oblige à « consentir » pour un moment à la pensée d'autrui. On peut dire la même chose des plus grandes œuvres de la littérature, qui souvent illustrent ou évoquent les problèmes philosophiques les plus importants.

Enfin, certains professeurs ont souligné que l'on ne peut négliger la lecture de certains textes de grands philosophes contemporains; mais ceux-ci devraient être choisis avec discernement, afin d'éviter les périls du modernisme sommaire, voire du snobisme. La suggestion a été faite que les comités qui dressent les programmes d'études se préoccupent des meilleurs moyens d'y inclure l'étude des grands auteurs modernes.

Parmi les méthodes d'enseignement, les correspondants en général se sont accordés pour dénoncer les défauts du *manuel.* Le recours au manuel ne peut pas remplacer les leçons vivantes du professeur; il n'est justifié que pour l'enseignement de la logique, ou encore – à condition d'être utilisé avec précautions – pour libérer le maître, dans une certaine mesure, des servitudes d'un programme trop lourd et pour lui permettre de donner un tour plus personnel à son enseignement.

II. L'enquête a souligné que, plus encore que celui de toute autre matière, *l'enseignement de la philosophie est une relation vivante et un dialogue entre le maître et l'étudiant.* On ne peut poser le problème de l'enseignement philosophique en faisant abstraction de cet élément humain; il arrive, comme le dit le professeur MacKinnon (Royaume-Uni) que les frontières du sujet traité deviennent floues et que le vrai sujet de l'enseignement devienne la rencontre de deux esprits.

À la lumière de cette constatation, les responsabilités du professeur peuvent être mieux définies. D'une part, les problèmes abordés dans le cadre de l'enseignement philosophique sont d'une grande portée et d'une grande généralité. D'autre part, le professeur dispose de moyens intellectuels supérieurs à ceux de l'étudiant. Il est important de préciser les devoirs que doit assumer le maître pour que cette relation vivante ne se développe pas au détriment de la liberté de l'étudiant.

Le problème du respect de cette liberté se pose notamment au niveau des croyances profondes des étudiants et des populations auxquelles ils appartiennent : croyances politiques et sociales, et surtout croyances religieuses et théologiques. La discussion de certaines questions est délicate, notamment dans certaines sociétés : le rôle du professeur ne saurait être de heurter de front les convictions des étudiants ; il doit être surtout de les amener à la tolérance de positions différentes des leurs. Cette conception du *tact* a constitué un point de départ pour l'approfondissement et l'élaboration de cette vertu pédagogique : le comité d'experts a vu dans le tact, au sens le plus fort, la rencontre de deux libertés, et s'est accordé à attirer l'attention des professeurs sur son importance.

Il a cependant tenu à en dénoncer les excès possibles : car le tact ne doit dégénérer ni en démagogie, ni en complaisance ; il ne doit pas faire perdre de vue que le but de l'enseignement doit être d'amener l'étudiant à réfléchir par lui-même sur tous les sujets. Comme l'a dit le professeur Calogero (Italie), il n'y a de civilisation que si l'on a compris que nulle idée ne doit être soustraite à la discussion. Ceci est le fondement même à la fois de la notion de la vérité et de la pratique de la tolérance.

L'application de ce principe du tact dépend, au premier chef, du caractère personnel de chaque professeur et de son public. La conciliation entre le respect de la vérité et la pratique de la tolérance ne va pas sans poser des problèmes graves pour l'enseignement philosophique. Il a paru au comité que le tact dont le professeur doit faire preuve ne saurait aller jusqu'à respecter chez les étudiants les convictions et les attitudes qui sont contraires à la tolérance et nient la liberté d'autrui. L'objectivité du professeur se contredirait elle-même s'il allait jusqu'à s'abstenir de faire le départ entre les doctrines qui justifient le fanatisme et la violence, et celles qui fondent la tolérance et le respect de la liberté (voir ci-dessous les considérations concernant l'enseignement philosophique et la compréhension internationale).

ENSEIGNEMENT ET RECHERCHE

En philosophie l'enseignement et la recherche ne devraient pas être rigoureusement séparés. Préserver leur lien répond à deux exigences : faire en sorte que la liberté de recherche et de controverse pénètre l'enseignement, afin que celui-ci ne se réduise pas à inculquer aux étudiants des idées toutes faites; vivifier la recherche par un contact avec la vie : quoique certains grands philosophes aient d'abord été formés à d'autres disciplines, l'enseignement demeure une activité normale et utile pour le philosophe.

Il est important, surtout dans les universités, de préserver les conditions de la recherche; notamment il faut se garder de multiplier à l'excès le nombre d'heures de cours, tant pour les professeurs que pour les étudiants. Le comité d'experts a pris connaissance avec intérêt des particularités offertes par certains pays – comme la France – où il n'existe pas de cloisonnement étanche entre le professorat de l'enseignement secondaire et celui de l'enseignement supérieur.

Quoique l'aptitude à l'enseignement de la philosophie et l'aptitude à la recherche philosophique soient loin d'être incompatibles, les compétences dans ces deux domaines ne vont pas nécessairement de pair, surtout aux premiers degrés de l'enseignement; notamment, il n'est pas nécessaire d'avoir des dons pour la création philosophique pour être un excellent professeur. Sur la proposition du professeur Merritt Moore (É.-U.A.) le comité d'experts a conclu à ce sujet :

Qu'il conviendrait d'encourager par des promotions les jeunes gens qui semblent particulièrement doués comme professeurs, aussi bien que ceux qui sont particulièrement doués pour la recherche créatrice ;

Qu'il conviendrait d'étudier les moyens par lesquels les aspirants professeurs et les jeunes professeurs pourront s'informer des techniques de l'enseignement, et pourront être soumis à un contrôle dans l'usage qu'ils font de ces techniques (le comité a considéré que des cours de pédagogie appliquée à l'enseignement de la philosophie seraient complètement stériles);

Que les professeurs devraient s'efforcer de distinguer parmi leurs étudiants ceux qui ont le don pédagogique, et les encourager à poursuivre leurs études aussi bien que ceux qui ont un don pour la recherche.

LES INSTRUMENTS DE TRAVAIL

Dans un grand nombre de pays, les chercheurs, professeurs et étudiants en philosophie se trouvent aux prises avec de graves difficultés lorsqu'il s'agit de se procurer des instruments de travail adéquats : livres, textes classiques et modernes, ouvrages historiques ou spécialisés, traductions, dictionnaires philosophiques, etc.

Tout d'abord, il serait nécessaire que des dictionnaires philosophiques fussent préparés et publiés dans les langues locales de certains pays, en vue de la généralisation des études philosophiques. On devrait mettre en chantier un bon dictionnaire multilingue de philosophie en faisant appel aux compétences les plus indiscutables sur le plan international.

D'autre part, dans nombre de pays, les textes classiques d'auteurs philosophiques sont vendus à un prix qui dépasse de loin les moyens financiers de la plupart des étudiants et professeurs. Il serait éminemment souhaitable que soit encouragé le lancement, dans les langues de grande diffusion, de collections d'auteurs philosophiques à très bon marché, du type de la collection « Penguin » en Grande-Bretagne, ou de la « Petite bibliothèque des arts libéraux » aux États-Unis.

Enfin, il est nécessaire d'enrichir les bibliothèques d'université et certaines bibliothèques régionales en ouvrages philosophiques de fond. Ceci implique tout d'abord un effort de la part des bibliothèques elles-mêmes ou des autorités dont elles dépendent. Mais certains ouvrages de base sont actuellement épuisés. Le professeur Ph. Devaux[1], de Liège (Belgique), a suggéré que soit entreprise, sur le plan international, l'édition d'un *corpus philosophorum* mondial, avec textes et traductions, à la préparation duquel seraient associés les chercheurs les plus qualifiés.

Le comité d'experts s'est penché sur ces problèmes de publications; il a considéré que l'Unesco et les philosophes de différents pays peuvent se rendre des services mutuels. L'Unesco peut contribuer à mettre certains livres à la disposition des philosophes : tout d'abord les grands classiques « mondiaux », ensuite les œuvres les plus significatives pour les chercheurs. De leur côté, les philosophes peuvent indiquer à l'Unesco les titres des ouvrages philosophiques dont une large diffusion contribuerait à répandre les idéaux de l'Unesco : tout d'abord une liste minimum de livres aisément accessibles; ensuite une liste de classiques des idées de tolérance, de compréhension, etc. (voir ci-dessous « L'enseignement de la philosophie et la compréhension internationale »).

1. Philippe Devaux (1902-1979), philosophe et logicien belge, traducteur et analyste d'ouvrages de Russell et Whitehead, professeur à l'Université de Liège, et l'un des introducteurs de la philosophie analytique en milieux francophones.

L'exécution d'un tel schéma devrait donner lieu à des enquêtes et à des consultations plus spécialisées.

LA PHILOSOPHIE DANS L'ÉDUCATION DES ADULTES ET DANS LA CULTURE DU GRAND PUBLIC

Le comité d'experts a considéré avec attention la place que la philosophie devrait occuper dans l'éducation des adultes. Il a reconnu :

a) Que les adultes, en raison de l'expérience de la vie qu'ils possèdent, sont particulièrement aptes à bénéficier d'un complément d'éducation ou de culture dans lequel la philosophie joue un rôle important;

b) Que la philosophie est susceptible de contribuer puissamment au développement de l'esprit critique des citoyens, en leur permettant notamment de distinguer entre la vraie signification de certaines notions et leur utilisation dans la propagande.

La commission nationale du Royaume-Uni, notamment, conclut que la principale influence de l'étude de la philosophie dans les classes d'adultes consiste probablement à favoriser l'impartialité et la compréhension du point de vue d'autrui.

La commission nationale du Royaume-Uni considère que les adultes, en général, demandent non pas des connaissances théoriques, mais une aide pratique. Le professeur peut utiliser Platon ou Kant, pour illustrer certaines discussions, mais à condition que cette lecture contribue à éclairer les problèmes contemporains tels qu'ils sont vécus par son public. D'autre part, l'intérêt de ce public pour les problèmes philosophiques est généralement en relation avec un aspect particulier de la vie (Politique et social : *qu'est-ce que* la démocratie, la liberté? Moral : *existe-t-il* des valeurs morales absolues en dehors de la religion? Scientifique : le déterminisme et le matérialisme sont-ils la seule *vérité*? Psychologique : *qu'est-ce que* l'intelligence, l'esprit, l'âme? Religieux : la doctrine chrétienne est-elle *vraie*?) La méthode à recommander serait la conférence suivie de discussions. Naturellement, un tel enseignement doit demeurer très libre et très désintéressé et n'être soumis à aucun programme obligatoire.

Quant à la présence de la philosophie dans la culture du grand public, elle repose largement sur l'orientation de la philosophie elle-même. Seule une philosophie dont la relation avec les problèmes concrets est clairement perceptible peut intéresser le grand public. Il faudrait aussi que les philosophes, au moins dans leurs écrits adressés au public non spécialiste évitent d'employer un langage inutilement technique ou obscur.

D'une manière générale, la publication de revues philosophiques spécialisées, et celle d'articles philosophiques dans les revues de culture générale et surtout dans la presse, l'organisation d'émissions de radio, le fonctionnement d'associations philosophiques nationales ou locales paraissent être des moyens importants pour accroître l'intérêt du public à l'égard de la philosophie et pour le familiariser avec la réflexion philosophique.

De plus, il conviendrait d'encourager le développement de programmes éducatifs hors des programmes normaux des universités, tels que : cours d'éducation des adultes, conférences, séminaires, cours suivis donnés à la radio, etc. L'enseignement de la philosophie devrait être développé dans les écoles de perfectionnement technique et professionnel, les écoles d'art, etc.

Le rôle des philosophes, avec l'aide de l'Unesco, et celui des organisations nationales et internationales devraient être d'encourager les publications qui présentent des matériaux philosophiques sous une forme assimilable pour le lecteur moyen, sans qu'il s'agisse pourtant de vulgarisation au sens péjoratif du terme ; deux dangers sont particulièrement à éviter : réduire la philosophie à un ensemble de platitudes conventionnelles, même si elles expriment des intentions louables ; et la réduire à la biographie des grands philosophes.

L'ENSEIGNEMENT DE LA PHILOSOPHIE ET SON INFLUENCE SOCIALE ; LA FORMATION DU CITOYEN EN DÉMOCRATIE

S'interroger sur l'influence sociale de l'enseignement de la philosophie, c'est chercher comment concilier le rôle du philosophe comme penseur méditatif – donc à certains égards solitaire – avec la demande qui lui est souvent adressée d'exercer une influence dans le domaine pratique. Les correspondants ont indiqué que le philosophe doit maintenir une certaine attitude de détachement, gage de la liberté et de l'élévation de sa pensée, sans pour cela devenir indifférent aux problèmes humains, particulièrement à ceux qui se posent quotidiennement à ses étudiants.

L'enseignement philosophique ne saurait être une propagande pour une idéologie, si élevée soit-elle. Mais peut-on dire que la démocratie soit une simple idéologie, puisqu'elle contient la condition de toute pensée libre ?

C'est en demeurant fidèle à sa nature propre de recherche inconditionnée que la philosophie peut contribuer à empêcher la démocratie de devenir une idéologie comme les autres. En tout état de cause, *l'enseignement philosophique ne peut que donner les moyens de juger, mais ceci est d'une importance capitale en démocratie.* D'autre part, tout en ne se faisant pas les avocats d'une doctrine particulière, les professeurs de philosophie ont un rôle important à jouer auprès de leurs étudiants et du public cultivé : par la libre discussion et l'exploration en commun, ils peuvent les aider à éviter les jugements sommaires et les réactions émotionnelles.

Pour développer l'influence sociale de la philosophie, il est essentiel que soient données aux professeurs des occasions d'exercer le jugement de leurs étudiants sur les questions sociales et politiques les plus importantes : des cours de religion et de morale comparées, de philosophie politique et sociale devraient être introduits dans les programmes à tous les niveaux. En effet, les disciplines positives n'assurent pas une formation suffisante au citoyen, puisqu'elles ne portent pas sur l'appréciation des valeurs en elles-mêmes. Cependant, la philosophie des religions et la philosophie politique et sociale ne sauraient être isolées complètement de la philosophie générale (théorie des valeurs, etc.) : c'est celle-ci qui leur donne leur portée et leur rôle éducatif.

Certains correspondants se sont interrogés sur les méthodes les plus appropriées à la formation du jugement politique par la philosophie. Le professeur Hendel[1], de l'Université Yale (É.-U.A.), en particulier, recommande de combiner le point de vue systématique et le point de vue historique, en utilisant les grandes œuvres de la philosophie politique et sociale pour présenter les concepts essentiels, puis de discuter ces concepts et d'examiner leur application aux affaires contemporaines.

1. Charles W. Hendel (1890-1982), philosophe américain qui, après avoir complété un Ph. D. à Princeton (1917), devint professeur de philosophie morale à l'Université McGill de Montréal et y demeura jusqu'en 1940 alors que l'Université Yale lui offrit une chaire de philosophie morale et métaphysique qu'il occupa jusqu'à sa retraite en 1955. Son œuvre comprend des livres sur Hume, Jean-Jacques Rousseau, Kant et John Dewey.

L'ENSEIGNEMENT DE LA PHILOSOPHIE ET LA COMPRÉHENSION INTERNATIONALE

Il est certain que le développement de l'enseignement philosophique intéresse directement la recherche d'une meilleure compréhension entre les hommes et entre les peuples. L'importance de conceptions générales de la vie et des valeurs (conceptions philosophiques souvent dégradées et implicites) dans les incompréhensions et les conflits qui divisent les peuples est évidente; ces conceptions – souvent appelées « idéologies » – sont justiciables d'une élaboration philosophique qui serait favorable à une meilleure compréhension mutuelle sur le terrain du dialogue.

Il serait cependant abusif de vouloir faire de la philosophie une panacée; il convient de préciser la manière dont la diffusion de la philosophie peut contribuer à la compréhension internationale.

a) Tout d'abord, si l'on se place au point de vue du contenu de l'enseignement, l'étude des classiques philosophiques de pays étrangers peut apporter une contribution directe à la connaissance réciproque des peuples. Il convient cependant de ne pas exagérer la portée de cette contribution directe : on ne saurait en philosophie parler de « classiques nationaux »; toute méditation philosophique valable se situe d'emblée sur le terrain de l'universel; aussi l'étude des œuvres philosophiques invite-t-elle le lecteur à se tourner vers la recherche de la vérité universelle, en se défaisant des idées préconçues que lui a communiquées la tradition culturelle à laquelle il appartient, plutôt qu'à sympathiser avec les particularités personnelles ou nationales de leur auteur; en cela, la démarche de la philosophie se rapprocherait de celle de certaines sciences. Il demeure cependant indiscutable que, dans bien des cas, il est nécessaire de développer l'étude de philosophies étrangères trop souvent négligées, en vue de la compréhension sympathique des cultures.

b) L'étude de la philosophie, notamment de la philosophie de la société et de la culture, doit fournir des idées générales, les structures intellectuelles nécessaires à une compréhension approfondie et synthétique des différents ensembles culturels.

c) En tant que formation générale de la personnalité, l'étude de la philosophie contribue à réformer certaines attitudes intellectuelles, à élargir les perspectives mentales, à permettre à chacun de prendre un certain recul par rapport à son milieu culturel particulier, et favorise ainsi une meilleure compréhension de réalités culturelles étrangères.

d) L'étude de la philosophie, qui repose sur la pratique consciente de la libre controverse animée par le respect d'autrui en tant qu'être pensant, donne des fondements solides aux idéaux de tolérance et de compréhension. La familiarité avec les différentes écoles de pensée amène à concevoir l'humanité comme unie dans la quête de la vérité, sans distinction de nations. Au plus haut niveau, bien des conflits aveugles entre les opinions humaines peuvent, grâce à l'élaboration et à la discussion philosophiques, être amenés au plan du dialogue pacifique et lucide.

e) Enfin, de par sa vocation d'universalité, l'étude de la philosophie inspire l'exigence de rechercher des vérités et des valeurs qui expriment non point tel groupe humain dans son opposition aux autres, mais l'humanité elle-même.

1. Il est donc utile de développer dans l'enseignement l'étude comparée des différentes traditions philosophiques; il est vrai qu'au sein de chaque grande tradition (occidentale, arabe, etc.) les philosophes classiques sont généralement étudiés sans considération de nation, mais il faut reconnaître l'importance que revêtirait une alliance plus étroite des apports philosophiques de l'Inde, du monde arabe, de la Chine et de l'Occident dans les programmes, trop souvent limités à une seule de ces traditions. Grâce à ces programmes de philosophie comparée, les étudiants seraient amenés à une appréciation plus juste et plus profonde de la valeur des diverses réalités culturelles, de leurs différences, de leurs points communs, de l'intérêt de leur conjonction.

2. D'autre part, comme le fait remarquer le professeur McKeon, de l'Université de Chicago, la contribution propre de la philosophie à la compréhension internationale provient du fait que l'un de ses objets est la structure même des relations idéales et humaines.

> Les échanges de personnes et de matériel imprimé, écrit le professeur McKeon, seraient insuffisants si l'on n'étudiait pas leur signification et leurs conséquences philosophiques. Les contacts entre les peuples et les cultures ne sont pas nécessairement favorables à la compréhension et à la paix, comme le prouvent les mésententes entre pays voisins; l'intérêt tout particulier que les échanges revêtent dans le domaine philosophique vient précisément de l'occasion qu'ils offrent de concentrer l'attention sur l'origine

> profonde des différences et des concordances [...]. Ce qu'il faut, c'est définir plus exactement les bases philosophiques des désaccords internationaux ou des accords fondamentaux, et partir de l'étude philosophique pour s'efforcer de résoudre des problèmes pratiques et de développer la compréhension internationale. Il s'agit là d'une entreprise qu'une institution comme l'Unesco pourrait fort bien considérer comme étant de son ressort [...]. L'enseignement de la philosophie ne pourra se perfectionner que si l'on accorde une attention suffisante aux formes nouvelles que les problèmes philosophiques ont prises dans le monde moderne. A côté des problèmes philosophiques traditionnels qui concernent la recherche et la définition de principes universels et le lien méthodologique existant entre ces principes et l'ensemble des connaissances et de l'expérience, le philosophe doit aujourd'hui chercher à résoudre, d'une part, des problèmes philosophiques concernant la façon de rattacher des systèmes divergents de principes fondamentaux à des lignes d'action concordantes ou communes en recourant à la discussion et à l'accord politiques, et, d'autre part, des problèmes philosophiques touchant la façon de relier entre elles des valeurs culturelles divergentes (dont on trouve l'expression philosophique dans les différentes nations) en faisant appel aux valeurs communes sur lesquelles reposent les rapports entre les cultures. Il s'agit là de deux séries de problèmes dont l'Unesco s'est préoccupée dès sa création et dont la solution exige un redoublement d'efforts et d'ingéniosité, si l'on veut que l'enseignement philosophique, et même que tout enseignement ou tout programme d'échanges, contribue de manière positive et déterminante à renforcer la paix et à développer la compréhension.

En accord avec ces principes, le comité d'experts a, lui aussi, souligné l'importance que revêt l'organisation par l'Unesco d'entretiens internationaux périodiques entre grands philosophes sur des problèmes d'intérêt universel, l'intensification des échanges de professeurs et d'étudiants, la mise en œuvre de moyens qui permettraient à des penseurs de différents pays – notamment de l'Orient et de l'Occident – de vivre ensemble pendant un certain temps et d'apprendre à se mieux connaître.

3. Enfin, il existe dans toutes les traditions des œuvres inspirées par l'idée de compréhension et de liberté; elles se présentent moins comme des fondements de la culture nationale que comme des fondements de la compréhension entre des philosophies et des cultures différentes. Ces *classiques de la liberté et de la tolérance* posent les principes selon lesquels tous les hommes ont droit à leur vérité, et proscrivent l'oppression intellectuelle. De tels livres devraient faire l'objet de traductions dans toutes les

langues et être étudiés dans tous les pays; ils deviendraient les classiques communs de la civilisation mondiale.

Recommander l'organisation d'un programme tendant au choix, à la traduction et à l'étude de tels textes, ce n'est pas être infidèle à l'esprit de la philosophie : il ne saurait s'agir en aucun cas d'inculquer aux esprits des idées toutes faites, mais de les familiariser avec les idées qui sont à la base de la pensée libre elle-même, grâce à un commerce avec les grands philosophes qui les ont méditées et enrichies. Cela a paru, au comité d'experts pour l'enseignement de la philosophie, le meilleur moyen de remplir sa mission en face du désarroi actuellement si répandu, sans nier la liberté essentielle à la démarche philosophique.

4. Le comité d'experts a été consulté par l'Unesco sur certains aspects de *l'éducation pour le civisme international*, et notamment sur les principes pédagogiques auxquels il convient de se conformer pour initier aux grandes pensées classiques de portée universelle les hommes qui n'ont pas reçu une instruction d'un niveau très élevé.

a) Le comité a tout d'abord souligné *l'importance centrale qu'il conviendrait d'accorder aux textes philosophiques* pour la constitution de cette liste des livres essentiels à la formation générale de l'homme pour le civisme international; la philosophie en effet traite des principes mêmes sur lesquels se fonde la notion de civilisation universelle.

b) Le comité a insisté sur l'importance des classiques de la philosophie grecque, auxquels le monde moderne doit une expression singulièrement claire et cohérente des principes de la démocratie, de la liberté et du respect humain. La philosophie grecque peut très bien être enseignée aux non-spécialistes d'après de bonnes traductions, mais ces traductions n'existent pas dans toutes les langues. (Parmi les textes grecs anciens, *la République* de Platon est citée par la presque totalité des correspondants de l'enquête comme un texte étudié et commenté à tous les niveaux, non pas, évidemment, comme un document sur la démocratie dans la Grèce antique, mais comme une étude des rapports de la politique et de la morale.)

c) Le comité a approuvé une suggestion du professeur Nikam tendant à l'élaboration d'un choix de textes de base des grandes religions, en vue du rapprochement des peuples.

d) Le comité a considéré qu'il est nécessaire, notamment dans le cas particulier de l'éducation des adultes, de donner à l'auditoire une idée du contexte historique et social des œuvres étudiées, et même de décrire ce contexte d'une manière assez complète, compte tenu des lacunes de la formation générale du public.

e) Il a considéré qu'il est impossible, et d'ailleurs contraire à l'esprit de la philosophie, de tenter d'extraire un commun dénominateur des grandes conceptions de la destinée humaine ; au contraire, il ne faut pas craindre de donner à l'auditoire une idée des grandes « disputes » qui ont eu lieu dans l'histoire concernant la signification de cette destinée.

f) Les philosophes qui seront appelés à se consacrer à cette éducation du grand public devront combiner une attitude de détachement et une attitude d'engagement chaleureux. Ils devront cultiver une sympathie intellectuelle avec les grandes pensées qu'ils exposeront.

g) Il conviendra d'éviter deux écueils : se cantonner trop étroitement dans une tradition philosophique nationale, et rechercher entre tous les courants de pensée, notamment nationaux, une philosophie commune qui serait une sorte de doctrine de base. À mi-chemin de ces deux excès, il conviendra de trouver dans les traditions nationales les œuvres exposant les principes qui fondent la compréhension sympathique des différentes attitudes ou perspectives philosophiques ; et aussi de sélectionner dans chaque patrimoine culturel les textes les plus représentatifs et les plus accessibles au public des autres pays.

h) Il sera important d'habituer le public à découvrir ce qui est commun et ce qui est différent dans d'autres civilisations et en même temps ce qui fonde l'idée de la communauté humaine.

i) Enfin, il conviendra, en vue de favoriser la compréhension internationale, de mettre l'œuvre philosophique en relation avec l'ensemble de la culture de chaque pays, sans pour autant faire abstraction de sa vocation universelle.

En conclusion, le comité d'experts a formulé le vœu que l'on entreprenne des études plus poussées, auxquelles participeraient des philosophes et des professeurs de philosophie de tous les pays, en vue de l'établissement de deux listes d'ouvrages classiques :

a) Les classiques universels de la liberté et de la tolérance ;

b) Les grandes expressions philosophiques des principales cultures.

Un certain nombre de titres seraient d'ailleurs communs à ces deux listes.

LE DÉVELOPPEMENT DES RAPPORTS INTERNATIONAUX DANS L'ENSEIGNEMENT DE LA PHILOSOPHIE, ET LE RÔLE QUE PEUT JOUER L'UNESCO

Certaines des suggestions qui se dégagent de cette enquête relativement au développement et à l'amélioration de l'enseignement de la philosophie, notamment dans un sens propre à favoriser la compréhension internationale, appellent seulement une action des pouvoirs publics de chaque pays, des institutions locales et des professeurs. Mais d'autres impliquent la réalisation d'un programme sur le plan international et peuvent suggérer certains développements de l'action de l'Unesco.

I. Tout d'abord, il est important de mettre à la disposition du lecteur moyen et des étudiants, en vue de leur éducation générale, des livres d'information d'une lecture aisée sur les principales traditions philosophiques du monde. En accord avec de nombreux correspondants, et sur la proposition du professeur Nikam (Inde), le comité d'experts a adopté les deux résolutions suivantes :

> *Résolution n° 1.* Le comité a pris connaissance avec intérêt de la publication actuellement en préparation sous le patronage du Ministère de l'éducation de l'Inde, des deux volumes *Philosophy: Eastern and Western*, écrits sous la direction du professeur Sarvepalli Radhakrishnan[1]. Cette publication servira indubitablement la cause de la philosophie et de son enseignement. Le comité souhaite que l'Unesco suggère au Ministère de l'éducation de l'Inde de faire suivre cette publication par celle d'un « livre de textes » présentant des morceaux choisis des philosophies et des religions orientales, traduits en anglais, qui formerait un volume très maniable pour l'étude et l'enseignement de la philosophie.
>
> *Résolution n° 2.* Le comité suggère que l'Unesco recommande aux commissions nationales de ses États membres la préparation de livres

1. *History of Philosophy: Eastern and Western*, London, Allen & Unwin, 1953. Sir Sarvepalli Radhakrishnan (1888-1975) philosophe indien, professeur aux universités de Mysore, Calcutta puis Oxford (1936-1952), fut un auteur prolifique, théoricien de l'hindouisme, mais aussi diplomate et homme politique (président de l'Inde de 1962 à 1967) et notamment président du Conseil exécutif de l'Unesco en 1949. Son ouvrage *L'Hindouisme et la vie* a été traduit en français par Paul Masson-Oursel (Paris, Alcan, 1929).

de textes consacrés aux classiques des cultures du monde, en vue de leur utilisation dans l'enseignement de la philosophie. Alors qu'il existe des traductions *in extenso* de ces textes philosophiques classiques utilisables pour la recherche spécialisée, il est nécessaire de disposer de volumes sérieusement établis et facilement maniables présentant des sélections des textes philosophiques de chacune des principales cultures ; ces volumes seraient utilisés pour l'enseignement de la philosophie et l'histoire des idées dans les systèmes d'enseignement de tous les pays.

Le comité a enfin considéré, toujours sur la suggestion du professeur Nikam, qu'il serait utile de procéder à la préparation d'un volume présentant un choix des grands textes des grandes religions du monde.

II. Sur le plan des recherches plus spécialisées, la suggestion a été présentée de mettre en chantier la publication d'un *corpus philosophorum* mondial (voir ci-dessus).

III. Il conviendrait de faire porter un effort particulier sur les éditions et traductions de textes philosophiques classiques, étant donné que le livre est l'un des facteurs principaux de connaissance réciproque dans le domaine philosophique, et que, pour beaucoup d'étudiants et de membres du public, l'obstacle des langues est d'une importance majeure. Les deux obstacles principaux sont les suivants : d'une part le manque de bonnes traductions dans certaines langues, et de traductions d'ouvrages dont l'original est écrit dans certaines langues ; d'autre part, le prix trop élevé des éditions et traductions d'ouvrages philosophiques dans les langues de très grande diffusion.

Le comité d'experts a suggéré que l'Unesco, grâce à ses contacts avec les services culturels des différents pays et les associations internationales, entreprenne ou patronne la publication de collections d'œuvres philosophiques à très bon marché, du genre de la collection anglaise « Penguin », dans les langues de très grande diffusion.

L'établissement de listes d'ouvrages dont la traduction devrait être publiée, pour le grand public cultivé ou pour les spécialistes, et l'établissement de listes d'ouvrages qui devraient être publiés à très bon marché devraient faire l'objet de larges consultations. Cependant, deux des membres du comité d'experts ont soumis des listes d'ouvrages à traduire en anglais et en espagnol, qu'on a trouvés pages 192 et 54[1].

IV. Un grand nombre de livres d'une importance essentielle ne se trouvent pas en librairie dans la plupart des pays, alors qu'il en existe un surplus dans d'autres pays ; d'autre part, les bibliothèques publiques ou universitaires sont souvent mal pourvues en textes philosophiques, tandis que d'autres bibliothèques disposent de nombreux doubles. Sur la proposition du professeur Merritt Moore (É.-U.A.), le comité d'experts a adopté les deux résolutions suivantes :

> *Résolution n° 3.* Que l'Unesco fasse des efforts pour rassembler et distribuer par les moyens les plus convenables les textes philosophiques dont certains pays manquent tandis que d'autres en possèdent des stocks importants.
>
> *Résolution n° 4.* Que l'Unesco fasse des efforts pour découvrir les meilleurs moyens de combler les lacunes en littérature philosophique présentées par les bibliothèques les plus importantes des différents pays, et fasse appel à cet effet aux services des organismes publics et privés appropriés.

Un grand nombre de correspondants ont souligné l'intérêt que revêtiraient, appliquées à l'importation de livres philosophiques, certaines exemptions douanières et l'adoption de modes de paiement qui permettraient de surmonter les difficultés nées des changes.

V. L'un des moyens les plus importants de développer l'enseignement de la philosophie dans un sens propre à favoriser la compréhension internationale consiste dans le rapprochement et la connaissance mutuelle des philosophes et professeurs de philosophie de différents pays, notamment des pays appartenant à des régions culturelles entre lesquelles les échanges ont été trop peu nombreux jusqu'à présent.

Dans ce domaine, l'enquête indique, et le comité a considéré, que devraient être développés non seulement les échanges et voyages d'études de professeurs et d'étudiants grâce à des bourses et la correspondance internationale entre les philosophes, mais encore les programmes de congrès, de colloques, de séminaires et d'entretiens internationaux déjà

1. Les suggestions de lectures aux p. 192-193 sont de D. MacKinnon ; celles aux p. 54-55, de H. Piñera Llera.

entrepris par l'Unesco ou par les organisations auxquelles l'Unesco accorde son appui. De plus, il a été suggéré que l'Unesco mette à l'étude les meilleurs moyens de permettre à des philosophes de différentes régions culturelles de se rencontrer et de vivre en commun pour certaines périodes de temps, afin de confronter leurs tendances et attitudes philosophiques. Le comité a enfin reconnu que, dans certains pays, l'intérêt pour les tendances philosophiques d'autres pays est très grand, mais qu'en l'absence de porte-parole autorisés il est très difficile au public d'obtenir des informations authentiques (c'est notamment le cas du public du Royaume-Uni à l'égard de la philosophie indienne) : aussi a-t-il recommandé qu'à la faveur de voyages d'études, des tournées de conférences soient organisées, notamment dans le cadre des relations de l'Orient et de l'Occident.

Enfin, sur le plan proprement pédagogique, de très nombreux correspondants indiquent que l'enseignement de la philosophie ne peut contribuer vraiment à la compréhension internationale que si les étudiants apprennent obligatoirement une ou plusieurs langues étrangères.

DE LA PHILOSOPHIE COMME DÉBOUCHÉ

I[1]

L'Éducation nationale. Organe hebdomadaire de l'enseignement public, 10e année, nº 10, 11 mars 1954, p. 6-8

I

Selon Platon, Protagoras voulait, en s'attribuant la qualité de sophiste, donner à entendre qu'il faisait profession de spécialiste en matière de sagesse. Et selon Diogène Laërce, Protagoras est le premier qui ait exigé un salaire de cent mines. Peu à peu, et depuis longtemps, il est devenu normal que la philosophie, règle et style de vie, soit comptée parmi les moyens de

1. Cet article en deux parties, paru dans une revue officielle du Ministère de l'Éducation nationale, constitue l'un des rares actes publics où Canguilhem durant ses années de service comme Inspecteur général de philosophie intervient publiquement sur une question concernant moins l'enseignement de la philosophie directement que l'administration des carrières professorales. Il le fait dans un contexte de surchauffe persistante des esprits à la suite des controverses suscitées à compter du printemps 1953 par le projet de réforme Marie-Brunold. Charles Brunold, alors qu'il était Inspecteur général, avait collaboré à des activités communes avec Canguilhem (cf. *supra*, p. 369, n. 2); il avait en 1951 succédé à Gustave Monod à la Direction de l'enseignement du second degré et passait pour le véritable concepteur de ce projet de réforme que pilotait politiquement le ministre radical André Marie (1897-1974) et qui devait échouer. Il y a tout lieu de penser que Canguilhem lui-même, au moins pour ce qui concerne l'enseignement de la philosophie, entretenait, avec la discrétion qu'imposait sa fonction, de sérieuses réserves sur ce projet de réforme de l'enseignement du second degré. En revanche, « le mélange des genres [étant] toujours blâmable », il est clair que certains arguments des opposants à la réforme étaient à ses yeux sans mérite, en particulier pour ce qui concernait strictement la gestion de l'offre de postes d'enseignants de philosophie. Canguilhem,

gagner sa vie, par la voie de l'enseignement. Voie et moyen prestigieux certes, dans la mesure où la qualité de philosophe paraît absoudre qui s'en réclame, eu égard au désintéressement légendaire de son exercice, du souci utilitaire inhérent à toute profession, celle de professeur y compris.

C'est un fait assez notoire pour nous dispenser d'insister, que les études secondaires en France – et depuis peu les études dans les Écoles normales primaires – comportent, dans l'année terminale, et selon différentes options, un enseignement de la philosophie conforme à quelque programme explicite. La première conséquence de cette institution est le recrutement de professeurs compétents et, par suite, la transformation de l'initiation philosophique en carrière publique ou privée et, pour appeler la chose par son nom, en *débouché*. De ce fait, et en raison d'une offre d'emplois réglementée par l'administration de l'Éducation nationale, sous forme de concours pour un nombre de postes donné, la quantité d'étudiants que leur vocation ou l'attrait d'une profession honorable et stable, ou les deux à la fois, orientent vers l'enseignement de la philosophie, donc d'abord vers les études de philosophie, est proportionnellement bien plus élevée en France que partout ailleurs[a] [1].

Il n'est sans doute pas superflu de tenter une analyse rapide de ce phénomène national, en vue de comprendre les raisons de l'encombrement provoqué, depuis de longues années déjà, dans le débouché philosophique, par la disproportion flagrante entre les besoins de l'Éducation nationale et le nombre des étudiants en philosophie candidats à des concours de recrutement.

a. Cf. *L'Enseignement de la Philosophie*, enquête internationale. U.N.E.S.C.O., 1953 : *L'Enseignement de la philosophie en France*, par G. Canguilhem.

[suite de la note de la page précédente] qui avait déjà fait ses classes d'administrateur au cabinet du Commissaire de la République de la région auvergnate à la Libération, manifeste ici aussi qu'il peut raisonner en gestionnaire et qu'il sait compter sans s'en laisser conter.

Notons par ailleurs que Canguilhem avait été de 1949 à 1954 vice-président du jury d'agrégation et qu'en 1952 et 1953, il avait présidé le concours du C.A.P.E.S. Il avait donc alors aussi déjà une connaissance intime non seulement de la gestion de l'offre de postes de professeur de philosophie, mais aussi de celle de la sanction par les jurys de la qualification des candidats.

1. Cf. *supra*, p. 546-567, p. 546.

La faveur des étudiants pour la philosophie

Cet encombrement relève d'abord des raisons générales qui poussent de plus en plus les sociétés modernes à l'inflation de ce que certains économistes contemporains appellent le secteur tertiaire. Le professeur est d'abord le fonctionnaire d'un service public, le professeur de philosophie comme les autres. Or parmi les étudiants tentés par les carrières d'enseignement, il se trouve que littéraires et philosophes sont ceux dont la compétence acquise ne trouve, dans le secteur privé, presque aucune occasion d'utilisation rémunérée. C'est l'inverse dans les études scientifiques (physique, biologie, mathématiques mêmes). Mais comment se fait-il que les études philosophiques aient, plus que les études littéraires, historiques, linguistiques, une vertu spécifique d'attrait? Les raisons en sont multiples. Enseigner la philosophie c'est être assuré – et notamment dans les lycées – de n'enseigner que dans les classes terminales, celles où on reçoit les élèves formés. Ces classes parachèvent la hiérarchie des disciplines, l'enseignement y fait figure de couronnement. Elles sont les plus proches de l'enseignement supérieur, elles en reflètent l'éclat. Il est bien tentant d'oublier, pour le professeur de philosophie, qu'il devrait être un instituteur en philosophie, ayant à enseigner une matière sans antécédent scolaire. Cet enseignement est le moins astreint à une technique anonyme, celui dans lequel la personnalité du professeur, s'il en a – et qui pense n'en avoir pas ? – compte le plus pour de grands élèves. Et s'il est vrai que le professeur a de la personnalité, si son enseignement répond aux espoirs dont lui-même et les élèves le chargent, la classe de philosophie étant la dernière, celle dont le souvenir éclipse souvent, injustement d'ailleurs parfois, celui des classes antérieures, ce souvenir tend à orienter les élèves, à l'âge où ils ont, dans une conscience relative de leurs fins et de leurs moyens, à décider de leur voie et de leur sort. Et voilà ce qui fait les étudiants en philosophie, au sortir du lycée ou du collège.

À l'université, c'est un fait que la licence de philosophie est la plus facile pour un étudiant passablement éveillé ou « astucieux ». Elle ne requiert ni l'apprentissage d'une technique linguistique ou philologique comme en langues vivantes ou en lettres classiques, ni séjour à l'étranger, ni long travail de dépouillement ou conquête d'une première érudition comme en histoire. Pour beaucoup d'étudiants, la culture philosophique tient du paradis artificiel, d'une ivresse de méditation[1] excitée par quelques lectures. On se voit préparant la licence de philosophie dans la société de Platon et de Descartes, de Kierkegaard et de Kafka, en fumant des cigarettes sur un divan. Nous exagérons bien entendu, mais pas autant qu'il le semble. Car nous savons pouvoir affirmer que si l'enseignement de la logique formelle, des techniques mathématiques de l'induction, du calcul des probabilités, de la statistique économique tenaient plus de place dans la préparation de la licence de philosophie, l'enthousiasme serait moins vif. Bref, la licence de philosophie est celle dans laquelle un candidat habile et passablement rhéteur risque de faire plus aisément illusion. À quoi s'ajoute que la philosophie incline le professeur à la tolérance et à l'indulgence, moins par scepticisme ou indifférence que par scrupule sincère devant la difficulté de distinguer la fermeté d'un juge de l'intransigeance d'un censeur. Il y a en fait peu de maîtres sévères, parce qu'en droit, aucun philosophe, digne de ce nom, ne se tient pour un délégué temporel de la philosophie, habilité à faire respecter quelque orthodoxie. Et voilà ce qui fait beaucoup de licenciés en philosophie, après trois années d'études en Faculté.

À ces raisons permanentes – dans la société française du moins – sont venues s'ajouter, pour la période de retour à des études normales, depuis la Libération, des circonstances plus contingentes. La philosophie contemporaine tend à perdre, au profit d'une assimilation à la littérature, ce qui pendant longtemps avait conféré à la spéculation, plus étroitement liée à la science, même quand elle défendait jalousement et légitimement son originaire autonomie, une sorte de rigueur, parfois austère[2]. On pathétise plus volontiers et plus aisément qu'on ne démontre. Enfin, il est possible que l'homme soit aujourd'hui, plus authentiquement que jamais, depuis une centaine d'années, ouvert et perméable à la philosophie. Les événements prennent, sans artifice, une signification de totalité. Il n'y a plus de problèmes séparés. Une question totale appelle une réponse totale.

Voilà donc l'essentiel de ce qui nous semble expliquer l'orientation préférentielle de beaucoup d'étudiants – nous nous interdisons, par goût et respect pour la philosophie, de dire : de trop d'étudiants – vers la philosophie et, puisque, enfin, il faut vivre, vers l'enseignement de la philosophie.

1. Le texte imprimé donnait, par erreur, « médiation ».

2. Préoccupation pérenne chez Canguilhem. *Cf.* « Qu'est-ce qu'un philosophe en France aujourd'hui ? », *Commentaire*, vol. 14, n° 53, printemps 1991, p. 107-112.

LES LIMITES DU RECRUTEMENT

Mais si la société française moderne est encore assez libérale pour tolérer cette marge d'anarchie sans laquelle l'orientation de quelques individus selon leur vocation authentique ou illusoire ne serait pas possible, il n'en reste pas moins que, par sa structure et ses institutions administratives, elle impose, comme du reste toute société civilisée actuellement existante, des règles de sélection de ses cadres et de ses fonctionnaires qui viennent contrarier la liberté de la demande par la restriction de l'offre d'emplois.

Nous examinerons donc maintenant quels faits principaux entraînent pour tant de candidats aux fonctions de professeur de philosophie le piétinement, la déception et l'échec devant les portes étroites des concours de recrutement (agrégation et certificat d'aptitude dit C.A.P.E.S.). Un service public n'est pas une entreprise philanthropique, il recrute selon ses besoins. L'Éducation nationale ne diffère en rien, sous ce rapport, des Postes, Télégraphes et Téléphones. Mais parmi ceux qui conviennent de ce fait, très nombreux sont ceux qui pensent que les besoins d'une administration, mesurés par le volume du budget correspondant, sont, dans une conjoncture politique et économique donnée, sous-évalués au regard des besoins réels de la clientèle dont ladite administration est censée assurer la satisfaction. La critique de droite impute la responsabilité de ce décalage au désordre administratif, à la gabegie bureaucratique; la critique de gauche y voit l'effet de la structure capitaliste de l'État, une réaction de défense de la bourgeoisie. Dans le cas de l'Éducation nationale, et spécialement pour l'enseignement du second degré, la pénurie, désolante pour les candidats, d'emplois d'agrégés ou de certifiés mis au concours, traduirait la malfaisance d'un malthusianisme des lumières, redoutées pour leur vertu émancipatrice. Nous avons sur ce point, comme chaque citoyen, une opinion personnelle. Ce n'est pas le lieu d'en faire état, dans cette revue technique et professionnelle. Mais ce qui nous appartient c'est d'attirer l'attention sur quelques données de fait susceptibles, une fois rappelées ou signalées, de faciliter un repérage plus précis, une mesure plus exacte, d'un phénomène qui a donné prétexte, l'an dernier, aux revendications que l'on sait, à une campagne de protestations oratoires et d'articles de presse, dont le caractère le plus surprenant était la confusion inconsciente ou recherchée, de tous les points de vue : la technique et la politique, l'intérêt et ses principes, l'esprit de classe et la défense des valeurs. Ce phénomène, c'était le petit nombre de places mises au concours de l'agrégation de philosophie et accessoirement des certificats, ancien et nouveau régime[1]. Est-il vrai que le machiavélisme conjugué de la direction du Budget et de la direction de l'Enseignement du second degré, aboutisse à priver la France du nombre réel de professeurs de philosophie qualifiés dont elle a besoin et condamne à végéter de nombreux étudiants dignes de ce titre et des avantages matériels qu'il entraîne?

Nous rappellerons d'abord que, dans la plupart des lycées de chef-lieu de département et dans presque tous les collèges, le professeur de philosophie est unique, il est celui que ses collègues appellent familièrement le philosophe (Lycée de Tulle: philosophie = 1, histoire = 4, lettres et grammaire = 7, langues vivantes = 6; Lycée de Chartres: philosophie = 1, histoire = 3, lettres et grammaire = 6, langues vivantes = 7). S'il existe un complément de service, il est assuré soit par un adjoint d'enseignement, pour qui l'enseignement relève et vivifie une fonction souvent ingrate, soit grâce à quelques heures supplémentaires, dont le nombre n'arriverait à justifier une création de poste que sous condition d'une réduction du maximum de service telle qu'elle poserait des problèmes d'équivalence de services et de parité de rémunérations dont la solution engagerait tout le statut du personnel enseignant.

Il est certain que quelques classes surpeuplées à Paris ou en province pourraient être dédoublées, le nombre des élèves y excédant indubitablement le maximum compatible avec les conditions d'un enseignement attentif à tous. Mais ce dédoublement n'intéresserait pas que la philosophie. Or on sait à quels obstacles se heurte le recrutement de professeurs de sciences qualifiés (en physique, spécialement). Quel que soit son légitime sentiment d'importance, la philosophie ne peut pas oublier qu'elle ne constitue pas, à elle seule, tout l'enseignement des classes terminales. Il faut

1. Commentant les résultats en philosophie lors du baccalauréat de 1953, René Maublanc croyait pouvoir conclure : « Ainsi paraîtront légitimes les attaques dont [l'enseignement de la philosophie] est l'objet aujourd'hui de la part des prétendus réformateurs de l'enseignement secondaire, et l'on trouvera des arguments plausibles pour essayer de justifier la diminution de ses horaires et de ses programmes, *comme la réduction du nombre des agrégés reçus chaque année au concours* » (l'italique est nôtre). Voir : « Remarques sur l'enseignement de la philosophie », *La Pensée*, n° 52, décembre 1953, p. 100-110, p. 109. René Maublanc (1891-1960), ancien élève de l'École normale supérieure (1911), agrégé de philosophie (1919), professeur de philosophie en province, puis au lycée Henri IV de Paris, révoqué par le gouvernement de Vichy en 1942, réintégré à Henri IV à la Libération, après avoir été résistant, demeurait tout autant que dans les années 1930 un militant communiste très actif; il était le secrétaire de rédaction de la revue *La Pensée*.

savoir enfin qu'un dédoublement de classes suppose une extension des locaux, souvent impossible non faute de crédits, mais faute de terrain. Inversement, on devrait savoir qu'en de petits établissements, le nombre des élèves dans les classes terminales tombe parfois au-dessous d'un minimum nécessaire pour que l'enseignement soit stimulant, animé, pour qu'il ne soit pas un colloque confidentiel dans un cadre réglementaire. Il nous arrive de visiter des classes de philosophie comptant trois, deux et même un élève. Si elles sont maintenues, c'est pour des raisons locales valables, dans l'espoir de jours meilleurs, par égard pour les difficultés propres à l'enseignement de la philosophie, par bienveillance pour un professeur qui a résolu les problèmes que posent un logement ou un poste double. Il serait donc équitable de savoir gré à l'administration du second degré de sa compréhension en présence de situations que de strictes exigences de rendement feraient tenir pour négligeables. Supposons une administration aussi attentive aux classes squelettiques qu'aux classes pléthoriques et redistribuant son personnel, lui laissant le choix de la résidence comme compensation du déplacement, on ne gagnerait pas beaucoup de postes de ce côté-là, si même on en gagnait en définitive.

Il est certain aussi que le gonflement des effectifs scolaires dans les années à venir atteindra les classes terminales. Mais d'abord six années séparent l'entrée en sixième de l'entrée en philosophie. Au cours de ces six années, il y a un amenuisement progressif de l'effectif initial, par abandon, réorientation, échec à la première partie du baccalauréat. Par rapport donc au problème général du recrutement intensifié des professeurs, on doit envisager celui des professeurs de philosophie à terme et en réduction.

Demandons-nous maintenant quelles sont, en contrepartie, les raisons qui limitent et continuent vraisemblablement à limiter les effets des possibilités, ci-dessus retenues, d'augmentation du nombre des postes. Il en est de générales et de spéciales, différentes pour l'agrégation et le certificat.

Parmi les raisons générales, il y a d'abord le recul, récemment accru de deux années, de l'âge limite auquel peut être obtenue la retraite des professeurs. Il y a ensuite une tendance, surtout dans l'enseignement masculin, à la désaffection pour la classe de philosophie. Le gonflement progressif des sections de sciences expérimentales et de mathématiques élémentaires concerne des classes dans lesquelles le nombre d'heures de philosophie (5 h. et 3 h. hebdomadaires) est bien inférieur à celui de la classe de philosophie (9 heures). Ce fait scolaire n'est que l'expression d'un fait social assez clair. Au-delà de la classe terminale, parents et élèves visent carrière et avenir. Il y a là une relation circulaire d'influence. Plus de candidats aux fonctions de professeur en philosophie et en lettres entraîne moins d'élèves dans la classe d'où ils sortent normalement. Et réciproquement. Contre ce fait il serait vain et d'ailleurs indécent de prétendre lutter par la publicité et la propagande. « Une journée sans philosophie est une journée sans soleil ». Il n'y a pas de propagande pour la philosophie. Ce serait la ravaler au rang d'un moyen utilitaire. Comme on ne peut pas démontrer que la philosophie est « utile » aux élèves – c'est même du contraire qu'on souhaiterait qu'ils soient conscients et fiers, eux et leurs parents – qui oserait proclamer qu'elle est « utile » à ceux qui l'enseignent ?

L'examen des raisons spéciales mérite un plus long développement. Ces raisons se ramènent à des faits et à des pratiques qui, sans être secrets, sont moins publics que ceux qui précèdent. Des étudiants sont fondés à les ignorer. Mais, parmi les personnalités universitaires qui ont généreusement appuyé leurs revendications, plusieurs qui en sont instruites ont pu paraître frappées d'amnésie lacunaire et momentanée.

Il faut savoir, et donc il faut dire, que pour des raisons statutaires et non par vice de système, les corps de professeurs ne sont pas des organismes étanches qui, ne s'appauvrissant que par retraites et décès, devraient chercher exclusivement dans l'agrégation et le certificat le strict équivalent de leurs pertes. En fait, le corps des professeurs agrégés des lycées vit en état d'hémorragie permanente, avec transfusions discontinues et imprévisibles, souvent massives ; le corps des professeurs certifiés vit sous un régime d'instillation continue. Nous nous expliquons.

LES CHIFFRES ET LES FAITS

En raison du fait que le nombre de postes mis au concours peut s'augmenter au moment des résultats définitifs, et si le niveau des candidats le permet, d'un surnombre d'agrégés égal au nombre des candidats ayant obtenu une dérogation temporaire à leur engagement d'enseigner (dérogations pour l'enseignement dans les universités étrangères ou les Instituts français à l'étranger, pour la fondation Thiers, pour le C.N.R.S., etc.), le nombre des agrégés proclamés est très souvent, sinon toujours, plus ou moins largement supérieur au nombre des postes d'enseignement à pourvoir. Mais tous ces agrégés détachés gardent leur droit à obtenir un poste dès qu'ils le demandent. Ils pèsent donc sur les mouvements de personnel. Quand la direction du second degré arrête le nombre de postes à pourvoir, à une époque de l'année déterminée par le délai nécessaire à l'approbation de ses prévisions par les services financiers, elle ne peut tenir compte que des postes vacants à ce moment, des mises à la retraite escomptées, des créations de chaires alors prévisibles. Elle n'utilise pas des voyantes extralucides. Mais il peut lui arriver de savoir, si des demandes d'intégration ou de réintégration lui sont déjà parvenues, que des hypothèques grèvent le prochain mouvement du personnel. Si comme ce fut le cas l'an dernier, en philosophie, le nombre de ces demandes, augmenté du nombre d'agrégés achevant leur service militaire (c'est-à-dire en tout 13 agrégés) dépasse le nombre des postes réellement vacants au moment de la publication des prévisions, on admettra que la direction du second degré agirait légèrement en ménageant la sensibilité des candidats par la publication de chiffres optimistement gonflés. Il y a des cas où, sachant ce qu'elle sait, il lui faut une certaine confiance empirique dans l'imprévu pour publier un nombre de postes qu'on peut juger, du dehors, dérisoire, mais qu'elle sait, du dedans, déjà dépassé par le nombre d'engagements que d'anciens agrégés lui demandent de tenir. Nul n'ignore que si tous les agrégés de philosophie qui font valoir leur titre hors des fonctions de professeur de lycée demandaient simultanément leur intégration ou leur réintégration, on pourrait supprimer le concours pendant quelques années (au seul C.N.R.S. on comptait en 1951 : 25 agrégés et 2 licenciés de philosophie, 7 agrégées et 2 licenciées). Bref, si la direction du second degré laisse au jury d'agrégation – ce dont personne ne se plaint et à bon droit – la latitude de proclamer, en raison des dérogations possibles, plus d'agrégés que ceux dont elle a prévu le besoin quelques mois avant le concours, il faut inversement lui reconnaître le droit d'ignorer ce qui ne peut être connu qu'au moment de la signature de la liste définitive et par conséquent sa latitude de se refuser à la surestimation systématique de ses besoins d'un moment donné, pour ne pas s'exposer à la faillite de ses engagements.

Pour les professeurs certifiés, la situation est différente. Chez eux les dérogations sont plus rares. Mais il arrive ici aussi que des candidats reçus à l'agrégation, doivent accomplir leur service militaire, ou demandent un congé pour raison de santé. La totalité des certifiés d'août ne passe pas, à l'occasion du second mouvement du personnel, dans les chaires vacantes de professeurs certifiés. L'administration s'adresse alors aux inscrits du plan de liquidation (presque tous adjoints d'enseignement) et leur confie des délégations ministérielles *pouvant conduire à la titularisation sans concours*. En octobre 1952, 8 hommes et 2 femmes ont obtenu, en philosophie, des délégations ministérielles de ce genre; en octobre 1953, 2 hommes et 3 femmes. Voilà la première forme de cette instillation continue dont nous parlions.

Voici la seconde. Les ministères des Affaires étrangères (Direction des Relations culturelles) et de la France d'outremer recrutent des professeurs pour l'enseignement dans les établissements français à l'étranger et dans l'Union française. Ces professeurs sont en fait rarement pourvus des titres conférés par les concours. Après une période réglementaire de stage, et sur rapport favorable d'inspection générale, ils peuvent être intégrés dans les cadres métropolitains. Si, au terme de leur engagement, ils demandent un poste dans la métropole, la direction du second degré est tenue de le leur offrir. Ces demandes ne sont pas nécessairement connues au moment de la publication des postes à pourvoir et cependant il faut les satisfaire, parfois impérativement. Bref, le certificat n'est pas l'unique et stricte voie d'accès aux fonctions de professeur certifié de philosophie.

Nous n'avons pas exposé ces faits et pratiques pour attirer la compassion sur les administrateurs civils chargés de résoudre des problèmes dont toutes les données ne sont presque jamais rassemblées au moment souhaitable. S'ils les résolvaient avec moins de conscience et de talent, la difficulté de leur tâche apparaîtrait mieux, s'ils avaient moins de mérite on serait davantage enclin, à l'extérieur des services, à leur en prêter. Il n'est pas assuré, en tout cas, qu'une machine administrative plus rationalisée – et de ce fait aussi plus formaliste – résoudrait mieux de tels problèmes, à la plus grande satisfaction des intéressés, que ne le font des habitudes d'empirisme à la fois prudent et souple, toujours empreintes du souci d'humanité, que rendent nécessaires la variété des services, le rythme spécifique de leur fonctionnement, la différente légitimité des obligations auxquelles ils sont ordonnés.

Mais nous avons voulu montrer la complexité des conditions réelles dans lesquelles s'opère le travail qui aboutit un jour à ce fait brutal, et pour beaucoup désagréable, qu'est un nombre de postes d'enseignement de la philosophie mis au concours. Cette complexité est telle que l'unanimité des diverses catégories de protestataires (étudiants, professeurs, syndicats, comités universitaires, parlementaires, journaux d'information et de partis) dans l'indication d'un remède décisif – augmentation du nombre des postes mis au concours – doit apparaître *a priori* comme fondée davantage sur leur empressement à désigner un bouc émissaire que sur l'analyse correcte des responsabilités que chacune de ces catégories pourrait s'attribuer dans l'affaire.

Ayant examiné le problème sous le rapport qu'il soutient avec l'administration du second degré, il nous reste à l'examiner sous le rapport qu'il soutient avec les jurys des concours, incriminés eux aussi pour leur sévérité et leur parcimonie à distribuer les titres d'agrégé et de certifié. Cela revient, en dernière analyse, à s'interroger sur le rapport qui existe entre la qualité des candidats et leurs ambitions.

(*À suivre*)

DE LA PHILOSOPHIE COMME DÉBOUCHÉ
II

L'Éducation nationale. Organe hebdomadaire de l'enseignement public, 10e année, nº 11, 18 mars 1954, p. 6-8

II

Nous avons, dans un article précédent[a] exposé l'ensemble des raisons pour lesquelles, étant donné en fait une situation scolaire dont nous nous abstenons volontairement d'apprécier la signification sociale, les concours de recrutement (agrégation et certificats) ouverts aux étudiants en philosophie donnent lieu à une concurrence très sévère, concurrence que les intéressés souhaitent voir atténuée par l'accroissement du nombre des postes à pourvoir, mais aussi par une disposition plus favorable des jurys à proclamer un nombre d'admis égal au nombre intégral des postes mis au concours. Il arrive en effet, dans les concours de philosophie, comme d'ailleurs dans ceux de mathématiques ou de langues vivantes, que les jurys arrêtent la liste définitive en deçà des possibilités que leur assigne la direction du second degré. En philosophie où le nombre des postes est déjà fort peu élevé, au regard du nombre des candidats, cette réticence des jurys paraît excessive, et même choquante, comme on n'hésite pas à le dire et à l'écrire, concernant spécialement les concours féminins. Étudier de près cette question revient à publier quelques vérités peut-être désagréables. Mais ce n'est pas la vérité en soi qui est désagréable, c'est la perte de l'illusion correspondante.

a. Voir « L'Éducation nationale » du 11 mars 1954.

Nous avons d'abord tenu à contrôler personnellement, par la confrontation avec les chiffres, la valeur d'une impression globale résultant de la comparaison de nos souvenirs avec notre expérience actuelle. Cette impression était que le rapport du nombre des candidats à l'agrégation de philosophie au nombre d'agrégés proclamés est, en dépit de l'opinion générale, sensiblement équivalent à ce qu'il était il y a un quart de siècle.

Voici une statistique que nous a communiquée le 1er bureau de la direction du second degré :

Année	Nombre de postes mis au concours	Nombre de candidats inscrits
1912	7 H.	63 H.
1925	6 (H. et F.)	66 (H. et F.)
1930	8 (H. et F.)	79 (H. et F.)
1935	6 (H. et F.)	154 (H. et F.)
1940	4 F.	54 F.
1950	10 H. et 4 F.	342 = 238 H + 94 F.

On peut voir que, de 1912 à 1930, le nombre des candidats inscrits et des postes mis au concours se maintient dans un même ordre de grandeur, le rapport de l'un à l'autre oscillant autour de 10 (9, 11 et 10). C'est après 1930 que la compétition devient doublement plus sévère, du fait de la disparition du concours féminin : agrégation de lettres-philosophie, concours qui recrutait pour les lycées de jeunes filles la plus grande partie des professeurs de philosophie (à Paris et dans la Seine, 9 professeurs de philosophie dans les lycées de jeunes filles sont actuellement titulaires de cette agrégation). Nous allons comparer entre elles les données numériques des années 1935 et 1950, également distantes de la sombre période 1940-45. En 1935, 154 candidats et candidates pour 6 postes mis au concours font 26 candidats (par excès) pour 1 poste. En 1950, 342 candidats et candidates pour 14 postes mis au concours font 24 candidats (par défaut) pour 1 poste. S'attendait-on *a priori* à un résultat de comparaison favorable aux étudiants de 1950 ? Mais ces chiffres administratifs appellent quelques rectifications. En 1935, le nombre de candidats proclamés admis a été de 6 hommes et 3 femmes, soit en tout 9, c'est-à-dire 3 de plus que le nombre de places mis au concours. Le nombre de candidats ayant effectivement composé a été de 119 pour 154 inscrits. En 1950, 297 candidats sur 342 inscrits ont effectivement composé, et le nombre de candidats proclamés admis a été de 16 hommes et 7 femmes, soit en tout 23, c'est-à-dire 9 de plus que le nombre de places mises au concours. En bref, le rapport du nombre des candidats effectifs au nombre d'agrégés nominés a été, en 1935, égal à 13 (par défaut), et en 1950, égal à 13 (par excès). Inutile, semble-t-il, de conclure. Mais nous savons que les légendes ont la vie dure et nous ne comptons pas trop sur les vertus de l'exactitude mathématique pour tuer certains arguments de propagande intéressée ou de justification complaisante.

LE NIVEAU DES CANDIDATS

On voudra bien remarquer, à l'occasion de ces deux exemples, que les jurys savent depuis longtemps tirer d'une situation donnée tout ce qu'ils peuvent en faveur de candidats qui leur paraissent dignes d'un titre qu'on chercherait à obtenir avec moins d'ardeur si on savait les jurys moins légitimement soucieux de la haute tenue des concours. Et c'est pourquoi il faut savoir accepter, en retour, que ces mêmes jurys se refusent parfois à descendre assez bas sur l'échelle des valeurs pour égaler le nombre des admis au nombre des admissions prévues par les services du ministère. Que des candidats utilisent le délai de vingt-quatre heures laissé à tout juridicié pour maudire ses juridiciants, c'est normal. Mais que des gens graves, oubliant que les bonnes intentions sont pavés d'enfer, transforment des accidents en arguments et la mauvaise humeur des autres en cheval de bataille personnel, voilà qui nous paraît dangereusement symptomatique d'un goût de la confusion que des universitaires devraient plus volontiers suspecter que cultiver.

Nous irons plus loin dans notre analyse de la situation réelle. De même que la simple honnêteté exige que l'on rapporte l'un à l'autre non pas uniquement le nombre des candidats inscrits et le nombre des postes mis au concours, mais aussi et surtout le nombre des candidats effectifs et le nombre des agrégés proposés pour l'admission définitive, de même l'expérience réfléchie de la participation aux jurys des concours conduit à distinguer, parmi les candidats effectifs, ce que nous nommerons les candidats « réels » et les candidats « formels ». Nous limiterons cette partie de notre analyse aux seuls concours du C.A.P.E.S., ancien et nouveau régime, dont nous avons présidé les jurys en 1952 et 1953. Nous n'avons pas en effet à empiéter sur la compétence et les responsabilités de M. le doyen Georges Davy, président du jury d'agrégation de philosophie, dont les rapports annuels – et celui de cette année encore – signalent, avec l'autorité d'une longue expérience, les fluctuations du niveau des candidats. Nous nous bornons à rassembler ici quelques-unes des remarques consignées dans nos rapports sur les épreuves écrites des C.A.P.E.S. de 1953.

1° *C.A.P.E.S. Ancien régime :*

« *Les candidats stagiaires d'enseignement ou assimilés, admis aux épreuves pratiques et autorisés à subir les épreuves théoriques, étaient au nombre de* 34 *pour les hommes, de* 12 *pour les femmes.*

Le nombre de places mises au concours était de 7 *pour les hommes et de* 5 *pour les femmes, mais du fait de l'admission aux épreuves pratiques d'un candidat et d'une candidate dispensés des épreuves théoriques par suite d'équivalences proposées par le jury d'agrégation, c'est finalement* 6 *places pour les hommes et* 4 *places pour les femmes que le jury avait à sa disposition. En fait,* 8 *candidats masculins ont été définitivement admis, en raison de la présence en tête du classement final de deux stagiaires d'enseignement enseignant à l'étranger et dans les États associés. Par contre, en raison de la faiblesse exceptionnelle et fort regrettable des résultats obtenus par les candidates, le jury n'a pu, malgré ses hésitations et sa bonne volonté, proclamer plus d'une unique candidate admissible et admise définitivement. Il s'agit ici d'un concours dans lequel, en raison de ses principes d'institution, la concurrence n'est pas spécialement âpre. On constatera cependant que le jury, quand il le peut, c'est-à-dire lorsque la valeur des candidats lui en donne l'occasion, sait trouver dans des conditions de fait la possibilité de faire éclater la rigidité des prévisions théoriques, mais qu'inversement le nombre arithmétique des candidats à qui un nombre de postes donné est offert ne signifie en soi rien et qu'il n'est pas possible à un jury, quel qu'il soit, quand il délibère sur des résultats, de transformer l'indigence en suffisance ni même seulement en médiocrité. Pour reprendre l'exemple du concours féminin, l'unique candidate admissible totalisait* 62 *points sur* 120, *et celle des candidates qui la suivait de plus près totalisait* 54 *points, ainsi distribués :* 19/40, 17/40, 18/40, *c'est-à-dire qu'elle n'atteignait à la moyenne en aucune des épreuves. Pas un membre du jury, après un long examen de la question, n'a cru pouvoir conférer l'admissibilité à cette candidate. Nous croyons devoir rappeler qu'au précédent concours, le jury n'avait pu également prononcer qu'une admissibilité dans la série féminine et aucune admission. On ne manquera pas d'en conclure à l'inégalité statistique éclatante des candidats et des candidates. Mais dans les concours où la compétition est ouverte et non dirigée (agrégation ou C.A.P.E.S. nouveau régime) l'inégalité, sans être niable, est bien loin d'être aussi flagrante et d'ailleurs n'est pas constante. En* 1952, *au C.A.P.E.S. nouveau régime, le concours féminin était supérieur au concours masculin. »*

2° *C.A.P.E.S. Nouveau régime*[1] *:*

« Les candidats inscrits étaient au nombre de 235, *pour le concours masculin, de* 168 *pour le concours féminin. L'an dernier les chiffres correspondants étaient respectivement de* 195 *et de* 172. *Il n'en faut pas pour autant conclure que le nombre des candidats masculins a subitement enflé. Mais l'an dernier l'existence d'une ultime session de C.A.E.C.*[2] *avait drainé vers ce concours une partie des candidats à l'agrégation qui affrontent aussi les épreuves du certificat. Cette année ils se sont tous tournés vers le C.A.P.E.S. En fait* 198 *hommes seulement se sont présentés aux épreuves, et* 120 *femmes (contre* 172 *hommes et* 139 *femmes l'an dernier). Il y a eu donc* 26 *candidats effectifs en plus et* 19 *candidates en moins. Si nous tenons à publier ces précisions, ce n'est pas par goût, mais simplement pour éviter certaine utilisation tendancieuse des chiffres. C'est dans le même souci d'information que nous voulons signaler le fait suivant : le total du dernier admissible au concours masculin était de* 117 *points sur* 200, *ce qui revient à dire, puisque la majoration maxima entraînée par le D.E.S. est de* 14 *points, que tous les* 20 *admissibles proclamés ont obtenu, pour leurs épreuves effectives d'écrit, plus que la moyenne théorique, qui est de* 100 *sur* 200. *C'est là donc un niveau fort honorable. Mais considérons ceci :* 46 *candidats,* c'est-à-dire 46 licenciés de philosophie, *ont obtenu, pour leurs mêmes épreuves écrites, des notes égales ou inférieures à* 50, *c'est-à-dire à la moitié de la moyenne théorique. Nous avons choisi ce chiffre de* 50 *assez bas pour qu'il soit indiscutable comme indice d'insuffisance, cela revient en effet à* 5 *sur* 20. *Un quart environ des candidats effectifs masculins n'arrive pas ou arrive à peine au quart du maximum de*

1. Le C.A.P.E.S. qui avait été créé en 1950 avait été transformé sur le modèle de l'agrégation en 1952 (*cf.* Bruno Poucet, *Histoire de l'enseignement de la philosophie en France dans l'enseignement secondaire de 1863 à 1965*, Thèse de sciences de l'éducation, Université René Descartes (Paris V), 1996, 2 vol., vol. I, p. 421).

2. Le Certificat d'Aptitude à l'Enseignement dans les Collèges, qui avait été créé par un décret du 28 décembre 1941 et qui fut remplacé par un C.A.P.E.S (décret du 1er avril 1950).

*points requis. La proportion est la même au concours féminin (*28 *pour* 120*) où d'ailleurs les défections ont été cette année plus nombreuses que d'habitude.*

Nous nous abstiendrons de tirer ici quelque conclusion que ce soit de ce fait, nous demandons seulement qu'il soit donné acte aux jurys, trop souvent accusés de n'ouvrir pas assez largement les portes des concours, que parmi les candidats effectifs (inférieurs en nombre aux inscrits) qui se pressent à l'entrée, il y a les réels *et les* formels. *On voudra bien convenir que le problème grave posé par l'existence de ces candidats formels ne concerne pas l'enseignement du second degré et les jurys de ses concours.* »

Mais, dira-t-on, ces candidats formels sont pourtant des licenciés réels. Comment pourrions-nous l'oublier, ayant eu pour notre part, durant sept ans, à former et à juger des étudiants de licence ? Mais, à la Faculté, ce qu'on voit dans le candidat à la licence c'est l'étudiant. Aux concours de recrutement du second degré, ce qu'on voit dans le licencié c'est le professeur virtuel. Or, en France, du fait qu'elle est matière d'enseignement obligatoire dans les classes terminales et spécialement dans la classe de philosophie, la philosophie comporte un programme d'allure encyclopédique. Comment en serait-il autrement ? Un enseignement élémentaire doit être encyclopédique et d'ailleurs la philosophie ne se divise pas. Or, à la licence, elle est divisée en certificats, auxquels le licencié n'a pas accordé nécessairement le même intérêt, dont la préparation n'a pas été également ample et approfondie. Compte tenu donc de l'opinion que, dans notre précédent article, nous avons cru pouvoir exprimer sur la facilité relative de la licence de philosophie, nous pensons devoir ajouter que trop d'étudiants, même sérieux et cultivés, croient trop aisément que leur culture de licenciés est un bagage réel, sinon suffisant, pour les concours auxquels leur grade leur donne le droit formel de s'inscrire.

Les jurys sont dans leur rôle en posant des questions en fonction des futurs devoirs d'un professeur. Et les professeurs de Faculté, membres des jurys, sont, tout comme leurs collègues du second degré, attentifs à ne pas laisser oublier l'importance et l'intérêt, pour l'enseignement élémentaire de la philosophie, de questions que le goût juvénile de la profondeur ontologique fait qualifier péjorativement de scolaires.

En disant : candidats « formels », nous n'avons donc pas voulu dire : candidats indignes. Mais devions-nous passer sous silence cette autre cause, à notre avis, de décalage entre le niveau de la licence et celui des concours, donc entre le nombre des appelés et celui des élus, et qui réside dans le fait qu'un concours national, de niveau nécessairement élevé et exigeant, en vue de la fonction à laquelle il introduit, une formation simultanément solide et complète, ne se situe pas strictement dans l'axe et le prolongement d'études de licence dont le programme et l'esprit, définis par les facultés, justement souveraines en la matière, peut varier d'une université à l'autre ? Désirant ne pas nous mêler de ce qui ne nous regarde pas, nous n'entrerons pas, ici et aujourd'hui, dans l'examen des projets ou suggestions concernant les conditions sous lesquelles une préparation plus efficace et plus largement ouverte à toutes les variétés de candidats aux concours pourrait être organisée à l'échelle académique ou nationale.

Nous pensons avoir maintenant mis en lumière l'essentiel des éléments d'ordre technique et administratif requis pour porter un jugement non conventionnel sur la question de la philosophie envisagée comme un débouché offert aux étudiants français en 1954. On regrettera peut-être de n'avoir trouvé dans notre exposé aucun passage qui ressemble à l'expression d'un mouvement de compassion. Mais nous pensons premièrement que le bon cœur n'est le privilège de personne et secondement qu'en matière de sympathie et de condoléance il est impossible, à la rigueur, de distinguer sincérité et conformisme. Qui peut dire d'ailleurs si la bienveillance authentique exclut la divulgation de la réalité? Enfin, il nous paraît que le mélange des genres est toujours blâmable. On voudra bien croire que nous avons sur les rapports de la philosophie et de son enseignement, comme aussi sur les rapports de cet enseignement et de la structure sociale, une opinion d'homme et de professeur de philosophie. Nous avons, à ces mêmes titres, notre opinion sur les difficultés auxquelles se heurte la jeunesse actuelle, et sur nos devoirs de citoyen en la matière. Mais nous avons voulu traiter de l'aspect professionnel d'une question. Quelque abstrait que puisse sembler cet aspect, il doit d'abord être correctement décrit et circonscrit comme tel, s'il appelle d'être correctement dépassé. C'est cela seul que nous avons cherché à faire, c'est cela seul que nous avons fait, bien ou mal.

LETTRE À KURT GOLDSTEIN

dans Alexandre Métraux, « Georges Canguilhem als Architekt einer Philosophie des Lebenden », dans Cornelius Borck, Volker Hess, Henning Schmidgen (dir.), *Maß und Eigensinn. Studien im Anschluß an Georges Canguilhem*, Munich, Wilhelm Fink Verlag, 2005, p. 344

Ministère de l'Éducation Nationale
Inspection Générale

Paris, le 28 mai 1954

Très Cher et Honoré Monsieur,

Je suis tout à fait confus de vous avoir donné la peine de m'écrire. Je m'excuse beaucoup de ne pas avoir envoyé plus tôt la « Connaissance de la Vie ». Mais à l'époque de la publication j'étais malade, et par la suite j'ai été retenu par la timidité, car je n'étais pas trop content de ce livre. Je suis trop heureux d'apprendre que vous voulez bien vous y intéresser. Je fais parvenir en même temps le compte rendu des travaux du Congrès de Philosophie des Sciences de 1949 et plusieurs extraits de votre communication [1].

Je serai ravi si vous vouliez bien, lorsque vous serez à Paris avec Madame Goldstein, me prévenir de votre séjour. Je compte y séjourner, en raison de concours dont je suis examinateur, jusqu'à la fin du mois d'août. Je ne serai absent qu'en septembre.

Veuillez agréer, très Cher et Honoré Monsieur, avec mes remerciements pour votre lettre l'expression de mon très respectueux dévouement,

Georges CANGUILHEM

1. Le texte de cette communication de Goldstein, que Canguilhem avait traduite avec Madame Canguilhem et lue à la place de son auteur au Congrès international de philosophie des sciences qui s'était tenu à Paris en 1949, se trouve à l'Annexe II, p. 1161-1164. Sur Kurt Goldstein, cf. *supra*, p. 106, n. 1.

LA FORMATION DU CONCEPT DE RÉFLEXE AUX XVIIe ET XVIIIe SIÈCLES

Cet ouvrage qui a d'abord paru en 1955 appartient au tome II des *Œuvres complètes.*

ORGANISME ET MODÈLES MÉCANIQUES. RÉFLEXIONS SUR LA BIOLOGIE CARTÉSIENNE [1]

Revue philosophique, vol. 145, juillet-septembre 1955, p. 281-299

« Il en est, je crois, du Cartésianisme, comme de toutes les autres sectes, où il y a toujours quelque point capital de la doctrine qui s'étend fort loin, et qui fait le caractère des vrais sectateurs… Je me suis persuadé que ce point essentiel du Cartésianisme, et comme la pierre de touche dont vous vous servez, vous autres chefs de parti, pour reconnaître les fidèles disciples de votre grand maître, c'est la doctrine des Automates, qui fait de pures machines de tous les animaux, en leur ôtant tout sentiment et toute connaissance. » C'est par ces mots que le Père Daniel, dans la cinquième partie ajoutée à la deuxième édition de son *Voyage du Monde de Descartes* [a] [2], justifie le soin qu'il apporte à réfuter les principaux arguments de la théorie des animaux-machines. Parmi toutes les critiques auxquelles cette thèse a donné occasion, celle du Père Daniel, pour venir d'un aristotélicien attardé et impénitent, ne s'en présente pas moins comme très rigoureuse et solide, une de celles, en tout cas, dont les principes et les conclusions méritent le mieux d'être encore aujourd'hui retenus et examinés, quelle que soit l'opinion que

a. La Haye, chez Pierre Gosse, 1739, p. 298-299.

1. Sur la persistante fréquentation de Descartes par Canguilhem, voir Vincent Guillin, « Les études cartésiennes de G. Canguilhem », *Cahiers philosophiques*, n° 114, juin 2008, p. 65-84.

2. Le jésuite Gabriel Daniel (1649-1728), fut professeur de rhétorique, auteur de nombreux ouvrages – dont une *Histoire de France depuis l'établissement de la monarchie française* (1713) plusieurs fois rééditée – et un ardent polémiste anti-janséniste. Son *Voyage du monde de Descartes* (Paris, Simon Benard, 1690) connut plusieurs éditions. Il termina sa vie comme supérieur des jésuites à Paris.

l'on décide finalement de professer concernant la thèse cartésienne en question. Ce qui redonne à un tel examen, bien des fois déjà fait, une certaine actualité, c'est, d'une part, la prétention récente des cybernéticiens de dépasser, par leur théorie générale des communications et du contrôle, le simple plan de l'analogie entre les machines et les organismes, et c'est, d'autre part, le renouveau d'intérêt que l'étude de M. Martial Gueroult, *Descartes selon l'ordre des raisons*; II : *L'âme et le corps*[1], a conféré à un texte aussi célèbre, mais aussi difficile à restituer dans sa signification et sa portée authentiques, que la *VIe Méditation métaphysique*. En s'attachant, dans ce commentaire décisif, à l'analyse sans défaillance de toutes les implications enfermées dans les théories cartésiennes de l'union de l'âme et du corps, du sentiment et de la finalité de la vie chez l'homme, M. Gueroult est naturellement conduit à jeter sur les principes de la biologie cartésienne, pour autant qu'elle soutient avec la psychologie et avec la technique médicale de la conduite humaine un rapport obligé, une lumière dont la pénétration ne peut manquer de nous inviter à la révision méthodique des opinions usuelles, admiratives ou critiques, ayant trait à la théorie cartésienne de l'automatisme des bêtes. Encore que notre intention dernière soit de proposer, quant à l'utilisation scientifique de modèles mécaniques de l'être vivant et à sa portée philosophique, un jugement personnel, nous ne pensons pas pouvoir mieux procéder aujourd'hui qu'en commençant notre étude par un examen de l'ouvrage de M. Gueroult. De là deux parties dans notre essai : I. *De l'union de l'âme et du corps et du sentiment dans la philosophie de Descartes, selon M. Gueroult*; II. *L'organisme et ses modèles*[2]. Il nous semblerait, en effet, choquant de proposer sur le sens et la portée de la biologie cartésienne une opinion propre que n'autoriserait pas, sans la garantir, bien entendu, la lecture la plus serrée et, selon nous, la plus sûre de

1. L'ouvrage, en deux volumes, avait été publié à Paris, en 1953, chez Aubier. Martial Gueroult (1891-1976), ancien élève de l'École normale supérieure (1913), agrégé de philosophie (1919), docteur ès lettres en 1930, avait alors été nommé à la Faculté des Lettres de Strasbourg où il enseigna jusqu'à ce qu'il succède à Brunschvicg à la Sorbonne en 1945, avant d'être élu en 1951 au Collège de France dans la chaire d'histoire et de technologie des systèmes philosophiques. Canguilhem avait donc été son collègue durant les années de repli de l'Université de Strasbourg à Clermont-Ferrand.

2. Cette deuxième partie, « L'organisme et ses modèles » n'a jamais paru. Le manuscrit, s'il a existé, ne nous est pas connu. Toutefois Canguilhem a donné en 1961 une communication sous le titre « Modèles et analogies dans la découverte en biologie », texte repris dans les *EHPS*, p. 305-318.

la *VIe Méditation*, qu'il nous soit permis de faire, sous la direction de M. Gueroult.

*

I. DE L'UNION DE L'ÂME ET DU CORPS ET DU SENTIMENT DANS LA PHILOSOPHIE DE DESCARTES, SELON M. GUEROULT[a]

Il y a plusieurs façons de lire Descartes. Celle qu'a choisie M. Gueroult est d'une simplicité dénuée d'artifice, mais non d'ingéniosité. Après tant de commentaires et de thèses sur Descartes, il invente, pour l'intelligence de Descartes, le retour à Descartes. Ce retour a été plusieurs fois annoncé et proposé. Mais c'était, en général, le retour à Descartes pour accréditer une philosophie personnelle. M. Gueroult ne prétend pas ici avoir de philosophie personnelle à exposer et il ne cherche pas à subordonner son explication de Descartes à la justification de sa façon propre de voir les choses, les hommes et les textes. Son travail est bien le contraire d'une thèse, et s'il atteignait son objet avoué il tarirait pour un temps une source de sujets de dissertations académiques. À première vue, ce qui semble incompatible avec cette prise de position, c'est l'ampleur de l'ouvrage. Trois cent six pages sur la *VIe Méditation*, n'est-ce pas beaucoup s'il ne s'agit que d'un compte rendu de lecture ? Mais, d'une part, comme il est dit au début du tome I (*L'Âme et Dieu*), lire les *Méditations* avec l'attention requise ce n'est pas seulement suivre du doigt un texte, c'est en démonter la structure, c'est défaire pour montrer comment cela est fait. Un historien de la métaphysique n'est pas un métaphysicien. Il peut consacrer plus que quelques heures par an à la métaphysique, puisqu'il s'agit de celle d'un autre (I, p. 29). De même qu'il faut plus de temps à un géographe pour explorer quelque région, en vue de s'expliquer un tracé de route, qu'il n'en faut pour parcourir seulement la même route, de même il faut plus de temps et de pages pour exposer le fruit d'une lecture expliquée de la *VIe Méditation* que pour la recopier. D'autre part, M. Gueroult dit des *Méditations* que ce « petit livre dense et laconique » n'a pas toujours été bien compris, en dépit, « sinon à cause », de l'amas de

a. *Descartes selon l'ordre des raisons.* II : *L'Âme et le Corps.* Paris, Aubier éd., 1953. 1 vol., in-8°, 336 p. Un compte rendu [par Geneviève Lewis] du tome I de l'ouvrage, *Descartes selon l'ordre des raisons : l'Âme et Dieu*, a paru dans cette même revue, [*Revue philosophique*, vol. 144, n° 4, octobre-décembre] 1954, p. 440-446.

commentaires qui l'ont recouvert (II, p. 306). En sorte que l'auteur doit ici, comme dans la restitution d'une fresque, souvent gratter quelque croûte d'enduits ou de badigeons superposés avant de retrouver sur l'original la fraîcheur du trait ou l'éclat de la couleur.

C'est pourquoi on pourrait être d'abord surpris de constater que M. Gueroult pense avoir confirmé, en s'en félicitant d'ailleurs, « l'idée traditionnelle que l'on s'est faite de Descartes » (I, p. 13). La tradition n'est-ce pas ce qui obscurcit le sens ou l'état originaires sous couleur de les perpétuer? Mais il est clair que M. Gueroult vise ici, en les dénonçant, certaines tentatives contemporaines pour accommoder Descartes « au goût du jour » (I, p. 13) et pour chercher dans des événements biographiques ou des conjonctures historiques plutôt que dans des exigences intellectuelles les raisons profondes de l'économie de sa doctrine. En sorte que ce retour au Descartes traditionnel c'est le retour à Descartes tel qu'il s'est lui-même proposé et tel qu'on s'en est longtemps contenté, Descartes « selon l'ordre des raisons » exposées dans ses écrits, pris comme un « monument intact » quels que soient les jeux d'éclairage auxquels on le soumet (I, p. 9), Descartes « penseur de granit » (I, p. 13) tel qu'il surgit du « rappel à l'authentique, au texte, à ses enchaînements rigoureux ».

Bien entendu, ce serait manquer à la fois à Descartes et à M. Gueroult que de limiter notre analyse du commentaire de la *VIe Méditation* à ce qui concerne uniquement, en ce texte, la théorie générale des fonctions sensorielles et motrices de l'organisme humain, que de procéder par « pensées détachées ». On ne divise pas Descartes. Même si nous cherchons décidément à mettre au premier plan cette pièce apparemment indépendante qu'est la théorie de l'automatisme animal, puisqu'il est dans notre intention d'insister sur le fait que, coupé de la métaphysique cartésienne, le mécanisme cartésien en biologie s'écroule de lui-même, nous ne saurions manquer d'être attentif à tout ce qui, dans le démontage opéré par M. Gueroult, a trait aux fondements métaphysiques de la psycho-physiologie cartésienne.

*

La *VIe Méditation* tend à réaliser deux projets : fonder la physique comme science de vérités, en la fondant comme physique mathématique sur la distinction de la substance étendue et de la substance pensante, mais la fonder en même temps comme science d'existants ou de réalités de fait, en la fondant sur une certaine valeur d'objectivité du sentiment quant à la présence hors de la pensée, où la nécessité ne lie que des relations quantitatives possibles, d'une diversité d'objets singuliers. Ce deuxième projet se trouve subordonné, quant à la portée des résultats de l'examen qu'il entraîne, à la solution d'une question née de l'affirmation de la véracité absolue de Dieu, comme fondement de tout jugement d'existence, depuis les *IIIe* et *IVe Méditations.* Cette question est celle de la vérité et de la fausseté des sens, dont les idées sont, au regard de celles de l'entendement, obscures et confuses. Concernant les idées sensibles, la *VIe Méditation* ne fait pas double emploi avec la *IIIe*, sur la question de leur validité, non plus qu'avec la *IVe*, sur la question de l'erreur qu'elles peuvent enfermer. « La destruction du doute métaphysique par la véracité divine ne détruit pas *ipso facto* toute la couche des doutes hyperboliques d'origine naturelle, auxquels le doute métaphysique ne faisait que s'ajouter : doutes issus des erreurs des sens, des illusions du rêve, des hallucinations et du délire des fous, de l'illusion des amputés, des fausses informations sensorielles dues aux troubles pathologiques » (II, p. 16). Et de même, dans le domaine du sens, s'agissant de la valeur authentique d'idées qui sont, au regard de l'entendement, obscures et confuses, l'explication de l'erreur par la limitation de l'entendement n'est pas seulement symétrique, mais inverse : « Cette limitation entraîne une adultération des idées obscures et confuses, par leur assimilation avec les idées claires et distinctes » (II, p. 17). C'est ainsi que la *VIe Méditation* ordonne et compose des questions de fondement et de méthode des sciences (physique et mathématique), des questions de psychologie et de psychophysiologie (valeur des sens) et des questions de théodicée (responsabilité de Dieu quant à l'erreur des sens). De la page 18 à la page 21, M. Gueroult dénombre et renoue six thèmes et deux développements et peut prétendre légitimement présenter le texte cartésien comme « un remarquable échantillon de contrepoint philosophique ». Il ne faut pas moins, en effet, que ce patient et minutieux exercice de critique reconstructive pour diviser la difficulté à laquelle se heurte le vieux et le constant souci cartésien de « marcher avec assurance en cette vie », compte tenu de « la médiocrité de mon esprit et la courte durée de ma vie ». Cette difficulté gît dans le statut spécial de la médecine, science – que Descartes veut exacte – des fonctions du corps humain, et technique – qu'il veut rationnelle – de la santé. Placée dans la Lettre-Préface des *Principes* à la même hauteur – celle des fruits de l'arbre philosophique – que la mécanique et la morale, elle se trouve cependant dans une situation ambiguë, car si la mécanique peut espérer voir ses problèmes, qui sont de moyens ou d'instruments, résolus par la méthode mathématique, et si la morale peut espérer symétriquement voir ses problèmes derniers, les fins de l'homme, résolus par l'approfondissement du *Cogito*, la médecine, pour autant qu'elle vise la correction physiologique de la vie humaine, peut légitimement se partager en considérations de moyens et de fins. « Après que la *V*e [*Méditation*], s'appuyant sur les conclusions de la *III*e, a fondé les mathématiques, la *VI*e, par la preuve de la distinction de l'âme et du corps et celle de l'existence des corps, fonde la physique et une part de la médecine; par la preuve de l'union substantielle, elle fonde la psychologie (théorie des passions), une autre part de la médecine, une part de la morale; elle en détermine la méthode, en assigne l'organe (à savoir le sentiment) » (II, p. 12).

M. Gueroult est maître dans l'art de déceler et d'exhiber ce que l'architecture des *Méditations* contient de constructions symétriques directes et inverses, de correspondances implicites, de perspectives retournées et réciproques, de recoupements et de *nexus*. Et il nous semble, personnellement, que l'exégèse de la philosophie cartésienne ne nous avait pas encore donné un exposé récapitulatif – et analytique à la fois – aussi dense et aussi riche, aussi heureux et aussi beau, que les trente-cinq pages de Conclusion (chapitre 21 du tome II) : « Considérées dans leur ensemble les six Méditations cartésiennes semblent constituer une sphère accomplie où les trois premières et les trois dernières s'opposent comme deux hémisphères que sépare l'équateur de la véracité divine etc. » (II, p. 272). C'est donc d'abord, selon lui, comme exercice simultanément de poursuite et de contre-pied, qu'il faut situer, par rapport aux précédentes, la *VI*e*Méditation* : « Le travail de la *VI*e *Méditation* consistera donc à accomplir pour le sentiment la tâche que les *Méditations* précédentes avaient accomplie pour l'idée de l'entendement : il s'agira de lui ôter ses vêtements pour le considérer tout nu, de même qu'il s'agissait pour l'idée claire et distincte, par exemple celle d'un corps quelconque : la cire, de « lui ôter ses vêtements pour la considérer toute nue ». Mais les vêtements qui nous dérobaient l'idée claire et distincte de la cire étaient tissés de qualités sensibles venues de l'imagination et des sens, tandis que les vêtements qui nous dérobent la réalité authentique du sentiment sont tissés d'idées venues de l'entendement. Au surplus, dans les deux cas notre jugement est également coupable : c'est toujours lui, en effet, qui fabrique le travesti. Ici comme ailleurs, il s'agit de revenir aux *données immédiates de la conscience* » (II, p. 48). Cette recherche de la signification authentique et de la validité spécifique des données du sens – Descartes dit « des idées que je reçois en mon esprit par cette façon de penser que j'appelle sentir » – est requise pour tâcher d'obtenir « quelque preuve certaine de l'existence des choses corporelles ». Car, si l'entendement ne nous livre que l'idée claire et distincte des choses matérielles, dont la véracité divine nous garantit, à travers leur vérité, la possibilité d'existence – et sur ce point la *VIe Méditation* reprend sommairement les acquisitions de la *IIIe* et de la *V^e^* – l'existence en nous d'une imagination, entendue limitativement comme représentation soit d'idées innées (relations géométriques) soit d'idées adventices (qualités sensibles), ne nous permet de conclure qu'à la probabilité de l'existence de ces mêmes choses matérielles. Il est donc impossible à la réflexion philosophique appliquée, en vue de définir le statut propre de la science physique et son rapport à la mathématique, à la question de l'existence réelle des choses hors de moi, de faire l'économie d'un examen concernant la portée, que nous pensons pouvoir dire indifféremment ontologique ou axiologique, des données des sens. Et cet examen se subdivise lui-même en deux démarches : purifier le sens de tout ce que le jugement y a importé sous forme de préjugés; dépister, cette pureté du sensible atteinte, ce que les sens comportent de défaillances intrinsèques. Cela revient pour Descartes à expliquer l'origine des affections (sentiments) et des qualités (sensations), dont l'espèce de contrainte qu'elles font subir à l'âme constitue le premier et principal indice de l'extériorité, relativement à cette âme, d'une de leurs conditions de possibilité; le second indice, l'inclination naturelle à croire en l'existence d'un corps propre sensible et d'un milieu de corps étrangers sentis, se réduisant à la rigueur au premier, pour autant que l'inclination ou la nature sont, en moi, des résistances au pouvoir de la volonté. Dès lors qu'il se propose de fonder, par l'union de l'âme et du corps, une certaine validité, mais une validité certaine, de l'affectif et du qualitatif, Descartes doit d'abord reprendre et confirmer la démonstration de la distinction réelle des deux substances, l'âme et le corps. L'âme ne peut être tenue pour unie à un corps si l'existence des choses matérielles n'est pas démontrée préalablement; or cette démonstration suppose la précédente, « car il n'est pas possible de prouver que des corps existent hors de moi, si nous ne sommes pas certains préalablement que les corps ont une nature étrangère à celle de mon âme et que, par conséquent, ils sont aptes à jouer le rôle d'une cause étrangère capable de rendre compte des contraintes exercées sur moi » (II, p. 56). Il s'agit bien ici d'un ordre des raisons qu'on brouillerait en changeant l'ordre des preuves (II, p. 60), et dont M. Gueroult se sent tenu de bien souligner la spécificité en le faisant apparaître précisément inverse de l'ordre des faits, car, dans l'ordre de l'expérience, l'âme et le corps nous sont donnés en fait comme naturellement unis : « On voit par là que la preuve de la distinction réelle, qui se fonde uniquement sur des idées claires et distinctes, ne peut s'établir qu'à l'*encontre du sentiment*, c'est-à-dire à l'encontre d'un fait existant qui nous est attesté par le sens. C'est pourquoi Descartes présente la conclusion de sa preuve en opposition avec la certitude de l'union » (II, p. 64).

Nous tenons ici l'un des meilleurs exemples de l'originalité et de la fécondité de la méthode apparemment naïve, en réalité d'une subtilité fort exigeante, adoptée par M. Gueroult. En suivant, par régressions et par dépassements, l'ordre des raisons sous le texte du discours, M. Gueroult peut se prétendre fidèle à l'authentique démarche de son philosophe et le laver de toute accusation de paradoxe. « On voit également que la preuve de la distinction réelle de l'âme et du corps s'accomplit tout entière sans avoir besoin le moins du monde de recourir à la démonstration de l'existence des corps. S'il n'en était pas ainsi, et si, d'autre part, la preuve de l'existence impliquait celle de l'union de mon âme à un corps, on devrait conclure que Descartes fonderait en réalité sa preuve de la distinction sur celle de l'union. Il y aurait ainsi un enchevêtrement des trois preuves. C'est ce que M. Gilson a cru pouvoir appeler le « paradoxe cartésien ». Mais ce paradoxe, qui ne serait en réalité que le plus ruineux des paralogismes, est, nous semble-t-il, entièrement étranger à Descartes » (II, p. 67, 68 et notes 13 et 14. *Cf.* aussi p. 108-116).

Grâce en outre à la liaison ordonnée des preuves de la distinction de l'âme et du corps, de l'existence des corps, et de l'union de l'âme et du corps, Descartes peut distinguer et ordonner trois acceptions du mot *nature : la nature considérée en général*, par laquelle « je n'entends maintenant autre chose que Dieu même, ou bien l'ordre et la disposition que Dieu a établis dans les choses créées », et *ma nature en particulier*, par laquelle « je n'entends autre chose que la complexion ou l'assemblage de toutes les choses que Dieu m'a données ». Mais, plus précisément, il faut encore distinguer, dans ma nature en particulier, entre ma nature au sens large (âme, corps, union substantielle de l'une et de l'autre) et ma nature « *en une signification plus resserrée* », c'est-à-dire le composé psycho-physique « dont le sentiment est l'immédiate expression et qui n'est qu'une partie de ma nature humaine totale » (II, p. 75). C'est enfin à partir de la même succession des preuves que l'on peut ordonner et donc rendre intelligibles les trois aspects de l'idée sensible : 1°) la contrainte qu'elle exerce sur l'âme permet à l'âme de conclure à l'existence en général des choses en dehors d'elle; 2°) la diversité de son contenu qualitatif permet à l'âme de conclure à la singularité, *a priori* inassignable, de ces mêmes choses; et, en tout cela, l'analyse du sensible situe l'âme et le corps dans un rapport purement théorique ou intellectuel, tel que l'un de ses termes ne saurait être pris pour l'autre. Si des corps singuliers différents existent, une physique est possible, distincte de la géométrie spéculative, et donc, en un sens, tributaire de l'expérience, mais mathématique cependant, en sorte que la diversité des propriétés des corps singuliers, si elle est comme exprimée par la variété des qualités, ne lui est aucunement semblable et reste une diversité de déterminations géométriques, ce qui a pour effet de rejeter toute la physique des formes substantielles, radicalement viciée par la confusion de l'âme et du corps (II, p. 96-100). Mais reste 3°) un autre aspect de l'idée sensible, son obscurité et sa confusion, par lequel elle est expressément tournée vers le sujet, en tant qu'il est sentant, c'est-à-dire vers ma nature en particulier au sens le plus resserré, « la substance composée que j'attribue à mon moi, ce qui fait que je ne parle pas seulement de *mon* âme, mais aussi de *mon* corps » (II, p. 106). L'obscurité et la confusion ne sont pas, à vrai dire, inhérents absolument à l'essence de la qualité; elles ne se donnent pour telles que par leur relation négative aux normes de l'intellect, et par conséquent elles ne constituent pas un argument de disqualification quand on limite la portée des enseignements que la nature humaine, au sens étroit, nous donne, par la voie de la qualité, au domaine de l'information utile, à l'exclusion du domaine de la connaissance vraie, au domaine du pragmatique, où c'est, au contraire, la prétention de l'entendement et de ses idées claires à faire loi qui devient inacceptable. L'obscurité n'est ici que l'expression d'une relation de totalité à totalité, relation inintelligible, puisque précisément rebelle à l'analyse. « Ce qualificatif, en tant que confusion et obscurité, est constitutif du *senti* proprement dit, par lequel mon âme peut immédiatement savoir, ou plus exactement *vivre* les diverses altérations du tout composé qui constitue ma nature et réagir instantanément à celles-ci en accord avec les exigences requises pour le maintien de ce tout. Ce savoir immédiat, instinct conscient, est impossible sans l'union *totale* de l'âme et du corps; et la totalité, la substantialité de cette union, c'est l'essence même de la qualité comme *obscur* et *confus* » (II, p. 106).

En admettant donc, à des titres différents, sur des terrains différents, mais à compétence spécifique comparable, la validité de l'idée claire et la validité de l'affection obscure, Descartes fournit lui-même la réponse qui les départage à ceux de ses commentateurs qui, en discutant des mérites et des limites de son rationalisme ou de son irrationalisme, nous ont au fond mieux éclairé sur eux-mêmes que sur lui. M. Gueroult aperçoit bien, pour avoir suivi Descartes pas à pas et sans avoir prétendu juger le cartésianisme de fait au nom d'un cartésianisme de droit, que le rationalisme cartésien réussit, en rendant la raison capable de légitimer, à sa place, une puissance de discernement autre que selon le vrai et le faux, à intégrer l'irrationnel sans l'annexer, faute de pouvoir le rendre intelligible, mais sans s'en trouver diminuée, en vertu de sa possession de l'idée de la véracité divine, garantie de l'authenticité du sentiment ramené à lui-même, et de l'idée de l'omnipotence divine, capable de créer l'union, tout contre tout, de l'âme et du corps, union vécue dont je ne puis douter alors même que je ne puis l'entendre. « En reconnaissant ses propres limites, la raison n'abdique pas, car, d'abord, elle exerce sa fonction qui est de distinguer ce qui est réellement distinct; ensuite c'est elle seule qui confère au sentiment les « titres de créance » qui l'investissent d'une certitude définitive » (II, p. 114. *Cf.* aussi p. 106-107).

*

À partir du moment où Descartes a prolongé l'analyse des deux premiers aspects du donné sensible, contrainte et diversité, en conclusion à l'existence des corps et à leur variété empirique, tout en purgeant la physique de toute prise en considération, au titre théorique, du contenu qualitatif des perceptions, il va lui falloir montrer que la qualité, pour n'être pas un élément vrai de la connaissance, n'en est pas moins un élément positif de l'expérience humaine, que pour n'être pas un principe de savoir, elle n'en est pas moins, s'il est permis de reprendre l'expression d'un psychologue contemporain, M. Henri Piéron[1], un guide de vie. « Pour être rejetée hors de la réalité des corps, la variété qualitative n'est pas rejetée hors de toute réalité : elle reste réelle en moi. Or tout ce qui est réel a Dieu pour auteur, et tout ce qui a Dieu pour auteur est vrai et garanti comme tel par lui. En conséquence, la véracité divine commande que nous découvrions la vérité de ce résidu qualitatif dont la réalité ne peut être niée » (II, p. 125-126). Cette

1. Henri Piéron (1881-1964), agrégé de philosophie (1903), docteur en médecine (1912), fut l'un des grands animateurs de la psychologie expérimentale en France. Il entra au Collège de France en 1923 comme titulaire de la chaire de physiologie des sensations.

investigation concerne maintenant la psychologie, voire la biologie humaine comme discipline psycho-physique (II, p. 126). Et de même que, dans la *IVe Méditation*, l'erreur, confusion scandaleuse dans le domaine de validité de l'idée claire, devait être expliquée pour rendre manifeste l'universalité de la véracité divine, de même, dans la *VIe Méditation*, la justification d'une valeur positive, quoique non théorique, de l'affection qualitative exige que, eu égard à l'aspect de bonté sans restriction que prend la véracité divine (II, p. 154-155), les défaillances du sentiment à remplir sa fonction de guide de vie soient expliquées dans leur possibilité métaphysique, en vue d'en excuser Dieu (II, p. 128-129). M. Gueroult nous donne ici un nouvel exemple, particulièrement remarquable, de la subtilité de sa méthode, consistant à éclairer des thèmes cartésiens non pas successivement, mais simultanément, en y faisant apparaître leur disposition de symétrie inversée, en l'espèce le contraste de significations concernant les résidus que décèle, par confrontation avec le critère de la véracité divine, l'analyse des conditions de l'erreur, dans l'ordre du jugement et dans l'ordre du sentiment (II, p. 128-129 et 139-143). Et nous n'hésiterions pas à dire, si la justification développée de notre opinion ne devait pas ici introduire une digression de longueur excessive, eu égard à l'objet général de notre étude, que M. Gueroult a ouvert la voie au renouvellement du problème, aujourd'hui tombé en désuétude, de l'erreur, en montrant comment, chez un philosophe pourtant aussi séduit que Descartes par le prestige de la vérité scientifique, cela même qui fait l'erreur, aux yeux du savant, par sa mise en relation avec une certaine exigence de réduction analytique et d'intelligibilité, peut se voir reconnaître une fonction positive dans l'expérience humaine. « Ainsi, ce qui, aux yeux de mon entendement, est de prime abord reconnu intrinsèquement faux devra, avec le progrès de l'analyse, être reconnu tel, non point en soi et absolument, mais seulement *d'un certain point de vue*, c'est-à-dire relativement aux réquisits de la connaissance purement rationnelle exigée par l'entendement seul. Le matériellement faux pour l'entendement devra, contrairement à ce qui s'est passé pour l'erreur formelle, recevoir *une fonction utile à l'homme et être reconnu comme n'étant pas un mal pour l'homme* » (II, p. 128-129).

C'est dans la signification à la conscience humaine de valeurs qu'on ne saurait dire strictement biologiques, puisqu'il s'agit expressément de ce qui est convenable ou nuisible au composé humain dont l'esprit est partie, que Descartes trouve la validité, plutôt que la vérité, au sens usuel du terme, du sentiment. M. Gueroult ne cherche nullement à atténuer, à plus forte raison à dissimuler, l'allure décidément axiologique et téléologique qu'affecte ici la psychologie cartésienne, à la différence de Léon Brunschvicg, que sa préférence pour Spinoza entraînait à penser et à dire que Descartes manquait à lui-même dans la *VIe Méditation* (II, p. 133, 149, 151). M. Gueroult ne pense pas que Descartes manque à Descartes en justifiant la qualité par sa finalité, et il souligne, au contraire, combien ce mode de justification, jusque-là inusité dans les *Méditations*, diffère du mode de justification par la réalité, au point que l'invocation à la véracité divine joue désormais, s'agissant de la finalité d'un assemblage d'éléments réels pris collectivement, le rôle d'une médiation pour l'invocation à la bonté de Dieu, le principe du meilleur apparaissant comme l'ultime fondement de la qualité sentie (II, p. 152 et 156). D'un Descartes ainsi présenté on se dit qu'il serait loisible de s'autoriser à qui voudrait tenter d'exposer, dans toute leur ampleur, les rapports de l'entendement et du sentiment comme des rapports entre valeurs et modes de validation différents et de fonder une philosophie générale de la vie sur une étude axiologique de l'erreur.

Concernant les sens, entendus comme organes spécifiques de ma nature humaine, en tant qu'elle est composé psychophysique, l'erreur dont il s'agit de les excuser, si l'on veut pouvoir se fier à ce que la nature nous enseigne par eux, ce n'est pas la fausse opinion qui consiste à prendre les qualités sensibles pour la réalité des choses, puisqu'il n'y a là que confusion de ma nature purement intellectuelle (l'un des trois éléments de ma nature humaine) et ma nature au sens resserré, l'être psychophysique (II, p. 157-168); mais il s'agit bien de l'erreur du sens en tant qu'il se révèle comme intrinsèquement faillible, lorsqu'il inverse la polarité des valeurs vitales que sa fonction de guide consiste normalement à nous faire discerner, lorsque, par exemple, il nous porte, comme vers un bien, vers ce qui nuit à la conservation de notre substance composée, lorsque, ainsi que dit Descartes, « je suis directement trompé par la nature » et plus encore lorsque « nous nous trompons aussi assez souvent, même dans les choses auxquelles nous sommes directement portés par la nature, comme il arrive aux malades lorsqu'ils désirent de boire ou de manger des choses qui leur peuvent nuire ». Alléguer ici une corruption intervenue de ma nature ne serait pas excuser Dieu, puisque Dieu ne cesse de créer la nature. Innocenter Dieu en invoquant les seules lois du mécanisme corporel, en réduisant ma nature à mon corps (l'un des trois éléments de ma nature au sens large), ce serait non pas résoudre la difficulté, mais rendre inintelligible qu'on vienne buter sur elle. C'est que dans un mécanisme il peut intervenir des accidents, mais jamais de défaillances. Une machine n'est tenue à rien. Elle produit ou ne produit pas l'effet attendu, et d'abord désiré, par son constructeur ou son usager. Ce sont eux qui préfèrent l'effet à l'absence d'effet, tel effet à tel autre. C'est seulement au regard de cette préférence que la machine peut être dite défaillante. Comme simple assemblage de liaisons entre parties mobiles, de relations entre forces et déplacements, la machine qui marche n'a pas plus de réalité que la machine semblable qui ne marche pas. Et si elle a plus de valeur c'est comme engin, mais pour un ingénieur. M. Gueroult dit très bien: « L'horloge ne peut être fautive par rapport à sa propre nature, *puisqu'elle n'en a pas* » (II, p. 173). En dissolvant ma nature humaine dans la nature physique en général, on enlèverait tout leur sens aux informations du sens. Il n'y aurait plus de faute du sens, c'est-à-dire d'erreur privative par rapport à une finalité. Mais il n'y aurait pas davantage de valeur du sens. On placerait l'homme dans un état d'indifférence radicale, inévitablement, du moment où l'on rendrait tous ses mouvements de vivant, c'est-à-dire ses impulsions et ses refus, tributaires des principes généraux de l'explication physique du mouvement, en dernière analyse de l'inertie. « Au point de vue de la finalité, il n'y a pas d'autre être possible de l'erreur qu'un être privatif: l'erreur, c'est la privation d'une information vraie qui est due par le sens à ce tout substantiel composé dont il a pour fin de permettre la sauvegarde. En supprimant le caractère privatif de l'erreur, on la supprime donc tout entière. Ce gain excessif et paradoxal n'a été possible que parce qu'on a retiré toute valeur réelle à la finalité par rapport à laquelle l'erreur est conçue. Mais du même coup on a anéanti toute vérité du sens. Celle-ci ne peut être, en effet, conçue que par rapport à la finalité du sens » (II, p. 174).

Ma nature d'homme, celle qui s'exprime spécifiquement en moi, par l'organe du sens, n'est donc pas une nature simplement animale, c'est-à-dire simplement physique, c'est une nature composée, une union substantielle de l'âme et du corps. M. Gueroult insiste, et a raison d'insister, sur le fait que, selon Descartes, seule l'union de l'âme et du corps fonde la finalité spécifique de la vie en l'homme, finalité sans laquelle l'existence du sens comme mode original de relation entre l'homme et le monde ne se conçoit pas. « Cette union substantielle est précisément ce qui empêche d'identifier le corps humain au corps de l'animal et à tous les autres corps du monde physique, lesquels sont sans unité réelle et ne constituent à l'intérieur de la substance étendue que des unités précaires et sans réalité. La réalité de ce tout composé maintient donc à la finalité sa valeur intrinsèque » (II, p. 175-176).

Ici se rencontre une difficulté redoutable que M. Gueroult ne cherche nullement à masquer et concernant quoi il se montre aussi exigeant, vis-à-vis de Descartes, que le furent les pires ennemis du cartésianisme. C'est le problème des conditions de l'individualité biologique en général. Si l'individu humain ne mérite authentiquement ce nom que du fait de l'union substantielle du corps et de l'âme, doit-on nier toute individualité de l'organisme animal en tant qu'identifié, et non pas seulement comparé, à une machine ? Nous avons utilisé ailleurs le secours que les analyses de M. Gueroult fournissent à un examen critique des prétentions du mécanisme en biologie[a]. Certes M. Gueroult explique très minutieusement que, sous le seul rapport de sa fabrique corporelle, l'homme cartésien n'est pas moins machine que l'animal-machine, que l'assemblage de ses parties ne relève pas davantage d'une structure de finalité et que la finalité ne vient au composé humain que du rapport du tout de la machine « *à une conscience intérieure qui lui est liée de telle sorte qu'entre cette conscience et cette machine s'établisse une relation de moyen à fin* » (II, p. 180). La finalité n'est pas de l'assemblage du corps, mais de l'union, tout pour tout, du corps et de l'âme. L'indivisibilité du corps humain ne lui vient que de l'âme. Mais, plus encore peut-être que M. Gueroult, nous nous demandons s'il est possible de parler du tout d'une machine, par rapport à la seule machine, et s'il est possible, abstraction faite du monteur et du machiniste, de faire une différence de réalité entre une machine montée et la même machine démontée. Nous nous demandons, plus encore peut-être que M. Gueroult, si en exigeant l'indivisibilité fonctionnelle du corps comme une condition nécessaire pour l'union d'un corps de soi étendu et d'une âme de soi indivisible (*Traité des Passions*, art. 30), tout en refusant de voir dans ce même organisme, coordonné en un tout, autre chose qu'un effet précaire des lois de la mécanique, Descartes n'a pas déplacé – nous ne voulons pas dire : dissimulé – une difficulté, « incompréhensible cassure » (II, p. 194) entre l'homme et l'animal. M. Gueroult aperçoit bien que les machines animales offrent, elles aussi, des dispositions d'interdépendance en soi des parties et d'agencement interne qui les rendent conformes aux « réquisits d'une union de l'âme avec le corps » (II, p. 193) ; en sorte qu'il doit poser la question : « Pourquoi de telles « dispositions » restent-elles inutilisées ? » (*Ibid.*)

a. *La formation du concept de réflexe aux* XVII*e et* XVIII*e siècles*, [Paris. P.U.F., 1955], p. 53-56.

Devant cette question, sans réponse chez Descartes, M. Gueroult s'accommode – nous n'osons pas dire moins malaisément que nous-même – de voir Descartes « nous renvoyer à l'abîme imperscrutable de la sagesse de Dieu » pour nous faire accepter ce « mystère insondable » (II, p. 194). En tout cas, nous pensons au moins, comme M. Gueroult, qu'en réservant l'individualité au seul corps dont la vie, en tant qu'elle est non mécanique, consiste dans l'animation, c'est-à-dire l'union avec un moi, qu'en faisant, de façon stupéfiante, de l'homme le seul animal authentique, parce qu'intelligent, Descartes s'est rendu insoluble le problème général de l'individualité biologique (II, p. 183-186). « Dans ces conditions, ne suffit-il pas de couper la patte d'un cheval pour qu'il se trouve *moins cheval qu'un autre* ? » (II, p. 181.) Si M. Gueroult avait écrit : la patte d'un triton, l'objection eût été encore plus forte. L'objection à ce point singulier et capital de la philosophie cartésienne n'est pas seulement logique, elle est réelle, elle n'est pas seulement pensable, elle est donnée dans le phénomène biologique de la régénération des mutilations, caractéristique de certaines espèces animales.

Mais, si l'union, tout pour tout, de l'âme et du corps garantit l'originalité de la nature humaine dans la nature en général et justifie la valeur d'information pragmatique du sentiment pour le maintien de l'intégrité du composé psycho-physique humain, en fondant la finalité interne propre à l'organisme humain, il faut qu'elle justifie cette valeur dans l'exercice d'organes intrinsèquement capables parfois de défaillances. Pour comprendre la signification et la portée vitales de ces défaillances, Descartes est conduit à exposer dans leur détail, pour autant qu'il relève de la biologie, les conditions *de fait* de l'union de l'âme et du corps, c'est-à-dire à démontrer que ces conditions reviennent à l'union plus particulière de l'âme avec une partie du corps (cf. *Traité des Passions*, art. 31). Cette démonstration n'est en réalité qu'une exhibition commentée. Descartes dissèque et décrit un dispositif anatomique, le système nerveux sensori-moteur, c'est-à-dire l'artifice technique par lequel l'artisan divin a résolu concrètement un problème que ses données théoriques semblaient condamner à l'échec : rendre le corps, divisible en parties puisque étendu, capable d'entrer dans un rapport d'action réciproque avec l'âme, inétendue et indivisible. « Cette explication de l'union de l'âme et du corps est aussi peu métaphysique que possible », dit très justement M. Gueroult (II, p. 203). Elle fait fond sur des connaissances anatomiques et physiologiques que Descartes n'est pas éloigné de tenir pour définitives. La glande pinéale devient ainsi, en raison de sa singularité morphologique, le lieu de la liaison âme-corps. Mais ce lieu n'est pas le support de ce qu'on devait appeler, au XIXe siècle, des localisations cérébrales. Ce ne sont pas des éléments de l'âme ou des facultés séparées qui sont liés à des parties d'un centre nerveux. C'est la totalité de l'âme qui est unie à une partie singulière, où se rassemble, comme par projection de tous les points du corps sur un de ses composants quasi ponctuel, la totalité de l'organisme. Et de même qu'un point de projection géométrique est identique pour tout point pris sur la verticale qui coupe en ce point le plan de projection, de même l'impression que l'âme éprouve, par l'intermédiaire d'une modification de la glande, ne contient pas en elle-même l'indication de la distance d'émission du message sensoriel sur une direction donnée. En concevant le nerf, pour autant qu'il est sensitif, comme un fil ébranlé de bout en bout, et produisant à son extrémité centrale un mouvement identique quelle que soit, du côté distal, la position sur le trajet nerveux du point d'excitation, Descartes explique que la sensation ne contienne pas de signe local et puisse entraîner, concernant l'assignation de ses causes et la parade à leurs effets, des méprises quant au repérage de celles-là et à l'efficacité de celle-ci. Ainsi s'explique une erreur aussi paradoxale, et par là devenue canonique, que l'illusion de l'amputé (II, p. 203-204). C'est donc en raison du caractère géométrique de sa neurologie, que Descartes prête à Dieu artisan l'invention d'une ingénieuse solution technique du problème de la liaison âme-corps. Mais c'est la métaphysique cartésienne, c'est-à-dire ici la conception cartésienne du Dieu Créateur, qui garantit à la fois la réalité et la valeur de cette solution technique. Dieu a fait pour le mieux et le meilleur réside en ce cas dans la balance entre un maximum de précision et d'efficacité, obtenu par la rigidité du mécanisme d'information sensorielle, et un minimum de ratés et d'erreurs, entraînés par cette même rigidité des conditions nerveuses de l'information. Je puis et dois me fier aux enseignements de ma nature, puisque chaque sentiment que j'éprouve, du fait d'un mouvement donné de la glande pinéale, est « celui qui est le plus propre et le plus ordinairement utile à la conservation du corps humain, lorsqu'il est en pleine santé ». M. Gueroult s'attache surtout à montrer comment cette explication de l'erreur du sens noue, grâce à la théorie cartésienne de la possibilité, une donnée de fait – la fabrique du corps humain – et une métaphysique de la création, pour conclure à la remarquable cohérence de la philosophie cartésienne (II, p. 208-218). Nous aimerions, pour notre part, montrer comment l'analyse cartésienne des conditions de possibilité d'une information sensorielle adaptée aux conditions d'existence d'un organisme biologiquement viable peut nous conduire à l'intelligence du point de vue statistique et du rôle du jugement de probabilité en biologie. C'est le point de vue de la totalité, que Descartes introduit en biologie humaine et pour l'organisme humain – alors qu'il n'a pas de sens en physique et pour le monde, qui n'est plus, depuis Copernic, un monde à proprement parler – qui entraîne le point de vue probabilitaire et statistique. Quand un ordre s'institue comme convergence de fonctions, il s'institue par là même contre une divergence qui n'est pas abolie du fait qu'elle est contenue ou réduite. En biologie, il faut comparer les échecs de l'organisation à ses succès, les erreurs aux essais. Le mieux est ici le moins mal. Mais nous nous demandons encore une fois, malgré Descartes ou si l'on veut contre lui, si le fait universel de la fluctuation biologique, physiologique aussi bien que morphologique, en rendant obligatoire, au niveau de la méthode, l'approche statistique de toutes les questions relatives à la vie, ne tend pas à nier le privilège que Descartes attribue, sur le plan ontologique, à l'organisme humain, en tant qu'humain, relativement à la réalité, en lui exclusive, de sa totalité et de sa finalité d'organisme.

Dans les dernières pages de son étude, M. Gueroult, justement conscient d'avoir étalé et développé toutes les raisons ordonnées qui permettent à Descartes de tenir le sentiment comme « seul organe justifié pour la vraie connaissance de la vie » (II, p. 244), peut légitimement écourter l'exposé des conséquences que la justification du sentiment entraîne, selon Descartes, en médecine et en morale, composantes d'un art de la vie humaine intégrale. Bien que la morale ne puisse être, comme la médecine, « qu'une technique appliquant une science théorique » (II, p. 221), nous entrons avec l'une et l'autre dans le domaine de l'évaluation, en quittant le domaine propre de la mesure. Sauf à redonner au concept de mesure sa signification éthique, abrégé d'une expérience de la vie, de détermination probabilitaire d'un milieu par rapport à des écarts, d'une modération devant les excès (*cf.* la distinction des vertus apparentes et vraies, dans la Lettre-Préface des *Principes*). La morale consiste davantage en expérience qu'en théorie, la conjecture et la vraisemblance y tiennent une place que la science leur refuse. Et, finalement, « l'optique de la morale retourne les perspectives de la science » (II, p. 238), au point que « à la *certitude*, qui est l'impératif de la spéculation va donc succéder inéluctablement l'acceptation du *risque* qui est l'impératif de la morale » (II, p. 241). C'est donc, finalement, dans la *VIe Méditation* et dans la justification de la valeur spécifique du sens et du sentiment qu'il faut aller chercher la réponse à la question si débattue de savoir si et où Descartes a exposé une morale définitive, et si cette morale est ou non différente de la morale par provision. Si M. Gueroult peut conclure que la morale par provision est bien définitive, c'est pour avoir su débrouiller, grâce à son analyse à la fois régressive et constructive d'un texte qui ne concerne pas apparemment cette question, « l'inextricable complication d'une doctrine provisoire, annonçant une doctrine définitive qui doit la remplacer, et d'une doctrine définitive, qui, au contraire, confirme et consolide, une fois pour toutes, la morale qu'on croyait devoir être provisoire » (II, p. 239).

Les mérites, en philosophie comme ailleurs, se mesurent d'abord, mais non uniquement, aux effets. L'effet le plus certain du travail, considérable à tous les sens du mot, de M. Gueroult, c'est la restitution de l'inimitable rigueur cartésienne comme première condition à respecter pour parvenir à l'intelligence de Descartes. Cet effet en commande secondairement deux autres : le premier, c'est de fonder notre admiration pour Descartes sur la connaissance de ce que Descartes a fait ou dit effectivement plutôt que sur la présomption de ce que, sans doute, il voulait faire ou dire ou ne pouvait pas ne pas vouloir faire ou dire ; le deuxième, tout respect et toute admiration accordés, c'est de faire apparaître rigoureusement à quels obstacles la rigueur cartésienne s'est heurtée, en nous laissant le soin de décider si c'est ou non victorieusement, et le risque de reprendre à nos frais, le cas échéant, l'examen des mêmes difficultés.

(À suivre.)[1]

Georges CANGUILHEM

1. Comme on l'a déjà indiqué plus haut, il n'y eut pas de suite publiée.

LE PROBLÈME DES RÉGULATIONS DANS L'ORGANISME ET DANS LA SOCIÉTÉ [1]

Les Cahiers de l'Alliance israélite universelle[2], n° 92, septembre – octobre 1955, p. 64-81

1. L'Alliance israélite universelle a été fondée par des membres de la bourgeoisie juive de Paris en 1860. Elle visait « la création d'une société juive d'inspiration universelle [...] » conçue comme « une intégration des communautés religieuses dans leurs patries respectives ». Elle s'associa tôt avec la *Jewish Colonization Association* et entretint des relations étroites avec les communautés juives de l'Afrique du Nord puis avec Israël (*cf.* André Chouraqui, *L'Alliance israélite universelle et la renaissance juive contemporaine (1860-1960)*, Paris, P.U.F., 1965, p. 28, 54.). Ses efforts se portèrent intensivement sur la création d'écoles primaires et de lycées dans le bassin méditerranéen et le Proche-Orient, formant bientôt un véritable réseau scolaire de l'Alliance doté, dès 1867, à Paris, d'une école normale.

Outre Pierre-Maxime Schuhl et Emmanuel Levinas mentionnés ici, d'autres philosophes ont été membres de l'Alliance ; ainsi Xavier Léon de 1898 à 1902, Léon Brunschvicg élu au Comité central de l'Alliance en 1922, ou Marcel Mauss en 1932.

Cette conférence fut prononcée à l'invitation de Pierre-Maxime Schuhl, membre du Comité central de l'Alliance, lors des Journées pédagogiques (19-21 juillet 1955) de l'Alliance (alors présidée par René Cassin). Ces journées furent tenues à l'École Normale Israélite Orientale, alors sise au 59 de la rue d'Auteuil (Paris 16 e) et dont Emmanuel Levinas était depuis 1945 le directeur. L'auditoire se composait ce soir là de dignitaires de l'organisation et d'une cinquantaine de maîtres du corps enseignant de l'Alliance, venus du Maroc, de Tunisie, du Liban et d'Israël à l'occasion de ces journées (*cf.* dans ce numéro des *Cahiers*, p 1).

Dans la bibliothèque de Canguilhem, un exemplaire (coté CAN 3264) porte des corrections de sa main. Nous avons restitué ici la division originelle des paragraphes, celle des *Cahiers*, puisque dans les corrections portées sur son exemplaire il n'a pas semblé juger devoir la remettre en question.

Ce texte a été republié dans les *Écrits sur la médecine* (Armand Zaloszyc (éd.), Paris Seuil, 2002, p. 101-125), mais sans la discussion qui avait suivi la conférence.

2. Ces *Cahiers* périodiques avaient commencé à paraître en 1946.

Monsieur le Président,

Je vous remercie des paroles beaucoup trop élogieuses que vous avez prononcées[1].

Lorsque mon ami Pierre-Maxime Schuhl[2] m'a demandé de vouloir bien faire une conférence dans ces réunions de l'Alliance Israélite, j'ai accepté très volontiers avec le plus grand plaisir; c'est un honneur pour moi, et je regrette simplement d'avoir dû poser cette condition, dont je m'excuse, qui fait que nous sommes réunis à une heure tout à fait insolite[3].

J'ai choisi de traiter un problème dont je vous assure, messieurs, que je n'ai nullement fait le tour, puisque c'est une question pour moi-même. Mais j'ai choisi de vous entretenir d'un sujet qui n'est pas préoccupant parce qu'il me préoccupe, mais qui me préoccupe parce que je le crois fondamentalement préoccupant. Sous le titre un peu trop technique : « Le problème des régulations dans l'organisme et dans la société », il ne s'agit au fond de rien de moins que d'un problème très ancien, toujours ouvert, et qui est celui des rapports entre la vie de l'organisme et la vie d'une société. L'assimilation usuelle, tantôt savante et tantôt vulgaire, de la société à un organisme est-elle plus qu'une métaphore? Est-ce que cette assimilation recouvre quelque parenté substantielle?

Ce problème n'a, naturellement, d'intérêt que dans la mesure où la solution qui lui est donnée devient, si elle est positive, le point de départ d'une théorie politique et d'une théorie sociologique qui tend à subordonner

1. Cette phrase est omise dans les *Écrits sur la Médecine*. Le président de cette séance, l'ingénieur-général Louis Kahn (1895-1967), polytechnicien, avait comme René Cassin rejoint de Gaulle à Londres; il était membre du Comité central de l'Alliance depuis 1944.

2. Pierre-Maxime Schuhl (1902-1984), ancien élève de l'École normale supérieure (1921), agrégé de philosophie (1925), docteur ès lettres (*Essai sur la formation de la pensée grecque : Introduction historique à une étude de la pensée platonicienne*, Paris, Alcan, 1934; thèse complémentaire: *Platon et l'art de son temps*, Paris, Alcan, 1933). Nommé maître de conférences à l'Université de Montpellier, puis professeur à l'Université de Toulouse, il accéda à la Sorbonne à la Libération après avoir été prisonnier de guerre pendant quatre ans. Il était membre du comité central de l'Alliance depuis 1950. Canguilhem avait rendu compte de sa thèse de doctorat en 1936 et, deux ans plus tard, de son ouvrage *Machinisme et philosophie* (cf. *OC* I, p. 485-487 et p. 510-511).

3. Comme l'indique le dernier paragraphe des remerciements par Schuhl (ci-après, p. 672), cette conférence fut prononcée en soirée après une journée consacrée par Canguilhem à la présidence d'un concours.

le social au biologique et qui – je ne dirai pas risque –, mais qui devient, en fait, un argument pour la pratique politique.

Que ce soit là, par conséquent, un sujet de préoccupation majeure, il me semble que je n'ai pas besoin de le déclarer et de le démontrer plus amplement.

Cette assimilation permanente de la société à l'organisme provient d'une tentation qui est, en général, doublée de la tentation inverse, celle d'assimiler l'organisme à une société.

Un des penseurs grecs auxquels P.-M. Schuhl s'est intéressé, dans ses « Premières étapes de la philosophie biologique »[1], Alcméon de Crotone[2], interprétait le déséquilibre causé par la maladie, le trouble pathologique, comme une sédition, c'est-à-dire qu'il transportait, pour expliquer la nature de la maladie, dans l'organisme, un concept d'origine sociologique et politique.

Quand les économistes libéraux et socialistes des XVIIIe et XIXe siècles ont attiré l'attention sur le phénomène social de la division du travail et sur ses effets, effets heureux pour les uns, détestables pour les autres, les physiologistes ont trouvé tout naturel de parler de division du travail concernant les cellules, les organes ou les appareils composant un corps vivant[3].

Dans la seconde moitié du XIXe siècle, au moment de la diffusion de la théorie cellulaire, Claude Bernard parlait de la « vie sociale » des cellules ; il se demandait si les cellules ont la même vie en société qu'elles auraient en liberté, ce qui revenait à poser, par anticipation, le problème des résultats d'une culture de cellules. Est-ce que la cellule se comportera, lorsqu'elle est

1. Article publié dans la *Revue d'histoire des sciences*, vol. 5, juillet-septembre 1952, p. 197-221. Le texte des *Cahiers*, et par conséquent les rééditions de ce texte n'indiquaient pas qu'il s'agissait ici du titre d'un article de Schuhl auquel Canguilhem renvoyait explicitement. C'est lui qui a fait la correction sur l'exemplaire de sa bibliothèque. Deux tirés à part dédicacés de cet article de Schuhl, dont l'un en remerciement de l'envoi de *La Connaissance de la vie*, se trouvent dans la bibliothèque de Canguilhem (CAN 2000).

2. Alcméon de Crotone (c. 520 – c. 450), médecin et philosophe, disciple de Pythagore selon Diogène Laërce.

3. En regard de ce passage, dans un des exemplaires de sa bibliothèque, Canguilhem a ajouté cette note manuscrite : « Milne-Edwards, Rapport sur les progrès récents des sciences zoologiques en France 1867. Paris, Imprimerie Nationale, 1867 p. 453 *sq*. C'est en 1827 que Milne-Edwards a posé ce principe pour la première fois dans le *Dictionnaire classique d'histoire naturelle* (Organisation des Animaux). / Pierre Andreu Bergson et Sorel, *Études bergsoniennes* [Paris, Albin Michel, vol.] III 1952 [p. 41-78] ».

libérée de toutes les relations qu'elle soutient avec les autres, dans un organisme, de la même façon en liberté qu'en société ?

Ernst Haeckel[1], un de ceux qui ont fait le plus pour élever la théorie cellulaire au rang de dogme, parlait d'« État cellulaire » ou de « République de cellules », pour désigner le corps du vivant pluricellulaire.

Bref, de la sociologie à la biologie, la multiplication des exemples n'apporterait aucun renfort à l'idée.

Ici, il faut remarquer qu'il y a toujours eu échange de bons ou mauvais procédés entre la sociologie et la biologie. C'est l'histoire seule qui, dans certains cas, nous permet d'éclairer l'origine de certains concepts auxquels une certaine équivocité en biologie et en sociologie donne l'apparence d'avoir une validité équivalente dans l'un et l'autre domaines de significations et d'usages.

Par exemple, il y a un concept fondamental en politique et en économie, le concept de Crise. Or c'est un concept d'origine médicale, c'est le concept d'un changement survenant dans le cours d'une maladie, annoncé par certains symptômes, et dans lequel va se décider effectivement la vie du patient.

Je vous rappellerai que le terme de Constitution, qui fait partie également de ces termes parfaitement équivoques, est valable aussi bien sur le terrain biologique que sur le terrain social ; si nous cherchons le passage d'un terrain à l'autre, du terrain biologique au terrain social, nous ne le trouvons pas, aussi loin que nous remontions ; ce terme a de toujours une ambiguïté, une équivocité, il vaut aussi bien pour un domaine d'explication que pour l'autre.

Par conséquent, je ne rappelle tous ces faits que pour bien montrer que lorsqu'on assimile la société à un organisme, ce n'est pas seulement en fonction d'une théorie sociologique assez courte, dont les jours ont été rapidement comptés, à la fin du XIXe siècle. Cette théorie est appelée l'Organicisme. Que cette théorie soit apparue explicitement à ce moment-là n'empêche nullement certains sociologues, comme Auguste Comte, d'avoir

1. Ernst Haeckel (1834-1919), docteur en médecine (1857), se consacra rapidement à la biologie et mena l'essentiel de sa carrière à l'Université d'Iéna. Ardent défenseur de l'évolutionnisme et initiateur de la loi de la récapitulation de la phylogénèse dans l'ontogénèse (*Generelle Morphologie der Organismen*, Berlin, Reimer, 1866), il assura par la vulgarisation de ses propres idées dans son *Histoire naturelle de la création* (1868), puis dans ses *Énigmes de l'univers* (1899) son immense popularité, qu'il mit notamment au service de la droite nationaliste allemande.

cherché dans une notion d'origine biologique qui était la notion de « consensus », ou sympathie des parties de l'organisme entre elles, une notion qu'il importait sur le terrain sociologique : encore qu'il reconnût que par l'histoire humaine, par le fait de la tradition, la vie sociale et la vie organique composent deux domaines radicalement hétérogènes.

Cela dit, nous abordons le problème par ce que je pourrais appeler son aspect le plus populaire, à savoir la double tentation d'assimilation, et je voudrais montrer immédiatement que si nous nous plaçons également au point de vue de la représentation populaire, la correction à cette assimilation s'impose immédiatement. Je veux dire par là qu'en ce qui concerne le problème social et les problèmes posés par la vie organique et ses désordres, il y a, dans l'opinion commune, une attitude qui devrait déjà inviter le philosophe à en sonder les raisons profondes.

Bien entendu le problème de l'assimilation de la société à un organisme n'a d'intérêt que dans la mesure où l'on en attend quelques vues sur la structure d'une société, sur son fonctionnement, mais plus encore sur les réformes à opérer lorsque la société en question est affectée de troubles graves; autrement dit, ce qui domine l'assimilation de l'organisme à une société, c'est l'idée de la médication sociale, l'idée de la thérapeutique sociale, l'idée de remèdes aux maux sociaux.

Or, il faut remarquer que sous le rapport de la santé et de la maladie, donc sous le rapport de la réparation des troubles organiques ou sociaux, les relations entre le mal et le remède sont radicalement différentes concernant un organisme et concernant une société.

Ce à quoi je vais faire allusion n'a rien de mystérieux, chacun l'a éprouvé, si je puis dire; cela alimente les conversations courantes.

Un organisme, c'est un mode d'être tout à fait exceptionnel en ceci qu'entre son existence et son idéal, entre son existence et sa règle ou sa norme, il n'y a pas de différence à proprement parler.

Du moment qu'un organisme est, du moment qu'il vit, c'est qu'il est possible, c'est-à-dire qu'il répond à un idéal d'organisme; la norme ou la règle de son existence est donnée dans son existence même; de sorte que s'agissant d'un organisme vivant, et pour prendre l'exemple le plus banal, s'agissant de l'organisme humain, la norme qu'il faut restaurer, lorsque cet organisme est lésé ou malade, ne prête pas le moins du monde à ambiguïté.

On sait très bien ce que c'est que l'idéal d'un organisme malade; l'idéal d'un organisme malade, c'est un organisme sain de la même espèce. C'est-à-dire qu'alors même qu'on ne sait pas exactement en quoi consiste le désordre organique, alors même que le médecin discute sur la nature du mal, qu'on discute sur la composition et l'administration des remèdes, personne ne discute sur l'effet attendu de ces remèdes; l'effet attendu de ces remèdes, c'est la restauration de l'organisme dans son état d'organisme sain; bref, l'idéal de l'organisme est ici clair à tout le monde, c'est l'organisme lui-même.

On peut hésiter sur le diagnostic et la thérapeutique d'une affection du foie ou d'une maladie des yeux, mais personne n'hésite sur ce qu'on doit attendre de la thérapeutique; on doit attendre du foie qu'il sécrète la bile, et des yeux qu'ils aient une acuité visuelle satisfaisante.

Bref, dans l'ordre de l'organisme on voit communément tout le monde discuter, si je puis dire, de la nature du mal, et personne ne discute sur l'idéal du bien.

Mais l'existence des sociétés, de leurs désordres, de leurs troubles, fait apparaître une tout autre relation entre les maux et les réformes, parce que pour la société, ce dont on discute, c'est de savoir quel est son état idéal ou sa norme.

C'est ici précisément que le problème se pose; la finalité de l'organisme est intérieure à l'organisme et par conséquent cet idéal qu'il faut restaurer c'est l'organisme lui-même.

Quant à la finalité de la société, c'est précisément l'un des problèmes capitaux de l'existence humaine et l'un des problèmes fondamentaux que se pose la raison.

Depuis que l'homme vit en société, sur l'idéal de la société, précisément, tout le monde discute; par contre les hommes sont beaucoup plus aisément d'accord sur la nature des maux sociaux que sur la portée des remèdes à leur appliquer.

Dans l'existence d'une société, la norme de la sociabilité humaine n'est pas enfermée et j'essaierai de dire tout à l'heure pourquoi. D'où la multiplicité des solutions possibles qui sont calculées ou rêvées par les hommes pour mettre un terme aux injustices.

On pourrait dire que, dans l'ordre de l'organique, l'usage de l'organe, de l'appareil, de l'organisme, est patent; ce qui est parfois obscur, ce qui est souvent obscur, c'est la nature du désordre.

Du point de vue social, il semble au contraire que l'abus, le désordre, le mal, soient plus clairs que l'usage normal.

L'assentiment collectif se fait plus facilement sur le désordre : le travail des enfants, l'inertie de la bureaucratie, l'alcoolisme, la prostitution, l'arbitraire de la police, ce sont des maux sociaux sur lesquels l'attention collective se porte (bien entendu, pour les hommes de bonne foi et de bonne volonté), et sur lesquels le sentiment collectif est aisé.

Par contre, les mêmes hommes qui s'accordent sur le mal se divisent sur le sujet des réformes; ce qui paraît aux uns remède apparaît précisément aux autres comme un état pire que le mal, en fonction précisément du fait que la vie d'une société ne lui est pas inhérente à elle-même.

On pourrait dire que dans l'ordre social la folie est mieux discernée que la raison, tandis que dans l'ordre organique c'est la santé qui est mieux discernée, mieux déterminée que la nature de la maladie.

Cette idée a fait l'objet de développements brillants, un peu trop brillants, de la part d'un auteur anglais, Chesterton, dans un ouvrage peu connu qui a été traduit en français: *Ce qui cloche dans le monde*[1]. Il s'est contenté, comme à son habitude, de faire sur le sujet des paradoxes très excitants, très stimulants. Mais décrire ne suffit pas.

Je ne dis pas que je vais expliquer, je n'en ai pas la prétention; mais je voudrais essayer de montrer comment, à partir de cette constatation accessible à tout homme de bonne volonté, on peut fonder quelques principes d'explication.

C'est ici que le mot «Régulation», qui apparaît dans le titre de ma conférence, va intervenir; mais c'est un mot savant – qui ne l'est pas beaucoup, en ce sens que tout le monde sait ce qu'est un régulateur dans une ancienne locomotive, tout le monde sait ce que c'est qu'une gare régulatrice. Le concept de régulation est un concept, je ne dirai pas familier, mais non rébarbatif.

L'organisme vivant est un type d'être qui est caractérisé par la présence constante et l'influence permanente de toutes ses parties à chacune d'entre

1. *What is Wrong with the World?* (London, Cassell, 1910); sa traduction, par J.-C. Laurens, parut chez Gallimard en 1948; elle se trouve (2e édition, même année) dans la bibliothèque de Canguilhem (CAN 2340), avec d'autres livres du même auteur. Gilbert Keith Chesterton (1874-1936), journaliste et écrivain anglais, fut immensément populaire dans la première moitié du XXe siècle. Maître du paradoxe, apologiste du christianisme, il fut aussi un critique acide des travers de la société de son époque. Canguilhem y revient dans l'addition de 1966 au *NP* (p. 192-193) : « C'est du bien social qu'on discute dans la société, ce qui fait que les uns tiennent précisément pour le mal ce que d'autres recherchent comme devant être la santé. » Et il ajoute en note : « Nous avons plus longuement commenté ces réflexions de Chesterton dans notre conférence "Le problème des régulations"… ».

elles. Le propre d'un organisme, c'est de vivre comme un tout et de ne pouvoir vivre que comme un tout.

Cela est rendu possible par l'existence dans l'organisme d'un ensemble de dispositifs ou de mécanismes de régulation, dont l'effet consiste précisément dans le maintien de cette intégrité, dans la persistance de l'organisme comme tout. Cette idée de régulation organique est un concept assez récent; je donnerai tout à l'heure quelques exemples des types principaux de régulation organique.

Cette idée, qui commence avec la physiologie de Claude Bernard, ne fait en somme que confirmer une très vieille intuition de la médecine hippocratique à savoir qu'il existe, du fait même de la vie de l'organisme, une sorte de médication naturelle ou de compensation naturelle des lésions ou des troubles auxquels l'organisme peut être exposé. Cette vieille idée hippocratique de la force médicatrice de la nature n'a fait que recevoir des confirmations de la physiologie moderne.

Un organisme comporte, du fait seul qu'il est organisme, un système de mécanismes de correction et de compensation des écarts ou des dommages qu'il subit relativement au monde dans lequel il vit, relativement à son milieu, milieu à l'égard duquel l'existence de ces mécanismes de régulation lui permet de mener une existence relativement indépendante.

Pour prendre un exemple très simple, je citerai ce qu'on appelait autrefois les animaux à sang froid et les animaux à sang chaud, qu'on appelle aujourd'hui, de façon plus savante, des poïkilothermes et des homéothermes. Chez les animaux à sang froid, il n'y a pas de système de régulation de température, ils sont esclaves de la température du milieu; quant à l'homéotherme, il a un système de régulation qui lui permet de compenser les écarts, de maintenir une température constante, indépendamment des sollicitations du milieu.

L'organisme même, du seul fait de son existence, résout une espèce de contradiction, qui est la contradiction entre la stabilité et la modification. L'expression de ce fait original requiert des termes dont la signification est à la fois physiologique et morale; il y a dans tout organisme une modération congénitale, un contrôle congénital, un équilibre congénital; c'est l'existence de cette modération, de ce contrôle, de cet équilibre qu'on appelle d'un terme savant, depuis le physiologiste américain Cannon, l'« homéostasie ».

Les états stables de l'organisme sont obtenus dans toutes les parties de l'organisme en conservant uniformes, c'est-à-dire préservées d'écarts trop importants en deçà ou en delà, des conditions naturelles de vie de ces parties, c'est-à-dire ce qu'on appelle, depuis Claude Bernard, le milieu intérieur.

De même que la notion de milieu sert aux biologistes de la fin du XVIIIe siècle et du début du XIXe siècle pour expliquer les modifications et les adaptations de l'organisme et des espèces, de même cette notion de milieu intérieur sert à Claude Bernard pour expliquer comment, à l'intérieur de l'organisme, chaque partie se trouve en relation avec toutes les autres, par l'intermédiaire de cette sorte de matrice liquide, composée de sels, d'eau, de produits de sécrétion interne[1], dont la stabilité se trouve sous la dépendance de deux appareils qui, chez les animaux supérieurs, sont la clé de voûte de toutes ces opérations, le système nerveux et le système des glandes à sécrétion interne ou glandes endocrines.

Claude Bernard a eu l'originalité de montrer qu'il existe un milieu intérieur, mais il a en plus encore l'originalité de montrer que c'est l'organisme lui-même qui produit ce milieu intérieur.

J'insiste ici sur le fait que la régulation de l'organisme est assurée par des appareils spéciaux qui sont le système nerveux et le système endocrinien.

Les régulations auxquelles Claude Bernard s'était intéressé sont des régulations physiologiques. Par exemple : la régulation des mouvements respiratoires sous l'effet du taux d'acide carbonique contenu dans le milieu intérieur, ou bien la régulation de l'élimination de l'eau et des sels qui annule la variation de pression osmotique dans les liquides internes ; la thermorégulation, c'est-à-dire la régulation de la chaleur animale, ou bien encore la régulation des écarts de l'alimentation azotée par le maintien de la loi de l'équilibre azoté.

À ces recherches de Claude Bernard sont venues s'ajouter des recherches de deux autres types : celles qui concernent le développement embryonnaire et celles qui concernent la régénération.

Les embryologistes ont découvert que dans l'œuf fécondé, à partir de cet œuf fécondé, au cours de la vie embryonnaire, il existe une sorte de contrôle d'une totalité sur les parties qui fait que quelles que soient les variations, si je puis dire, de substance ovulaire, l'être vivant conserve ou maintient l'intégrité d'une forme spécifique, et que, par exemple, on peut, avec une moitié d'œuf ou au contraire avec deux œufs accolés, obtenir un seul individu, dont

1. Le texte des *Cahiers* donnait « inerte » ; la correction est de Canguilhem sur son exemplaire.

tous les caractères spécifiques sont identiques à ceux qu'on obtiendrait par le développement d'un œuf normal, à quelques différences quantitatives près.

Ici la régulation de ce qu'on a appelé les organisateurs spécifiques s'exerce de façon telle que par rapport à ces dommages que l'œuf peut subir de la part des éléments extérieurs, la forme spécifique à obtenir se trouve constamment préservée et maintenue.

De même, et ce n'est qu'une conséquence, la régénération qui se fait chez certains animaux, et qui fait que ces animaux retrouvent, après mutilation, et à quelques différences quantitatives près, leur propre forme, montre bien qu'il y a une sorte de domination de la forme sur la matière, une sorte de commandement du tout sur les parties.

Tout cela pour dire que ce n'est pas sans profondeur qu'un biologiste dont j'ai parlé tout à l'heure, Cannon, a pu intituler l'ouvrage dans lequel il expose sommairement ces mécanismes de régulation: *La Sagesse du corps*[1]. C'est un titre dont on peut sourire, mais qui, cependant, mérite de faire réfléchir.

Qu'était, en effet, l'idée antique et païenne de sagesse?

Je passerai rapidement, pour ne pas tomber sous le coup des critiques de mon ami Schuhl, sur cette question; je dirai que l'idée de la sagesse, c'était essentiellement l'idée de la mesure, du contrôle et de la maîtrise dans la conduite de la vie. C'était ce qui préservait l'homme de l'emprise de la démesure, tentation permanente d'écart, d'aberration et de mépris de la limite.

Il est certain que, pour bien des penseurs grecs et des plus grands, l'idée qu'ils se faisaient de l'Univers, l'idée qu'ils se faisaient du Tout, c'était l'idée d'un organisme sain, c'est-à-dire d'un organisme où toutes les parties s'accordent les unes aux autres, sont présentes les unes aux autres et où les rapports fonctionnels entre ces parties restent invariables.

A l'intérieur de ce Tout, à l'intérieur de cet ordre qui est en même temps vie, chaque être, l'homme y compris, a une place; à cette place, il doit travailler en coopération avec l'ensemble des autres êtres; il doit toujours respecter des rapports fonctionnels d'asservissement aux exigences du Tout.

Cette idée de la sagesse antique est peut-être une idée greffée sur une image empruntée à l'intuition de la vie. Bien sûr, ce n'est pas le corps qui est sage, c'est la raison. Mais lorsqu'on parle de sagesse du corps, on restitue au

1. Sur Cannon et cet ouvrage, cf. *supra*, p. 449, note a et n. 1.

corps l'image de l'équilibre, sur laquelle je dis que s'est peut-être greffée, mais dans tous les cas s'est certainement développée, l'idée de sagesse.

Or, l'ouvrage de Cannon comporte un épilogue qui est intitulé : « Rapports entre l'homéostasie biologique et l'homéostasie sociale ». Cannon cède ici au penchant propre à tout spécialiste, il cède à cette tentation que le savant partage avec le vulgaire, celle d'importer en sociologie ce magnifique concept de régulation et d'homéostasie dont il a montré, au cours des pages précédentes, le mécanisme.

Ce livre de Cannon, je le dis tout de suite, car ce rapprochement n'est pas sans intérêt, est la reproduction de conférences qu'il a données à la Sorbonne en 1930. Il était alors professeur à l'université de Harvard. Or, 1930 était l'année où Bergson devait mettre la dernière main (peut-être corriger les épreuves) aux *Deux Sources de la morale et de la religion*. On est donc à peu près certain qu'il n'y a pas eu d'influence. Mais les travaux de Cannon sont bien antérieurs, et Bergson qui lisait tout et savait tout, pouvait en avoir eu connaissance.

Ce qui est intéressant, c'est de voir que, dans les années 1930-1932, Cannon et Bergson rencontrent le même problème, l'un le rencontre à partir de sa biologie, l'autre à partir de sa philosophie.

Il faut bien le dire, cet épilogue de Cannon sur l'homéostasie sociale est la partie la plus faible de son livre. D'abord, c'est la plus courte ; on pourrait dire qu'il a été modeste, il était hors de son domaine, il s'est avancé avec prudence ; mais encore que ce soit la plus courte, c'est aussi la plus faible, parce que la plupart des assimilations y sont fondées sur des lieux communs de politique ou de sociologie, dont on ne cherche pas le fondement.

Cannon se demande si l'on ne trouverait pas dans la société des exemples de mécanismes de régulation amortissant les écarts et tendant à compenser les désordres.

Voici un exemple que je vais me permettre de lire :

« Il faut d'abord noter que le corps politique lui-même offre des traces de dispositif grossier de stabilisation. Dans le chapitre précédent, j'ai émis cette idée qu'une certaine constance dans un système complexe est la preuve en elle-même qu'il y a des mécanismes agissants ou prêts à agir pour défendre cette constance. De même, quand un système se maintient stable, il arrive à le faire parce que la plus petite tendance à un changement est immédiatement enrayée par l'augmentation d'efficacité du ou des facteurs qui s'opposent à ce changement. Une tendance au conservatisme excite une révolte des éléments de gauche qui, à son tour, est suivie d'un retour au conservatisme.

Un gouvernement peu sévère, avec les conséquences qu'entraîne ce manque de sévérité, provoque l'arrivée au pouvoir de réformateurs dont le rigorisme amènera de l'agitation et le désir de plus de liberté. Les nobles enthousiasmes et les sacrifices de la guerre sont suivis d'une apathie morale et d'une débauche d'indulgence envers soi-même. »

Et voici maintenant le passage auquel je vous demande de prêter un peu d'attention :

« Il est rare que dans une nation une tendance prenne une force telle qu'elle aille jusqu'au désastre. Avant que cet extrême ne soit atteint, des forces correctrices s'élèvent qui arrêtent cette tendance ; généralement elles arrivent à dominer trop absolument, de sorte qu'elles-mêmes provoquent une nouvelle réaction. »

Je ne puis m'empêcher de rapprocher cette remarque de Cannon des remarques beaucoup plus profondes que fait Bergson, à la fin de son livre *Les Deux Sources de la morale et de la religion*, sur ce qu'il appelle la loi de dichotomie et de double frénésie des tendances.

Pour Bergson également, la société [–] dont vous savez qu'elle est à la fois close et ouverte, c'est-à-dire conservatrice, tendant à sa conservation comme un organisme, mais cherchant à se dépasser, finalement vers l'Humanité, comme cet élan qui, à travers la matière, emporte l'existence universelle dans un courant infini de création –, pour Bergson, la société est à chaque moment de son histoire orientée par une certaine tendance ; une tendance l'emporte sur l'autre, mais lorsqu'elle a atteint une espèce de paroxysme, c'est la tendance contraire qui, à son tour, va se déployer.

Mais Bergson ne raisonne pas comme Cannon qui semble s'en tenir dans sa sagesse du corps social, à une espèce d'extension de la loi de Le Chatelier[1] : lorsque dans un système en mouvement certaines perturbations tendent à s'exercer, la résistance à ces perturbations se produit du fait même des liaisons à l'intérieur du système.

Bergson dit, au contraire, que si, en un certain sens, une oscillation autour d'une position médiane, une sorte de mouvement pendulaire existe,

1. La loi de Le Chatelier, aussi dite loi générale de modération, avait été énoncée en 1884 par le chimiste français Henry Le Chatelier (1850-1936). Déduite d'observations expérimentales, elle énonce que « Lorsque les modifications extérieures apportées à un système physico-chimique en équilibre provoquent une évolution vers un nouvel état d'équilibre, l'évolution s'oppose aux perturbations qui l'ont engendrée et en modère l'effet ».

le pendule, en ce qui concerne la société, est doué de mémoire et le phénomène n'est plus le même au retour qu'à l'aller.

Du reste, dans cet exemple invoqué par Cannon, l'alternance conservatrice et réformatrice, il faut bien le dire, n'a pas de sens pour toute société; elle a un sens dans un régime parlementaire, c'est-à-dire pour un dispositif politique qui est une invention historique faite pour canaliser le mécontentement. C'est un type de dispositif qui n'est pas inhérent à la vie sociale en tant que telle; c'est une acquisition de l'histoire, c'est un outil qu'une certaine société s'est donné.

Ayant prononcé ce mot d'outil, je vais essayer maintenant de délimiter rapidement les raisons pour lesquelles nous ne pouvons pas considérer une société comme un organisme.

Concernant la société, nous devons lever une confusion, celle qui consiste à confondre organisation et organisme. Le fait qu'une société est organisée – et il n'y a pas de société sans un minimum d'organisation – ne veut pas dire qu'elle est organique; je dirais volontiers que l'organisation au niveau de la société est plutôt de l'ordre de l'agencement que de l'ordre de l'organisation organique, car ce qui fait l'organisme, c'est précisément que sa finalité sous forme de totalité lui est présente et est présente à toutes les parties. Je m'excuse, je vais peut-être vous scandaliser, mais une société n'a pas de finalité propre; une société, c'est un moyen; une société est plutôt de l'ordre de la machine ou de l'outil que de l'ordre de l'organisme.

Bien sûr, une société a quelque ressemblance avec l'organique, puisqu'elle est une collectivité de vivants. Nous ne pouvons pas, à proprement parler, décomposer une société, mais si nous l'analysons, ce qui est bien différent, nous découvrons qu'une société est une collectivité de vivants, mais cette collectivité n'est ni un individu ni une espèce. Elle n'est pas un individu parce qu'elle n'est pas un organisme pourvu de sa finalité et de sa totalité obtenue par un système spécialisé d'appareils de régulation; elle n'est pas une espèce parce qu'elle est, comme le dit Bergson, close. Les sociétés humaines ne sont pas l'espèce humaine. Bergson montre que l'espèce humaine est à la recherche de sa sociabilité spécifique. Donc, n'étant ni un individu, ni une espèce, la société, être d'un genre ambigu, est machine autant que vie, et n'étant pas sa fin en elle-même, elle représente simplement un moyen, elle est un outil. Par conséquent, n'étant pas un organisme, la société suppose et même appelle des régulations; il n'y a pas de société sans régulation, il n'y a pas de société sans règle, mais il n'y a pas dans la société d'auto-régulation. La régulation y est toujours, si je puis dire, surajoutée, et toujours précaire.

De sorte qu'on pourrait se demander sans paradoxe si l'état normal d'une société ne serait pas plutôt le désordre et la crise que l'ordre et l'harmonie. En disant l'état normal de la société je veux dire l'état de la société considérée comme machine, l'état de la société considérée comme outil.

C'est un outil toujours en dérangement parce qu'il est dépourvu de son appareil spécifique d'autorégulation. En disant l'état normal, je n'ai pas voulu dire l'idéal de la vie humaine. L'idéal de la vie humaine n'est ni le désordre ni la crise. Mais c'est précisément pourquoi la régulation suprême dans la vie sociale, qui est la justice, la régulation suprême, même s'il y a dans la société des institutions de justice, ne figure pas sous la forme d'un appareil qui serait produit par la société elle-même.

Il faut que la justice vienne d'ailleurs, dans la société, et c'est ce que Bergson a montré. L'idée bergsonienne est beaucoup plus profonde encore qu'elle ne le paraît, je ne dirai pas à une lecture rapide – car alors on ne comprend pas –, mais même à une lecture sérieuse et attentive.

Je me demande si la distinction précisément et l'opposition qu'il fait entre la sagesse et l'héroïsme ne rejoint pas cette idée que la justice ne peut pas être une institution sociale, qu'elle n'est pas une régulation inhérente à la société.[1] La justice est tout à fait autre chose. Déjà chez Platon la justice n'était pas inhérente à une partie du corps social, c'était la forme du tout.

Si la justice, qui est la forme suprême de la régulation de la société humaine, n'est pas congénitale à la société elle-même, elle n'est pas exercée par une institution située au même niveau que les autres institutions.

Cela nous aide peut-être à comprendre un fait : il n'y a pas de sagesse sociale comme il y a une sagesse organique. On n'a pas besoin de devenir clairvoyant, du fait qu'on est né dans une certaine espèce qui comporte des yeux, et qui ne peut se mouvoir, qui ne peut vivre, qu'à la condition de se mouvoir dans la lumière (à la différence d'une plante qui vit en croissant dans la lumière); du moment qu'on a des yeux, on voit.[2] Mais on n'est pas sage comme on voit avec ses yeux ; il n'y a pas une sagesse sociale comme il y a une sagesse du corps. Sage, il faut le devenir et juste, il faut le devenir.

1. Correction par Canguilhem sur son exemplaire : insertion d'un point et début d'une nouvelle phrase.

2. *Idem*.

Le signe objectif qu'il n'y a pas de justice sociale spontanée, c'est-à-dire pas d'autorégulation sociale, que la société n'est pas un organisme et que par conséquent son état normal est peut-être le désordre et la crise, c'est le besoin périodique du héros qu'éprouvent les sociétés.

Entre la sagesse et l'héroïsme, il y a incompatibilité[1]. Où est la sagesse on n'a pas besoin de l'héroïsme, et lorsque l'héroïsme apparaît, c'est parce qu'il n'y a pas eu de sagesse. Autrement dit, c'est par l'absence de sagesse sociale, par l'absence d'homéostasie sociale, par l'absence de ces régulations qui font qu'un organisme est un organisme, c'est précisément par l'absence de cela que s'explique pour l'homme la crise sociale devenue telle que l'existence même de la société apparaît menacée; à ce moment-là il y a ce que Bergson appelle l'appel du héros, et le héros, c'est celui qui, les sages n'ayant pas réglé le problème, n'ayant pas évité que le problème se posât, va trouver, va inventer une solution. Naturellement, cette solution, il ne peut l'inventer que dans l'extrême, il ne peut l'inventer que dans le péril.

C'est la raison pour laquelle je crois qu'il y a une liaison essentielle entre l'idée que la justice n'est pas un appareil social et l'idée que jusqu'à présent aucune société n'a pu se survivre qu'à travers des crises et grâce à ces êtres exceptionnels qui s'appellent des héros.

Dans ces conditions, si je ne vous ai pas prouvé, si je n'ai pas réussi – et j'en suis bien loin – ce tour de force auquel faisait trop généreusement allusion votre président[2], si je n'ai pas réussi à vous prouver (et du reste en ces matières il n'y a pas de preuve) que la société n'est pas un organisme, qu'on ne doit pas laisser dire qu'elle peut s'apparenter à un organisme, qu'il faut donc être vigilant à l'égard de toutes les assimilations dont les conséquences sont ce que vous pouvez deviner, – si je n'ai pas réussi à vous le démontrer, je serais simplement heureux d'avoir au moins su vous poser

1. Correction de Canguilhem : le texte des *Cahiers* donnait : « impénétrabilité ». Cette erreur est reproduite dans les *Écrits sur la médecine*.

2. Dans son introduction, le président de séance, Louis Kahn, avait déclaré s'adressant à Canguilhem, après avoir fait allusion à son rôle dans la Résistance, à son activité intellectuelle, à son activité administrative comme Inspecteur Général et à sa réputation d'écrivain : « En un mot, votre vie a été un assez joli tour de force ; et je dois dire pour vous donner toute ma pensée que c'est cette notion de tour de force qui me donne un plaisir particulier à vous accueillir, car je crois que nous allons assister dans cette conférence, à un nouveau tour de force, etc. » (*Cahiers*, p. 64).

quelques problèmes, les mêmes que je me pose, sous une forme qui vous parût digne que vous y réfléchissiez[1].

[Discussion]

M. Le Président. — Monsieur l'Inspecteur général, je pense que votre auditoire est dans le même état d'esprit que moi-même, c'est-à-dire qu'au lieu d'aller plus avant sur le chemin de votre pensée, il s'est probablement laissé aller au charme de vous écouter penser. Cependant, nous ne devons pas oublier que nous sommes ici pour travailler.

Alors, je vais demander à votre auditoire s'il a des questions à vous poser, ce qui est une façon comme une autre de rendre hommage à ce que vous lui avez appris. Je demanderai aux assistants de poser des questions et, selon l'usage qui est institué, de dire auparavant qui ils sont, où ils exercent leur activité et ce qu'ils font.

Qui demande la parole ?

M. Ben Meir[2] (Jérusalem). — M. Canguilhem ne voit-il pas à mi-chemin entre l'organisme humain, l'organisme physique, et l'organisation de la société, les organisations des animaux, par exemple des abeilles, ou des fourmis, ou des termites ?

M. Canguilhem. — Vous me posez une question effectivement très importante ; je n'en ai pas parlé et je vais vous dire pourquoi : c'est une question beaucoup plus étudiée que celle que j'ai essayé de vous soumettre, c'est le problème de la société animale.

La société animale est-elle une société comme la société humaine, ou est-elle un organisme comme l'un quelconque de ses membres ?

Pendant très longtemps, naturellement, l'assimilation de la société humaine à la société animale a été la règle ; l'un de ceux qui ont le plus insisté sur la différence entre les deux types de sociétés, c'est Auguste Comte ; pour Auguste Comte, ce qui fait la société humaine, ce n'est pas le rapport de coopération dans l'espace, comme dans la société des termites ou dans la

1. La discussion qui suit n'est pas reprise dans l'édition donnée par Armand Zaloszyc dans les *Écrits sur la médecine* en 2002, non plus que dans les traductions américaines (2012), argentine (2004) et brésilienne (2005) de ce travail.

2. Cet interlocuteur n'a pu être identifié.

société des abeilles, c'est la coopération dans le temps, c'est la tradition, c'est l'histoire. Pour prendre des termes d'aujourd'hui tellement usités qu'ils en sont devenus éculés, la société humaine c'est la culture, la société animale c'est la nature.

En même temps, on découvrait au XIXe siècle que tout organisme se trouve un composé de cellules, c'est-à-dire d'êtres qui jouissent d'une certaine individualité, mais qui la perdent, qui[1] la voient se restreindre du fait de leur insertion dans une collectivité cellulaire.

Du moment que chacune de ces cellules représente une individualité l'organisme apparaît, eu égard à chacune de ces cellules, comme une individualité d'un degré supérieur.

Par extension, on en est venu à considérer, (notamment Bergson) que dans la société animale, – d'autant plus qu'il y a aussi des intermédiaires entre l'organisme séparé ou isolé et la société des abeilles ou des fourmis, par exemple les animaux coloniaux, dans les colonies, – l'individualité est susceptible d'une extension telle qu'on peut considérer aussi la société animale comme un individu, comme un organisme.

Bref, avec la société animale nous ne sortons pas encore des notions biologiques, à condition de concevoir l'individualité non pas comme une chose attachée à un être d'une certaine dimension, mais comme un mode d'organisation qui peut s'appliquer à des réalités de composition différente. La société animale, bien qu'elle apparaisse comme une individualité d'un degré supérieur par rapport à celle d'un organisme isolé, ne nous fait pas passer encore au plan de la société humaine, dans la mesure où par société humaine nous entendons une société fondée sur des traditions, dont les fondements sont des objets de culture et non pas des organes, au sens biologique du terme.

La question que vous posez se présente d'elle-même, elle s'est présentée d'elle-même à Bergson. Tout à l'heure, je pensais à un texte de lui que je n'ai pas lu, c'était celui dans lequel il dit que si la nature a fait des sociétés humaines, elle a certainement fait de petites sociétés, de toutes petites sociétés.

« Disons d'abord que l'homme avait été fait pour de petites sociétés. Que telles aient été les sociétés primitives, on l'admet généralement, mais il

1. Correction par Canguilhem ; le texte des *Cahiers* donnait « qu'ils ».

faut ajouter que l'ancien état d'âme subsiste, dissimulé sous des habitudes sans lesquelles il n'y aurait pas de civilisation.

« Refoulé, impuissant, il demeure pourtant dans les profondeurs de la conscience, s'il ne va pas jusqu'à obtenir des actes, il se manifeste par des paroles.

« Dans une grande nation, des communes peuvent être administrées à la satisfaction générale, mais quel est le gouvernement que les gouvernés se décideront à déclarer bon ? Ils croiront le louer suffisamment quand ils diront que c'est le moins mauvais de tous et en ce sens seulement le meilleur.

« C'est qu'ici le mécontentement est congénital.

(J'ai dit que le désordre ou la crise était l'état permanent normal, et Bergson pense que c'est le mécontentement qui est congénital.)

« Remarquons que l'art de gouverner un grand peuple est le seul pour lequel il n'y ait pas de technique préparatoire, pas de préparation efficace, surtout s'il s'agit des plus hauts emplois; l'extrême rareté des hommes politiques de quelque envergure, tient à ce qu'ils doivent résoudre à tout moment, dans les détails, un problème que l'extension prise par les sociétés a peut-être rendu insoluble. »

Ce texte n'est pas une réponse directe à votre question, mais il s'y rattache en ceci que pour Bergson le rapport entre la société animale et la société humaine n'est pas niable; la société humaine est un fait de nature, mais précisément c'est un fait de nature à une certaine dimension. Autrement dit on peut dire que s'il y a des sociétés naturelles, ce sont de petites sociétés; ce qui est devenu artificiel c'est la société moderne, l'énorme Léviathan dans lequel précisément le système, la régulation ne peut être obtenue que par ce que j'ai appelé tout à l'heure une Justice qui ne peut pas être dans les institutions, au sens d'appareil, parce qu'un appareil est toujours limité effectivement. Un budget communal, l'administration d'une commune, comme dit Bergson, cela peut être réglé par un appareil limité, mais la construction de Paris c'est différent.

Je n'ai pas répondu probablement à votre question, ce n'est pas ce que vous attendiez de moi.

M. Ben Meir. — Je comprends qu'on peut voir quand même des sociétés animales comme un développement à partir des minéraux qui se cristallisent sous une forme donnée d'avance, très rigide.

M. Canguilhem. — Je crois comprendre quelle est votre intention, vous pensez que j'exagère la rupture. Or je ne l'exagère pas. Pour l'exagérer, il faudrait, si je puis dire, qu'elle existât d'abord un peu ; c'est-à-dire que je me demande s'il ne faut pas insister davantage sur la différence que sur la ressemblance.

J'ai dit que je me plaçais à un point de vue qui était de théorie à conséquences pratiques. Il ne s'agit pas d'habileté, mais je crois qu'il est plus juste, au sens fondamental du terme, d'insister sur la rupture que sur la continuité.

Alors que dans votre perspective du minéral à la vie, de la vie à l'organisation, de l'organisation à la société animale, et de la société animale à la société humaine, à aucun moment il n'y a de séparation, il n'y a de rupture.

M. Ben Meir. — Dans les sociétés modernes comme la ville de Paris, cela a disparu ; la rupture s'est déjà faite.

M. Canguilhem. — Oui, mais elle s'est faite avant. Avant Paris, il y a eu Rome et Byzance ; avant Byzance il y a eu l'Égypte ; et à cette rupture, si elle s'est consommée, il est probable qu'on ne peut assigner de moment historique.

M. Le Président. — Il est toujours délicat d'intervenir quand on préside, mais je crois la société animale très proche de l'individu vivant, beaucoup plus subie par ses différents composants que consciente, tandis que la société a quelque chose de pas naturel du tout, vous l'avez montré largement, c'est même ce que j'ai retenu, c'est que la vie en société est en réalité une création extrêmement factice, ce qui explique combien elle est fragile, tandis que la vie telle que nous la connaissons dans notre être à nous, comme la connaissent les colonies animales dont vous parliez tout à l'heure, c'est une chose conforme à la loi naturelle, ainsi qu'on disait autrefois en termes très simples.

Mais une société, nous constatons avec stupeur que cela ne s'arrange pas de soi-même, comme vous nous l'avez justement enseigné, nous sommes obligés de la remettre en chantier assez fréquemment et elle se fabrique à coups de crises effroyables qui, de temps en temps, provoquent chez quelques individus ces révulsions d'où sortent ces législations dans la mesure où elles sont possibles.

Il est certain, par exemple, que la notion des Droits de l'Homme est née de ce que les droits de l'homme sont violés et cruellement, et qu'à ce moment-là on trouve que c'est encore plus commode de faire respecter les droits de l'homme que de s'en passer.

Mais il y faut des crises épouvantables.

Ayant à résumer, il y a quelque temps, l'œuvre précisément de l'Alliance, j'avais été obligé de constater que le rôle des sociétés organisées était de secréter de temps en temps des antidotes à leurs crimes à partir du moment où ces crimes avaient été commis, et c'est l'idée que vous souteniez tout à l'heure, tandis qu'on n'a pas la même impression pour la société animale qui subit sa propre loi sans en avoir exactement conscience exactement comme l'individu.

Je vous dirai que j'ai là-dessus une idée probablement hérétique et c'est toujours désagréable de donner ses idées devant des gens qui sont capables d'en juger, comme vous-même, monsieur l'Inspecteur général. Eh bien, je crois que la vie est une, et que ce qui trouble notre jugement c'est que nous sommes habitués à juger des individus par leur autonomie.

Pour nous, un individu c'est un homme qui est capable de se déplacer, de penser par lui-même.

Il y a un très beau mot d'Einstein expliquant la mort, il a dit: C'est comme la feuille d'un arbre qui tombe.

Je crois qu'il vaut mieux parler des fleurs que des feuilles, parce que la fleur est un ensemble déjà homogène, susceptible de vie et de survie par la production de la semence, mais la fleur est un individu dans un arbre, par exemple, et nous nous habituons à considérer l'arbre, alors que la fleur est déjà un individu qui se trouve lié à l'arbre, mais nous autres individus, parce que nous sommes susceptibles de mobilité, nous croyons que ce phénomène tout à fait curieux qui fait que nous pouvons nous déplacer, penser par nous-mêmes, nous contredire, nous combattre, fait que nous avons vraiment une vie absolument propre et autonome, alors que c'est la vie qui est une.

Il y a des expériences, des photographies extraordinaires, de germination d'avoine, où l'on voit, en accélérant le film pris au ralenti, la graine d'avoine s'accrocher au sol, en se déplaçant pendant une longue phase, avant de s'y fixer par les premières radicelles; on a l'impression d'un être qui vit sa propre vie.

Alors, nous ne nous habituons pas à marquer cette identité entre les différents individus qui composent la vie. Nous ne nous rendons pas compte de la solidarité absolue de la matière qui nous compose, solidarité qui a certainement emprunté des éléments de transformation au milieu, mais qui fait que nous ne sommes qu'une seule et même vie en plusieurs individus.

Cela indique bien la loi naturelle dans sa conformité, et à ce titre, personnellement, je suis bien de l'avis qu'il n'y a pas de rupture entre l'individu tel que nous le concevons et la colonie animale dont vous parliez; pour moi, elle a une vie organique qui n'est pas très différente, bien sûr, elle n'est pas identique, il ne faut pas abuser des comparaisons, de la vie de l'individu organisé, mais avec la société civile il y a une rupture totale parce qu'il y a mille interventions qui sont tellement artificielles qu'on n'y retrouve absolument pas ce déterminisme biologique dont vous parliez tout à l'heure.

C'est un abus de mots qui m'a paru encore plus absurde quand je vous écoutais, d'essayer de transposer les lois des mécanismes biologiques dans les sociétés.

Un jour, nous avons reçu notre Ministre et nous lui avons fait visiter l'école, nous lui avons expliqué que nous étudiions la stabilité des navires; un homme plaisant lui a dit : « Vous savez, nous sommes à votre disposition pour étudier celle du Ministère ». Il a été très sensible à cette attention, d'autant plus que le Ministère était extrêmement vacillant, puisqu'effectivement, la semaine d'après il était tombé. Peut-être a-t-il regretté que nous ne lui ayons pas donné quelques conseils de stabilité, mais comme c'était un homme plein d'esprit, il a bien compris que ce n'était pas du tout la même chose.

Et je me souviens qu'un professeur de Physique lui ayant démontré qu'avec une équation différentielle du second ordre, à coefficient constant, à second membre, on pourrait trouver les mouvements de bascule des majorités. Il a dit : « Si vous voulez, nous allons changer, vous allez devenir président du Conseil. »

Eh bien, c'était la meilleure réponse qu'il pouvait faire; il n'y a, dans ces deux formules, absolument aucune identité de fond, parce que nous savons très bien que le rapport des coefficients d'inertie, avec des coefficients de masse et des coefficients de viscosité peut expliquer de façon précise et faire prévoir tout ce qui va se passer dans l'oscillation d'un pendule, et nous savons pertinemment qu'il n'en est absolument rien dans une société organisée.

Quand on dit qu'on invente des régulateurs de société on abuse des mots, on se sert effectivement de mots identiques parce que la vie même des mots oblige à se servir des mots anciens pour des choses nouvelles, mais elle n'explique rien, ne prévoit rien; c'est ce que m'a paru montrer, si je n'ai pas été trop mauvais élève, votre conférence d'une façon absolument péremptoire et totale.

Il est très dangereux de laisser aller les sociétés à elles-mêmes sous prétexte qu'elles sont auto-régulées; cela exige un effort effrayant, et quand nous constatons à quel point les cataclysmes peuvent être étendus dans les sociétés, nous avons connu six millions de tués dont 1 800 000 enfants, égorgés par la volonté d'un homme et d'un peuple consentant, nous voyons l'aboutissement d'une vie morale multiséculaire qui a été en défaut, sans aucune espèce de régulation que la violence; car si la violence n'avait pas triomphé de la violence ce n'était pas la justice qui aurait triomphé de la cruauté. Par conséquent, il n'y avait pas d'élément moral de régulation, tout au contraire, on peut dire que la violence entraînait la violence et qu'on a tué les enfants pour qu'ils ne puissent pas se souvenir que leurs parents avaient été assassinés.

Voilà la conséquence de la vie sociale; elle ne suscite absolument aucune régulation, aucun asservissement à un équilibre si l'on ne s'en mêle pas de très près.

Ce qu'il y a de grave dans l'opération, c'est que vous mettez les peuples dans une singulière défiance de ceux qui les mènent; mais personnellement, je n'ai rien contre.

M. MENDA [1] (Casablanca). — Je pense que vous n'avez pas assez insisté sur les problèmes de nourriture. L'organisme vivant a une régulation intérieure, peut-être parce que n'ayant pas à fabriquer lui-même sa nourriture il la transforme, il prend de la nourriture parce que la vie ne peut pas exister sans nourriture. L'organisme se nourrit, il prend sa nourriture dans la nature. Cette nourriture une fois intégrée dans l'organisme subit certaines transformations, mais il y a une certaine distribution qui se fait dans un ordre logique. Je me demande si cette distribution dans toutes les cellules de l'organisme ne provoque pas un certain équilibre qui fait que dans la vie existe justement, l'instinct de conservation aidant, cet équilibre que nous n'avons pas trouvé dans la société.

Par contre, nous avons vu que dans la société préhistorique les gens vivaient en commun, exactement comme les cellules, parce qu'ils avaient peur des animaux les environnant, parce qu'ils se sentaient moins forts en tant qu'individus isolés. Nous avons vu qu'ils se sont ultérieurement

1. Il s'agit ici probablement d'Ezra Menda, un instituteur du réseau marocain d'écoles de l'Alliance; venant de Mogador, il avait été nommé à Casablanca en 1952 (cf. *Cahiers de l'Alliance israélite universelle*, octobre 1952, n° 66). Les Journées pédagogiques des 19-21 juillet 1955 dans le cadre desquelles Canguilhem prononça sa conférence, avaient « permis à plus de 50 maîtres du corps enseignant de l'Alliance, venus du Maroc, de la Tunisie [...] de renforcer leurs liens avec la culture française, etc... » (*Cahiers*, *op. cit.*, p. 1).

groupés. Je ne sais pas si les cellules, à l'origine, n'ont pas fait la même chose : ensemble elles peuvent mieux se défendre.

À l'origine les hommes se sont groupés. Ils n'avaient rien en main pour produire et tuaient des animaux pour manger. Ils se sont groupés ils ont commencé à se nourrir et à vivre en commun. Il est arrivé un moment où ils ont commencé à fabriquer des moyens de production, alors la société s'est rompue, s'est cassée. La cohésion et la régulation ont disparu.

Celui qui avait l'outil et l'arme à la main a pu, grâce à sa force, dominer l'autre; parce qu'il se sentait plus fort il y eut rupture.

Depuis ce moment, jusqu'à aujourd'hui, je crois que la société vit en état de déséquilibre et manque de régulation, parce que, produisant elle-même ses moyens de consommation, ne les prenant pas au dehors, les produisant elle-même, aucune régulation ne préside à la distribution de cette nourriture, de ces éléments qui sont en somme les moyens qui lui permettent de vivre.

Je dirai plus que cela. Certes, il y a une distribution, mais cette distribution est tellement déséquilibrée qu'elle n'est pas à l'image de l'organisme au sein duquel la distribution se fait dans l'ordre logique. Il n'y a pas de cellules qui restent sans nourriture, sous peine de s'atrophier ou de devenir gangrène. Par conséquent, avant la gangrène, il y a douleur dans l'organisme; dans la société, étant donné qu'on n'a pas tenu compte de la distribution je me demande si ce n'est pas la cause de cette grande différence qui fait que nous ne pouvons assimiler la société humaine à l'organisme.

Le déséquilibre existe dans le cosmos, puisque les orages proviennent de ce qu'il y a déséquilibre dans la pression atmosphérique.

L'histoire explique aussi qu'à travers les âges on soit passé du stade de la commune primitive où les hommes vivaient ensemble, et où régnait une certaine justice, au stade de l'esclavage, où il y avait distribution et où l'esclave n'avait pas le même bifteck que son maître; on est arrivé à travers l'histoire, à réaliser tant bien que mal une distribution plus logique. Nous avons aujourd'hui la Sécurité sociale, nous avons de nombreuses institutions qui ont amélioré les conditions de la distribution; mais chaque fois qu'il y a un élan vers une stabilisation des droits de l'homme dont a parlé notre président, c'est parce que le peuple se plaignait des défauts de la distribution.

Je me demande si, à travers les âges, cette transformation continuelle ne nous permet pas d'estimer qu'on peut finalement déceler une certaine régulation dans l'état social.

M. Canguilhem. — Il me semble comprendre le sens de votre objection; vous voulez dire vraisemblablement que je n'ai pas tenu assez compte dans la description que j'ai faite de la société, des institutions économiques. En fait, j'aurais pu ne tenir compte que de cela, et il me semble que ma démonstration n'aurait pas été très différente.

J'étais en train de lire, ces jours-ci, un travail que mon camarade Schuhl connaît certainement, une thèse sur la Méthodologie économique, où l'on se demande ce qu'est exactement, en économie politique, l'équilibre. M. Granger[1] – c'est de lui qu'il s'agit – cherche à éclaircir la notion d'équilibre en montrant comment les économistes sont à la recherche d'une définition de l'équilibre économique tantôt à partir de la mécanique (l'oscillation, la balance) tantôt à partir de l'organisme (les compensations).

La vraie question est de savoir s'il y a, en économie, des phénomènes autres que ceux qui exigent effectivement des mécanismes de distribution, réglés de plus ou moins loin par un idéal de justice. Y a-t-il dans les phénomènes économiques eux-mêmes des compensations; des corrections, un équilibre? C'est une question sur laquelle les économistes, je pense, ne sont pas entièrement d'accord.

En somme, vous avez l'air de me dire : vous n'avez pas tenu compte du travail par lequel se créent peu à peu ces institutions surajoutées, artificielles, mécaniques, par lesquelles la régulation sociale suprême, et à vrai dire probablement unique, la Justice, se trouve réalisée.

Je ne vous ai pas décrit le mécanisme historique de la chose, parce qu'alors c'est toute l'anatomie des révolutions qu'il faudrait faire. J'ai essayé de faire la critique d'une notion de physiologie sociale.

Vous insistez sur le déséquilibre qui existe entre la distribution et l'assimilation, entre la consommation et la distribution, et vous dites : pour l'être vivant le problème ne se pose pas. Mais cela dépend : il y a être vivant et être vivant.

1. *Méthodologie économique* de Gilles-Gaston Granger (1920-…), philosophe rationaliste de tradition kantienne, venait de paraître aux P.U.F. (1955). Ancien élève de l'École normale supérieure (1940) où il suivit les cours de Jean Cavaillès, agrégé de philosophie (1942), engagé dans les Forces françaises de l'intérieur (1944-1945), licencié en mathématiques (1946), Granger enseigna à l'Université de São Paulo de 1947 à 1953 et passa ensuite à l'Université de Rennes en 1955. Après avoir dirigé l'École normale supérieure d'Afrique centrale à Brazzavillle de 1962 à 1964, il fut nommé à Aix-en-Provence avant d'être élu titulaire de la chaire d'épistémologie comparative du Collège de France (1986-1991).

La plante, évidemment, trouve sur place sa nourriture ou bien elle meurt; elle vit dans sa nourriture, elle n'a pas à la chercher. Mais à partir du moment où il y a mobilité – cette espèce d'indépendance à laquelle faisait allusion notre Président – il faut que l'animal aille chercher ce qui lui manque. Mais il n'est pas sûr de le trouver, et c'est là qu'apparaît précisément la possibilité de la concurrence, de la rivalité.

Supposé que ce que vous dites soit le vrai ? Il n'y aurait peut-être pas de différence entre la vie animale et la vie humaine sous le rapport de l'appropriation des moyens de consommation. Mais il se trouve en fait que cet animal qui n'est pas assuré de sa nourriture, comme la plante, a quand même son système de régulation. Ce n'est pas que la plante n'en ait pas; il y a des hormones végétales; mais il est certain que c'est l'animal que le système de régulations rend le plus indépendant du milieu, en lui permettant de vivre sous tous les climats, de n'être pas l'être qui a sa place quelque part, fixée dans le monde.

La liaison entre l'appropriation de la nourriture et le système de régulations ne me paraît pas personnellement évidente, parce que je ne crois pas que l'animal – le vertébré supérieur – soit tellement différent initialement de ce que vous appelez l'homme des premières sociétés humaines.

Il n'en reste pas moins que des premiers hommes qui peignaient les grottes de Lascaux, je ne sais pas comment ils mangeaient, cela m'est tout à fait égal; mais il est certain qu'il avaient des outils, ils étaient capables de ce que vous savez.

Il y a un moment où les hommes arrivent à l'outil. Ils sont hommes au moment où ils ont des outils.

Le problème de l'origine de l'outil, le problème de l'origine des sociétés, le problème de l'origine en général, sont des problèmes insolubles; les problèmes d'origine ne sont pas des problèmes de l'histoire. Remonter à un état antérieur, cela ne paraît pas très éclairant.

M. WEILL[1]. — Cette conception humaine d'assimilation de l'organisme vivant, de l'organisme individuel au corps social est très ancienne, elle est née, pour ainsi dire, avec l'histoire de l'humanité.

1. Eugène Weill (1906-1981), membre du Comité central de l'Alliance depuis 1946, en était alors le Secrétaire général et un membre de son Comité central.

Je n'ai pas besoin de rappeler que le vieil apologue des membres et de l'estomac a été transcrit dans les fables.

En vous écoutant, j'en suis venu à me demander si, précisément, cette ingénieuse distinction de l'organisme vivant, qui a sa sphère d'existence dans l'espace, alors que la société a sa sphère d'existence dans le temps, n'explique ou ne montre pas que la société, qu'elle soit humaine ou autre, le groupement des individus, a une finalité qui doit échapper à la compréhension de l'individu.

Vous avez beaucoup parlé, Monsieur l'Inspecteur général, de Bergson, Bergson a démontré quelque part, de façon, je crois, définitive, qu'il y a des concepts, des notions qui échappent à l'être limité qu'est l'homme.

L'individu humain, précisément en raison de sa limitation, étant une partie d'un tout, il est antinomique qu'il puisse comprendre ce tout.

Je ne veux pas faire un commentaire sur cette question qui dépasse de beaucoup ma compétence, et ceci m'amène à la question que je voulais me permettre de vous poser, M. l'Inspecteur général.

Nous avons été au cours de notre existence relativement brève, mêlés à des événements qui nous ont montré d'une façon, je crois, définitive, qu'il y a des réactions de l'organisme social, si on peut l'appeler organisme social, inexplicables pour la raison, mais qui, très probablement, ont quand même une finalité mystérieuse; je fais allusion aux mouvements de foule qui sont très différents de ce que serait le mouvement ou la réaction des individus pris isolément, des paniques, des phénomènes comme celui de l'exode de 1940, des phénomènes comme celui – puisque nous avons ici beaucoup de professeurs d'Israël – de la fuite des Arabes. Ce dernier phénomène, personne n'a réussi à l'expliquer parce que c'est quelque chose qui dépasse l'explication et le raisonnement. Toutes les explications qu'on a faites par tel ou tel événement local n'en sont pas.

Nous avons la même chose avec les guerres. Un incident de frontière, un jour, produit une guerre. Il y a eu pourtant 150 incidents de frontière dans une même région et qui n'ont rien produit. Pourquoi ? On n'en sait rien.

Est-ce que cela ne permet pas de conclure que le groupement, la société, a des lois mystérieuses que nous ne trouverons peut-être jamais, que nous sommes en train de chercher, mais qui sont très différentes de celles qui s'appliquent à l'organisme délimité qu'est l'individu.

M. CANGUILHEM. — Vous posez une question à laquelle, par la façon même dont vous la posez, je ne dirai pas qu'il m'est interdit, mais vous comprendrez qu'il me soit bien difficile de répondre. Il est incontestable que la vie sociale, dans la mesure où nous la considérons non pas du tout comme une opération à laquelle nous participons, mais comme un fait que nous subissons, est une vie sociale qui a des lois. Que ces lois ne soient pas des lois de caractère biologique, c'est, je crois votre pensée. J'en conviens parfaitement; mais dans la mesure où l'on cesse de considérer que ces lois sont accessibles par des études spéciales, avec des techniques et des méthodes appropriées, dans la mesure où l'on conçoit que ces lois ne sont pas susceptibles d'être déterminées, qu'on les qualifie de mystérieuses, comme vous faites, en somme, on me demande de prendre parti. Ainsi, vous vous demandez si, précisément, du fait que nous ne pouvons rien en dire, nous ne serions pas quand même fondés à supposer qu'il y a dans ces lois un sens de finalité cachée, de sorte que la société ne serait pas cet être dépourvu de toute finalité interne que j'ai voulu vous proposer. C'est cela?

M. WEILL. — C'est cela.

M. CANGUILHEM. — Alors, je voudrais simplement faire remarquer ceci: les exemples à partir desquels vous posez cette question ne me semblent pas, personnellement, de nature à justifier une interprétation finaliste de ces lois. Quelle peut bien être la finalité d'une panique ou d'un exode comme celui dont vous avez parlé?

Je comprends qu'on puisse l'expliquer mécaniquement. Je veux bien qu'on l'explique par d'autres lois que des lois de pure propagation du mouvement; mais une fois que vous l'aurez expliqué, quel sens allez-vous lui donner? À quoi, finalement, cela a-t-il abouti socialement parlant.

À vous suivre, il faut admettre que ce sens caché est tellement différent de l'effet obtenu qu'on se demande pourquoi on peut parler d'un phénomène qui aurait un sens, alors que l'effet se révèle absurde.

Il y a un penseur qui a magnifiquement essayé de poser la question sous cette forme, c'est Tolstoï[1], dans « la Guerre et la Paix », lorsqu'il assimile le déplacement des armées de Napoléon à des migrations d'espèces vivantes. Au début de la campagne de Russie, le vieux Koutousof dit: on recule, on recule. Cette décision surprend et déconcerte. Il se replie, entraîne et attire les Français, et à partir d'un moment, il déploie à nouveau ses troupes.

1. Léon Tolstoï (1828-1910). *Guerre et paix* avait été publié en 1869.

Il y a chez Tolstoï un sens de la participation de l'individu à l'âme nationale, à la vie du peuple, et la perception d'affinités mystérieuses. Mais là, je comprends, parce que finalement l'exemple invoqué par Tolstoï est celui d'une opération logiquement stupide présentant en réalité l'opportunité et l'adaptation d'une réaction biologique.

Ce sont les exemples que vous avez choisis qui me paraissent légèrement insuffisants à soutenir l'opinion à laquelle, personnellement, je n'ai rien à objecter.

Je dirai même volontiers ceci : au fond c'est peut-être parce que spontanément, je serais un peu trop tenté de rapprocher le social du biologique que je m'en défends, et que j'essaie de chercher ce qui me donnerait tort.

Je crois aussi quelquefois que, concernant les sociétés, si l'on pouvait renoncer à un certain nombre de concepts forgés par l'intelligence, on arriverait à leur trouver un sens du genre de celui dont vous parlez.

Un philosophe rationaliste, Descartes, disait : les sociétés sont comme des corps, mais il ne faut pas y toucher, il ne faut pas faire de réformes. Descartes était conservateur par assimilation de la société humaine à la machine organique. En cette matière il était comme un paysan, il avait une sorte de flair paysan acquis au contact des réalités de la vie rurale.

Dans l'administration des communes, quand cela marche à peu près, il faut laisser marcher. Si l'on n'est pas trop mécontent du maire, il ne faut pas le remplacer trop vite ; l'adjoint n'est pas très bien, on soupçonne le garde-champêtre de dépenser un peu trop d'argent au café, cela ne fait rien, il ne faut pas y toucher.

Pour moi, je serais, spontanément, plutôt porté à cette attitude ; eh bien c'est contre cela que je cherche à réagir, et j'essaie de me démontrer que c'est une sottise qui me serait chère. Vous voyez que je suis assez préparé à m'associer, contre moi, à vos propres réserves.

M. GOURÉVITCH[1] (Jérusalem). — L'utilisation des vitamines, des hormones, des rayons X sur les plantes et les animaux, amène une transformation de l'organisme, d'une constitution naturelle, par quelque chose de culturel ; est-ce qu'il n'y a pas là une transition, un pont, entre l'idée de

1. Nous n'avons pu identifier ce M. Gourévitch. La mention de Jérusalem semble exclure Édouard Gourévitch (1921-1999) qui était alors le rabbin de la synagogue de Neuilly.

l'organisme naturel et la société culturelle qui peut nous expliquer certaines choses qui demeurent obscures pour nous ?

M. Canguilhem. — Si je vous ai bien suivi, vous faites allusion à certaines pratiques expérimentales ou thérapeutiques qui consistent en implantations d'hormones, en administration de vitamines, en utilisation de rayons X, conditions dans lesquelles effectivement, on arrive soit à guérir des maladies, soit à rendre monstrueux des organismes normaux, car les deux effets s'observent.

Notre collègue Étienne Wolff[1] ne se prive pas de fabriquer des poulets, des salamandres, des grenouilles monstrueux, précisément en utilisant ces procédés.

Quelle conclusion en tirer ?

C'est qu'une connaissance ou une science peut se convertir en technique de déformation d'un objet naturel; ici la science, ou un phénomène de culture, se comporte à l'égard de son objet naturel comme un mode d'intervention diabolique qui permet de modifier la nature. J'entends par diabolique celui qui, précisément, vise à produire l'effet négatif.

Ce fait que la connaissance de la nature de l'être biologique nous permet une action modificatrice sur l'être biologique, je ne vois pas très bien en quoi il constitue un intermédiaire conceptuel entre l'organisme et la société, même si nous considérons que la société est de l'ordre de la culture et non pas de l'ordre de la nature.

Je dirais volontiers de l'homme que c'est parce qu'il est un être social, c'est-à-dire un être de culture que la science lui permet de modifier la nature, y compris sa nature. Mais ce n'est pas dans cette voie que nous trouverons une approche de solution du problème : la société est-elle ou n'est-elle pas assimilable à un organisme pourvu congénitalement de son système auto-régulateur ?

1. Étienne Wolff (1904-1996), agrégé des sciences naturelles (1928), docteur ès sciences de la Faculté des Sciences de Strasbourg (1936) y fut nommé la même année maître de conférences puis professeur. Prisonnier de guerre de 1940 à 1945, il est élu professeur (1955), puis administrateur du Collège de France (1965). Canguilhem a toujours porté une grande attention à ses travaux de tératogénie expérimentale. Il le cite d'ailleurs dès sa thèse de médecine de 1943. Sur les premiers travaux de Wolff, *cf.* Jean-Louis Fischer, « Étienne Wolff (1904-1996) : Ses débuts, ses cahiers de laboratoire (1932-1938) », *Revue d'histoire des sciences*, vol. 53, n°s 3-4, juillet-décembre 2000, p. 447-474.

M. Le Président. — Avant de demander à M. le professeur Schuhl, qui a pour cela tant de titres, de conclure, je crois que c'est le moment de faire au moins une conclusion provisoire qui est un remerciement.

Vous avez vu, M. l'Inspecteur général, par les interventions suscitées par votre exposé, que le but recherché a été largement atteint, je dirai même qu'il a été dépassé, parce que vous ne nous avez pas apporté une science froide, comme celle qui nous aurait laissés simplement dans cette passivité de la connaissance que donne un déterminisme excessif dans les sociétés ; vous nous avez montré que cette chère société libérale n'a pas fait ses propres réactions du tout ; elle ne peut survivre qu'à condition que nous apportions en elle cette contrainte morale dont nous avons tant besoin avant que vous donniez cette justification rationnelle qui a été le thème central de votre conférence, à savoir que si cela va à peu près bien de soi chez l'individu vivant, cela ne va pas du tout très bien de soi chez l'individu social. À vrai dire, nous nous en doutions un peu, mais nous avons été bien contents que vous nous l'ayez dit si noblement et si pleinement démontré. C'est à ce titre que nous vous devons une vive gratitude.

M. Schuhl. — Ces méditations sur l'effroyable privilège des sociétés humaines qui est d'introduire le désordre entre l'ordre organique et l'ordre cosmique permettent d'évoquer soit l'effort de Platon, pour introduire un ordre comme l'ordre cosmique, soit ce texte hébreu que vous connaissez bien et qui donne comme modèle l'ordre céleste à la paix humaine. Nous souhaiterions opposer une humanité humaine, si rare, à l'humanité animale, à ce qui reste d'animal dans l'humanité. Je crois que ceci n'est pas déplacé en face de ces ombrages, quand on se rappelle qu'ils ont vu Cabanis venir discuter ici même avec les idéologues d'Auteuil. [1]

Je voudrais exprimer en outre une profonde gratitude à mon ami Canguilhem qui a bien voulu accepter, au soir d'une journée épuisante, quand on pense à ce qu'est la présidence d'un lourd concours, non seulement de faire l'effort de nous apporter ici une recherche passionnante, mais de se prêter à la discussion, comme si nous n'étions pas au soir, mais au matin de la journée.

1. La Société d'Auteuil était constituée des familiers du salon de Madame Helvétius, la veuve du fermier général et philosophe Claude Adrien Helvétius (1715-1771). Les réunions qui se tenaient dans son hôtel particulier, rue d'Auteuil, à compter de 1772, furent fréquentées aussi bien par les célébrités des Lumières que plus tard par Condorcet et les idéologues.

EXPÉRIENCE ET AVENTURE[1]

Rivages. Órgão dos Alunos do Curso Liceal do Lycée Français Charles Lepierre, octobre 1956, p. 1 et 17[2]

Hegel et Cournot, dont les philosophies de l'histoire sont aussi opposées par les principes que par les conclusions, se sont pourtant accordés à reconnaître dans le courage des navigateurs de l'antiquité et des temps modernes la forme symbolique la plus haute de la fonction conquérante de l'intelligence humaine. « À l'audacieux courage des navigateurs, dit Hegel, on doit reconnaître le principe que l'homme ne compte que sur lui-même, qu'il doit bâtir à partir de lui-même, que l'individu doit se faire lui-même ce qu'il doit être »[3]. Et Cournot : « Raisonner sur les antipodes, entre philosophes et théologiens, c'est tout autre chose que de prendre bravement, capitaines et matelots, au nom de Sa Majesté Catholique ou Très Fidèle, possession de quelque îlot placé aux antipodes. Conclure de l'observation des éclipses de lune la rondeur de la terre, c'est user d'un argument valable pour des

1. Dans le cadre de ses fonctions d'Inspecteur général Canguilhem visita de très nombreux lycées à travers toute la France, mais aussi à l'étranger et notamment à Lisbonne. Le lycée Charles Lepierre, créé en 1952, y publiait la revue *Rivages* dont trois exemplaires se trouvent dans la bibliothèque de Canguilhem (CAN 3903). L'un de ces exemplaires comporte des ajouts manuscrits par Canguilhem concenant la ponctuation de ce texte ; nous les avons ici intégrés à la transcription.

2. Ce numéro comprend aussi notamment des textes de Robert Debré (1882-1978) sur la « révolution biologique et médicale », de Pierre Hourcade (1908-1983) sur Supervielle, d'Étiemble (1909-2002) sur Confucius et de René Sudre (1880-1968) sur Émile Borel.

3. Tiré des *Leçons sur la philosophie de l'histoire*, traduction de Norbert Guterman et Henri Lefebvre, dans leur édition de *Morceaux choisis* (Paris, Gallimard, 1939, p. 224). Dans la bibliothèque de Canguilhem au CAPHÉS, sous la cote CAN 978.

géomètres, mais qui ne dispense pas de faire le tour du monde pour en être encore plus sûr ou autrement sûr »[1].

Mais les historiens, plus prosaïques que les philosophes de l'histoire, paraissent tendre à réduire la valeur de l'aventureuse expérience comme stimulant des progrès et de l'universalisation du savoir, quand ils font remarquer que les explorations des navigateurs, des Carthaginois jusqu'à Cook, en passant par les Portugais et les Hollandais des XVe et XVIe siècles, conservèrent longtemps un caractère de secret et qu'ainsi les preuves, obtenues par l'épreuve, en matière de théories cosmographiques où géographiques, ne tombèrent dans le domaine public que contre l'intention initiale de ceux qui les administrèrent, à leurs risques et périls.

Il n'y a là qu'une apparence de contradiction.

Tout d'abord, si les souverains ou les négociants, financièrement responsables des expéditions en haute mer et des explorations de rivages jusqu'alors fabuleux, s'efforcèrent de maintenir secrètes les connaissances acquises à leurs frais, c'est pour la même raison qui pousse aujourd'hui les gouvernements à tenir à l'abri des indiscrétions des « secrets » atomiques, qu'on voit se révéler à court terme, secrets de polichinelle. Il s'agissait et il s'agit de maintenir le plus longtemps possible un monopole de puissance dont certaines découvertes, exclusives tant qu'elles sont fortuites, fournissent l'instrument.

Mais la philosophie doit pouvoir dire mieux. Elle doit pouvoir élucider la nature du rapport qui lie d'une part l'expérience et l'aventure, d'autre part le secret. Elle doit pouvoir comprendre et expliquer qu'il y ait à la fois pour l'homme obligation de l'expérience et silence sur l'expérience.

Expérience vient d'un mot grec qui signifie tentative, épreuve, aventure. En grec, aussi bien qu'en latin, le radical *per* a le sens de passage à travers. Par le grec, expérience s'apparente à pirate. Par le latin, expérience s'apparente à péril. L'expérience c'est la tentative dont l'issue est présumée sans être entrevue, c'est l'essai au risque d'échec. En ce sens, l'erreur, qui est égarement autant que méprise, accompagne l'expérience comme son ombre.

Il n'y a pour l'homme, faute d'instinct, que le raisonnement et l'habitude qui puissent dispenser la sécurité. Mais le raisonnement et l'habitude ne

1. *Considérations sur la marche des idées et des événements dans les temps modernes*, (Paris, Boivin, 1934, 2 vol, vol. 1, p. 125). Dans la bibliothèque de Canguilhem au CAPHÉS, CAN 808.

peuvent jouer leur rôle qu'au second moment, quand la surprise des évènements, subis ou recherchés, a été canalisée et disciplinée dans l'impression d'un déjà-vu. L'homme ne peut exploiter que ce qu'il a découvert. Il ne peut découvrir que dans le danger. Il est contraint à l'expérience, à l'aventure.

Mais la vie est courte – fût-elle dix fois plus longue – du moment qu'elle enferme sa limite spécifique. Elle est maturation, c'est à dire, dès le premier instant, vieillissement. De là procède le besoin de substituer à l'expérience comme tentative l'expérience comme leçon, en vue de réduire les essais, d'écarter les périls, de gagner sur le temps, de dominer l'événement au lieu de l'affronter. L'expérience serait alors une sagesse qui nous dispenserait de l'aventure, un savoir qui ferait l'économie de l'épreuve.

Or l'idée d'une expérience avant l'expérience effective est un leurre. La sécurité initiale de tout comportement, fruit mûri par un temps qui ne serait pas, pour chacun de nous, sa durée personnelle, opaque dans chacun de ses instants à l'anticipation de l'avenir, aurait pour condition qu'il existât des situations comparables. Mais d'une part, dans les situations d'importance vitale les similitudes s'estompent. Et d'autre part ce qui devrait rendre une prudence possible, la mémoire et le vieillissement, est précisément ce qui la rend impossible. Même si les situations se répétaient, la lassitude ne nous serait pas épargnée. Même si les choses ne changeaient pas, c'est nous qui aurions changé. Il faudrait être neuf pour utiliser, dans un monde cliché, ce que nous ne pouvons devoir qu'à l'usage, donc à l'usure.

L'homme ne peut donc que garder le silence sur ce qu'il ose et ce qu'il fait. Seul parle celui qui ne fait plus, et c'est lui qu'on appelle l'homme d'expérience. Mais cette expérience-leçon est vide d'efficacité : elle n'en a plus pour l'auteur du récit, elle n'en aura jamais pour son auditeur. Finalement l'expérience authentique est intransmissible, sans qu'il soit nécessaire d'invoquer ici quelque artificieuse volonté de dissimulation. Nul ne peut faire l'économie d'aller voir ce que les autres ont vu, s'il veut profiter de ce qu'ils ont vu. Nul ne peut être frustré, même dans la meilleure intention, de sa part d'aventure.

Le savoir ne peut éliminer l'expérience puisqu'il en procède, même si l'on admet, avec Gaston Bachelard, qu'il n'en est pas le pléonasme[1]. Il n'y a pas à espérer, ni à redouter, que l'homme, en quelque domaine d'investigation que ce soit, cesse d'avoir à braver la menace d'Adamastor, ce

1. Cf. *infra*, p. 731, note b.

terrifiant génie des *Lusiades*[1] qui prédit la perte du premier capitaine dont la flotte doublera son royaume de rochers. Aussi l'expérience et l'aventure, dont le succès et l'échec ne peuvent jamais être intégralement reproduits ni racontés, continueront d'apparaître comme la navigation sur la mer périlleuse qui, selon Hegel, supporte toute la vie. L'homme doit faire son histoire loin des rivages.

Georges CANGUILHEM
Professeur à la Sorbonne

1. Dans *Les Lusiades* (1572), la grande œuvre épique du poète portugais Luis de Camoens (ca. 1524-1580), au cinquième chant, le géant Adamastor apparaît à l'équipage de Vasco de Gama (1469-1524) sous la forme d'un nuage orageux et menaçant et il formule sa sombre prédiction au moment où le navire s'apprête à franchir les eaux tulmultueuses du Cap de Bonne-Espérance, en route vers la découverte de l'Inde et de la route des épices. *Cf.* dans la traduction de Roger Bismut, *Les Lusiades*, Paris, Les Belles Lettres, 1980, p. 107-108, Chant V, strophes 41 à 48.

TROISIÈME PARTIE

LA SORBONNE ET LA RUE DU FOUR
1955-1965

POUR LA PAIX EN ALGÉRIE

L'Express, lundi 7 novembre 1955, p. 3[1]

Des intellectuels se regroupent « Pour la Paix en Algérie »

Un groupe d'Intellectuels réunissant de hautes personnalités de l'Université et de la pensée française ont pris samedi matin, à Paris, salle des Horticulteurs, l'engagement solennel

> d'agir de toutes les façons qu'ils jugeront bonnes en conscience, et dans tous les domaines qui leur sont accessibles, pour mettre fin en Afrique du Nord à une guerre qui est une menace contre la République en même temps qu'un crime contre le genre humain.

C'est la première fois sans doute – depuis 1935 et les comités de vigilance antifascistes[2] – que se regroupe une fraction aussi importante des intellectuels français.

1. Cet appel, incomplètement reproduit dans la presse, avait été lu par le président de séance, Jean Cassou, lors de la première assemblée publique du Comité d'action contre la poursuite de la guerre en Algérie, tenue le 5 novembre, un an après le déclenchement de l'insurrection algérienne (1er novembre 1954). Sur le contexte de cette prise de position, *cf.* Jean-François Sirinelli, *Intellectuels et passions françaises. Manifestes et pétitions au XXe siècle*, Paris, Fayard, 1990, p. 199-201. La composition du Comité, où se cotoyaient modérés et partisans de positions radicales, était trop hétérogène pour qu'il survive longtemps ; il s'effrita dès 1956. *Cf.* Sirinelli, « La guerre d'Algérie, guerre des pétitions ? », dans Jean-Pierre Rioux et Jean-François Sirinelli (dir.), *La guerre d'Algérie et les intellectuels français*, Bruxelles, Éditions Complexe, 1991, p. 265-306, p. 277-278. Il semble que la participation de Canguilhem se soit limitée à cette signature.

2. Le Comité de Vigilance des Intellectuels Anti-Fascistes avait en fait été créé l'année précédente, en 1934, tout de suite après l'émeute parisienne du 6 février.

Les signataires

Parmi les signataires on compte quatre Prix Nobel : François Mauriac, Roger Martin du Gard, Irène Joliot-Curie et Frédéric Joliot. Deux professeurs au Collège de France : MM. Massignon, Wiet ; l'abbé Pierre et Mgr Cazaux, évêque de Luçon ; plusieurs professeurs à la Sorbonne : MM. Lagache, Gurvitch, Canguilhem, Mayoux, Vermeil ; des professeurs spécialistes des questions musulmanes et nord-africaines : MM. Jean Dresch, Régis Blachère et Pierre Meile ; Claude Lévi-Strauss, Jean Rostand. Puis de nombreux écrivains, dont J.-P. Sartre, Jean Guéhenno, Michel Leiris, Georges Bataille, André Breton.

Parmi les demandes de l'appel : Cessation de la répression – Négociations immédiates – Cessation de l'état d'urgence en Algérie – Libération du contingent – Pas de discrimination raciale, ni outremer, ni dans la métropole.

L'UNIVERSITÉ AVEC HENRI MARROU

France Observateur, 7e année, no 313, 10 mai 1956, p. 19[1]

La perquisition effectuée au domicile du professeur Marrou n'a pas fini de provoquer dans l'Université une vive émotion. Pour protester contre ce procédé scandaleux, de nombreux membres de l'Enseignement supérieur et du Centre national de la Recherche scientifique viennent de rendre publique une protestation[2].

Parmi les signataires de ce texte, on compte huit professeurs au Collège de France, parmi lesquels MM. Berque, Joliot-Curie, Massignon, F. Perroux et H. Wallon; 32 professeurs d'université, en particulier MM. Blachère, Canguilhem, Dresch, Étiemble, Pierre George, Gurvitch, Jankélévitch, C.-A. Julien, Labrousse, B. Lavergne, Perroy, Prenant, Wagner; quatre professeurs à l'École des langues orientales; vingt directeurs à l'École

1. Henri-Irénée Marrou (1904-1977) avait publié, dans *Le Monde* du 5 avril 1956, un texte d'opinion intitulé « France, ma patrie », dans lequel il dénonçait le recours par l'armée française en Algérie à des « camps de concentration » et à la « torture » ; il concluait : « Je ne puis éviter de parler de Gestapo ». Le 10 avril, cinq inspecteurs de la Direction de la Sûreté du Territoire avaient perquisitionné chez lui pendant plusieurs heures sans rien trouver d'autres que sa documentation de recherche. Ancien élève de l'École normale supérieure (1925), agrégé d'histoire (1929), docteur ès lettres avec une thèse sur *Saint-Augustin et la fin de la culture antique* (Paris, De Boccard, 1938), professeur aux lycées de Nancy puis de Montpellier, résistant, il avait été nommé professeur à la Sorbonne en 1945. Deux ans avant sa prise de position sur l'Algérie, il avait publié un ouvrage remarqué, *De la connaissance historique* (Paris, Seuil, 1954).

2. Le texte même de la protestation ne semble pas avoir été publié dans la presse, précaution et autocensure, comme il était fréquent à cette époque où les autorités politiques et policières avaient la saisie leste.

pratique des hautes études, notamment MM. Bazin, Cacot[1], Cohen, P. Fraisse, Francastel, H. Jeanmaire, M. Lombard, M. Rodinson, plusieurs bibliothécaires de l'Université de Paris et 40 assistants, chargés de cours et membres du C.N.R.S.[2]

1. Il s'agit sans doute du professeur André Caquot alors effectivement directeur d'études à l'École pratique des Hautes Études et qui terminerait sa carrière au Collège de France.

2. Sur les circonstances de cette pétition et sur les signataires, *cf.* Sirinelli, *Intellectuels et passions françaises*, *op. cit.*, p. 205-206.

DESCARTES. L'HOMME DU *TRAITÉ DE L'HOMME*

Conférence radiophonique, diffusée en 1956, dans la série « La connaissance de l'homme au XVIIe siècle » [1]

C'est quatorze ans après la mort de Descartes que fut publié, en 1664, par les soins de Clerselier[2], à Paris, le *Traité de l'Homme* dans sa version française intégrale et originale. Jusque là, l'inspiration générale de la philosophie cartésienne et quelques explications de phénomènes partiels, tels que le mouvement du cœur, le mécanisme de la vision, la propagation des excitations sensorielles, la contraction musculaire, n'étaient connues que par certains passages du *Discours de la Méthode* (1637)[a], des *Méditations métaphysiques* (1649)[b], du *Traité des Passions de l'âme* (1649), à quoi s'ajoutaient quelques lettres, de diffusion nécessairement restreinte.

Si le *Traité de l'Homme* est une œuvre posthume, c'est pour la même raison que le *Traité de la Lumière* publié la même année. L'un et l'autre sont deux fragments de ce traité *Du Monde* que Descartes s'apprêtait à livrer au

a. V[e] partie. [Les références que nous donnons dans ce texte sont celles de Canguilhem telles qu'elles figurent dans le corps du texte du tapuscrit de cette émission conservé au CAPHÉS (GC. 26.3.2).]

b. 6e Méditation.

1. À compter de la prise de ses nouvelles fonctions à la Sorbonne et à l'Institut d'histoire des sciences, Canguilhem accepta volontiers de donner de nombreuses conférences à la radio culturelle ou scolaire, de la même façon qu'une décennie plus tard il participera à la série expérimentale d'entretiens philosophiques à la télévision scolaire. La série d'émission « Connaissance de l'homme » existait depuis plusieurs années et était diffusée à la « Chaine Nationale » en fin d'après-midi le mercredi.

2. Claude Clerselier (1614-1684), avocat au Parlement, collabora à l'édition de plusieurs des œuvres de son ami Descartes et à la traduction de certaines d'entre elles. À titre d'exécuteur testamentaire, il assura aussi la publication de plusieurs ouvrages posthumes.

public, en 1633, lorsque la condamnation de Galilée vint, sinon effrayer, du moins incliner à la prudence, le philosophe qui rêvait de substituer à la cosmologie et à la biologie de l'École une science plus révolutionnaire encore que celle de Galilée, du fait de son ambition avouée d'explication intégrale de la nature matérielle et organique.

Le *Traité de l'Homme* eut un retentissement considérable. C'était à vrai dire, et il paraissait déjà tel à l'époque, davantage un projet grandiose ou un manifeste qu'un manuel de connaissances anatomiques et physiologiques valables. Comme le dit Charles Singer dans son *Histoire de la Biologie*[1] : « Descartes n'avait pas une grande connaissance pratique de l'anatomie et de la physiologie. Il avait lu beaucoup de choses sur ce sujet, mais n'avait pas toujours compris pleinement ce qu'il lisait ». Et de fait, on est assez surpris de voir Descartes ne pas saisir toute la radicale nouveauté de la physiologie exposée par William Harvey, en 1628, dans l'*Étude Anatomique du Mouvement du cœur et du sang chez les animaux*[2], et n'admettre la circulation du sang que pour rejeter la pièce essentielle de la doctrine de Harvey, l'assimilation du cœur à un muscle et de la systole à une contraction.

Il est donc vraisemblable que le *Traité de l'Homme* a eu un pouvoir d'excitation intellectuelle d'autant plus grand que, paraissant après la mort de Descartes, il apparaissait comme auréolé de tout le prestige qui s'attachait à l'œuvre scientifique et philosophique de l'auteur. N'en retenons pour preuve que le fait suivant. En l'année 1671, la Sorbonne, alarmée du succès et de la diffusion des théories d'Harvey, adressa au Parlement une requête tendant à faire interdire dans les écoles l'enseignement de la philosophie cartésienne, accusée d'accréditer les dites théories. C'est dire que la

1. Charles Singer (1876-1960), après des études de zoologie et de médecine à Oxford, se consacra pendant quelques années à la pratique médicale avant de devenir, après la première guerre mondiale, l'un des plus éminents historiens de la biologie et de la médecine. La première édition de l'ouvrage cité par Canguilhem avait été publiée sous le titre *A Short History of Biology* (Oxford, Clarendon Press, 1931) ; l'édition française traduite par le docteur Ferdinand Gidon (1874-1944) avait paru chez Payot en 1934. Canguilhem dans sa thèse de 1943 qualifiait déjà de « remarquables » certaines pages de cet auteur et, en 1952, c'est une citation de Singer qui sert d'épigraphe à la seconde partie de *La connaissance de la vie* ; dans son enseignement oral des années 1960 son appréciation restait également élogieuse.

2. L'*Exercitatio de motu cordis et sanguinis in animalibus*, par lequel le médecin anglais William Harvey (1578-1657) présenta les preuves de sa découverte de la circulation du sang, fut d'abord publié à Frankfurt chez William Fitzer en 1628.

philosophie cartésienne attirait l'attention plus encore par ses prétentions méthodologiques que par son contenu doctrinal. Qu'il soit permis de signaler, en passant, que le ridicule tua cette requête [1] : l'*Arrêt burlesque* de Boileau [2], où les aristotéliciens se voyaient cruellement raillés, détourna le Parlement de rendre son arrêt propre.

Le *Traité de l'Homme* est un exposé rigoureusement conforme à la méthode cartésienne; il explique « par ordre » les mouvements de la machine corporelle, à partir de la supposition qu'elle n'est rien d'autre qu'un agencement de pièces formées « tout exprès » par Dieu pour « imiter toutes celles de nos fonctions qui peuvent être imaginées procéder de la matière et ne dépendre que de la disposition des organes ». Descartes identifie la vie avec la chaleur du cœur. Il admet, avec Aristote et les Scolastiques, que le cœur est le siège d'une chaleur éminente, que cette chaleur est l'effet d'un phénomène de l'ordre de la fermentation du foin ou du raisin, que cette chaleur est communiquée par le cœur au sang qui afflue en ses cavités, au point de dilater le sang par ébullition et ainsi de le chasser dans l'aorte. Cette dilatation du sang est ce qui distend la paroi du cœur, en sorte que, selon Descartes, c'est la diastole qui correspond à la phase active du mouvement circulatoire. – Le cœur est donc le ressort unique et central, de nature non musculaire, de tous les mouvements des muscles, par l'office des esprits animaux. Sous ce nom qu'il reçoit de la médecine médiévale, à partir des théories physiologiques d'Aristote et de Galien [3], Descartes entend la partie la plus subtile et

1. Le tapuscrit donne ici "enquête".

2. Le poète français Nicolas Boileau-Despréaux (1636-1711) avait fait paraître de façon anonyme en 1671 sa *Requeste des Maistres es Arts, Professeurs, & Regens, de l'Université de Paris présentée à la Cour Souveraine de Parnasse : Ensemble l'Arrest intervenu sur ladite Requeste, contre tous ceux qui prétendent faire enseigner, ou croire de Nouvelles Découvertes qui ne soient pas dans Aristote* (À Delphe, Par la Société des Imprimeurs Ordinaires de la Cour de Parnasse, MDCLXXI), satire mieux connue sous le titre de l'édition révisée de 1701 où Boileau reconnut en être l'auteur : *Arrêt burlesque, donné en la grand'chambre du Parnasse, en faveur des maîtres-ès-Arts, médecins et professeurs de l'Université de Stagyre, au pays des Chimères : pour le maintien de la doctrine d'Aristote*. Sur les circonstances de cette publication, voir Philippe Albou, « L'Arrêt burlesque de Boileau, Gui Patin et l'Académie Lamoignon », *Histoire des sciences médicales*, tome 28, n° 1, 1994, p. 25-32).

3. Galien (130-200), philosophe de tradition aristotélicienne et médecin, exerça à Pergame puis à Rome. Adepte de la dissection animale et médecin des gladiateurs, il porta les connaissances anatomiques à un niveau qui ne sera notablement dépassé qu'au XVIe siècle. Sa

la plus pure du sang vaporisé que les artères carotides canalisent vers le cerveau, et que les nerfs dirigent ensuite vers les muscles. Ces esprits animaux, ces souffles volatils, n'ont d'ailleurs d'autres propriétés que celles des corps en général, propriétés toutes mécaniques d'inertie, de mouvement et de choc. La pression qu'ils exercent dans les muscles, entraînant leur raccourcissement et le déplacement relatif des os articulés, n'est que l'effet, à la périphérie de l'organisme, de leur renouvellement incessant au niveau du cœur. Dans les nerfs, auxquels Descartes prête une structure de tubes, les esprits se pressent irréversiblement, comme l'air comprimé dans le tuyau d'un marteau pneumatique d'aujourd'hui. Ainsi le corps animal est tout entier mis en mouvement à partir de deux centres : un centre moteur cardiaque qui est le foyer d'un « feu sans lumière » ; un centre régulateur cérébral, qui est un réservoir de fluides turbulents.

Ce mécanisme, car c'en est bien un, est dès lors capable d'accomplir toutes les fonctions organiques indépendantes de l'âme, c'est-à-dire les fonctions jusqu'alors nommées vitales comme la circulation, ou animales comme la locomotion. Mais la vie animale requiert une troisième condition, distincte de l'origine et du terme du mouvement, c'est l'adaptation ou l'ajustement du mouvement à l'environnement de l'organisme, ajustement dont l'instinct des animaux a toujours fourni à la curiosité des hommes un cas exemplaire, aussi manifeste dans ses effets que mystérieux dans ses causes. Descartes rend compte de cette dernière fonction par un dispositif, lui aussi tout mécanique, d'information, par la structure et le rôle du nerf en tant qu'organe de la sensibilité. Le tube nerveux, couloir des esprits, engaine de minces filets solides et continus qui relient au cerveau le tégument cutané et les organes sensoriels qui s'y abouchent. Toute impression d'un objet sur les sens détermine un mouvement transmis, par traction des fibres nerveuses, au réservoir cérébral dont les pores dilatés ou resserrés orientent vers tel ou tel point de la périphérie organique des bouffées d'esprits maintenus en état permanent d'agitation, en impatience permanente du moment de leur propagation canalisée. Ainsi s'explique la relation entre l'excitation sensorielle et la réaction motrice, entre la stimulation et la réponse.

physiologie, fondée sur l'évolution des proportions des humeurs, doctrine conforme à la tradition hippocratique, continuera d'exercer une influence en médecine jusqu'au XIXe siècle.

Telle est, démontée selon l'ordre, la machine animale en général et le corps humain en particulier. L'aspect le plus célèbre, on pourrait dire le plus populaire, de cette physiologie cartésienne, c'est la place qu'elle fait à la notion, semi-rationnelle et semi-magique, d'automatisme. Un automate c'est une machine en qui sont joints le mécanisme et le moteur, les rouages et le ressort. L'humanité avant le XVIIe siècle, avait connu à plusieurs reprises et avait plusieurs fois laissé perdre le secret de ces machines mouvantes dans lesquelles Descartes a vu sans doute un peu plus que le modèle d'intelligibilité de l'organisme animal. Aristote a attribué à Dédale la construction d'une Venus en bois, mue par un moteur à mercure[1]. Archytas de Tarente[2] passe pour avoir fabriqué une colombe volante. Héron d'Alexandrie[3] avait inventé des automates mûs par des poids, par l'eau et même par la vapeur. Au Moyen Âge, on prête à Albert le Grand[4] la construction d'une tête de bronze parlante. Le premier coq automate de la cathédrale de Strasbourg date de 1347. Les Jacquemarts frappeurs de cloches et les personnages défilants apparaissent sur les horloges à édifice dès le XIVe siècle. En 1588 Auguste Ramelli[5], ingénieur du roi de France, exposait, dans son ouvrage *Le diverse*

1. Aristote, *De l'âme*, I, 3, 406b. Dédale, artisan mythique passait pour avoir inventé de merveilleux automates. Dans sa *Politique* (I, IV, 1), Aristote mentionne aussi « ses statues légendaires ».

2. Le pythagoricien Archytas de Tarente (vers – 375) a laissé des contributions aux mathématiques et à la théorie des sons et de la musique ; c'est dans les *Nuits attiques* (10.12.9-10) d'Aulu-Gelle (vers 130 de notre ère), qui la qualifiait de « difficile à croire », que se trouve la source de cette information.

3. Héron d'Alexandrie (Ier siècle), mathématicien et mécanicien grec d'Alexandrie, dans ses *Pneumatiques*, fait état de son invention d'un oiseau chantant (1.15-16), de trompettes se faisant entendre automatiquement à l'ouverture elle-même automatique des portes d'un temple (1.16-17 ; 1.38), d'un moulin à vent mettant en mouvement un orgue chantant (1.43), d'un éolipile mû par la vapeur faisant danser des figurines (2.11), etc.

4. Albert le Grand (ca 1206-1280), prêtre dominicain, théologien et philosophe aristotélicien allemand, qui termina sa carrière d'enseignant à Cologne et dont Thomas d'Aquin avait suivi les cours à Paris. Nous ne savons pas la source de l'attribution de cette invention à Albert le Grand, mais elle n'est pas singulière, puisque Roger Bacon (ca. 1214-1294) et Guido Bonatti (1230-ca. 1295), par exemple, avaient aussi été crédités en leur siècle de l'invention de têtes métalliques parlantes.

5. Cet ouvrage de l'ingénieur militaire italien Agostino Ramelli (1531 – ca. 1608) passé au service du duc d'Anjou, plus tard Henri III, donnait dans son ouvrage des illustrations des dispositifs mécaniques des oiseaux chantants (planche 186) et les décrivait dans le texte d'accompagnement de celles-ci.

e artificiose Machine, le principe des mécanismes hydrauliques d'oiseaux chantants. En 1615, Salomon de Caus [1], publiait, sous un titre déjà cartésien, *Les Raisons des forces mouvantes*, un traité des automates, dédié à l'Électrice Palatine, mère de la Princesse Elisabeth., amie et disciple de Descartes[2]. Enfin si Descartes n'avait pu lire en 1633 le *Thaumaturgus Opticus* (1638-1646-1651-1653) de Jean-François Nicéron[3], il est certain que les travaux de ce Père Minime étaient connus de lui, grâce à Mersenne. Ainsi donc, par l'attention qu'il accorde aux automates, Descartes s'inscrit dans une longue tradition où s'alimente autant le goût de l'ingéniosité ésotérique que celui de la production d'illusions. Mais il sait convertir une curiosité qui garde quelque rapport avec l'esprit du baroque en une méthode scientifique audacieuse. Les horloges, les moulins, les oiseaux chantants, les orgues lui sont des témoignages frappants d'une activité d'industrie capable de soutenir le projet d'une mimétique mécanique générale. En supposant multiplié à l'infini le pouvoir de simulation artificielle et artificieuse des comportements animaux et humains, Descartes a formé l'idée de l'automatisme animal dans laquelle devait le confirmer plus tard l'affirmation de la distinction radicale entre la matière et l'esprit, qui s'énonce dans le « Je pense, donc je suis ». Mais on oublie trop souvent, pour juger cette pièce de la philosophie cartésienne, qu'elle n'est fondée en vraisemblance et légitimité que par la croyance en l'existence d'un Ingénieur Divin Omnipotent, apte à surpasser infiniment l'art du plus habile des ingénieurs humains. Coupé de la métaphysique cartésienne, le mécanisme cartésien en biologie

1. Dans cet ouvrage, *Les Raisons des forces mouvantes avec diverses machines tant utilles que plaisantes ausquelles sont adjoints plusieurs desseigns de grotes et fontaines* [sic] (Francfort, J. Norton), Salomon de Caus (ca. 1576 – 1626) ingénieur hydraulicien huguenot, présentait notamment son invention d'une pompe mue par la vapeur.

2. Ici en marge du tapuscrit Canguilhem a écrit : « Giovanni Branco Le Machine Rome 1629 ». L'ouvrage de Brancon (1571-1645) un "théâtre de machines" comme on disait à l'époque, comportait 63 planches avec leur description en italien et en latin.

3. Jean-François Nicéron (1613-1646), prêtre minime, mathématicien et physicien français, ami et disciple de Marin Mersenne, avait publié en 1638 *La perspective curieuse ou magie artificielle des effets merveilleux* (Paris, chez P. Billaine). Le *Thaumaturgus opticus, sive admiranda optices, per radium directum : catoptrices, per reflexum è politis corporibus, planis cylindricis... dioptrices, per refractum in diaphanis... pars prima* (Paris, François Langlois) parut de façon posthume en 1646, et c'est cette édition latine, augmentée, mais ne comprenant que les deux premières parties de l'édition de 1638, qui en assura une large diffusion.

est dépourvu de sens. Et c'est à partir de là qu'il faut mesurer la portée et les insuffisances de la physiologie cartésienne.

Pour les erreurs manifestes, telles que l'explication des mouvements du cœur, elles sont trop aisées à relever. Telle autre erreur, comme l'explication attribuant à l'existence de valvules le passage irréversible des esprits animaux du nerf dans le muscle, est plus féconde dans la mesure où elle est liée à la détection d'un phénomène important, la coordination des mouvements des muscles antagonistes, et où elle a permis au grand physiologiste Sherrington[1] d'y trouver quelque pré-notion du phénomène d'innervation réciproque. Par contre c'est une très importante affirmation que celle d'un déterminisme physiologique du rapport entre l'excitation et la réaction. À ce sujet, c'est sans doute trop que d'attribuer à Descartes la paternité intellectuelle du concept de réflexe, à la formation duquel faisait obstacle sa théorie de l'hétérogénéité des structures et des fonctions du nerf, selon qu'il est l'organe de la sensibilité ou de la motricité[2]. Mais il a eu un sentiment très juste du rôle du système nerveux dans la coordination des diverses fonctions qui permet à l'organisme d'agir et de réagir comme un tout. C'est d'ailleurs sur cette question que le *Traité de l'Homme* présente une lacune que devaient combler, après 1633, des textes comme la *VI*[e] *Méditation Métaphysique* et le *Traité des Passions*. Si, dès les premières lignes du *Traité*, Descartes annonce que les hommes dont il va parler seront composés d'un corps et d'une âme, si dans le cours de l'ouvrage il anticipe, à plusieurs reprises, le moment où il montrera comment Dieu s'y prendra pour unir une âme à ce corps dont il démonte le mécanisme, en fait Descartes ne traite ici des fonctions de l'âme : sensibilité, imagination, mémoire, sommeil et rêves, passions que dans la mesure où elles ont dans l'organisme leurs conditions nécessaires sinon suffisantes. Mais il est une fonction fondamentale de la vie que Descartes n'examine pas dans le *Traité de l'Homme* et qu'il n'a cru pouvoir expliquer ailleurs que par la liaison, instituée par Dieu, entre l'âme et le corps au niveau du cerveau et plus précisément de la glande pinéale : c'est la conservation du vivant dans son milieu, la résistance aux causes de

1. Sur Sherrington, cf. *supra*, p. 181, n. 2; aussi, *infra*, p. 985-989 *passim*.

2. Contrairement à beaucoup d'autres, Canguilhem ne renvoie pas volontiers à ses propres travaux. La démonstration de la fausse attribution de paternité du concept de réflexe à Descartes avait été au centre de sa propre thèse de doctorat ès lettres, *La formation du concept de réflexe aux* XVIIe *et* XVIIIe *siècles*, soutenue et publiée l'année précédente.

perturbation fonctionnelle et de destruction, le maintien, à travers les vicissitudes de l'existence et de l'expérience, de l'intégrité de l'individu. En ce sens l'Homme[1] du *Traité de l'Homme* est bien une simple machine, sortie toute neuve des mains de son constructeur. La question de son dérèglement possible n'est pas posée. Une machine en effet est, de soi, étrangère et indifférente à la disposition imposée par l'ouvrier à la matière dont elle est faite. Cela est vrai même des machines modernes si complexes pourvues de dispositifs de régulation rigoureuse. Le propre du vivant, au contraire, c'est de n'être jamais indifférent à sa propre intégrité. Or c'est seulement de l'Homme de la *VIe Méditation* qu'on peut dire qu'il est un individu authentique dont la conservation est réglée par les inclinations et les sentiments qui traduisent, dans le langage du plaisir et de la douleur, la qualité vitale de ses relations avec les choses extérieures. Cet aspect du vivant, ce devoir vital de l'être vivant, n'est réellement reconnu et justifié par Descartes que dans le cas de l'homme. Paradoxalement, l'homme n'est un animal pleinement individu que parce qu'il est un mécanisme corporel uni, tout pour tout, à une âme pensante, principe indivisible de jugement et de décision. L'homme n'est totalement animal que parce qu'il est plus qu'animal.

Cela posé, tout se passe comme si les illusions animistes, si vivement rejetées par Descartes, gardaient une part de vérité. L'âme humaine a un pouvoir quasi physique sur le corps. De la propriété de ses sentiments, de la fermeté de ses jugements résulte une certaine assurance biologique, une santé organique. L'âme humaine peut prendre un empire certain, quoique limité, sur ses passions, dont dépend souvent la naissance, le cours et l'issue de bien des maladies. Il est donc pour l'homme deux sortes de façons de se conserver et de se soigner. L'une se tire de la connaissance scientifique du mécanisme biologique. Descartes dit dans l'*Entretien avec Burman* (1648)[2] que la vie humaine peut être prolongée comme on accroît et on prolonge la vie des plantes parce qu'on en connaît la constitution. Mais Descartes dit,

1. Ici et plus bas, l'usage de la majuscule pour ce terme suit l'usage de Canguilhem dans le tapuscrit.

2. Frans Burman (1628-1679), étudiant hollandais, rendit visite à Descartes le 16 avril 1648 et eut avec lui un long échange sur la base de questions qu'il avait soigneusement préparées. L'*Entretien* est le compte rendu rédigé en latin par Burman, sans doute sur la base de notes prises sur place. Une copie en fut découverte dans la bibliothèque de l'Université de Göttingen en 1895 ; le texte fut publié pour la première fois l'année suivante.

dans le même texte, que l'homme doit écouter en lui la nature. Sous ce rapport c'est le médecin qui a quelque chose à apprendre de ses malades, de leur expérience de ce qui leur convient et leur est agréable. « Dans de tels cas, dit Descartes, la nature arrive à se rétablir elle-même : elle a parfaitement conscience intérieurement de son état et le connaît bien mieux qu'un médecin qui ne voit que le dehors ». On voit ici Descartes faire place à l'idée hippocratique de la *vis medicatrix naturae* et nuancer la rigidité de ses conceptions mécanistes par la reconnaissance d'une finalité vitale propre à l'organisme humain. Ici s'accuse la coupure entre l'homme et l'animal : elle recouvre toute la métaphysique cartésienne déléguant à Dieu le pouvoir d'accorder à la vie du corps humain ce qu'il refuse à la vie animale. Cette métaphysique seule explique, en tout cas, que le même Descartes qui commence par écrire le *Traité de l'Homme* pour fonder une Médecine « en démonstrations infaillibles », comme il le dit au Père Mersenne (en janvier 1630), puisse dix-huit ans plus tard déclarer à Burman : « Personne à trente ans ne doit plus avoir besoin de médecin, parce qu'à cet âge-là chacun peut suffisamment savoir soi-même, par expérience, ce qui lui est bon, ce qui ne l'est pas, et être ainsi son propre médecin » [1].

[Cette conférence radiophonique de Canguilhem était suivie de la lecture des deux extraits suivants qu'il avait choisis :]

> Ces hommes seront composés [2], comme nous, d'une Âme et d'un Corps. Et il faut que je vous décrive, premièrement, le corps à part, puis après, l'âme aussi à part; et enfin, que je vous montre comment ces deux natures doivent être jointes et unies, pour composer des hommes qui nous ressemblent.
> Je suppose que le corps n'est autre chose qu'une statue ou machine de terre, que Dieu forme tout exprès, pour la rendre la plus semblable à nous qu'il est possible; en sorte que, non seulement il lui donne au dehors la couleur et la

1. Canguilhem a inscrit en marge de ce passage dans le tapuscrit : "Tibère". L'histoire de la thématique de l'autothérapie a été traitée dans une thèse préparée sous la direction de Canguilhem : Évelyne Aziza-Shuster, *Le médecin de soi-même*, ouvrage publié en 1972 dans la collection « Galien » que Canguilhem dirigeait aux P.U.F. Sur Tibère et son dédain des médecins, *cf.* le chapitre II de cet ouvrage.

2. Il s'agit des tout premiers paragraphes du *Traité de l'homme* (p. 807 dans l'édition Bridoux, *Œuvres et lettres de Descartes*, « Bibliothèque de la Pléiade », Paris, Gallimard, 1966).

figure de tous nos membres, mais aussi qu'il met au dedans toutes les pièces qui sont requises pour faire qu'elle marche, qu'elle mange, qu'elle respire, et enfin qu'elle imite toutes celles de nos fonctions qui peuvent être imaginées procéder de la matière, et ne dépendre que de la disposition des organes.
Nous voyons des horloges, des fontaines artificielles, des moulins, et autres semblables machines, qui n'étant faites que par des hommes, ne laissent pas d'avoir la force de se mouvoir d'elles-mêmes en plusieurs diverses façons ; et il me semble que je ne saurais imaginer tant de sortes de mouvements en celle-ci, que je suppose être faite des mains de Dieu, ni lui attribuer tant d'artifice, que vous n'ayez sujet de penser, qu'il y en peut avoir encore davantage.
Or, je ne m'arrêterai pas à vous décrire les os, les nerfs, les muscles, les veines, les artères, l'estomac, le foie, la rate, le cœur, le cerveau, ni toutes les autres diverses pièces dont elle doit être composée ; car je les suppose du tout semblables aux parties de notre corps qui ont les mêmes noms, et que vous pouvez vous faire montrer par quelque savant anatomiste, au moins celles qui sont assez grosses pour être vues, si vous ne les connaissez déjà suffisamment de vous-même. Et pour celles qui à cause de leur petitesse sont invisibles, je vous les pourrai plus facilement et plus clairement faire connaître, en vous parlant des mouvements qui en dépendent ; si bien qu'il est seulement ici besoin que j'explique par ordre ces mouvements, et que je vous dise par même moyen quelles sont celles de nos fonctions qu'ils représentent. [...]

Je désire que vous considériez, après cela, que toutes les fonctions que j'ai attribuées à cette machine, comme la digestion des viandes, le battement du cœur et des artères, la nourriture et la croissance des membres, la respiration, la veille et le sommeil ; la réception de la lumière, des sons, des odeurs, de goûts, de la chaleur, et de telles autres qualités, dans les organes des sens extérieurs ; l'impression de leurs idées dans l'organe du sens commun et de l'imagination, la rétention ou l'empreinte de ces idées dans la mémoire ; les mouvements intérieurs des appétits et des passions ; et enfin les mouvements extérieurs de tous les membres, qui suivent si à propos, tant des actions des objets qui se présentent aux sens, que des passions, et des impressions qui se rencontrent dans la mémoire, qu'ils imitent le plus parfaitement qu'il est possible ceux d'un vrai homme : je désire, dis-je, que vous considériez que ces fonctions suivent toutes naturellement, en cette machine, de la seule disposition de ses organes, ne plus ne moins que font les mouvements d'une horloge, ou autre automate de celle de ses contrepoids et de ses roues ; en sorte qu'il ne faut point à leur occasion concevoir en elle aucune autre âme végétative, ni sensitive, ni aucun autre principe de mouvement et de vie, que son sang et ses esprits, agités par la chaleur du feu qui brûle continuellement dans son cœur, et qui n'est point d'autre nature que tous les feux qui sont dans les corps inanimés [1].

1. Ce paragraphe est le dernier du *Traité* (p. 873 de l'édition Bridoux, *Œuvres et lettres de Descartes*, « Bibliothèque de la Pléiade, Paris, Gallimard, 1966).

DESCARTES
L'HOMME MAÎTRE ET POSSESSEUR DE LA NATURE

Conférence radiophonique, diffusée en 1956, dans la série « La Connaissance de l'Homme au XVIIe siècle »

La coïncidence, en l'année 1937, du troisième centenaire de la publication du *Discours de la Méthode* et de l'organisation, à Paris, d'une Exposition Universelle des Arts et des Techniques engagea le bureau du Congrès International de Philosophie, à avancer d'un an le 9° Congrès qui fut alors nommé Congrès Descartes. Ainsi fut réalisée pour quelques jours, dans la capitale de la France, la conjonction d'une double postérité cartésienne, celle des philosophes et celle des techniciens. Nul ne peut dire si Descartes aurait retrouvé ses idées les plus chères dans bien des communications du Congrès de philosophie. Il est certain qu'il aurait reconnu beaucoup de ses rêves dans les machines exposées au pied de la Tour Eiffel. En cette année 1937, placée sous l'invocation de Descartes, l'histoire des hommes fit vraiment la preuve de l'universalité d'un Génie [1].

À ne considérer l'œuvre de Descartes que sous l'angle de la métaphysique on pourrait ne pas soupçonner que ce philosophe si exigeant sur les critères de la réalité du monde, si tenace dans sa mise entre parenthèses des choses sensibles, si confiant dans sa capacité de découvrir les lois de la nature par la seule lumière de l'esprit, fut en même temps un homme solidement attaché à la vie, au monde dans lequel la vie humaine est vécue, et qu'il ne cessa jamais de rechercher les moyens de prolonger la vie de l'homme dans un monde toujours mieux aménagé pour la favoriser. Celui

1. Canguilhem avait participé au Congrès Descartes de 1937 et y avait présenté sa première communication scientifique, sur « Descartes et la technique » (cf. *OC* I, p. 490-498).

que l'un de ses contradicteurs, Pierre Gassendi[1], interpellait sous le nom ironique d'Esprit Pur, non seulement ne dédaigna pas de vivre, mais proposa à l'humanité un idéal de transformation, par la technique et le travail, des conditions naturelles de la vie.

Cet idéal, chez Descartes, vient de très loin. Parmi les raisons qui, tout jeune, l'amèneront à refuser l'héritage intellectuel de son éducation et des sciences de son temps, l'une des plus profondes fut que ce savoir, à lui transmis, était livresque et inopérant. Contrairement à quoi, il fit le vœu de chercher dans les sanctions de l'expérience et de la pratique la garantie de vérité d'une science renouvelée. S'il entreprit de voyager, à la fin de ses études, et de substituer « le grand livre du monde » à ses livres de collégien, c'est comme il nous le dit dans la première partie du *Discours* parce qu'« il me semblait que je pourrais rencontrer plus de vérité dans les raisonnements que chacun fait dans les affaires qui lui importent, et dont l'événement le doit punir après s'il a mal jugé, que dans ceux que fait un homme de lettres dans son cabinet touchant des spéculations qui ne produisent aucun effet et qui ne lui sont d'autre conséquence sinon que peut-être il en tirera d'autant plus de vanité qu'elles seront plus éloignées du sens commun, à cause qu'il aura dû employer d'autant plus d'esprit et d'artifice à tâcher de les rendre vraisemblables ». Dans une lettre à Plempius[2], en cette même année 1637[3], Descartes justifie par la relation de la Mécanique à l'expérience et à la pratique la supériorité de cette science sur les autres parties de la Physique :

1. Pierre Gassendi (1592-1655), théologien, physicien et philosophe, avait élaboré une philosophie propre conciliant atomisme épicurien et finalisme chrétien. Correspondant de Galilée, de Mersenne et de Descartes, il avait publié en 1644 sa *Disquisitio Metaphysica, seu Dubitationes et instantiae adversus Renati Cartesii metaphysicam et responsa* (Amsterdam, J. Blaeu) qui reprenait des critiques formulées à Descartes en 1641-1642 et auxquelles celui-ci avait répondu dans les « Cinquièmes objections » de ses *Méditations métaphysiques* notamment.

2. Vopiscus-Fortunatus Plemp (1601-1671), Hollandais catholique, devenu médecin après des études de philosophie, exerçait dans sa ville natale, Amsterdam, où il avait connu Descartes. Il accepta en 1633 un poste de professeur à Louvain où il serait plus tard *Rector magnificus* (*cf.* AT, I, p. 401, note 1).

3. Lettre du 3 octobre. AT, I, p. 421. Les références que nous donnons en notes dans ce texte sont celles de Canguilhem, telles qu'elles figurent dans le corps du texte du tapuscrit de cette émission conservé au CAPHÉS (GC. 26.3.2).

« Cette partie de la Philosophie est demeurée plus vraie et moins corrompue que les autres, parce que du fait de son rapport à l'usage et à la pratique (*praxis*) tous ceux qui en elle commettent des erreurs ont coutume d'être punis par la perte de leurs frais. En sorte que condamner ma méthode de philosopher parce qu'elle ressemble à la Mécanique c'est, à mes yeux, tout comme si on la condamnait parce qu'elle est vraie ».

Mais si l'idéal de domination technique du monde et de sanction technique du savoir vient de loin, il ne s'est explicitement formulé qu'au moment où Descartes a cru pouvoir le publier autrement que sous la forme d'une rêverie ou d'une utopie. C'est ce qui explique l'apparente conversion de valeurs qui s'opère de la 3e à 6e partie du *Discours*.

On sait que le projet de réformer la science – c'est-à-dire toutes les sciences simultanément, puisqu'il les tient pour indivises[a] – conduit Descartes, à la suite de quelques succès partiels dans la solution de problèmes mathématiques inaccessibles aux Anciens, à entrevoir une méthode universelle dans l'usage de laquelle il veut s'exercer et se fortifier avant d'en publier les résultats. De là, dans sa vie, entre les années 1619 et 1628, une période, apparemment frivole, en réalité fort sérieuse, de neuf années d'épreuve et d'apprentissage, dans l'expectative laborieuse et inquiète de sa propre maîtrise. C'est pour pouvoir vivre cette période de sa vie qu'il se prescrit quelques règles de conduite, connues sous le nom qu'il leur a donné lui-même de « morale par provision ». Elles consistent d'abord en l'introduction d'un minimum de logique, et donc en la recherche d'un minimum d'assurance, dans l'ordre des événements que la connaissance humaine ne permet pas encore de maîtriser en y éliminant tout risque; ensuite, en la constance des déterminations à agir, là où l'imperfection du savoir laisse subsister quelque obscurité du choix; enfin, en une sorte de résignation stoïcienne à se plier au cours des choses faute de pouvoir le modifier, en la décision de « changer – comme il le dit lui-même – mes désirs plutôt que l'ordre du monde ».

Or ces règles, énoncées dans la 3e partie du *Discours* sont contredites en bloc par un programme d'action sur les choses, par une profession de foi démiurgique, par un aveu audacieux de volonté de puissance technique, contenu dans la 6e partie du même ouvrage, et d'où la postérité a retenu,

a. Regulae I.

comme une devise cartésienne pour un écu armorial cartésien, la formule : « Rendre l'homme comme maître et possesseur de la nature. »

Ce programme de 1637 est repris et confirmé en 1644, dans la Lettre Préface aux *Principes de la Philosophie*, en un passage où Descartes compare la philosophie à un arbre « dont les racines sont la métaphysique, le tronc est la physique et les branches qui partent de ce tronc sont toutes les autres sciences, qui se réduisent à trois principales, à savoir la médecine, la mécanique et la morale ; j'entends la plus haute et la plus parfaite morale, qui, présupposant une entière connaissance des autres sciences est le dernier degré de la sagesse. Or comme ce n'est pas des racines, ni du tronc des arbres qu'on cueille des fruits mais seulement des extrémités de leurs branches, ainsi la principale utilité de la philosophie dépend de celles de ses parties qu'on ne peut apprendre que les dernières ».

On remarquera l'importance attribuée par Descartes à la médecine et à la mécanique. La médecine c'est essentiellement pour lui l'art de prolonger la durée de la vie humaine. Il pense, à la lettre, que selon le mot populaire rapporté par son correspondant Constantin Huygens[1] : « cette fâcheuse coutume de mourir prendra fin un jour »[a]. Il le pense, puisqu'il l'écrit. Nous lisons dans une lettre à Mersenne[b] : « Je n'ai jamais eu tant de soin de me conserver que maintenant, et au lieu que je pensais autrefois que la mort ne me pût ôter que trente ou quarante ans tout au plus, elle ne saurait désormais me surprendre qu'elle ne m'ôte l'espérance de plus d'un siècle »[2]. Comme on l'a vu dans la précédente causerie sur l'Homme du *Traité de l'Homme*, c'est pour fonder la médecine en démonstrations infaillibles que Descartes étudie l'anatomie et la physiologie autant par des dissections que par des lectures.

Quant à la Mécanique, Descartes ne pouvait pas être moins soucieux d'inventions et d'engins que ne l'avaient été avant lui Léonard de Vinci ou

a. A.T., II, 550 [lettre du 28 mai 1639].
b. 25 janvier 1638, A.T. I, 507.

1. Constantin Huygens (1596-1687), ami et correspondant de Descartes, poète et compositeur, longtemps au service du prince d'Orange, père du mathématicien et physicien Christian Huygens (1629-1695).

2. Canguilhem a inscrit en marge ici : « comparer avec le chœur d'Antigone sur l'ingéniosité humaine mais l'invincibilité de la mort ». Dans la traduction de cette pièce de Sophocle par Raphaël Dreyfus, *Tragédies grecs*, « Bibliothèque de la Pléïade », Paris, Gallimard, 1967, *cf.* p. 580.

Stevin[1] et tous les ingénieurs civils et militaires des XVe et XVIe siècles, en Italie et en France. L'*Explication de engins*, petit traité que Descartes adresse à Huygens en octobre 1637[2] et dans lequel il fonde la théorie des poulies, leviers, roues et plans inclinés sur le principe de conservation du produit : *force ×déplacement*[3], est très caractéristique de sa pensée en matière de rapports entre théorie et construction. Descartes veut éliminer tout empirisme de la fabrication des machines. Il méprise l'art sans explication, se moque des Italiens qui font sans comprendre ce qu'ils font, et déclare à Huygens : « Il faut avoir *expliqué*[4] quelles sont les lois de la nature, et comment elle agit à son ordinaire, avant qu'on puisse bien enseigner comment elle peut être appliquée à des effets auxquels elle n'est pas accoutumée »[a]. Autrement dit, et sans jeu de mots : pas d'application féconde sans explication préalable. De même, dans les *Principes de la Philosophie*, après avoir affirmé ne voir d'autre différence que d'échelle de grandeur entre les pièces des machines montées par les artisans et celles des corps composés par la seule nature, Descartes ajoute : « Il est certain que toutes les règles des Mécaniques appartiennent à la Physique, en sorte que toutes les choses qui sont artificielles sont avec cela naturelles »[b].

Nous devons donc croire et suivre Descartes à la lettre quand il décrit l'ordre qu'il a tenu et que l'on doit tenir pour fonder l'efficacité d'un projet général de transformation technique du monde. Selon lui, l'ingéniosité technique repose sur une théorie physique, et la théorie physique repose elle-même sur une métaphysique. Or cet ordre cartésien a été souvent contesté et plusieurs de ses commentateurs ont cru pouvoir exposer mieux que lui-même l'économie de sa doctrine.

Il est assez bien porté aujourd'hui d'expliquer l'apparition, dans les temps modernes, d'une science active, opérative, par des conditions historiques d'ordre économique et social. La science nouvelle serait au fond

a. Mars 1638, A.T., II, p. 50.
b. A.T., IX, p. 321.

1. Simon Stevin (1548-1620), mathématicien et ingénieur hollandais, auteur notamment d'une *Arithmétique* qui parut en traduction française, d'abord en 1585 puis en 1635 (Leiden, Plantin), d'une *Statique* et d'une *Hydrostatique*, ouvrages tous deux publiés en néerlandais en 1586.
2. Lettre du 5 octobre 1637, p. 971-981 dans l'édition Bridoux, *op. cit.*
3. Les italiques sont celles du tapuscrit.
4. *Ibid.*

le reflet et la codification des pratiques et des normes d'activité des artisans et des ingénieurs, des commerçants travailleurs et calculateurs, des premiers entrepreneurs capitalistes, bref des classes ascendantes, en un mot de la bourgeoisie moderne. Mais, comme l'a montré, à plusieurs reprises, M. Alexandre Koyré, on oublie ici le rôle, à la même époque, de la redécouverte purement spéculative de la science grecque et l'importance de l'évolution autonome de l'astronomie avec Copernic, Kepler et Galilée. Le développement de la science expérimentale et de ses applications techniques n'est pas l'origine mais l'effet d'une nouvelle vision théorique du monde, d'une nouvelle métaphysique de la nature. En somme, il fallait admettre une fois pour toutes, avec toutes ses conséquences, la fin de la philosophie grecque, se représentant le monde comme un cosmos, comme une sphère parfaite et achevée où tous les êtres se voyaient assignée leur place hiérarchique, c'est-à-dire leur qualité propre et leur fin. Il fallait réussir à se représenter l'espace et la matière comme un milieu homogène dans lequel le mouvement seul rendît compte de la diversité apparente des propriétés des choses, telle que l'expérience sensible nous la révèle. Bref il fallait avoir l'audace intellectuelle d'identifier réalité et quantité, et de géométriser la nature pour pouvoir justifier le droit radical de l'homme géomètre à tracer dans la nature ses propres voies, à y figurer et à y produire les objets de tous ses besoins, à y inscrire par le travail, le contenu de tous ses rêves.

Or c'est Descartes, et lui le premier, qui a reconnu dans sa totalité la nécessité rationnelle de cet ordre de conditionnement philosophique. De sorte qu'une interprétation comme celle que propose le Père Laberthonnière[1], selon laquelle la physique de Descartes n'est qu'une physique d'ingénieur, un manuel d'exploitation de la nature par l'homme, où la théorie n'est jamais que subordonnée à l'application, n'est soutenable que dans la mesure où l'on confond, dans la philosophie cartésienne, l'ordre des intentions et l'ordre des raisons. En fait, Descartes n'a exposé ses intentions de démiurge moderne qu'après s'être assuré, par ses découvertes mathématiques, qu'il en détenait les raisons strictement théoriques. Le

1. Lucien Laberthonnière (1860-1932), prêtre oratorien, théologien et historien antithomiste de la philosophie, directeur des *Annales de philosophie chrétienne*, publication mise à l'index par le Vatican en 1913, fut interdit de publication à compter de cette date. C'est donc de façon posthume que paraîtront chez Vrin ses *Études sur Descartes* (2 vol., 1935) et son *Étude de philosophie cartésienne* (1937).

fondement du pouvoir technique importe à Descartes plus encore que ses avantages. Plus encore que le confort, ou le rendement, ou l'économie, la science opérative doit apporter à l'homme la foi dans le pouvoir de la raison, la foi dans l'autonomie de la pensée. En s'efforçant de rationaliser la capacité humaine d'ingéniosité et d'industrie, de l'arracher à son empirisme originaire et jusque là traditionnel, Descartes vise non seulement à lui conférer un plus grand effet d'utilité, mais aussi et surtout à lui assigner une plus haute portée symbolique. Conformément au projet constitutif de la métaphysique cartésienne, il s'agit d'arracher l'homme au monde, de l'affranchir de l'asservissement à une condition subalterne, de l'égaler autant que possible à Dieu, en le convertissant au sens caché de son existence, c'est-à-dire à la liberté, qui est l'authentique « possession » de la Nature.

[Cette conférence radiophonique de Canguilhem était suivie de la lecture de l'extrait suivant qu'il avait choisi :]

> Mais sitôt que j'ai eu acquis quelques notions générales touchant la physique, et que, commençant à les éprouver en diverses difficultés particulières, j'ai remarqué jusques où elles peuvent conduire et combien elles diffèrent des principes dont on s'est servi jusqu'à présent, j'ai cru que je ne pouvais les tenir cachées sans pécher grandement contre la loi qui nous oblige à procurer autant qu'il est en nous le bien général de tous les hommes. Car elles m'ont fait valoir qu'il est possible de parvenir à des connaissances qui soient fort utiles à la vie, et qu'au lieu de cette philosophie spéculative qu'on enseigne dans les écoles, on en peut trouver une pratique, par laquelle, connaissant la force et les actions du feu, de l'eau, de l'air, des astres, des cieux et de tous les autres corps qui nous environnent, aussi distinctement que nous connaissons les divers métiers de nos artisans, nous les pourrions employer en même façon à tous les usages auxquels ils sont propres, et ainsi nous rendre comme maîtres et possesseurs de la nature. Ce qui n'est pas seulement à désirer pour l'invention d'une infinité d'artifices qui feraient qu'on jouirait sans aucune peine des fruits de la terre et de toutes les commodités qui s'y trouvent, mais principalement aussi pour la conservation de la santé, laquelle est sans doute le premier bien et le fondement de tous les autres biens de cette vie ; car même l'esprit dépend si fort du tempérament et de la disposition des organes du corps, que, s'il est possible de trouver quelque moyen qui rende communément les hommes plus sages et plus habiles qu'ils n'ont été jusqu'ici, je crois que c'est dans la médecine qu'on doit le chercher. Il est vrai que celle qui est maintenant en usage contient peu de choses dont l'utilité soit si remarquable ; mais, sans que j'aie aucun

dessein de la mépriser, je m'assure qu'il n'y a personne, même de ceux qui en font profession, qui n'avoue que tout ce qu'on y sait n'est presque rien à comparaison de ce qui reste à y savoir; et qu'on se pourrait exempter d'une infinité de maladies tant du corps que de l'esprit, et même aussi peut-être de l'affaiblissement de la vieillesse, si on avait assez de connaissance de leurs causes et de tous les remèdes dont la nature nous a pourvus [1].

1. Extrait de la VIe partie du *Discours de la méthode*, p. 168-169 de l'édition Bridoux des *Œuvres et lettres de Descartes*, *op. cit.*

LA METTRIE

Conférence radiophonique, diffusée en 1956[1]

Né en 1709 à Saint-Malo, Julien Offray de La Mettrie a laissé à sa mort, à Berlin, en 1751, une œuvre ample et variée de médecin, de philosophe, de polémiste, de traducteur. Et pourtant c'est au titre d'un seul de ses écrits que le nom de La Mettrie reste irrésistiblement associé, titre dont la notoriété tient essentiellement au défi, sous-tendu de cynisme, qu'il proclame : *L'Homme-machine*.

L'Homme-machine est l'ouvrage d'un philosophe matérialiste, mais d'abord d'un philosophe médecin.

La Mettrie fit ses études de médecine à Paris et reçut le bonnet de docteur à Reims en 1733. Cette même année il partit pour Leyde, en Hollande, afin d'y suivre les cours de l'illustre Boerhaave[2]. Cela explique qu'on lui doive la traduction en français de plusieurs œuvres de Boerhaave, notamment, en 1739, celle des *Institutiones Medicinae*. De 1734 à 1742 La Mettrie vécut à Saint-Malo en exerçant la médecine. Ayant quitté Saint-Malo pour Paris, il obtint un brevet de médecin des Gardes françaises. C'est en cette qualité qu'il prit part à la guerre de la Succession d'Autriche et nous savons qu'au siège de Fribourg il fut atteint de ce que la médecine d'alors nommait une « fièvre chaude ».

Ce fut là non seulement un accident, en soi banal, mais un événement et une date dans la vie de La Mettrie. Certains de ses biographes n'ont pas

1. Le tapuscrit correspondant à cette émission porte, biffée, l'inscription « Paris, le 25 Mai 1956 » (CAPHÉS, GC. 26.3.3).

2. Herman Boerhaave (1668-1738), l'un des plus influents professeurs de médecine du XVIIIe siècle est généralement considéré comme le fondateur de l'enseignement médical clinique.

craint de faire remonter à cette maladie et à la convalescence qui la suivit l'orientation décisive de la pensée de La Mettrie, comme si l'influence de Boerhaave, dont Daremberg[1] a écrit qu'il « nous montre dans le corps humain tout un assemblage de pièces mécaniques au milieu desquelles l'âme ne trouve pas grande place », n'était pas autrement déterminante. L'origine de la thèse en question doit être cherchée dans l'*Éloge* de La Mettrie lu, au moment de sa mort, à l'Académie de Berlin, par le Conseiller Privé Darget[2], et dont l'auteur ne serait autre que Frédéric II[3]. Nous en extrayons le passage suivant : « une maladie est pour un philosophe une école de physique; La Metttrie crut s'apercevoir que la faculté de penser n'était qu'une suite de l'organisation de la machine, et que le dérangement des ressorts influait considérablement sur cette partie de nous-même que les Métaphysiciens appellent l'âme. Rempli de ces idées pendant sa convalescence, il porta hardiment le flambeau de l'expérience dans les ténèbres de la Métaphysique; il tenta d'expliquer, à l'aide de l'Anatomie, la texture déliée de l'entendement, et il ne trouva que de la Mécanique où d'autres avaient supposé une essence supérieure à la matière ».

Il nous est assez clair que, par ces derniers mots, on oppose la perspicacité de La Mettrie à l'aveuglement de Descartes, et l'*Histoire naturelle de l'âme*, publiée en 1745, aux *Méditations métaphysiques* de 1641.

Selon la philosophie de Descartes l'assimilation de l'organisme animal en général, et du corps humain en particulier, à une machine trouvait son fondement dans la distinction substantielle de l'étendue et de la pensée. Cette distinction, en justifiant d'un côté la réduction de la biologie à la

1. *L'Histoire des sciences médicales* (Paris, Baillière, 1870, 2 vol.) est un ouvrage auquel Canguilhem renvoie fréquemment. Charles Daremberg (1817-1872), docteur de la Faculté de Médecine de Paris (1841), avec une thèse sur Galien, bibliothécaire à l'Académie de médecine puis à la Bibliothèque Mazarine, se consacra pour l'essentiel à des travaux d'histoire de la médecine. Son approche et ses écrits ont été étudiés récemment par Jean-François Braunstein : « Daremberg et les débuts de l'histoire de la médecine en France », *Revue d'histoire des sciences*, vol. 58, n° 2, 2005, p. 367-387.

2. Claude Étienne Darget (1712-1778), homme de lettres parisien et secrétaire de l'Ambassade de France à Berlin, passa au milieu des années 1740 au service du roi de Prusse à titre de « Secrétaire intime des Commandements et du Cabinet de Sa Majesté ». Il avait été nommé à l'Académie de Berlin dans la classe de philologie.

3. Frédéric II (1712-1786), dit le Grand, roi de Prusse à compter de 1740, avait voulu donner à l'Académie de Prusse, créée en 1711, un lustre perdu après la mort de Leibniz (1716) et avait confié en 1746 sa direction à Maupertuis qui lui donna effectivement un second souffle.

physique, c'est-à-dire à la mécanique, soutenait d'un autre côté la reconnaissance de l'originalité de la pensée, tout en confirmant l'enseignement de la théologie chrétienne.

Or La Mettrie pense que, logiquement, Descartes aurait dû simplifier l'homme en réduisant toutes les fonctions de sensibilité et par conséquent toutes les fonctions psychiques, à un effet de l'organisation physiologique. Car, paradoxalement, l'auteur de l'*Histoire naturelle de l'âme*, qui n'est pas encore l'auteur de *L'Homme-machine*, juge que la théorie cartésienne de l'animal-machine est un « absurde système », une « opinion risible ». Il n'y a là, en fait, aucune contradiction. La Mettrie estime, en effet, que la sensibilité est, au même titre que l'étendue et la force motrice, un attribut essentiel de la matière, que Descartes s'est « jeté dans un labyrinthe » pour nier cette propriété et qu'il n'en est sorti que par l'expédient de sa thèse des bêtes-machines.

De sorte que ce n'est pas, comme on a pu le dire trop superficiellement, par une simple extension du mécanisme cartésien que La Mettrie a conçu l'idée de l'homme-machine. C'est au contraire par une critique et une révision du concept cartésien de matière qu'il s'est donné la possibilité de rendre compte du tout de l'homme en termes matérialistes. En faisant de la matière le support de toutes les propriétés, et par conséquent l'organe de toutes les fonctions, manifestées par tous les êtres inertes ou animés, on rend évidemment cette matière capable de tout. La Mettrie peut donc penser qu'il fonde en raison ce qu'il tient pour établi par l'expérience : d'abord que la faculté de sentir réside dans les bêtes, puisqu'elles expriment leurs sentiments et leurs émotions par des signes dont l'ensemble forme chez elles un langage affectif aussi éloquent que chez les hommes; et ensuite que l'anatomie comparée des organes des sens les révèle « à quelques modifications près, absolument les mêmes » chez les animaux supérieurs et chez l'homme.

Mais, en dépit de son opposition sur ce point à Descartes, l'admiration de La Mettrie pour lui reste telle qu'il tient à l'excuser de ses erreurs, en lui prêtant une attitude de duplicité et un dessein de prudence. « M. Goudin [1], dit

1. Le moine dominicain Antoine Goudin (1639-1695) avait publié en 1675 une *Philosophia juxta inconcussa tutissimaque divi Thomae dogmata, logicam, physicam, moralem et metaphysicam* (Mediolani, ex typ. F. Vigoni). La Mettrie se réfère à une édition publiée à Leyde en 1678.

La Mettrie, ne serait point si fort emporté contre Descartes, s'il l'eût aussi bien entendu que le médecin Lamy[1], qui le soupçonne avec raison d'être un adroit matérialiste. [...] Il est évident [...] que Descartes n'a parlé de l'âme que parce qu'il était forcé d'en parler, et d'en parler de la manière qu'il en a parlé, dans un temps où son mérite même était plus capable de nuire à sa fortune que de l'avancer. Descartes n'avait qu'à ne pas rejeter les propriétés frappantes dans la matière et transporter à l'âme la définition qu'il a donnée de la matière, il eût évité mille erreurs. » Rien n'est plus clair, en effet : Descartes n'avait qu'à ne pas être Descartes pour être salué par La Mettrie comme grand philosophe et non seulement comme grand géomètre.

Nous n'admettons pas, bien entendu, que Descartes n'ait astucieusement professé le dualisme de l'étendue et de la pensée, que pour prévenir l'hostilité de la Faculté de théologie. Il est certain en tout cas, que, pour avoir nié ce dualisme, La Mettrie vit son *Histoire naturelle de l'âme* condamnée en 1746 par arrêt du Parlement. Comme l'écrit spirituellement Richard Lewinsohn[2] dans son *Histoire des animaux* : « La Mettrie dut pourtant bientôt se rendre compte que, sur un point au moins, les doctrines spiritualistes l'emportent sur le matérialisme. L'âme avait eu de tout temps partie liée avec la police, et quand elle se sentait menacée, elle appelait son alliée au secours ». Mais ce n'étaient pas seulement les dévots que La Mettrie avait soulevés contre lui ; c'étaient aussi les médecins, ses confrères, qu'il attaquait dans ses pamphlets, dont l'un visait singulièrement le célèbre Astruc[3], de Montpellier. Bref, La Mettrie dut abandonner ses fonctions de médecin des Gardes et persuadé, non sans fondement, qu'on songeait pour

1. Guillaume Lamy, dont les dates de naissance et de mort restent incertaines, reçut son doctorat en médecine de la Faculté de Paris en 1672. Il avait publié en 1669 un *De principiis rerum* (Paris, P. Le Monnier) dans lequel il attaquait Descartes pour l'affinité de ses principes avec ceux de Démocrite et Épicure.

2. Richard Lewinsohn (1894-1968), journaliste et historien des idées allemand ; son *Histoire des animaux, leur influence sur la civilisation humaine* avait été publiée à Paris chez Plon en 1953. Cet ouvrage se trouve dans la bibliothèque de Canguilhem au CAPHÉS (cote CAN 2838). L'édition allemande avait paru à Hamburg chez Rowolt l'année précédente.

3. Jean Astruc (1684-1766) professeur de médecine à la Faculté de Montpellier, puis à celle de Paris. Plus soucieux d'érudition que d'efficacité thérapeutique, il est l'une des cibles de La Mettrie qui le désigne sous le pseudonyme de « Savantasse » dans sa pièce de 1747 *La Faculté vengée, comédie en trois actes, par Mr.*** docteur régent de la faculté de Paris*, Quillau. Gabriel-François (imprimeur-libraire prétendu). Sur Astruc, *cf.* aussi *infra*, p. 807-811.

lui à ce que M. Pierre Lemée[1], son savant biographe, appelle une « cure » à la Bastille, il quitta la France en 1746 pour la Hollande, c'est-à-dire précisément Leyde, où l'attachait le souvenir de ses études.

C'est à Leyde qu'il composa, en 1748, *L'Homme-machine*, titre encore plus explosif que celui d'*Histoire naturelle de l'âme*, titre sur lequel il devait composer par la suite de nombreuses variations en intitulant d'autres ouvrages *L'Homme-plante*, *L'Homme plus que machine*, *Les animaux plus que machines*; et enfin un petit pamphlet *La machine terrassée*, où le mot de « machine » désigne La Mettrie lui-même, qui se réjouissait fort de ce surnom, symptomatique de la réduction, dans l'opinion publique, de toute son œuvre à une thèse sans équivoque.

Dans *L'Homme-machine*, l'argumentation se développe comme suit :

1° L'âme est dépendante du corps : les maladies, le sommeil, l'action des substances hypnotiques ou toxiques, l'influence du régime alimentaire, tout le prouve. D'où la proposition : « Nous pensons et même nous ne sommes honnêtes gens que comme nous sommes gais ou braves; tout dépend de la manière dont notre machine est montée ».

2° L'anatomie comparée des animaux nous montre que « la forme et la composition du cerveau des quadrupèdes est à peu près la même que dans l'homme ». En conséquence, il n'y a pas lieu de refuser a priori la possibilité d'éduquer à la parole les animaux les plus proches de l'homme : les singes. L'homme d'ailleurs, avant l'invention du langage n'avait rien qui le distinguât d'un animal.

3° L'âme est le produit des mouvements du corps : elle ne les détermine pas. Les mouvements d'organes séparés, comme ceux du cœur de la grenouille excisé, les mouvements d'animaux décapités posent à La Mettrie, comme à tous les physiologistes du XVIIIe siècle, un problème dont la solution positive lui échappe encore mais dont la solution négative lui paraît indubitable : l'âme n'est pas le principe spirituel des mouvements du corps. Ce corps n'est pas rendu instantanément inerte dans sa totalité, au moment de sa mort, comme il devrait l'être si, animé par une âme indivisible, il en était totalement et définitivement abandonné. En fin de compte, La Mettrie conclut son argumentation par une affirmation résolue : « En faut-il davantage pour prouver que l'homme n'est qu'un animal ou un assemblage

1. *Une figure peu connue. Offray de La Mettrie (1709-1751), médecin, philosophe, polémiste*, Saint-Servan, J. Haize, 1925.

de ressorts qui tous se montent les uns par les autres, sans qu'on puisse dire par quel point du cercle humain la Nature a commencé [...], et par conséquent l'âme n'est qu'un principe du mouvement ou une partie matérielle sensible du cerveau qu'on peut, sans craindre l'erreur, regarder comme un ressort principal de toute la machine ».

Il n'est pas surprenant que des conclusions aussi peu ambiguës aient soulevé contre La Mettrie, une seconde fois, l'indignation de tous les théologiens, réformés d'ailleurs aussi bien que catholiques. Comme le dit l'*Éloge* académique de Berlin : « Calvinistes, Catholiques et Luthériens oublièrent en ce moment que la Consusbstantiation, le Libre-Arbitre, la Messe des Morts et l'Infaillibilité pontificale les divisaient ». La Mettrie, auquel peut-être on avait à reprocher d'autres imprudences que doctrinales, fut prié de quitter le territoire hollandais. Comme il n'était pas question pour lui de rentrer en France, il accepta l'invitation de venir résider à Berlin, qui lui fut faite, au nom de Frédéric II, par Maupertuis [1], président de l'Académie des Sciences de Berlin. « Le titre de philosophe et de malheureux fut suffisant pour procurer à M. La Mettrie un asile en Prusse avec une pension du Roi » dit l'*Éloge*. C'est à Berlin que notre médecin-philosophe devait mourir en 1751. La légende dit que ce fut à la suite d'une indigestion de pâté ! Ceux qui croient à l'existence de sanctions naturelles ou d'une justice immanente ont coutume de rapprocher les fins, peu glorieuses ni édifiantes, de ces deux athées que furent La Mettrie et Voltaire [2]. Chacun rêve, même rétrospectivement, de revanches à sa mesure.

Comme il ne saurait être ici question de condamner mais seulement de s'efforcer à comprendre, nous avons à nous interroger simplement sur la signification et la portée, pour la connaissance de l'homme, de l'œuvre de La Mettrie.

Cette œuvre développe les présuppositions d'un naturalisme intégral : en physiologie, La Mettrie se présente non pas tant comme un ultra-cartésien que comme un cartésien renversé : il exalte les puissances de l'animal pour nier l'originalité de l'homme ; en psychologie, il prend, comme la plupart

1. Pierre-Louis Moreau de Maupertuis (1698-1759), mathématicien et philosophe français et l'un des partisans français de Newton contre les cartésiens. Il dirigea en 1736-1737 l'expédition décidée par l'Académie royale des sciences pour la mesure du degré de méridien.

2. On sait en effet que des dévots avaient fait courir la rumeur que Voltaire (1694-1778) était mort le nez dans son pot de chambre.

des philosophes français du XVIIIe siècle, son inspiration chez Locke [1], dont il adopte, sans réserves ni nuances, l'idée d'une genèse de toute la vie psychologique à partir de la sensation; en morale, c'est un épicurien décidé, qui a d'ailleurs composé un *Discours sur le bonheur* (1748), un *Système d'Épicure* (1750), et un *Art de jouir* (1751). Sous tous ces rapports, l'originalité de La Mettrie est assez mince. Sa puissance de déduction l'emporte sur sa capacité d'invention et de critique. Si l'on accepte d'Aristote l'idée que la philosophie commence avec l'étonnement, il faut convenir que la philosophie de La Mettrie manque précisément de commencement propre. Il passe, sans les voir, sur les difficultés de ses propres présuppositions.

Ayant assimilé le corps humain à une machine, il voit bien que, selon ses propres termes, c'est « une machine qui monte elle-même ses rouages ». Mais il n'est jamais curieux de rechercher si ce fait d'expérience rentre bien dans le concept même de machine, ou bien si ce n'est pas là la différence spécifique, dans le genre machine, entre la machine mécanique et la machine organique. Il passe outre au fait que si la machine est une mosaïque de parties, un organisme ne l'est pas. Il n'aperçoit surtout pas que la machine est un produit de la culture et non une donnée de la nature et que, d'un point de vue intégralement matérialiste, la construction d'une machine est aussi difficile à expliquer que l'organisation d'un être vivant. Pour qu'on puisse former l'idée de naturaliser l'homme en l'assimilant à la machine, il a d'abord fallu que les hommes aient montré, en inventant et en montant des machines, qu'ils ont en eux, comme le disait Hume à la même époque, une faculté spécifique d'artifice, c'est-à-dire de rupture avec la pure et simple nature animale. Bref, comme n'a pas manqué de l'apercevoir Karl Marx [2], à qui l'importance révolutionnaire des idées de La Mettrie n'a pas échappé, on ne trouve pas chez lui le plus léger soupçon des limites explicatives du mécanisme.

1. Le philosophe et médecin anglais John Locke (1632-1704) avait dans son *Essay on Human Understanding* (1689) attaqué l'innéisme cartésien et jeté les fondements de l'empirisme anglais, alors que ses *Two Treatises of Government* (1690) posaient les bases du libéralisme économique et politique.

2. Dans Karl Marx et Friedrich Engels, *La Sainte Famille*, au chapitre VI rédigé par Marx, p. 152 et p. 157 dans la traduction française des Éditions sociales en 1969. Canguilhem avait probablement lu l'ouvrage dans la traduction de Molitor publiée chez Costes en 1928 qui se trouve dans sa bibliothèque conservée au CAPHÉS (cotes CAN 2387, 2388 et 2389).

Mais nous trouverons l'importance de La Mettrie dans un domaine où on n'a pas coutume d'aller la chercher quand on fait l'éloge dans une intention d'agressivité philosophique ou politique. Il a attiré l'attention du public cultivé sur des recherches dont il saisissait lui-même tout l'intérêt, concernant les « rapports » anatomiques, physiologiques et éthologiques entre l'homme et les singes anthropoïdes. La Hollande était, en raison de ses relations avec les Indes orientales, le centre de ces recherches aux XVIIe et XVIIIe siècles et rien n'égale, à l'époque, les travaux de Vosmaer, Camper et Wurmb[1], tous trois Hollandais, sur la structure et le comportement de l'orang-outang. Quand La Mettrie recommande que l'on tente d'éduquer les grands singes à la parole, il n'est pas seulement selon le goût d'un siècle qui croit à la toute-puissance de l'éducation, il participe à l'immense travail qui, dans les sciences naturelles, va faire éclater les barrières des ordres et des espèces. Sous ce rapport, La Mettrie n'est pas tant matérialiste, qu'il n'est baroque, désinvolte et irrespectueux à l'égard du classicisme, qui s'exprime en biologie par les classifications rigides. Il est un baroque de la biologie comme le sont, aux yeux d'Eugenio d'Ors[2], Camper et Blumenbach[3]. Ce

1. Arnout Vosmaer (1720-1799), naturaliste hollandais, directeur du musée et de la ménagerie du Stathouder, publia de nombreux travaux de zoologie, dont la *Description de l'espèce de singe aussi singulière que très rare nommée Ourang-outang, de l'Isle de Borneo. Apporté vivant dans la Ménagerie de Son Altesse Sérénissime, monseigneur le Prince d'Orange et de Nassau, Stathouder héréditaire… etc.*, Amsterdam, Pierre Meijer, 1778.

Peter Camper (1722-1789), médecin et naturaliste hollandais, aussi l'un des meilleurs anatomistes de son époque, inventeur de la mesure de l'angle facial, avait publié une *Histoire naturelle de l'orang-outang, et de quelques autres singes*, Harlingen, van der Plaat, 1779. (Les auditeurs de Canguilhem se souviendront, que mentionnant à l'occasion Camper dans ses cours, il se plaisait à signaler l'existence de sa *Dissertation sur la meilleure forme des souliers* (La Haye, aux dépens de l'auteur, s.d.)).

C'est le baron Fredrik von Wurmb (1742-1781), botaniste d'origine allemande, l'un des fondateurs de la Société batave pour les arts et les sciences, alors qu'il était à l'emploi de la Compagnie Hollandaise des Indes, qui donna la première description anatomique détaillée d'un orang-outang adulte dans les actes de cette société « Beschryving van de Groote Borneoosche Orang Outang of de Oost-Indische Pongo », *Verhandelingen van het Bataviaasch Genootschap der Konsten en Wetenschappen*, vol. 2, n° 1, 1780, p. 245-261.

2. Eugenio d'Ors, *Du baroque*, Paris, Gallimard, 1936, p. 58-61.

3. Le *De generis humani varietate nativa liber*, la thèse de médecine de Johann Friedrich Blumenbach (1752-1840), avait été publié à Göttingen chez Vandenhoek et Ruprecht en 1776. Naturaliste et professeur de médecine à Göttingen, pionnier de l'anatomie comparée, il est souvent considéré comme le fondateur de l'anthropologie physique. Son *Handbuch der*

dernier qui publie en 1755 un écrit sur la *Variété naturelle de l'humanité*, y compare, comme La Mettrie, bien que lui-même ne fut pas matérialiste, l'homme et le singe, sous le rapport du comportement et de la structure. Camper et Blumenbach sont deux auteurs chers à Kant. Et nous retrouvons dans l'*Anthropologie* de Kant (1798) l'idée selon laquelle une révolution de la nature pourrait permettre à un orang-outang ou à un chimpanzé de développer des organes servant à palper les objets et à parler à l'instar de la structure humaine, et même de développer sous l'influence de la culture un organe pour l'usage de la raison [1].

La Mettrie est donc un de ceux qui ont, dans la biologie du XVIIIe siècle, contribué à mettre fin à l'isolement de l'homme. Il ne l'a pas fait au goût de tous, parce qu'il s'est placé, volontairement, à ce point où les faits sont aperçus et utilisés comme des armes, et où la polémique se prolonge, à travers les luttes personnelles, en combat contre un ordre social.

Naturgeschichte (Göttingen, J. C. Dieterich, 1779-1780) longtemps réédité (12e édition en 1830), traduit en anglais et en français, exerça une grande influence.

1. Dans une note à la section « E. Sur le caractère de l'espèce » dans la deuxième partie de l'ouvrage (p. 1139 du tome III, dans l'édition de la Pléiade des *Œuvres philosophiques* de Kant).

PHILIPPE PINEL (1745-1826), FONDATEUR DE LA PSYCHIATRIE FRANÇAISE

Conférence radiophonique, diffusée en 1956 [1]

Une série d'études sur la connaissance de l'homme au XVIIIe siècle formerait un ensemble tronqué si elle négligeait cette source, d'ailleurs immémoriale, d'observations et de spéculations d'ordre psychologique et moral que représente la médecine mentale. Encore que les philosophes du XVIIIe siècle aient conçu autrement que leurs devanciers du XVIIe la portée et le fondement des principes de la raison, il reste que, pour eux aussi, la raison est l'attribut spécifique de l'homme. Dans ces conditions, il va de soi qu'une idée complète de l'homme doit contenir une réponse à ce problème : qu'est-ce pour l'homme que perdre la raison ou en être privé ?

Ce n'est pas là uniquement une question de fait, résolue par la prise en considération de critères empiriques. C'est une question de droit, dont l'examen engage une théorie générale de la condition humaine, c'est-à-dire une métaphysique et même une théologie. Les auteurs chrétiens du Moyen Âge s'étaient efforcés de déterminer par quels défauts de ses organes corporels l'âme de l'homme fou se trouve « empêchée » d'exercer, durant la vie terrestre, ses capacités naturelles et normales. C'est encore de ce point de vue, mais dans une intention critique, que Voltaire, à l'article « Folie » du *Dictionnaire philosophique* (1764), se demande comment il se fait « qu'une substance simple et immatérielle puisse être malade ». Son ironie ne parvient pas à dissimuler la gravité de l'interrogation. Voltaire constate, en effet, que faute d'une connaissance exacte des causes par lesquelles un homme devient

1. Sur le tapuscrit conservé au CAPHÉS (GC. 26.3.3), une annotation manuscrite, de la main de Canguilhem, indique « juillet 1956 ».

fou, on se borne, par des mesures d'ordre juridique ou policier, à le chasser de la société des hommes. « Ne pouvant gérer son bien, on l'interdit; ne pouvant avoir des idées convenables à la société, on l'en exclut; s'il est dangereux, on l'enferme; s'il est furieux, on le lie. » Bien que Voltaire passe ici sous silence la thérapeutique de l'aliénation, nous n'aurons pas la légèreté de croire qu'elle fut tout à fait négligée. Nous savons, au contraire, que la purgation de la folie, au sens strict du terme purgation, était un chapitre important de l'ancienne médecine et que l'usage de l'ellébore, auquel fait allusion si gentiment la fable de La Fontaine « Le lièvre et la tortue »[1], remontait à la plus haute antiquité. Mais précisément le traitement de la folie, quand elle était expressément distinguée de la possession démoniaque, ne constituait, au Moyen Âge et sous l'Ancien Régime, qu'un chapitre, entre autres, de la médecine générale. Le fou était un malade parmi d'autres qu'on avait l'habitude de voir mêlé aux autres, curables ou incurables, dans les hospices et dans les couvents, ou au cours des pèlerinages.

Si par aliénation on entend l'état de l'homme devenu étranger à la société et non seulement à lui-même, il faut admettre qu'autrefois beaucoup de maladies corporelles aliénaient un homme plus radicalement que les maladies mentales. Quand un homme atteint de la lèpre était conduit par les prêtres à la chapelle et au cimetière pour s'entendre dire : « C'est signe que tu es mort quant au monde », quand il lui était ordonné de ne quitter son domicile sans autorisation du clergé, et de faire retentir sa cliquette pour inviter voisins et passants à le fuir, il s'agissait bien là d'une aliénation autrement sévère que la distance pitoyable, tempérée d'un respect par certains côtés sacré, à laquelle les hommes de jugement sain tenaient les mélancoliques ou les déments, êtres à la fois égarés et pacifiques. Seuls les maniaques, posaient un problème de sécurité publique, résolu par la pratique d'une réclusion de style pénitentiaire, dans les hôpitaux et même dans les prisons. C'est eux qu'on attachait avec des chaînes dans les loges plus malsaines que des étables. C'est à eux qu'on administrait, à des fins plus coercitives que thérapeutiques, l'immersion dans l'eau glacée, substituée

1. « Rien ne sert de courir; il faut partir à point : / Le lièvre et la tortue en sont un témoignage. / « Gageons, dit celle-ci, que vous n'atteindrez point/ Sitôt que moi ce but. – Sitôt ? Êtes-vous sage ? / Répartit l'animal léger : / Ma commère, il vous faut purger/ Avec quatre grains d'ellébore ».

depuis Van Helmont[1], aux bains chauds préconisés par les Anciens. À l'article « Manie » de l'*Encyclopédie* de Diderot et D'Alembert on peut lire qu'il convient d'immerger le maniaque subitement, à l'improviste et très longtemps, sans avoir rien à craindre pour sa vie. Telle était, à peu près, la situation quand Pinel prit l'initiative, en psychiatrie et en médecine légale, d'une authentique révolution.

Philippe Pinel, né en 1745 à Saint-Paul (Tarn) abandonne, à l'âge de 30 ans, les études de théologie pour les études de médecine qu'il poursuivit à Toulouse, où il soutient en 1773 sa thèse de doctorat, à Montpellier, où il suivit les cours du célèbre Barthez[2], et enfin à Paris. Sa carrière nous intéresse à partir du moment où la Convention le nomma, en 1794, médecin-chef de l'hospice de Bicêtre qu'il dirigea deux années (Ans II et III) et d'où il passa à la Salpêtrière. Sous l'Ancien Régime ces deux établissements étaient, le premier pour les hommes, le second pour les femmes, des lieux de relégation destinés à recevoir les fous quand un certificat d'incurabilité attestait de leur résistance à des soins qu'en général ils n'avaient pas reçus. Déjà, sous la Constituante, un Comité de mendicité avait inspecté les hôpitaux et publié un rapport sévère sur leur organisation intérieure. Mais c'est à Pinel qu'il appartenait de transformer effectivement une maison de force en maison de santé et de commencer, sous la Terreur, la révolution médicale dans les asiles.

Ce n'est pas en 1793, comme on l'écrit trop souvent, mais seulement en 1798 (le 4 Prairial An VI), alors que Pinel dirigeait la Salpêtrière, que quarante aliénés de Bicêtre furent délivrés des fers sous lesquels ils

1. Jean Baptiste Van Helmont (1577-1644), médecin d'origine flamande, se distingua par son intérêt pour une explication des fonctions physiologiques par la chimie et tout particulièment pour le rôle des gaz, mot de sa création. Son ouvrage aujourd'hui le plus connu, l'*Ortus medicinae*, publié par son fils à Amsterdam chez Elzevir en 1648, traduit aussi une orientation animiste. L'article de l'*Encyclopédie* auquel réfère Canguilhem est signé par le médecin français Jean-Joseph Menuret (1739-1815) qui y relate que Van Helmont aurait adopté la pratique d'immersion soudaine dans l'eau glacée après avoir observé la guérison inopinée d'un « artisan maniaque » qui s'était précipité dans un lac « profond ».

2. Paul-Joseph Barthez (1734-1806), médecin vitaliste de la Faculté de Médecine de Montpellier qu'il quitta pour s'installer à Paris en 1780. Il fut l'un des contributeurs les plus prolifiques à l'*Encyclopédie* de Diderot et D'Alembert et le médecin personnel du Premier Consul. Sur sa doctrine médicale, cf. *infra*, p. 800 et, dans les *Études d'histoire et de philosophie des sciences*, les articles de Canguilhem sur « La philosophie biologique d'Auguste Comte » et « L'École de Montpellier jugée par Auguste Comte ».

gémissaient depuis plusieurs années. Trois ans après, en 1801, la Salpêtrière suivait cet exemple. En 1805, un élève de Pinel, Antoine Royer-Collard[1], frère du doctrinaire spiritualiste, abolissait à son tour cette barbare pratique dans la maison de Charenton dont il était devenu le médecin-chef.

En délivrant les aliénés de leurs chaînes, Pinel n'ajoutait pas seulement un symbole à tant d'autres, en cette époque historique où le radicalisme des méthodes politiques s'alliait sans effort au sens du geste théâtral. En réalité, il fondait une psychologie en instituant une thérapeutique, il élargissait la connaissance de l'homme en démontrant qu'on peut récupérer l'aliéné pour la société des hommes.

Cette entreprise supposait un principe et appliquait concrètement une théorie générale.

Pour le principe, il est énoncé par Pinel dans son *Traité médico-philosophique sur l'aliénation mentale*, publié en 1801 (réédité en 1809)[2] : « Les aliénés, loin d'être des coupables qu'il faut punir, sont des malades dont l'état pénible mérite tous les égards dus à l'humanité souffrante et dont on doit rechercher par les moyens les plus simples à rétablir la raison égarée »[3]. Notons au passage que les plus grands changements se dissimulent parfois sous la sobriété d'un propos.

Quant à la théorie générale, elle est dans le *Traité sur l'aliénation* importée d'un ouvrage antérieur de Pinel, la *Nosographie philosophique* (1797)[4]. Cette étude en trois volumes[5] étend à la médecine la méthode d'analyse célébrée par Condillac[6] et classe les maladies selon la nature des

1. Le médecin Antoine-Athanase Royer-Collard (1768-1825) avait pour frère le philosophe et homme politique Pierre-Paul Royer-Collard (1763-1845), adversaire des idéologues ; secrètement royaliste sous l'Empire, celui-ci fut le chef du parti « doctrinaire » sous la Restauration.

2. Paris, Richard, Caille et Ravier, An IX (1801) pour la première édition ; pour la deuxième, Paris, J. Ant. Brosson, 1809.

3. 2e édition, p. 202. Les références que nous donnons dans ce texte sont celles de Canguilhem, telles qu'elles figurent dans le corps du texte du tapuscrit de cette émission conservé au CAPHÉS.

4. *Nosographie philosophique, ou La méthode de l'analyse appliquée à la médecine*, Paris, Maradan, an VI, 2 vol.

5. L'édition de la *Nosographie* en trois volumes est la deuxième, publiée à Paris, chez J.-A. Brosson, en l'an XI.

6. La méthode analytique d'Étienne Bonnot de Condillac (1714-1780), exposée notamment dans son *Traité des sensations* (1754), prétend recomposer toutes les connaissances

lésions et selon la structure anatomique de leur siège. De ce point de vue, Pinel, s'il est bien le précurseur de Xavier Bichat et du *Traité des membranes* (1799-1800)[1], est avant tout l'émule de Linné et de Buffon[2], c'est-à-dire des grands naturalistes systématiciens du XVIIIe siècle. Il étend au domaine des maladies les principes de la classification botanique et zoologique selon les ordres et les classes. À ce sujet, on peut s'étonner de l'incompréhension de Daremberg : « Pinel, écrit-il dans son *Histoire des doctrines médicales*, c'est un naturaliste »[3]. Ce jugement n'est pas moins injuste que celui qu'on portera sur Buffon en disant qu'il ne fut pas un grand administrateur, du fait que, nommé Intendant du Jardin du Roi, il emprunte à la classification les principes d'une réorganisation muséologique. En classant par règnes, genres et espèces, les pièces exposées dans ce qui est devenu le Muséum, Buffon liait à la perception des objets la saisie de leurs rapports. De même, en distinguant soigneusement, dans l'aliénation, la manie, la mélancolie, la démence et l'idiotisme, Pinel faisait coïncider avec la classification la division des services à l'intérieur d'un asile[4]. Répartir les malades selon les espèces de maladies, distinguer dans une même espèce des phases successives, par exemple, séparer les maniaques aigus des convalescents, ce n'était pas seulement se complaire à un ordre spéculatif, c'était en même temps faire œuvre de clinicien et de thérapeute. Sur la netteté d'un ordre de classement reposait un règlement hospitalier simultanément rigoureux pour le personnel de service et libéral, quoique ferme, pour les malades. En réservant aux seuls maniaques en périodes d'excitation les mesures temporaires de contention indispensable, c'est-à-dire l'application du gilet de force, Pinel

à partir du seul traitement des sensations originaires et rendre compte du traitement de celles-ci par des facultés qui en sont elles-mêmes dérivées.

1. Sur Xavier Bichat et le *Traité des membranes*, cf. *supra*, p. 317, n. 1.

2. Le naturaliste suédois Carl von Linné (1707-1778) représente en effet l'apogée du systématisme en histoire naturelle; les diverses éditions de son *Systema naturae* (1re édition 1735) ont jeté les fondements de la systématique moderne. Georges Louis Leclerc comte de Buffon (1707-1788), son rival français, tenait toute classification pour artificielle et affaire de commodité seulement.

3. Daremberg écrit en effet dans son *Histoire des sciences médicales* (Paris, Baillière, 1870, vol. 2, p. 1201) : « Je ne chercherai pas à cacher que Pinel m'a toujours beaucoup embarrassé. [...] Non, Pinel n'est pas un *clinicien* dans la légitime acception de ce terme ; c'est un *naturaliste* [...] ». À plus d'une reprise dans son œuvre Canguilhem cite, incorrectement, sous le titre *Histoire des doctrines médicales*, cet ouvrage qu'il a souvent consulté.

4. *Traité médico-philosophique sur l'aliénation mentale*, 2e édition, p. 135-139.

substituait, concernant les aliénés pris dans leur ensemble, la notion de cure à celle de détention, la notion de trouble à celle de délit, et faisait tomber le préjugé de l'incurabilité, par la preuve expérimentale, mathématiquement formulée. Le calcul des probabilités était appelé à témoigner pour la clinique. Ayant établi le rapport entre le nombre des améliorations ou des guérisons et le nombre des admissions à la Salpêtrière, de 1803 à 1806, Pinel put se flatter de 444 guérisons sur 814 cas de manie ou de mélancolie. On demande alors quel médecin d'hospice psychiatrique ne s'estimerait, aujourd'hui même, consacré clinicien par de tels résultats ?

Mais l'examen détaillé des méthodes de traitement instituées par Pinel nous montre mieux encore à quel point il fut un novateur bienfaisant. Pour tâcher de retrouver l'homme dans l'aliéné, il ne lui suffisait pas de proscrire les chaînes, les coups, et les bains de surprise, il lui fallait prescrire – et il le fit – l'hygiène, la nourriture abondante[1] et le travail[2]. Le *Traité de l'aliénation* contient des conseils pour la préparation et la distribution des aliments, confirmés contradictoirement par des observations sur l'aggravation de l'état des pensionnaires d'asile durant la disette de l'An IV (et l'on sait que le même effet lamentable a été observé en France sous l'Occupation). On lit, dans le même *Traité*, des recommandations instantes sur l'obligation du travail mécanique réglé, comme garant de la santé, de rétablissement et de bon ordre. Pinel vante, sous ce rapport, la sage organisation d'un asile espagnol à Saragosse. « Rien n'est plus ordinaire, dit-il, que les guérisons opérées par cette vie active, pendant que l'aliénation des nobles, qui rougiraient du travail des mains, est presque toujours incurable »[3]. Il n'y a pas aujourd'hui de médecin d'hospice psychiatrique qui ne soit convaincu de la justesse des vues de Pinel sur les effets du travail comme rééducation à la raison, mais la plupart reconnaîtront, à la honte de notre société, que Pinel semble avoir prêché devant des sourds.

Et pourtant, nous l'avons vu, les moyens que Pinel s'efforçait de faire prévaloir, lui semblaient tout simples. Quoi de plus simple en effet que la fermeté et la douceur conjuguées, l'espace, la propreté, le pain, le travail et l'ordre ! Tout cela revient, en somme, à composer pour l'aliéné un milieu de vie où la sécurité soit totale et la liberté relative, un milieu qui ne lui renvoie

1. *Traité médico-philosophique sur l'aliénation mentale*, 2e édition, p. 229.
2. *Ibid.*, p. 237.
3. *Ibid.*, p. 241.

pas l'effet de ses écarts en les aggravant, et où ses gestes encore expressifs de projets sensés se trouvent confirmés par leurs résultats durables. En un mot, républicain et libéral, même comme médecin de l'empereur, Pinel étend jusqu'à l'état d'aliénation la tolérance célébrée par le siècle des Lumières. Mais il n'y a, dans cette attitude et dans cette conviction, aucun romantisme. L'humanité de Pinel devant l'aliéné n'est ni une complaisance ni un vertige. Il n'est pas prêt à renverser les valeurs et à pressentir dans l'aliénation le message de quelque sagesse impuissante à faire entendre son langage.

C'est que Pinel déclare à plusieurs reprises ne pas identifier l'aliénation et la folie, notion « qui peut avoir, dit-il, une latitude déterminée » [1], tout comme les notions de délire, d'extravagance ou d'égarement [2]. Par contre, il rapproche volontiers, comme son élève Esquirol [3], l'état d'aliénation et celui de passion. Mais, considérant la passion plutôt en moraliste qu'en romancier, il voit dans l'aliénation un fait qu'on doit guérir plutôt qu'une situation qu'on peut comprendre. Pour lui, la thérapeutique psychiatrique s'apparente à l'éducation [4].

Regretter de ne pas trouver chez Pinel une profondeur d'analyse philosophique comparable à celle de la psychiatrie actuelle serait commettre un anachronisme absurde, alors qu'il importe de déplorer que toutes les conséquences sociales contenues dans les principes de sa réforme, en matière d'hospitalisation et d'assistance, n'aient pas encore été tirées. Malgré Pinel, la société actuelle continue d'accepter l'aliénation sociale de l'aliéné mental.

Ce n'est point la faute de Pinel si les pouvoirs publics n'ont pas au cours de plus d'un siècle poursuivi l'extension des mesures inspirées, dans l'ordre de la législation d'assistance et de la pratique hospitalière, par ses premiers successeurs ou disciples, par Étienne Esquirol, collaborant en France à la rédaction de la loi de 1838 sur l'internement et le traitement des aliénés ; par

1. *Ibid.*, p. 129.

2. *Ibid.*, p. 4.

3. Étienne Esquirol (1772-1840), médecin aliéniste, successeur de Pinel à la Salpêtrière ; son ouvrage *Des maladies mentales* (Paris, Baillière, 1838, 2 vol.) est considéré comme l'un des premiers ouvrages modernes de psychiatrie.

4. *Traité médico-philosophique*, *op. cit.*, p. 20.

John Conolly[1], préconisant et pratiquant en Angleterre, à partir de 1839 ce qu'on a appelé le *no-restraint*; par Jean-Christian Reil[2], répandant au début du XIXe siècle, en Allemagne, les principes de la nouvelle organisation des asiles.

Même si sa nosographie mentale apparaît, aujourd'hui, à certains, un peu courte, qui oserait prétendre que tout le possible est fait pour réaliser ce que Pinel a exprimé avec la simplicité d'une conviction inlassable: « l'espoir très fondé de rendre à la société des hommes qui semblent perdus pour elle »[3].

1. John Conolly (1794-1866), d'origine irlandaise, formé à Edinburgh, médecin à l'asile d'Hanwell en Angleterre, y introduisit les méthodes décrites dans *The Treatment of the Insane without Mechanical Restraints*, London, Smith, Elder & Co., 1856.

2. Johann Christian Reil (1759-1813), fondateur de la première revue de physiologie, les *Archiv für die Physiologie* (1795), s'occupa aussi du traitement des maladies mentales et fonda la première revue dédiée à ces questions, le *Magazin für Nervenheilkunde*. Il avait exposé ses idées sur le traitement des maladies mentales dans ses *Rhapsodieen über die Anwendung der psychischen Curmethode auf Geisteszerrüttungen* (Halle, Curt, 1803).

3. *Traité médico-philosophique*, *op. cit.*, p. 254-255.

LA PENSÉE DE RENÉ LERICHE [1]

Revue philosophique, vol. 146, nº 3, juillet – septembre 1956, p. 313-317

La mort récente de René Leriche mérite d'être mentionnée dans une revue philosophique, mais non pour la raison que quelques-uns de ses ouvrages portent un titre à résonance philosophique [2]. C'est au contraire lorsqu'elle se développe spontanément, sans rapport prémédité à la philosophie, qu'une investigation scientifique ou technique risque de lui fournir la matière de réflexions la plus suggestive. L'œuvre chirurgicale de Leriche a été inspirée par quelques idées directrices, c'est-à-dire par quelques choix obstinés, dont l'intérêt ne se limite pas à l'efficacité de leurs conséquences cliniques et thérapeutiques, mais se propage, sans artifice, à certaines régions de la recherche philosophique.

Pourtant, à première vue, l'apport personnel de Leriche, dans l'enseignement et la pratique de la clinique chirurgicale, aurait plutôt pour effet de la déshumaniser plus radicalement, nous voulons dire de rendre l'objet propre des interventions du chirurgien encore plus extérieur à cette région privilégiée où la philosophie a traditionnellement situé l'interrogation de l'homme sur lui-même, à la conscience de soi que la maladie, c'est-à-dire d'abord la douleur, suscite en l'homme. La chirurgie ne doit-elle pas, selon Leriche, chercher la cause du mal, non à l'échelle de l'organisme ou des organes, mais à l'échelle des tissus ? Ce mal, si intimement adhérent à chacun de nous, n'est pas à chercher dans quelque *cogito* pathétique, mais dans l'anonymat « d'une lente déviation de la physiologie tissulaire, sous des influences qui n'ont rien de spécifique ». En sorte que « dans la maladie ce qu'il y a de moins important, au fond, c'est l'homme ». Nous voici aux

1. Sur René Leriche, cf. *supra*, p. 107, n. 1.
2. Ainsi, *La philosophie de la chirurgie* qui venait de paraître (Paris, Flammarion, 1951).

antipodes de l'hippocratisme apparemment. Plus de finalité dans la maladie, plus d'effort spontané de l'organisme pour la défense de son intégrité et la restitution de son équilibre interne. « Dans la pathologie, nos tissus nous ignorent. Ils vivent leur vie, humble, mais nécessaire, sans souci de l'ensemble, hors de cette idée de défense dont la médecine a tant abusé. » Selon Leriche, « Bichat est mort trop tôt » et « la physiologie attend son Joyce »[1], c'est-à-dire l'investigateur subtil et inlassable de la vie crépusculaire des tissus.

Mais il se trouve, par un retournement inattendu, qu'aucun chirurgien n'a peut-être donné autant que Leriche d'attention à l'homme, au sujet indivis de la maladie – sujet agent et non patient –, à la singularité organique et psychique de la réaction pathologique, bref « au *génie individuel* qui règle, pour chacun de nous, l'aspect même de nos maladies ». À chercher, en effet, dans le microbe ou la lésion la cause pleinement efficiente de l'état pathologique, on risque de glisser subrepticement de science en mythologie et, confondant le déterminisme d'une évolution avec la causalité d'une entité, de soigner, d'opérer et d'enseigner selon « la pathologie de la boîte à Pandore ». Or, Leriche, s'il ne méprise ni Pasteur ni Koch[2], s'il tient Lister[3] pour un grand homme, n'entend pas négliger ce que des travaux tels que ceux de Reilly[4]

1. Leriche écrit dans *La chirurgie discipline de la connaissance* (Paris, La Diane française, 1949) que la « la nouvelle conception de l'étude pathologique est un fruit tardif des éclairs de Bichat » (p. 20). La mention de James Joyce se trouve à la p. 23.

2. Louis Pasteur (1822-1895), chimiste français, ancien élève de l'École normale supérieure, dont les travaux évoluèrent de la cristallographie à la microbiologie. Les applications médicales de ses travaux, comme ceux de son contemporain le médecin allemand Robert Koch (1843-1910), se méritèrent rapidement une renommée mondiale.

3. Joseph Lister (1827-1912), un des plus grands chirurgiens de son époque, fut successivement professeur à Glasgow, Edinburgh et Londres. Tirant parti des conclusions des travaux de Pasteur sur la fermentation, il exposa les principes de l'antisepsie dans ses deux articles de 1867 et 1870 : « On the antiseptic principle in the practice of surgery », *Lancet*, 1867, n° 2, p. 353-356 et 668-669 ; « On the effects of the antiseptic system of treatment upon the salubrity of a surgical hospital », *Lancet*, 1870, n° 1, p. 4-6 et 40-42.

4. Alors que l'infection se définissait essentiellement par la localisation de son foyer et par un germe responsable, James Reilly (1887-1974) dans les années 1930 devait montrer que des réactions mortelles peuvent être induites chez des animaux par des produits bactériens ou d'autres agents agresseurs, sans qu'il s'agisse à proprement parler d'infection. Il s'agit dans ces cas d'une réaction de défense de l'organisme à caractère inflammatoire. Reilly, aujourd'hui quelque peu oublié, avait commencé ses recherches sur les maladies microbiennes à l'Institut Pasteur, après une thèse de médecine sur les spirochétoses (1919). Très orienté vers la clinique,

et de Selye[1] lui apportent d'encouragements à persévérer dans l'idée que le physiologique prime l'anatomique, que la réaction fonctionnelle finit par construire la lésion, que le terrain rend le germe pathogène, bien que le terme, trop répandu, d'agression « attribue de noirs desseins à ce qui est en soi indifférent à nos propres fins ». Leriche a une conception du fonctionnel assez tolérante et, en même temps, assez positive pour inclure l'affectivité. « Il est certain, pour tout homme aimant à observer librement, que l'humeur, au sens psychique du mot, a une importance considérable dans le comportement de nos maladies. On n'ose encore dire que les émotions, la peur, l'angoisse peuvent créer la pathologie de toutes pièces. Ce n'est cependant pas impossible… » On comprend alors pourquoi Leriche a conquis à la chirurgie un nouveau domaine d'exploration et d'intervention, pourquoi, par lui, la chirurgie de la douleur s'est ajoutée à la chirurgie du rein, du poumon ou du cerveau. Chirurgie paradoxale puisqu'elle part de l'affirmation qu'il n'existe pas un support anatomique spécial de ce qu'elle vise à extirper, puisqu'elle poursuit ce qu'aucune observation ne saurait localiser dans un organe. La douleur ne préexiste pas à sa « construction » par l'homme – du moins la douleur-maladie qui a si peu à voir avec la douleur expérimentale. Ce sont l'intégration thalamique, l'inhibition corticale, l'expression psychique qui font pour chacun de nous sa douleur propre, incomparable à celle d'un autre, à l'occasion d'un prétexte sensoriel identique et banal. Un excitant n'est pas dolorifique en soi. « Il n'y a pas de douleur hors de l'homme, de chaque homme. » La chirurgie de la douleur n'est donc que latéralement une intervention limitée à l'action sur un organe. Elle ne vise pas des parties ou des régions du corps, mais des systèmes régulateurs : sympathique et glandes endocrines. Elle ne répare pas au prix d'excisions, mais grâce à des aménagements : blocage, aiguillage, stimulation.

Leriche a renouvelé les problèmes relatifs à l'essence et au sens de la douleur, en ébranlant – sinon en renversant – le dogme de sa spécificité

il prit la direction du laboratoire central de l'Assistance publique créé à l'hôpital Claude-Bernard en 1922 où se déroula le reste de sa carrière. Ses principaux travaux de cette époque ont été publiés dans les *Annales de Médecine* qui sont aujourd'hui disparues. Leriche lui rend à maintes reprises des hommages sentis, estimant que sa propre conception quant au rôle du système végétatif dans la maladie est apparentée à celle de Reilly. *V.g. La philosophie de la chirurgie*, *op. cit.*, p. 105, 142-143.

1. Sur Hans Selye, cf. *supra*, p. 409, n. 1.

sensorielle. On ne peut plus traiter, après lui comme avant, des membres fantômes et de l'illusion des amputés, phénomènes paradoxaux auxquels la philosophie n'a pas manqué de s'intéresser. Les premières publications sur la douleur, dans la *Presse médicale* en 1931 [1], à la période strasbourgeoise de la carrière de Leriche, ont retenu l'attention de M. Pradines, quand il composait ses ouvrages sur la sensation. Et F.J.J. Buytendijk, dans son étude *De la douleur*, a tiré le parti que l'on sait de l'idée selon laquelle l'homme ne reçoit pas la douleur, mais fait sa douleur [2]. Il semble bien d'ailleurs que la philosophie n'ait pas encore épuisé toutes les conséquences de cette proposition.

Mais ce n'est pas seulement un secours pour son interrogation sur l'être de l'homme que la philosophie peut trouver dans cette esquisse d'une pathologie fondamentale, c'est aussi une leçon de méthodologie de la connaissance en biologie. Nul expérimentateur contemporain n'a eu autant que Leriche le sens de la spécificité de son objet d'étude, le sens des obstacles à l'extrapolation qui rapporte à l'homme les conclusions d'une étude sur l'animal. « Quand je vois quelqu'un casser les os à des lapins pour étudier la formation du cal, afin de conclure du rongeur à l'homme, je ne puis m'empêcher de penser que la pratique de l'ostéo-synthèse et le traitement des fractures compliquées nous fournissent cent occasions de voir de près les phénomènes qui se passent, alors, chez l'homme blessé. » C'est donc dans la chirurgie humaine qu'il faut chercher l'authentique expérimentation sur

1. René Leriche et Adolphe Jung (1902-1992), « Mécanisme de l'effacement du disque intervertébral dans certaines maladies du rachis, dans le mal de Pott en particulier », *La Presse médicale*, n° 31, 18 avril 1931, p. 561-562; René Leriche, « De l'hypotension du liquide céphalorachidien dans les traumatismes du crâne », *ibid.*, n° 51, 27 juin 1931, p. 945-948; René Leriche et Edward L. Howes, « Recherches sur l'anatomie et la pathologie des cicatrices », *ibid.*, n° 53, 4 juillet 1931, p. 1011-1013.

2. Frederik Jacobus Johannes Buytendijk, *De la douleur*, traduit d'après la version allemande par A. Reiss, préface de Maurice Pradines, Paris, P.U.F., 1951. L'édition allemande était de 1949. Selon Pradines, c'est au médecin physiologiste allemand Viktor von Weizsäcker (1886-1957) que Buytendijk a emprunté la formule : « Le malade n'*a* pas sa maladie, il la *fait* ». Buytendijk (1887-1974), docteur en médecine, fut professeur de physiologie à l'Université protestante d'Amsterdam (1919), puis à l'Université de Groningen (1925-1946), et enfin professeur de psychologie générale à l'Université d'Utrecht où devait s'accentuer son orientation phénoménologique. Sa *Psychologie des animaux* (Paris, Payot, 1928), publiée alors qu'il était aussi directeur de l'Institut de psychologie animale d'Amsterdam, a, dans les années 1940, contribué à nourrir la réflexion de Canguilhem sur la situation et l'activité de l'organisme dans son milieu. L'évolution subséquente de Buytendijk, vers une phénoménologie chrétienne, présentait moins de convergence avec les préoccupations de Canguilhem.

l'homme. « Toute opération est un acte expérimental. » Il est à peine besoin de dire qu'un chirurgien aussi attentif que Leriche à l'essence humaine de la douleur conçoit cette expérimentation clinique dans le respect de tous les devoirs que la prudence et la charité imposent au médecin devant ses malades.

À ne pas séparer l'expérimentation de l'intervention opératoire, Leriche parvient à une conscience exacte de leur caractère commun de perturbation. La recherche est une technique et la technique est une altération de son objet. On ne s'en était pas toujours avisé. Trop sûre d'elle-même et de son innocuité, confiante dans la garantie de Pasteur et de Lister, la chirurgie moderne, rêvant de démiurgie, faisait peu à peu de l'organisme humain un objet passif et docile à toutes ses interventions. « Elle n'avait jamais songé qu'elle était, en fait, un acte contre nature, une agression brutale détruisant de faibles architectures protéiques, mettant en révolte, dès le premier moment, les sensibilités interstitielles, déclenchant ainsi des réactions vaso-motrices, endocriniennes, humorales, créatrices d'une maladie post-opératoire, souvent inapparente, mais toujours présente, parfois grave, quelquefois mortelle. » C'est que la nature ignore la direction d'intention. L'organisme ne fait pas de différence entre le couteau d'un assassin et le bistouri d'un chirurgien. « L'acte chirurgical est un accident comme les autres. » Par un renversement des termes du rapport classique, on voit ici la thérapeutique créer une pathologie.

C'est naturellement sur ce point de pratique et de doctrine où il avait conscience d'être le plus neuf que Leriche s'est montré aussi le plus décidé et le plus téméraire. S'il nous paraît qu'il a eu raison de ne pas couper la science de la technique et de subordonner, en dernière analyse, la physiologie à la clinique, c'est-à-dire la détermination des constantes organiques à l'observation de leurs écarts, il nous paraît aussi qu'il n'a pas réussi à concevoir nettement que ce qui manque à une technique, ce n'est pas de savoir découvrir la solution de ses problèmes, c'est de savoir généraliser ses[1] solutions. Leriche aurait voulu que le technicien fît la théorie de sa technique. C'est contradictoire. Il est bon, par conséquent, que, même jumelé à un service hospitalier, un laboratoire de physiologie garde son autonomie de recherches. À vouloir confiner dans un Institut de chirurgie expérimentale la physiologie humaine, on perd le bénéfice de la remarque selon laquelle il n'y

1. « Ces » dans le texte de la *Revue philosophique* ; sans doute une coquille.

a pas de différence de nature, mais seulement d'intention, entre intervention et expérimentation. Car, si l'on admet que l'acte chirurgical est un accident comme un autre, il faut conclure qu'il n'est en cela qu'un accident, au sens philosophique du terme. Accident, l'acte chirurgical est à la remorque; et donc le chirurgien subit d'abord ses problèmes, les tenant des malades et des maladies. Mais on ne saurait interdire au physiologiste de se poser des problèmes que la chirurgie ne lui pose pas. Si l'idée de chirurgie générale est une absurdité technique, justement raillée, par contre une physiologie générale doit être possible comme science, même d'abord expérimentale.

On comprend alors que, vu par les physiologistes, Leriche ait pu paraître à beaucoup un franc-tireur, voire de génie. Cela peut être dit dans une revue philosophique, *a priori* insoucieuse des conventions en cours dans la corporation médicale. De même, il n'est pas douteux que la carrière de Leriche a été parcourue un peu en marge des grandes voies traditionnelles. Des honneurs? Sans doute, mais un peu moins qu'à tant d'autres. Des ennemis? Bien entendu, mais peut-être un peu plus que nécessaire et pas tous déclarés. On ne lui a pas ouvert, quand il a quitté Strasbourg pour Paris et le Collège de France, toutes les portes derrière lesquelles il y avait quelque chose à voir ou à faire. Trop d'imagination en lui pour ne pas déconcerter. Trop d'esprit critique pour ne pas inquiéter. Leriche n'est certes pas une gloire méconnue, mais son œuvre est un sujet encore brûlant.

En attendant que les physiologistes aient pardonné à René Leriche le mot lapidaire: « L'esprit de Claude Bernard peut souffler ailleurs que dans les chenils »[1], le philosophe, qu'il soit psychologue, épistémologue ou moraliste, trouvera dans *La chirurgie de la douleur* une occasion de lectures et de méditations stimulantes, un moyen sans égal de renouveler les exemples et les schémas scolaires, mais surtout une voie d'accès originale à cette expérience humaine dont la philosophie, même si elle tend à se subordonner l'homme au lieu de s'ordonner à lui, ne peut pas s'abstenir de tenter le jugement et le règlement[a].

Georges CANGUILHEM

a. Toutes les citations de cette note sont empruntées à *La Chirurgie discipline de la Connaissance* (La Diane française, 1949).

1. La formule se trouve dans *La philosophie de la chirurgie*, *op. cit.*, p. 116.

QU'EST-CE QUE LA PSYCHOLOGIE ?

Cette conférence prononcée le 18 décembre 1956, qui a d'abord été publiée en 1958, a été intégrée par Canguilhem aux *Études d'histoire et de philosophie des sciences*, ouvrage reproduit au tome III des *Œuvres complètes.*

SUR UNE ÉPISTÉMOLOGIE CONCORDATAIRE

dans G. Bouligand, G. Canguilhem, P. Costabel, F. Courtès, F. Dagognet, M. Daumas, G. Granger, J. Hyppolite, R. Martin, R. Poirier et R. Taton, *Hommage à Gaston Bachelard, Études de philosophie et d'histoire des sciences*, Paris, Presses universitaires de France, 1957, p. 3-12[1]

La personnalité et la pensée philosophiques de M. Gaston Bachelard ne se sont pas interdit de se manifester, mais n'en ont pas moins réussi à préserver le secret de l'équilibre entre les deux prédilections qui les hantent. Cet équilibre n'est que l'indice et non point la raison de la cohérence de la pensée et l'on se tromperait beaucoup, nous semble-t-il, en croyant pouvoir substituer à la recherche de son fondement encore caché une trop commode explication d'ordre caractérologique. Mais n'est-il pas vrai qu'à lire, dans l'ignorance du nom de leur auteur, l'*Essai sur la connaissance approchée* ou le *Nouvel esprit scientifique* d'une part, *L'eau et les rêves* ou *L'air et les songes* d'autre part, on aurait quelque excuse de ne pas deviner d'abord qu'il s'agit du même homme, de ne pas s'apercevoir, sans quelque délai de réflexion, que la précision dans la mise en œuvre d'une culture physico-mathématique de première main et la légèreté dans l'interprétation de ce que l'imagination humaine engendre de plus libre font bon ménage sous le même front, aiguisent le même regard, animent la même démarche ? Qui ne l'aurait appris d'ailleurs aurait quelque peine à soupçonner que ce lecteur passionné d'ouvrages d'alchimie, à la tête fougueuse d'alchimiste, a lui-même enseigné la chimie et la physique, que cet exégète de bestiaires fantastiques a lui-même enseigné l'histoire naturelle, que ce Docteur ès Rêves, comme le nomment certains poètes de ses amis, a conservé la malicieuse présence d'esprit d'un vigneron champenois, que ce détracteur du bon sens pourrait

1. Deux exemplaires de cet ouvrage sont conservés dans la bibliothèque de Canguilhem à la cote CAN 1133.

en revendre à beaucoup de ses apologistes, que ce théoricien de la science polémique est le plus pacifique des hommes.

Si la discrétion a retenu jusqu'à présent M. Bachelard de s'expliquer lui-même sur la genèse et les cheminements de son œuvre, l'un au moins de ses écrits *La formation de l'esprit scientifique* peut nous fournir, à défaut d'un foyer central d'illumination, un trait d'union entre les deux aspects de l'œuvre, un pont à passer, à nos risques bien entendu. Risquons donc le risque.

Dans *La dialectique de la durée*, M. Bachelard déclare accepter presque tout du bergsonisme, sauf la continuité[a][1]. Cette profession de foi nous semble plus sincère dans ce qu'elle refuse que dans ce qu'elle retient. Très résolument hostile à l'idée de continuité, mais assez modérément bergsonien, M. Bachelard n'admet pas que la perception et la science soient des fonctions pragmatiques en continuité. Mais c'est la continuité qui lui déplaît ici plus encore que le pragmatisme, car il n'admet pas davantage, avec Émile Meyerson[2], que perception et science soient des fonctions spéculatives en continuité d'effort pour l'identification du divers[b][3]. Il est assurément plus près d'une position qu'on pourrait dire, avec précaution, cartésienne – en pensant à la distinction de l'entendement et de l'imagination – position commune, sous certains rapports, à Alain et à Léon Brunschvicg, selon laquelle la science se constitue en rupture d'avec la perception et comme critique de celle-ci. Mais plus proche de Brunschvicg que d'Alain en ceci qu'il se sent tenu d'accepter et de célébrer, comme le premier, la subordination de la raison à la science, l'instruction de la raison par la science[c], M. Bachelard s'en sépare pourtant en mettant l'accent sur la forme polémique, sur l'allure dialectique du dépassement constitutif du savoir, dans lequel Léon Brunschvicg voyait plutôt l'effet d'un progrès continu, de

a. [Collection « Bibliothèque de la Revue des Cours et Conférences », Paris, Boivin, 1936,] p. 16.

b. *Le rationalisme appliqué* [collection « Bibliothèque de philosophie contemporaine », Paris, P.U.F., 1949,] pp. 176-177.

c. *La philosophie du non*, [collection « Bibliothèque de philosophie contemporaine », Paris, P.U.F., 1940,] p. 144.

1. L'exemplaire de la bibliothèque de Canguilhem (cote CAN 1092) est celui que Bachelard avait dédicacé à Jean Cavaillès.

2. Sur Meyerson, cf. *supra*, p. 59, n. 3.

3. L'exemplaire du *Rationalisme appliqué* de la bibliothèque de Canguilhem (cote CAN 1095) porte un envoi manuscrit de Bachelard « en amical souvenir ». Cet exemplaire comporte quelques annotations manuscrites de Canguilhem.

correction sans doute, mais qui, à tout prendre, ne requiert de l'intelligence qu'une prise de conscience de sa norme propre, qu'une « capacité de se transformer par l'attention même qu'elle porte à soi »[a]. C'est avec précocité et partant avec continuité que M. Bachelard a enseigné la discontinuité du savoir dans sa matière et dans sa forme, la discontinuité de ses étapes, puisque c'est au début de son œuvre, dans sa thèse de doctorat en 1927, qu'il a introduit dans son vocabulaire épistémologique un terme qui n'a cessé d'y figurer en s'y enrichissant de sens, celui de dialectique.

Mais situer la position épistémologique de M. Bachelard par sa relation à quelques autres ne doit pas détourner de l'essentiel, qui est de faire saisir à ceux qui n'ont pas vécu l'événement quel événement précisément a été l'apparition, en 1927, dans la sphère de la philosophie française, d'un style insolite, parce que pas du tout mondain, d'un style à la fois dru, carré et subtil, mûri dans le travail solitaire, loin des modes et des modèles universitaires ou académiques, d'un style philosophique rural. Or le premier impératif de ce style c'est d'énoncer les choses comme on les voit ou comme on les sait, sans souci de se faire approuver par l'emploi de l'atténuation, de la concession, du « si l'on veut » et du « à la rigueur ». Avec le « à la rigueur » cède aussitôt toute rigueur et c'est là-dessus que M. Bachelard ne veut pas céder. C'est pourquoi en affirmant que « la science n'est pas le pléonasme de l'expérience »[b], qu'elle se fait contre l'expérience, contre la perception, contre toute activité technique usuelle, M. Bachelard, qui sait qu'il met ainsi la science en étrange situation, se soucie fort peu de savoir si les habitudes intellectuelles de ses contemporains leur permettront de s'accommoder de ses thèses. La science devient une opération spécifiquement intellectuelle qui a une histoire mais point d'origines. Elle est la Genèse du Réel, mais sa propre genèse ne saurait être racontée. Elle peut être décrite comme recommencement, mais jamais saisie dans son balbutiement. Elle n'est pas la fructification d'un pré-savoir. Une archéologie de la science est une entreprise qui a un sens, une préhistoire de la science est une absurdité.

Ce n'est pas pour simplifier cette épistémologie, mais pour mieux en éprouver la cohérence, que nous voulons tenter d'en extraire un corps d'axiomes, dont la duplication en code de normes intellectuelles nous révèle que leur nature n'est pas celle d'évidences immédiatement claires, mais bien

a. *Les âges de l'intelligence*, [collection « Nouvelle encyclopédie philosophique », Paris, Librairie Félix Alcan, 1934,] p. 147.

b. *Le rationalisme appliqué*, p. 38.

celle d'instructions laborieusement recueillies et éprouvées. Ces axiomes et leurs versions normatives nous les trouverions tous, en esquisse plus ou moins explicite, dans le premier ouvrage de M. Gaston Bachelard, l'*Essai sur la connaissance approchée*. Mais par fidélité à la valeur, si souvent défendue par lui, de la rectification de pensée, nous les chercherons dans les écrits ultérieurs où leur reprise thématique leur confère la sûreté d'un second jet.

Le premier axiome est relatif au *Primat théorique de l'erreur*. « La vérité n'a son plein sens qu'au terme d'une polémique. Il ne saurait y avoir de vérité première. Il n'y a que des erreurs premières[a]. » Notons en passant le style pythagoricien et cartésien de la forme grammaticale. Vérité première est au singulier, erreurs premières, au pluriel[1]. Plus lapidairement le même axiome s'énonce : « Un vrai sur fond d'erreur, telle est la forme de la pensée scientifique[b]. »

Le deuxième axiome est relatif à la *Dépréciation spéculative de l'intuition*. « Les intuitions sont très utiles : elles servent à être détruites[c]. » Cet axiome est converti en norme de confirmation, selon deux formules. « En toutes circonstances, *l'immédiat* doit céder le pas au *construit*[d]. » « Toute donnée doit être retrouvée comme un résultat[e][2]. »

Le troisième axiome est relatif à la *Position de l'objet comme perspective des idées*[f]. « Nous comprenons le réel dans la mesure même où la nécessité l'organise… Notre pensée va au réel, elle n'en part pas[g]. »

Il convient d'insister sur la portée de ces trois axiomes. Tout d'abord, en un sens, c'est une banalité de dire que la science expulse l'erreur, se substitue

a. Idéalisme discursif, in *Recherches philosophiques*, [tome IV,] 1934-35, [p. 21-29,] p. 22.

b. *Le rationalisme appliqué*, p. 48.

c. *La philosophie du non*, p. 139.

d. *Ibid.*, p. 144.

e. *Le matérialisme rationnel*, [« Bibliothèque de philosophie contemporaine », Paris, P.U.F., 1953,] p. 57.

f. Cette expression se trouve dans l'*Essai sur la connaissance approchée*, [Paris, Vrin, 1928,] p. 246.

g. *La valeur inductive de la relativité*, [Paris, Vrin, 1929,] p. 240-41.

1. Dans le texte de Bachelard, lors de ses deux occurrences, l'épithète est en italiques. Cette citation se trouvait déjà dans le *Traité de logique et de morale*, mais usant incorrectement du pluriel (« vérités premières »), ainsi que l'a relevé déjà Xavier Roth (cf. *OC* I, p. 650, note a). Dans un texte de 1984, citant sans doute de mémoire, Canguilhem répétera la citation fautive du *TLM* (*cf.* « Gaston Bachelard 1884-1962 », feuillet philatélique publié par le Ministère des P.T.T., 1984, n° 22 ; ce texte généralement inconnu sera publié au tome V des *OC*).

2. L'exemplaire du *Matérialisme rationnel* de la bibliothèque de Canguilhem (cote CAN 1098) porte un envoi de Bachelard à celui-ci « en très amical souvenir ».

à l'ignorance. Mais trop souvent aussi, philosophes ou savants ont conçu l'erreur comme un accident regrettable, une maladresse qu'un peu moins de précipitation ou de prévention nous eût épargnée, et l'ignorance comme une privation du savoir correspondant. Personne encore n'avait dit avec l'insistante assurance de M. Bachelard que l'esprit est d'abord de lui-même pure puissance d'erreur, que l'erreur a une fonction positive dans la genèse du savoir et que l'ignorance n'est pas une sorte de lacune ou d'absence, mais qu'elle a la structure et la vitalité de l'instinct[a]. De même, la prise de conscience du caractère nécessairement hypothético-déductif de quelque science que ce soit avait conduit les philosophes, dès la fin du XIXe siècle, à suspecter d'insuffisance la notion de principes intuitifs, évidences, données ou grâces, sensibles ou intellectuelles. Mais personne encore n'avait consacré autant d'énergie et d'obstination que M. Bachelard à affirmer que la science se fait contre l'immédiat, contre les sensations[b], que « l'évidence première n'est pas une vérité fondamentale »[c], que le phénomène immédiat n'est pas le phénomène important[d]. La malveillance critique n'est pas une pénible nécessité dont le savant pourrait souhaiter se voir dispensé, car elle n'est pas une conséquence de la science mais son essence. La rupture avec le passé des concepts, la polémique, la dialectique c'est tout ce que nous trouvons au terme de l'analyse des moyens du savoir. Sans outrance mais non sans paradoxe, M. Bachelard place dans le refus le ressort propulseur de la connaissance. Mais surtout personne autant que lui n'avait mis de patience, d'ingéniosité, de culture à multiplier les exemples invoqués à l'appui de cette thèse. Le modèle de ce genre d'exercice nous semble résider dans le passage où l'exemple de l'atomisme est appelé à témoigner du fait que le bénéfice de la connaissance tient uniquement dans ce que la rectification d'un concept « retranche »[e] d'une intuition ou d'une image initiale. « L'atome est exactement la *somme des critiques* auxquelles on soumet son image première[f]. » Et encore : « Le schéma de l'atome proposé par Bohr, il y a un quart de siècle, a, dans ce sens, agi comme une bonne image : il n'en

a. *La philosophie du non*, p. 8 ; *La formation de l'esprit scientifique*, [Paris, Vrin, 1938,] p. 15.

b. *La formation de l'esprit scientifique*, p. 250.

c. *La psychanalyse du feu*, [collection « Psychologie », Paris, Gallimard, 1938,] p. 9.

d. *Les intuitions atomistiques*, [*(Essai de classification)*, Paris, Boivin & Cie, 1933,] p. 160.

e. *La philosophie du non*, p. 139.

f. *Ibid.*

reste plus rien[a]. » Déjà, dans un ouvrage où il se montrait moins sévère pour le schéma de Bohr, M. Bachelard avait dénoncé « le caractère illusoire de nos intuitions premières »[b]. Pour un philosophe selon qui « le réel n'est jamais ce qu'on pourrait croire mais toujours ce qu'on aurait dû penser »[c], le vrai ne peut être que la limite des illusions perdues[d].

Il n'est donc pas surprenant qu'aucun réalisme, et surtout pas le réalisme empirique, ne trouve grâce, comme théorie de la connaissance, aux yeux de M. Bachelard. Il n'y a pas de réel avant la science et en dehors d'elle. La science ne capte ni ne capture le réel, elle indique la direction et l'organisation intellectuelles selon lesquelles « on peut avoir la sécurité que l'on approche du réel »[e]. Pas plus qu'ils ne sont des catalogues de sensations, les concepts scientifiques ne sont les répliques mentales d'essences. « L'essence est une fonction de la relation[f]. » Ayant justifié, dès l'*Essai sur la connaissance approchée*[g], la subordination du concept au jugement, M. Bachelard reprend et consolide cette position, à l'occasion de son examen de la physique relativiste. Le jugement d'inhérence apparaît comme un cas singulier du jugement de relation, l'attribut comme une fonction des modes, l'être comme coïncidant avec les relations. « C'est la relation qui dit tout, qui prouve tout, qui contient tout[h]. » C'est sur le chemin du vrai que la pensée rencontre le réel. Dans l'ordre des jugements de modalité, « l'on doit placer… l'assertorique bien après l'apodictique »[i]. Dès lors, peu importe à M. Bachelard l'étiquette que les amateurs de classifications scolaires ou les censeurs d'idéologies hétérodoxes cherchent à coller sur ce qui n'est pas son système, mais seulement sa ligne de pensée. Si on le dit idéaliste, quand il aborde la science par la voie royale de la physique mathématique, il répond : *Idéalisme discursif*, c'est-à-dire laborieux dans sa dialectique et jamais triomphant sans retour de fortune. Si on le dit matérialiste quand il pénètre dans le laboratoire du chimiste, il répond : *Matérialisme rationnel*, c'est-à-dire instruit et non pas naïf, opérant et non pas docile, bref matérialisme qui

a. *Ibid.*, p. 140.
b. *Les intuitions atomistiques*, p. 153.
c. *La formation de l'esprit scientifique*, p. 13.
d. *Idéalisme discursif*, *op. cit.*
e. *La valeur inductive de la relativité*, p. 203.
f. *Ibid.*, p. 208.
g. Chapitre II : « La rectification des concepts ».
h. *La valeur inductive de la relativité*, p. 210.
i. *Ibid.*, p. 245.

ne reçoit pas sa matière mais se la donne, qui « pense et travaille à partir d'un monde recommencé »[a].

C'est que la réalité du monde est toujours à reprendre, étant sous la responsabilité de la raison. Et la raison n'en a jamais fini d'être déraisonnable pour tâcher de devenir toujours plus rationnelle. Si la raison n'était que raisonnable, elle finirait bien un jour par se contenter de sa réussite, par dire oui à son actif. Mais c'est toujours non et non. Comment s'expliquer cette puissance de négation perpétuellement relancée? Dans une admirable formule, M. Bachelard a dit un jour que « nous avons la puissance de réveiller les sources »[b]. Or il se trouve au cœur même de l'homme une source qui ne tarit jamais, qui n'a donc jamais à être réveillée, et c'est la source même de ce dont la philosophie a longtemps fait hommage au sommeil du corps et de l'esprit, la source des rêves, des images, des illusions. C'est la permanence de ce pouvoir originaire, littéralement poétique, qui contraint la raison à son effort permanent de dénégation, de critique, de réduction. La dialectique rationnelle, l'ingratitude essentielle de la raison pour ses réussites successives ne font donc que désigner la présence dans la conscience d'une force jamais lassée de divertissement du réel, d'une force qui accompagne toujours la pensée scientifique non pas comme une ombre, mais comme une contre-lumière. À bien y regarder, pourrait-on comprendre, s'il en était autrement, qu'une cascade ininterrompue de négations n'aboutisse pas enfin, de résection en résection et de résidu en résidu, au vide et au néant? Si l'esprit scientifique ne peut se constituer que sur les ruines de l'esprit non scientifique, n'est-il pas nécessaire d'admettre que cet esprit non scientifique, qu'on ne peut dire tel que par sa relation à la science quand elle l'a nié, soit plus qu'une vanité entrevue au moment même de son évanouissement? Il faut bien qu'il soit, à sa façon et de son côté, une puissance authentique, fût-elle de jeu, et qui oblige la raison à se décider et à se définir elle-même comme puissance de le contrer. De même que la matérialité et la science de la matière ne retiennent, au regard de Bergson, quelque positivité que par leur relation à l'élan vital dont elles sont l'inversion du sens, de même la rationalisation agressive du réel et la violence du savoir ne semblent résider, selon M. Bachelard, que dans le procès dialectique de négation qui inverse le sens d'une sorte d'élan imageant. Sans quoi, faute de puiser, elle

a. *Le matérialisme rationnel*, p. 22.
b. *Essai sur la connaissance approchée*, p. 290.

aussi, à la source d'où émane le courant qu'elle contrarie, la raison s'épuiserait. Car « l'humanité imageante est un au-delà de la nature naturante »[e]. Dans cette formule se trouve la justification de l'expression par laquelle M. Jean Hyppolite désigne la philosophie de M. Bachelard : *un romantisme de l'intelligence*[1]. Le rêve n'est plus ici, comme selon le bergsonisme, la détente et la chute d'un élan. Toute image de chute procède, au contraire, d'une maladie de l'imagination[b], car l'imagination est faculté de surhumanité[c] sans laquelle l'homme ne serait pas l'homme. Normalement « tout croît dans le règne de l'image »[d]. Si, dans la philosophie bergsonienne, rêver c'est perdre le sens du réel et côtoyer l'aliénation, dans la philosophie de M. Bachelard au contraire, c'est l'homme privé de la fonction de l'irréel qui est un névrosé[e]. Ici il s'agit avant tout de bien rêver. « L'imagination invente plus que des choses et des drames, elle invente de la vie nouvelle ; elle invente de l'esprit nouveau ; elle ouvre des yeux qui ont des types nouveaux de vision[f]. »

Il faut donc que l'esprit soit vision pour que la raison soit revision, que l'esprit soit poétique pour que la raison soit analytique dans sa technique, et le rationalisme, psychanalytique dans son intention. On a été parfois surpris de voir placée sous la marque de la psychanalyse une entreprise philosophique apparemment si conforme à l'attitude constante du rationalisme. Mais c'est qu'il s'agit de tout autre chose que de la vocation optimiste de la philosophie des lumières ou du positivisme. Il ne s'agit pas de se croire ou de se dire rationaliste. « Rationaliste ? dit M. Bachelard, nous essayons de le devenir[g]. » Et il s'en explique : « On a pu s'étonner qu'un philosophe rationaliste donne une si longue attention à des illusions et à des erreurs, et qu'il ait sans cesse besoin de représenter les valeurs rationnelles et les images claires comme des rectifications de données fausses[h]. » Mais c'est

a. *L'eau et les rêves*, [Paris, Librairie José Corti, 1942,] p. 14.
b. *L'air et les songes*, [Paris, Librairie José Corti, 1943,] p. 111.
c. *L'eau et les rêves*, p. 23.
d. *L'air et les songes*, p. 111.
e. *L'air et les songes*, p. 14.
f. *L'eau et les rêves*, p. 24.
g. *Ibid.*, p. 10.
h. *Ibid.*, p. 9.

1. « Gaston Bachelard ou le romantisme de l'intelligence », *Revue philosophique*, t. 144, janvier-mars 1954, p. 85-96. Cet article est reproduit dans cet *Hommage à Gaston Bachelard* et suit la contribution de Canguilhem, p. 13-27.

que, contrairement à ce qu'ont pu croire les rationalistes du XVIIIe et du XIXe siècle, l'erreur n'est pas une faiblesse mais une force, la rêverie n'est pas une fumée, mais un feu. Comme le feu, elle reprend incessamment. « Nous consacrerons une partie de nos efforts à montrer que la rêverie reprend sans cesse les thèmes primitifs, travaille sans cesse comme une âme primitive, en dépit des succès de la pensée élaborée, contre l'instruction même des expériences scientifiques[a]. »

On pouvait espérer en la réduction définitive des images sensibles par l'office de la raison insensible, tant qu'on n'avait pas soupçonné à quel point l'imagination sensualiste peut avoir la vivacité profonde et renaissante de la sensualité. Mais M. Bachelard a lu Mallarmé, il a compris pourquoi un Faune, s'inquiétant de l'illusion qui s'échappe des yeux bleus, se demande à lui-même

... si les femmes dont tu gloses
Figurent un souhait de tes sens fabuleux![1]

Les sens, à tous les sens du mot, fabulent. Qu'on relise à ce sujet, et à propos des premières recherches sur l'électricité, les réflexions de notre philosophe sur le caractère sensuel de la connaissance concrète[b], et sa conclusion concernant l'immuabilité des valeurs inconscientes[c]. On n'est donc pas rationaliste à si peu de frais que l'ont pensé les hommes de l'*Aufklärung*. Le rationalisme est une philosophie coûteuse, une philosophie qui n'en finit pas, pour cette raison que c'est « une philosophie qui n'a pas eu de commencement »[d].

a. *La psychanalyse du feu*, p. 14.
b. *Le rationalisme appliqué*, p. 141.
c. *Ibid.*, note.
d. *Le rationalisme appliqué*, p. 123.

1. Stéphane Mallarmé (1842-1898), *L'Après-midi d'un faune* (p. 50 dans l'édition d'Henri Mondor et G. Jean-Aubry des *Œuvres complètes*, « Bibliothèque de la Pléiade », Paris, Gallimard, 1965). Canguilhem partageait avec Camille Soula qui avait été son professeur à la Faculté de Médecine de Toulouse, et qui demeurera son ami, une grande admiration pour Mallarmé. Soula lui avait consacré un ouvrage, *Gloses sur Mallarmé* (Paris, Éditions Diderot, 1945). Cet ouvrage se trouve dans la bibliothèque de Canguilhem au CAPHÉS (cote CAN 2172) avec plusieurs autres ouvrages relatifs à ce poète.

En décrivant les subtilités dialectiques de la raison comme réplique à la foison foisonnante des obstacles épistémologiques, M. Bachelard a réussi ce que tant d'autres épistémologues ont manqué : comprendre l'anti-science. Émile Meyerson, en somme, se tirait à bon compte des difficultés posées à l'intelligence philosophique par la résistance que l'expérience qualifiée, que l'univers du vivant opposent à l'effort rationnel pour l'identité du réel. En nommant « irrationnel » ce noyau rebelle, Meyerson cherchait à le déprécier; mais en justifiant la raison d'en faire le « sacrifice », il lui reconnaissait, implicitement, quelque valeur qu'il n'hésitait pas à nommer aussi réalité. Mais c'est trop de deux réalités ! En fait l'épistémologie meyersonienne restait à base de manichéisme, faute de savoir distinguer entre le négatif et le néant. Tel est le sort inévitable de toute épistémologie qui importe dans la philosophie elle-même les valeurs propres exclusivement à la science, et qui tient l'anti-science comme disqualifiée absolument parce que disqualifiée par et pour la science. M. Bachelard, également quoique différemment attaché à la science et à la poésie, à la raison et à l'imagination, n'a rien d'un manichéen. Il s'est décidé à assumer le rôle et le risque d'un « philosophe concordataire »[a][1]. Quand il produit au jour les archétypes latents de l'imagination imageante, fomentant pour la raison, c'est-à-dire contre elle, les obstacles à la science qui sont les objets de la science, les objections à la science, M. Bachelard ne se fait pas l'avocat du diable, il se sait complice du Créateur. Avec lui, à nouveau, après Bergson, la création continuée change de sens. Ce n'est pas seulement son épistémologie qui est non cartésienne[b], mais d'abord aussi son ontologie. La création continuée n'est pas la garantie de l'identité de l'Être ou de son habitude, mais de sa naïveté, de son renouvellement. « Les instants sont distincts parce qu'ils sont féconds[c]. »

Nous ignorons, bien entendu, si M. Bachelard nous livrera lui-même le secret de son ontologie. Mais nous pouvons prévoir que cette ontologie ne s'enfermerait pas initialement dans l'identité de l'Être. S'il n'est de connaissance qu'approchée, par la lutte incessante contre l'hydre des

a. *L'activité rationaliste de la physique contemporaine*, [collection « Bibliothèque de philosophie contemporaine », Paris, P.U.F., 1951,] p. 56.

b. *Le nouvel esprit scientifique*, [collection « Nouvelle encyclopédie philosophique », Paris, Librairie Félix Alcan, 1934,] p. 135.

c. *L'intuition de l'instant*, p. 112.

1. L'exemplaire de *L'activité rationaliste* de la bibliothèque de Canguilhem (cote CAN 1096) porte un envoi de Bachelard à celui-ci « En très amical souvenir ».

obstacles épistémologiques, il faut bien que l'Être ne soit pas que l'Être. Un tel Être exclurait le rêve. Or il n'est pas de plus profonde certitude, selon M. Bachelard, que celle du rêve. Le *Cogito* est un *Cogito onirique*; en ce *Cogito* aussi l'infini est premier, mais c'est l'infini du possible. La possibilité est ici une notion *ontopoétique*, plus encore qu'ontologique et, à plus forte raison, plus encore que logique. C'est pourquoi la finitude de toutes choses n'est pas affaire de connaissance mais affaire de décision. « Suivant notre courage ou notre lassitude nous dirons que le monde est commencé ou qu'il est inachevé [a]. »

Georges CANGUILHEM
Sorbonne

a. *Paysages d'Albert Flocon*, [Lausanne, Éditions de l'Aire, 1950,] p. 61. [Ce texte a été repris dans *Le Droit de rêver*, Paris, P.U.F., 1970.]

FONTENELLE PHILOSOPHE ET HISTORIEN DES SCIENCES

Le texte de cette allocution du 28 mars 1957, d'abord publié en 1957, a été intégré par Canguilhem aux *Études d'histoire et de philosophie des sciences*, ouvrage reproduit au tome III des *Œuvres complètes*.

LAMARCK ET DARWIN [1]

Conférence radiophonique, Radiodiffusion française, mai 1957

Parler brièvement de Lamarck et de Darwin, sans entrer dans les détails de leur vie et de leur carrière, mais surtout sans pouvoir tisser entre leurs travaux et ceux de leurs prédécesseurs ou de leurs contemporains le réseau de relations qui rend leurs idées tributaires d'autres idées plutôt que d'évènements biographiques, c'est risquer de n'apporter rien de plus qu'une couple de notices banales, comme on en trouve dans les dictionnaires ou dans les encyclopédies. Aussi paraît-il plus opportun de dégager le thème de pensée, la ligne d'inquiétude intellectuelle dont on ait la certitude que l'œuvre de nos deux biologistes les rencontre, les suit et les modifie par une nouvelle position des problèmes, par une tentative inédite de solution. Nous voudrions donc rechercher quelles notions originales sont fournies par Lamarck et Darwin à l'homme du XIXe siècle pour l'éclaircissement des questions qu'il se pose, concernant, sous le rapport biologique, sa situation dans l'espace et dans le temps.

Avant Lamarck, le terme de biologie n'existe pas. C'est lui qui l'invente, en 1800 ou 1801, en même temps d'ailleurs que le médecin allemand

1. Il existe au CAPHÉS un tapuscrit de cette conférence (GC. 26.3.5). Canguilhem aura plusieurs fois l'occasion de revenir sur la pensée de Lamarck (1744-1829), surtout dans des écrits historiques à compter des années 1960 et il donnera en 1972 une préface à l'édition des *Inédits de Lamarck* (cf. *OC* V). Sa lecture des contributions de Lamarck dans l'histoire des théories de l'évolution se modifiera au cours des ans, marquée surtout par sa méditation de la thèse d'Henri Daudin (1881-1947), *Cuvier et Lamarck : les classes zoologiques et l'idée de série animale (1790-1830)*, Paris, Alcan, 1926) puis aussi ensuite par l'apport de certains des travaux de Michel Foucault (*v.g.*, « Mort de l'homme ou épuisement du cogito ? » (1967) cf. *OC* V).]

Treviranus[1]. L'histoire des idées est ainsi ponctuée de l'invention de néologismes. En forgeant un mot qui a fait fortune, pour désigner la théorie générale de la vie, Lamarck témoignait de l'obligation faite à l'histoire naturelle, par l'extension que le XVIIIe siècle avait donnée à ses branches diverses, de se réfléchir dans la conscience de l'unité naturelle des vivants, quant à leur organisation et à leurs fonctions. *Biologie* est le titre d'un ouvrage que Lamarck projetait d'écrire, et dont les matériaux rassemblés ont été utilisés dans la célèbre *Philosophie zoologique* de 1809[2].

Né en 1744, mort en 1829, Lamarck ne fut pas un naturaliste voyageur. D'abord officier des armées du roi, il parcourut la France et l'Europe; plus tard précepteur du fils de Buffon, il devait revoir en touriste bien des lieux où l'avait conduit le métier des armes. Mais, comme naturaliste, il ne devait guère franchir les grilles du Jardin des Plantes. Venu aux sciences naturelles à l'âge de vingt-six ans, Lamarck commença par étudier la botanique sous la direction de Bernard de Jussieu[3]. Longtemps cantonné dans des emplois subalternes, mais déjà connu par la publication d'une *Flore française* (1778)[4], il ne devait être officiellement attaché au Museum d'histoire naturelle, nouveau nom du Jardin des Plantes, qu'à la condition d'accepter, sur les conseils de Daubenton[5], un poste de professeur de zoologie, dans la

1. Gottfried Reinhold Treviranus (1776-1837), médecin et naturaliste marqué par la *Naturphilosophie*, enseignait au Lyceum de Bremen; il publia en effet en 1802 le premier des six volumes de sa *Biologie, oder Philosophie der lebenden Natur für Naturforscher und Aerzte* (Göttingen, J. F. Röwer); le dernier volume parut en 1822.

2. Pierre-Paul Grassé avait, le premier semble-t-il, déjà attiré l'attention sur un manuscrit inédit de Lamarck portant ce titre: «"La Biologie", Texte inédit de Lamarck», *Revue scientifique*, vol. 5, 1944, 267-276. Les deux volumes de la *Philosophie zoologique* avaient été publiés à Paris, chez Dentu.

3. Bernard de Jussieu (1699-1777), médecin et botaniste, démonstrateur au Jardin du Roi, publia très peu, mais exerça une grande influence dans l'établissement d'une méthode naturelle de classification des plantes dont son neveu, Antoine-Laurent de Jussieu (1748-1836), qui deviendrait une des sommités de la première génération des professeurs du Museum National d'Histoire Naturelle, donna l'illustration et la théorie dans son *Genera plantarum* de 1789 (Paris, Herissant & Barrois).

4. Paris, Imprimerie royale; 3 vol.

5. Louis-Jean-Marie Daubenton (1716-1800), médecin et naturaliste, protégé de Buffon qui, intendant du Jardin du Roi depuis 1739, l'y nomma garde et démonstrateur de la collection d'histoire naturelle; il enseigna aussi l'histoire naturelle au Collège Royal, à l'École vétérinaire d'Alfort et, en l'an III, fut l'un des professeurs nommés à la nouvelle École normale supérieure. Auteur de plusieurs articles dans l'*Encyclopédie* de Diderot et D'Alembert, il reste surtout

section des *Animaux sans vertèbres*[1]. Au moment où il changeait de préoccupations et d'intérêts spéculatifs Lamarck avait cinquante ans.

Voici donc un homme mûr qui passe de la botanique à la zoologie, qui doit, par obligation professionnelle, ordonner et reclasser des collections zoologiques jusqu'alors peu soigneusement conservées; qui doit faire des cours auxquels il n'est pas préparé. On peut bien le dire, il n'y a au principe des théories de Lamarck aucune intuition précoce et longuement éprouvée. Ses idées s'élaborent pour ses cours et durant son travail. Appliquant aux idées de Lamarck les principes mêmes du lamarckisme, nous pouvons dire que chez lui aussi la fonction a créé l'organe et que ses théories sont filles du temps. Toutefois, si l'on entend par intuition la vision synthétique et synoptique d'un objet d'étude, l'on doit alors accorder à Lamarck cette conscience vive de la totalité des caractères et des manifestations de la vie. Sous ce rapport, Lamarck est le disciple de Buffon. L'auteur des *Époques de la Nature*[2] regrettait que la plupart des naturalistes ne fissent que des remarques partielles; l'auteur de la *Philosophie zoologique* pensait que « les hommes à petites vues ne peuvent se livrer qu'à des petites choses ».

C'est sans doute à ce sens de l'unité de la vie autant qu'à sa première formation de botaniste que l'on doit attribuer l'orientation de Lamarck vers les fonctions des organes et le comportement des animaux plutôt que vers les structures anatomiques. Son pénétrant interprète, Louis Roule[3], a fait remar-

connu pour son apport de la perspective de l'anatomie comparée dans le grand ouvrage d'*Histoire naturelle* de Buffon.

1. Lamarck s'acquittera de cette fonction créée lors de la transformation du Jardin du Roi en Museum d'histoire naturelle (1793) en publiant notamment un *Système des animaux sans vertèbres* (Paris, Déterville, 1801), puis, chez le même éditeur, de 1815 à 1822, une *Histoire naturelle des animaux sans vertèbres*, en 7 volumes.

2. Cet ouvrage faisait partie du tome V de la première édition de l'*Histoire naturelle*; le volume porte la date 1798, mais ne fut mis en vente que l'année suivante. Pour l'histoire compliquée de ce texte et de sa diffusion, on se reportera à la magnifique édition critique procurée par Jacques Roger (1920-1990) en 1962 dans les *Mémoires du Muséum National d'Histoire Naturelle*, n. s., série C, tome X. Gabriel Gohau (1934-…) a donné depuis une édition plus accessible, utilement annotée (Paris, Éditions rationalistes, 1971 ; révisée, avec des ajouts : Paris Diderot, 1998).

3. Louis Roule (1861-1942), zoologiste, docteur en médecine et docteur ès sciences, maître de conférences puis professeur à la Faculté des Sciences de Toulouse, enfin professeur au Museum National d'Histoire Naturelle (1910), a joui d'une grande réputation comme ichtyologiste. Auteur de plusieurs ouvrages d'histoire de la biologie, c'est à son *Lamarck et l'interprétation de la nature* (Paris, Flammarion, 1927) que se réfère ici Canguilhem.

quer que « les plantes, comparées aux bêtes, sont presque des êtres d'extérieur », en ce sens que leurs organes prépondérants, à la différence des animaux, ne se localisent pas à l'intérieur du corps. C'est ainsi qu'en Lamarck « le botaniste avait dressé par avance le zoologiste nouveau ». Mais aussi Lamarck avait emporté de ses travaux de classification végétale et animale la conviction que les espèces vivantes, loin d'être séparées par des coupures infranchissables, admettent en réalité un nombre, encore indéterminé, de formes intermédiaires. Cette conviction rencontrait, dans son esprit, l'idée familière à beaucoup de naturalistes du XVIIIe siècle, selon laquelle les vivants forment une série ou une échelle continue d'êtres, dont les formes peuvent être dérivées les unes des autres par une transformation analogue à celle qui permet au mathématicien le passage d'une figure à une autre. Des spécialistes d'anatomie comparée, tels que Camper[1], dont Goethe médite longuement les travaux, avaient traité le problème des métamorphoses, du passage d'une structure vivante à une autre, comme un problème de transformation géométrique, par croissance ou décroissance infinitésimale de l'un quelconque des éléments d'une courbe. Depuis Newton[2] enfin, on avait coutume d'expliquer les changements c'est-à-dire les phénomènes observables, comme effets continus des variations de forces fondamentales. C'est dans cet esprit que Lamarck considère les variations de circonstances de la vie comme le principe général d'explication des formes vivantes. Il subordonne absolument en biologie la morphologie des structures à la dynamique de mouvements. Mais ce n'est pas pour autant un physicien de la biologie. Cette force fondamentale de la vie, Lamarck s'en fait une idée aussi riche et aussi confuse que les philosophes du XVIIIe siècle, que Cabanis[3] notamment auquel il doit beaucoup, une idée qui est aussi bien celle d'un fluide physique

1. Sur Camper, cf. *supra*, p. 710, n. 1.

2. Yvette Conry, une élève de Canguilhem, a exploré depuis cette ascendance newtonienne : « Une lecture newtonienne de Lamarck est-elle possible ? », dans les actes du colloque *Lamarck et son temps. Lamarck et notre temps*, Paris, Vrin, 1981, p. 37-64.

3. Pierre-Jean-Georges Cabanis (1757-1808), médecin et philosophe, membre de la Société d'Auteuil (cf. *supra*, p. 672, n. 1) ; son œuvre principale, les *Rapports du physique et du moral de l'homme* (Paris, Crapart, Caille et Ravier, an X-1802), l'un des maîtres-livres du mouvement des Idéologues, est constituée d'une douzaine de mémoires, pour moitié déjà présentés lors de séances de l'Institut de France qui avait alors remplacé l'Académie royale des sciences. Canguilhem est l'auteur de l'article sur Cabanis dans le 3e volume du *Dictionary of Scientific Biography* (New York, Charles Scribner's Sons, 1970, p. 1-3). On trouvera cet écrit au tome V des *OC*.

que celle d'un pouvoir de sensibilité et d'impulsion spirituelle. Lamarck plus encore qu'un physiologiste, au sens actuel, est un physiologue, au sens présocratique du terme.

Lamarck, comme Bichat [1] son contemporain, considère la nature vivante comme une force en lutte avec l'univers physique, savoir la matière inerte, l'ensemble des forces physiques et chimiques. L'évolution de la vie est donc la succession des résultats obtenus par une force inlassable d'organisation dont l'extension du domaine d'activité et la complication des produits vont de pair. Ces résultats sont fragiles en ce sens que les vivants sont mortels, mais ils sont en un autre sens définitifs, dans la mesure où l'hérédité organique accumule et capitalise les conquêtes. La vie ne se divise ni ne se dément; si elle pullule et si elle se transforme c'est pour se conserver identique.

Sous ce rapport le mérite intellectuel de Lamarck est immense. Il a réuni, pour rendre compte de la genèse des organismes, deux notions dont les naturalistes et les physiologistes du XVIIIe siècle avaient usé mais séparément: les notions de durée et d'habitude. Et il a joint ces notions réunies aux notions de besoin et d'effort.

La vie est créatrice de forme dans la mesure où elle est un effort pour satisfaire par de nouvelles actions aux besoins que provoquent dans l'organisme les changements survenus dans les circonstances de vie, c'est-à-dire dans le milieu naturel; ces nouvelles actions engendrent de nouvelles habitudes, et ce nouveau régime de vie, en variant l'usage des organes, tend à les modifier par développement et extension ou par atrophie et exténuation. C'est ce qu'exprime l'aphorisme connu selon lequel la fonction crée l'organe, forme moderne de l'antique sentence: les habitudes forment une seconde nature. En outre, toutes les modifications fonctionnelles ou morphologiques que l'exercice de la vie apporte aux êtres vivants sont conservées par la génération aux nouveaux individus qui en proviennent « pourvu, dit Lamarck, – et ceci est très important, quoique fréquemment omis – que les changements acquis soient communs aux deux sexes, ou à ceux qui ont produit ces nouveaux individus » [2].

1. Sur Bichat, cf. *supra*, p. 317, n. 1.

2. Il s'agit de la « deuxième loi » formulée par Lamarck sur « l'influence des circonstances ». Cf. *Philosophie zoologique*, *op. cit.*, vol. 1, p. 235. La même formulation est reprise dans l'introduction de l'*Histoire naturelle des animaux sans vertèbres.*

On comprend alors pourquoi Lamarck affirme avec une énergie jusqu'alors jamais égalée que la constance des espèces n'est rien qu'une illusion de stabilité due à la brièveté de l'existence humaine et à la brièveté des époques historiques, préhistoriques et paléontologiques reconstituées par la culture. Lamarck, avant Bergson, a lié le sort de la vie à celui de la durée et du devenir. La genèse de la vie est, comme le génie humain, à la fois longue patience, selon Buffon, et longue impatience, selon Valéry[1]. Impatiente du changement des circonstances, et patiente dans l'effort pour y parer, telle est la vie universelle : « Du temps et des circonstances favorables sont, dit Lamarck, les deux principaux moyens qu'emploie la nature pour donner l'existence à toutes ses productions : on sait que le temps n'a point de limites pour elle, et qu'en conséquence elle l'a toujours à sa disposition. Quant aux circonstances dont elle a eu besoin et dont elle se sert encore chaque jour pour varier tout ce qu'elle continue de produire, on peut dire qu'elles sont, en quelque sorte, inépuisables pour elle »[2].

Comme après Buffon, Lacepède a dit, en 1800, dans son discours sur la Durée des Espèces, « la nature c'est le temps »[3] après Cabanis, Maine de Biran, en 1802, dans *L'Influence de l'Habitude sur la Faculté de penser*[4], montre dans l'habitude une loi générale de mécanisation des forces psychiques et de dégradation de l'effort en structures. Mais Lamarck incorpore ces idées à une énergétique biologique, il anime le temps et l'habitude, en faisant du premier un principe de construction et non d'usure, en faisant de la

1. L'attribution de ce mot à Buffon provient de Marie-Jean Hérault de Séchelles (1759-1794) dans son *Voyage à Montbard* (rééd. « Le cabinet des lettres », Paris, Gallimard, 2007, p. 48 : « Le génie n'est qu'une plus grande aptitude à la patience ». Dans le cas de Valéry, « Génie ! Ô longue impatience !) est un vers du poème « Ébauche d'un serpent » dans le recueil *Charmes* (p. 144 dans le tome 1 des *Œuvres*, édition de Jean Hytier, Bibliothèque de la Pléiade, Paris, Gallimard, 1957.

2. *Philosophie zoologique*, *op. cit.*, vol. 1, p. 238.

3. Bernard Germain de Lacepède (1756-1825) commença par publier des ouvrages de physique aujourd'hui oubliés (*Essai sur l'électricité*, 1781 ; *Physique générale et particulière*, 1782-1784) jusqu'à ce que Buffon lui procure, en 1785, un poste au Jardin du Roi où il poursuivit la publication des suites de la grande *Histoire naturelle* de son protecteur. Son « Discours sur la durée des espèces » sert d'introduction au deuxième tome de son *Histoire naturelle des poissons* (Paris, Plassan, 1798-1803).

4. *L'Influence de l'habitude sur la Faculté de penser* (Paris, Henrichs, an XI) du philosophe français François-Pierre-Gonthier Maine de Biran (1766-1824) reste la plus connue de ses œuvres et le seul travail philosophique signé de son nom et publié de son vivant.

seconde un principe de diversification et non de répétition. Face à Cuvier[1], défenseur de la fixité des espèces et de la limitation du temps, découpé, pour ainsi dire, par les Révolutions du Globe, Lamarck brosse obstinément, douloureusement, polémiquement, le tableau de la vie universelle constante et féconde, partie de formes élémentaires, comme les infusoires, pour parvenir jusqu'à l'homme; encore que, prudent sur la question des origines humaines, Lamarck ne soumette l'homme à sa loi universelle que pour le comparer aux animaux sous le rapport de l'organisation. Sainte-Beuve[2] qui suivit, comme Balzac[3], les cours de Lamarck au Museum a bien vu que sa conception de la vie « avait beaucoup de nudité et de tristesse ». Tristesse est le mot qui convient. Dans une création continuée, sans crise ni catastrophes, le tragique n'a pas de place. Par contre cette idée de la constance d'un effort, toujours menacé par l'inconstance d'un milieu inerte et indifférent, s'adaptant, c'est-à-dire se déformant, pour se maintenir, sans répit et sans espoir de triomphe, cette idée de la causalité du besoin, de l'indigence, de la

1. Georges Cuvier (1769-1832), naturaliste français, professeur au Muséum National d'Histoire Naturelle et au Collège de France, fut l'un des fondateurs de l'anatomie comparée dont il énonça les principes de subordination et de corrélation des organes. Il ruina, par ses travaux sur l'anatomie comparée des embranchements animaux (*Leçons sur l'anatomie comparée des animaux*, Paris, Baudoin, 1800-1805), les prétentions des transformismes reposant sur la notion d'une série ou échelle des êtres et défendit la notion de catastrophes successives responsables de l'extinction d'espèces et associées à l'apparition locale d'espèces nouvelles (*Discours sur les révolutions de la surface du Globe et sur les changements qu'elles ont produits dans le Règne animal*, Paris, Dufour et d'Ocagne, 1825.

2. Charles-Augustin Sainte-Beuve (1804-1869), écrivain français, surtout connu pour sa monumentale histoire de *Port-Royal* (1840-1859) et ses *Causeries du Lundi* (1851-1862), est aussi l'auteur d'un roman autobiographique, *Volupté* (Paris, E. Renduel, 1834). Le passage qu'en cite Canguilhem se trouve au chapitre XI. Sainte-Beuve parle aussi à propos de Lamarck du « ton passionné et presque douloureux qui s'y mêlait à sa science », et il ajoute « Une longue patience aveugle, c'était son Génie de l'Univers. » Cette citation se trouve aussi dans l'essai « Le vivant et son mileu » dans *La connaissance de la vie*, à la note 69 de la p. 136 de l'édition Vrin.

3. Honoré de Balzac (1799-1850), ne mentionne jamais Lamarck dans tout l'ensemble de *La comédie humaine*. Dans son Avant-propos fameux, rédigé en 1842, Balzac qui y développe la « comparaison entre l'Humanité et l'Amimalité », convoque nombre de grands noms de l'histoire naturelle des XVIIIe et XIXe siècles, au premier rang desquels Buffon, Georges Cuvier et surtout Étienne Geoffroy Saint-Hilaire, mais – ce qui apparaît assez énigmatique – il reste muet sur Lamarck dont il ne pouvait ignorer l'existence et l'œuvre. Il ne semble pas qu'il ait jamais suivi un cours de celui-ci; la présence même de Sainte-Beuve à un cours de Lamarck n'est pas non plus prouvée.

douleur en somme, c'est l'équivalent scientifique du sentiment littéraire de la solitude romantique.

Tout autre nous apparaît Darwin. Né en 1809, l'année même de la publication de la *Philosophie zoologique*, il publie lui-même en 1859 *De l'Origine des Espèces*[1]. Ainsi les deux œuvres maîtresses, les deux bibles du transformisme, c'est-à-dire les deux anti-Bible, sont-elles séparées par un demi-siècle exactement. Darwin, d'abord destiné à la carrière ecclésiastique, reçut la triple formation d'un botaniste, d'un médecin, d'un géologue. De 1831 à 1836 il participe, à bord du *Beagle*, à une mission hydrographique de la marine anglaise, en Amérique du sud et en Australie. Si l'expérience biologique de Lamarck fut presque exclusivement celle d'un conservateur de collections, celle de Darwin fut d'abord celle d'un naturaliste voyageur et, ensuite, après le retour en Angleterre, le mariage et la retraite à la campagne, celle d'un propriétaire, jardinier et éleveur, curieux d'expérimentations, en rapport de voisinage et de correspondance avec des horticulteurs et des éleveurs.

Sur le *Beagle*, Darwin avait emporté les *Principes de Géologie* (1830) de Lyell[2]. Il y apprit une théorie opposée à celle des cataclysmes successifs, des révolutions du globe et des créations supposées qui, après l'anéantissement des reliefs, des faunes et des flores, en avaient fait surgir de nouveaux. Darwin se familiarisait avec la théorie dite des causes actuelles, qui attribuait les changements de la face de la terre à l'action continue et lente des mêmes forces que le géologue voit à l'œuvre de nos jours. Dès ses premières observations géologiques, aux Iles du Cap-Vert, Darwin se convainquit de la supériorité des idées qu'il venait de découvrir. Mais l'homme qui a écrit que « pour être un bon observateur il faut être un bon théoricien »[3] donna lui-

1. *On the Origin of Species by Means of Natural Selection, or the Preservation of Favoured Races in the Struggle for Life*, London, John Murray, 1859.

2. Le géologue britannique Charles Lyell (1797-1875) fit paraître de 1830 à 1833, à Londres, chez John Murray, les trois volumes de ses *Principles of Geology, being An Attempt to Explain the Former Changes of the Earth's Surface by Reference to Causes Now in Operation*.

3. Cette affirmation se trouve dans la première lettre qu'adressa Darwin au naturaliste anglais Henry Walter Bates (1825-1892), le 22 novembre 1860. Il y écrivait : « ... I did not know that you had worked with high philosophical questions before your mind. I have an old belief that a good observer really means a good theorist & I fully expect to find your observations most valuable » (*cf.* Frederick Burkhardt (dir.), *The Correspondence of Charles Darwin*, Cambridge University Press, vol. 8, 1993, p. 484-485). Bates avait exploré la région amazonienne avec

même l'exemple de sa propre règle en observant avec les yeux d'un nouveau converti à l'idée d'une longue et lente histoire de la terre, les animaux fossiles des pampas sud-américaines et l'ordre de remplacement les unes par les autres des espèces presque semblables, dans la mesure où on avance vers le sud du continent. Il apparut alors à Darwin que les espèces se modifient graduellement. Ayant quitté l'Angleterre partisan de la fixité des espèces, et tenant Cuvier pour un dieu, Darwin y rentrait convaincu du fait de l'évolution, encore incertain de ses causes, et en tout cas hostile à l'explication lamarckienne. « Il est évident, écrit-il, que ni l'action des conditions environnantes, ni la volonté des organismes (surtout en ce qui concerne les plantes) ne pouvaient expliquer les cas innombrables dans lesquels ces organismes de toute sorte s'adaptent admirablement à leurs habitudes de vie » [1].

Ses relations avec les horticulteurs et les éleveurs, ses lectures concernant la création de races et de variétés parmi les espèces domestiques, fournirent à Darwin la clef du problème de l'adaptation; c'est la sélection opérée par l'homme, le choix comme reproducteurs d'organismes que la variation spontanée de certains caractères morphologiques désigne comme plus aptes et plus utiles relativement à ce qu'on attend d'eux. Mais la difficulté subsiste de savoir quel est le principe de la sélection dans le cas des organismes vivant à l'état de nature. En 1838, la lecture fortuite du livre de Malthus, *Théorie de la Population* (1798) [2], permet à Darwin de franchir le dernier pas. Malthus avait montré que les hommes se multiplient selon une progression géométrique cependant que leurs subsistances, leurs aliments, croissent selon une progression arithmétique. La terre est continuellement surpeuplée et ainsi la vie est une sorte de banquet où le nombre des postulants est bien supérieur au nombre de places. Darwin en tira l'idée d'une lutte universelle des vivants pour l'existence, d'une concurrence vitale dans

Alfred Russell Wallace en 1848-1850 et il allait publier, en 1863, *The Naturalist on the River Amazons* (London, John Murray).

1. Ce passage se trouve dans l'*Autobiographie* de Darwin, telle que traduite par Henry de Varigny (1855-1934) dans l'édition française de *La vie et la correspondance de Charles Darwin*, Paris, C. Reinwald, 1888, 2 vol.; vol. 1, p. 84-85. Ce recueil avait été constitué et publié par le fils de ce dernier, Francis Darwin (1848-1925).

2. Le pasteur anglais Thomas Robert Malthus (1766-1834), auteur d'écrits d'économie politique largement diffusés, publia en 1796, de manière d'abord anonyme, *An Essay on the Principle of Population, as it affects the Future Improvement of Society, with Remarks on the Speculations of Mr. Godwin, Mr. Condorcet and Others* (London, J. Johnson); la dernière édition de cet ouvrage, sans cesse remanié, la sixième, parut en 1826.

laquelle les organismes que des variations congénitales dans la structure ou dans les instincts favorisent sous le rapport des conditions de vie, sont préservés, alors que d'autres organismes, défavorisés, sans préméditation d'ailleurs, sont éliminés. Et en 1842 et en 1844, Darwin rédigea deux essais de sa théorie, mais ne les publia pas, continuant à réfléchir sur quelques faits encore mal raccordés à ses principes généraux d'explication. Ayant appris en 1858 qu'un naturaliste séjournant en Malaisie, Wallace, venait de composer un essai« Sur la Tendance des Variétés à s'écarter indéfiniment du Type originel »[1], où la même théorie que la sienne était formulée, à partir d'observations analogues et de la réflexion sur le même ouvrage de Malthus, Darwin se décida à rédiger son ouvrage fondamental *De l'Origine des Espèces*, publié en novembre 1859 et dont la première édition à 1250 exemplaires fut épuisée le jour même de la mise en vente. Une rencontre comme celle de Darwin et de Wallace n'est pas sans exemple dans l'histoire des sciences, mais leur courtoisie réciproque, leur désintéressement, leur refus commun d'entrer dans une querelle de priorité sont mémorables parce que rares[2].

Ce n'est pas le lieu de rappeler les circonstances du succès de Darwin, comme aussi du scandale qu'il provoqua chez les théologiens, à propos des origines de l'homme, ni les polémiques scientifiques suscitées par la différence des principes d'explication lamarckiens et darwiniens. Il apparaît plus important de préciser le sens de cette nouvelle conception de la vie et les raisons de l'influence philosophique qu'elle ne pouvait manquer d'exercer.

1. Alfred Russel Wallace (1823-1913) commença sa carrière comme naturaliste voyageur. Il explora l'Amazone (avec Henry Walter Bates – cf. *supra*, p. 750, n. 3), puis le Rio Negro (1848-1852); il séjourna ensuite longuement dans l'archipel malais (1854-1862). Ses publications le consacrèrent rapidement comme un maître de la biogéographie. Après son retour en Angleterre, il devint l'un des avocats les plus ardents de la théorie de l'évolution dans sa forme la plus strictement « néo-darwinienne », sauf en ce qui a trait à l'espèce humaine, au sujet de laquelle ses convictions spiritualistes devaient l'emporter durablement. L'article « On the Tendency of Varieties to Depart Indefinitely from the Original Type » fut publié, avec la contribution de Darwin, dans les *Journal and Proceedings of the Linnean Society of London, Zoology*, vol. 3, 1858, p. 53-62.

2. Canguilhem lui-même, deux ans plutôt, dans *La Formation du concept de réflexe* (*cf.* p. 133-136), avait fait état d'« une polémique d'une violence extraordinaire » relativement à la priorité que réclamait le physiologiste anglais Marshall Hall (1790-1857) pour ses propres travaux.

« Je n'ai puisé dans Lamarck, a dit Darwin, ni un fait ni une idée »[1]. À défaut de cet aveu, il suffit de bien lire les deux auteurs pour apercevoir la différence de leurs visions du monde et de la vie. La vie est selon Lamarck une force inlassable que l'inconstance du milieu où elle est jetée contraint à se diversifier. Selon Darwin elle est elle-même une puissance de variation spontanée, d'innovation infinitésimale, dont les différences entre descendants d'un même couple de reproducteurs offrent l'exemple le moins contestable. Du fait de ces différences, les organismes affrontent inégalement les risques que composent pour eux, non seulement les circonstances géographiques, mais d'abord et surtout les organismes d'espèces différentes. L'ensemble des vivants se comporte à tout instant comme un tribunal où chacun à la fois est juge et partie. La sélection est l'effet quasi mécanique de la discordance entre la multiplication des vivants et l'inextensibilité de leur support cosmique.

Trop souvent, au XIXe siècle, l'idée de concurrence vitale, de combat pour l'existence, ayant pour résultat ce que Spencer[2] appelait la « survivance du plus apte » – ce qu'on a traduit par « triomphe du meilleur » – a autorisé des théories politiques, économiques ou sociales d'inspiration aristocratique, anti-démocratique, impérialiste ou raciste. Il s'agit bien là d'un contre-sens. Parce que la théorie de Darwin a été discutée à une époque d'individualisme économique et politique, de concurrence industrielle et commerciale, à l'échelon national et international, elle a paru contenir comme conséquences les doctrines et les pratiques au soutien desquelles on s'ingéniait à la mobiliser. Et pourtant rien n'est moins conquérant que la vie, telle que Darwin la décrit. Ce qu'il entend par concurrence vitale ce n'est pas un impératif de domination et de belligérance, ce n'est nullement ce que Nietzsche entendra par la « volonté de puissance ». C'est la relation de mutuelle dépendance des êtres organisés, envisagée quant à la conservation de l'individu et quant à la probabilité pour lui de se reproduire. Darwin a dit lui-même, dans le troisième chapitre de l'*Origine des Espèces* : « J'emploie

1. Cette affirmation se trouve dans le post-scriptum de la longue lettre de Darwin à Lyell datée du 11 octobre 1859 : « You often allude to Lamarck's work; I do not know what you think about it, but it appeared to me extremely poor; I got not a fact or idea from it ». Cf. *The Correspondence of Charles Darwin*, *op. cit.*, vol. 7, p. 348. Darwin exprime encore la même opinion (« it was a useless book ») dans une autre lettre à Lyell, le 17 mars 1863 (*ibid.*, vol. 11, p. 242).

2. Sur Herbert Spencer, cf. *supra*, p. 128, n. 1.

le terme de concurrence vitale dans un sens large et métaphorique », et il ajoute, prenant un exemple : « Une plante, au bord d'un désert, doit lutter aussi contre la sécheresse ; plus exactement on pourrait dire qu'elle dépend de l'humidité ».

Mais quelque soin que Darwin ait apporté à se séparer de Lamarck et quelque différent que soit le rôle que l'un et l'autre accordent à l'action du milieu sur l'organisme, rôle de stimulation d'une force plastique chez Lamarck, rôle de criblage des variations morphologiques spontanées selon Darwin, il faut bien voir qu'ils ont contribué tous les deux, en dépit de la rivalité sur ce point de leurs disciples et de leurs sectateurs, à donner à la notion de milieu l'ascendant qu'elle a exercé, au XIXe siècle, sur les romanciers et les critiques, de Balzac à Taine, de la préface à la *Comédie humaine* jusqu'à l'introduction à l'*Histoire de la Littérature anglaise*[1]. Il importe peu ici que le naturalisme littéraire ait confondu indûment, quand il s'agit de l'homme, le milieu naturel et le milieu de culture, puisqu'en tout état de cause Lamarck ni Darwin ne sont responsables de la confusion. Certes ses lectures et ses travaux en géologie avaient, comme on l'a vu, donné à Darwin le sens de la longue durée au cours de laquelle l'effet de sélection a modifié les formes organiques et a engendré progressivement de nouvelles espèces. Il n'en reste pas moins que dans sa vision synoptique des rapports entre le vivant et le milieu Darwin embrasse plutôt l'espace géographique et Lamarck plutôt la durée biogénétique. Cuvier, qui n'aimait pas Lamarck, a écrit : « Le temps est un facteur nécessaire de toutes ces choses, le temps sans bornes qui joue un si grand rôle dans la religion des

1. Hippolyte Taine (1828-1893), philosophe scientiste et historien français, ancien élève de l'École normale supérieure, qui avait échoué à l'agrégation de philosophie (1851), enseigna quelques années dans des lycées de province, avant de vivre de sa plume à la suite du grand succès de son *Histoire de la littérature anglaise* (Paris, Hachette, 1864, 5 vol.). Dans son introduction à cet ouvrage, Taine soutient que « trois forces primordiales [...] contribuent à produire « l'état moral primordial » d'une civilisation : « la race, le milieu et le moment », de sorte que « Lorsqu'on a ainsi constaté la structure intérieure d'une race, il faut considérer le *milieu* dans lequel elle vit. Car l'homme n'est pas seul dans le monde ; la nature l'enveloppe et les autres hommes l'entourent ; sur le pli primitif et permanent viennent s'étaler les plis accidentels et secondaires, et les circonstances physiques ou sociales dérangent ou complètent le naturel qui leur est livré ». Les références de Canguilhem à Taine, depuis ses premiers écrits, quant elles ne sont pas de pure information, sont toujours fort négatives (cf. *OC* I, *passim*).

Mages et sur lequel M. de Lamarck se repose pour calmer ses propres doutes et répondre aux objections de ses lecteurs » [1].

L'homme du XIXe siècle a appris de Lamarck et de Darwin que la vie avait bien longtemps tâtonné avant de produire l'homme, que son apparentement aux autres organismes entraînait pour lui une dépendance à leur égard, dissimulée sous les apparences de l'insurrection contre les impératifs de la nature, grâce à la technique et à la culture. Assurément ni l'un ni l'autre ne porte la responsabilité des conclusions de morale naturaliste qu'on n'a pas manqué de tirer de leurs systèmes. Mais tous les deux emportent la gloire, en proposant à l'esprit des hommes une vision générale de la vie, d'avoir invité les hommes à se situer parmi les vivants, dans le même temps que la conscience de cette situation la transfigure sans les en affranchir.

1. Canguilhem a tout probablement tiré cette citation, issue de l'éloge de Lamarck par Cuvier, de l'article d'Edmond Perrier (1844-1921), professeur puis directeur du Muséum National d'Histoire Naturelle, dans la *Revue scientifique*, vol. 51, n° 8, 23 août 1913, p. 225-228, p. 227. Cette citation se trouvait aussi dans l'allocution de Perrier prononcée en juin 1909 lors de l'*Inauguration du monument de Jean de Lamarck*, titre de la brochure publiée par l'Institut de France (Paris, Gauthier-Villars, 1909, p. 18).

CLAUDE BERNARD [1]

Conférence radiophonique, Radiodiffusion française, mai 1957

La qualité d'un point de départ ne commande pas fatalement celle du point d'arrivée. Si le jeune Claude Bernard qui rêvait comme tant d'autres, de succès dramatique, qui composa d'abord un médiocre vaudeville, *Rose du Rhône*, et une tragédie ennuyeuse et ampoulée, *Arthur de Bretagne*, avait persévéré, il aurait peut-être pu parfaire un talent littéraire capable de lui ouvrir les portes de l'Académie française et de le désigner à l'attention des auteurs d'histoire de la littérature. Mais c'est comme savant qu'il fut appelé à siéger, en 1868, sous la Coupole et c'est dans l'histoire de la médecine et de la physiologie que son nom est aujourd'hui révéré.

Né en 1813 à Saint-Julien, près de Villefranche-sur-Saône, venu à Paris où Saint-Marc Girardin [2] le détourna sans difficulté de la carrière littéraire, Claude Bernard entreprit des études médicales et eut la chance de devenir

1. Il existe dans le Fonds Canguilhem au CAPHÉS une version manuscrite de cette émission (GC. 26.3.6). Ce manuscrit porte, de la main de Canguilhem, la date « 15 mai 1957 ». Cette émission a donné lieu au premier texte public de Canguilhem entièrement dévolu à Claude Bernard dont il avait déjà discuté certaines positions dans sa thèse de médecine de 1943. Il consacrera par la suite de nombreux écrits aux travaux et à la pensée de ce savant. Voir notamment, outre son édition en 1966 du premier tome des *Leçons sur les phénomènes de la vie communs aux animaux et aux végétaux*, pour nous en tenir aux mentions en titres, « L'idée de médecine expérimentale chez Claude Bernard », « Théorie et technique de l'expérimentation chez Claude Bernard », « Claude Bernard et Bichat », « L'Évolution du concept de méthode de Claude Bernard à Gaston Bachelard », tous repris dans les *Études d'histoire et de philosophie des* sciences; et aussi « Un physiologiste philosophe : Claude Bernard », publié au Canada en 1967, que l'on trouvera au tome V des *OC*.

2. Saint-Marc Girardin (1801-1873), professeur de rhétorique et journaliste qui eut aussi après la Révolution de Juillet une carrière politique.

d'abord l'élève puis le préparateur de François Magendie[1]. Docteur en médecine en 1843, pour une thèse sur *Le suc gastrique et son rôle dans la nutrition*, agrégé en 1844, pour un travail sur *Les Matières colorantes chez l'Homme*, docteur ès sciences en 1853, pour une thèse sur *Une nouvelle fonction du foie considéré comme un organe producteur de matières sucrées chez l'homme et les animaux*, Claude Bernard succéda en 1855 à son maître dans la chaire de Médecine du Collège de France, après avoir été élu l'année précédente membre de l'Académie des sciences. On voit ainsi que les heureuses conséquences d'une vocation littéraire manquée se manifestèrent sans trop attendre. Et lorsque vers 1865 Victor Duruy[2], ministre de l'Instruction publique, interrogea sur Claude Bernard Jean-Baptiste Dumas, secrétaire perpétuel de l'Académie des sciences, il obtint la réponse bien connue : « Ce n'est pas un grand physiologiste, c'est la Physiologie elle-même »[3].

Quel sens exact et juste faut-il donner aujourd'hui à cette affirmation, la part étant faite à ce qu'elle pouvait alors contenir de révérence hyperbolique et de partialité nationaliste? Car on ne peut méconnaître que Johannes Müller[4] à Berlin et Carl Ludwig[5] à Leipzig, avaient, eux aussi, à l'époque, des titres authentiques à s'entendre identifier, en Allemagne, avec la Physiologie. N'étaient-ils pas l'un et l'autre les chefs de deux écoles dont l'histoire de la physiologie n'a pas manqué de retenir les noms illustres de nombreux élèves et disciples? Il nous semble que le professeur Camille Soula[6], dont la sympathie militante pour l'école anglaise de physiologie est

1. Sur Magendie (1783-1855), cf. *supra*, p. 138, n. 1.

2. Victor Duruy (1811-1894), historien français, brièvement inspecteur général de l'Enseignement secondaire, fut ministre de 1863 à 1869.

3. Canguilhem rappelle de nouveau cet épisode dans « L'idée de médecine expérimentale chez Claude Bernard » (une conférence de 1965, reprise dans les *EHPS*). Jean-Baptiste Dumas (1800-1884), chimiste et homme politique français, l'un des fondateurs de l'École centrale des Arts et manufactures, professeur à la Faculté des Sciences de Paris, à l'École Polytechnique et à l'École de médecine, avait notamment publié une *Leçon sur la statique chimique des êtres organisés professée* [...] *pour la clôture de son cours à l'École de médecine* (Paris, Masson, 1841 ; sa 3ᵉ édition, avec Jean-Baptiste Boussingault (1802-1887), de 1844, est plus connue). Dans son article de 1957 sur Fontenelle (aussi repris dans les *EHPS*) Canguilhem reconnaît à Dumas, dans son rôle de Secrétaire perpétuel de l'Académie, la compétence de ses jugements sur les contributions de ses collègues.

4. Sur Johannes Müller, cf. *infra*, p. 977 *sq.* ; 1071 *sq.* ; 1113-1114.

5. Sur Carl Ludwig, cf. *infra*, p. 975 *sq.*

6. Sur Camille Soula, cf. *supra*, p. 451, n. 1.

en la matière une garantie d'objectivité, a parfaitement mesuré les mérites de Claude Bernard quand il a écrit: « Pratiquement, c'est Claude Bernard qui a fait de la physiologie une science, c'est-à-dire une spéculation abordable pour les intelligences moyennes, en lui donnant une méthode. C'est lui qui suscita l'activité des premiers physiologistes vrais. Ludwig, Marey[1], donnèrent à la physiologie sa technique. La physiologie s'est donc constituée après 1850 et prit une individualité propre à la fin du XIXe siècle. »[2]

Et il est vrai que c'est bien comme législateur en méthodologie que Claude Bernard conserve un large crédit, tant auprès des spécialistes que du public cultivé, auquel la célèbre *Introduction à l'Étude de la Médecine expérimentale* (1865) fournit, par la voie de la liste des auteurs inscrits au programme du baccalauréat, quelques réminiscences et quelques formules. Dans le Discours qu'il prononça, en 1913, au Collège de France, pour le centenaire de la naissance de Claude Bernard, Henri Bergson saluait en lui « le philosophe qui aura été un des maîtres de la pensée contemporaine » et le louait de nous avoir enseigné « l'écart entre la logique de l'homme et celle de la nature », c'est-à-dire le sens de l'inadéquation nécessaire de nos hypothèses à l'expérience et par conséquent le devoir de prudence redoublée dans la vérification[3]. Mais rien n'est plus éloigné de l'empirisme que l'expérimentalisme recommandé par Claude Bernard. Comme il l'a dit lui-même: « Il ne s'agit point ici d'élever l'ignorance en principe. Plus on est instruit, plus on possède de connaissances antérieures, mieux on aura l'esprit disposé pour faire des découvertes grandes et fécondes. Seulement, il faut garder sa

1. Étienne Jules Marey (1830-1904), physiologiste français, obtint son doctorat de la Faculté de Médecine de Paris (1857); successeur de Flourens à la chaire de physiologie au Collège de France (1866), il se distingua notamment par l'invention d'outils graphiques nouveaux et par la mise au point de la chronophotographie. Voir à ce sujet Anson Rabinbach, *The Human Motor. Energy, Fatigue, and the Origins of Modernity*, Berkeley, University of California Press, 1992, p. 84-119; aussi François Dagognet, *Étienne-Jules Marey. La passion de la trace*, Paris, Hazan, 1987; aussi, *infra*, p. 991.

2. Louis-Camille Soula, *Précis de physiologie*, Paris, Masson, 1947, p. 7.

3. Ce discours est publié dans *La pensée et le mouvant*. Dans l'Édition du Centenaire, « La philosophie de Claude Bernard » se trouve aux pages 1433-1440 (Paris, P.U.F., 1959).

liberté d'esprit et croire que dans la nature l'absurde suivant nos théories n'est pas toujours impossible »[1].

Il faut dire que Claude Bernard ne légiférait en méthodologie que rétrospectivement. Quand il donnait, en 1864-65, son cours au Collège de France sur l'étude de la médecine expérimentale, il avait déjà fait la quasi-totalité de ses découvertes : sur la fonction glycogénique du foie et sur le diabète, sur la sécrétion pancréatique, sur l'innervation des capillaires, sur les fonctions du système nerveux sympathique, sur l'innervation des glandes sécrétrices, sur l'action physiologique du venin et des poisons, sur la chaleur animale. Il pouvait donc induire des résultats de ses travaux les préceptes implicites de ses réussites et les proposer sous la forme d'un code de déontologie intellectuelle. Il pouvait aussi, sans outrecuidance, esquisser une sorte de philosophie biologique, plus apparentée à la systématisation positiviste qu'aux intuitions romantiques, un tableau général des phénomènes spécifiques à la vie, tableau qu'il devait composer, une seconde fois, dans ses dernières années d'enseignement et qui fut publié sous le titre de *Leçons sur les phénomènes de la vie communs aux animaux et aux végétaux*[2].

On nous excusera peut-être d'éprouver pour l'expérimentalisme de Claude Bernard un peu moins d'admiration qu'il n'est jugé convenable, en général, de lui en témoigner. À suivre sans réserves quelques-uns de ses thuriféraires, on finirait par admettre que son génie tient à sa méthode et en procède. Or, il l'a dit lui-même dans ses *Leçons sur les substances toxiques et médicamenteuses* : « La méthode expérimentale est aussi vieille que la science elle-même, car il n'y a pas d'autre manière de faire des progrès »[3]. Mais la méthode expérimentale se décompose selon lui, en art expérimental et esprit expérimental. Sous le rapport de l'art expérimental, Claude Bernard est bien conscient de la dette de la physiologie à l'égard de la physique et de

1. Citation tirée de l'*Introduction à l'étude de la médecine expérimentale*, paragraphe 3 du chapitre II. Dans l'édition procurée par François Dagognet (Paris, Garnier-Flammarion, 1966), le texte se trouve à la p. 71.

2. Ce cours professé en 1876 fut publié en 1878. Canguilhem en assura en 1966, dans la collection *Histoire des sciences* qu'il avait créée chez Vrin, la réédition du premier volume, le seul dont Bernard avait pu réviser les épreuves avant sa mort. La préface que Canguilhem rédigea à cette occasion se trouvera au tome V des *OC*.

3. Les *Leçons sur les effets des substances toxiques et médicamenteuses* furent publiées en 1857 (Paris, Baillière). La phrase « La méthode expérimentale est aussi vieille que la science elle-même, car il n'y a pas d'autre manière de lui faire faire des progrès » se trouve à la p. 9.

la chimie. Or avant l'époque à laquelle il a commencé ses études ces deux sciences ne pouvaient fournir à la physiologie « les instruments, les moyens de mesure ou d'appréciation qui lui sont indispensables ». Il a donc bénéficié d'une chance historique. Quant à l'esprit expérimental il est bien différent de l'art expérimental. Il échappe à la technique comme à la logique. Il est une sorte de sens dans la conduite des expériences, par la possession ou l'absence de quoi une idée préconçue, c'est-à-dire une idée directrice, se distingue ou non d'une idée fixe. Tout l'enseignement de Claude Bernard tient dans cette distinction qui empêche l'esprit de se reposer trop hâtivement sur la validité d'une idée d'abord vérifiée. Mais, il faut le reconnaître, Claude Bernard avoue qu'il n'y a pas de règles pour faire naître dans l'esprit l'idée neuve et féconde. En sorte que, comme souvent d'ailleurs, la prédication bernardienne prêche d'abord les convertis. L'enseignement de la méthode expérimentale ne saurait donc rendre efficace le travail d'un chercheur qui ne l'eût point pressentie. Sans doute Claude Bernard a contribué à vulgariser un état d'esprit, une sorte de docilité généralisée à des maximes induisant une prédisposition ou une prévenance heuristique. Mais, selon nous, sa véritable grandeur doit être cherchée ailleurs. Elle est dans les découvertes mêmes qu'on lui doit, et dont on ne saurait administrer la preuve que, sans lui, elles eussent été ce qu'elles furent.

Ce que la physiologie – et même, disons-le, la philosophie – doit à Claude Bernard, c'est une conception de l'organisme vivant, dont il ne serait pas faux de dire qu'elle rafraîchit et légitime d'antiques intuitions hippocratiques, mais dont il est plus juste de montrer qu'elle s'est formée contre les théories de biologie générale les plus militantes du XIXe siècle. Lamarck et Darwin, quoique très différemment, inclinaient les biologistes à rechercher par quels mécanismes les êtres vivants se structurent et se comportent en fonction du milieu extérieur. Un néo-lamarckien français, Frédéric Houssay, allait jusqu'à écrire, au début de notre siècle, que « les êtres vivants n'ont aucune réalité isolée et qu'ils ne peuvent être, sinon en liaison absolue et permanente avec le milieu ambiant dont ils sont une simple concentration locale et momentanée »[1]. Claude Bernard a montré, au

1. Sur Frédéric Houssay, cf. *supra*, p. 308, n. 2. Cette citation, tirée de *Force et cause* de Houssay (Paris, Flammarion, 1920, p. 47) était déjà donnée et commentée dans l'essai « Le vivant et son milieu » du recueil de Canguilhem *La connaissance de la vie* ; p. 135 dans l'édition Vrin.

contraire, par tous ses travaux, qu'un organisme complexe ne serait pas vivant s'il ne jouissait pas, à l'égard du milieu extérieur, d'une certaine autonomie, s'il ne comportait pas une certaine espèce de fonctions – qu'on appelle aujourd'hui couramment fonctions de *régulation* – et par lesquelles l'ensemble des conditions physico-chimiques de la vie des cellules et des tissus se trouve maintenu dans un état de constance, grâce à la possibilité de limiter et de compenser les écarts auxquels l'expose sa dépendance quant aux variations de composition et de régime du milieu extérieur. Claude Bernard a nommé *milieu intérieur* le liquide dans lequel vivent toutes les cellules d'un vivant pluricellulaire, liquide dont la composition se trouve fixée et réglée par l'organisme lui-même, grâce en particulier, à l'ensemble des sécrétions internes, et il a montré que le progrès des organismes, sur l'échelle zoologique, consiste avant tout dans le progrès de complication et de précision des dispositifs anatomo-fonctionnels par lesquels le milieu intérieur spécifique est stabilisé. Cela revient à dire que le progrès de la vie, dans la constitution des organismes, consiste à conquérir son indépendance par rapport à l'inconstance de l'environnement. L'exemple le plus célèbre de détermination d'une constante physiologique a été donné par Claude Bernard le jour où il a montré dans la fonction glycogénique du foie la première des conditions du maintien à un taux constant de la glycémie, autrement dit de la quantité de sucre contenue dans le sang. D'une part il établissait que l'animal est apte à produire lui-même son sucre, sans devoir l'emprunter au règne végétal, jusqu'alors tenu pour seul fournisseur de sucre alimentaire, d'autre part il expliquait comment, indépendamment du régime, du jeûne ou de la suralimentation, l'organisme animal équilibre la composition de ses conditions internes d'existence, en compensant tous les écarts qui tendent à l'altérer.

C'est cette géniale théorie du milieu intérieur qui soutient positivement les deux autres conceptions qu'on a coutume de porter au crédit de Claude Bernard : sa conception des rapports entre la physiologie et la pathologie ; sa conception des rapports entre les phénomènes de la vie et le déterminisme universel.

Entre les phénomènes physiologiques et pathologiques Claude Bernard enseigne qu'il n'y a pas de différence de nature mais seulement de degré.

Comme l'a dit plus récemment René Leriche, titulaire lui-même illustre de la chaire de Claude Bernard au Collège de France et défenseur agissant des préceptes bernardiens : le pathologique n'est que du physiologique dévié[1]. Claude Bernard n'a cessé, en effet, de répéter que l'état pathologique ne crée pas un ordre biologique irréductible à l'ordre normal. Selon ses propres termes : « Le but auquel nous devons tendre est de montrer l'identité réelle des deux états, normal et morbide ; au point de vue scientifique, ce ne sont au fond que des phénomènes vitaux se passant dans des conditions différentes. Le dérangement d'un mécanisme normal, consistant dans une variation quantitative, dans une exagération ou une atténuation, constitue l'état pathologique. Ce qui fait le diabète c'est le défaut d'équilibre qui se manifeste dans sa formation »[2]. En ce sens donc, pouvons-nous dire, toute maladie fonctionnelle est un trouble de la régulation.

Mais derrière cette insistance mise à affirmer l'identité des phénomènes pathologiques et physiologiques, il faut apercevoir une autre conception fondamentale, à savoir la manifestation par tous les phénomènes organiques de leur soumission au déterminisme. Au XVIIIe siècle, l'observation de la spécificité des phénomènes biologiques, notamment quant à leur coordination, à leur solidarité dans une totalité fonctionnelle, à leur finalité interne indéniable, avait conduit bien des médecins et des naturalistes à contester la portée des explications, inspirées de la physique de Descartes ou de Newton, selon lesquelles on cherchait à identifier les lois de la vie et celles de la matière. En définissant la vie comme l'ensemble des fonctions qui résistent à la mort, Bichat[3] avait paru garantir de son autorité bien des tentatives faites pour soustraire les phénomènes biologiques à l'empire du déterminisme que les progrès des sciences physico-chimiques étendaient chaque jour à de nouveaux objets d'étude. Claude Bernard, comme son maître Magendie, a réagi énergiquement contre l'idée d'un ordre biologique séparé de l'ordre physico-chimique, contre la croyance à l'existence de propriétés vitales irréductibles. Il a constamment affirmé par principe et a cherché à établir en

1. Sur l'évolution des idées de Canguilhem à l'égard de Leriche, et sur la relation de celui-ci à Claude Bernard, cf. *supra*, p. 107, n. 1 et p. 721-726.

2. Dans son « Cours de médecine expérimentale du Collège de France », publié dans la *Revue scientifique de la France et de l'étranger*, 3e année, n° 2, 12 juillet 1873, p. 34-46, p. 34 ; repris dans les *Leçons sur le diabète et la glycogénèse animale*, Paris, Baillière, 1877, p. 360.

3. Cf. *supra*, p. 317.

fait l'existence d'une détermination biologique. Et pourtant sur ce point les nuances de sa pensée ne doivent pas être sous-estimées ni dissimulées. Claude Bernard était aussi sensible que Bichat à la spécificité des phénomènes biologiques et à leur aspect d'autonomie. Ses travaux sur l'originalité du milieu vital intérieur en portent témoignage. Il était résolument hostile à l'assimilation simplificatrice des fonctions organiques à un mécanisme d'ordre matériel. Il voyait dans ce qu'il appelait l'*idée directrice* ou le *dessin préétabli*, la marque propre de la vie dans les espèces et dans les individus, et le principe dernier de la structure des êtres vivants. Il faut donc dire que, tout en important en biologie un concept du déterminisme emprunté d'abord à la physique, Claude Bernard a contribué à élaborer l'idée, aujourd'hui reçue, d'un autre type de déterminisme, d'un déterminisme probabiliste ou statistique. Les études suggestives du Docteur Pierre Vendryès sur *La Vie et la probabilité*, sur *Le Déterminisme et l'autonomie*[1] ont contribué à dégager le sens exact de la pensée de Claude Bernard. Il a permis l'introduction en biologie du concept de déterminisme des régulations.

On voit, en fin de compte, que le génie de Claude Bernard tient davantage dans les idées que ses travaux ont rendu possibles que dans celles, toutes faites, par lesquelles il a tenté lui-même de donner le sens de ses recherches. Là est la véritable grandeur historique et la véritable importance scientifique : elle réside dans le fait qu'une œuvre est plus actuelle pour la postérité que pour les contemporains. Le pouvoir de stimulation scientifique qu'on s'est plu à reconnaître aux travaux physiologiques de Claude Bernard reste immense. Et il n'est que plus regrettable de devoir constater que pour des raisons trop complexes à rapporter ici, la France soit encore privée de l'édition complète et critique des œuvres de Claude Bernard digne de la fécondité de sa pensée.

1. *Vie et probabilité*, Paris, Albin Michel, 1942; *Déterminisme et autonomie*, Paris, Colin, 1956. Pierre Vendryès (1908-1989), médecin français, s'était tout particulièrement intéressé aux régulations physiologiques et aux probabilités; il avait d'ailleurs présidé la Société statistique de Paris. Sa thèse de doctorat en médecine portait sur *Les « conditions déterminées » de Claude Bernard* (Paris, Vigot, 1940).

PATHOLOGIE ET PHYSIOLOGIE DE LA THYROÏDE AU XIXe SIÈCLE

Cet article, qui reproduit « avec quelques développements » une conférence prononcée le 10 janvier 1958, d'abord publié en 1959, a été intégré par Canguilhem aux *Études d'histoire et de philosophie des sciences*, ouvrage reproduit au tome III des *Œuvres complètes.*

LA PHYSIOLOGIE ANIMALE

dans René Taton [1] (dir.), *Histoire générale des sciences*, vol. II : *La science moderne (de 1450 à 1800)*, Paris, Presses universitaires de France, 1958, p. 593-619 [2]

Leibniz, rédigeant en 1700 le manifeste de la Société des Sciences de Brandebourg, future Académie de Prusse, engageait cette assemblée à ne pas négliger, au cours de ses travaux, l'utilité au profit de la seule curiosité :

> Cette institution doit songer à la science et à l'application utile à la fois, en imaginant des objets qui puissent tout ensemble honorer son illustre fondateur et profiter au monde. Qu'elle allie la pratique à la théorie … [3].

1. René Taton (1915-2004), ancien élève de l'École normale supérieure de Saint-Cloud (1935), agrégé de mathématiques (1941), a joué un rôle central dans le développement de l'histoire des sciences en France. Il entre au CNRS en 1952, après avoir soutenu l'année précédente sa thèse de doctorat ès lettres sous la direction de Gaston Bachelard (*L'œuvre scientifique de Monge*, Paris, P.U.F., 1951, avec pour thèse complémentaire *Girard Desargues, L'œuvre mathématique*, *ibid*). Il succéda à Alexandre Koyré à l'École pratique des Hautes Études (1964). Il a aussi dirigé la *Revue d'histoire des sciences* à compter de 1947 pendant près de quatre décennies. La direction de l'*Histoire générale des sciences* (trois tomes en quatre volumes) devait l'occuper pendant une décennie ; l'ouvrage parut de 1957 à 1964. Les *Archives internationales d'histoire des sciences* ont consacré un numéro à René Taton (vol. 57, n° 159, décembre 2007, p. 273-653 ; voir notamment, Claire Salomon-Bayet, « L'Histoire générale des sciences, un travail dirigé », p. 383-391).

2. Le dépôt légal de cet ouvrage est du 3e trimestre 1958. Une deuxième édition fut publiée en 1969. Le texte de Canguilhem y est repris aux pages 619-647. Il y a introduit des modifications. Nous donnons ici le texte définitif de 1969 en signalant toutefois les additions et les corrections en regard du texte de 1958 quand celles-ci affectent le sens. Les corrections purement stylistiques ne sont pas relevées ici.

3. Dans l'édition des *Œuvres de Leibniz publiées pour la première fois d'après les manuscrits originaux* (Paris, Firmin-Didot, 1875), le texte de ce « manifeste » (*Denkschrift*) est

Siècle des lumières, le XVIIIe siècle est aussi le siècle du progrès et d'abord du progrès des techniques. Leibniz lui assigne son sens, en même temps qu'il propose un mot d'ordre à la Société savante qui va l'illustrer, concurremment avec celles dont la fondation date du siècle précédent, *Royal Society* et Académie des Sciences.

Facteurs nouveaux de la recherche

Or l'expérimentation, spécialement en physique et en chimie, paraît satisfaire à la double exigence de l'invention et de l'application. Les recherches concernant la chaleur, l'électricité, les changements d'état physique, les affinités chimiques, la décomposition de la matière, la combustion et l'oxydation, débordant de leur domaine initial sur celui de la physiologie, y importent leurs solutions, y suscitent de nouveaux problèmes. De nouveaux agents physiques, l'électricité notamment, se voient utilisés à relayer la lumière ou la chaleur comme termes d'analogies explicatives des forces vitales. L'analyse des diverses sortes d'airs, c'est-à-dire de gaz – la chimie dite « pneumatique » – donnant un contenu positif à la notion d'échanges entre l'organisme et l'environnement[1], vient mettre un terme à la rivalité, jusqu'alors purement spéculative, des iatromécaniciens et des iatrochimistes, à l'avantage de ces derniers. De nouveaux instruments de physique, comme le thermomètre ou le calorimètre, rendent possible la détermination de nouvelles constantes biologiques. C'est en 1715 que Fahrenheit[2], suivi par Réaumur[3] en 1733, résout les difficultés techniques qui avaient retardé la construction de thermomètres sensibles et fidèles.

donné en allemand et dans la traduction française de l'éditeur, Foucher de Careil, au tome VII, p. 599-608. Les énoncés traduits par Canguilhem sont tirés des p. 599-600. Sur Leibniz, cf. *supra*, p. 148, n. 1 et p. 233 *sq.* Je tiens à remercier ici François Duchesneau pour son éclairage sur la variété des « manifestes académiques » de Leibniz.

1. En 1958 : « le milieu ».

2. Daniel Gabriel Fahrenheit (1686-1736), physicien hollandais d'origine allemande, fut le premier à utiliser systématiquement le mercure dans ses thermomètres; il est surtout aujourd'hui connu pour son échelle selon laquelle l'eau gèle à 32° et entre en ébullition à 212°.

3. René-Antoine Ferchault de Réaumur (1683-1757), physicien et naturaliste français, avait développé, sur la base d'une mesure complexe de la dilatation d'un mélange d'eau et d'alcool en regard de la dilatation du verre qui le contient, un étalonnage pour une échelle thermométrique où l'eau gèle à 0° et bout à 80°.

C'est en 1780 que Lavoisier et Laplace[1] construisent l'appareil à glace qui permet la mesure des quantités de chaleur.

Il n'y a donc pas à s'étonner du fait, qu'à l'exception des études sur les fonctions du système nerveux, la plupart des découvertes ou des vérifications positives d'hypothèses en physiologie soient, au XVIIIe siècle, le fruit de travaux sinon d'amateurs du moins de chercheurs étrangers à la médecine, tels que Hales[2], Priestley[3] ou Lavoisier, Réaumur ou Spallanzani[4].

Par contre l'enseignement même de la physiologie demeure l'apanage des professeurs de médecine. Les traités de physiologie restent, dans la première moitié du siècle du moins, et sous le nom d'auteurs que Daremberg et Neuburger[5] ont appelés « les grands systématiques », Boerhaave[6] (1668-

1. Antoine-Laurent de Lavoisier (1743-1794), chimiste français identifié à la grande révolution chimique de la fin du XVIIIe siècle (*Traité élémentaire de chimie*, Paris, Cuchet, 1789, 2 vol.) se distinguait par sa rigueur dans l'utilisation de ses dispositifs expérimentaux, notamment de ses calorimètres mis au point avec le mathématicien et physicien Pierre-Simon de Laplace (1749-1827).

2. Stephen Hales (1677-1761), physicien et physiologiste anglais, dans le cours de ses travaux de physiologie végétale, mit notamment au point la technique de la cuve à eau pour recueillir des gaz (*Vegetable Staticks*, London, W. & J. Innis and T. Woodward, 1727; ouvrage traduit par Buffon en 1735). Il est aussi l'auteur des *Statical Essays: Containing Haemastaticks, or An Account of some Hydraulick and Hydrostatical Experiments made on the Blood and Blood-Vessels of Animals*, chez les mêmes éditeurs en 1733.

3. Joseph Priestley (1733-1804), théologien hétérodoxe et chimiste anglais qui termina sa vie aux États-Unis pour échapper au harcèlement religieux. Il apporta des contributions décisives à la chimie des gaz et à la révolution chimique, tout en continuant à défendre, contre les lavoisiens, la théorie du phlogistique.

4. L'abbé Lazzaro Spallanzani (1729-1799), naturaliste et physicien italien, fut l'auteur de remarquables expériences sur la génération, notamment en vue de réfuter la théorie de la génération spontanée, et d'ingénieuses expérimentations *in vivo* et *in vitro* sur la physiologie de la digestion. Il laissa aussi d'importants mémoires sur la respiration (cf. *infra*, p. 776 *sq.*).

5. Max Neuberger (1868-1955), docteur en médecine, fut l'un des fondateurs de l'histoire de la médecine comme discipline universitaire. Professeur à l'Université de Vienne où il créa un Institut d'histoire de la médecine qui porte aujourd'hui son nom, il publia avec Julius Leopold Pagel (1851-1912) le magnifique *Handbuch der Geschichte der Medizin*, Jena, G. Fischer, 1902, 3 vol.

6. Sur Herman Boerhaave qui fut aussi le maître de La Mettrie, cf. *supra*, dans la conférence de Canguilhem sur ce dernier, p. 704.

1738), Stahl[1] (1660-1734) et Hoffmann[2] (1660-1742), une partie intégrante des traités de médecine. Les *Institutiones medicae* (1708)[3] de Boerhaave ne changent leur titre pour celui de *Phisiologia* qu'en 1734[4] dans la traduction allemande de J.P. Eberhard.[5] Précédé par F. Hoffmann qui, après avoir traité de la physiologie dans ses *Fundamenta medicinae* (1695), publie des *Fundamenta physiologiae* en 1718[6], c'est Haller qui donne originairement le titre de Physiologie à un traité où les fonctions des organes sont exposées indépendamment de toute considération nosographique et thérapeutique (*Primae lineae physiologiae*, 1747; *Elementa physiologiae corporis humani*, 8 vol., 1757-1766)[7].

On aurait donc une idée tout à fait incomplète, parce que trop exclusivement académique, de la physiologie du XVIIIe siècle, en ne tenant compte que des traités ou manuels faisant autorité à l'époque. Et il paraît étrange que Cabanis[8], dressant en 1804 le bilan de cette physiologie nouvelle, n'ait

1. Georg Ernst Stahl, médecin et chimiste allemand, fut l'une des figures dominantes de la iatrochimnie et fameux pour avoir énoncé la théorie du phlogistique, substance censée intervenir dans toutes les réactions chimiques. Sa physiologie repose sur une conception finaliste et animiste des fonctions. Elle est l'une des sources principales du vitalisme de l'École française de Montpellier. Sa *Theoria medica vera* fut publiée à Halle, à l'Orphanotropheum, en 1708. *Cf.* aussi, *infra*, p. 794 *sq*.

2. Friedrich Hoffmann, médecin allemand, aussi reconnu comme chimiste pour avoir identifié et isolé la magnésie. *Cf.* aussi *infra*, p. 793.

3. Publié à Leiden, chez Johann van der Linden.

4. L'édition de 1958 donnait ici incorrectement 1754.

5. Selon la *Bibliographia Boerhaaviana* de Gerrit Arie Lindeboom (Leiden, E. J. Brill, 1959, p. 32), cette traduction aurait pour titre : *Phisiologie* übersetz von J. P. Eberhard, Halle, 1734 (sans indication d'éditeur). Ce traducteur est le médecin allemand Johann Peter Eberhard (1727-1779), lui-même auteur de plusieurs ouvrages de médecine et de physiologie.

6. Les deux ouvrages portent l'inscription « Hallae Magdeburgicae, Simon Johan Hübneri ».

7. Albrecht von Haller (1708-1777), médecin, anatomiste et physiologiste d'origine suisse, professeur à l'Université de Göttingen, dont la découverte de l'irritablité de la fibre musculaire eut au XVIIIe siècle un immense retentissement. Les *Elementa physiologiae corporis humani* furent publiés à Lausanne, chez Bousquet & Berne, Societatis typographicae ; les *Primae lineae physiologiae in usum praelectionum academicarum*, à Göttingen, chez A. Vandenhoek.

8. Sur Cabanis, cf. *supra*, p. 746, n. 3. Canguilhem fait ici référence au *Coup d'œil sur les Révolution et sur la Réforme de la médecine* (Paris, Crapelet & Crapart, Caille et Ravier, an XII-1804). Dans l'édition procurée par Claude Lehec et Jean Cazeneuve des *Œuvres philosophiques* de Cabanis, (Paris, P.U.F., « Corpus général des philosophes français », 1956, 2 vol.) ce texte se trouve au vol. 2, p. 65-254. Cette édition se trouve dans la bibliothèque de Canguilhem conservée au CAPHÉS (cotes CAN 3613 et 3614).

mentionné que des ouvrages et des travaux de médecins, bien qu'il ait su apercevoir dans « les sciences collatérales qui nous prêtent sans cesse ou des lumières directes ou des instruments nouveaux », une des causes de la supériorité de la nouvelle médecine.

Et d'ailleurs, finalement, pour apprécier sous d'autres rapports que la rhétorique ou la philosophie, l'importance respective de ces physiologies systématiques, on est conduit à comparer les mérites de leurs auteurs hors du terrain universitaire. Sans doute il n'appartient qu'à Boerhaave d'avoir attiré dans la ville où il enseignait, Leyde, tant d'étudiants et de médecins qu'on dut abattre les remparts pour y construire de nouveaux logements. Mais il se pourrait que Stahl, si injustement décrié, alors et depuis, pour son « animisme » – réaction pourtant initialement saine contre les exagérations caricaturales des mécanistes – soit plus important que Boerhaave en raison de l'inspiration résolument chimiste de ses théories. L'intérêt qu'il accordait aux réactions de fermentation maintenait l'attention des biologistes fixée sur des phénomènes qui devaient jeter, par les travaux de Liebig [1] et de Pasteur [2], un pont entre la chimie minérale et la chimie organique.

Au fond, sous le rapport des progrès de la physiologie, le XVIIe et le XVIIIe siècles restent comparables : ils sont, l'un et l'autre, le siècle d'une grande découverte. Celle de Harvey inaugure presque le siècle, alors que celle de Lavoisier le termine presque. La première n'introduit un modèle mécanique que pour la description d'un phénomène, alors que la seconde introduit un modèle chimique pour son explication. La découverte de Lavoisier est chronologiquement postérieure et non scientifiquement moindre.

Il convient donc, semble-t-il, de commencer, contrairement à l'usage, un tableau de la physiologie au XVIIIe siècle, en mentionnant d'abord les connaissances positives dont cette science est redevable au concours de la chimie.

1. Justus von Liebig (1803-1873), chimiste allemand, professeur à l'Université de Giessen, dont l'enseignement au sein de son laboratoire de recherche, à compter de 1825, assura la formation de toute une génération de chercheurs allemands et étrangers de premier plan. Il accepta en 1852 un poste à Munich pour disposer d'un laboratoire plus vaste et mieux équipé. Sur ses travaux, cf. *infra*, p. 991 *sq*.

2. Sur Pasteur, cf. *supra*, p. 722, n. 2.

I. LA RESPIRATION

La fonction respiratoire posait deux problèmes : l'un de mécanique, comment l'air pénètre-t-il dans le poumon? l'autre de chimie, en quoi consiste le mélange du sang et de l'air ?

Les premiers travaux

Le premier problème avait reçu une réponse partiellement satisfaisante de Borelli, qui avait montré dans les muscles intercostaux les agents actifs des variations de volume du thorax[1]. Descartes avait déjà proposé dans le *Traité de l'homme* une explication de ce genre. Mais Swammerdam[2] en avait tiré – par contresens sur ce point particulier, bien qu'à partir du principe cartésien concernant la nécessité, dans un monde plein, de l'allure circulaire de tout mouvement – une théorie qui attribuait à la dilatation de la cavité pulmonaire la pression exercée, de l'extérieur, sur les couches d'air voisines du nez et de la bouche. Après Musschenbroek[3], Daniel Bernoulli[4] et

1. Le savant italien Giovanni Alfonso Borelli (1608-1679), mathématicien, physicien, physiologiste, fut l'un des membres fondateurs de l'Accademia del Cimento. Ses travaux s'inscrivent dans le sillage de Galilée. Il est surtout aujourd'hui connu pour avoir été l'un des initiateurs principaux des tentatives d'explication intégralement physique des phénomènes physiologiques, l'iatromécanisme. Les conclusions de Borelli sur le rôle des muscles intercostaux sont exposées dans la « Proposition LXXXI » du chapitre VII (« Sur la respiration ») dans son *De Motu Animalium* (Roma, ex typ. A. Bernabo, 1680-1681, 2 vol.). Canguilhem possédait ce rare ouvrage dans la réédition de Leiden de 1685 (cote CAN 349).

2. Jan Swammerdam (1637-1680), naturaliste hollandais, excellent microscopiste, avait publié en 1667 un *Tractatus physico-anatomico-medicus de respiratione usuque pulmonum* (Leiden, Gasbeeck). *Cf.* aussi *infra*, p. 792-793.

3. La famille hollandaise van Musschenbroek compta aux XVIIe et XVIIIe siècles de nombreux savants et fabricants d'instruments. Il s'agit ici de Pieter van Musschenbroek (1692-1761), docteur en médecine de l'Université de Leiden (1715) et docteur en philosophie (1719) ; il enseigna dans diverses universités la médecine ou la physique et les mathématiques. C'est à lui que l'on attribue généralement l'invention de la « bouteille de Leyde ». Il avait publié en 1715 sa thèse *Disputatio medica inauguralis de aeris praesentia in humoribus animalibus* (Leiden, s. é.).

4. Issu d'une famille de grands mathématiciens et physiciens suisses, Daniel Bernoulli (1700-1782) suivit leur trace et proposa notamment la première théorie cinétique des gaz. Mais il avait commencé par des études de médecine. Il obtint son doctorat en médecine à Bâle en 1721, avec une thèse sur la respiration : *Dissertatione inauguralis physico-medica de respiratione* (Basel, J. L. Brandmüller). Cette thèse se trouve dans *Die Werke von Daniel*

Hamberger[1], Haller (*De respiratione experimenta anatomica*, 1746-1747)[2] devait proposer enfin une explication correcte de la mécanique respiratoire et notamment du rôle de l'espace pleural.

Quant au second problème, on ne peut indiquer, parmi tant d'essais de solution, que les principaux. A la suite des travaux de Robert Boyle (*Nova experimenta physicomechanica de vi aëris elastica et ejusdem effectibus*, 1669)[3], Mayow[4] avait été conduit à penser, vers 1674, que la respiration des êtres vivants fixe dans l'organisme un « esprit », contenu dans l'air, dont l'épuisement dans un espace confiné rend l'air impropre à l'entretien de la vie. Priestley avait rapporté, dans ses *Experiments and observations on differents kinds of air* (1774-1777)[5], une expérience de 1771 selon laquelle une plante – une pousse de menthe – dégage, sous la cloche à eau, un air déphlogistiqué (oxygène), rendant à nouveau possible la combustion d'une bougie; en 1775 il avait communiqué à la *Royal Society* que cet air déphlogistiqué se trouve propre à l'entretien de la respiration animale (la souris ayant été prise comme animal d'expérience).

Les découvertes de Lavoisier

Dans ses travaux sur l'air vital, sur le principe qui se combine avec les métaux pendant la calcination, Lavoisier ne procédait pas d'abord autrement que Priestley, c'est-à-dire que les expériences sur la respiration animale

Bernoulli, édités par Volker Zimmerman (Basel, Birkhäuser Verlag, 1996), tome 1, p. 61-84. Sur certains de ses autres travaux médicaux, cf. *infra*, p. 786, 790-791.

1. Georg Erhard Hamberger (1697-1755), *De respiratione mechanismo et usu genuino dissertatio* (Jena, J. C. Croeker. 1748).

2. Publié à Göttingen, chez A. Vandenhoek.

3. Robert Boyle (1627-1691), physicien et chimiste anglais, l'un des expérimentateurs de la Royal Society of London, obtint une grande renommée dès la publication de son premier livre, les *New Experiments physico-mechanical touching the Spring of the Air, and its Effects*. D'abord publié à Oxford, chez T. Robinson, en 1660, il eut une première édition latine dès l'année suivante (La Haye, A. Vlac). L'édition latine ici mentionnée par Canguilhem, de 1669, fut publiée à Rotterdam, chez A. Leers.

4. John Mayow (1641-1679) avait étudié le droit et la médecine à Oxford. Son *Tractatus quinque medico-physici* (Oxford, Sheldon, 1674) réunit notamment des études sur la respiration, dont certaines avaient été publiées dès 1668.

5. Sur Priestley, cf. *supra*, p. 769, n. 3. Les résultats de ses travaux sur les « différentes sortes d'air » parurent d'abord dans les *Transactions* de la Royal Society à compter de 1772. Les 3 volumes de ses *Experiments and Observations* furent publiés à Londres (J. Johnson, 1774, 1775 et 1777).

étaient pour lui, en premier lieu, un moyen d'analyse, de détection et d'identification des diverses espèces de gaz. L'influence de ces gaz sur la respiration animale était initialement un test d'ordre chimique concernant la séparation expérimentale des éléments supposés de l'air atmosphérique, déchu lui-même de son antique dignité d'élément. Mais, plus systématique que Priestley, après avoir expérimenté sur la respiration des oiseaux (1775-1776), des cochons d'Inde (1777), Lavoisier pouvait présenter à l'Académie des Sciences, en 1777, un premier *Mémoire sur les changements que le sang éprouve dans les poumons et sur le mécanisme de la respiration.*

Puis, rapprochant les résultats quantitatifs de la mesure des échanges gazeux durant la respiration et les résultats de la mesure des quantités de chaleur dégagées par les cochons d'Inde placés dans un calorimètre à glace, Lavoisier et Laplace généralisaient toutes les observations, en affirmant, dès 1780, que la respiration n'est qu'une combustion lente parfaitement semblable à celle du charbon. Ils se trompaient d'ailleurs en réduisant la respiration à la seule combustion du carbone, comme Lavoisier devait le reconnaître, en 1785, dans le Mémoire *Sur les altérations qu'éprouve l'air respiré*, où la respiration était donnée pour une opération dont l'effet n'est pas seulement une production de gaz carbonique mais aussi une production d'eau par combustion d'hydrogène. Ils se trompaient en outre en indiquant le poumon comme lieu et siège de la combustion, d'où la chaleur, par elle développée, serait distribuée avec le sang à l'organisme.

Enfin, s'exerçant avec Seguin aux premières mesures expérimentales d'énergétique biologique humaine (Seguin s'offrit lui-même comme sujet d'expérience)[1], Lavoisier pouvait résumer les travaux qu'exposent les Mémoires *Sur la respiration des animaux* (1789)[2] et *Sur la transpiration des animaux* (1790)[3] dans une déclaration en forme de principe, bien souvent citée :

1. Armand Seguin (1767-1835), chimiste et industriel français qui fit fortune comme fournisseur des armées, grâce à la découverte d'un nouveau procédé rapide de tannage du cuir. Le premier « Mémoire sur la respiration des animaux » parut dans les *Histoire et Mémoires de l'Académie royale des sciences* pour l'année 1789, volume paru en 1793, p. 566-584.

2. L'édition de 1958 donnait 1790 ; la 2e édition, celle de 1969, donnait 1798. Canguilhem a lui-même effectué la correction sur son propre exemplaire de cette deuxième édition « refondue et augmentée » de l'*Histoire générale des sciences* (CAN 96), à la p. 622. Cette coquille persiste cependant dans les éditions subséquentes.

3. L'édition de 1958 donnait 1791.

> En rapprochant ces résultats de ceux qui les ont précédés, on voit que la machine animale est principalement gouvernée par trois régulateurs principaux : la respiration qui consomme de l'hydrogène et du carbone et qui fournit du calorique ; la transpiration qui augmente ou qui diminue suivant qu'il est nécessaire d'emporter plus ou moins de calorique ; enfin la digestion qui rend au sang ce qu'il perd par la respiration et la transpiration.

Comment, à ce sujet, n'être pas sensible au fait que Lavoisier, pourtant géologue et chimiste de formation et d'exercice, a su apercevoir dans les phénomènes qu'il abordait par la chimie un trait fondamental de l'économie animale, l'existence de fonctions de régulation. Alors que presque tous ses contemporains médecins se bornaient à en célébrer la finalité en usant et abusant d'aphorismes hippocratiques, on voit Lavoisier en mesurer, avec toute l'exactitude à lui alors permise, les effets oscillants, et y saisir la nécessité du maintien de constantes biologiques, dont le mécanisme lui échappe encore [1].

Si les découvertes de Lavoisier se convertirent instantanément, dans sa pensée, en applications relatives à l'hygiène des salles d'hôpital ou des locaux pénitentiaires, il n'en faut pas moins chercher leur importance sur le plan de la théorie physiologique et même de la philosophie biologique. Ces découvertes mettaient fin à un long débat sur les causes de la chaleur animale. Pour ne rappeler que les auteurs les plus récents, si les chimistes du XVIIe siècle, tels que van Helmont [2] ou Sylvius [3], rendaient compte de la chaleur animale, le premier par une fermentation dans le cœur et le second par le mélange effervescent de sang veineux et de chyle, par contre Stahl, pourtant justement tenu pour un de leurs disciples, ne voyait dans ce phénomène que l'effet mécanique du brassage et de l'agitation que la respiration imprimerait au sang, effet augmenté par la force élastique d'expansion de l'air inspiré. Haller penchait vers une explication semblable, tout en se faisant l'objection que le seul frottement se révélait incapable, dans le cas

1. Tout le paragraphe qui précède est une addition de l'édition de 1969.

2. Sur van Helmont, cf. *supra*, p. 715, n. 1.

3. Franciscus De Le Boë dit Sylvius (1614-1672) – à ne pas confondre avec le Sylvius parisien (le galéniste Jacques Dubois, 1478-1555) – d'origine flamande, docteur en médecine de l'Universté de Bâle (1637), et tenant de la iatrochimie. Sa doctrine est exposée dans son *Praxeos medicae idea nova*, Leiden, J. Le Carpentier et La Haye, Henri Scheuler, 1671-1674, 4 vol.

de l'eau, d'en porter la température à un point comparable à celui du sang; il estimait, en tout état de cause, que le cœur et le reste de l'organisme sont incapables de produire de la chaleur, sans le concours du poumon. On voit donc que Lavoisier donnait raison à tous ceux qui, depuis les Ioniens, assimilaient mythologiquement l'air et le feu, le souffle et la flamme, contre tous ceux qui, depuis Dioclès de Caryste[1], tenaient plutôt la digestion pour la source interne de la chaleur animale, ou qui, à la suite d'Aristote, admettaient l'existence d'une chaleur innée siégeant au cœur, contrariée et compensée par l'effet réfrigérant de la respiration. La nouvelle chimie pneumatique, en détruisant plusieurs mythes caloristes et animistes concernant le feu vital, s'avérait plus indulgente pour l'un d'entre eux[a].

Le siège de la chaleur animale. Les travaux de Spallanzani

Mais la fin du débat sur les causes de la chaleur animale coïncidait avec le commencement d'un débat sur le siège de ce phénomène. Des difficultés étaient soulevées par la proposition de Lavoisier selon laquelle l'oxydation du carbone et de l'hydrogène sanguins s'opérait dans les vaisseaux du poumon, par l'action de l'oxygène sur un fluide hydrocarbonique sécrété dans ces vaisseaux. Des objections furent présentées, en 1791, par Jean-Henry Hassenfratz[2], ancien assistant de Lavoisier, devenu disciple du mathématicien Lagrange[3], auquel revient d'ailleurs le mérite de les avoir conçues. Si toute la chaleur de l'organisme est primitivement libérée au niveau du poumon, comment se fait-il que cet organe ne se dessèche pas ou

a. *Cf.* Bachelard, *La psychanalyse du feu*, chap. V : « La chimie du feu, histoire d'un faux problème. »

1. Dioclès de Caryste, médecin de tradition hippocratique, du IVe siècle avant notre ère, qui aurait fondé une école médicale à Athènes vers – 380. Il était l'auteur d'un ouvrage sur *La cuisson* dont seul le titre est aujourd'hui connu.

2. Jean-Henri Hassenfratz (1755-1827), inspecteur des mines et chimiste, publia en effet en 1791 un « Mémoire sur la combinaison de l'oxigène avec le carbone et l'hydrogène du sang, sur la dissolution de l'oxigène dans le sang, et sur la manière dont le calorique se dégage », *Annales de chimie*, vol. 9, p. 261-274.

3. Joseph-Louis de Lagrange (1736-1813), mathématicien et astronome français d'origine sarde. Il avait dans un écrit resté inédit mis en question la possibilité que le processus respiratoire puisse, comme le voulait Lavoisier, se dérouler entièrement dans les poumons. La circulation du sang devait jouer un rôle clé, le sang servant à véhiculer et à distribuer l'oxygène dissout. L'article de Hassenfratz de 1791 fit largement connaître la position de Lagrange.

que, du moins, sa température ne soit pas considérablement supérieure à celle des autres organes? N'est-il pas plus probable, au contraire, que la chaleur animale soit libérée dans toutes les parties du corps où le sang se distribue? Selon Lagrange, le sang pulmonaire, au contact de l'air inspiré, se charge d'oxygène dissous dont la combinaison avec le carbone et l'hydrogène sanguins donne gaz carbonique et eau, libérés en retour dans l'air expiré. Cette explication exacte – sous réserve du fait que l'oxydation a lieu non dans le sang, mais dans les cellules mêmes – devait attendre sa confirmation expérimentale jusqu'en 1837, quand Gustav Magnus, utilisant la pompe à mercure, réussit à déceler la présence de gaz libres dans le sang veineux et le sang artériel[1]. Dans le même ordre d'idées, la publication posthume par Jean Senebier des *Mémoires sur la respiration* (1803)[2] révéla que Spallanzani (1729-1799) avait consacré les dernières années de sa vie à l'expérimentation systématique des conditions de la respiration chez les Invertébrés comme chez les Vertébrés, dans le prolongement des idées de Lavoisier. Spallanzani avait établi, par des milliers d'expériences, que ce sont tous les organes, tous les tissus qui absorbent de l'oxygène et libèrent de l'acide carbonique, que l'absorption d'oxygène par la peau, chez les Batraciens ou les Reptiles, peut dépasser en intensité l'absorption par les poumons, bref que le poumon est, chez les animaux pulmonés, l'organe d'expression mais non d'exercice d'une fonction coextensive à l'organisme tout entier. En dissociant, par ses expériences, la fonction respiratoire de l'existence d'organes pulmonaires, Spallanzani jetait, mieux encore que Lavoisier, et grâce à ses méthodes de physiologie comparée, les bases d'une physiologie générale.

1. Le chimiste et physicien allemand Heinrich Gustav Magnus (1802-1870), professeur à l'Université de Berlin, démontra en effet dans son article « Ueber die im Blute enthaltenen Gase, Sauerstoff, Stickstoff, und Kohlensäure » (*Annalen der Physik und Chemie (Leipzig)*, vol. 12, nº 4, 1837, p. 583-606) que le sang artériel contient une plus forte concentration d'oxygène que le sang veineux, lequel contient une plus haute teneur en dioxide de carbone.

2. Le pasteur Jean Senebier (1742-1809), naturaliste suisse, s'était lui-même intéressé au rôle de la lumière et de la matière verte dans les échanges gazeux chez les végétaux et dans leur nutrition. Il présenta l'ensemble de ses résultats dans les 5 volumes de sa *Physiologie végétale* (Genève, J. J. Paschoud, 1800). Les *Mémoires sur la respiration* de Spallanzani furent publiés chez le même éditeur.

II. La Digestion

On a vu que Lavoisier comptait la digestion au nombre des régulateurs de la machine animale. Il était normal par conséquent qu'il s'en proposât l'étude et l'on sait qu'en 1791 il annonça des Mémoires à venir sur cette question, mais rien dans les registres de ses travaux dont nous disposons ne permet de dire si les expériences sur la digestion furent effectivement entreprises. Les travaux de Spallanzani sur ce point, antérieurs à ses recherches sur la respiration, ne doivent donc rien à Lavoisier, mais seulement à Réaumur.

Les différentes théories

L'explication des phénomènes de digestion divisait, dans la première moitié du XVIIIe siècle, deux écoles, et pour ainsi dire deux postérités, celle des iatromécaniciens et celle des iatrochimistes. Borelli avait, au siècle précédent, réduit la digestion à une action mécanique de trituration de plus en plus fine, dont la mastication représentait la phase initiale. En compagnie de Redi[1], il avait mis en évidence la force mécanique de désagrégation développée par le gésier musculeux des gallinacés. Pitcairn[2] et Hecquet[3]

1. Francesco Redi (1626-1698), naturaliste italien, médecin de la cour de Florence, est surtout encore connu aujourd'hui pour ses travaux de réfutation expérimentale de la génération spontanée (*Esperienze intorno alla generazione degl'insetti*, Firenze, all'Insegna della Stella, 1668). Les expériences sur la digestion réalisées avec Borelli l'avaient été au sein de l'Accademia del Cimento dont ils étaient tous deux membres fondateurs. Un bref rapport sur ces expériences se trouve à la toute fin des *Saggi di Naturali Esperienze fatte nell'Accademia del Cimento* (Firenze, all'Insegna della Stella, 1667). Borelli en a rendu compte au chapitre XVI de son *De Motu Animalium*, *op. cit.*, et Redi dans ses *Esperienze intorno a diverse cose naturali, e particolarmente a quelle che ci son portate dall'Indie* (Firenze, all'Insegna del Leone, 1671), p. 49.

2. Archibald Pitcairn (1652-1713), Écossais, docteur en médecine de l'Université de Reims (1680), professeur à l'Université d'Edinburgh, puis à celle de Leiden (1692), voulait donner à la physiologie une rigueur apparentée à la physique mathématique newtonienne. Ses idées sur la digestion se trouvent dans son *De moto quo cibi in ventriculo rediguntur ad formam sanguini reficiendo idoneam*, (p. 71 *sq.*, selon Charles Daremberg, *Histoire des sciences médicales*, *op. cit.*, vol. 1, p. 851).

3. Philippe Hecquet (1661-1737), docteur en médecine de Reims (1684), puis de Paris, professeur à la Faculté de Paris, d'orientation janséniste. Ses idées sur la digestion, nettement iatromécaniciennes, sont exposées dans son *Traité des dispenses du carême dans lequel on découvre la fausseté des prétextes qu'on apporte pour les obtenir, en faisant voir par la*

proposaient des explications analogues. Toutes ces théories s'opposaient à celles des chimistes. Van Helmont avait enseigné (*Sextuplex digestio alimenti humani*) que la digestion a lieu dans l'estomac, sous l'action d'un ferment acide que l'estomac ne produit pas mais qu'il reçoit de la rate[1]. D'autres ferments intervenaient à la suite, ferment du fiel, ferment du foie. Starling fait remarquer qu'à l'époque où seule la bile était connue comme sécrétion déversée dans le tube digestif, l'hypothèse de van Helmont était réellement moins absurde qu'elle ne le semble[2]. Lorsque Sténon[3] eut découvert le canal excréteur de la parotide (1662) et lié à l'exercice de cette glande la production de la salive, Sylvius put considérer (1663) sans extravagance la digestion comme un phénomène chimique sous l'action de sucs du type de la salive, explication confirmée par la découverte du suc pancréatique, lorsque de Graaf eut pratiqué sur un chien la dérivation du canal pancréatique (1664)[4].

Au XVIIIe siècle, Boerhaave combine ces deux variétés d'explication. Il voit dans la digestion un phénomène mécanique (mastication, puis péristaltisme gastrique) achevé par une opération chimique de solution et de putréfaction, sous l'effet de la salive et du suc gastrique. Mais selon Boerhaave, et contrairement à l'opinion de van Helmont, l'acidité du suc gastrique est l'effet et non la cause de la digestion. L'action chimique des

mécanique du corps, les rapports naturels des alimens maigres avec la nature de l'homme, Paris, François Fournier, 1709.

1. Le traité sur les six digestions chez l'homme (et sur le rôle qu'y jouent les « ferments »), se trouve dans l'*Ortus medicinae*, *op. cit.*, p. 208-225.

2. Ernest Henry Starling (1866-1927), médecin physiologiste anglais; il fut notamment, avec William Bayliss (1860-1924), le découvreur en 1902 de la première hormone et de son rôle, la sécrétine, un extrait intestinal qui provoque quand on l'injecte un flux de suc pancréatique. Sur leurs publications pertinentes, cf. *infra*, p. 989, n. 4.

3. Niels Stensen, ou Nicolas Sténon (1638-1686), médecin et naturaliste danois, dont la découverte du canal excréteur de la glande parotide fut rapportée dans ses *Observationes anatomicae* (Leiden, J. Chouët, 1662). Il passa la plus grande partie de sa vie adulte en Italie et laissa notamment des écrits géologiques et stratigraphiques sur la Toscane. Converti au catholicisme et devenu prêtre, il finit sa vie évêque.

4. Reinier de Graaf (1641-1673), médecin et physiologiste hollandais, avait étudié l'action du suc pancréatique recueilli sur des chiens grâce à des fistules artificielles. Il exposa les résultats de ces travaux dans sa *Disputatio medica de natura et usi succi pancreatici* (Leiden, Hackian, 1664). Il allait quelques années plus tard découvrir les follicules de l'ovaire qui portent son nom et décrire leur transformation.

aliments les uns sur les autres est déclenchée par des traces subsistantes de la digestion précédente.

Haller, élève de Boerhaave, s'attache à montrer dans l'estomac une sorte de machine de Papin[1], un cuiseur où les aliments macèrent dans des conditions réunies de chaleur, d'humidité et d'aération. La chaleur porte les aliments à la putréfaction, mais le suc gastrique et la salive « toutes liqueurs qui tendent à s'alkaliser » empêchent les aliments de s'aigrir parfaitement. « Il n'y a donc, dans ces lieux, aucune espèce de ferment, si contraire au caractère de ces liquides et aux fins de la nature. » Sans doute, Haller fait-il intervenir parmi les causes l'action mécanique de contraction des muscles de l'estomac, mais il ne constate rien dans ces mouvements qui ressemble à la trituration telle qu'elle se fait dans les oiseaux granivores dépourvus de dents. Haller enseigne que la bile détruit l'acidité naturelle des aliments digérés par l'estomac, les dispose davantage à la putréfaction et stimule le péristaltisme intestinal, que le suc pancréatique délaie la bile et remplit des fonctions comparables à celles de la salive. Haller expose ses propres vues (*Elementa physiologiae*, t. VI)[2], selon sa méthode habituelle, en rapportant amplement la multitude des explications proposées par d'autres auteurs, mais, comme il lui arrive plus d'une fois, sans apercevoir dans l'une d'entre elles la ruine de toutes les autres. C'est ainsi qu'il est conduit à citer avec éloges, mais sans y attacher une spéciale importance, les travaux de Réaumur.

Les expériences de Réaumur

Réaumur, déjà célèbre par ses *Mémoires pour servir à l'histoire des Insectes*, rend publiques, en 1752, ses observations *Sur la digestion des Oiseaux*[3]. Pour décider entre trois sortes d'explications proposées : trituration mécanique, putréfaction ou solution dans le suc gastrique,

1. Denis Papin (1647-1714), physicien français, qui travailla notamment sur le perfectionnement de la pompe pneumatique et sur l'usage de la vapeur, était aussi l'inventeur du « digesteur ».

2. *Cf.* p. 770, n. 7.

3. Sur Réaumur, cf. *supra*, p. 768, n. 3. Les 6 volumes de ses *Mémoires pour servir à l'histoire des insectes* avaient été publiés de 1734 à 1742 (Paris, Imprimerie royale). Ses deux mémoires relatifs à ses « Observations sur la digestion des oiseaux » se trouvent dans les *Histoire et Mémoires de l'Académie royale des sciences*, année 1752, (publ. 1756), vol. I, p. 266-307 ; vol. II, p. 461-495.

Réaumur imagine ingénieusement d'utiliser le comportement de régurgitation de la buse, faisant avaler et restituer sur commande à l'un de ces oiseaux de petits tubes de métal perforés et contenant divers aliments. Les aliments régurgités ne présentent aucun signe de putréfaction; plus ou moins avancée, leur digestion s'est évidemment faite à l'abri des actions mécaniques musculaires; les tubes protecteurs contiennent des traces d'un liquide opalescent, de goût âcre. Si ce liquide dissolvant des viandes, mais non des farines, est la cause efficiente de la digestion, à quel solvant chimique connu peut-on l'assimiler? Si une causalité chimique est le seul agent déterminant du phénomène, peut-on en observer l'effet hors de l'estomac? Ayant fait avaler et régurgiter à sa buse de petits fragments d'éponge, ayant obtenu quelques gouttes de liquide par expression, Réaumur tente de provoquer une digestion artificielle. S'il n'y parvient pas d'abord, du moins obtient-il l'assurance que la digestion n'est pas une putréfaction. Sa buse étant morte, Réaumur utilise d'autres animaux, dont une chienne et des canards. Il conclut de ses expériences à l'existence de deux mécanismes différents de digestion, par broyage mécanique chez les herbivores et les granivores, par solution chimique chez les carnivores. Le résultat des expériences est surtout négatif: le suc gastrique n'induit pas la putréfaction des aliments, il l'empêche. Réaumur ne parvient pas à déterminer exactement la nature de ce suc et à dire s'il est ou non la condition nécessaire et suffisante de la digestion. Mais il a eu la première idée d'une technique expérimentale: la digestion *in vitro*.

Les apports de Spallanzani

C'est cette technique que devait exploiter Spallanzani, qui commença par refaire pour son compte les expériences de Réaumur. Ici encore Spallanzani, préparé par ses études de naturaliste à traiter les questions de physiologie selon la méthode comparative, multiplia les expériences sur les animaux les plus variés avant de se prendre lui-même comme sujet d'expérience. Pour se procurer du suc gastrique, il faisait avaler à l'animal de petites éponges qu'il exprimait ensuite, ou bien il ouvrait l'estomac d'oiseaux à jeun. C'est lui qui réussit la première digestion artificielle en plaçant sous ses aisselles, pendant deux ou trois jours, des tubes contenant, avec du suc gastrique, de la viande ou du blé écrasé. Il put ainsi constater la dissolution de ces aliments, hors de toute putréfaction. Sur ce dernier point ses conclusions confirmèrent celles de Réaumur, mais il dut les contredire en ce qui concerne la différence supposée entre deux types de digestion, mécanique et chimique. Chez le granivore comme chez l'herbivore la fonction digestive requiert le suc gastrique. Toutefois, sur un point important, Spallanzani n'en disait pas plus que Réaumur; il ne se prononçait pas sur la nature du suc gastrique, ne parvenait même pas à en déceler l'acidité. C'est Carminati qui devait affirmer l'acidité du suc gastrique (*Ricerche sulla natura e sugli usi del succo gastrico in medicina e in chirurgia*, Milan, nell' Imperial Monisterio di s. Ambrogio Maggiore, 1785)[1]. Et il fallut attendre Prout pour l'identification de l'acide chlorhydrique dans le suc gastrique (1834)[2].

Signalons que Stevens, d'Édimbourg, avait publié en 1777, sous le titre *Dissertatio physiologica inauguralis de alimentorum concoctione*[3], presque simultanément avec le premier mémoire de Spallanzani (*Opusculi di fisica animale et vegetabile*, 1776), le résultat de recherches expérimentales sur la digestion chez l'homme. Mais, à la différence de Spallanzani, Stevens avait expérimenté sur l'homme, en traitant un pauvre saltimbanque, avaleur de pierres, comme Réaumur sa buse ou Spallanzani ses poulets[4].

On aura remarqué que c'est avant tout la fonction de l'estomac dans la digestion qui fut étudiée positivement dans la seconde moitié du XVIIIe siècle. Quant à la méthode, les recherches sur la digestion restèrent en somme purement descriptives et qualitatives. Il s'agissait d'isoler des causes pour choisir entre plusieurs interprétations, plutôt que de mesurer leurs effets. C'est là la grande différence avec les travaux de Lavoisier sur la respiration. Ces travaux élevaient la balance, instrument de chimiste, à la

1. Bassiano Carminati (1750-1830) était professeur de médecine à l'université de Pavie.

2. William Prout (1785-1850), médecin anglais, avait publié dès 1824 sa découverte : « On the nature of the acid and saline matters usually existing in the stomach of animals », *Philosophical Transactions*, 1824, vol. 114, p. 45-49.

3. Cette thèse d'Edward Stevens (ca 1755-1834) est reprise en traduction dans l'ouvrage de Day mentionné à la note suivante. Day avait notamment eu l'idée d'utiliser les talents d'un bateleur qui avalait des pierres pour attirer l'attention du public ; faisant de même avec de petites sphères en argent, creuses et perforées, il permettait ainsi d'étudier le travail de la digestion. Stevens passa l'essentiel de sa carrière comme médecin aux États-Unis et dans les Antilles.

4. En regard de ce paragraphe, Canguilhem a inscrit en marge sur son exemplaire de l'édition de 1969 : « cf. Clio Medica décembre 1971 C.R. de Kruta ». Il s'agit du compte rendu par Vladislav Kruta (1908-1979), de l'ouvrage de Stacey B. Day (1927-…), *Edward Stevens. Gastric Physiologist, Physician and American Statesman*, Montréal et Cincinnati, D. St. Peter Port – Guernsey, 1969, dans *Clio Medica*, vol. 6, n° 4, décembre 1971, p. 321-324.

dignité d'un concept physiologique. Derrière la sécheresse de bilans énergétiques et l'abstraction d'une loi de conservation devaient apparaître bientôt les concepts de métabolisme dans l'organisme individuel, et de balance vitale dans la biosphère. Sans le chercher, et par l'ironie de l'histoire des sciences, Lavoisier, chimiste, lavait rétrospectivement de l'accusation d'extravagance totale, l'illustre médecin à la balance, le pape des iatromécaniciens, Santorio[1].

III. La circulation

L'ambition de déterminer, par la mesure et le calcul, les lois des phénomènes physiologiques n'avait cessé d'animer les recherches des iatromécaniciens, nommés aussi, et très justement, iatromathématiciens. C'était d'ailleurs la justification la moins contestable de leurs postulats. La circulation du sang et la contraction du muscle avaient de toujours retenu électivement l'attention des médecins de cette obédience.

Ces problèmes n'étaient pas uniquement théoriques. Leurs solutions possibles importaient aussi à la pratique médicale et chirurgicale, et notamment à la conduite à tenir dans l'administration de la saignée. Il n'est donc pas surprenant que des médecins comme François Quesnay (1694-1774)[2] et Claude Le Cat (1700-1768)[3], ou des ingénieurs comme Vaucanson (1709-

1. Santorio Santorio (1591-1636), médecin italien professeur à l'université de Padoue, avait publié en 1614 un *Ars de statica medicina* (Venezia, N. Polu) introduisant en physiologie des méthodes quantitatives appliquées notamment au métabolisme.

2. François Quesnay, surtout connu comme économiste et fondateur de l'école physiocratique, était aussi médecin et chirurgien et occupa la charge de médecin du roi. Il a laissé de nombreux ouvrages médicaux, et notamment des *Observations sur les effets de la saignée* (Paris, Charles Osmont, 1730), suivies de *L'Art de guérir par la saignée* (Paris, Guillaume Cavalier 1736), ouvrages repris dans une nouvelle édition augmentée en 1750 (*Traité des effets et de l'usage de la saignée*, Paris, Houry), et surtout un *Essai physique sur l'oeconomie animale* (Paris, Guillaume Cavalier, 1736; une deuxième édition, en 3 volumes, parut chez le même éditeur en 1747).

3. Claude-Nicolas Le Cat, médecin de l'archevêque de Rouen et chef chirugien de l'Hôtel-Dieu de cette ville, surtout connu pour ses apports à la lithotomie, adhérait à l'approche iatromécanique et considérait l'organisme comme une machine hydraulique. Il aurait été l'auteur d'un ouvrage aujourd'hui perdu, présenté à l'Académie de Rouen en 1744, sa *Description d'un homme automate dans lequel on verrait exécuter les principales fonctions de l'économie animale, la circulation, la respiration* etc. Ses principaux travaux d'intérêt biologique ont

1782)[1] aient envisagé et préparé la construction d'anatomies mouvantes, c'est-à-dire, en ce cas, de machines hydrauliques comme modèles mécaniques des phénomènes de la circulation sanguine – et aussi de la digestion et en général des fonctions principales de l'économie animale[a][2].

Les premières mesures

Harvey avait résumé, dans le *De motu cordis*, ses constatations d'anatomiste et ses observations de vivisecteur. Le calcul du poids du sang propulsé par le cœur n'était intervenu que pour le fortifier dans son refus d'admettre qu'une pareille quantité de sang pût être incessamment secrétée par quelque viscère et dissipée dans l'organisme. Borelli avait aperçu, le premier, dans la fonction circulatoire, lorsqu'elle fut bien avérée, un phénomène privilégié pour l'application des lois de la mécanique hydraulique. En conséquence, il avait cherché à calculer la force de la contraction systolique. Ayant posé que la force de contraction d'un muscle est proportionnelle à son volume, ayant estimé que le volume du cœur humain est égal à celui du masséter et du temporal réunis, ayant mesuré leur force de contraction par le poids qu'elle équilibre, Borelli avait fixé à 3 000 livres romaines (1 livre = 327,45 g) la force de la contraction cardiaque. Quant à la pression communiquée au sang, il l'avait estimée, après de savantes déductions, à 135 000 livres !

Au début du siècle, dans son traité *Tentamina medico-physica* (1718), James Keill (1673-1719)[3] avait consacré trois essais aux questions de la

été réunis dans les trois volumes de ses *Œuvres physiologiques* (Paris, Vallat-La-Chapelle, 1767-1768).

a. Cf. sur ces questions l'étude de A[NDRÉ] DOYON et L[UCIEN] LIAIGRE, *Jacques Vaucanson, mécanicien de génie*, Paris, P.U.F., 1966 (chap. V, VI, VII).

1. Le mécanicien français Jacques de Vaucanson fut l'inventeur de nombreux dispositifs et machines industriels et réalisa aussi des automates mécaniquement programmés dont certains sont aujourd'hui conservés au Musée des techniques du Conservatoire National des Arts et Métiers.

2. Tout le paragraphe qui précède est une addition de l'édition de 1969.

3. James Keill, anatomiste et physiologiste iatromécaniste, frère du mathématicien John Keill (1671-1721), s'était distingué par son approche quantitative dans l'examen du mouvement des fluides dans le corps humain. Les *Tentamina* de 1718 développent un travail plus ancien, de 1708, *An Account of Animal secretions, the quantity of blood in the humane body, and muscular motion*. Ces ouvrages furent publiés à Londres, sans indication d'éditeur.

quantité de sang, de la vitesse du sang, de la force du cœur. Il avait estimé à 100 livres le poids du sang chez un homme pesant 160 livres; à 5,23 pieds (1,60 m environ) le chemin parcouru par le sang dans l'aorte en une heure; à une douzaine d'onces (340 g environ) la force du cœur[a].

*L'*Haemastaticks *de Stephen Hales*

Stephen Hales, aussi habile expérimentateur que zélé clergyman, publia, dans le second volume de ses *Statistical essays*, intitulé *Haemastaticks* (Londres, 1733, traduction française avec additions par Boissier de Sauvages, 1743)[1], une contribution importante à la mécanique circulatoire. Il s'était déjà livré à d'importants travaux de botanique mathématique; son ouvrage *Vegetable staticks* (1727) contient la reproduction des appareils construits par lui en vue de mesurer les variations de pression dans les racines et dans les branches. Il était donc naturel que Hales cherchât à mesurer, pareillement, la pression du sang dans les vaisseaux, en utilisant un manomètre fait d'un long tube de verre, branché par une canule tantôt sur la jugulaire, tantôt sur la carotide ou l'artère crurale du cheval, du chien ou de la brebis. Il mit en évidence que la pression sanguine est différente dans les artères et dans les veines (chez le cheval, le sang montait à 9 pieds – 2,80 m environ – dans l'artère crurale, et de 15 pouces – 38 cm environ – dans la veine jugulaire), qu'elle varie selon la systole et la diastole, qu'elle est caractéristique de l'espèce animale considérée, qu'elle est un test de l'état du cœur.

Tous les historiens de la physiologie s'accordent à reconnaître que l'hémastatique de Hales représente, compte non tenu des tâtonnements de Borelli et de Keill, le seul travail important sur la physiologie de la

a. On admet aujourd'hui que la masse du sang est égale à 1/3 du poids du corps humain; que la vitesse du sang est de 50 cms dans l'aorte; que le travail correspondant à l'ondée ventriculaire gauche est de 0,1 kgm.

1. Sur Hales et ses ouvrages, *cf.* aussi *supra*, p. 769, n. 2. Le médecin français François Boissier de Sauvages (1706-1767), professeur de médecine et de botanique à la Faculté de Montpellier, est resté célèbre pour son application du système de Linné à la classification des maladies (*Nosologia methodica, sistens morborum classes, genera et species* (Amsterdam, Tournes, 1763, 5 vol.). Sa traduction de l'ouvrage de Hales fut publiée en 1744 : *Haemastatique, ou la statique des animaux : expériences hydrauliques faites sur des animaux vivants, etc.* (Genève, Cramer et Philibert). Malgré son intérêt pour Hales, il adhérait largement aux idées de Stahl, comme ses collègues de sa Faculté.

circulation avant la thèse de Jean Poiseuille, *Recherches sur la force du cœur aortique* (1828)[1], c'est-à-dire pendant un siècle. Haller connut les travaux de Hales et les mentionna, mais les traita comme un développement des idées de Borelli, sans réussir à y apercevoir la nouveauté du concept de pression artérielle.

Les continuateurs

L'importance et l'originalité des recherches de Hales ne doivent cependant pas masquer les mérites de ceux qui, par la suite, et en fonction de ses résultats, devaient faire avancer la solution des questions d'hémastatique et d'hémadynamique. Daniel Bernoulli, professeur d'anatomie à Bâle de 1733 à 1751, formula pour la première fois le principe d'un calcul correct du travail cardiaque, comme produit du poids de l'ondée ventriculaire par le déplacement systolique; à quoi s'ajoutèrent ses travaux sur l'écoulement comparé des liquides dans les tubes inertes et les vaisseaux vivants (*Hydrodynamica*, 1738)[2]. Son élève, Daniel Passavant (*De vi cordis*, 1748)[3] reprit, à partir des données de Hales sur la pression sanguine, le calcul du travail cardiaque et s'approcha des données actuellement admises.

Dès la fin du XVIIe siècle on s'était posé tout spécialement la question des causes du mouvement du sang dans les veines, vaisseaux sans connexion immédiate avec les artères. Borelli, malgré la force qu'il reconnaissait au cœur, lui déniait le pouvoir de pousser le sang dans les veines. D'où

1. La thèse de médecine de Jean Poiseuille (1799-1869), ancien élève de l'École Polytechnique, avait été soutenue à la Faculté de Paris. Il poursuivit des travaux du même type, avec des contributions à l'étude du mouvement du sang dans les capillaires, à la viscométrie du sang et à la pression sanguine dans le système artériel. *Cf.* aussi *supra*, p. 991-992.

2. *Hydrodynamica, sive de Viribus et Motibus fluidorum commentarii, opus academicum* (Strasbourg, J. R. Duilsecker). Sur Daniel Bernoulli, cf. *supra*, p. 772, n. 4.

3. On sait peu de chose de la vie de Daniel Passavant, sinon qu'il fut brièvement membre de l'Académie royale de Prusse (1747-1750) et que, de retour en Suisse, il occupa des postes dans l'administration militaire et diplomatique, puis dans l'administration postale. Il mourut en 1799. Sa thèse de médecine avait été soutenue sous la direction de Daniel Bernoulli qui, comme c'était souvent l'usage à cette époque, en avait largement inspiré le contenu. Cette *Dissertatio inauguralis mechanico-medica De Vi Cordis*, d'abord publiée à Bâle chez Johann Christ en 1748, fut réimprimée en 1751, mais ces opuscules sont introuvables ailleurs qu'à la bibliothèque universitaire de cette ville. On en trouve toutefois le texte complet, annoté, dans *Die Werke von Daniel Bernoulli*, *op. cit.*, tome 1, p. 117-127.

l'importance que prirent les premières observations de Malpighi (1661)[1] et de Leeuwenhoek (1690)[2], appliquant le microscope au mésentère des grenouilles et à la queue des têtards, sur la circulation dans les capillaires. Cowper fit une observation analogue sur le mésentère d'un chat (1697)[3]. C'est Haller (*De motu sanguinis*, 1752)[4] qui étendit définitivement jusqu'aux capillaires le pouvoir du cœur, en observant la simultanéité des pulsations dans les artères et les capillaires. La doctrine de l'irritabilité lui permettait – comme à Stahl sa doctrine de la tonicité – d'assigner à la tunique des vaisseaux capillaires la causalité auxiliaire du mouvement circulatoire qu'on y décèle. Spallanzani apporta à cette question une contribution importante par ses Mémoires « Sur la circulation observée dans l'universalité du système vasculaire », « Les phénomènes de la circulation languissante »,

1. Marcello Malpighi (1628-1694), médecin et anatomiste italien qui fit de nombreuses découvertes anatomiques et joua aussi un rôle clé dans le développement de l'embryologie. Avec un microscope simple, il fut le premier à observer sur une grenouille vivante le passage du sang dans les capillaires du poumon (*De pulmonibus observationes anatomicae*, Bologna, B. Ferronius, 1661).

2. Le célèbre microscopiste hollandais Antoni van Leeuwenkoek (1632-1723), par métier marchand drapier, transmit sous forme de lettres de nombreux mémoires à Henry Oldenburg (ca 1618-1677), le secrétaire de la Royal Society of London. Dans celles-ci, il faisait état des travaux effectués avec des microscopes de sa conception, et notamment de la découverte de microorganismes (protozoaires et bactéries). De même, la continuité des artères et des veines, et la circulation du sang par le truchement des capillaires, ont été décrites par Leeuwenhoek dans sa lettre n° 65. Cette lettre n'a pas été reprise dans les *Philosophical Transactions* de la Royal Society, mais elle a été publiée par Leeuwenhoek lui-même dans ses *Arcana naturae detecta* (Delft, Krooneveld, 1695). Elle est plus accessible dans l'édition en facsimile publiée par les soins d'Abraham Schierbeek : A. van Leeuwenhoek, *On the circulation of the blood. Latin text of the 65th letter to the Royal Society (Sept. 7th 1688)*, Nieuwkoop, B. De Graaf, 1962.

3. Le chirurgien anglais William Cowper (1666-1709) est notamment le découvreur de la glande qui porte son nom (1699) et l'auteur d'un traité de myologie qui fit longtemps autorité. L'observation à laquelle réfère Canguilhem est décrite dans « An Account of Divers Schemes of Arteries and Veins, Dissected from Adult Human Bodies ... To which are subjoyn'd a Description of the Extremities of these Vessels, and the manner the Blood is seen, by the Microscope, to pass from the Arteries to the Veins in Quadrupeds when living... », Royal Society of London, *Philosophical Transactions*, n° 280, juillet-août 1702, p. 1177-1201 et p. 1182.

4. Sur Haller, cf. *supra*, p. 770, n. 7 ; son *De motu sanguinis experimenta anatomica*, publié dans les Actes de la Société royale de Göttingen, les rares *Commentarii Societatis Regiae Scientiarum Gottingensis*, est plus aisément accessible dans la traduction qu'en a faite Samuel Tissot (1728-1797) dans *Deux mémoires sur le mouvement du sang, et sur les effets de la saignée, fondés sur des expériences faites sur des animaux*, Lausanne, Bousquet & David, Paris, 1756.

« Les mouvements du sang indépendants de l'action du cœur », « La pulsation des artères » (1773)[a] [1].

IV. La contraction musculaire

Plus encore peut-être que la circulation du sang, la contraction musculaire et ses effets, station, locomotion et activité du corps animal, se prêtaient à l'extension, en physiologie, des concepts et des théorèmes de la mécanique. Dans ses études sur le mouvement des animaux, Aristote avait comparé le membre animal articulé à un appareil de levage ou de propulsion. L'assimilation cartésienne de l'animal à une machine avait porté la comparaison aristotélicienne aux dimensions d'une théorie. D'autre part, il était classique, depuis qu'Érasistrate[2] et Galien avaient mis en évidence le phénomène de la paralysie musculaire consécutive à la ligature du nerf correspondant, d'expliquer la contraction du muscle par l'afflux en lui d'esprits animaux conduits le long du nerf à partir du centre cérébral.

Telles sont encore, au début du XVIIIe siècle, les deux idées directrices de la myologie, quant aux effets mesurables de la contraction et quant à ses causes. Mais, au cours du siècle, l'évolution des hypothèses physiologiques est naturellement solidaire des progrès de l'anatomie, non seulement touchant la structure du muscle, mais aussi celle du nerf et des centres nerveux ; et c'est là une des meilleures illustrations de l'idée qu'on se fait, à l'époque, du travail du physiologiste : mettre l'anatomie en mouvement, selon la formule de Haller *(physiologia, anatomia animata)*. En outre, cette évolution est tributaire des prises de position générales concernant les

a. La traduction française de ces mémoires par [Joseph] Tourdes (1800) est précédée d'une vie littéraire de Spallanzani qui est, avec l'Éloge de Spallanzani par Jean Senebier, la meilleure source d'informations sur ce savant. *Cf.* le livre de Jean Rostand, *Les origines de la biologie expérimentale et l'abbé Spallanzani*, Paris, [Fasquelle,] 1951.

1. La traduction par Joseph Tourdes (1770-1851), professeur à la Faculté de Médecine de Strasbourg, parut sous le titre *Expériences sur la circulation observée dans l'universalité du système vasculaire*, Paris, an VIII.

2. Le médecin grec Érasistrate serait né vers –305 et aurait vécu de 50 à 60 ans. Il aurait au Musée d'Alexandrie pratiqué de très nombreuses dissections et aussi des vivisections, y compris sur des criminels. Il connaissait la différence entre nerfs sensitifs et nerfs moteurs et leur relation anatomique au cerveau. Ses travaux sont connus à travers les auteurs qui l'ont cité, louangé ou critiqué, surtout Galien. Sur ce dernier, cf. *supra*, p. 685, n. 3.

modèles de l'explication en biologie : mécanique ou chimie, tels qu'on les reçoit de la fin du siècle précédent.

Les théories du XVIIe siècle

Descartes, dans le *Traité de l'homme* (1662 en latin, 1664 en français), rendait compte de la contraction par la turgescence du muscle, sous l'effet strictement physique d'une pression pneumatique. Les esprits animaux, poussés par le cœur, distribués par le cerveau, canalisés par les nerfs, raccourcissaient les muscles en les gonflant et provoquaient les déplacements des pièces du squelette en rapprochant les points d'insertion osseuse des tendons.

Par contre, Willis (*Cerebri anatome*, 1664; *De morbis convulsivis*, 1667; *De motu musculari*, 1670)[1] avait retiré de ses observations cliniques l'idée que la forme explosive ou tétanique de la contraction, dans certains cas pathologiques, ne pouvait s'expliquer par un modèle mécanique usuel. Il comparait le muscle à une machine à feu et pensait que la contraction a des causes chimiques, produisant un effet analogue à la déflagration de la poudre à canon. Dans cette hypothèse, les nerfs ne canalisent pas vers la périphérie une pression pneumatique d'origine centrale, ils drainent un esprit subtil qui, s'unissant au sang, provoque sur place l'allumage d'un mélange chimique détonant.

1. L'analyse des travaux de l'anatomiste et physiologiste anglais Thomas Willis (1621-1675), qui fut professeur de philosophie naturelle à l'Université d'Oxford, joue un rôle pivot dans la thèse de Canguilhem sur *La formation du concept de réflexe*. Canguilhem possédait deux éditions des *Opera omnia* de Willis (Genève, Samuel de Tournes, 1679 et Amsterdam, W. Wetsten, 1682 (respectivement aux cotes CAN 369 et 370, dans sa bibliothèque conservée au CAPHÉS), mais ces deux éditions lui furent offertes par des amis après la rédaction du présent texte. C'est une autre édition qu'il avait utilisée ici et pour la rédaction de la *FCR* (cf. *infra*, p. 799, n. 1). On doit à Willis, médecin d'inspiration animiste, outre le concept de réflexe, de nombreuses découvertes anatomiques, surtout sur le système nerveux. Le *Cerebri anatome* au moment de sa publication en 1664 à Londres, chez Martyn & Allestry, constituait l'ouvrage le plus complet sur son objet. Le *De Morbis Convulsivis* constitue la première partie (le *Tractatus primus*) de la *Pathologia cerebri* de Willis publiée à Londres chez Jacob Allestry, en 1668 (l'*imprimatur* est de 1667). Quant au *De motu musculari*, il parut d'abord à Londres chez Allestry ; on le retrouve aussi dans les *Opera omnia*. Un autre de ses ouvrages, le *De anima brutorum* (Oxford, R. Davis, 1672), qui comprenait ce qui est probablement la première description de la paralysie générale et de divers états mentaux eut une vaste circulation au XVIIe siècle.

L'illustre anatomiste Sténon avait combiné, dans son *Elementorum myologiae specimen sive musculi descriptio geometrica* (1667)[1], les résultats d'une dissection fine du tissu musculaire et les principes d'une construction géométrique de schémas figuratifs. Il montrait les muscles composés d'éléments simples, les fibres motrices, formant un parallélépipède oblique par leur double insertion sur des tendons comparables à des coins allongés et aplatis. Il reconstituait ainsi les espèces morphologiques de muscles suivant un ordre rationnel, et donnait à la description de la contraction la forme d'une question de géométrie concernant une variation de surface sous condition de volume constant.

Borelli (*De motu animalium*, 1680-1681), avait appliqué systématiquement les principes de la statique du levier à la mesure de la force de contraction des muscles du squelette. Sous ce rapport, ses travaux, à partir de l'image aristotélicienne, sont une extension de la physique mathématique de Galilée et de Descartes. Mais, à la différence de Sténon, Borelli se prononçait sur le mécanisme intime de la contraction de la fibre. En un sens, il s'accordait avec les chimistes pour assigner la causalité initiale du phénomène à un phénomène local de fermentation et d'ébullition d'un mélange de sucs nerveux et sanguin. Et en un autre sens, il tenait fermement pour une explication mécaniste : dans le muscle, fait de fibres ordonnées en chapelets de ventres et de nœuds, mécaniquement comparables à des chaînes d'anneaux élastiques et déformables, les particules dilatées du mélange en ébullition s'insèrent comme autant de coins déformant géométriquement sa structure.

Lorsque, en 1734, le traité de Borelli est réédité à Naples, on lui ajoute deux suppléments dus à Jean Bernoulli, *De effervescentia et fermentatione* (1690) et *De motu musculorum* (1694)[2], qui ne corrigent pas fondamentalement les principes traditionnels d'explication et ne dépassent guère les

1. L'ouvrage fut publié à Florence, « ex typogr. sub signo stellae ».

2. Jean Bernoulli (1667-1748), le 10e enfant de la célèbre famille suisse, fut essentiellement un grand mathématicien. Toutefois il est aussi l'auteur de travaux de jeunesse d'ordre médical qui reflètent l'option iatromécanicienne adoptée dans cette famille. L'essai sur la fermentation fut rédigé alors qu'il était engagé dans des études de médecine, à Bâle, sa ville natale ; le *De motu musculorum*, de caractère très mathématique, est sa thèse pour le doctorat en médecine. La réédition du traité de Borelli à Leiden en 1713 comprend déjà les « méditations mathématiques de Jean Bernoulli sur le mouvement des muscles ». Les deux opuscules médicaux cités ici, d'abord publiés à Bâle à titre de thèses en 1690 et 1694, furent réédités ensemble à Venise, chez Pinelli en 1721.

conceptions anatomo-mathématiques de Sténon, non plus qu'ils ne résolvent les embarras mécanicochimiques de Borelli. Bernoulli, pareillement à Borelli, tient la fibre musculaire pour composée de vésicules en chapelet, dont la tuméfaction, lors de la contraction, est due à l'afflux en elles non pas du sang lui-même mais de l'air qu'il laisse s'exhaler de ses globules. Homme d'un autre siècle et d'un autre mode de calcul, Bernoulli applique à la mesure du raccourcissement fibrillaire la théorie des courbes et l'analyse différentielle, mais, pour transcendante qu'elle soit à la géométrie de Sténon, cette mathématique ne confère pas plus de portée à ce iatro-mathématisme rafraîchi.

L'influence de la science newtonienne

Importée, comme on voit, par les calculs de Bernoulli dans la physiologie du muscle, la science newtonienne y pénétrait aussi d'une autre façon. Il était inévitable que la substitution de la théorie de la gravitation aux hypothèses cosmologiques cartésiennes s'étendît aussi au domaine biologique. Newton lui-même avait donné l'exemple, dans son *Opticks* (1704)[1], en traitant, selon une même méthode et d'un même style, les problèmes physiques et les problèmes physiologiques de la vision, et en cherchant dans les vibrations de l'éther, transmises par les nerfs, la clé d'explication des phénomènes de sensibilité et de mouvement. Sans rien changer à leurs ambitions iatromathématiques, bien des médecins devinrent, notamment et d'abord en Angleterre, des iatronewtoniens, si l'on ose dire.

> A cette époque, dit K. Sprengel, la philosophie de Newton sembla même indiquer à plusieurs médecins le point unique d'où l'on devait partir pour faire acquérir à l'art médical une certitude mathématique (*Histoire de la médecine*, trad. fr., 1815, V, pp. 170-171)[2].

1. La première édition de l'*Opticks : or a Treatise of the reflexions, refractions, inflexions and colours of Light* avait d'abord été publiée à Londres, chez Smith & Walford.

2. Comme l'*Histoire des sciences médicales* de Daremberg (cf. *supra*, p. 704, n. 1), *l'Histoire de la médecine, depuis son origine jusqu'au dix-neuvième siècle* de Sprengel (Paris, Déterville et Desoer, puis Baillière pour les tomes 8 et 9) 1815-1822 (9 tomes) restait pour Canguilhem un ouvrage de référence première, comme il est facile de le détecter quand il s'agit chez lui d'auteurs antérieurs au XIXe siècle. Botaniste et médecin allemand, Kurt Sprengel (1766-1833), docteur en médecine de l'Université de Halle (1787), commença à y enseigner dès 1789 et y demeura pour le reste de sa carrière. Sa monumentale *Versuch einer pragmatischen*

C'est surtout dans la théorie des sécrétions que l'on s'efforça d'importer le concept d'attraction. Mais nous ne retenons ici que les efforts tentés pour renouveler la théorie du mouvement musculaire.

Il semble que ce soit James Keill qui ait proposé (*Tentamina medico-physica*, 1718) le premier essai d'explication de la contraction musculaire par une force attractive qu'exerceraient sur le sang les esprits animaux, ayant pour conséquence la dilatation sphérique des vésicules constitutives de la fibre. George Cheyne (1671-1743) qui étudiait la contraction dans ses rapports avec la fonction des nerfs (*The english malady or a treatise of nervous diseases of all kinds*, 1735)[1], comme l'avait fait Willis au siècle précédent, essayait de faire l'économie de l'hypothèse des esprits animaux et rendait compte de la contraction par les effets de l'élasticité et de l'attraction, les fibres musculaires étant excitées par les vibrations d'un éther intra-nerveux, sorte de medium du principe intelligent de tout mouvement. En tout état de cause, Cheyne s'appuyait sur l'autorité de Newton pour repousser toute spéculation sur l'essence des phénomènes, en admettant comme très probable l'existence d'un principe animal d'auto-activité et d'auto-mobilité. Bryan Robinson, dans son *Treatise of the animal oeconomy* (1734)[2], cherchait aussi la cause du mouvement musculaire dans le mouvement vibratoire d'un éther animal.

Il ne paraît pas sans intérêt de noter que si, dans les premières décades du XVIIIe siècle, on disputait encore de l'existence et de la nature du fluide nerveux, et de l'intervention dans le muscle des esprits animaux comme condition obligée de sa contraction, c'est parce qu'on était encore dans l'ignorance d'une expérience cruciale de Swammerdam. Il avait montré, en 1658, devant le duc de Toscane, que l'on peut provoquer, par l'excitation mécanique de son nerf, la contraction d'un muscle de grenouille excisé,

Geschichte der Arzneikunde, en 5 tomes, couvrait toute l'histoire, de l'antiquité jusqu'à l'époque contemporaine de son auteur. Elle commença à paraître à Halle chez Gebauer en 1792 et fut achevée en 1803. Canguilhem possédait dans sa bibliothèque l'édition française en 9 tomes (cotes CAN 332 à CAN 340).

1. George Cheyne, médecin d'origine écossaise, surtout connu aujourd'hui comme apôtre du végétarisme, proche d'Isaac Newton, s'était notamment intéressé aux désordres mentaux. Outre son *English Malady* (London, G. Strahan & J. Leake), il a laissé des travaux sur la diète, la goutte et les fièvres.

2. Bryan Robinson (1680-1754), médecin irlandais qui pratiqua à Dublin, auteur d'ouvrages de physique et de médecine, dont le *Treatise*, publié chez Ewing & Smith à Dublin. Il publia aussi *A dissertation on the aether of Isaac Newton* (London, Hitch, 1747).

longtemps encore après l'interruption du rapport nerveux entre le muscle et la moelle épinière, autant de fois que l'on veut, et sans changement de volume du muscle. De ces trois circonstances de son expérience, Swammerdam tirait la conclusion que le phénomène de contraction ne dépend pas du transport, par le nerf dans le muscle, d'un fluide de nature quelconque. Mais cette expérience ne fut connue qu'après la publication par Boerhaave de la *Bible de la Nature* (1737 en néerlandais; 1738, en latin par D. Gaub; 1752, en allemand; 1758, en anglais)[1].

Les théories de Boerhaave et d'Hoffmann

L'explication de la contraction musculaire fut évidemment l'un des sujets sur lesquels se divisèrent, avec un bonheur différent pour chacun, les trois grands théoriciens de la première moitié du siècle, Boerhaave, Hoffmann et Stahl.

Boerhaave fit montre, sur cette question, de son éclectisme habituel, mécaniste sans excès et chimiste sans système. Tenant les fibres musculaires pour les ultimes ramifications des fibres nerveuses, il regarde, à la façon de Descartes, les nerfs à la fois comme des fibres, capables de vibrations d'ampleur variable selon leur tension, et comme des canaux, conduisant dans le muscle les esprits sécrétés par le cerveau. C'est la pression du fluide nerveux dans les fibres musculaires qui provoque la contraction.

Concernant Hoffmann, il est difficile de décider si c'est la clinique et la pathologie qui fournissent à la physiologie ses principes, ou bien l'inverse. En fait, il enseigne que les causes morbides agissent principalement sur les parties organiques solides, nerfs et muscles, et que les effets de ces causes se ramènent à deux sortes d'états antagonistes: atonie et spasme. Hoffmann attache donc une grande importance au tonus, à la tension des fibres, et son explication combine comme elle peut l'influence des idées de Boyle et de Newton. D'une part, il pense que le sang joue un rôle dans la contraction par

1. Dans l'édition hollandaise, *Bybel der Natuure of Historie der Insekten*... (Amsterdam, Severinus, 1737-1738, 2 vol.), l'ouvrage se présente en deux colonnes, l'une en néerlandais, l'autre en latin. C'est dans cette édition que l'on trouve la traduction en latin par David Gaub; il ne s'agit donc pas d'une édition distincte et séparée. Pour les autres traductions, respectivement: *Bibel der Natur, worinnen die Insekten in gewisse Classen vertheilt*... (Leipzig, J. F. Glebitschen, 1752); *The Book of Nature; or The History of Insects*... (London, Seyffert, 1758).

son élasticité, quand il est comprimé dans les vésicules de la fibre musculaire ; d'autre part, il croit en l'existence de l'éther comme composant essentiel du fluide nerveux.

L'animisme de Stahl et son origine

Georg-Ernest Stahl avait un trop vif et direct sentiment de l'irréductibilité de l'organisme à une somme de mécanismes (*Disquisitio de mecanismi et organismi diversitate*, 1706; *De vera diversitate corporis mixti et vivi*, 1707 ; *Theoria medica vera*, 1708)[1] pour chercher à n'appuyer ses explications physiologiques que sur des protocoles d'anatomiste ou des calculs de physicien. Paradoxalement, dans son opposition aux théoriciens mécanistes, ce théoricien est d'abord un empiriste. En médecine, selon lui, c'est l'expérience, c'est-à-dire la nature, qu'il faut consulter. C'est par fidélité à l'hippocratisme en pathologie que Stahl réintroduit en physiologie les concepts aristotéliciens de finalité organique et d'âme. Pour Stahl, l'organisme est le corps dont toutes les parties concourent vers quelques fins essentielles à la défense de son intégrité. Agrégat de parties hétérogènes, le corps vivant a une tendance naturelle à la décomposition, contrariée par la subordination des humeurs aux mouvements vitaux régis par l'âme. Le déplacement des humeurs et du sang dans l'organisme dépend de forces et de pressions essentiellement différentes des forces et pressions mécaniques. Cela justifie l'importance que Stahl attribue au mouvement tonique (*De motu tonico vitali*, 1692)[2]. Cette manifestation typique de la force vitale est l'opération d'un agent immatériel que Stahl dit être l'âme raisonnable. Sous ce rapport, lui aussi se veut newtonien à sa façon, en refusant de supposer une diversité de causes pour expliquer des effets semblables entre eux. Tout mouvement involontaire du vivant est encore, dans la mesure où une finalité s'y révèle, un mouvement déterminé par l'âme, bien que sans calcul explicite et sans conscience.

Tant de commentaires légers ont été consacrés à Stahl, et tant d'obscurité subsiste dans la plupart des comparaisons établies entre ses idées et celles de Haller qu'il ne paraît point superflu de fixer ici un point d'histoire et de doctrine.

1. Ces trois ouvrages furent publiés à Halle, à l'Orphanotropheum.

2. La *Dissertatio epistolica De Motu Tonico Vitali, & independente Motu Sanguinis Particulari* avait été publiée à Jena, chez Herlen.

Dans sa théorie du mouvement vital tonique, Stahl compose originalement un emprunt de locution et un emprunt de notion. C'est Galien (*De motu musculorum*, I, VII, 8)[1]qui avait appelé mouvement tonique ce que l'on appelle aujourd'hui tonus de posture active. Fabricio d'Acquapendente[2] avait utilisé les mêmes termes. Borelli avait substitué à la locution *motus tonicus* celle d'*actio tonica*. Mais la notion de tonicité comme propriété vitale fondamentale, irréductible à une composition d'effets mécaniques, avait été suggérée à Stahl par la lecture de Glisson (1597-1677): *De natura substantiae energetica* (1672), *De ventriculo et intestinis* (1677)[3]. Glisson, étudiant, sous le nom de *perceptio*, ce que l'on nomme aujourd'hui l'excitabilité de tissu, avait distingué une *perceptio naturalis* – excitabilité directe du tissu, mise en évidence par les mouvements contractiles de tissu intestinal ou musculaire excisé, indépendamment de toute relation au système nerveux – et une *perceptio sensitiva* – dans le cas où la réaction locale de contractibilité est transmise par les nerfs au cerveau et devient consciente. A la « perception naturelle » répond le mouvement naturel, déterminé par les propriétés intrinsèques de la fibre; à la « perception

1. Canguilhem citait cet ouvrage de Galien dans la *FCR*. Il semble avoir utilisé dans ses recherches l'édition par Karl Gottlob Kühn (1754-1840) des *Galeni Opera Omnia* (Leipzig, C. Cnobloch, 1821-1833, 22 vol.). Le *De motu musculorum* se trouve au tome IV, p. 367-464; dans cette édition le texte grec est accompagné de sa traduction latine.

2. Canguilhem fait tout probablement allusion ici au *De musculis* du médecin, chirurgien et anatomiste italien Girolamo Fabrizio d'Acquapendente (ca. 1533-1619). Canguilhem avait une connaissance de première main des travaux de Fabrice sur les mouvements musculaires : dans sa thèse de 1955, il traite en effet des idées que celui-ci avait exposé dans le *De musculis* de 1614 qu'il avait lu dans l'édition des *Opera Omnia* (Leiden, J. Van Kerckhem, 1738); cf. *La formation du concept de réflexe*, éd. Vrin, p. 21-23; aussi, p. 38, note 5. Fabrice d'Acquapendente est surtout connu aujourd'hui pour ses contributions au développement de l'embryologie (*De Formato foetu*, Venizia, Bolzetta, 1600; *De formatione ovi et pulli*, Padua, A. Bencÿ, 1621) et pour sa découverte des valves des veines (*De venarum ostiolis*, Padua, Pasquati, 1603).

3. Le médecin et anatomiste anglais Francis Glisson (1597-1677), formé à l'Université de Cambridge, y enseigna la médecine de 1636 jusqu'à sa mort. Le *Tractatus de natura substantiae energetica, seu de vita naturae* fut publié à Londres chez Flescher; le *Tractatus de ventriculo et intestinis* parut presque simultanément en 1677 à Londres chez Brome et à Amsterdam chez Jacob Junior.

sensitive » répond le mouvement sensitif – c'est-à-dire conscient – à point de départ externe ou interne – c'est-à-dire périphérique ou central[a 1].

Ce que Stahl entend par tonicité c'est la propriété universelle d'excitabilité et de réactivité des tissus. Mais il ne sépare pas, comme Glisson, la réactivité locale et la réactivité d'origine centrale. Toute réactivité locale est l'expression diffuse d'un principe vital indivis, l'âme. C'est ce principe qui est responsable du mouvement de tonicité, caractéristique de la vie. Tel est l'animisme de Stahl qui faisait l'économie, dans l'explication du mouvement musculaire, de beaucoup d'instruments mécaniques et d'accessoires traditionnels, mais au prix, il faut bien le dire, d'une fourniture supplémentaire de métaphysique.

Haller et la doctrine de l'irritabilité

On peut espérer maintenant de pouvoir mieux circonscrire l'originalité de Haller et de pouvoir mieux comprendre les raisons de l'ascendant exercé par ses théories physiologiques pendant près d'un siècle. D'une part, Haller prend acte d'innombrables expériences sur les mouvements d'animaux décapités et d'observations sur les mouvements de fœtus anencéphales pour renoncer à l'hypothèse des esprits animaux comme cause du mouvement musculaire. D'autre part, il retire de la lecture de Glisson et de Stahl le concept de propriété vitale de tissu. Il note que tout mouvement de la fibre musculaire se réduit à une contraction, sur le vivant, et à une rétraction, sur le cadavre, après section. Il appelle, d'après Glisson, *irritabilité* cette propriété spécifique du tissu musculaire (ainsi que du cœur et de l'intestin), qu'on n'observe, selon lui, ni sur le tissu cellulaire, c'est-à-dire conjonctif, ni sur les ligaments ou tendons, ni sur la peau, et qui persiste sur une préparation fraîche de muscle excisé, sans rapport aux nerfs ni au cerveau.

> Cette force est absolument différente de tout autre propriété des corps connue jusqu'à présent, et l'observation en est nouvelle. Elle ne dépend ni du poids,

a. *Cf.* Owsei TEMKIN, The classical roots of Glisson's doctrine of irritation (*Bul. of the Hist. of Medic.*, XXXVIII, n° 4, [juillet-août] 1964 [p. 297-328]).

1. Cette note est évidemment une addition de l'édition de 1969; elle substitue incorrectement « evolution » à « irritation » au dernier mot du titre, erreur reprise dans les éditions subséquentes.

ni de l'attraction, ni de l'élasticité puisqu'elle est propre à la fibre molle et qu'elle disparaît dans la fibre qui se durcit (1747).

Cette force d'irritabilité dépend strictement et uniquement de la structure du muscle et ne doit rien au nerf, dont la *sensibilité* est la propriété spécifique. Haller est persuadé de fonder solidement cette distinction sur l'expérience, ou plus exactement sur des expériences, car c'est par centaines qu'il faut compter ses essais pour séparer et réunir les tissus et les organes, relativement à la présence ou à l'absence de l'une ou de l'autre de ces propriétés[a]. Le cœur paraît à Haller un organe éminemment irritable dont le sang excite incessamment la contraction; viennent ensuite, dans l'ordre, l'intestin, le diaphragme, les muscles du squelette. Il admet une troisième force vitale spécifique, quoique secondaire, la *contractilité*, propre au tissu cellulaire (conjonctif).

En somme Haller nommait irritabilité ce que les physiologistes nomment contractilité, il nommait contractilité ce qu'ils nomment élasticité, il nommait sensibilité ce qu'ils nomment la conductibilité du nerf. De sorte que nous pouvons résumer comme suit la différence entre les conceptions de Stahl et de Haller. Ils admettaient l'un et l'autre que la contractilité du tissu musculaire, en réaction à un stimulant, est une propriété organique originale, d'où leur renoncement commun à toute explication de type cartésien, chimiste ou newtonien, du mouvement musculaire. Mais tout en la nommant tonicité, Stahl, parce qu'il la rendait dépendante de la sensibilité, c'est-à-dire du pouvoir inconscient ou réfléchi de l'âme, étendait cette propriété à la totalité des tissus de l'organisme. Haller, inversement, donnant à la seule contractilité le nom antérieurement (Glisson)[b] et postérieurement (Brown[1],

a. *De partibus corporis humani sentientibus et irritabilibus*, Göttingen, [J. C. Dieterich,] 1753. [Ce mémoire avait aussi paru cette même année dans les *Commentarii Societatis Regiae Scientiarum Gottingensis*, (année 1752), vol. 2, p. 114-158.] – *Mémoires sur la nature sensible et irritable des parties du corps animal*, trad. fr., [4 vol.,] Lausanne, [Marc-Michel Bousquet, 1756-1760; vol. II,] 1757.

b. Dans le *De ventriculo et intestinis*, le chap. VI a pour titre « De irritabilitate fibrarum ». [En fait, il s'agit du chapitre VII, p. 168-179.]

1. Le système du médecin écossais John Brown (1735-1788) eut au XVIIIe siècle une immense vogue internationale. Les *Elementa Medicinae* furent d'abord publiés à Edinburgh (C. Elliot, 2 vol., 1780-1784). Deux traductions françaises en furent publiées en 1805 : *Éléments de médecine*, traduction par Pierre Éloi Fouquier, Paris, Denonville et Gabon, an XIII; *Éléments de médecine, avec les commentaires de l'auteur et les notes du Dr Beddoes*, traduits par le

Broussais[1], Cl. Bernard) attribué à une propriété générale de réactivité organique, et constatant que contractilité et sensibilité sont en fait dissociables, concluait que l'irritabilité ne doit rien ni à l'âme ni aux nerfs. La doctrine de Stahl était un vitalisme de principe, fondé sur sa philosophie animiste; la doctrine de Haller était un vitalisme de fait, l'affirmation de la spécificité des réactions organiques, invitant le physiologiste à forger lui-même ses principes d'explication, sans espérer de pouvoir les emprunter.

Recherches ultérieures sur la contraction musculaire

Sprengel a détaillé l'histoire du sort que les contemporains et les successeurs firent subir à la théorie des forces élémentaires du corps animal, dans leurs efforts pour la confirmer ou l'attaquer. Notons simplement qu'en 1753 l'Académie de Berlin mit au concours l'explication de l'action des muscles et que le prix fut décerné à Claude Le Cat pour un mémoire dont le titre suffit à indiquer que l'indépendance des fonctions du muscle et du nerf n'était pas universellement acceptée, même du vivant de Haller: *Traité de l'existence, de la nature et des propriétés du fluide des nerfs et principalement de son action dans le mouvement musculaire.*

docteur René-Joseph Bertin, an XIV. Canguilhem possédait la traduction Fouquier (cote CAN 1909, dans sa bibliothèque conservée au CAPHÉS). Le nom de Brown apparaît ici pour la troisième fois dans les écrits publiés de Canguilhem. Il en avait déjà discuté la doctrine dans sa thèse de médecine (*NP*, éd. Quadrige, p. 26-29), son nom était apparu allusivement en 1951 dans l'article « Le Normal et le pathologique » (repris dans *La connaissance de la vie*) et il reviendra dès 1959 dans « Thérapeutique, expérimentation, rationalité » (texte repris dans les *Études d'histoire et de philosophie des sciences* en 1966), mais c'est surtout dans les années 1970 qu'il fera l'objet d'une attention plus soutenue à diverses occasions et qu'il servira de cas exemplaire de ce que Canguihem en viendra à appeler une « idéologie scientifique » (cf. *Idéologie et rationalité, passim.*)

1. François Broussais (1772-1838), médecin français. D'abord médecin dans la marine puis à l'armée, devint médecin en chef de l'Hôpital militaire du Val-de-Grâce et enfin professeur à la Faculté de Médecine de Paris. Il est l'auteur du principe dit de Broussais, selon lequel il y a identité du normal et du pathologique, aux variations quantitatives près. Comme on sait, Canguilhem a fondé les démonstrations de sa thèse de 1943 sur la réfutation de ce principe. Sur les idées médicales de Broussais, *cf.* Jean-François Braunstein, *Broussais et le matérialisme. Médecine et philosophie au* XIX*e siècle*, Paris, Méridiens Klincksieck, 1986; sur le « principe de Broussais », *cf.* p. 213-226.

Il est possible qu'en mettant une telle question au concours l'Académie de Berlin ait cherché à imiter la fondation – due à W. Croone[1] (1633-1684), auteur d'un *De ratione motus musculorum* (1664) – dans la *Royal Society*, des *Croonian lectures*, conférences consacrées au problème de l'action musculaire, dont les premières sont celles d'Alexander Stuart[2], *Three lectures on muscular motion* (1737), et dont la liste entre 1738 et 1791 a été relevée par J.F. Fulton[3]. L'existence d'une telle fondation suffit à mesurer l'intensité de l'intérêt suscité au XVIIIe siècle par la question du mouvement musculaire[4].

1. Cet ouvrage du riche médecin anglais William Croone, l'un des initiateurs de la Royal Society of London et son premier *registrar*, avait été publié à Londres chez Hayes et avait aussi paru à Amsterdam la même année, et de nouveau dans cette ville en 1667. Canguilhem indique dans la *FCR* (p. 70, note 2) avoir lu cet ouvrage « dans le t. I des *Opera Omnia* de Willis (Lyon, Huguetan, 1681) où il se trouve interpolé entre le *Cerebri anatome* et le *De morbis convulsivis*, aux pages 417-434 ». Croone avait obtenu sur instance royale un M.D. de l'Université de Cambridge (1662); surtout praticien, et bien qu'il ait donné des conférences à la *Company of Surgeons*, le *De ratione motus musculorum* semble la seule publication qu'on lui connaisse.

2. Le médecin anglais Alexander Stuart (1673-1742) avait obtenu un doctorat en médecine de l'Université de Leyde après avoir servi comme chirurgien dans la marine. Il s'installa ensuite dans la région londonienne où il pratiqua en milieu hospitalier. Ses « Three Lectures », prononcées en 1738, malgré ce qu'en écrit Fulton, ont été publiées en supplément aux *Philosophical Transactions* en 1739 (London, chez T. Woodward). Stuart avait déjà publié en 1737 une *Dissertatio de natura et causa motus musculorum* (Bordeaux, P. Brun) et, en 1738, il publia aussi une *Dissertatio de structura et motu musculari* (London, Samuel Richardson) qui aurait d'abord paru à Leyde en 1711 sous le titre *Dissertatio medica inauguralis de structura et motu musculari.* Canguilhem référait déjà à Stuart, sous l'autorité de Fulton, dans sa thèse de 1955 : *La Formation du concept de réflexe*, *op. cit.*, p. 89.

3. L'ouvrage du physiologiste américain John Farquhar Fulton (1899-1960), *Muscular Contraction and the Reflex Control of Movement* (Baltimore, Williams & Wilkins, 1926) comprend une substantielle introduction historique (p. 3-55). Elle a visiblement servi de guide bibliographique à Canguilhem pour la rédaction de la présente section sur « La contraction musculaire ». Canguilhem renvoie fréquemment à cet ouvrage dans sa thèse de 1955, pas toujours positivement, bien qu'il qualifie (p. 151) de « pages remarquables » son introduction historique. Fulton avait étudié la physiologie à Oxford où il eut l'occasion de travailler dans le laboratoire de Sherrington. Il compléta ensuite ses études médicales à Harvard (1928) et poursuivit l'essentiel de sa carrière comme professeur de physiologie à l'Université Yale, où il eut notamment l'occasion de participer aux premières études cliniques sur la pénicilline.

4. Les *Croonian Lectures*, qui existent toujours, avaient été créées par la veuve de William Croone « for the support of a lecture and illustrative experiment for the advancement of natural knowledge on local motion », de sorte que parmi les premières conférences, certaines portèrent par exemple sur le mouvement du cœur (Alexander Stuart en 1738), sur le mouvement péristaltique des intestins (Stuart encore, en 1740), ou celui de la vessie (James Douglas (1675-1742) en 1742), et non seulement sur les organes de la locomotion ou de la préhension.

Pour montrer enfin que la physiologie vitaliste de la contraction ne reste pas purement spéculative, signalons l'ouvrage dans lequel Barthez (1734-1806) applique les lois de l'action vitale des muscles – plus apparentée, selon lui, à la tonicité de Stahl qu'à l'irritabilité hallérienne – à la description et à l'explication des mouvements de locomotion animale (marche, saut, nage, vol, etc.) : *Nouvelle mécanique des mouvements de l'homme et des animaux*, 1798[1]. C'est le travail le plus important sur la question, après le traité de Borelli, dont Barthez conteste le principe fondamental, emprunté à Gassendi[2], savoir que l'animal progresse par la réaction élastique du milieu.

En terminant l'abrégé des études sur la contraction musculaire, dominées par le prestige de la physiologie hallérienne, nous devons noter que la liquidation des explications mécanistes par la théorie de l'irritabilité ouvrait, dans la dernière décade du XVIIIe siècle, la voie à d'autres types de recherches sur la contraction musculaire, à partir des expériences de Galvani[3] sur l'électricité animale et des travaux de Lavoisier sur la respiration et l'énergétique organique. Entre le moment où Lavoisier et Seguin constatent globalement la proportionnalité directe du rapport entre l'exercice musculaire et la consommation d'oxygène (1789), et le moment où Regnault et Reiset (*Recherches chimiques sur la respiration des animaux* [*des diverses classes*], 1849)[4], établissent exactement, par la mesure, les réactions chimiques fondamentales du travail musculaire, une foule d'hypothèses, progressivement plus métriques et moins fantaisistes, tendent à rendre compte de la contraction musculaire par des phénomènes chimiques.

1. Sur Barthez, cf. *supra*, p. 715, n. 2. La *Nouvelle méchanique des mouvements* avait été publiée à Carcassonne, à l'imprimerie de Pierre Polère, en l'an VI. Cet ouvrage se trouve dans la bibliothèque de Canguilhem conservée au CAPHÉS (cote CAN 1906).

2. Sur Pierre Gassendi, cf. *supra*, p. 696, n. 1.

3. Sur Galvani, voir la section qui suit.

4. Ce long article de Victor Regnault (1810-1878) et Jules Reiset (1818-1896), avait été publié dans les *Annales de chimie et de physique*, 1849, 3e série, vol. 26, p. 299-519. Victor Regnault reste connu surtout pour ses travaux en chimie organique et sur la thermodynamique. Ancien élève de l'École Polytechnique et de l'École des Mines, il avait été se perfectionner à Giessen dans le laboratoire de Liebig. Après avoir été professeur de chimie à la Faculté des Sciences de Lyon, puis à l'École Polytechnique, il avait été élu à la chaire de physique au Collège de France en 1841. Il termina sa carrière comme directeur de la Manufacture de Sèvres où se poursuivirent ses études sur les propriétés thermiques de la matière. Jules Reiset publia plusieurs travaux de chimie agronomique jusqu'à la fin des années 1880. Il fut aussi député à l'Assemblée nationale pendant quatre années, à compter de la fin de 1859.

Dès 1801, dans ses *Nouveaux éléments de physiologie*, Richerand[1] ne fait allusion qu'à des hypothèses chimiques sur la contraction musculaire. K. Sprengel les relate, année par année, dans son aperçu critique de l'histoire de la médecine pendant les dix dernières années du XVIIIe siècle. Elles n'ont, bien entendu, qu'un intérêt littéraire. Si l'on note simplement que l'illustre anatomiste J.C. Reil (1759-1813) s'en autorise pour esquisser contre le vitalisme un matérialisme chimique, dans son mémoire *Von der Lebenskraft*, c'est parce que cet essai inaugure, en 1796, la fameuse publication, fondée par Reil lui-même, *Archiv für die Physiologie*[2].

V. LES FONCTIONS DU NERF ET DU SYSTÈME NERVEUX

Si la théorie hallérienne de l'irritabilité des fibres musculaires a rendu à la physiologie du muscle le service incontestable de détourner les esprits du prestige des schémas mécanistes et de les rendre disponibles et accueillants pour de nouvelles méthodes d'étude, à partir des premiers succès de Lavoisier dans le domaine de la bio-chimie, on n'en saurait dire autant pour ce qui concerne la physiologie du système nerveux. En dissociant à l'excès la fonction du muscle et la fonction du nerf, Haller contribuait, à son insu, à obscurcir le sens et l'importance des travaux d'une pléiade d'observateurs ingénieux et d'expérimentateurs habiles s'efforçant, par l'analyse des conditions d'exercice de la motilité involontaire, d'établir les relations exactes du mouvement et de la sensibilité.

Sous ce rapport, encore qu'elle fût manifestement plus métaphysique et moins positive, l'inspiration que les physiologistes de la deuxième moitié du siècle pouvaient trouver dans la lecture de Stahl était plus féconde. En les orientant vers la notion de l'être vivant se conservant et se comportant téléologiquement comme un tout, l'animisme leur suggérait une idée directrice

1. Anthelme Richerand (1779-1840), chirurgien et physiologiste français, exerça une grande influence dans l'enseignement par ses *Éléments de physiologie* qui eurent une dizaine d'éditions. L'essentiel de sa carrière se passa à l'Hôpital Saint-Louis à Paris; il exerça sous la Restauration des fonctions de chirurgien consultant auprès de la famille royale. La première édition des *Éléments* parut en un volume à Paris chez Richard, Caille et Ravier; la dixième, en 3 volumes, à Paris chez Béchet jeune.

2. Sur Reil, cf. *supra*, p. 720, n. 2. L'article « Von der Lebenskraft » parut en effet dans la première livraison des *Archiv*, vol. 1, n° 1, 1796, p. 8-162.

plus juste des fonctions régulatrices et coordinatrices du système nerveux. Cette idée venait soutenir et exalter l'intérêt que les médecins cliniciens accordaient traditionnellement aux faits de « sympathie » c'est-à-dire de réaction à distance, attestant de la structure organique comme *consensus* d'organes et de fonctions.

Les différentes explications du mouvement automatique

La question la plus importante de la physiologie nerveuse, à l'époque, était de fixer simultanément d'une part la relation entre la conductibilité des excitations, conditions initiales des mouvements, et les sensations comme conscience des excitations, et d'autre part la relation entre l'innervation du muscle et sa fonction contractile. Les solutions de cette question comportaient toutes nécessairement une prise de position relativement au siège et aux organes de la sensibilité. Leur présentation en un tableau d'ensemble paraît devoir permettre de mieux saisir l'originalité respective de leurs auteurs.

Un fait, de tout temps connu, et conceptualisé d'abord par Aristote et Galien, est l'existence des mouvements involontaires, souvent inconscients aussi, les uns dits vitaux, comme le pouls, les autres dits animaux, comme la contraction de la pupille sous l'effet de l'illumination. Mais il y a plusieurs explications possibles de cette détermination inconsciente de la réaction par l'excitation.

Qui tient le cerveau pour le réservoir des esprits animaux et pour l'origine des nerfs qui les distribuent, comme aussi pour le siège, soit en sa totalité, soit en l'une de ses parties, d'une âme indivisiblement sensitive, volontaire et raisonnable, doit admettre qu'en certains cas d'automatisme le relais cérébral entre l'excitation et la réaction consécutive peut ne jouer qu'un rôle mécanique. C'est le cas de Descartes au XVIIe siècle, d'Astruc [1] au XVIIIe.

Qui prend en considération les faits de mouvements d'organes séparés (cœur excisé de grenouille ou d'anguille) ou d'animaux décapités [2] (Batraciens, Reptiles, Oiseaux) ou de fœtus anencéphales (observations de

1. Sur Astruc, cf. *supra*, p. 706, n. 3. Les idées d'Astruc sont longuement discutées par Canguilhem dans *La formation du concept de réflexe*, particulièrement p. 98-101.

2. Questions traitées aussi dans *La formation du concept de réflexe*, au chapitre V : « Animaux décapités et sympathies organiques », p. 89-107.

Haller, de Le Cat, de Winslow[1], de Prochaska[2]), et par suite ne tient pas le relais cérébral pour nécessaire dans la relation de l'excitation et du mouvement, peut hésiter, par contre, entre deux explications.

Si l'on identifie, quant à leur compréhension et à leur extension, les concepts de sensibilité et de conscience sensitive, et si l'on tient le cerveau pour l'organe de la conscience sensitive, on est entraîné, par la constatation de mouvements automatiques inconscients, à nier l'existence du relais cérébral comme condition nécessaire du mouvement. Haller, en concevant l'irritabilité comme réaction spécifique de certains tissus à un excitant local, pousse jusqu'à la limite cette tendance à la décentralisation.

Si l'on pense, au contraire, que sensibilité et conscience sont deux concepts qui ne se recouvrent pas, que les fonctions de l'âme se divisent, au moins quant à leur siège, et que la sensibilité peut n'être pas consciente sans manquer pour autant d'avoir quelque siège central, alors on peut hésiter entre deux façons de concevoir un siège central de sensibilité inconsciente.

Si l'on admet encore que le nerf reçoit de l'encéphale les esprits animaux qu'il canalise, on doit, tout en maintenant l'exclusivité d'un siège encéphalique de l'âme, reconnaître dans ce siège l'existence d'étages distincts et séparés. C'est le cas de Willis au XVIIe siècle.

1. Jacques Benigne Winslow (1669-1760), anatomiste français d'origine danoise, docteur en médecine de la Faculté de Paris, fut professeur d'anatomie au Jardin du Roi et à la Faculté de Paris. Il est notamment l'auteur d'un mémoire sur la mort apparente (1742), et d'une *Exposition anatomique de la structure du corps humain* (Paris, G. Desprez et J. Dessesartz, 1732, 4 vol.). Winslow avait activement participé à l'Académie royale des sciences à la longue controverse sur les monstres, y défendant la thèse préformationniste. Le mémoire auquel fait ici allusion Canguilhem a pour titre « Observations anatomiques sur un enfant né sans tête, sans col, etc. », publié dans les *Mémoires* de l'Académie pour l'année 1740 (Paris, 1742), aux pages 586-606. Deux ans plus tard Winslow examinera les idées de Haller sur la question (« Remarques sur deux dissertations touchant les monstres, etc. », *Mémoires*, année 1742 (publiés en 1745), p. 91-120). Patrick Tort a étudié cette controverse et le rôle qu'y joua Winslow ; cf. *L'ordre et les monstres*, Paris, Le Sycomore, 1980.

2. Georg Prochaska (1749-1820), médecin, anatomiste et physiologiste d'origine morave, après des études de médecine fut professeur d'anatomie et d'ophtalmologie à l'Université de Prague (1778-1791), puis à compter de cette dernière date à l'Université de Vienne. Prochaska joua un rôle pivot dans l'histoire du concept de réflexe, et Canguilhem dans sa thèse de 1955 étudie en détail ses conceptions, notamment aux pages 115-121. La bibliothèque de Canguilhem conservée au CAPHÉS contient un ouvrage en 2 volumes de Prochaska : *Lehrsätze aus der Physiologie des Menschen zum Gebrauche seiner Vorlesungen* (Wien, C. F. Wappler, 1797), (cote CAN 1924).

Mais si l'on substitue aux esprits animaux d'origine cérébrale une force nerveuse *(vis nervosa)* coextensive au système nerveux, on peut être conduit à supposer l'existence d'autres centres de sensibilité et de coordination sensorimotrice que le cerveau. Cela revient à supposer l'existence d'une sorte de sensibilité non sentie, en raison principalement d'un fait auquel les idées de Stahl ont rendu attentifs plusieurs observateurs, à savoir que les mouvements animaux, même automatiques, conservent un sens d'adaptation et d'auto-conservation pour l'organisme, qu'en conséquence ils sont irréductibles au mécanisme, et qu'ils enferment une relation à quelque fonction fondamentalement, quoique obscurément, psychique. Et tel est le cas de Whytt[1], de Unzer[2] et de Prochaska au XVIIIe siècle, tel sera le cas de Pflüger[3] au XIXe.

1. Le physiologiste écossais Robert Whytt (1714-1766), qui détenait deux doctorats en médecine, de Reims (1736) et de Saint-Andrews (1737), fut professeur de théorie médicale à l'Université d'Edinburgh. Il publia notamment *An Essay on the Vital and other Involuntary Motions of Animals* (Edinburgh, Hamilton, Balfour & Neill, 1751) et un *Traité des maladies nerveuses hypochondriaques et hystériques* (1764) dont Canguilhem utilise dans la *FCR* la traduction française (Paris, chez P. Fr. Didot jeune, 1777). Sa bibliothèque au CAPHÉS contient l'édition de 1767 (2 vol.) que lui avait offerte son ami Marc Klein (cotes CAN 1904 et 1905) « en souvenir de sa soutenance de thèse en Sorbonne, le 30 avril 1955 ». Les idées de Whytt sont examinées dans la *FCR* (particulièrement p. 101-107) et des réserves y sont émises sur sa priorité de première description des mouvements de la grenouille décapitée (*cf.* p. 91). Sur les fonctions de la moëlle épinière selon Whytt, cf. *infra*, p. 808 *sq*.

2. Le médecin et physiologiste allemand Johann Augustus Unzer (1727-1799) partage avec Prochaska le chapitre VI de la *FCR*. Canguilhem y examine ses idées particulièrement aux p. 108-113. Unzer avait été formé à Halle (M.D. 1748) dans un environnement favorable aux idées de Stahl. Intéressé à fixer le type de forces ou d'âmes propres à chaque groupe animal, il avait procédé expérimentalement, notamment par des décapitations, en vue de déterminer le rôle du cerveau et des divers éléments du système nerveux dans les mouvements volontaires ou involontaires. Il a rendu compte de l'essentiel de ses recherches dans ses *Erste Gründe einer Physiologie der eigentlichen thierischen Natur thierischer Körper* (Leipzig, Weidmanns Erben und Reich, 1771). Il existe aussi une édition anglaise (*Principles of Physiology*, London, The Sydenham Society, 1851), mais c'est l'édition allemande qu'a utilisée Canguilhem dans ses travaux.

3. Le physiologiste allemand Eduard Pflüger (1829-1910) pensait en effet que la conscience est coextensive à l'ensemble du système nerveux (cf. *FCR*, p. 129, note 2). Pflüger avait étudié la médecine à Giessen où il avait conduit des recherches sur le rôle de la moelle épinière et sur le réflexe (M.D. 1851), puis avait poursuivi ses recherches neurologiques à Berlin (second M.D. 1855) avec Johannes Müller. Il succéda à Helmholtz dans la chaire de physiologie de l'Université de Berlin en 1859. Parmi les écrits issus de ses très nombreux travaux expérimentaux (en embryologie, en électrophysiologie, sur les échanges gazeux des tissus, etc.) *Die sensorischen Functionen des Rückenmarks der Wirbeltiere nebst einer neuen*

Dans cette dernière position, les explications du mouvement automatique font encore appel à l'âme comme *sensorium commune*, c'est-à-dire pouvoir de sensibilité commune, non discriminatoire, et l'on y voit les recherches anatomiques sur la structure du cervelet et de la moelle épinière interférer avec les tentatives de localisation extra et infra-cérébrale du *sensorium commune* et avec l'analyse expérimentale des conditions nerveuses des phénomènes moteurs. C'est par le recoupement de toutes ces recherches que le concept de mouvement réflexe est peu à peu formé au cours du XVIIIe siècle.

La localisation du sensorium commune *et la formation du concept de mouvement réflexe*

Descartes avait enseigné, dans la *Description du corps humain* (1664), que si l'âme ne peut exciter un mouvement dans le corps que sous condition d'une disposition convenable des organes, par contre « lorsque le corps a tous ses organes disposés à quelque mouvement il n'a pas besoin de l'âme pour le produire ». Et le *Traité de l'homme* était le démontage de la machine humaine, dans l'état où, avant son union à l'âme, elle n'est pas encore un organisme humain. Dans l'ordre de ses rapports sensori-moteurs avec l'environnement, une fonction essentielle de cette machine était la relation de dépendance constante entre l'excitation et le mouvement, sans événement de conscience. Descartes avait décrit, à cet effet, quelques-uns des phénomènes appelés depuis réflexes, tels que le réflexe pupillaire, le réflexe palpébral, le réflexe de rétraction d'un membre consécutivement à une brûlure, le réflexe d'extension du membre supérieur au moment d'une chute.

Willis avait donné de cette même sorte de mouvements l'exemple typique du réflexe de grattage (*scratch reflex* de Sherrington), et il était allé plus loin que Descartes en nommant expressément ce mouvement *(motus reflexus)* et en fixant dans une définition le concept correspondant :

> Motus est reflexus qui scilicet a sensione praevia, tamquam causa evidenti aut occasione immediatius dependens, illico retorquetur. [Le mouvement est réflexe lorsque, dépendant immédiatement d'une sensation antécédente en

Lehre über die Leitungsgesetze der Reflexionen (Berlin, August Hirschwald, 1853), dans lequel Pflüger énonce les « lois du réflexe », est l'ouvrage qui a surtout retenu l'attention de Canguilhem.

> tant que cause ou occasion manifeste, il est retourné instantanément vers le point d'origine] (*De motu musculari*, 1670)[1].

Willis admettait que tout mouvement suppose un flux centrifuge d'esprits animaux, à partir de l'encéphale – et non plus simplement du cerveau – mais il distinguait les mouvements volontaires commandés par le cerveau, par exemple la locomotion, des mouvements naturels ou involontaires commandés par le cervelet et le bulbe rachidien, tels que respiration ou pulsation cardiaque, et, corrélativement il distinguait deux âmes, l'une sensitive et raisonnable, l'autre sensitive et vitale, commune à l'homme et aux animaux (*De anima brutorum*, 1672). La délimitation topographique des sièges de ces deux âmes était située, chez l'homme, dans les corps striés, siège du *sensorium commune* de l'âme raisonnable. C'est à cet étage que s'opérait la discrimination entre les impressions sensorielles réfléchies en mouvements, sans référence à la conscience, et les impressions explicitement perçues comme telles par l'âme.

Au XVIIIe siècle, Vieussens (1641-1715)[2], Boerhaave, La Peyronie (1678-1747)[3], Lorry (1725-1785)[4], Haller, pour ne citer que les principaux parmi une foule d'anatomistes, assignèrent au *sensorium commune* des sièges organiques divers, selon l'idée qu'ils se faisaient, d'après leurs techniques de dissection et les résultats obtenus, des zones cérébrales

1. Dans la traduction de cette citation, les crochets sont de Canguilhem.

2. Raymond Vieussens (1641-1715), médecin qui avait obtenu son doctorat en médecine de la Faculté de Montpellier en 1670, qui avait parmi sa pratique de hauts personnages de la Cour, fut un habile anatomiste qui identifia plusieurs éléments anatomiques qui portent son nom. Il est l'auteur d'un ouvrage majeur dans l'histoire de la neurologie, la *Nevrographia universalis* (Lyon, Jean Certe, 1684) qui s'inscrit dans la continuité des travaux de Willis.

3. François de La Peyronie (1678-1747), chirurgien français, chirurgien chef d'hôpital à Montpellier puis à Paris, professeur d'anatomie au Jardin du Roi, premier chirurgien de Louis XV, fut l'un des fondateurs de l'Académie royale de chirurgie (1731) dans les *Mémoires* de laquelle furent publiés la plupart de ses travaux. Il ne publia, semble-t-il, aucun livre.

4. Anne-Charles Lorry (1726-1783), médecin français, fut l'un des fondateurs de la Société royale de médecine, et docteur régent de la Faculté de Paris où il avait lui-même étudié (M.D. 1748). Lorry avait présenté en 1760 à l'Académie royale des sciences deux mémoires auxquels Canguilhem fait ici allusion : « Sur les mouvements du cerveau et de la dure-mère. Premier mémoire. Sur le mouvement des parties contenues dans le crâne considérées dans leur état naturel », « Second mémoire. Sur les mouvemens contre nature de ce viscère, & sur les organes qui sont le principe de son action », imprimés dans les *Mémoires de mathématiques et de physique présentés à l'Académie royale des sciences*, tome 3, 1760, respectivement p. 217-313 et p. 344-377.

d'origine des nerfs. Vers la fin du siècle, le grand anatomiste Sömmering (1755-1830)[1] ne craignit pas de localiser le *sensorium commune* dans la sérosité des ventricules du cerveau (*Über das Organ der Seele*, 1796), opinion que Kant ne dédaigna pas d'examiner[2].

On ne saurait donc s'étonner de voir Jean Astruc (1684-1766), de Montpellier, loger le sens commun dans la substance médullaire (substance blanche) du cerveau. Cette localisation permet à cet auteur de proposer une explication des phénomènes de sympathie qui contient, à nouveau depuis Willis, la notion de mouvement réflexe (*An sympathia partium a certa nervorum positura in interno sensorio ?*, 1736)[3]. Comment se fait-il qu'une partie de l'organisme étant stimulée ou lésée, ce soit une autre partie qui réagisse à distance ? Astruc refuse l'explication, fréquente à l'époque, selon laquelle certaines fibres de communication relieraient entre eux les nerfs ; selon lui, toutes les fibres nerveuses sont séparées et indépendantes, du cerveau à la périphérie. Astruc explique la réaction de sympathie par la réflexion physique des impressions dans la moelle du cerveau. Quand les esprits animaux, ébranlés par une excitation, dirigés vers le cerveau par le nerf, viennent heurter une des fibres de la texture médullaire, il peut arriver que, « réfléchis suivant une direction qui fasse un angle de réflexion égal à l'angle d'incidence », ils s'engagent dans l'orifice d'un nerf moteur situé sur cette direction réfléchie.

L'éternuement est l'exemple de réflexe choisi par Astruc : l'irritation des narines détermine sympathiquement la contraction du diaphragme, « selon un mécanisme commode, rapide, simple et qui peut être adapté à

1. Samuel Thomas Sömmering (1755-1830) avait étudié la médecine à Göttingen (M.D. 1778) et y avait subi l'influence de Blumenbach. Son ouvrage sur l'organe de l'âme (Königsberg, chez Friedrich Nicolov) le marqua comme un tenant de la *Naturphilosophie*. La grande précision de ses descriptions et l'excellence de ses illustrations anatomiques imposèrent pendant longtemps son ouvrage *Vom Bau des menschlichen Körpers* (Frankfurt am Main, Varrentrapp & Wenner, 1791-1796, 5 parties) comme manuel largement utilisé dans les écoles de médecine allemandes.

2. Kant adressa à Sömmering le 10 août 1795 une lettre sur la question du siège de l'âme et celui-ci la publia en appendice à son ouvrage qui parut l'année suivante. « À propos de l'ouvrage de Sömmering sur l'organe de l'âme » se trouve dans une traduction de Luc Ferry au 3e tome des *Œuvres philosophiques* de Kant dans la Bibliothèque de la Pléiade (éd. de Ferdinand Alquié), Paris, Gallimard, 1986, p. 387-392.

3. Cette dissertation avait déjà retenu l'attention de Canguilhem dans la *FCR* (*cf.* p. 98-99 de cet ouvrage).

l'interprétation de toutes les sympathies du même genre». Il faut noter au passage que Haller a connu et cité cette explication des sympathies, mais sans en apercevoir la portée possible pour la théorie de l'automatisme des mouvements. Sa doctrine de l'irritabilité le lui interdisait.

Robert Whytt. Sa conception des fonctions de la moelle épinière

C'est en rejetant, comme Astruc, l'explication des sympathies par des communications extra-cérébrales entre les nerfs, mais sans pouvoir souscrire à ses idées mécanistes et sans pouvoir davantage admettre à la façon d'Haller, une irritabilité musculaire séparée de la sensibilité, que Robert Whytt (1714-1766), d'Édimbourg, devait esquisser une conception réellement novatrice des fonctions de la moelle épinière. Dans son *Essay on the vital and other involuntary motions of animal* (1751), il s'efforce de prouver, par l'observation et par l'expérience, que les mouvements sont toujours l'effet d'une détermination de l'âme, dont le motif est tantôt la perception explicite, tantôt la sensation confuse de l'application d'un stimulus à l'organisme. Son idée directrice, dans l'explication des mouvements involontaires, est que ceux-ci ont une fin manifeste, savoir l'écartement des causes d'impressions désagréables. Par exemple, la contraction d'accommodation de la pupille à la lumière n'est pas dépendante de l'action directe de la lumière sur l'iris, mais de l'éblouissement importun transmis à l'âme par la rétine et le nerf optique. «La fin générale de tous les mouvements est d'éloigner ce qui irrite, ce qui dérange ou ce qui trouble l'harmonie des fonctions de l'économie animale.» C'est le sens vital de tous les mouvements (que Whytt ne craint pas de comparer au sens moral, immédiat, alogique) qui interdit de leur assigner des causes purement mécaniques. Mais Whytt se défend d'être un « stahlien », un de ceux qui « se sont imaginé qu'on ne pouvait se servir de l'âme pour expliquer ces mouvements qu'en admettant l'opinion des Stahliens dans son entier». Le principe sensitif n'est pas l'âme raisonnable et calculatrice ou, plus exactement, il est cette âme même – il n'y a pas deux âmes – pour autant qu'elle renonce à calculer et à raisonner, pour autant qu'elle se borne à être sensibilité immédiate, et de ce fait inconsciente. Physiologiquement, cela veut dire que le muscle ne se contracte que s'il est innervé et stimulé sensitivement, c'est-à-dire en relation avec le siège de l'âme. Or Whytt n'ignore pas quels arguments Haller tire, à l'appui de ses théories, de la constatation des mouvements d'animaux décapités ou d'organes séparés. C'est alors qu'il soupçonne le rôle de la moelle épinière dans la détermination sensitive du mouvement

> car la moelle épinière ne semble pas être uniquement une prolongation du cerveau et du cervelet; mais il est probable qu'elle prépare un fluide nerveux par elle-même, et que c'est par cette raison que les mouvements vitaux et autres durent encore pendant plusieurs mois dans une tortue dont on a coupé la tête.

Dans un ouvrage ultérieur, paru en 1764, et traduit en français, en 1777, sous le titre *Traité des maladies nerveuses, hypochondriaques et hystériques*, Whytt rapporte l'expérience, déjà faite par Alexander Stuart (1736), consistant à piquer la patte postérieure d'une grenouille décapitée.

> On observe qu'« il survient pour l'ordinaire les plus fortes convulsions, non seulement dans les jambes et les cuisses, mais encore dans le tronc ou le corps proprement dit; et quelquefois la grenouille s'agite de façon à changer de place ». Or ces mouvements de sympathie – entendons aujourd'hui, réflexes – cessent dès que la communication entre l'organe excité et le cerveau et la moelle épinière, origines de tous les nerfs, est interrompue : « La plupart des muscles de la jambe et de la cuisse [d'une grenouille] entrent en contraction, même après que l'on a coupé la tête à l'animal, pourvu que la moelle de l'épine soit restée entière; mais, lorsque cette substance médullaire est détruite ou emportée, les fibres du muscle que l'on a irrité ont, à la vérité, un faible tremblement, mais les muscles environnants demeurent dans un repos parfait. »

Whytt ne prononce pas les mots de réflexion des impressions, du fait que chez Astruc ils se présentaient dans un contexte de physiologie mécaniste. Mais il est le premier qui ait mis en évidence, sans le nommer, le rôle de la moelle épinière comme centre réflexe.

La critique de Unzer

J.A. Unzer (1727-1799) se fit le critique de Whytt en distinguant le sentiment du nerf et la sensibilité proprement dite et en soutenant que le mouvement du vivant n'est pas nécessairement déterminé par l'âme, bien qu'irréductible à un phénomène mécanique. L'organisme animal est bien un système de machines, mais ces machines sont naturelles ou organiques, c'est-à-dire qu'elles sont machines jusque dans leurs plus petites parties, comme l'avait dit Leibniz. Il n'est pas nécessaire à la machine animale d'avoir un cerveau et une âme. Cela n'entraîne pas pour autant que la force nerveuse, chez les êtres sans cerveau, soit une simple action mécanique. La force nerveuse est une force de coordination et de subordination des machines organiques. Il suffit à l'exercice de cette fonction que des ganglions, des plexus, des carrefours en somme, permettent à une impression nerveuse d'origine externe de se réfléchir en excitation d'origine interne dirigée vers tel ou tel organe. Les mouvements d'un polype, animal sans cerveau, s'expliquent ainsi. Et cette explication vaut pour le Vertébré décapité.

> Une telle action nerveuse due à une impression sensitive interne, non accompagnée de représentation, à partir d'une impression sensitive externe réfléchie, est par exemple ce qui a lieu lorsqu'une grenouille décapitée saute quand on lui pince le doigt» (*Erste Gründe einer Physiologie der eigentlichen thierischen Natur thierischer Körper*, 1771, § 495. – « Principes fondamentaux d'une physiologie concernant la nature spécifique des organismes animaux.)

On voit en quoi consiste l'originalité de Unzer : refus d'identifier l'antimécanisme et l'animisme ; décentralisation du phénomène de réflexion des excitations que Willis et Astruc n'avaient su concevoir qu'en lui assignant un siège cérébral.

La synthèse de Prochaska

G. Prochaska (1749-1820), professeur d'anatomie et d'ophtalmologie à Prague et à Vienne, devait réussir à composer les observations de Whytt sur les fonctions de la moelle épinière et les hypothèses de Unzer sur l'extension en dehors du cerveau de la fonction nerveuse réflexe. Dans le mémoire *De functionibus systematis nervosi commentatio* (1784), Prochaska estime que la physiologie du système nerveux s'est trop exclusivement limitée au cerveau, qu'elle a trop ignoré l'anatomie comparée, qu'elle a donc, avant Unzer, méconnu le fait que la force nerveuse *(vis nervosa)* – il n'est plus question désormais d'esprits animaux – requiert uniquement l'intégrité de la relation de la fibre nerveuse au *sensorium commune*, distinct du cerveau. Le nerf sensitif peut, sans relation au cerveau, du fait de la liaison au nerf moteur inséré sur le muscle, et par la médiation du *sensorium commune*, aboutir à la transformation d'une impression en mouvement. Même si Prochaska ne rompt pas encore définitivement avec l'opinion selon laquelle la moelle épinière est un faisceau de nerfs, il affirme radicalement qu'elle est, avec le bulbe, le siège du *sensorium commune*, la condition nécessaire et suffisante de la fonction du nerf, et qu'en la divisant, on divise la force nerveuse sans l'abolir, ce qui explique la persistance de l'excitabilité et du mouvement dans le cas de la grenouille dont la moelle a été sectionnée. C'est au niveau de la moelle que s'opère, selon Prochaska, la réflexion de l'impression en mouvement. Contrairement à Astruc, Prochaska ne tient pas cette réflexion pour un phénomène purement physique, n'obéissant qu'à une loi semblable à celle de la réflexion optique, mais, dans le même esprit que Whytt, il juge que la réflexion médullaire des impressions nerveuses obéit à une loi biologique de conservation du vivant. Les exemples invoqués par Prochaska sont ceux-là mêmes que Descartes et Astruc avaient respectivement décrits, occlusion des paupières et éternuement. Mieux que tous ses prédécesseurs, Prochaska définit le rapport du mouvement réflexe à la conscience : il distingue expressément son aspect d'automatisme obligé de son aspect d'inconscience facultatif et intermittent, et il soutient cette distinction par des arguments d'anatomie comparée. Dans la série animale, le cerveau vient s'ajouter au *sensorium commune.* Et chez l'homme, l'âme a été jointe au corps par Dieu; toutefois « elle ne produit absolument aucune action qui dépende entièrement et uniquement d'elle, mais toutes ses actions se font par le système nerveux comme par leur instrument ». On voit ici Prochaska finir où Descartes avait commencé : l'âme utilise, dans le cas des mouvements volontaires, un appareil qui peut fonctionner aussi sans son concours et sans sa permission. Mais le contexte anatomo-physiologique de cette affirmation est bien différent, puisque Prochaska conçoit le système nerveux, non pas « en général » comme Descartes, mais en série, selon la série animale, et comme une structure progressivement compliquée et hiérarchisée, dont le cerveau humain constitue l'achèvement sans en figurer le type.

Les recherches de physiologie nerveuse, avec Whytt, Unzer et Prochaska, suivirent une voie non cartésienne, non seulement en s'écartant des postulats généraux du mécanisme, mais plus encore peut-être en utilisant une méthode étrangère aux préceptes cartésiens. L'analyse des fonctions physiologiques ne pouvait être poussée bien avant, en se fondant seulement sur l'anatomie des organes et les analogies mécaniques. Disséquer n'est pas, à proprement parler, diviser une difficulté. Par contre la méthode comparative des fonctions et des structures correspondantes, selon la série animale, permettait en physiologie du nerf – comme à Spallanzani en physiologie de la respiration ou de la circulation – de mettre en évidence l'aspect primaire de ses fonctions, plus aisé à saisir dans le cas d'organismes moins strictement intégrés. C'est ainsi que les animaux dits « à sang froid » (Batraciens,

Reptiles) offrirent aux observateurs et expérimentateurs un matériel de choix. Même à travers les abrégés précédents, on peut voir combien la grenouille a été, si l'on ose dire, bonne fille pour les physiologistes ; ils l'ont beaucoup utilisée et elle les a bien servis.

Naissance de l'électro-physiologie

C'est encore la grenouille qui devait permettre à Galvani[1], de Bologne, l'exploration des fonctions du nerf dans une voie où les physiologistes du siècle suivant devaient faire tant de progrès, grâce à la technique de l'électro-physiologie. L'influence du fluide nerveux de l'étincelle électrique sur les organismes était une des curiosités du siècle et même un de ses amusements. Si Caldani[2], de Padoue, avait utilisé la bouteille de Leyde, construite en 1745, à étudier les effets de la décharge électrique sur le cœur et les muscles (1756), par contre l'abbé Nollet l'avait utilisée à étonner et à distraire, en faisant sursauter, la première fois, 180 gardes royaux, et la deuxième fois, 700 moines se tenant par la main, sous l'effet de la décharge d'une puissante bouteille[3]. Moins spectaculairement, Whytt avait observé, en 1751, l'effet

1. Luigi Galvani (1737-1798), médecin et physicien italien, professeur d'anatomie à l'Université de Bologne (1762) où il avait obtenu son doctorat en médecine, puis à l'Institut des sciences de cette ville, avait publié le « De viribus electricitatis in motu musculari commentarius » en 1791 dans les *De Bononiensi scientiarum et artium instituto atque academia commentarii*, vol. 7, p. 363-418. Ce mémoire a été édité avec une traduction en anglais et une substantielle introduction historique par I. Bernard Cohen (1914-2003) : *Commentary on the effects of electricity on muscular motion*, Norwalk, Burndy Library, 1953. Galvani fut l'un des principaux avocats des applications thérapeutiques de l'électricité. Il devait perdre son poste en 1798 pour son refus de prêter serment d'allégeance à la nouvelle République Cisalpine.

2. Leopoldo Caldani (1725-1813), médecin et anatomiste italien, professeur d'anatomie à l'Université de Bologne, puis à celle de Padoue. Il jouit d'une grande réputation comme professeur, publia des manuels universitaires largement diffusés. Ses recherches dans la foulée des idées de Haller sur l'irritabilité, qui utilisaient des animaux vivants, suscitèrent de l'intérêt, mais ses travaux sur la stimulation électrique des nerfs et des muscles, antérieurs à ceux de Galvani, étaient passés largement inaperçus. Ses *Institutiones physiologicae* avaient été publiées à Venise, chez Pezzana, en 1786.

3. Bachelard avait en 1938 rappelé ces épisodes, exemplaires à ses yeux, de « l'esprit préscientifique en quête de variété », dans *La formation de l'esprit scientifique* (Paris, Vrin ; à la p. 31 dans la 3e édition, 1957). L'abbé Jean-Antoine Nollet (1700-1770), à la suite de la découverte de la bouteille de Leyde (1745), se livra à l'expérimentation exploratoire des phénomènes électriques et donna en effet au désir de se « faire électriser », ou de posséder son propre « cabinet de physique », le caractère de passions mondaines. Il passait néanmoins pour un professeur de physique compétent ; Lavoisier, par exemple, avait suivi son cours privé.

contractile et trophique de la secousse électrique sur les muscles paralysés. Walsh avait établi, par des expériences faites à La Rochelle, en 1772, la nature électrique de la secousse provoquée par la torpille [1], phénomène que Haller, suivant l'exemple de Borelli, tenait pour simplement mécanique. Ce n'est donc pas seulement le hasard qui permit à Galvani, alors qu'il étudiait, en 1780, l'influence de l'étincelle électrique sur les muscles des cuisses de grenouilles, de remarquer l'existence de contractions induites, sans étincelle, sous l'effet d'un arc composé de deux métaux différents. L'idée lui étant venue que l'électricité était inhérente à l'organisme lui-même, il poursuivit des expériences pour déterminer lequel des deux, muscle ou nerf, en était le siège, et lequel, le conducteur (*De viribus electricitatis in motu musculari commentarius*, 1791). La polémique entre Galvani et Volta [2], qui contestait l'existence d'une électricité animale, suscita de nombreux travaux, parmi lesquels ceux de Valli [3] et d'Alexandre de Humboldt [4]. Ainsi,

1. John Walsh (1726-1795), « On the electric property of the Torpedo : In a letter from John Walsh to Benjamin Franklin », *Philosophical Transactions*, vol. 63, 1773, p. 461-477. Il s'agirait de la seule contribution scientifique de cet ami de Franklin (1706-1790), bien qu'il fût membre de la Royal Society de Londres qui lui décerna d'ailleurs sa Médaille Copley pour cette contribution. Citoyen britannique, il avait séjourné au Bengale, y avait fait fortune et était revenu en Angleterre pour y mener la vie de gentilhomme.

2. La chronique de cette profuse polémique a été notamment faite par Marcello Pera dans *The Ambiguous Frog : The Galvani-Volta Controversy on Animal Electricity*, Princeton, Princeton University Press, 1992. Le physicien italien Alessandro Volta (1745-1827), passionné par les phénomènes électriques dès son adolescence, d'abord convaincu de l'existence d'une électricité comme phénomène spécifiquement animal, avec son invention de la pile électrique estimait avoir mis fin à cette hypothèse (« On the electricity excited by the mere contact of conducting substances of different kinds », *Philosophical Transactions*, vol. 90, 1800, p. 403-431). Volta avait commencé par enseigner la physique au « Ginnasio » de Côme (1774) ; il passa à l'Université de Pavie en 1778 et y poursuivit le reste de sa carrière.

3. Le médecin italien Eusebio Valli (1755-1816) fut l'un des premiers à répéter les expériences de Galvani. Ses *Lettere sull'electricità animalia ad un suo amico* (Torino, 1792) furent suivies d'une série de publications très militantes en faveur du galvanisme. Il publia dès 1793 en anglais ses *Experiments on Animal Electricity with their Applications to Physiology and some Pathological and Medical Observations* (Londres, J. Johnson).

4. Le naturaliste et physicien allemand Alexander von Humboldt (1769-1859) insatisfait des conclusions de Volta s'était engagé dans une série d'expérimentations le menant à conclure que deux phénomènes différents étaient véritablement en jeu, l'électricité de contact, bimétallique, d'une part, et d'autre part, l'activité électrique intrinsèque à l'existence animale. Il reste aujourd'hui surtout connu pour ses travaux de biogéographie, largement fondés sur ses explorations en Amérique du sud avec Aimé Bonpland (1773-1858), *Voyage aux régions équinoxiales du Nouveau Continent*, (Paris, Schoell, Dufour, Maze et Gide, 1805-1834, 30 vol.)

au moment même où la fonction de respiration animale recevait de la chimie sa première explication à la fois expérimentale et rigoureuse, les fonctions du nerf et des centres nerveux trouvaient dans le courant électrique, plus encore qu'un terme d'analogie pour l'explication de la nature de la force nerveuse, un moyen technique décisif pour l'analyse exacte de ses conditions d'exercice. Les résultats de cette technique analytique devaient désormais croître en nombre et en précision, surtout après que, dans les premières décades du XIXe siècle, Legallois eût montré la segmentation fonctionnelle du centre médullaire (1809-1812)[1], et que Charles Bell d'abord (1811)[2] et Magendie ensuite (1822)[3] eurent distingué les fonctions, respectivement motrice et sensitive, des racines antérieures et postérieures des nerfs rachidiens.

et aussi pour son *Kosmos : Entwurfeiner physischen Weltbeschreibung*, Stuttgart et Tübingen, J. G. Cotta, 1845-1862, 5 vol., un ouvrage pour lequel Canguilhem exprimait volontiers son admiration (aussi traduit en français : *Cosmos. Essai d'une description physique du monde* (Paris, Gide et Beaudry, 1848-1859, 5 vol.).

1. Julien Legallois (1770-1814), médecin et physiologiste français dont Canguilhem souligne les grandes qualités d'expérimentateur (cf. *FCR*, p. 125-126), avait obtenu son M. D. de l'École de santé de Paris en 1801, alors qu'il avait déjà une longue expérience hospitalière. Ses *Expériences sur le principe de la vie, notamment sur celui des mouvements du cœur, et sur le siège de ce principe* (Paris, D'Hautel, 1812), critiques en regard de certaines positions de Bichat, firent époque en France en expérimentation animale et se placent au commencement de la lignée illustrée par Magendie et ses successeurs.

2. Sir Charles Bell (1774-1842), médecin, anatomiste et physiologiste écossais. Formé auprès de son frère chirurgien et ensuite à l'Université d'Edinburgh, il ouvrit sa propre école privée d'anatomie à Londres en 1804. Il ne devait retourner à Edinburgh qu'en 1826 pour occuper à l'université la chaire de chirurgie. Il avait parmi ses nombreuses découvertes identifié la fonction motrice de la racine antérieure des nerfs rachidiens (cf. *Idea of a New Anatomy of the Brain*, London, Strahan & Preston, 1811; « On the nerves; giving an account of some experiments on their structure and functions, which lead to a new arrangement of the system », *Philosophical Transactions*, vol. 111, 1821, p. 398-424). L'attribution de la priorité de la découverte à Bell ou à Magendie donna lieu à une célébre dispute.

3. François Magendie (1783-1855) avait établi la fonction sensitive de la racine dorsale des nerfs rachidiens dans ses « Expériences sur les fonctions des racines des nerfs rachidiens », *Journal de physiologie expérimentale et pathologique*, vol. 2, 1822, p. 276-279 et 366-371. L'essentiel de sa doctrine physiologique se trouve dans ses *Leçons sur les phénomènes physiques de la vie*, Paris, Baillière, 1836-1838, 4 vol. Il avait obtenu son doctorat en médecine à Paris, en 1808, après avoir fait un apprentissage auprès d'un chirurgien et avoir été reçu interne des hôpitaux de Paris dès 1803. Il avait commencé à enseigner à l'École de médecine dès 1807. Il fut nommé à la chaire de médecine au Collège de France en 1831.

VI. Les glandes et leurs sécrétions [1]

Il eût été apparemment plus conforme à l'ordre physiologique d'esquisser l'histoire des théories de la sécrétion après l'histoire de la circulation et avant l'histoire de la physiologie musculaire et nerveuse. Mais l'histoire des études relatives à la sécrétion présente l'intérêt singulier de confirmer, maintenant, le fait que les médecins-physiologistes du XVIIIe siècle ont de plus en plus vivement ressenti l'impossibilité de se contenter des schémas explicatifs de l'iatromécanisme.

Descartes *(Traité de l'Homme)* et Borelli (*De motu animalium*, 2e partie, chap. IX et X) avaient prêté aux glandes la structure et les fonctions d'un crible. « La bile, dit Borelli (Proposition CXLV), peut être séparée du sang, dans le foie, par un artifice mécanique, sans le secours d'un ferment quelconque. » Au modèle du crible, Baglivi (*De fibra motrice et morbosa*, 1701 : *specimen libri primi*, X, 8) avait ajouté celui du filtre [2]. L'article « Glande », donné par l'anatomiste Tarin [3] à l'*Encyclopédie* de Diderot et d'Alembert, résume bien toutes les hypothèses imaginées à l'époque pour réduire la sécrétion à une opération de criblage de parties similaires au niveau de pores de différentes configurations. La controverse entre Malpighi et Ruysch concernant la structure anatomique des glandes [a] [4] – le premier admettant

a. *Cf.* L[uigi] Belloni, Auf dem Wege zur Elementardrüse als Sekretionsmaschine (*Sudhoffs Archiv*, Bei-heft 7, *Medizingeschichte in Spectrum*, 1966 [p. 11-29]).

1. Toute la section qui suit est un ajout par Canguilhem, apparaissant avec l'édition révisée de 1969.

2. Giorgio Baglivi (1668-1707), était né à Dubrovnik et s'installa définitivement en Italie à compter de 1683. Après des études de médecine à Naples, il pratiqua son métier dans diverses villes italiennes, puis s'installa à Bologne en 1691 où il travailla comme assistant de Malpighi qu'il suivit quand celui-ci s'installa à Rome. Devenu médecin du pape, Baglivi fut nommé professeur d'anatomie, puis de médecine théorique à l'Université de la Sapienza. Tenant de l'école iatrophysique, Baglivi publia d'abord la brochure *De fibra motrice et morbosa* à Pérouse chez Costantini en 1700 ; d'autres éditions parurent à Rome peu après.

3. Pierre Tarin (1725 ? -1761), médecin et anatomiste français, avait étudié la médecine à la Faculté de Paris et y avait obtenu un diplôme de bachelier. Auteur prolifique, qui a donné plusieurs articles à l'*Encyclopédie*, il apparaît surtout comme un compilateur et ne semble pas avoir laissé de contribution originale.

4. Un tiré à part de cet article se trouve dans la bibliothèque de Canguilhem (CAN 2035). Sur Malpighi, cf. *supra*, p. 787, n. 1. Frederik Ruysch (1638-1731), médecin anatomiste hollandais, M.D. de Leyde (1664), mais actif surtout à Amsterdam, est principalement resté célèbre pour l'excellence de ses préparations anatomiques et de ses techniques d'injection des

l'existence d'un canalicule excréteur fermé du côté radical des acini[1]; le second tenant les glandes pour des pelotons de vaisseaux sans interposition d'une cloison entre eux et la cavité sécrétoire – avait tourné à l'avantage du premier grâce aux expériences de Ferrein[2] (1693-1769) utilisant la technique des injections dans le canal excréteur (1749). On fut pourtant, en général, insensible au fait que la mise en évidence d'une structure glandulaire spéciale favorisait plutôt l'hypothèse d'une fonction spécifique de séparation des humeurs. Dans le second volume (1760) des *Elementa physiologiae* (sections I, II, III), Haller, qui continuait à préférer l'opinion de Ruysch à celle de Malpighi, rassemblait les différentes conditions jusqu'alors retenues pour expliquer la diversité des sécrétions et leur ajoutait, on s'en doute, les variations du pouvoir d'irritabilité des conduits excréteurs. Sa revue de théories comprenait l'explication proposée par James Keill, étendant à l'économie animale la juridiction de l'attraction newtonienne. Le caractère électif des sécrétions paraissait rationnellement expliqué par l'attraction des parties homogènes du sang entre elles, favorisée par le ralentissement de la vitesse circulatoire, proportionnel à l'éloignement à partir du cœur.

Mais si le modèle newtonien d'explication tendait à repousser le modèle cartésien ce n'était pas seulement pour des raisons d'ordre strictement mathématique. Le pouvoir suggestif du concept d'attraction tenait aussi à son ambiguïté. L'attraction, comme l'affinité, évoquait une sorte d'inclination ou d'orientation, de nature obscurément psychique. Le rapport entre l'organe sécréteur et le liquide sécrété pouvait être pensé comme rapport de convenance ou de préférence. La sécrétion devenait élection et choix. On ne s'étonne donc pas de trouver dans l'*Encyclopédie*, à l'article « Sécrétion » dû à un médecin montpelliérain, Henry Fouquet (1727-1806)[3], l'assimilation

vaisseaux. Il avait été le premier à démontrer l'existence des valves des canaux lymphatiques (1665). Les dix parties de son *Thesaurus anatomicus* avaient été publiées à Amsterdam, chez J. Wolters, de 1701 à 1716.

1. Les acini sont des cavités épithéliales débouchant dans le canal excréteur d'une glande.

2. Antoine Ferrein (1693-1769), docteur en médecine de Montpellier (1728) et de la Faculté de Paris (1738) poursuivit ses travaux dans cette ville et fut nommé en 1742 professeur au Collège Royal. Il publia de nombreuses descriptions anatomiques dont celle à laquelle réfère Canguilhem, « Sur la structure des viscères nommés glanduleux, et particulièrement sur celle des reins et du foie », *Mémoires de l'Académie royale des sciences*, année 1749, Paris Imprimerie royale, 1763, p. 489-530.

3. Henry Fouquet, médecin français, ami de Bordeu, aujourd'hui oublié, mais qui jouissait d'une grande réputation au XVIIIe siècle, est l'auteur de nombreux écrits, dont plusieurs articles

du phénomène de sécrétion à une sorte de sensation, et l'hypothèse selon laquelle chaque glande, chaque orifice a son goût particulier. Fouquet est, assurément, un vulgarisateur plutôt qu'un théoricien, encore moins un expérimentateur. Mais il ne fait qu'utiliser les travaux d'un des plus grands médecins du siècle, Théophile de Bordeu (1722-1776) dont les *Recherches anatomiques sur les glandes* (1751)[1] ont conclu à l'impossibilité d'admettre que des organes comme la parotide, le pancréas, la rate, le foie, situés comme ils le sont dans le corps animal, puissent devoir leurs propriétés sécrétoires à des actions mécaniques externes, telles que la compression. Selon Bordeu la sécrétion est une action propre à la glande, une sorte de spasme spécifique, sous la dépendance de l'action des nerfs. À l'irritabilité hallérienne, Bordeu substitue la sensibilité comme unique principe d'explication de la spécificité de la sécrétion. Ainsi cette fonction est, après tant d'autres, considérée comme typiquement vitale, ni mécanique, ni chimique.

On doit noter cependant que, tout en rejetant les explications mécanistes, des auteurs comme Haller ou Bordeu conservent un postulat commun avec leurs adversaires, à savoir que les fluides séparés de la masse du sang par les glandes sécrétoires y existent sous la même forme, antérieurement à la sécrétion. Il faut attendre le siècle suivant et les observations d'histologistes comme J. Goodsir (1814-1867) en 1842-45[2], de R. Heidenhain (1834-1897) en 1868 et 1874[3], et de L. Ranvier (1835-1922)

à caractère médical de l'*Encyclopédie* (sensibilité, vésicatoire, pouls, etc). Bachelier de la Faculté de Médecine de Montpellier (1759), il y obtint une chaire, en 1790.

1. Théophile de Bordeu, l'une des illustrations de l'École de Montpellier, y avait reçu son doctorat en médecine en 1743. Il obtint aussi en 1754 un M.D. de la Faculté de Paris, de façon à pouvoir pratiquer la médecine dans cette ville. Ses *Recherches* de 1751 avaient été publiées à Paris chez G. F. Quillau père. Il est aussi resté connu pour ses travaux sur les eaux minérales et sur l'hydrothérapie, et ses recherches sur le pouls.

2. John Goodsir, anatomiste et zoologiste écossais, avait étudié l'histoire naturelle à l'Université de Saint Andrews et la médecine à celle d'Edinburgh. Il fut nommé conservateur du musée du Royal College of Surgeons de cette ville en 1841, et du musée de l'université deux ans plus tard. Les cours qu'il y professa forment la substance de ses *Anatomical and Pathological Observations* de 1845 (Edinburgh, M. Macphail) et de ses *Physiological, Anatomical and Pathological Researches* (Edinburgh, Sutherland & Knox, 1848). C'est à ce savant que Rudolph Virchow dédia sa *Cellular-Pathologie* en 1859.

3. Rudolf Heidenhain, physiologiste et histologiste allemand, avait étudié la médecine aux universités de Königsberg, Halle et Berlin où il soutint sa thèse de médecine à l'âge de 20 ans et continua à travailler sous la direction d'Emil Du Bois-Reymond. À compter de 1859, il poursuivit ses travaux comme titulaire de la chaire de physiologie de la Faculté de Médecine de

en 1869[1], pour que la sécrétion soit comprise, au niveau de la cellule vivante, comme un travail physiologique, comme l'élaboration active d'un produit sans équivalent préexistant.

VII. Vue d'ensemble sur la physiologie du XVIIIe siècle

Vers l'année 1780, grâce aux travaux de Lavoisier et de Galvani, les schémas explicatifs des iatromécaniciens étaient définitivement dépassés. C'est la chimie et la physique qui allaient désormais fournir à la physiologie ses modèles. Les lois, au sens newtonien du terme, allaient succéder aux théorèmes de la mécanique. L'esprit de Newton qui avait soufflé sur la science de ce siècle renouvelait la physiologie, moins par une importation de concepts – on a vu la stérilité des tentatives pour expliquer par l'attraction à distance la contraction musculaire – que par une émulation de méthodes. Lassés par la vanité de tant d'explications verbales concurrentes, les physiologistes s'orientaient vers ce que les fonctions vitales présentent de propriétés spécifiques. Mais l'ascendant du newtonianisme engendrait encore chez beaucoup d'esprits spéculatifs un dogmatisme doctrinal.

En réaction, l'attitude vitaliste, dont on a trop aisément médit – elle n'avait pas entravé, au contraire, l'expérimentation ni la conceptualisation en matière de physiologie nerveuse – voulait être simplement un style newtonien d'attention à l'originalité propre des fonctions biologiques, sans spéculation sur leurs causes. L'école dite de Montpellier, avec Bordeu et Barthez, n'enfermait pas davantage de métaphysique, dans ce qu'elle nommait mouvement vital ou principe vital, que ne faisait Haller dans ce

l'Université de Breslau (aujourd'hui Wroclaw). C'est à compter de 1867 qu'il engagea les recherches, qui devaient occuper l'essentiel de ses travaux par la suite, sur la physiologie des glandes et les processus de sécrétion et d'absorption. *Cf.* « Beiträge zur Lehre von der Speichelsecretion », *Studien des physiologischen Instituts zu Breslau*, vol. 4, 1868, p. 1-124; « Versuche über den Vorgang der Harnabsonderung », *Archiv für die gesammte Physiologie des Menschen und der Thiere*, vol. 9, 1874, p. 1-27, « Einige Versuche an der Speicheldrüsen », *ibid.*, vol. 9, 1874, p. 335-353.

1. Louis-Antoine Ranvier, histologiste français, l'un des plus grands de son époque, M. D. de la Faculté de Paris (1865), préparateur de Claude Bernard au Collège de France en 1867, où fut créée pour lui en 1875 une chaire d'anatomie générale. Canguilhem réfère ici probablement au *Manuel d'histologie pathologique* dont Ranvier publia avec son ami Victor Cornil (1837-1908) le premier tome en 1869 (Paris, Germer-Baillière).

qu'il nommait irritabilité. Les *Nouveaux éléments de la science de l'homme* (1778) de Barthez[1] peuvent passer, sans artifice, pour un traité systématique d'empirisme physiologique, à partir d'un principe doublement négatif : « Le principe vital de l'homme doit être conçu par des idées distinctes de celles qu'on a des attributs du corps et de l'âme. » De même on a été trop souvent injuste pour Bichat[2] (1771-1802) qui revendiquait, dans ses *Recherches physiologiques sur la vie et la mort* (1800), l'autonomie de la méthode biologique. Contre les physiologistes newtoniens de stricte observance, tels que Keill, Bichat n'affirmait que la spécificité des lois de l'organisation vitale. Il insistait sur l'instabilité fondamentale des phénomènes vitaux. En fait il ne disait pas que ces phénomènes fussent radicalement indéterminés et anarchiques, il niait qu'ils fussent soumis à un déterminisme identique à celui qu'avérait la mécanique rationnelle. Il ne pouvait déjà penser à un déterminisme biologique de type statistique, dont la révélation progressive, au cours du XIXe siècle, devait conférer à ses idées une signification initialement imprévisible. Bichat était un newtonien de précaution et de méthode.

Cournot[3] paraît avoir bien aperçu l'originalité de la physiologie vitaliste :

> Le vitalisme consiste précisément à faire ressortir les analogies que présentent, dans leur étonnante variété, toutes les manifestations de la vie, à prendre ces analogies pour fil conducteur, sans prétention aucune à pénétrer l'essence de la vie (*Considérations sur la marche des idées et des événements dans les temps modernes*, éd. Boivin, t. II, p. 136).

Cette étonnante variété des manifestations de la vie, les physiologistes du XVIIIe l'ont recherchée sous toutes les formes animales inventées par la vie, du polype à l'homme, de la grenouille à l'orang-outan, cette étrange forme intermédiaire (on l'appelle, au XVIIIe siècle, homme des bois) dont Camper[4] et Blumenbach[5] ont étudié, quant au langage et à l'intelligence, le rapport avec l'homme. Si l'on entend par classicisme un esprit de classi-

1. Sur Barthez, cf. *supra*, p. 715, n. 2. Les *Nouveaux éléments* avaient été publiés à Montpellier (imp. de J. Martel aîné). Canguilhem possédait dans sa bibliothèque, conservée au CAPHÉS, la seconde édition en deux tomes, revue et augmentée, publiée à Paris en 1806 chez Goujon et Brunot (cotes CAN 1917 et 1918).

2. Sur Bichat, cf. *supra*, p. 317 ; aussi p. 763-764.

3. Sur Cournot, cf. *supra*, p. 140, n. 1.

4. Sur Camper, cf. *supra*, p. 710, n. 1.

5. Blumenbach cf. *supra*, p. 710, n. 3.

fication rigoureuse combiné à un esprit de généralisation mathématique, la physiologie du XVIIIe siècle n'est pas classique. Elle fait matière expérimentale de tout vivant, elle s'intéresse aux formes « mitoyennes », comme dirait Leibniz, et si elle généralise, c'est à la façon même de la vie, en brodant des variations infinies sur quelques thèmes. C'est une physiologie pittoresque, curieuse de la prolifération des détails et de l'enchevêtrement des voies de la nature.

Entre la dignité doctorale des systèmes médicaux du début du siècle, héritiers des dogmatismes antérieurs, et l'agitation un peu fourmillante des recherches expérimentales du XIXe siècle, la physiologie du XVIIIe représente ce moment de fraîcheur d'une étude où d'anciennes idées éclatent au contact de l'expérience, où bien des audaces sont permises, où l'intuition l'emporte sur l'exploitation tranquille des habitudes, en attendant que de nouvelles techniques, inventées souvent sans préméditation, permettent, par la convergence des résultats, de distinguer lesquelles de ces intuitions étaient gratuites et lesquelles étaient vraiment entées sur leurs problèmes.

Cette physiologie aussi vivante que la vie, où des hommes comme Spallanzani et Seguin se prennent eux-mêmes comme les sujets de leurs expériences, sur le même plan d'investigation où Whytt, Réaumur et Hales utilisent la grenouille, la buse et le cheval, est, au sens le plus sérieux et le plus riche du terme, une physiologie baroque [1].

1. Sur le baroque en biologie, cf. *supra*, p. 688 et p. 710.

LA PHILOSOPHIE BIOLOGIQUE D'AUGUSTE COMTE ET SON INFLUENCE EN FRANCE AU XIXe SIÈCLE

Le texte de cette conférence prononcée le 28 mars 1958, publié d'abord en 1958, a été intégré par Canguilhem aux *Études d'histoire et de philosophie des sciences*, ouvrage reproduit au tome III des *Œuvres complètes*.

ALAIN
L'ÉDUCATION DU CITOYEN ET DE L'ÉLECTEUR [1]

Bulletin de l'Association des Amis d'Alain, n°s 7 et 8, juin 1958, p. 1-2

Si c'est parce que la République existe ou a l'air d'exister que vous êtes républicain, vous n'êtes pas républicain. La vraie République est un parti-pris et une règle posée, à laquelle on pliera l'expérience. Et si la République est faible, injuste et corrompue dans le fait, c'est le moment de tenir bon pour l'Idée; autrement ce n'est pas un homme pensant, c'est une loque à tous les vents (*1er avril 1914*).

1. Ce choix de textes politiques d'Alain, publié au lendemain immédiat du retour au pouvoir du Général de Gaulle, avait été mis en forme, comme l'indique la note de Canguilhem ci-dessous, en avril 1958, avant les grands tumultes d'Alger, mais quatre ans déjà après le déclenchement du conflit algérien, et alors que se tramaient déjà aussi les complots de mai, et que depuis longtemps il y avait lieu de s'inquiéter pour l'avenir de la République.

Ce geste de Canguilhem manifeste bien que, malgré tout ce qui avait pu à compter de 1936 le séparer de son maître sur la question du pacifisme et sur l'attitude à adopter la guerre venant, il s'en faut de beaucoup que la pensée d'Alain lui soit apparue comme désormais sans pertinence politique aucune. En quoi son attitude ici tranche, par exemple, sur celle de son ami Raymond Aron.

Suivront bientôt des articles de presse signés Canguilhem plus directement greffés sur l'actualité (cf. *infra*, « De la République des professeurs à la République des colonels » (p. 853), « Colonels et psychologues » (p. 859), « Les Janissaires politiques » (p. 893), « Les demi-citoyens » (p. 931).

L'Association des Amis d'Alain avait été constituée en juin 1951, trois semaines après la mort d'Alain. Canguilhem était depuis sa création membre de son Conseil. Le choix de textes

INTRODUCTION

Recueillons cette leçon d'Alain. Car c'est le moment, aujourd'hui, de tenir bon pour l'Idée de République. Les conditions de fait requises dans ce texte, pour la prise de conscience d'un devoir intellectuel et civique à la fois, peuvent passer pour actuellement réunies. On ne trouvera donc pas trop étrange la décision de présenter, dans ce *Bulletin*, pour un nouveau « recours à Alain », quelques-uns des principes de sa pensée politique, entendue comme analytique générale des obligations civiques en démocratie, plutôt que comme doctrine radicale, au sens étroit des termes. Ce *Bulletin*, semblablement à l'avant-dernier (*Alain et l'Enseignement*)[1], s'adresse, en même temps qu'aux Amis d'Alain, au public, par leur actif intermédiaire. Bien entendu, il n'appartient qu'aux lecteurs de discerner dans quelle mesure les jugements rassemblés ci-dessous, mis autant que possible en correspondance selon leur date par rapport à la guerre de 1914, sont ou non susceptibles de « variation fonctionnelle » dans le contexte historique d'une IVe République que sépare de la IIIe la guerre de 1939.

Il ne pouvait être question, sous peine de voir tourner en réédition de textes un rappel de principes, de publier ici, à nouveau, tous les Propos susceptibles de trouver dans la situation présente, en politique intérieure comme en politique extérieure, une occasion de simple confirmation ou de révision critique. Assurons-nous du moins, par un exemple, que l'exercice ne serait pas sans profit pour tout lecteur, citoyen et électeur, soucieux d'opposer à la fluctuation des opinions, dans le désarroi des esprits, la résistance de quelques idées claires. Qu'on veuille bien relire, entre autres

d'Alain par Canguilhem formait l'essentiel de ce numéro double du Bulletin, exceptionnellement envoyé à tous les membres de l'Association avec un exemplaire supplémentaire pour en encourager la diffusion. Selon le vœu de Canguilhem ce *Bulletin* s'adressait « en même temps qu'aux Amis d'Alain, au public, par leur actif intermédiaire ».

Comme dans le cas du recueil *Besoins et tendances*, ici aussi le montage des textes a été voulu tel par Canguilhem ; il en a effectué le tri, les a ordonnés selon une structure de son choix présentée par titres et sous-titres de son cru. C'est pourquoi il nous a paru justifié de donner ce recueil ici plutôt que parmi les annexes.

1. *Bulletin* n° 5, octobre 1957.

l'Art de Négocier dans les *Propos* de la Bibliothèque de la Pléiade (p. 1214) : « *On n'a pas oublié ce mot d'un naïf qui, vers la fin de la guerre, et comme à la Chambre on parlait de paix s'écria : "Comment! vous allez faire la paix avec ces gens-là ?". Sur quoi quelqu'un de gauche demanda : "Mais avec qui voulez-vous que nous fassions la paix ?"*, etc. »[1].

Voici donc, ordonnées, quelques vérités premières, avec leurs dates[a].

G. C.

I
IL EST NATUREL À TOUT POUVOIR DE DÉGÉNÉRER EN TYRANNIE

1)

(…) Dans toute société, il s'exerce par le jeu des passions, une espèce de concentration du pouvoir sur lui-même qui conduit naturellement à la tyrannie. Car il est impossible que les puissants n'aient pas de passions et n'aiment pas passionnément leur propre puissance. Tout diplomate aime ses projets; tout préfet de police aime l'ordre; tout chef de bureau travaille à étendre son droit de contrôle et ses prérogatives; et comme tous sont complices en cela, il se forme bientôt un État gouvernant qui a ses maximes et ses méthodes et qui gouverne pour sa propre puissance. En somme, l'abus de pouvoir est un fruit naturel du pouvoir d'où il résulte que tout peuple qui s'endort en liberté se réveillera en servitude. Beaucoup disent que l'important est d'avancer; je crois plutôt que l'important est de ne pas reculer. Je connais un penseur original qui se déclare partisan de la « Révolution diffuse et permanente »; cette formule nuageuse enferme une grande vérité. L'important est de construire chaque jour une petite barricade, ou, si l'on veut, de traduire tous les jours quelque roi devant le tribunal populaire.

a. Cette introduction et le choix de textes ont été composés en avril 1958. À la correction des épreuves, le 3 juin, aucune modification ou addition n'y a été faite.

1. Cette citation se trouve à la page 1218 de cette édition établie par un ancien élève d'Alain, Maurice Savin (1905-1978), en 1956. La méprise vient de ce que se trouve à la p. 1214 un propos au titre assez similaire : « Les négociateurs ».

Disons encore qu'en empêchant chaque jour d'ajouter une pierre à la Bastille, on s'épargne la peine de la démolir (…). (*6 janvier 1910*).

2)

Tout pouvoir est absolu. La guerre fait comprendre ces choses-là. Une action ne peut réussir que par l'accord des exécutants; et quand ils auraient la meilleure volonté du monde, ils ne s'accorderont pourtant que par la prompte exécution des ordres, sans qu'aucun des subordonnés s'amuse à juger ou à discuter. Qu'est-ce à dire sinon que devant le refus ou seulement l'hésitation, le chef doit forcer l'obéissance, ce qui conduit aussitôt à la dernière menace, et l'instant d'après à l'exécution, sans quoi la menace serait ridicule. J'admire que des gens qui reçoivent aisément la guerre parmi les choses possibles, invoquent pourtant ici l'humanité et la justice, comme si on avait le loisir d'être humain et juste quand l'ennemi vous presse. Il faut savoir ce que l'on veut.

Tout pouvoir est militaire. Une rue est barrée. Vous demandez pourquoi; mais le gardien ne sait pas pourquoi. Alors, invoquant mal à propos les droits du citoyen, vous voulez passer. Le gardien s'y oppose militairement; il appelle ses réserves; si vous faites le méchant, vous êtes promptement assommé; si vous montrez des armes, le gardien prend les devants et vous tue. Si le pouvoir n'est pas résolu à forcer l'obéissance, il n'y a plus de pouvoir (…) (*5 décembre 1923*).

II
LA DÉMOCRATIE, CONTRÔLE DU POUVOIR ET POUVOIR DU CONTRÔLE

Je connais un certain nombre de bons esprits qui essaient de définir la Démocratie. J'y ai travaillé souvent, et sans arriver à dire autre chose que des pauvretés, qui, bien plus, ne résistent pas à une sévère critique (…). Même le suffrage universel ne définit point la Démocratie. Quand le pape, infaillible et irresponsable, serait élu au suffrage universel, l'Église ne serait pas démocratique par cela seul. Un tyran peut être élu au suffrage universel, et n'être pas moins tyran pour cela. Ce qui importe ce n'est pas l'origine des pouvoirs, c'est le contrôle continu et efficace que les gouvernés exercent sur les gouvernants.

Ces remarques m'ont conduit à penser que la Démocratie n'existe pas par elle-même. Et je crois bien que dans toute constitution il y a de la monarchie, de l'oligarchie, de la démocratie, mais plus ou moins équilibrées.

L'exécutif est monarchique nécessairement. Il faut toujours, dans l'action, qu'un homme dirige; car l'action ne peut se régler d'avance; l'action, c'est comme une bataille; chaque détour du chemin veut une décision.

Le législatif, qui comprend sans doute l'administratif, est oligarchique nécessairement; car, pour régler quelque organisation, il faut des savants, juristes ou ingénieurs, qui travaillent par petits groupes dans leur spécialité. Plus la société sera compliquée et plus cette nécessité se fera sentir. Par exemple, pour contrôler les assurances et les mutualités, il faut savoir; pour établir des impôts équitables, il faut savoir; pour légiférer sur les contagions, il faut savoir.

Où est donc la démocratie, sinon dans ce troisième pouvoir que la science politique n'a point défini, et que j'appelle le Contrôleur? Ce n'est autre chose que le pouvoir, continuellement efficace, de déposer les Rois et les Spécialistes à la minute s'ils ne conduisent pas les affaires selon l'intérêt du plus grand nombre. Ce pouvoir s'est longtemps exercé par révolutions et barricades. Aujourd'hui c'est par l'interpellation qu'il s'exerce. La Démocratie serait, à ce compte, un effort perpétuel des gouvernés contre les abus du pouvoir. Et, comme il y a, dans un individu sain, nutrition, élimination, reproduction, dans un juste équilibre, ainsi il y aurait dans une société saine : Monarchie, Oligarchie, Démocratie, dans un juste équilibre (*12 juillet 1910*).

III
EN DÉMOCRATIE IL N'Y A PLUS DE POUVOIR, PLUS EXACTEMENT, LE POUVOIR EST SERVITEUR

1) *« Il n'y a point de tyrannie légitime »*

« La démocratie n'est pas le règne du nombre, c'est le règne du droit ». Cette formule, que j'ai rencontrée ces jours, est bonne à méditer dans ce moment de notre histoire. Car tous les proportionnalistes me paraissent avoir une toute autre conception de la République. Selon ce qu'ils disent il suffit que le pouvoir soit remis aux plus forts; la justice n'en demande pas plus.

Pour moi, je conçois la République tout à fait autrement. Il n'y a point de tyrannie légitime; et la force du nombre ne peut point créer le plus petit commencement de droit. Le droit est dans l'égalité. Par exemple tous ont un droit égal à pratiquer telle religion qu'ils auront choisie; le droit de l'un limite le droit de l'autre. Il serait contre le droit qu'une majorité, aussi écrasante qu'on voudra, et unanime, supposons le, sur le problème religieux, voulût imposer son culte à une douzaine de dissidents.

Pour parler plus précisément encore, dans une Démocratie, non seulement aucun parti n'a le pouvoir, mais bien mieux, il n'y a plus de pouvoir à proprement parler. Il y a des magistrats qui ont pour charge de maintenir l'égalité, la paix, l'ordre; mais ces magistrats ne doivent pas agir au nom d'un parti. Par exemple, il est assez clair que les jugements des tribunaux devraient n'être changés en rien quand un progressiste prendrait le pouvoir à la place d'un radical très radical.

Mais, direz-vous, il y a les lois elles-mêmes, qui sont faites par le parti le plus fort? C'est une erreur. Les lois sont faites d'un commun accord et sans aucun esprit de parti. La loi sur les accidents du travail, la loi sur les retraites ouvrières, la loi sur les associations sont des formules de bon sens, suggérées par des circonstances qui ne dépendent point de ce que tel parti ou tel autre est au pouvoir. Il y a des usines; il y a un prolétariat; il y a des grèves; une monarchie en a autant à montrer, et formule là-dessus à peu près les mêmes lois que nous. (...). Aussi je crois que les querelles des Partis sont plus académiques que réelles. On peut le voir dans les discussions législatives. Chacun parle au nom de la raison commune, et non pas au nom d'un parti nombreux. (...). Le peuple veut des législateurs et non des tyrans. Voilà pourquoi il est puéril de compter si exactement les voix; cela laisse croire que le parti le plus fort aura le droit d'être injuste. Système odieux (*31 juillet 1912*).

2) *« ... les pouvoirs sont nos serviteurs »*

L'antique comparaison tirée du navire et du pilote, n'a pas fini d'instruire les citoyens de leurs devoirs et de leurs droits. Premièrement apparaît cette remarque de bon sens qu'on ne choisit pas le capitaine d'après sa naissance, mais d'après son savoir. Et par là nous sommes délivrés d'un genre de servitude, mais pour retomber aussitôt dans un autre, car c'est le plus savant qui est capitaine. Dès qu'il a fait ses preuves, tout est dit. Prompte obéissance, prompte et silencieuse, voilà ce qui nous reste. Il n'est pas dit que le simple matelot comprendra toujours; et le capitaine n'est nullement instituteur; il n'en a pas le temps. (...) Ainsi le matelot raisonnable devra se persuader à lui-même qu'il doit croire celui qui est au gouvernail, et que, lorsque l'on double l'écueil, ce n'est pas le temps d'examiner. Et comme il n'est pas du matelot de savoir où est l'écueil, quel est le risque et à quel moment le navire est sauf, ce n'est jamais le temps d'examiner. Aux fers donc l'esprit fort qui discute; aux fers le matelot qui écoute. Songez maintenant à cette traversée sans fin, et toujours périlleuse, que nous faisons tous sur le grand vaisseau; songez qu'il n'y a point de port. C'est tempête de monnaie, tempête de travail, tempête de guerre toujours! « Ne parlez pas au capitaine ».

Il est vrai que l'on juge le capitaine qui a perdu son navire, comme aussi le machiniste qui est venu buter contre l'obstacle. De même l'on voudrait bien juger le général qui a attaqué témérairement, et le colonel qui a fait fusiller un peu trop vite des hommes qui peut-être se sont mépris, ou bien qui ont fait ce que tous faisaient. Mais ce genre de procès ne conduit à rien; car il n'est pas dit que le plus savant ne se trompera jamais. Et, au surplus, il est bien aisé de montrer que l'homme de métier a fait pour le mieux. (...)

Ici le citoyen souvent s'abandonne, et même se détourne par système de ces irritantes pensées. Mais il faut suivre la comparaison. Le capitaine du navire est juge des moyens; il n'est pas juge de la fin. C'est l'armateur qui dit où il faut aller. De même c'est le citoyen qui dit où il faut aller. – Mais, répond le tyran, il n'y a point de doute là-dessus! Vous voulez tous richesse et puissance. À quoi Socrate répondait: « Non pas d'abord richesse et puissance; mais d'abord justice ». La puissance donne un genre de sécurité; la justice en donne un autre, qui ne contente pas moins la partie inférieure de l'homme, et qui contente aussi l'autre. Et si l'on voulait dire que l'homme reste indifférent devant les massacres, les supplices, les emprisonnements, les suspicions, on ferait rire. Mais bien mieux, il y a un bon nombre d'hommes qui s'indignent de ces choses, toute crainte mise à part, et ce ne sont pas les pires. Et encore est-il que beaucoup d'hésitants suivraient ceux-là s'ils ne se laissaient étourdir par les discours bien payés, qui toujours plaident pour les pouvoirs, et non sans de fortes raisons, que j'ai voulu rassembler ci-dessus.

Tout examiné, je conclus qu'il faut plaider aussi contre, réveiller tous les citoyens autant qu'on peut, et tenir ferme cette idée que les pouvoirs sont nos serviteurs, et non point nos maîtres. « Ou puissance d'abord ou justice d'abord». Et ce n'est point au pilote, si savant qu'on le suppose, qu'il appartient de répondre (*11 juin 1927*).

IV
Le pouvoir craint l'opinion

1) *« … la fonction du spectateur et du juge »*

(…) Le faible des démocraties est qu'elles déposent trop aisément leurs rois éphémères. Cette puissance purement négative ne résout rien, d'autant que comme il n'y a pas tant d'hommes qui sachent le métier de roi, tant bien que mal, nous voyons toujours revenir les mêmes rois; et les chutes font noblesse et force, comme aux récidivistes ces innombrables condamnations qui désarment le juge. Le citoyen n'a pas encore bien saisi cette idée que tout pouvoir est mauvais s'il n'est surveillé, mais que tout pouvoir est bon, autant qu'il sent une résistance pacifique, clairvoyante et obstinée. La liberté n'est pas d'institution, il faut la refaire tous les jours. (…)

Les pouvoirs sont arrogants en guerre, inquiets et flexibles en paix, comme on a vu et comme on voit. Cette loi trouve son application dans les luttes intérieures aussi. La presse tant calomniée par les journalistes, est toujours plus juste qu'on n'attendrait, par le jeu des rivalités et par le besoin d'étonner, qui font que tout ce qui importe est bientôt connu. Que pourrait-on attendre et que ne pourrait-on pas espérer si les journaux, au lieu de se servir des ambitions, exerçaient seulement la fonction du spectateur et du juge. Et, au lieu de dire que c'est impossible, il faut le faire comme nous le faisons en ces feuilles[a][1], menant cette bonne révolution qui vise moins à détrôner les rois qu'à les rendre sages (*1er octobre 1921*).

2) *« … le vent de l'opinion… »*

(…) On ne dira jamais assez que les pouvoirs les plus arrogants se plient aussitôt à l'opinion comme la flamme au vent. Ce qui fait qu'on en doute c'est qu'on prend pour opinion celle qu'on juge que tous devraient avoir.

a. *Les Libres Propos, Journal d'Alain* qui paraissaient chaque semaine depuis avril 1921.

1. Sur les *Libres Propos* et sur la participation de Canguilhem à leur existence, voir les indications de Jean-François Braunstein, *OC* I, p. 142-144.

Mais doucement; l'opinion est chose fermée, secrète, muette, obstinée. À qui la faute? Il faut instruire, et Marc-Aurèle a dit ici le dernier mot: « Instruis-les si tu peux; si tu ne peux les instruire, supporte-les ».

D'où cette puissance de l'opinion? Car enfin elle n'a point force; elle ne triomphe que par une sorte de paralysie des pouvoirs, qui fait que l'irrésolution circule tout le long de leurs membres. Est-ce parce que la masse des citoyens fait voir une autre force, invincible? Je ne sais si la masse inorganisée ne sera pas toujours vaincue par des pouvoirs résolus. Mais il s'agit ici d'hommes, qui sont conduits par la honte et la gloire. Un ambitieux qui serait indifférent à l'opinion est un monstre, un être impossible. Supposons même un tel homme, il n'arrivera jamais au pouvoir. C'est la rumeur qui fait la nourriture de l'ambitieux. Il l'écoute; il en discerne toutes les nuances; il se gonfle et se dégonfle selon ces signes extérieurs. Quand un gouvernement est résolu, par exemple au commencement et au cours d'une guerre, quand il passe allègrement par-dessus les lois, c'est qu'il a l'opinion pour lui; c'est là, comme je le disais, une espèce d'axiome. Mais l'opinion est aveugle? Je reviens à Marc-Aurèle: « Instruis-les, si tu peux ».

Au temps de l'Affaire Dreyfus, on a vu des pouvoirs qui avaient juré, qui s'étaient établis et obstinés, et encore soutenus par l'organisation militaire elle-même, et pourtant dispersés par le vent de l'opinion; il fallut seulement le temps d'instruire les hommes de quelques circonstances très claires. Il n'est pas toujours facile d'éclairer l'opinion. Si on ne peut l'éclairer, c'est bien vainement que l'on s'élève contre un régime de force; par le seul doute de l'opinion, par la seule confusion de l'opinion, le régime de force se trouve établi, car il était, il est et il sera. En revanche rien n'est flexible comme cette terrible force; elle ressemble à l'acteur ou à l'orateur; ils sentent l'hésitation ou le froid de la salle. Ils en meurent. Ce n'est pas long (*19 décembre 1930*).

V
LE PEUPLE VAUT MIEUX QUE SES MAÎTRES

Ce qui me paraît le plus clair dans n'importe quel état politique, c'est que le peuple vaut mieux que ses maîtres. Ceux mêmes qui seraient tentés de le nier furieusement vous font après cela l'éloge des soldats de la Grande Armée, de leur dévouement sans calcul, de leur fidélité inébranlable, dont on peut trouver des preuves touchantes dans le *Médecin de Campagne* de Balzac, au tableau de la veillée. Il n'y a au contraire que trop d'exemples des trahisons d'en haut; Napoléon en fit l'épreuve. D'après cela il faudrait dire que les gardiens du droit sont parmi les pauvres gens, accablés par la richesse d'autrui, soumis à de durs travaux, et incertains du lendemain. Là dessus je vous renvoie à l'Affaire Dreyfus, qui fut une belle expérience. Si on avait consulté les plus puissants à ce moment-là, la justice était lestement sacrifiée. Les hommes courageux qui s'élevaient contre la raison d'État auraient été écrasés, et l'étaient déjà, quand la masse populaire entra dans le jeu.

Ce qu'il y a d'instructif pour nous dans cette histoire, c'est que les politiques se trompèrent presque tous sur les sentiments du peuple, absolument comme ils font aujourd'hui. On connaît cette triste parole : « Regardez vos circonscriptions ». C'était dire en résumé : « Le peuple se moque de la justice, et principalement dans le cas présent où la victime appartient à la société des riches. Les électeurs ne voient que leur intérêt; ces controverses ne les passionneront pas ». Or il s'est trouvé que les circonscriptions sauvèrent l'honneur et poussèrent très bien les députés. Je citais récemment un mot que l'on voudrait donner pour ridicule : « Le peuple juge de toute sainteté » ; toujours est-il qu'il fut juge de la moralité publique à ce moment-là, car le pouvoir, on s'en souvient, ne songeait qu'à se déshonorer en fermant les oubliettes.

Ces vertus populaires ont des causes bien déterminées. La thèse que je soutiens n'est pas mystique. Le peuple n'est pas un Dieu délirant qui annonce le juste par son instinct. Voici les causes principales. D'abord il se défie des pouvoirs proprement politiques, et de tous les discuteurs, qu'il appelle avocats. Il éprouve tous les jours la dureté des riches; il juge leurs raisonnements. Il vit de son travail, ce qui fonde un jugement positif, pondéré, sain; au lieu que pour l'ambitieux déjà avancé, il n'y a point de rapport entre les moyens et les résultats; l'intrigue et la chance font trop. Enfin le travail même, quand il s'exerce sur les choses et au pied du mur, comme on dit, exige la précision et la conscience. Un ingénieur peut voler une heure de présence, négliger un rapport ou une enquête ; l'aiguilleur dans sa cabine vitrée, ne peut pas détourner les yeux; le mécanicien est en otage sur sa machine; le puisatier répond de son boisage sur sa tête. Au lieu que l'Administration use les consciences, par le caprice, par la faveur, par l'inutilité des travaux. Voilà pourquoi le peuple juge bien, et pourquoi les puissants crient qu'il n'est pas vrai que le peuple juge bien. (*4 juillet 1912*).

VI
LA VERTU DES CITOYENS : OBÉISSANCE SANS RESPECT

1)

Résistance et obéissance, voilà les deux vertus du citoyen. Par l'obéissance il assure l'ordre; par la résistance il assure la liberté. Et il est bien clair que l'ordre et la liberté ne sont point séparables, car le jeu des forces, c'est-à-dire la guerre privée à toute minute, n'enferme aucune liberté; c'est une vie animale, livrée à tous les hasards. Donc les deux termes, ordre et liberté, sont bien loin d'être opposés; j'aime mieux dire qu'ils sont corrélatifs. La liberté ne va pas sans l'ordre; l'ordre ne vaut rien sans la liberté.

Obéir en résistant, c'est tout le secret. Ce qui détruit l'obéissance est anarchie; ce qui détruit la résistance est tyrannie. Ces deux maux s'appellent, car la tyrannie employant la force contre les opinions, les opinions, en retour, emploient la force contre la tyrannie; et, inversement, quand la résistance devient désobéissance, les pouvoirs ont beau jeu pour écraser la résistance, et ainsi deviennent tyranniques. Dès qu'un pouvoir use de force pour tuer la critique, il est tyrannique. Voilà d'après quoi un citoyen raisonnable peut d'abord orienter ses réflexions.

Au point où nous en sommes, et étant posé que le droit de critiquer est dans nos institutions et dans nos mœurs, je vois que la désobéissance est le moyen assuré de fortifier le virus tyrannique, dont le pouvoir n'est jamais tout à fait exempt. Un ministre pourra dire à la tribune : « Je ne poursuis point des opinions, mais des actions. Tous ces discours contre la guerre aboutissent à organiser la révolte et la désertion; c'est trop clair; les faits le prouvent assez. Le devoir militaire, même en temps de paix, se heurte à des intérêts et à des passions; si l'esprit leur offre quelque complaisance, les instincts de peur, de paresse, d'égoïsme enfin, se donneront comme raisonnables et ruineront l'ordre. La nature humaine est ainsi faite que, si le respect est affaibli, aussitôt les passions règnent ».

Et voilà justement l'erreur doctrinale, qui est à croire que la liberté des opinions va contre l'obéissance. Je puis témoigner que c'est le contraire qui est vrai. Autant que j'ai pu voir, ceux qui respectent et qui approuvent obéissent mal. Et pourquoi? Parce qu'ils n'ont pas le gouvernement d'eux-mêmes, et que, par suite, ils sont très faibles contre leurs passions. Par exemple il est commun que le soldat ou le sous-officier qui acceptent les pouvoirs comme un fait et qui ne conçoivent même pas le droit en face de l'arbitraire, sont aussi ceux qui négligent le plus aisément les petits devoirs, dès que l'officier est absent. Il y a une infinité d'histoires de caserne à ce sujet. L'arbitraire et la licence vont naturellement ensemble. Le droit est contraire à tous les deux. Le droit est une pensée; le droit délimite, donc accepte et refuse, par cette même force d'esprit qu'on nomme volonté.

Dans tous les services publics, il en est de même. Les esprits courtisans font des courbettes, et trichent sur le travail autant qu'ils peuvent. Les mauvaises têtes travaillent très bien. (...) (*7 septembre 1912*).

2) « *Celui qui prend un fer chaud avec ses doigts...* »

Obéir n'est point la même chose que respecter. L'homme monarchique que l'on doit nommer courtisan, est un homme rusé, qui obéit fort mal, mais qui respecte très bien. L'homme démocratique dont je connais d'assez bons modèles obéit très bien mais ne veut pas du tout respecter, j'entends respecter par ordre; il respecte selon son jugement, et selon le mérite qu'il aperçoit, nullement selon le pouvoir. L'arrêté d'un préfet règle mes actions; mais le préfet lui-même est à mes yeux un homme, comme un balayeur est un homme; je m'appliquerai à ne faire aucune différence de l'un à l'autre pour le ton et pour les discours. Il se peut que je sois vif ou impatient à l'égard de l'un ou de l'autre; la faute est la même, et la punition sera que je ne devrai attendre ni de l'un ni de l'autre aucun de ces services de complaisance qui rendent la vie facile; mais les pouvoirs ne doivent se montrer ici avec leurs armes que dans le cas d'injure ou d'insulte, choses définies et appréciées par les juges. Les pouvoirs résistent presque tous à ces maximes et favorisent les courtisans; mais l'homme libre renonce sans peine à ces avantages petits ou grands, qui ne sont point réglés par la loi, et qui dépendent de la bienveillance seulement. Les choses vont très bien ainsi.

Le pouvoir militaire est campé parmi nous, comme le peuple conquérant au milieu du peuple esclave. Ici non seulement l'obéissance est exigée, mais un certain ton de la voix peut être châtié aussi sévèrement qu'un refus d'obéissance. Dès que je tombai au pouvoir des militaires, je compris la règle du jeu (...) Je considérais que les chefs étaient parmi les maux de la guerre, et non le pire. Celui qui prend un fer chaud avec ses doigts se brûle, et ne doit s'en prendre qu'à lui-même. (...) (*22 novembre 1921*).

3) « *...l'égalité est sentie partout...* »

Au fond nous n'avons d'autre maître que la nécessité extérieure; et il ne reste plus de l'inégalité ancienne qu'un déguisement de vanité; et encore personne n'y croit. (...) Peut-être en fut-il toujours ainsi; peut-être cette auréole des grands est-elle toute de légende. Céder à la force n'est pas obéir par respect; mais si j'obéis afin de résister à la force où est le respect? Un chef est continuellement jugé. Si un pilote d'aventure est ivre, aucun marin n'obéira. Toute la majesté du monde dépend de l'habileté du chef et des lumières du subordonné. Nul n'a jamais dit: « J'obéirai religieusement, même à un ordre que je jugerai absurde ». Si quelqu'un fait ce serment, c'est qu'il entend bien à part lui qu'il se tromperait en jugeant l'ordre absurde. Ou bien, plus subtil encore, il se dit que tout vaut mieux que le désordre, et qu'il ne faut jamais juger le chef. Tel est notre raisonnement devant l'agent au bâton blanc; lorsque nous n'arrivons pas à comprendre pourquoi il arrête les uns et laisse passer les autres. Mais nous entendons bien que ce crédit que nous lui ouvrons n'est pas sans limites. Un chef ivrogne, ou fou, ou faible d'esprit se trouve promptement déposé d'une manière ou d'une autre. Tout chef accepte cette règle, et s'offre au jugement; c'est dire que l'égalité est sentie partout; on veut être aimé. Les rois sont fort polis devant la foule; je suppose qu'ils le furent toujours, et que l'opinion a toujours gouverné. Je ne puis être esclave que d'une foule d'hommes ignorants. Et à qui la faute? Marc-Aurèle disait une bonne chose: « Instruis-les si tu peux; si tu ne peux les instruire, supporte-les » (*24 mai 1930*).

VII
La ruse des gouvernés : résistance à l'emportement et à l'enthousiasme

1)

Notre situation de citoyen est une situation de fait, que nous n'avons pas choisie, que nous n'aurions pas choisie; car dans les choses de peu, nous pouvons beaucoup; mais quand il faudrait modérer les terreurs, les colères, les impulsions du grand corps, nous ne pouvons presque rien. Nous passons d'heureuses années à parler comme il nous plait et à rire des tyrans; et puis soudain nous tombons dans l'état d'esclave; le sang coule, le canon tonne, contre nos intentions, contre nos mœurs et par nos propres mains. La Révolution, qui fut autant un emportement qu'une pensée, nous a légué des droits immenses et des devoirs démesurés. Faudra-t-il boire sans fin ce mélange d'idéal, de gloire et de sang ? Ou bien le refuser une bonne fois et nous asseoir sur la terre comme l'ermite ? Vie surhumaine ou vie humaine ? Mais nous voulons vivre une vie humaine, et il est clair qu'il y faut de la ruse. L'animal se jette, oui, même le tranquille bœuf se jette à tirer ; l'homme ne se jette point ; l'homme ruse contre tout ; la navigation est ruse ; l'industrie est ruse. On ne méditera jamais assez sur cette grande parole que l'homme ne triomphe de la nature qu'en lui obéissant. Pourquoi n'en serait-il pas de même devant cette nature politique, qui est de bien loin la plus redoutable ? On ne se jette point dans le feu pour l'éteindre. Pourquoi se jetterait-on contre César ? La ruse des gouvernants est vieille comme le monde. La ruse des gouvernés est bien jeune. (…) (*8 septembre 1928*).

2)

(…) Tout pouvoir est absolu. La guerre fait comprendre ces choses-là. (…) Voilà ce que le Fascisme enferme de vrai ; voilà ce que beaucoup d'hommes sentent vivement. Mais il faut comprendre ; il faut circonscrire ; il faut limiter, contrôler, juger ce terrible pouvoir. Car il n'est point d'homme, qui pouvant tout et sans contrôle, ne sacrifie la justice à ses passions ; et de bonne foi, car l'homme puissant se croit lui-même. C'est pourquoi cette obéissance des civilisés serait pour effrayer, s'ils ne se juraient à eux-mêmes de résister continuellement et obstinément aux pouvoirs. Mais comment ? Que leur reste-t-il puisqu'ils obéissent ?

Il leur reste l'opinion. L'esprit ne doit jamais obéissance. Une preuve de géométrie suffit à le montrer ; car si vous la croyez sur parole, vous êtes un sot ; vous trahissez l'esprit. Ce jugement intérieur, dernier refuge, et suffisant refuge, il faut le garder, il ne faut jamais le donner. Suffisant refuge ? Ce qui me le fait croire, c'est que ce qui subsiste d'esclavage vient bien clairement de ce que le citoyen jette aux pieds du chef son jugement aussi. Il admire ; c'est son bonheur ; et pourtant il sait ce que cela lui coûte. Pour moi, je n'arrive pas à comprendre que le citoyen chasseur à pied, j'appelle ainsi le bon citoyen, l'ami de l'ordre, l'exécutant fidèle jusqu'à la mort, se permette encore de donner quelque chose de plus, j'entends d'acclamer, d'aimer le chef impitoyable. Mais plutôt je voudrais que le citoyen restât inflexible de son côté, inflexible d'esprit, armé de défiance, et toujours se tenant dans le doute quant aux projets et aux raisons du chef. Cela revient à se priver du bonheur de l'Union sacrée en vue d'éviter de plus grands maux (…) (*12 juillet 1930*).

3)

(…) L'union sacrée est le paradis des tyrans ; mais que signifie l'union sacrée, sinon un oubli des fins politiques qui ne sont pas le renforcement et la consécration de tous les pouvoirs ? Tous ceux qui aiment le pouvoir, même en imagination seulement, se serrent alors en phalange. Et les hommes libres se mettent en rangs aussi. Car les hommes libres, extrêmes mis à part, savent aussi le prix de l'ordre. Ils voudraient seulement qu'on n'abuse pas des occasions pour mettre tout le monde au pas militaire. Et ils savent bien que tout pouvoir abuse et abusera. D'où une opposition diffuse, infatigable et souvent de bonne humeur, qui ne construit pas, qui ne propose rien, qui n'a pas de plan pour sauver les finances, ni pour sauver la paix, mais qui se méfie des sauveurs. On a souvent remarqué que tout est négatif dans les thèses fameuses que résument les mots Liberté, Égalité, Fraternité ; mais c'est qu'en effet on ne peut fonder ni maintenir aucun ordre d'après ces énergiques sentiments. Toute police les nie ; et il faut une police. Et les tyrans de toute espèce sont parfaitement à leur place sur les sommets de l'ordre. Ils ont les vertus de l'emploi, qui ne sont pas petites ; et ils y trouvent les plaisirs de l'ambition, sans lesquels le métier de régner serait parfaitement ennuyeux. L'homme libre se range et s'efface ; l'ambitieux se pousse. Il ne peut en être autrement ; un socialisme aura toujours un préfet de police, un général, un grand juge, qui marcheront allègrement sur les libertés, si on les laisse faire ; et les sous-ordres imiteront les grands chefs, comme on voit partout ; l'espoir de gouverner ne va jamais sans une sorte de religion à l'égard de ceux qui gouvernent. Et cette procession chante conquête, gloire et massacre ; on ne le sait que trop ; elle nous le crie aux oreilles. Que prospère et s'assure de soi la bienfaisante race des hommes libres qui refusent pouvoir ! Si elle fait seulement équilibre, homme contre homme, ce sera déjà beau.

4)

(…) Que chacun s'accuse soi-même. Les actes des gouvernants, en ces jours funestes de l'an quatorze, exprimaient assez bien l'ivresse commune. Sans amour tout ce qui visait à la paix ; sans amour, je dirai même avec une sorte de honte, mieux avec une crainte de la honte, et cette peur d'être lâche qui rend prudent contre la prudence ; avec amour au contraire tout ce qui jetait l'immense corps en avant. Lorsque l'homme passionné interroge ainsi les événements, et frappe en quelque sorte le signal de bronze, c'est son action commencée qui répond à son incertaine pensée. Voilà donc le plus grand malheur toujours imminent, et toujours par les mêmes causes. À quoi je ne vois d'autre remède qu'un énergique refus d'admirer, presque impossible aux jeunes, facile aux hommes d'âge dès qu'ils comparent leur généreuse ardeur avec leur puissance réelle d'assaut. J'avoue que cette réflexion a de l'amertume; le remède n'est pas bon à prendre et le malade fait la grimace. Il faut boire pourtant, il faut digérer cette amère vérité. (...) (*Juillet 1922*).

VIII
SCIENCE EXPÉRIMENTALE DES CONDITIONS D'UN CONTRÔLE DÉMOCRATIQUE

A. *Le Suffrage Universel.*

Le Suffrage Universel n'inventera jamais rien de neuf. Son rôle est plutôt d'affirmer avec force des vérités aussi vieilles que le monde, que le Pouvoir est naturellement porté à oublier.

Considérez l'instruction criminelle. Personne ne conteste que la publicité des débats et la liberté de la défense soient des garanties naturelles et nécessaires; je dis naturelles, au sens où l'on dit « Droit naturel », et je veux dire raisonnables, car le mot « naturel » s'oppose ici aux stratagèmes des puissances, toujours attentives à se fortifier elles-mêmes. Donc les règles de toute instruction criminelle n'étaient point du tout cachées et difficiles à découvrir. Malheureusement le Juge et le Prince étaient justement très mal placés pour les voir; ils ne pensaient qu'à rétablir l'ordre, promptement, efficacement; toute leur attention se portait là. Et je ne crois pas qu'ils aient eu jamais la volonté d'être injustes; hélas, tout au contraire ils se croyaient justes et infaillibles; ils ne pensaient point à se contrôler eux-mêmes. Or, c'est le contrôle qui fait la pensée juste et équilibrée, et tout pouvoir sans contrôle rend fou.

Ce n'est point trop dire. Je ne déclame point, je n'exagère point. Les pouvoirs, livrés à eux-mêmes, ont inventé la torture comme moyen d'instruction. On ne réfléchira jamais assez sur ce fait tout simple et tout nu, qui est comme la fleur de la civilisation oligarchique. Les pouvoirs, les majestés, les infaillibilités, ont inventé cette solution atroce, et l'ont jugée raisonnable, parce qu'elle simplifiait leur fonction et fortifiait leur privilège. Après cela tout est dit. Toutes les fois que nous donnons un blanc-seing aux pouvoirs, nous retournons là. L'affaire Dreyfus en a donné un exemple terrifiant. Voilà où en arrivent des hommes qui ne sont ni plus méchants ni plus aveugles que vous ou moi, dès qu'on leur permet de s'enfermer dans leur fonction propre comme dans une citadelle. Un patron, aux prises avec les difficultés, jugera de même que les grévistes sont des ennemis du genre humain. Contre quoi la sagesse commune a fait cette maxime naïve : « Notre ennemi c'est notre maître ».

Le droit n'est pas caché, mais les puissances l'oublient. Il ne s'agit que de le leur rappeler. Il suffit d'être sans pouvoir pour contrôler comme il faut les pouvoirs. Mille légendes, venues du fond des âges, font comprendre que le maître absolu ne peut s'instruire que s'il se déguise en homme du peuple et s'il va recueillir les opinions naïves des pauvres gens. Le Suffrage Universel ne fait que réaliser ces légendes. Le roi se déguise une fois tous les quatre ans; il entend alors autre chose que des acclamations et des flatteries; il est ramené au bon sens. Et assurément ce n'est pas ainsi qu'il apprend son métier propre; mais on lui rappelle seulement les limites que le droit commun impose à toute habileté dans tout métier, et que le succès n'est pas toute la sagesse. (*17 juin 1914*).

B. *Le suffrage secret*

1)

Ce que redoutent les tyrans, c'est le suffrage secret. Mais que peuvent-ils contre le suffrage secret? Distribuer des bulletins et suivre l'électeur des yeux ? Cela s'est fait longtemps, mais c'est ce que l'opinion ne supporte plus. Les tyrans eux-mêmes n'avoueront point ce que pourtant ils pensent tous, c'est qu'ils ne reconnaissent pour opinion que l'opinion avouée, autant dire l'opinion forcée. L'art de tyranniser est d'obtenir une approbation publique, en faisant jouer la pudeur et la politesse. Puisqu'il est convenu, et très raisonnablement, chez nous, que le chef de l'État n'est point exposé aux sifflets ni aux interruptions, il doit parler prudemment et par lieux communs, ou bien il n'est pas juste.

Un terrassier porte son opinion comme il porte son large pantalon de velours, sa ceinture de flanelle et sa pelle. C'est que cet homme fort ne s'inquiète pas de savoir s'il plaît ou déplaît. Mais tout ce qui est bourgeois vit de plaire, ou tout au moins de ne pas déplaire. Le costume bourgeois lui-même détourne de chercher bagarre. La conversation bourgeoise est de repos, quand elle n'est pas de précaution. Ceux qui tyrannisent sur les opinions ont donc d'immenses avantages. Dès qu'ils font voir un visage orageux ou offensé, on n'insiste point.

Il peut arriver qu'un médecin juge les pouvoirs avec clairvoyance, devine le jeu des tyrans, et vote enfin pour quelque jugeur qui lui ressemble. Mais, en présence d'autres bourgeois qu'il connaît mal, ou qu'il connaît trop, pressé encore par le temps, et pensant à son métier, ou bien cherchant un court moment de détente et d'agréable concorde, il n'engagera pas de controverse. D'où une modération d'apparence, et qui est en vérité de costume. Un employé, un fonctionnaire, un marchand n'ont pas moins de raisons de se montrer agréables. Sans compter que l'art de discuter est difficile et que l'on peut craindre ses propres passions. On voit ici bien clairement que ceux qui admettent la contradiction, et même la cherchent, ont bien moins de puissance sur l'opinion avouée que ceux qui reçoivent la contradiction comme une offense. Un homme simplement poli ne fait rien pour l'un et fait beaucoup pour l'autre. Ainsi tout irait au gré des violents si l'on gouvernait d'après la rumeur des conversations. Et cela ne se fait que trop, après que les urnes ont décidé. C'est alors que les cercles élaborent des programmes étonnants, sous l'œil atrabilaire. Admirable, alors, s'il reste encore un peu de citoyen dans le député. Si les électeurs ne regardent point là, avant, pendant et après, toutes les entreprises contre la liberté réussiront, par cette tempête peu à peu soulevée de l'opinion publique contre l'opinion privée. Or je ne vois point cette idée ressortir; je n'entends et je ne lis que des hommes d'État, petits et grands. Le citoyen pense-t-il assez à se défier des hommes d'État, petits et grands? (*Novembre 1923*).

2)

Le Dictateur règne par l'Opinion et craint le Suffrage. Comprenons bien; ce n'est pas le suffrage universel qu'il craint; tout au contraire l'approbation de l'homme le plus simple lui paraît valoir autant que celle d'un académicien; en ce sens le Dictateur est démocrate. Mais ce qu'il craint c'est le suffrage secret.

Dans la dictature tout doit être public et ordonné; tout avoué; de façon que le blâme soit scandale et désordre, et aussitôt puni. Mais la punition n'est qu'un effet indirect; le cortège et la cérémonie agissent directement et par persuasion; le cortège enrôle. Ceux qui ont connu la puissance de la formation militaire, et comment le pas bien rythmé donne en même temps courage et conviction, doivent considérer comme un scandale cet ordre de la société civile, où les travaux, bien loin de s'imiter les uns les autres, se complètent au contraire, ce qui conduit à supporter les différences et même à les aimer; la liberté des pensées et l'esprit d'opposition se nourrissent dans cette heureuse paix; aussi voit-on que la cité des métiers et du commerce est difficile à gouverner. D'où cette idée, qui doit plaire à l'ambitieux, d'organiser la paix selon les moyens de la guerre. Ces cortèges, ces cris rythmés, ces nobles saluts, cette belle obéissance, tout cela gouverne autrement que par la peur, et principalement, à ce que je crois, par l'admiration. Cette discipline envahit le corps du spectateur, et dispose ses pensées par ce détour. Il est presque impossible de penser contre un bataillon de chasseurs à pied qui défile; cette forte musique et ce mouvement qui s'y accorde occupent tout l'esprit. Voir est la même chose qu'approuver; et cette publique approbation régit ensuite les pensées les plus secrètes, par la difficulté d'être hypocrite. Aussi n'a-t-on à punir que les cyniques, qui sont peu nombreux.

La force d'une police qui n'est que la police m'effraye moins. L'agent ni le garde municipal n'entreprennent point sur mes pensées; ils ne visent point à convertir; ils ne montrent point cette redoutable foi qui convertit déjà par l'imitation involontaire. Aussi n'y a-t-il rien de plus facile que d'obéir à la force de police. L'ordre est assuré et la liberté de chacun est sauvée en même temps. C'est pourquoi cette force n'est pas violence, même en son action la plus vive. Mais l'autre force est violence par le seul spectacle; c'est à mon jugement qu'elle en a. Et c'est sans doute le citoyen le mieux discipliné qui sent aussi le mieux cette nuance d'injure, ce qui le pousse, contre toute attente des comédiens de la politique, à siffler sur le passage de l'arrogant cortège. Ce qui ne signifie point qu'il désapprouve, mais plutôt qu'il refuse d'approuver par des preuves qui le prennent ainsi à la gorge. Et tous ces effets résultent de civilisation à proprement parler, quand les citoyens se sont délivrés de cette idée qu'il faut approuver avant d'obéir. Et je conçois au contraire que des populations un peu plus sauvages, et promptes à la révolte, soient aisément gouvernées par des moyens de théâtre. (*Mai 1923*).

C. Le scrutin d'arrondissement

1)

On a tout dit contre le scrutin d'arrondissement, on n'a presque rien dit de ses avantages les plus évidents. Cela tient sans doute à ceci, que la plupart de ceux qui écrivent sont au service des privilégiés; et ce qui rend injuste à l'égard des députés, c'est qu'ils s'intéressent tous aux petites gens; oui, même le plus réactionnaire d'entre eux écrira toujours un bout de lettre pour le plus pauvre de ses électeurs. Il diffère du député le plus radical seulement par un point; le radical accepte cette puissance du menu peuple, tandis que le réactionnaire la subit. Aussi le haut fonctionnaire, qui ne s'aplatit que devant deux ou trois hommes encore mieux payés que lui, méprise joyeusement le député qui pense à sa ré-élection. Bref, les représentants du peuple sont peu estimés chez nous. Il y a là une injustice étonnante à laquelle il faut résister. Je considère la Chambre prise en gros comme un portrait fidèle de la nation; c'est une réunion d'honnêtes gens, sérieux, quoiqu'ils se donnent l'élégance de se moquer d'eux-mêmes, laborieux, instruits enfin des choses dont ils parlent. Vous n'avez qu'à lire *l'Officiel* pour en juger.

Il ne peut en être autrement. Dans ces petites mares d'arrondissement, le moindre clapotis réveille tout le monde. Tout est su, la vie privée, les querelles de ménage, les dettes, les expédients, les erreurs, les audaces, les fautes que le juge n'atteint pas, tout cela est analysé et tiré au clair par de terribles jugeurs. L'opinion publique n'est pas égarée par l'esprit de parti; car, comme l'adversaire sera sans pitié, l'ami le plus dévoué n'est pas sans prudence. D'où cette conséquence que chaque parti choisit nécessairement son candidat parmi les meilleurs. À quoi vous allez tout de suite objecter une histoire ou une autre; mais trouvez donc un homme qui soit vertueux absolument.

Et savez-vous par quoi l'électeur peut être trompé? Par l'audace, par l'habileté, par des succès oratoires, par une carrière politique étourdissante. La puissance fait impression, et c'est alors qu'on passe sur bien des choses. Or, qui donne la puissance, sinon les partis et l'esprit de parti? Je soutiens qu'il est plus facile à un aventurier de s'imposer à un parti que de s'imposer à un arrondissement. Nous avons ici, pour nous instruire, l'exemple du parti socialiste, si rigoureusement unifié, et qui a dû rejeter avec horreur quelques-uns de ses enfants les plus chéris. Cela se comprend. Comment ne pas soutenir un homme ambitieux, actif, éloquent, tant qu'il se conforme à la doctrine? On dit: « C'est un homme d'État », et cela répond à tout. J'avoue que l'on plane, alors, bien au-dessus des petitesses d'arrondissement. Mais il s'agit de savoir si la République vivra par les talents ou par la probité, par les grandes phrases ou par les petites vertus. On parle de dénombrer les partis. Pour moi un bon choix vaut mieux qu'un compte bien exact. Et je suis mieux représenté par l'adversaire consciencieux et incorruptible que par un orateur fameux ou un intrigant redoutable que mon parti m'imposerait (*8 août 1912*).

2)

Quand ils ont dit que la Proportionnelle est juste, ils croient avoir tout dit. Et je vois bien une espèce de justice au premier moment, c'est-à-dire quand on nomme les députés; mais encore faudrait-il y regarder de près. Si l'électeur est moins libre et moins éclairé dans son choix, est-ce juste? Si les comités départementaux ont tout pouvoir pour imposer tel candidat et surtout pour en éliminer un autre, est-ce juste? Si un homme droit et sûr prête son appui, par nécessité, à des ambitieux aussi riches d'appétits que de talents, mais de pauvre caractère, est-ce juste? Si un ferme et libre esprit ne peut être élu qu'en traitant avec un parti, est-ce juste? Si les partis ainsi organisés ont presque tout pouvoir pour échapper à la pression des électeurs, et tromper leurs espérances, est-ce juste? Si l'élite, déjà si puissante, se trouve fortifiée encore par ce nouveau système électoral, est-ce juste? Si l'influence des politiciens sur les vrais amis du peuple, déjà trop forte, s'exerce alors irrésistiblement, par les délibérations et les votes à l'intérieur du parti, est-ce juste? Et enfin, si l'écrasement des minorités est injuste dans la circonscription, par quel miracle devient-il juste au parlement? Car il faut bien que l'on décide enfin, et que la majorité l'emporte. En somme, quand vous dites que la Proportionnelle c'est la justice, j'ouvre bien les yeux, car j'aime la justice, mais je ne comprends rien, je ne perçois rien de ce que vous annoncez.

En revanche, il y a quelque chose que je comprends très bien et que je perçois très bien, c'est que les opinions pour et contre la Proportionnelle correspondent à des opinions très bien définies concernant l'avenir de la République. Car les uns, qui sont l'élite, et que je reconnaîtrais presque au port de la tête, craignent par-dessus tout ce qu'ils appellent la démagogie et les intérêts de clocher. Ils veulent qu'en toute chose, armée, impôts, travaux publics, ce soient les compétences qui décident; ils veulent que la grande politique, qu'ils appellent nationale, échappe tout à fait au contrôle des petites gens, pour qui vivre de leur travail et s'assurer contre les risques est la grande affaire. Enfin ils se défient de l'électeur. C'est contre l'électeur qu'ils ont inventé la Proportionnelle, et l'invention est bonne.

Les autres savent trop, par trop d'expériences, ce que devient la volonté populaire lorsqu'elle se heurte à l'action continue des grands Ambassadeurs, des grands Banquiers et des grands Bureaucrates. Ils savent trop comment les députés cherchent trop souvent autour d'eux, dans ce milieu parlementaire qui a ses préjugés propres, un appui contre l'électeur, et de beaux prétextes pour oublier leurs promesses. Ils savent que les grands intrigants sont déjà assez forts, et disposent déjà trop des réputations et des influences; que l'air parisien est déjà assez mauvais et dangereux pour les provinciaux même les plus rustiques; et qu'enfin le scrutin d'arrondissement est la meilleure arme de la province contre l'élite parisienne. Prise ainsi, la question est assez claire, il me semble. Et c'est parce que ces raisons commencent à se dessiner dans le brouillard, que cet accord apparent de la plupart des députés recouvre en réalité des divisions profondes et une résistance formidable (*14 juillet 1914*).

3)

Selon le système de la représentation proportionnelle, pris à la rigueur, un député représente des électeurs qui pensent comme lui. Au contraire, dans le système de l'arrondissement, auquel nous sommes revenus, le député représente une région et tous ceux qui y vivent, quelle que soit leur opinion. Il devrait le dire, et quelquefois il le dit; mais, quand il ne le dirait pas et quand on ne le penserait pas, la situation est plus forte que lui. L'idée de favoriser ceux qui ont voté pour lui n'est pas une idée naturelle; d'abord parce qu'il ne les connaît pas bien. Mais quand il les connaîtrait, il ne peut renvoyer ceux qui furent ses adversaires à l'élu de leur parti, car il se peut qu'il n'y en ait point dans le voisinage; il ne peut les renvoyer, il n'y pense même pas. Au contraire, de ce partisan douteux, ou de ce douteux adversaire, il voudra se faire un ami. Ce travail de persuader, qui se fait par la courtoisie, par l'attention, par de promptes démarches, est ce qui forme le jugement politique.

Il y a sans doute des fanatiques qui voudraient que toutes les faveurs soient pour les fidèles. L'idée fausse ici, c'est l'idée même de faveur, qui occupe tous les esprits romanesques. Presque toujours l'intervention du député a pour fin d'accélérer des affaires, qui souvent sont enlisées, enterrées, oubliées on ne sait pourquoi. Au reste, le député doit apprendre, et apprendra fort vite, qu'une faveur scandaleuse, et dont il devra répondre, est toujours une mauvaise affaire pour lui. Le député se trouve donc arbitre ; il fait valoir les droits et les raisons ; il apaise les impatients. Dans tous les cas, qui sont fort nombreux, où il s'agit seulement d'obtenir une décision, et non point de la changer, par exemple de faire payer une indemnité qui est due ou d'obtenir promptement une pension qui ne peut être refusée, le député s'emploie toujours, et allègrement, sans demander pour qui le solliciteur a voté. Ainsi, par les actions, les partis se trouvent rompus.

Ils sont rompus en même temps par les discours. Un député d'arrondissement regarde aux frontières de son parti ; là se trouvent les hésitants, ceux qu'il veut conquérir. Et, comme il n'y a guère d'hésitants dans les partis extrêmes, c'est toujours vers le centre, c'est-à-dire vers les opinions moyennes, que s'exerce l'art de persuader. Un radical farouche aimera à prouver qu'il n'est pas si farouche. Un modéré s'appliquera à faire dire de lui qu'il n'est pas si pâle que l'on croit. Un député, sous ce rapport, ressemble assez à un ministre qui veut rester ministre. On a vu souvent et l'on verra encore plus d'une fois qu'un homme d'État qui n'a pas la confiance des gauches fait beaucoup pour leur plaire. Les radicaux, au rebours, inclinent toujours à une politesse modérée. C'est que la Chambre tout entière est comme un arrondissement qui, tous les jours ou presque, réélit les ministres. Un ministère qui s'appuierait sur un parti écrasant par le nombre et d'avance résolu à tout approuver, ce serait un tyran insupportable. Mais ce n'est qu'une fiction ; les hommes, heureusement, ne cessent de juger. Cela est encore bien plus évident de l'arrondissement réel, où les citoyens n'ont rien promis à personne. L'élu ne cesse donc jamais de composer avec les partis ; bien mieux, il ne cesse jamais de dissoudre les partis, étant porté d'abord, par la nature des choses, à agir comme son adversaire aurait fait, et, dans les cas douteux, s'appliquant toujours à défaire le personnage composé par ses amis, achevé par ses adversaires. Un bon roi, en somme. Et il n'est pas impossible, dans un petit royaume, et bien aisé à connaître, qu'un roi ait intérêt à être un bon roi (*juillet 1928*).

D. LE DÉPUTÉ, CONTRÔLEUR CONTRÔLÉ

1)

(...) Tout cela pour vous dire, ajouta l'électeur, qu'ils perdent bien du temps à se jeter leurs programmes à la tête. Les socialistes unifiés usent leurs forces à être bien unifiés; la plupart d'entre eux sont simplement des radicaux comme je l'entends, et qui feraient de bonne besogne s'ils prenaient pour programme le bon sens et la justice, tout simplement. Mais de plus en plus il faut être d'un parti si l'on veut être élu, et, une fois élu, se faire écouter. Il faut choisir; être socialiste unifié ou radical unifié. Cela fait que le candidat prend l'habitude de chanter sur le même ton ce qu'il pense et ce qu'il ne pense pas.

(...) Ainsi les étiquettes remplacent les hommes, et je bois de la piquette à carte dorée.

Tel est l'effet de tous ces congrès de partis. Et ce serait bien pis encore avec le scrutin de liste et la représentation proportionnelle; car je voterais alors pour une affiche non pour un homme; et quand je demanderais compte d'un vote ou d'une réforme mal venue, on me renverrait aux chefs du parti, à la discipline du parti, aux formules et aux décisions du parti. Au lieu d'avoir un député à mon service, j'aurais pour maître un Congrès. Merci bien. C'est déjà trop que les guichets de l'administration soient fermés. Je veux que la porte du député soit ouverte (*20 mars 1909*).

2)

(...) Le député est, dit-on, l'esclave de ses électeurs. Eh bien, que voyez-vous là de si effrayant ? Vous aimeriez un député qui voterait en liberté ? Pour ma part je ne serais pas tranquille du tout, même quand ce député serait aussi savant, aussi raisonnable, aussi juste que l'on voudra. Non que je méprise les théories et les principes, bien au contraire. Seulement il en est de la politique comme de tout art, comme de l'architecture, comme de l'agriculture, comme de la médecine. Il faut appliquer les idées aux faits.

Quels sont les faits en politique ? Ce sont les citoyens, les commerces, les intérêts particuliers, en définitive. (...) Une opinion commune réelle se compose d'opinions individuelles. On a trop fait de politique fantaisiste au nom de « tous les bons Français ». Il me plait que chacun de ces bons Français puisse tirer les pouvoirs publics par la manche. Il me plait que la sonnette du député ne se repose guère. Il me plait que le citoyen vienne dire à son député : « Avec le nouveau système d'impôt qu'il vous a plu d'approuver, je paie deux cents francs de plus ».

On dira que le député use son temps à écouter ces bavardages. Et à quoi voulez-vous qu'il use son temps ? Le député est, à mes yeux, un homme qui fait passer jusqu'aux pouvoirs publics l'opinion des citoyens. Mieux il connaît les citoyens, plus il dépend d'eux, plus je suis sûr qu'il n'exprimera pas, par ses interpellations et par ses votes, une opinion de fantaisie, ou une opinion de coterie, ou encore l'opinion de son beau-frère l'usinier, ou de son gendre le militaire, ou de son neveu le bureaucrate.

Je sais qu'il y a les doctrines du parti, et les décisions du parti. Mais, justement, si ces doctrines et ces décisions ne dépendent pas étroitement de l'opinion des citoyens, quelle garantie aurons-nous ? Nous serons gouvernés au petit bonheur. Nous suivrons l'idée fixe d'un orateur, puis la marotte d'un spécialiste, puis les fantaisies d'un journaliste, tous amateurs, tous esprits sans lest et sans racines, et qui ne risquent pas assez. Celui qui met réellement au jeu, c'est le charbonnier, c'est le boulanger, c'est le maçon. En bref quand les lois sont faites et modifiées par ceux qui les subissent, tout va bien. Le pire des maux, c'est le législateur de fantaisie qui travaille au bonheur des autres.

Je voyais l'autre jour que l'on citait le mot fameux : « Pensez à vos circonscriptions », comme le mot le plus vil qui ait été prononcé. Évidemment le mot n'est pas sublime. Mais je me méfie du sublime en politique : car c'est le citoyen qui en fait les frais. Eh, oui, il faut que les députés pensent à leurs circonscriptions. Et c'est justement parce qu'ils y ont sérieusement pensé, après avoir trop longtemps écouté des récits de couloirs, que la révision a été faite. Les Partis auraient laissé Dreyfus à l'île du Diable (*12 juillet 1909*).

IX
LA RÉPUBLIQUE EST TOUJOURS EN PÉRIL

« Admirable régime, disait un réactionnaire. De votre aveu même il est continuellement en péril ; vous passez votre temps à le défendre. Vous le fondez sur l'opinion, et dès qu'une opinion court dans le pays, vous criez que tout est perdu. Vous le fondez sur le suffrage universel, et dès que l'on veut organiser le suffrage en quelque sorte mathématiquement, vous dites que c'est la mort de la République. Mais laissez donc vivre ce malheureux pays ;

laissez-le s'agiter et se retourner selon sa nature. Ou bien convenez que la République est le moins stable et le moins naturel de tous les gouvernements ».

Il est très vrai que la tyrannie est en un sens le plus naturel et le plus stable des gouvernements, par ce pouvoir qu'elle a et qu'elle exerce de se maintenir par l'action même des pouvoirs publics. Un tyran tient la police, les fonctionnaires, les journaux, et, en général, tous ceux qu'il paie. Ainsi toutes les forces du peuple se retournent contre le peuple. Bref la lutte contre la liberté s'accorde très bien avec la fonction de gouvernement. Ce fut toute l'histoire pendant des siècles.

La République, au contraire, est nécessairement travaillée, et déchirée quelquefois, par une opposition formidable, qui place son camp retranché dans le pouvoir même. Ce n'est pas par hasard que le pouvoir d'administrer s'est tant de fois changé en tyrannie. Tout pouvoir craint le contrôle et la critique. Il n'est guère de ministre, il n'est point de directeur qui ne se plaigne vingt fois par jour d'être jugé par des épiciers, des cordonniers, des terrassiers. Un ministre des Affaires étrangères joue sa partie d'échecs contre les chancelleries étrangères; il s'y passionne; je suis même disposé à croire qu'il travaille pour la grandeur de la Patrie en même temps que pour sa propre gloire, car les cyniques sont plus rares qu'on ne croit, et les passions sont toujours assez éloquentes. Mais pendant qu'il pousse les petits pions, imaginez sa colère si le bois se met à vivre, à penser, à résister.

Les mêmes effets se font voir, en petit, dans une administration, dans un département, dans un bureau de poste, dans une école, avec cette aggravation que le chef est en même temps un subordonné sur lequel s'exerce un pouvoir vraiment royal; il se sait responsable, il voudrait en échange être libre et maître dans son domaine. Dans l'armée, encore pis, car le pouvoir console de l'obéissance; aussi comment accepter ce pouvoir de l'inférieur, qui s'exerce par réclamation, dénonciation, discussion publique. Au temps des fiches, on trouva pour cette revendication des droits contre les pouvoirs, le mot admirable de délation. Aujourd'hui, on n'ose pas dire dans les mêmes cercles, que les parlementaires sont des délateurs publics mais on le pense assez. De là une colère sans fin contre les parlementaires, justement parce qu'ils font leur métier, qui est de tenir les pouvoirs en bride, au nom des citoyens. De là des calomnies infatigables, non sans une espèce de sincérité, mais non sans une confusion d'idées dangereuse; car on prend exemple de quelques parlementaires sans scrupules, et il n'y en a pas tant, mais on vise en réalité, par dessus, tous ceux qui sont laborieux et incorruptibles. En peu de mots, la République a ses propres pouvoirs contre elle ; voilà pourquoi elle peut être dite en effet moins naturelle que le cyclone, le choléra ou la tyrannie (*15 octobre 1912*).

X
LA RÉPUBLIQUE EST DIFFICILE

Ce n'est pas la Tyrannie qui est difficile. Non. C'est plutôt la République qui est difficile. Car l'injustice trouve promptement des amis et des soutiens en tous ceux qui ont horreur de la lumière et qui prennent l'égalité comme une injure. Cette armée furieuse est toujours là, à guetter l'occasion. Il y a plus d'une occasion. Toute guerre et toute menace de guerre met la République en demeure de se faire tyrannique. Toute grève aussi, dès qu'elle s'étend et qu'elle trouble l'ordre des échanges. Bien plus évidemment encore, tout essai de guerre civile met la République au défi de garder ses principes. « Impossibles, absurdes principes ! » Tel est le cri de l'adversaire. Il ne cesse de prédire, par toutes ces causes, la mort de la République.

À première vue, et la guerre étant ainsi menée, on découvre que les agents provocateurs ont un immense pouvoir. Le même homme, qui annonce que la République ne saura pas garder la paix, ne se prive pas d'alarmer les foules, d'insulter les ennemis, les alliés, toute la terre, curieux qu'il est de voir comment les Droits de l'Homme s'en tireront. Le même saura bien, par quelques déclamateurs payés, susciter la grève en morte-saison, et de fil en aiguille, l'impossible révolution contre les mitrailleuses. D'où ce conseil ridicule, qui me paraît pourtant le meilleur : « Ne faites rien. Résignez-vous. Gardez patiemment cette République honteuse d'elle-même, cette République qui frappe toujours sur les petits. Vous n'aurez peut-être jamais mieux. En ce moment si vous exigez mieux, vous aurez pire ».

Ce moment est éternel. Jamais la paix ne s'établira d'elle-même. Toujours les menaces et les défis passeront dans l'air. Toujours les voleurs crieront que la propriété n'est pas protégée. Toujours les riches prouveront, comptes sur table, que les travailleurs ont trop d'argent. Toujours il sera difficile de défendre une République qui n'a pour elle que ses principes, et encore qui ne les applique pas. Quel murmure des mécontents ! Quel contraste avec les cyniques tyrannies, qui montrent avec orgueil la paix publique chez elles. Et en effet le tyran ne permet pas qu'on soit mécontent.

Mais il faut dire aussi que les citoyens, devant l'obstacle infranchissable, aiment mieux se croire contents, se laisser enchanter, s'enchanter eux-mêmes. Et, bref, ce qui rend la vie difficile aux Républiques, c'est premièrement l'opposition des Républicains. Au contraire ce qui rend la vie facile aux tyrannies, c'est que les citoyens renoncent bientôt à exercer la critique politique, travail difficile et qu'ils voient sans espoir. Les principes sont trop loin ; on se lasse de les invoquer. On revient à la misanthropie, doctrine si naturelle, et qui donne raison au tyran. « L'homme n'est pas assez bon, dit le professeur de tyrannie, pour qu'on puisse le mettre en République. L'homme n'invoque l'égalité que contre ceux dont il est jaloux ; l'homme suit son intérêt, son plaisir, ses passions. Les hommes se dévoreraient entre eux s'ils ne sentaient au-dessus d'eux un pouvoir féroce et un fouet toujours levé ».

J'ai connu des hommes fort attentifs, et dévoués d'avance à toute vérité, qui s'étonnaient que les principes républicains fussent si aisément réfutés, si difficilement prouvés. Et en effet la thèse misanthropique, qui est celle du tyran, est évidente par soi. Dès qu'on laisse aller les choses, dès qu'on se laisse aller soi-même, tout marche comme le professeur de tyrannie l'annonçait ; l'homme n'est bon que forcé. Au lieu que l'autre thèse, selon laquelle, au contraire, l'homme n'est bon que libre, suppose dans les hommes une résolution d'être libres, ce qui est surmonter les intérêts et les passions. Affaire de courage, et de pur courage, car l'expérience prouvera qu'à cette vie libre on ne gagne ni argent, ni pouvoir, ni même sûreté. Il faut donc tenir fidèlement, et sans preuves, contre tant de preuves ; car l'avare gagne toujours et fraude sans risques ; et le lâche se met à l'abri toujours à condition de vanter son propre courage ; et le tyran ne manque jamais d'amis, alors que l'homme libre est en danger de perdre tous ses amis, et d'être blâmé par sa femme, ses enfants et tous ses proches, toujours très sensibles aux preuves sonnantes. C'est par ces causes que la République est trois fois reniée, trois fois maudite, trois fois trahie chaque jour, et par ses meilleurs amis, avant que le coq ait chanté. Soit. Mais que le chant du coq, alors, nous avertisse ; et courons prêter la main à ces principes en apparence impalpables, en réalité si lourds à porter, et qui ne paient pas les porteurs (*juin 1935*).

A SHORT HISTORY OF ANATOMY AND PHYSIOLOGY FROM THE GREEKS TO HARVEY

CHARLES SINGER
New York, Dover publications, 1957[1]

Les Études philosophiques, n.s. vol. 13, n° 3, juillet-septembre 1958, p. 387-388

Cet excellent petit livre est une réédition corrigée de *The evolution of anatomy*, publié en 1925[2]. L'auteur[3], connu en France par une traduction de son *History of biology* (chez Payot, sous le titre *Histoire de la biologie*[4]), jouit d'une autorité justement incontestée.

L'exposé historique de Singer est une somme comprimée plutôt qu'un abrégé. Rien n'y est sacrifié de ce qui importe dans une histoire des sciences de la vie : chronologie, lexicologie, idéologie, iconographie. L'histoire des observations et découvertes n'y est pas séparée de l'histoire des publications et de l'enseignement. Traducteur, en 1925, de l'*Anothomia* de Mondino de Luzzi[5], Singer sait donner un relief particulier à l'œuvre de ce maître du

1. Cet ouvrage, dont le dépôt légal est du premier trimestre 1957, se trouve dans la bibliothèque de Canguilhem (CAN 2016).

2. La première édition de *The evolution of anatomy* avait été publiée à Londres par Kegan Paul, Trench, Trubner.

3. Sur Charles Singer et son *History of biology*, cf. *supra*, p. 684, n. 1.

4. Trad. fr. par le Dr Ferdinand Gidon (1874-1944), collection « Bibliothèque scientifique », 1934. Un exemplaire se trouve dans la bibliothèque de Canguilhem (CAN 2009).

5. *The* Fasciculo di medicina, *Venice, 1493, with an introduction etc.*, by Charles Singer, Florence, R. Lier & co., 1925, 2 vol. Cet ouvrage inclut une traduction du texte de l'*Anothomia* de Mondino (ca 1270-1326).

XIVe siècle ; exégète des *Tabulae anatomicae sex* de Vésale[1], il sait ne pas oublier quel artiste, quel humaniste fut le père de l'anatomie moderne.

Les illustrations de ce petit livre sont de bonnes reproductions d'originaux admirablement choisis.

Voilà un exemple étonnant de réussite typographique dans une collection usuelle, maniable et d'un prix accessible. C'est un succès enviable de Publications Dover.

Georges CANGUILHEM

1. Charles Singer et C. Rabin, *A prelude to modern science : being a discussion of the history, sources and circumstances of the « Tabulae anatomicae sex » of Vesalius*, Cambridge, Cambridge University Press, 1946.

DE LA RÉPUBLIQUE DES PROFESSEURS À LA RÉPUBLIQUE DES COLONELS [1]

La Dépêche du Midi (Toulouse), n° 3688, 13 août 1958, p. 1 et 2

M. Georges Canguilhem, professeur à la Sorbonne, nous fait, aujourd'hui, l'honneur de nous donner son premier article. Nous avons à peine besoin de le présenter à nos lecteurs, puisqu'il est né à Castelnaudary, et qu'avant de succéder au philosophe Gaston Bachelard, dans la chaire d'histoire et philosophie des sciences, il a enseigné aux lycées d'Albi, de Béziers et de Toulouse [2].

La République des Professeurs, c'est le titre qu'Albert Thibaudet avait donné à un essai composé, en 1924, après le succès électoral du cartel des gauches, sur le nouveau style et les nouveaux leaders de la vie politique française. Herriot, Blum, Painlevé étaient les représentants les plus illustres

1. Cet article, comme les autres publiés dans *La Dépêche du Midi*, se trouve dans une chemise portant de la main de Canguilhem l'inscription « Mai 1958 etc… Collaboration à 'La Dépêche du Midi' » (CAPHÉS, GC. 26.2.4). Il s'inscrit dans le cours de la même réflexion républicaine et militante qui avait mené au choix de textes d'Alain qui précèdent et dont on retrouve ici, parfois, comme l'écho.

2. Ce chapeau de présentation est sans doute de Joseph Barsalou (1903-1992), alors éditorialiste et rédacteur en chef de la puissante et anti-gaulliste *Dépêche du Midi*, suite de la *Dépêche de Toulouse*, journal à caractère radical-socialiste où il était entré en 1929. Canguilhem le considérait comme un ami proche et le fréquenta régulièrement, au moins depuis l'époque de leur séjour commun à Clermont-Ferrand durant la guerre, alors que l'un et l'autre étaient actifs dans la Résistance. C'est par le truchement de Barsalou que Canguilhem en vint à donner à la Dépêche, de 1958 à 1961, cinq articles sur des questions d'actualité politique et un compte rendu d'ouvrage. Barsalou publierait quelques années plus tard *La mal-aimée. Histoire de la IV*e *République* (Paris, Plon, 1964), ouvrage qui se trouve dans la bibliothèque de Canguilhem (CAN 2942).

de cette élite politique formée, comme déjà l'avait été Jaurès, par l'École normale supérieure et la Sorbonne[1].

Après avoir été d'abord dirigée par des notables, puis par des juristes formés aux disciplines de la Faculté de Droit, la Troisième République, après la Grande Guerre, confiait la conduite de l'État à des hommes dont la première formation avait été celle des lettres ou des sciences. Radicaux ou socialistes, ces chefs parlementaires avaient en commun – outre un fonds de réflexes démocratiques dont l'aiguillon n'était autre que le souvenir, resté vivace, de l'affaire Dreyfus – une inclination manifeste (oui, même chez les socialistes) à subordonner l'économique non seulement au social, mais aussi au politique, les intérêts à l'égalité, et les hiérarchies de fait aux normes de la justice. Ils étaient tous des hommes pour qui la légitimation du pouvoir c'est ce bout de papier, choisi en définitive dans le secret redoutable de l'isoloir et qui s'appelle un bulletin de vote.

Bien entendu leurs ennemis de droite ou de gauche ne manquèrent jamais de soutenir que ces politiques d'origine universitaire ne le cédaient en rien

1. *La République des professeurs* avait été publiée à Paris, chez Grasset, en 1927. L'ouvrage se trouve dans la bibliothèque de Canguilhem conservée au CAPHÉS (cote CAN 1547). Thibaudet y écrit: « L'idée en naquit exactement le 12 mai 1924 », c'est-à-dire le lendemain de l'élection qui avait porté au pouvoir le cartel des gauches. Édouard Herriot (1872-1957), agrégé des lettres et docteur ès lettres, maire de Lyon pendant près de cinquante ans, figure centrale du parti radical, plusieurs fois Président du Conseil, avait été une des têtes de Turcs de Canguilhem jeune (v.g. : « Modeste Herriot vu par lui-même (et commenté) », *OC* I, p. 454-456); néanmoins, il apprécia plus tard la position fermement anti-munichoise de Herriot, de même que son refus de voter les pleins pouvoirs à Pétain. Léon Blum (1872-1950), ami d'Alain depuis leurs années d'École Normale, qui fut député socialiste de l'Aude, le département d'origine de Canguilhem, de 1929 à 1940, bénéficia, lui, de commentaires uniformément favorables de la part du jeune analyste politique (cf. *OC* I, p. 330-332, 343-344, 350, 374, 433); son attitude courageuse lors du procès de Riom lui inspirait un grand respect. Paul Painlevé (1863-1933), agrégé de mathématiques et docteur ès sciences, dreyfusard, professeur à la Faculté des Sciences de Paris, à l'École Polytechnique et au Collège de France, socialiste, animateur du Cartel des gauches, fut plusieurs fois ministre et deux fois Président du Conseil. Canguilhem dans les années 1930 faisait grand cas dans son enseignement de son ouvrage sur *Les axiomes de la mécanique. Examen critique* (Paris, Gauthier-Villars, 1922). Enfin, Canguilhem partageait, avec ses maîtres Alain et Lucien Herr, une vive admiration pour Jean Jaurès (1859-1914), agrégé de philosophie (1881), Languedocien (né à Castres, où il sera élu député), professeur au lycée d'Albi et plus tard à la Faculté des Lettres de Toulouse, et signataire de nombreux articles dans la *Dépêche de Toulouse*, ancêtre de la *Dépêche du Midi*. Le 23 novembre 1924, Canguilhem avait fait partie d'un groupe de Normaliens assistant à l'entrée, par décision du gouvernement du Cartel des gauches, de la dépouille de Jaurès au Panthéon.

aux autres sous le rapport de l'habileté électorale ou parlementaire. Cette objection passe à côté. En quoi la possession de principes devrait-elle interdire l'usage d'un savoir-faire professionnel ? Parce que la vie politique n'est ni l'action morale, ni la spéculation métaphysique, serait-elle nécessairement une activité réservée aux seuls renégats ? En fait, les meilleurs de ces parlementaires avaient une sorte de connaissance empirique des conditions de l'exercice effectif d'un régime démocratique adapté à la France à cette époque. On a eu beau jeu de leur reprocher depuis l'absence de grandeur et la platitude de leur idéal politique. Mais la vertu démocratique est sagesse plutôt qu'héroïsme, sentiment des limites qu'impose aux pouvoirs la liberté des individus plutôt que recherche des performances et entretien des exaltations collectives.

L'idéal démocratique n'est exaltant que sous l'arbitraire ou le despotisme. Il est normal que la démocratie en acte paraisse plate à tous, alors que tous ont le loisir de méconnaître quel précieux bien c'est que de pouvoir librement vitupérer la platitude. Par contre, quand la grandeur devient le mot d'ordre, c'est blasphème périlleux que d'oser publiquement préférer un livre à lire et des pantoufles à chausser. Un universitaire ne porte pas toujours des pantoufles, mais c'est un homme pour qui les livres existent, un homme pour qui le chemin de la vie privée et publique passe par la culture. Les instituteurs, qui furent les piliers de la Troisième République, considéraient assez volontiers la politique comme une instruction permanente, une culture continue. Les parlementaires – professeurs qui donnèrent le ton à la vie politique française, dans l'entre-deux-guerres, faisaient confiance au jugement des citoyens informés pour décider, en fin de compte, des fins dernières de l'action politique. Leur scepticisme s'exerçait davantage contre les constructions savantes des techniciens et des spécialistes, civils ou militaires, dont il leur fallait bien utiliser les compétences, que contre les courants d'opinion qu'exprimait, un beau jour, malgré toutes les sollicitations intéressées, le verdict du corps électoral.

Dans le régime des partis, dans le « système », dénoncé aujourd'hui avec une quasi unanimité suspecte, s'exprimait une tolérance des divergences, une acceptation du pluralisme idéologique, dont le sens caché était qu'il n'y a plus de culture politique, et partant plus de liberté politique, dès qu'il n'y a plus possibilité de choix entre plusieurs solutions et même de choix entre le choix et l'abstention de choix. Pour tout dire, sous la République des professeurs, la tactique et la stratégie politiques étaient soutenues, d'aussi loin qu'on voudra dire, mais incontestablement, par une philosophie politique diffuse, et même par une philosophie tout court, c'est-à-dire ici par une certaine idée de l'homme, idée à laquelle se subordonnait normalement la machine politique, car les institutions politiques sont aussi, à leur façon, des machines, des constructions et des artifices. Dans son essai, Albert Thibaudet n'avait pas manqué de signaler les sources philosophiques de l'idéologie politique de l'époque, il avait fait place à des penseurs comme Alain dans son tableau de la France politique en 1924[1].

Ce n'est pas le goût du paradoxe, mais les exigences de l'analyse, qui nous portent à dire que ceux qui reprochent à ce régime ses faiblesses lui reprochent exactement le prix auquel il fallait bien payer ses mérites. Un régime démocratique ne peut pas être un régime pur puisqu'il existe. La pureté est une valeur angélique. Un régime démocratique ne peut pas être un régime dur à ses ennemis intérieurs ou extérieurs puisqu'il ne le veut pas. N'étant pas dur comment serait-il durable? On doit le regretter, mais cela même interdit de le condamner. Parmi ceux qui le condamnent aujourd'hui, combien sont-ils, militaires y compris, qui n'ont pas tiré tant qu'ils pouvaient sur la corde de ses avantages?

Il est inutile de rappeler dans quelles conditions la République des professeurs fut envoyée à la ferraille par les gens de Vichy, avec le concours d'Hitler, et dans quelles conditions fut restaurée une République, dont nous ne savons pas quel titre un Albert Thibaudet aurait pu lui donner, pour un essai sur le personnel politique de la Quatrième. République des Résistants? Ce serait ne rien dire. La Résistance ne fut pas une école de politique, ne conféra aucune expérience. Née de l'urgence d'un devoir national impérieux, elle fit surgir un sorte d'élite de militants, fort estimable n'en déplaise à ses détracteurs, mais soutenue davantage par une commune volonté de disqualification des indignes que par une idéologie accrochée, même sans rigueur, à une conception organique de l'homme, à une philosophie politique. Le seul résistant qui eut véritablement une vision cohérente de ses fins fut le général de Gaulle, d'où son obstination à dénoncer, sous le nom,

1. Alain avait publié au lendemain de la victoire du Cartel ses *Éléments d'une doctrine radicale* (Paris, Gallimard, 1925). Thibaudet y fait allusion dès le début de La *République des professeurs* (1927), Paris, Hachette/Pluriel, 2006, p. 27 et p. 47; pour des mentions d'Alain comme penseur du radicalisme démocratique, *cf.* p. 61, 101-104, 110, 117-118, 136-140, 143-144, 147.

fort mal choisi d'ailleurs, de « système », les survivances de la Troisième République au sein de la Quatrième.

La Quatrième République a péri non dans une émeute populaire à Paris, mais dans une émeute de « gens bien » à Alger, le 13 mai (trois jours plus tard, la date aurait été non seulement historique mais symbolique, comme l'était celle du 6 février 1956)[1]. En un temps où les mots peuvent tout signifier, y compris le contraire de leur étymologie, on appelle comité de salut public une coalition de défense d'intérêts privés, civils et militaires. Les ennemis de la Troisième République ont sans cesse répété qu'elle était née d'une défaite, celle de 1870, et que le style d'un régime politique est fonction des circonstances de son avènement. Retournons cette leçon vers les ennemis de la Quatrième. Que nous importe si l'on appellera République le régime précaire, quoique prémédité dont nous voyons se dessiner ces jours-ci les contours institutionnels[2] ? Né de l'exploitation astucieuse d'un mécontentement sans doute fondé, mais dont l'insolente décision d'en faire les raisons et les moyens d'une politique nationale constitue, dans les conditions d'existence des sociétés occidentales contemporaines, une authentique folie, le régime, s'il n'est pas la République des colons, a les plus grandes chances de devenir une République des colonels. Sans doute, tous ceux qui appellent de leurs vœux et préparent de leurs mains une telle République ne cèdent-ils pas au prestige d'un mot et d'une image en comptant sur les colonels comme sur les colonnes de la future construction

1. Le 13 mai 1958, les émeutiers avaient à Alger pris possession de l'édifice du Gouvernement Général et la formation d'un Comité de Salut Public présidé par le général Massu avait été proclamée. Les pleins pouvoirs devaient être votés au général De Gaulle environ trois semaines plus tard, le 2 juin.

La date du 16 mai que Canguilhem a probablement ici en tête est celle du 16 mai 1877, à ses yeux sans doute antithétique, alors que se joua le dénouement d'une crise qui devait consacrer le caractère strictement parlementaire de la IIIe République.

Le 6 février 1956, la « journée des tomates », de violentes manifestations d'Européens avaient secoué Alger à l'occasion de la visite du Président du Conseil Guy Mollet, et avaient conduit le général Catroux, nommé quatre jours plus tôt ministre résidant en Algérie, à démissionner avant même d'y avoir pris sa fonction, démission que le chef du gouvernement avait eu la faiblesse d'accepter. Deux décennies plus tôt, le 6 février 1934, l'émeute parisienne avait menacé le Palais-Bourbon, mené à la démission du Cabinet Daladier et suscité la constitution, quelques jours plus tard, du Comité de Vigilance des Intellectuels Anti-fascistes auquel Canguilhem avait immédiatement adhéré.

2. De Gaulle allait présenter aux Français le projet de nouvelle constitution de la République le 4 septembre 1958. Le référendum sur son adoption se tint le 28 septembre 1958.

politique. Toujours est-il qu'en préférant la stabilité et la fermeté du pouvoir à la justification démocratique de ses décisions, ils risquent une lourde erreur, car il semble que les hommes en qui s'incarne leur nouvel idéal du leader politique soient plus qu'eux-mêmes conscients du fait qu'on peut tout faire avec des baïonnettes hormis s'asseoir dessus.

Les têtes pensantes de l'armée d'Algérie se flattent de fonder leurs choix politiques, sinon sur une philosophie de l'homme, du moins sur une psychologie des masses. Que vaut cette fameuse « arme psychologique » dont on veut faire, au-delà d'une machine de guerre, un instrument de politique intérieure, c'est ce qu'il faudra examiner dans un prochain article [1].

1. Ce « prochain article » parut la semaine suivante; c'est celui donné immédiatement ci-dessous.

COLONELS ET PSYCHOLOGUES

La Dépêche du Midi (Toulouse), n° 3695, 20 août 1958, p. 1 et 2

L'arme psychologique est à la mode[1]. Il n'y a pas là qu'une métaphore. L'arme psychologique, c'est une forme de la psychologie moderne utilisée défensivement et offensivement par les militaires, à l'imitation des industriels qui ont découvert, en France, avec plusieurs années de retard, la psychologie d'abord comme moyen d'adaptation des travailleurs à leur tâche, puis comme moyen d'adaptation des tâches aux exigences psycho-physiologiques du travail humain et, enfin, comme technique créatrice d'euphorie dans les relations humaines au sein des entreprises. Les rapports de l'armée et de la psychologie ont suivi une évolution à peu près parallèle. La sélection de soldats spécialisés, tels les pilotes d'avion, a requis l'utilisation de tests psycho-physiologiques. D'éminents psychologues ont apporté leur concours à l'armée de l'air sur le plan strictement scientifique

1. Ainsi, le colonel Charles Lacheroy (1906-2005), alors Chef du Service d'action psychologique et d'information de la Défense nationale et des Forces armées (une fonction créée en 1956), avait le 2 juillet 1957 prononcé dans le grand amphithéâtre de la Sorbonne, devant 2000 officiers de réserve, une conférence sur « La guerre révolutionnaire » (texte repris dans *La défense nationale*, Centre de Sciences politiques de l'Institut d'études juridiques de Nice et Faculté de Droit et de Sciences économiques d'Aix, Université d'Aix-Marseille, Paris, P.U.F., 1958, p. 307-330). Il tirait dans cette conférence des leçons de la guerre d'Indochine et y traitait notamment des techniques de « prise de possession des âmes » (p. 316-322). Dans la même perspective, dans le numéro de février-mars 1957 de la *Revue militaire d'information*, consacré à « La guerre révolutionnaire », le premier article, signé du pseudonyme Ximenes, précédé d'un « Avertissement » par le colonel Lacheroy, énonce que « Pour sensibiliser la population indifférente, la convertir, on emploie les ultimes ressources de la psychologie expérimentale. Cette technique est l'*imprégnation psychologique : lancement de stimuli, élaboration de slogans adaptés*, etc. » (p. 14). Lacheroy devait plus tard passer à l'OAS et il fut l'un des principaux resposables du putsch des généraux d'avril 1961.

de l'étude des réactions de l'organisme. Sous le régime de Vichy, l'armée de l'armistice a demandé à une autre psychologie de tout autres services. Il s'est agi alors d'épreuves capables de déceler les dispositions caractérologiques, les traits de personnalité requis pour l'exercice des fonctions de chef. Dans la France provisoirement asservie, l'esprit de Vichy développait, par besoin de compensation, la mystique du chef, et cette mystique se cherchait une garantie pseudo-scientifique dans la psychologie des aptitudes.

Ce que l'armée d'Algérie demande aujourd'hui à la psychologie, c'est un moyen de contre-propagande et de riposte aux techniques de subversion politique et de prise du pouvoir qu'elle tient pour l'instrument décisif utilisé par les communistes dans le démantèlement des empires coloniaux. L'arme psychologique, c'est la technique de dissociation de la masse indigène et des agitateurs rebelles, faute de pouvoir anéantir physiquement ces derniers. Notre propos n'est pas d'examiner si c'est ou non une erreur que d'identifier, dans le cas de l'Algérie, la revendication nationaliste et la tactique communiste. Nous admettons simultanément et la valeur du diagnostic et la bonne foi de ceux qui appliquent un remède dont ils ont adopté la formule. Nous nous demandons seulement s'il s'agit vraiment ici d'une arme nouvelle et s'il s'agit vraiment de psychologie. Après tout, la psychologie est une discipline qui a des exigences méthodologiques et qui, pour n'être pas aussi rigoureuse que la physique nucléaire, n'en est pas moins digne d'être distinguée de ses faux semblants.

La technique communiste – mais fasciste aussi – de prise du pouvoir par subversion, qu'on a nommée le viol des foules [1], a cherché ses fondements d'efficacité dans la théorie du réflexe conditionné, que le physiologiste russe Pavlov avait élaborée bien avant que les ingénieurs soviétiques des âmes se soient avisés de l'exploiter. L'arme psychologique, ce n'est donc rien que le nom pompeux donné à une vieille technique, celle du dressage, du montage de réactions et d'opinions, technique rafraîchie par des connaissances

1. Selon le titre de l'ouvrage célèbre du miltant social-démocrate allemand Serge Tchakhotine (1883-1973), *Le viol des foules par la propagande*, dont la traduction française avait été publiée par Gallimard en 1939 (cependant censuré dans certaines de ses parties pour ne pas antagoniser l'Allemagne et l'Italie); le stock en avait été détruit par les Allemands en 1940. L'ouvrage fut publié de nouveau par le même éditeur en 1952 (nouvelle édition « revue et augmentée »). Formé d'abord comme microbiologiste, Tchakhotine dans un souci de contre-propagande, faisait siennes quant aux fondements psycho-sociologiques de la propagande, les thèses de la psychologie biologique et objectiviste de tradition pavlovienne.

théoriques que, d'ailleurs, elle avait suscitées. C'est l'art de déterminer par conditionnement une opinion publique que les meneurs politiques font mine de refléter. Quand les colonels d'Algérie nous disent qu'ils ont lu Mao Tsé-tung [1], nous les croyons, tout en pensant, à leur honneur, qu'ils auraient bien trouvé d'eux-mêmes une parade aux méthodes dont ils avaient fait l'expérience dans leur lutte contre le Vietminh. On ne s'étonne pas, d'ailleurs, de voir des militaires s'accommoder de méthodes mises au point par les révolutionnaires léninistes. En un certain sens, ils reprennent leur bien, car si Mao Tsé-tung a lu les psychologues et les techniciens soviétiques de l'agitation révolutionnaire, il a lu aussi Lénine [2], qui avait lu von Clausewitz [3].

Mais nous nous permettrons trois remarques.

La première, c'est que ce qu'on appelle savamment « le lavage de cerveaux » n'est qu'en apparence l'opération inverse de celle qu'on appelle vulgairement « le bourrage de crânes ». En réalité, c'est la même opération, mais retournée. Autrement dit, on ne déconditionne psychologiquement des hommes conditionnés par une propagande qu'en les reconditionnant. Qu'on le veuille ou non, quels que soient les objectifs visés, il s'agit d'une mécanisation de la croyance.

La deuxième remarque, c'est qu'en politique, moins qu'ailleurs, il n'est pas possible de dissocier une technique de sa destination, de rendre les moyens totalement indépendants de leurs fins. Pour conditionner les indigènes musulmans à l'acceptation des fins politiques qu'on leur propose sous couleur de les leur faire découvrir, force est bien de recréer un contexte politique proche parent de celui dans lequel ces techniques psychologiques

1. Les *Problèmes stratégiques de la guerre révolutionnaire en Chine* sont de 1936, rédigés par Mao (1893-1876) après la Longue Marche. À Paris, les Éditions Sociales en avaient publié une traduction française en 1950 : *La stratégie de la guerre révolutionnaire en Chine*.

2. Le cahier des notes de lectures de Lénine (1870-1924) sur Clausewitz, qui date de 1915, avait été publié en traduction française en 1945 à Paris, aux Éditions de Médicis, à la suite d'un écrit de Berthold C. Friedl (1898-1992) intitulé *Les fondements théoriques de la guerre et de la paix en U.R.S.S.* Friedl était titulaire d'un doctorat de l'Université de Paris et avait été professeur de langue et civilisation russes à l'Université du Missouri avant de servir dans les Forces armées américaines. Il enseigna ensuite à l'Université de Miami où il semble avoir terminé sa carrière.

3. L'ouvrage du grand stratège allemand Carl von Clausewitz (1780-1831), *De la guerre* (1832), avait de nouveau été traduit en français, par Denise Naville (1896-1970), et publié en 1955 aux Éditions de Minuit, avec une préface de Camille Rougeron (1893-1980) intitulée « Actualité de Clausewitz » et une introduction de Pierre Naville (1904-1993).

trouvaient leur application, préalablement à leur captation pour un usage jugé désormais légitime. En psychologie animale, la réussite des conditionnements suppose des instincts, des déterminations fondamentales du sens de l'activité. En psychologie sociale humaine, la création expérimentale d'attitudes et de réactions collectives suppose au moins la coopération sincère des sujets aux expériences auxquelles on les invite. Nous nous demandons si toutes ces conditions sont effectivement remplies dans l'application aux Algériens musulmans de techniques de psychologie sociale converties en armes.

La troisième remarque, enfin, c'est que cette psychotechnique sociale perd beaucoup à être rendue publique. Les services de presse de l'armée contredisent ici à ses services psychologiques. L'arme psychologique n'est pas l'arme atomique. Elle est, à bien regarder, la seule arme à quoi, en vertu des lois psychologiques, la publicité enlève de son efficacité. Se donner comme objectif la mobilisation des âmes par leur conditionnement expérimental, c'est là une de ces choses qu'il vaut mieux faire sans dire. Dans toute entreprise qui déclare prendre les pensées de l'homme comme point d'application il y a une sottise, une absence de psychologie éclatantes. À cette psychotechnique de l'encadrement des hommes, pour autant qu'elle est mise en formules, il manque l'essentiel de ce qui constitue une psychologie authentique, savoir la connaissance de l'homme et la reconnaissance, c'est-à-dire d'abord le respect de son for intérieur [1].

1. Il faut se souvenir ici que c'est le 18 décembre 1956 que Canguilhem avait prononcé sa conférence « Qu'est-ce que la psychologie ? » et que la *Revue de Métaphysique et de Morale* venait de la publier dans sa première livraison de l'année 1958 (dont l'achevé d'imprimer est de juin seulement). Les lectures de ce texte fameux – surtout pour sa conclusion offrant aux psychologues sortant de la Sorbonne le choix d'aller sur la rue Saint-Jacques vers la montée au Panthéon ou la descente vers la Préfecture de police – négligent presque toujours la prégnance du contexte politique que Canguilhem exhibe ici. À lui qui lisait chaque jour plusieurs journaux et suivait intensément l'actualité politique (Pierre Mendès France l'avait remarqué, qui lui avait offert en mars 1956 d'être membre du Comité de rédaction des *Cahiers de la République* qu'il allait lancer cette même année), il n'avait pas échappé que la psychologie avait d'autres raisons d'être que la curiosité scientifique et qu'elle soulevait d'autres questions que l'inconsistance épistémologique manifestée par certaines approches universitaires. En fait, dès 1948, dans la perspective de la lutte contre la subversion communiste, Antoine Argoud (1914-2004), autre futur conspirateur de l'OAS, publiait « La guerre psychologique » dans la *Revue de défense nationale* et, au début de 1953, sur le théâtre indochinois, un « Bureau de la guerre psychologique » avait été créé ; à la fin de cette même année, *Le Monde* avait donné des extraits d'une conférence de Lacheroy (« La campagne d'Indochine ou une leçon de guerre

On pourra dire, selon une habitude déjà bien solide, que ce sont là finasseries d'intellectuels et que les malheureux habitants des douars terrorisés par le F.L.N. ne se soucient pas de telles subtilités. Mais ces subtilités, qui sont, en fait, la constatation des plus simples données psychologiques, échappent-elles à l'élite musulmane, solidaire de ses coreligionnaires déshérités? La psychologie, la connaissance de l'homme, celle qui, mieux qu'une arme, devrait être une lumière, veut une patience méthodique, de l'attention à autrui, du tact et l'absence de complexe de supériorité. On conviendra que l'état d'urgence militaire ne facilite pas ces précautions indispensables.

Un grand esprit ne se garde pas toujours d'un mot malheureux. Nous ne pensons pas qu'en inventant, pour donner une consigne d'emploi aux comités algériens de salut public, l'expression d'« intégration des âmes »[1], le général de Gaulle se soit créé un titre supplémentaire à l'admiration de la postérité. Des âmes, si ce mot a un sens, ce sont des pouvoirs spontanés d'adhésion à des idéaux et à des règles et qui, du fait de cette adhésion, choisissent de s'intégrer à une communauté spirituelle. Chercher à intégrer des âmes, au commandement et par quelque artifice, fût-il psychologique et aussi léger qu'une séduction (nous avons conscience de faire la part belle !), c'est se condamner à ne régner que sur des mannequins, sur des figures d'hommes auxquelles on donne l'attitude qu'on désire.

On rougit d'avoir à rappeler qu'il n'y a qu'une voie qui permette à des âmes de s'intégrer, c'est celle de l'école, quand l'école est conforme au sens de son institution, quand elle est l'appel à la réflexion – si élémentaire qu'on la suppose, mais dont aucune technique psychologique ne peut dispenser – quand elle est invitation à la liberté du jugement. Nous prévoyons une objection, que la masse des Algériens musulmans n'est pas encore mûre pour la

révolutionnaire »); les 3 et 4 août 1954, le quotidien présentait de nouveau les thèses de Lacheroy. En mars 1955, il existait à Alger un Bureau Psychologique de la Xe Région Militaire, avec des antennes dans toute l'Algérie. On a rappelé plus haut que c'est en 1956 qu'avait été créé le Service d'action psychologique et d'information de la Défense nationale et des Forces armées. De l'été 1957 à février 1960 existeront dans tous les États-Majors des 5e bureaux pour la guerre et l'action psychologiques. Toutes ces prises de position et ces interventions étaient publiques, quand elles n'étaient pas, paradoxalement comme le souligne ici Canguilhem, publicisées ; elles n'avaient pas échappé à sa vigilante attention républicaine.

1. S'adressant le 6 juin 1958 aux membres du Comité de salut public à Oran, deux jours après son discours à Alger (« Je vous ai compris »), à la fin de son voyage en Algérie (4 au 6 juin 1958).

liberté. Répondre que ce n'est pas la faute des Algériens, c'est aujourd'hui se désigner comme un de ces agents subversifs dont l'existence en métropole appelle et justifie la mise au pas de la France par Alger pour permettre l'intégration de l'Algérie à la France.

Qu'on y prenne garde, l'arme psychologique est une arme totale. Pour que réussisse, selon leur technique, l'intégration des âmes algériennes, les détenteurs de la nouvelle arme se trouveront peut-être entraînés à agir comme si les Français, sceptiques à l'égard de l'intégration des âmes, avaient eux-mêmes cessé d'être mûrs pour la liberté. Tant que les choses n'en sont pas là, usons du droit d'examen. L'argument en question est fatigué et il a déjà plusieurs fois reçu la réponse qu'il appelle.

Plutôt que d'y répondre en disant, comme le philosophe Kant, qu'on ne peut mûrir[1] pour la liberté que dans le climat de la liberté, nous dirons, avec un leader radical anglais du siècle dernier, lord John Russell : « Quand on me demande si un peuple est mûr pour la liberté, je réponds : Y a-t-il un homme qui soit mûr pour être despote ? »[2].

1. Le texte de *La Dépêche* donne ici « mourir », ce qui n'a pas de sens : dans un « climat de liberté », il n'y a pas à « mourir pour la liberté ». D'ailleurs le texte de Kant est clair : « on ne peut *mûrir* [l'italique est de Kant] pour la liberté si l'on n'a pas été préalablement mis en liberté » (*La religion dans les limites de la simple raison*, note de la p. 227, dans la traduction d'Alexis Philonenko (1932-...), tome III des *Œuvres*, dans la Bibliothèque de la Pléiade, 1986.

2. Lord John Russell (1792-1878), homme politique anglais du parti *Whig*, architecte du *Reform Act* de 1832 et Premier ministre à deux reprises. La citation est tirée de ses *Memoirs on the Affairs of Europe, from the Peace of Utrecht*, London, Murray, 1824-1829, 2 vol., vol. 1, p. 70 de l'Introduction.

L'ÉCOLE DE MONTPELLIER
JUGÉE PAR AUGUSTE COMTE

Cet article qui reprend une communication prononcée en septembre 1958, a d'abord paru en 1959 et a été intégré par Canguilhem aux *Études d'histoire et de philosophie des sciences*, ouvrage reproduit au tome III des *Œuvres complètes*.

HISTOIRE GÉNÉRALE DES SCIENCES

René Taton (dir.), tome I : *La Science antique et médiévale (des origines à 1450)*[a] [1]

Revue historique, 83e année, tome 221, fasc. 1, janvier-mars 1959, p. 147-148

Le directeur de cet ouvrage collectif ne dissimule pas, dans sa Préface générale, la somme des difficultés auxquelles se heurtait, dès le départ, l'entreprise qu'il a pourtant menée à bien. Composer une Histoire générale des Sciences pour « un large public cultivé » c'est naviguer entre deux écueils, celui de la vulgarisation et celui de l'érudition. Peu de collaborateurs auraient suffi pour une tâche de vulgarisation; inversement l'exigence de compétence tendrait logiquement à la multiplication indéfinie des spécialistes, donc interdirait toute unité.

A quoi vient s'ajouter, en France spécialement, une difficulté supplémentaire. L'histoire des sciences, encore qu'elle trouve dans notre pays ses meilleurs pionniers (Paul Tannery, Pierre Duhem), n'y est pas encore l'objet du même intérêt qu'ailleurs. Longtemps, l'esprit positiviste plus sensible à l'objectivité des faits qu'à la genèse des idées, y a contrarié l'inspiration historique du *Cours de Philosophie positive*. Quelques-uns de

a. Par R. Arnaldez, J. Beaujeu, G. Beaujouan, R. Bloch, L. Bourgey, P. Dupont-Sommer, J. Filliozat, R. Furon, A. Haudricourt, J. Itard, R. Labat, G. Lefebvre, L. Massignon, P.-H. Michel, J. Needham, I. Simon, G. Stresser-Péan, R. Taton, J. Théodoridès, J. Vercoutter, Ch. Virolleaud. Préface générale par René Taton. Paris, P.U.F., 1957; VIII-619 pages. Prix : 3.600 F relié.

1. Cet ouvrage se trouve dans la bibliothèque de Canguilhem conservée au CAPHÉS, cote CAN 95.

ceux qui ont tenté de renverser la tendance n'ont pas toujours compris que l'histoire des sciences n'est pas un simple violon d'Ingres pour savants, mais qu'elle requiert la soumission à des méthodes de travail aussi sévères que celles de la science elle-même. Il ne suffit donc pas d'être compétent dans tel ordre de recherches pour être un historien pénétrant de ces mêmes recherches. Les bons sentiments ne suffisent pas ici mieux qu'en littérature.

Il n'appartient pas à l'un des collaborateurs du futur tome II de cette Histoire[1] de dire si tous ceux du présent tome I ont exactement répondu à l'attente suscitée par le choix de leur nom. Il est certain, en tout cas, que, même du point de vue adopté de large culture, toutes les études de ce premier volume ne paraissent pas équivalentes. C'est ainsi qu'on a l'impression d'une chute de niveau dans l'intermède de la science antique à la science du moyen âge occidental chrétien. Il en est de même selon les matières : ce qui concerne mathématiques et astronomie d'une part, médecine d'autre part, est en général plus précis, mieux élaboré, plus instructif, que ce qui concerne zoologie et botanique. Par exemple, on regrette un peu le caractère sommaire des pages consacrées à Aristote naturaliste[2].

Il était sans doute inévitable, mais il n'en est pas moins regrettable, que le souci de l'information en extension l'ait parfois emporté, chez certains, sur l'attention à la problématique spécifique de l'histoire des sciences. Quelques concepts traditionnels auraient gagné à être utilisés, çà ou là, avec plus d'hésitation, par exemple celui de « précurseur ». Car l'histoire des sciences, elle aussi, devrait répondre à la définition donnée par Marc Bloch : l'histoire est la science du changement, que Lucien Febvre corrigeait en science des changements. Or d'une époque à l'autre des affirmations

1. En fait, le tome II était déjà paru, dès le 3e trimestre de l'année 1958, alors que le dépôt légal du numéro de janvier-mars 1959 de la *Revue historique* dans lequel paraît le présent compte rendu est du 2e trimestre de l'année 1959. La rédaction de ce compte-rendu date probablement de l'été 1957 (le tome I étant paru au cours du 1er trimestre 1957). Possiblement antérieure à la rédaction de la longue contribution de Canguilhem au tome II (cf. *supra*, p. 767-820), elle pourrait aussi l'avoir chevauchée. Ceci dit, comme les archives du CAPHÉS ne contiennent aucune trace de la rédaction de ce compte renu, nous prenons le parti de l'insérer ici à la date de sa publication.

2. Quelques ajouts ont été faits dans la 2e édition ; la section consacrée à « Aristote et son école » y a été quelque peu étoffée, avec notamment l'ajout d'une section sur l'anatomie des animaux.

théoriques apparemment semblables sont prises dans des contextes non superposables[1].

Est-ce parce que cette Histoire générale des Sciences doit être suivie par une Histoire générale des Techniques[2] que le devenir de la science y prend parfois l'allure d'un développement « mélodique »; que la forme, parfois ambiguë, d'obstacle et de moyen que représente pour la théorie l'existence de la fonction humaine d'opération technique n'a pas toujours été signalée où on l'aurait attendue? On n'est donc que plus sensible à l'intérêt des considérations expresses sur ce point par lesquelles M. Beaujouan termine son chapitre sur la science dans l'Occident chrétien[3].

Enfin, il semble qu'on n'ait pas toujours suffisamment distingué entre l'évolution des idées ou de ce qu'on se remet aujourd'hui à appeler les « visions du monde » et l'histoire proprement dite des influences qui se sont effectivement exercées d'un chercheur à un autre dans un secteur bien circonscrit.

Mais, en contre-partie, il faut tenir compte du fait que ce premier volume concerne la période la plus difficile à écrire de l'histoire des sciences et que ce n'est, par conséquent, pas un mince mérite que d'offrir, pour la première

1. Canguilhem avait lui-même mené une réflexion en profondeur sur la notion de précurseur, ainsi qu'en témoignait éloquemment en 1955 sa thèse sur *La formation du concept de réflexe*. Mais la lecture de son article sur la théorie cellulaire (publié en 1946, repris en 1952 dans *La connaissance de la vie*) manifeste déjà de sa part un maniement discriminant de cette notion, maniement dont il fera la théorie en 1966, dans « L'objet de l'histoire des sciences ». Cette démarche de Canguilhem a son parallèle chez Koyré qui, comme l'a souligné Gérard Jorland (*La science dans la philosophie. Les recherches épistémologiques d'Alexandre Koyré*, « Bibliothèque des idées », Paris, Gallimard, p. 81 *sq*.) avait, lui aussi en 1955, dans *Mystiques, spirituels, alchimistes* (Paris, Association Marc Bloch) consacré des analyses incisives à l'usage de cette notion dont il fera la théorie deux ans plus tard dans *From the Closed World to the Infinite Universe*, Baltimore, The Johns Hopkins University Press; trad. fr. aux P.U.F., en 1962).

2. Qui paraîtra, sous la direction de Maurice Daumas, en 5 volumes, de 1962 à 1979.

3. Dans ce chapitre VII (p. 517-582), Guy Beaujouan (1925-2007), consacre toute une section à « La science et les préoccupations pratiques à la fin du Moyen Âge », et traite spécifiquement aux p. 564 à 571 de « La technique et la science », une préoccupation centrale chez Canguilhem au moins depuis les années 1930. Beaujouan, ancien élève de l'École des Chartes, travailla sucessivement aux Archives nationales, puis au CNRS, avant d'être élu en 1963 directeur d'études en « Histoire des sciences au Moyen Âge » à l'École pratique des Hautes Études. D'abord spécialiste de l'arithmétique médiévale (thèse de l'École des Chartes, 1947), il s'était à compter des années 1950 particulièrement intéressé à l'histoire de la science dans la péninsule ibérique.

fois, au public de langue française, un instrument d'information et de culture où rien n'est sacrifié du passé de la science humaine, où la science indienne et chinoise, la science hébraïque, la science américaine précolombienne ont leur place au même titre que la science égyptienne et la science grecque, au même titre et au même niveau d'intérêt. Sous ce rapport, un tel tableau, à la fois aussi largement ouvert et aussi soigneusement coordonné dans ses détails, où le lecteur attentif peut prendre le goût et les moyens de rapprochements qu'on ne lui propose pas tout faits, est probablement sans analogue ailleurs qu'en France. Que cette estimation n'ait aucun caractère de béate satisfaction nationaliste, les quelques questions que nous n'avons pas cru devoir nous dispenser de poser en témoignent, semble-t-il, suffisamment.

Les documents d'utilité générale, illustrations, index des noms, index des matières, représentent le fruit d'un travail considérable dont il est juste d'attribuer le mérite à celui qui en eut la responsabilité, à M. René Taton. Par contre, certaines bibliographies nous semblent trop sommaires, même pour un ouvrage dont le projet est exclusif de tout pédantisme.

G. CANGUILHEM

AVERTISSEMENT, *THALÈS*, ANNÉE 1958

tome 9, (1952-1958), Paris, Presses universitaires de France, 1959, p. 1 [1]

Thalès reparaît, après quelques années d'effacement[2]. Désormais, il s'efforcera de paraître le plus fréquemment possible, quoique sans s'obliger à la périodicité. D'où la suppression des mots : Recueil annuel, dans le sous-titre de la Revue. Pour bien marquer son intention de ne pas faire double emploi avec la *Revue d'Histoire des Sciences*, publiée chez le même éditeur, *Thalès* place aujourd'hui la majeure partie de son contenu sous un titre général qui exprime sa décision de lier plus expressément, dans cette Revue,

1. *Thalès* porte en sous-titre : « Recueil des travaux de l'Institut d'histoire des sciences et des techniques de l'Université de Paris ». Le premier volume (1934) parut en 1935, publié par la Librairie Félix Alcan, alors le principal éditeur en France pour les études philosophiques ; la revue était sous la direction d'Abel Rey, le fondateur de l'Institut d'histoire des sciences et des techniques (*cf.* Jean-François Braunstein, « Abel Rey et les débuts de l'Institut d'histoire des sciences et des techniques (1932-1940) », dans Michel Bitbol et Jean Gayon (dir.), *L'épistémologie française, 1830-1970*, Paris, P.U.F., 2006, p. 173-191).

D'autres numéros parurent, pour les années 1935, 1936, et 1937-1938. La publication fut interrompue durant la guerre. Elle reparut en 1949 (vol. 5, année 1948), désormais publiée par les P.U.F. Trois autres volumes relatifs aux années durant lesquelles Gaston Bachelard assuma la direction de l'Institut furent publiés en 1951 (années 1949-1950), 1953 (année 1951) et 1955 (année 1952).

Plusieurs livraisons parurent sous la direction de Georges Canguilhem : tome 9 (années 1952-1958) en 1959, tome 10 (année 1959) en 1960, tome 11 (année 1960) en 1962, tome 12 (année 1966) en 1968 ; les derniers tomes, 13 (année 1969), 14 (années 1970-1971) et ensuite le tome 15, sous la direction de Suzanne Bachelard (année 1977-1978), furent publiés sous la forme de numéros spéciaux de la *Revue d'histoire des sciences*, revue aussi publiée par les P.U.F., en 1970, 1972 et 1979.

2. Le numéro précédent, le tome 8 était paru en 1955, portant la mention « Année 1952 ».

à l'avenir, l'histoire des sciences à l'histoire des idées et à la philosophie[1]. Des mémoires plus copieux que des articles ordinaires de Revue pourront ici trouver leur place. Enfin *Thalès* s'est efforcé de retrouver la fidélité au projet de sa fondation, en publiant l'une des Conférences données en 1957, à l'Institut d'Histoire des Sciences[2].

1. La première section de ce numéro regroupe sous le titre « Science et philosophie au XVIIIe siècle » trois contributions, de Suzanne Bachelard (« Maupertuis et le principe de moindre action »), Francis Courtès (« La médecine militante et la philosophie critique ») et Jules Vuillemin (« Sur la généralisation de l'estimation de la force chez Laplace ». Suivent une section titrée « Histoire de la biologie et de la médecine » avec pour seul article « Pathologie et physiologie de la thyroïde au XIXe siècle » de Canguilhem et, enfin, sous le titre de section « Histoire des techniques » un seul texte aussi, celui de Jules Duhem « Thomaso Campanella, promoteur du vol direct, de la nef de vol et de la guerre aérienne ».

2. Il s'agit du texte de Vuillemin mentionné à la note qui précède. Les premières livraisons de la revue reprenaient en effet souvent des conférences prononcées à l'Institut de la rue du Four, et aussi à l'occasion des leçons données dans les facultés de Paris « correspondant au programme de l'Institut ». Ainsi trouve-t-on dans le premier numéro, outre des « mémoires », des leçons données en facultés par Louis de Broglie (1892-1987), Maxime Laignel-Lavastine (1875-1953) et Abel Rey (1873-1940), suivies de conférences (ou de leur résumé) prononcées notamment par Pierre Sergescu (1893-1954), Pierre Brunet (1893-1950), Hélène Metzger (1889-1944), etc.

HISTOIRE DE LA SCIENCE

Maurice Daumas (dir.), « Encyclopédie de la Pléiade »,
Gallimard, Paris, 1957 [1]

Archives internationales d'histoire des sciences [2], vol. 12, n° 46, janvier-mars 1959, p. 76-82

En présentant une *Histoire de la Science* aux dimensions d'un volume de la collection « La Pléïade » et sous la marque d'une Encyclopédie,

1. Cet ouvrage se trouve dans la bibliothèque de Canguilhem (CAN 2480); il ne porte aucune annotation. Il n'existe pas de manuscrit de ce compte rendu, mais un tapuscrit de 7 feuillets est conservé dans les archives du Fonds Canguilhem au CAPHÉS (GC. 26.1.14). L'achevé d'imprimer de la revue est de novembre 1957.

Dans une lettre du 27 juin 1973, cet ouvrage étant alors épuisé, le directeur de la Bibliothèque de la Pléiade aux Éditions Gallimard, Raymond Queneau (1903-1976), informait Canguilhem qu'était envisagée « une nouvelle édition non seulement complétée et mise à jour, mais entièrement refondue », en deux volumes, et le sollicitait pour qu'il en assume la responsabilité. Il écrivait : « … il se trouve que M. Maurice Daumas en raison de ses occupations actuelles, ne peut assumer ce travail. Il nous a donc conseillé de nous adresser à vous. Conseil qui a été approuvé auprès de nous par M. Yvon Belaval qui dirige *L'histoire de la philosophie* dans la même collection ». Après avoir rencontré Queneau et en avoir discuté avec son ami Belaval, Canguilhem déclina l'invitation (*cf.* Fonds Canguilhem, CAPHÉS, GC. 42).

2. Il s'agit ici du premier écrit de Canguilhem publié dans cette revue dont Maurice Daumas était alors le rédacteur en chef. Quatre autres comptes rendus, presque tous très brefs, suivront l'année suivante (cf. *infra*, p. 919-930) et un autre encore en 1977 (que l'on trouvera au tome V des *OC*). Il y publiera en outre l'article « Galilée, signification de l'homme et de l'œuvre » (repris dans les *EHPS*) et, en 1976, une notice nécrologique sur son ami Marc Klein (texte qui sera donné au tome V des *OC*).

Les *Archives internationales d'histoire des sciences* sont la revue officielle de l'Académie internationale d'histoire des sciences. Canguilhem en avait été élu membre correspondant en 1958, et membre régulier en février 1960.

M. Maurice Daumas[1] était contraint de concilier les exigences de la limitation et celles de la totalité, celles de la distinction et celles de l'interdépendance. Il ne pouvait s'en tirer que par un compromis. Mais nous estimons que la solution adoptée est honorable. De l'Antiquité aux Temps Modernes, la science est présentée synchroniquement et par périodes; à partir du XVIe siècle, les sciences sont présentées diachroniquement et par spécialité. Deux décisions de M. Daumas nous semblent heureuses. La première a pour effet de placer en tête du volume une histoire, abrégée mais expresse, de la vie scientifique, c'est-à-dire une histoire des milieux, des institutions et des instruments qui ont donné à la science son appareil organique propre, et par suite sa vie spécifique, quoique non indépendante, dans la vie des sociétés humaines. La seconde a pour effet d'attribuer, dans le tableau des sciences cosmologiques séparées, une place de choix à des sciences concrètes telles que la minéralogie et la géologie, comme aussi, dans le département des sciences humaines, à des sciences dont on a trop longtemps méconnu que leur histoire est étroitement responsable du sens de leur statut actuel, telles que l'ethnographie et la démographie. Il faut formuler le regret que l'histoire de la linguistique n'ait pas ici trouvé sa place. On aurait pu, sans dommage, lui céder la place prise par l'histoire de la psychologie pré-scientifique, qu'on pouvait renvoyer au volume concernant l'Histoire de la Philosophie.

Cette *Histoire de la Science* commence par une préface dans laquelle M. Daumas plaide pour la dignité de l'histoire des sciences comme

1. Maurice Daumas (1910-1984), chimiste et historien de la technique, joua un rôle clé dans le développement de cette dernière discipline en France. On lui doit notamment la monumentale *Histoire générale des techniques* qu'il dirigea aux P.U.F. et l'ouvrage depuis longtemps classique, sa thèse de doctorat ès lettres, dirigée par Gaston Bachelard, sur *Les instruments scientifiques aux XVIIe et XVIIIe siècles* (Paris, P.U.F., 1953). Mais il a aussi laissé des contributions importantes à l'histoire des sciences, particulièrement à l'histoire de la chimie lavoisienne. Il avait d'ailleurs commencé sa carrière comme chimiste (licence en 1936) et, jusqu'en 1942, travaillé d'abord au Laboratoire municipal de la Ville de Paris. Il avait publié en 1941 l'un des premiers Que sais-je? sur *Les matières plastiques* et il commença à publier des ouvrages d'histoire des sciences, d'abord des biographies (*Lavoisier*, Paris Gallimard, 1941; *Arago*, chez le même éditeur, en 1943). C'est sous la direction de Gaston Bachelard qu'il aurait rédigé *L'acte chimique. Essai sur l'histoire de la philosophie chimique* (Bruxelles, Éditions du Sablon, 1946). *Lavoisier théoricien et expérimentateur* devait paraître en 1955 (Paris, P.U.F.). Il était depuis 1947 actif au Musée des techniques du Conservatoire National des Arts et Métiers dont il devint le conservateur en titre à compter de 1960. Nommé professeur au Conservatoire, il occupa ces fonctions jusqu'à sa retraite en 1976.

instrument de culture et revendique pour elle, en France, une place qu'elle n'occupe pas. On ne peut qu'applaudir. Mais on doit se demander si l'indication d'un fait, séparée de son interprétation, n'enlève pas à un plaidoyer une partie des moyens qu'il pourrait mettre en œuvre. Nous pensons qu'il y aurait une histoire à écrire des raisons pour lesquelles les aventures de l'École positiviste ont empêché la philosophie d'A. Comte de susciter, en France, un intérêt général de recherche et d'enseignement que l'un de ses objectifs avoués était de provoquer. Comte s'est aliéné la plupart des savants, tout en fournissant à quelques-uns les bases positivistes de leur scientisme, et parce que l'école positiviste des fidèles intégraux a fourni les premiers historiens officiels des sciences (P. Laffitte, Wyrouboff)[1], les philosophes d'autres obédiences ont été détournés d'attribuer à l'histoire des sciences sa place et son rôle, même dans les philosophies pour qui la référence à la science s'impose.

La préface de M. Daumas contient une esquisse intéressante de l'histoire des sciences, de Fontenelle[2] à George Sarton[3]. On aurait aimé voir figurer au nombre des documents de base, susceptibles d'être utilisés pour l'histoire des sciences au XIXe siècle, la belle série des Rapports sur les progrès des Sciences en France établis à l'occasion de l'Exposition Internationale de

1. Les déconvenues de Comte dans ses tentatives pour obtenir une chaire d'histoire générale des sciences au Collège de France, les circonstances dans lesquelles ses disciples Pierre Lafitte (1823-1903) et Grégoire Wyrouboff (1843-1913) y parvinrent, de même que la teneur de leurs enseignements, ont depuis fait l'objet de recherches, notamment par Harry W. Paul (« Scholarship and ideology : The chair of general history of science at the Collège de France, 1892-1913 », *Isis*, vol. 67, n° 238, 1976, p. 376-397) et par Annie Petit (« L'héritage du positivisme dans la création de la chaire d'histoire générale des sciences au Collège de France », *Revue d'histoire des sciences*, vol. 48, n° 4, 1995, p. 521-556).

2. Sur Bernard Le Bovier de Fontenelle (1657-1757), secrétaire perpétuel de l'Académie royale des sciences et son premier historien, on peut se reporter à l'article que lui a consacré Canguilhem en 1957, repris dans les *EHPS* en 1968 : « Fontenelle, philosophe et historien des sciences ».

3. George Sarton (1884-1956) né en Belgique, auteur d'une thèse de doctorat ès sciences sur « Les principes de la mécanique de Newton » (Gand, 1911), émigra aux États-Unis en 1915 et y reçut l'hospitalité de l'Université Harvard, l'essentiel de son traitement étant assuré pour le reste de sa carrière par la Carnegie Institution de Washington. L'université lui conféra le titre de professeur en 1940 seulement. Il a produit de nombreux ouvrages à caractère historique qui ont laissé peu de trace dans la pratique des historiens des sciences d'aujourd'hui. C'est davantage comme organisateur de la nouvelle discipline, avec la création de la revue *Isis* (1912), ses massives bibliographies, la fondation de la *History of Science Society*, que s'est exercée son influence.

1867, et poursuivis encore quelques années après. Un des plus célèbres est celui de Claude Bernard sur la Physiologie[1], mais ceux d'H. Milne-Edwards sur la Zoologie[2], de Quatrefages sur l'Anthropologie[3], de Bertin sur la Thermodynamique[4], de M. Chasles[5] sur la Géométrie méritent d'être signalés, car ils méritent toujours d'être consultés.

1. *Rapports sur les progrès et la marche de la physiologie générale en France*, Paris, Imprimerie impériale, 1867.

2. *Rapports sur les progrès récents des sciences zoologiques en France*, Paris, Imprimerie impériale, 1867. Henri Milne-Edwards (1800-1885), médecin et zoologiste, né à Bruges, choisit la nationalité française au moment de l'indépendance de la Belgique. Il commença à enseigner l'hygiène et l'histoire naturelle à l'École centrale des Arts et Manufactures en 1832, après avoir obtenu un doctorat de la Faculté de Médecine de Paris. Nommé à la chaire d'entomologie du Museum National d'Histoire Naturelle en 1841, il préféra occuper celle d'histoire naturelle des mammifères vingt ans plus tard. Il fut aussi professeur et doyen de la Faculté des Sciences de Paris. Son nom reste attaché à la théorie de la division du travail physiologique et à son rôle de chef de l'école dite de zoologie physiologique. On lui doit notamment une monumentale série de *Leçons sur la physiologie et l'anatomie comparée de l'homme et des animaux*, Paris, Masson, 1857-1881, 14 vol.

3. *Rapports sur les progrès de l'anthropologie*, Paris, Imprimerie impériale, 1867. Jean-Louis-Armand de Quatrefages de Bréau (1810-1892), médecin et zoologiste français, obtint d'abord un doctorat à la Faculté des Sciences de Strasbourg (1830), puis un doctorat en médecine dans la même ville deux ans plus tard. Il défendit à Paris en 1840 ses deux thèses pour le doctorat en sciences naturelles et s'installa dans cette ville après avoir pratiqué la médecine et enseigné à Toulouse depuis 1833. À l'instigation d'Henri Milne-Edwards, il se consacra alors à la zoologie des invertébrés marins jusqu'à ce que l'obtention en 1855 d'une chaire d'histoire naturelle de l'Homme au Museum National d'Histoire Naturelle ne le fasse consacrer désormais la plus grande partie de ses travaux à l'espèce humaine.

4. *Rapports sur les progrès de la thermodynamique en France*, Paris, Imprimerie impériale, 1867. Pierre-Augustin Bertin (1818-1884), dit aussi Bertin-Mourot, physicien français, ancien élève de l'École normale supérieure (1841), fut professeur à la Faculté des Sciences de Strasbourg (1848), puis maître de conférences à l'École normale supérieure, suppléant de Regnault au Collège de France en 1867, enfin sous-directeur de l'École normale à compter de 1868. Il est notamment l'auteur de travaux sur la polarisation magnétique et cristallographique.

5. *Rapports sur les progrès de la géométrie*, Paris, Imprimerie Nationale, 1870. Michel Chasles (1793-1880), mathématicien français, ancien élève de l'École Polytechnique où il fut nommé professeur en 1841 (poste qu'il quitta après dix ans), avait un intérêt particulier pour l'histoire des mathématiques. Il avait publié dès 1837 un *Aperçu historique sur l'origine et le développement des méthodes en géométrie* (qui était aussi une importante contribution à la géométrie projective). Il fut nommé professeur à la Faculté des Sciences de Paris en 1846 et y resta jusqu'à sa retraite.

*

Il est certain que dans la répartition des tâches, c'est à Pierre Brunet[1] qu'est revenue la plus difficile. Présenter en cent soixante et onze pages un tableau du savoir – ou parfois de l'ignorance – concernant l'histoire de toutes les sciences, depuis les anciennes civilisations de l'Orient et de l'Extrême-Orient jusqu'à l'aube de la période moderne, c'est s'obliger à donner toute la mesure d'une culture individuelle. L'ancien collaborateur d'Aldo Mieli[2] ne fut pas inégal à ce projet. Et il est certain que la réussite de l'entreprise eût été plus nette encore si l'auteur eût, paradoxalement, disposé de plus de place pour son abrégé. Car trop souvent ce qui manque à son tableau c'est le point de perspective, c'est-à-dire la préparation ou au contraire la reprise synoptique des travaux et recherches dont l'exposé est inévitablement successif. C'est ainsi que les passages relatifs à Euclide[3], Archimède[4],

1. Pierre Brunet (1893-1950) avait obtenu une licence de philosophie de la Faculté des Lettres de Lyon où il avait subi l'influence d'Edmond Goblot (1858-1935) qui y enseignait l'histoire de la philosophie des sciences. Après un échec à l'agrégation de philosophie, il avait enseigné cette discipline dans divers collèges de province, et préparé un doctorat ès lettres (*Maupertuis*, tome I, *Étude biographique*; tome II, *L'œuvre et sa place dans la pensée scientifique et philosophique du* XVIIIe *siècle* (Paris, Albert Blanchard, 1929). Actif au Centre de synthèse d'Henri Berr, il s'était lié avec Aldo Mieli avec qui il publia le premier tome d'une *Histoire des sciences* (*cf.* note suivante) et à qui il succéda après la guerre à la direction de la section d'Histoire des sciences de ce centre. Il fut aussi le directeur fondateur de la *Revue d'histoire des sciences*.

2. Aldo Mieli (1879-1950), d'abord formé comme chimiste, avait enseigné l'histoire de cette science à l'Université de Rome, puis à l'université de Pérouse. Opposant au fascisme, il s'était exilé en France en 1928 et avait pris la direction de la section d'Histoire des sciences du Centre de synthèse fondé par Henri Berr, fonction qu'il occupa jusqu'à son départ pour l'Argentine en 1939. Il fonda et dirigea aussi la revue *Archeion* qui fut l'ancêtre des *Archives internationales d'histoire des sciences*, devenues l'organe de l'Académie internationale d'histoire des sciences dont Mieli fut l'un des fondateurs. Il avait publié avec Pierre Brunet en 1935 *Histoire des sciences. Antiquité* (Paris, Payot, 1935). Deux parties de sa bibliothèque personnelle sont conservées à Paris, l'une au CAPHÉS, l'autre au Centre Alexandre-Koyré.

3. Euclide, mathématicien grec du IIIe siècle avant notre ère, dont les *Éléments* devaient former la base de l'éducation mathématique pendant près de deux millénaires et servir de modèle de rigueur démonstrative.

4. Archimède (de -287 à -212), mathématicien, physicien et ingénieur grec.

Apollonius[1] et Pappus[2] – où le meilleur nous paraît, de loin, ce qui a trait à Archimède – divisent notre attention, sans parvenir à nous faire saisir le sens des questions que se poseront, à propos des mathématiques anciennes, de leur esprit et de leurs « méthodes », les hommes du XVIIe siècle, Descartes en particulier. Cette impression s'accuse irrésistiblement dans la mesure où le lecteur approche du point critique de l'histoire de la science, c'est-à-dire du début du XVIIe siècle.

C'est la raison pour laquelle le chapitre composé par le Père Lenoble[3] sur les origines de la pensée scientifique moderne – un des plus réussis de l'ouvrage – tranche tellement sur ce qui le précède. Disons-le tout de suite et sans détours, nous n'en aimons pas toujours le ton et le style, ni les traits d'éloquence mieux venus dans une homélie que dans une analyse de concepts et dans un déchiffrage de structures intellectuelles. Mais le P. Lenoble a eu le grand mérite de montrer que pour comprendre le sens d'une substitution de normes intellectuelles, il faut d'abord déduire ces normes d'un système total de perception et de l'action. « Une science nouvelle, c'était un nouveau monde à créer » (p. 398). Le savant auteur de *Mersenne ou la Naissance du Mécanisme*[4] a su définir le sens profond du naturalisme des pseudo-savants de la Renaissance. Leur rupture avec l'aristotélisme, jugée en elle-même et sans rapport avec la véritable rupture instituée par la science des physico-mathématiciens, Galilée et Descartes, était en fait un recul vers la confusion animiste. « Le naturalisme de la Renaissance… engageait la science dans

1. Apollonius de Perga, géomètre et astronome grec du début du IIe siècle avant notre ère, dont le grand traité sur les *Coniques*, qui nous est partiellement parvenu, exerça une profonde influence jusqu'à l'époque moderne.

2. Pappus d'Alexandrie, mathématicien de la fin du IIIe siècle de notre ère, l'une des figures tardives de l'École d'Alexandrie, avait notamment laissé quelques problèmes dont la solution devait occuper certains des meilleurs esprits du XVIIe siècle. Comme plusieurs de ses contemporains, il fut aussi un ardent compilateur et ses ouvrages sont souvent la seule source pour certaines œuvres d'autres mathématiciens de l'Antiquité.

3. Robert Lenoble (1900-1959), prêtre oratorien, après quelques années d'enseignement dans des collèges de province puis à Paris était entré au CNRS en 1947. Docteur ès lettres (1943) avec une thèse principale sur Mersenne, il s'était largement consacré à l'édition des *Œuvres complètes* de celui-ci, dont tout particulièrement sa *Correspondance*. Le grand ouvrage auquel il travaillait et qu'il ne put achever parut de façon posthume sous la forme d'une *Esquisse d'une histoire de l'idée de nature* (« L'Évolution de l'Humanité », Paris, Albin Michel, 1968), (cote CAN 3618 dans la bibliothèque de Canguilhem au CAPHÉS).

4. Cette thèse, sous la direction d'Émile Bréhier, avait été publiée à Paris, chez Vrin en 1943 ; Canguilhem possédait la seconde édition, de 1971 (cote CAN 1475).

une impasse et la replongeait dans la magie » (p. 420). Il faut être également reconnaissant au P. Lenoble d'avoir, dans un ouvrage où bien des lecteurs seront tentés de rechercher quelques-uns des mots de passe de leur culture, consacré un long développement à mettre en pièces un vieux cliché, celui qui représente Francis Bacon[1] comme un des fondateurs de la méthode scientifique moderne. « Faux départ » dit de son œuvre le P. Lenoble, et la formule nous semble très juste. C'est avec Galilée que la pensée inaugure son âge scientifique (p. 477). Sur Galilée, sur Descartes, sur Pascal, le P. Lenoble n'apporte ici sans doute rien de nouveau aux lecteurs des ouvrages savants de Duhem, de Milhaud[2], de Koyré, de De Waard[3],

1. Francis Bacon, Lord Verulam (1561-1626), philosophe et homme politique anglais, auteur très prolifique, dont certains des ouvrages exercèrent, surtout aux XVIIe et XVIIIe siècles, une grande influence en faveur d'une conception empiriste de l'expérience (notamment le *Novum Organum Scientiarum* (1620), l'*Instauratio Magna* (1620), le *De Augmentis Scientiarum* (1623), et l'ouvrage posthume (1627) *New Atlantis*). Canguilhem, comme Lenoble, partageait l'avis d'Alexandre Koyré : « Bacon est le héraut, le *buccinator* de la science moderne, non l'un de ses créateurs » (« Galilée et Platon », dans *Études d'histoire de la pensée scientifique*, Paris, Tel-Gallimard, 1973, p. 167, note 2).

2. Gaston Milhaud, (1858-1918), philosophe et historien des sciences français, ancien élève de l'École normale supérieure (1878), agrégé de mathématiques (1881), avait commencé sa carrière aux lycées du Havre puis de Montpellier. Invité en 1892 à faire un cours libre à la Faculté des Sciences de cette ville, il se consacra de plus en plus à l'histoire des sciences et soutint en 1894 à la Faculté des Lettres de Paris, sous la direction d'Émile Boutroux, une thèse de doctorat l'*Essai sur les conditions et les limites de la certitude logique* (Paris, Alcan, 1894). D'abord nommé professeur de philosophie à la Faculté des Lettres de Montpellier, il passa à la Sorbonne en 1909 dans la nouvelle chaire d'« Histoire de la Philosophie dans ses rapports avec les sciences ». Son *Descartes savant* est une œuvre posthume (Paris, Alcan, 1921); il lui avait déjà consacré sa thèse complémentaire (*Num Cartesii methodus tantum valeat in suo opere illustrando quantum ipse senserit* (Montpellier, C. Coulet, 1894). Sur Milhaud, *cf.* Anastasios Brenner et Annie Petit (dir.), *Science, histoire & philosophie selon Gaston Milhaud. La constitution d'un champ disciplinaire sous la Troisième République*, Paris, Vuibert, 2009.

3. Cornelis De Waard (1879-1963), historien des sciences néerlandais et grand érudit. Après des études de physique à Amsterdam et le passage de l'examen doctoral (1913), il enseigna au lycée (*gymnasium*) de Winschoten de 1919 jusqu'à son départ à la retraite en 1944. Grand chasseur de manuscrits philosophiques et scientifiques inédits, c'est à lui que l'on doit notamment la découverte et l'édition du *Journal tenu par Isaac Beeckman de 1604 à 1634* (La Haye, Martinus Nijhoff, 1939-1953, 4 vol.). Auteur de la monographie classique sur *L'expérience barométrique, ses antécédents et ses explications* (Thouars, Imprimerie nouvelle, 1936), il fut aussi un contributeur majeur à l'édition de la correspondance de Marin Mersenne (et l'éditeur du 4e tome des *Œuvres* de Fermat), et il signa de 1911 à 1933 plus de 400 articles dans le grand dictionnaire des biographies néerlandaises (Philipp Christiaan Molhuysen et Petrus

de P. Humbert[1] et de lui-même. Mais la mise en connexion de tous ces travaux est une réussite. Jugée sous l'angle de la philosophie scientifique, cette histoire de la pensée scientifique moderne, à l'époque de sa toujours neuve origine, constitue un apport de réelle valeur, et ajoute à bien d'autres une raison de regretter la disparition récente du P. Lenoble.

*

C'est naturellement par l'Histoire des Mathématiques que débute l'étude analytique des spécialisations du savoir, selon un plan que la classification des sciences proposée par A. Comte a rendu traditionnel. P. Humbert retrace cette histoire, de Léonard de Vinci à Lebesgue[2], cependant que M. René Taton esquisse le développement des mathématiques au XXe siècle. On retrouve dans l'exposé de P. Humbert les qualités par lesquelles ses autres travaux, plus amples, se sont toujours distingués : exactitude des références, précision des allusions, justesse dans l'appréciation de la portée véritable d'une recherche ou d'une découverte. Le sens historique de P. Humbert lui a imposé deux modes différents de présentation de son sujet : pour les XVIIe et XVIIIe siècles, il nous offre une analyse d'œuvres et de recherches individuelles, Descartes, Newton, Lagrange[3], etc. ; pour le XIXe, une analyse de questions, une exploration de domaines, fonctions de variables imaginaires, fonctions automorphes, groupes et équations algébriques, etc. ; sous l'un et l'autre aspect, histoire des mathématiciens, histoire des mathématiques, cette partie de l'*Histoire de la Science* offre au lecteur une élégance de l'écriture qui ne peut le laisser indifférent.

Johannes Blok (dir.), *Nieuw Nederlandsch Biografisch Woordenboek* (Leiden, Sijthoff, 1911-1937, 11 vol.).

1. Pierre Humbert (1891-1953), ancien élève de l'École Polytechnique (1910) ; après avoir soutenu une thèse de doctorat de mathématiques (1918), fut nommé à la Faculté des Sciences de Montpellier où se déroula le reste de sa carrière. En parallèle à ses contributions mathématiques, il s'était intéressé à l'histoire des sciences, surtout à l'histoire de l'astronomie au XVIIe siècle. Il est notamment l'auteur de *L'œuvre astronomique de Gassendi* (Paris, Hermann, 1936), *Un amateur, Peiresc, 1580-1637* (Paris, Desclée de Brouwer, 1933), *L'œuvre scientifique de Blaise Pascal* (Paris, Albin Michel, 1947) et d'une biographie de *Pierre Duhem* (Paris, Bloud et Gay, 1932).

2. Sur Henri Lebesgue, cf. *supra*, p. 265, n. 3.

3. Sur Lagrange, cf. *supra*, p. 776, n. 3.

Les mêmes mérites se retrouvent dans l'*Histoire de l'Astronomie de la Renaissance à nos jours*, due également à P. Humbert, et que complète un aperçu des Progrès de l'astronomie contemporaine par M. Schatzman[1]. Ici pourtant on se trouve déçu par une certaine absence de relief, rançon peut-être d'un enthousiasme sans nuance pour tout ce qui touche à l'astronomie. On est frappé par la disproportion entre les exposés respectifs de recherches fondamentales du point de vue intellectuel, scientifique et même philosophique, et de travaux, sans doute importants, mais de caractère technique. Comment ne pas regretter que Kepler, Galilée, Newton ne tiennent pas ici plus de place que n'en tiennent des travaux de géographie ou de géodésie ?

M. Maurice Daumas n'a pas reculé devant la tâche de présenter l'*Histoire de la Physique et de la Chimie*, de Léonard de Vinci à la fin du XIXe siècle, avec le concours, pour l'édification de la science classique, de M. Viallard[2] qui s'est chargé aussi d'exposer les progrès de la science contemporaine. Sous cette rubrique commune, l'histoire de la physique et celle de la chimie ne sont pas traitées de même sorte. Il y a plus d'unité, plus de systématisation conceptuelle dans l'histoire de la chimie. Les travaux antérieurs de M. Daumas sur Lavoisier lui ont spontanément fourni un solide noyau d'organisation. C'est d'ailleurs la nature même des recherches réunies sous le nom traditionnel de physique qui entraîne ici une inévitable division. Elle n'a pourtant pas nui à la qualité de certains historiques partiels, notamment à celui qui concerne le magnétisme et l'électricité. Enfin, il faut savoir gré à M. Daumas de ne pas avoir écarté certaines questions controversées et d'avoir pris parti. Peu importe que l'on ne puisse le suivre dans tous les cas. On peut approuver ses vues concernant le sens et la portée de l'œuvre de Léonard de Vinci, précurseur universel un peu trop légendaire, tout en faisant des réserves sur le jugement relatif aux théories optiques de

1. Evry Schatzman (1920-2010), astrophysicien français, ancien élève de l'École normale supérieure (1939), agrégé de physique (1945), docteur ès sciences en 1946, avait été admis au CNRS l'année précédente et devait en devenir l'un des directeurs de recherche émérites. Il poursuivit sa carrière à la Faculté des Sciences de Paris de 1949 jusqu'en 1976, alors qu'il s'installa à l'Observatoire de Nice. Il s'était d'abord fait connaître internationalement par ses travaux pionniers sur les naines blanches.

2. Rodolphe Viallard (? -?), spécialiste de la chimie physique, docteur de la Faculté des Sciences de Paris (1945), puis professeur à cette Faculté.

Descartes (p. 859)[a 1]. En toute sorte d'histoire, y compris celle des sciences, il est inévitable que le nombre de concessions à l'autorité de la tradition soit proportionnel à l'étendue du domaine exploré.

Sous ce rapport, c'est l'exposé de M. Caullery[2] sur les Sciences biologiques qui peut sembler le moins exigeant. L'auteur, récemment disparu, reconnaît lui-même que les conditions dans lesquelles il a été conduit à rafraîchir, en vue de la présente étude, son premier travail d'ensemble sur l'Histoire de la Biologie, ne lui ont pas permis de compléter entièrement ses lectures et de renouveler ses idées directrices (p. 1165-66). Ce n'est d'ailleurs pas tant la présentation classique de ce tableau historique de la biologie, un peu trop respectueux des divisions de spécialités, qui est en cause, que l'absence de vigueur critique à l'égard de quelques opinions accréditées, en France du moins. Quand on voit M. Caullery souscrire, à propos de Stahl (p. 1200), à la condamnation prononcée par les auteurs du XIXe siècle qui n'ont pas compris pourquoi A. Comte pouvait, au contraire, le tenir pour un esprit progressif à son époque, on apprécie pleinement le jugement de M. Daumas, autrement circonstancié et pénétrant, sur la chimie de Stahl (p. 879-882). On regrette que M. Caullery soit plus attentif à ce que la *Theoria Generationis* de C.F. Wolff[3] contenait de verbal que soucieux de faire saisir précisément pourquoi elle a ouvert, avant les travaux de Pander[4]

a. Pour un renouvellement de cette question, *cf.* l'article de Mlle S. BACHELARD, « Maupertuis et le principe de la moindre action », in *Thalès*, 1958, [p. 3-36,] p. 23 *sq*.

1. Suzanne Bachelard (1919-2007), agrégée de philosophie (1946), licenciée ès sciences, docteur ès lettres (1957) avec une thèse principale sur *La conscience de rationalité, étude phénoménologique sur la physique mathématique* (Paris, P.U.F., 1958) et une thèse complémentaire sur *La logique de Husserl. Étude sur "Logique formelle et logique transcendantale"* (*ibid.*, 1957), ouvrage dont elle avait également procuré une traduction (*idem*, 1957). Professeur à l'École normale de Sèvres, à la Faculté des Lettres de Lille, puis de Paris, elle assuma, à compter du départ à la retraite de Canguilhem, avec qui elle collaborait étroitement depuis de nombreuses années, la direction de l'Institut de la rue du Four.

2. Sur Maurice Caullery, cf. *supra*, p. 308, n. 3.

3. Caspar Friedrich Wolff (1733-1794), médecin et physiologiste allemand, dont la *Theoria generationis* (Halle, Hendelian, 1759), sa thèse de médecine, par sa description de la différenciation embryonnaire donnait son congé au préformationnisme, et demeure l'un des textes fondateurs de l'embryologie.

4. Heinrich Christian Pander (1794-1865), médecin, embryologiste et paléontologiste d'origine lituanienne et de parents allemands, dont la thèse de doctorat en médecine (*Dissertatio sistens historiam metamorphoseos, quam ovum incubatum prioribus quinque diebus subit*

et de von Baer[1], la voie royale de l'embryologie. Était-il nécessaire d'exposer, conformément à l'usage, les rapports de l'ontogénie et de la phylogénie sous les noms de Fritz Müller et d'Haeckel[2], comme si les idées du premier se superposaient exactement à celles du second (p. 1236 et p. 1249)? L'histoire de l'endocrinologie devait-elle ignorer Moritz Schiff[3]? La tératologie ne méritait-elle que des allusions (p. 1209 et p. 1298) et les progrès de cette discipline, d'Isidore Geoffroy[4]

(Würzburg, T. E. Nitribitt, 1817) apporta une contribution décisive au développement de la théorie des feuillets dont il distingua la tripartition.

1. Karl Ernst von Baer (1792-1876), médecin, biologiste et naturaliste, né en Estonie d'une famille allemande, étudia d'abord la médecine (M.D. 1814) à l'Université de Dorpat (aujourd'hui Tartu), puis compléta sa formation biologique à Berlin, Vienne et Würzburg. Professeur à l'Université de Königsberg (aujourd'hui Kaliningrad) en 1819, puis à Saint-Petersbourg à l'Académie des sciences, à compter de 1834, il jeta les bases de l'embryologie comparée dans son *Über Entwickelungsgeschichte der Thiere* (Königsberg, Bornträger, 1828), après avoir plus tôt prouvé l'existence de l'œuf mammalien (*De ovi mammalium et hominis genesi*, Leipzig, L. Vossius, 1827, 3 vol.).

2. Le nom de Fritz Müller (1822-1897) apparaît à cinq reprises dans le texte de Caullery, effectivement toujours en association avec celui de Ernst Haeckel et en association avec un rappel de la « loi biogénétique fondamentale » énoncée par ce dernier (sur Ernst Haeckel, *cf.* p. 646, n. 1). Médecin et naturaliste allemand, exilé au Brésil à la suite de la révolution de 1848, Müller, excellent anatomiste qui avait fait des crustacés l'un de ses objets d'étude privilégiés, avait en 1864 publié à Leipzig, chez Wilhelm Engelmann, *Für Darwin.* Dans le chapitre XI de cet ouvrage, il avait fait valoir que dans leur développement embryonnaire les crustacés en un temps bref exhibent des changements qui donnent une « image plus ou moins exacte des transformations » (p. 76) que l'espèce a subies au cours de son évolution. Il s'en faut que la conception de Müller implique la rigidité quasi-mécanique de récapitulation impliquée dans la doctrine de Ernst Haeckel. Sur cette « loi », *cf.* Canguilhem *et al.*, *Du développement à l'évolution*, chapitre VII.

3. Moritz Schiff (1823-1896), physiologiste allemand, docteur de l'Université de Göttingen, qui enseigna à Berne, puis à Florence et enfin à Genève, avait notamment montré qu'après la résection fatale de la thyroïde chez le chien (1856), l'injection d'extrait de thyroïde ou une greffe pouvait préserver la vie (1884).

4. Isidore Geoffroy Saint-Hilaire (1805-1861), médecin et zoologiste, obtint son doctorat en médecine en 1829 et commença à travailler auprès de son père, Étienne, au Museum d'histoire naturelle, à titre d'aide-naturaliste, à compter de l'année suivante. Il succéda à son père dans sa chaire du Museum en 1841, poste qu'il cumula avec la chaire de zoologie de la Faculté des Sciences de Paris en 1850. Canguilhem a toujours considéré son *Histoire générale et particulière des anomalies de l'organisation chez l'homme et les animaux* (Paris, Baillière, 1832-1837, 4 vol.) comme un texte clé de l'évolution des idées sur les anomalies embryologiques et leur taxonomie. Sa lecture alimenta sa réflexion dès la thèse de 1943 (cf. *NP*, éd. Quadrige, part. p. 81-84).

à Étienne Wolff[1], peuvent-ils être correctement suivis si l'on oublie Dareste[2] ?

*

Nous avons fait violence à la table des matières de l'*Histoire de la Science* en réservant pour la fin l'examen d'un ensemble d'historiques relatifs, les uns à des sciences cosmologiques, les autres à des sciences dites humaines, et dont la présence dans cet ouvrage constitue une intéressante nouveauté.

On doit à M. Birembaut[3] deux études excellentes sur la Minéralogie et la Géologie. Leur intérêt tient d'abord à l'exactitude de l'information, à une certaine verve dans la présentation des personnages, à l'esprit de décision qui fixe au premier plan des auteurs et des œuvres en général sous-estimées – nous pensons, par exemple, à la place faite à l'extraordinaire Nicolas-Antoine Boullanger[4] – toutes qualités fort louables, même si elles ont quelque contrepartie – pourquoi, entre autres, n'avoir même pas mentionné

1. Sur Étienne Wolff, cf. *supra*, p. 671, n. 1.

2. Camille Dareste (1822-1899), médecin et embryologiste français, l'un des fondateurs de la tératogénie expérimentale, inscrivait ses travaux dans la perspective d'un transformisme expérimental, les causes des anomalies embryologiques relevant selon lui des mêmes mécanismes que ceux à l'origine des variations spécifiques. Après l'obtention de son doctorat en médecine à la Faculté de Paris (1847) et d'un doctorat en sciences naturelles trois ans plus tard, il enseignera successivement dans les Facultés des Sciences de Rennes, Lille et Lyon, puis se verra confier un laboratoire de la Faculté de Médecine de Paris (1875) – rattaché quelques années plus tard à l'École pratique des Hautes Études – après un échec, qui fit scandale, de sa candidature au Museum. Ses *Recherches sur la production artificielle des monstruosités ou essais de tératogénie expérimentale* (Paris, Reinwald, 1877) sont aujourd'hui reconnues comme un jalon décisif dans l'histoire de l'embryogenèse expérimentale.

3. Arthur Birembaut (1905-1986), ancien élève de l'École des Mines (1925) a d'abord mené une carrière d'ingénieur. Il a en parallèle, à compter du début des années 1950, signé des études érudites sur l'histoire de la minéralogie et de la chimie surtout, mais aussi sur divers épisodes et personnages de l'époque de la Révolution française.

4. Nicolas-Antoine Boullanger (1722-1759), ingénieur français des ponts et chaussées que l'étude des couches sédimentaires amena à développer une théorie de la formation du globe faisant place à la survenue d'un déluge alimenté par des sources locales et dont la chronologie s'accordait mal avec celle de la *Bible*. Birembaut attira l'attention sur le manuscrit inédit de ses *Anecdotes de la nature*, récemment découvert, utilisé notamment par Buffon pour la rédaction de ses *Époques de la nature* (cf. *supra*, p. 745, n. 2). Boullanger est l'auteur de l'article « Déluge » de l'*Encyclopédie* de Diderot et D'Alembert. Il est surtout connu pour ses *Recherches sur les origines du despotisme oriental* ([Genève], s. é., 1761) et pour *L'Antiquité dévoilée par ses usages* (Amsterdam, Rey, 1766), ouvrages anonymes et posthumes publiés par son ami d'Holbach.

la *Protogaea* de Leibniz? – Mais une autre raison de l'intérêt qu'on porte à lire M. Birembaut tient à ce qu'il ne dissimule pas les idées directrices de sa façon d'écrire l'histoire. On peut cependant estimer que ces idées, pour être trop étroitement soudées à un contexte idéologique, n'ont pas toute l'efficacité heuristique que leur prête leur auteur, parce qu'elles sont un filet trop lâche. On peut bien écrire que la naissance de la minéralogie, comme science, résulte de l'action des forces productives sur le développement de la pensée scientifique au cours du XVIIIe siècle. On ne réussit pas pour autant à prouver que la science des cristaux devait nécessairement voir le jour en France (p. 1057), car la lecture du chapitre fait paraître qu'Allemands et Suédois n'avaient pas moins de raisons économiques et techniques de s'intéresser aux mines et aux minéraux. On a beau dire, l'œuvre de Romé de l'Isle[1] ne se déduit pas, dans son historicité, de circonstances anonymes. Il y a ici, de toute façon, une confusion – devenue aujourd'hui lieu commun – entre les exigences de l'attitude technique et les postulats de la recherche scientifique. Autant il est puéril de méconnaître que la technique pose des problèmes, autant il est gratuit de confondre les problèmes et leurs solutions.

L'Histoire de la Géographie par M. Bonifacio[2] est solide. Elle fait la place qui convient aux travaux de Humboldt et de Ritter[3] et elle en dégage bien le sens. Il nous semble, par contre, qu'elle méconnaît le sens des rapports, chez les Grecs, entre géographie et philosophie. Theodor Breiter avait fait, en 1908, une bonne mise au point de cette question dans son introduction au Commentaire de l'*Astronomicon* de Manilius[4]. On doit

1. Jean-Baptiste Romé de l'Isle (1736-1790), minéralogiste français dont la grande *Cristallographie* est considérée comme fondatrice de la discipline (Paris, impr. de Monsieur, 1783, 4 vol.; il s'agit de la 2e édition de l'*Essai de cristallographie*, Paris Didot, 1772). Il avait dès 1772 multiplié le nombre des formes cristallines connues, et énoncé le principe de la constance des angles des faces des cristaux.

2. Antoine Bonifacio (? – ?), proche de Georges Pompidou dont il avait été le condisciple à l'École normale (1930), agrégé d'histoire et géographie (1934), auteur de plusieurs ouvrages scolaires en histoire, professeur au Lycée Charlemagne et à l'Institut d'études politiques.

3. Carl Ritter (1779-1859), avec son compatriote Humboldt, est tenu comme un des créateurs de la géographie moderne, discipline dont il occupa, pour le reste de sa vie, la première chaire créée pour cette discipline à l'Université de Berlin où il avait obtenu son doctorat en 1821. Son maître ouvrage, *Die Erdkunde im Verhältniss zur Natur und Geschichte des Menschen* (Berlin, G. Reimer, 1822-1859), inachevé à sa mort, compte 19 tomes en 21 volumes.

4. Theodor Breiter, sur lequel on dispose de peu d'informations, sinon que ses publications s'étalent de 1854 à 1908, avait édité avec un commentaire *l'Astronomica* de Marcus Manilius (un auteur dont on ignore tout de la biographie, sauf qu'il vécut au début du Ier siècle de notre

regretter de ne pas voir figurer, dans la bibliographie, le magistral article d'Henri Baulig: «La Géographie est-elle une science» (*Annales de Géographie*, [tome 57, n° 305], janvier-mars 1948 [p. 1-11])[1].

Le chapitre dû à M. Alfred Sauvy sur la Démographie, est une nouveauté[2]. Mais, s'agissant d'un historique, on aurait aimé y relever plus d'indications chronologiques de biographie et de bibliographie. Et n'est-il pas paradoxal que les idées de Malthus[3] n'y donnent pas lieu à une analyse, même critique, un peu étoffée?

On regrette aussi que l'Histoire de l'Ethnographie de Mlle Marquer[4] ne fasse aucune mention des voyages et des œuvres du Président Charles de Brosses, et notamment de son *Culte des Dieux Fétiches* (1760)[5].

ère), un poème didactique (aussi connu sous le titre *Astronomicon*) sur l'astrologie (Leipzig, Dieterich, 1907-1908, 2 vol.). L'introduction que mentionne Canguilhem se trouve aux p. V-XVI du tome II.

1. Henri Baulig (1877-1962), géographe et géomorphologue français, influencé notamment par Vidal de la Blache, puis par le géomorphologue William Morris Davis (1850-1934) auprès de qui il étudia à Harvard après avoir complété un D.E.S. de géographie en 1903. Après quelques années aux États-Unis, et des enseignements à Paris (1909) et à Rennes (1912), il sera nommé en 1919 à l'Université de Strasbourg où il organisera l'Institut de géographie et où se déroulera le reste de sa carrière. Canguilhem connut peut-être Baulig alors qu'il était replié à Clermont-Ferrand, mais en tout cas sûrement entre 1946 et 1948 à Strasbourg puisque l'article que mentionne si favorablement Canguilhem est issu d'une conférence prononcée à l'Institut de philosophie de la Faculté des Lettres de Strasbourg.

2. Alfred Sauvy (1898-1990), démographe et économiste, ancien élève de l'École Polytechnique (1920), avait commencé sa carrière à la Statistique générale de France. Collaborateur de Maurice Halbwachs dans les années 1930, il est membre de divers cabinets ministériels sous le Front Populaire et jusqu'à la guerre. Membre du Conseil d'études économiques à compter de 1941, puis conseiller à la Fondation Carrel, il en assure après la guerre la transformation en Institut National des Études Démographiques (INED), organisme qu'il dirige jusqu'en 1962 en même temps qu'il enseigne à l'Institut de sciences politiques (1940-1959). Il est nommé au Collège de France en 1962. Auteur très prolifique, signataire de dizaines de livres et de centaines d'articles dans *Le Monde*, il a exercé une grande influence sur le développement de la démographie, non seulement en France mais aussi à l'étranger. Sa *Théorie générale de la population* (Paris, P.U.F., 1952-1954, 2 vol.) reste un classique de sa discipline.

3. Sur Malthus, cf. *supra*, p. 751, n. 2.

4. Paulette Marquer (1920-?), docteur ès sciences (1963), auteur de nombreux travaux d'anthropologie physique fit carrière au Musée de l'Homme.

5. Charles de Brosses (1709-1777), magistrat français qui terminera sa carrière comme Premier président du Parlement de Bourgogne (1775) est en effet l'inventeur du terme «fétichisme» (son *Culte des dieux fétiches* fut publié à Genève, chez Cramer, en 1760). Mais sédentaire comme son ami Buffon, ses propres voyages se limitent à celui qu'il entreprit avec des amis en Italie (1739-1740) donnant lieu à un récit sous forme de lettres publié de façon

L'Histoire de l'Anthropologie de M. Lester[1] paraît bien informée pour toutes périodes, et utile dans la mesure où elle domine, sans simplification artificielle, une documentation considérable et variée.

Quant à l'Histoire de la Psychologie moderne, elle a le défaut de se présenter comme une nomenclature, sans conceptualisation. Et comment se fait-il que la bibliographie de la question passe sous silence l'ouvrage classique de G.S. Brett, *History of Psychology*[2]?

*

L'ouvrage se termine par un tableau synchronique et un Index des noms, l'un et l'autre fort utiles. Les lacunes de l'Index reflètent naturellement les lacunes des différents historiques. On est heureux d'y voir figurer le Baron Ramond de Carbonnières[3], peu connu. Mais le second Duméril l'observateur de l'axolotl, n'y a pas sa place[4].

posthume sous divers titres (dont *Lettres historiques et critiques sur l'Italie*, Paris, Ponthieu, an VIII (1799), 3 vol.). Il est cependant l'auteur de la très influente compilation sur l'*Histoire des navigations aux terres australes* (Paris, Durand, 1756, 2 vol.).

1. Paul Lester (1891-1948), anthropologue français, avait obtenu une licence d'enseignement des sciences naturelles en Sorbonne en 1912, mais incorporé dès lors il devait, du fait de la guerre, servir sept ans dans l'armée. Après quelques années au Laboratoire de Pathologie physique des Hautes Études au Collège de France, où il travailla sous la direction de René Quinton (1866-1925), il devint préparateur, puis assistant au Laboratoire d'Anthropologie du Museum dont il sera le sous-directeur en 1929. Il passa au Musée de l'homme lors de sa création et y termina sa carrière.

2. George Sidney Brett (1879-1944), philosophe et historien des sciences canadien d'origine galloise, après des études de philosophie à Oxford (1898-1902) et quelques années d'enseignement en Inde et en Angleterre, émigra au Canada et commença en 1908, alors que paraissait sa *Philosophy of Gassendi* (London, Macmillan), une carrière qui devait entièrement se poursuivre à l'Université de Toronto. Son *History of Psychology* (London, G. Allen & Co., 1912-1921, 3 vol.) posa les bases de l'histoire de cette discipline.

3. Louis Ramond de Carbonnières (1755-1827), homme politique et naturaliste français. Grand voyageur, il a notamment laissé, outre des écrits politiques, une flore de l'Auvergne et des observations géologiques sur les Pyrénées.

4. Auguste Duméril (1812-1870), zoologiste français, fils de Constant Duméril (1774-1860) à qui il succéda en 1851 dans sa chaire du Museum National d'Histoire Naturelle, où il était aide-naturaliste depuis 1848. Il avait obtenu son doctorat en médecine de la Faculté de Paris et aussi un doctorat ès sciences en 1844. Ses travaux furent essentiellement consacrés à l'erpétologie et secondairement à l'ichtyologie, mais il s'était aussi intéressé à une salamandre néoténique rare dont il étudia les métamorphoses, l'axolotl, dont six individus avaient été ramenés du Mexique central et placés dans la ménagerie du Museum en 1863.

Comme nous estimons qu'aucune histoire de la science ou des sciences n'est et ne sera à l'abri d'une inexactitude, parfois seulement typographiques, parfois comme conséquence d'un lapsus d'auteur, nous pensons ne céder à aucun pédantisme en indiquant quelques fautes à réparer dans une édition ultérieure. Pourquoi la *Géométrie* de Descartes est-elle signalée à la date 1637 et la *Dioptrique* à la date 1636, alors que les *Essais de la Méthode* ont été publiés simultanément (p. 1720-21) ? Il est bien clair que ce n'est pas en 1772 mais en 1672 que Newton a proposé sa théorie des couleurs (p. 912). Du même Newton, l'immortel ouvrage de 1687 mérite sans doute qu'on en reproduise intégralement le titre (p. 1725). On rectifiera aussi (p. 1201) le titre et les dates du traité monumental de Haller : *Elementa physiologiæ corporis humani* (1757-66) et non *Experimenta...* (1759-76). Enfin nous ne voyons pas comment le botaniste Tournefort, mort en 1708, peut se voir attribuer (p. 1727) des études d'anatomie comparée en 1749-1767[1].

Disons pour conclure que l'*Histoire de la Science* est un ouvrage dont l'intérêt et l'utilité sont incontestables. Ce n'est pas seulement une documentation à consulter, c'est aussi, en grande partie, un texte composé, suivi, qui invite de lui-même à la lecture. Ce texte a une certaine unité de ton, malgré la diversité des collaborateurs, et il faut en être reconnaissant au directeur de la publication. Instrument de travail pour beaucoup, c'est un instrument de culture pour ceux qui veulent payer la culture de quelque effort, bien entendu. Si nous n'avons pas hésité à publier nos réserves ou nos surprises, en tâchant d'en donner les raisons, c'est afin de donner plus de poids à notre appréciation de l'ensemble, dans ce qu'elle a de sincèrement favorable.

1. Joseph Pitton de Tournefort (1656-1708), médecin et botaniste français, nommé en 1683 au Jardin du Roi. De son enseignement et de ses nombreuses herborisations, il tira la substance des trois volumes de ses *Élémens de botanique* (Paris, Imprimerie royale, 1694), ouvrage qui exerça son influence surtout dans sa traduction latine de 1700 (*Institutiones rei herbariae*, Paris, Imprimerie royale). On lui doit la création du concept de *genre* botanique rassemblant un groupe naturel d'espèces.

THÉRAPEUTIQUES, EXPÉRIMENTATION, RESPONSABILITÉ

Cet article publié d'abord en 1959 a été intégré par Canguilhem aux *Études d'histoire et de philosophie des sciences*, ouvrage reproduit au tome III des Œuvres complètes.

LES CONCEPTS DE « LUTTE POUR L'EXISTENCE » ET DE « SÉLECTION NATURELLE » EN 1858 : CHARLES DARWIN ET ALFRED RUSSEL WALLACE

Le texte de cette conférence prononcée au Palais de la Découverte le 10 janvier 1959 a été incorporé par Canguilhem à ses *Études d'histoire et de philosophie des sciences*, que l'on trouvera au tome III des Œuvres complètes.

LES JANISSAIRES POLITIQUES

La Dépêche du Midi (Toulouse), n° 4016, 8 juillet 1959, p. 1 et 2

Les lecteurs de ce journal ont pu, récemment, y prendre connaissance d'une lettre au général de Gaulle, parue dans *La Dépêche Algérienne* du 18 juin, sous la responsabilité anonyme d'un officier de l'armée d'Afrique [1]. Plutôt qu'un document, cet écrit constitue un symptôme, au sens exact du terme. De même qu'en présence de certains sujets, le médecin comprend qu'il ne doit pas chercher dans leurs paroles le sens qu'elles ont pour qui les prononce, mais la valeur de symptôme qu'elles offrent à qui les écoute, de même l'observateur politique – s'il est possible d'en être un aujourd'hui en France – doit chercher, à travers une lettre semblable, à déterminer la nature du désordre politique qu'elle indique.

Le symptôme ne consiste pas tant dans le fait que l'ancienne Grande Muette [2] se soit mise à beaucoup parler, ni peut-être dans ce qu'elle dit, mais plutôt dans le ton sur lequel s'exprime une conviction qu'on acceptera comme sincère. Cette conviction est que seul l'instrument militaire de la politique a compétence aujourd'hui pour décider des fins qu'il doit servir et qualité pour les dicter, même au chef de l'État.

1. Nous n'avons pas retrouvé cet article dans la collection que nous avons consultée de *La Dépêche du Midi* (15e édition), mais il se trouve bien dans le quotidien algérien, *La Dépêche quotidienne d'Alger*, 11e année, n° 3465, 18 juin 1959, p. 3, sous la rubrique « Opinion » : « Lettre d'un officier de l'Armée d'Afrique au général de Gaulle ». Ce texte peu disponible et essentiel à la pleine compréhension de l'article de Canguilhem est donné ci-après à l'Annexe III.

2. « Muette » du fait des limitations imposées aux militaires jusqu'en 1945 : sans droit de vote, sans droit d'association et dont les droits d'expression publique restaient en principe soumis à un strict devoir de réserve.

L'auteur de la lettre se défend, à l'avance, contre l'objection éventuelle d'emphase exaltée. Pour l'exaltation, c'est ce qui est en question. Quant à l'emphase, qu'on en juge : « Au sein d'un monde indifférent et inconscient, trahi par un capitalisme bourgeois et borné, qui croit encore aux pactes avec le diable, nous avons conscience de livrer seuls la bataille de Verdun de l'Occident contre l'impérialisme communiste ». Qu'on veuille bien noter toutes les résonances de ce passage. Amer sentiment romantique de l'abandon, dégoût fasciste des valeurs bourgeoises, mystique de Croisé tirant l'épée contre Satan, complaisance naïve à l'imagerie pétainiste, rien n'y manque. Car il n'en faut pas moins pour croire tenir du Destin, ou de l'Histoire, ou de Dieu, la mission exclusive de racheter toutes les fautes de la politique, en imposant sa propre solution politique.

L'auteur de cette lettre déclare avoir eu vingt ans en 1939. Si nos souvenirs sont exacts, les candidats au concours d'entrée à l'École militaire de Saint-Cyr eurent, dans les années où, étant donné son âge, cet officier pouvait être l'un d'entre eux, à composer une dissertation dont un extrait du *Neveu de Rameau* constituait le sujet. Dans le passage en question, Diderot distingue les principes de conduite qui relèvent de ce qu'il appelle la conscience générale et les exceptions professionnelles qu'il appelle les idiotismes de métier. Il s'agit ici d'une transposition de la distinction, chère à certains grammairiens du dix-huitième siècle, entre les règles universelles de la grammaire générale et les usages ou idiotismes propres à telle ou telle langue. « Le souverain, le ministre, le magistrat, le militaire », écrit Diderot, « s'écartent en plusieurs points de la conscience générale et, quoique fort honnêtes gens, se conduisent souvent selon leurs idiotismes moraux. Plus les temps sont malheureux, plus les idiotismes se multiplient », ajoute-t-il. Hé bien, dirons-nous, les temps sont devenus à ce point malheureux qu'un militaire trouve normal de dresser l'acte de révocation de la conscience générale qui est, en matière politique, la conscience civique, et de refuser à son souverain le droit de s'en réclamer dans ses décisions.

Dans un organisme, quand un tissu vivant prolifère anarchiquement, sans égard à l'ensemble des organes et à l'équilibre de leurs fonctions, c'est le cancer. Quel nom donner au désordre politique correspondant? Une société n'est pas en tous points comparable à un organisme, puisqu'elle ne comporte pas spontanément des mécanismes régulateurs qui lui permettent de fonctionner comme un tout cohérent. Une société est une multiplicité changeante de fonctions que la tâche spécifique du pouvoir politique et de l'appareil d'État est de coordonner. La justice, sorte d'attention que l'État donne à la totalité de ses obligations, est la norme de cette coordination[1]. Lorsqu'une institution séparée tend à envahir le tout social, lorsqu'elle tend à régler la vie du tout par le privilège qu'elle s'arroge de substituer ses propres vues à la conscience générale, de quoi s'agit-il?

Porter un diagnostic c'est sans doute raisonner en rattachant des symptômes à leurs causes, mais c'est aussi nommer. C'est bien à tort qu'on reproche aux médecins leur terminologie. Elle est parfois barbare, elle est souvent heureusement expressive. Il en va de même chez les réformateurs sociaux. Une homme qu'on a coutume de méconnaître en le disant utopiste, mais dont la théorie des passions humaines dans leur rapport avec la vie en société est de grande portée, Charles Fourier, a inventé une expression remarquable pour désigner ce mal social dont nous venons de signaler un symptôme indiscret. Fourier entend par *janissariat politique* « toute corporation affiliée qui envahit le pouvoir, maîtrise le gouvernement, et s'empare des fonctions principales, ou les fait donner à ses agents dans toute l'étendue d'un empire, comme faisaient les janissaires dans l'empire ottoman, où ils jouaient aux boules avec les têtes des ministres »[2].

Mais n'est-il pas saisissant que ce soit précisément en Algérie où s'étendit, avant la conquête, la puissance, c'est-à-dire l'impuissance de l'empire ottoman, que certains esprits, exaltés ou non, méconnaissent le danger mortel du janissariat politique pour un pays dont ils prétendent ne rechercher que la grandeur?

1. Pour un traitement plus élaboré de cette question, cf. *supra*, la conférence de 1955 sur « Le problème des régulations dans l'organisme et dans la société », p. 643-672, part. p. 656-657.

2. Charles Fourier (1772-1837), philosophe français et l'un de ceux que la tradition marxiste qualifie de « socialistes utopiques ». Sa doctrine a effectivement inspiré au dix-neuvième siècle la création de plusieurs communautés phalanstériennes, notamment aux États-Unis (comme « Utopia » en Ohio ou « La Réunion » au Texas). Fourier revient fréquemment dans son œuvre sur cette image des janissaires joueurs de boules.

ÂGE ATOMIQUE ET LAÏCITÉ [1]

La Dépêche du Midi (Toulouse), n° 4030, 22 juillet 1959, p. 1 et 2

Le ministre de l'Information [2] a déclaré, il y a quelques jours : « À l'âge atomique, la querelle scolaire est dépassée. » L'âge atomique offre provisoirement aux personnages officiels cet avantage de leur fournir un bon argument pour clore toute controverse, pour avoir réponse à tout. L'âge atomique dispenserait, en somme, de penser, de critiquer, d'examiner [3].

Mais où est ici l'autorité d'expert ou d'arbitre ? Le ministre n'est, sauf erreur, ni savant atomiste ni sociologue. Il est membre d'un gouvernement

1. Sous la IIIe République, le caractère public et laïc de l'école était tenu pour la « pierre angulaire » du régime démocratique républicain. Canguilhem partageait pleinement cette conviction. En janvier 1945, délégué au congrès régional du Mouvement de Libération Nationale, il avait fait adopter une motion « où il est dit que l'unification de l'enseignement devant être un des instruments nécessaires de l'union, les moyens immédiats de préparer les esprits à cette unification qui pourra aboutir un jour au monopole de l'enseignement sont : 1) la laïcité, qui entraîne l'abrogation de toutes les faveurs qui ont pu être consenties à l'enseignement libre par le régime de Vichy ; 2) le contrôle par l'État, des titres et de la valeur professionnelle des maîtres de l'enseignement privé ; 3) la gratuité de l'enseignement de tous les degrés » (*Liberté*, 22 janvier 1945). Les lois de Vichy sur la création d'une caisse destinée à l'enseignement privé et de subventions à l'école privée (15 octobre et 2 novembre 1940) et sur l'instruction religieuse dans les écoles publiques (6 janvier 1942) seront abrogées en 1945. Mais dès septembre 1951 les lois Barangé et Marie introduisaient des subventions aux écoles libres et des bourses pour leurs élèves.

2. Il s'agit ici du gaulliste Roger Frey (1913-1997), ministre de l'information de janvier 1959 à février 1960.

3. La première production utile d'électricité d'origine nucléaire en France avait eu lieu l'année précédente, le 28 septembre 1958, sur le site de Marcoule créé en 1955 et opérationnel depuis 1956; le premier essai d'une bombe A par la France aura lieu le 13 février 1960, à Reggane dans le Sahara algérien. L'expérimentation d'une bombe H suivra, à Mururoa dans le Pacifique, huit ans plus tard.

dont le chef a pris des engagements favorables à la cause de ceux qui, précisément à l'âge atomique, ont relancé en France, une question dont la moindre culture politique aurait dû leur indiquer qu'elle dépasserait les dimensions d'une « querelle » [1].

Mieux encore le ministre est celui de l'information, c'est-à-dire de la direction et de l'orientation de l'opinion publique, pour ne pas dire de la propagande. Un ministre de l'information, s'il veut justifier son existence, ne doit penser qu'à séduire l'opinion publique. Or, la laïcité de l'instruction publique c'est, dans son esprit et dans son intention, le respect de la liberté du jugement. L'idée de laïcité c'est celle d'une forme et d'un statut de l'enseignement, tels que la formation des esprits, dans ce qu'elle a d'impérieux et de fondamental, échappe en droit et en fait à toute influence séductrice, à tout infléchissement tendancieux. Il est donc assez naturel que le mot de monsieur le ministre sur la laïcité ait été un mot d'orfèvre.

Nous retiendrons cependant sa formule, car nous y voyons l'expression d'une situation de fait plus encore qu'un impératif de tactique politique. Analyser cette situation n'est pas inutile pour bien apercevoir l'enjeu de la question scolaire.

Les nouvelles techniques dérivées de la physique nucléaire, et la dimension nouvelle des conséquences politiques et biologiques qu'entraînerait leur usage éventuel dans une guerre à venir, paraissent requérir et déterminer une transmutation des valeurs humaines. La France, pensent certains, a besoin d'ingénieurs plus que de parlementaires, et si elle a besoin de beaucoup de professeurs, c'est pour qu'ils forment des ingénieurs encore plus nombreux. Or, l'enseignement de la physique nucléaire n'a rien à voir avec l'idéal laïque. On pouvait se passionner pour la laïcité de l'enseignement quand l'Université de France dispensait la science en tant que culture, quand science et culture exigeaient et créaient à la fois un esprit libéral, en lutte contre les survivances d'un cléricalisme sans ouverture sur le monde

1. Ce chef, c'est le Premier ministre Michel Debré (1912-1996) qui fera voter le 31 décembre 1959 la loi qui porte son nom et qui prévoit des contrats d'association – et de financement – entre l'État et les établissements privés qui le désirent. Le projet de loi, présenté par ses auteurs comme un « traité de paix sociale » devait au contraire susciter une très massive opposition. Une campagne de pétitions de protestation allait recueillir près de 11 millions de signatures et une manifestation réunira en juin 1960 au bois de Vincennes 300 000 personnes. Le ministre de l'Éducation, André Boulloche (1915-1978), socialiste, en désaccord avec cette loi, démissionna.

moderne. Mais quand il s'agit de science appliquée, quand le souci de l'efficacité technique prédomine, qu'importe si le technicien de l'atome, si l'ingénieur électronicien ont appris la physique dans un collège privé où l'enseignement de la religion est obligatoire ? Quand Bonaparte demanda à Laplace s'il avait fait une place à Dieu dans son « Système du Monde », le savant répondit au Premier Consul qu'il n'avait pas eu besoin de cette hypothèse. Cette réponse peut se retourner contre l'usage que certains militants laïques en ont fait. Puisque Dieu n'intervient pas comme donnée dans les problèmes de la physique, si les ingénieurs d'un centre de recherches nucléaires venaient à exiger la construction d'une chapelle entre un cyclotron et un accélérateur de particules, par quels arguments le leur refuserait-on ? En fait, dire que l'âge atomique rend caducs les débats autour de la laïcité, c'est valoriser une certain type d'homme, capable de services techniques à la fois importants et limités, et qui s'en remet pour le reste, pour les fins dernières des moyens obtenus, à la décision de l'autorité.

Quant à cette autorité, la nature n'en est pas si mystérieuse. Elle est, en fin de compte, militaire. Ici se manifeste l'hypothèque que fait peser sur tout projet politique d'avenir la hantise d'un conflit possible entre grandes puissances parvenues, dans des contextes idéologiques concurrents, à un niveau comparable de puissance atomique. L'urgence du danger rendrait byzantine toute discussion sur le statut de l'école. Pour prêcher l'obéissance aux impératifs nationaux, tels que les définissent les animateurs de la nouvelle révolution nationale[1], les clercs valent autant que les laïques et peut-être mieux. Tout se tient. En dépit des apparences, ce n'est pas le succès du référendum, ce n'est pas la composition de l'Assemblée nationale, c'est la volonté de l'armée d'Afrique qui constitue le fondement provisoire de la cinquième République. Malgré l'âge atomique, ou plutôt à cause de lui, la « querelle » scolaire exprime la substitution, en France, des valeurs militaires aux valeurs universitaires. Le régime de Vichy avait condamné les écoles normales d'instituteurs[2]. Maintenant, c'est tout l'enseignement public qui est visé. Les lycéens algérois, plus occupés d'agitation de rues que d'études, dénoncent les établissements d'enseignement secondaire et supérieur, en métropole, comme autant d'officines de trahison. C'est à croire

1. À tout lecteur français la résonance vichyste de la remarque ne saurait échapper.

2. La loi du 18 septembre 1940 supprimait les écoles normales d'instituteurs à partir du 1er octobre 1941.

qu'en France les perdants de l'affaire Dreyfus n'ont pas encore fini de rechercher leur revanche sur l'école laïque.

Dire qu'à l'âge atomique la querelle scolaire est périmée, ce pourrait être dans l'intention de signifier ceci : Au moment où le statut de la science et de la technique rend tout pays, et d'abord la France, en raison de son retard, solidaire de groupes de nations avec l'opinion desquelles il faut compter, toute tentative pour réduire l'influence de l'enseignement public au profit d'un autre enseignement moins bien outillé et armé du point de vue technique et scientifique, est une entreprise absurde et peut-être antinationale. Mais c'est de l'inverse qu'il s'agit. Sous le couvert d'un slogan, on cherche à diminuer les crédits financiers et le crédit moral d'un enseignement dont les maîtres ont été les premiers à dénoncer l'insuffisance forcée et à réclamer la possibilité d'en accroître l'efficacité. C'est au moment où les problèmes de l'âge atomique réclameraient le plus d'efforts en vue de la lucidité et de l'ouverture intellectuelle que des pense-petit et des bien-pensants s'imaginent sauver la France en lui mettant des œillères limitant sa vision à des histoires de clocher.

Dans son beau livre « Les Instituteurs », le regretté Georges Duveau[1] a indiqué leur voie d'aujourd'hui à ceux que vise, au premier plan, l'offensive contre la laïcité de l'enseignement : « La vie moderne, harassante, nous pousse à satisfaire nos ressentiments, nos colères, avec des idéologies simplistes, alors que de toute évidence le combat doit être engagé sur plusieurs fronts, si on veut à la fois organiser l'économie et libérer l'homme. Que l'instituteur ne déserte pas ce combat : dans des mains, hélas ! fragiles, il détient encore le meilleur de nos rêves. Quelles que soient ses naïvetés ou ses erreurs, il a refusé de contresigner la dure équation hégélienne, il a refusé de faire du mot "Droit" le synonyme du mot "Destin". Dans un univers qui se laisse de plus en plus envahir par le mythe de l'enfance[2] – une société dont les valeurs sont celles de l'enfance comble les vœux des tyrans – il est resté un adulte. » Ce dernier mot est profond. Il nous semble bien, en effet, que

1. Georges Duveau (1903-1958), sociologue et historien, particulièrement intéressé à l'histoire du prolétariat français, était un socialiste chrétien qui avait fait partie dans les années 1930 du mouvement qui donna naissance à la revue *Esprit*. Licencié en droit et en philosophie, docteur ès lettres (1944), sa carrière universitaire se déroula à l'Université de Strasbourg à compter de 1948. *Les Instituteurs*, publié à Paris, aux Éditions du Seuil, parut en 1957.

2. On se souvient que, quelques années plus tôt, Canguilhem avait participé à un entretien radiophonique sur « Le mythe de la jeunesse » (cf. *supra*, p. 405-413).

l'idéal de laïcité est inséparable de la reconnaissance des valeurs de la conscience adulte : se prendre soi-même en charge, ne pas déléguer sa responsabilité. Au contraire, tout se passe comme si la cinquième République recherchait par tous les moyens à généraliser la puérilité politique, tout en cultivant, à l'âge atomique, les savants, dont la première République prétendait n'avoir pas besoin. Mais cette première République n'a jamais dissimulé qu'elle avait besoin, elle, d'hommes libres.

LE COMBAT D'UN PHILOSOPHE [1]

Voix et Visages, janvier-février 1960 [2]

Quand le journal *Combat* du 30 mai 1947 annonçait la fondation de la *Société des Amis de Jean Cavaillès*, légalement domiciliée à l'E.N.S., aucun des adhérents sans doute n'imaginait que le même journal publierait, un jour de janvier 1960, une protestation forte de 200 signatures d'élèves de l'École Normale [3], contre l'apposition sur les murs de leur École, de croix gammées et d'inscriptions antisémites [4].

1. Cette allocution de Canguilhem fut prononcée le 25 janvier 1960, dans la Salle des Actes à l'École normale supérieure de la rue d'Ulm. Il existe pour ce texte un manuscrit de 4 feuillets, portant les indications pour l'édition (« italique », « romain »; avec en p. 1 l'insertion d'une coupure de presse du journal *Combat* daté du 30 mai 1947 (Fonds Canguilhem, CAPHÉS, GC. 32.3.1). Raymond Aron prononça aussi à la même occasion une allocution qui, dans ce numéro de *Voix et Visages*, précède immédiatement le texte de Canguilhem.

2. Cette publication de l'Association des anciennes déportées et internées de la Résistance, publiée à Paris, est fort rare en bibliothèques. Nous utilisons ici une coupure de presse conservée aux Archives nationales de France, dans les Archives du Comité d'histoire de la Deuxième guerre mondiale – Résistance intérieure.

3. Entre le 1er janvier 1960 et jusqu'à la fin du mois, *Combat* rapporta à plusieurs reprises les manifestations à travers l'Europe et en France d'une « épidémie de croix gammées ». Un grand meeting avait été tenu le 12 janvier à la salle de la Mutualité contre l'antisémitisme, et des manifestations de protestation avaient été organisées à Paris et en province le 24 janvier. Des pétitions de normaliens avaient circulé au même moment, déplorant notamment « les faibles réactions du gouvernement de Bonn devant l'offensive raciste ».

4. À la suite de ce paragraphe, suivent dans le manuscrit ces passages omis dans *Voix et Visages* :

« S'il est inutile, après Raymond Aron, de spécifier quel sens doit prendre pour nous tous la Commémoration d'aujourd'hui, il n'est pas superflu de relire, ici et aujourd'hui, la brève annonce de Combat en 1947 :

Honorer Cavaillès, c'est donner au rappel de la mort du philosophe combattant la forme d'un rappel du sens de son combat, et c'est donner à ce rappel le sens de la permanence de ses combats.

Cavaillès prisonnier de guerre, ne s'évade pas, en 1940, pour échapper à une forme d'esclavage mais pour lutter de sa propre main contre un ordre politique victorieux dont la philosophie, si l'on ose dire, légitime l'esclavage. Lutter de sa main contre une philosophie politique, ce n'est pas pour Cavaillès mettre par provision sa philosophie en vacances, c'est garder sa main au service d'une tête philosophique. Ce qui a conduit impérativement Cavaillès à la lutte clandestine, c'est la liberté du choix philosophique. Cela a conditionné, tactiquement, tous les autres choix. Il n'y a pas de malentendu possible sur ce point.

À Clermont-Ferrand, en mai 1941, Cavaillès, assis sur un banc de la cour intérieure de l'Université, aux côtés d'Emmanuel d'Astier de la Vigerie, rédige avec lui le premier manifeste du mouvement de résistance *Libération-Sud*. Quand il cherche ses mots, relevant la tête, ses yeux aperçoivent par la fenêtre d'une petite salle les livres de l'Institut de Philosophie de l'Université de Strasbourg. Ces livres sont ceux qu'il n'a pas lui-même déjà dispersés clandestinement et cachés, avec l'aide de deux

Société des Amis de Jean Cavaillès

Jean Cavaillès, professeur à la Sorbonne, et le plus éminent représentant de la philosophie des mathématiques en France, a disparu avant d'avoir pu mener à bien la tâche qu'il avait entreprise. Résistant de la première heure, l'un des principaux organisateurs de la lutte implacable contre l'envahisseur, il a été fusillé par les Allemands qui savaient trop bien de quelles ressources morales et intellectuelles sa disparition prématurée priverait notre pays.

Pour honorer sa mémoire et pour contribuer à combler le vide laissé par sa mort, il a été fondé par ses compagnons de la Résistance et ses collègues de l'Université une « Société des Amis de Jean Cavaillès ». Elle se propose de perpétuer le souvenir du disparu en encourageant les études de philosophie des sciences en France. Elle s'efforcera de venir en aide par tous les moyens aux jeunes savants qui s'orientent vers ces recherches austères. En particulier, elle a créé un prix important destiné à récompenser les travaux de valeur qui seront réalisés dans ce domaine.

Vous savez comment et sous quelle forme l'Association s'est efforcée d'être fidèle à son projet de fondation. Il lui a bien fallu pourtant constater qu'il est moins aisé de combler un vide que d'honorer une mémoire. C'est parce qu'un vide n'est pas comblé que la raison d'honorer une mémoire est plus impérieuse. Honorer la mémoire d'un philosophe combattant – car c'est cela que fut Cavaillès – ce n'est ni solliciter ni exploiter cette mémoire. Ceux qui ont connu Jean Cavaillès, pour qui le souvenir de Cavaillès est le souvenir d'un vivant, savent trop bien que la mémoire qu'ils gardent de lui les juge ».

étudiants Julien Freund[1] et Paul Groshaeny[2], pour les soustraire à la confiscation au profit des autorités allemandes.

Au Puy-en-Velay, l'été suivant, Cavaillès initie Pierre Kaan[3], professeur de philosophie mort en déportation, aux subtilités de la cryptographie. Couché dans l'herbe, sur le talus d'une tranchée de chemin de fer, Cavaillès entre deux exercices, parle de Descartes et de Léon Brunschvicg.

Arrêté pour la première fois en 1942, Cavaillès est incarcéré à la prison militaire de Montpellier. C'est là qu'il entreprend de rédiger ses pensées sur la Logique. C'est de là qu'il demande à Albert Lautman, par une lettre que nous lira R. Aron, des lectures philosophiques, Kant, Husserl[4].

Lorsque j'ai vu Cavaillès, pour la dernière fois en 1943, dans un restaurant de la rue de Sèvres, il était accompagné de son compagnon de

1. Le philosophe et sociologue français Julien Freund (1921-1993), étudiant de Cavaillès à Strasbourg, suivit la Faculté des Lettres dans son repli à Clermont-Ferrand. Il y reçut l'enseignement de Canguilhem et fut par ailleurs un résistant actif, d'abord dans le mouvement Libération-Sud, puis au sein des groupes francs de « Combat » et enfin dans un maquis FTP. Agrégé de philosophie (1949), il enseigna d'abord dans divers lycées de l'est de la France avant d'être en 1960 nommé maître de recherches au CNRS. Docteur ès lettres de la Faculté de Paris (avec une thèse, sous la direction de Raymond Aron, sur *L'essence du politique*, Paris, Sirey, 1965 – CAN 284), il devint professeur de sociologie à l'Université de Strasbourg où il resta jusqu'à une retraite précoce en 1979. Préoccupé de philosophie et de sociologie politiques, il fut l'un des interprètes les plus autorisés de la pensée de Max Weber, tout en s'inscrivant dans la mouvance intellectuelle plus conservatrice du juriste et philosophe allemand Carl Schmitt (1888-1985). *Cf.* Julien Freund, « Ébauche d'une autobiographie intellectuelle », *Revue européenne des sciences sociales et Cahiers Vilfredo Pareto*, vol. 19, n°s 54-55, 1981, p. 47 (cote CAN 288 dans la bibliothèque de Canguilhem qui contient plusieurs écrits de cet auteur (CAN 283 à CAN 296)).

2. Nous n'avons pu trouver d'information sur Paul Groshaeny.

3. Pierre Kaan (1903-1945), licencié de philosophie, après un diplôme d'études supérieures sur Nietzsche (1923) et un début de carrière en journalisme au cours des années 1920 et 1930 (grâce à Boris Souvarine (1895-1984), à *L'humanité*, puis dans des revues dissidentes, au *Bulletin communiste* puis à *La critique sociale*), enseigna la philosophie à Bar-sur-Aube, Colmar puis Montluçon où, en 1941, il fut révoqué par le régime de Vichy. Engagé dans Libération-Sud, il sera arrêté en décembre 1943 par la Gestapo et mourra en mai 1945, peu après sa libération du camp de Buchenwald où il avait été déporté.

4. Il s'agit sans doute de la lettre du 4 novembre 1942, qu'avait partiellement publiée Gabrielle Ferrières dans son *Jean Cavaillès philosophe et combattant 1903-1944*, Paris, P.U.F., 1950, p. 176. Sur Lautman, cf. *supra*, p. 244, n; 1. Sur l'amitié entre ces deux philosophes et sur leur correspondance, *cf.* Hourya Benis-Sinaceur, « Lettres inédites de Jean Cavaillès à Albert Lautman », *Revue d'histoire des sciences*, vol. 40, n° 1, 1987, p. 117-128.

clandestinité, Jean Gosset[1], archicube[2] mort en déportation. S'il fut question entre nous de bien des sujets, généraux et spéciaux, il fut aussi question de philosophie des sciences. Cavaillès me taquina sur la biologie.

Voilà assez de traits pour nous donner le droit de fonder sur une certitude l'unanimité d'une commémoration. Ce n'est pas peu, car c'est cette unanimité qui nous sépare tous, avec Cavaillès et sous son regard, des théoriciens, des propagandistes et des hommes de main de la ségrégation raciale politique et philosophique. Cette certitude c'est qu'en présence des croix gammées d'aujourd'hui, Cavaillès penserait ce qu'il pensait pendant sa lutte. La croix gammée, pour Cavaillès, c'est le revolver que Goebbels se vantait de dégainer symboliquement quand on parlait devant lui de culture.

Jean Cavaillès a été tué par les Nazis, à Arras, en janvier 1944[3]. La Nuit et le Brouillard de la déportation à laquelle il avait été condamné nous l'auraient peut-être rendu. C'est ce qui décida vraisemblablement les Nazis à l'exécution. Avant d'être transporté dans la crypte de la chapelle de la Sorbonne, le corps de Jean Cavaillès reposait dans un coin du cimetière d'Arras sous cette inscription :

INCONNU N° 5

Jamais, je pense, un philosophe mathématicien n'a reposé et ne reposera sous une inscription plus émouvante.

1. Jean Gosset (1912-1944), ancien élève de l'École normale supérieure (1932), agrégé de philosophie (1936), membre du groupe de la revue *Esprit*, enseigna d'abord à Brest puis à Vendôme (1938-1941). Démobilisé en septembre 1940 après avoir servi avec bravoure comme sous-lieutenant dans un régiment d'infanterie, il reprit son enseignement jusqu'à ce que, préparant une thèse de philosophie sous la direction de Gaston Bachelard, il devienne chargé de recherche au CNRS. À l'instigation de Jean Cavaillès qui lui avait enseigné à l'École normale supérieure, il rejoignit le réseau Libération-Nord dès janvier 1942 et participa à la création du réseau de renseignement et de sabotage Cohors-Asturies. Bientôt adjoint de Cavaillès, il le remplaça lors des absences de celui-ci (emprisonnement à Montpellier et à Saint-Paul d'Eyjaulx ; voyage à Londres au printemps 1943), avant de prendre la direction du réseau après la capture finale de son chef en août 1943. Gosset fut lui-même arrêté en avril 1944, torturé et déporté à Neuengamme où il mourut en décembre de la même année.

2. Le texte imprimé donne ici, sans aucun doute incorrectement, « architecte ».

3. *Cf.* p. 223, n. 1.

Inconnu, ce mot que la pensée mathématique a dépouillé du prestige trouble que lui communique l'angoisse pour lui conférer le prestige lumineux d'une conquête qu'exige la raison. *Inconnu*, qui n'est pas l'innommable, qui n'attend sa dénomination que de la rigueur du calcul. Cavaillès, le trop bien connu de ses ennemis qui ne l'ont abattu que pour cela, Cavaillès devient par sa mort, l'inconnu pour ceux de ses compatriotes qui arrachent son cadavre à la fosse commune. L'inconnu qui n'est pas encore Cavaillès, Compagnon de La Libération, Cavaillès qui réunira désormais ses amis en son nom, il est pourtant déjà Cavaillès dont l'œuvre au temps de la paix, a marqué un tournant de la philosophie des mathématiques. Il est le Cavaillès qui a su lire dans l'œuvre de Georg Cantor cette définition admirable : « *L'essence des objets de la mathématique est la liberté* ». Il est le Cavaillès qui a suivi, dans l'inconnu mais non dans l'aventure, et jusqu'à la destruction de lui-même, l'exigence de cette liberté que la mathématique manifeste, mais dont elle ne saurait limiter la fécondité à sa propre constitution.

Tel fut l'*Inconnu n° 5*, interrompu dans son œuvre, mais achevé dans son destin, l'homme à la mort duquel, pour beaucoup de ses compagnons de pensée et d'action, il n'est pas aisé de survivre.

Il ne paraît pas nécessaire d'en dire davantage pour que notre commémoration réponde à l'intention qui l'a suscitée : faire en sorte qu'une règle de discrétion jusqu'ici observée dans l'expression d'une fidélité permanente n'apparaisse, du fait des circonstances, comme un des symptômes de l'Oubli.

L'HOMME ET L'ANIMAL
DU POINT DE VUE PSYCHOLOGIQUE SELON DARWIN

Cet article qui a d'abord paru en 1960 a été intégré par Canguilhem aux *Études d'histoire et de philosophie des sciences*, ouvrage reproduit au tome III des *Œuvres complètes*.

THE AUTOBIOGRAPHY OF CHARLES DARWIN AND SELECTED LETTERS

Edited by Francis Darwin, Dover Publications Inc., New York, 1958

Les Études Philosophiques, nouvelle série, vol. 15, n° 1, janvier-mars 1960, p. 96-97

Ce n'est pas ici la réédition de l'ouvrage, publié en 1887, *Life and Letters of Ch. Darwin*, mais celle de l'ouvrage, abrégé du précédent par Francis Darwin[1] lui-même, publié en 1892, aux U.S.A., sous le titre *Ch. Darwin, His Life Told in an Autobiographical chapter and in a selected series of his published Letters.* C'est dire que l'Autobiographie de Darwin reste ici amputée des passages que Fr. Darwin en avait retirés pour des raisons personnelles[2]. Mais la réédition d'un tel ouvrage, dans une collection de large diffusion, est un des signes les moins contestables de l'intérêt suscité par le centenaire de l'*Origine des Espèces.*

Georges CANGUILHEM

1. Francis Darwin (1848-1925), fils de Charles Darwin et son collaborateur dans plusieurs de ses travaux à caractère botanique. Il avait étudié les mathématiques et les sciences naturelles à l'Université de Cambridge; il avait aussi obtenu un diplôme en médecine (1875), mais ne pratiqua jamais. Il poursuivit après la mort de son père des travaux d'anatomie et de physiologie végétales, enseigna au Collège Christ Church de l'Université de Cambridge et signa de nombreuses publications scientifiques.

2. Cf. *infra*, p. 919, n. 2.

RAPPORT SUR LE MANUSCRIT DÉPOSÉ PAR M. MICHEL FOUCAULT

Directeur de l'Institut français de Hambourg, en vue de l'obtention du permis d'imprimer comme thèse principale de doctorat ès-lettres

dans Didier Éribon, *Foucault*, 2e édition. (Paris, Champs-Flammarion, 1991), p. 358-361 [1]

Folie et Déraison. Histoire de la folie à l'époque classique, tel est le sujet que M. Foucault traite au cours d'un travail dont la densité le dispute à l'ampleur (943 pages dactylographiées, plus 40 pages d'appendices documentaires et de bibliographie). Malgré l'importance de la documentation mise en œuvre (pièces d'archives, témoignages, ouvrages de doctrine), les idées directrices de cette élaboration sont toujours rigoureusement dégagées. Le style est incisif, ne recherchant pas la formule pour elle-même, mais ne reculant pas, à l'occasion, devant elle. Nous sommes vraiment en présence d'une *thèse*, qui renouvelle non seulement les idées, mais aussi les techniques de saisie et de présentation des faits, en matière d'histoire de la psychiatrie.

1. Ce document ne figurait pas dans la première édition de l'ouvrage d'Éribon. La soutenance de thèse de Michel Foucault (1926-1984) eut lieu le 19 mai 1961. La date jointe à la signature de Canguilhem indique que ce rapport est du 19 avril de l'année précédente. Dans son article de 1986 rédigé à la demande de Pierre Nora, « Sur l'*Histoire de la folie* en tant qu'événement » (*Le Débat*, n° 41, septembre – novembre 1986, p. 37-40), texte que l'on trouvera au tome V, Canguilhem a expliqué les circonstances de la rédaction de ce rapport.

*

Par époque classique, M. Foucault désigne, dans l'histoire de l'Europe, les XVIIe et XVIIIe siècles, ou plus exactement la période qui s'étend de la fin du XVIe siècle jusqu'à la constitution, dans le premier tiers du XIXe siècle, d'une médecine mentale et d'une pratique psychiatrique qui prétendent l'une à la dignité de science et l'autre à l'efficacité d'une application de théorie. Comme M. Foucault remonte au-delà et descend en deçà des limites extrêmes de la période étudiée en vue de saisir des significations d'institutions, d'attitudes et de concepts par le moyen de différences ou de contrastes, son tableau des structures sociales et son analyse des structures mentales s'étendent finalement de la Renaissance des Lettres jusqu'à la naissance de la psychanalyse.

M. Foucault s'efforce essentiellement de montrer que la folie est un objet de perception dans un « espace social » diversement structuré au cours de l'histoire, objet de perception suscité par des pratiques sociales, plutôt que saisi par une sensibilité collective, plutôt surtout que décomposé analytiquement par un entendement spéculatif. La folie a d'abord occupé l'espace social laissé vacant par un fléau progressivement réduit. La perception de la folie a d'abord participé de la terreur inspirée par le mal qu'on parquait dans les léproseries, lorsque celles-ci furent affectées à l'hospitalisation des insensés. L'« *invention* » propre à l'âge classique est celle de l'internement (1657, en France) où le fou, parce que incapable de travail, rejoint le mendiant, le vagabond et le chômeur, qu'on tente de récupérer pour un travail obligatoire, quand la crise économique les prive de travail libre. Cette pratique administrative et policière est aussi une conduite éthique. L'internement confond dans les mêmes limites spatiales de réprobation les oisifs, les prodigues, les libertins. La folie perd ici son individualité dans l'indistinction de ce que la raison classique (valeur indistinctement logique et sociale) s'oppose à elle-même sous le nom collectif de déraison. L'internement des « insensés » ne vise longtemps que leur neutralisation ou leur « amendement » mais non leur guérison. Cependant, dès le milieu du XVIIIe siècle, et bien avant les réformes de Tuke en Angleterre, de Pinel en France, de Reil en Allemagne[1], la folie a reconquis une certaine spécificité.

1. Sur Pinel et Reil, voir *supra*, respectivement p. 713-720 et p. 720, n. 2. William Tuke (1732-1822), marchand anglais de thé et de café, quaker et philanthrope, avait fondé en 1796 à York un asile d'un nouveau genre pour un traitement « humanisé » des aliénés, la

Il ne faut pourtant pas considérer l'apparition de maisons d'internement réservées aux fous comme une saisie pré-scientifique de la folie en tant que fait de psychopathologie. Il apparaît plutôt que c'est la protestation de certaines catégories d'internés qui aboutit à un nouveau partage de l'espace d'internement. L'époque précédente avait confondu la folie dans la déraison. C'est dans l'espace de ce premier partage opéré par la raison que la déraison se scinde, en délimitant l'espace spécifique de la folie. Dans la mesure aussi où de nouvelles structures économiques et de nouvelles exigences d'ordre démographique (peuplement des colonies) conduisent à la révision des concepts de pauvreté et d'assistance, l'évidence massive, et illusoirement inconditionnée, de l'internement s'effrite, et dans l'espace indifférencié de la réclusion, la folie surgit comme un problème social spécifique parmi bien d'autres. Bref il a fallu des pratiques de police et de justice et la constitution historique d'une *expérience sociale de l'internement* pour que surgissent, comme réalités désormais offertes à la connaissance, des catégories de l'anormal. La connaissance médicale, d'intention scientifique, de la folie repose, sans s'en douter, sur une expérience active de ségrégation sociale à base d'anathème.

Toute l'histoire des débuts de la psychiatrie moderne se révèle faussée par une illusion de rétroactivité selon laquelle la folie était déjà *donnée* – quoique inaperçue – dans la nature humaine. Le vrai, selon M. Foucault, c'est que la folie a dû être d'abord *constituée* comme une forme de la déraison, tenue à distance par la raison, condition nécessaire pour qu'elle tombât enfin sous le regard comme un objet d'étude. Ce regard de la raison, froid, impartial, objectif, croit-elle, est donc en fait secrètement orienté par une réaction d'écartement. Cette réaction qui apparut déraisonnable aux yeux de la psychiatrie naissante, discipline positiviste et attitude philanthropique, est la raison profonde de l'intérêt scientifique pour la folie. Dans l'histoire de la civilisation, la peur a découpé l'objet de l'observation. Entre la folie de la Renaissance – symptôme de la scission ontologique, de l'apparition du néant à l'intérieur même de l'existence (et non plus à son terme, comme dans la mort) –, et la folie de l'état positif – phénomène empirique de maladie mentale – s'intercale un processus historique de

« York Retreat ». Son fils Samuel (1784-1857) publia en 1813 une *Description of the Retreat* (York, W. Alexander).

moralisation. C'est l'éthique sociale qui fait la transition entre le concept magique et le concept scientifique de la folie.

*

Mais on ne peut résumer ni même symboliser toute l'expérience classique de la folie par la pratique de l'internement. M. Foucault ne peut pas ignorer que la folie a toujours été, à quelque degré, un objet du souci médical. Toutefois ce souci médical ne connaissait pas d'autonomie. Si l'internement résultait d'une décision administrative presque jamais appuyée sur une expertise médicale, restait que les problèmes *juridiques* de l'interdiction, qui ne recouvrent pas ceux de l'internement, obligeaient à la définition médicale de critères dont l'élaboration anticipe sur les analyses ultérieures de la psycho-pathologie. Dans la préhistoire de la psychiatrie, l'homme sujet de droit est plus important que l'homme débile ou malade. C'est par la voie de l'aliénation juridique que la médecine s'est approchée de la connaissance des aspects et formes de l'aliénation. De sorte que, jusqu'au XIXᵉ siècle, la connaissance médicale concernant la folie n'a pu être une conscience autonome, dans la mesure exacte où elle acceptait de l'univers du droit ses modes de repérage. La nosologie mentale s'est donc d'abord embarrassée et perdue dans une entreprise de classification dont les cadres étaient imités des classifications de naturalistes, mais dont le contenu se trouvait provenir en fin de compte de l'expérience sociale. La folie se trouvait toujours partagée entre la nature et la société. Il n'est donc pas étonnant qu'au moment de la « libération des internés », à l'époque de la Révolution française, quand se sont enfin consolidées les institutions et les techniques de l'internement purement « asilaire », la folie, devenant objet théorique pour le jugement médical, soit restée objet de comportement éthique, et que le couple malade-médecin ait continué à relever davantage d'une « situation » existentielle que d'une relation de connaissance.

Les réformes et l'enseignement de Tuke et de Pinel expriment davantage une évolution dans l'attitude pratique de la raison à l'égard de la folie qu'une révolution conceptuelle qui ferait enfin apparaître, dans la vérité de la nature, ce que les XVIIᵉ et XVIIIᵉ siècles obscurcissaient sous les mœurs d'une société. Et les trois aspects fondamentaux de la folie, dans la première moitié du XIXᵉ siècle : paralysie générale, *moral insanity*, monomanie, dissimulent plus encore qu'ils ne la recouvrent la structure d'une expérience de la folie que l'âge positiviste hérite, sans s'en rendre compte, du XVIIIᵉ siècle.

C'est donc la signification des débuts de la psychiatrie positiviste – avant la révolution freudienne – qui est en question dans le travail de M. Foucault. Et à travers la psychiatrie, c'est la signification de l'avènement de la psychologie positive qui se trouve révisée. Ce ne sera pas le moindre sujet de surprise, provoqué par cette étude, que la remise en question des origines du statut « scientifique » de la psychologie [1].

*

On voit déjà quel peut être l'intérêt de ce travail. Comme M. Foucault n'a jamais perdu de vue la variété des visages que la folie, depuis la Renaissance jusqu'à nos jours, offre à l'homme moderne dans les miroirs des arts plastiques, de la littérature et de la philosophie; comme il a tantôt démêlé tantôt emmêlé une multiplicité de fils conducteurs, sa thèse se présente comme un travail simultané d'analyse et de synthèse dont la rigueur ne rend pas toujours la lecture aisée, mais qui récompense toujours l'effort d'intelligence.

Quant à la documentation, M. Foucault a d'une part relu et revu, mais d'autre part lu et exploité pour la première fois, une quantité considérable de pièces d'archives. Un historien professionnel ne manquera pas d'être sympathique à l'effort fait par un jeune philosophe pour accéder aux documents de première main. Par contre, aucun philosophe ne pourra reprocher à M. Foucault d'avoir aliéné l'autonomie du jugement philosophique dans la soumission aux sources de l'information historique. Dans la mise en œuvre de sa documentation considérable, la pensée de M. Foucault a conservé de bout en bout une vigueur dialectique qui lui vient en partie de sa sympathie

1. Cette conclusion de Foucault recoupait les préoccupations qu'avaient exprimées Canguilhem dans sa conférence de 1956 « Qu'est-ce que la psychologie ? ». Dans son article de 1986 « Sur l'*Histoire de la folie* en tant qu'événement », Canguilhem rappellera que « [l]e jury de thèse de Michel Foucault ne pouvait évidemment pas ne pas comprendre le titulaire de la chaire de psychologie pathologique, docteur en médecine et en philosophie, psychanalyste de surcroît. En sorte que, au moment où l'histoire de la psychopathologie pouvait prétendre à une consécration universitaire, un de ceux qu'elle concernait a pu paraître très sincèrement désarçonné ». Il s'agit évidemment ici de Daniel Lagache, que Canguilhem ne désigne pas autrement dans cet article. De la même promotion que Canguilhem à l'École normale supérieure (1924), Lagache (1903-1972) avait accédé à la chaire de psychologie de la Sorbonne en 1947.

pour la vision hégélienne de l'histoire et de sa familiarité avec la *Phénoménologie de l'Esprit*.

L'originalité de ce travail consiste essentiellement dans la reprise, au niveau supérieur de la réflexion philosophique, d'une matière jusqu'à présent abandonnée par les philosophes et par les historiens de la psychologie, à la seule discrétion de ceux des psychiatres qu'intéressaient – le plus souvent pour des questions de mode ou de convention – l'histoire ou la préhistoire de leur « spécialité ».

Ayant enrichi sa culture philosophique d'agrégé par des études ultérieures de psychologie, par l'enseignement de la psychologie (il a été assistant de psychologie à la faculté des lettres de Lille, et moniteur de psychologie à l'École normale supérieure), M. Foucault s'est toujours électivement intéressé à la psychopathologie et à son histoire.

Je ne sais si M. Foucault avait, en écrivant sa thèse, la moindre intention ou la moindre conscience de contribuer à une histoire de ce qu'on appellerait aujourd'hui « la psychologie sociale de l'anormal ». Il me semble pourtant qu'il l'a fait. Il me semble aussi que, ce faisant, il a contribué à renouer un dialogue fructueux entre psychologie et philosophie, à un moment où beaucoup de psychologues acceptent de couper leurs techniques d'une interrogation sur les origines et le sens de ces techniques.

Je crois donc pouvoir conclure, dans la conviction où je suis de l'importance des recherches de M. Foucault, que son travail mérite de venir à soutenance devant un jury de la faculté des lettres et sciences humaines et je propose à M. le Doyen, pour ce qui me concerne, d'en autoriser l'impression[1].

Georges Canguilhem
le 19 avril 1960

1. *Folie et déraison. Histoire de la folie à l'âge classique*, « Civilisations d'hier et d'aujourd'hui », Paris, Plon, 1961.

THE AUTOBIOGRAPHY OF CHARLES DARWIN AND SELECTED LETTERS

Ed. Francis Darwin – New York, Dover Publications, 1958[1]

Archives internationales d'histoire des sciences, vol. 13, n°s 50-51, juin 1960, p. 157

L'autobiographie écrite par Darwin en 1876 fut publiée, en 1887, par son fils Francis, complétée de souvenirs et de documents presque entièrement épistolaires. L'ensemble portait le titre de *Life and Letters of Ch. Darwin.* En 1892 parut, aux U.S.A., une réédition abrégée et revue, par Francis Darwin lui-même, dans un sens plus biographique et moins scientifique. C'est ce dernier ouvrage que rééditent, sans modifications, les éditions Dover. L'intérêt ne s'en discute pas, pour la vulgarisation des idées de Darwin, l'année du centenaire de l'*Origine des Espèces.* On regrettera seulement que les fragments de l'autobiographie expurgés par Fr. Darwin et publiés depuis[2] n'aient pas fourni matière à un appendice. Mais, sans doute, les raisons de ménager certaines susceptibilités ne sont-elles pas moindres, aujourd'hui aux U.S.A., qu'elles ne l'étaient en 1887 en Angleterre. Mais on regrette surtout, une fois de plus, que n'existe, en France, aucune collection

1. Un tapuscrit de ce compte rendu est conservé au CAPHÉS, GC. 26.1.14, folio. 8.

2. Canguilhem fait ici référence à l'édition intégrale de l'autobiographie de Charles Darwin que sa petite-fille, Nora Barlow (1885-1989), avait publiée en 1958 (London, Collins) et qui en restaurait les passages que, respectueux des convenances victoriennes et de certaines sensibilités familiales, Francis Darwin avait supprimés et qui concernent surtout l'agnosticisme de son auteur.

courante et de grande diffusion, comparable à la collection Dover, et capable de rééditer, pour une semblable occasion, la traduction donnée, dès 1888, par H. de Varigny [1], de *La Vie et la Correspondance de Ch. Darwin.*

G. CANGUILHEM

1. Henri de Varigny (1855-1934), médecin et docteur ès sciences (1886), fit surtout carrière comme écrivain et journaliste scientifique. Il publia cependant quelques ouvrages scientifiques (dont des *Essais sur la mort*, Paris, Alcan, 1926-1929, 3 vol.), mais aussi de très nombreuses traductions d'ouvrages scientifiques anglais et un *Charles Darwin* (Paris, Hachette, 1889).

FORERUNNERS OF DARWIN : 1745-1859

Bentley Glass, Owsei Temkin, William L. Straus Jr. (dir.),
The Johns Hopkins University Press, 1959 [1]

Archives internationales d'histoire des sciences, vol. 13, n°s 50-51, juin 1960, p. 157-159

Nous comprenons fort bien que le centenaire de l'*Origine des espèces* n'ait pas laissé indifférents des historiens des idées. Nous admettons plus difficilement que la préface de cet ouvrage présente l'histoire des sciences comme une section de l'histoire des idées. Il semble, en effet, à en juger par cet exemple, que l'histoire des idées permette à quelques auteurs des libertés que le rapport de l'histoire des sciences à la science ne saurait tolérer.

Nous ne jurerions pas que tous les auteurs de ce recueil aient eu le même bonheur soit dans l'attribution à Darwin d'un ou de plusieurs précurseurs, soit dans la revendication, polémique ou non, d'originalité. Darwin n'a pas pour précurseurs tous les auteurs auxquels il doit quelque fait ou quelque idée. Quand on prétend n'avoir aucun précurseur dans l'attribution à Darwin de tel ou tel précurseur, autant vaudrait s'assurer du fait. Dans un article sur « Maupertuis, pionnier de la génétique et de l'évolution », il est dit (p. 79) que Edmond Perrier [2] et

1. Un tapuscrit de 3 feuillets de ce compte rendu se trouve au CAPHÉS (GC. 26.1.14, fol. 30-32). Jacques Piquemal a lui aussi donné un compte rendu de cet ouvrage dans les *Études philosophiques*, vol. 15, n.s., n° 1, janvier-mars 1960, p. 104-105.

2. Edmond Perrier (1844-1921), zoologiste lamarckien, ancien élève de l'École normale supérieure (1864), agrégé de sciences physiques (1867), docteur ès sciences deux ans plus tard, a fait l'essentiel de sa carrière au Museum National d'Histoire Naturelle, établissement qu'il dirigea de 1900 à 1919. Spécialiste des invertébrés marins, auteur d'un ouvrage théorique influent en son temps (*Les colonies animales et la formation des organismes*, Paris, Masson,

Radl[1], entre autres historiens de la biologie, ont complètement ignoré Maupertuis[2]. Pour Ed. Perrier, que M. Bentley Glass[3] se reporte à *La Philosophie zoologique avant Darwin* (3e édition, 1896, p. 52-55). Pour Radl, qu'il se reporte à la deuxième édition entièrement remaniée (1913) de la première partie de la *Geschichte der biologischen Theorien in der Neuzeit* (p. 241, 282, 284). Bien que l'article de M. Arthur O. Lovejoy sur Herder[4] ne soit que le remaniement d'articles parus en 1904 et en 1922, on regrette de n'y pas voir mentionnée la thèse du germaniste français Max Rouché[5].

D'une façon générale, il y a une différence très nette, quels qu'en soient les auteurs, entre les articles qui concernent les « précurseurs » du XVIIIe siècle (Maupertuis, Diderot, Kant) et ceux qui concernent les « précurseurs » du XIXe siècle (Lamarck, von Baer, Chambers[6],

1881), il a aussi laissé quelques ouvrages à caractère historique, sur Lamarck notamment. Celui que mentionne Canguilhem avait d'abord été publié à Paris, chez Alcan, en 1884.

1. Emanuel Radl (1873-1942), biologiste et historien des sciences tchèque, avait obtenu son doctorat de l'Université de Prague où, après quelques années au niveau secondaire, se déroula toute sa carrière, d'abord comme professeur de zoologie, puis de philosophie et d'histoire des sciences. La première édition de son histoire des théories biologiques, publiée en 1905-1909, comme les éditions subséquentes, parut en deux volumes chez Engelmann, à Leipzig.

2. Sur Maupertuis, cf. *supra*, p. 708, n. 1.

3. Bentley Glass (1906-2005), généticien américain, avait obtenu son Ph. D. de l'Université du Texas, sous la direction de Hermann Joseph Muller (1890-1967). Il enseigna d'abord à l'Université Johns Hopkins à Baltimore et termina sa carrière comme professeur de biologie et vice-président responsable de la recherche à la State University of New York at Stony Brook. Outre ses contributions scientifiques, notamment sur les atteintes génétiques dues aux radiations nucléaires, il a laissé de nombreux écrits témoignant de son militantisme anti-raciste et anti-eugéniste.

4. Sur Lovejoy, cf. *supra*, p. 119, n. 8. Johann Gottfried von Herder (1744-1803), écrivain et philosophe allemand dont les *Ideen zur Philosophie der Geschichte der Menscheit* (Riga et Leipzig, J. F. Hartknocht, 1784-1791, 4 vol.) avaient à tort suscité des interprétations évolutionnistes, ainsi que l'établit Lovejoy dans cet article.

5. Max Rouché (1902-1985), ancien élève de l'École normale supérieure (1922), agrégé d'allemand (1926). D'abord professeur aux lycées de Laon, d'Oran puis de Pau, il séjourna à l'Institut français de Berlin de 1936 à 1938 et il soutint en 1940 sa thèse de doctorat ès lettres à la Faculté de Strasbourg sur *La philosophie de l'histoire de Herder* (Thouars, Imprimerie nouvelle, 1940). Traducteur et auteur de plusieurs autres travaux relatifs à Herder, après un bref passage à la Faculté des Lettres de Dijon (1942-1945), il fit tout le reste de sa carrière à la Faculté des Lettres de Bordeaux.

6. Robert Chambers (1802-1871), éditeur et journaliste écossais, publia anonymement en 1844 les *Vestiges of the Natural History of Creation* (London, Chruchill), ouvrage évolutionniste, mais nullement darwinien.

J.V. Carus[1], Bernhard Cotta[2]). C'est que, dans le premier cas, la comparaison porte sur les idées, au sens de visions plutôt que concepts, dans le second cas la comparaison porte sur des concepts, c'est-à-dire à la fois sur des faits ordonnés et sur des méthodes d'investigation. La comparaison de Darwin avec tous les « précurseurs » du XIXe siècle fait surgir, aussitôt et partout, des différences de contextes qui convertissent les ressemblances partielles de textes isolés en oppositions de principes et de conclusions. Dans la mythologie scientifique des philosophes du XVIIIe siècle toutes les confusions sont permises. N'en déplaise donc à M. Arthur O. Lovejoy, dont la contribution à cet ouvrage collectif est impressionnante par la diversité et par l'ampleur, le mot de G.G. Simpson[3] (p. 414, note 73) nous paraît judicieux : dire qu'Érasme Darwin[4] ou Buffon ou Maupertuis ont anticipé Charles Darwin n'a pas plus de sens qu'affirmer des écrivains de science-fiction qu'ils ont inventé la bombe atomique.

1. Julius Victor Carus (1823-1903), médecin et zoologiste allemand, professeur d'anatomie comparée à l'Université de Leipzig à compter de 1853. Éditeur avec Wilhelm Engelmann (1808-1878) d'une *Bibliotheca zoologica* encore réputée (Leipzig, Engelmann, 1861, 2 vol.), traducteur de nombreux ouvrages de Darwin, il est aussi l'auteur d'un *System der thierischen Morphologie* (Leipzig, Engelmann, 1853) dont certains passages ont donné lieu à des interprétation imprudemment évolutionnistes.

2. Bernhard von Cotta (1808-1879), géologue allemand, professeur à la *Bergakademie* de Freiberg de 1842 à 1874, auteur de nombreux ouvrages de géologie largement traduits et diffusés. Il se rallia à la théorie darwinienne dont il fut un ardent diffuseur en Allemagne. L'analyse soigneuse qu'effectue Temkin dans l'ouvrage dont rend compte Canguilhem démontre qu'avant la parution de l'*Origine des espèces* les positions de Cotta à propos de l'évolution restaient ambivalentes.

3. Le paléontologiste américain George Gaylord Simpson (1902-1984) fut l'un des contributeurs importants à la formation de la théorie synthétique de l'évolution. Il fut successivement professeur à l'Université Columbia et conservateur en géologie et paléontologie au Musée d'histoire naturelle de New York, puis occupa des fonctions semblables à l'Université Harvard avant d'accepter à l'Université de l'Arizona un poste de professeur de géosciences qu'il occupa jusqu'à sa retraite. Son ouvrage *Tempo and Mode in Evolution* (New York, Columbia University Press, 1944) est un classique de la biologie évolutionniste. Provenant d'une note de Lovejoy, la citation de Simpson est tirée de son compte rendu de l'édition par Nora Barlow de l'autobiographie intégrale de Darwin (cf. *supra*, p. 919, n. 2) : « Charles Darwin in Search of Himself », *Scientific American*, n° 199, août 1958, p. 117-122, p. 120.

4. Erasmus Darwin (1731-1802), médecin anglais, grand-père de Charles Darwin, traducteur de Linné, membre fondateur d'un groupe de grands scientifiques et ingénieurs professionnels ou amateurs, la *Lunar Society*, est aussi l'auteur d'ouvrages à caractère évolutionniste, dont surtout la *Zoonomia, or the Laws of Organic Life* (London, J. Johnson, 1794-1796, 2 vol.), rapidement rééditée et traduite en plusieurs langues.

Deux contributions nous semblent particulièrement remarquables, par la vigueur de l'analyse, par le sens exigeant de l'originalité respective des auteurs comparés, celle de M. Charles C. Gillispie *Lamarck and Darwin in the history of science*[1], et celle de Mme Jane Oppenheimer *An embryological enigma in the Origin of species*[2]. Ce dernier article contient une excellente mise au point des idées de von Baer et de Darwin concernant la récapitulation ontogénétique de la phylogénie. Ce sera, selon nous, un des résultats les plus positifs de bien des articles de commémoration parus en 1959 pour Darwin que d'avoir redonné vie à von Baer et réévalué l'importance de ses travaux.

C'est aussi à bien délimiter le sens de la théorie de la descendance, grâce aux oppositions inattendues qu'elle a suscitées, que s'attache M. Owsei Temkin[3] dans une étude à la fois érudite et rigoureuse *The idea of descent in*

1. Charles C. Gillispie (1918-...), historien des sciences, détenteur d'un doctorat de Harvard (1949), fut professeur à l'Université de Princeton tout au long de sa carrière. Il est l'auteur notamment de *Genesis and Geology* (Cambridge, Mass., Harvard University Press, 1951) et de *Science and Polity in France* (Princeton, Princeton University Press, 1981-2004, 2 vol.), éditeur enfin du grand *Dictionary of Scientific Biography* (New York, Scribner's Sons, 1970-1980, 16 vol.).

2. Jane Oppenheimer (1911-1996), embryologiste et historienne des sciences américaine. Elle enseigna la biologie et l'histoire de cette science pendant une quarantaine d'années au Bryn Mawr College, une université de haut niveau de Pennsylvanie, où elle avait elle-même étudié avant de compléter ses études à l'Université Yale (Ph. D. 1935). Auteur d'importants travaux en embryologie, elle a aussi laissé des études durables en histoire de la biologie – dont certaines sont réunies dans ses *Essays in the History of Embryology and Biology* (Cambridge, MIT Press, 1967) – et une édition de la traduction en anglais de l'autobiographie de Karl Ernst von Baer (Canton, Mass., Science History Publications, 1986).

3. Canguilhem a exprimé souvent dans ses cours et séminaires la haute estime qu'il avait pour la précision et le discernement conceptuel caractéristiques des travaux d'Owsei Temkin (1902-2002). D'origine russe, il avait en bas âge émigré avec sa famille en Allemagne. Docteur en médecine de l'Université de Leipzig (1928), il avait l'année précédente, sous l'influence de l'un de ses professeurs, Henry Sigerist (1891-1957), présenté une thèse sur le concept hippocratique de maladie. Quand Sigerist fut invité par l'Université Johns Hopkins à Baltimore pour y fonder et diriger un Institut d'histoire de la médecine, Temkin le suivit comme assistant. Il y fut professeur et directeur (de 1958 à 1968), et y demeura pour le reste de sa carrière. *The Falling Sickness: A History of Epilepsy from the Greeks to the Beginnings of Modern Neurology* (Baltimore, The Johns Hopkins University Press, 1945), *Galenism. Rise and Decline of a Medical Philosophy* (Ithaca, Cornell University Press, 1973) et plusieurs autres de ses ouvrages sont reconnus comme des œuvres exemplaires de la discipline.

post-romantic German Biology (1848-1858). Dans les années 1850, l'idée de la descendance des espèces se heurtait en Allemagne à l'hostilité de biologistes pourtant éminents et pourtant matérialistes, en raison de son apparentement aux thèses anciennes de la Natur-philosophie, et en raison de son affinité avec la théorie de la génération spontanée, incompatible avec la naissante théorie cellulaire.

G. CANGUILHEM

DARWIN AND THE GENERAL READER [1]

par Alvar Ellegard, Göteborg, Almqvist & Wicksells, 1958

Archives internationales d'histoire des sciences, vol. 13, n°s 50-51, juin 1960, p. 159

Que les oppositions au darwinisme aient été initialement, et même durablement, alimentées par des considérations théologiques chez beaucoup de naturalistes et, à plus forte raison, dans le grand public, on le savait déjà. L'intérêt de ce travail consiste en une sorte de sondage rétrospectif d'opinion publique (sondage au sens technique du terme, savoir une mesure d'opinion par procédé statistique). D'où le recensement des articles parus à l'époque dans une bonne centaine de revues, périodiques et magazines d'ordre littéraire, scientifique ou religieux. L'auteur a décomposé le darwinisme en un certain nombre de thèses et analysé le sens des réactions à chacune d'entre elles. Le chapitre IX : *Mid-Victorian philosophy of science* offre cet intérêt de confronter dans le détail les réactions, favorable chez J.S. Mill et défavorable chez W. Whewell, des deux principaux logiciens des sciences, à l'époque en Angleterre. Mais on peut se demander si le bénéfice est à la mesure du gros travail dépensé pour la confection de cet ouvrage. Finalement une atmosphère est restituée, des comportements collectifs sont décrits. Mais l'interprétation ne va pas au-delà de celle qui est enfermée dans le contenu même de la description.

G. CANGUILHEM

1. Un tapuscrit de ce texte est conservé au CAPHÉS : GC. 26.1.14 ; 1 feuillet.

EVOLUTION, MARXIAN BIOLOGY AND THE SOCIAL SCENE [1]

par Conway Zirkle [2],
Philadelphia, University of Pennsylvania Press, 1959

Archives internationales d'histoire des sciences, vol. 13, n°s 50-51, juin 1960, p. 159-160

Il s'agit ici d'histoire des idéologies plus encore que d'histoire des idées et, à plus forte raison, d'histoire des sciences. À l'occasion du centenaire de l'*Origine des espèces*, l'auteur s'efforce de montrer que des raisons de philosophie politique expliquent l'hostilité de commande dont beaucoup de biologistes soviétiques ont fait preuve simultanément à l'égard de la génétique et de certains aspects du darwinisme. Marx et Engels avaient fait la part de ce que le darwinisme comportait de concepts biologiques biologiquement féconds, et de concepts empruntés à l'idéologie économique et sociale d'alors, politiquement exploitables dans un sens libéral, c'est-à-dire réactionnaire. L'auteur pense que le dogmatisme de la philosophie marxiste-léniniste, l'institution d'un Canon scientifique au nom duquel certaines recherches sont prescrites comme autant d'hérésies ou de déviations à partir de la biologie marxiste, sont funestes à la vie intellectuelle. L'ouvrage ne nous apporte rien de neuf sur Darwin, sur Marx, sur la génétique, mais pas davantage sur la question, effectivement grave, des rapports entre la Science

1. Un tapuscrit de 2 feuillets est conservé dans le Fonds Canguilhem au CAPHÉS (GC. 26.1.14 fol. 36-37).

2. Conway Zirkle (1895-1972), botaniste et généticien américain, auteur de nombreux écrits d'histoire de la biologie. Il avait obtenu son Ph. D. de l'Université Johns Hopkins en 1925 et passa l'essentiel de sa carrière comme professeur à l'Université de Pennsylvanie.

et l'État. L'auteur paraît considérer la distorsion qu'il déplore comme contagieuse, et s'efforce de neutraliser les quelques cas constatés dans son pays. Si paradoxal qu'il puisse sembler, cet ouvrage nous instruit plus sur la mentalité américaine que sur l'idéologie soviétique. Si peu familier que l'auteur soit avec la dialectique, il devrait savoir que selon Hegel (sinon selon Marx) une antithèse se situe au même niveau qu'une thèse, et dans la même atmosphère.

G. CANGUILHEM

LES DEMI-CITOYENS

La Dépêche du Midi (Toulouse), n° 4461, 27 septembre 1960, p. 1 et 2

Il semble licite, même quand on n'approuve pas les termes, ni l'intention, de la « pétition des cent vingt et un » concernant un prétendu droit à l'insoumission, d'exprimer publiquement quelques réflexions sur l'une des récentes mesures répressives décidées par ordonnance, et visant l'appel à l'insoumission en matière de service militaire [1]. Nous voulons parler de celle qui prévoit l'application d'une peine doublée lorsque l'auteur du délit sera un fonctionnaire de l'État, d'un département ou d'une commune [2]. Cette

1. Canguilhem se porte ici à la défense d'un principe, en même temps que des signataires du « Manifeste des 121 », pétition qu'il ne signa pas et dont il n'approuvait pas les termes. Cette pétition avait été rendue publique le 5 septembre 1960, jour de l'ouverture du procès du réseau Jeanson d'aide au Front de Libération Nationale algérien. Elle fut immédiatement censurée. Canguilhem devait, comme plusieurs centaines de ses collègues universitaires, signer la pétition « Pour une paix négociée en Algérie », diffusée publiquement trois jours après la parution de cet article dans la *Dépêche du Midi*. Cf. *infra*, p. 935.

2. L'Ordonnance du 22 septembre 1960, prévoyait en effet à son premier article visant l'aide aux insoumis ou la provocation à l'insoumission que, « Si l'un des délits prévus aux alinéas ci-dessus a été commis à l'aide d'un attroupement, ou si le délinquant est un fonctionnaire public employé ou agent de l'État, des départements ou des communes, les peines peuvent être portées au double. Le coupable sera de plus interdit de toute fonction pendant cinq ans au moins et dix ans au plus ». Le lendemain de la parution de cet article, le 28 septembre 1960, une nouvelle « Ordonnance relative aux procédures disciplinaires applicables aux fonctionnaires et agents ayant commis certaines fautes graves » visait explicitement, selon son article 1, la « faute grave consistant à se soustraire à ses obligations militaires ou à faire l'apologie de l'insoumission ou de la désertion ou à provoquer des militaires à la désobéissance », et prévoyait la suspension du fonctionnaire visé et, pendant un an (article 2) « la retenue des trois quarts de sa rémunération, l'intéressé continuant toutefois à percevoir l'intégralité des suppléments pour charge de famille », en attendant l'issue des poursuites pénales dont il peut faire l'objet.

discrimination sociale révèle qu'aux yeux du gouvernement, les fonctionnaires ne sont plus des citoyens à part entière, selon une expression inventée à d'autres fins. Devant la loi, un fonctionnaire n'est plus l'égal d'un autre citoyen français. Doubler à son sujet une sanction pénale, c'est diviser par deux sa citoyenneté, en faire un demi-citoyen. Ainsi, au moment même où l'on déplore la fuite, vers l'entreprise privée, des diplômés de l'Université et des grandes écoles nationales normalement destinés à la fonction publique, on ajoute une raison de dignité civique aux motifs d'intérêt personnel qui expliquent cet exode.

*

On le sait assez, les fonctionnaires jouent périodiquement, en France, sous les gouvernements de droite, le rôle de bouc émissaire. Avant la dernière guerre, on les a souvent désignés, sous le nom de budgétivores, à la hargne des commerçants et des agriculteurs, aux moments de marasme économique. Ce que, dans les rangs de la droite, on n'a au fond jamais pardonné aux fonctionnaires, c'est la conquête de leur pleine dignité civique par le moyen du syndicalisme, c'est leur obstination à refuser d'être les valets du pouvoir en s'engageant à être les serviteurs de l'État. Mais, parmi eux, il en est dont l'indépendance du jugement politique a toujours été le plus malaisément admise et supportée, sans doute parce qu'elle est la plus symbolique. Il s'agit des membres de l'enseignement.

Or, la manifestation qui a suscité la récente ordonnance gouvernementale est le fait d'intellectuels. Les professeurs, à proprement parler, y sont une minorité[1]. Et, à première vue, elle ne paraît pas avoir recueilli l'adhésion d'huissiers de préfecture ou de gardes champêtres. Force est bien de conclure que l'exception qui vise tous les fonctionnaires trouve son occasion dans l'attitude de quelques enseignants. Cette occasion est plus qu'un fait juridique, c'est un symptôme politique. Car enfin, depuis deux ans au moins, les occasions n'auraient pas manqué d'édicter semblable mesure à

1. La très grande majorité des signataires du manifeste provenaient en effet des milieux des lettres, des arts et du journalisme. Les enseignants sont une quinzaine environ, la plupart enseignants à l'École pratique des Hautes Études, mais Henri Lefebvre, Georges Mounin, Théodore Monod, André Mandouze venaient de Facultés des Lettres, et François Châtelet était alors encore professeur de l'enseignement secondaire.

propos d'actes caractérisés d'insubordination accomplis par certains militaires.

Un officier de carrière n'est sans doute pas un fonctionnaire, une solde n'est sans doute pas un traitement. En accordant le droit de vote aux officiers, on n'avait sans doute pas voulu en faire des citoyens.

*

Il nous semble qu'en bonne logique, et touchant le nouveau statut civique des fonctionnaires, le pouvoir ne peut pas en rester là. Il se doit d'interdire à ces demi-portions civiques la manifestation, sans autorisation préalable, de toute opinion favorable au pouvoir. Car la liberté d'approuver et la liberté de s'insurger ne font qu'un. Le pouvoir tolère aujourd'hui que M. Jean Nocher[1] insulte, au micro de la Radiodiffusion nationale, des citoyens qui, pour le moment, ne sont qu'inculpés. Mais, en janvier dernier, la même Radiodiffusion nationale diffusait, sur toutes ses ondes, les messages[2] d'approbation et de soutien que les associations de fonctionnaires, et spécialement d'enseignants, en plus grand nombre, certes, que les fabricants de parapluies ou les liquoristes, adressaient au chef de l'État bafoué, en Algérie, dans son autorité[3].

De telles pratiques doivent cesser. De telles libertés ne sont plus de mise. Nul doute qu'une prochaine ordonnance ne vienne interdire dorénavant, aux demi-citoyens que sont devenus les fonctionnaires, de donner leur approbation publique à une décision du pouvoir, sans la permission et la garantie du

1. Jean Nocher (pseudonyme de Gaston Charon; 1908-1967), ancien élève de l'École normale supérieure (1930), quitte tôt l'enseignement pour une carrière de journaliste. Résistant très actif, il exerce des responsabilités importantes au sein du mouvement Franc-Tireur. Poursuivant son activité de journaliste après la Libération, il est aussi très présent politiquement au sein de l'UDSR puis du RPF gaulliste et adopte des positions très à droite. Député de la Loire de 1951 à 1956, il revient ensuite au journalisme radiophonique et tient dès lors une chronique quotidienne.

2. La version imprimée donnait ici « menaces »; c'est Canguilhem qui a corrigé, sur la coupure de presse au dossier conservé au CAPHÉS.

3. En appui au Président de la République qui avait dû faire face à la grève générale et aux affrontements armés de la « Semaine des barricades » à Alger, du 24 janvier au 1er février, après que le général Massu ait été destitué de ses fonctions, le 23 janvier, à la suite de ses déclarations intempestives à un journal allemand.

gouvernement. D'ici là, il est possible que beaucoup de ces nouveaux demi-citoyens tournent deux fois leur plume dans l'encrier avant de signer éventuellement, comme ils l'ont fait en janvier 1960 un papier qui engagerait leur conscience civique dans son intégrité [1].

1. Il s'agit, bien sûr, des pétitions de protestations contre la loi Debré. Cf. *supra*, p. 898, n. 1.

APPEL À L'OPINION. POUR UNE PAIX NÉGOCIÉE

L'Enseignement public, octobre 1960, p. 3-4[1]

La guerre d'Algérie qui, depuis six ans, ronge le pays, n'est ni une opération de police ni comme il est dit depuis peu une suite de « tiraillades et d'embuscades ».

1. *L'Enseignement public* était l'organe mensuel de la Fédération de l'Éducation Nationale.

Le journal *Combat* donna aussi le texte de cet appel dans son édition du 6 octobre (p. 9). Il fut repris par François Maspéro dans *Le droit à l'insoumission (le dossier des "121")*, Paris François Maspéro, 1961, p. 155-158, sous le titre : « Le manifeste des étudiants, enseignants et syndicalistes, "Pour une paix négociée en Algérie" ». L'éditeur avait ajouté une note négative (p. 155) à cette reprise : « Conçu primitivement, paraît-il, comme une motion de soutien et de solidarité aux « 121 », ce manifeste s'est transformé au fil des signataires en cette motion. Il ne fait pas de doute en tout cas qu'il a largement servi à apaiser les consciences troublées qui avaient quelques remords à ne pas mettre leur signature au-dessous de celles des "121", et par là-même à opposer à l'expansion de la « Déclaration » parmi les intellectuels un barrage autrement décisif que toutes les puérilités de la répression gouvernementale ».

Toutefois des historiens, à distance de l'événement, ont jugé autrement cet appel. Ainsi, Jean-François Sirinelli écrivait dans une communication publiée en 1990 : « « Sans proclamer le droit à l'insoumission, cette pétition l'absolvait donc. [« … dans la situation donnée, la crise de conscience et l'esprit de révolte des jeunes sont inévitables »]. En retrait par rapport aux « 121 », cette attitude ne s'en voulait pas moins ferme et explicite. Et si elle a été parfois interprétée comme un signe de tiédeur, notamment par les « 121 » et leurs partisans, elle est pourtant significative. […] … en somme, la force de frappe de cette pétition, est, en terme d'influence et de retombées dans la société civile, plus importante que celle des « 121 » (*cf.* « Les intellectuels dans la mêlée », dans Jean-Pierre Rioux (dir.), *La guerre d'Algérie et les Français*, Paris, Fayard, 1990, p. 116-130, p. 128.

L'échec des négociations de Melun[1] et les difficultés accrues de les renouer ne sont pas, comme on veut le faire croire, principalement imputables à l'intransigeance du F.L.N.

La politique d'investissements et de promotion musulmane n'apaise pas le conflit et ne peut l'apaiser – serait-elle effective – tant que se poursuivent ratissages, tortures, déportations, que rien, pas mêmes les attentats, ne peut justifier, et tant que continue d'être refusé l'exercice du droit, reconnu, à l'autodétermination réelle.

Un nombre croissant de Français pressentent la vérité.

La vérité, c'est qu'il n'y a d'autre dénouement qu'une paix négociée;
– c'est que les formules avancées par le Pouvoir – paix des braves, autodétermination, Algérie algérienne, entité algérienne – ont une logique, appellent une conclusion que tout le monde voit;
– c'est qu'il n'y a plus d'"Algérie française" possible et qu'aucune politique ne saurait renverser le cours de l'évolution présente;
– c'est enfin que le chantage exercé par les milieux ultras et par une partie de l'Armée interdit de faire la paix.

Cette vérité s'impose, hors de toute doctrine politique ou morale, avant tout débat sur le nationalisme algérien, sur la nature du F.L.N. et sur celle du régime installé en France.

Le Pouvoir s'emploie à la dissimuler, il falsifie les faits et pourchasse jusqu'à leur évocation. Certains journaux sont saisis pour révéler des opinions gênantes, lors même qu'ils ne les partagent pas; des sujets d'articles sont interdits à l'avance.

1. Des pourparlers s'étaient tenus à la Préfecture de Melun du 25 au 29 juin 1960, à la suite d'un appel lancé publiquement le 14 juin par de Gaulle aux « dirigeants de l'insurrection », pour trouver une « fin honorable des combats ». Les raisons de l'interruption des négociations ont donné lieu à des interprétations plutôt contradictoires. Voir, par exemple, Odile Rudelle, « Gaullisme et crise d'identité républicaine », dans Jean-Pierre Rioux (dir.), *La guerre d'Algérie et les Français*, *op. cit.*, p. 180-201, p. 197-198; Charles-Henri Favrod, « La Suisse des négociations secrètes », *ibid.*, p. 397-408, p. 403-404; Bernard Droz et Évelyne Lever, *Histoire de la guerre d'Algérie*, Seuil/Points Histoire, 1982, p. 255-256; Hervé Hamon et Patrick Rotman, *Les porteurs de valises. La résistance française à la guerre d'Algérie*, Paris, Albin Michel, 1979; édition augmentée. Seuil/Points Histoire, 1979, p. 241.

La fraction la plus avertie de l'opinion s'accommode de cet état de choses ; c'est que son opposition à la guerre, si vive soit-elle, n'est qu'un fait de pensée.

La masse des Français subissent tous les effets de la guerre sur le plan moral, social, économique : mais comme ils n'ont pas la guerre chez eux, la vérité qu'ils sentent ne devient pas volonté politique.

Les jeunes, eux, sont jetés dans la guerre ; et dans la guerre la vérité les attend. Avec la vérité, le désarroi, l'endurcissement ou même la dégradation, la crise de conscience ou même la révolte. Sans qu'ils portent en aucune manière la responsabilité des faits, ils sont tous exposés à des choix lourds de conséquences : certains reviennent marqués par le racisme ; d'autres, l'expérience faite, essaient d'oublier ; d'autres connaissent le dégoût ; d'autres endurent la répression sur place et dans l'obscurité pour avoir refusé de participer à des actions qu'ils réprouvent ; d'autres préfèrent l'emprisonnement au service de guerre ; d'autres choisissent l'insoumission.

Les signataires de cette déclaration affirment que, dans la situation donnée, la crise de conscience et l'esprit de révolte des jeunes sont inévitables. Ils sont persuadés qu'ils ne feront que s'aggraver tant que le motif n'en sera pas supprimé : la guerre elle-même. Et c'est en vain que les tribunaux invoqueraient la légitimité d'État quand le Pouvoir lui-même ruine l'exercice des droits démocratiques, quand le mépris des lois est éclatant chez une partie des officiers.

La logique de la situation, c'est la paix ; la logique du Pouvoir, dès lors qu'il s'en détourne après l'avoir fait espérer, c'est la répression. Déjà celle-ci s'aggrave, comme l'attestent de nouvelles atteintes aux libertés, prenant prétexte d'un récent manifeste[1] ; bientôt, elle risque de se généraliser. Mais qu'exprime-t-elle d'autre que l'échec d'une politique ? Que peut-elle faire d'autre que tenter de retarder la solution nécessaire ?

Ou bien celle-ci s'imposera dans les convulsions, dans les pires conditions, tant en France qu'en Algérie. Ou bien elle sera obtenue par une négociation sans exclusive ni préalable.

1. Il s'agit évidemment de la « Déclaration sur le droit à l'insoumission dans la guerre d'Algérie », ou « Manifeste des 121 ».

L'ÉQUIVOQUE et le malaise où nous fait vivre une politique double se dévoilent : l'affaire des jeunes devient l'affaire de tous, l'affaire de la Nation.

Tous, nous sommes mis en demeure d'opter entre les conceptions des ultras ou des officiers activistes et une volonté de paix sans équivoque et sans ruse.

Nous invitons tous ceux qui ont choisi comme nous à signer cet appel.

Avaient déjà signé le 3 octobre 1960 :

MILITANTS SYNDICALISTES :

– **Georges Lauré** (secrétaire général de la F.E.N.); **Denis Forestier** (secrétaire général du S.N.I.); **Pierre Dhombres** (secrétaire général du S.N.E.S.); **Bernard Roulet** (secrétaire général du S.N.E.T).[1]
– **Georges Aulong**, **Henri Baude**, **Jeanne Borgey**, **André Bougreau**, **Clément Durand**, **Jacques Fournier**, **Émile Hombourger**, **Philippe Néaumet**, **Robert Coustal**, **Pierre Desvalois**, **Jeanne Lordon**, **James Marangé** (Bureau fédéral et secrétariat du S.N.I.).
– **Pierre Gaudez**(président de l'U.N.E.F.).
– **Léon Rouzaud, Armand Capocci, Roger Michaut**[2].

UNIVERSITÉ ET LETTRES :

– **Colette Audry**[3]; **Joseph Barsalou**, journaliste; **Roland Barthes; F. Bruat**, maître de conférences à la faculté des Sciences de Nancy; **Georges Canguilhem**, professeur à la Sorbonne; **Jean Cassou**, conservateur du Musée national d'Art moderne; **P.-H. Chombart Delauwe**, directeur d'études à l'École pratique des hautes études; **Eric de Dampierre**, chargé de recherches; **J. Dixmier**, professeur à la faculté des Sciences de

1. Dans l'édition Maspéro, s'ajoute ici « Jean Devèze, secrétaire général du Syndicat National de l'Enseignement Supérieur ».

2. Dans l'édition Maspéro, s'ajoute ici « Antoine Laval ».

3. Dans l'édition Maspéro, s'ajoutent à cette liste dans l'ordre alphabétique : Jean Barrabé, professeur à la Faculté des Sciences de Paris; Janine Bouissounouse, écrivain; Jean Cornec, avocat; Raymond Dedonder, maître de recherches; J. Dresch, professeur à la Sorbonne; Pierre George, professeur à la Sorbonne; René Labat, professeur au Collège de France; David Lambert, avocat; J.-P. Mathieu, professeur à la Faculté des Sciences de Paris; Pierre Rouanet, « Dépêche du Midi »; Evry Schatzmann, professeur à la Faculté des Sciences de Paris; Louis de Villefosse.

Paris; **J.-M. Domenach**; **Jean Duvignaud**; **Jean Effel**; **Robert Escarpit**, professeur à la faculté des Lettres de Bordeaux; **René Étiemble**, professeur à la Sorbonne; **Henri Faure**, agrégé de l'Université; **Paul Fraisse**, professeur à la Sorbonne; **Maurice de Gandillac,** professeur à la Sorbonne; **Jean Guéhenno ; Georges Gurvitch**, professeur à la Sorbonne; **André Hauriou**, professeur à la faculté de Droit de Paris; **V. Jankélévitch**, professeur à la Sorbonne; **Émile Jolibois**, inspecteur général honoraire de l'Instruction publique; **Ernest Labrousse**, professeur à la Sorbonne; **Georges Lavau**, professeur à la faculté de Droit de Grenoble; **Claude Lefort**, attaché de recherches au C.N.R.S.; **Jacques Le Goff**, directeur à l'École pratique des hautes études; **Daniel Mayer,** président de la Ligue des Droits de l'Homme; **Maurice Merleau-Ponty**, professeur au Collège de France; **Edgar Morin**, chargé de recherches au C.N.R.S.; **Maxime Nemo**; **Jacques Prévert**; **Paul Ricœur**, professeur à la Sorbonne; **Jean Rouch**; **P. Samuel**, professeur à l'Université de Clermont; **Jean-Pierre Serre**, professeur au Collège de France; **Henry Torrès**, avocat.

– Dès maintenant, **signez et faites signer** ce document

– Renvoyez-le à la F.E.N., 10 rue de Solférino, Paris – 7e

CLAUDE BERNARD AND HIS PLACE IN THE HISTORY OF IDEAS [1]

par Reino Virtanen [2], Lincoln, University of Nebraska Press, 1960

Revue d'histoire des sciences, vol. 13, nº 4, octobre-décembre 1960, p. 357-358

Cet ouvrage, comme l'indique son titre, concerne davantage l'histoire des idées que l'histoire des sciences. Et pourtant, l'influence exercée, même au prix d'un contresens, par une théorie scientifique sur certaines écoles philosophiques ou littéraires ne saurait être négligée quand il s'agit de déterminer la signification de cette théorie. M. Virtanen a porté son attention sur un cas très remarquable de ce genre de problèmes. À vrai dire, P. Lamy [3] et Donald L. King [4] avaient déjà consacré des thèses à l'influence de l'œuvre

1. Il existe pour ce texte un tapuscrit de 3 feuillets conservé au CAPHÉS (GC. 26.1.14 fol. 15-17).

2. Reino Virtanen (1910-1987), professeur américain de littératures française et comparée qui, après un Ph. D. à l'Université du Wisconsin enseigna surtout à l'Université du Nebraska, de 1954 jusqu'à sa retraite en 1978. Il est aussi l'auteur d'ouvrages sur Anatole France, Paul Valéry et Marcelin Berthelot.

3. Pierre Lamy, *L'Introduction à la médecine expérimentale. Claude Bernard, le naturalisme et le positivisme*, Paris, Alcan, 1928. Il s'agit d'une thèse complémentaire présentée à la Faculté des Lettres de Paris pour le doctorat ès lettres (cet ouvrage acquis par Canguilhem en novembre 1943 se trouve dans sa bibliothèque conservée au CAPHÉS (CAN 60)). Lamy (1890-?) est aussi l'auteur de *Claude Bernard et le matérialisme* (Paris, Alcan, 1939).

4. Donald Lawrence King (1888-1996), *L'influence des sciences physiologiques sur la littérature française de 1670 à 1870*, Paris, Les Presses modernes, 1929 ; thèse pour le doctorat de la Faculté des Lettres de Paris. Professeur d'études françaises, américain, il enseigna au Hamilton College dans l'État de New York, et publia quelques ouvrages scolaires pour l'apprentissage du français.

physiologique de C. Bernard sur la littérature naturaliste du XIXe siècle. Le propos de M. Virtanen est assez différent. Il veut essentiellement redresser des torts. Il lui semble que personne, en France pas plus qu'ailleurs, n'a encore tracé de Cl. Bernard un portrait fidèle, n'a encore compris le sens authentique de son œuvre. Nous le lui accorderions volontiers, si nous n'avions le sentiment que M. Virtanen s'est laissé entraîner sur le terrain même où évoluent les auteurs dont les conclusions l'impatientent, nous voulons dire celui de la philosophie. S'il suffit, pour être classé parmi les philosophes, de confier à ses papiers intimes quelques lieux communs ou banalités scolaires, réaction à la lecture d'ouvrages philosophiques, qui ne sera pas philosophe ? Nous ne décidons pas si c'est faire à Cl. Bernard trop ou trop peu d'honneur que de l'aborder *d'abord* sur le terrain philosophique. Mais nous sommes à peu près sûr que c'est le manquer. Nous pourrions, sur ce point, nous autoriser de Bergson, déclarant en 1913 que par « philosophie de Cl. Bernard », il entend non pas une « certaine métaphysique de la vie qu'on a cru trouver dans ses écrits », mais une certaine conception de la vérité scientifique, qu'on peut transposer en philosophie. Il nous semble, en conséquence, que les chapitres II et IV concernant les rapports de Cl. Bernard avec la tradition philosophique et les interprétations divergentes (vitalisme ? matérialisme ?) qu'ont données de ses propos sur la nature de la vie tant de commentateurs, souvent subalternes, ne sont pas les meilleurs de l'ouvrage de M. Virtanen. Nous estimons, au contraire, que le chapitre III confrontant les idées de Comte et celles de Bernard, notamment sur la nature et la portée de l'expérimentation en biologie, est solide, mais nous regrettons que l'auteur n'ait accordé aucune attention aux études si pertinentes que François Pillon[1] a publiées sur ce point dans la *Critique philosophique* de Ch. Renouvier en 1878.

1. François Pillon (1830-1914), médecin, philosophe et journaliste politique français, collaborateur du lexicographe et encyclopédiste Pierre Larousse (1817-1875), puis de Charles Renouvier à la direction de *La critique philosophique* ; il dirige ensuite *L'Année philosophique*, de 1890 à 1913. Canguilhem a sans doute à l'esprit ses deux articles, « Claude Bernard, sa conception de la vie comparée à celle de l'école positiviste » (vol. 7, n° 4, 21 février 1878, p. 54-64) et « La biologie selon Auguste Comte et selon Claude Bernard », (vol. 7, n° 5, 28 février 1878, p. 72-77). Canguilhem tenait ces travaux de Pillon aujourd'hui peu connus pour néanmoins significatifs et il les mentionne à plusieurs reprises (*cf.* notamment son exposé de 1958 « La philosophie biologique d'Auguste Comte et son influence en France au XIXe siècle », et sa communication prononcée en 1965, « Théorie et technique de l'expérimentation chez Claude Bernard », repris tous deux dans les *EHPS*).

Nous trouvons le plus grand intérêt au chapitre V sur l'influence de Cl. Bernard en biologie, sur la postérité scientifique de Bernard, selon M. Virtanen: Sherrington, J.S. Haldane, Cannon, Norbert Wiener[1]. Mais vraiment nous hésiterions à donner Sherrington, au même titre que Cannon, pour un physiologiste influencé par Cl. Bernard. L'homme éminemment cultivé qu'était Sherrington avait lu Cl. Bernard, avait incorporé l'idée du milieu intérieur à sa culture. Mais une citation de *Man on His Nature* doit-elle suffire pour qualifier l'auteur de « descendant of Bernard » (p. 86) ?

Les considérations finales de l'ouvrage nous introduisent à l'histoire de la philosophie et de la littérature contemporaines, et nous retrouvons Cl. Bernard dans la société spirituelle de Renan[2], de J. de Gaultier[3], de Rémy de Gourmont[4], de Taine, de Bergson, de J. Benda et bien entendu

1. Norbert Wiener (1894-1964), mathématicien américain, fondateur de la cybernétique, après un diplôme universitaire de premier cycle décroché à 14 ans, obtint à l'Université Harvard un Ph. D. dès 1912. Il commença à enseigner au Massachusetts Institute of Technology après la guerre et y demeura pour le reste de sa carrière. Wiener apparaît dans la bibliographie de *La connaissance de la vie* dès l'édition de 1952, mais n'est mentionné nulle part ailleurs dans le texte, non plus que le terme cybernétique ou celui de rétroaction. Mais la thèse de 1955 renvoie explicitement à l'ouvrage, *Cybernetics or control and communication in the animal and the machine* (Paris, Hermann, 1948) où Wiener énonçait que « toute la controverse mécanisme-vitalisme a été reléguée dans les limbes des questions mal posées » (cf. *FCR*, p. 122-123). Les communications « Modèles et analogie dans la découverte en biologie », de 1961, « Claude Bernard et Bichat », de 1965 (reprises dans les *EHPS*), renvoient aussi à Wiener, manifestant la persistance de l'intérêt de Canguilhem pour les idées de celui-ci. Les progrès de la biologie moléculaire, et le triple prix Nobel français de 1965, allaient intensifier encore les questionnements de Canguilhem sur la théorie de l'information et sa signification pour l'intelligence du vivant.

2. Ernest Renan (1823-1892), philosophe et historien français, agrégé de philosophie en 1847, termine l'année suivante la rédaction de *L'avenir de la science* qui ne paraîtra que de façon posthume. Docteur ès lettres (1852), spécialiste des langues et de l'histoire sémitiques, ses *Origines du christianisme* (1863-1881, 7 vol.), sa *Vie de Jésus* (Paris, Michel Lévy frères, 1863) surtout, sont de grands succès de librairie. « Auteur para-universitaire », Renan apparaît très rarement dans l'œuvre de Canguilhem, mais à quelques reprises dans le *Traité de logique et de morale* de 1939 (cf. *OC* I) et en 1987, dans « La décadence de l'idée de progrès » (cf. *OC* V), il le crédite d'avoir été, comme Cournot, attentif dans ses *Dialogues philosophiques* de 1871 à l'« exténuation inéluctable d'un pouvoir multiplicateur des forces productives ».

3. Jules de Gaultier (1858-1942), fonctionnaire au Ministère des Finances et philosophe français aujourd'hui assez oublié, bien que réédité, qui avait fait du « bovarysme » le cœur de sa philosophie et l'objet de deux de ses principaux ouvrages. Il semble tout à fait absent de l'ensemble des écrits de Canguilhem.

4. Rémy de Gourmont (1858-1915), homme de lettres français, d'abord fonctionnaire à la Bibliothèque nationale de 1881 à 1891, fut révoqué à la suite de la publication de l'article « Le

d'Émile Zola, auteur de l'essai sur le *Roman expérimental*[1]. Cette revue est amusante, dans la mesure où elle contient implicitement une hiérarchie des valeurs littéraires françaises dressée par un universitaire étranger. M. Virtanen a exhumé de l'œuvre de Sully Prudhomme[2] un poème à la gloire de Cl. Bernard que peu de chercheurs ou curieux français auraient eu l'idée d'y chercher. Il est d'ailleurs assez averti pour n'en pas parler sans quelque humour.

Il nous semble, en définitive, que, même sur le terrain des idées, on servirait mieux Cl. Bernard en abordant la question de son influence[3] par le biais de ses travaux plutôt que par celui de ses idées. Par exemple, c'est en s'attachant à bien saisir les techniques et les méthodes des recherches expérimentales, en montrant ce qu'elles apportaient d'inédit dans le milieu *médical français*, qu'on aurait chance de saisir le sens de l'insistance avec laquelle Cl. Bernard professe le déterminisme. La situation originale de Cl. Bernard physiologiste commande le style de ses déclarations et manifestes. Or, Cl. Bernard physiologiste est un peu estompé dans le tableau de M. Virtanen. Mais ce tableau est vivant et coloré. Pour le lecteur français c'est une rétrospective, et il doit louer l'auteur pour la sympathie érudite dont il témoigne à l'égard de tant d'auteurs français que leurs compatriotes, aujourd'hui, ont perdu de vue.

G. CANGUILHEM

joujou patriotisme » publié dans la revue *Mercure de France* dont il avait été en 1889 l'un des fondateurs. Il se consacra ensuite exclusivement au journalisme et à la littérature. Son œuvre extrêmement abondante comprend notamment des *Promenades philosophiques* (Paris, Mercure de France, 1909, 3 vol.

1. Émile Zola (1840-1902), écrivain français dont Canguilhem appréciait le rôle courageux qu'il avait joué lors de l'Affaire Dreyfus, mais nettement moins le naturalisme littéraire et le causalisme héréditaire tel qu'il se déploie dans les romans du cycle des Rougon-Macquart (1871-1893). *Le roman expérimental* avait été publié à Paris, chez Charpentier, en 1880.

2. Sully Prudhomme (1839-1907), poète parnassien français, avait en effet un goût marqué pour la philosophie et les sciences. Il avait notamment engagé en 1899 avec Charles Richet (1850-1935), dans les pages de la *Revue scientifique*, une polémique sur la science et les causes finales qui se poursuivit jusqu'en 1902. Les six volumes de ses *Œuvres* (Paris, Alphonse Lemerre, 1877-1908) comprennent des poèmes sur « Les sciences » célébrant notamment Lavoisier et Claude Bernard. Il avait obtenu en 1901 le tout premier Prix Nobel de littérature.

3. Le reste de la phrase (« par le biais de ses travaux » etc.), est entre guillemets dans le tapuscrit; ces guillemets n'ont pas été maintenus dans le texte publié.

ANDREAS VESALIUS' FIRST PUBLIC ANATOMY AT BOLOGNA (1540)

AN EYEWITNESS REPORT BY BALDASAR HESELER, MEDICINAE SCOLARIS, TOGETHER WITH HIS NOTES ON MATTHAEUS CURTIUS' LECTURES ON ANATOMIA MUNDINI[1]

Edited, with an introduction, translation into English and notes, by Ruben Eriksson, Uppsala and Stockholm, Almquist and Wiksells, 1959

Revue d'histoire des sciences, vol. 13, n° 4, octobre-décembre 1960, p. 361

Professeur à Padoue en 1537, Vésale[2] prend l'initiative de renoncer aux services des *demonstratores* et des *ostensores* et de commenter les pièces d'anatomie qu'il dissèque lui-même. En 1539-1540, il est invité, à plusieurs reprises, à Bologne pour y donner des démonstrations d'anatomie. Un étudiant allemand, B. Heseler[3], a consigné le récit de ces démonstrations, récit auquel il a joint les notes prises aux lectures données par Matthaeus Curtius[4], alors professeur à Bologne, d'après l'*Anatomia Corporis Humani*

1. Le tapuscrit (1 feuillet) est conservé au CAPHÉS (GC. 26.1.14 fol. 18).

2. Sur Vésale, *cf.* aussi *infra*, p. 1093.

3. Baldasar Heseler (ca 1508-1567), d'une famille allemande de Silésie, avait étudié la théologie sous la direction de Martin Luther (1483-1546) à l'Université de Wittenberg. Après avoir commencé sa médecine à l'Université de Leipzig, il compléta ces études en 1540 à l'Université de Bologne où était alors Vésale et retourna en Silésie où il pratiqua la médecine avec succès à Breslau (aujourd'hui Wrocław).

4. Matthaeus Curtius ou Matteo Corti (1475-1544), médecin italien, professeur à l'Université de Pavie, puis à celle de Pise, tout en étant le médecin du pape Clément VII de 1531 à la mort de celui-ci trois ans plus tard; il avait été engagé à l'Université de Bologne de 1538 à 1541 pour y enseigner, comme il avait fait à Padoue, le livre sur l'anatomie de Mondino. C'est dans le cadre de cet enseignement que s'inscrit la prestation du jeune Vésale (que Corti

que, depuis 1316, la célébrité de Mondino dei Luzzi[1] imposait comme classique, dans la chaire même qu'il avait occupée. On voit ainsi de quelle importance est le document remarquablement édité par M. Eriksson[2]. D'une part, il permet de reconstituer l'évolution des idées de Vésale, entre les *Tabulae anatomicae sex* de 1538 et la *De humani corporis fabrica* de 1543. Il permet d'autre part, par la confrontation de méthodes nouvelles en démonstration anatomique et de leçons données dans un esprit traditionnel, de mieux saisir la personnalité de Vésale. Les éclaircissements et notes dus à M. Eriksson forment une contribution très savante à la connaissance de Vésale et, par là même, un heureux complément aux beaux travaux de Ch. Singer[3].

G. CANGUILHEM

considérait de haut comme encore un simple « anatomiste ») procédant non seulement à la dissection mais aussi à un commentaire après la leçon du professeur en titre.

1. Mondino dei Luzzi (ca 1270-1326) avait été professeur de médecine à l'Université de Bologne des années 1290 jusqu'à sa mort. Son *Anatomia corporis humani*, dont des copies manuscrites circulèrent largement en Europe pendant plus de deux siècles, en avaient fait l'un des manuels d'anatomie les plus utilisés dans les écoles de médecine et probablement un outil majeur dans la diffusion de la pratique de la dissection du corps humain.

2. Ruben Eriksson (1895-1962), conservateur en chef de la bibliothèque de l'Institut Karolinska de Stochkolm, institution de recherche médicale de réputation internationale, s'était largement consacré aux études vésaliennes. Cet ouvrage, qui est sa thèse de Ph. D. de l'Université d'Uppsala, reste sa principale contribution au domaine.

3. Sur Charles Singer, cf. *supra*, p. 684, n. 1 et p. 851.

WILLIAM HARVEY, *DE MOTU LOCALI ANIMALIUM* (1627) [1]

edited, translated and introduced by Gweneth Whitteridge [2],
Cambridge University Press, 1959

Revue d'histoire des sciences, vol. 13, nº 4, octobre-décembre 1960, p. 361-362

C'est la publication d'un manuscrit conservé au *British Museum*, dont il semble certain que les notes qui le composent remontent à 1627, au moment où Harvey se disposait à donner à l'impression le manuscrit du *De Motu Cordis*. L'éditeur a publié le texte latin, a disposé en regard une traduction anglaise et a donné tous les éclaircissements critiques nécessaires. C'est un travail savant et de grande valeur.

Si le *De Motu Cordis* est un classique de la physiologie de la circulation, le *De Motu locali animalium* n'est qu'un document pour la préhistoire de la physiologie du muscle. Harvey se réfère essentiellement, pour la physiologie du muscle, à Aristote et à son maître Fabrice d'Aquapendente, non sans rappel des théories de Galien. L'intérêt de cette publication, en l'honneur d'Harvey pour le tricentenaire de sa mort, est de nous rendre sensible la coexistence, au même moment de la carrière d'un savant, de deux méthodes à l'égard de problèmes pourtant assez étroitement liés : une méthode expérimentale quand il s'agit des mouvements du cœur; une méthode livresque quand il s'agit des mouvements de locomotion.

G. CANGUILHEM

1. Un tapuscrit de ce compte rendu (1 feuillet) est conservé dans le Fonds Canguilhem au CAPHÉS (GC. 26.1.14; fol. 35).

2. Gweneth Whitteridge (1910-1993), archiviste et historienne anglaise de la médecine, a consacré toute sa vie à l'étude et à l'édition des œuvres de William Harvey.

BIBLIOGRAPHIA BOERHAAVIANA

LIST OF PUBLICATIONS WRITTEN OR PROVIDED BY H. BOERHAAVE OR BASED UPON HIS WORKS OR TEACHING [1]

par G. A. Lindeboom, Leyde, E. J. Brill, 1959

Revue d'histoire des sciences, vol. 13, n°4, octobre-décembre, 1960, p. 362

Professeur à l'Université libre d'Amsterdam, M. Lindeboom[2] nous donne ici le tableau et l'arrangement systématique des publications, majeures et mineures, de Boerhaave[3]. Par exemple, le chapitre III distingue, pour les *Institutiones Medicae*: 1° Les éditions latines en Hollande, en Autriche et Allemagne, en France, en Angleterre, en Italie; 2° Les traductions successives en différentes langues; 3° Les publications basées sur les *Institutiones* sous forme de *Methodus* ou de *Praelectiones*. Parmi les ouvrages de cette sorte, certains posent de délicats problèmes d'attribution. La prudence systématique de l'auteur, en ces matières, nous paraît très raisonnable. En résumé, instrument de travail fort utile au spécialiste.

G. CANGUILHEM

1. Un tapuscrit de ce compte rendu (1 feuillet) est conservé dans le Fonds Canguilhem au CAPHÉS (GC. 26.1.14).

2. Gerrit Arie Lindeboom (1905-1986), médecin néerlandais (1929), pratiqua d'abord la médecine à Amsterdam et fonda une clinique privée durant la guerre. Celle-ci servit de base pour le département de médecine interne qu'il dirigea lorsque l'Université libre (calviniste) d'Amsterdam créa une école de médecine en 1950. Il introduisit dans le programme de cours obligatoires en médecine des enseignements d'éthique, d'histoire et de philosophie de la médecine. Il signa près de 300 contributions dans ces domaines, en plus de 180 publications médicales. Spécialiste reconnu de Boerhaave dont il publia notamment la correspondance, il est l'auteur d'un *Herman Boerhaave. The Man and his Work*, London, Methuen, 1968.

3. Sur Herman Boerhaave, *cf.* aussi *supra*, p. 703, n. 2; aussi notamment p. 771 et 779.

DARWIN'S BIOLOGICAL WORKS, SOME ASPECTS RECONSIDERED[1]

par P. R. Bell, J. Challinor, J. B. S. Haldane, P. Marler, H. L. K. Whitehouse, J. S. Wilkie, Cambridge, Cambridge University Press, 1959

Revue d'histoire des sciences, vol. 13, n° 4, octobre-décembte 1960, p. 364-365

C'est ici un des plus excitants parmi les ouvrages de rétrospective et de mise au point que le centenaire de l'*Origine des espèces* a inspirés aux biologistes de langue anglaise. Les signataires de ces études sont tous des chercheurs – et certains non des moindres – qui considèrent comme une partie essentielle de la science biologique l'étude de l'évolution des idées en biologie. Les recherches dont l'orientation actuelle est référée aux vues de Darwin portent sur les phototropismes des végétaux, la paléontologie et l'évolution, la sélection naturelle, les communications et le langage chez les animaux, la fertilisation des plantes. Une étude sur l'idée de l'évolution chez Buffon, Lamarck et Darwin termine l'ouvrage. On ne s'étonne pas de voir J.B.S. Haldane reprendre ses travaux antérieurs sur la théorie mathématique de la sélection naturelle pour les confronter avec des recherches plus récentes sur la substitution de formes mélaniques de lépidoptères aux formes originales, dans certains systèmes industriels de l'Angleterre. Il ne se dissimule pas les difficultés que rencontre encore une théorie quantitative de la sélection naturelle, mais ne voit aucune raison pour ne pas chercher à tirer

1. Un tapuscrit de ce compte rendu (2 feuillets) est conservé dans le Fonds Canguilhem au CAPHÉS (GC. 26.1.14; fol. 38-39).

toutes les conséquences du darwinisme. Par contre, P. Marler[1] montre toute la distance qui sépare les principes d'explication et de méthodes d'étude, dans la *Descendance de l'homme* ou l'*Expression des émotions*, des méthodes actuelles d'investigation des phénomènes de communication animale (Lorentz, Tinbergen, von Fritsch[2]). La dernière étude, de caractère proprement historique, sans apporter, semble-t-il, d'interprétation originale, a au moins ce mérite de bien marquer les différences de postulats et de méthodes d'étude chez Buffon, Lamarck et Darwin. Mais nous ne sommes pas convaincus que M. Wilkie[3] soit bien inspiré dans son rapprochement entre les idées de Buffon et celles de Leibniz. Quand Buffon dit « Il semble que tout ce qui peut être est », il paraît plus proche de Spinoza que de Leibniz. Selon Leibniz en effet, le choix du meilleur, c'est-à-dire de l'existant, est fait par Dieu entre tous les systèmes de possibles (compossibles) et par conséquent ce qui est n'équivaut pas à tout ce qui peut être au regard de l'entendement divin.

G. CANGUILHEM

1. Peter Marler (1928-2014), neurobiologiste et éthologiste américain d'origine britannique, venait d'obtenir deux doctorats, l'un en botanique (University of London, 1952), l'autre en zoologie (Cambridge, 1954), au moment où il rédigea sa contribution à cet ouvrage, « Development in the Study of Animal Communication » (p. 150-206). Ses premiers travaux, cités dans ce chapitre, avaient porté sur le comportement des pinsons et leurs dialectes vocaux. Il avait en 1957 émigré à l'Université de Californie à Berkeley, puis accepta un poste à la Rockefeller University de New York (1966), et enfin à l'Université de Californie à Davis. Il poursuivit au cours de toute sa carrière ses recherches sur la communication animale et sur l'« instinct d'apprendre ».

2. Konrad Lorentz (1903-1989), médecin et zoologiste autrichien, Nikolaas Tinbergen (1907-1988), ornithologiste néerlandais, et Karl von Fritsch (1886-1982), zoologiste autrichien, devaient en 1973 se partager le Prix Nobel pour leurs travaux fondateurs en éthologie animale.

3. James S. Wilkie, B. Sc., Ph. D., était alors *Lecturer* au Département d'histoire et de philosophie des sciences du University College, London. Il a notamment publié *The Science of Mind and Brain* (London, Hutchinson's University Library, 1953) et des études sur Galton, Buffon et Galien. Il ne nous est pas autrement connu.

CENTAUR. ESSAYS ON THE HISTORY OF MEDICAL IDEAS [1]

par Felix Martí-Ibáñez[2], New York, MD Publications Inc, 1958

Revue d'histoire des sciences, vol. 13, n° 4, octobre-décembre 1960, p. 369

Ce recueil d'essais n'est pas, à proprement parler, un travail d'histoire de la médecine ou des idées médicales. La seule unité qu'on doive s'attendre à y trouver est celle de la personnalité de l'auteur; sinon on chercherait vainement ce qui a pu justifier la juxtaposition de comptes rendus, comme ceux de l'*Histoire de la neurologie* de W. Riese[3] ou de l'*Histoire de l'ophtalmologie* de G.E. Arrington[4], et d'études d'inspiration psychanalytique, comme celle

1. Le tapuscrit (1 feuillet) est conservé au CAPHÉS (GC. 26.1.14, fol. 19).

2. Felix Martí-Ibáñez (1911-1972), médecin d'origine espagnole, naturalisé américain à la suite de son exil aux États-Unis en 1939, après avoir été Directeur général de la Santé publique et de l'Assistance sociale de la Généralité de Catalogne, puis brièvement Sous-secrétaire à la Santé publique et aux Services sociaux de la République espagnole. Il fonda une maison d'édition à New York, MD Publications, en 1950 et lança en 1957 un magazine médical bientôt publié en plusieurs langues. Il fut professeur d'histoire de la médecine au New York Medical College à compter de 1956.

3. Walther Riese (1890-1976), médecin psychiatre et historien de la médecine américain d'origine allemande, professeur au Medical College of Virginia de 1947 à 1960. Il avait publié *L'idée de l'homme dans la neurologie contemporaine* (Paris, Alcan, 1938), ouvrage qu'utilise Canguilhem dans « Aspects du vitalisme » (publié dans *La connaissance de la vie*, p. 125.) Son *History of Neurology* venait tout juste d'être publiée par la maison d'édition dirigée par Martí-Ibáñez, avec une préface de celui-ci (New York, MD Publications, 1959); Canguilhem mentionne de nouveau cet ouvrage dans son article de 1964 sur « Le concept de réflexe au XIXe siècle » (repris dans les *EHPS*).

4. *A History of Ophtalmology*, avait aussi été publié aux éditions MD Publications, à New York, en 1959, avec une préface de Felix Martí-Ibáñez. George Ernest Arrington (1924-...),

qui concerne l'art de Modigliani [1]. Beaucoup de ces essais, d'ailleurs, sont de simples esquisses, souvent brillantes, de journaliste. Mais certains ont une portée réellement scientifique, comme celui qui a trait aux travaux de Paul Ehrlich [2], et par-dessus tout celui qui concerne l'histoire de l'endocrinologie et l'évolution des connaissances relatives aux fonctions de la surrénale.

G. CANGUILHEM

médecin américain, était professeur d'histoire et de philosophie de la médecine au Medical College of Virginia où il avait fait ses études.

1. L'ouvrage dont rend compte Canguilhem est en fait un recueil d'articles déjà publiés par Martí-Ibáñez, non pas dans des revues savantes pratiquant la vérification de qualité par des pairs, mais pour la plupart dans des revues professionnelles dont il était alors le propriétaire ou l'éditeur, comme l'*International Record of Medicine* et le *MD Medical Newsmagazine*, ou encore dans des revues visant un public de professionnels consommateurs d'articles à caractère culturel, comme les revues américaines *Gentry* ou *Arts and Architecture*, comme c'est le cas pour les articles « Psychiatry looks at Modigliani » ou « The Strange Universe of Georges Braque » inclus dans cet ouvrage.

2. Canguilhem citera (en donnant une référence inexacte) « The Mind and the World of Paul Ehrlich » dans « L'effet de la bactériologie dans la fin des "Théories Médicales" au XIXe siècle », conférence de 1975 dont le texte est reproduit en 1977 dans *Idéologie et rationalité* (p. 55-77, p. 70 note 2). Ehrlich (1854-1915) dès l'obtention de son M.D. (Leipzig, 1878) fut nommé à l'Hôpital de la Charité de Berlin, puis *extraordinarius* à l'Université de cette ville en 1890. Il reçut (avec Metchnikoff, cf. *supra*, p. 409, n. 3) le Prix Nobel en 1908, après avoir jeté les bases de l'hématologie et de l'immunologie comme disciplines. Son invention du Salvarsan pour le traitement de la syphilis, après d'orageuses controverses, établit la valeur de l'approche moderne en chimiothérapie.

ENTRETIEN SUR JEAN-PAUL SARTRE [1]

dans Claude Bonnefoy, « Rien ne laissait voir que Sartre deviendrait "Sartre" », *Arts*, nº 804, 11-17 janvier 1961, p. 13-14

ENQUÊTE DE CLAUDE BONNEFOY [2]

Dans la préface qu'il a donnée à la réédition de *Aden Arabie*, de Paul Nizan [3], Jean-Paul Sartre fait le procès de sa jeunesse : la confrontant avec celle de son ami, il se fait honte de n'avoir pas commencé, comme lui, par la

1. De cet entretien, nous reproduisons ici les parties au cours desquelles Canguilhem intervient, ou qui ont semblé pertinentes pour la compréhension du contexte de ses interventions. Les coupures sont signalées dans le texte.

Canguilhem ne s'est guère prêté à des exercices du type de celui-ci, dans des périodiques non scientifiques ou non universitaires. Ce n'est pas faute d'avoir été fréquemment sollicité – et parfois avec grande persistance – par des journalistes ou des écrivains familiers des pages culturelles des grands hebdomadaires ou de quotidiens. Des traces de plusieurs refus en témoignent d'ailleurs très bien dans ses archives.

L'hebdomadaire *Arts* avait alors pour rédacteur en chef André Parinaud (1924-2006), agrégé de philosophie et résistant ayant choisi le journalisme ; les écrivains Roger Nimier (1925-1962) et Paul Guimard (1921-2004) étaient membres de son comité de rédaction.

2. Le poète Claude Bonnefoy (1929-1979) avait obtenu le Prix Paul Valéry en 1948. Auteur de plusieurs ouvrages sur des figures littéraires contemporaines, y compris sur un écrivain fictif *Marc Ronceraille*, (aux Éditions du Seuil, en 1978, dans la collection « Écrivains de toujours »), il fut critique littéraire pour divers périodiques, dont *Les nouvelles littéraires* et *La quinzaine littéraire*. Il publia aussi des entretiens avec Ionesco, et récemment François Le Yondre a procuré une édition de *Le beau danger. Un entretien de Michel Foucault avec Claude Bonnefoy* (« Audiographie », Paris, École des Hautes Études en Sciences sociales, 2011).

3. Cette réédition avait été publiée au début de 1960 aux Éditions François Maspéro, dans la collection « Cahiers libres », nº 8. L'« Avant-propos » de Sartre se trouve aux pages 9-62. Sa *Critique de la raison dialectique*, parut chez Gallimard en avril 1960, dans la « Bibliothèque des idées ».

révolte contre l'ordre établi. « Cet ordre, pour ma part, j'aimais qu'il existât et pouvoir lui jeter ces bombes : mes paroles. Ce vrai besoin de s'unir à des hommes pour soulever ensemble les pierres qui les étouffaient, je voulus n'y voir qu'une extravagance de dandy : il (Paul Nizan) était communiste comme il portait monocle, par un goût menu de scandaliser. À l'École, il souffrait; je lui reprochais sa souffrance : nous allions écrire, nous ferions de beaux livres qui justifieraient notre existence. De quoi se plaignait-il puisque je ne me plaignais pas ? »

De son côté, Simone de Beauvoir, dans *La Force de l'Âge*, écrit : « Les affaires publiques nous assommaient; mais nous escomptions que les événements se dérouleraient selon nos désirs, sans que nous ayons à nous en mêler. »

L'École Normale procura à Sartre « quatre ans de bonheur ». Avait-il tort ? Maurice Merleau-Ponty, dans *Signes*, répond : « Non, le Sartre de vingt ans n'était pas si indigne de celui qui à présent le désavoue; et son juge d'aujourd'hui lui ressemble encore par la rigueur de la sentence. »

Qui était donc Sartre à vingt ans ? Il nous a paru intéressant de commencer cette enquête par l'auteur de *La Nausée*. Aux souvenirs récents de Simone de Beauvoir[1], de Merleau-Ponty[2] et de Sartre lui-même, viennent s'ajouter les témoignages recueillis auprès de ses amis et disciples, au temps de l'École Normale et de ses débuts de professeur au Havre.

[...]

Si les sentiments qui ont uni longtemps Jean-Paul Sartre à des camarades d'enfance subsistent encore, des brouilles sont souvent survenues, généralement d'ordre idéologique. C'est pourquoi plusieurs de ses meilleurs amis d'autrefois, dont le témoignage aurait pu être précieux, ont refusé l'interview. Ils ont hésité. S'ils conservent une grande tendresse pour le compagnon de leur jeunesse, actuellement ils préfèrent ne pas parler de lui. Ils ne veulent pas en tout cas être cités.

Deux de ces condisciples de l'École Normale, MM. Daniel Lagache et Georges Canguilhem, tous deux professeurs à la Sorbonne, tous deux philosophes et docteurs en médecine, évoquent avec plaisir et amitié leur camarade de promotion.

1. Les *Mémoires d'une jeune fille rangée* avaient été publiés par Gallimard en 1958, *La force de l'âge* en 1960.

2. *Signes* avait été publié chez Gallimard en 1960.

— Quand je suis entré en khâgne à Henri IV, *dit M. Canguilhem*, Sartre et Nizan étaient en classe de philo. Leur professeur était aussi, je crois, docteur en médecine[1]. Ils étaient internes, comme moi et ils venaient très souvent bavarder avec les khâgneux. Sartre était déjà, comme il a toujours été, simple, direct, bon copain. Je les ai retrouvés à l'École Normale Supérieure où nous sommes entrés ensemble en 1924.

À Louis-le-Grand, comme tous les pensionnaires de khâgne, Sartre portait une blouse. Sous cet uniforme – généralement gris et blasonné de taches d'encre – il n'avait pas la gravité triste qu'on prête généralement aux forts en thème. Il se faisait remarquer, certes, par sa puissance de travail, par ses résultats brillants, mais aussi par son entrain et sa bonne humeur. S'il était déjà capable de disserter sur l'ennui, il séduisait ses camarades par son humour, adorait les plaisanteries et ne dédaignait pas le chahut. En cela, il ressemblait à beaucoup d'autres, dans une classe où le goût du canular a toujours fait bon ménage avec le souci du travail sérieux.

C'est là que Daniel Lagache le connut.

LE CLAN DES PHILOSOPHES

— C'était en 1923. Sartre et Nizan étaient internes. J'étais externe. Je ne participais donc pas de la même manière qu'eux à la vie du lycée, et nous aurions pu dans cette classe de plus de soixante élèves ne nous connaître qu'à peine, mais Sartre et Nizan m'ont découvert, je ne sais plus à quelle occasion, m'ont jugé « astucieux », et nous sommes devenus amis.

Mais c'est surtout la première année de l'École Normale Supérieure qui nous a rapprochés. Nous étions cinq philosophes : Sartre, Nizan, Aron, Canguilhem et moi. Nous étions presque toujours ensemble, à l'École et au dehors.

Il me semble que Sartre n'a pas tellement changé. Il avait déjà le même visage, le même regard ; il se peignait déjà avec une raie à gauche. [...]

1. Canguilhem était entré à Henri IV à l'automne 1921. Sartre et Nizan quittèrent l'année suivante pour préparer au lycée Louis-le-Grand le concours de l'École Normale. Leur professeur de philosophie à Henri IV, François Joseph Chabrier (1865-1937), ancien élève de l'École normale supérieure (1885) et agrégé de philosophie (1883), était effectivement docteur en médecine.

[…] *il apparaît bien que Sartre ait joué son rôle de normalien de la manière la plus traditionnelle, participant aux plaisanteries, suivant en Sorbonne les cours qui lui plaisaient, travaillant sérieusement pour l'agrégation. Il a aimé cette vie. Il a aimé l'École.*

Sartre était donc un normalien, comme les autres. Du moins en avait-il l'apparence.

— Sans doute, *dit M. Canguilhem*, il était différent de la plupart par la diversité de la culture. Cependant, même s'il avait conscience de cette différence, il ne se voulait pas différent. Alors que certains, parmi nous, croyaient à leur génie, Sartre n'affichait aucun sentiment de supériorité. Il était de nous tous le plus ouvert à toutes sortes de questions, mais sans aucun snobisme. Je le répète, c'était un bon copain.

M. Daniel Lagache confirme ce jugement. « Il était bon, amical. » Il insiste sur la chaleur de Sartre à l'égard de ses amis. Il rappelle sa gaieté. Tous ceux qui l'ont connu alors se souviennent de sa gentillesse et de sa gaieté.

« S'il arrivait à Sartre de se fâcher avec quelqu'un, il savait se réconcilier. »

[…]

A la gentillesse de Sartre dans ses rapports humains. M. Lagache ajoute un autre trait :

— Un jour, j'ai rencontré Sartre qui se promenait avec son grand-père Schweitzer[1]. C'était un monsieur âgé, souriant, affable, à la barbe blanche. Il était de grande taille, et comme Sartre à coté de lui était petit, ils symbolisaient bien, tous les deux, le rapport grand-père-petit-fils. Sartre était très attaché à son grand-père. Celui-ci l'avait beaucoup aidé dans ses études d'allemand.

— Sartre participait de bon cœur, *dit M. Canguilhem* à toutes les plaisanteries. Maurice Merleau-Ponty racontait autrefois à ses élèves que Jean-Paul Sartre avait été l'un des promoteurs d'une pétition fantaisiste exprimant le désir des normaliens de manifester leur patriotisme, leur respect du travail et des institutions, de se désolidariser d'une jeunesse étudiante trop anarchique, en portant un uniforme et en se soumettant à une

1. Charles Schweitzer (1844-1935), agrégé d'allemand (1874), docteur de la Faculté des Lettres de Paris (1887), auteur de manuels d'enseignement de l'allemand et de l'anglais, professeur au lycée Janson-de-Sailly.

discipline plus stricte. Des journaux bien-pensants avaient pris ce texte au sérieux. Peut-être est-ce cet aimable canular qui inspira à Paul Nizan ce personnage d'un de ses romans, « Le commandant Sartre » [1].

[...]

UN IMITATEUR EXTRAORDINAIRE

— Sartre, *poursuit M. Lagache*, collaborait activement à la mise sur pied de la revue. Je me souviens de longues pérégrinations dans le Marais où nous recherchions des costumes originaux chez les fripiers. Sartre et Nizan écrivaient le texte de la revue, un texte plein de contrepèteries, de jeux de mots, de couplets amusants. Sartre avait une prodigieuse facilité pour ce genre d'exercice. Il collaborait aussi à la partie musicale. Très doué pour la musique légère, il savait remarquablement utiliser ou adapter des airs connus.

— Il avait aussi, *dit M. Canguilhem*, un merveilleux don : Il nous a fait une imitation extraordinairement réussie de Lanson qui était alors le directeur de l'École. Il était très amusant, très drôle.

— À l'une de ces revues, *ajoute M. Lagache*, j'ai joué une scène avec Sartre. Comme à l'époque beaucoup d'anciens normaliens entraient dans des organismes internationaux, notamment la S.D.N. et faisaient de nombreux voyages à l'étranger, nous avions parodié cela en imaginant que l'École Normale Supérieure partait à la conquête du Brésil. Un des épisodes s'appelait « La chanson des grues et des boas ». J'incarnais Dona Véraldès, l'épouse d'un riche Brésilien, Timéo Danaos – dans une autre partie, je jouais Dumas – et Sartre était Lanson. L'histoire était celle de la séduction de Lanson par la belle Sud-Américaine. C'était l'époque du Cartel des Gauches, et le président Herriot, accompagné d'autres anciens normaliens entra dans la salle au moment où Dona Véraldès allait réussir... [2].

1. Dans *La conspiration*, Paris, Gallimard, 1938 ; à quoi Sartre répondit dans sa nouvelle « L'enfance d'un chef » par la création d'un « général Nizan » (dans *Le mur*, Paris, Gallimard, 1939).

2. C'est alors que Canguilhem composa à l'impromptu quelques vers de mirliton qu'il chanta sur le champ à l'adresse du Président du Conseil tard venu (*cf.* Annie Cohen-Solal, *Sartre 1905-1980*, Paris, Gallimard, p. 97 ; aussi, *OC* I, p. 182, note 1).

Sa première année de Normale, Sartre la consacra essentiellement à des études de psychologie.

— Sartre, Aron, Nizan et moi, *dit M. Lagache*, nous fréquentions les cours de psychologie pathologique de Georges Dumas, à Sainte-Anne. Sartre était très intéressé par les présentations de malades. Dumas, ravi d'avoir quatre normaliens dans son auditoire, nous a tous inscrits d'office au P.C.N.

À la même époque, nous avons commencé à pratiquer la psychologie des tests. Nous avons été embauchés par Piéron pour étalonner des tests. Nous étions divisés en deux groupes. Sartre et Nizan s'occupaient des tests de barrage. Ce travail présentait un avantage : il était payé, ce qu'appréciaient beaucoup Sartre et Nizan qui étaient toujours à la recherche de tapirs (leçons particulières). Cela dura assez longtemps, jusqu'au jour où Sartre et Nizan déclarèrent qu'ils en avaient assez.

Sa licence finie, Sartre fit, sous la direction de Delacroix, un diplôme d'études supérieures sur les images.

Plus tard, reprenant ce sujet qu'il développera dans son premier livre de philosophie, « L'Imagination », il voudra découvrir l'hallucination provoquée. [...]

M. Jean Wahl, qui fut membre du jury[1] *cette année-là, se souvient encore d'« une leçon impressionnante faite par le candidat Sartre ».*

Mais à suivre Sartre dans ses études de philosophie, une question nous vient. Comment se situait Sartre par rapport à la philosophie qu'on enseignait alors ? Quelles étaient ses curiosités ?

— Certes, là, comme ailleurs, *dit M. Canguilhem*, il était plus que nous ouvert aux nouveautés. Il s'intéressait aux doctrines contemporaines que nous, nous avons abordées beaucoup plus tard. Je crois qu'il a commencé à lire Husserl dès l'École, sans doute « Les Recherches Logiques » et la première édition des « Ideen »[a]. Nizan et lui ont traduit la psychopathologie

a. Dans *La Force de l'âge*, Simone de Beauvoir précise que c'est en 1932 seulement que Sartre prit connaissance de l'œuvre de Husserl. Raymond Aron qui passa l'année à l'Institut français de Berlin lui en parla le premier. [Cette note est de Claude Bonnefoy].

1. Il s'agit du jury d'agrégation de philosophie où Sartre se classa premier après avoir échoué l'année précédente.

générale de Karl Jaspers, ou, du moins, corrigé la traduction présentée officiellement par Kastler et Mendousse [1], (*ce que M. Lagache confirme*).

—*Mais n'y avait-il pas chez Sartre une révolte contre la philosophie établie, analogue à celle que Nizan exprime dans « Les Chiens de Garde » ?*

—Je ne pense pas, *dit M. Lagache*. Sartre m'a dit un jour, alors que nous étions à l'École : « Je veux être l'homme qui sait le plus de choses ». Il était très ambitieux intellectuellement, mais déjà, le savoir faisait chez lui l'objet d'une élaboration personnelle. Toutefois, il n'entrevoyait pas encore sa philosophie. Il était, à l'époque, et il le fut pendant longtemps, surtout préoccupé par des questions de psychologie.

Mais, en dehors de la philosophie, à quoi s'intéressait le jeune homme Sartre ?

—Il aimait beaucoup la musique, *nous dit M. Canguilhem*. Il jouait fort bien du piano. Certes, nous avons eu à l'École des interprètes plus brillants : Jankélévitch [2] et le mathématicien Cartan [3], mais je me souviens de l'avoir entendu jouer fort bien la « Sonata Appassionata » de Beethoven.

[...]

Sartre à vingt ans

[...]

Mais, jusqu'à présent, si, dans ce que nous connaissons du jeune homme Sartre, l'écrivain a montré l'oreille, c'est un peu en se moquant de soi et des autres, en jonglant avec les calembours et les couplets destinés à la revue de l'École. Il a été chansonnier comme il a été organisateur de bal, imitateur, chasseur de tapir, traducteur, étalonneur de tests, bref, comme il a tâté, lui aussi, de plusieurs métiers.

1. Karl Jaspers, *Psychopathologie générale*, traduction française par Alfred Kastler et Jean Mendousse, Paris, Alcan, 1928. Kastler (1902-1984) et Mendousse (1903-1971) étaient tous deux entrés à la section sciences de l'École normale supérieure en 1921. Ils écrivaient à la p. III de l'ouvrage : « Nous remercions MM. Sartre et Nizan, élèves de l'École normale supérieure, d'avoir bien voulu mettre au point le manuscrit et participer à la correction des épreuves ».

2. Sur Vladimir Jankélévitch, cf. *supra*, p. 114, n. 2.

3. Sur Henri Cartan, cf. *supra*, p. 219, n. 3.

Le normalien Sartre songeait-il déjà à la littérature ?

— Je ne pense pas qu'il ait écrit étant normalien, *dit M. Canguilhem.* Mais je ne puis rien affirmer [1]. Il a peut-être gardé pour lui ses essais. En tout cas, il avait une connaissance de la littérature contemporaine que nous n'avions pas. Il était très en avance par rapport à nous. Dans sa thurne, il y avait deux portraits : celui de Giraudoux et celui de James Joyce.

— S'il écrivait, *dit M. Lagache*, je n'en ai pas eu connaissance. Pourtant si – mais cela ne peut compter comme l'indice d'une future carrière d'écrivain – Nizan et lui ont fait un feuilleton pour une revue qui devait être une revue de mode. Je me souviens de les avoir quittés un jour dans le haut du boulevard Raspail. Ils allaient porter leur texte. Mais cela était pour eux du même ordre que la chasse au tapir. En 1926 et 1927, je m'occupais d'une organisation internationale d'étudiants, et pour le compte de cette organisation, d'une revue. Je savais que, si j'avais besoin d'un papier dans un délai rapide, je pouvais compter sur Sartre. Il fit ainsi un article sur le droit international. Il me semble que c'était un bon texte. Détail amusant, un des membres du comité qui patronnait la revue froissa plusieurs de ses collègues, anciens de l'École, en disant dédaigneusement : « C'est typiquement un article de normalien ». [...]

LE TOURNANT D'UNE CARRIÈRE

Après l'agrégation, pourtant, il semble suivre sagement la carrière que ses diplômes lui promettent. Sagement ? Pas tout à fait sans doute aux yeux des universitaires traditionalistes. Avant de choquer le proviseur de Janson par ses cols roulés, il séduit les élèves de la classe de philosophie du Havre [...]

Les élèves de Sartre ne soupçonnaient pas ce qu'allait devenir leur professeur. Mais ses amis devinaient-ils cela ?

1. Michel Contat et Michel Rybalka, dans *Les écrits de Sartre* (Paris, Gallimard, 1970) ne signalent aucune publication littéraire entre 1924 et 1929, seulement un article de commande sur la philosophie du droit, en 1927 (p. 49), mais cependant en 1927-1928 l'écriture d'un roman, *Une défaite*, refusé par Gallimard (p. 24).

ON NE PRÉVOYAIT PAS…

— On ne le prévoyait pas, *dit M. Lagache.* Je ne me doutais pas de la façon dont il a organisé sa vie, et il l'a, je crois, très bien organisée. Je pensais qu'il s'orienterait de plus en plus vers la psychologie, et plus précisément vers la psychologie scientifique ou vers la psychologie pathologique. Non seulement, je n'imaginais pas le romancier, mais je n'entrevoyais pas non plus le philosophe de « L'Être et le Néant ». Mais, étant donné la facilité, les dons que je lui connaissais, qu'il soit devenu ce qu'il est ne m'étonne pas.

— A l'École Normale, il était comme nous tous, *dit M. Canguilhem.* Il y a toujours quelques types humains différents, à l'École, qui, par leur origine sociale ou par leurs goûts, apparaissent comme des mondains. Sartre, personne n'aurait juré qu'il avait une vocation de professeur, mais il n'avait pas, non plus, l'allure d'un mondain se destinant à la diplomatie ou au Conseil d'État.

Nous posons alors une autre question.

— *Trouvez-vous que l'homme a changé, qu'il y ait rupture entre ce qu'il était en* 1925 *et ce qu'il est aujourd'hui ?*

— Non, *dit M. Lagache*, il a gardé la même capacité d'amitié, la même chaleur. C'est un ami très sûr.

— Je n'ai pas revu Sartre depuis longtemps, *précise M. Canguilhem*, mais quand je considère ce qu'il écrit, ce qu'il fait, je n'ai aucune surprise. Tout cela recoupe les souvenirs que j'en ai. Je n'ai jamais rien appris de lui, ou par lui dans ses textes, qui m'ait invité à modifier mes souvenirs, à les repenser. L'homme Sartre est très cohérent. Il n'a jamais varié dans ses principes de jugement et de conduite. Si nous ne lui connaissions pas de préférence affichée pour un parti, il n'était pas apolitique. Il prenait position. Il prend toujours position. Il n'a pas changé le moins du monde dans son comportement.

L'étudiant voulait être l'homme qui sait le plus de choses. L'écrivain utilise ce savoir. Il évite l'invention gratuite. Il vit avec son époque, la regarde vivre. Mieux, il lui demande de l'instruire. C'est sa manière de comprendre le monde qu'il traduit dans son œuvre. Celle-ci est avant tout, pour lui, « un moyen de communiquer avec les autres hommes ». Son souci, c'est le rapport de l'homme et du monde. Tout cela est très cohérent.

Claude BONNEFOY

VIGNES ET VINS DE FRANCE

La Dépêche du Midi (Toulouse), n° 4589, 2 février 1961, p. 8

Il convient, dans celui des journaux de France qui compte le plus de viticulteurs parmi ses lecteurs, de signaler et de saluer un grand livre, paru il y a un an à peine. M. Roger Dion [1], professeur au Collège de France, titulaire de la chaire de géographie historique de la France, a consacré une magistrale étude à l'histoire de la vigne et du vin en France, des origines au dix-neuvième siècle [a]. Les défenseurs de la vigne et du vin trouveraient dans cet ouvrage de meilleurs arguments que ceux qu'ils utilisent ou font utiliser d'habitude. Mais ce n'est pas à cette fin, bien entendu, que nous voulons montrer l'intérêt du travail de M. Dion.

Profondément sensible à la grande variété des aspects que le travail des hommes a imprimés aux paysages, sachant lire dans les terroirs comme d'autres ne savent lire que dans les livres, ce géographe historien ajoute un monument à une œuvre considérable, inaugurée en 1934 par un très bel essai sur la formation du paysage rural français [2]. On ne sait pas assez, communé-

a. Un vol. 768 pages. On se procure l'ouvrage en s'adressant à l'auteur lui-même : 10, rue Benouville, Paris (16e), C. C. P. R. Dion, Paris, 13004-18. Prix : 45 NF broché, 70 NF relié pleine toile. [Les Éditions du CNRS ont réédité l'*Histoire de la vigne et du vin en France des origines au* XIXe *siècle* en 2010].

1. Roger Dion (1896-1981), ancien élève de l'École normale supérieure (1919), agrégé d'histoire et géographie (1921), docteur ès lettres (1934), avait été nommé à Lille, puis immédiatement après la guerre à la Sorbonne, avant d'être élu à la chaire de géographie historique au Collège de France, en 1948.

2. *Essai sur la formation du paysage rural français* (Tours, Arrault), ouvrage que Canguilhem, dans son essai sur *Le Fascisme et les Paysans* de 1935 (cf. *OC* I, p. 542), retenait parmi les quelques ouvrages les plus significatifs pour la compréhension de la situation paysanne en France.

ment, quel grand bonheur c'est, pour la France, que d'avoir connu à plusieurs reprises, depuis une trentaine d'années, des déchiffreurs différemment, mais passionnément savants, des paysages de nos campagnes : Gaston Roupnel, Marc Bloch, Daniel Faucher[1], Roger Dion entre autres. Qu'ils aient abordé la géographie par l'histoire, ou, au contraire, l'histoire par la géographie, ils se sont tous accordés à rechercher dans des techniques collectives d'exploitation, dans des systèmes agricoles, les principes d'explication des structures de paysages que les anciens géographes avaient trop souvent attribuées aux seuls effets nécessaires du relief et du climat. Sans doute, Paul Vidal de la Blache[2] avait-il, le premier, proclamé que « l'homme est un facteur géographique ». Mais il y a plusieurs façons de concevoir le facteur géographique humain. On peut le tenir pour une espèce vivante parmi d'autres, et considérer son action sur le milieu géographique comme régie par les lois de la biologie. On peut le tenir pour une puissance collective de domestication de l'énergie qui s'adapte le milieu, par l'utilisation de déterminismes auxquels elle ne cède pas passivement.

Ces deux points de vue ont été, successivement, ceux de Max Sorre, dans ses travaux sur les fondements biologiques (1947) et les fondements techniques (1948) de la géographie[3]. On peut tenir l'homme pour un sujet de valeur. En ce sens, la raison dernière des pratiques agricoles et des techniques alimentaires qui confèrent au paysage rural sa relative stabilité, ou lui imposent des transformations soudaines, doit être cherchée dans les goûts et les préférences cultivés en certains types de civilisation, plutôt que dans des besoins spécifiques. C'est donc moins l'aptitude naturelle des terrains et des sites que la valeur attachée au vin qui rend compte de la distribution géographique de la vigne. Il est facile de penser que l'on aime d'habitude le vin parce qu'on en boit, et qu'on en boit là où le climat favorise

1. Sur Gaston Roupnel (1872-1946) et Marc Bloch déjà mentionnés dans *Le Fascisme et les Paysans* cf. *OC* I, p. 542 *sq.*; sur Bloch, *cf.* aussi *supra*, p. 277, n. 3. Daniel Faucher (1882-1970), professeur de géographie à la Faculté de Lettres de Toulouse à compter de 1926, et à la fin de sa carrière, doyen de cette faculté. Il avait soutenu à la Faculté des Lettres de Grenoble une thèse de doctorat : *Plaines et bassins du Rhône moyen entre Bas-Dauphiné et Provence. Étude géographique* (Valence, impr. De Chapin et Reyné, 1927), et il publierait en 1949 *Géographie agraire, types de culture*, Paris, Librairie de Médicis. On se rappelle que dans son article « Le travail et les techniques » (cf. *supra*, p. 343 *sq.*) Canguilhem associait déjà les deux noms de Bloch et Faucher.

2. Sur Vidal de la Blache, cf. *supra*, p. 344, n. 1 et p. 468, n. 3.

3. Sur Sorre, cf. *supra*, p. 470, n. 1.

la vigne. À la lumière de l'étude de M. Dion, il faut dire que la vigne est cultivée ici ou là, selon que certaines coutumes de prestige et une certaine éducation du goût ont rendu commune la consommation de vins d'une qualité obtenue et maintenue plutôt que donnée. *L'homme aime le vin comme l'ami qu'il a choisi, par préférence, non par obligation. Aussi l'histoire du vin est-elle, jusque dans ses expressions géographiques, plus fortement marquée d'arbitraire humain que ne le sont celles du blé ou du riz. C'est ce qui apparaît au premier regard jeté sur la répartition des vignobles à travers le monde : mœurs et croyances y ont exercé une influence qui a pu prévaloir sur celle du climat.*

On avait souvent observé, avant M. Dion, que le rôle symbolique du vin, dans le rite fondamental de la religion chrétienne, a favorisé l'expansion de la vigne vers les marges septentrionales, à l'époque où les charrois à longue distance, en dehors des zones accessibles par voie navigable, étaient à la fois difficiles, coûteux et dommageables à un produit délicat à gouverner. Paul Valéry, qui nommait *aire chrétienne* la région périméditerranéenne dont les limites sont celles du pain et du vin a écrit [dans] « Rhumbs »[1] que les pays catholiques sont aussi les pays du meilleur pain et du meilleur vin. Mais M. Dion aperçoit, outre les exigences du culte, une autre raison de la coexistence, au Moyen Âge, des fondations religieuses et des plantations de vignobles. Les religieux avaient un devoir d'hospitalité à accomplir. Une viticulture de prestige avait survécu à la ruine du monde antique, monde dans lequel la vigne avait été l'objet d'un respect quasi religieux. De ce respect, de ce prestige, témoignèrent à titre vestigial la viticulture épiscopale et la viticulture monastique, à côté de la viticulture princière. La fabrication continue et la conservation attentive d'un bon vin furent imposées aux moines par *l'une des fonctions d'utilité sociale dont ils avaient à s'acquitter*, l'accueil et le traitement des voyageurs, grands personnages assez souvent. D'où le souci de la qualité du plant de vigne et de la tenue du vin, car *ce vin que l'on prendra la peine de faire bon honorera la maison (des moines), comme celui de l'évêque honore la cité en permettant de satisfaire au devoir d'hospitalité.*

C'est dès la colonisation de la Gaule par les Romains que le vignoble français a commencé d'acquérir les traits massifs de sa structure,

1. *Tel Quel*, (II. *Rhumbs*), dans *Œuvres*, « Bibliothèque de la Pléiade », Paris, Gallimard, 1960, tome 2, p. 614.

particulièrement dans les régions méridionales. M. Dion rappelle que la vente des vins en pays de Barbares fut, pour les sociétés méditerranéennes antiques, un double impératif de richesse et de puissance. Le goût des Barbares pour une boisson dont ils étaient incapables, avait été exploité par les Grecs et l'était par les Romains à double fin : échanges commerciaux et acquisition d'une main-d'œuvre servile. Compte tenu des techniques et des moyens de transport, des exigences du commerce les plus proches des lieux et des voies d'exportation, ports et fleuves, l'essor de la viticulture dans la Narbonnaise, en deçà et au-dessous de la barrière des Cévennes, s'explique par ces raisons, desquelles dépend aussi l'essor secondaire du vignoble bordelais. Gaillac, sur le Tarn, et Condrieu, sur le Rhône, furent alors les avant-postes occidental et oriental de ce qui est devenu le vignoble languedocien.

Ainsi, une carte du vignoble français, aujourd'hui, ce n'est pas le décalque manifeste d'une carte géologique latente, c'est une somme de vestiges et de monuments. Lire cette carte, ce n'est pas débrouiller des lois naturelles, c'est trouver le sens de décisions et de traditions qui sont l'histoire. Si la géographie physique soutient la recherche de ce sens, c'est moins parce qu'elle renvoie à la disposition ou à l'exposition de certaines sortes de terrains que *par la façon dont elle a réparti, à la surface du pays, les naturelles facilités de circulation, et plus précisément celles qu'utilisaient les transports lourds.* Prestige du vin, commerce du vin, transport du vin. Telles sont les raisons d'ordre psychologique, sociologique et technique qui rendent compte de la distribution, apparemment naturelle, physique et biologique, du vignoble français.

C'est un utilisant simultanément ou séparément ces trois clés que M. Dion explique la géographie par l'histoire, et l'histoire par le jeu complexe des impératifs économiques et des modes ou des habitudes du goût. Sous ce rapport, le chapitre XIII : *Influence du commerce hollandais sur les caractères de la production vinicole française aux dix-septième et dix-huitième siècles*, est un modèle de lucidité. C'est par l'exploitation commerciale des vins faibles qu'ils savaient améliorer par des mélanges ou des préparations, que les Hollandais ont déterminé, dans les bassins de l'Adour, de la Garonne, de la Charente, de la Loire, bref, sur la façade atlantique et ses arrière-pays, une extension du vignoble ample et durable. C'est en répandant le goût et l'usage de l'eau-de-vie, jusqu'alors usitée essentiellement en thérapeutique, que les Hollandais ont fait du brûlage des vins une technique rurale usuelle. L'eau-de-vie servait à la préparation et à l'amélioration des vins blancs. La conversion du vin en eau-de-vie réduisait le volume du vin. C'est pour ces raisons que l'eau-de-vie était devenue, au dix-huitième siècle, l'une des principales productions de l'Armagnac. C'est à la géographie de la circulation, telle qu'elle se présentait en ces pays avant le dix-neuvième siècle, qu'il appartient d'éclairer les origines de la fortune de l'Armagnac. C'est, de même, à l'influence des Hollandais qu'il faut attribuer le passage de la production du vin à celle de l'eau-de-vie dans les pays de la Charente.

Mais ce n'est pas seulement des traits du paysage rural en France qu'est responsable l'histoire de la fabrication et de la consommation des vins. C'est aussi de l'évolution des rapports sociaux entre les classes, à l'intérieur des agglomérations urbaines, et des rapports entre les populations urbaines et suburbaines. Le chapitre XIV étudie en détail les effets de l'accroissement des villes sur les modes d'exploitation des vignobles suburbains, les raisons et les effets de la propagande pour la consommation du vin auprès du petit peuple des villes, par la vente au détail de vins communs, obtenus à partir de plants d'abondance. Les subtiles nuances, modifiées par le temps et l'usage, qui distinguaient alors hôteliers, taverniers, cabaretiers, traiteurs, restaurateurs, font ici l'objet de pages savoureuses. Et, bien entendu, les relations d'économie et de consommation entre Paris et le vignoble périphérique, du quatorzième siècle à la fin de l'ancien régime, sont exposées dans un chapitre décisif pour l'histoire de la capitale et pour l'histoire de la France. Les conséquences, au cours d'un siècle et demi (1639-1789), des déplacements du périmètre fiscal de Paris sur la vie du peuple, sur des lieux de promenade et de réjouissance aux barrières, sur l'extension de la contrebande et de la fraude, sur l'agitation endémique des faubourgs, ne peuvent pas être négligées dans l'analyse des plus proches antécédents de la Révolution française.

L'ouvrage se termine par l'étude des formes modernes de la viticulture de prestige jusqu'à l'avènement du champagne. L'historien rectifie ici plusieurs légendes, et d'abord celle qui consiste à attribuer à Dom Pérignon, moine de l'abbaye de Hautvillers, mort en 1715, l'invention d'un nom qui, en fait, lui préexistait, et l'invention d'une méthode de fabrication du vin mousseux qui, en réalité, lui est postérieure. Mais la vérité historique de l'invention, au sens propre du terme, du vin de champagne, est aussi belle que peut l'être une légende. C'est là, d'ailleurs, un trait constant du livre, la vérité sur le vin y est aussi légère et colorée que l'est, parfois, cette vérité qu'on retire d'un vin loyal. Une documentation considérable, une accumulation de faits, la constante justesse du raisonnement, tout cela aurait pu aboutir à un livre instructif, mais sec et terne. Il n'en est rien. Pour peu qu'on aime les paysages de France et qu'on ait de l'estime pour un bon vin, on sentira, à lire M. Dion, tout le plaisir qu'il a pu prendre à composer cet ouvrage. Et c'est là, sans doute, la raison première du plaisir qu'on éprouve soi-même à cette lecture.

Dans sa grande modestie, M. Dion reporte, sur les textes mêmes qu'il a mis en œuvre, une grande partie du relief et de la saveur qu'il a su leur donner : *Qu'on pose à nos archives la question vigne, aussitôt elles s'animent et se font éloquentes. Il arrive qu'autant d'importance soit donnée, dans nos plus anciennes chroniques, à la mention d'une mauvaise récolte de vin qu'à celle d'une invasion barbare. Et, parmi les registres paroissiaux des temps modernes, il en est plus d'un où l'énumération des baptêmes, mariages et sépultures s'interrompt çà et là pour laisser place à une réflexion sur l'insuffisance ou la surabondance des vendanges de l'année. De tous les territoires où s'est propagée la civilisation latine, il n'en est aucun, en effet, à qui l'implantation de la viticulture ait apporté autant de bienfaits qu'à la France.*

M. Dion laisse entendre, dans son avant-propos, qu'il médite un autre livre consacré au dernier chapitre de notre histoire viticole nationale. *Celui qu'ont écrit les vignerons français depuis un siècle en adaptant leur économie à la situation créée par la construction des réseaux ferrés, et en menant contre le phylloxéra, le plus dangereux ennemi qui les ait jamais menacés, une lutte difficile et finalement victorieuse.* Nul doute que l'histoire des vignerons languedociens ne tienne, dans ce dernier chapitre, la première place. En attendant, il nous fait souhaiter que la présente histoire de la vigne et du vin en France soit lue par tous ceux qui s'intéressent à la structure du paysage, à l'histoire de l'économie, à la psychologie collective de nos régions du Sud-Ouest et du Sud, de Saint-Emilie à Tavel et de Jurançon à Gaillac.

INFORMATION ET ENTROPIE [1]

Bulletin de la Société française de philosophie, vol. 53, n° 4, octobre-décembre 1961

[…]

M. Canguilhem. — J'ai peu de choses à dire après tout ce qui a été dit. Comme M. Poirier[2], j'ai été un peu surpris de voir apparaître à la fin de l'exposé oral de M. Costa de Beauregard un certain nombre de propositions

1. Il s'agit ici d'interventions de Canguilhem lors de la discussion suivant la conférence d'Olivier Costa de Beauregard, « Le dilemme objectivité-subjectivité de la mécanique statistique et l'équivalence cybernétique entre information et entropie », prononcée à la séance du 25 février 1961 de la Société française de philosophie. Sur sa couverture, cette livraison du *Bulletin* de la Société porte pour titre « Information et entropie » que nous retenons ici.

On trouvera à l'Annexe IV (p. 1169-1172) le sommaire de la communication tel que rédigé préalablement par Costa de Beauregard et, selon l'usage, distribué aux membres avec l'invitation à la séance de la Société. Les extraits pertinents pour la compréhension des interventions de Canguilhem dans la discussion de l'exposé oral suivent (cf. *infra*, p. 1172 *sq.*). Les échanges des autres participants avec le conférencier, fort copieux (ils occupent plus de 50 pages), ne sont pas reproduits ici. Les interventions de Canguilhem que nous reprenons ici, et qui s'insèrent dans le cours de la discussion se trouvent aux pages 208-210 et 216 du *Bulletin*.

Olivier Costa de Beauregard (1911-2007), ingénieur et physicien français, docteur ès sciences de la Faculté de Paris (1943), fit l'essentiel de sa carrière au CNRS dans la section de physique théorique où ses principaux travaux portèrent sur la relativité, la mécanique quantique et la théorie de l'information. Il se fit aussi connaître pour ses hypothèses sur la conciliation de phénomènes dits parapsychologiques avec la théorie quantique.

2. René Poirier (1900-1995), agrégé de philosophie (1922), docteur ès lettres de la Faculté des Lettres de Paris, fut professeur aux universités de Montpellier (1931) et d'Alger (1932), puis à la Sorbonne (1937). Il participa à la fondation de l'Université nationale du Brésil en 1939 et y retourna après 1940 jusqu'en 1945. Il est notamment l'auteur de *Remarques sur la probabilité des inductions* (Paris, Vrin, 1931) et d'un *Essai sur quelques caractères des notions d'espace et de temps* (Paris, Vrin, 1931).

qui ne me paraissaient pas découler nécessairement du papier imprimé qui nous a été remis tout d'abord. Je veux dire par là que, moi aussi, j'ai été un peu étonné d'entendre parler de conscience épiphénomène, et surtout dans le sens où M. Costa de Beauregard en a parlé [1].

Si j'ai bien compris, et ce n'est pas certain, – vous m'excuserez de parler devant des hommes de science sans ce complexe d'infériorité des « littéraires », – M. Costa de Beauregard ne veut pas admettre qu'une certaine philosophie de la connaissance tirée des rapports information-néguentropie aboutisse à traiter différemment une conscience cognitive et une conscience volitive. Nous sommes d'accord ?

M. COSTA DE BEAUREGARD. — Tout à fait d'accord.

M. CANGUILHEM. — Est-ce que cela veut dire que, selon vous, une conscience cognitive, c'est à sa façon, mais d'une façon incontestable, déjà une conscience agissante ?

M. COSTA DE BEAUREGARD. — Je ne sais pas, je ne le pense pas.

M. CANGUILHEM. — Ce n'est pas cela que vous voulez dire. Parce que, lorsque vous dites que nous ne pouvons pas acquérir de l'information sans mettre en œuvre un certain nombre d'instruments, sans faire des dépenses, etc., on pourrait se demander si votre théorie de la connaissance n'est pas précisément que la connaissance est une intervention, par conséquent, un

1. Sur la conscience épiphénomène selon Costa de Beauregard, cf. *infra*, p. 1177-1178 et p. 1183. René Poirier, (*Bulletin*, p. 196-197) relevait que le conférencier « associe information physique et information mentale d'une façon qui est extrêmememnt originale, mais en même temps extrêmement audacieuse », de sorte que « nous en arrivons à nous poser le problème d'une information proprement spirituelle, proprement psychique et qui serait en quelque sorte échangeable avec l'information et la néguentropie proprement matérielles » et que, « si l'on parle d'information mentale ou spirituelle, cela suppose que l'on accepterait aussi de parler d'une énergie spirituelle qui pourrait s'ajouter ou se retrancher ». Et il ajoutait plus loin (p. 199) : « si nous considérons l'image psychique, je ne vois pas très bien comment cet élément proprement psychique pourrait, lui, comporter une information qui soit tant soit peu sommable avec le physique. Vous allez dire peut-être que je tombe dans une hypothèse épiphénoméniste, parce que vous avez eu cette formule tout à fait singulière pour un philosophe : la gratuité de l'information équivaut à l'hypothèse de la conscience épiphénomène. Cela ne me paraît pas évident et ne paraîtrait sans doute pas évident à beaucoup de philosophes ».

événement actif dans ce qui n'est pas, ou dans ce qui n'est qu'apparemment, un spectacle. La conscience cognitive est-elle pour vous une conscience purement spectaculaire ? Car, si elle est spectaculaire, je ne comprends pas très bien pourquoi vous opposez continuellement à M. Poirier que, pour acquérir de l'information, il faut dépenser. Ce n'est plus une position spectaculaire.

M. Costa de Beauregard. — Cela prouve, en effet que, pour acquérir de la connaissance, il faut (*souvent* mais pas *toujours* : voyez la distinction qu'a faite tout à l'heure M. Metz entre *expérience* et *observation*), que la volonté intervienne aussi[1].

M. Canguilhem. — Dans ces conditions, je vous accorderai que la corrélation d'un système de récepteurs et d'un système d'effecteurs, qui est réalisée par l'organisation biologique, que cette organisation vous puissiez l'appeler de l'information acquise *psychiquement*, dans la mesure où les organes des sens ne sont pas des appareils, au sens d'instruments techniques créés par l'homme. Alors, effectivement, l'information, c'est de l'acquisition psychique ; mais psychique, ici, veut dire « sensoriel », et il n'y a pas de raison de traiter ce mode d'information autrement qu'une information qui exige une dépense de néguentropie. Nous sommes d'accord et je pense que M. Poirier ne vous refuse pas cela. Mais ce qui étonne certainement M. Poirier et moi-même, c'est que ce psychique vous le fassiez immatériel. Cette équation implicite est conditionnée par votre opposition à la conscience épiphénomène, qui est un avatar du matérialisme mécaniste. En utilisant ce concept d'épiphénomène, il semble que vous dépassiez vos prémisses et M. Poirier peut être fondé à s'étonner de voir là-dedans une amorce de paralogisme.

M. Costa de Beauregard. — C'est pourtant, pour un physicien, à partir du moment où l'on a pu remplacer le démon de Maxwell par un mécanisme cybernétique qu'on n'a plus eu un besoin strict de parler d'information : tout

1. Le général André Metz (1891-1968), polytechnicien, critique de Bergson, proche d'Émile Meyerson et auteur d'ouvrages de haute vulgarisation, notamment sur la relativité, rallié à la France libre en 1942. Il avait déclaré dans son commentaire (p. 207-208) « on dit toujours que l'information dépense de la néguentropie. Oui, si on veut, et elle dépense aussi de l'énergie. Mais cela est vrai non pas pour les observations, mais pour les expérimentations ».

peut être traité en termes de néguentropie. Alors, je crois que, dans ce cas-là, on peut vraiment parler de conscience épiphénomène. Il n'y a pas besoin de lier une conscience au mécanisme cybernétique qui trie les molécules.

M. Canguilhem. — Le démon de Maxwell, le mythe de Maxwell, n'est pas – précisément dans la mesure où c'est un mythe – l'expression valable, même pour un physicien, d'un procédé de connaissance. Il me semble que, dans la mesure où M. Brillouin montre que le démon de Maxwell fait quelque chose, et aperçoit quelque chose, il faut précisément qu'il amène à l'intérieur du système une lumière venue d'ailleurs, Par conséquent, si je puis dire, c'est le type même de connaissance qui exige une intervention[1].

M. Costa de Beauregard. — Ma thèse est celle-ci : si l'on admet que *toute* l'information du démon est d'origine expérimentale, alors on peut le remplacer par un mécanisme cybernétique et il n'y a pas besoin de lier une conscience à ce mécanisme cybernétique. Cependant, je pense que le problème n'est pas résolu pour autant, parce que le fait est que *cette mécanique-là ne se monte pas toute seule*. Cela pose tout de suite un gros problème.

Si, maintenant, l'on imagine le démon comme un petit être vivant, sa perception et son action sont en réaction l'une sur l'autre. Est-ce là strictement un *feed-back* au sens cybernétique ? Je ne le pense pas. Mon idée est que l'initiative d'un véritable vivant dépasse toute espèce de programmation préalable, si riche de néguentropie structurale qu'elle ait pu être, mais donnée une fois pour toutes.

Et si j'allais jusqu'au bout de mon sentiment, je dirais qu'en fin de compte un véritable vivant ne tire pas *toute* son information de l'expérience, et qu'il est dans une certaine mesure (en fait très cachée) source d'information au sens purement aristotélicien.

[...]

1. Léon Brillouin (1889-1969), physicien français, naturalisé américain à compter de 1949, ancien élève de l'École normale supérieure (1908), agrégé de physique (1912). Après avoir étudié avec Jean Perrin (1870-1942), puis Arnold Sommerfeld (1858-1961), et obtenu un doctorat ès sciences (1921), il fut nommé en 1928 professeur de physique théorique à l'Institut Henri Poincaré. Il émigra aux États-Unis vers la fin de 1940 et y poursuivit ses travaux, principalement à l'Université Columbia à New York, après avoir notamment été professeur de mathématiques appliquées à Harvard (1947-1949) et travaillé à IBM de 1952 à 1954. Il est surtout connu pour ses travaux sur la physique de l'état solide et pour son application de la théorie de l'information à la physique et à l'informatique.

M. Canguilhem. — M. Ruyer, dans son livre sur *La Cybernétique et l'Information*, a développé cette idée qu'il n'y a qu'une information, que lorsque je suis informé, c'est parce qu'il y a une structure qui m'informe et que, par conséquent, les deux sens sont ainsi indissociables [1].

[…]

1. Cette dernière intervention de Canguilhem ne s'adresse pas directement à Costa de Beauregard; elle suit un bref échange entre Rémy Chauvin et Jean Wahl et concerne l'énoncé de ce dernier: « M. Chauvin. – Pour acquérir de l'information, il faut vouloir acquérir de l'information. M. Jean Wahl.— On se sert du même mot pour l'imposition d'une forme et pour l'information du journal. Mais il y a quelque chose, peut-être, à trouver… ».

À la suite de cette intervention de Canguilhem, Costa de Beauregard a ajouté sur épreuves, en notes infrapaginales, plusieurs renvois à l'ouvrage de Ruyer: « Postérieurement à la rédaction et à la lecture de cet exposé, et grâce à l'intervention de M. Canguilhem […] j'ai pris connaissance de *La cybernétique et l'origine de l'information* de M. Ruyer [« Bibliothèque de philosophie scientifique », Paris, Flammarion, 1954], etc. » (cf. *infra*, p. 1174, note a; *cf.* aussi p. 1176-1177).

PHYSIOLOGIE ANIMALE

II. LA PHYSIOLOGIE EN ALLEMAGNE.

III. JEUNES ÉCOLES DE LA SECONDE PÉRIODE.

IV. TECHNIQUES ET PROBLÈMES DE LA PHYSIOLOGIE AU XIXe SIÈCLE[1]

dans René Taton (dir.), *Histoire générale des sciences*, tome III, *La science contemporaine*, vol. 1, *Le XIXe siècle*, Paris, Presses universitaires de France, 1961, p. 475-484

II. LA PHYSIOLOGIE EN ALLEMAGNE[2]

Magendie était âgé de dix-huit ans au moment où naquit Johannes Müller (1801-1858). Cet écart de dates, comme aussi le fait qu'en France l'union de la chimie et de la physiologie fut précoce, explique la priorité chronologique accordée à la France dans un tableau de la physiologie au XIXe siècle. Mais la contribution des chercheurs allemands à l'essor de la physiologie scientifique dans le monde entier fut massive, variée dans ses orientations, décisive par son exemple et par ses influences. Le recensement des travaux et recherches s'ordonne naturellement autour de deux noms et de deux écoles, ceux de J. Müller et de Carl Ludwig, par rapport auxquels se situent sinon des franc-tireurs, du moins des solitaires.

1. La section I, sur « La physiologie en France », (aux p. 469-474, précédant la contribution de Canguilhem au chapitre VI, « La physiologie animale »), a pour auteur Maurice Caullery.

2. « La constitution de la physiologie comme science », publiée d'abord dans le premier tome du *Traité de physiologie* de Charles Kayser en 1963 (repris en 1966 dans les *EHPS*), comprend aussi plusieurs sections portant sur la physiologie du XIXe siècle hors de France (*cf.* p. 248-271 dans les *EHPS*).

Johannes Müller et ses élèves

De ses études à Bonn, Müller retira une vision philosophique de la vie, à laquelle il ne devait jamais renoncer, même quand son passage par Berlin, en 1824, l'eut détaché des thèses fondamentales de l'école des Philosophes de la Nature[1]. L'originalité propre de Müller c'est la liaison de la physiologie et de l'anatomie comparée. C'est comme comparatiste qu'il introduit en 1826 la physiologie dans la psychologie (« Sur la physiologie comparée du sens de la vue chez l'homme et les animaux »), formulant, à cette occasion, la loi de l'énergie spécifique des nerfs[2]. En 1830, des travaux sur la structure des glandes et sur le développement des organes génitaux relèvent de la même méthode comparatiste[3]. Parallèlement, Müller expérimente en vue de confirmer la loi de Bell-Magendie, et ses études de physiologie nerveuse le conduisent à découvrir en même temps que Marshall Hall l'action réflexe de la moelle épinière[4]. L'année 1833 est marquée à la fois par la nomination de Müller à Berlin et par la publication de la première partie du *Handbuch der Physiologie des Menschen*[5], véritable somme et bilan de la physiologie à la fin du premier tiers du siècle, ouvrage plusieurs fois réédité et révisé, dont l'influence fut sans égale au XIXe siècle. Du Bois-Reymond a dit de cet ouvrage qu'il a eu pour les physiologistes de l'époque la même importance que les *Elementa physiologiae* de Haller dans la deuxième moitié du XVIIIe siècle[6].

Le *Handbuch* de Müller est le reflet de son enseignement. Il avait le génie de la stimulation intellectuelle. Son influence s'est exercée sur deux sortes

1. Müller avait étudié de 1819 à 1822 à l'Université de Bonn et y avait obtenu le doctorat en médecine. Il semble que les professeurs de la Faculté de Médecine de cette université nouvelle, fondée en 1818, aient été notamment choisis en fonction de leur adhésion à la philosophie de Schelling. Müller commença à enseigner comme *extraordinarius* à l'Université de Berlin en 1826, y fut nommé professeur sept ans plus tard et y poursuivit le reste de sa carrière.

2. *Zur vergleichenden Physiologie des Gesichtssinnes des Menschen und der Thiere*, Leipzig, C. Cnobloch.

3. *De glandarum secernentium structura penitiori*, Leipzig, L. Voss.

4. « Bestätigung des Bell'schen Lehrsatzes », *Notizen aus dem Gebebiete der Natur- und Heilkunde*, 1831, vol. 30, p. 113-122. Sur Marshall Hall, cf. *supra*, p. 752, n. 2.

5. Coblenz, J. Hölscher, vol. 1, 1834; vol. 2, 1840. La bibliothèque de Canguilhem conservée au CAPHÉS contient les 2 volumes de la traduction française par Jourdan, Paris, Baillière, 1845 (cotes CAN 2103 et 2104), et les deux volumes de la *Physiologie du système nerveux*, de Müller, traduite par le même, Paris, Baillière, 1840 (cotes CAN 2101 et 2102).

6. *Gedächtnissrede auf Johannes Müller*, Berlin (tiré à part des *Abhandlungen der Königliche Akademie der Wissenschaften zu Berlin* 1859), 1860, p. 25-189, p. 72.

de disciples : d'une part les fondateurs et les vulgarisateurs de la théorie cellulaire, Schwann[1], Virchow[2], Haeckel[3]; d'autre part les physiologistes proprement dits, du Bois-Reymond, Helmholtz et Brücke.

Ce n'est pas de Müller que date le grand mouvement de multiplication, de développement et d'équipement des laboratoires de physiologie en Allemagne, car il était, au fond, biologiste plutôt que chimiste ou physicien. Son laboratoire berlinois n'était pas très riche en appareils. Mais ses élèves, du Bois-Reymond, Helmholtz, Vierordt devaient attacher chacun son nom à l'invention d'un appareil et à la création d'une technique d'exploration en physiologie (chariot inducteur; ophtalmoscope; sphygmographe)[4]. L'alliance idéologique et méthodologique que devaient contracter avec Ludwig, en 1846, à Berlin, les trois élèves de Müller, du Bois-Reymond, Helmholtz et Brücke, associés dans la fondation de la Société de Physique (1845), est l'événement capital de l'histoire de la physiologie allemande.

Emil du Bois-Reymond (1818-1896) est l'inventeur des instruments et des techniques de l'électrophysiologie appliquée à l'étude des fonctions du muscle et du nerf. Si Matteucci avait établi qu'il y a concomitance entre la production d'électricité et la contraction musculaire (1841)[5], du

1. Theodor Schwann (1810-1882) avait obtenu son doctorat en médecine sous la direction de Müller en 1834; devenu l'un de ses assistants, il collabora à la préparation de son *Handbuch*. Il formula sa théorie cellulaire dans ses *Mikroskopische Untersuchungen über die Übereinstimmung in der Struktur und dem Wachsthum der Thiere und Pflanzen* (Berlin, G. E. Reimer, 1839). Il quitta Berlin pour un poste de professeur à Louvain en 1839 et passa à l'Université de Liège en 1848.

2. Rudolf Virchow (1821-1902), médecin et pathologiste allemand, obtint lui aussi son doctorat sous la direction de Müller en 1843. Il quitta Berlin pour l'Université de Würzburg en 1849, mais y retourna en 1856 et publia deux ans plus tard *Die Cellularpathologie in ihrer Begründung auf physiologische und pathologische Gewebelehre* (Berlin, A. Hirschwald).

3. Sur Haeckel, cf. *supra*, p. 646, n. 1.

4. Du Bois-Reymond avait inventé en 1846 le chariot inducteur pour produire des stimulations électriques des nerfs et des muscles (*cf.* ses *Untersuchungen über thierische Elektricität*, Berlin, G. Reimer, 2 tomes en 3 vol., 1848-1884, tome 2 (1849), p. 393-395). Helmholtz a décrit son ophtalmoscope dans *Beschreibung eines Augen-Spiegels zur Untersuchung der Netzhaut im lebenden Auge*, Berlin, A. Förtsner, 1851. L'invention du sphygmographe par Karl Vierordt (1818-1884) reposait sur la mesure indirecte de la pression du sang en mesurant la contrepression requise pour annuler la pulsation artérielle : « Die bildiche Darstelllung des menschlichen Arterienpulses », *Archiv für Physiologische Heilkunde*, 1854, vol. 13, p. 284-287.

5. « Mémoire sur les phénomènes électriques des animaux », *Comptes rendus des séances de l'Académie des Sciences*, tome 13, 1841, p. 540-541. Sur le physiologiste et physicien italien Carlo Matteucci (1811-1868), diplômé de l'Universté de Bologne, professeur de physique à Pise (1840). Très engagé dans les luttes politiques à compter de 1848, sans jamais abandonner

Bois-Reymond devait mettre en lumière, sous le nom de variation négative, l'existence du potentiel d'action générateur du courant d'action. L'utilisation de l'électrode impolarisable reste un des mérites scientifiques de du Bois-Reymond[1]. Sa conception de la nature strictement physico-chimique des phénomènes physiologiques devait lui inspirer une vision philosophique du monde, assez éloignée de celle de son maître Müller, et non sans analogie avec celle de Magendie, mais exprimée dans un style de grandiloquence quasi pontificale[2].

C'est sur la base d'une conception énergétique de la vie que s'est édifiée l'œuvre de Helmholtz (1821-1894). En 1847, il publiait un mémoire *Über die Erhaltung der Kraft*, qui généralisait en principe l'indestructibilité de l'énergie dans ses transformations. Il redonnait ainsi de l'actualité à un Mémoire de 1842 dû au médecin J.R. Mayer (1814-1878)[3], formulant avant Joule (1843)[4] l'équivalence des énergies mécanique et thermique. Helmholtz a identifié le travail du muscle comme source de chaleur animale (1848). En 1850, il a mesuré, le premier, la vitesse de transmission du message nerveux le long de la fibre. Ses travaux d'optique (*Handbuch der*

pour longtemps ses travaux scientifiques (ainsi, il publia quelque 180 écrits scientifiques, surtout en électrophysiologie, entre 1836 et 1859), il fut brièvement ministre de l'Instruction publique (1862) et joua dès lors un rôle important dans l'organisation de l'enseignement et de la vie scientifiques en Italie. Sur ce savant aujourd'hui peu connu, mais en son temps de prime importance, ainsi qu'en témoignent par exemple les discussions de ses travaux par Du Bois-Reymond, on trouve d'abondantes informations et une bibliographie complète dans Nicomède Bianchi, *Carlo Matteucci e l'Italia del suo tempo*, Torino, Fratelli Bocca, 1874.

1. « Über gleichartige und nicht polarisierbarende Elektroden », Akademie der Wissenschaften, Berlin, *Monatsberichte*, 1859, p. 443-488.

2. Pour des jugements par Canguilhem sur l'attitude que l'on pourrait dire impériale de Du Bois-Reymond, vg. *FCR*, p. 139-142; aussi, « La constitution de la physiologie comme science », *op. cit.*, p. 252.

3. Sur ce mémoire de Mayer, cf. *infra*, p. 994.

4. Le physicien anglais James Prescott Joule (1818-1889) n'occupa aucun poste universitaire, ni emploi rémunéré et mena une vie de scientifique amateur. À la suite de travaux sur les effets thermiques liés à la production et au passage d'un courant dans un circuit voltaïque, il mena d'habiles expériences lui permettant sans recours à une transformation chimique d'effectuer la première mesure d'équivalence entre chaleur produite et travail mécanique : « On the calorific effects of magneto-electricity, and on the mechanical value of heat », *Philosophical Magazine*, 3e sér., vol. 23, 1843, p. 263-276. Sur les contribution de Mayer et Joule à la thermodynamique, voir : Thomas H. Kuhn, « Energy Conservation as an Example of Simultaneous Discovery », *The Essential Tension*, Chicago, The Chicago University Press, 1977, p. 66-104. L'ouvrage clé sur Mayer est celui de Kenneth L. Caneva, *Robert Mayer and the Conservation of Energy*, Princeton, Princeton University Press, 1993.

physiologischen Optik, 1856-1866) et d'acoustique (1862) ont solidement fondé la physiologie des fonctions sensorielles[1]. Sous ce rapport son œuvre est intermédiaire entre celle de Fechner (1801-1887), dont la loi psychophysique (1858) se détache encore malaisément d'un contexte métaphysique[2], et celle de Wundt[3], qui fut assistant de Helmholtz à Heidelberg. Helmholtz fut le plus éminent physiologiste mathématicien du XIXe siècle. Il termina sa carrière dans une chaire de physique à Berlin.

Brücke (1819-1892), professeur à Vienne, s'est occupé, comme Helmholtz, de physiologie sensorielle et a lié des études d'esthétique à ses

1. Hermann von Helmholtz, l'un des scientifiques les plus complets du XIXe siècle, a laissé sa marque en énergétique, en acoustique et en optique physiologiques, en électrodynamique, en hydrodynamique et en épistémologie. En parallèle avec sa formation médicale (M.D., 1843), il suivit à l'Université de Berlin des cours en chimie et en mathématiques, et aussi en physiologie avec Johannes Müller qui dirigea sa thèse. Nommé à l'Université de Königsberg en 1849, il termina sa carrière à celle de Berlin où il fut nommé en 1871, après avoir enseigné à Bonn et à Heidelberg. Le mémoire de juillet 1847 « sur la conservation de la force », lu à la Physikalische Gesellschaft, avait été immédiatement publié à Berlin, chez G. Reimer. Pour la démonstration du muscle comme siège de la chaleur : « Ueber die Wärmeentwickelung bei der Muskelaction », *Archiv für Anatomie und Physiologie*, vol. 6, 1848, p. 144-164 ; sur la vitesse de transmission sur la fibre nerveuse : « Note sur la vitesse de propagation de l'agent nerveux dans les nerfs rachidiens », *Comptes rendus de l'Académie des sciences* (Paris), vol. 30, 1850, p. 204-206 et vol. 33, 1851, p. 262-265 et p. 285. Son grand traité d'optique physiologique parut en 3 volumes à Leipzig chez Leopold Voss. *Die Lehre von den Tonempfindungen als physiologische Grundlage für die Theorie der Musik*, avait été publié à Braunschweig chez Friedrich Vieweg.

2. Gustav Theodor Fechner (1801-1887), docteur en médecine de l'Université de Leipzig (1822), ne pratiqua pas cette profession et, après des débuts littéraires, commença à enseigner dans cette université (1824) et à publier en physique jusqu'à une crise mentale qui le força à abandonner son poste (1839). Il publia ensuite sur « l'âme des plantes » (1848) et sur le Zen Avesta (1851) ; il avait déjà en 1836, sous pseudonyme (Dr. Mises), donné *Das Büchlein vom Leben nach dem Tode* (Dresden, C. F. Grimmersche Buchandlung). L'énoncé de la loi psychophysique, qui développe des recherches empiriques du physiologiste Ernst Weber (1795-1878), se trouve dans « Über ein wichtiges psychophysisches Grundgesetz und dessen Beziehung zur Schätzung der Sterngrössen », *Abhandlungen der sächsische Akademie der Wissenschaften zu Leipzig. Mathematisch-naturwissenschaftliche Klasse* vol. 6, 1858 (publ. 1859), p. 455-532.

3. Wilhelm Wundt (1832-1920), formé comme médecin à Heidelberg, après un séjour à Berlin auprès de Johannes Müller et de Du Bois-Reymond, y revint et y travailla jusqu'en 1871, pour enfin accepter un poste de professeur de philosophie à l'Université de Leipzig. Ses « Beiträge zur Theorie der Sinneswarhnehmung » (*Zeitschrift für rationelle Medizin*, vol. 4, 1858, p. 229-293 ; vol. 7, 1859, p. 279-318 et p. 321-396 ; vol. 12, 1861, p. 145-262 ; vol. 14, 1862, p. 1-77 ; vol. 15, 1863, p. 104-179) constituent sa contribution majeure à la psychologie expérimentale.

recherches sur la vision. Ludwig fut quelques années son collègue à Vienne[1]. Sigmund Freud fut un de ses premiers élèves.

Ludwig et son école

Carl Ludwig (1816-1895) reçut à Marbourg sa première formation médicale. Il y fut en rapport avec des chimistes et des physiciens, notamment Robert Bunsen[2]. Il devait enseigner successivement à Zurich (1849), à Vienne (1855), à Leipzig (1865). C'est dans cette dernière Université qu'il créa l'Institut de Physiologie (1869) qui allait servir de modèle à tant d'autres, fondés à son exemple, en Allemagne, en Europe et hors d'Europe, et où devaient venir s'instruire et se former presque tous les chercheurs auxquels la physiologie doit son essor international, dans le dernier tiers du XIXe siècle. Ludwig ne fut pas seulement un maître pour les physiologistes, il fut un ingénieur en physiologie. L'invention du kymographe (1846)[3], la généralisation des techniques d'enregistrement graphique, la construction de la pompe à mercure (1859)[4], autant d'inventions sur l'exploitation desquelles la physiologie, aujourd'hui encore, repose en grande partie. L'œuvre scientifique de Ludwig a consisté essentiellement dans l'exploration physico-chimique des fonctions de sécrétion, d'absorption, de circulation; il a étudié la perméabilité rénale (1843)[5], l'endosmose (1849)[6], les

1. Ernst Wilhelm von Brücke (1819-1892) après avoir étudié la médecine à Berlin auprès de Johannes Müller (M.D. en 1842) fonda à Vienne une importante école physiologique. Il publia notamment *Grundzüge der Physiologie und Systematik der Sprachlaute für Linguisten und Taubstummenlehrer* (Wien, C. Gerold's Sohn, 1856) et, vers la fin de sa vie, *Schönheit und Fehler der menschlichen Gestalt* (Wien, Braumuller, 1891).

2. Le chimiste allemand Robert Bunsen (1811-1899), docteur en physique de Göttingen (1830), après avoir voyagé et travaillé quelque temps à Paris dans le laboratoire de Gay-Lussac, se fixa à Heidelberg (1852) après avoir enseigné à Kassel et Marburg. Ses travaux en gazométrie l'ont surtout fait connaître.

3. « Beiträge zur Kenntniss des Einflusses der Respirationsbewegungen auf den Blutlauf im Aortensystem », *Archiv für Anatomie und Physiologie und Wissenschaftliche Medicin* [*sic*], année 1847, p. 242-302.

4. Cette construction émane d'une collaboration en 1858 entre Setchenov et Ludwig qui laissa à celui-ci le soin d'en publier la description : « Beiträge zur Pneumatologie des Blutes », *Sitzungsberichte der kaiserlichen Akademie der Wissenschaften. Mathematisch-Naturwissenschaftliche Classe* (Wien), vol. 36, 1859, p. 293-419.

5. *Beiträge zur Lehre von Mechanismus der Harnsekretion*, Marburg, N. G. Elwert, 1843.

6. « Ueber die Endosmotischen Aequivalente und die endosmotische Theorie », *Zeitschrift für rationelle Medizin*, vol. 8, 1849, p. 152.

gaz du sang au cours du travail musculaire (1861)[1], la pression du sang dans les capillaires (1875)[2].

Recenser, en dehors des disciples allemands, tous les noms d'étrangers qui ont passé, pendant un temps plus ou moins long, par l'Institut de Ludwig, revient en fait à dresser le tableau de la physiologie après 1870. On retiendra quelques noms seulement : Setchenov et Pavlov, pour la Russie[3]; Horsley[4] et Stirling[5], pour l'Angleterre ; Bowditch[6] pour les États-Unis d'Amérique ;

1. Il s'agit ici sans doute du travail conduit avec son élève Ivan Sczelkow (1833-1909), signé par celui-ci : « Zur Lehre vom Gasumtausch in verschiedenen Organen », qui avait été présenté à l'Académie par Ludwig (*Sitzungsberichte der kaiserlichen Akademie der Wissenschaften. Mathematisch-Naturwissenschaftliche Classe* (Wien), vol. 45, 1862, p. 171-226).

2. Johannes von Kries (1853-1928), « Ueber den Druck in den Blutcapillaren der menschlicher Haut », *Arbeiter aus der Physiologischen Anstalt zu Leipzig*, 1875, p. 69-80. Kries qui fut un temps assistant de Ludwig avait obtenu son doctorat en médecine de l'Université de Leipzig cette même année.

3. Parfois nommé le père de la physiolologie russe, Ivan Setchenov (1829-1905) fut successivement professeur à Odessa, Saint-Petersbourg et Moscou. Après l'obtention de son doctorat à l'Université de Moscou (1856), il avait étudié avec Ludwig et Brücke à Vienne (1858-1859), avec Helmholtz à Heidelberg, puis avec Du Bois-Reymond à Berlin et Claude Bernard à Paris. Il est crédité de la découverte du mécanisme de l'inhibition centrale des réflexes du système nerveux (*Physiologische Studien über die Hemmungsmechanismen für die Reflextätigkeit des Rückenmarkes im Gehirn des Frosches*, Berlin, Hirschwald, 1863. Sur Pavlov cf. *infra*, p. 998, n. 4.

4. Sir Victor Horsley (1857-1916), chirurgien et physiologiste anglais, démontra notamment que la déficience thyroïdienne induit le myxoedème, le crétinisme et une forme de cachexie (« On the function of the thyroid gland », *Proceedings of the Royal Society of London*, vol. 38, 1884-1885, p. 5-7, et vol. 40, 1886, p. 6-9). On lui doit aussi de nombreuses découvertes neurologiques. Dans son article de 1958, « Pathologie et physiologie de la thyroïde au XIXe siècle » (paru en 1959 et inséré ensuite dans les *EHPS*, p. 292) Canguilhem fait notamment mention des travaux de Horsley sur la transplantation expérimentale de la thyroïde.

5. William Stirling (1851-1932), médecin et physiologiste britannique d'origine écossaise, enseigna à l'Université de Manchester de 1886 à 1919 et y fut doyen de la Faculté de Médecine. Après son doctorat en médecine de l'Université d'Edinburgh, il était allé étudier à Leipzig avec Ludwig, puis à Paris avec Louis-Antoine Ranvier (1835-1922). Sa seule contribution importante date de son séjour en Allemagne (« Ueber die Summation elektrischer Hautreize », *Arbeiten aus der Physiologischen Anstalt zu Leipzig*, vol. 9, 1874 (publ. 1875), p. 223-291) ; il devait ensuite surtout se distinguer comme professeur et comme auteur de manuels scolaires. Il est principalement connu aujourd'hui pour sa contribution quelque peu hagiographique à l'histoire de la physiologie, *Some Apostles of Physiology*, London, Waterlow & Sons, 1902.

6. Henry Pickering Bowditch (1840-1911), médecin d'abord formé à l'École de médecine de Harvard (1868) où il devait revenir fonder en 1871 le premier laboratoire américain de physiologie, et y être le professeur de William James et Walter B. Cannon notamment.

Luciani[1] et Mosso[2], pour l'Italie; Christian Bohr[3], pour le Danemark; Christian Lovén[4], pour la Suède; Paul Heger[5], l'organisateur de l'Institut Solvay de Physiologie, pour la Belgique.

On peut dire de Ludwig qu'il attira en Allemagne autant de physiologistes que Virchow, la plus grande figure de la médecine allemande depuis la mort de son maître Müller, y attira de pathologistes.

Il avait étudié avec Ludwig de 1869 à 1871 et mena sous sa direction à Leipzig l'un de ses plus importants travaux (« Ueber die Eigenthümlichkeiten der Reizbarkeit, welche die Muskelfasern des Herzens zeigen », *Arbeiten aus der Physiologischen Anstalt zu Leipzig*, vol. 6, 1871 (publ. 1872), p. 139-176. *Cf.* aussi *infra*, p. 990.

1. Le médecin italien Luigi Luciani (1840-1919) fut une figure centrale du renouveau de la physiologie en Italie dans la seconde moitié du XIXe siècle. Il fut professeur de pathologie à Parme (1875-1880) et subséquemment professeur de physiologie aux universités de Sienne, Florence et Rome (1893-1917). Il a lui-même souligné combien son séjour à Leipzig (1873) avait été pour lui décisif. Ses travaux les plus mémorables ont porté sur la physiologie de l'inanition (*Fisiologia del digiuni*, Firenze, successeurs de Lemonnier, 1881) et sur le maintien en vie du chien après l'ablation réussie du cervelet (*Il cervellotto. Nuovi studi di fisiologia normale et patologica*, Firenze, Le Monnier, 1891.

2. Angelo Mosso (1846-1910) avait été nommé professeur à l'Université de Turin (1876) après y avoir obtenu son doctorat en médecine (1870) et avoir complété sa formation à Paris et surtout à Leipzig. L'un des rénovateurs de la physiologie italienne, il fut un chercheur prolifique qui s'intéressa notamment à la physiologie de l'effort et au comportement physiologique en haute altitude. Il est l'inventeur de l'ergographe pour la mesure de la contraction volontaire (« Les lois de la fatigue étudiées dans les muscles de l'homme », *Archives italiennes de biologie*, vol. 13, 1890, p. 123-186; *La fatica*, Milano, Treves, 1891. Sur la physiologie de l'effort et de la fatigue et sur la contribution de Mosso, *cf.* Anson Rabinbach, *The Human Motor. Energy, Fatigue, and the Origins of Modernity*, Berkeley, University of California Press, 1992, notamment p. 133-142.

3. Christian Bohr (1855-1911), médecin physiologiste danois (M.D. 1878; Ph. D. 1880), travailla dans le laboratoire de Ludwig en 1881-1882 puis retourna au Danemark où il enseigna dès lors la physiologie à l'Université de Copenhague pour le reste de sa carrière. On lui doit notamment la démonstration sur l'animal que l'affinité du sang pour l'oxygène est fonction de la pression en gaz carbonique (1904).

4. Otto Christian Lovén (1835-1904), médecin et physiologiste suédois (M.D. de Lund en 1863), d'abord assistant en physiologie à Lund, puis professeur à l'Université de Stockholm en 1874. Il avait été étudier avec Ludwig à Leipzig au milieu des années 1860 et y avait publié son mémoire sur le « réflexe de Loven » : « Ueber die Erweiterung von Arterien in Folge einer Nervenerregung », *Berichte der königliche Säschseischen Gesellschaft der Wissenschaft* (Leipzig), vol. 18, 1866, p. 85-110.

5. Paul Heger (1846-1925), médecin belge (M.D. 1871), professeur de physiologie à l'Université libre de Bruxelles à compter de 1873. Il joua dans son pays un rôle de premier plan dans l'organisation de la recherche médicale et de l'enseignement scientifique.

Pflüger et Goltz

Ce sont là deux savants qui, pour des raisons différentes, se distinguent nettement des autres physiologistes de leur génération, formés pour la plupart à l'école de Ludwig.

Pflüger (1829-1910) ne retint pas de son maître du Bois-Reymond la conception strictement mécaniste des phénomènes de la vie. Un certain sens de l'originalité et de la finalité organiques l'apparentait plutôt à J. Müller. Cela ne l'empêcha pas d'utiliser les techniques physico-chimiques d'investigation pour l'étude des fonctions de respiration et de nutrition. On lui doit le concept de quotient respiratoire (1877). Jusqu'aux travaux de Sherrington, ses lois de l'irradiation des réflexes, formulées en 1853, sont restées classiques[1]. Pflüger fonda, en 1869, une importante revue scientifique, *Archiv für die gesammte Physiologie des Menschen und der Tiere.*

Goltz (1834-1902) fut le premier titulaire de la chaire de physiologie dans l'Université allemande de Strasbourg, après 1870. Sa formation initiale de chirurgien explique en partie sa prédilection pour la physiologie opératoire et la vivisection expérimentale, par où il se rapproche de Cl. Bernard. Il a étudié spécialement les fonctions du système nerveux central, pratiquant l'ablation des hémisphères et la décortication sur le chien (*Der Hund ohne Grosshirn*, 1892)[2]. Contrairement à Hitzig[3], Ferrier[1] et Munk[2] il refusait

1. Sur le quotient respiratoire, *cf.* « Beiträge zur Lehre von der Respiration. I. Ueber die physiologische Verbrennung in den lebendigen Organismen », *Archiv für die gesammte Physiologie der Menschen und der Thiere*, vol. 10, 1875 (et non 1877), p. 251-267 et p. 641-644; sur les lois du réflexe, cf. *Die sensorischen Functionen des Rückenmarks der Wirbelthiere nebst einer neuen Lehre über die Leitungsgesetze der Reflexionen*, Berlin, A. Hirschwald, 1853. Eduard Pflüger avait étudié à l'Université de Marburg, puis à celle de Berlin. Il occupa pendant plus de 50 ans la chaire de physiologie de l'Université de Bonn.

2. Friedrich Goltz, médecin allemand formé à l'Université de Königsberg où il débuta sa carrière universitaire, fonda à Strasbourg une école importante de neurophysiologie. Son travail sur les effets de la décérébration totale chez le chien avait été publié dans les *Pflügers Archiv für die gesammte Physiologie der Menschen und der Thiere*, vol. 51, 1892, p. 570-614. Il avait aussi, beaucoup plus tôt, démontré le rôle de l'oreille interne dans l'équilibre : « Ueber die physiologische Bedeutung der Bogengänge des Orhlabyrinth », *ibid.*, vol. 3, 1870, p. 172-192.

3. Eduard Hitzig (1838-1907), médecin, neurologiste et psychiatre allemand (M.D. 1862), dirigea l'asile d'aliénés de Burghölzli et fut professeur à l'Université de Zürich (1875), puis à celle de Halle (1885) où il termina sa carrière. Il se consacra surtout à l'étude des effets de la stimulation électrique sur le cortex cérébral. Cf. *Untersuchungen über das Gehirn*, Berlin, A. Hirschwald, 1870; et, avec le médecin et physiologiste allemand Gustav Fritsch (1838-1927), « Ueber die elektrische Erregbarkeit des Grosshirns », *Archiv für Anatomie und Physiologie und Wissenschaftliche Medicin*, 1870, p. 300-332.

d'admettre la localisation des fonctions de motricité et de sensorialité dans des aires étroitement circonscrites du cortex cérébral. Avec son élève et successeur Ewald (1855-1921), il mit au point (1896) la technique des sections étagées de la moelle épinière[3]. Sherrington travailla quelque temps chez Goltz en 1884-1885.

III. Jeunes écoles de la seconde période

Dans deux pays d'Europe, au moins, en dehors de la France et de l'Allemagne, il existait, au début du XIXe siècle, des physiologistes ingénieux et dont les contributions à la connaissance des fonctions de l'organisme animal ne sont pas négligeables. Il s'agit des Anglais et des Italiens. Mais les uns et les autres se comportaient, quant à leurs méthodes et à leurs objets de recherches, comme des héritiers d'une tradition plutôt que comme des explorateurs de voies nouvelles. C'est la raison pour laquelle il ne semble pas nécessaire de les séparer de l'ensemble des physiologistes d'autres nationalités qui allèrent s'initier chez Magendie et Cl. Bernard à Paris, chez Müller et ses élèves à Berlin, chez Ludwig à Vienne et surtout à Leipzig, à de nouvelles méthodes d'exploration, à un nouveau style de travail, avant de fonder dans leurs pays respectifs, des écoles dignes, par le rendement et l'originalité de leurs travaux, de fournir à leur tour les instituteurs des nouvelles générations de physiologistes.

1. Sir David Ferrier (1843-1928), médecin neurophysiologiste anglais (M.D. 1870), dans le sillage de Goltz, publia l'ouvrage souvent considéré comme fondateur des études sur les localisations cérébrales, *The Functions of the Brain*, London, Smith Elder & Co., 1876.

2. Hermann Munk (1839-1912), physiologiste allemand, élève de Johannes Müller, Du Bois-Reymond et Virchow, commença à enseigner à Göttingen en 1862 et y devint professeur de physiologie en 1869, jusqu'à ce qu'il accepte un poste dans la même discipline à l'Institut vétérinaire de Berlin en 1876. Son ouvrage *Über die Funktionen der Grosshirnrinde*, Berlin, A. Hirschwald, 1881, apportait un éclairage nouveau sur les fonctions des lobes temporaux.

3. Richard Ewald (1855-1921), physiologiste allemand, après des études de sciences et de médecine, assistant de Goltz depuis les années 1880, lui succéda dans la chaire de physiologie à Strasbourg en 1900. Il travailla d'abord sur l'hémodynamique, sur les fonctions de la thyroïde et sur le système vestibulaire de l'oreille interne.

La physiologie en Italie

Il eût été surprenant que la patrie de Spallanzani et de Galvani ne leur assurât pas une postérité scientifique. Les recherches de Galvani sur l'électricité animale (1780-1794), dont l'interprétation avait été contestée par Volta mais consolidée par A. von Humboldt, furent reprises et élargies par le physicien Nobili (1784-1835) qui construisit en 1825 un galvanomètre astatique, premier instrument d'exploration sensible des effets électriques concomitants de la contraction musculaire[1]. Matteucci (1811-1868) mettait en évidence, en 1838, la différence de potentiel entre un muscle de grenouille et le nerf correspondant lésé. Son *Essai sur les phénomènes électriques chez les animaux* (1840)[2], confié par J. Müller à du Bois-Reymond aux fins d'examen critique, devait engager décisivement ce dernier dans la voie de l'électrophysiologie.

L'école italienne ne resta pas à l'écart du renouveau de la physiologie amorcé en France et en Allemagne. Vella (1825-1886) fut l'élève de Cl. Bernard, dont il prolongea les recherches sur la digestion[3]. Luciani (1840-1919) et Mosso (1846-1910) travaillèrent à Leipzig sous la direction de Ludwig. Luciani est connu par des recherches sur l'inanition et sur les fonctions du cervelet (1891)[4]. Mosso est l'inventeur de l'ergographe (1890), au moyen duquel il détermina les lois de la fatigue. Il s'intéressa aussi, comme Paul Bert, aux phénomènes respiratoires de la vie en haute altitude[5].

1. Leopoldo Nobili (1784-1835) après une carrière militaire, notamment au sein des forces napoléoniennes, se consacra entièrement à la physique et s'y montra fertile en création de nouveaux instruments de recherche, surtout dans le domaine de l'électromagnétisme et de l'électrophysiologie. Il enseigna au Musée de physique et d'histoire naturelle de Florence (aujourd'hui Museo Galileo, qui conserve l'original de cet appareil).

2. « Sur le courant électrique ou propre de la grenouille », *Annales de Chimie*, 1838, vol. 68, p. 93-106; les *Essais* avaient été publiés à Paris, chez Carillan-Gœury et V. Dalmont.

3. Le physiologiste italien Luigi Vella (1825-1886), professeur à Modène puis à Bologne, a notamment mis au point un nouveau type de fistule gastrique « Nuovo metodo per avere il succo enterico puro, e stabilirne le proprietà fisiologiche », *Memorie della Reale Accademia delle Scienze dell'Istituto de Bologna*, 1881, vol. 2, p. 515-538.

4. Cf. *supra*, p. 984, n. 1.

5. Sur Mosso, cf. *supra*, p. 984, n. 2. Le physiologiste français Paul Bert (1833-1886), après son doctorat en médecine (1863) avait obtenu en 1866 un doctorat en sciences naturelles. Un temps préparateur de Claude Bernard au Collège de France, après avoir brièvement enseigné à la Faculté des Sciences de Bordeaux, il lui succéda dans la chaire de physiologie de la Sorbonne (1869). Bientôt engagé dans une carrière politique qui devait le mener à être gouverneur civil de l'Annam et du Tonkin, il publia en 1878 *La pression barométrique, recherches de physiologie expérimentale* (Paris, Masson); il avait déjà publié chez le même éditeur, en 1873, ses

La physiologie en Grande-Bretagne

Si les Italiens ont tourné, dans le premiers tiers du XIXe siècle, leur ingéniosité vers l'exploration des fonctions du nerf et du muscle par l'intermédiaire des phénomènes électriques qui les manifestent, c'est aux physiologistes anglais de la même époque que sont dues les découvertes initiales relatives aux voies de conduction efférente et afférente et à la fonction réflexe de la moelle épinière. On doit à Charles Bell d'avoir discerné la différence fonctionnelle des racines ventrale et dorsale du nerf rachidien (1811) et à Marshall Hall (1790-1857) d'avoir positivement établi l'existence du réflexe (*On the reflex function of the medulla oblongata and medulla spinalis*, 1833), dont le concept avait été élaboré au XVIIIe siècle par Astruc, Whytt et Prochaska[1].

W. Sharpey (1802-1880)[2], M. Foster (1836-1907)[3] sont avec Ferrier (1843-1928), célèbre par ses travaux sur les localisations fonctionnelles du cortex cérébral (aire motrice, 1876), les principaux physiologistes d'une période intermédiaire, durant laquelle de jeunes chercheurs allaient apprendre sur le Continent les nouvelles techniques de la physiologie.

Stirling (1851-1932), qui a découvert la sommation des excitations électriques[4], Horsley (1857-1916), qui étudia expérimentalement[5], d'une

Recherches expérimentales sur l'influence que les modifications dans la pression atmosphérique exercent sur les phénomènes de la vie.

1. Sur tous ces auteurs, voir *supra*, p. 808-812, aussi bien sûr la *FCR*, *passim*.

2. William Sharpey (1802-1880), anatomiste et physiologiste écossais, après un doctorat en médecine de l'Université d'Edinburgh (1823) et quelques années d'enseignement dans cette ville, obtint en 1836 la chaire d'anatomie et de physiologie de l'École de médecine de l'University College de Londres où se déroula le reste de sa carrière. De ses publications, assez peu nombreuses, ne restent guère que son travail pionnier sur les Ciliés et leurs mouvements (« On a peculiar motion excited in fluids by the surface of certain animals », *Edinburgh Medical and Surgical Journal*, vol. 34, 1830, p. 113-122). Il exerça cependant une grande influence institutionnelle dans le renouveau de la physiologie en Angleterre et il compta parmi ses élèves Joseph Lister (cf. *supra*, p. 722, note 3) et Michael Foster.

3. Michael Foster (1836-1907) avait en 1866 accepté l'invitation du doyen de l'École de médecine William Sharpey à venir enseigner au University College de Londres qu'il quitta en 1883 pour l'Université de Cambridge où il créa la prestigieuse école anglaise de physiologie de la fin du siècle. Voir : Gerald L. Geison, *Michael Foster and the Cambridge School of Physiology*, Princeton, Princeton University Press, 1978).

4. Sur William Stirling, cf. *supra*, p. 983, n. 5.

5. Sur Victor Horsley, cf. *supra*, p. 983, n. 4.

façon analogue à celle de Moritz Schiff, les fonctions de la thyroïde[1], furent les élèves de Ludwig.

L'étude des fonctions du système nerveux qu'il nomma lui-même « autonome », et qu'il différencia en ortho-sympathique et para-sympathique, doit beaucoup à Langley (1852-1925)[2].

Le nom de Sherrington (1859-1952), ses travaux sur la rigidité de décérébration (1897), sur l'innervation réciproque, sa révision des théories du réflexe, aboutissant au concept de fonction intégrative du système nerveux (1906) dominent de loin les dernières années du XIXe siècle[3].

On doit citer aussi Bayliss (1860-1924) et Starling (1866-1927) amicalement associés dans la recherche. Bayliss a découvert la sécrétine (1902), la première hormone typique, au sens strict du terme inventé par Starling (1905)[4].

La physiologie en Russie

K.E. von Baer, fondateur de l'embryologie moderne, assura au début du XIXe siècle, la renommée de l'Université de Saint-Pétersbourg qui l'avait appelé[5].

Mais c'est sous l'impulsion de savants originairement russes qu'une école de physiologie moderne naquit et se développa en Russie, à l'exemple et sous l'inspiration des écoles française et allemande. Tarchanov (1848-1909), professeur à Saint-Pétersbourg, avait travaillé chez Cl. Bernard : on lui doit la découverte du réflexe psycho-galvanique[6]. Setchenov (1829-

1. Sur Schiff, cf. *supra*, p. 883, n. 3 ; aussi *infra*, p. 996.

2. John Newport Langley (1852-1925), physiologiste anglais, élève de Michael Foster, à qui il devait succéder à Cambridge, s'était particulièrement intéressé aux effets de certaines substances sur le système nerveux. Sa contribution majeure reste *The Autonomic Nervous System*, Cambridge, W. Heffer, 1921.

3. Sur Sherrington, *cf.* aussi *supra*, p. 181, n. 2, et p.689. Pour ces contributions scientifiques, voir respectivement : « Decerebrate rigidity, and reflex coordination of movements », *Journal of Physiology*, vol. 22, 1898, p. 319-332 ; « Further experimental note on the correlation of antagonistic muscles », *Proceedings of the Royal Society of London*, vol. 53, 1893, p. 407-420 ; *The Integrative Action of the Nervous System*, New Haven, Yale University Press, 1906.

4. William Bayliss et Ernest Starling, « The mechanism of pancreatic secretion », *Journal of physiology*, vol. 28, 1902, p. 325-353 ; Starling, « The Croonian Lectures on the chemical correlation of the functions of the body », *Lancet*, n° 2, 1905, p. 339-341, 423-425, 501-503, 579-583. Sur ces deux savants cf. *supra*, p. 779.

5. Sur Karl Ernst von Baer, cf. *supra*, p. 883, n. 1.

6. Ivan Tarchanov, « Über die galvanischen Erscheinungen in der Haut des Menschen bei Reizung der Sinnesorgane und bei verschiedenen Formen der psychischen Thätigkeit », *Archiv*

1905), professeur à Odessa et à Moscou, élève de Ludwig, a découvert l'inhibition centrale des réflexes médullaires (1863)[1]. Il eut pour élève Pavlov (1849-1936), qui travailla aussi chez Ludwig. Pavlov imagina (1890) une technique physiologique d'étude de la sécrétion gastrique : le petit estomac ou la poche de Pavlov. Cette technique de réflexologie des sécrétions lui permit l'analyse des fonctions du cortex cérébral, dans la mesure où il constitue un relais des réflexes sensori-moteurs. Ce sont ses travaux sur les réflexes conditionnés, grâce à des appareils d'analyse et de discrimination fine des excitations (tour du silence), qui ont fait la gloire de Pavlov, lui ont valu le premier Prix Nobel décerné à un physiologiste (1904), ont attiré dans son laboratoire de très nombreux élèves et ont donné à la physiologie russe contemporaine son style scientifique original.

La physiologie aux États-Unis d'Amérique

Ce sont les observations sur les mouvements de l'estomac et la sécrétion gastrique (1833) dues à W. Beaumont (1785-1853) qui sont la meilleure contribution américaine à la physiologie, dans le premier tiers du XIXe siècle[2].

La Société américaine de Physiologie fut fondée en 1887, après que les jeunes chercheurs qu'avait attirés en Europe la renommée de Cl. Bernard ou de Ludwig eurent créé, dans quelques Universités des États-Unis, des laboratoires et des Instituts de recherche rapidement multipliés. J.C. Dalton (1825-1889) accrédita à Buffalo les techniques opératoires de Cl. Bernard[3]. Bowditch (1840-1911), élève de Ludwig, fonda le laboratoire de physiologie expérimentale de l'Université Harvard à Boston (1871). On lui doit la

für die gesammte Physiologie des Menschen und der Thiere, vol. 46, 1890, p. 46-55. Il était aussi un élève de Setchenov.

1. Cf. *supra*, p. 983, n. 3.

2. Le chirurgien militaire américain William Beaumont fut le premier à pouvoir observer la digestion et les mouvements de l'estomac humain *in vivo* grâce à la collaboration pendant plusieurs années d'un patient victime d'un accident dont la plaie à l'estomac incomplètement fermée faisait amplement fistule et permettait d'observer l'intérieur de l'estomac. Il a publié le résultat de ses travaux dans *Experiments and observations on the gastric juice, and the physiology of digestion*, Plattsburgh, F. P. Allen, 1833.

3. John C. Dalton (1825-1889), d'abord formé à Harvard, fut le premier physiologiste professionnel aux États-Unis se dédiant entièrement à sa discipline. Il enseigna aux universités du Vermont et de Buffalo, puis au College of Physicians and Surgeons de New-York. Il publia notamment « On the cerebellum, as the center of co-ordination of the voluntary movements », *Americal Journal of the Medical Sciences*, vol. 41, 1861, p. 83-88.

mise en évidence de l'infatigabilité de la fibre nerveuse et de la loi du « tout ou rien » dans l'excitation de la fibre musculaire cardiaque[1]. Il eut pour disciples H. Cushing (1869-1939), qui a étudié les fonctions de l'hypophyse et de l'hypothalamus[2], et W.B. Cannon (1871-1945), célèbre par sa conception de l'homéostasie.

IV. TECHNIQUES ET PROBLÈMES DE LA PHYSIOLOGIE AU XIXe SIÈCLE

C'est par la construction d'instruments et l'usage systématique de techniques de détection et de mesure, plus encore que par le souci d'expérimentation, que la physiologie du XIXe siècle se distingue de celle du XVIIIe. C'est par la reconnaissance sans réserves de la physique et de la chimie comme sciences pilotes que les physiologistes ont été conduits à adapter à l'étude de questions de biologie les techniques d'analyse et de mesure qui fournissaient dans le domaine des phénomènes inorganiques les preuves de leur validité. Du point de vue de l'instrumentation physique, l'impulsion remonte à Poiseuille (1799-1869)[3]; du point de vue des techniques chimiques, l'impulsion remonte à J. von Liebig[4] (1803-1873). Si la physiologie se constitue au XIXe siècle par l'alliance solide de ces deux styles de la recherche, c'est parce que, depuis les travaux de Lavoisier et de Laplace, le problème fondamental de la vie des organismes est le problème des sources et des lois d'utilisation de l'énergie dégagée par les oxydations.

Prenons l'exemple des travaux de E.J. Marey[5]: ils ont porté sur la circulation du sang (1863, 1881) et sur la physiologie de la locomotion (1868, 1873, 1894). Avant d'emprunter à l'astronomie (Janssen, Paris, 1874: étude du passage de Vénus devant le Soleil) la technique de la

1. Sur Bowditch, cf. *supra*, p. 983, n. 6.

2. *Cf.* parmi ses nombreuses publications sur ces objets: « The functions of the pituitary body », *American Journal of the Medical Sciences*, vol. 139, 1910, p. 127-169; *The pituitary body and its disorders*, Philadelphia, Lippincott, 1912; *Papers relating to the pituitary body, hypothalamus, and para-sympathetic nervous system*, Springfield, C. C. Thomas, 1932. Le neurophysiologiste et neurochirurgien américain Harvey Cushing, docteur en médecine de Harvard en 1895 y retourna pour y enseigner après avoir été professeur à l'Université Johns Hopkins et avant de s'installer ensuite à l'Université Yale vers la fin de sa carrière.

3. Sur Poiseuille, *cf.* aussi *supra*, p. 786, n. 1.

4. Sur Liebig, *cf.* aussi *supra*, p. 771, n. 1.

5. Sur Marey, *cf.* aussi *supra*, p. 759, n. 1.

chronophotographie[1], Marey, en collaboration avec son ami, le vétérinaire A. Chauveau[2], avait accrédité en France la méthode d'inscription graphique. Le sphygmographe comparatif de Marey[3] était une adaptation du sphygmographe de Vierordt (1853)[4]. Cet appareil était lui-même une conjugaison de l'antique sphygmomètre et du cylindre enregistreur que Ludwig avait ajouté, dans son fameux kymographe (1846)[5], à l'hémadynamomètre construit, en 1827, par Poiseuille. Ce dernier instrument, branché directement sur les vaisseaux sanguins, comme jadis les manomètres de Stephen Hales, mais par interposition d'une solution anticoagulante, avait permis à Poiseuille les premières recherches de physiologie positive et instrumentale du XIXe siècle (*Sur la force du cœur aortique*, 1828). De Poiseuille à Marey, par Ludwig et Vierordt, l'action réciproque de la technique et de la recherche est un des meilleurs exemples du style scientifique de la physiologie du XIXe siècle. Magendie ne s'est pas mépris sur l'importance exemplaire des travaux de Poiseuille, de celui qu'il nomme, dans les *Leçons sur les phénomènes physiques de la vie* (1842) « un jeune physiologiste physicien »[6].

Si la France est, avec Poiseuille et avec Dutrochet[7], le lieu de naissance de la physiologie physique, l'Allemagne est, avec von Liebig, le terrain le

1. Jules Janssen (1824-1907), physicien et astronome français, docteur de la Faculté des Sciences de Paris (1860), directeur de l'Observatoire de Meudon (1876), avait utilisé une transformation de son invention du revolver photographique pour effectuer au Japon, en rapide succession, des daguerréotypes du transit de Vénus.

2. Auguste Chauveau (1827-1917), physiologiste français, médecin vétérinaire formé à l'École d'Alfort (1848), enseigna d'abord à l'École vétérinaire de Lyon, puis à Paris au Museum National d'Histoire Naturelle (1886). Il avait publié avec Marey l'article très influent « Appareils et expériences cardiographiques » dans les *Mémoires de l'Académie impériale de Médecine*, vol. 26, 1863, p. 268-319.

3. *Recherches sur le pouls au moyen d'un nouvel appareil enregistreur, le sphygmographe*, Paris, E. Thunot et Cie, 1860.

4. Cf. *supra*, p. 979, n. 4.

5. Cf. *supra*, p. 982.

6. Les *Leçons* furent d'abord publiées à Paris chez J. Angé en 4 tomes en 1837-1838. En 1842 parut le tome 1 d'une nouvelle édition chez J.-B. Baillière. Magendie y commente des travaux de Poiseuille, mais nous n'avons pu y retrouver aucun passage correspondant à la mention faite ici, ni dans ce tome 1, ni dans aucun des suivants.

7. Henri Dutrochet (1776-1847), physiologiste et naturaliste français, docteur en médecine (Paris, 1806), poursuivit ses travaux de recherche sans affiliation institutionnelle. Ses *Recherches anatomiques et physiologiques sur la structure intime des animaux et des végétaux* (Paris, J. B. Baillière, 1824) auraient suffi à lui assurer une place dans l'histoire des sciences biologiques, mais il est surtout connu pour les résultats majeurs de ses recherches sur les échanges à caractère osmotique : « Nouvelles recherches sur l'endosmose et l'exosmose », *Annales de chimie et de physique*, vol. 35, 1827, p. 393-400 ; vol. 37, 1828, p. 191-201 ; vol. 49,

plus fécond où s'est développée d'abord la chimie biologique. Après des études de pharmacie, Liebig vint travailler en France (1822-1823) sous la direction de Gay-Lussac[1], Pelouze[2] et Dumas[3]. Nommé d'abord adjoint (1824) puis professeur (1836) de chimie à Giessen, Liebig fit de cette petite Université un pôle d'attraction pour tous les chimistes d'Europe. C'est son laboratoire et son Institut qui ont servi de modèles aux institutions de recherche qui se multiplièrent par la suite en Allemagne. Il fut le fondateur des *Annalen für Chemie und Pharmacie.*

Il suffit de jeter un coup d'œil sur un ouvrage de vulgarisation publié par Liebig, en 1851, *Nouvelles lettres sur la Chimie* (XXXI à XXXV)[4] pour se faire une idée des questions de physiologie qu'il prétendait, à juste titre, positivement fondées sur les travaux de chimie organique: respiration et chaleur animale, rôle plastique et énergétique des aliments, influence des sels sur la nutrition, composition des substances azotées de l'économie animale, effets des régimes alimentaires. Il pouvait donc écrire :

> La physiologie repose évidemment sur une double base: sur la physique physiologique, fondée elle-même sur l'anatomie, et sur la chimie physiologique, qui dérive de la chimie animale. De la fusion de ces deux sciences surgira une science nouvelle, la véritable physiologie, qui sera à la science à laquelle on donne aujourd'hui ce nom, ce que la chimie moderne est à la chimie du siècle passé.

1832, p. 411-437; vol. 51, 1832, p. 159-166; vol. 60, 1835, p. 337-368. Canguilhem donna en 1977 un compte rendu de l'ouvrage de Joseph et Tetty Schiller, *Henri Dutrochet. Le matérialisme mécaniste et la physiologie générale* (Paris, Blanchard, 1975). Cf. *OC* V.

1. Louis-Joseph Gay-Lussac (1778-1850), physicien et chimiste français, ancien élève de l'École Polytechnique (1797), enseigna d'abord dans cette École puis à la Faculté des Sciences, avant d'obtenir une chaire au Museum National d'Histoire Naturelle en 1832. Il formula la loi sur les combinaisons gazeuses, dite de Gay-Lussac, établit avec Louis-Jacques Thénard (1777-1857) le caractère élémentaire du chlore et découvrit le bore; il découvrit aussi le cyanogène, explora les propriétés de l'iode, etc. Son laboratoire devint un point de ralliement pour l'éducation des jeunes chimistes européens.

2. Jules Pelouze (1807-1867), d'abord formé à la pratique pharmaceutique, fut remarqué par Gay-Lussac qui lui procura une place d'assistant de laboratoire. Reçu au concours des Hôpitaux de Paris, il fut peu après avoir effectué son internat en pharmacie nommé répétiteur à l'École Polytechnique où il succéda comme professeur à Gay-Lussac, en même temps qu'il enseignait au Collège de France (1831-1850). Son laboratoire privé de recherche constitua à l'époque l'un des lieux éminents de formation de jeunes chercheurs européens.

3. Sur Dumas, cf. *supra*, p. 758, n. 3.

4. *Nouvelles lettres sur la chimie considérée dans ses applications à l'industrie, à la physiologie et à l'agriculture*, Nouvelle édition publiée par Charles Gerhardt [1816-1856], Paris, Charpentier, 1852. Les lettres XXXI à XXXV se trouvent aux pages 78 à 265.

Les premiers grands traités de Liebig furent « La chimie organique appliquée à la physiologie végétale et à l'agriculture » (1840) et « La chimie organique appliquée à la physiologie animale et à la pathologie » (1842)[1]. Ce dernier ouvrage, exactement contemporain des *Leçons sur les phénomènes physiques de la vie*, concourait avec l'enseignement de Magendie à discréditer, sur la base de démonstrations expérimentales, les thèses vitalistes, en établissant que l'énergie d'origine alimentaire, mesurée par les différentes valeurs calorifiques des matières nutritives, est la cause positive des phénomènes biologiques fondamentaux.

C'est dans les *Annalen für Chemie und Pharmacie* que Liebig publiait, en 1842, le Mémoire théorique de J.R. Mayer (*Bemerkungen über die Kräfte der Unbelebten Natur*)[2], qui énonçait le premier principe de la thermodynamique, avant le mémoire de Helmholtz (1847)[3].

L'étude des phénomènes et la formulation des lois de l'énergétique biologique devaient continuer par la suite, aussi bien en France qu'en Allemagne, à associer étroitement la physique et la chimie. En 1848, Helmholtz identifiait le travail du muscle comme source de chaleur[4]. Béclard, en 1861, publiait des recherches expérimentales sur la relation de la contraction musculaire et de la thermogenèse[5]. En 1849, Regnault et Reiset publiaient leurs *Recherches chimiques sur la respiration des animaux*, dans lesquelles ils étudiaient les variations de ce que Pflüger devait nommer le quotient respiratoire (1877)[6]. Marcelin Berthelot formulait et systématisait

1. Ces ouvrages parurent en traduction française par Charles Gerhardt, à Paris, chez Fortin, Masson et Cie, le premier en 1841, le deuxième, l'année suivante.

2. Julius Robert Mayer (1814-1878), docteur en médecine (Tübingen, 1838), profession qu'il pratiqua presque toute sa vie. C'est au cours d'un voyage sur un navire hollandais qui le mena notamment à Java (1840-1841), sur lequel il servait comme médecin, que se serait formée chez lui l'idée de la chaleur comme force indestructible convertissable en d'autres forces. Il formula ses idées dans divers écrits peu après son retour, dont le mémoire publié par Liebig en 1842, après qu'une première version eut été refusée par Johann Christian Poggendorff (1796-1877), l'éditeur des *Annalen der Physik*.

3. Sur ce mémoire, cf. *supra*, p. 980.

4. Sur ce mémoire, cf. *supra*, p. 981, n. 1.

5. « De la contraction musculaire dans ses rapports avec la température animale », *Archives générales de médecine*, 5ᵉ sér., tome 17, 1861, p. 24-40, 157-180, 257-279. Jules Béclard (1817-1887), médecin et physiologiste français, professeur à la Faculté de Paris (1872). Son *Traité élémentaire de physiologie humaine comprenant les principales notions de physiologie comparée* (Paris, Labé, 1855) connut plus de 20 rééditions jusqu'en 1880.

6. Cet article parut dans les *Annales de Chimie et de Physique*, 3ᵉ sér., vol. 26, 1949, p. 299-516; sur le quotient respiratoire établi par Pflüger, cf. *supra*, p. 985, n. 1. Victor Regnault (1810-

les lois de l'énergétique animale dans son *Essai de mécanique chimique* (1879), précédé par un *Mémoire sur la chaleur animale* (1865)[1]. Rubner, Atwater et Benedict devaient généraliser enfin (1904) en les confirmant, des recherches poursuivies durant un demi-siècle[2].

Si fécondes qu'aient pu être en physiologie les techniques analytiques empruntées à la physique et à la chimie, elles n'ont pas, pourtant, discrédité ou supplanté cette méthode de recherche que Cl. Bernard appelait la physiologie opératoire, qui empruntait la voie des vivisections, des résections ou ablations d'organes, pour induire des perturbations de l'économie animale la nature des fonctions dans l'organisme intact. Cette méthode traditionnelle

1878), physicien et chimiste français, ancien élève de l'École Polytechnique (1830) et de l'École des Mines (1832), fut assistant de Gay-Lussac à Polytechnique et lui succéda dans la chaire de chimie avant de devenir professeur de physique au Collège de France en 1841, puis enfin de diriger la Manufacture de Sèvres. La recherche sur les échanges respiratoires des gaz semble la seule qu'il ait conduite en collaboration avec le chimiste et agronome Jules Reiset (1818-1896) qui est aussi l'auteur de *Recherches pratiques et expérimentales sur l'agronomie* (Paris, J.-B. Baillière, 1863).

1. L'*Essai de mécanique chimique fondée sur la thermométrie* avait été publié à Paris en 1879 (avec un volume supplémentaire en 1881); le mémoire « Sur la chaleur animale » avait paru dans les *Annales de chimie et de physique*, 4e sér., vol. 6, p. 442-464. Ces travaux de Marcelin Berthelot (1827-1907) s'inscrivaient dans le cadre de son vaste programme de recherches en thermochimie. Berthelot avait fréquenté le laboratoire privé de Pelouze tout en poursuivant des études à la Faculté des Sciences de Paris où il obtint le doctorat en 1854; il compléta sa formation par des études à l'École de pharmacie de Paris. Il y obtint la nouvelle chaire de chimie organique en 1859, puis accéda au Collège de France en 1865. Outre la masse considérable de ses publications scientifiques, il se distingua aussi par des ouvrages importants en histoire des sciences et propagea dans ses écrits philosophiques la thèse scientiste.

2. Les écrits auxquels Canguilhem fait ici allusion émanent des travaux calorimétriques conduits à Münich par un ancien élève de Liebig, le physiologiste allemand Carl Voit (1831-1908) dont le médecin allemand hygiéniste et physiologiste Max Rubner (1854-1932) était l'élève. Wilbur O. Atwater (1844-1907), chimiste agricole et physiologiste américain (Ph. D. de Yale, 1869), avait en 1887 séjourné dans le laboratoire de Voit et avait importé dans son laboratoire du Wesleyan College au Connecticut, où il était professeur de chimie, les techniques mises au point par Voit et Rubner et entrepris, avec son jeune collègue, le chimiste Francis G. Benedict (1870-1957) formé à Harvard et à Heidelberg (Ph. D., 1895), des mesures d'énergétique alimentaire. Voit avait publié avec Max Pettenkofer (1818-1901) l'étude quantitative fondamentale sur la décomposition dans l'organisme des protéines, des graisses et des hydrates de carbone : « Untersuchungen über die Respiration », *Annalen der Chemie und Pharmacie (Heidelberg)*, 1862-1863, suppl. 2, p. 52-70. Deux décennies plus tard, Voit publiait son *Handbuch der Physiologie des Gesammt-Stoffwechsels und der Fortpflanzung* (Leipzig, Vogel, 1881). Rubner en 1902 publiait *Die Gesetze des Energieverbrauchs bei der Ernährung* (Leipzig & Wien, F. Deuyicke), ouvrage suivi par la contribution clé d'Atwater et Benedict, *Experiments on the metabolism of matter and energy in the human body*, Bulletin n° 136, U.S. Department of Agriculture, Office of Experiment Stations, Washington, D.C., 1905.

avait été, au début du XIXe siècle, celle de Legallois et de Magendie. Elle continuait à être utilisée par Flourens[1]. Fritsch et Hitzig l'associaient à la technique d'excitation galvanique de l'écorce pour la discrimination des fonctions motrice et sensorielle des lobes cérébraux (1870). Goltz ne voulait pas connaître d'autre méthode[2].

La plupart des travaux sur les glandes à sécrétion interne ont d'abord cherché dans des ablations d'organes les éléments d'explication de leurs fonctions. Ainsi ont procédé Brown-Séquard pour les surrénales (1856)[3], Moritz Schiff pour la thyroïde (1859 et 1883)[4], E. Gley pour les parathyroïdes (1891)[5]. Mais avant qu'aient pu être identifiés chimiquement les

1. Pierre Flourens (1794-1867), d'abord formé comme médecin à l'École de Montpellier, se consacra à la physiologie dès son arrivée à Paris, sous la protection de Georges Cuvier dont il deviendra le suppléant (1828) au Collège de France avant de lui succéder (1832). Se spécialisant dès le début des années 1820 dans l'étude du système nerveux, il utilisa systématiquement l'ablation comme outil analytique pour l'identification des fonctions. Voir ses *Recherches expérimentales sur les propriétés et fonctions du système nerveux dans les animaux vertébrés*, Paris, Crevot, 1824; 2e éd., avec des additions, Paris, Baillière, en 1842; sur Flourens, voir Georgette Legée, *Pierre Flourens. Physiologiste et historien des sciences*, Abbeville, F. Paillart, 1992, 2 vol.

2. Sur le travail commun de Hitzig et Fritsch, cf. *supra*, p. 985, n. 3; sur Goltz, p. 985, n. 2.

3. « Recherches expérimentales sur la physiologie et la pathologie des capsules surrénales », *Comptes rendus de l'Académie des Sciences*, vol. 43, 1856, p. 422-425, 542-546. Charles-Édouard Brown-Sequard (1817-1894) avait obtenu son doctorat à la Faculté de Médecine de Paris (1846); il pratiqua pendant plusieurs années aux États-Unis, pays d'origine de son père, et y enseigna, notamment à l'Université de Virginie et à Harvard. Il vécut aussi quelques années à Londres au début des années 1860. Il ne s'installa définitivement à Paris qu'à compter de sa nomination en remplacement de Claude Bernard au Collège de France en 1878.

4. « Untersuchungen über die Zuckerbildung in der Leber und den Einfluss des Nervensystems auf die Erzeugung des Diabetes », *Schweizerische Monatsschrift für Praktische Medicin*, vol. 4, 1859, p. 267-275; « Résumé d'une nouvelle série d'expériences sur les effets de l'ablation des corps thyroïdes », *Revue médicale de la Suisse romande*, vol. 4, 1884, p. 65-75, 425-445; « Bericht über eine Versuchsreihe betreffend die Wirkungen der Exstirpation der Schildrüse », *Archiv für experimentelle Pathologie und Pharmakologie*, vol. 18, 1884, p. 25-34. Sur Schiff, cf. *supra*, p. 883, n. 3. Canguilhem avait traité de ces recherches de Schiff dans son article de 1958, « Pathologie et physiologie de la thyroïde », repris dans les *EHPS*, p. 274-304, part. p. 288-291.

5. « Sur les fonctions du corps thyroïde », *Comptes rendus des Séances de la Société de Biologie et de ses filiales*, vol. 43, 1891, p. 841-847. Eugène Gley (1857-1930), médecin (doctorat de Nancy, 1881), travailla d'abord dans le laboratoire de Marey au Collège de France, puis dirigea le laboratoire clinique de l'Hôtel-Dieu de Paris (1886-1893); suppléant de Charles Richet (1850-1935) à compter de 1895, il accéda à la nouvelle chaire de biologie générale au Collège de France en 1908 et l'occupa jusqu'à sa retraite en 1930. Il est considéré comme l'un des fondateurs de l'endocrinologie contemporaine et de l'organothérapie.

principes actifs des sécrétions internes (l'adrénaline par Takamine en 1901 [1], la thyroxine par Kendall en 1914 [2]), la preuve expérimentale de l'action chimique des glandes endocrines avait été demandée à la technique des transplantations d'organes. Le geste de A.A. Berthold greffant les testicules d'un coq dans sa cavité péritonéale (1849) [3], répété mais non imité par Schiff greffant la thyroïde d'un chien à un autre chien ultérieurement thyroïdectomisé (1884) [4], est le premier exemple d'une opération expérimentale devenue classique à la fin du siècle.

Les techniques de la physiologie opératoire ont concouru avec les nouvelles techniques de l'électrophysiologie à la discrimination topographique des différents faisceaux fonctionnels de la moelle épinière, à l'établissement de l'atlas des fonctions du cerveau. C'est sur des techniques opératoires d'une très grande précision, sur des « préparations » différentielles (animal décortiqué, décérébré, spinal) que reposent les découvertes de Sherrington. Dans l'étude des fonctions du sympathique, la vivisection a précédé l'expérimentation chimique utilisée par Langley; c'est grâce à elle que Cl. Bernard a mis en évidence le rôle du système sympathique dans la

1. « The blood-pressure-raising principle of the suprarenal glands », *Therapeutic Gazette*, vol. 17, 1901, p. 221-224; *American Journal of Pharmacy*, vol. 73, 1901, p. 523-531; « The isolation of the active principle of the suprarenal gland », *Journal of Physiology*, vol. 27, 1901, p. 29-30. Le chimiste d'origine japonaise Jodichi Takamine (1854-1922), diplômé du Collège des sciences et du génie de Tokyo (1879), bénéficia d'un séjour de perfectionnement à l'Université de Glasgow, puis travailla d'abord pour le ministère de l'Agriculture et du Commerce de son pays; il fonda à Tokyo en 1887 une compagnie de produits chimiques très active en recherche. Il émigra par la suite aux États-Unis, créa un laboratoire privé à New York et travailla en même temps comme conseiller technique pour la compagnie Parke Davis. C'est dans ce contexte qu'il effectua la recherche qui devait le mener en 1901 à isoler l'adrénaline.

2. « The isolation in a crystalline form of the compound containing iodine which occurs in the thyroid : its chemical nature and physiological activity », *Transactions of the Association of American Physicians*, vol. 30, 1914, p. 420-429; aussi, avec le même titre, dans *Journal of the American Medical Association*, vol. 64, 1915, p. 2042-2043. Le biochimiste américain Edward Calvin Kendall (1886-1972), après un Ph. D. à l'Université Columbia en 1910, travailla brièvement dans l'industrie et en milieu hospitalier avant d'accepter un poste de chercheur à la Fondation Mayo en 1914. Il y œuvra jusqu'en 1951 alors qu'il fut nommé professeur invité à l'Université Princeton. Il partagea en 1950 le Prix Nobel pour ses travaux sur une autre hormone, la cortisone.

3. « Transplantation der Hoden », *Archiv für Anatomie und Physiologie und Wissenschaftliche Medicin*, vol. 16, 1849, p. 42-46. Arnold Adolph Berthold (1803-1861), physiologiste et médecin allemand avait été formé à Göttingen (1823) où se déroula l'ensemble de sa carrière.

4. « Résumé d'une nouvelle série d'expériences sur les effets de l'ablation des corps thyroïdes », *op. cit.*, p. 65-75.

calorification, par régulation du débit circulatoire dans les capillaires (1854)[1].

La physiologie de la digestion est également redevable de ses progrès à la méthode opératoire. L'observation par W. Beaumont d'un homme présentant, à la suite d'une blessure par arme à feu, une fistule stomacale a donné simultanément et séparément à V.A. Bassov (Moscou, 1842)[2] et à Blondlot[3] (Nancy, 1843) l'idée de la fistule gastrique expérimentale. Cette technique devait être reprise et perfectionnée par Pavlov (1890)[4].

*

Tantôt plus respectueuse de la spécificité des procédés, sinon des lois de la vie, comme chez Cl. Bernard, tantôt plus soumise à la législation de la physique et de la chimie, comme chez Ludwig, tantôt plus appliquée à l'imitation d'un modèle mathématique, comme chez Helmholtz, la physiologie au XIXe siècle manifeste cependant une certaine unité d'inspiration et de projet. Elle est la science des constantes de fonctionnement des organismes. Un des signes qu'elle a été constituée, de Magendie à Sherrington et à Pavlov, en science authentique, c'est le grand nombre de cas où des

1. « Recherches expérimentales sur le grand sympathique et spécialement sur l'influence que la section de ce nerf exerce sur la chaleur animale », *Mémoires de la Société de biologie et de ses filiales*, vol. 5, (année 1853), 1854, p. 77-107.

2. « Voie artificielle dans l'estomac des animaux », *Bulletin de la Société impériale des Naturalistes de Moscou*, n.s., vol. 16, 1843, p. 315-319. (Nous n'avons pu consulter cet article; le titre en est parfois donné comme « Fistules gastriques artificielles sur des chiens ».) Le chirurgien russe Vasili Alexandrovitch Bassov (1812-1879), docteur en médecine de l'Université de Moscou (1833), enseigna à cette université la chirurgie et l'ophtalmologie, de 1848 à sa mort. Il s'y était tôt fait connaître pour ses démonstrations de physiologie utilisant des animaux vivants.

3. *Traité analytique de la digestion considérée particulièrement dans l'homme et dans les animaux vertébrés*, Nancy, Grimblot et Raybois, 1843. Nicolas Blondlot (1810-1877), docteur en médecine de la Faculté de Paris (1833), il enseigne à l'École préparatoire de Médecine et de Pharmacie de Nancy à compter de 1843; quand la Faculté de Médecine de Strasbourg se déplace à Nancy après l'annexion allemande de l'Alsace, il est nommé, en 1872, à la chaire de chimie médicale de cette faculté et y terminera sa carrière.

4. Le physiologiste russe Ivan Pavlov (1849-1936), docteur en médecine de Saint-Pétersbourg (1883), enseigne d'abord à l'Académie de médecine militaire de Saint-Pétersbourg, puis à l'Institut de médecine expérimentale dont il sera directeur de 1895 jusqu'à sa mort. Ses recherches expérimentales sur la fonction gastrique chez le chien, conduites depuis le tournant des années 1890 et qu'il poursuivra toute sa vie, donnent lieu à la publication en russe dès 1897 de ses *Leçons sur le travail des principales glandes digestives* (Saint-Pétersbourg, I.N. Kushnereff). Il reçut le Prix Nobel de physiologie en 1904.

recherches se sont recoupées, où des découvertes ont été faites séparément et simultanément, avec ou sans querelle de priorité. L'histoire de la physiologie s'est rendue relativement indépendante de l'histoire des physiologistes. Peu importe qui, de Bell ou de Magendie, a vraiment découvert le premier la fonction des racines rachidiennes, qui, de Marshall Hall ou de J. Müller, l'action réflexe, qui, de du Bois-Reymond ou de Hermann [1], le courant d'action musculaire, qui, de Ferrier ou de Munk, l'aire corticale visuelle. À partir du moment où techniques et problèmes s'ajustent et se suscitent réciproquement, où les instruments sont assez spécialisés et compliqués pour que leur usage implique l'adhésion à des hypothèses de travail, il faut dire que la science fait les savants autant que les savants font la science. Quand la recherche tient du métier et qu'elle peut, à la rigueur, se passer, pour un temps, de passion, une science expérimentale mérite son nom.

1. Ludimar Hermann (1838-1914) partiellement autodidacte, avait fait son apprentissage scientifique comme employé dans le laboratoire de Du Bois-Reymond. Puis, dûment diplômé, docteur en médecine de l'Université de Berlin (1859), il accéda en 1868 à la chaire de physiologie à l'Université de Zürich et passa en 1884 à l'Université de Königsberg. Sa démonstration de l'absence de potentiels électriques sur le muscle intact au repos l'engagea dans une âpre querelle avec Du Bois-Reymond.

NÉCESSITÉ DE LA « DIFFUSION SCIENTIFIQUE »

Revue de l'enseignement supérieur, n°3, juillet-septembre 1961, p. 5-15[1]

La diffusion de la science ne se réduit pas à sa vulgarisation. Des deux concepts, celui de diffusion est le plus ancien; l'opération à la fois intellectuelle et sociale qu'il désigne ne pose pas de question préjudicielle, sous ses aspects depuis longtemps familiers : l'école et le livre. Le concept de diffusion est aussi un concept générique : divulgation, propagation, vulgarisation en sont des espèces, mais ordonnées successivement plutôt que juxtaposées simultanément. Elles correspondent à trois conceptions différentes de la science : contemplative, opérative, appliquée. Dans l'antiquité et au Moyen Âge, on divulgue; aux XVIIe et XVIIIe siècles, on propage; au XIXe, on vulgarise. Dans un ouvrage publié en 1872, Cournot parle tout uniment de « la diffusion des notions scientifiques »; mais, deux pages plus loin, utilisant, à propos de Fontenelle, le terme *vulgariser*, il ajoute « comme on dit maintenant »[a][2]. Et de fait, à la même époque, le Dictionnaire de Littré

a. *Considérations sur la marche des idées et des événements dans les temps modernes*, [« texte revu et présenté par F. Mentré », dans la collection « Bibliothèque de philosophie »] éd. Boivin, 1934, tome I, p. 279 et p. 281.

1. Des illustrations accompagnaient le texte dans la revue ; elles ne sont pas reproduites ici, n'ayant probablement pas été choisies par Canguilhem et n'étant nullement requises pour l'intelligence de cet article.

2. Cette édition en deux volumes se trouve dans la bibliothèque de Canguilhem (CAN 808 et 809), de même que l'édition plus récente dans les *Œuvres complètes* de Cournot, (tome IV, sous la direction d'André Robinet), parue chez Vrin en 1973 (CAN 811), dans la collection « Bibliothèque des textes philosophiques ».

signale comme des néologismes vulgarisateur, vulgarisation et vulgariser. O. Bloch et von Wartburg, dans leur *Dictionnaire étymologique*[1], fixent l'origine de vulgarisateur à 1836, celle de vulgarisation à 1872, commettant pour ce dernier terme une erreur d'au moins vingt-huit ans, puisque A. Comte écrit vulgarisation en 1844[a][2].

Il n'est pas évident que la science doive être diffusée. Ce qui va de soi aujourd'hui s'est heurté jadis à beaucoup d'obstacles. Le concept antique de science met initialement l'accent sur le recueillement d'une âme solitaire, soumise à la vérité contemplée. Mais cette solitude est plutôt l'effet d'une conversion que d'une disposition. Le concept de science est toujours, au fond, le terme de quelque relation d'opposition dont l'autre terme est erreur, ignorance ou opinion. Dès lors, la science est l'effet plus encore que la cause d'une anabase de l'âme. Il faut mourir intellectuellement au monde de l'ignorance pour naître au monde du savoir. Selon Platon, il y aurait contradiction à vouloir que la science reste contemplation du vrai dans sa chute au rang d'opinion.

Certes la science grecque ne vit pas dans le secret, comme l'astrologie orientale. Elle est enseignée, mais cet enseignement reste une diffusion sélective, aristocratique. On ne s'est pas privé d'en chercher la cause dans la structure des sociétés antiques : hiérarchie sociale rigide, pouvoir politique fondé sur le prestige autant que sur la force, et même, dans le cas des démocraties grecques, distinction des hommes libres et des esclaves. Mais, en matière de structures, les correspondances n'imposent pas le sens dans lequel il faut les lire. En tout cas, il y a une raison moins extrinsèque qu'on peut chercher dans le destin même de la science, c'est-à-dire dans la logique interne de son histoire. Chez les Grecs, le concept de science s'identifie avec celui de mathématique ; Physique, Chimie, Physiologie sont réduites à des observations sans principes, à peine à des expériences. Or, pas plus du temps de Platon qu'à l'époque de Bourbaki, il n'y a de diffusion des mathé-

a. *Discours sur l'esprit positif*, [Paris], Société positiviste internationale, 1914 [1re édition, 1844], p. 129.

1. Oscar Bloch (1877-1937) et Walther von Wartburg (1888-1971), *Dictionnaire étymologique de la langue française*, Paris, P.U.F., 1932.

2. Cette édition de 1914 se trouve dans la bibliothèque de Canguilhem (CAN 825) ; une inscription manuscrite sur la page de titre donne la date d'acquisition : « Paris 30 juin 1922 ». Elle porte des annotations, pour la plupart notablement plus tardives.

matiques en dehors d'un enseignement rigoureusement progressif. On ne vulgarise pas les mathématiques. Et les mathématiques sans larmes n'existent que dans l'imagination militante des pédagogues. La signification de l'épisode du *Menon* est aux antipodes de son apparence. En faisant calculer par un esclave sans instruction la longueur du côté d'un carré à surface double d'un carré donné, Socrate – c'est-à-dire Platon – ne plaide pas pour la vulgarisation des mathématiques dans les masses populaires. Il montre le rôle accessoire d'une direction pédagogique comme médiatrice entre une âme individuelle et un savoir universel éternel auquel elle reste liée par la réminiscence. La récupération de ce savoir est une ascèse, elle requiert un courage personnel. La science n'est pas une lumière dont son inventeur facilite la diffusion en direction d'autrui, c'est la lumière offusquée que chacun doit retrouver pour son compte propre.

Bref, d'une part, les mathématiques ne peuvent être diffusées que par l'enseignement, et d'autre part, jusqu'au XVIIe siècle, elles sont les seules sciences qu'on puisse enseigner. Le *Quadrivium* médiéval (arithmétique, géométrie, astronomie, musique), c'est l'antique corps des sciences mathématiques, à quoi mécanique et algèbre s'ajouteront à la Renaissance. Quelles autres connaissances, en l'absence de théorie démonstrative, aurait-on pu diffuser par un enseignement régulier et suivi ? Communiquer des résultats, quand on juge devoir le faire, ce n'est pas diffuser la science. Au niveau de l'empirisme, des recettes se transmettent par imitation, routine et tradition, et finalement tournent à l'occultisme. Cournot a fait remarquer, après A. de Humboldt, que les inventeurs de l'art de l'expérimentation sont les Arabes, chimistes et pharmaciens. Mais cet art des expériences, coupé de toute théorie explicative, ne pouvait être enseigné. D'où, selon Cournot, le maintien comme sciences occultes des sciences de provenance arabe, après leur introduction en Europe[a].

Cet état de choses change au moment où les mathématiques, après s'être révélées auxiliaires indispensables de certaines inventions techniques (astronomie, trigonométrie dans leurs rapports avec les voyages de circumnavigation terrestre), en deviennent les institutrices (mécanique et artillerie ; mécanique et horlogerie), mais surtout au moment où les mathématiques sont élevées au rang même de science de la nature. À ce moment, la physique peut cesser d'être enseignée comme une partie de la philosophie, aux côtés

a. *Considérations*, I, p. 46-47.

de la métaphysique. C'est le moment où l'art de faire des expériences progresse parallèlement à l'art d'en mesurer et d'en traiter mathématiquement les résultats (barométrie ; hydrostatique et hydrodynamique), et dans la mesure où le raisonnement permet de dépasser l'observation pour instituer des expériences que l'expérience, au sens biologique et social de ce terme, ne suggère pas. Expérimenter, c'est d'abord construire des instruments, appareils ou machines dont l'imitation des forces ou mouvements dits naturels cesse d'être le principe directeur. C'est à partir de ce moment que la diffusion de la science cesse de coïncider avec les institutions et les méthodes d'enseignement. Il est nécessaire en effet qu'une information scientifique soit communiquée aux artisans, aux constructeurs d'appareils. La correspondance de Descartes avec Ferrier[1], concernant la taille des verres d'optique, en est un exemple. La collaboration des horlogers avec les mécaniciens, au XVIIe siècle, en est un autre. En un sens, la science dépend de la précision des instruments, en un autre sens elle la permet.

D'autre part, le fait que la nouvelle science de la nature a été conçue et se développe en dehors des institutions universitaires traditionnelles, le plus souvent conservatrices et donc rétrogrades, entraîne la création de nouvelles institutions, Académies italiennes (Cimento, Lincei, Bologne), Royal Society, Académie des Sciences, Académie de Prusse, et de nouvelles techniques de propagation des recherches scientifiques dans le public savant (journaux et recueils périodiques d'actes scientifiques) et dans le public des non-spécialistes cultivés. La science apparaît alors comme une activité incorporée à la société, comme le régulateur direct ou indirect de toutes les institutions dont dépend la puissance des États : armée, marine, agriculture, industrie, hygiène publique. Elle cesse d'être tenue pour la contemplation par l'âme individuelle d'une nature exprimée dans un système achevé de vérités, elle devient une tâche infinie d'exploration que le génie d'un individu peut ou bien résumer ou bien anticiper, mais dont l'exécution détaillée dépasse la capacité d'un seul. Collective dans sa destination, collective dans son élaboration, la science est un capital commun à la

1. Pour la correspondance avec l'artisan Jean Ferrier (dont on ignore les dates de naissance et de décès), *cf.* Descartes, AT, I, p. 13-16, 32-69, 183-187 ; II, p. 373-376. Canguilhem faisait déjà état de cette correspondance qui s'étendit de 1629 à 1638 dans sa communication de 1935 « Descartes et la technique » (*OC* I, p. 493).

fructification duquel le public doit être intéressé. La diffusion de la science exige désormais un minimum de démocratisation.

Comme cette mutation dans le statut de la science et de sa diffusion s'accomplit envers et contre les institutions d'enseignement gérées par l'Église (à l'exception sans doute des Jésuites, au XVIIe siècle), elle prend l'allure d'une controverse théorique (querelle des Anciens et des Modernes) et d'une sédition politique. La propagation des lumières retient ce double aspect, plus sensible dans les *Pensées sur la Comète* [1] que dans les *Entretiens sur la pluralité des Mondes* [2]. La diffusion de la science est tenue pour un attribut de la science, une propriété de la science aussi naturelle que l'est la diffusion de la lumière. La littérature scientifique prend naissance, comme genre dont Cournot a dit en quelques lignes tout ce qu'on peut en dire: « Avec le progrès des sciences et de leur influence sur la société, le genre a pris une importance qui ne peut que s'accroître. Le succès tient, on le conçoit bien, à l'intelligence que l'auteur a lui-même des matières dont il veut parler dans un langage accessible à tous; à la justesse du coup d'œil qui lui fait démêler, à travers tous les détails techniques dont la reproduction lui est interdite, les raisons essentielles que tout esprit bien fait peut saisir; enfin à des facultés d'un ordre plus littéraire, dont le pur savant peut à la rigueur se passer, vu qu'il a un droit incontestable à exposer à sa manière ses propres inventions, mais qui deviennent indispensables quand on se mêle d'exposer les inventions des autres, et surtout quand on s'adresse à un public sur lequel une préparation spéciale ne fournit pas d'autre prise [a] ».

Mais la diffusion de la science ne consiste pas seulement à mettre en rapport les savants et le public. Dès le XVIIIe siècle se fait jour, dans la société même des savants, un besoin qui n'a cessé de grandir, celui d'établir entre savants spécialisés un échange d'informations sur leurs travaux respectifs.

a. *Considérations*, I, p. 281-282.

1. Pierre Bayle (1647-1706), l'auteur du célèbre *Dictionnaire historique et critique* (Rotterdam, Reinier Leers, 1797, 2 tomes en 4 volumes), monument du scepticisme moderne, avait antérieurement, en décembre 1782, publié une *Lettre sur la Comète*, ouvrage connu depuis sa 2e édition sous le titre *Pensées diverses sur la comète*, ou plus exactement *Pensées diverses écrites à un docteur en Sorbonne, à l'occasion de la Comète qui parut au mois de décembre 1680* (Rotterdam, Reinier Leers, 1783). Né en France, calviniste, ensuite catholique, puis relaps, il s'était réfugié en Hollande en 1681 et passa le reste de sa vie à Rotterdam.

2. Ces *Entretiens* de Fontenelle avaient été publiés en 1686 (Paris, chez la Veuve C. Blageart).

Faire connaître aux mathématiciens le résultat des recherches des chimistes ou des physiologistes, et réciproquement, devient la tâche spéciale des secrétaires d'académies scientifiques. Dans les publications scientifiques elles-mêmes, une place toujours plus large est faite à des exposés de présentation et de mise au point. C'est là un genre auquel Condorcet a consacré maints passages dans ses *Éloges*, et notamment dans l'*Éloge de Duhamel*[1]. Enfin, c'est une floraison de *Dictionnaires*, dans lesquels la division d'une matière par articles rompt l'ordonnance aride d'un exposé technique, au profit d'une mise en relief plus séduisante pour l'imagination : dictionnaire de mathématiques par Savérien[2], dictionnaire d'histoire naturelle par Valmont de Bomare[3], etc., le tout couronné par l'*Encyclopédie.*

Après que la Révolution de 1789 a sonné l'heure de l'entrée des masses populaires dans la vie politique des sociétés modernes, après que les guerres de la Révolution et de l'Empire ont fourni la preuve de l'efficacité militaire, c'est-à-dire politique, de la science par l'intermédiaire de l'industrie, la diffusion de la science perd insensiblement son caractère de devoir pour revêtir celui d'une habitude. Quand les applications de la science, d'aucuns disent les bienfaits, sont *incorporées* à l'ensemble des objets culturels que l'industrie surajoute aux objets naturels, *incorporées et perceptibles*, alors la diffusion de la science est un effet secondaire des résultats techniques de la science appliquée. Quand la presse quotidienne reproduit des nouvelles transmises par télégraphie électrique, l'électricité devient un composant de l'univers du vulgaire au même titre qu'un canal de navigation ou un aérostat. Quand le nitrate de potasse devient engrais chimique, le concept de nitrification devient aussi familier que l'était l'objet salpêtre. La science se vulgarise par ses effets avant d'être vulgarisée dans ses raisons et principes. À ce moment, la diffusion du savoir, c'est toujours l'enseignement sans

1. Dans l'*Histoire de l'Académie royale des sciences* (Année 1782), Paris, Imprimerie royale, 1785, p. 131-155.

2. Alexandre Savérien (1720-1805), formé comme ingénieur de la marine, professeur de mathématiques à Paris, rédigea plusieurs dictionnaires à caractère scientifique dont le plus connu est son *Dictionnaire universel de mathématique et de physique* (Paris, Jacques Rollin, 1753, 2 vol.).

3. Le naturaliste français Jacques-Christian Valmont de Bomare (1731-1807) professa à Paris à compter de 1756 et pendant une trentaine d'années un cours privé d'histoire naturelle. La première édition de son *Dictionnaire raisonné d'histoire naturelle* parut en 1764 (Paris, Didot jeune, 5 vol.). L'ouvrage connut un immense succès et fut souvent traduit; il donna lieu du vivant de l'auteur à de nombreuses éditions, de plus en plus amples.

doute, mais comme il n'est encore ni obligatoire ni gratuit, comme il obéit à des programmes et à des règles de contrôle dictés par d'autres exigences que celles de l'instruction, il est normal que l'idée d'une vulgarisation du savoir latérale à l'enseignement, échappant à ses lisières d'origine extra-scientifique, cherche obstinément ses instruments de réalisation.

*

La vulgarisation est un problème majeur des sociétés industrielles et démocratiques. Elle est loin d'être aussi communément acceptée et favorisée en France qu'elle peut l'être dans les pays anglo-saxons. Pour la déprécier, on a coutume de l'opposer à l'enseignement. On a raison, au moins sur un point important. Car un enseignement élémentaire, à supposer effective et efficace l'obligation de le recevoir, est l'institution par excellence de première diffusion, de vulgarisation authentique. Il a sur la vulgarisation extra-scolaire par conférences, journaux, radio, cinéma, un avantage essentiel quant à l'esprit même de la culture scientifique : il a conscience de ses limites, de ses lacunes, et de son nécessaire dépassement. Il se sait une pièce, la première, dans l'édifice scolaire et universitaire.

Mais un enseignement élémentaire, qu'il soit du premier ou du second degré, ne vise aucune spécialité et d'ailleurs ne le doit pas. Pour qui en reste là, certaines curiosités ou certaines obligations dans une spécialité donnée doivent chercher leur satisfaction par une autre voie. Encourager la diffusion de la science sous forme de vulgarisation est un devoir des sociétés modernes, à la condition, bien entendu, que cette vulgarisation soit conçue comme une instruction et non comme un émerveillement, qu'elle tourne l'attention vers les causes plutôt que vers les effets. On ne vulgarise pas la science, on cultive scientifiquement la superstition, en répandant l'idée que la science fait des « miracles ». Les justifications de ce devoir de vulgarisation sont multiples ; mais la plus solide nous paraît être la suivante. On doit vulgariser la science, paradoxalement, à proportion de sa spécialisation. Ne pas le faire serait tendre vers cette situation d'une société à l'échelle de laquelle la science doit chercher ses conditions matérielles de possibilité, dans laquelle la science se dépose en quelque sorte sous forme d'objets et de structures inertes, et où la science serait partout sous forme de moyens et sous forme d'effets, partout sauf dans la pensée de la majorité des sujets humains, sous forme des significations de ces moyens et de ces effets. Ce serait le retour au pontificat et à l'occultisme. Si l'on veut que l'opinion publique admette certaines contraintes sociales ou sacrifices collectifs, que la poursuite de la recherche scientifique entraîne, il faut que les savants ne dédaignent pas de provoquer et d'entretenir la coopération populaire aux fins de leurs entreprises. On conçoit alors que çà et là, et nous voulons dire ailleurs qu'en France, la vulgarisation de la science puisse apparaître comme une partie de la tâche collective des savants, dans les Académies ou les Universités.

Ce n'est pas que les objections ne soient nombreuses. Elles pourraient même être aujourd'hui plus fortes que jamais, car c'est aujourd'hui seulement qu'elles trouvent un langage adéquat à leur expression. Ce langage est celui de la théorie de l'information. Cherchons donc à formuler scientifiquement le problème de la diffusion de la science.

Que ce soit en physique, en chimie, en physiologie, il faut entendre par diffusion, d'une part le transport d'une action initialement locale dans un milieu circonscrit, et d'autre part l'homogénéisation croissante, sous un rapport donné, des propriétés de points différents considérés dans ce milieu. S'agissant du savoir, c'est-à-dire d'abord d'un langage, sa diffusion conçue comme son extension, sans direction privilégiée et sans monopole, à l'ensemble d'un milieu social donné, est un concept réformé par une mutation sémantique, sa séparation d'un contexte rhétorique et son importation dans un contexte scientifique, au terme de quoi l'adjectif diffusé se substitue à l'adjectif diffus.

Or il s'agit de savoir si précisément cette mutation sémantique est ou non l'indice d'une différence réelle entre le diffusé et le diffus, car s'il s'avérait que la science diffusée est toujours à quelque degré du savoir diffus, le problème se poserait alors de calculer si le coût en savoir authentique de la diffusion du savoir justifie d'abord au regard de la science, et secondairement au regard de la société, l'entreprise de diffusion de la science.

La conception moderne de l'information et de la transmission d'information renouvelle un problème qui lui préexistait. La diffusion de la science se présente comme un cas remarquable d'application des lois relatives à la quantité d'information et à la probabilité d'une diminution d'information du fait de sa transmission, c'est-à-dire en fin de compte à l'impossibilité de cession gratuite de neg-entropie. En assimilant un savoir original rigoureusement structuré à l'état hautement improbable d'un système physique, et le même savoir diffusé – dont la transmission, la réception et l'usage ont altéré la cohérence initiale – à un système dont l'entropie a augmenté, on peut concevoir une sorte de casuistique en déontologie scientifique : dans quels cas et pour quelles fins légitimes une perte de savoir par diffusion du savoir vaut-elle d'être acceptée ?

Une question analogue, quoique de portée philosophique plus générale, avait été posée par Wilhelm Ostwald, un des théoriciens de l'énergétisme au XIXe siècle, quand il avait fondé, en 1913, une philosophie de la valeur sur le principe de Carnot-Clausius [1]. Dans un univers d'intégrale réversibilité, rien ne serait produit au prix d'une dépense ou d'un dommage. La conservation en quantité et en qualité est incompatible avec l'évaluation de ce qui se conserve. C'est la croissance de l'entropie qui introduit la valeur, avec l'inégalité de qualité, dans la vie universelle. L'impératif de la conduite humaine, c'est l'interdiction de gaspiller inutilement l'énergie.

Dans l'esprit commun à la thermodynamique et à la théorie de l'information, la question ci-dessus posée devient maintenant : si la diffusion du savoir se solde par une perte d'énergie, quel devoir la constatation de ce fait confère-t-elle à la science et à la société ?

Ce devoir est de réduire au minimum cette perte d'énergie par un contrôle scientifique de la diffusion de la science, soit que les savants eux-mêmes accordent plus d'intérêt et d'attention à une entreprise qu'ils ne méprisent pas tous, soit que l'Université assume indirectement la gestion d'une institution para-universitaire de diffusion et de vulgarisation sous toutes ses formes, et à plusieurs degrés, de la diffusion savante à la diffusion populaire. Le but à atteindre, c'est d'abord de conserver à la science en cours de diffusion, l'essentiel de ses structures formelles, en dehors de quoi ce qui est diffusé sous le nom de sciences leur ressemble aussi peu que le jeu de l'escarpolette ressemble à la théorie du pendule composé ; c'est ensuite d'introduire expressément dans la vulgarisation l'indication de ses limites,

1. *Die Philosophie der Werte*, Leipzig, A. Kröner, 1913. Le chimiste allemand Wilhelm Ostwald (1853-1932) avait étudié à l'Université de Dorpat où il commença à faire cours avant d'être nommé professeur au Polytechnicum de Riga (1881), puis finalement en 1887 à l'Université de Leipzig où il enseigna la chimie physique jusqu'à sa retraite. Il reçut le Prix Nobel de chimie en 1909 pour ses travaux sur la catalyse, les principes de l'équilibre chimique et les vitesses de réaction. Il avait publié en 1912 *Die energetische Imperativ* (Leipzig, Akademische Verlagsgesellschaft), fondement de sa théorie des valeurs, et s'y faisait le promoteur d'un plan systématique d'économie des ressources énergétiques, anticipant certaines thèses centrales de l'écologisme contemporain. Sur la controverse suscitée en France par ses idées, *cf.* Bernadette Bensaude-Vincent, « L'énergétique d'Ostwald », dans Frédéric Worms (dir.), *Le moment 1900 en philosophie*, Villeneuve d'Ascq, Presses Universitaires du Septentrion, 2004, p. 209-226.

en ne séparant pas la vulgarisation des résultats de la vulgarisation des méthodes, des controverses, accompagnée d'un sommaire historique des recherches.

Une telle conception, il faut l'avouer, est apparemment opposée à celle qui, au XIXe siècle, a fait la célébrité, sinon la fortune, d'Auguste Comte. Selon lui, la diffusion du savoir dans le peuple n'est pas pour la science une dégradation, une dégénération. C'est, au contraire, un moyen irremplaçable de régénérer l'esprit scientifique. « L'universelle propagation des principales études positives n'est pas uniquement destinée aujourd'hui à satisfaire un besoin déjà très prononcé chez le public, qui sent de plus en plus que les sciences ne sont pas exclusivement réservées pour les savants, mais qu'elles existent surtout pour lui-même. Par une heureuse réaction spontanée, une telle destination, quand elle sera convenablement développée, devra radicalement améliorer l'esprit scientifique actuel, en le dépouillant de sa spécialité aveugle et dispersive, de manière à lui faire acquérir peu à peu le vrai caractère philosophique, indispensable à sa principale mission[a]. » Mais, comme on le voit, ce qu'A. Comte entend par amélioration de l'esprit scientifique, c'est la réaction de l'encyclopédie du savoir, philosophiquement exposée, sur une de ses branches, scientifiquement cultivée. Il s'agit en fait, ici comme ailleurs, dans l'œuvre de Comte, d'assigner à la recherche scientifique spécialisée des limites dans ses objectifs et dans ses techniques de détection et de mesure, limites déterminées par le seul besoin d'améliorer la condition de l'homme, hors des vaines exigences d'une stérile curiosité.

On rencontre ici une difficulté qui tient sans doute à l'inspiration de la philosophie positiviste des sciences, mais qui ne lui est pas propre. D'une part, Comte insiste sur la prééminence des sciences abstraites, c'est-à-dire spéculatives, on dirait aujourd'hui fondamentales. Quand il parle de vulgarisation, c'est de ces sciences qu'il s'agit, dans l'attente très légitime d'un bénéfice de culture. D'autre part, il estime que le champ d'exercice de la recherche fondamentale doit être délimité par la subordination de la spéculation à l'action collective de l'homme sur le milieu et sur lui-même, action elle-même orientée et contenue par les tendances d'une nature humaine dont l'histoire ne fait que développer les germes. Ainsi est résolu par Comte un problème que la science et la philosophie du XXe siècle connaissent à leur tour, et sous un aspect de gravité jamais encore atteint,

a. *Discours sur l'esprit positif*, p. 128-129.

celui de la liberté de la recherche scientifique et de la liberté d'en publier les résultats, sans égard à la qualité des applications que s'efforcent d'en obtenir les collectivités dont ces savants sont les membres.

*

Il est logiquement impossible qu'un savant garde le secret d'une découverte, puisqu'elle ne mérite ce nom qu'une fois déliée de tout rapport à la personne qui en est responsable et dont elle emprunte parfois le nom. Une découverte appelle la contre-épreuve. Son auteur ne peut pas se dédoubler au point d'oublier les circonstances de sa réussite. L'objectivité de la connaissance, a dit Robert Oppenheimer, c'est le syndicalisme de la connaissance [1].

Mais les rapports de la science et de la société sont devenus tels que la question de la divulgation du savoir, qu'on pouvait croire périmée, se pose à nouveau. C'est aux savants eux-mêmes de se demander si la diffusion du savoir, par soumission à l'objectivité du vrai, si la communication d'un résultat de recherches à la cité scientifique, qui ne connaît pas les frontières de la cité politique, est un impératif sans égard à d'autres, catégorique, ou bien seulement hypothétique. Certes il ne s'agit pas d'une astuce politique des savants, d'un machiavélisme comme celui que Condorcet, avec bien des philosophes du XVIIIe siècle, prêtait aux antiques corporations d'astrologues et de pontifes : « Les membres de ces sociétés suivirent d'abord avec une ardeur presque égale deux objets bien différents : l'un d'acquérir pour eux-mêmes de nouvelles connaissances, l'autre d'employer celles qu'ils avaient

a. *Esquisse d'un tableau historique des progrès de l'esprit humain*, 3e époque.

1. Robert Oppenheimer (1904-1967), physicien théoricien américain, et « père » de la bombe atomique, fut professeur à l'Université de Californie à Berkeley, directeur scientifique du projet Manhattan à Los Alamos durant la guerre et termina sa carrière comme président de l'Institute for Advanced Studies à Princeton. Ses ouvrages de réflexion sur l'évolution de la science et sur l'usage et le contrôle de l'énergie atomique, surtout *Science and the Common Understanding* (New York, Simon & Schuster, 1954) et *The Open Mind* (*idem*, 1955), tous deux traduits en français, eurent une très large diffusion. La phrase citée par Canguilhem ne provient pas de l'un ou l'autre de ces ouvrages, mais de notes qu'il avait prises lors d'une des conférences prononcées à la Sorbonne par Oppenheimer au printemps 1958. *Cf.* CAPHÉS, Fonds Canguilhem : CG. 13.4.2, fol. 13 verso.

à tromper le peuple, à dominer les esprits[a 1]. » Il s'agirait plutôt pour les savants d'empêcher des corporations de technocrates de convertir la science en instrument des rivalités politiques entre États ou entre coalitions idéologiques. Ou bien, au contraire, il s'agirait, par loyalisme civique, de restreindre à un organisme contrôlé par l'État l'aire de diffusion d'une découverte féconde en applications.

Cette situation n'est pas nouvelle. Son actualité tient seulement aux dimensions du phénomène social concerné, comme si la quantité s'était changée en qualité. Il s'agit, inutile d'insister, de l'utilisation de l'énergie nucléaire à des fins stratégiques.

Sans doute, la moralisation en ce domaine est aisée. Il est pieux de souhaiter que les savants ne se désintéressent en aucun cas de l'usage de leurs découvertes théoriques. Mais dans les discussions relatives à une possible restriction de la diffusion de la science, beaucoup de confusion naïve ou hypocrite s'est souvent glissée. La personne humaine a, si l'on nous permet une expression triviale, bon dos. Ceux qui en invoquent le respect, pour dénoncer telle ou telle application de la science, le font d'autant plus volontiers que ces recherches ont eu lieu ailleurs et ont fourni à d'autres un surcroît de pouvoir, qu'on ne refuserait pas soi-même si l'occasion en était donnée. L'idée de personne humaine est régulatrice, mais universelle, et à ce titre elle mérite d'être confrontée avec cette autre idée régulatrice universelle qu'est la vérité scientifique, mais il n'appartient aujourd'hui à aucun groupe social de s'en servir pour anathématiser un autre groupe. Il n'est aujourd'hui aucune société qui ait les mains propres.

Le concept de personne humaine peut être opposé au politique, à l'administrateur, à l'économiste, mais non au savant. Le savant n'est pas un ingénieur. Einstein n'est pas plus responsable d'Hiroshima qu'Henri Becquerel, qui a découvert – en partie fortuitement – l'effet de la radioactivité sur les tissus vivants, n'est responsable de l'usage qu'on a fait ou pourra faire de cette action aux fins de stérilisation d'individus humains jugés asociaux[2].

1. Cet ouvrage n'est présent dans la bibliothèque de Canguilhem (CAN 773) que dans une édition postérieure à la rédaction du présent article. Il s'agit de l'édition procurée par Yvon Belaval dans la « Bibliothèque des textes philosophiques », chez Vrin, en 1970.

2. Le physicien français Henri Becquerel (1852-1908), polytechnicien (1872), ingénieur des Ponts et Chaussées, docteur ès sciences (1888) professeur au Museum National d'Histoire Naturelle (comme son père et son grand-père), à l'École Polytechnique et au Conservatoire

Subordonner la diffusion de la science au respect de la personne humaine, c'est se préparer à devoir un jour préférer l'opportunité du vrai à la vérité du vrai. Cette forme d'opportunisme a le même inconvénient que les autres, savoir l'incapacité de prévoir à long terme l'intérêt pratique éventuel d'une recherche théorique. On sait assez pourtant que le savoir progresse par des voies déconcertantes pour les savants eux-mêmes. À supposer que Pasteur ait considéré comme un départ ses études sur les cristaux, il est certain qu'il ne pensait pas arriver aux microbes. Donc s'il est indispensable que le savoir obtenu sur un point soit diffusé pour qu'en quelque autre point sa reconcentration se révèle féconde, au moins est-il clair que la diffusion du savoir constitué n'est un moyen que pour du savoir à venir, que ce moyen est situé au même niveau axiologique que sa source et sa fin, et qu'en conséquence la diffusion de la science fondamentale ne doit déférer à aucun impératif pragmatique.

C'est donc aujourd'hui en premier lieu aux savants eux-mêmes qu'il appartient de mériter par leur comportement public un nom que leur modestie devant la vérité ne les empêche pas toujours de revendiquer devant les hommes. À eux de rappeler à qui l'oublie, ou d'enseigner à qui l'ignore, que le statut social de la science et la dignité de la science ne se confondent pas. En tant qu'elle a un statut social, la science moderne est l'œuvre des hommes, mais en tant qu'elle a une dignité, c'est-à-dire un rapport à une valeur qui est ici la vérité, la science est cette lumière de l'intelligence qui institue savant un homme qu'elle dépasse comme homme. En ce sens, la science n'a pas de maître, pas même le savant, et à plus forte raison le politique, le militaire ou l'industriel.

Il ne doit y avoir ici ni confusion ni vacance de devoir. C'est aux savants qu'il appartient de défendre la dignité de leur recherche, en refusant l'assimilation avec cette recherche pragmatique qui, en échange de crédits, accepte une direction ou des restrictions de la part de groupes d'intérêts privés, ou même de l'État. Dans ce cas, la restriction à la diffusion de la

National des Arts et Métiers, reçut en 1903 le Prix Nobel de physique (avec Pierre et Marie Curie) à la suite – quelques semaines après celle des rayons X par Wilhelm Conrad Röntgen (1845-1923) – de sa découverte de la radioactivité des sels d'uranium. C'est en transportant dans sa poche un échantillon de radium dans un tube scellé qu'il découvrit fortuitement l'effet nécrosant de la radioactivité sur les tissus vivants, à l'origine de la radiothérapie.

science ne peut venir que des savants eux-mêmes, à titre d'avertissement ou de défense, et dans l'intérêt le mieux entendu de la recherche fondamentale.

S'ils ne le faisaient pas, s'ils contribuaient, seulement par passivité, à accréditer le préjugé populaire selon lequel la science se confond avec ses applications, il pourrait arriver que le public, devant l'énormité de certaines utilisations imputables à la technocratie, verse à l'égard de la science dans un scepticisme général, soit indifférence, soit crainte alliée au mépris. Ce divorce de la science et de la société ne s'exprimerait plus, sans doute, comme dans les sociétés antiques dont les techniques étaient rudimentaires, par la puissance des savants, mais par leur esclavage.

Georges CANGUILHEM
professeur à la Faculté des lettres et sciences humaines de Paris,
directeur de l'Institut d'histoire des sciences et des techniques.

THE ROLE OF ANALOGIES AND MODELS IN BIOLOGICAL DISCOVERIES

Cette communication, rédigée à l'occasion d'un colloque international tenu à Oxford du 9 au 15 juillet 1961, a d'abord paru en anglais en 1963. Le texte, dans sa version originale en français, a été intégré par Canguilhem aux *Études d'histoire et de philosophie des sciences*, ouvrage reproduit au tome III des *Œuvres complètes*.

ÉMILE VIDAL … JUGÉ PAR UN PHILOSOPHE

dans *Hommage à Émile Vidal*, [Nîmes], Collège national technique et moderne de Nîmes. Numéro spécial (1961), p. 17 [1]

Il est des vies d'homme qui sont comme une réponse par le fait à certaines questions. Parmi les discussions et controverses qui ont trait à la culture de l'homme aujourd'hui et, par suite, à la réforme de l'enseignement, une question revient périodiquement : un humanisme technique est-il possible ? Il n'est pas certain que cette question soit bien posée. La conscience du pouvoir que les techniques confèrent à l'homme a été, de l'antiquité à nos jours, une des conditions invariantes de constitution des philosophies humanistes. Mais toujours aussi s'y est ajoutée la conscience que dans la technique seule le pouvoir de création, que l'art libère expressément, est en quelque sorte aliéné. Il est donc essentiel à l'enseignement technique d'incorporer à ses programmes et à ses méthodes toutes discipli-

1. Le titre provient sans doute des éditeurs de la brochure et non de Canguilhem lui-même qui n'aurait pas voulu s'afficher en « juge » et qui tenait à se présenter toujours comme « professeur de philosophie » plutôt que comme philosophe. Cette brochure se trouve dans la bibliothèque de Canguilhem (CAN 3725). Il n'existe pour ce texte ni manuscrit, ni tapuscrit. Émile Vidal (1877-1961) était un ancien élève de l'École Nationale des Arts et Métiers d'Aix-en-Provence (1894) où il fut ensuite Chef des Travaux pendant une vingtaine d'années. Il fut l'initiateur de la nouvelle École Pratique du Commerce et de l'Industrie de Nîmes où, considéré comme le créateur de l'enseignement technique nîmois, il devait poursuivre sa carrière jusqu'à sa retraite en 1940, tout en enseignant pendant vint-cinq ans à l'École des Beaux-Arts. Il est l'auteur d'une *Petite histoire de l'École pratique* (Nîmes, Collège National Technique et Moderne de Nîmes, Numéro spécial, 1961), ouvrage qui se trouve dans la bibliothèque de Canguilhem au CAPHÉS (CAN 3726). C'est probablement par Jeanne et Michel Alexandre avec lesquels Vidal, actif dans le mouvement coopératif et à la Ligue des droits de l'Homme, entretenait une vive amitié, que Canguilhem fut amené à le fréquenter.

nes et tous exercices susceptibles d'élargir sa destination pratique en signification humaine.

Chaque fois que j'ai eu l'occasion d'agiter ces problèmes, j'ai pensé à Émile Vidal, j'ai évoqué sa noble figure, j'ai rappelé mes souvenirs. Il représente pour moi non pas seulement l'alliance, mais l'unité du métier et de la culture. Trop souvent la culture n'est qu'un savoir-parler. Chez Émile Vidal, la culture était un savoir-dire parce qu'elle s'était édifiée autour d'un savoir-faire.

Bergson, conformément à sa thèse de la destination originairement pratique de l'intelligence, a écrit un jour : « Exerçons l'enfant au travail manuel et n'abandonnons pas cet enseignement à un manœuvre. Adressons-nous à un vrai maître, pour qu'il perfectionne le toucher au point d'en faire un tact : l'intelligence remontera de la main à la tête »[1]. Émile Vidal fut ce vrai maître. Le bois, le fer ont été pour lui non seulement des matières premières, c'est à dire des matières maîtrisées, mais aussi des matières aimées, des matières qui inspirent des gestes et suggèrent des pensées.

Je me demande ce qu'eût été une rencontre entre Émile Vidal la douceur entêtée, et Gaston Bachelard, la fougue indulgente, et ce qu'eût été leur dialogue sur la dialectique de l'imagination et du travail, sur la résistance de la matière et les rêveries de la volonté. C'est la rencontre intellectuelle avec Alain, fruit des circonstances d'une amitié[a], qui a fourni à la réflexion d'Émile Vidal les thèmes, incessamment repris, par lesquels son expérience technique s'est organisée en sagesse pratique.

Il n'est pas sans exemple que la conscience de maîtrise technique engendre une sorte d'agressivité généralisée, une propension à réajuster toutes choses et par là d'abord à les déprécier. La bonté d'Émile Vidal, essentiellement fondée sur sa finesse et sa mesure, était manifeste, sans exclusion pourtant, le cas échéant, d'impatience ou d'indignation, premiers

a. *Il s'agit de l'amitié de Michel Alexandre lié à Alain d'une affection presque filiale et tout proche de sa pensée.*

1. *La pensée et le mouvant*, p. 1325, dans *Œuvres*, Paris, Édition du Centenaire, P.U.F., 1959.

ferments de la justice, premiers élans de l'espérance. J'ai lu que Milosz a écrit : « Tu as un cœur pour l'espérance et des mains pour le travail » [1].

J'ai pensé à la vie discrète et féconde d'Émile Vidal.

Georges CANGUILHEM
Professeur en Sorbonne.

1. C'est tout probablement dans *La terre et les rêveries de la volonté* de Bachelard (Paris, José Corti, 1948, p. 36) que Canguilhem a lu cette phrase d'Oskar W. de Lubicz Milosz (1877-1939) plutôt que directement dans le *Miguel Mañara, mystère en six tableaux* de celui-ci, d'abord paru dans la *Nouvelle revue française* en 1912 et repris en un volume chez Grasset en 1935. L'évocation d'une rencontre imaginaire entre Bachelard et Vidal au paragraphe précédent incite d'ailleurs à cette hypothèse. Cet ouvrage de Bachelard est conservé dans la bibliothèque de Canguilhem (cote CAN 1112).

LA MONSTRUOSITÉ ET LE MONSTRUEUX

Cet article, qui reproduit « avec quelques modifications » une conférence prononcée le 9 février 1962 et a paru peu après, a été intégré par Canguilhem à *La Connaissance de la vie*, à compter de la 2e édition (1965), ouvrage reproduit au tome II des *Œuvres complètes*.

DU SINGULIER ET DE LA SINGULARITÉ EN ÉPISTÉMOLOGIE BIOLOGIQUE

Cette étude, qui est le développement d'une communication prononcée le 10 février 1962, a été intégrée par Canguilhem aux *Études d'histoire et de philosophie des sciences* (1968), ouvrage reproduit au tome III des *Œuvres complètes*[1].

1. Un résumé de cette conférence fut aussi publié en 1966 dans la *Revue internationale de philosophie* (n°s 76-77, p. 325) :

« Le 10 février 1962, communication de M. Georges Canguilhem,
professeur à la Sorbonne sur :
Du singulier et de la singularité en épistémologie biologique

Dans les sciences où définition et classification sont des opérations de repérage et de comparaison fondamentales, tout être ou phénomène qui paraît exclure l'analogie fait nécessairement scandale. Or l'histoire de la biologie enseigne, selon la forte expression de M. Canguilhem, « à bénir le vivant singulier par lequel le scandale arrive ». L'épistémologie peut donc reconnaître dans le singulier une des catégories de la pensée biologique, sans, bien entendu, qu'il faille tenir cette constatation pour une prise de position en faveur de la singularité ontologique de la vie.

Le singulier manifeste sa valeur épistémologique quand il cesse d'être tenu pour variété spectaculaire et qu'il accède au statut de variation exemplaire. Il est la condition d'un projet théorique en tant qu'il entre alors avec le typique ou le régulier antérieur qu'il discrédite dans une généralisation critique.

M. Canguilhem s'attache ensuite à montrer comment, dans la biologie du XVIIIe siècle, l'analogue et le singulier soutiennent des rapports très curieusement inversés, selon qu'on considère la morphologie animale ou la physiologie.

En morphologie animale, un recensement immense des singularités soutient une intuition d'unité de la vie et conduit, en anatomie comparée, à une théorie des analogues. En physiologie, au contraire, la poursuite des analogies entre fonctions organiques et phénomènes mécaniques, physiques ou chimiques, finit par mettre en lumière la singularité de la science biologique et aboutit au vitalisme.

Le XIXe siècle, par contre, pris en vue cavalière, témoigne d'un effort pour chercher dans la singularité même – et c'est ce que fait par exemple le darwinisme dans sa théorie de la variation – le principe d'explication des types provisoires, alors que la physiologie cherche à trouver hors d'elle-même des modèles et des analogies qui la désingularisent. »

DU DÉVELOPPEMENT À L'ÉVOLUTION

Cette brochure a été publiée en 1962, constituant un numéro entier de la revue *Thalès*. Elle est reproduite au tome III des *Œuvres complètes*.

THALÈS
TOME 11, ANNÉE 1960.
DU DÉVELOPPEMENT À L'ÉVOLUTION [1]

Les Moissons de l'esprit, Bulletin trimestriel des Presses universitaires de France, printemps 1962, p. 32-33

Le concept de « développement » (« concept-clé » selon Gesell[2]) est fort à la mode. Les philosophes, les psychologues, les pédagogues, les sociologues, les hommes politiques en usent ou en abusent. Ils croient en effet emprunter à la biologie une notion univoque, définie aussi clairement sur le plan scientifique que sur celui des valeurs propres au "normal", et capable de rendre compte des processus de néoformation comme des processus de transformation de telle ou telle réalité complexe. En fait, ils véhiculent, sous l'apparente unité du terme, des erreurs, des ambiguïtés, des questions mal résolues, etc... Une élucidation de ce concept, dans son domaine d'origine, s'imposait.

Les auteurs de cette étude collective l'ont tentée[3]. Prenant appui sur les travaux d'un séminaire de recherches ils ont montré comment « à travers polémiques, crises, rectifications et convergences, les termes inchangés de développement et d'évolution en arrivent à signifier pour les embryologistes

1. Texte non signé dont le tapuscrit se trouve dans les archives du CAPHÉS (GC. 14.1.1 ; fol. 38-39). Il était courant à l'époque, pour ce bulletin à caractère commercial, que l'on demande aux auteurs de donner eux-mêmes un exposé du contenu de leur ouvrage.

2. Arnold Gesell (1880-1961), psychologue et pédiatre américain, docteur de la Clark University (1906), l'une des figures principales du mouvement de développement de l'enfant.

3. Il s'agit, outre Canguilhem, de Georges Lapassade, Jacques Piquemal et Jacques Ulmann.

et les zoologistes de la deuxième moitié du XIXe siècle presque exactement le contraire de ce qu'ils signifiaient pour les naturalistes du XVIIIe ». Partis de la « formation sans préformation » chez C. F. Wolff[1], ils ont décelé chez Meckel[2], Geoffroy Saint-Hilaire[3] et Serres[4] une solidarité notionnelle profonde entre l'unité de plan d'organisation, d'une part, la correspondance entre stades embryologiques et formes adultes inférieures d'autre part; solidarité qui s'est maintenue chez Auguste Comte sous forme d'une loi de progrès paradoxalement préformationniste. Et pourtant, von Baer[5], en diversifiant quatre types de structures et en instituant l'embryologie comparée comme discipline autonome, avait ouvert la voie à cette promotion philosophique de l'épigenèse que Spencer a pu envisager dans sa généralité. L'originalité de renversement de position établi par Darwin (subordination du type à l'individu) est dégagée par les auteurs au cours du chapitre le plus important de leur travail. Dans cette perspective, la loi biogénétique de Haeckel réalise une sorte d'achèvement historique : ce qui était au départ (« miniature » des préformationnistes) apparaît à la fin (« miniature » de la récapitulation des formes) comme le pur et simple maintien d'un schème prédéterministe; schème que les premiers psychogénéticiens (Fiske[6],

1. Sur Wolff, cf. *supra*, p. 882, n. 3.

2. Jean-Frédéric Meckel le Jeune (1781-1833), professeur d'anatomie à l'Université de Halle à compter de 1806, après quelques années passées auprès de Georges Cuvier à Paris. Il joua un rôle majeur dans le développement de l'anatomie comparée en Allemagne autant par ses publications que par le truchemnent de ses nombreux élèves.

3. Il s'agit ici d'Étienne Geoffroy Saint-Hilaire. Cf *infra*, p. 1117 *sq*.

4. Étienne Renaud Augustin Serres (1786-1868), médecin formé à la Faculté de Paris (1810), pratiqua en milieu hospitalier et enseigna l'anatomie comparée au Museum National d'Histoire Naturelle à compter de 1839. Il est avec Meckel l'auteur de la loi dite de Meckel-Serres qui préluda à la « loi biogénétique fondamentale » selon laquelle l'ontogénie récapitule la phylogénie. Il laissa aussi sa marque en tératologie, identifiant les malformations à des arrêts de développement.

5. Sur Karl Ernst von Baer, cf. *supra*, p. 883, n. 1.

6. John Fiske (1842-1901), après des études de droit à l'Université Harvard (1865) y enseigna brièvement la philosophie avant de se consacrer surtout à des travaux sur l'évolutionnisme et à la rédaction d'ouvrages historiques. Ses *Outlines of Cosmic philosophy, based on the doctrine of evolution, with criticisms on positive philosophy* (Boston, Houghton, Mifflin and Co., 1874, 2 vol.) eurent un grand succès. Fiske estimait que la sélection naturelle avait cessé d'opérer dans l'espèce humaine du fait de l'évolution des formes de sa socialité permises par l'inachèvement de son développement au moment de la naissance et par sa faculté d'apprentissage durant l'enfance (*Destiny of Man viewed in the light of his origin*, Boston, Houghton, Mifflin and Co., 1884).

Preyer[1], Baldwin[2]) ont brisé en mettant en relief l'importance créatrice du temps et en retrouvant ainsi l'héritage de Darwin.

L'intérêt de cette étude réside d'abord dans la thèse, savoir que la vision évolutionniste de la vie emprunte sa structure à une révolution conceptuelle en embryologie; ensuite dans la méthode, l'histoire délibérément critique et analytique d'un concept; enfin dans l'esprit et le style, puisqu'il s'agit ici d'un texte collectivement élaboré et collectivement assumé (non sans quelques inégalités de niveau), rassemblant une importante documentation sous un très petit volume.

1. Le physiologiste allemand Wilhelm Preyer (1841-1897), docteur en médecine de l'Université de Bonn (1866), devint collègue de Ernst Haeckel à l'Université de Iéna de 1868 à 1888. Partant lui aussi du constat d'un développement progressif des capacités humaines après la naissance, il se fit l'avocat d'une conception phylogénétique du psychisme humain, chaque individu répétant dans son développement les phases évolutives de son ascendance biologique (*Die Seele des Kindes. Beobachtungen über die geistige Entwicklung des Menschen in den ersten Lebensjahren*, Leipzig, Th. Grieben, 1882).

2. James Mark Baldwin (1861-1934), philosophe et psychologue expérimentaliste américain. D'abord inscrit dans la lignée de Wundt, il tenta une synthèse biopsychologique à caractère évolutionniste (voir notamment *Mental Development in the Child and the Race*, New York, Macmillan & Co., 1895 et *Development and Evolution. Evolution by Orthoplasty, and the Theory of Genetic Modes*, New York, Macmillan, 1902. Jean Gayon a montré la prégnance de certaines de ses idées dans le développement des théories de Jean Piaget (« Génétique, psychologie génétique et épistémologie génétique dans l'œuvre de Jean Piaget (1896-1980) : une ambiguïté remarquable », dans Claude Bénichou, dir., *L'ordre des caractères : Aspects de l'hérédité dans l'histoire des sciences de l'homme*, Paris, Vrin, 1989, p. 147-173.

LA PENSÉE ET L'ŒUVRE DE GASTON BACHELARD

I[1]

RTF

Série « CONNAISSANCE DE L'HOMME »

Émission diffusée le 24 octobre 1962[2]

Gaston Bachelard n'a été malade quelques semaines que pour mourir. La mort vient de surprendre un vivant que la pensée de la mort n'avait pas hanté durant sa vie, pour qui elle n'était pas un thème de méditation philosophique. Dans l'œuvre de Bachelard la mort n'est guère que la métaphore du sommeil ou de la nuit. Et, des deux puissances de l'homme dont cette œuvre a poursuivi inlassablement l'élucidation, la raison et l'imagination, aucune n'entrevoit la mort dans son horizon d'exercice. La raison, parce qu'elle se croit éternelle, l'imagination parce qu'elle se sent indomptable.

La flamme d'une chandelle inspirait à Gaston Bachelard des images de solitude et d'intimité, de rêverie et de lecture, mais non des images de fragilité ou de fugacité. Devant ce qu'il appelait sa table d'existence, contre la fenêtre qui s'ouvre sur la Montagne Sainte-Geneviève, Bachelard a existé presque jusqu'au dernier jour, c'est à dire a lu et a écrit presque jusqu'au dernier jour. Nul n'a moins séparé son existence et son œuvre, en sorte que pendant longtemps la permanence de l'œuvre nous figurera la présence de l'homme.

1. Dans la base de données de l'Inathèque, cette émission et la suivante sont aussi signalées sous le titre « Bachelard philosophe des sciences I et II ».

2. Il existe dans le Fonds Canguilhem au CAPHÉS (GC. 31.5.3, fol. 1-3) un tapuscrit de cette émission; il porte, de la main de Canguilhem, l'inscription « RTF 23 octobre 1962 », probablement la date d'enregistrement de l'émission.

En confiant Gaston Bachelard, vendredi dernier, à sa terre natale pour une rêverie du repos qui ne finira plus, nous avons été plusieurs à penser que son œuvre exemplaire ne renferme aucune leçon. S'il s'est expliqué sur ses intentions et sur ses problèmes, il ne nous a pas fait confidence des circonstances de leur naissance et des procédés de leur solution. Il a gardé pour lui le secret d'une réussite inimitable. La simplicité ne s'enseigne pas. Mais les démentis que l'expérience apportera éventuellement à ceux qui seront tentés de faire du Bachelard à leur propre compte ne pourront être qu'une raison supplémentaire de reconnaissance. Car l'illusion génératrice de ces démentis aura été le premier effet de la gentillesse de l'homme. Sa bonté naturelle, sa capacité d'accueil étaient telles qu'il a donné à tous ceux qui l'ont approché l'espoir de pouvoir être, eux aussi, intelligents, généreux, créateurs.

En fait, plus singulière encore que la carrière de ce commis des Postes, Télégraphes et Téléphones devenu professeur à la Sorbonne et membre de l'Institut, nous apparaît son œuvre philosophique où se composent d'une part une culture scientifique authentique et incessamment révisée et augmentée, et d'autre part une puissance poétique, une fougue d'imagination dont les philosophes n'avaient pas, sauf en Allemagne à l'âge romantique, fait la matière de leur réflexion, abandonnant aux artistes le soin d'en manifester les effets, et aux psychologues le devoir d'en expliquer les causes.

Dans la galerie des portraits des philosophes, et plus particulièrement dans la galerie universitaire des philosophes français, Gaston Bachelard ne trouvait aucun antécédent, aucun modèle. Professionnellement, sans doute, Bachelard était un universitaire. Mais, qui ne l'eût pas appris ne l'eût pas deviné. Lorsque l'an dernier lui a été décerné le Grand Prix National des Lettres, Gaston Bachelard s'est révélé tout naturellement tout simplement un philosophe populaire. Cette haute consécration, l'identification d'un visage, d'une allure et d'un style de vie, avec l'idée que le public se fait d'un philosophe, n'aura appartenu qu'à lui de nos jours.

Il n'était pas possible que les obsèques de Gaston Bachelard ne fussent pas à l'alignement de sa personne et de sa vie. La juste simplicité de la cérémonie, la sincérité évidente des témoignages individuels ou collectifs, dans le cadre de Bar-sur-Aube, sous le soleil d'automne, au pays de *L'eau et les rêves*, ont fait de l'adieu à Bachelard un merci à Bachelard. En se rendant au champ des morts, le cortège est passé devant le Lycée Gaston Bachelard, autrefois collège, où notre ami a enseigné la physique et la philosophie. Devant le lycée, au bord du trottoir, les élèves petits et grands, en blouses de travail ont regardé, immobiles, passer pour la dernière fois l'ancien écolier, le vieux maître, le philosophe champenois. Rien ne pouvait être plus authentique, plus émouvant, que cet hommage muet de la jeunesse à celui qui a terminé l'un de ses meilleurs livres, *La Formation de l'esprit scientifique*, par ces mots : « Dans l'œuvre de la science seulement on peut aimer ce qu'on détruit, on peut continuer le passé en le niant, on peut vénérer son maître en le contredisant. Alors oui, l'École continue tout le long d'une vie. Une culture bloquée sur un temps scolaire est la négation même de la culture scientifique. Il n'y a de science que par une École permanente. C'est cette école que la science doit fonder. Alors les intérêts sociaux seront définitivement inversés, la Société sera faite pour l'École et non pas l'École pour la Société. »

Cette citation de Bachelard me fournit tout naturellement la transition nécessaire pour compléter cet hommage par quelques remarques relatives à Bachelard philosophe de la science contemporaine [1].

1. Ce paragraphe manque dans le tapuscrit du CAPHÉS ; il a sans doute été ajouté lors de l'enregistrement, pour faire liaison entre les deux parties de ce qui était devenu, lors d'une reprise, une même émission.

LA PENSÉE ET L'ŒUVRE DE GASTON BACHELARD
II

RTF
Série « CONNAISSANCE DE L'HOMME »
Émission diffusée le 31octobre 1962[1]

Cette œuvre commence par une thèse de doctorat, *Essai sur la connaissance approchée*, et se poursuit durant un quart de siècle pour aboutir à trois ouvrages successifs mais groupés, inséparables dans leurs intentions et dans leurs conclusions : *Le rationalisme appliqué* en 1949. *L'activité rationaliste de la physique contemporaine* en 1951, *Le matérialisme rationnel* en 1953. Entretemps, des ouvrages, comme *Le nouvel esprit scientifique* de 1934, *La formation de l'esprit scientifique* de 1938 et *La philosophie du non* de 1940 sont les témoins de l'activité d'une pensée parvenue désormais à la pleine conscience de ses idées directrices, à la connaissance de ses axes d'investigation.

Si réservé qu'ait été à son propre sujet Gaston Bachelard, si peu enclin aux confidences que nous l'ayons connu, lui qui a toujours prêté une oreille attentive aux confidences des autres, il nous semble pourtant qu'il faille attacher la signification et la portée d'une introduction voulue à l'intelligence de sa démarche intellectuelle, aux pages initiales de *La*

1. Il existe pour cette émission un tapuscrit conservé dans le Fonds Canguilhem au CAPHÉS (GC. 35.5.3, fol. 7-13), identique au contenu de l'émission à quelques mots, italiques et corrections de détails près. Ce tapuscrit porte une note manuscrite de Canguilhem « R.T.F. 23 octobre 1962 » qui pourrait être la date d'enregistrement de l'émission.

Ce texte a été partiellement repris en deuxième partie d'une émission diffusée sur France Culture le 14 novembre 2003. Cet enregistrement est disponible sur CD de l'Institut national de l'audiovisuel dans la série « Courants philosophiques actuels ».

formation de l'esprit scientifique, pages que Bachelard n'a pas intitulées comme ailleurs « Préface », « Introduction », ou « Avant-propos », mais « Discours préliminaire ». C'est là, en 1938, que nous voyons se confirmer les concepts philosophiques de l'*Essai sur la connaissance approchée* et du *Nouvel esprit scientifique* et apparaître, avec de nouveaux vocables, de nouvelles tâches épistémologiques [1].

Ce que l'*Essai* appelait, dans ses dernières pages, la « rectification des concepts », ce que le *Nouvel esprit* appelait « polémique » et « dialectique », s'appelle en 1938 dans ce Discours préliminaire « levée d'obstacles épistémologiques ». Le projet d'une psychanalyse de la connaissance objective apparaît pour la première fois. Et lorsque la même année Bachelard publie *La psychanalyse du feu*, le pont est jeté entre les deux pentes de sa pensée, étant bien entendu que ces pentes, ce sont des pentes à gravir.

Le nouvel esprit scientifique tirait la leçon philosophique des nouvelles géométries, de la physique relativiste, de la mécanique quantique. Cette leçon se résumait ainsi, je cite Gaston Bachelard : « L'histoire humaine peut bien, dans ses passions, dans ses préjugés, dans tout ce qui relève des impulsions immédiates, être un éternel recommencement. Mais il y a des pensées qui ne recommencent pas ; ce sont les pensées qui ont été rectifiées, élargies, complétées. Elles ne retournent pas à leur aire restreinte ou chancelante. Or l'esprit scientifique est essentiellement une rectification du savoir, un élargissement des cadres de la connaissance. Il juge son passé historique en le condamnant. Sa structure est la conscience de ses fautes historiques. Scientifiquement, on pense le vrai comme rectification historique d'une longue erreur, on pense l'expérience comme rectification de l'illusion commune et première. Toute la vie intellectuelle de la science joue dialectiquement sur cette différentielle de la connaissance, à la frontière même de l'inconnu. L'essence de la réflexion, c'est de comprendre qu'on n'avait pas compris. Les pensées non-baconiennes, non-euclidiennes, non-cartésiennes sont résumées dans ces dialectiques historiques que présentent la rectification d'une erreur, l'extension d'un système, le complément d'une pensée. »

1. Dans le tapuscrit, on lit ici : « …apparaître avec de nouveaux mots et de nouveaux concepts, de nouvelles tâches ».

Le dernier chapitre de cet ouvrage n'était pas seulement un chapitre de polémique épistémologique, il était aussi de polémique philosophique. Bachelard est le premier philosophe français pour qui la méthode de Descartes ne représente pas, ne peut plus représenter, le canon d'une méthode pour la science.

En cette année du tricentenaire de Pascal, nombreux sont encore ceux qui n'ont pas pardonné à Paul Valéry d'avoir publié dans *Variations sur une pensée* les motifs de sa sévérité pour Pascal. Il en est sans doute aussi pour déplorer que Bachelard n'aie jamais consenti à user à l'égard de Descartes du poncif universitaire. La méthode cartésienne, pense Bachelard, ne saurait rendre compte de la fortune de la physique mathématique, de la science qui a réussi à expliquer le monde en le compliquant et non en le simplifiant. Bachelard le pense et Bachelard le dit.

La formation de l'esprit scientifique explique pourquoi l'abstraction scientifique doit dépasser une première géométrisation de l'expérience. L'abstraction n'est pas une description abrégée, un langage, elle est une construction de l'expérience. La mathématique n'est donc pas pour la physique un auxiliaire, ou un instrument, elle est une source. Elle ne généralise pas des êtres, elle engendre des formes.

À cet égard, le chapitre premier du *Rationalisme appliqué* est décisif. Je cite :

> Les temps d'une épistémologie qui considérait les mathématiques comme un simple moyen d'expression des lois physiques sont passés. Les mathématiques de la Physique sont plus "engagées". On ne peut *fonder* les sciences physiques sans entrer dans le dialogue philosophique du rationaliste et de l'expérimentateur, sans répondre aux deux questions en quelque manière *réciproques* que nous venons de poser. En d'autres termes, le physicien moderne a besoin d'une double certitude :
> 1° La certitude que le réel est en prise directe sur la rationalité, méritant par cela même le nom de *réel scientifique.*
> 2° La certitude que les arguments rationnels touchant l'expérience sont déjà des moments de cette expérience.
> En résumé, pas de rationalité à vide, pas d'empirisme décousu, voilà les deux obligations philosophiques qui fondent l'étroite et précise synthèse de la théorie et de l'expérience dans la Physique contemporaine. Cette *bi-certitude* est essentielle. Si l'un des termes manque, on peut bien faire des expériences, on peut bien faire des mathématiques ; on ne participe pas à l'activité

scientifique de la science physique contemporaine. Cette bi-certitude ne peut s'exprimer que par une philosophie à deux mouvements, par un dialogue. Mais ce dialogue est si serré qu'on ne peut guère y reconnaître la trace du vieux dualisme des philosophes. Il ne s'agit plus de confronter un esprit solitaire et un univers indifférent. Il faut désormais se placer au centre où l'esprit connaissant est déterminé par l'objet précis de sa connaissance et où, en échange, il détermine avec plus de précision son expérience[1]. C'est par ses applications que le rationalisme conquiert ses valeurs objectives. Il ne s'agit donc plus, pour juger la pensée scientifique, de s'appuyer sur un rationalisme formel, abstrait, universel. Il faut atteindre un rationalisme concret, solidaire d'expériences toujours particulières et précises. Il faut aussi que ce rationalisme soit suffisamment *ouvert* pour recevoir de l'expérience des déterminations nouvelles.

Ainsi, pour bien comprendre la nouveauté du rationalisme que Bachelard nous a enseigné, il faut se représenter la situation historique[2] de notre philosophe. Une remarque dans *Le matérialisme rationnel* peut passer pour une confidence : « La science, dit Bachelard, n'a pas la philosophie qu'elle mérite ». Voici le passage où la thèse du matérialisme rationnel se trouve reliée sans effort à la psychanalyse de la connaissance :

> Le savant croit avoir barré d'un trait définitif tout un monde d'images séduisantes. Pourtant, de cet arrière-fond obscur, on en verrait parfois la trace même chez le chimiste cultivé, précisément sous forme d'une philosophie mal élaborée. Un arrière-fond de philosophie nourri de convictions non discutées est souvent le refuge nocturne du savant. Il croit que sa philosophie est un résumé de son savoir ; elle n'est souvent qu'une jeunesse de son savoir, qu'un condensé des premiers intérêts qui l'ont poussé à son savoir. Le savant ne professe même pas toujours la philosophie clairvoyante de sa propre science. On en voit qui s'enferment dans la prudence des méthodes scienti-

1. Canguilhem a supprimé lors de l'émission ce qui suit dans le texte de Bachelard, ce passage que l'on trouve cependant partiellement dans le tapuscrit : « C'est précisément dans cette position *centrale* que la dialectique de la raison et de la technique trouve son efficacité. Nous essaierons de nous installer dans cette position centrale où se manifeste aussi bien *un rationalisme appliqué* qu'*un matérialisme instruit.* Nous insisterons d'ailleurs par la suite sur la puissance d'application de tout rationalisme scientifique, c'est-à-dire de tout rationalisme portant ses preuves de fécondité jusque dans l'organisation de la pensée technique ». Cette dernière phrase est absente du tapuscrit. La citation se trouve aux pages 3 et 4 dans *Le rationalisme appliqué*, Paris, P.U.F., 1949.

2. Dans le tapuscrit : « … la nouveauté de la situation historique… ».

> fiques, pensant que cette prudence détermine à elle seule une philosophie, oubliant par conséquent les décisions nombreuses que réclament les choix philosophiques. Aussi les philosophies en fait complexes comme le réalisme, le positivisme, le rationalisme, entrent comme d'une pièce dans les professions de foi philosophique des savants. Qu'on ne s'étonne pas si elles ne déterminent pas, ces professions de foi, une activité philosophique réelle. La science n'a pas la philosophie qu'elle mérite. Le savant ne revendique pas, comme il pourrait le faire, l'extrême dignité philosophique de son labeur incessant, il ne met pas en valeur le sens philosophique des révolutions psychiques qui sont nécessaires pour vivre l'évolution d'une science particulière [1].

Il n'est pas interdit de penser que Bachelard est celui qui a voulu donner à la science du XXe siècle la philosophie qu'elle méritait [2].

Sans doute, des mathématiciens de première formation s'étaient-ils déjà, avant Bachelard, tournés vers la philosophie, mais sans y avoir apporté de révolution. En venant des mathématiques à la philosophie, Bachelard y a amorcé une révolution épistémologique. Car il s'est senti l'obligation de renoncer franchement, au profit du savant, à quelques-unes des tâches anciennes que la philosophie avait assumées [3].

Du fait de sa situation historique, Bachelard a été l'un de ceux qui ont acquis la science mathématique du XIXe siècle au moment où la science mathématique du XXe siècle la dépassait. Et il a entrevu avant tous, il a soutenu contre beaucoup, que la critique de la science, la réflexion sur les fondements d'une science ou sur ses conditions de possibilité font désormais partie de la science elle-même et qu'en conséquence la philosophie se trouve désormais déchargée d'une responsabilité qu'il lui avait été nécessaire d'assumer à un certain âge de la science [4]. C'est pourquoi Bachelard épistémologue a souvent pris à partie les philosophes qui convertissent aisément leur ignorance de la science en norme pour la recherche scientifique. Mais, cela un savant aurait pu le faire. L'originalité, le génie de Gaston Bachelard,

1. *Le matérialisme rationnel*, Paris, P.U.F., 1953, p. 19-20.

2. Cette phrase ne se trouve pas dans le tapuscrit. On trouve plutôt ici ce qui suit : « On voit alors apparaître le sens de l'œuvre de Bachelard ».

3. Cette dernière phrase est absente du tapuscrit.

4. Dans le tapuscrit, on lit plutôt : « …qu'en conséquence la philosophie doit abandonner à la science une partie des responsabilités qu'elle avait dû assumer par provision ».

a consisté à apercevoir pour la philosophie un nouveau champ de réflexion au moment où il l'invitait à réduire ses prétentions[1] devant la science. Depuis longtemps, depuis toujours peut-être, il existait une méfiance systématique du philosophe à l'égard du langage et à l'égard de l'imagination. Gaston Bachelard a osé reprendre à la littérature ce qu'elle avait pu considérer comme son bien. Il a cherché les images qui sont dernières les mots, les forces qui sont derrière les images, les axes qui dirigent ces forces. Et c'est ainsi qu'il a placé dans une poétique la fonction que la philosophie avait jusqu'alors déléguée à une ontologie, rendre compte de ce que la connaissance prend pour son objet. La tâche du philosophe devenait alors de soutenir et de contrarier à la fois l'une par l'autre le pouvoir de créer et la volonté de savoir. Gaston Bachelard[2] a importé des concepts scientifiques dans sa critique poétique. Par exemple, le concept de groupe qui lui a permis de parler de groupes d'images. De même, il a importé dans sa critique épistémologique des concepts de caractère poétique; il a pu parler des mathématiques comme de l'esthétique de la science.

Le XIXe siècle avait légué au XXe le portrait d'un philosophe rationaliste un peu sec, identifiant la raison avec la mesure. Gaston Bachelard a revalorisé systématiquement la démesure de l'imagination pour valoriser authentiquement la raison. Le rationalisme de Bachelard consiste à tenir la rationalité pour un ensemble de valeurs militantes[3], à accepter comme il le dit dans *Le matérialisme rationnel* une double vie humaine, celle de l'homme diurne et celle de l'homme nocturne. Cela Bachelard l'appelle une double situation. De cette double situation, dit-il, la méconnaissance ne peut engendrer qu'un rationalisme fruste ou manqué, selon ses propres termes. Ainsi, l'œuvre de Gaston Bachelard doit-elle nous apparaître comme un effort acharné, mais serein et lumineux, pour tirer de la poésie de quoi donner à la science la philosophie qu'elle mérite.

1. Dans le tapuscrit : « ...où il l'invitait à l'humilité devant la science ».

2. Cette phrase et la suivante ont été ajoutées pour l'émission ; elles ne se trouvent pas dans le tapuscrit.

3. Les mots « ... à tenir la rationalité pour un ensemble de valeurs militantes » ne se trouvent pas dans le tapuscrit.

GASTON BACHELARD (1884-1962)

Moissons de l'esprit. Bulletin trimestriel des Presses universitaires de France, automne 1962, p. 65-66

La mort de M. Gaston BACHELARD, *membre du Conseil d'Administration et du Comité scientifique et littéraire des P.U.F., nous a cruellement frappés. Directeur de la Section Logique et Philosophie des Sciences, de la Bibliothèque de Philosophie contemporaine, membre de notre Conseil d'administration et de notre Comité scientifique et littéraire, il participa jusqu'à ses derniers jours à la vie des P.U.F.*

L'an dernier, lorsque fut décerné le Grand Prix National des Lettres 1961 à M. Gaston Bachelard, pour l'ensemble de son œuvre, nous avons rappelé (*cf.* Moissons de l'Esprit, automne 1961) les grandes lignes de sa carrière.

M. Georges Canguilhem, professeur à la Sorbonne, directeur de l'Institut d'Histoire des Sciences et des Techniques, présente ici l'œuvre de Gaston Bachelard[1] :

Gaston Bachelard est mort, le 16 octobre, dans sa soixante-dix-huitième année. Son œuvre est, à bien regarder, plus extraordinaire que sa carrière. Il n'est pas sans précédent dans l'Université qu'un petit commis passionné de culture ait fini à la Sorbonne et à l'Institut. Toujours des clercs et des laïcs ont trouvé dans l'instruction et le savoir une voie de promotion. Mais dans l'Université française aucun portrait de philosophe ne se trouvait qui pût servir de modèle à Gaston Bachelard. Sans doute des mathématiciens de première formation s'étaient-ils déjà auparavant tournés vers la

1. Le tapuscrit de cet article est conservé dans les archives du CAPHÉS (GC. 31.5.2; fol. 2-3; autre copie fol. 4-5). En substance, ce texte pour l'essentiel reprend quasi à l'identique des éléments de l'émission radiophonique reproduite ci-dessus.

philosophie, mais sans y rien retourner, à proprement parler. En venant des mathématiques à la philosophie, Gaston Bachelard y a amorcé une révolution épistémologique. Car il a pressenti, plus encore qu'il ne pouvait la ressentir, l'obligation pour le philosophe de renoncer franchement, au profit du savant, à quelques-unes de ses tâches anciennes. Du fait de sa situation historique, Bachelard a été l'un de ceux qui ont acquis la culture mathématique du XIXe siècle au moment où la science mathématique du XXe la dépassait. Mais il a entrevu avant tous et a soutenu contre l'opinion de beaucoup ce qui est depuis devenu évident, savoir que la critique de la science, la réflexion sur les fondements d'une science, font partie de cette science même, et qu'en conséquence la philosophie se trouve désormais déchargée d'une responsabilité qu'elle avait dû assumer à un certain âge de la science. *Le Nouvel Esprit scientifique* (1934) se lève à l'horizon des dernières pages de l'*Essai sur la connaissance approchée* (1927) : « On n'expliquera pas la pensée en faisant un inventaire de ses acquisitions, une force la parcourt dont il faut rendre compte. »

C'est pourquoi Bachelard, épistémologue, a souvent pris à partie les philosophes qui convertissent à peu de frais leur ignorance de la science en norme pour la science. Mais cela, à la rigueur, un savant aurait pu et peut encore le faire. L'originalité, et pourquoi ne pas le dire le génie, de Gaston Bachelard a consisté à ouvrir à la philosophie un nouveau champ de réflexion au moment où il l'invitait à la modestie devant la science. Il existait une méfiance très ancienne des philosophes à l'égard du langage et à l'égard de l'imagination. Gaston Bachelard a repris audacieusement à la littérature ce qu'elle considérait comme son bien. Il a cherché les images qui sont derrière les mots, les forces qui sont derrière les images, les axes qui dirigent ces forces. C'est ainsi qu'il a placé dans une Poétique la fonction que d'autres philosophes délèguent à une Ontologie : rendre compte de l'objet de la connaissance. La tâche du philosophe devient alors de soutenir et de contrarier à la fois, l'une par l'autre, la volonté de créer et la volonté de savoir. Le XIXe siècle avait légué au XXe une image de philosophe rationaliste assez sec, assez plat, identifiant la raison avec la mesure. Gaston Bachelard a revalorisé la démesure de l'imagination pour valoriser authentiquement la raison. Son rationalisme consiste à tenir la rationalité pour un ensemble de valeurs militantes plutôt que triomphantes et à accepter, comme il est dit dans *Le matérialisme rationnel* (1953), une double vie humaine celle de l'homme nocturne et celle de l'homme diurne. C'est là ce qu'il nomme la double situation, dont la méconnaissance ne peut engendrer qu'un rationalisme « fruste ou manqué ». Ainsi l'œuvre de Gaston Bachelard est un effort acharné, mais serein et heureux, pour tirer de la poésie de quoi donner à la science la philosophie qu'elle mérite [1].

Georges CANGUILHEM,
Professeur à la Sorbonne

1. Dans le tapuscrit : « ...peut être définie comme un effort tenace, serein et heureux pour chercher dans la poésie de quoi donner à la science la philosophie qu'elle mérite ».

LA CONSTITUTION DE LA PHYSIOLOGIE COMME SCIENCE

Ce texte qui a d'abord paru en 1963 a été intégré par Canguilhem aux *Études d'histoire et de philosophie des sciences*, ouvrage reproduit au tome III des *Œuvres complètes*.

L'HISTOIRE DES SCIENCES DANS L'ŒUVRE ÉPISTÉMOLOGIQUE DE GASTON BACHELARD

Cet article qui a d'abord paru en 1963 a été intégré par Canguilhem aux *Études d'histoire et de philosophie des sciences*, ouvrage reproduit au tome III des *Œuvres complètes*.

GASTON BACHELARD ET LES PHILOSOPHES

Cet article qui a d'abord paru en 1963 a été intégré par Canguilhem aux *Études d'histoire et de philosophie des sciences*, ouvrage reproduit au tome III des *Œuvres complètes*.

L'INADAPTATION, PHÉNOMÈNE SOCIAL [1]

1. Le colloque sur « L'Inadaptation, phénomène social » s'était tenu à Paris en décembre 1963. Il avait été organisé par le Centre catholique des intellectuels français. La revue trimestrielle du Centre, *Recherches et Débats*, en publia rapidement les travaux (l'achevé d'imprimer est du 27 mars 1964). Ce numéro de la revue se trouve dans la bibliothèque de Canguilhem au CAPHÉS (CAN 3528).

Sur l'histoire du Centre, dont Étienne Borne fut le secrétaire général de 1954 à 1961, et l'historien René Rémond (1918-2007) pendant une décennie le dernier président, voir : Claire Toupin-Guyot, *Les intellectuels catholiques dans la société française. Le Centre catholique des intellectuels français (1941-1976)*, Rennes, Presses de l'Université de Rennes, 2002.

C'est probablement par le truchement d'Étienne Borne (1907-1993), qui avait été un ami de Cavaillès, que Canguilhem fut invité à participer à ces débats sur l'inadaptation. Borne, ancien élève de l'École normale supérieure (1926), agrégé de philosophie (1930), avait été un très actif résistant, puis l'un des fondateurs du Mouvement Républicain Populaire – loin des sympathies politiques de Canguilhem – et professeur de khâgne de 1946 à 1961 à Louis le Grand et à Henri IV ; il avait quitté le secrétariat du Centre et le Comité central du MRP au moment de sa nomination comme Inspecteur d'Académie en 1962. Il sera Inspecteur général de philosophie de 1971 à 1974.

Une première session du colloque avait été consacrée au « point de vue médical » (p. 18-58) ; il ne semble pas que Canguilhem y ait été présent ; en tout cas, il ne participa pas à la discussion. Il le fit lors des deux sesssions suivantes, consacrées respectivement aux « Perspectives psycho-sociologiques sur l'adaptation » et au « Point de vue philosophique sur l'inadaptation dans le monde contemporain ».

Nous ne donnons ici que les segments de chacune des discussions auxquelles Canguilhem participa, à la suite chacune des deux conférences ; on trouvera à l'Annexe V (cf. *infra*, p. 1185-1199) les extraits de la longue conférence d'Eugène Enriquez, puis de la conférence de l'abbé Pierre Colin, les plus pertinents pour la compréhension des observations de Canguilhem.

Dans la revue, une conclusion suit les conférences et les discussions (p. 148-158). Elle n'est pas reproduite ici. Son auteur, Claude Soucy, y souligne notamment (p. 148) que l'usage du concept d'adaptation ne va pas de soi : « Il est certain, qu'il ne vaut pleinement qu'en biologie. M. Georges Canguilhem faisait observer que la société n'était pas à proprement parler un milieu, mais un réservoir de modèles. S'il a paru qu'un emploi social du concept était possible, ce n'est que dans la mesure où il est susceptible d'une interprétation *analogique*. » Spécialiste de la sociologie urbaine, Claude Soucy qui fut très actif au Centre catholique des intellectuels français est notamment l'auteur d'un ouvrage souvent réimprimé et plusieurs fois traduit *Pensée logique et pensée politique chez Teilhard de Chardin* (Paris, P.U.F., 1967).

1. Participation au débat à la suite de la conférence d'Eugène Enriquez, « Perspectives psycho-sociologiques sur l'adaptation »

Recherches et Débats, n° 46, mars 1964, p. 126-147

[...]

Eugène Enriquez [1]

Dans les sociétés traditionnelles et dans nos sociétés habituelles, il faut essayer de remettre le déviant dans la bonne voie. Il n'y en a qu'une seule, et sinon on l'élimine ou on l'enferme. [...] le déviant, par le fait même qu'il met en cause la société, exprime d'une part une opposition radicale à cette société, mais d'autre part aussi la manière dont est ressentie cette société, et qu'il peut y avoir ainsi une certaine valeur du déviant. L'idéal d'une société d'équilibre, ce serait une société dans lesquelles on ne considérerait pas qu'il y ait des déviants. Une société qui ne veut pas privilégier la notion de norme, ou qui essaye de se donner des normes temporaires tiendrait compte de la signification que pourrait avoir l'impression d'étouffement éprouvée par certains. Je dis souvent que toute entreprise devrait avoir un certain nombre de personnes parfaitement aberrantes, parce que c'est souvent grâce à elles qu'effectivement il y a des chances que l'entreprise évolue. Si l'on prend le problème au niveau de la société globale les évolutions non seulement artistiques mais scientifiques sont faites par des déviants, c'est-à-dire par des personnes qui n'ont pas accepté comme monnaie courante ce qui existait. Un livre comme celui de Bachelard sur la formation de l'esprit scientifique montre à quel point on tient fortement à un certain nombre de théories périmées. Une société qui serait capable d'intégrer ses déviants, c'est-à-dire d'estimer que la déviance est un phénomène normal, que c'est un phénomène de remise en cause qui peut permettre de faire progresser, pourrait arriver à des paliers d'équilibre chaque fois plus hauts.

1. Le psychosociologue Eugène Enriquez (1931-...) qui, après avoir enseigné à Poitiers et à Nanterre, poursuivit sa carrière à l'Université de Paris VII, est surtout connu pour son ouvrage *De la horde à l'État : essai de psychanalyse du lien social* (Paris, Gallimard, 1983), version remaniée d'une thèse de doctorat ès lettres (1980). La publication récente d'entretiens avec Joël Birman et Claudine Haroche, *Désir et résistance : contribution à une nouvelle anthropologie* (Lyon, Parangon-Vs, 2011), éclaire son parcours intellectuel et sa carrière.

GEORGES CANGUILHEM

C'est maintenant que nous abordons la difficulté. Dans votre présentation des sociétés d'ordre et des sociétés d'équilibre peut-être avez-vous présenté les deux concepts comme trop symétriques. Vous nous les avez présentés comme les éléments, les données du problème de l'adaptation ou de l'inadaptation; seulement je m'aperçois que, finalement la société d'équilibre, pour vous, c'est le remède possible, que c'est la solution du problème plutôt qu'un de ses éléments.

De la société d'ordre, vous avez parlé au présent et au passé, alors que vous ne nous avez donné aucun exemple de la société d'équilibre, et que vous avez parlé au conditionnel; « ce serait la société qui intégrerait, etc. » Je suis d'accord avec vous sur ces deux concepts. Historiquement parlant, si comme l'a fait remarquer tout à l'heure M. SOUCY, dans la période contemporaine il n'y a pas de société d'ordre pur, il n'y a pas non plus de société d'équilibre [1], parce que la société d'équilibre est plutôt une norme, un idéal à réaliser comme solution des problèmes d'inadaptation. Lorsque l'on parle de sociétés équilibrées, on s'aperçoit qu'il ne peut y en avoir que sous forme de groupes thérapeutiques. Ce ne sont plus des sociétés au sens des sociétés d'ordre. Les sociétés d'ordre ont une histoire, une existence que les individus ne choisissent pas. Le propre des sociétés d'équilibre (dans la mesure où l'on en voit de timides exemples), c'est d'être des sociétés expérimentales plutôt que des sociétés naturelles. Les sociétés historiques ne sont pas des sociétés expérimentales. Si l'on entre ou l'on adhère par choix dans des sociétés, alors évidemment il n'y a pas d'inadaptation, ou tout au moins l'inadaptation ne vient que du fait qu'on s'est mépris sur leurs possibilités. De sorte que je suis d'accord avec vous, mais que je me demande s'il ne faudrait pas montrer davantage que ce concept de société d'équilibre n'est pas tout à fait symétrique de celui des sociétés d'ordre.

1. Dans l'intervention dont il s'agit ici, Claude Soucy déclarait « Il me semble qu'il y a un siècle environ, du temps où Auguste Comte écrivait, on pouvait encore opposer aux sociétés d'ordre une société de progrès; il y avait encore des sociétés d'ordre possibles. Aujourd'hui il n'en est plus question. Quand vous décrivez des sociétés d'ordre, ce n'est plus le même ordre, c'est un ordre dynamique, c'est l'ordre rationnel du développement, et quand vous décrivez les sociétés d'équilibre, ce sont aussi des sociétés dynamiques, des sociétés de changement, mais qui attendent davantage ce changement de la liberté, de l'initiative individuelle que de la rationalité globale » (p. 98-99 de la revue).

EUGÈNE ENRIQUEZ

J'ai pu donner l'impression de présenter le modèle d'équilibre comme une solution. Aussi je voudrais nuancer ce que je viens de dire de la manière suivante. Il y a certains éléments qui existent dans notre société, c'est-à-dire que l'on trouve aisément non seulement dans des groupes expérimentaux mais dans une entreprise réelle, toute une série de procédés qui sont pour le moment encore embryonnaires, comme le « brainstorming » et autres procédés d'imagination créatrice qui essaient de promouvoir en quelque sorte ces activités d'innovation dans la société, de réalisation de soi. De plus je pense que dans aucune société réelle, on ne vit strictement sur un modèle d'ordre.

Ce que je voudrais dire aussi, c'est que je ne suis pas aussi optimiste que j'ai pu le paraître. J'ai aussi l'impression que les modèles d'équilibre sont un idéal auquel on essaiera toujours de parvenir sans véritablement y arriver. Une société intégrera certains déviants, et pas d'autres, à d'autres époques, on intégrera certains autres et pas les premiers, à certains moments une société aura besoin de souffler, c'est-à-dire qu'après s'être remise en cause pendant un certain temps elle vivra sur elle-même, elle aura tendance à redéfinir des normes extrêmement précises, et ce ne sera que 30, 50 ans plus tard que l'on reverra véritablement un mouvement se faire. C'est pourquoi la société d'équilibre absolu que j'ai présentée n'est pas une vraie solution.

GEORGES CANGUILHEM

La description de la société d'ordre se place sur le plan de l'histoire, donc du réel, alors que la définition de la société d'équilibre se plaçait sur un tout autre plan. Le fait que dans certaines sociétés modernes il y ait des éléments d'institutions, c'est-à-dire de mécanismes sociaux, pour permettre quelques satisfactions à ce besoin de déviance et de remise en question, des institutions destinées non à le duper, ni seulement à le canaliser, mais à l'utiliser dans le meilleur sens du terme, cela n'est pas douteux. Ce ne sont pourtant pas là des sociétés, au sens où l'on parle des sociétés d'ordre. Le mot « groupe » convient mieux, car le groupe c'est la société dans laquelle on entre pour un but déterminé en pleine conscience de ce que l'on va faire; alors il peut y avoir une auto-régulation, avec toutes les difficultés que cela comporte. C'est aux sociétés d'ordre que convient le mot d'adaptation (je ne dis pas le concept) parce que ce sont des sociétés autoritaires et que l'adaptation, qui a l'air d'être un concept descriptif, est en réalité un concept renfermant un jugement que le groupe porte sur l'individu.

En sociologie, le mot d'adaptation ne recouvre pas du tout le même concept qu'en biologie; en biologie, on reste sur le plan des rapports de l'organisme avec le milieu; ici c'est tout à fait différent. La société n'est pas un milieu, c'est un réservoir de modèles, qui estime que l'on ne peut avoir d'autres modèles que ceux qu'elle contient[1]. Ce qu'elle appelle adaptation, c'est purement et simplement la soumission, et ce qu'elle appelle l'inadaptation c'est la différence. La société d'équilibre est un idéal dans lequel la société serait constituée pour le déviant, c'est-à-dire dans lequel la différence serait la règle. La société d'ordre au contraire s'est donnée comme but la suppression de ces différences.

DOCTEUR PEQUIGNOT[2]

L'intervention de M. CANGUILHEM éclaire tout à fait les difficultés que je vous avais exposées en débutant; j'avais cru que vous nous aviez décrit deux sociétés réellement existantes et c'est pour cela que je ne comprenais pas. Il me semble que les sociétés d'ordre que j'appelle les sociétés rationnelles ne sont pas nécessairement des sociétés conservatrices. L'idéologie de la Révolution française ou l'idéologie marxiste aussi bien que les mouvements de prospective qui nous convient à faire le monde de demain plus scienti-

1. Que la société ne soit pas pour l'homme un « milieu » auquel il lui faille s'adapter, c'est une position que Canguilhem énonçait déjà un quart de siècle plus tôt, dans le *Traité de logique et de morale* (cf. *OC* I, p. 822) : « [...] les doctrines morales se partagent sur la question simple mais grave de savoir si l'ordre moral est fait ou donné, ou si l'homme tend à le faire et à se le donner. [...] une véritable honnêteté ne peut consister en aucun cas dans un simple effort utilitaire d'adaptation au milieu; on ne peut pas dire que tous les hommes agissant et même agissant de façon "correcte" dans un milieu social donné se conduiront de la *meilleure* façon possible ».

2. Henri Péquignot (1914-2003), médecin clinicien, catholique convaincu, actif au Centre catholique des intellectuels français et, comme Étienne Borne, engagé dans la démocratie chrétienne, était professeur à la Faculté de Médecine de Paris et titulaire de la chaire de clinique médicale de l'Hôpital Cochin à Paris. Après la guerre, durant laquelle il avait rejoint la France Libre, il avait terminé ses études médicales interrompues par le conflit, puis avait été recruté au ministère de la Santé. Dès les années 1950, il s'affirma comme un pionnier de l'organisation de la recherche en « économie médicale », ancêtre de l'économie de la santé, activité alors associée au Plan. Tout en se distinguant par de nombreux écrits médicaux, notamment en gérontologie et en déontologie médicale, il continuera tout au long de sa carrière à être en France un des penseurs importants en matière de politiques de la santé. Canguilhem participera avec Péquignot à des entretiens publics dans les années 1970 (cf. *OC* V) et préfacera dans les années 1980 son livre *Vieillir et être vieux* (« Problèmes et controverses », Paris, Vrin, 1re éd. 1981; 2e éd. 1986). Henri Péquignot a signé plusieurs articles sur l'œuvre de Canguilhem.

fique et plus rationnel peuvent être authentiquement modificateurs et révolutionnaires. Dans d'autres cas bien entendu ce seront des éléments rationnels et scientifiques qui serviront d'arguments conservateurs. De même dans les sociétés qui, sans chercher à se justifier scientifiquement, reposent simplement sur un équilibre de pulsions historiques, c'est-à-dire qui sont constituées sur des équilibres irrationnels, il y a des cas où ces équilibres entre forces, par exemple entre des classes sociales ou des races, ont une action conservatrice parce que finalement tout le monde trouve son intérêt dans cet équilibre; il y a des cas où, au contraire ce sont précisément ces pulsions qui sont révolutionnaires. En d'autres termes, je concevais très bien qu'il y ait des sociétés révolutionnaires par irrationalisme et des sociétés révolutionnaires par esprit scientifique, et qu'il y ait des sociétés conservatrices par irrationalisme et des sociétés conservatrices par esprit scientifique. L'explication de M. CANGUILHEM explique beaucoup mieux votre pensée, d'autant que là encore dans notre monde contemporain je ne vois pas beaucoup de sociétés véritablement statiques et conservatrices en réalité; elles évoluent toutes et même actuellement peut-être toutes avec le même rythme.

EUGÈNE ENRIQUEZ

Je n'ai pas suffisamment précisé que je me référais à deux modèles généraux entre lesquels évoluent en réalité toute personne et tout groupe social, avec une certaine prédominance dans nos sociétés du modèle d'ordre sur le modèle d'équilibre. Mais je dis bien prédominance, je ne dis pas qu'il n'y ait que le modèle d'ordre qui existe et que le modèle d'équilibre n'existe pas. J'ai essayé en cours de discussion de montrer à quel point le modèle d'ordre produisait par sa dialectique propre des besoins de changement, qui sont parfois dupés, mais qui parfois se produisent effectivement. Il y a une sorte de régulation entre les deux modèles. Ce sur quoi j'ai surtout voulu insister, c'est que les modèles d'équilibre sont beaucoup plus difficiles à réaliser pour la simple raison qu'il faut créer, être inventif, remettre en cause un certain nombre de concepts, inventer de nouvelles normes, et qu'une fois que l'on a été inventif, on a une certaine tendance à privilégier le moment où on l'a été, à resubstituer l'ordre à l'invention.

Mon impression personnelle est que nous sommes plus près du modèle d'ordre à l'heure actuelle; il y a une différence très forte entre ce qui se passe et l'idéologie que l'on peut en avoir. Il se passe un certain nombre de choses et l'on pense encore comme il y a trente ans. Mais sauf dans les sociétés les plus primitives qui ont défini leurs normes d'une manière très stricte mais qui justement n'ont pas progressé, ont stagné complètement, il n'y a pas de société qui soit parfaitement et définitivement une société d'ordre.

GEORGES CANGUILHEM

Ce mot de modèle n'est-il pas susceptible de deux interprétations légèrement différentes, selon qu'on y voit un moyen de comprendre ce qui existe, ou selon qu'on y voit ce que l'on pourrait construire et qui est encore de l'ordre de l'utopie ? Or la société d'équilibre est plutôt du côté de l'utopie que de la réalité.

[...]

2. PARTICIPATION AU DÉBAT À LA SUITE DE LA CONFÉRENCE DE PIERRE COLIN [1], « POINT DE VUE PHILOSOPHIQUE SUR L'INADAPTATION DANS LE MONDE CONTEMPORAIN » [2]

Recherches et Débats, n° 46, mars 1964, p. 126-147

[...]

GEORGES CANGUILHEM

Ne pourrait-on pas essayer de penser en termes d'évolution ce que M. l'Abbé COLIN a présenté en termes d'histoire, pour savoir si véritablement on retrouve, avec des concepts qui soient réellement empruntés à une biologie évolutionniste, les difficultés de la question, ou si, au contraire on les écarte ? Autrement dit, avant de décider pour ou contre une interprétation de la succession des types sociaux, des structures, des modèles par l'évolution ou par l'histoire, ne pourrait-on pas, partant des questions d'adaptation et d'inadaptation, voir ce que l'on peut et ce que l'on ne peut

1. L'abbé Pierre Colin (1923-2009), éveillé à la philosophie au lycée Louis-le-Grand par Gabriel Marcel, auquel il devait consacrer son dernier ouvrage, était professeur de philosophie à l'Institut catholique de Paris et devint plus tard doyen de la Faculté de Philosophie de cet établissement (1973-1985). Il fut notamment l'auteur de travaux sur la « phénoménologie existentielle » et d'un ouvrage à caractère historique, *L'audace et le soupçon : La crise moderniste dans le catholicisme français (1893-1914)*, Malakoff, Desclée de Brouwer, 1997.

2. Pour le texte de la conférence de l'abbé Pierre Colin, voir *infra* Annexe V, 2e partie, p. 1194-1199.

pas interpréter par l'évolution, et par conséquent à quel moment l'on est obligé d'avoir recours à un autre type d'explication?

Je pense que le concept d'adaptation nous permet une certaine description de la situation de l'homme relativement à d'autres organismes vivants, et à d'autres espèces vivantes, Par exemple, on peut expliquer certains aspects du fait humain par la théorie de la fœtalisation. Si on interprète l'existence de l'homme comme celle d'un fœtus de primate, alors l'on comprend la prolongation de l'enfance; cela est un problème susceptible d'être interprété par la biologie. On compare l'homme et l'animal sous le rapport du conditionnement de l'apprentissage. Cela permet de rendre compte de ce fait que l'enfance humaine n'en finit pas. Par conséquent cela explique à la fois le rapport des enfants aux parents et la possibilité d'une éducation qui est le propre de l'homme. À la différence du conditionnement de l'animal dans un milieu donné, c'est-à-dire de son *adaptation*, laquelle consiste à permettre sous l'intervention des excitants fournis par le milieu la mise en œuvre de certains comportements, l'éducation traduit la nécessité de chercher ses modèles de comportements ailleurs que dans des conduites toutes faites.

C'est ici qu'il faut se demander jusqu'à quel point le rapport entre l'individu et la société est encore susceptible d'être interprété par des concepts de caractère biologique comme celui d'adaptation qui ont un sens vrai dans une biologie évolutionniste. Est-ce que l'on peut continuer à l'utiliser, ou est-on obligé de passer à une autre interprétation qui fasse intervenir la catégorie du sens?

Voilà une façon, me semble-t-il, de retrouver notre problème en confrontant les deux interprétations: une interprétation évolutionniste, une interprétation historique. Est-ce que l'on peut aller jusqu'au bout? Est-ce que la société constitue pour l'individu humain un milieu au sens biologique? Qu'est-ce qui fait qu'elle ressemble à un milieu? Qu'est-ce qui empêche qu'elle en soit un au sens que prend ce mot dans une biologie évolutionniste? Voilà comment je procèderais si j'avais à examiner le problème pour essayer non pas de départager, car peut-être l'explication évolutionniste est-elle valable jusqu'à une certaine limite, mais de déterminer le moment où elle ne l'est plus que d'une façon métaphorique. Est-on tout de suite dans l'histoire? Ou bien y a-t-il un moment où l'on passe du rapport organisme-milieu au rapport appel de sens-réservoir de significations? Alors les concepts de caractère évolutionniste nous lâchent et le problème devient: pourquoi dans les sociétés modernes, dans les sociétés industrielles, où précisément les apprentissages sont constamment remis en question, rencontre-t-on ce que l'on appelle à tort des inadaptations ou des désadaptations ? Biologiquement, il n'y a pas inadaptation, en un certain sens ; ou bien l'animal est viable, ou bien il ne l'est pas. Tandis que le propre de la société, c'est qu'elle tolère pendant un certain temps, et même quelquefois pendant très longtemps, ce que l'on appelle des désadaptés, des inadaptés. Cette tolérance est quelque chose de nouveau, car dans le rapport organisme-milieu, l'organisme inadapté se trouve nécessairement éliminé. Ici, il n'y a pas élimination automatique du déviant, il y a encore des possibilités. Certes il y a des sociétés où le déviant n'a qu'une chose à faire, c'est de mourir ; mais pas tout de suite, cela peut durer un certain temps, et quelquefois pendant ce temps de tolérance se produit un changement social tel que chacun finit par trouver sa voie et son salut.

[…]

DOCTEUR PÉQUIGNOT

Le fait même d'employer en biologie des mots comme adaptation n'est-il pas un emprunt que les biologistes ont fait à l'histoire, à une conception humaine des choses, beaucoup plus qu'un résultat du progrès de la biologie elle-même considérée comme une science de la nature physicochimique ? N'est-ce pas un anthropomorphisme que nous avons introduit dans la biologie, anthropomorphisme qui nous permet maintenant de faire semblant de transplanter les concepts biologiques dans l'histoire, à laquelle ils ne conviennent en réalité tellement bien que parce qu'ils lui ont été empruntés ?

GEORGES CANGUILHEM

Le concept d'adaptation est un concept que les biologistes ont emprunté à l'expérience technique humaine. C'est d'ailleurs la raison pour laquelle tout au long du XIXe siècle on voit certains biologistes le refuser, parce que précisément anthropomorphique, entaché de finalité. Mais ensuite à l'occasion et par la voie de ces critiques mêmes, ils ont quand même réussi à donner une signification strictement biologique au problème des rapports entre les formes, les fonctions, les comportements et l'environnement.

Bref, il en va du concept d'adaptation comme de tous les concepts : il a été importé en biologie, puis il y a été soumis à une critique qui a opposé pendant très longtemps en France les lamarckiens aux darwiniens. Darwin, qui disait pourtant que la sélection naturelle, et par conséquent ce que nous appelons aujourd'hui le résultat adaptatif de la lutte pour l'existence, est un phénomène strictement mécanique, était considéré par les lamarckiens comme un finaliste, presque comme un théologien. C'est l'histoire de tous les concepts, qui s'épurent peu à peu et sont réduits progressivement à des protocoles d'expérience. Le concept d'adaptation a fini par perdre ses caractères anthropomorphiques et il est devenu un concept authentiquement biologique. À partir de ce moment, sa réimportation de la biologie dans la psychologie ou dans la sociologie en fait quelque chose de trivial; c'est-à-dire qu'il n'est plus accordé à l'usage que l'on veut en faire. On est donc obligé de le retravailler, et ce que nous faisons aujourd'hui, c'est un peu ce travail sur le concept. Faut-il conserver le mot pour désigner la situation de l'individu dans la société? Si le concept d'adaptation est devenu un bon concept biologique, son importation en psychologie ou en sociologie en fait peut-être *au départ* à nouveau un mauvais concept.

ABBÉ COLIN

Je remercie M. CANGUILHEM de cette précision, qui me délivre d'un malaise que j'ai ressenti en préparant cet exposé. En fait, j'ai eu beaucoup de mal à faire entrer dans le concept d'adaptation une problématique qui s'en accommode très mal. Peut-être est-ce en effet cette évolution du concept qui en donne l'explication : il est devenu à l'heure actuelle trop biologique pour être immédiatement adapté à l'analyse psychologique et surtout psycho-sociologique.

GEORGES CANGUILHEM

Je dirais qu'il a retrouvé en psychologie et en sociologie son sens trivial. Car à l'origine ce n'était pas un concept de spécialiste, c'était le concept de tout le monde, du caporal au régiment, du concierge, etc., et il finit par retrouver son caractère instrumental initial. Celui qui l'emploie se considère comme identifié à une société dont l'individu « adapté » ou « désadapté » se trouve être jugé comme le serviteur. On revient à une signification pré-biologique, à la signification d'origine.

DOCTEUR PÉQUIGNOT

Si j'ai posé la question, c'est que je crois en effet que le concept d'adaptation a tellement traîné que finalement il a des dangers propres. Nous en avons eu des exemples récents, qui ont abouti à des situations douteuses. On a mis sur un même plan un certain nombre de choses qui auraient mérité un effort d'analyse et de classement. Il y a actuellement dans la littérature courante un emploi de valeur variable de ce concept, et qui mériterait certainement une reclassification. Je me demande si l'histoire des mots ne témoigne pas dans certains cas comme d'une espèce de péché originel dont on n'arrive pas à les débarrasser et qui en fait l'occasion d'un certain nombre de malentendus.

[...]

GEORGES CANGUILHEM

Lorsqu'on essaie d'utiliser les concepts biologiques pour une explication des problèmes qui nous occupent, on est à un certain moment « lâché ». Ce n'est pas uniquement parce que l'homme est un fœtus de primate que la société industrielle lui impose, aujourd'hui, toutes sortes de situations dans lesquelles il se trouve perpétuellement obligé de réinventer. De même, on ne peut interpréter la parole humaine comme un pur fait biologique, on doit faire appel à une autre parole, qui est quelque chose de tout différent, une parole dont le sens n'a pas d'organe.

Je ne suis pas du tout hostile à une approche du problème par l'évolution, mais devant le problème de la parole et de la technique, c'est-à-dire du langage et de l'outil, et des moyens par lesquels le milieu social se révèle à l'individu, on doit finalement reconnaître un domaine spécifique, et je crois que c'est là que l'explication par l'évolution marque sa limite.

DIALECTIQUE ET PHILOSOPHIE DU NON CHEZ GASTON BACHELARD

Cet article qui a d'abord paru en 1963 a été intégré par Canguilhem aux *Études d'histoire et de philosophie des sciences*, ouvrage reproduit au tome III des *Œuvres complètes.*

LE CONCEPT DE RÉFLEXE AU XIXe SIÈCLE

Cet article qui a d'abord paru en 1964 a été intégré par Canguilhem aux *Études d'histoire et de philosophie des sciences*, ouvrage reproduit au tome III des *Œuvres complètes.*

LA PHYSIOLOGIE DEVIENT UNE SCIENCE

France Culture, émission diffusée le 25 avril 1964 [1]

François Le Lionnais — Peut-on dire qu'il existait une physiologie avant le XIXe siècle ? Oui, si on considère les remarquables découvertes de Harvey sur la circulation du sang, de Réaumur et de Spallanzani [2] sur la digestion, de Lavoisier sur la respiration. Je ne cite que les travaux principaux. Non cependant si on entend donner ce nom de physiologie à une discipline complète dont les travaux que nous venons de nommer ne constituent que des chapitres. C'est au XIXe siècle, et plus particulièrement au milieu du XIXe siècle, que la physiologie va se constituer en science autonome. D'où ce titre « La physiologie devient une science », titre de cet entretien qu'a bien voulu m'accorder Monsieur Canguilhem que je remercie de cet amical concours.

Georges Canguilhem, professeur d'histoire et de philosophie des sciences à la Faculté des Lettres de Paris, docteur en médecine, est l'auteur,

1. Le Fonds Canguilhem (GC. 30.1.4) conserve le canevas dactylographié de cette émission, avec des annotations manuscrites de Canguilhem. L'enregistrement de l'émission avait été fait chez François Le Lionnais à Boulogne-sur-Seine le 11 avril, deux semaines avant la diffusion radiophonique dans une série intitulée « Analyse spectrale de l'Occident ».

François Le Lionnais (1901-1984), ingénieur chimiste passionné de mathématiques et vulgarisateur scientifique, résistant communiste, déporté en 1944 au camp de Dora, fut après la guerre responsable de l'Enseignement et de la Diffusion des sciences à l'UNESCO, l'un des fondateurs de l'Association des écrivains scientifiques de France et aussi fondateur de l'Ouvroir de littérature potentielle (l'Oulipo), avec son ami Raymond Queneau (1903-1976). Membre du Comité des sciences de la RTF, il anima à la radio durant les années 1960 un grand nombre d'émissions scientifiques.

2. Sur Réaumur, *cf.* p. 768, n. 3, p. 780-782 ; sur Spallanzani, *cf.* p. 769, n. 4, 778 sq. et p. 788, note a.

entre autres ouvrages, de l'« Introduction » au *Traité de Physiologie* de Kayser qui vient de paraître aux éditions Flammarion[1].

Il était naturel que dans l'évolution des pensées et des recherches de l'histoire des sciences que l'anatomie ait précédé la physiologie. L'anatomie c'est l'étude des formes, des organes qui – au moins quand ils ne sont pas très petits – sont faciles à saisir et à décrire. La physiologie c'est l'étude des actions de la vie. Il y a ainsi, dans beaucoup d'autres sciences, pour ainsi dire une anatomie qui précède naturellement une physiologie. Dans notre cas, Monsieur Canguilhem, c'est au XIXe siècle que l'on peut saluer la naissance de la physiologie.

GEORGES CANGUILHEM — Oui, ou plutôt sa libération à l'égard de l'anatomie, son accession à l'autonomie et sa constitution comme science. Très exactement ce que Claude Bernard dans son fameux rapport de 1867 sur *Les progrès de la physiologie générale en France* a appelé la « renaissance de la physiologie ». Naturellement, il s'agit essentiellement de la physiologie animale et humaine.

F. LE LIONNAIS — Vous parlez de physiologie animale, mais je pense, dites-moi tout au moins si je me trompe, je pense que vous visez surtout celle des animaux supérieurs, les vertébrés, et je dirais même des vertébrés supérieurs, les mammifères.

G. CANGUILHEM — En gros, c'est incontestable. Cependant il y a eu dans les siècles précédents d'intéressantes découvertes sur les invertébrés. Et je citerai seulement les études de Spallanzani à la fin du XVIIIe siècle sur la respiration animale. Spallanzani a montré que la respiration au sens général, l'absorption d'oxygène et la restitution d'acide carbonique est un phénomène tissulaire et non pas seulement pulmonaire. Et il a étudié le phénomène sur beaucoup d'animaux qui sont précisément des invertébrés.

F. LE LIONNAIS — Nous avons célébré la mémoire de Spallanzani, non pas l'année dernière mais il y a deux ans, dans un entretien avec le docteur Torlais[2]. Nous avons signalé quel remarquable biologiste et je n'ose pas

1. Cette introduction avait pour titre « La constitution de la physiologie comme science ». Le *Traité* de Kayser parut en 1963. Cf. *supra*, p. 977, n. 2.

2. Jean Torlais (1897-1964), pratiqua à compter de 1921 la médecine à La Rochelle puis à Paris. Il fut l'auteur de plusieurs travaux sur les sciences en France au XVIIIe siècle et notamment

dire physiologiste, peut-être peut-on le dire quand même, en tout cas quel grand homme c'était. Revenons si vous le voulez au XIXe siècle et aux animaux supérieurs. La physiologie, eh bien c'est maintenant un domaine déjà immense, un royaume qui comporte beaucoup de provinces. Quelles sont les provinces de la physiologie qui ont été conquises les premières, qui ont été, après la conquête explorées dans leurs détails, et enfin mises en valeur ?

G. CANGUILHEM — Eh bien, je crois que si nous écartons les détails secondaires…

F. LE LIONNAIS — Nous y sommes bien obligés, nous ne pouvons pas faire un traité de physiologie en un quart d'heure !

G. CANGUILHEM — Évidemment ! On peut classer ces conquêtes sous trois titres différents : l'énergétique animale, la neurophysiologie et la nutrition.

F. LE LIONNAIS — L'énergétique animale, puisque vous en avez parlé en premier, c'est-à-dire, disons tout simplement, l'étude de la chaleur animale. Je dois vous dire, mais vous le savez, que nous avions déjà parlé des débuts de cette science, il y a deux ans, en évoquant les beaux travaux de calorimétrie de Lavoisier. Je me souviens que nous avions rappelé l'anecdote que je vais encore redire si vous me le permettez. Nous avions rappelé combien Lavoisier – qui a fait d'ailleurs une partie de ses travaux avec Laplace – était sensible à ces expériences. Il était obligé de mener des oiseaux jusqu'au bord de l'asphyxie et ça lui faisait beaucoup de peine, il faisait son possible pour que ces expériences ne durent pas trop longtemps et n'aient pas un résultat trop funeste. Ceci dit, revenons à notre énergétique animale pour voir ce qu'elle est devenue maintenant.

G. CANGUILHEM — Ce sont effectivement les travaux de calorimétrie de Lavoisier et de Laplace[1], faisant suite aux découvertes de Lavoisier sur la nature de la respiration en 1777, qui servent de point de départ à ceux qui se poursuivent au milieu du XIXe siècle. Travaux auxquels il faut rattacher en

sur Réaumur. Cf. *Un esprit encyclopédique en dehors de l'"Encyclopédie", Réaumur d'après des documents inédits*, Paris, Lirairie scientifique et technique Albert Blanchard, 1937. Une deuxième édition, revue et augmentée parut en 1961 chez le même éditeur.

1. *Cf.* p. 768-769, 774.

premier lieu les recherches sur la circulation, sur la pression sanguine, et sur l'irrigation en général des tissus. Travaux auxquels Magendie et un physiologiste trop souvent passé sous silence, Poiseuille[1], ont donné leur premier essor. Déjà avant 1838 et à l'occasion d'une mise au concours par l'Académie des Sciences – entre parenthèses, il faut souligner ici le rôle qu'a joué l'Académie des Sciences par l'institution d'un Prix de physiologie générale, un Prix Montyon, fondé par Montyon[2] à l'instigation de Laplace, et par la mise au concours de questions. Despretz et Dulong[3] avaient observé que la respiration ne suffit pas à expliquer la production de toute la chaleur animale et ils avaient cherché l'origine de ce reste de chaleur animale dans l'apport alimentaire. Et ce sont les travaux de Regnault et de Reiset, leurs recherches chimiques sur les animaux de diverses classes, en 1849, qui ont pour la première fois établi un rapport qu'on pourrait dire d'équation, entre le dégagement de chaleur animale et l'apport alimentaire énergétique.

F. Le Lionnais — Je me permets de vous interrompre pour rappeler à nos auditeurs que ce n'est pas la première fois que nous leur donnons des exemples de grandes découvertes qui sont faites lorsqu'elles portent sur des résidus qu'on ne peut pas expliquer d'une seule manière. On a trouvé comme ça trouvé dans l'air l'argon, le néon, le krypton, parce que quand on avait enlevé de l'air tout l'oxygène et tout l'azote, et toutes les impuretés classiques bien entendu, eh bien il restait quelque chose. Et ce sont souvent ces restes qui sont souvent non pas des choses méprisables, mais l'origine de grandes découvertes.

G. Canguilhem — Dans le même ordre, il faut signaler les travaux de Magendie et de Claude Bernard, vers les années 1859, concernant la possibilité d'obtenir la mort animale par arrêt du cœur lorsque l'on élève la température des mammifères au-delà de 45° et la température des oiseaux au-delà de 50°.

1. *Cf.* p. 786 et 990-991.

2. Jean-Baptiste Auget de Montyon (1733-1820), enrichi dans l'administration, fonda en 1782 un « prix de vertu » et un prix littéraire décernés par l'Académie française et un prix scientifique décerné par l'Académie royale des sciences.

3. César Despretz (1791-1838), chimiste et physicien français d'origine belge, élève de Gay-Lussac, professeur à la Faculté des sciences de Paris. Pierre-Louis Dulong (1785-1838), chimiste et physicien fraçais, enseigna successsivement à l'École normale, à l'École vétérinaire d'Alfort, à l'École Polytechnique et, enfin, à la Faculté des sciences de Paris.

Dans le même ordre d'idées, il faut signaler les premiers travaux d'énergétique de Julius Robert Mayer[1] qui, en 1840, a élargi la loi de conservation de l'énergie jusqu'aux phénomènes biologiques. Liebig[2], le grand chimiste, le fondateur de la chimie organique, dès 1842, a établi également un rapport entre l'énergie vitale et les apports alimentaires. En fait, c'est plus tard, postérieurement à l'époque que vous me proposez de caractériser, que Marcelin Berthelot[3] a réuni dans une grande synthèse toutes ces recherches d'énergétique animale.

F. Le Lionnais — Nous avons d'ailleurs consacré tout un entretien dans cette même saison, il y a quelques mois, à Mayer en tant que père du premier principe de la thermodynamique, le principe de la conservation de l'énergie, et il faut par conséquent saluer le fait que ce grand apport à la physique est dû à un médecin essentiellement.

G. Canguilhem — À un médecin qui a fait ses recherches à partir d'observations sur la circulation du sang dans les pays tropicaux.

F. Le Lionnais — Parfaitement. Eh bien, le second point que vous aviez signalé, Monsieur Canguilhem, c'était la neurophysiologie. Et je vous propose de passer à son évocation. La neurophysiologie, ce terme l'indique, c'est l'étude du système nerveux, mais en prenant naturellement le mot système nerveux de la manière la plus complète, c'est à-dire partout où il y a des cellules nerveuses, des neurones, par conséquent le cerveau et toutes ses dépendances, les nerfs, les organes des sens, et je ne nomme pas ces autres organes moins familiers au grand public mais qui sont indispensables pour faire marcher la machine nerveuse.

G. Canguilhem — Pendant l'époque à laquelle vous vous intéressez aujourd'hui, à laquelle nous nous intéressons tous les deux, l'étude dominante a été celle des mouvements réflexes. Il avait fallu qu'un Anglais, Bell, et un Français, Magendie[4], établissent en 1811, et ensuite en 1822, ce fait anatomo-physiologique que les racines des nerfs rachidiens sont fonctionnellement distinctes. Que la racine postérieure est une racine

1. *Cf.* p. 984.
2. *Cf.* p. 771 et p. 991-994.
3. *Cf.* p. 994-995.
4. *Cf.* p. 814.

sensible, que la racine antérieure est une racine motrice. À partir du moment où il était bien spécifié, bien établi, que sensibilité et motricité ont des organes, sont des fonctions d'organes distincts, alors le problème du rapport entre l'excitation et la réaction pouvait être abordé expérimentalement.

F. Le Lionnais — Mais oui.

G. Canguilhem — Et c'est pourquoi, vers les années 1832-33, on voit quasi simultanément un Anglais, Marshall Hall, et un Allemand, le grand physiologiste Johannes Müller[1], découvrir la fonction réflexe de la moelle épinière. Il y a eu là, comme en beaucoup d'autres cas, une petite querelle de priorité, dans laquelle Marshall Hall n'a pas eu un rôle parfaitement courtois. Mais, en réalité, si Hall quelques mois auparavant n'avait pas publié ses recherches sur la moelle épinière, il était certain que l'état de la neurologie à l'époque imposait cette découverte des réflexes, et Müller aurait été celui qui l'aurait faite.

F. Le Lionnais — C'est une chose que nous constatons aussi souvent dans l'histoire des sciences, c'est qu'il arrive un moment où une découverte est mûre, où l'époque est toute prête à la donner et, au fond, il est presque secondaire de savoir quel est le savant qui la trouvera. En mathématiques, nous avons cité dans le temps le calcul infinitésimal, c'est l'exemple classique.

G. Canguilhem — Eh bien, le cas de la découverte des mouvements réflexes par Hall et Müller est un exemple du même ordre et aussi topique pour indiquer à quel point l'état de certaines questions et aussi la mise au point de certaines techniques fait que la découverte, je ne dis pas naît d'elle-même, mais s'impose à une sorte d'esprit objectif de la science elle-même.

F. Le Lionnais — Elle devient pratiquement inévitable. Mais nous n'en avons pas terminé avec la neurophysiologie.

G. Canguilhem — Ah non ! Certes non ! Car il faut indiquer que Müller dont je viens de parler a été le père, le fondateur d'une grande école de physiologistes allemands qui ont contribué au développement de cette neurophysiologie. Et ses deux élèves principaux sont Émile Du Bois-

1. Sur Hall et Müller, *cf.* p. 978.

Reymond[1] dont les recherches sur l'électricité animale datent de 1848-49 et surtout, le grand Helmholtz, le grand physicien qui était d'abord un médecin, un physiologiste, et dont les travaux sur l'optique physiologique, l'acoustique physiologique, sont connus de tout le monde.

F. LE LIONNAIS — Effectivement.

G. CANGUILHEM — C'est Helmholtz[2] qui a construit pour la première fois en 1850 l'ophtalmoscope qui est devenu aujourd'hui un instrument indispensable de la fonction optique et c'est le même Helmholtz qui en 1850 a pour la première fois établi que l'influx nerveux se propage à une vitesse déterminée le long de la fibre nerveuse.

F. LE LIONNAIS — C'est vraiment un très grand homme cet Helmholtz, et quand on songe – vous nous disiez Monsieur Canguilhem qu'il est parti en effet de la médecine et qu'il a abouti dans la physique – j'aimerais même que l'on dise qu'il est allé plus loin dans un certain sens, car il a fini par des travaux arithmétiques qui ne manquent pas d'importance.

G. CANGUILHEM — D'accord.

F. LE LIONNAIS — Il a vraiment couvert presque le domaine des sciences.

G. CANGUILHEM — Il a même fini, à l'Université de Berlin, comme professeur de philosophie.

F. LE LIONNAIS — Oui, oui.

G. CANGUILHEM — De *Naturphilsophie*.

F. LE LIONNAIS — C'est une trajectoire étonnante.

G. CANGUILHEM — À la même époque, il faut signaler, en ce qui concerne les recherches sur les organes des sens, ceux de Johannes Müller, ses travaux sur l'énergie spécifique des nerfs. Ses recherches sur la vision, auxquelles il faut ajouter les travaux d'un éminent physiologiste tchèque, Purkinje[3],

1. *Cf.* p. 979 *sq.*
2. *Cf.* p. 980 *sq.*
3. Jan Evangelista Purkinje (1787-1869) anatomiste et physiologiste tchèque, docteur en médecine de l'Université de Breslau (1813), enseigna à cette université, puis à celle de Prague.

à Prague. En France, vers la même époque, Flourens[1] étudiant la fonction des canaux semi-circulaires de l'oreille a ajouté une sorte de sens supplémentaire à ceux qui étaient connus auparavant.

F. LE LIONNAIS — Nous en arrivons maintenant, pour la physiologie animale toujours, au troisième volet de notre triptyque : la nutrition. La nutrition c'est un mot qui couvre une variété extraordinaire de phénomènes. C'est essentiellement au fond tout ce qui concerne la transformation de substances extérieures et étrangères à notre organisme en notre propre substance, par ces voies que sont la digestion, la respiration, la circulation. Et ça finit évidemment dans les cellules. On connaissait déjà pas mal de choses au XVIIIe siècle et même avant le XVIIIe siècle sur ces grandes activités. Quel est l'apport de ce milieu du XIXe siècle ?

G. CANGUILHEM — Eh bien, cet apport me paraît être essentiellement de nature chimique. C'est dans ce domaine que la physiologie s'est appuyée sur la chimie comme sur une science auxiliaire absolument indispensable. La nutrition est à la fois un phénomène chimique et un phénomène biologique proprement spécifique. C'est de cette époque, et nous en avons dit un mot tout à l'heure à propos de l'énergétique, c'est de cette époque dis-je que date la méthode d'établissement de bilans nutritifs et d'équations énergétiques. C'est l'époque où Dumas et Boussingault[2] ont fondé ce qu'ils appelaient la statique chimique. Nous avons dit tout à l'heure un mot de la loi de conservation telle que Mayer l'avait établie et Liebig confirmée.

En ce qui concerne la digestion, les problèmes sont très importants à cette époque et les recherches sont considérables ; les résultats sont de première importance. Je citerai simplement les travaux de Johannes Müller et de son élève Theodor Schwann[3] sur la digestion des protéines, et leur découverte de la pepsine en 1836. De même, les travaux de Claude Bernard. Et ici il faut remarquer que Claude Bernard s'il a découvert en 1850 la fonction du pancréas dans la digestion, la fonction du suc pancréatique, Claude Bernard avait commencé ses recherches sur la digestion beaucoup plus tôt, et ce sont ces recherches qui ont abouti à cet événement physiologique capital de l'époque, la découverte de la première sécrétion interne, à savoir la fonction

1. Sur Flourens, *cf.* p. 996, n. 1.
2. Sur Dumas et Boussignault, *cf.* p. 758, n. 3.
3. Sur Theodor Schwann, *cf.* p. 979, n. 1.

glycogénique du foie. Le terme de sécrétion interne date de 1855, mais la découverte de la fonction glycogénique qui a donné lieu à une relation de Claude Bernard à l'Académie des sciences est de 1848 et sa thèse de science qui porte essentiellement sur cette question, sa thèse de science est de 1853. Sans doute, par sécrétion interne il ne faut pas entendre ici ce que depuis on appelle hormone, c'est-à-dire un excitant chimique à distance. La sécrétion interne c'était ici un métabolite intermédiaire, mais le mot interne désignait précisément ceci : on découvrait pour la première fois un phénomène de sécrétion qui ne s'accompagnait pas d'excrétion à l'extérieur par l'intermédiaire du tube digestif.

F. Le Lionnais — C'était évidemment un très grand renouvellement. Dans l'entretien qui vient de précéder le nôtre, nous venons de saluer, avec Monsieur Rostand[1], la naissance si je puis dire de la cellule animale, en descendant d'un étage dans le domaine de la morphologie et de l'anatomie, en passant des organes aux cellules, eh bien on invitait aussi la physiologie à suivre cette descente et elle aussi à se constituer, après la physiologie des organes, en une physiologie des tissus et des cellules.

G. Canguilhem — C'est ce que d'ailleurs la physiologie n'a pas manqué de faire. Et aussi bien en Allemagne qu'en France. Schwann est un des pionniers de cette physiologie cellulaire, et quand à Claude Bernard, son dernier cours au Muséum en 1878 portait sur les phénomènes de la vie communs aux animaux et aux végétaux, c'est-à-dire essentiellement sur une physiologie cellulaire.

F. Le Lionnais — Mais tous ces domaines devaient être amenés à réagir les uns sur les autres.

G. Canguilhem — C'est effectivement ce qui est arrivé. Tous ces domaines, nutrition, respiration, circulation, énergétique générale, ont abouti à l'idée que dans un organisme cellulaire la vie vient du fait que les éléments biologiques baignent dans ce que Claude Bernard a appelé en 1859 le milieu intérieur. Et ce concept de milieu intérieur est un des concepts fondamentaux qui s'ajoutant, et d'ailleurs complétant celui de sécrétion

1. Jean Rostand (1894-1977), biologiste français conduisit ses travaux à ses frais, sans affiliation professionnelle et se fit largement connaître par de talentueux ouvrages de vulgarisation scientifique.

interne, ont été à l'origine d'un renouvellement conceptuel tout à fait remarquable de la physiologie.

F. LE LIONNAIS — Nous nous sommes étendus comme il le fallait sur la physiologie des animaux, mais nous savons maintenant, si je puis dire, que les végétaux aussi sont des êtres vivants et puis nous savons qu'ils sont faits de cellules, comme les animaux, alors il faut bien, et on le pressentait avant, bien sûr, il faut bien qu'il y ait une physiologie végétale.

G. CANGUILHEM — Il y avait effectivement une physiologie végétale, du moment où les recherches de Théodore de Saussure[1] sur la chimie de la végétation et en particulier sur la respiration – cela date de 1804 – à partir du moment où il y a eu les travaux de Saussure, toutes sortes de prolongements de ses recherches ont été explorées et en particulier par Dutrochet[2]. Dutrochet qui, après avoir découvert vers 1826 les lois de l'osmose, c'est-à-dire les lois de la perméabilité de la membrane cellulaire, a, le premier, montré l'identité des phénomènes respiratoires chez les animaux et chez les végétaux, en 1837.

F. LE LIONNAIS — La découverte de la cellule, que je viens d'évoquer – la cellule qui existe aussi bien chez les animaux que chez les végétaux – la découverte aussi de fonctions chimiquement identiques, comme la respiration, vous venez de nous le dire, tout cela établissait bien l'existence d'un phénomène "vie" qui était commun aux végétaux et aux animaux, et qui était plus important que leurs différences. Et alors, cela pose au-delà de la physiologie animale, au-delà de la physiologie végétale, la question de savoir si on ne pourrait pas parler d'une physiologie générale dont le programme serait de déterminer ce qu'il y a de commun, et évidemment par conséquent ce qu'il y a d'essentiel aux deux physiologies.

G. CANGUILHEM — Effectivement, la question était dans l'air, elle s'est imposée, et je rappelle que nous venons de voir Claude Bernard finissant sa vie, sa vie universitaire, par un cours de physiologie générale et, déjà en

1. Le Genevois Nicolas-Théodore de Saussure (1767-1845) se fit connaître dès 1797 par une série de travaux publiés dans les *Annales de chimie* sur le gaz carbonique et sa formation dans les tissus végétaux. Ses *Recherches chimiques sur la végétation* (Paris, Veuve Nyon, an XII-1804) sont reconnues comme l'un des textes fondateurs de la physiologie végétale.

2. Sur Dutrochet, *cf.* p. 992, n. 7.

1867, le rapport dont il avait été chargé sur les progrès de la physiologie en France depuis le début du XIXe siècle, portait le titre *Rapport sur les progrès de la physiologie générale.*

F. LE LIONNAIS — Dans cette “Analyse spectrale de l’Occident” nous nous devons évidemment de rendre justice à tous les pays, et ils sont tous d’Occident, qui ont contribué à l’œuvre commune.

G. CANGUILHEM — Eh bien, en gros, à l’époque dont nous nous entretenons, les deux grandes écoles de physiologistes sont l’école allemande et l’école française. Pour les Allemands, il s’agit essentiellement, comme nous l’avons déjà rappelé, de Johannes Müller et de ses disciples, Du Bois-Reymond, Helmholtz et Brücke. Brücke dont je me permets de signaler qu’il a été le maître de Freud qui avait commencé sa carrière comme physiologiste.

Nous avons vu également qu’il y a eu Purkinje et une école de physiologistes tchèques très importante, à Prague. En France, après Magendie et Claude Bernard qui ont été surtout des physiologistes de laboratoire, il faut dire un mot de Brown-Sequard qui a été plutôt un physiologiste à partir d’observations cliniques et dont les recherches sur la physiologie et la pathologie des surrénales en 1856 méritent d’être rappelées

F. LE LIONNAIS — Il est clair que l’Allemagne et la France dominent dans ce domaine l’Occident. Tout de même elles n’ont pas le monopole exclusif de la physiologie.

G. CANGUILHEM — Elles n’ont pas le monopole mais ce sont les deux écoles pilotes de l’Occident à cette époque. Bien entendu, il y avait des physiologistes en Angleterre, nous avons parlé de Marshall Hall à propos des réflexes; en Russie, il y a eu à Moscou Bassov [1] auquel on doit attribuer l’invention de la première fistule gastrique expérimentale.

F. LE LIONNAIS — Et l’Italie?

G. CANGUILHEM — Eh bien, les Italiens se sont beaucoup occupés de phénomènes nerveux et de lois de l’excitation. Les Italiens ont été, probablement à cause de la tradition inaugurée par Galvani [2], les Italiens ont été à

1. Sur Bassov, *cf.* p. 998, n. 2.
2. Sur Galvani, *cf.* p. 812-813.

cette époque des électro-physiologistes essentiellement. En 1827, Nobili[1] a construit un galvanomètre astatique qui permettait de mesurer des courants de faible amplitude et de mettre en évidence le caractère électrique des phénomènes nerveux, et Mateucci[2] en 1841 a fait des recherches expérimentales sur l'électricité animale qui ont servi de point de départ aux travaux de Du Bois-Reymond.

Nous pouvons à peine dire un mot de l'Amérique. À cette époque elle est à l'école en Europe et depuis elle est devenue l'institutrice de l'Europe.

1. Sur Nobili, *cf.* p. 987.
2. Sur Mateucci, *cf.* p. 979-980 et 987.

GASTON BACHELARD

Émission diffusée dans le cadre de l'Université radiophonique, 20 mai 1964

Dans une galerie des portraits de philosophes[1], celui de Gaston Bachelard paraît extérieurement conforme à la loi du genre : une vie aussi peu mondaine que possible, un manque total d'intérêt pour les questions d'ordre administratif, économique ou technique, la passion de la lecture et de la réflexion solitaires, le seul souci étant de comprendre mieux, d'apprendre plus, d'écrire non pour le plaisir d'écrire mais pour le bonheur de penser.

Et cependant l'œuvre de Gaston Bachelard s'inscrit dans l'histoire de la philosophie contemporaine en rupture d'intention, de style et de conclusions, relativement à toutes les familles, à toutes les traditions universitaires ou extra-universitaires, françaises ou étrangères. La différence de Bachelard éclate au XXe siècle comme celle de Nietzsche au XIXe.

Quand on étudiera la genèse de l'œuvre de Jean-Paul Sartre, on pourra, en s'aidant d'ailleurs de ses confidences, mesurer la dette de ses commencements, entre-les-deux-guerres, envers ce qu'il a lui-même appelé « les outils qu'on pouvait se procurer en Allemagne ». Il sera moins aisé d'établir de quels secours Bachelard a pu tirer parti dans ses commencements. À bien regarder, son œuvre ne nous instruit pas sur la formation de sa pensée. L'histoire de sa pensée c'est l'œuvre elle-même, qui ne comporte aucun ouvrage semblable à l'*Histoire de mes pensées*[2] dans l'œuvre d'Alain.

1. Ce texte a été repris lors d'une émission diffusée sur France Culture le 14 novembre 2003 dans la série « Courants philosophiques actuels ». L'enregistrement en est disponible sur CD de l'Institut national de l'audiovisuel.

2. Paris, Gallimard, 1936.

Bachelard nous confie souvent ses réactions de lecteur, ses projets d'étudiant perpétuel, mais ne dit jamais rien de ses sources philosophiques. Dans ses premiers ouvrages, quelques références à Fichte[1], à Renouvier[2], à Hamelin, à Bergson paraissent davantage dues à la politesse du professeur qu'à la gratitude du philosophe. Osons le dire, Bachelard se présente à nous comme un philosophe sans dettes philosophiques. Sa philosophie naît vraiment à neuf d'une méditation directe sur deux phénomènes de culture, la science et la poésie considérées dans la fraîcheur de leur modernité.

Sans doute, il existait de toujours une liaison étroite entre la philosophie et la science. Platon, Descartes, Leibniz, Kant, pour ne citer que les grands, en sont des témoins classiques. Mais les sciences mathématiques et physiques, au cours du XIXe siècle, étaient devenues décidément modernes, c'est-à-dire conscientes des relations, des opérations et des structures dont les sciences classiques prenaient certains cas singuliers pour leur objet, qu'elles croyaient « naturel ». Les géométries non-euclidiennes, la théorie des groupes, la théorie des ensembles, la physique relativiste et la physique quantique rentraient malaisément dans les cadres que les rationalismes d'inspiration kantienne ou de tradition positiviste continuaient de proposer à toute philosophie de la connaissance. Le génie de Bachelard a consisté d'abord à penser qu'il n'y a pas de sens commun philosophique éternel qui tienne devant le renouvellement de la science, ensuite – et c'était le plus difficile – à enseigner par l'exemple aux philosophes qu'il ne suffit pas, devant les révolutions scientifiques, de se faire une raison, mais qu'il faut se refaire la raison. Ce sont aujourd'hui banalités. Ce fut en son temps une nouveauté. Comme il y avait chez Bachelard la discrétion de l'ironie, cette nouveauté, au temps de l'*Essai sur la connaissance approchée*, put passer pour la réplique de quelques rationalismes qui avaient cru adapter la philosophie à la science en fluidifiant la raison. Mais après *Le Nouvel Esprit scientifique*, *La Philosophie du Non* et le *Rationalisme appliqué*, il fallut

1. Johan Gottlieb Fichte (1762-1814), le premier des grands successeurs idéalistes de Kant est rarement mentionné par Canguilhem, presque toujours en association avec d'autres philosophes qu'il commente dans quelques-uns de ses cours inédits, comme Kant ou Windelband. Il soulignait en 1939, dans le *Traité de logique et de morale* (*OC* I, p. 912), que son nationalisme ne saurait être confondu avec celui de Hitler.

2. Charles Renouvier (1815-1903) avait reçu à l'École Polytechnique l'enseignement d'Auguste Comte. Il est toujours favorablement connoté dans les quelques mentions de son œuvre par Canguilhem, depuis les premiers écrits de celui-ci (cf. *OC* I, p. 225, 381).

bien convenir que Bachelard avait plaisanté sérieusement, efficacement, en se déclarant surrationaliste. Le rationalisme délivré est une inversion des valeurs traditionnelles; il enseigne que le discursif doit éliminer l'intuitif, que les axiomes ne véhiculent pas l'évidence mais qu'ils la suscitent au terme d'un effort de cohérence, que le complexe est plus clair que le simple, que la synthèse fonde l'analyse, que le possible théorique engendre le réel expérimental. Pour garantie de cette mutation épistémologique, Bachelard n'a jamais invoqué rien d'autre que le mouvement même du savoir. C'est la science qui ordonne la philosophie, parce que, à l'intérieur d'elle-même, son histoire qui est celle de ses reconstructions est génératrice de conscience philosophique, de conscience du sens de son histoire. Quand la science apparaît sans équivoque comme un phénomène de culture, chercher quelle est la nature de la raison est un contresens philosophique. On conçoit alors pourquoi Bachelard n'a jamais cherché à affilier son rationalisme à quelque école philosophique que ce soit. Il s'est complu, non sans quelque malice, à se dire non-cartésien, non-kantien. Entendons par là qu'il avait renversé le rapport jusqu'alors admis entre la science et la raison. Selon Bachelard, il faut revenir incessamment des applications aux principes, c'est à-dire de la science à la raison, et non descendre une fois pour toutes des principes aux applications.

La construction ininterrompue d'une épistémologie rectifiée, sur le modèle d'une science en polémique avec soi-même, n'est cependant que l'exécution très originale par Gaston Bachelard d'un projet qui, nous l'avons vu, a toujours été celui des philosophes pour qui la science existe. Mais la relation quasi conjugale de la philosophie et de la science avait souvent été exclusive de tout autre liaison. Platon n'aimait ni les poètes, ni les peintres dont les effets procèdent d'une volonté d'illusion. Descartes, s'il avait composé quelques vers à la cour de la Reine Christine, n'avait pas accordé, de loin, à la poésie la même attention qu'à la géométrie ou à l'anatomie. Il avait fallu attendre Kant pour que les beaux-arts fussent admis, au même titre que les sciences, à la dignité d'objets de la critique philosophique. S'inspirant de Kant, la philosophie romantique, en Allemagne, avait noué avec la poésie un pacte aux termes duquel le pouvoir créateur, fondateur, originaire, de l'imagination était reconnu légitime dans l'un comme dans l'autre domaine. Mais au cours du XIXe siècle, en France du moins, la philosophie avait ignoré que face à la science, conscience du réel, la poésie et la peinture contemporaines en toute liberté et parfois avec sauvagerie, revendiquaient pour l'art la conscience du possible. Aucun philosophe de l'époque n'avait accordé à Baudelaire que l'imagination est la reine des facultés[1], qu'elle gouverne le monde après l'avoir créé. La psychologie naissante, enchaînée à la physiologie, s'empêtrait à expliquer comment l'imagination, faculté des images, pouvait être créatrice, en disloquant, en recomposant – et pour tout dire en bricolant – ces résidus de perceptions à quoi elle réduisait les images. La même psychologie considérait le rêve et la rêverie comme des phénomènes de détente de l'énergie psychique. Ce raccourci, dont ne nous échappe pas l'artifice, est indispensable pour situer et saisir en son importance capitale le second projet philosophique de Bachelard, cette fois aussi profondément original en ce qu'il vise qu'en ce qu'il met en œuvre. Bachelard est le philosophe de l'imagination, de l'imagination créatrice, de l'imagination volontaire. Ce surrationaliste reconnaît à l'imagination une fonction fondatrice plus encore que fondamentale, « la fonction de l'irréel ». Dans ses ouvrages, maintenant universellement connus, consacrés aux quatre éléments de l'imaginaire le feu, l'air, l'eau, la terre, Bachelard s'est appliqué à établir le caractère primitif de la fonction de l'irréel, à accréditer l'imagination comme l'activité psychique d'avant-garde, à montrer l'image frayant ses voies à la perception, le rêve stimulant la veille. Archétypes de l'inconscient, les éléments oniriques foisonnent, fourmillent en images renouvelées, renouvelantes aussi. Les images ne sont pas des rappels, elles sont des promesses. Une telle philosophie fait éclater les cadres et les concepts des psychologies antérieures. De quels arguments n'avait-on pas étayé la distinction de l'imaginaire et du volontaire? « Nous ferons constater, dit Bachelard, que l'imagination et la volonté qui pourraient … passer pour antithétiques sont, au fond, étroitement solidaires »[2]. Que la poésie a une fonction volontaire, aucun texte de Bachelard ne l'a dit plus expressément que l'introduction à son avant-dernier ouvrage, *La Poétique de la Rêverie*. « L'imagination tente un avenir. Elle est d'abord un facteur d'imprudence qui nous détache des lourdes stabilités. Nous verrons que certaines rêveries poétiques sont des hypothèses de vie qui élargissent notre vie en nous mettant en confiance dans l'univers. Nous donnerons, dans le cours de notre ouvrage, de nombreuses preuves de cette mise en confiance dans l'univers par la rêverie. Un monde se forme dans notre rêverie, un monde qui est notre monde. Et ce monde rêvé nous

1. « L'imagination est la reine du vrai » ; cf. *supra*, p. 418.
2. *La terre et les rêveries de la volonté*, Paris, José Corti, 1947, p. 8.

enseigne des possibilités d'agrandissement de notre être dans cet univers qui est le nôtre »[1].

Retenons ces expressions : fonction de l'irréel; facteur d'imprudence; hypothèses de vie. Un philosophe nous explique enfin que sans les pouvoirs de l'imaginaire, la philosophie ne serait pas ce que, de toujours, elle a reconnu comme son premier moment : conscience étonnée, ou étonnement de la conscience.

Précisément, Bachelard nous propose une hypothèse de vie philosophique fort différente du modèle traditionnel, où le sage trouve dans le bonheur ou la béatitude un signe irrécusable de pacification de la conscience. Il n'y a pas de souci de la sagesse dans la philosophie de Bachelard, et il n'y a pas de trace dans son œuvre, d'une exigence d'unité ou d'équilibre. Dans la hiérarchie des valeurs de Gaston Bachelard le travail prime le repos. C'est une nostalgie du travail, du plus-qu'être et non une nostalgie du repos qui s'exprime aux dernières lignes du dernier ouvrage, *La flamme d'une chandelle*.

Aussi s'est-on souvent posé la question de savoir comment se rejoignent finalement les cheminements, inversement dirigés, de la science physique et de la poésie. Question dont certains ont paru s'étonner qu'elle ne préoccupât pas Bachelard autant qu'eux-mêmes.

Il est bien vrai qu'il est normal de confronter, pour quelque règlement intime, la fonction de dépassement critique de la raison et la fonction de propulsion poétique de l'imagination. Certes, il y a entre l'une et l'autre une ressemblance apparente : elles sont toutes deux des puissances de négation du donné empirique. La raison n'attend pas les phénomènes, elle les suscite expérimentalement au terme de ses calculs. L'imagination n'est pas un art d'accommoder les restes de perception, elle est art de projection et de prophétie. De l'une et de l'autre on peut dire qu'elles sont des fonctions de l'avenir. Donc superficiellement un accord semblerait possible entre le calcul et le rêve. Et pourtant ! Quelle différence entre un avenir calculé et un avenir rêvé. La raison du chimiste, par exemple, invente des matières nouvelles, elle crée son objet, comme le disait déjà Marcelin Berthelot[2]. Elle

1. *La poétique de la rêverie*, Paris, P.U.F., 1960, p. 7-8.
2. Sur Berthelot, cf. *supra*, p. 995, n. 1.

fait la théorie des substances possibles plutôt que des existantes. La rêverie de l'alchimiste, au contraire, ne progresse pas, elle se répète, elle est une attente et non une démarche. Donc le matérialisme rationnel du chimiste doit lutter contre la puissance des images matérielles.

Une preuve de fait de la discordance radicale entre raison et imagination, c'est leur relation différente à l'histoire. Il y a une histoire des sciences dont Bachelard a profondément renouvelé l'esprit et les ambitions. Or l'histoire d'une science est faite des succès ou des échecs dans la lutte que la raison mène contre la fonction de l'irréel, contre la mère des erreurs premières, des obstacles épistémologiques. Polémique, dialectique, progrès, telle est cette histoire. Mais il n'y a pas d'histoire de la rêverie. Comme le dit Bachelard dans *La psychanalyse du feu* : « la rêverie reprend sans cesse les thèmes primitifs, travaille sans cesse comme une âme primitive, en dépit des succès de la pensée élaborée, contre l'instruction même des expériences scientifiques »[1].

Dès lors, un même homme est homme de l'histoire, de la culture, s'il est un savant; et homme de l'origine, de la nature, s'il est rêvant. Il ne peut pas être l'un ou l'autre, il lui faut être l'un et l'autre. C'est pourquoi il a besoin de philosophie pour être pleinement l'un et l'autre tour à tour. Alternance et complémentarité des contraires, telle est la leçon philosophique de Bachelard. C'est un dualisme. Non de substances, plutôt de tendances, et plus exactement, pour emprunter une expression à l'ouvrage *Le matérialisme rationnel*, il s'agit d'une double situation du psychisme humain. Une telle situation appelle une résolution réfléchie d'alternance réglée. Cette résolution, Bachelard en confie la responsabilité à la philosophie. Il l'a dit lui-même, et plutôt que de s'interroger sur ce qu'il aurait pu ou sur ce qu'il aurait dû dire, il n'est que de relire et de redire : « Les axes de la poésie et de la science sont d'abord inverses. Tout ce que peut espérer la philosophie, c'est de rendre la poésie et la science complémentaires, de les unir comme deux contraires bien faits ». Ainsi dit Bachelard dans les premières pages de *La psychanalyse du feu*.

De sa philosophie, Bachelard a donné la seule preuve que puisse donner un philosophe, il a confondu sa vie avec son œuvre et son œuvre avec sa philosophie.

1. *La psychanalyse du feu*, *op. cit.*, p. 14-15.

GALILÉE : LA SIGNIFICATION DE L'HOMME ET DE L'ŒUVRE

Cette communication prononcée le 3 juin 1964 et parue cette même année a été intégrée par Canguilhem aux *Études d'histoire et de philosophie des sciences*, ouvrage reproduit au tome III des *Œuvres complètes*.

HISTOIRE DES RELIGIONS ET HISTOIRE DES SCIENCES DANS LA THÉORIE DU FÉTICHISME CHEZ AUGUSTE COMTE

Cet article qui a d'abord paru en 1964 a été intégré par Canguilhem aux *Études d'histoire et de philosophie des sciences*, ouvrage reproduit au tome III des *Œuvres complètes*.

LOUIS HERLAND

[Annuaire] Association amicale de secours des anciens élèves de l'Ecole Normale Supérieure, 1964, p. 46-49

HERLAND (LOUIS), né le 14 juillet 1904 à Concarneau, décédé le 31 mai 1962 à Lestelle (Haute-Garonne). – Promotion de 1924.

« Le Professeur se tue avec les vieilles dames », c'est sous ce titre, ou quelque autre analogue, que la plupart des journaux de Paris et de province ont annoncé l'accident qui a coûté la vie à trois passagères de Louis Herland et à lui-même, au volant de sa 403, sur la route nationale 117, non loin de Saint-Gaudens. Membre agissant et inlassable de la Conférence Saint-Vincent-de-Paul, Herland conduisait vers une station thermale des Pyrénées trois vieilles dames assistées que l'on aurait pu confier aussi bien au train de voyageurs ou à un autocar. Mais pour qui ne pratiquait pas la vertu de charité par personne interposée, ce voyage, entrepris dans une après-midi de loisir, répondait à une intention de dévouement exprès à la pauvreté et à la vieillesse.

Herland fit ses études primaires à Concarneau, ses études secondaires à Quimper, où il eut comme professeur de philosophie un homme dont il devint l'ami, auquel il fut toujours fidèle, M. Perret, Inspecteur général de l'Instruction publique [1]. Élève de la cagne du lycée Louis-le-Grand, Herland entra à l'École, cacique de notre promotion, en 1924. Il était alors gai, spontané, bon camarade, connu pour sa distraction, estimé pour sa droiture. L'âge venu, il n'avait pas cessé d'être tel. Agrégé des lettres, professeur au lycée Fustel à Strasbourg, puis au lycée de Lorient, il devait, par son mariage

1. Nous n'avons pu identifier cette personne avec certitude. Il pourrait s'agir de Daniel Perret, agrégé de philosophie en 1919, qui ne nous est pas autrement connu.

avec Mlle Alice Marty, en 1932, se convertir au Midi et s'y fixer. Après un an d'enseignement à Agen, Herland était nommé à Toulouse en 1934. Je l'y retrouvai en 1936[1]. Il devint en 1938 le professeur de cagne qu'il devait rester jusqu'à sa fin. Il était père de quatre enfants, trois filles et un garçon.

Une carrière, c'est aussi bien le support que le carcan d'une existence d'homme, et sans doute tantôt l'un tantôt l'autre. Herland n'a jamais considéré sa profession comme un moyen de vie sans valeur intrinsèque, mais ne s'est jamais non plus totalement identifié à sa fonction. Il avait plus et mieux qu'une culture professionnelle même étendue et entretenue, il avait du goût et du talent en peinture comme en littérature. Il a su d'expérience ce que c'est que création et ce que c'est que critique. C'est pourtant au-delà de ces exercices qu'il faut chercher l'originalité manifeste de sa personne; elle tenait dans sa résolution d'être homme par la Foi. Il est difficile à qui ne la partage pas lui-même de discerner ce qu'un ami fait par sa foi et ce qu'il fait pour elle. Il me semble n'avoir jamais observé chez Herland la moindre inclination au prosélytisme, à plus forte raison à la propagande. Son comportement témoignait de sa foi, sans qu'il recherchât ce témoignage ni une destination extérieure à son témoignage. Les occasions ne lui manquèrent pas, du 6 février 1934 au 13 mai 1958. La guerre d'Espagne, la guerre de 1939, l'armistice de 1940, la Résistance, autant d'événements ou d'entreprises qui ont vu Herland choisir le même camp, celui dans lequel la religion accompagne la justice plutôt que de s'accommoder de l'ordre. Mais dans ce camp, Herland n'a jamais consenti à la démagogie. On doit dire de lui qu'il n'a jamais menti ni triché. Il préférait déplaire plutôt que de complaire aux conventions ou aux engouements, même « pour la bonne cause ». Herland avait son idée sur la bonne cause.

L'impatience d'Herland pour toutes les formes de la sottise était vigoureuse, aussi bien concernant celles qu'engendre l'asservissement à la mode – y compris dans les questions actuelles de réforme de l'enseignement – que celles que le conformisme – fût-il dévot – élève à la hauteur des institutions bourgeoises. Sa générosité avait, comme toute vertu d'authentique simplicité, un caractère de fraîcheur constamment surprenant. Il pouvait lui arriver de déconcerter parce qu'il ne se répétait ni ne s'étudiait. Au sens étymologique, il était imprudent et partant imprévu. Sa puissance de renouvellement a conduit ce Breton à se plaire au Midi, à se sentir chez lui

1. Alors que Canguilhem était lui-même nommé au Lycée Pierre de Fermat de cette ville.

dans les coteaux des Corbières (où il repose pour toujours), à diriger avec compétence les vendanges et la vinification, à laisser la lumière de l'Alarie restructurer son œil de peintre. À ceux de sa promotion qui lui survivent, la mort de Louis Herland rappellera l'existence d'un homme qui ne s'est pas donné la peine d'arriver, – car qu'est-ce qu'arriver, et à quoi arrive-t-on ? – mais qui s'est seulement soucié et, par moments jusqu'à l'angoisse, de chercher, grâce à Dieu, sa voie d'homme.

Cette voie paraît hésiter entre l'héroïsme et la sainteté. Je la crois personnellement plus proche du premier. Si Herland a choisi l'étude de Corneille, ce n'est pas par obligation de métier et pour retoucher un portrait. Pour refaire le portrait de Corneille, il faut éprouver une affinité profonde. Stendhal rapporte que sa tante Elisabeth disait communément quand elle admirait excessivement quelque chose : « Cela est beau comme le *Cid* ». Il y avait en Herland un sentiment dominant, proche de l'*espagnolisme* de la tante d'Henri Brulard, mais c'était un espagnolisme chrétien.

Dans *Horace ou la Naissance de l'Homme* (1952), Herland ne comprend l'exigence absolue de grandeur, où il voit le ressort constant du personnage d'Horace, qu'à la condition d'admettre que Corneille s'est efforcé d'illustrer la compatibilité des concepts d'*héroïque* et de *chrétien*. D'où cette conclusion, ouverture sur l'avenir de la tragédie cornélienne : « Horace a été enfanté homme dans la douleur; il est mûr [désormais] pour entendre bientôt l'appel miséricordieux du pardon [,] et il s'appellera Auguste, l'appel de l'amour divin[,] et il s'appellera Polyeucte »[1]. Dans son *Corneille par lui-même* (1954), Herland insiste encore davantage sur l'aspect douloureux du combat du héros cornélien pour une liberté dérisoire, liberté qui « ne cesse jamais, même dans le pire abandon et dans la nuit la plus noire (voir monologue d'Auguste), de chercher passionnément la lumière. Est-il besoin de souligner ce qu'a d'authentiquement chrétien une telle conception de l'homme? *Grandeur et misère... roi découronné...* Corneille est, ici, tout près de Pascal, beaucoup plus près que Racine... »[2]. Enfin, dans une dernière communication sur *L'imprévisible et l'inexplicable dans la conduite du héros comme ressort tragique chez Corneille* (1960)[3], Herland

1. Paris, Éditions de Minuit, p. 212.
2. « Écrivains de toujours », Paris, Seuil, p. 99.
3. Dans Jean Jacquot (dir.), *Le théâtre tragique*, Paris, Éditions du Centre National de la Recherche Scientifique, 1962, p. 239-249.

cherche dans le mystère de la grâce l'explication des plus hauts moments du tragique cornélien : « On aurait bien tort de croire que cette force invisible à laquelle essaie de se soustraire le héros cornélien est celle de la passion : tout au contraire c'est le devoir ou le repentir, ou l'oubli de soi ou la cause de Dieu, toujours sous une forme ou sous une autre l'appel à un dépassement, à un dépouillement, auquel tout le *vieil homme* se refuse jusqu'à ce qu'il y soit forcé par une de ces ruses du destin (ou de Dieu) qui violente notre liberté : sombre et pathétique combat contre l'ange, où la défaite de l'homme signifie son salut ». En combattant pour Corneille, Herland n'avait pas conscience d'exalter « le peintre des énergies indomptables et des décisions inébranlables », mais l'homme intelligent et humain qui a su reconnaître que, parmi les hommes, « les porteurs du signe divin se distinguent par une essentielle inquiétude ». Ceux qui furent les amis de Louis Herland ont compris qu'il s'est, sans le savoir, ainsi désigné lui-même.

On sait assez qu'un professeur de cagne a affaire au public le plus exigeant, le moins docile, qu'un établissement français d'enseignement, quel qu'il soit, puisse offrir à un maître. C'est donc aux élèves et aux anciens élèves d'Herland qu'il convient de laisser le dernier mot. « Je n'oublierai jamais, dit l'un, ni cette vibration, ni cette force de conviction, ni sa voix, ni ce qui nous faisait sourire, ni ce qui nous séparait. Si je me suis engagé sur d'autres chemins, je voudrais cependant que ce fût à sa manière ! ... C'est peut-être, dit un autre, normalien, depuis que j'ai quitté Toulouse, et qu'à part quelques trop rares visites je n'ai plus eu d'autre contact avec lui, qu'à relire ses ouvrages ou ses appréciations manuscrites, j'ai pleinement apprécié l'originalité de son intelligence, la générosité de son goût, et j'oserai dire son véritable génie ».

Dans l'avertissement à son *Horace*, Herland confie qu'il s'est proposé d'écrire un livre « honnête, fier et modeste tout ensemble », un livre qui, terminé en 1946, « porte la marque d'une époque fervente ».

Honnêteté, fierté, modestie, ferveur, ce fut Herland lui-même, ainsi fait et ainsi confirmé par son choix que bien des moments de sa vie ont mis à l'épreuve son courage. Sa gentillesse n'excluait pas la lucidité. Il lui est arrivé d'être victime, mais sans être dupe. Son seul bien était celui d'autrui. Comme l'a dit de lui, sur sa tombe, un de ses collègues « il n'employait le possessif que pour sa famille, ses pauvres et ses élèves. »

Georges CANGUILHEM

L'HOMME DE VÉSALE DANS LE MONDE DE COPERNIC RÉSUMÉ

Dans *Academica Commemoratio Gentium Actione ad Quartum Centenarium Annum Andreae Vesalii Defuncti. Vesaliana. 19-X-1964 au 21 – X-1964*, Bruxelles, Académie royale de médecine, Palais des Académies, 1964, p. 38-41

Professeur G. CANGUILHEM (Paris) « L'Homme de Vésale dans le Monde de Copernic » [1].

Les planches de la *Fabrica* représentent l'homme non comme un objet anatomique mais comme un organisme vivant dans un monde figuré par des paysages. Sur cette terre humanisée, les squelettes et les écorchés tournent leur face vers les cieux. Ces cieux ne sont plus ceux de la cosmologie médiévale. En 1543, l'Homme selon Vésale vient au monde selon Copernic. Copernic et Vésale ont des méthodes de travail et de pensée qui s'opposent comme la démonstration et la constatation. Ils se ressemblent par l'ambition de restructurer la vision que l'homme prend de deux totalités, le monde et lui-même. Copernic n'est pas un grand découvreur d'astres, Vésale n'est pas un grand découvreur d'organes. Dans l'anthropologie moderne Vésale n'est pas celui qui a donné son nom à tel ou tel organe, il est celui qui a – et sans doute jusqu'à Darwin – orienté le regard du biologiste, dans la recherche des rapports entre l'homme et la vie.

1. Résumé de la communication de Georges Canguilhem, en français et en flamand, dans la brochure distribuée aux participants préalablement à la tenue du colloque organisé par l'Académie royale de Médecine de Belgique pour la commémoration de Vésale, du 19 au 24 octobre 1964.

L'HOMME DE VÉSALE DANS LE MONDE DE COPERNIC : 1543

Le texte de cette communication prononcée en octobre 1964, publié la même année, a été intégré par Canguilhem aux *Études d'histoire et de philosophie des sciences*, ouvrage reproduit au tome III des *Œuvres complètes*.

PHILOSOPHIE ET SCIENCE

Revue de l'enseignement philosophique, vol. 15, n° 2, décembre 1964-janvier 1965, p. 10-17[1]

Entretien entre

Monsieur G. CANGUILHEM, professeur à la Sorbonne, directeur de l'Institut d'Histoire des Sciences et des Techniques

et

M. A. BADIOU[2], professeur au Lycée de garçons de Reims.

I. CONTENU DE L'ÉMISSION

Quand on parle de philosophie des sciences, que faut-il entendre par là ? Et l'épistémologie est-elle la même chose que la philosophie des sciences ?

1. Le texte donné ici avait été rédigé préalablement et il avait été publié avant l'émission sous forme de « Fiche pédagogique. Télévision scolaire. (Extraits des Dossiers pédagogiques de la Radio Télévision Scolaire). Second degré, 23 janvier 65 ». L'émission télévisée diffusée le 25 janvier 1965 a aussi été enregistrée sur cassette vidéo : « Philosophie et science », Georges Canguilhem avec Alain Badiou, intervieweur ; Jean Fléchet, réalisateur ; Dina Dreyfus, producteur. Montrouge, Centre national de documentation pédagogique, 1965.

La transcription *verbatim* de l'émission telle qu'elle a été diffusée se trouve à l'Annexe VI.

2. Canguilhem avait connu déjà Alain Badiou (1937-...) alors qu'il était étudiant à la licence, puis au cours de ses années d'École normale. Badiou après avoir été professeur à l'Université de Paris VIII (Vincennes-Saint Denis) de 1969 à 1999 fut nommé au département de philosophie de l'École normale supérieure. La bibliothèque de Canguilhem conservée au CAPHÉS comprend de nombreux ouvrages d'Alain Badiou portant des envois manuscrits de celui-ci.

Philosophie des sciences » est un terme positiviste employé par Auguste Comte dans la préface de son Cours de Philosophie positive. C'est l'équivalent positiviste de la « Wissenschaftslehre », de la théorie de la science des Allemands, ou de ce qu'on a appelé un peu plus tard la « théorie de la connaissance.

Chez Auguste Comte, la philosophie des sciences a comme objectif l'unification du savoir, au moins par sa méthode. Cet objectif est unitaire. Parce que précisément il est unitaire il a paru progressivement impossible à atteindre en fait; et la limitation même de la portée de la philosophie positiviste n'a fait que confirmer qu'une philosophie des sciences ne peut à la longue que dégénérer en généralités, c'est-à-dire bientôt en futilités, et enfin en banalités.

Quant à l'épistémologie, par opposition à la philosophie des sciences, c'est une étude spéciale ou régionale; elle est l'étude critique des principes, des méthodes et des résultats d'une science. Cette critique comporte, en tant que telle, une évaluation des résultats par rapport aux méthodes, des méthodes par rapport aux principes.

L'épistémologie est donc une étude qui suppose connue l'histoire de la science dont elle s'occupe, et qui peut, ou bien se borner à elle-même, ou bien – mais ce n'est pas sans danger – se prolonger en théorie de la connaissance.

En quel sens faut-il entendre le concept de science quand on parle de philosophie des sciences ? C'est-à-dire, y a-t-il un ou plusieurs concepts de science ? Devons-nous dire : la science ou les sciences ?

De toutes façons, la première réponse est qu'il n'appartient pas au philosophe de fixer l'extension du concept de science. Et du moment qu'il ne peut en fixer l'extension, il ne peut en définir la compréhension. La seconde réponse est que le concept de science n'est pas univoque.

On ne peut pas dire que les mathématiques et la physiologie animale soient identiquement des sciences par identité de méthode et de visée immédiate.

C'est un fait que je dois constater que, d'un côté, il y a les sciences totalement formelles comme les mathématiques, et de l'autre côté, des sciences expérimentales. Or la difficulté est que le formel à un moment donné, sert à l'expérimental pour avancer et que l'expérimental avance plus souvent par le formel que par l'expérimental lui-même.

Ce n'est pas au philosophe de fixer à l'avance l'extension du concept de science. Ce n'est pas à lui qu'il convient de dire à un moment donné de telle ou telle recherche, selon une formule consacrée : *sub scientia non cadit.*

Pourtant cette mésaventure est arrivée à plus d'un philosophe. Prenons un exemple. Il existe aujourd'hui des disciplines scientifiques de première importance, telles que l'astrophysique, l'astrochimie, et, à l'autre pôle : la biophysique, la biochimie. Ce genre de science n'avait aucune place dans quelque classification des sciences que ce soit, élaborée par des philosophes, au XIXe siècle.

Par conséquent, si on ne peut pas fixer l'extension du concept de science, il va de soi qu'il est toujours aventuré d'en définir la compréhension. Cela ne veut pas dire qu'on ne puisse jamais parler de la science au singulier. On peut parler de la science au singulier comme d'un phénomène de culture. Alors la science doit être entendue comme théorie, mais par opposition à d'autres formes d'activité ou à d'autres modes de la culture humaine.

À l'heure actuelle on ne peut pas ne pas être frappé par la difficulté de donner une définition qui convienne univoquement aux mathématiques, surtout aux mathématiques modernes, science de la rigueur logique, science de l'intelligibilité, et à ces sciences qu'il faut continuer à appeler expérimentales, qui sont des sciences de la preuve, des sciences du vérifiable.

La difficulté s'accroît encore lorsqu'on constate qu'entre des sciences qui paraissent définies, l'une par sa rigueur, les autres par leur efficacité, le rapport est tel que c'est très souvent la théorie mathématique qui suscite les progrès de la science expérimentale.

Ne voyez-vous pas une difficulté à admettre à la fois l'impossibilité de fixer la compréhension et l'extension du concept de science, et à avancer qu'une compréhension différentielle de la science est possible dans l'ensemble de la pratique humaine ? Ma question n'est peut-être pas claire ?

Elle m'embarrasse; mais ce n'est pas parce qu'elle n'est pas claire, c'est parce que je ne suis pas très clair à moi-même. Je voulais dire ceci : incontestablement, il y a aujourd'hui une science mathématique qui a l'air de se développer pour elle-même en toute liberté. On se donne des objets, des conventions, puis on voit ce qu'on en tire. D'autre part, il y a des gens qui utilisent des appareils compliqués dans des laboratoires, tels que des microscopes électroniques, et que j'appelle des expérimentateurs.

Cela empêche de proposer une définition en compréhension qui convienne univoquement à Bourbaki et à l'Institut du Cancer. Mais je pense quand même que dans l'un comme dans l'autre cas ce n'est pas à l'industrie, que nous avons affaire. C'est ce que j'ai voulu faire entendre en disant que la science doit être comprise comme théorie, comme activité qui cherche à comprendre par les causes ou par les lois, par opposition à une autre forme d'activité qui n'est pas coupée, n'est pas séparée de la précédente, mais qui, comme attitude intellectuelle, relativement à son objet, est toute différente.

Doit-on continuer à opposer radicalement la connaissance scientifique et la connaissance vulgaire ?

Oui, et de plus en plus. Il n'y a pas de connaissance scientifique sans, d'une part, des théories mathématiques très élaborées, sans, d'autre part, le maniement d'instruments de plus en plus complexes. Je dirais même volontiers qu'il n'y a pas de connaissance vulgaire.

Entendez-vous par là que l'expression « connaissance scientifique » est un plénonasme ?

Vous m'avez parfaitement saisi. C'est ce que je veux dire. Une connaissance qui n'est pas scientifique n'est pas une connaissance. Je maintiendrai que « connaissance vraie » est un pléonasme ; que « connaissance scientifique » aussi ; que « science et vérité » aussi ; et que tout cela c'est la même chose [1]. Cela ne veut pas dire qu'il n'y a pour l'esprit humain, aucun but ou aucune valeur en dehors de la vérité, mais veut dire que vous ne pouvez pas appeler connaissance ce qui ne l'est pas, et ne pouvez donner ce nom à quelque façon de vivre qui n'a rien à voir avec la vérité, c'est-à-dire avec la rigueur.

Il y a soit vérité au sens formel, soit vérité au sens de cohérence dans l'interprétation des phénomènes. Il n'y en a pas d'autres.

Que veut-on dire, alors, quand on parle de connaissance vulgaire ?

On veut parler, par exemple, soit de la perception, qui n'est pas une connaissance du tout ; soit de règles de technique empirique, contenues dans des formules telle que « qui trop embrasse, mal étreint », etc.

1. Cette affirmation de Canguilhem, qu'il réitérera plus loin dans cet entretien, suscita quelque émoi chez plusieurs philosophes, et conduira quelques mois plus tard à une autre émission, « Philosophie et vérité ». Cf. *infra*, p. 1121-1138.

La « connaissance » vulgaire est la vulgarisation de connaissances qui furent autrefois considérées comme scientifiques, et qui constituent une routine, des traditions techniques, etc.

Gaston Bachelard donne, à ce propos, un exemple remarquable [1]. Selon la connaissance vulgaire, une ampoule électrique brûle quand elle éclaire. La connaissance scientifique de la lampe à incandescence consiste à comprendre qu'elle ne brûle pas, au sens vulgaire, c'est-à-dire que le vide a été fait dans l'ampoule pour empêcher la combustion.

Y a-t-il un objet général de la science qui serait la matière, ou la nature, ou le monde, ou l'univers ?

Je répondrais négativement. Aucun de ces termes ne me paraît avoir de sens correctement exprimable. C'est-à-dire que je ne vois pas quelle est la science qui pourrait définir elle-même comme son objet soit la matière, soit la nature, soit le monde, soit l'univers.

Devons-nous continuer à distinguer la recherche purement théorique, désintéressée, et les applications pratiques de la science ?

Je crois qu'il faut continuer à distinguer la théorie ou ce qu'on appelle aujourd'hui les sciences fondamentales, et les sciences appliquées qui, me semble-t-il, ne sont pas encore les applications techniques. Dire qu'il faut les distinguer à la fois dans leur objet et dans leur méthode ne veut pas dire qu'on puisse les séparer.

Vous faites, je crois, des leçons sur les origines et l'histoire de la technologie. Pourriez-vous nous dire ce qu'il faut entendre par technologie ?

Il ne faut pas mettre « origines » parce que précisément ce ne sont pas les origines, ce sont les commencements. Les origines sont chez les Grecs; nous, nous avons commencé au XVIIIe siècle, c'est-à-dire les commencements de la technologie moderne.

Là je peux vous donner le bilan de tout ce qu'on a fait en un an. Nous n'avons fait de recherches historiques que dans le domaine de la bibliographie, et nous avons découvert des ouvrages mais nous n'avons pas eu à

1. Cf. *Le rationalisme appliqué*, op. cit., p. 105 *sq.*

déchiffrer des archives[1]. En France, tout le monde parle de la technologie sans toujours bien savoir ce que c'est. Tout le monde dit : il faudrait en parler à l'école. Seulement il n'y a pas un homme capable d'en parler pendant une heure. C'est difficile d'ailleurs.

Je réponds maintenant directement à la question. « Technologie » est un mot grec qui signifie : exposé des règles d'un art. Les Latins l'ont emprunté, et pendant très longtemps on peut dire jusqu'au XVIIe siècle, il a été tenu pour équivalent de rhétorique ou de grammaire.

Au XVIIIe siècle, dans cette définition traditionnelle, l'« art » redevient expressément la technique, il en prend la signification, c'est-à-dire : opération d'utilisation des forces naturelles ou des matières brutes à des fins économiques.

La technologie c'est ce qu'au XVIIIe siècle, en France, l'Académie des Sciences et les Encyclopédistes appelaient : la description des arts et métiers. Mais le terme de technologie n'existe pas en français à cette époque. Le terme français a été emprunté aux Allemands, et il a été introduit en France à la fin, on peut même dire la dernière année du XVIIIe siècle par Cuvier[2], né à Montbéliard, et qui avait fait ses études à Stuttgart à l'Académie Caroline ; c'est Cuvier, secrétaire de l'Institut, qui a introduit le terme de « technologie ».

Les rapports de Cuvier sur les progrès des sciences qui ont été publiés au début du XIXe siècle contiennent tous une section « technologie ».

Il faut expliquer comment les Allemands avaient ce terme de « technologie ». On considère avec raison qu'il a été employé pour la première fois – « technologie » en allemand – en 1777 par Johannes

1. Les travaux du séminaire dirigé par Canguilhem à l'Institut d'histoire des sciences avaient au cours des années 1963-1964 et 1964-1965 notamment porté sur l'histoire de la notion de technologie. Prenant pour point de départ ce travail collectif, Jacques Guillerme (1927-1996) et Jan Sebestik (1931-…) allaient, en 1968, publier une étude intitulée « Les commencements de la technologie » (p. 1-72 et p. 85-110), avec une note complémentaire de Jean-Édouard Morère (1923-?) sur « Les vicissitudes du sens de "technologie" au début du XIXe siècle » (p. 73-84), le tout constituant le tome 12 de la revue de l'Institut, *Thalès* (année 1966). Dans la foulée de ces travaux, Jacques Guillerme publierait aussi en 1973, dans la collection « Textes et documents philosophiques » fondée et dirigée par Canguilhem chez Hachette, un recueil de textes choisis intitulé *Technique et technologie* ; en 1984, Jan Sebestik dirigerait un numéro des *Cahiers S.T.S.* publiés aux Éditions du CNRS (Cahier n° 2) sur le thème « De la technique à la technologie ».

2. Sur Georges Cuvier, cf. *supra*, p. 749, n. 1.

Beckmann, né en 1739 et mort en 1811, qui a occupé à Göttingen la première chaire consacrée expressément à la technologie. Les Allemands disent qu'il a créé la chose, la forme et le nom. En réalité, il n'a pas créé le nom, il l'a transporté du latin en allemand, et s'il a créé, au sens universitaire du terme, la chose, il n'a fait que répondre à un vœu qui était déjà formulé par Leibniz à la fin des *Nouveaux essais*. Dans tous les cas, le premier, à ma connaissance, qui ait utilisé « technologie », en latin « technologia », au sens de science des arts et des produits de l'art, c'est le fameux philosophe leibnizien, Christian Wolff[1], dans son *Discours préliminaire* à la Logique, de 1728, sur les parties de la philosophie. il dit « *technologia scienta artium et operum artis* » – la science des arts et des produits de l'art – : et par « produits de l'art » il spécifie qu'il faut entendre (et c'est la différence avec le sens du terme jusqu'alors employé) les œuvres des organes du corps et plus précisément les mains.

Et bien Wolff donnait un nom au vœu formulé à la dernière page des *Nouveaux Essais sur l'entendement humain.*

L'ouvrage de Beckmann, paru en 1777, a pour titre (traduction française) : *Introduction à la technologie ou à la connaissance des métiers, des fabriques et des manufactures*.

Bref, à la fois comme concept bien délimité, comme terme usité, et comme institution universitaire, la technologie est d'origine allemande dans la deuxième moitié du XVIIIe siècle[2].

L'histoire des sciences fait-elle partie des sciences ou de la philosophie des sciences ?

L'histoire des sciences ne fait partie de rien, c'est un problème de destination pédagogique et de localisation universitaire. Il faut distinguer ici la situation à l'étranger et en France.

A l'étranger : en Allemagne, dans les pays anglo-saxons, en Union Soviétique, elle est généralement faite et enseignée par des savants, qui font de l'histoire des sciences soit complémentairement, soit quand ils ont cessé leur activité de savants proprement dits.

1. Christian Wolff (1679-1754), d'abord professeur de mathématiques puis de philosophie, qui devint baron du Saint Empire germanique, fut le philosophe le plus influent en Allemagne entre Leibniz et Kant.

2. Les versions imprimées de cette émission donnent ici XIXe siècle, mais il s'agit bien évidemment d'une coquille.

En France, plus fréquemment qu'ailleurs, l'histoire des sciences a été écrite par des philosophes, et ceci est un des effets de l'influence du positivisme au XIXe siècle. Mais il n'est pas sans exemple que l'histoire des sciences soit écrite par des scientifiques. Je rappelle les noms de Paul Tannery, de Pierre Duhem [1], de René Dugas [2] et comme exemple récent, les *Éléments d'histoire des mathématiques* de l'équipe de mathématiciens connue sous le nom de Bourbaki [3].

Vous avez opposé, ou tout au moins comparé, une histoire des sciences faite par des savants et une histoire des sciences faite par des philosophes. N'y a-t-il pas à craindre que précisément l'histoire de la science faite par les savants ne soit exclusivement l'histoire de la vérité, telle qu'elle leur apparaît dans leur pratique, alors que l'histoire des sciences telle que le philosophe doit l'envisager est aussi en même temps, peut-être davantage, une histoire des erreurs ?

Je ne vois pas pourquoi il n'y aurait pas deux sortes d'histoires des sciences parce qu'effectivement celle qui est faite par les savants est transparente, liquide, entendons par là que le temps de cette histoire coule bien. Chez les philosophes elle est opaque et visqueuse. Seulement il se trouve qu'il y a des points de technique en histoire des sciences qui ne peuvent être bien travaillés, bien présentés que par des savants. De toute façon, la philosophie lorsqu'elle fournit l'objectif à l'histoire des sciences, ne doit pas lui fournir un certain idéal de vague et de généralité. L'idéal serait, en somme, qu'il y ait une coopération, une collaboration. Mais les philosophes, lorsqu'ils font de l'histoire des sciences, ne dédaignent pas de s'adresser, à titre d'information documentaire, à ces histoires qui sont faites par les savants.

1. Sur Paul Tannery, cf. *supra*, p. 374, n. 2 ; sur Pierre Duhem, *cf.* p. 77, n. 2.

2. René Dugas (1898-1957), ancien élève de l'École Polytechnique (1919) et de l'École des Mines (1921), fit sa carrière dans les chemins de fer et joua un rôle majeur dans l'organisation technique de la SNCF. Il poursuivit en parallèle une carrière d'enseignant à l'École des Mines puis à l'École Polytechnique et fut l'auteur d'ouvrages importants en histoire des sciences : *La mécanique au XVIIe siècle : des antécédents scolastiques à la pensée classique*, Neuchâtel, Éditions du Griffon, 1954 ; *Histoire de la mécanique*, Neuchâtel, Éditions du Griffon, 1960 ; *La théorie physique au sens de Boltzmann et ses prolongements modernes*, Neuchâtel, Éditions du Griffon et Paris, Dunod, 1959.

3. Paris, Hermann, 1960.

Réciproquement, l'histoire des sciences faite par des savants aux États-Unis, en Angleterre, en Allemagne, ce n'est pas nécessairement une histoire de grandes périodes aboutissant à représenter une évolution, c'est très souvent de l'érudition; c'est très spécial et très savant cette histoire des sciences faite par les savants, et même si elle n'a pas la largeur philosophique ou la pénétration philosophique, elle a le mérite de l'exactitude.

Vous ne voyez pas de hiérarchie entre ces deux histoires mais plutôt une complémentarité ?

Je vois plutôt une complémentarité. Bien souvent je le sais, il arrive que l'histoire des savants tourne au recueil des anecdotes, mais il arrive aussi trop souvent que l'histoire philosophique tourne à l'apologétique.

Qu'y a-t-il de philosophique dans l'histoire des sciences ?

Ce qu'il y a de philosophique dans l'histoire des sciences tient à son rapport indirect à la science et non pas au fait qu'elle est directement histoire. La science est une recherche de la vérité. Cette recherche a engendré des extravagances, des aberrations, des fourvoiements, et nécessairement des rectifications.

Donc, dans la science en tant que telle, c'est-à-dire comme activité qui ne peut se poursuivre sans se réfléchir à quelque degré, l'esprit est certain de viser sans bien savoir ce qu'il vise. L'histoire des sciences, et Bachelard nous l'a enseigné d'une façon éminente, est une histoire valorisante et non pas seulement descriptive.

Par exemple c'est parce qu'il y a eu, au XVIIIe siècle, la naissance de la chimie moderne qu'une histoire comme celle de l'alchimie est à la fois intéressante, passionnante même, et en un certain sens scientifiquement inutile. À proprement parler l'histoire des sciences c'est l'histoire des connaissances du passé qui ont eu de l'avenir.

Mais il faut s'interdire de faire, à partir de l'histoire des sciences, une philosophie de l'histoire des sciences qui pourrait se substituer à cette philosophie des sciences dont j'ai dit tout à l'heure qu'elle était aujourd'hui impossible. Il ne faut pas identifier avec l'avenir de la science dans le passé l'avenir de la science à venir.

Par conséquent puisqu'une histoire des sciences ne peut pas être strictement descriptive, puisqu'elle ne doit jamais être anecdotique, elle est toujours, à quelque degré philosophique. Mais, je le répète, cela ne veut pas dire qu'il doive ou qu'il puisse seulement y avoir une philosophie de l'histoire de la science.

Le problème traditionnel, bien que disparu des programmes officiels, de la valeur de la science est-il d'actualité ?

Je pense que ce n'est pas sans raison que la question a disparu des programmes officiels. La science se justifie aujourd'hui par elle-même dans sa valeur, – si par valeur, on entend sa capacité d'appréhension de la réalité – puisqu'elle parvient à la transformer. Il est possible que le problème de la valeur de la science reste encore d'actualité, mais c'est sous forme de malentendu. Sous l'expression « valeur de la science », les gens entendent : que faut-il espérer de l'âge nucléaire ?

Vous mesurez la valeur de la science à son pouvoir d'appréhender le réel et vous mesurez son pouvoir d'appréhender le réel à son pouvoir de le transformer. Ce pouvoir de transformation du réel appartient-il, selon vous, à la science proprement dite ou à ses applications ?

Il appartient bien entendu à ses applications, mais précisément c'est l'application qui donne la preuve que l'explication n'est pas une explication purement verbale.

En un sens il n'est donc pas faux de dire que la valeur de la science tient à la technique ?

Votre question risque de consolider le malentendu auquel j'ai fait allusion dans la réponse à la question posée.

Entendons-nous bien : la technique, en tant qu'application constitue la valeur de la science, en tant qu'explication. Pour la même raison que, dans un laboratoire, l'expérimentation constitue la preuve de validité d'une hypothèse. En un certain sens il n'y a pas de coupure, sauf du point de vue des méthodes ou des techniques, entre un laboratoire de Faculté des sciences et un banc d'essai industriel.

Peut-on parler de vérité dans les sciences ?

Si on ne parle pas de vérité dans les sciences, où et à propos de quoi en parlera-t-on ? A mon sens, il n'y a qu'un domaine où l'on puisse parler de vérité c'est celui de la science.

Vous avez donc dit qu'en toute rigueur on ne peut parler de vérité que dans l'ordre de la science ? Serait-il indiscret de vous demander ce que signifie pour vous votre réalité de philosophe, si tant est qu'il n'y ait pas de vérité philosophique ?

Il n'y a pas de vérité philosophique. La philosophie n'est pas une science, par conséquent j'estime que le terme de vérité ne lui convient pas : ce qui ne veut pas dire que la philosophie soit un jeu sans portée. La valeur d'une philosophie est ailleurs que dans la vérité.

La vérité n'est pas la seule valeur à laquelle l'homme puisse se consacrer. Cela ne veut pas dire que la philosophie puisse être moins que la science. La philosophie, c'est la science confrontée à d'autres valeurs qui lui sont étrangères. Par exemple les valeurs esthétiques ou morales [1].

C'est cette confrontation, avec présomption d'unité concrète au terme, qui me paraît être l'objet de la philosophie. Il m'est difficile de dire ce qui légitime la philosophie, ce n'est probablement pas son succès, entendu non pas au sens populaire, mais comme adéquation de son projet à son résultat; ce n'est pas son succès, donc, puisque cette adéquation n'est jamais obtenue.

Qu'entendez-vous par vérité, quand vous la reconnaissez à la science et non à la philosophie ? À défaut de succès, n'y a-t-il pas une cohérence philosophique ?

La cohérence philosophique et la cohérence scientifique ne sont pas de même nature. La cohérence scientifique est une cohérence à l'intérieur de certaines conventions, ou une cohérence à l'intérieur de certaines règles de détermination d'un objet. En philosophie il n'y a pas de convention et il n'y a pas d'objet spécifique.

En philosophie il n'y a pas de convention, comme en mathématiques; en philosophie il n'y a pas d'objet limité, ce n'est pas comme en optique ou en biochimie macromoléculaire. La philosophie est un projet qui concerne une totalité. La philosophie ne peut pas être moins que la science, il faut qu'elle conserve de la science qu'elle renferme, ne serait-ce qu'implicitement, parce qu'elle en utilise certains résultats, la cohérence qui les a rendu

1. Cette position de Canguilhem est bien antérieure aux années 1960. Elle s'exprimait déjà très clairement dans sa conférence de 1938 « Activité technique et création » (cf. *OC* I, p. 499-506) et, très explicitement aussi l'année suivante dans le *Traité de logique et de morale* (cf. *ibid.*, part. p. 799-802.

possibles. Lorsqu'elle intègre ces résultats, elle ne peut pas les traiter comme s'ils avaient été obtenus par une autre méthode que celle par laquelle ils l'ont été, il faut qu'elle les prenne comme vrais, mais comme vrais pour en faire autre chose, et cet « autre chose » qu'elle peut en faire on ne peut pas dire que ce soit le vrai, comme on ne peut pas dire que se soit le bien.

La valeur philosophique ce n'est pas la valeur de vérité, ce n'est pas davantage la valeur de liberté comme dans la morale ou dans l'esthétique. C'est une idée, c'est l'idée d'un tout où chacune des valeurs serait à sa place relativement aux autres. Mais à ce moment il faut admettre – je le répète encore une fois – que la vérité c'est une valeur abstraite, et le propre de la philosophie c'est de chercher une autre valeur qu'abstraite.

Par conséquent, encore une fois le qualificatif de « vrai » ou de « faux » ne me paraît pas lui convenir.

Les sciences ont-elles besoin de la philosophie ?

Je répondrai que les sciences ont besoin de philosophie et qu'elles n'ont nullement besoin de la philosophie, si par la philosophie, on entend la sécrétion spécifique des philosophes. Aucune science ne peut se passer de philosophie, et la preuve en est que désormais ce sont les sciences elles-mêmes qui élaborent leur propre philosophie. Elles font elles-mêmes la philosophie qui leur est nécessaire, c'est-à-dire la critique de leurs fondements.

C'est la mathématique elle-même qui a résolu les antinomies de la théorie des ensembles. Et c'est la physique elle-même qui s'efforce aujourd'hui par exemple de résoudre la question, philosophiquement si mal posée, de l'indéterminisme.

Ce que je viens de dire ne signifie pas que, parce que la science n'a pas besoin de « la philosophie » la philosophie soit dépourvue de signification et ne réponde pas à un besoin.

Je peux encore préciser ma réponse : pourquoi la science aurait-elle besoin de la philosophie ?

Si c'est pour son propre développement, elle n'en a nul besoin, elle résout ses problèmes elle-même; elle fait elle-même la critique de ses fondements.

Dès lors, quel pourrait-être le besoin de la science qui ne serait satisfait que par la philosophie ?

Mais la question pourrait signifier autre chose: la science peut-elle répondre elle-même à toutes les questions qu'elle suscite dans la pratique humaine ? Répond-elle à toutes les questions d'ordre philosophique qu'elle suscite dans la conscience humaine ?

Disons, alors que la question a deux sens : le premier a pu être emprunté à des philosophies dont l'auteur était en même temps un savant. Mais aujourd'hui, la science est para-philosophique et ce problème de tutelle, de critique, de canon qu'exerçait la logique n'a plus de sens. La science fait elle-même sa propre critique.

Le second sens est celui de la possibilité de la science, non en tant que discipline autonome, mais comme mode d'activité ayant un résultat (l'exposition de certaines visions de certains secteurs de phénomènes), comme type d'activité de l'esprit humain. Cette question est différente de la première et pose des questions philosophiques. Aucune science ne peut résoudre sur son propre terrain la question, de caractère non scientifique, qu'est sa possibilité comme activité de l'esprit humain. « Pourquoi y a-t-il une mathématique ? » est une question qui n'est pas dans la mathématique et à laquelle la mathématique ne peut répondre.

L'état des connaissances scientifiques des élèves de la classe de philosophie leur permet-il une réflexion utile sur les sciences ? C'est-à-dire, à quelles conditions peut-on enseigner la philosophie des sciences ou l'épistémologie à des élèves des classes terminales ?

Cette réflexion est indispensable et elle est possible, quoique difficile, si on sait la bien délimiter, car elle ne peut être utile que si elle est strictement limitée.

Il faut supposer naturellement que ce qui est au programme scientifique de la classe de première et de la classe de philosophie est bien connu, en mathématique, en physique, en chimie, en biologie, en cosmographie.

Dans ces conditions les élèves de philosophie peuvent être conduits à réfléchir utilement sur les commencements (et j'insiste là-dessus : *sur les commencements*) de la science moderne. Je veux dire par là qu'ils peuvent comprendre la signification, la difficulté, le progrès de la révolution cosmologique (Copernic, Kepler, Galilée) ; qu'ils peuvent comprendre le commencement des mathématiques modernes avec Descartes et Pascal; qu'en biologie ils peuvent comprendre la signification des commencements de l'anatomie avec Vésale, de la physiologie avec Harvey, de l'histoire naturelle avec Buffon et Linné. Je pense même qu'ils peuvent aller jusqu'à comprendre la signification de la mécanique céleste newtonienne et de la chimie de Lavoisier.

J'ai dit « la signification », je ne veux pas dire tout le contenu, ni naturellement toutes les méthodes, ou même les techniques mathématiques. Mais je pense qu'il est inutile de faire réfléchir les élèves sur la science d'après 1800. En particulier je pense qu'un professeur de philosophie ne doit pas se donner le ridicule, dans une classe de philosophie, de parler des mathématiques modernes si véritablement il en sait moins que n'en savent les élèves de seconde qui, aujourd'hui apprennent dès cette classe les éléments des mathématiques modernes.

J'ajoute que tout cela n'a de sens que dans l'état actuel d'équilibre dans les classes de philosophie entre la philosophie et les disciplines scientifiques. Dans ma pensée l'état actuel des programmes comporte le minimum exigible pour que ce genre de réflexion soit possible. Il est évident que si l'enseignement scientifique venait à être réduit, mutilé dans les classes de philosophie, il faudrait renoncer à faire réfléchir utilement les élèves sur les sciences du point de vue philosophique, ce qui reviendrait à peu près à réduire la philosophie à la littérature ou, pour parler par image, à couper un bras à tous les professeurs de philosophie de France.

Vous dites que les connaissances scientifiques de la classe de philosophie pourraient permettre l'intelligence de la signification de certains commencements de la science, et vous avez cité la révolution copernicienne. Mais la signification d'un commencement de cette nature peut-elle être pleinement dégagée si des conceptions du monde qui précèdent cette révolution ne sont pas elles-mêmes connues ? Faudra-t-il donc supposer également un enseignement, par exemple du système astronomique de Ptolémée ?

Vous avez parfaitement raison ; il n'est naturellement pas possible de parler de révolution copernicienne du monde, si on ne sait pas à quoi se substitue la vision copernicienne du monde. Par conséquent il n'est pas interdit, il est même recommandé, d'exposer brièvement par quelle représentation mathématique des apparences optiques, offertes par le mouvement des planètes relativement aux étoiles, Ptolémée a composé son système. Il n'est pas difficile pour un élève de comprendre quelle différence existe entre un centre de référence cinématique et un lieu de perception ou un point fixe de perception visuelle.

N.B. – I. D'autres questions seront posées éventuellement au cours de l'émission et à l'occasion de celle-ci.

II. Toutes les questions consignées dans ce document ne seront pas nécessairement traitées au cours de l'émission. Elles pourront alors faire l'objet d'un prolongement de réflexion et d'étude à la suite de l'émission, entre le professeur et les élèves.

II. INDICATIONS DE LECTURES POUR LE PROFESSEUR

1. *Introduction bibliographique à l'Histoire générale des sciences*

G. SARTON, *A guide to the History of science.* (Ed. The Ronald Press Compagny, N.Y.) [1952].

F. RUSSO, *Histoire des Sciences et des Techniques : bibliographie.* (Hermann et Cie ed. : 1 vol. [1953] plus un supplément [Paris, l'auteur, 1955], 2e édition en préparation [1]).

2. *Histoire générale des sciences*

M. DAUMAS, *Histoire de la science.* ([Paris, Gallimard, Encyclopédie de la Pléiade, [1957,] 1 volume).

R. TATON, etc., *Histoire générale des sciences.*([Paris,] PUF, [1957-1964,] 5 volumes).

3. *Technologie*

A. TIMM, *Kleine Geschichte der Technologie.* (Ed. Kohlhammer, coll. Urban Bücher, Stuttgart [1964]).

M. DAUMAS, etc., *Histoire générale des techniques.* Tome 1 : *Les origines de la Civilisation technique.* ([Paris,] PUF., [1962,] 1 volume).

1. Parue sous le titre *Éléments de bibliographie de l'histoire des sciences et des techniques*, 2e édition refondue et augmentée, Paris, Hermann, 1969.

GOTTFRIED KOLLER, *DAS LEBENDES BIOLOGEN JOHANNES MÜLLER 1801-1858*

Stuttgart, Wissenschaftliche Verlagsgesellschaft, 1958 [1]

Isis, vol. 56, 1re partie, n° 183, printemps 1965, p. 110

Cet ouvrage, n° 23 de la collection Grosse Naturforscher, ne doit être jugé que sur ses intentions. C'est une chronologie de la vie et de la carrière de Johannes Müller et un catalogue de ses travaux et de ses publications. Le cadre dans lequel se trouve replacée l'activité de recherche de Johannes Müller [2] est assez resserré pour que les noms de Magendie et de Claude Bernard ne soient cités que deux fois incidemment, cependant que celui de Carl Ludwig ne l'est même pas. C'est dire qu'on ne doit pas chercher ici des éclaircissements sur la signification et la portée de la conception que Müller se faisait de la physiologie, ni sur les raisons de la préférence qu'il a accordée progressivement aux méthodes de l'anatomie comparée. Par contre, on y trouvera un tableau détaillé de l'activité scientifique (mais non de la vie privée restée aujourd'hui encore assez secrète) de Müller à Berlin, un récit circonstancié de son attitude en 1848, un recensement des chercheurs qui furent ses élèves, et quelques indications – dont on regrette la rapidité – sur les jugements que ces élèves ont portés sur leur maître. Au total, ce petit

1. Le tapuscrit de ce compte rendu est conservé dans le Fonds Canguilhem au CAPHÉS (GC. 26.1.14). L'ouvrage de Koller se trouve dans la bibliothèque de Canguilhem conservée au CAPHÉS (CAN 2002).

2. Sur Johannes Müller, cf. *supra*, p. 977 *sq*.

livre est un répertoire commode et utile, mais il fait mieux apprécier, comparativement, la pénétration des quelques études que Johannes Steudel[1] a consacrées au même sujet.

Georges CANGUILHEM
Université de Paris

1. Johannes Steudel (1901-1973), d'abord formé en archéologie de l'antiquité grecque, s'orienta ensuite vers des études médicales (M.D. de l'Université de Leipzig en 1941), et travailla comme assistant à l'Institut d'histoire de la médecine que Karl Sudhoff (1853-1938) avait fondé. Il passa bientôt à l'Université de Bonn, et y institutionnalisa l'enseignement de l'histoire de la médecine et y dirigea l'Institut dédié à cette discipline. Il cosigna en 1948 une introduction à l'histoire de la médecine (*Einführung in die Geschichte der Medizin in Einzeldarstellung*, Iserlohn, Silva-Verlag) et signa de très nombbeux articles savants, notamment dans les *Karl-Sudhoffs Archiv* qu'il dirigea. Les publications du Palais de la découverte comprennent la brochure reprenant la conférence qu'il avait prononcée à Paris en juin 1962 sur *Le physiologiste Johannes Müller*. C'est aussi Steudel qui a signé le substantiel article sur Johannes Müller dans le *Dictionary of Scientific Biography* (vol. 9, p. 567-574). Canguilhem avait aussi probablement à l'esprit la communication de Steudel au colloque auquel il avait lui-même fourni une contribution et qui s'était tenu à Münster en septembre 1962 : « Jonhannes Müller und die Neurophysiologie », dans Karl E. Rothschuh (dir.), *Von Boerhaave bis Berger. Die Entwicklung der kontinentalen Physiologie im 18. und 19. Jahrhundert*, Stuttgart, Gustav Fischer Verlag, 1964, p. 62-70.

L'IDÉE DE MÉDECINE EXPÉRIMENTALE SELON CLAUDE BERNARD

Le texte de cette conférence prononcée en février 1965, publié en juin de la même année, a été intégré par Canguilhem aux *Études d'histoire et de philosophie des sciences*, ouvrage reproduit au tome III des *Œuvres complètes*.

LA VIE ET L'ŒUVRE D'ÉTIENNE GEOFFROY SAINT-HILAIRE

par Théophile Cahn, Paris, Presses universitaires de France, 1962 [1]

Isis, vol. 56, 2e partie, n° 184, été 1965, p. 244-246

L'auteur[2], physiologiste de formation et de profession, s'est depuis très longtemps intéressé à Étienne Geoffroy Saint-Hilaire[3] dont l'œuvre, selon lui, « dépasse largement les limites des sciences anatomiques et zoologiques » (p. 2). Il lui arrive de s'excuser de n'avoir pas « les connaissances anatomiques suffisantes » (p. 111) pour décider aujourd'hui de la solidité de telle ou telle recherche d'É.G.S.-H. Et pourtant il ne craint pas, à la différence de bien des savants spécialisés, de reconnaître à l'ensemble de l'œuvre « une importance qu'elle mérite amplement » (p. 2). C'est que la

1. Tapuscrit dans les archives du CAPHÉS (GC. 26.1.14, fol. 40-41). L'ouvrage, avec une inscription de l'auteur à Canguilhem, se trouve dans la bibliothèque de celui-ci (CAN 1986).

2. Théophile Cahn (1896-1986) spécialiste de la physiologie du métabolisme, docteur en médecine de l'Université de Strasbourg (1928), bénéficia de la fréquentation de ce milieu universitaire familier avec la science et la culture allemandes, comme Canguilhem devait en faire lui-même l'expérience et en tirer profit. Exilé aux États-Unis durant la guerre, il reprit en 1945 la direction du Laboratoire de physiologie de l'Institut de biologie physico-chimique de Paris et sera Directeur de recherche au CNRS et Directeur de laboratoire à l'École pratique des Hautes Études.

3. Étienne Geoffroy Saint-Hilaire (1772-1844), alors protégé de Daubenton (1716-1800), à l'occasion de la transformation révolutionnaire du Jardin du Roi en Museum d'histoire naturelle, avait été nommé à 21 ans professeur dans la chaire vouée à l'étude des vertébrés. L'éclat international de la controverse fameuse qui l'opposa à Cuvier en 1830 (*cf.* Toby A. Appel, *The Cuvier-Geoffroy Debate. French Biology in the Decades before Darwin*, New York, Oxford University Press, 1987) a parfois quelque peu occulté ses travaux pionniers en tératologie, la richesse de ses contributions zoologiques et l'originalité de son approche morphologique en anatomie comparée.

vaste culture de M. Cahn, sa familiarité avec les travaux des naturalistes allemands de l'âge romantique, sa connaissance de la pensée de Goethe, lui ont permis de replacer l'activité et les travaux d'É.G.S.-H. dans leur cadre d'époque.

Sous ce rapport l'étude de M. Cahn est plus ample, plus profonde et – qu'on nous pardonne – plus philosophique que ne l'était l'ouvrage d'Isidore Geoffroy Saint-Hilaire[1] consacré à la vie, aux travaux et à la doctrine scientifique de son père. Il suffit, pour s'en convaincre, de comparer le plan des deux ouvrages. M. Cahn a suivi le même ordre d'exposition chronologique qu'Isidore G.S.-H. mais a inséré à plusieurs reprises des chapitres où les principes et les méthodes d'Étienne G.S.-H. sont situés et jugés par référence à des travaux antérieurs ou postérieurs conduits selon des visées analogues (par exemple, les études anatomiques de Goethe, les transformations morphologiques chez d'Arcy Thompson[2], la tératogenèse selon Étienne Wolff, la causalité biologique dans le cadre de l'information). M. Cahn n'a point, pour autant, oublié d'amuser le lecteur en faisant une bonne place à l'histoire de la girafe du pacha d'Égypte, anecdote dont Isidore G.S.-H. ne souffle mot, et n'a pas dédaigné de porter, fort justement, au crédit d'Étienne G.S.-H., la théorie de l'influence des milieux de culture sur les variétés sociales de l'espèce humaine, que Balzac déclare expressément avoir importée de la Philosophie anatomique dans la Comédie humaine[3].

Un des traits les plus originaux de l'étude de M. Cahn consiste dans l'attention qu'il accorde à l'inspiration géométrique des travaux morphologiques d'É.G.S.-H. (*cf.* p. 107, pp. 119-121), et, plus généralement, aux relations entre mathématiques et biologie.

1. *Vie, travaux et doctrine scientifique d'Étienne Geoffroy Saint-Hilaire*, Paris, chez P. Bertrand, et Strasbourg, chez Veuve Levrault, 1847. Sur Isidore Geoffroy Saint-Hilaire, cf. *supra*, p. 883, n. 4.

2. D'Arcy Wentworth Thompson (1860-1948), zoologiste écossais, après des études d'anatomie, de zoologie et de physiologie à l'Université d'Edinburgh, puis à celle de Cambridge, fut élu professeur de biologie à l'Université de Dundee en 1884, puis en 1917 accepta la chaire d'histoire naturelle de l'Université de St. Andrews. *On Growth and Form* (Cambridge, Cambridge University Press, 1917) introduisit une nouvelle manière de considérer mathématiquement les problèmes de la morphologie. Excellent helléniste, il publia aussi *A Glossary of Greek Fishes* (Oxford, Oxford University Press, 1947) et une traduction de l'*Historia Animalium* d'Aristote (Oxford, The Clarendon Press, 1910).

3. Sur l'Avant-propos de la *Comédie humaine*, cf. *supra*, p. 749, n. 3.

Mais surtout le travail de M. Cahn a un mérite rare : celui de ne pas diminuer a priori comme il a été longtemps de règle, pour des raisons scientifiques ou extra-scientifiques, la valeur des réticences, des arguments et des prises de position de Cuvier en présence des publications d'É.G.S.-H. Il distingue fort bien deux périodes dans l'histoire des rapports entre les deux savants : celle où G.S.-H. s'efforce de démontrer l'unité du plan de composition des vertébrés, celle où il cherche à l'étendre à l'ensemble du règne animal, à partir de 1820. On s'attend naturellement, dans une étude sur É.G.S.-H., à un jugement relatif au débat académique de 1830. Ce jugement est formulé avec mesure. M. Cahn estime que Cuvier fait aux théories d'É.G.S.-H. sur l'os hyoïde des objections fondées, que G.S.-H. apporte une réponse faible (p. 204). S'il imagine la réponse qui aurait pu être faite, M. Cahn en limite la portée à l'unité de plan chez les vertébrés. Conclusion qui rejoint celle qu'à plusieurs reprises a proposée M. Jean Piveteau [1].

Quant aux rapports que la théorie de l'unité du plan de composition, jointe à l'influence des milieux ambiants, soutient avec les intuitions évolutionnistes d'É.G.S.-H., l'auteur leur consacre une place honorable (pp. 236 sqq.). Il montre qu'É.G.S.-H. accorde encore plus d'importance que Lamarck à l'action des conditions extérieures parmi les facteurs de variation spécifique. Mais on aurait aimé que M. Cahn s'interrogeât plus longuement sur les raisons et la signification de l'importance, tout de même étrange, que G.S.-H. accordait aux milieux respiratoires, au changement du taux de l'oxygène dans l'air au cours des temps (pp. 237, 238). Sur l'évolutionnisme d'É.G.S.-H. M. Cahn reste encore très mesuré et ne considère pas comme indéfendables, d'un point de vue théorique, les réserves de Cuvier (p. 240).

1. Voir notamment « Le débat entre Cuvier et Geoffroy Saint-Hilaire sur l'unité de plan de composition », *Revue d'histoire des sciences*, vol. 3, n° 4, octobre-décembre 1950, p. 343-363 ; « Anatomie comparée des vertébrés », dans René Taton (dir.), *Histoire générale des sciences*, tome III, vol. I, p. 484-523. Le paléontologiste français Jean Piveteau (1899-1991) avait commencé sa carrière sous l'égide de Marcellin Boule (1861-1942) qui l'encouragea à étudier les fossiles de Madagascar, dont sa chaire du Museum avait la garde, et à poursuivre sur place l'exploration des richesses paléontologiques de cette île. Piveteau soutint une thèse sur la *Paléontologie de Madagascar. Amphibiens et Reptiles permiens* (Paris, Masson, 1926). Déçu dans ses espoirs de succécder à Boule au Museum, il poursuivit sa carrière à la Caisse Nationale des Sciences (à l'origine du CNRS) et enseigna à la Sorbonne à compter de 1938. Il est peut-être surtout connu aujourd'hui pour le grand *Traité de paléontologie* dont il dirigea l'édition de 1952 à 1969 (Paris, Masson, 7 tomes en 10 volumes). Évolutionniste chrétien, sa position sur la question de l'hominisation s'apparente à celle de son ami Pierre Teilhard de Chardin.

C'est cette mesure, fruit d'un sens très averti de l'histoire et de l'état actuel des problèmes biologiques soulevés par cette étude, qui fait le charme et, plus encore, la source du profit intellectuel qu'on retire de la lecture de l'ouvrage de M. Cahn. Jamais égaré par la sympathie manifeste qu'il témoigne à son auteur, soucieux de placer sous les yeux du lecteur de très larges extraits des mémoires analysés ou des pièces du litige, M. Cahn réussit à rendre Étienne Geoffroy Saint-Hilaire vivant pour nous comme exemple plutôt que comme modèle. L'admiration ne tourne pas au panégyrique. C'est la marque d'une très haute probité.

Georges CANGUILHEM
Université de Paris

PHILOSOPHIE ET VÉRITÉ [1]

Revue de l'enseignement philosophique, vol. 15, n° 4, avril-mai 1965, p. 11-21

PREMIÈRE PARTIE : (JEAN HYPPOLITE ET GEORGES CANGUILHEM)

JEAN HYPPOLITE [2] — Il n'y a pas de contradiction entre la proposition : il n'y a pas d'erreur en philosophie et la proposition : il n'y a de vérité que

1. Cette émission de la télévision scolaire, diffusée le 27 mars 1965, fait en quelque sorte suite à l'entretien de Georges Canguilhem avec Alain Badiou en janvier 1965. Cf. *supra*, p. 1097-1111.

Il existe deux versions imprimées de cette émission. D'abord celle de la *Revue de l'enseignement philosophique*, révisée par les participants à l'entretien, qui doit être considérée comme la version « définitive » que nous donnons ici (ce texte est aussi repris dans les *Dits et écrits* de Michel Foucault, éd. Daniel Defert et François Ewald, « Bibliothèque des sciences humaines », Paris, Gallimard, 1994, vol. 1, p. 448-464). Mais il existe aussi une autre version, parue dans les *Cahiers philosophiques* en 1993, qui entend donner le *verbatim* des échanges télévisés. Il a paru utile de procurer aussi à l'Annexe VII cette seconde version dont certaines inflexions ou variantes des propos pourraient faciliter la compréhension des positions de chaque interlocuteur.

Comme pour l'entretien précédent, sur « Philosophie et science », l'émission a aussi été enregistrée sur cassette vidéo : « Philosophie et vérité », Jean Fléchet, réalisateur ; Dina Dreyfus, producteur, Montrouge, Centre national de documentation pédagogique, 1965. Sur Dina Dreyfus, *cf.* p. 1125, n. 1.

Le visionnement d'une copie numérisée de cette émission conservée à la Bibliothèque nationale de France (cote NUMAV-38400) permet de restituer en quelques endroits des phrases ou des mots manquants ou de corriger quelques éléments fautifs dans la transcription *verbatim* des *Cahiers philosophiques*. Ces corrections sont données dans le texte en annexe, mais seulement quand elles contribuent en quelque façon au sens des échanges ; elles sont chaque fois signalées par une insertion entre crochets dans le texte.

2. Sur Jean Hyppolite, cf. *supra*, p. 328, n. 3. Hyppolite avait lui-même, en janvier 1965, participé à un entretien télévisé avec Alain Badiou, sur « La philosophie et son histoire ». Dans

scientifique. Peut-être autrefois pouvait-on parler de vérité en philosophie et de vérité dans les sciences, dans la mesure où les sciences existaient. Mais aujourd'hui, et c'est irréversible, il n'y a vraiment de vérités – au pluriel – que là où il y a science, là où la science les établit.

G. CANGUILHEM — D'ailleurs, il me semble que, en disant qu'il n'y a pas de vérité philosophique, je n'avais pas voulu dire :

— qu'un philosophe n'a jamais à se préoccuper de savoir s'il dit ou non la vérité ;

— que la philosophie serait étrangère à une recherche concernant la nature, ou le sens, ou l'essence de la vérité.

J. HYPPOLITE — Justement, il faut faire une différence entre la vérité et l'essence de la vérité. De même qu'on a dit que l'essence de la technique n'est pas technique, de même l'essence de la vérité n'est pas une vérité. C'est une problématique, mais une problématique authentique par rapport aux vérités spécialisées des sciences actuelles.

G. CANGUILHEM — Le rapport de la philosophie à ces vérités que les sciences définissent progressivement est l'objet d'une méditation, d'une recherche dont on ne peut pas dire qu'elle est vraie ou fausse, dans le sens où on parle de vrai ou de faux dans les sciences.

J. HYPPOLITE — D'ailleurs, tu as dit, dans ton entretien avec Badiou, que les sciences ne concernaient pas un objet total qui s'appellerait nature, univers ou monde. Cet objet total est disloqué dans les sciences. Aujourd'hui, les vérités scientifiques sont essentiellement culturelles, elles n'ont plus rien de cosmologique. C'est ce que Bachelard a bien vu, quand il emploie le mot « cosmique » seulement pour la poésie, pour l'imaginaire, et jamais pour le rationnel. Mais il reste au philosophe un sens de la totalité que nous ne pouvons pas évacuer de notre vie.

G. CANGUILHEM — C'est la définition même de la philosophie.

J. HYPPOLITE — Il y a là une base, un terrain qui appartient à la philosophie, bien qu'on ne puisse pas y démêler des vérités ou une vérité. Et

son échange avec Canguilhem, Hyppolite renvoie évidemment ici à l'entretien donné *supra*, « Philosophie et science ».

c'est l'exploration de ce terrain qui est maintenant en question, et le nom que nous allons lui donner… l'exploration de ce terrain à partir duquel les sciences se développent en rompant avec lui, et auquel il faut bien les ramener quand on veut évaluer la diversité des sciences par rapport à l'existence humaine.

G. CANGUILHEM — C'est là effectivement la tâche propre de la philosophie. Et cela veut dire que la philosophie doit confronter certains langages spéciaux, certains codes, avec ce qui reste foncièrement et fondamentalement naïf dans l'expérience vécue. La philosophie ne s'adresse spécialement à personne, mais universellement à tous. Et le rapport entre la pensée philosophique et la pensée des différentes disciplines scientifiques est un rapport concret et nullement abstrait ou spécial. Dans cette mesure – et c'est ce que j'ai voulu dire –, la valeur propre de vérité n'est pas celle qui convient à la philosophie. Et si l'on me demande ce que j'appelle « valeur philosophique », je répondrai que je ne vois pas d'autre nom à lui donner que, précisément, « valeur philosophique ».

J. HYPPOLITE — Une explication scientifique n'enlève rien à l'expérience vécue des hommes : plus la science deviendra culturelle, moins elle sera cosmique et totale, plus il y aura besoin de philosophie pour rassembler les hommes. La philosophie sera d'autant plus indispensable que la science sera plus vraie, plus rigoureuse, plus technique, dans un domaine spécial…

G. CANGUILHEM — Moins les sciences ressemblent à la philosophie, plus, précisément, la nécessité intellectuelle de la philosophie apparaît.

DEUXIÈME PARTIE : (MICHEL FOUCAULT ET PAUL RICŒUR)

MICHEL FOUCAULT [1] — Vous avez dit, dans votre émission [2], que la fin de la philosophie, le but qu'elle devait se proposer, c'était une sorte de

1. Foucault avait participé le 27 février 1965 à un entretien télévisé avec Alain Badiou intitulé « Philosophie et psychologie ».

2. Le 13 mars 1965 Ricœur, avait participé à un entretien télévisé avec Alain Badiou sur le thème « Philosophie et langage ». Sur Paul Ricœur, cf, *supra*, p. 566, n. 3. Ricœur, alors qu'il était professeur à la Faculté des Lettres de Strasbourg avait déjà, en 1952, participé aux Journées

clarification du langage et l'établissement d'une cohérence. Et vous avez parlé du polysémisme fondamental du langage. N'y a-t-il pas là une sorte d'opposition qui recouperait celle qu'on a cru apercevoir entre Hyppolite et Canguilhem, Hyppolite disant qu'il n'y a pas d'erreur en philosophie, et Canguilhem disant qu'il n'y a de vérité que scientifique ? Ne pourrait-on dire que la science serait alors du côté de la cohérence, et la philosophie, du côté de la polysémie ?

PAUL RICŒUR — Je pense que cette opposition doit être introduite et maintenue à l'intérieur du travail philosophique lui-même. La cohérence n'est pas un but, mais le moyen obligé, le passage imposé à la philosophie et qui la sépare entièrement de la poésie, de la littérature. Mais cette cohérence ne pourra jamais être qu'un idéal formel pour la philosophie, car la philosophie doit être considérée comme ce champ clos où s'affrontent la richesse du langage, qui porte le péril de l'équivoque, et la loi de cohérence, qui est la règle de communication; comme ce lieu d'affrontement entre une tâche formelle de cohérence et l'effort pour recouvrer, à travers la multiplicité des sens, ce dont il est finalement question en philosophie, dire ce qui est.

M. FOUCAULT — C'est-à-dire que le polysémantisme serait du côté soit de l'ontologie, soit des contenus culturels livrés et transmis par l'histoire, et la cohérence serait du côté de la forme même du discours.

P. RICŒUR — Oui ! Je parlais dans mon émission de communication, cette communication avec soi et avec autrui, c'est le plan formel du discours. Mais je ne pense pas qu'on puisse définir la philosophie par sa propre formalité. Il me semble que la philosophie nous ramène à la question beaucoup plus primitive, à la question en somme primordiale, à la question d'Aristote : « Qu'est-ce qui est ? »

M. FOUCAULT — Mais alors, dites-moi, le polysémantisme est-il seulement une propriété formelle du langage ?

pédagogiques de coordination entre l'enseignement de la philosophie et celui de l'histoire, au Centre International d'Études Pédagogiques de Sèvres, et y avait présenté une communication sur « Objectivité et subjectivité en histoire » (cf. *Revue de l'enseignement philosophique*, vol. 3, n°s 5-6, juillet-septembre 1953, p. 40).

P. Ricœur — La langue philosophique étant la langue des philosophes, la langue de sa propre histoire, elle ne peut laisser venir le sens même de son discours qu'à travers un débat constant avec les sens hérités.

Donc, un philosophe ne peut promouvoir une problématique nouvelle qu'en débat avec les problématiques anciennes, et cette situation même est une situation équivoque. Et c'est donc à travers cette situation équivoque qu'il doit, lui aussi, pourchasser la polysémie.

Troisième partie : (Jean Hyppolite – Georges Canguilhem – Paul Ricœur – Michel Foucault – Dina Dreyfus)

D. Dreyfus[1] — Vous avez déjà parlé de la question entre vous, je suppose. À mon sens, il y a trois questions liées les unes aux autres dans le problème qui nous occupe aujourd'hui :

— la première question, le premier point, c'est la contradiction apparente – je dis bien « apparente » – entre la proposition d'Hyppolite : « Il n'y a pas d'erreur en philosophie » et la proposition de Canguilhem : « Il n'y a pas de vérité philosophique. » D'ailleurs, la proposition d'Hyppolite a été interprétée par certains : « Le philosophe ne se trompe jamais. » Je pense que ce n'est pas tout à fait cela qu'il a voulu dire ;

— la deuxième question, c'est l'élucidation de la conception de Canguilhem ;

— enfin, la troisième question, qui, à mes yeux, est sous-jacente à toutes les autres, qui en est le sens, c'est la question de la signification de l'entreprise philosophique. Que signifie « philosopher » ?

Ces trois points sont liés, et je crois qu'il faut les regarder ensemble.

1. Dina Dreyfus (1911-1999), à la fin des années 1930, effectua avec Claude Lévi-Strauss, alors son mari, des recherches ethnologiques sur les indiens du Mato-Grosso brésilien. Résistante, agrégée de philosophie (1945), elle fut professeur de philosophie au Lycée de Versailles, au Lycée Molière à Paris, puis pendant plusieurs années à la khâgne du Lycée Fénelon. Après avoir exercé les fonctions d'Inspecteur d'Académie, elle sera enfin la première femme à accéder à l'Inspectorat général de philosophie (de 1975 à 1977). C'est elle qui fut l'initiatrice des émissions télévisées de philosophie. *Cf.* Dina Dreyfus, « L'enseignement de la philosophie et la télévision », *L'Éducation nationale*, n° 36, 10 décembre 1964, article repris dans les *Cahiers philosophiques*, n° 55, juin 1993, p. 99-104. Ce texte est suivi de la reprise d'un chaleureux article de Bertrand Saint-Sernin (d'abord paru dans *Les Temps modernes* en 1989) : « Dina Dreyfus ou la raison enseignante », p. 85-98.

J. HYPPOLITE — Pour ma part, je pense que la contradiction est, en effet, purement apparente. Ce qu'a dit Canguilhem m'a semblé complémentaire de ce que je disais.

G. CANGUILHEM — À mes yeux non plus il n'existe certainement aucun désaccord. De toute façon, je suis un peu surpris d'avoir été mal compris.

J'ai dit : « Il n'y a pas de vérité philosophique. »

Je n'ai pas voulu dire : « Il n'y a pas de vérité dans une philosophie. » Car un philosophe peut se tromper s'il commet des paralogismes.

J'ai simplement voulu dire ceci : le discours philosophique sur ce que les sciences entendent par « vérité » ne peut pas être dit à son tour vrai. Il n'y a pas de vérité de la vérité.

J. HYPPOLITE — Cela va plus loin. Je pense que nous pourrions dire que, de même que l'essence de la technique n'est pas technique, l'essence de la vérité n'est pas une vérité.

Alors que, pour Kant, par exemple, l'analytique transcendantale représentait un type de vérité, ce n'est même plus vrai pour nous aujourd'hui.

Nous sommes dans une anthropologie, qui se dépasse, nous ne sommes jamais dans un transcendantal.

M. FOUCAULT — Oui, mais même l'anthropologique sur lequel malheureusement nous réfléchissons trop souvent, c'est bien précisément un transcendantal qui se voudrait vrai au niveau naturel.

J. HYPPOLITE — Mais qui ne peut pas l'être.

M. FOUCAULT — Qui ne peut pas l'être : mais à partir du moment où on essaie de définir une essence de l'homme qui pourrait s'énoncer à partir d'elle-même et qui serait en même temps le fondement de toute connaissance possible et de toute limite possible de la connaissance, on est en plein paralogisme.

D. DREYFUS — Finalement, admettez-vous ou non qu'il y a une vérité du discours philosophique comme tel, c'est-à-dire qu'il puisse être dit vrai ou faux ? Ou qu'on puisse dire qu'un système philosophique est vrai ou faux ?

G. CANGUILHEM — Personnellement, je ne l'admets pas. Je ne vois pas quel est le critère auquel vous pourriez référer un système philosophique pour dire de lui qu'il est vrai ou faux.

M. FOUCAULT — Moi non plus, je ne l'admets pas. Il y a une volonté de vérité…

D. DREYFUS — Si on vise la vérité, même si on ne l'atteint pas, c'est encore la norme de vérité qui est en question. Or, c'est bien de cela qu'il s'agit : la norme de vérité convient-elle à la philosophie ?

G. CANGUILHEM — Je n'admets pas que la norme de vérité convienne à la philosophie. C'est un autre type de valeur qui lui convient.

P. RICŒUR — Oui, mais n'est-ce pas parce que vous avez commencé par penser le problème de la vérité en termes de norme et de critère ? Je me demande, moi, si la question de la vérité n'est pas la dernière question qu'on puisse se poser, et non la question préalable. Ce n'est pas à partir d'un modèle épistémologique qu'on peut poser le problème de la vérité, mais à partir d'une autre question. Il me semble que la question fondamentale de la philosophie, c'est ce qui est. Alors, si la première question, c'est : « Qu'est-ce qui est ? », question d'Aristote, la théorie de la connaissance est seconde par rapport à la théorie de l'être, et la science elle-même est seconde par rapport à la connaissance. Si bien que ce que vous, vous appelez « valeur », est-ce que nous ne devons pas l'appeler « vérité », si nous définissons la vérité : le recouvrement le plus entier qui soit possible du discours et de ce qui est ?

Si vous accordez qu'il y a un problème de valeur pour la philosophie, le champ dans lequel vous intégrez la valeur scientifique et les autres valeurs, c'est un champ justement où vient se manifester ce que j'appelais tout à l'heure « vérité », à savoir le recouvrement de l'être par son discours.

Alors, vous n'avez jamais qu'une forme, je ne dirai pas déchue, car c'est une forme privilégiée, mais une forme dérivée de la vérité scientifique.

G. CANGUILHEM — Je pourrais répondre à votre question, d'une certaine manière, en la refusant, c'est-à-dire que je pourrais refuser votre définition de la vérité comme le recouvrement du discours et de ce qui est. Précisément, pour la science, ce qui est, c'est ce qu'elle définit progressivement comme étant le vrai, indépendamment de tout rapport à un être supposé comme terme de référence.

C'est dans la mesure où certaines philosophies ont conservé une sorte de définition réaliste de la vérité, par cette confrontation du discours et de l'Être, que l'on peut admettre que, partant de ce qu'aujourd'hui, dans la science, on entend par vérité, on peut en tirer pour la philosophie cette conclusion qu'elle peut, tout en restant fidèle à son projet fondamental, définir ou tout au moins entrevoir sa propre valeur, sa propre authenticité, sans revendiquer pour elle-même ce concept de vérité dont il est bien entendu qu'elle a à s'occuper dans la mesure où elle est le lieu où la vérité de la science se confronte avec d'autres valeurs telles que les valeurs esthétiques ou les valeurs éthiques.

J. HYPPOLITE — Canguilhem a dit qu'il n'y avait plus, pour la science, d'objet total, ni nature, ni cosmos, ni univers, et que, à l'heure actuelle, il n'y avait plus de science mais des sciences, c'est-à-dire des aspects extrêmement spécialisés et qui établissent techniquement leur vérité. Mais cette totalité, évacuée par les sciences, c'est en elle que nous sommes, que nous existons, que nous sommes pris.

P. RICŒUR — Mais ce rapport avec la totalité, c'est la question de la vérité. J'entends bien que, historiquement, les philosophies sont contemporaines de certaines formes de science et que, donc, des énoncés philosophiques sont, eux aussi, frappés de vieillissement, en tant qu'ils sont corrélatifs d'un état des sciences. Mais la question même, à savoir que je suis dans ce qui est et que j'éprouve à la fois ma situation, que j'y ai des projets, et que, dans ce rapport de situation à projet, je déploie une certaine lumière dans laquelle un discours est possible, c'est là la question de la vérité ; parce que si nous n'appelons pas cela vérité, mais valeur, le rapport entre les différentes valeurs en jeu dans notre existence va donc se trouver entièrement coupé de cette question de la totalité. Autrement dit, l'idée de totalité, c'est la façon dont je récupère rationnellement ce rapport de mon être à l'être.

QUATRIÈME PARTIE : (JEAN HYPPOLITE – GEORGES CANGUILHEM – PAUL RICŒUR – ALAIN BADIOU – DINA DREYFUS)

G. CANGUILHEM — Il me semble que je n'ai pas dit autre chose à Badiou, quand j'ai dit que la totalité, ce n'était pas du côté de la nature, ou du cosmos, ou du monde que nous la trouvions, mais que c'était précisément l'affaire propre de la philosophie, que les valeurs doivent être confrontées les unes aux autres à l'intérieur même d'une totalité qui ne peut être que présumée. Mais du moment qu'elle ne peut être que présumée et que vous ne pouvez pas, selon moi, lui donner la signification de l'Être au sens aristotélicien, alors il me semble que la tâche propre du philosophe ne relève pas spécifiquement de ce mode de jugement auquel conviennent expressément les valeurs de vrai et de faux.

D. Dreyfus — Que penser alors d'une entreprise comme celle de Descartes ? N'est-il pas question de viser la vérité dans, par exemple, la préface des *Principes ?*

G. Canguilhem — Oui, mais il se trouve quand même que la préface des *Principes*, c'est la préface d'un traité de physique et de cosmologie. C'est-à-dire que, pour Descartes, nous nous trouvons en présence d'une philosophie traditionnelle pour laquelle le problème pratique, le problème concret se trouve lié étroitement au problème de la détermination du vrai. Lorsque vous enlevez de la physique, lorsque vous enlevez de la philosophie de Descartes cela précisément qui, aujourd'hui, ne peut plus être dit vrai, qu'est-ce qui vous reste dans la philosophie de Descartes dont vous puissiez précisément dire que c'est une proposition philosophique qui, elle, est vraie ou fausse ?

J. Hyppolite — Serions-nous d'accord pour dire : il n'est plus possible, aujourd'hui, d'avoir une pensée philosophique qui ressemble à l'ontologie ancienne, c'est-à-dire à une théorie préalable de l'Être; que, donc, il n'y a plus de théologie : qu'il n'y a plus de catégories objectives préexistantes à la science, substituables à une pensée révolutionnaire active ?

G. Canguilhem — Il n'y a pas d'ontologie, il n'y a pas de théologie, il n'y a pas de catégorie objective préexistante à la science… Et parmi mes auditeurs qui ont pu être surpris par ma formule concernant la non-vérité philosophique, il y a précisément ceux pour qui la philosophie est à la rigueur un substitut de la théologie ou ceux qui pensent qu'ils ont désormais le moyen de transformer la philosophie en science.

P. Ricœur — Mais les catégories objectives dont vous parlez sont déjà une forme dégradée de leur propre question. C'est cette question qu'il faut retrouver.

Et s'il y a une question, comment appellerez-vous le rapport que nous avons avec cette question, si ce n'est pas un rapport de vérité ? Sinon, vous allez faire du rassemblement des valeurs et de leur confrontation simplement une grandeur culturelle !

Or les cultures font apparaître précisément certaines combinaisons de valeurs et elles sont le milieu historique de la confrontation des valeurs. Mais ce dont il est question, lorsque nous disons avec Descartes – le Descartes du

Cogito – « Je pense donc je suis », la question qui est impliquée dans la question « je suis » n'est pas liée à l'histoire d'une culture. Elle est d'une autre dimension.

G. CANGUILHEM — Elle est peut-être d'une autre dimension. Mais quand vous demandez : ce rapport de la question « que suis-je » à l'Être, ne puis-je appeler cela « vérité » ?, je répondrai que je ne peux pas appeler « vérité » une question. Je pourrais à la rigueur appeler « vérité » une réponse. La question de la vérité est peut-être une question philosophique. Mais une philosophie, dans la mesure où elle se propose comme une réponse à cette question, ne peut pas être classée par rapport à une autre philosophie, donnant une réponse différente, selon le critère du vrai et du faux. Autrement dit, je ne peux pas dire que la philosophie de Kant est vraie, que celle de Nietzsche est fausse. Il y a des philosophies ridicules, des philosophies étroites. Je ne connais pas de philosophie fausse et, par conséquent, je n'en connais pas de vraie.

P. RICŒUR — Mais si nous nous intéressons à la philosophie, c'est parce que chacune a un rapport interne entre ses questions et ses réponses. En dessinant le champ fini de sa vérité propre, elle nous intéresse parce que nous avons la conviction ou l'espoir qu'à travers ces œuvres finies de l'esprit humain se produit la rencontre avec le même Être. Sans quoi, nous serions schizophrènes. Mais nous n'avons pas en même temps le moyen de montrer qu'il s'agit de la même chose.

C'est pourquoi tout ce que nous pouvons dire, c'est que nous espérons être dans la vérité. Mais nous ne pouvons pas assimiler la vérité à un système philosophique produit par l'histoire de la culture.

ALAIN BADIOU — Je voudrais ramener la question sur un terrain peut-être plus élémentaire et plus positif en même temps. Vous avez vous-même montré que la science ne découvre pas la vérité ou ne révèle pas une réalité qui lui serait antérieure, mais qu'elle institue ou constitue à la fois le problème de la vérité et les procédures effectives par quoi, partiellement, ce problème peut recevoir une série de réponses ordonnées. Vous accepteriez donc sans doute de dire que la science n'est pas ce à travers quoi l'homme découvre le vrai, mais qu'elle est historiquement la forme de culture qui institue, sur un terrain valable, le problème du vrai. Si donc vous admettez ainsi que l'homme est, en somme, historiquement producteur de la vérité, sous la forme scientifique, alors, comme pour toute production, se pose le problème de la fin ou du *telos* du produire. Je serais alors d'accord pour dire que la philosophie n'est pas comme telle une production de vérités, mais qu'elle s'interroge sur la fin ou sur la destination de cet événement producteur particulier qui a surgi dans son histoire.

G. CANGUILHEM — J'ai d'autant moins de peine à vous accorder ce que vous demandez qu'il me semble que nous l'avions dit au cours de notre entretien. Je crois avoir dit, autant que je me souvienne, que la question de la possibilité de la science n'était pas une question scientifique. Le pourquoi des mathématiques n'était pas une question de mathématicien. La science constitue la vérité sans finalité, sans finalité de la vérité. L'interrogation sur la finalité de la vérité, c'est-à-dire ce qu'on peut en faire, par exemple, dans une pratique, cela est précisément philosophique. Mais il me semble que toute la philosophie moderne, surtout depuis Kant, est caractérisée par ceci, que la connaissance de la vérité n'est pas suffisante pour résoudre la question philosophique totale.

J. HYPPOLITE — Canguilhem m'accordera sûrement que les sciences parlent un langage techniquement proche d'un langage univoque, et seules constituent des vérités au sens strict du terme. Ce langage, qui a un certain code, qui est institué à partir de certaines conventions expresses, est lui-même lié à un langage naturel. Partons alors de ce langage naturel, qui était sans doute spontanément ontologique avant la philosophie, qui ne peut plus l'être aujourd'hui, mais qui n'en reste pas moins langage naturel. Ce langage naturel est à lui-même son propre code, tandis que tous les autres sont codés par rapport à ce langage. Il reste donc un certain lieu où se rencontrent tous les problèmes techniques de vérité qui sont découverts par les sciences de plus en plus culturelles et spécialisées, lieu dont on part et lieu où on revient. Si j'osais, je dirais que la vraie philosophie, aujourd'hui, est obligée d'être une certaine vulgarisation, dans le meilleur sens du terme. J'entends par là qu'elle est obligée de retraduire ce qui ne se traduira jamais de proche en proche, parce que, même dans les intersections des sciences, ce sont encore des sciences spéciales.

De sorte qu'on a mal compris la pensée de Canguilhem, si on a cru qu'il voulait parler d'une vérité du scientisme, genre l'« avenir de la science ». Mais il a, finalement, voulu dire tout le contraire. Il y a des vérités scientifiques et il y a un lieu où germe l'essence de la vérité, l'existence dans son projet total. Mais quelque chose d'irréversible est advenu à la philosophie : on ne peut plus refaire une ontologie, comme Aristote, ou comme Descartes.

Il y a quelque chose depuis Kant qui fait que la pensée philosophique est à la fois la plus indispensable et qu'elle ne peut plus revenir à certaines positions.

P. RICŒUR — Et en même temps, je puis parfaitement comprendre de quoi il était question dans les philosophies passées, par conséquent ce que ces philosophes cherchaient, et si l'on peut dire, reprenant votre langage, le lieu d'où elles partaient, le lieu où elles vont, et qui n'est plus un lieu qui nous soit interdit ou fermé.

C'est pourquoi l'histoire de la philosophie n'est pas l'histoire de la science. Vous disiez qu'il n'y a pas d'erreur en philosophie, mais on pourrait dire aussi qu'il n'y a pas de problème, de question qui soient abolis ou périmés, alors que, dans l'histoire des sciences, l'histoire des techniques, il y a vraiment quelque chose qui est définitivement perdu.

Il me semble que non seulement nous pouvons en somme reconnaître dans les philosophes du passé une problématique qui n'est pas périmée, qui n'est pas dépassée, mais que nous pouvons, même sans avoir recours à la norme de vérité, évaluer en somme la portée ou la grandeur ou la force d'un système de philosophie, au sens où vous disiez tout à l'heure qu'il y a des philosophies ridicules, des philosophies étroites, et par conséquent, au sens où l'histoire de la philosophie est originellement sélective et que tout le monde distingue les grands philosophes, les moments importants de cette histoire et les moments secondaires.

A. BADIOU — Est-ce que vous accepteriez de dire qu'une philosophie, c'est, en somme, un centre de totalisation de l'expérience d'une époque? Étant entendu que l'ambiguïté des rapports avec la science naît peut-être de ce que cette totalisation s'efforce de s'opérer dans le cadre d'un code ou d'un langage qui, pour une part, importe ses critères de rigueur, voire de cohérence, de la science.

Dès lors, nous aurions à la fois une définition du projet philosophique, et nous pourrions, je crois, reconnaître la valeur et la signification de ce projet indépendamment de la notion de vérité, au sens strict. Nous disposerions, d'autre part, d'une sorte de norme à l'égard de ce projet, d'une finalité au regard de quoi ce projet prendrait son sens et sa dignité, et, en même temps, nous pourrions peut-être rendre compte des ambiguïtés, des difficultés qui localement se sont produites dans la confrontation entre science et philosophie, dans la mesure où jadis, à diverses époques et peut-être maintenant, la philosophie a pu croire que cette totalisation générale d'expérience d'une époque dans laquelle elle était engagée pourrait se formuler dans un langage analogiquement rigoureux, par rapport au modèle ou paradigme que la science lui fournissait.

Prenons le cas de Descartes, par exemple, avec le concept médiateur de méthode; il me semble que, dans ce cas, nous réserverions à la philosophie l'originalité constitutive du projet philosophique, nous expliquerions qu'il est d'une certaine manière contemporain du projet scientifique et, en même temps, nous pourrions rendre compte, ce qui me semble fondamental, du concept de grande philosophie, car si nous retirons la norme de vérité, encore faut-il en réintroduire une autre qui nous permettre l'évaluation des discours philosophiques.

P. RICŒUR — Oui. En même temps, il ne faut pas laisser retomber ces philosophies à de simples grandeurs culturelles qui seraient des points de concentration historiques sous peine de perdre ce qui était en question dans ces philosophies et du même coup de chasser de l'histoire de la philosophie le sens de la continuité des questions philosophiques, et par conséquent de l'espace dans lequel ces questions sont promues, et d'en arriver simplement à une sorte d'histoire culturelle de la philosophie, au lieu d'une histoire philosophique de la philosophie.

Il faut que l'histoire de la philosophie soit une activité non pas d'historien, mais de philosophe. Il faut que, d'une certaine façon, la reconnaissance d'une question archaïque par un homme d'aujourd'hui se fasse dans un certain espace de rencontre, qui est ce que, peut-être, l'on pourrait appeler justement la vérité de l'être, ou vérité de l'existence.

Et cette reconnaissance est à deux dimensions : d'une part, c'est notre capacité d'entrer dans le dialogue de tous les philosophes et de chacun avec tous – ce qui est justement l'histoire de la philosophie – et, d'autre part, ce que Badiou appelait tout à l'heure le rapport de totalisation avec une époque.

Être dans le discours continu des grands philosophes, être dans la compréhension des questions de mon temps, c'est peut-être là qu'est à la fois l'historicité et la pérennité de la philosophie.

J. HYPPOLITE — Il me semble qu'il y a deux questions dans ce que disait Badiou, et dont le rapport fait difficulté; dire qu'une philosophie est un centre de totalisation d'une époque (et c'est bien au fond ainsi que je la conçois pour ma part) et dire aussi qu'elle est un dialogue avec toutes les philosophies, ce sont deux choses assez différentes; car il se pourrait qu'il y eût dans notre histoire des points de nouveauté essentiels sur le moment, ce qui ne fait pas disparaître le dialogue avec les philosophes du passé. Il se pourrait qu'avant la naissance de la philosophie il y ait eu une certaine façon de poser le problème de la philosophie et de l'Être, et il se pourrait qu'il y ait eu une époque où la science est apparue presque se suffisant à elle-même et une époque où il ne peut même plus y avoir de Newton et peut-être plus d'Einstein, et où la philosophie est obligée encore de se poser d'une autre façon, sans rompre le dialogue avec le passé; mais cette nouveauté, pour penser une époque, est aussi quelque chose d'essentiel.

A. BADIOU — Oui, je suis d'accord, mais il me semble que si la philosophie, au sein même de son projet, doit se médier par sa propre histoire, c'est qu'elle trouve dans cette histoire les instruments qui ont été progressivement forgés, et qui sont ceux de la catégorie de totalité.

Autrement dit, il me semble que c'est la catégorie de totalité comme telle qui fonde la continuité du discours philosophique. C'est sur l'identité transhistorique de chacune des philosophies historiques que s'appuie le dialogue que nous engageons avec elle.

P. RICŒUR — Oui, moi je suis très sensible à ce qu'Hyppolite disait de la nouveauté; mais nous nous trompons aussi bien souvent sur la nouveauté; combien d'époques ont cru qu'elles étaient vraiment en rupture avec ce qui les avait précédées; or, souvent, c'est même dans un retour à l'archaïsme qu'est la compréhension de la nouveauté, sans quoi nous retomberions dans ce temps de progrès qui n'est certainement pas le temps de la philosophie.

J. HYPPOLITE — Vous avez raison; mais ce que je voulais éviter, c'est une conception des problèmes philosophiques tirée d'une *philosophia perennis* à laquelle je ne crois pas. Je crois au dialogue des philosophes, je crois à la médiation des philosophes, et je crois beaucoup plus à la pensée philosophique que je ne crois à une histoire indépendante de problèmes philosophiques à travers les philosophes.

G. CANGUILHEM — Je suis d'accord avec la définition qu'a donnée Badiou de la fonction philosophique, comme la totalisation de l'expérience d'une époque. Pourtant, cela ne va pas sans difficultés. S'il est bien vrai qu'il n'y a pas de progrès philosophique, et s'il est vrai aussi que la philosophie est la totalisation de l'expérience d'une époque, dans la mesure où cette expérience contient des modes tels que la science ou l'art ou la technique qui, du moins pour la science et pour la technique, sont des activités qui disqualifient ou déprécient leur propre passé, et dont c'est même la fonction essentielle, l'intégration à un moment donné d'une mathématique comme celle de Hilbert, d'une physique comme celle d'Einstein, d'une peinture comme celle de Picasso, l'intégration de ces modes d'expérience, précisément parce que certains de ces modes comportent le progrès, ne peut jamais s'opérer de la même manière, même si l'intention de totalisation reste identique; et, par conséquent, il n'y a pas d'homogénéité philosophique, c'est-à-dire d'homogénéité de ces tentatives d'intégration, sous le rapport de leur procédure, de leur style et de leurs conclusions.

Dès lors, on ne peut pas les confronter les unes aux autres sous un certain rapport qui puisse être dit de plus ou moins, du point de vue de la vérité.

Les philosophies se distingueront par conséquent les unes des autres, non pas parce que les unes sont plus vraies que les autres, mais parce qu'il y a des philosophies qui sont grandes et d'autres qui ne le sont pas.

D. Dreyfus — À quoi les reconnaissez-vous? Autrement dit, quel est le critère de cette grandeur ou de cette étroitesse?

G. Canguilhem — Je ne pense pas qu'il y ait à proprement parler un critère. Il y a des signes, des indices auxquels on reconnaît une grande philosophie et une philosophie petite ou étroite, comme je l'ai dit tout à l'heure. S'il est vrai que la philosophie doit être la vulgarisation, en un sens non vulgaire, comme le disait Hyppolite, de tous ces codes différents qui sont adoptés par les sciences en voie de constitution, par toutes les activités de type culturel d'une époque donnée, il me semble qu'il y a un côté fondamentalement naïf, je dirais même populaire, de la philosophie que l'on tend souvent à négliger; et peut-être qu'une grande philosophie c'est une philosophie qui a laissé dans le langage populaire un adjectif: les stoïciens ont donné stoïcien, Descartes a donné cartésien, Kant a donné kantien et l'impératif catégorique; autrement dit, il y a des philosophies qui ont bien totalisé l'expérience d'une époque, qui ont réussi à se diffuser dans ce qui n'est pas la philosophie, dans les modes de culture (lesquels, à leur tour, seront à totaliser par une autre philosophie) et qui ont eu en ce sens un impact direct sur tout ce qu'on peut appeler notre existence de tous les jours, notre existence quotidienne.

J. Hyppolite — De telle sorte qu'une grande philosophie est une philosophie qui est capable de se traduire d'une certaine façon dans la langue commune de tous.

Simplement, il faut aussi distinguer totalisation de somme, nous sommes tous d'accord, et une totalisation, pour avoir un point d'impact, est souvent une totalisation partielle, et presque partiale, de telle sorte que le caractère aigu du génie philosophique, car c'est bien quelque chose qui touche au génie, est d'entrer en contact avec son époque, non pas par le travail des épigones, mais par un contact profond avec ce que l'époque est en train de balbutier.

P. Ricœur — Je résisterais seulement sur un point. Je ne voudrais pas réduire à un critère d'influence sociale ce qui est aussi le rapport de chaque totalité partielle avec ce que nous appelions tout à l'heure cet espace de rencontre des philosophies, où il est question de la vérité, où peut-être la vérité reste sa propre question. Cette présomption de vérité c'est peut-être ce que le sentiment populaire ressent parfaitement dans une grande philosophie.

G. Canguilhem — Je ne dis pas le contraire, et c'est pourquoi je préfère vous accorder le mot que vous venez de reprendre et dont je me suis servi, c'est-à-dire populaire, plutôt que social. Je n'ai pas voulu parler d'un critère social, mais populaire, qui, pour moi, est le signe d'une certaine authenticité.

P. Ricœur — Pour ma part, je ne voudrais pas séparer authenticité de vérité.

G. Canguilhem — En bien, il me semble justement que toute ma défense consisterait à dire que je ne vois pas pourquoi employer le même mot et le même concept en deux sens différents.

D. Dreyfus — Mais, vous Alain Badiou, qui êtes professeur, quand vous définissez une philosophie comme un centre de totalisation de l'expérience d'une époque, est-ce que cela vous permet d'enseigner la philosophie? Qu'enseignez-vous sous ce nom?

A. Badiou — On n'enseigne pas en tout cas une philosophie au sens de totalisation de l'expérience d'une époque : cela serait redonner un enseignement dogmatique qui procéderait effectivement à cette totalisation. Ce serait quelque chose comme le cours de Hegel ou un cours de philosophie scolastique; par conséquent, au sens très rigoureux du terme, dans un enseignement élémentaire de la philosophie en tout cas, on ne philosophe pas. Alors que fait-on? Eh bien, je crois que l'on apprend aux élèves la possibilité de la philosophie, c'est-à-dire que, par une série de détours, par l'examen des doctrines et des textes, par l'examen des concepts, par le parcours des problèmes, on leur montre qu'est possible un langage à travers quoi cette totalisation s'opérerait. Et je définirais volontiers l'enseignement de la philosophie comme l'enseignement de la possibilité de la philosophie, ou la révélation de la possibilité de la philosophie, sinon, il n'y aurait d'autre recours qu'enseigner une philosophie, ce dont précisément notre enseignement entend se garder.

D. DREYFUS — Et du point de vue de l'enseignement, est-ce qu'il vous serait possible de tirer des conclusions sur le débat qui nous a occupés ? Je veux dire, sur la question de la vérité ou de la non-vérité philosophique ?

A. BADIOU — C'est une question difficile, car vous n'êtes pas d'accord, et je ne crois pas qu'il faille dissimuler ce désaccord ; mais, en somme, vous me conviez à dégager, si l'on peut dire, la vérité de ce désaccord sur la vérité, et je crains que mon point de vue ne soit à tout moment une totalisation excessive et récusée par chacun de ceux dont je vais tenter d'inscrire le désaccord dans un champ unique.

Vous êtes en désaccord, mais il semble que l'espace de votre désaccord est limité par deux accords qui sont malgré tout essentiels.

D'abord, vous admettez tous que la science est l'un des lieux de la vérité, autrement dit, qu'il est pleinement pourvu de sens de parler de la vérité scientifique ou des vérités scientifiques, et, d'autre part, vous admettez tous aussi que la question de l'essence de la vérité est une question proprement philosophique qui, comme telle, ne tombe pas dans le champ de l'activité scientifique. Le désaccord commence donc entre ces deux accords, au moment où l'on s'interroge sur ce qui règle, ce qui norme la question de l'essence de la vérité.

Or l'argument essentiel de Canguilhem contre l'idée de vérité philosophique est que ce n'est pas la vérité qui norme la question de l'essence de la vérité. À quoi Hyppolite, Ricœur et peut-être moi-même serions tentés de répondre qu'une vérité qui est dans l'ignorance de sa propre essence ne peut être dite vraie qu'en un sens affaibli ou secondaire et qu'on peut parler d'une vérité philosophique au moins en ce sens que la vérité philosophique se dévoile ou se découvre comme le projet d'instituer le fondement de la vérité. La question est de savoir, bien entendu, comment la philosophie va poser la question même, et là nous retrouvons un certain nombre d'accords : d'abord, vous avez tous été d'accord pour dire que la question de l'essence de la vérité ou la question de la vérité ou la question de l'existence ou de ce que doit être l'existence pour soutenir quelque chose comme la vérité est bien, d'une certaine manière, contemporaine de la science, et nous avons tous dit : il n'y a pas, à vrai dire, de philosophie antérieure à la science et c'est la science qui institue l'espèce de problème où la philosophie vient ensuite s'inscrire.

La philosophie consiste alors à se demander, selon un point de vue qui est celui de la totalisation, ce que doit être l'homme ou quels rapports l'homme doit entretenir avec l'Être pour que l'homme soit celui pour qui il y a vérité. En somme, la philosophie s'interroge non pas peut-être sur les vérités mais sur le *télos* de la vérité, au regard de l'existence humaine. Cette définition, pour les uns, suppose que la philosophie même relève d'une sorte de connivence fondamentale, fondatrice, avec la norme qu'elle entend interroger, et qu'elle se tient en somme dans la lumière de cette norme ; et, pour les autres, cette question suppose au contraire que la philosophie, interrogeant le lieu de la vérité, sort de ce lieu et doit inventer ses propres normes.

Je dirais donc que, comme toujours en philosophie, le désaccord surgit malgré tout à l'intérieur d'une définition et d'une question qui permet que nous nous comprenions les uns les autres ; je veux dire par là, et peut-être est-ce l'ironie de votre position, Canguilhem, que la prétention à la vérité du discours de votre interlocuteur est par vous reconnue, même si le contenu de votre propre discours consiste à affirmer que la valeur de vérité n'a pas ici cours.

Et, par conséquent, je dirais que, si le statut de la vérité contrôlable, effectuée, précise, demeure l'objet de notre désaccord, il y a comme à l'horizon du dialogue une visée du vrai, ou une ouverture au vrai, qui est peut-être ce à partir de quoi nous avons posé nos questions, compris nos questions et aussi, par conséquent, formulé nos réponses.

CLAUDE BERNARD ET BICHAT. RÉSUMÉ

dans *XIe Congrès international d'histoire des sciences*, Sommaires, Varsovie – Cracovie, 24 – 29 août 1965, Sections n°s 4 et 5, p. 438 [1]

Cl. Bernard s'est élevé, à plusieurs reprises, contre l'idée chère à Bichat, que les propriétés et les fonctions organiques constituent un domaine d'investigation spécifiquement physiologique et soustrait à la juridiction des lois mécaniques, physiques et chimiques. Parce que Cl. Bernard n'a pu accepter que la physique soit en quelque sorte une violence faite à la physiologie, on est trop aisément tenté de conclure que les Leçons de Magendie ont réussi à faire de Cl. Bernard le fossoyeur de Bichat.

En fait, il paraît bien que Cl. Bernard n'a jamais cessé de se référer à Bichat, parce qu'il pouvait le faire sans risquer d'être taxé lui-même de vitalisme. C'est la théorie et la pratique physiologiques fondées sur le concept de *milieu intérieur* qui ont permis à Cl. Bernard de surmonter l'opposition sommaire entre mécanisme et vitalisme.

Positivement Cl. Bernard a hérité de Bichat le sens de la spécificité de structure organique, grâce à quoi il a pu sinon pressentir, du moins esquisser en préfiguration des analogues du concept *d'information* biologique.

1. Résumé de la communication présentée à Varsovie le 28 août 1965. Le texte de la communication elle-même a été publié en 1968 dans les *Actes* du congrès et la même année par Canguilhem dans ses EHPS. Le tapuscrit de ce résumé se trouve dans les archives du CAPHÉS (GC. 15.5.4, fol. 6).

Négativement, on pourrait soutenir que c'est par une trop grande fidélité à l'enseignement de *l'Anatomie générale* que Cl. Bernard, – contrairement à ses revendications d'indépendance de la physiologie par rapport à l'anatomie – a élaboré une physiologie dans laquelle les fonctions sont étudiées d'un point de vue qui n'est pas encore pleinement fonctionnel (exemple : la glycogénèse et la glycémie).

CLAUDE BERNARD ET BICHAT

Le texte de cette communication prononcée en août 1965 a été intégré par Canguilhem aux *Études d'histoire et de philosophie des sciences*, ouvrage reproduit au tome III des *Œuvres complètes*.

LA FINALITÉ EN BIOLOGIE

Les Cahiers rationalistes, n° 233, décembre 1965, p. 349-351 [1]

J'ai exprimé le désir de parler le dernier, c'est parce que, je m'étais légèrement mépris au départ, sur le caractère de la réunion d'aujourd'hui. Je pensais qu'il s'agissait d'une discussion à partir des thèmes qui avaient été proposés par M. Kahane et je n'avais, pour ma part, rien préparé alors même que j'avais réfléchi aux questions posées par ce texte [2].

1. Cette intervention eut lieu dans le cadre d'une table ronde sous la présidence d'Évry Schatzmann, organisée par l'Union rationaliste à Paris, en janvier 1965, sur le thème de la finalité en biologie. (Sur Evry Schatzman, cf. *supra*, p. 881, n. 1). Schatzman devait présider l'Union rationaliste de 1970 à 2001.

L'Union rationaliste, vouée à la lutte contre le dogmatisme et le recours au surnaturel et à la promotion d'une éducation laïque et républicaine, avait été fondée en 1930 à l'instigation de Paul Langevin notamment. Celui-ci la présida de 1938 à 1946. *Les Cahiers rationalistes*, avec *Raison présente*, sont les deux revues publiées par l'Union rationaliste. Ce numéro des *Cahiers rationalistes* se trouve en deux exemplaires dans la bibliothèque de Canguilhem conservée au CAPHÉS (cote CAN 3302).

Il ne s'agit pas ici de la première activité de l'Union rationaliste à laquelle Canguilhem ait participé. Il avait déjà, en mars 1948, à Strasbourg, prononcé sous l'égide de l'organisation locale de l'Union une conférence, restée inédite, sur « La situation actuelle de la philosophie française ».

2. Président de l'Union rationaliste de 1968 à 1970, Ernest Kahane (1903-1996) ingénieur chimiste (Institut de Chimie de Paris, 1924), docteur en pharmacie et docteur ès sciences, maître de conférences à l'École d'Agriculture de Grignon (1938), résistant au sein des FTP, longtemps militant communiste, après avoir été chercheur au CNRS, fut nommé professeur à la Faculté des Sciences de Montpellier où il termina sa carrière. Il avait publié en 1962 *La vie n'existe pas* (Paris, Éditions de l'Union rationaliste). Son « Rapport introductif » que mentionne ici Canguilhem mais qu'il ne discute pas n'est pas reproduit ici. En revanche, on trouvera en annexe les passages des exposés d'autres participants auxquels Canguilhem se réfère directement. *Cf.* à l'Annexe VIII, p. 1229-1250.

J'ai donc demandé à parler le dernier, je m'en félicite énormément, parce que je n'ai plus rien à dire. Je dois déclarer que je n'étais pas sans quelque appréhension concernant le sort qui pourrait être fait à certaines attitudes, à certains concepts dont les philosophes professionnels, c'est-à-dire les professeurs de philosophie, sont amenés à se servir. Je me disais que la finalité, à l'Union Rationaliste, allait passer un mauvais quart d'heure.

Je dois, après avoir entendu M. Parrot, après avoir entendu M. Stutinsky [1] – et particulièrement ce dernier – dire à quel point il paraissait utile que même la critique de certains concepts veuille bien se mettre à l'ordre du jour, je me sens tout à fait soulagé. Pour ma part, en raison des quelques lectures de caractère scientifique que je peux avoir, et par conséquent, des idées que j'ai pu me faire comme individu non compétent sur le problème de la finalité, je dois dire que j'ai été tout à fait satisfait de ce que j'ai entendu de la part de M. Parrot et de M. Stutinsky.

Je dirai maintenant ceci, pour ne pas paraître répéter exclusivement ce qui a déjà été dit. Ces définitions de style philosophique qui ont été discutées, réfutées, je veux dire ces thèses qui posent le finalisme traditionnel que pour ma part je n'ai pas la moindre envie ni de défendre à l'époque, ni bien sûr de rajeunir dans le présent, ces définitions ne font intervenir à aucun moment la notion de totalité comme l'un des composants de la notion de finalité.

Or, il me semble que, pendant très longtemps et même encore aujourd'hui, pour certains biologistes, ceux qui se posent des questions relatives à l'authenticité de ce concept de finalité dans son usage en biologie, sont sensibilisés à ce caractère de totalité que présentent les organismes, surtout lorsqu'on les considère dans leur aspect auto-génétique, dans le développement de l'embryon, le développement qui conduit de l'œuf à l'adulte.

Et par conséquent, sous ce rapport, un philosophe ne saurait oublier que le concept de finalité en biologie a été conçu par l'illustre Kant, dans la *Critique du Jugement*, comme un concept de réciprocité de fin et de moyen,

1. Les communications de Jean-Louis Parrot (1908-1991), médecin et poète français, professeur de physiologie pathologique à la Faculté de Médecine de Paris et à l'Hôpital Necker pour enfants, et de Fred Stutinsky (1909-1994), docteur en médecine (1939), professeur et directeur de l'Institut de physiologie et de chimie biologique à la Faculté des Sciences de l'Université Louis-Pasteur de Strasbourg, se trouvent à l'Annexe VIII.

un enchaînement autre que l'enchaînement causal et linéaire dans le sens irréversible[1]. Ce concept de totalité dis-je, est celui qui, aujourd'hui encore, peut se donner pour équivalent d'un concept de finalité qui ne serait pas discrédité par la critique, je répète encore une fois parfaitement irréfutable, de ce qu'on appelait le finalisme.

Ce sont les physiologistes qui ont cité les philosophes, le professeur Parrot a cité Raymond Ruyer, le professeur Rybak[2] a cité les stoïciens, par conséquent, je dois dire, le travail du philosophe a été fait avant même que j'intervienne.

Je dirai que le problème c'est: est-ce que l'organisme peut être expliqué par la seule utilisation de modèles physicochimiques ? Pendant très longtemps on a pensé que l'assimilation de l'organisme, des organes et de leur fonction à des machines ou à des mécanismes pourrait être une solution possible, et de fait, l'auteur auquel a fait allusion tout à l'heure M. Stutinsky et qui a été un anti-finaliste acharné en biologie[3], considérait que le concept qu'il faut substituer au concept de finalité, c'est précisément celui de mécanisme.

Je pense qu'aujourd'hui, à l'époque où les machines ne sont plus elles-mêmes des mécaniques, c'est-à-dire ne sont plus simplement un objet intelligible par les lois de la mécanique classique, aujourd'hui où il faut faire appel à la thermo-dynamique, à l'électronique, etc. personne ne saurait réfuter la finalité en invoquant un mécanisme qui ne s'applique même plus aux machines.

Alors, ce qui dans les exposés précédents m'a vivement intéressé, c'est ceci : Je m'attendais de la part de physiologistes à une plus vive hostilité à ce que j'appellerai, à ce que M. Parrot a appelé, la finalité de fait, et à ce que M. Kahane et M. Stutinsky ont appelé, ces phénomènes, ces apparences de finalité, auxquels il faut bien consentir, même si on les refuse comme

1. Canguilhem dans son enseignement commenta souvent le § 65 de la *Critique du jugement*, notamment dans son « Cours sur la finalité » de 1941 à la Faculté des Lettres de Strasbourg (CAPHÉS GC. 11.1.2), et dans la leçon sur la finalité chez Kant à la Sorbonne en 1960 (CAPHÉS, GC. 13.5.2).

2. La communication de Boris Rybak (1923-2003), docteur ès sciences (1954), alors professeur de physiologie animale à la Faculté des Sciences de Caen, puis à compter de 1977 à l'Université Paris III-Sorbonne Nouvelle, se trouve à l'annexe VIII. Rybak fut aussi poète, associé au mouvement surréaliste.

3. Il s'agit du biologiste français Georges Bohn. Cf. *infra*, p. 1237, n. 7.

finalité au sens ontologique du terme, auxquels il faut arriver à donner une justification de la façon dont ils se présentent à nous.

Je croyais, parce qu'un physiologiste s'adresse à un organe, à un organisme achevé, composé, qu'il lui était plus commode, et qu'il lui était plus facile d'être anti-finaliste, puisque, en somme, il a affaire à quelque chose de monté et qu'il peut décomposer.

Par contre, j'avais toujours cru comprendre (et d'ailleurs les exemples que le philosophe, auquel M. Parrot s'est référé, utilise le plus volontiers, sont des exemples empruntés à l'embryologie) qu'il est plus difficile à l'embryologiste qu'au physiologiste d'éliminer toute référence à la finalité, et je n'en veux pour preuve qu'un article de notre éminent collègue Étienne Wolff.

Cet article a paru dans le recueil qui porte le nom : *Les Chemins de la Vie* et, il a pour titre « Monstruosité et finalité » [1].

Évidemment Etienne Wolff n'est pas finaliste, mais il est obligé de reconnaître que, précisément, certains caractères de totalité, surtout dans les régulations organiques du début du développement embryonnaire, se laissent difficilement réduire à des chaînes de causalité au sens mécaniste du terme. C'est ainsi que le fait de déplacement des ébauches embryonnaires, le fait que, aux premiers stades on puisse obtenir avec deux cellules un embryon, avec deux demi-cellules aussi un embryon, c'est-à-dire le fait qu'on parvienne à un être spécifique identique à partir d'états initiaux différents, cela est difficile à comprendre en fonction d'une causalité linéaire de caractère mécanique.

Par conséquent, il me semble que, au lieu de s'hypnotiser uniquement sur la définition de la finalité comme un rapport de fin et moyen, ou de dessein, ou d'intention, qui nous renvoie trop évidemment à des analogies anthropomorphiques, il est possible d'admettre que le caractère de totalité organique est un caractère spécifique du vivant. Exactement comme apparaît à M. Stutinsky caractère spécifique du vivant le retardement apporté à la croissance de l'entropie. Si ce caractère mérite d'être retenu, je ne vois pas quel antagonisme, quelle incompatibilité il y aurait entre le déterminisme – dont bien entendu il s'agit de repenser les règles de mise en évidence en

1. Paris, Hermann, 1963, p. 111-121 Un exemplaire dédicacé à Canguilhem par l'auteur se trouve au CAPHÉS (CAN 1777). Sur Étienne Wolff, cf. *supra*, p. 671, n. 1.

fonction des objets auxquels on a affaire – je ne vois pas en quoi il y aurait incompatibilité entre le déterminisme et cet aspect de la vie qu'est la finalité.

J'ai terminé, je n'ai pas autre chose à dire. Je voudrais simplement ajouter que tout à l'heure M. Parrot a fait une allusion aux travaux de Wintrebert[1]. De même M. Stutinsky, je crois, lorsqu'il a dit que l'adaptation, c'est la riposte du vivant au milieu, s'est aussi inspiré de l'ouvrage : « *Le vivant créateur de son évolution.* »

Je voudrais dire à M. Parrot que, à ma connaissance, le premier qui a dit que : « le vivant est une machine dont une des fonctions est de monter la machine », ce n'est pas Wintrebert, c'est Nageotte, dans « *L'organisation de la matière par la vie* »[2].

Georges CANGUILHEM

1. Paul Wintrebert (1867-1966), *Le vivant créateur de son évolution*, Paris, Masson, 1962. Docteur en médecine (1899) et docteur ès science (1921), professeur à la Faculté des Sciences de Paris de 1923 à sa retraite en 1937, surtout connu pour ses travaux sur le cytosquelette, terme qu'il créa en 1931, Wintrebert se révéla à la fin des années 1930 un ardent néolamarckien. C'est à 95 ans qu'il publia l'ouvrage de synthèse mentionné ici, critique de la théorie synthétique de l'évolution et manifeste en faveur d'un « lamarckisme chimique ».

2. Jean Nageotte (1866-1948), *L'organisation de la matière dans ses rapports avec la vie. Études d'anatomie générale et de morphologie expérimentale sur le tissu conjonctif et le nerf*, Paris, Librairie Félix Alcan, 1922, p. 171 : « [...] un être vivant représente un mécanisme [...]. Ce mécanisme appartient d'ailleurs à un type différent de tous ceux que nous savons construire : [...] point essentiel, *son édification est comprise dans son fonctionnement* » (l'italique est de Nageotte). Docteur en médecine de la Faculté de Paris (1893), éminent chercheur en neuro-anatomie, il fut médecin à La Salpêtrière et à Bicêtre et titulaire de la chaire d'histologie au Collège de France de 1912 à sa retraite en 1937. Nageotte a consacré une partie significative de ses écrits à combattre le finalisme et le vitalisme. Ses succès dans la pratique de greffes mortes de tissus conjonctifs et de greffes de segments de nerfs morts lui apparaissaient à la fois comme impulsés par ses convictions anti-vitalistes et comme la démonstration de leur justification.

ANNEXES

ANNEXE I

JEAN CAVAILLÈS, BIBLIOGRAPHIE SOMMAIRE POUR LE CERTIFICAT DE PHILOSOPHIE GÉNÉRALE ET LOGIQUE[1]

Bulletin de la Faculté des Lettres de Strasbourg, vol. 19, nº 3, janvier 1941, p. 85-90

Il s'agit dans la liste ci-dessous uniquement des ouvrages les plus commodes pour une initiation. À la vérité, une bibliographie de philosophie générale est un paradoxe : rien ne remplace la familiarité des grands auteurs et, de ceux-ci, il n'est pas question d'écarteler les œuvres suivant les divisions d'un programme. Nous n'en avons cité que lorsque pour la question posée, tel ouvrage classique est resté à peu près le seul : ainsi *la Critique du Jugement* pour le problème de la Finalité. Une exception a été faite pour Bergson et Husserl : il est possible que le climat d'un temps nous rende plus directement proches les pensées qui en sont issues[a]. De même avons-nous nommé quelques livres récents, plus ou moins dans le sillage de la philosophie existentielle. Nous ne sommes pas sûrs qu'ils soient fondamentaux : au moins présentent-ils un intérêt et le propre d'une initiation est d'éveiller l'intérêt. Mais on ne saurait trop conseiller aux étudiants de ne pas se laisser prendre à la mode : la meilleure initiation est encore la lecture suivie et complète d'une grande œuvre qui serve pour tous les problèmes de base unique de référence (Platon ou Descartes, Spinoza, Kant).

En épistémologie au contraire la réflexion est inséparable de la pensée en acte dans les sciences. Pour éviter de multiplier les titres nous n'avons cité que les ouvrages et articles vraiment nécessaires et dont l'existence récente rend inutile – si l'on est pressé – la lecture d'ouvrages, pleins de mérite – qu'on sera peut-être étonné de ne pas voir – mais dont le contenu a passé inté-

a. La répartition de leurs œuvres entre les paragraphes J et L est arbitraire : ont été rangés au paragraphe J les ouvrages ayant trait directement au problème de la connaissance, au § L les ouvrages fondamentaux et les commentaires.

1. Cet écrit de Cavaillès est celui sur lequel s'appuie Canguilhem dans sa bibliographie pour ce cours. Cf. *supra*, p. 56, n. 1.

gralement, et simplifié, dans les travaux postérieurs. Les ouvrages d'accès facile sont numérotés avec des chiffres arabes, les autres avec des chiffres romains. Abréviations : R.M.M. = Revue de métaphysique et de morale – R.P. = Revue philosophique – R = Recherches philosophiques, R.I.P. = Revue internationale de philosophie – S.F.P. = Bulletin de la société française de philosophie.

A. INTRODUCTION

1. [Léon] Brunschvicg : *Introduction à la vie de l'esprit*, Paris, Alcan, 1901.
2. C[élestin] Bouglé : *Les Maîtres de la Philosophie*, Paris, Maloine, 1938.
3. [René] Le Senne : *Introduction à la philosophie*, Paris, Alcan, 1925, 2ᵉ éd., 1939.
4. É[tienne] Souriau : *Instauration philosophique*, Paris, Alcan, 1939.

B. LES DÉFINITIONS DE LA LOGIQUE

a) *Historique*

1. A[ndré] Lalande : *Lectures sur la philosophie des sciences*, Paris, Hachette, 1927.
I. [Federigo] Enriques : *Évolution de la logique*, trad. Monod, Paris, Chiron, 1926.
2. P[ierre] M[axime] Schuhl : *Technique et philosophie*, Paris, Alcan, 1938.

b) *Principales tendances*

3. *Logique de Port Royal.*
4. [Immanuel] Kant : *Logik* – v. aussi trad. par Tissot, Paris, Ladrange, 1862.
II. [Edmund] Husserl : *Logische Untersuchungen*, t. I Teil : Prolegomena zur reinen Logik, Halle, Niemeyer, 1900.
5. V[ictor] Delbos : *Husserl : sa critique du psychologisme et sa conception d'une logique pure*, R.M.M. 1911 [1] (résume II B).
III. [Edmund] Husserl : *Formale und transzendentale Logik*, Halle, Niemeyer, 1929.
6. [Ludwig] Wittgenstein : *Tractatus Logicophilosophicus*, London, 1922 (texte anglais et allemand, with introd. by Russell).
IV. R[udolf] Carnap : *Die logische Syntax der Sprache*, Wien Springer, 1934 reéd. en anglais, *The logical Syntax of Language*, New York and London, 1937.
7. [Ferdinand] Gonseth : *Qu'est-ce que la logique ?* Paris, Hermann, 1937.

1. *Revue de Métaphysique et de Morale*, tome 19, n° 5, septembre 1911, p. 685-698.

C. LOGIQUE FORMELLE

1. Kant : 4-B.
2. [Louis] Liard : *Logique*, IIe éd. Paris, Masson, 1927.
1. Kant : *Die Falsche Spitzfindigkeit der 4 Figuren des Syllogismus.*
3. [Jules] Lachelier : *Études sur le syllogisme.* Paris, Alcan, 1907 (v. aussi R.P. 1876[1] et R.M.M. 1903[2] où ont paru d'abord ces études et *Œuvres complètes*, Paris, Alcan, 1933 où elles sont reproduites).
II. [Alfred North] Whitehead and [Bertrand] Russell : *Principia mathematica*, Cambridge, 1925-1927, 3e éd. t. I. Introduction.
4. [Louis] Couturat : *L'algèbre de la logique*, Paris, Alcan, 1905.
5. [David] Hilbert und [Wilhelm] Ackermann : *Grundzüge der theoretischen Logik*, Berlin, Springer, 1928, 2e éd., 1938.
6. J. Cavaillès : *Logique mathématique et syllogisme*, R.P., 1937[3].
III. [Clarence Irving] Lewis and [Cooper H.] Langford : *Symbolic logic*, New York, [The Century Co.,] 1932.

D. LA LOGIQUE ET LES MATHÉMATIQUES

a) *Ouvrages généraux*

1. L. Brunschvicg : *La notion moderne d'intuition et la philosophie des mathématiques*, R.M.M., 1911[4].
I. L. Brunschvicg : *Les Étapes de la philosophie mathématique*, Paris, Alcan, 2e éd., 1922.
2. P[ierre] Boutroux : *L'idéal scientifique des mathématiciens*, Paris, Alcan, 1920.
3. [Henri] Poincaré, [Bertrand] Russell, [Louis] Couturat : *Logique et mathématiques* controverse in R.M.M., 1906[5]. Les articles de Poincaré sont reproduits dans :

1. *Revue philosophique*, tome 1, n° 1, janvier-juin 1876, p. 468-487.

2. Dans la *Revue de métaphysique et de morale* de novembre 1903, il y a bien un article de Lachelier, mais sur « L'Observation de Platner » (tome 11, n° 6, p. 680-702). Il s'agit d'un article sur la perception visuelle de l'étendue et non sur le syllogisme. Cependant, le tome 14, n° 2, de la *Revue* (mars 1906), comprend effectivement, de Lachelier, « La proposition et le syllogisme », p. 135-164.

3. *Revue philosophique*, tome 123, n° 3-4, mars-avril 1937, p. 163-175.

4. *Revue de Métaphysique et de Morale*, tome 19, n° 2, mars 1911, p. 145-176.

5. Henri Poincaré, « Les mathématiques et la logique », *Revue de Métaphysique et de Morale*, tome 13, n° 6, novembre 1905, p. 815-835 ; Louis Couturat, « Pour la logistique. Réponse à M. Poincaré », *ibid.*, tome 14, n° 2, mars 1906, p. 208-250 ; Henri Poincaré, « Les mathématiques et la logique », *ibid.*, tome 14, n° 3, mai 1906, p. 294-317 ; Bertrand Russell, « Les paradoxes de la logique », *ibid.*, tome 14, n° 5, septembre 1906, p. 627-650.

4. Poincaré : *Science et méthode*, Paris, Flammarion, 1918 (livre II, chap. III-V).

b) *Sur les 3 tendances aux prises actuellement*

5. [Jacques] Herbrand : *Les bases de la logique hilbertienne*, R.M.M., 1930 [1].
6. [Luitzen Egbertus Jan] Brouwer : *Mathematik, Wissenschaft und Sprache*, Monatshefte für Mathematik und Physik, 1929 [2].
7. A[rend] Heyting : *Mathematische Grundlagenforschung. Intuitionismus Beweistheorie*, Berlin, Springer, 1934.
8. *Conférence internationale sur la logique mathématique* (Barzin, Errera, Fraenkel, Bernays). Enseignement mathématique, 1935 (t. XXXIV) [3].
9. C[laude] Chevalley : *Variations du style mathématique*, R.M.M., 1935 [4].
II. Cavaillès : *Méthode axiomatique et formalisme*, Paris. Hermann, 1938 (ch. II-IV).
10. [Gerhard] Gentzen : *Die Gegenwärtige Lage in der mathematischen Grundlagenforschung*, Leipzig, Hirzel, 1938.
III. [Abraham] Fraenkel : *Le problème des antinomies et ses développements récents*, R.M.M., 1939 [5].

E. L'ESPACE ET LA MATIÈRE

1. Poincaré : *La science et l'Hypothèse*, Paris, Flammarion, 1918.
I. A[lbert] Einstein : *La géométrie et l'expérience*, trad. fr., Paris, [Gauthier-Villars,] 1921.
2. R[ené] Poirier : *L'espace et le temps*, Paris, Vrin. 1932.
3. [Paul] Langevin, [Jean] Perrin, [Georges] Urbain. *Orientation actuelle des sciences* (conférences de l'École Normale), Paris. Alcan, 1930.
4. P. Langevin : *La physique depuis vingt ans*, Paris, Doin, 1923.
II. H[ans] Reichenbach : *Atome et Cosmos*, Paris. Flammarion, 1935.
III. L. de Broglie : *La physique nouvelle et les quanta*, Paris, Flammarion, 1937.

1. *Revue de Métaphysique et de Morale*, tome 37, n° 2, avril-juin 1930, p. 243-255.

2. Vol. 36, p. 153-164. Cette conférence classique de Luitzen Egbertus Jan Brouwer (1881-1966) avait été prononcée à Vienne en mars 1928, en présence de membres du Cercle de Vienne.

3. Marcel Barzin (1891-1969) et Alfred Errera (1886-1960), « Sur la crise contemporaine des mathématiques », *L'Enseignement mathématique*, vol. 34, 1935, p. 12-17; Abraham Fraenkel (1891-1965), « Sur la notion d'existence dans les mathématiques », *idem*, p. 18-31 et « Sur l'axiome du choix », *idem*, p. 32-51 ; Paul Bernays (1888-1977), « Sur le platonisme dans les mathématiques », *idem*, p. 52-69. Cette conférence s'était tenue en juin 1934.

4. *Revue de Métaphysique et de Morale*, tome 42, n° 3, juillet 1935, p. 375-384.

5. *Revue de Métaphysique et de Morale*, tome 46, n° 2, avril 1939, p. 225-242.

IV. [Albert] Einstein et [Leopold] Infeld : *L'évolution des idées en physique*, Paris, Flammarion. 1938.

5. L[ouis] de Broglie : *La théorie quantique du rayonnement*, R.M.M., 1939 [1].

6. L. de Broglie : *Récents progrès dans la théorie des photons et autres particules*, R.M.M., 1940 [2].

F. LA NATURE

a) *Sur les notions de cause et de loi physique*

1. [De la] *Valeur objective des lois physiques* ([Édouard] Le Roy), S.F.P., 1901 [3].
2. [Paul Painlevé,] *Les axiomes de la mécanique et le principe de causalité*, S.F.P., 1905 [4].
3. *Bibliothèque du congrès international de philosophie*, t. III. Paris, Colin, 1901 (articles de Bouasse et de Poincaré) [5].
4. P[ierre] Duhem : *La théorie physique*, Paris, Chevalier et Rivière, 1906.
5. L. Brunschvicg : *L'Expérience humaine et la causalité physique*, Paris, Alcan, 1922.
6. A[ndré] Lalande : *Les théories de l'induction et de l'expérimentation*, Paris, Boivin, 1929.
7. *Déterminisme et causalité dans la physique contemporaine* (de Broglie, Langevin. Brunschvicg), S.F.P., 1929 et 1930 [6].
8. G[aston] Bachelard : *Essai sur la connaissance approchée*, Paris, Vrin, 1925.

I. Philipp Frank : *Le principe de causalité et ses limites*, Paris, Flammarion, 1937.

9. L. de Broglie : *Individualité et interaction dans le monde physique*, R.M.M., 1937 [7].

1. *Revue de Métaphysique et de Morale*, tome 46, n° 2, avril 1939, p. 199-210.
2. *Revue de Métaphysique et de Morale*, tome 47, n° 1, janvier 1940, p. 1-16.
3. *Bulletin de la Société française de philosophie*, vol. 1, n° 1, 1901, p. 5-32.
4. *Bulletin de la Société française de philosophie*, vol. 5, n° 2, 1905, p. 27-71.
5. 1er Congrès international de philosophie, III. *Logique et histoire des sciences*, Paris, Librairie Armand Colin, 1901 ; Henri Bouasse, « Sur l'histoire des principes de la Thermodynamique », p. 77-132 ; Henri Poincaré, « Sur les principes de la Mécanique », p. 457-494.
6. *Bulletin de la Société française de philosophie*, séance du 12 novembre 1929, 25e année, n° 5, octobre-décembre 1929, p. 141-160.
7. *Revue de Métaphysique et de Morale*, tome 44, n° 2, avril 1937, p. 353-368.

b) *Sur les probabilités*

1. [Pierre-Simon] Laplace, *Essai philosophique sur les probabilités*, Paris. Gauthier-Villars [1921, 2 vol.].
2. Poincaré : *Le hasard*, in 4. D.
3. É[mile] Borel : *Le hasard*, Paris, Alcan, 1914.
4. [Richard von] Mises : *Théorie des probabilités, Fondements et applications.* Annales de l'Institut H. Poincaré, 1932[1].
5. É. Borel : *Valeur pratique et philosophie des probabilités*, Paris, Gauthier-Villars, 1938.
6. J. Cavaillès, *Du Collectif au pari*, R.M.M., 1940[2].

G. LA VIE

a) *L'évolution – hérédité, méthodes en biologie*

I. [Lucien] Cuénot : *L'adaptation*, Paris, Doin, 1925.
II. Cuénot : *La genèse des espèces animales*, Paris, Payot, 3e éd., 1932.
1. Cuénot : *L'espèce*, Paris, Doin, 1936.
2. [Maurice] Caullery : *Les conceptions modernes de l'hérédité*, Paris, Flammarion, 1938.
3. Th[omas] H[unt] Morgan : *Embryologie et génétique*, trad. J. Rostand, Paris, Gallimard, 1936.
4. G[eorges] Teissier : *Description mathématique des faits biologiques*, R.M.M., 1936[3].

b) *Sur la finalité et la vie*

1. Kant : *Kritik der Urteilskraft*, trad. Gibelin, Paris, Vrin, 1928.
2. [Henri] Bergson : *L'évolution créatrice*, Paris, Alcan, 1907.
3. H[erman] J[ulius] Jordan : La conception naturaliste du monde dans ses rapports avec la méthode [dialectique ou synthétique] en biologie, R. 1932[4].
4. H. J. Jordan : L'indéterminisme vital et le dynamisme des structures causales, R. 1933[5].

1. *Annales de l'Institut Henri Poincaré*, 1932, vol. 3, n° 2, p. 1932, p. 137-190.
2. *Revue de Métaphysique et de Morale*, tome 47, n° 2, avril 1940, p. 139-163.
3. *Revue de Métaphysique et de Morale*, tome 43, n° 1, janvier 1936, p. 55-87.
4. *Recherches philosophiques*, tome I, 1931-1932 p. 179-205.
5. *Recherches philosophiques*, tome II, 1932-1933, p. 18-47.

H. LE TEMPS

a) *Causalité historique*

1. [François] Simiand : *La causalité en histoire*, S.F.P., 1906 [1].
2. [Charles] Seignobos : *Conditions pratiques de la recherche des causes en histoire*, S.F.P., 1907 [2].
3. Seignobos : *L'inconnu et l'inconscient en histoire*, S.F.P., 1908 [3].

b) *Philosophie de l'histoire*

I. [Ernst] Troeltsch : *Der Historismus und seine Probleme*, Gesammelte Schriften, t. III, Tübingen, [J. C. B. Mohr], 1925.
II. R[aymond] Aron : *Essai sur la philosophie de l'histoire dans l'Allemagne contemporaine*, Paris. Vrin, 1938.
4. R. Aron : *Introduction à la philosophie de l'histoire*, Paris, Gallimard, 1938.

c) *Le temps et la conscience*

5. Bergson : *Données immédiates de la conscience*, Paris, Alcan, 1889.
6. Bergson : *La perception du changement* in *la Pensée et le mouvant*, Paris, Alcan, 1934.
7. Bachelard : *Dialectique de la durée*, Paris, Boivin, 1936.

J. LA CONNAISSANCE

1. Bergson : *Introduction à la métaphysique*, R.M.M., 1903 [4].
2. Bergson : *L'intuition philosophique*, R.M.M., 1911 [5] (ces deux articles sont reproduits dans 6. H.).
3. [Octave] Hamelin : *Essai sur les éléments principaux de la représentation*, 2ᵉ éd., Paris, Alcan, 1923.
4. L. Brunschvicg : *L'orientation du rationalisme*, R.M.M., 1920 [6].
5. [André] Darbon : *La méthode synthétique dans l'Essai d'O. Hamelin*, R.M.M., 1929 [7].

1. *Bulletin de la Société française de philosophie*, vol. 6, n° 7, 1906, p. 245-272, 276-290.
2. *Bulletin de la Société française de philosophie*, vol. 7, n° 6, 1907, p. 263-309.
3. *Bulletin de la Société française de philosophie*, vol. 8, n° 6, 1908, p. 217-247.
4. *Revue de Métaphysique et de Morale*, tome 11, n° 1, janvier 1903, p. 1-36.
5. *Revue de Métaphysique et de Morale*, tome 19, n° 6, novembre 1911, p. 809-827.
6. *Revue de Métaphysique et de Morale*, tome 27, n° 3, juillet 1920, p. 261-343.
7. *Revue de Métaphysique et de Morale*, tome 38, n° 1, janvier 1929, p. 37-100.

6. L[eslie John] Beck : *La méthode synthétique d'O. Hamelin*, Paris, Aubier, 1935.
7. Brunschvicg : *Le progrès de la conscience dans la philosophie occidentale*, Paris, Alcan, 1927.
8. Brunschvicg : *Les Âges de l'intelligence*, Paris, Alcan, 1934.
9. E. Husserl : *Méditations cartésiennes*, Paris, Colin, 1931.

K. LA VALEUR

I. [Wilhelm] Windelband : *Präludien*, 1884[1].
II. [August] Messer : *Deutsche Wertphilosophie der Gegenwart*, [Leipzig, E. Reinicke,] 1926.
III. [Heinrich] Rickert : [*System der Philosophie. Teil 1 :*] *Allgemeine Grundlegung der Philosophie*, [Tübingen, J. C. B. Mohr,] 1920.
IV. Max Scheler : *Der Formalismus in der Ethik und die materiale Wertethik*, Halle, Niemeyer, 1922.
V. Nikolaï Hartmann : *Ethik* [Berlin-Leipzig, W. de Gruyter und Co, 1926].
1. Nikolaï Hartmann : *Les valeurs*, Actes du [8e] Congrès international de philosophie, Prague, 1934 [p. 975-981][2].
2. G[eorges] Gurvitch : *Max Scheler et N. Hartmann* in *Tendances actuelles de la philosophie allemande*, Paris, Vrin, 1930.[3]
3. G. Gurvitch : *La théorie des valeurs de Rickert*, R.P., 1937[4].
4. A[lfred] Stern : *La philosophie des valeurs*, Paris, Hermann, 1936.

L. L'ÊTRE

1. [Jules] Lagneau : *Cours sur l'existence de Dieu*, Paris, Alcan, 1925.
2. Bergson : *Matière et mémoire*, Paris, Alcan, 1896.
3. V[ladimir] Jankelevitch : *Bergson*, Paris, Alcan, 1931.
I. Husserl : *Ideen zu einer reinen Phänomenologie*, I Halle Niemeyer, 1913, 2e éd., 1928.

1. La première édition des *Präludien. Aufsätze und Reden zur Philosophie und ihrer Geschichte* parut à Tubingen, chez J.C.B. Mohr en 1884; à compter de l'édition de 1911 l'ouvrage comporte deux volumes. Wilhelm Windelband (1848-1915), élève de Hermann Lotze, fut le fondateur de l'école néo-kantienne dite d'Heidelberg, ou du sud-ouest, et le maître de Heinrich Rickert. Il avait enseigné à l'Université de Strasbourg durant 20 ans, de 1882 à 1902, avant de s'installer à Heidelberg.

2. Le titre de cette communication, qui fut donnée et publiée en allemand, est : « Das Wertproblem in der Philosophie der Gegenwart ».

3. Sur Max Scheler, p. 67-152 ; sur Hartmann, p. 187-206.

4. *Revue philosophique*, tome 124, n° 9-10, septembre-octobre 1937, p. 80-88.

4. [Eugen] Fink : *Husserlsphänomenologie in der Kritik*, Kantstudien, 1933 [1].
5. *Numéro spécial consacré à Husserl*, R.I.P., 1939 (articles de Fink, [Ludwig] Landgrebe, [Paul-Louis] Landsberg. Max Dessoir, Hering Pos) [2].
II. [Martin] Heidegger : *Vom Wesen des Grundes*, Jahrbuch f. Philosophie Festschrift E. Husserl, 1929, trad. par Bessey in R. I., 1932 [3].
III. Heidegger : *Sein und Zeit.* Halle, Niemeyer, 1925, v. aussi : *Qu'est-ce que la métaphysique ?* fragments traduits par [Henri] Corbin, avec une nouvelle trad. de II et d'autres morceaux, Paris, Gallimard, 1937.
6. H[edwig] Conrad-Martius : *L'existence, la substantialité et l'âme*, R. II, 1933 [4].
7. G[abriel]. Marcel : *Journal de métaphysique*, Paris. Gallimard, 1927. v. surtout la 2e partie.
8. G. Marcel : *Être et avoir*, Paris, Vrin, 1932.
9. J[ean] Wahl : *Vers le concret*, Paris, Vrin, 1932.
10. J. Wahl : *Le problème du choix, l'existence et la transcendance dans la philosophie de K. Jaspers*, R.M.M., 1934 [5].
II. G. Marcel : *Situations fondamentales et situations limites chez. Karl Jaspers*, R. II, 1933 [6].
12. J. Wahl : *Heidegger et Kierkegaard*, R. II, 1933 [7].

J. CAVAILLÈS

1. « Die phänomenologische Philosophie Edmund Husserls in der gegenwärtigen Kritik », vol. 38, nos 1-2, p. 319-383.

2. Eugen Fink (1905-1975), « Das Problem der Phänomenologie Edmund Husserls », *Revue internationale de philosophie*, 1939, vol. 1, no 2, p. 226-271 ; Ludwig Landgrebe (1902-1991), « Husserls Phänomenologie und die Mötive zu ihrer Umbildung », *idem*, p. 277-316 ; Paul-Louis Landsberg (1901-1944), « Husserl et l'idée de la philosophie », *idem*, p. 317-325 ; Max Dessoir (1867-1947), « La phénoménologie de Husserl », *idem*, p. 271-276 ; Jean Hering (1890-1966), « La phénoménologie d'Edmund Husserl il y a trente ans. Souvenirs et réflexions d'un étudiant de 1909 », *idem*, p. 366-373 ; H.-J. Pos (1898-1955), « Phénoménologie et Linguistique », *idem*, p. 354-365. Le manuscrit de l'*Origine de la géométrie* de Husserl fut publié par Fink dans ce numéro consacré à Husserl : « *Die Frage nach dem Ursprung der Geometrie als intentional-historisches Problem* », p. 203-225.

3. Il s'agit d'un article d'abord paru dans le volume du *Jahrbuch für Philosophie und phänomenologische Forschung* en hommage à Husserl pour son 70e anniversaire (vol. 10, 1929, p. 77-100). Pour la traduction par A. Bessey (« De la nature de la cause »), voir *Recherches philosophiques*, vol. I, no 1, 1931-1932, p. 83-125.

4. *Recherches philosophiques*, vol. II, 1932-1933, p. 148-181.

5. *Revue de Métaphysique et de Morale*, tome 41, no 3, juillet 1934, p. 405-444.

6. « Situation fondamentale et situations limites chez Karl Jaspers », *Recherches philosophiques*, vol. II, 1932-1933, p. 317-348.

7. *Recherches philosophiques*, vol. II, 1932-1933, p. 349-370.

ANNEXE II

KURT GOLDSTEIN,
REMARQUES SUR LE PROBLÈME ÉPISTÉMOLOGIQUE DE LA BIOLOGIE

Communication traduite par Georges et Simone Canguilhem [1]

dans *Congrès international de philosophie des sciences, Paris 1949*, Paris, Hermann, collection « Actualités scientifiques et industrielles, n° 1126, 1951, vol. 1, p. 141-143

La biologie est habituellement considérée comme une partie de la science de la nature. Lorsqu'une tâche concrète suscite des réflexions concernant l'épistémologie, c'est que l'application de la méthode de décomposition atomistique, usitée dans la science de la nature, s'avère peu satisfaisante pour l'intelligence – à partir des faits révélés par la méthode – du comportement d'un organisme, en particulier de celui des êtres humains. Il arrive souvent que même une description sans ambiguïté n'est pas possible, parce qu'il existe de nombreuses contradictions dans les phénomènes observés. Le problème principal de la biologie n'est pas résolu. Notamment la question de savoir d'où vient l'ordre et le sens – problème si caractéristique du comportement de l'organisme – dans ce chaos qu'est la somme énorme des faits séparés et contradictoires. Cet état de choses a conduit à admettre un nombre toujours croissant de principes nouveaux supposés devoir garantir cet ordre et ce sens. Tous ces principes nouveaux – qu'ils soient de type anatomique, physiologique, psychologique, métaphysique – ont pour trait commun d'introduire des facteurs étrangers à ce principe fondamental conformément auquel [2] on supposait que la vie de

1. Comme l'indique une lettre du 21 juillet 1958 de Canguilhem au docteur Joseph Meiers (CAPHÉS, pièce CAN 2891) : « cette communication a été lue par moi-même à un colloque d'Épistémologie tenu à Paris en automne 1949 ». Le texte de cette traduction a été repris dans Aron Gurwitsch, Else M. Goldstein Haudek et William E. Haudek (dir.), Kurt Goldstein, *Selected Papers/Ausgewahlte Schiriften*, The Hague, Martinus Nijhoff, 1971, p. 439-442. *Cf.* aussi *supra*, p. 621, la lettre de Canguilhem à Goldstein.

2. Dans l'édition des *Selected Papers* de Goldstein, on lit plutôt : « ce principe fondamental selon lequel… ».

l'organisme était ordonnée de façon à supporter les tentatives de traitement atomistique. Les principes additionnels apparaissent comme des moyens de parer aux échecs dus à l'usage du principe des réflexes, lesquels échecs nous font douter de la justesse de ce principe-ci et en général de la méthode atomistique. Ce doute a libéré notre vision pour un examen plus direct des phénomènes, des « symptômes », et il permet de reconnaître des traits caractéristiques du comportement de l'organisme qui nous conduisent à considérer l'organisme comme un tout. Cette nouvelle tentative de traitement organismique met en lumière de nombreux phénomènes jusqu'alors inaperçus ou négligés parce qu'ils ne pouvaient pas être compris dans la perspective atomistique.

Il y a une différence très nette entre le but de la science de la nature et celui de la biologie qui rend ces phénomènes rapportés à l'organisme dans sa totalité tellement essentiels pour la connaissance en biologie. La science de la nature n'est pas intéressée fondamentalement à la réalité de ses objets. Elle est satisfaite si les principes permettent de décrire les phénomènes et d'agir sur les objets dans une situation donnée et de façon réglée. *La Biologie a affaire à des individus qui existent* et tendent à exister, c'est-à-dire à réaliser leurs capacités du mieux possible dans un environnement donné. Les performances de l'organisme en vie sont seulement compréhensibles d'après leur rapport à cette tendance fondamentale, c'est-à-dire seulement comme expressions du processus d'auto-réalisation de l'organisme. Seule cette considération permet de distinguer, dans le nombre énorme des phénomènes révélés par la méthode atomistique ceux qui sont à quelque degré des « artefacts » de la méthode d'isolement de ceux qui relèvent proprement de la vie de l'organisme et représentent ainsi le matériel sur lequel notre savoir peut être fondé !

À la vérité, cette attitude à l'égard du savoir biologique nous place devant un problème épistémologique très ardu. Nous ne pouvons pas abandonner la méthode de décomposition en tant que moyen de faire apparaître des phénomènes, mais comment pouvons-nous à partir de ce matériel choisir les phénomènes qui appartiennent proprement à la biologie ? Ni une démarche inductive, ni une simple synthèse ne peuvent être fécondes à cet égard, ni quelque préconception théorique que ce soit. *Le seul critère d'appartenance est l'utilité du phénomène pour l'existence de l'individualité caractéristique de l'organisme.* Seuls les phénomènes qui garantissent cette existence, c'est-à-dire l'auto-réalisation sont proprement biologiques. Ces activités propres et leur insertion dans l'organisme pris comme un tout, dans sa

« Gestalt », sont la matière du savoir en biologie. Le savoir en biologie consiste, comme tout savoir, dans une représentation symbolique, mais les symboles dont la biologie a besoin pour une représentation cohérente des phénomènes empiriques sont d'une autre sorte que ceux des sciences physiques. Tous les symboles biologiques sont des substituts, mais plus proches du réel, moins étrangers aux phénomènes observés qu'il n'est permis de l'être à ceux des sciences physiques. Ils doivent donner une image plus « adéquate » du caractère individuel concret de l'organisme. Les données que nous observons ne sont pas la simple apparence des activités des organismes mais quelque chose qui appartient à la *réalité* de l'organisme, bien qu'insuffisant pour une connaissance directe de cet organisme. L'intelligence en biologie ne se satisfait jamais de la découverte de lois établissant des relations entre éléments considérés plus ou moins théoriquement. Les symboles en biologie doivent en principe inclure la qualité et l'individualité. Nous sommes capables d'atteindre ce but – comme j'ai tenté de le montrer à l'occasion d'un grand nombre de faits dans *Aufbau des Organismus* – grâce à une *activité créatrice*, à une démarche qui est *essentiellement apparentée à l'activité par laquelle l'organisme compose avec le monde ambiant de façon à pouvoir se réaliser lui-même, c'est-à-dire exister.* La connaissance biologique reproduit d'une façon consciente la démarche de l'organisme vivant. La démarche cognitive du biologiste est exposée à des difficultés analogues à celles que rencontre l'organisme dans son « apprentissage » (learning) c'est-à-dire dans ses tentatives pour s'ajuster au monde extérieur. Notre démarche est favorisée par notre capacité d'abstraction caractéristique de l'être humain. D'autre part, elle n'atteint pas une telle perfection au titre d'ajustement naturel. Elle est incomplète comme tout savoir, mais elle ne peut pas avancer comme la connaissance dans la science physique en ajoutant les faits aux faits, parce que les faits eux-mêmes ne peuvent jamais être évalués de façon simplement quantitative. Chaque nouveau fait isolé doit avoir une signification qualitative et doit être apte à révolutionner la totalité du concept basé sur des découvertes antérieures. Cela peut demander l'édification d'une nouvelle Idée, à la lumière de laquelle les faits antérieurs pourront être interprétés d'une façon radicalement différente. Il s'ensuit que le savoir biologique peut être caractérisé comme une *démarche dialectique, fondée sur une activité créatrice continue par laquelle la description de la nature de l'organisme devient toujours plus proche de la saisie de notre expérience.* Les différents termes, la « nature », « l'essence » et « l'existence » de l'organisme ne sont pas pris dans le sens d'une entité métaphysique, mais comme la base d'une récognition, une raison de savoir. Ces symboles ne doivent pas seulement satisfaire à l'interprétation théorique des phénomènes, mais aussi à l'activité que nous imposent les relations réciproques de tous les êtres vivants. Ainsi la connaissance biologique est liée très étroitement à l'action, bien plus le savoir et l'action soutiennent des relations réciproques très étroites, chacun d'eux tirant son origine de l'autre et l'un l'autre se corrigeant d'une façon dialectique déterminée, comme cela se produit dans le processus d'ajustement de tout organisme au monde extérieur.

De ce point de vue, la prise en considération des processus isolés que l'on suppose soutenir l'action de l'organisme apparaît superflue : par exemple des processus comme l'intérêt, l'attention, l'inhibition, les régulations, etc. De même, des concepts comme antagonismes entre des parties opposées, depuis l'innervation antagoniste des muscles jusqu'à l'antagonisme entre la vie et l'esprit. Des phénomènes comme la norme, la santé, la maladie, l'hérédité, la différence entre les animaux et l'homme, la structure hiérarchique du règne vivant et autres problèmes apparaissent sous un jour nouveau.

Traduit par G. et S. CANGUILHEM

ANNEXE III

LETTRE D'UN OFFICIER DE L'ARMÉE D'AFRIQUE AU GÉNÉRAL DE GAULLE[1]

La Dépêche quotidienne d'Alger, 11e année, n° 3465, 18 juin 1959, p. 3

Opinion

Nous avons reçu d'un officier de l'Armée d'Afrique cette lettre à M. le général de Gaulle, que nous publions aujourd'hui en cet anniversaire du 18 juin. Nos lecteurs comprendront certainement le haut souci de discrétion qui nous incline à taire le nom de l'auteur, ils apprécieront sans doute la noblesse de la pensée et la perfection de la forme de cette lettre qui exprime tant d'inquiétudes communes à tous les Français.

« Respectueusement, mon Général,

Respectueusement, mon général, nous, officiers de l'armée française, vos compagnons fidèles, nous venons vous confier nos méditations en cet anniversaire du 18 juin :

Nous avions vingt ans en 1940, lorsque vous nous avez très justement montré que l'Honneur et la Patrie sont des valeurs transcendantes, au-dessus même d'un maréchal de France qui, en son temps, avait cependant gagné l'une des plus grandes batailles de l'Histoire. Nous ne nous sommes pas contentés d'applaudir votre courage et votre foi, nous vous avons suivi. Notre marche a été jalonnée de bien des sacrifices mais vous nous avez conduits à la victoire qui, pour un court instant, devait réhabiliter la France et son Armée.

Vous nous aviez enseigné par les faits que le mot impossible n'était pas français et qu'une foi ardente pouvait triompher d'une logique sordide.

1. Il s'agit ici de l'article auquel réfère l'article de Canguilhem sur « Les janissaires politiques », publié le 8 juillet 1959 dans la *Dépêche du Midi*. Cf. *supra*, p. 893.

*

En mai 1958, au moment où l'Algérie se trouvait au bord de l'abandon, dans un atavique instinct de conservation, la population et l'armée d'Algérie vous ont appelé car votre intransigeance nationale était seule capable d'enrayer la catastrophe qu'escomptaient Moscou et ses « courroies de transmission ».

Et vous êtes venu. L'ordre a été bientôt ramené à l'intérieur du pré-carré métropolitain, dans la gestion de nos affaires, dans nos relations avec l'étranger. Ne voulant pas être un homme de coup d'État, vous avez dû composer avec les forces politiques en présence afin de tenter d'arrêter leur action centrifuge.

C'est dans de telles conditions que des pêcheurs en eau trouble ont pu amener à jeter sur notre politique algérienne un voile d'ambiguïté, de confusion, d'incompréhension qui permet, chaque jour, dans notre douloureuse province d'Afrique, de laisser planer un doute sur l'authenticité de sa nature française.

Pourquoi le nier ? Ce doute – qui encourage nos ennemis aux lisières de la déroute – jette le trouble non seulement dans la population algérienne mais aussi dans les rangs mêmes de notre armée. Or, nous avons nos complexes, nous aussi, soldats de carrière, car nous avons la mauvaise conscience de gens qui ont été les complices de fait, sinon de cœur, de trahisons répétées de notre pays.

*

Lorsque nous avons repris pied à Phat-Diem, nous avons juré – au nom de la France – aux catholiques tonkinois que nous ne les abandonnerions jamais. Ils sont aujourd'hui, avec toutes les minorités indochinoises, les victimes malheureuses de nos promesses, entre les mains des communistes.

Au nom de la France, nous avons juré à nos compagnons d'armes, les Français de l'Inde, que nous ne les abandonnerions jamais et, aujourd'hui, constatent qu'ils ont perdu la nationalité de leurs aïeux alors que le Portugal n'a jamais amené son drapeau sur ces terres lointaines.

Au nom de la France, nous avons juré à nos amis marocains et tunisiens qu'ils pouvaient sans crainte prendre parti pour notre pays car nous étions fermement décidés à demeurer dans ces deux bastions du Maghreb français. Aujourd'hui, pour avoir cru en l'honneur que notre ordre national entend symboliser, les glaouis sont légions à payer très cher de leur courageuse fidélité.

*

Et maintenant, au nom de la France, sans emphase exaltée mais avec une froide détermination, par la voix de nos chefs et dans nos conversations des djebels, du bled ou de la ville, nous jurons chaque jour à nos compatriotes d'Algérie, chrétiens, musulmans, israélites, qu'ils resteront français ... et ILS LE RESTERONT ... ou alors il n'y aura plus d'armée française et la France ne sera plus qu'un satellite de Moscou, dans une Europe soviétisée.

Au sein d'un monde indifférent et inconscient, trahi par un capitalisme bourgeois et borné qui croit encore aux pactes avec le diable, nous avons conscience de livrer seuls « la bataille de Verdun de l'Occident » contre l'impérialisme communiste.

L'unique fortune que nous possédons et que nous avons en commun avec vous, mon Général, car elle est la raison d'être et de vivre du soldat, c'est notre Honneur et notre Patrie, ces deux biens suprêmes que notre Marine porte dans ses armes et qui ont fait de vous l'Homme du 18 juin.

Par les sacrifices que nous consentons, chaque jour, en Algérie, nous pensons avoir racheté nos lâchetés passées. Nous ne saurions en tolérer de nouvelles.

Nous n'ignorons pas que nos ennemis comptent sur le marais qui est en notre sein, bien moins important cependant que dans les autres corps sociaux, le marais qui est prêt à vendre son âme pour garder tranquillité et pitance, dussent-elles être éphémères. Vous êtes admirablement placé, mon général, pour savoir qu'il n'y a rien à attendre d'hommes dévirilisés.

C'est pourquoi notre position est forte, face aux espoirs chimériques de l'Anti-France tendant à dissocier l'Armée.

*

Nos expériences douloureuses et répétées, nous ont fait prendre enfin conscience que les frontières de notre Patrie charnelle – communes aujourd'hui avec celles du monde libre – commencent ici avec les sables du Sahara et que « la Méditerranée traverse la France comme la Seine traverse Paris ».

Le 13 mai 1958, notre victoire était en face de nous, à portée de la main. Il suffisait de suivre la voie lumineuse que nous avaient révélée les journées fraternelles. Vous avez préféré que nous gravissions ensemble, au cours de longs mois, des chemins détournés et rudes. Peut-être l'amour de la Patrie justifie-t-il effectivement des sacrifices et des peines supplémentaires qui rendent la victoire plus précieuse.

Notre regard ne s'est cependant pas détaché de l'objectif. Aucun sacrifice ne pourrait nous en détourner. Nous maintiendrons et affirmerons l'ALGÉRIE province française.

Les Hommes passent. La Patrie demeure. Nous vous remercions de nous l'avoir enseigné, lorsque nous avions vingt ans, le 18 juin 1940, alors que, pénétré de sa « vocation providentielle » un grand soldat pensait pouvoir concilier les impératifs patriotiques avec des complaisances coupables à l'égard de l'ennemi et de ses complices.

ANNEXE IV

OLIVIER COSTA DE BEAUREGARD, LE DILEMME OBJECTIVITÉ-SUBJECTIVITÉ DE LA MÉCANIQUE STATISTIQUE ET L'ÉQUIVALENCE CYBERNÉTIQUE ENTRE INFORMATION ET ENTROPIE

Extraits de la séance du 25 février 1961

I[1]

M. Olivier COSTA DE BEAUREGARD, *Maître de Recherches au Centre National de la Recherche Scientifique, s'est proposé de développer devant les membres de la Société les arguments suivants* :

Nombreux sont les auteurs classiques qui se sont exprimés comme si, en Mécanique statistique, on pouvait maintenir à la fois une conception *subjective* du hasard fondamental (un « hasard d'ignorance ») et un caractère *objectif* de l'irréversibilité des phénomènes décrite par la Théorie. Il est philosophiquement évident qu'il y aurait là une contradiction manifeste : les « causes » et les « conséquences » doivent être homogènes entre elles quant à l'objectivité et à la subjectivité. C'est en ce sens que Poincaré[2] écrivait : « Il faut bien que le hasard soit autre chose que le nom que nous donnons à notre ignorance. »

Cela étant, deux tendances fondamentales s'opposent au sein de l'École probabiliste classique. L'une, bien représentée par É. Borel[3], peut être dite *positiviste* et *empiriste*; selon nous, son argumentation-type fonde solidement le caractère *objectif* de la loi de probabilité *a priori*, soit le contraire

1. Il s'agit ici du sommaire imprimé qui avait été distribué aux membres de la Société française de philosophie préalablement à la séance du 25 février 1961 ; il se trouve dans le *Bulletin de la Société française de philosophie*, 55e année, n° 4, octobre-décembre 1961, p. 165-167. Cf. *supra*, p. 971 *sq*.

2. Sur Henri Poincaré, cf. *supra*, p. 170, n. 1.

3. Sur Émile Borel, cf. *supra*, p. 115, n. 2.

même d'un hasard *d'ignorance* (dans de récents écrits, A. Landé[1], notamment, a insisté dans ce même sens). L'autre attitude classique, *subjectiviste* et presque *idéaliste*, est éminemment représentée par P. Lévy[2]; chez elle, le ressort du passage de la *probabilité subjective* à la *probabilité objective* est le principe de raison suffisante, sous la forme que l'hétérogène ne peut pas sortir *sans raison* de l'homogène. Mais il n'y a là qu'une préfiguration moins technique de la loi de l'entropie visée par la théorie, d'après laquelle le moins probable ne peut pas sortir spontanément du plus probable. Retournant alors à l'argumentation du type borélien, l'on constate que le *principe des actions retardées*, ou principe de causalité physique, y est impliqué.

Selon nous (et c'est là une conclusion accessoire, sur laquelle nous avons insisté à plusieurs reprises) il y a équivalence complète entre le principe de Bayes[3], le principe de l'entropie croissante, le principe des ondes *quantifiées* retardées (qui est de nature statistique), et aussi le principe de causalité *physique* et le principe de raison suffisante *tel qu'on l'invoque en ce problème physique.*

Quant au dilemme objectivité-subjectivité de la Mécanique statistique, les argumentations classiques ne font qu'en souligner l'importance et le caractère fondamental.

*

La Cybernétique, avec sa définition de l'*information* et sa théorie de la mutuelle convertibilité de l'*information* en *néguentropie* a fait rebondir la question.

À première vue, la confusion semble s'accroître, car on voit souvent deux tendances opposées se compénétrer chez les cybernéticiens : celle de concevoir l'*entropie* comme *subjective*, et celle de concevoir l'*information* comme *objective* (par exemple dans les mécanismes destinés à « exorciser » le « démon de Maxwell »).

1. Alfred Landé (1888-1976), physicien américain d'origine allemande, connu notamment pour ses travaux en physique quantique et pour son opposition à l'interprétation ayant cours dans l'école de Copenhague.

2. Il s'agit ici sans doute du mathématicien français Paul Lévy (1886-1971).

3. Thomas Bayes (1701-1761), pasteur protestant et mathématicien anglais dont la communication posthume « An Essay Towards Solving a Problem in the Doctrine of Chances » fut présentée à la Royal Society of London en 1763.

L. Brillouin[1] voit la clé du dilemme classique dans le fait qu'une *entropie* équivaut à un *défaut d'information fine* sur un système. *Cette clé n'ouvre le passage qu'à la condition expresse que soit admise la réalité possible de la transition* information → néguentropie, en un sens très fort qu'on va dégager.

La transition *néguentropie → information* représente le processus élémentaire de l'*observation*, acceptée comme allant de soi par la physique depuis ses origines, et ne posant pas pour elle plus de problème que les pertes non-compensées de néguentropie. Ici, le mot *information* signifie *acquisition de connaissance* : c'est le sens aujourd'hui courant.

La transition *information → néguentropie* représente le processus élémentaire de l'*action*, qui, accepté sans discussion par le bon sens, a toujours fait problème pour la science et la philosophie. Ici, le mot *information* signifie *pouvoir d'organisation*: c'est l'ancien sens aristotélicien.

Admettre avec la Cybernétique la réciprocité de la transition néguentropie ⇆ information, c'est admettre une connexion organique entre les deux sens du mot information.

Quant aux mécanismes proposés comme exemples des deux transitions, une opposition est manifeste. Ceux du type *observation* semblent très fidèlement décrits et entraînent l'adhésion (exemple : mesures physiques à la Brillouin); ceux du type *action*, reposant presque tous sur le diaphragme mobile à la Maxwell[2], ont un caractère « mythique » accusé. Cependant, la persistance même de ce genre de tentatives doit bien correspondre à un besoin conceptuel, et à l'existence d'un ressort jusqu'ici caché de la Nature.

Nous proposons de *postuler* que la clé de la conversion de l'information en néguentropie est *réellement symétrique* de celle excluant les transitions anti-Carnot[3] de la Thermodynamique; c'est-à-dire qu'elle consiste en un lestage à la Bayes, *mais en prédiction*, des probabilités quantiques élémentaires.

1. Sur Léon Brillouin, cf. *supra*, p. 974, n. 1.

2. Sur James Clark Maxwell, cf. *supra*, p. 130, n. 1.

3. D'après Sadi Carnot (1794-1832), militaire et physicien français dont les *Réflexions sur la puissance motrice du feu et sur les machines propres à développer cette puissance* (Paris, Bachelier, 1824) sont l'acte fondateur de la thermodynamique.

Quant à la raison technique ayant masqué jusqu'ici ce phénomène, nous proposons de la voir dans la disparité des ordres de grandeur *pratiques* des unités d'entropie et d'information : *acquérir de l'information ne coûte pas cher en néguentropie, mais produire de la néguentropie coûte très cher en information.*

II

EXPOSÉ ORAL DE M. COSTA DE BEAUREGARD [1]

[...]

La nouveauté fondamentale que la Cybernétique a introduite en Physique, et qui a été lumineusement analysée sur des exemples par Brillouin et par Gabor[2], est qu'aucune acquisition d'*information* sur un système physique n'est possible sans la dépense d'une néguentropie préexistante au moins égale ; qu'on songe ici, par exemple, au problème de la mesure d'une longueur au moyen d'une règle graduée, ou de la lecture d'une bande codée en langage binaire[a] ; dans ces deux cas, la source de néguentropie est le filament de la lampe d'éclairage. Comme le dit spirituellement Gabor : « On ne peut rien avoir pour rien : pas même une information. »

Mais qu'est-ce donc que *l'information* ? Techniquement, ou opérationnellement, c'est une *différence entre deux entropies* liées à des probabilités, telle qu'on la définit tout naturellement dans les jeux de hasard élémentaires[b]. En somme, la Cybernétique a fait comprendre que *le physicien qui fait des mesures est devant le cosmos comme le joueur en action devant son jeu*[c]. Plusieurs esprits (les uns matérialistes, les autres spiritualistes)

a. L. Brillouin, *La science et la théorie de l'information*, Paris, Masson, [1959,] chap. XV, n°s 1 à 6, et chap. XVIII, n°s 1 à 4.

b. L. Brillouin, *ibid.*, chap. I.

c. Voir à ce sujet une très élégante déduction formelle du « principe de Brillouin », par J. Oudin, *C.R., Acad. Sc.*, 252, 1961, p. 3008 (2e partie de la note).

1. *Bulletin de la Société française de philosophie*, 55e année, n° 4, octobre-décembre 1961, p. 168-185.

2. Dennis Gabor (1900-1979), physicien anglais d'origine hongroise qui obtint en 1971 le prix Nobel de physique pour l'invention de l'holographie, travailla aussi sur les problèmes de l'information et de son stockage.

voudraient que l'information cybernétique (dont on va longuement parler) ne soit *rien de plus* que cette forme de néguentropie. Nous ne sommes point de ceux-là, et d'abord pour la raison que voici : lors d'une mesure de longueur, ou de la lecture d'une bande codée, j'*apprends* quelque chose (quelque chose qu'on peut chiffrer techniquement : appelons-le Δ I). L'acte de mesure ou de lecture exige (cela a été montré sur de nombreux exemples) la dépense d'une néguentropie physique préexistante, soit ΔN ; et le *principe de Carnot généralisé* par Brillouin (que nous appellerions volontiers *principe de L. Brillouin*) stipule que l'on a (*k.* constante de Boltzmann ; *ln*, logarithme népérien) :

$$\Delta N \geq \Delta N - k \ln 2 \, \Delta I \geq 0$$

L'acte de mesure (par exemple, prise d'une photographie) implique une chute de néguentropie Δ N ; et alors, deux cas extrêmes sont à considérer : l'observateur est attentif, et gagne une information Δ I positive, mais inférieure (au facteur *kln* 2 près) à la néguentropie dépensée ; ou bien, l'observateur est inattentif, et l'on assiste à une de ces chutes non compensées de néguentropie que la Thermodynamique a rendues si familières. Le rapprochement des deux termes extrêmes des inégalités exprime le *principe de Carnot* ; la prise en considération des trois termes exprime le *principe de Brillouin.* Et notons bien que *ce n'est aucunement le fait d'être ou de n'être pas attentif qui place l'extrémité de la longueur à mesurer entre les divisions* n *et* n + 1 *du « mètre »*, ni non plus qui perfore la bande codée suivant telle ou telle complexion !

Nous avons donc bien affaire ici, exactement comme dans les jeux de hasard, à un *changement possible dans la représentation psychique*, et dont la valeur numérisable est *bornée par une grandeur physique* : la différence entre les logarithmes des probabilités finale et initiale, soit l'augmentation de l'entropie de l'univers. Vous aurez beau insister pour que l'*information* ne soit conçue et utilisée que sous son aspect opérationnel et traductible en néguentropie matérielle, vos arguments ne prévaudront pas contre le contenu irréductible de l'énoncé minimum que voici : *si quelqu'un apprend quelque chose à partir de l'expérience, il faut que l'entropie de l'univers ait augmenté.*

Avouerai-je que c'est après avoir été acculé à la reconnaissance de cette vérité par les analyses de Brillouin, de Gabor, de Rothstein [1], qu'à mon grand étonnement la conviction s'est fait jour en moi qu'il y avait dans la théorie subjectiviste du hasard beaucoup plus de vérité que je ne l'avais cru d'abord, et une vérité que la Cybernétique devrait permettre de tirer au clair bien mieux que toutes les discussions épistémologiques antérieures. Du même coup, j'acquis la quasi-certitude que la probabilité (la *néguentropie* et l'*information*) devait représenter le nœud essentiel, *à cheval sur l'objectif et le subjectif*, en lequel précisément matière et psychisme se nouent l'un à l'autre et *réagissent l'un sur l'autre.* Tel est donc le point de départ de la thèse (en grande partie hypothétique je le confesse, mais à mes yeux très probable) que je vais développer devant vous [a].

*

L. Brillouin, qui est un physicien théoricien très pénétrant, a proposé de voir dans la relation cybernétique entre information et entropie la clé du dilemme objectivité-subjectivité de la Mécanique statistique. L'entropie attachée à un système physique, écrit-il, c'est essentiellement un *défaut d'information* sur l'état fin de ce système. Jusqu'ici, il n'y a rien là de plus qu'une reformulation de la théorie du *hasard d'ignorance.*

Ce que la Cybernétique apporte de nouveau (et nous considérerons ce point avec beaucoup d'attention), *c'est l'idée qu'un accroissement d'information sur un système équivaut à la possibilité effective de faire diminuer l'entropie du système.*

Avant de discuter ce point, il faut en élucider un autre : faut-il ou ne faut-il pas dire qu'un accroissement d'information sur l'état fin d'un système *est*

a. Postérieurement à la rédaction et à la lecture de cet exposé, et grâce à l'intervention de M. Canguilhem qu'on lira [cf. *supra*, p. 975], j'ai pris connaissance de *La Cybernétique et l'origine de l'information* [Paris, Flammarion, 1954] de M. R. Ruyer. C'est avec grande joie que j'ai constaté que R. Ruyer se refuse comme moi à évacuer la « signification » du concept *information* cybernétique ; et que j'ai retrouvé sous sa plume la thèse d'une connexion entre ce que j'ai appelé les aspects « courant » et « aristotélicien » du mot information.

1. Il s'agit probablement ici du physicien américain Jerome Rothstein (1918-2002), auteur notamment de deux travaux marquants en philosophie de l'information : « Thermodynamics and Some Undecidable Physical Questions » (*Philosophy of Sciences*, vol. 31, n° 1, 1964, p. 40-48) et « Information, Measurement, and Quantum Mechanics » (*Science*, vol. 114, n° 2955, 1951, p. 171-175).

une diminution d'entropie de ce système? Un exemple fera comprendre la vraie nature du problème.

Tout le monde pensera, et le thermodynamicien concédera également, qu'un tas de sable concentré n'est pas équivalent à la même quantité de sable dispersée, même si une observation très aiguë permet à l'observateur de savoir très exactement où sont chacun des grains du tas dispersé. Précisons ceci. Soit un échiquier de 64 cases de 4 cm^2 chacune, ayant donc une surface de 256 cm^2. Supposons que 1 000 grains d'une poudre très fine soient rassemblés sur une même case; en admettant le principe de l'égalité *a priori* des aires partielles, il y a là un cas d'entropie ou de probabilité minima que sait chiffrer l'analyse combinatoire. Dans un second cas, supposons les 1 000 grains de poudre dispersés sur l'échiquier; dire que l'*information* attachée à cette nouvelle situation sera égale à celle de la précédente, c'est dire qu'on saura préciser si les 1 000 grains se trouvent tous sur une certaine aire ayant la même valeur, 4 cm^2, que précédemment; si l'on exige de cette aire qu'elle soit simplement connexe, je vous laisse à penser combien étroite et tourmentée elle va être! Ce problème est tout à fait parent de celui de l'étalement des cellules d'extension en phase à la Liouville[1]. Le physicien s'astreint, en général, à définir l'*entropie* en évitant ces formes tourmentées des cellules d'extension en phase; il appert ainsi que le physicien répugnera *a priori* à dire que l'information *est sans plus* de la néguentropie. Le bon sens ne lui donnera pas tort, qui considère un tas concentré comme « objectivement » différent d'un tas dispersé.

Et, de fait, le cybernéticien physicien est du même sentiment, qui montre aussitôt *comment* une information du type précédent peut être reconvertie en néguentropie. Par exemple, comment un « démon de Maxwell », bien informé des positions et des vitesses des molécules de deux gaz mélangés, peut les trier de part et d'autre d'une cloison.

Vue sous cet angle, l'*information* relative à l'état fin du système équivaut à la saisie intellectuelle d'une relation, très inapparente au premier regard, entre les positions (cas du tas de sable) ou les positions et les vitesses (cas de la mécanique statistique) des corpuscules considérés; elle est, somme toute, analogue à la connaissance d'un mot de passe, ou de la combinaison qui

1. Joseph Liouville (1809-1882), mathématicien français, ancien élève de l'École Polytechnique, professeur de mathématique au Collège de France (1850) et professeur de mécanique à la Faculté des Sciences de Paris (1857).

ouvre un cadenas. Techniquement parlant, il se pourrait bien que l'une des clés de la relation entre *information* et *néguentropie* pour les organismes ou les machines plongés dans l'ambiance cosmique soit précisément liée à la différence entre les carroyages de cellules d'extension en phase adaptés à l'organisme ou à la machine, d'une part, au fond cosmique, de l'autre.

Mais revenons à notre problème du démon de Maxwell. Il s'agit ici de la transition *information →néguentropie*, qui est symétrique de la transition précédemment considérée *néguentropie →information.* Et, de même que la transition précédente était liée au processus de l'*observation*, celle-ci l'est manifestement au processus de *l'action.* Produire de la néguentropie, c'est proprement *organiser*; et c'est là ce que font, chacune selon son mode, et suivant des échelles de temps très différentes, la phylogenèse biologique, l'ontogenèse, la croissance d'une plante (par exemple, un parasite qui tâtonne en lançant ses vrilles[a]), enfin l'activité d'un animal.

Et, quant à la signification du mot *information*, c'était sur l'exemple de l'*observation (néguentropie →information)* le sens aujourd'hui courant : *information égale acquisition de connaissance.* Sur l'exemple de l'*action (information →néguentropie)*, c'est l'ancien sens aristotélicien qui apparaît : *information égale pouvoir d'organisation.* Admettre, avec la Cybernétique, la *réciprocité de la transition néguentropie ⇆ information*, c'est donc admettre *ipso facto* l'existence d'une *liaison essentielle*[b] *entre les deux aspects, courant et aristotélicien, du mot information.*

*

Maintenant, penchons-nous sur les mécanismes ou les expériences de pensée destinés à illustrer la conversion de l'*information* en *néguentropie.* Ici encore, le point de vue du physicien théoricien diffère profondément de celui du cybernéticien professionnel. Pour ce dernier, infuser de la néguentropie dans un système construit de main d'homme, c'est, par exemple, appuyer sur des touches – sans vouloir parler de la programmation préalable, et même de la construction de la machine. Sans nier (bien sûr) le grand intérêt des remarques du cybernéticien professionnel, le physicien

a. Même argument chez R. Ruyer, *op. cit.*

b. À la suite de l'intervention de Mlle S. Bachelard, qu'on lira plus loin [ce segment de la discussion n'est pas reproduit ici], nous avons substitué l'adjectif *essentiel* à *organique*, qui créait un malentendu – La constante circumincession de ces deux formes de l'information est un *leitmotiv* dans l'ouvrage cité de M. R. Ruyer.

trouvera toujours qu'il escamote le vrai problème élémentaire et fondamental, car, en fait, « il se donne » cette première machine cybernétique qu'est son propre organisme, sans lequel il ne pourrait rien concevoir ni rien faire.

Le physicien, quant à lui, cherche à cerner le problème élémentaire-type (sans grand succès comme je vais le dire).

L'*ultima ratio* de ses dispositifs à reconvertir l'information en néguentropie c'est, pratiquement toujours, le volet mobile à la Maxwell, avec des arrangements aussi sophistiqués qu'on voudra, mais qui ne changent rien à la nature, profondément mystérieuse, du problème.

Hé bien, disons-le tout net, pas plus que l'*éther luminifère* de l'ancien électromagnétisme, le volet mobile à la Maxwell ne résout bien les problèmes. Comme l'*éther luminifère*, ce *volet mobile* est, en fait, un hybride de matériel et d'immatériel.

Il doit être rigide et impénétrable, sans quoi il serait inopérant ; il doit être sans masse et sans frottement, sans quoi sa mise en mouvement ou son arrêt exigeraient de l'énergie, et le problème ne serait que repoussé ; par comble, infiniment léger comme il est, il doit ne pas se mettre en équilibre thermique avec l'ambiance, car alors sa position serait totalement indéterminée (la remarque est de Smoluchowski[1]). Si peu qu'on restitue de masse à cette cloison impénétrable par hypothèse, on retombe sur la difficulté essentielle liée à d'autres métaphores, comme l'explosif vital de Bergson, les soupapes de la machine à vapeur, ou la bille en équilibre métastable dans une cuvette surélevée : le contrôle de grandes énergies au moyen d'une énergie petite *mais non nulle*.

Tant que la théorie cybernétique n'aura pas su se libérer de cette fatalité qui soumet au premier principe *le contrôle du* second principe, *à l'*énergie *le contrôle de l'*entropie, *tous ses discours relatifs à la conversion de l'information en néguentropie ne seront que* flatus vocis. Bon gré mal gré, elle en sera réduite à édifier une théorie paralléliste impliquant une version cybernétique de la théorie de la conscience épiphénomène, d'où le concept d'*information* pourrait être finalement évacué au profit de celui d'*entropie*[a]. C'est, par exemple, ce qui arrive avec les mécanismes proposés par Brillouin

a. Ici encore, nous nous rencontrons avec M. R. Ruyer, *op. cit.*, p. 8.

1. Marian Smoluchowski (1872-1917), d'origine polonaise, fut l'un des créateurs de la physique statistique.

(et d'autres auteurs) pour « exorciser » le « démon de Maxwell ». Ici, le postulat est que *toute* l'*information* du démon est d'origine expérimentale, et c'est ce qui permet de le remplacer par un mécanisme cybernétique. À quoi l'on peut objecter qu'un démon aussi dépendant de la nature que les simples mortels n'avait guère besoin d'être exorcisé…

Pas plus qu'un réfrigérateur ou qu'un moteur thermique, le démon cybernétisé ne viole le principe de Carnot – *mais* lui non plus ne s'est monté tout seul. Il y a là, pour parler comme Brillouin, des problèmes de *néguentropie structurale* qu'on ne saurait traiter par prétérition. Le problème de la concentration de la néguentropie universelle dans des *phyla* d'organismes ou de mécanismes n'est pas, à nos yeux, un petit problème.

Finalement, autant les expériences de pensée illustrant le processus de l'observation (*néguentropie →information*) semblent serrer fort bien les faits, et entraînent l'adhésion, autant celles destinées à illustrer le processus de l'action (*information →néguentropie*), aussi sophistiquées qu'on les voudra, apparaissent foncièrement irréelles, irréalisables, chimériques.

Ceci étant reconnu, deux attitudes extrêmes sont possibles. Ou transformer en conclusion définitive et pessimiste cette dernière remarque, ce qui, en vertu de l'adage que « ce qui ne fait rien n'est rien » est une thèse impliquant la conscience épiphénomène. Et aussi, à moins de chercher à doter la matière de propriétés bien différentes de celles que lui reconnaît la Thermodynamique classique, c'est une thèse qui revient à postuler que tout le singulier a été donné d'un coup et une fois pour toutes à l'origine du monde ; il n'y aurait alors proprement « rien de nouveau sous le soleil », car tout ce qui nous paraît tel serait dérivé (et encore avec pertes) d'une situation antérieure plus différenciée, conformément au principe de Carnot.

Vous savez ce que dit Bergson du philosophe, qui est souvent orienté dans sa recherche par ce sentiment : *impossible* que telle thèse soit représentative des faits. C'est exactement le sentiment que j'ai ici : *impossible* de prétendre que rien de vraiment nouveau n'entre dans le Cosmos au cours du temps – et, par exemple, dans la phylogenèse biologique ou l'activité humaine. Même si le principe de Carnot reste globalement inviolé, je crois difficile de ne pas voir à l'œuvre, là, des sources de néguentropie (dont le débit total reste bien loin de celui qui compenserait l'immense hémorragie de la néguentropie universelle).

*

Voici alors les hypothèses que je propose pour achever de définir mon système.

Retenant le caractère finalement psychique de l'*information acquisition de connaissance* (tel que le révèle l'analyse du processus de l'observation), je conserve par force ce même caractère à l'*information aristotélicienne* (qui se manifeste dans les processus d'organisation ou d'action) et que la Cybernétique, après d'autres doctrines, montre semblable en nature à la précédente. D'autre part, pour les raisons que j'ai dites, je rejette toute métaphore apparentée au volet mobile de Maxwell, et cherche une solution plus fondamentale. Je vois celle-ci, conjointement, dans une thèse de la contingence réelle des lois fines de la Nature (disons au niveau quantique) et dans un audacieux retournement opérationnel du principe de Bayes, que je vais préciser.

Je pense que, sous sa forme originelle de *rétrodiction interdite*, le principe de Bayes s'applique essentiellement au processus de l'observation, où le psychisme est récepteur, tandis au contraire que, dans le processus élémentaire de l'action, où il est initiateur, ce serait un principe symétrique de *prédiction interdite* (aux spectateurs extérieurs !) qui devrait jouer. Ainsi, vue du côté psychologique, la différence essentielle entre l'observation et l'action (en tant que processus élémentaires) serait que, dans le premier cas, la représentation succède à la situation extérieure, alors que, dans le second cas, elle la précède. Vues du côté physique, l'observation et l'action seraient également réellement symétriques dans le temps, la première apparaissant *localement* comme un puits, et la seconde comme une source de néguentropie.

Tout ceci, bien entendu, au sein d'un bien plus vaste contexte psychique et physique. Il y a, au sein du psychisme, circumincession constante de l'observation et de l'action, par où la représentation – l'information – manifeste indissolublement ses deux aspects « courant » et « aristotélicien ».

Au sein du Cosmos, les sources locales de néguentropie ne sont que de bien petites résurgences de la perte immense de la néguentropie universelle. Ce qui reste essentiel à notre thèse, c'est cette idée d'un possible cheminement extra-cosmique de la néguentropie, sous sa forme potentielle d'*information*[a].

On peut, en effet, remarquer que la définition de la *néguentropie généralisée* de Brillouin rapproche de l'égalité l'énoncé du principe

a. M. R. Poirier nous a fait observer que cette idée s'apparente à la « capacité de survol » de M. R. Ruyer.

d'irréversibilité physique. En ce sens, l'*information* apparaît vraiment comme une *néguentropie potentielle.* Si l'on accorde à Meyerson[1] que le grand ressort de l'explication scientifique est « l'identité » d'une essence abstraite poursuivie à travers les avatars des apparences perçues (c'est-à-dire, en termes de physicien, la mise au jour de *principes d'équivalence* et l'énoncé de *lois de conservation*), il faut, certes, ne pas sous-estimer la formulation de définitions nouvelles qui rapprochent de l'égalité l'expression des lois du Cosmos. Grâce à la définition de l'*énergie potentielle*, la Mécanique rationnelle s'est constituée comme un dialogue toujours rebondissant de l'énergie cinétique et de l'énergie potentielle. Grâce à la découverte de son *premier principe*, la Thermodynamique se présente comme un dialogue tout aussi vivant des notions de *travail* et de *chaleur.* Grâce à la découverte cybernétique d'une *équivalence* entre les concepts de néguentropie et d'information (*équivalence* qui n'exclut pas une certaine différence dont on a parlé, un peu comme avec le précédent du travail et de la chaleur), il nous semble que la Cybernétique ne fera que se confirmer toujours davantage comme un dialogue actif de l'information et de la néguentropie – un dialogue aux interlocuteurs distincts bien qu'en un sens « équivalents ».

*

Deux remarques d'ordre physique s'imposent ici.

La première est que, compte tenu de nos vues antécédentes sur la relation essentielle entre croissance de l'entropie et retardation des ondes, l'hypothèse qu'on vient de dire équivaut à associer les ondes retardées à l'observation, et les ondes avancées à l'organisation ou à l'action. Cette thèse est implicite dans la « Théorie unitaire du monde physique et biologique » du mathématicien L. Fantappié[a][2], théorie dont on peut dire qu'elle est

a. [Luigi Fantappié, *Principi di una teoria unitaria del mondo fisico e biologico*,] Rome, [Societa editrice Humanitas nova,] 1944.

1. Sur Émile Meyerson, cf. *supra*, p. 59, n. 3.

2. Le mathématicien italien Luigi Fantappié (1901-1956), auteur d'importants travaux sur les fonctions analytiques, après des études à l'Université de Pise, enseigna aux universités de Florence et de Palerme, puis, de 1934 à 1939 au Brésil, avant d'occuper une chaire à l'Université de Rome à compter de 1939. Sa « loi de la syntropie », formée en 1941, symétrique de celle de l'entropie, resssuciterait une sorte de finalité en rendant compte de phénomènes

ingénieuse, mais bien trop sommaire. Il nous semble que l'introduction de tout le présent contexte est de nature à préciser très utilement les vues de Fantappié.

Notre seconde remarque sera pour insister sur le caractère *non-énergétique* de la clé que nous proposons pour le contrôle de l'entropie. Les phénomènes de la Thermodynamique macroscopique ne doivent ici pas faire illusion, dans lesquels le bilan de l'entropie s'accompagne presque inévitablement d'un bilan de l'énergie (encore qu'on puisse citer des transformations très spectaculaires où le bilan entropique est parlant et le bilan énergétique muet, et d'abord la chute spontanée de néguentropie dans un système isolé).

Notre explication de principe veut essentiellement se situer *au niveau de la microphysique*, disons *au niveau quantique*. L'entropie à laquelle nous nous référons est l'entropie attachée aux collectifs quantiques par J. von Neumann[1]; cette entropie se définit *uniquement* en termes de probabilité (et, notamment, pas en termes de température : la température, à ce niveau, est une notion très inessentielle, de dérivation seulement facultative, et en tous cas lointaine). Enfin, *notre thèse n'a de sens que dans un contexte de contingence réelle des lois fines de la Nature*; autrement, on ne pourrait comprendre la signification de ce « lestage à la Bayes, mais en prédiction », des lois élémentaires de probabilité, où nous voyons (à tort ou à raison) le *deus ex machina* du processus élémentaire de l'action[a].

*

En faveur de cette thèse d'une symétrie réelle des deux processus de l'observation et de l'action élémentaires, je vois (en plus des symétries

a. Soit dit en passant, nous inclinons fortement à voir une confirmation de notre hypothèse dans ce fait quantique bien connu, que la forme même de la question posée à la Nature dans une mesure physique définit la forme de la réponse, et que, *en ce sens précis*, l'on ne peut plus négliger à ce niveau la réaction de l'acte de mesure sur « l'objet » mesuré.

[suite de la note de la page précédente] compréhensibles seulement en vertu de causes anticipatrices et non plus seulement de celles du passé telles qu'elles s'appliquent aux phénomènes de la mécanique, de la physique et de la chimie et qui sont les seules reproduisibles en laboratoire. Pour Fantappié, ce qui était possible mathématiquement devait l'être dans la réalité.

1. Sur von Neumann, cf. *supra*, p. 265, n. 2.

virtuelles des formalismes physiques), un argument physiologique et un argument psychologique.

En physiologie, la quasi-symétrie même des appareils nerveux sensitif et moteur incline à postuler aussi une quasi-symétrie du processus sensitif à son terme et du processus moteur à son origine[a].

Plus impressionnant nous semble être l'argument d'une *identique ingénuité des témoignages de la conscience cognitive et de la conscience volitive.* Sans doute, la conscience cognitive a-t-elle ses illusions (illusions des sens, *plus* éventuellement aberrations des instruments d'observation). Mais, *compte une fois tenu de ces illusions et aberrations, le témoignage de la conscience cognitive est finalement accepté.* Ce témoignage est même le pain quotidien de la science classique; si on le récusait, tout le bel édifice s'effondrerait, le sol se dérobant sous lui. Pour la science classique (on va le redire), le processus de l'*observation* est considéré comme sans problème – sans plus de problème que les chutes non compensées de néguentropie, qu'on ne songeait certes pas, à en rapprocher.

Quant à la conscience volitive, il est bien certain qu'elle s'illusionne grandement quant à l'amplitude de son « libre arbitre ». Mais de là à récuser purement et simplement son témoignage, il y aurait un abîme – et un abîme qu'il nous semblerait très illogique de franchir, étant donné justement que le témoignage de sa sœur la conscience cognitive est accepté, et qu'aucune science ne serait possible sans cette acceptation[b].

*

En terminant, peut-on donner un argument technique justifiant que, d'un côté, le processus, si patent, de l'observation semble à ce point aller de soi que toute la science précybernétique ait pu ignorer le coût de l'information en néguentropie; et que, d'autre part, le processus, si caché, de l'action

a. Nous n'ignorons pas, cela va sans dire, que le principe de Carnot entraîne une perte d'information de la périphérie au centre dans le cas sensitif et du centre à la périphérie dans le cas moteur ! Ce n'est pas à ce niveau que se situe notre argument.

b. M. J. Ohana, par l'intervention qu'on lira plus loin, nous a rappelé que Descartes avait produit ce même argument d'une *évidence immédiate* en faveur de la réalité de la *direction du mouvement corporel* par la volonté.[1]

1. Cette intervention, qui n'est pas liée à celle de Canguilhem, n'est pas reproduite ici.

efficace semble à ce point impossible que toute la science précybernétique l'a en fait nié ? Je le pense, et le ferai comprendre par deux apologues.

La Relativité considère que, relativement à un observateur, l'espace-temps se divise en trois régions : *passé, futur, ailleurs.* Mais, en raison de l'extrême disparité des unités anthropomorphiques d'espace et de temps (disons le centimètre et la seconde), c'est-à-dire en raison de l'extrême grandeur de leur rapport, la région *ailleurs* apparaît très aplatie sur un diagramme tracé avec ces unités. Les classiques, qui faisaient implicitement $c=\infty$ en cinématique, évacuaient de ce fait la région *ailleurs* du diagramme, et avec elle les phénomènes de la Relativité.

En théorie des Quanta, la constante de Planck, qui est le rapport des unités naturelles d'énergie et de fréquence, est très petite en unités anthropomorphiques. Les classiques, qui faisaient implicitement $h=0$, évacuaient ainsi, soit l'aspect quantifié de l'optique (en retenant la notion de fréquence), soit l'aspect ondulatoire de la mécanique (en retenant la notion d'énergie).

On peut légitimement se demander si quelque chose d'analogue n'est pas arrivé ici. Le rapport des unités anthropomorphiques d'information (le « bit ») et d'entropie, qui est (à ln 2 près) la constante k de Boltzmann, est extrêmement petit, de sorte qu'*acquérir de l'information ne coûte pas cher en néguentropie*, tandis que *produire de la néguentropie coûte très cher en information.*

Dans le stade précybernétique de la Physique, on faisait implicitement $k=0$, ce qui entraînait : 1° la gratuité absolue de l'acquisition d'information ; 2° l'impossibilité stricte de l'action efficace. Or ce sont là, très exactement, les deux propositions types de la théorie de la conscience épiphénomène.

Léon Brillouin – et c'est, avec bien d'autres, un aspect très intéressant de ses écrits – a beaucoup insisté sur les conséquences et de l'existence, et du bon marché, du coût de l'information en néguentropie.

Aujourd'hui, et symétriquement, j'ai voulu insister sur le caractère grave et essentiel du problème de la conversion de l'information en néguentropie.

Mon sentiment très net est qu'il y a au cœur de la Cybernétique une implication qu'elle n'a pas reconnue encore – parce qu'elle a, jusqu'ici, opéré au niveau macroscopique et que (quoi qu'elle s'en défende) elle traite par prétérition les problèmes de la construction des machines, de leur programmation, et même celui de leur « information » au départ d'une opération. Cette implication c'est, me semble-t-il, que le Cosmos matériel déployé dans l'espace-temps a comme une doublure (peut-être bien plus vaste que lui) qui est de l'ordre de la représentation ou de l'*information* ;

et que cette *information* n'est pas seulement un reflet de la situation physique, *mais qu'elle peut en retour s'y imprimer.* Je parierais volontiers que la Physique cybernétisée de demain va découvrir en acte, à côté de l'*information-acquisition de connaissance* déjà bien connue, l'*information-pouvoir d'organisation.*

ANNEXE V

L'INADAPTATION, PHÉNOMÈNE SOCIAL [1]

1. *Extraits de la conférence d'Eugène Enriquez, « Perspectives psycho-sociologiques sur l'adaptation »*

Recherches et Débats, n° 46, mars 1964, p. 58-91

[...]

Alors que les notions de normes, d'étalon de mesure, de fonction sont significatives d'une réalité stable, définissant un modèle extérieur dont on connaît les contours, et auquel on adhère plus ou moins, la notion de réalisation de soi se rapporte à un modèle interne, que les psychanalystes ont nommé l'idéal du moi. Dans cette nouvelle optique on considèrera un homme ou un groupe comme bien adapté lorsqu'il aura pu faire montre de ses capacités dans une société, « réaliser ses possibilités » comme le disait Goldstein.

On commence à apercevoir ainsi toute l'ambiguïté du concept d'adaptation. Parlerons-nous d'adaptation dans le cas d'un ajustement à un modèle extérieur, à un modèle social, cet ajustement permettant à l'individu de réduire ses tensions, en trouvant des réponses toutes prêtes dans le corps social, ou parlerons-nous d'adaptation quand un organisme (humain ou social) essayera de réaliser ses possibilités, de mettre en œuvre dans le monde ses désirs et ses projets, de façonner le réel à son image. J'aimerais, à propos de ce deuxième terme de l'alternative, citer les idées suivantes de Monsieur Canguilhem extraites de son « Essai sur quelques problèmes concernant le normal et le pathologique » : « L'organisme sain cherche moins à se maintenir dans son état et son milieu présents qu'à réaliser sa nature. Or cela exige que l'organisme, en affrontant des risques, accepte l'éventualité de réactions catastrophiques. L'homme sain ne se dérobe pas devant les problèmes que lui posent les bouleversements parfois subits de ses habitudes, même physiologiquement parlant ; il mesure sa santé à sa

1. Cf. *supra*, p. 1051 *sq*.

capacité de surmonter les crises organiques pour instaurer un nouvel ordre. » Mais « instaurer un nouvel ordre » en se référant uniquement à ses projets personnels, n'est-ce pas aussi parfois faire prévaloir le principe de plaisir sur le principe de réalité, n'est-ce pas tomber dans l'erreur philosophique du solipsisme ou dans la maladie mentale ? Aussi cette réalisation de soi n'est-elle pertinente que si elle implique une explication de l'homme avec le monde extérieur. Nous voyons alors qu'à une dichotomie : ajustement à un modèle extérieur ou ajustement à un modèle interne, nous sommes amenés à substituer la confrontation permanente de ces deux modèles par un homme qui les vit dans l'angoisse et la contradiction.

Mais peut-être ai-je été trop vite, en ne mentionnant pas le problème crucial de l'adaptation ou de l'inadaptation de la société à elle-même, car de ses capacités et de son style d'adaptation (société se référant à un modèle extérieur ou société essayant de créer constamment son propre modèle) vont dépendre les exigences de cette société vis-à-vis de ses membres. En première analyse, il est naturel de penser qu'une société conservatrice traditionnelle du type société archaïque va réclamer de chaque individu des comportements plus définis qu'une société en pleine évolution telle la société industrielle moderne. Aussi, il nous apparaît nécessaire d'envisager le problème de l'adaptation des sociétés à elles-mêmes car cette étude nous permettra de mieux comprendre dans quel contexte l'adaptation individuelle est vécue.

[...]

I. *ADAPTATION DE L'HOMME À LUI-MÊME ET À SON ENTOURAGE IMMÉDIAT* (RELATIONS INTRA ET INTERPERSONNELLES)

[...]

II. *ADAPTATION DE LA SOCIÉTÉ À ELLE-MÊME*

J'établirai, pour traiter ce problème, une distinction qui me paraît essentielle, entre sociétés se référant à des *modèles d'ordre* et sociétés se référant à des *modèles d'équilibre*. Précisons le concept de modèle : j'appelle modèle toute configuration possédant une cohérence interne mettant en œuvre des éléments ayant des relations définies et se renforçant les uns les autres, induisant certains types de comportements et en interdisant d'autres.

Les modèles d'ordre peuvent se caractériser de la manière suivante :

– Les différents membres d'une société ont des fonctions et des places assignées.
– Il existe des critères explicites qui permettent d'attribuer ces places. Les changements d'attributions dérivent également de l'application de critères sûrs.
– Ces critères sont rationnels et de ce fait pratiquement intangibles.
– Les fonctions et les rôles sont bien définis : chacun sait ce qu'il doit faire et comment le faire.
– Les communications entre les membres du groupe sont formalisées de manière stricte : il existe des règles de comportements.
– Les liens affectifs sont pratiquement inexistants, les conflits ne sont pas tolérés ou s'ils le sont il existe des règles permettant de les résoudre dans tous les cas.

Un tel modèle est en œuvre pratiquement dans toute société ; il a pour fondement le vieux rêve d'un *monde sans problème*, où chacun saurait ce qu'il doit faire, se contenterait de son sort, serait bien à sa place et travaillerait pour le bien de la communauté de manière rationnelle.

[...]

Quant à nos sociétés, les modèles d'ordre sont en œuvre dans ce que la sociologie appelle « la bureaucratie ». Prenons un exemple dans les entreprises industrielles : une entreprise de type bureaucratique privilégiera la notion de poste, de fonction. Ce poste sera défini de manière stricte, il impliquera des tâches prescrites, des opérations planifiées, il admettra des marges d'initiative circonscrites. Pour le remplir, on sélectionnera la personne qui possède les compétences (aptitudes, diplômes, expériences antérieures) nécessaires à la bonne tenue du poste. La personnalité de l'agent a peu d'importance. Si cet agent quitte son poste, l'entreprise choisira pour le remplacer un postulant estimé capable d'accomplir lui aussi ce qui est requis par le poste. Les personnes sont donc interchangeables. Leurs désirs, leurs motivations, leurs besoins ne sont pas pris en considération. Seules entrent en jeu leurs compétences. Ce n'est d'ailleurs pas sur le vu de leurs compétences réelles que les personnes sont choisies, mais à partir de critères administratifs rigoureux et standardisés. Ainsi il n'est pas possible pour un enseignant d'être professeur d'université s'il n'est pas agrégé ou docteur ès lettres. Le critère de diplôme est supposé être un critère de compétence. Une telle mesure est édictée pour supprimer l'arbitraire. S'il n'y a pas de critères admis par tous et pour tous, les relations personnelles, le « copinage » pourraient se donner libre cours. Les règles de choix ne seraient pas fondées en raison.

[...]

Le modèle d'ordre prône ainsi des personnalités conformistes ayant des comportements prévisibles. Dans le même ordre d'idée, si nous ne pouvons pas être spontanés, si nous ne pouvons avoir une conduite « aberrante », si nous devons être conformes, alors comment faire pour véritablement nous exprimer ? Nous ne laisserons émerger de notre personnalité que ce qui peut passer, que ce qui n'est pas « incongru ». Il n'est pas question de manifester nos compétences réelles. Un grand principe de modèle bureaucratique n'est-il pas : ne faites pas de zèle. Si nous manifestions nos aptitudes, si nous voulions progresser trop vite, si les idées que nous émettions étaient trop hardies, alors l'organisation pourrait être remise en question. Ce qui ne saurait advenir. Aussi devons-nous nous contenter de réaliser ce que l'organisation demande que nous réalisions. Et dans cette mesure nous serons récompensés. Nous savons qu'entrés dans une telle entreprise à un tel niveau de salaire nous n'arriverons pas à devenir directeur général, mais nous savons que notre salaire augmentera (et de combien) et que nous avons fort peu de chances d'être renvoyé.

J'ai pris mes exemples principalement dans la vie industrielle. Mais si nous regardons la société globale dans laquelle nous vivons il ne sera pas difficile de nous rendre compte qu'elle prône la sécurité avant tout. Le développement des loisirs déjà mentionné, la création de la sécurité sociale, des systèmes de retraite, les conventions collectives, les accords d'entreprises, le succès des assurances de tout ordre et, en particulier, de l'assurance-vie sont autant d'indices de la recherche de la sécurité et de la formalisation constante des rapports humains dans nos sociétés. Il ne faudrait pas croire qu'une telle évolution soit à coloration uniquement négative[a]. Ce n'est pas là le sens de ce que j'expose. Mon propos est simplement de bien mettre en évidence le sens de modèle d'ordre auquel, peu ou prou, toute société se réfère.

a. Le désir de sécurité des travailleurs est d'autant plus fort qu'ils perçoivent que dans nos sociétés l'insécurité est pour eux et le bien-être pour les autres.

Au modèle d'ordre s'oppose ce que je proposerai d'appeler un modèle d'équilibre.

Le terme même de modèle d'équilibre implique qu'il peut exister dans le monde des déséquilibres, du désordre, des évolutions, qu'il ne s'agit pas de nier ces perturbations ni *a contrario* la nécessité d'instaurer un ordre, mais que la prise en considération de ces phénomènes doit amener à rechercher activement des paliers d'équilibre. Alors que le modèle d'ordre est (ou se veut être) un modèle pour l'éternité, le modèle d'équilibre admet l'histoire, les conflits, les débats et mieux encore se nourrit des contradictions. À l'idée d'un ordre tout fait, il subsiste l'idée d'un ordre sortant du désordre, d'un ordre relatif qui sera lui aussi remis en question et donnera naissance à un nouvel ordre et ceci indéfiniment. Un tel modèle empêche d'admettre une fin de l'histoire, un arrêt des tensions humaines, un progrès continu. Et c'est pour cette raison que je préfère le terme d'équilibre à celui d'ordre dynamique. La notion d'ordre dynamique est trop proche de celle de progrès, alors que celle d'équilibre est neutre. La société trouve des points d'équilibre qui peuvent être considérés par les différents observateurs comme plus ou moins satisfaisants mais elle est contrainte de les trouver.

Un tel modèle, ai-je dit, admet les conflits. D'où des conséquences importantes : les rapports avec autrui ne vont pas être totalement formalisés, des communications véritables vont avoir lieu, des confrontations vont devenir possibles, les différences de hiérarchie vont s'estomper au profit des différences de compétences reconnues. Si les obstacles à la communication sont partiellement levés, les individus vont être placés dans des conditions telles, que s'ils ont des idées novatrices, s'ils désirent remettre en question les structures existantes, ils pourront le faire (la société privilégiant l'évolution par rapport au maintien en l'état). Les hommes essaieront alors de se réaliser. Mais se réaliser, c'est parfois aller à l'encontre des désirs différents des autres hommes, c'est s'exposer à prendre des risques, à supporter de nombreux stress, à entrer en conflit, à pouvoir gagner mais également à pouvoir perdre. Ainsi, l'affirmation de soi va entraîner des désordres. Mais de ces désordres pourra sortir un nouvel état d'équilibre à un niveau supérieur de la société ou de l'entreprise. Ainsi, également, il existera moins de sécurité et plus de possibilités de réactions catastrophiques. L'existence de relations plus spontanées, d'échanges plus complets a pour résultat que les agressions, les conflits deviennent plus nombreux et que le problème essentiel d'une société se fondant sur un modèle d'équilibre est de répondre aux questions suivantes : Comment faire en sorte que de ces conflits sorte un nouvel état d'équilibre ? Comment à travers ces conflits les personnes peuvent-elles parvenir à se confronter, à mieux se comprendre et à parvenir à une régulation plus satisfaisante de l'ensemble du système où elles se trouvent impliquées ?

Nous pouvons maintenant énumérer les caractéristiques principales des modèles d'équilibre.

– Les activités des membres d'un groupe social sont considérées comme interdépendantes. Les fonctions n'ont aucune valeur en elles-mêmes, elles ne prennent de la valeur que dans la mesure où elles permettent d'atteindre le (ou les) buts poursuivis par le groupe.
– Les critères utilisés pour fixer ou modifier la place des individus dans une hiérarchie sont des critères de compétences réelles (importance de l'apport fait par l'individu à la marche du groupe) et de capacité à travailler en groupe.
– Les individus peuvent montrer leurs compétences. Il est fait appel à leur spontanéité créatrice ; ils ont de nombreuses décisions à prendre.
– Le cadre des activités est défini afin que l'ensemble des membres du groupe travaille dans le même sens mais chacun peut faire preuve d'innovation, les idées, même aberrantes, sont discutées, ce qui ne signifie naturellement pas qu'elles sont toutes acceptées.
– Les règles de comportements sont donc souples et variables.
– Les membres du groupe, pouvant faire preuve d'innovation, entrent en contact les uns avec les autres, réfléchissant sur les idées émises, y adhèrent ou s'y opposent. Les communications sont le plus spontanées possible, l'existence d'une hiérarchie ne se comprend que dans la mesure où elle permet de traiter les problèmes dans les termes véritables où ils se posent aux différents échelons.
– Les liens affectifs sont nombreux, les individus parlent de leurs sentiments, explicitent leurs motivations, essayent de briser les obstacles à la coopération ou, s'ils n'y parviennent pas, entrent en conflit.
– Les conflits ne sont pas refusés ou réprimés. Si des individus ou des groupes se dressent les uns contre les autres, leurs points de vue seront examinés lucidement. On assistera à une confrontation complète sans pression de certains membres sur les autres, jusqu'à ce qu'un accord puisse intervenir.
– Le groupe est ainsi créateur de nouvelles normes qui peuvent mettre en question les habitudes et les structures connues. Le groupe cherche de nouveaux états d'équilibre.

– L'état trouvé est considéré comme relatif et comme susceptible d'évolution.

Le modèle que j'ai défini est un modèle à feed-back, à auto-régulation semblable à celui qui guide le comportement humain. Il cherche son point d'équilibre, à travers les perturbations qui l'affectent. Ce qui est essentiel dans son fonctionnement, c'est que les perturbations proviennent non seulement de l'extérieur (changements venant de l'environnement) mais principalement *de l'intérieur* et que c'est le groupe perturbé qui cherche lui-même son état d'équilibre. On fait donc ici l'hypothèse que tout groupe est susceptible d'auto-régulation.

On comprend mieux alors ce qui différencie les groupes se référant à des modèles d'ordre des groupes se référant à des modèles d'équilibre : c'est que leur fonctionnement n'est pas régulé de la même manière. Les premiers sont fondés sur un système de régulation extérieur à eux-mêmes (un certain nombre de critères de bon fonctionnement ont été définis au préalable et il suffit, après les avoir consultés, de les appliquer, ces critères venant aussi bien de la tradition historique que d'une volonté d'organisation rationnelle) tandis que les seconds sont obligés de trouver leur état d'équilibre en eux-mêmes, au travers de recherches, de confrontations, d'explications, d'états de déséquilibres temporaires. À une extéro-régulation s'oppose une auto-régulation[a].

En réalité, il n'existe sans doute pas de groupe ni de société uniquement fondés sur l'ordre ou sur l'équilibre. Nous assistons plutôt à des évolutions constantes, à des oscillations continues entre ces deux modèles. Pourquoi ? peut-être parce que, à la limite, ils ne sont vivables ni l'un ni l'autre. Une société totalement ordonnée, totalement bureaucratique bloquerait toutes les impulsions à communiquer valablement avec les autres (et avec soi-même) et empêcherait les individus de faire œuvre personnelle. Elle aboutirait alors à un monde totalement automatisé qui n'est guère pensable. La meilleure preuve en est que, même dans les entreprises les plus bureaucratiques, se trouvent des soupapes de sécurité : par exemple les promotions ne se font pas uniquement à l'ancienneté mais également au choix, les comportements sont bien définis mais certaines marges d'initiative sont permises, un minimum de liens affectifs est réintroduit à travers les journaux d'entreprises, les vins d'honneur, les allocutions à l'ensemble du personnel, etc.

a. J'emprunte ces termes au psychosociologue Guy Palmade.

De son côté, une société entièrement fondée sur la notion d'équilibre, sur la possibilité de désordre, sur l'essai de communications sans faille, serait terriblement anxiogène. Ses membres, dans leur travail d'élucidation de leurs rapports, dans leur volonté de parvenir au meilleur état d'équilibre possible, seraient entraînés dans un tourbillon perpétuel qui ne serait ni particulièrement efficace ni particulièrement détendant. Aussi existe-t-il un certain nombre d'institutions, de règles, de lois qui permettent au besoin de sécurité d'être satisfait.

La dichotomie : modèle d'ordre, modèle d'équilibre ne tend donc pas à représenter le réel mais à favoriser une compréhension de la signification des conduites sociales. Elle a une valeur heuristique, elle procure des éléments d'analyse.

III. *ADAPTATION DE L'HOMME À LA SOCIÉTÉ*

Partons de l'exemple le plus connu, le plus cité, celui des personnes appartenant à des groupes marginaux (immigrants, minorités ethniques) et examinons comment se pose le problème de leur adaptation.

Dans des sociétés modernes se fondant sur le modèle d'ordre, ce qui sera exigé de la personne marginale, c'est une intégration complète à la société globale, c'est un oubli et même plus une négation de ses origines, une transformation de sa personnalité. Mais en même temps que la société lui demande d'évoluer, de devenir conforme, elle se refuse à lui. Société close (comme aurait dit Bergson), société repliée sur elle-même, méfiante de tout élément nouveau qui peut la mettre en danger, elle élève des barrières solides pour se protéger. Et l'homme marginal vit ce drame d'être obligé constamment de prouver qu'il a renié totalement sa personnalité antérieure et qu'il est devenu semblable aux ressortissants de la société dominante. Mais il est toujours suspect, il vit dans le monde du soupçon et si la société un jour est en danger ce sera certainement lui le coupable.

Aussi sa situation est-elle difficile et instable. Et, de ce fait, on assiste à une double conséquence : certaines personnes marginales parviennent au terme de longs efforts à s'intégrer, à faire oublier leurs origines en particulier, en rompant leurs liens avec leur groupe d'origine, mais la plupart n'y arrivent pas et, par contre-coup, se sentant en insécurité, retournent vivre avec les leurs et retrouvent bon gré, mal gré leurs anciennes normes.

[...]

Néanmoins tout modèle d'ordre moderne admet des soupapes de sécurité et permet qu'une certaine révolte puisse se faire jour dans les lettres et les arts, qu'une certaine créativité existe dans les laboratoires de recherches, que des relations spontanées puissent exister chaque fois qu'elles ne mettent pas en cause l'intégrité du système.

Dans des sociétés qui privilégient au contraire des modèles d'équilibre, nous rencontrons d'autres types de problèmes provoqués par la difficulté de vivre dans l'insécurité et la recherche permanente. Les psychosociologues connaissent bien ces anxiétés qui naissent et se développent dans des « groupes de base » où les participants n'ont ni chef ni tâches assignées, ni structure. Une des premières actions menées par le groupe est justement de se structurer, de se donner un chef parce que les participants ont l'habitude de se sentir dirigés vers un but à l'aide de méthodes plus ou moins contraignantes, et parce que le désordre dans lequel on les place leur fait peur. L'apprentissage de l'autonomie, de la reconnaissance se fait dans l'angoisse, car elle se fait dans et par le conflit. Et les gens ont peur des conflits, peur d'agresser, peur de se faire agresser, peur d'entrer véritablement en communication et ils tâchent de dresser des barrières pour se sentir en sécurité. Les sociétés d'équilibre ne sont pas amusantes à vivre. Les besoins d'expression peuvent être satisfaits, la spontanéité se donner libre cours, mais le prix à payer est élevé. C'est l'angoisse, la tension, la compréhension d'autrui, la tolérance, la communication authentique. Et un tel prix, peu de gens l'acceptent. Un exemple particulièrement net nous en est donné lors de l'introduction de changements dans les entreprises. Lorsqu'une organisation sociale évolue d'un mode de commandement bureaucratique à un mode de commandement démocratique, il se met à régner une sorte de crainte généralisée. Les membres de l'entreprise se demandent : que va-t-il se passer maintenant ? vers quoi allons-nous ? au lieu de s'écrier (comme on pourrait naïvement le penser) : enfin ! nous allons pouvoir nous exprimer, nos idées vont être prises en considération, nous allons pouvoir être partie prenante dans l'entreprise.

Aussi pour qu'une véritable évolution soit possible, il faut aménager des paliers, créer des niveaux de déséquilibre qui soient supportables, ne pas mobiliser plus d'anxiété qu'il n'est possible d'en contrôler, dresser des garde-fous afin que les membres du groupe ne soient pas confrontés avec plus de problèmes qu'ils ne peuvent en résoudre et qu'ils ne soient pas tentés, dans ces conditions, de les nier, faciliter les communications en révélant progressivement le sens caché des messages envoyés, et ainsi permettre l'émergence de la tendance à l'auto-régulation du système.

[...]

EUGÈNE ENRIQUEZ

2. *Extraits de la conférence de Pierre Colin*[1], *« Point de vue philosophique sur l'inadaptation dans le monde contemporain »*

Recherches et Débats, n° 46, mars 1964, p. 109-125

Que l'homme inadapté préoccupe le psychologue ou le psycho-sociologue, cela va de soi. La position du sociologue est déjà plus complexe. Quant à l'intérêt du philosophe pour le phénomène de l'inadaptation, il n'a rien d'évident. En quel sens est-il, lui aussi, concerné par ce problème ?

Certes, il pourrait revendiquer un certain droit à élucider le concept même d'inadaptation, qui est loin d'être clair, surtout lorsqu'on prétend l'appliquer à la fois aux rapports de la société et de l'individu et aux rapports des structures sociales entre elles. Mais le philosophe peut-il se substituer aux spécialistes des sciences humaines pour définir les concepts dont ceux-ci ont besoin ?

Sa visée propre ne serait-elle pas plutôt de prendre le problème dans son ensemble, en tant qu'il concerne la totalité de l'humanité actuelle engagée dans une aventure historique commune, et en tant qu'il met en question la notion même de l'homme ? Nous accepterons de poser ainsi le problème, quitte à nous demander aussitôt si, prise à cette échelle, la notion d'inadaptation conserve encore un sens. Que veut-on dire quand on parle d'une inadaptation globale de l'humanité présente ?

[...]

La question préliminaire est donc de savoir si l'idée d'une adaptation ou d'une inadaptation globale de l'humanité peut avoir le moindre sens. On parle à bon droit de l'inadaptation d'un individu par rapport à une société, parce que toute société a des normes, auxquelles l'individu doit satisfaire pour participer à la vie sociale. On peut même parler de l'inadaptation d'une société particulière par rapport aux exigences de la vie internationale, encore que des exigences soient déjà beaucoup plus difficiles à cerner. En d'autres

1. Sur Pierre Colin, cf. *supra*, p. 1057, n. 1.

termes, la notion d'inadaptation a un sens précis lorsqu'il s'agit du rapport de la partie au tout, mais peut-elle encore s'appliquer lorsqu'il s'agit du tout lui-même ?

Pour considérer le problème à cette échelle, sans doute faut-il le retourner entièrement, ne plus rapporter la partie au tout, mais le tout à la partie, ce qui est possible et sans doute exigible lorsque la partie dont il s'agit est une personne humaine. La norme, par rapport à laquelle il y aurait soit adaptation, soit inadaptation, ce ne serait plus alors la société, particulière ou globale, ce serait l'homme ou plutôt les hommes. Une humanité globalement adaptée serait une humanité adaptée aux hommes.

[…]

Que l'adaptation de l'humanité actuelle aux individus ne soit pas réalisée, c'est là justement le fait dont la prise de conscience a provoqué notre réunion. Qu'elle soit possible, ou du moins qu'on puisse y travailler, c'est ce qui résulte d'une double plasticité : celle de la société et celle des individus.

[…]

Les structures actuelles d'une humanité engagée dans l'aventure scientifique et technique offrent-elles aux individus des conditions de vie qui leur permettent non seulement de vivre, mais de vivre *en hommes* ? Ce qui est proprement philosophique, c'est la distinction entre une vie qui est humaine simplement parce qu'elle est vécue par un membre de l'espèce humaine, et une vie qui est humaine parce qu'elle est vécue par un homme vraiment homme, par un homme qui est homme en vérité. Ici le philosophe se sent réellement concerné : c'est son affaire de définir la vie proprement humaine et de l'ériger en norme. Si l'adaptation de l'humanité actuelle aux individus lui paraît souhaitable, c'est parce que ces individus sont conditionnés par les structures globales de l'humanité dans leur recherche d'une vie proprement humaine qui est pour eux – du moins le philosophe le pense – une *valeur*.

[…]

En tout cas l'humanité est à la recherche d'elle-même ; et elle embarque les individus dans cette aventure. En cela leur est-elle adaptée ? Non, si l'on considère leur besoin de sécurité, qui suppose au contraire un cadre d'activités fixe, stable, permettant la mise en œuvre tout au long de la vie des habitudes formées dans la jeunesse. Oui, si l'on prend au sérieux le désir d'une vie proprement humaine.

Il arrive parfois que l'on imagine pouvoir fixer un terme à ce désir, décrire ou tout au moins postuler un certain type de rapports entre l'homme et le monde, entre l'homme et l'homme, qui serait satisfaisant pour les hommes. C'est vers cette position d'équilibre que serait tendue l'adaptation réciproque de la société et des individus. Souvent, on interprète ainsi la « crise » présente, comme la genèse d'une civilisation stable dans laquelle l'adaptation pourrait être vraiment réussie. Cette interprétation est présente dans un certain marxisme, celui qui pose une fin réelle de l'histoire, ou de la préhistoire, et sans doute aussi, de façon plus actuelle, dans les spéculations sur la civilisation de l'abondance.

Or il se pourrait bien qu'aujourd'hui, une adaptation stable nous apparaisse, selon l'expression que nous évoquions tout à l'heure, comme une adaptation trop bien réussie, c'est-à-dire comme le manque et le substitut d'une adaptation plus riche et plus différenciée. Il se pourrait que la seule adaptation à laquelle nous puissions désormais donner un sens, ce soit l'adaptation dans le mouvement, dans la création de soi par soi.

Dans cette hypothèse, le désir d'une vie proprement humaine devrait s'interpréter en fonction de la négativité de l'homme, qui se détache sans cesse des œuvres accomplies pour s'engager dans de nouvelles entreprises. Tout arrêt devient alors un échec. Plutôt qu'à la satisfaction, il faut accorder de la valeur à l'acte par lequel l'homme refuse de se laisser enfermer dans ses adaptations, bien que ce refus crée nécessairement une inquiétude, un désarroi.

Si l'on parle à bon droit d'une adaptation dans le mouvement, dans la création de soi par soi, il faut admettre la valeur positive de ce trouble. Pour la première fois au cours de cet exposé, l'inadaptation nous apparaît souhaitable. Il est vrai qu'il vaudrait mieux parler de désadaptation, ou encore de rupture d'adaptation, pour insister sur l'arrachement au passé et l'ouverture à l'avenir. Il est vrai aussi que la valeur positive de cette rupture lui vient de ce qu'elle est un moment dialectique de la création.

[…]

Insistons maintenant sur un second élément de l'idée de l'homme que nous cherchons à préciser. Le devenir par lequel l'homme s'humanise passe par l'humanisation de la nature. Ce n'est pas en se retournant et en agissant directement sur lui-même que l'homme se connaît et se forme, mais en se tournant d'abord vers la nature et en agissant sur elle.

[…]

Tout ce que nous venons de dire présuppose une option: la valeur attribuée au progrès de l'homme dans l'histoire. Si toute humanisation de l'homme à partir de l'humanisation de la nature entraîne l'exigence d'une nouvelle transformation de la nature, et donc une nouvelle transformation de l'homme, et si ce processus est indéfini, ce n'est pas en vertu d'une exigence de la nature – même humanisée – à l'égard de l'homme, mais en vertu d'une exigence de l'homme à l'égard de la nature – même humanisée – Et cette exigence définit l'homme véritable, l'homme vraiment homme.

[...]

Revenons en effet à l'aspect le plus central de la difficulté, à savoir la rapidité avec laquelle se succèdent des paliers d'évolution, un nouveau surgissant alors que nous n'avons pas encore assimilé le précédent. Cette difficulté reste relativement abstraite tant qu'on n'a pas précisé de quel « nous » il s'agit. En effet il faut préciser ce « nous » pour s'apercevoir de l'immense décalage qui sépare les sociétés les unes des autres et les individus les uns des autres à l'intérieur d'une même société. Le phénomène est particulièrement tangible dans les sociétés qui passent brusquement d'une organisation de type médiéval aux formes de vie technique et sociale les plus évoluées et qui ne sont nullement préparées à ce passage. Moins immédiatement saisissable, le phénomène n'est, ni moins réel, ni moins perturbateur, à l'échelle des individus, et cela même dans les sociétés les plus avancées.

Le malaise qui en résulte se répercute sur tous les paliers de la vie sociale, depuis le palier démographique et écologique jusqu'au palier de la conscience profonde. Peut-être convient-il d'insister sur ce dernier point. Les conceptions traditionnelles sont partout battues en brèche sans qu'une unanimité se reforme autour de conceptions nouvelles. Certes, une telle situation favorise d'une certaine manière la liberté individuelle; en l'absence d'un consensus général, chacun doit se faire une opinion personnelle, juger par lui-même, prendre parti. Seulement le choc des idées et la complexification croissante des problèmes sont tels que rares sont les individus qui peuvent effectivement se faire une opinion raisonnable.

[...]

Au terme de notre analyse, nous pouvons revenir à la question initiale et lui donner une réponse. Nous nous demandions si l'humanité actuelle permet aux hommes d'aujourd'hui de vivre réellement en hommes. La réponse n'est pas simple. En effet l'aventure scientifique et technique nous conduit à nous faire de la vie proprement humaine une idée qui n'est actuellement réalisable que par un nombre d'hommes relativement restreint.

Le fait le plus évident dégagé par notre analyse, c'est en effet une accélération du progrès qui ne permet guère à l'assimilation de se faire en temps utile. Or cette accélération aggrave jusqu'à l'absurde la situation d'une société à la fois en avance et en retard sur elle-même et l'anxiété des individus qui vivent cette situation. Mais le plus grave, c'est que la prise de conscience d'un tel état de fait n'indique nullement les remèdes. Au contraire ! S'il y a un accord entre tous les auteurs qui se préoccupent de l'humanisation du progrès technique, c'est bien sur le caractère inéluctable du progrès et de son accélération. Quoi qu'on pense par ailleurs, il semble qu'il y a un élément dont on doit tenir compte sans pouvoir le modifier, c'est la marche en avant de la science et de la technique, selon un rythme incontrôlable.

[...]

De fait la société contemporaine exalte les hommes qui sont capables de prendre par rapport au devenir historique des décisions et des responsabilités. Promotion humaine considérable, qu'il n'est pas interdit de saluer comme l'avènement d'un homme nouveau, devenu maître de son rapport non seulement à la nature, mais à la société. Mais une telle réussite rend d'autant plus dérisoire le type d'adaptation auquel doivent se résigner les autres hommes.

En effet il s'agit moins en définitive d'un problème d'inadaptation que d'un problème de niveau d'adaptation. Si l'abondance se substitue à la rareté, si l'automation permet de diminuer le temps de travail, l'intérêt de la vie se réfugiera au niveau du logement, de la vie privée, du loisir. En dehors des cas proprement psychiatriques, de bons urbanistes, des conseillers psychologiques avisés, des animateurs de loisir rendront les hommes de la société de consommation heureux et satisfaits de leur sort. Mais à quel prix ? Ne devront-ils pas renoncer à tout ce qui, du point de vue même de la pensée contemporaine, fait la grandeur de l'homme : la rupture créatrice, la participation à une immense aventure, la construction de l'humanité ?

Dans la conjoncture présente de l'histoire, une telle scission entre l'adaptation réussie des organisateurs et l'adaptation médiocre de la masse humaine est une menace réelle. Il faut la prendre au sérieux. Convient-il pour autant de la considérer comme une issue fatale ?

Même à l'intérieur de la problématique que nous avons adoptée, en acceptant la définition historique de l'homme, peut-être n'est-il pas impossible de découvrir des modes de participation à l'aventure humaine qui soient accessibles même au non-technicien de la vie sociale. Ne serait-ce pas déjà ce qui commence à se réaliser, au moins au niveau de l'information, par les *mass media*, en particulier la télévision ?

D'autre part, il n'est pas certain que nous ayons eu raison de nous laisser enfermer dans une définition purement historique de l'homme. Ne nous serions-nous pas laissé fasciner par la pensée hégélienne et marxiste au point d'oublier que l'homme accède aussi à la vraie vie par les relations interpersonnelles, d'ordre privé, et en affrontant les problèmes inéluctables de sa condition : en particulier la souffrance et la mort ? De ce point de vue, la concentration sur la vie privée ne serait pas un refuge stérile, une adaptation mesquine, mais un retour aux problèmes humains les plus essentiels.

[...] Nous sommes trop engagés désormais dans l'œuvre de la socialisation pour que la personne puisse réaliser son équilibre en s'évadant de cette entreprise. Pour nous, qui sommes menacés d'une adaptation médiocre au bien-être et au loisir, il n'y a pas d'autre ressource que de penser la vie sociale, malgré sa complexité, et d'y participer aussi activement que possible. Autrement, nous n'accéderons jamais à la vie proprement humaine.

Abbé PIERRE COLIN

ANNEXE VI

PHILOSOPHIE ET SCIENCE

Transcription *verbatim* de l'émission télédiffusée le 25 janvier 1965 [1]

Monsieur Georges CANGUILHEM

et

M. Alain BADIOU, professeur au Lycée de garçons de Reims.

Alain BADIOU : Quand on parle de philosophie des sciences, que faut-il entendre par là ?

Georges CANGUILHEM : Mon cher collègue et ami, vous le savez aussi bien que moi. Mais puisqu'il est entendu que c'est moi qui doit répondre...

La « philosophie des sciences » c'est un nom traditionnel, mais la tradition est récente. Je crois que c'est une expression qu'Auguste Comte a employée pour la première fois dans la préface du *Cours de Philosophie positive*, et qu'en somme philosophie des sciences c'était, pour quelqu'un qui pensait que la métaphysique est une illusion dépassée de l'esprit humain, philosophie des sciences, qui était pour lui la seule philosophie, c'était en somme l'équivalent de ce que les philosophes allemands de la période post-kantienne on appelé la « Wissenschaftslehre », et qui est devenue après un certain nombre de transformations – encore qu'aujourd'hui on reparle, comme vous le savez, de la théorie de la science – qui est devenue dis-je, dans la philosophie française de style universitaire, la « théorie de la connaissance ».

Cette philosophie des sciences, Auguste Comte l'avait conçue comme une sorte de systématisation, de synthèse, des méthodes sinon des doctrines des diverses sciences qu'il avait distinguées dans sa classification, et ce qui a progressivement déprécié ce concept de philosophie des sciences, c'est précisément cette ambition d'être de la part d'un philosophe, c'est-à-dire de quelqu'un qui n'était pas le familier, le spécialiste de telle ou telle science,

1. Sur cette émission, cf. *supra*, p. 1097, n. 1.

d'être, lui, philosophe en tant que tel, celui qui donnerait à l'ensemble des sciences dans leur union, un statut qu'il estimait à la fois différent de chacune de ces sciences par sa généralité et que par ailleurs il ne concevait pas autrement que comme mettant en œuvre les mêmes qualités d'esprit, les mêmes méthodes, comme obéissant à d'autres valeurs que les sciences elles-mêmes.

Mais le mot « épistémologie » a-t-il le même sens que le mot « philosophie des sciences » ?

Épistémologie, étymologiquement, c'est la théorie de la science. Et je crois que c'est d'abord le terme anglais qui désigne philosophie des sciences. Mais lorsqu'il est importé en France, il prend un sens légèrement différent. La philosophie des sciences c'était une ambition synthétique, totalitaire et par là-même vouée à l'échec. L'épistémologie est une sorte de réflexion critique sur les principes, les méthodes, les résultats d'une science déterminée. Une épistémologie est spéciale, elle est régionale. Dans la mesure où précisément elle est plus modeste, elle est plus efficace. Mais alors peut se poser la question de savoir quelle en est l'utilité, quel en est le sens. Faut-il qu'elle se borne à elle-même ? Alors on peut penser qu'elle double inutilement la science. Faut-il qu'elle prépare une théorie de la connaissance ? Alors ce n'est pas sans danger.

Quand on parle de philosophie des sciences ou quand on parle d'épistémologie, est-ce que ces expressions impliquent que le mot science reçoit, pour le philosophe au moins, un sens univoque ?

Eh bien j'ignore si pour le philosophe que vous êtes le concept de science a un sens univoque, mais je suis obligé de confesser que, non pas pour le philosophe que je suis puisque je ne le suis pas, mais pour le professeur de philosophie que je fais profession d'être, le concept de science n'est pas un concept univoque si on se réfère aux méthodes et à l'objet des sciences. En ce sens on ne peut pas donner de la science une définition qui convienne aussi bien à des disciplines formelles comme les mathématiques et à des disciplines dont la signification est d'obtenir une sorte de mesure du réel extérieur comme l'est la physique des gaz ou la physiologie de la respiration. D'une part, il y a des sciences qui n'ont d'autre souci que celui d'une conséquence à partir des principes qu'elles posent, et d'autre part des sciences qu'il faut continuer à dire expérimentales et qui sont des sciences de la preuve, des sciences du vérifiable. Alors donner des unes et des autres une définition qui soit autre que verbale ou littéraire, mais qui ait valeur pour la discipline scientifique elle-même, ça ne me paraît pas philosophiquement utile en ce sens que la philosophie ne peut pas fixer définitivement la compréhension d'un concept dont l'extension est mobile du fait même du progrès des sciences.

Une philosophie des sciences sérieuse commencera donc pas émietter ou dissoudre le concept de science…

Une philosophie sérieuse – j'imagine que vous ne pensez pas qu'il existe des philosophies fantaisistes – une philosophie sérieuse n'a pas besoin de dissoudre le concept de science, en ce sens qu'elle le trouve aujourd'hui, elle le trouve déjà dissout, dispersé. Par conséquent, la philosophie peut simplement prendre acte de cette dispersion et, si elle entend se faire philosophie de la science, ne peut pas se faire, sous peine de se perdre dans les banalités ou dans les futilités, philosophie des sciences.

Mais s'il faut perdre l'espoir de fixer le sens du mot science, ne peut-on espérer en tout cas en donner une définition différentielle ?

On peut donner une définition différentielle, et c'est la tâche même de la philosophie de proposer en quoi une activité comme la science, activité théorique ou de spéculation, se distingue d'une activité comme la fabrication des machines ou comme l'imposition à une collectivité humaine d'institutions juridiques, religieuses ou morales.

Alors je vais vous poser peut-être la même question, mais sous une forme, plus insideuse si vous le permettez. Peut-on continuer à opposer radicalement connaissance commune, ou connaissance vulgaire, peu importe le terme, probablement inadéquat, et connaissance scientifique ?

Vous me demandez si l'on peut continuer à les distinguer? Mais il faut plus que jamais les distinguer. Et d'ailleurs, en ce qui me concerne, et dussé-je vous scandaliser, je dirai : il n'y a pas de connaissance vulgaire.

Est-ce que vous voulez dire que « connaissance scientifique » est une expression pléonastique ?

Connaissance scientifique est un pléonasme. Comme connaissance vraie. Il n'y a de connaissance que si un ensemble de propositions concernant un objet reçoit le qualificatif de vrai ou de scientifique. Quant à la connaissance dite vulgaire, ou bien on entend par là la perception ; la perception c'est pas de la connaissance. La perception c'est un mode concret de réaction de la conscience à l'expérience qu'elle vit. Ou si vous voulez plus scientifiquement, c'est un mode de réaction de l'organisme humain à son milieu. Quant à la connaissance vulgaire, elle est vulgaire parce que elle est la vulgarisation de connaissances qui autrefois, à tort ou à raison, ont passé pour scientifiques. La connaissance vulgaire c'est un dépôt, un dépôt de ce qui a cessé d'être considéré comme scientifique. Mais aujourd'hui où il n'y a véritablement de science que grâce à des théories mathématiques très subtiles et grâce à un appareillage expérimental très difficile à manier, qui exige une grande préparation théorique pour être utilisé, dans ces conditions, plus que jamais il y a coupure entre la connaissance scientifique et ce que vous voulez bien – ou je pense bien que ce n'est pas vous – ou bien ce qu'on veut bien continuer d'appeler la connaissance vulgaire. Pour prendre un exemple qui est bien connu des philosophes, Gaston Bachelard a montré en quoi la connaissance scientifique de l'éclairage électrique n'a aucun rapport avec la connaissance vulgaire de la même technique. Pour le vulgaire, ce qui éclaire c'est ce qui brûle; et on dit que la lampe brûle. En réalité, précisément, toute la technique de l'éclairage électrique a consisté à empêcher un filament de brûler. Et c'est la raison pour laquelle on a fait le vide dans l'ampoule. Par conséquent ici la connaissance scientifique et la connaissance vulgaire sont radicalement opposées l'une à l'autre.

Ah, mais au passage vous avez tout de même dit quelque chose…

Q'est-ce que j'ai dit?

… qui m'étonne et qui, je le crains, va étonner encore plus ceux qui nous regardent et nous écoutent, vous avez dit: il n'y a pas de connaissance vulgaire, connaissance scientifique est un pléonasme, mais vous avez ajouté connaissance vraie et connaissance scientifique c'est la même chose…

Oui.

Est-ce que vous considérez qu'il n'y a pas de vérité philosophique? Vous allez nous scandaliser là!

Oh! je ne pense pas que je vous scandaliserai vous personnellement. Mais je dirai : il n'y a pas de vérité philosophique. La philosophie n'est pas un genre de spéculation dont la valeur puisse être mesurée par le vrai et le faux.

Alors qu'est-ce que c'est la philosophie ?

La philosophie parce qu'on ne peut pas dire qu'elle est vraie, cela n'entraîne pas qu'elle soit un jeu purement verbal ou purement gratuit. La valeur de la philosophie est autre chose que la valeur de vérité, laquelle valeur de vérité ne peut convenir expressément qu'à la connaissance scientifique.

Oui, mais tout de même !

Tout de même quoi ?

Si l'on admet que le mot vérité ne convient pas univoquement à la connaissance scientifique et à la connaissance philosophique, n'y a-t-il pas une cohérence philosophique qui pourrait à son tour être l'objet d'un jugement de vérité ?

Il y a une cohérence philosophique mais elle n'est du même ordre que la cohérence scientifique. En mathématiques, la cohérence se définit à l'intérieur de conventions. Dans les sciences dites expérimentales la cohérence se définit en fonction de règles de description et de mesures de phénomènes. En philosophie, il n'y a pas de conventions et il n'y a pas d'objet spécifique de la philosophie. La cohérence philosophique c'est autre chose. La cohérence philosophique c'est l'essai pour faire tenir dans un ordre où chacune soit subordonnée aux autres, à sa place et selon sa valeur, toutes les visées propres de l'activité humaine. Voilà ce que c'est que la cohérence philosophique selon moi. C'est la cohésion concrète d'un système à obtenir; ce n'est pas la conséquence au sens mathématique du terme. Et par conséquent je peux fort bien reconnaître à la philosophie une valeur de cohérence qui ne soit pas la valeur de vérité ni au sens formel ni au sens expérimental, bien entendu.

Vous admettrez tout de même que si la philosophie ne reçoit pas en elle en somme la valeur de vérité, elle est la discipline qui assure la mise en place de cette valeur dans l'ensemble général des valeurs de la pratique de l'homme. Elle est la valeur de la valeur, la vérité de la vérité.

Ah ! Je ne suis pas d'accord avec vous. Elle est la valeur de la valeur mais, précisément, elle n'est pas la vérité de la vérité. Un système qui relève du vrai ou du faux comme la science n'est pas lui-même tributaire, en tant que tel, de la valeur qu'il véhicule, si je puis dire. Par conséquent, dans la mesure où la philosophie essaie de retenir de la science ce qu'elle apporte de vérité pour la juger en la référant à d'autres valeurs que cette vérité elle-même, elle ne peut pas elle, philosophie, être dite vraie.

Il existe tout de même un niveau du sens où la science a besoin de la philosophie.

Il existe sans doute un niveau du sens où la science a besoin de la philosophie parce que la science ne contient pas en elle-même une réponse à la question de son propre sens. La réponse à la question du sens de la science c'est la philosophie qui, je ne dis pas la fournit, mais qui est censée devoir la fournir. Et c'est sa force si elle y réussit, sa faiblesse si elle n'y réussit point.

La science a-t-elle besoin de la philosophie ?

La science n'a pas besoin de *la* philosophie, si par *la* philosophie vous entendez ce que vous et moi, ce que les philosophes en général peuvent sécréter. Pour cette raison qui maintenant ne peut être contestée par personne, c'est que c'est la science qui fait elle-même la philosophie dont elle a besoin. Dans la mesure où la science est un projet vers la vérité, elle fait elle-même la critique de ses fondements et c'est finalement elle qui surmonte ses propres difficultés, les difficultés qui ont pu paraître à certaines époques du fait de ce qu'on a appelé des crises de fondement, des difficultés qui ont pu apparaître des antinomies de caractère logique, eh bien ce sont les mathématiques par exemple qui ont résolu elles-mêmes les antinomies de la théorie des ensembles, c'est la physique aujourd'hui qui essaie de résoudre sur son propre terrain la question philosophiquement si mal posée de l'indéterminisme. Par conséquent, les sciences ne peuvent pas se passer de philosophie si par philosophie d'une science on entend la réflexion critique qui accompagne son développement et son progrès, mais les sciences se passent fort bien de la philosophie si par la philosophie on entend l'activité spécifique de gens qui se disent philosophes.

La question traditionnelle – encore qu'elle ait disparu des programmes officiels – de la valeur de la science, vous paraît-elle conserver une signification ?

Je crois savoir effectivement que la question de la valeur de la science ne figure plus de façon explicite au programme officiel, mais cela me paraît purement et simplement parce que cette question a été vidée de la signification qu'elle pouvait avoir encore au moment où, en période de crise des mathématiques ou de crise de la physique, par exemple lorsqu'au XIXe siècle il a fallu incorporer la thermodynamique à la physique, donc je veux dire, cette question de la valeur de la science qui revenait à se demander si la théorie physique était véritablement la théorie du réel ou bien si elle était purement et simplement le développement de certaines conventions, eh bien cette question a fini par disparaître fort légitimement des programmes puisqu'elle est tout à fait dépourvue de sens. C'est le progrès même de la science qui apporte la preuve de la vérité de la science, c'est-à-dire de ce qu'on appelait la valeur. Alors, aujourd'hui si on parle encore de la valeur de la science, ce n'est que sous forme de malentendu. Les gens se posent le problème de la valeur de la science parce qu'il se posent le problème de la valeur de la science à l'âge nucléaire, mais ça c'est une question extrinsèque au problème autrefois classique de la valeur de la science qui concernait uniquement sa vérité.

Vous dites que le progrès de la science a par lui-même apporté la preuve de la vérité du discours de la science. Comment l'a-t-il apporté ?

Il l'a apporté exactement dans la mesure où il n'y a pas de coupure entre un laboratoire au sens universitaire du terme et un banc d'essai industriel. Ce qui a apporté la vérification de la science en tant d'explication, c'est l'application. Par conséquent, c'est le fait que la science s'est prolongée naturellement en technique. Et dans la mesure où par la science on transforme le réel extérieur, on donne la preuve que l'explication qu'on en donne est véritablement accordée au réel.

Vous mesurez la vérité de la science à son pouvoir de transformer le réel…

Je ne mesure pas la valeur de la science à son pouvoir de transformer le réel. Je dis ceci : la science est une explication; une explication doit être prouvée ou vérifiée. Eh bien ! les applications techniques sont précisément des vérifications de cette explication.

Donc, d'une certaine manière, la technique est la vérité de la science…

Non, la technique n'est pas la vérité de la science. La technique peut être, a été et restera probablement encore en certains domaines, une activité dont le développement obéit à d'autres exigences et à d'autres besoins que le besoin scientifique proprement dit. Mais dans la mesure où il apparaît à un moment donné que l'information d'une technique par la théorie conduit cette technique à une révolution qui lui donne désormais un pouvoir d'extension et d'expansion qu'elle n'avait pas lorsqu'elle était simplement spontanée, à partir du moment où la technique reçoit d'une science, même si cette science est constituée indépendamment d'elle, le moyen de résoudre les problèmes qu'elle ne pouvait pas résoudre auparavant, c'est la preuve par le fait que la théorie scientifique a apporté à la technique une relation d'accord avec ce qu'on appelle le réel supposé extérieur.

Je vous poserai maintenant une question d'ordre pédagogique. Considérez-vous que les connaissances scientifiques des élèves de nos classes terminales soient suffisantes pour leur permettre de réfléchir utilement de façon philosophique sur la science ?

Je veux bien répondre à cette question de caractère pédagogique. C'est une question à laquelle j'ai souvent réfléchi, sur laquelle j'ai un peu d'expérience puisque il m'est arrivé d'enseigner dans l'enseignement secondaire beaucoup plus longtemps qu'on y enseigne aujourd'hui avant d'aller ailleurs.

À la condition de supposer des connaissances correspondant à la totalité des questions inscrites au programme, c'est-à-dire, ce qui est fait en mathématiques, en physique, en chimie, en histoire naturelle, en cosmographie, depuis la classe de seconde jusqu'au moment du baccalauréat, il est possible de faire réfléchir utilement les élèves d'un point de vue philosophique sur les commencements de la science moderne. Vous entendez bien. Je sais très bien ce que je veux dire et vous voyez ce que je veux dire en parlant de commencements. Par exemple, on peut – mais ceci suppose une préparation sérieuse, solide de la part du professeur – à partir de textes qui peuvent être sans dommage, au contraire, des originaux ou bien d'excellentes études sur les textes, telles par exemple que celles d'Alexandre Koyré pour toute la période qui concerne l'astronomie ou la mécanique de Copernic jusqu'à Newton. On peut, dis-je, faire réfléchir utilement des élèves sur les débuts de l'astronomie, de la mécanique, des mathématiques au XVIIe siècle ; on peut par conséquent leur faire comprendre ce qu'ont représenté dans l'histoire de la science et dans la constitution de la science, et par suite dans la philosophie, des révolutions scientifiques comme celles de Copernic, de Kepler, de Descartes, de Newton, pour ne parler que des sciences exactes et de la cosmologie, ou bien des révolutions comme celles qui ont été opérées par Vésale en anatomie, par Harvey en physiologie, par Buffon ou Linné en histoire naturelle ; mais à la condition de bien se limiter. Je pense qu'il n'est pas impossible même d'obtenir des élèves des classes terminales qu'ils comprennent la signification de la mécanique newtonnienne, de la naissance de la chimie avec Lavoisier. J'ajoute que, et vous le savez aussi bien que moi, il faut distinguer entre la classe de philosophie et les classes dans lesquelles le programme scientifique est un peu plus approfondi, comme les classes de mathématiques élémentaires d'abord et de sciences expérimentales ensuite. Ceci suppose que l'état actuel des programmes scientifiques dans les classes terminales et surtout pour la philosophie (et bien entendu ce que je dis vaut inversement pour les classes de mathématiques élémentaires mais pour la philosophie), ceci suppose que les programmes qui représentent aujourd'hui le minimum scientifique exigible pour ce genre de réflexion dont vous demandez si elle est possible, et que je crois possible, importante, philosophiquement indispensable même, mais dans les conditions que je viens de définir, eh bien il me semble que c'est le minimum au-dessous duquel on ne peut pas descendre. C'est-à-dire que si il arrivait que l'on voulût restreindre, alléger le programme scientifique d'une classe terminale comme la classe de philosophie, alors effectivement ce genre de réflexion dans les conditions que je viens d'énoncer serait tout à fait impossible.

ANNEXE VII

PHILOSOPHIE ET VÉRITÉ

Transcription *verbatim* de l'émission télédiffusée le 25 janvier 1965 (avec quelques corrections d'après l'enregistrement conservé à l'INA et signalées dans le texte [1])

Cahiers philosophiques, n° hors-série, « Le temps des philosophes », juin 1993 p. 79-96

[Scène I]

JEAN HYPPOLITE — ... Je suis tout à fait d'accord avec ce que tu as dit, tu sais, sur la vérité : « Il n'y a pas... » parce que peut-être, autrefois, on pouvait parler de vérité en philosophie et de vérité en science, dans la mesure où les sciences existaient. Aujourd'hui, c'est irréversible, et il n'y a vraiment de vérités, au pluriel, que dans la mesure où il y a des sciences, où on les établit, et... il n'y a aucune contradiction entre ce que tu as dit, qu'il n'y a de vérité que scientifique, et ce que j'ai dit, qu'il n'y a pas d'erreur, hélas peut-être, en philosophie. [C'est la même chose.]

GEORGES CANGUILHEM — Oui, il n'y a pas de contradiction, et pourtant ce n'est pas tout à fait la même chose de dire « il n'y a pas d'erreur en philosophie » et de dire « il n'y a pas de vérité philosophique ». D'abord, il n'y a pas d'erreur en philosophie, ça flatte tous les philosophes ! mais il est bien certain que là où il n'y a pas d'erreur, il n'y a pas non plus à proprement parler, de vérité...

J. HYPPOLITE — [Il y a errance, mais il n'y a pas de...]

G. CANGUILHEM — Tout à fait d'accord. De sorte que je suis aussi, moi, tout à fait persuadé qu'il n'y a pas de contradiction, et d'ailleurs, il me semble que j'avais dit que s'il n'y a pas de vérité philosophique, je n'avais

1. Sur ces corrections, cf. *supra*, p. 1121, n. 1. Les additions en regard du texte des *Cahiers* sont ici entre crochets, les autres corrections sont signalées par des biffures et la restitution entre crochets du texte exact.

pas pour autant voulu dire, premièrement, qu'un philosophe n'a jamais à se préoccuper de savoir ou non s'il dit la vérité, et, deuxièmement, que la philosophie n'est pas pour autant étrangère à une recherche concernant la nature, ou le sens, ou l'essence, comme tu dis, de la vérité.

J. HYPPOLITE — Moi je pense qu'il faut faire la différence, entre la vérité et le problème de l'essence de la vérité, qui n'est pas du type de la vérité scientifique.

[G. CANGUILHEM — Tout à fait d'accord.]

J. HYPPOLITE — L'essence de la vérité est d'un autre ordre. De même que l'on [a] dit que l'« essence de la technique [n'était pas technique »], exactement, il faut dire : l'essence de la vérité est une problématique, où l'on peut errer d'ailleurs, mais qui est une problématique authentique par rapport aux vérités spécialisées des sciences actuelles. Aujourd'hui, les vérités scientifiques sont essentiellement culturelles, elles n'ont plus rien de cosmologique. Einstein a peut-être été le dernier. Il n'y aurait plus un Newton aujourd'hui, on ne peut plus faire [une] histoire du ciel, un problème cosmique…

[G. CANGUILHEM — Absolument pas.]

J. HYPPOLITE — … ce n'est plus possible, ni la physique enfin. Ça Bachelard l'a très bien vu, c'est quelque chose de culturel, et le mot cosmique n'est plus employé par Bachelard qu'en ce qui concerne la poésie, jamais en ce qui concerne la vérité.

G. CANGUILHEM — … l'imaginaire, et jamais en ce qui concerne le rationnel.

J. HYPPOLITE — [Alors il] reste au philosophe un sens de la totalité que nous ne pouvons absolument PAS évacuer de notre vision.

G. CANGUILHEM — Non, c'est la définition même de la philosophie.

J. HYPPOLITE — [Exactement.]. Plus la science deviendra culturelle et moins cosmique, moins totale, plus il y aura besoin d'une philosophie pour rassembler les hommes. La philosophie sera d'autant plus indispensable que la science sera plus vérité, rigoureuse et technique, dans un domaine spécial. Plus il y aura besoin d'un retour à cette essence de la philosophie.

G. CANGUILHEM — Tout à fait d'accord.

[Scène II]

MICHEL FOUCAULT — … Vous disiez tout à l'heure, dans votre émission, que la fin de la philosophie, enfin le but qu'elle [devait se proposer], c'était la clarification du langage et puis la cohérence, l'établissement d'une cohérence. Et dans cette émission vous avez parlé du polysémantisme fondamental du langage. Est-ce qu'il n'y a pas là non pas une contradiction, mais une certaine opposition qui recouperait un peu l'opposition apparente qu'il y avait entre [l'émission] de Canguilhem et celle d'Hyppolite, Hyppolite disant qu'il ne pouvait pas y avoir d'erreur en philosophie, et puis Canguilhem [disant] qu'il n'y avait de vérité que dans la science, la science étant du côté de la cohérence, et la philosophie peut-être du côté de la polysémie.

PAUL RICŒUR — Oui, je pense que cette contradiction doit être introduite à l'intérieur du travail philosophique. Car la cohérence, je ne dirai pas que c'est un dû, mais c'est le moyen, obligé, le chemin de passage [imposé] à la philosophie mais qui la sépare entièrement de la poésie.

Mais cette cohérence ne pourra jamais être qu'un idéal formel pour que la philosophie parce que vient affleurer dans ce champ de la philosophie d'abord tous les langages hérités et porteurs de leurs empilements de significations, le langage ordinaire, les problèmes hérités de la réflexion sur la science, sur l'éthique, et il me semble donc que la philosophie doit être considérée comme ce lieu d'affrontement entre d'une part, une tâche formelle de cohérence et d'autre part, l'effort pour recouvrer à travers cette multiplicité des sens ce dont il est finalement question en philosophie, c'est-à-dire [dire] ce qui est.

M. FOUCAULT — C'est-à-dire que le polysémantisme serait du côté soit alors de l'ontologie, soit des contenus culturels livrés et transmis par l'histoire, et puis la cohérence serait du côté de la forme même du discours.

P. RICŒUR — [Oui], quand nous parlions tout à l'heure de communication, cette communication avec soi ou avec autrui, c'est le plan formel du discours, mais je ne pense pas qu'on puisse réduire la philosophie à sa propre formalité. Il me semble que la philosophie nous ramène à la question beaucoup plus primitive, [la question] en somme primordiale, à la question, disons, d'Aristote : *qu'est-ce* [*qui*] *est ?*

[Scène III]

Dina Dreyfus — Vous avez déjà parlé de la question entre vous, je suppose. À mon sens, il y a trois questions liées les unes aux autres [dans la question qui nous occupe] aujourd'hui, dans le problème qui nous occupe aujourd'hui. La première question, le premier point, c'est la contradiction apparente, je dis bien apparente, entre la proposition d'Hyppolite : « il n'y a pas d'erreur en philosophie » et la proposition de Canguilhem : « il n'y a pas de vérité philosophique ». D'ailleurs la proposition d'Hyppolite a été interprétée par certains : ~~comme~~ « le philosophe ne se trompe jamais »… Je pense que ce n'est pas tout à fait cela qu'il a voulu dire.

La seconde question, c'est alors l'élucidation de votre propre conception, Canguilhem.

Et enfin, la troisième question qui à mes yeux est sous-jacente à toutes les autres, [qui en est le sens], c'est la question de la signification de l'entreprise philosophique. Que signifie philosopher ? Ces trois points sont liés. Je ne pense pas qu'on puisse les regarder isolément, il faut les voir ensemble.

J. Hyppolite — Nous sommes d'accord sur la contradiction apparente, parce que moi, je n'ai pas du tout éprouvé de gêne lorsque j'ai lu son texte [celui de Canguilhem], il m'a paru parfaitement complémentaire de ce que je disais qu'il n'y ait de vérités, au pluriel, que scientifiques, dans les sciences actuelles, et que le philosophe ne puisse pas se tromper, ne fait qu'errer, ceci dit, il y a de grandes philosophies et des philosophies [qu'on ne considère même pas, enfin] qui n'existent pas.

G. Canguilhem — Je suis un peu surpris à l'idée que j'aie pu être mal compris. J'ai dit « il n'y a pas de vérité philosophique », je n'ai pas voulu dire « il n'y a pas de vérité dans une philosophie ». Un philosophe peut se tromper s'il commet des paralogismes. J'ai simplement voulu dire ceci, c'est que le discours philosophique sur ce que les sciences entendent par vérité ne peut pas, être lui, à son tour, vrai. Il n'y a pas de vérité de la vérité.

J. Hyppolite — Pour Kant, par exemple, l'Analytique transcendantale représentait un type de vérité. Ce n'est même plus vrai pour nous aujourd'hui. Ce n'est plus vrai aujourd'hui, en ce sens qu'il n'y a pas un transcendantal qui ait sa vérité même, aujourd'hui – je pense que Foucault est d'accord – nous sommes dans un anthropologique qui se dépasse, nous ne sommes jamais même dans un transcendantal.

M. FOUCAULT — [Oui, mais l'anthropologie, enfin] ce qui constitue actuellement le fond anthropologique sur lequel malheureusement nous réfléchissons trop souvent, c'est bien précisément un transcendantal qui se voudrait vrai au niveau naturel…

J. HYPPOLITE — … mais qui ne peut pas l'être !

M. FOUCAULT — … qui ne peut pas l'être. [Mais] à partir du moment où on essaye de définir une essence de l'homme qui pourrait s'énoncer à partir d'elle-même et qui serait en même temps le fondement de toute connaissance possible et de toute limite possible de la connaissance, alors on a bien une vérité à deux niveaux : la vérité et puis la vérité de la vérité. [Et c'est un paralogisme, ou en tout cas ce n'est pas possible].

D. DREYFUS — Écoutez ! écoutez ! Voyons, est-ce que vous admettez ou n'admettez pas qu'il y a une vérité du discours philosophique comme tel ? c'est-à-dire [qu'il puisse être dit vrai ou faux,] qu'on puisse dire qu'un système philosophique est vrai ou faux

[G. CANGUILHEM — Personnellement je ne l'admets pas.]

[J. HYPPOLITE — Moi non plus.]

M. FOUCAULT — ~~Personnellement, je ne l'admets pas, malheureusement,~~ Il y a une volonté de vérité…

D. DREYFUS — Vous m'avez dit, vous dites, Foucault, ~~vous avez dit~~ : il y a une volonté de vérité, il y a une visée de vérité. Mais même si on vise la vérité et qu'on ne l'atteint pas, c'est quand même la norme de vérité qui est en question dans ce cas-là. Or, c'est bien de [ça] qu'il est question : est-ce que la norme de vérité convient à la philosophie ? Je crois que Canguilhem ne l'admet pas.

G. CANGUILHEM — Non. Je n'admets pas que la norme de vérité convienne à la philosophie. Il me semble que ce qui convient à la philosophie, c'est un autre type de valeur, pour prendre un terme plus général que celui de vérité.

P. RICŒUR — Oui, mais n'est-ce pas parce que vous avez commencé par penser le problème de la vérité en termes de normes et de critères ? Je me demande, moi, si la question de la vérité n'est pas la dernière question qu'on puisse se poser et non pas la question préalable. Ce n'est pas à partir d'un modèle épistémologique que l'on peut poser le problème de la vérité, mais à partir d'une autre question, me semble-t-il. Il me semble que la question fondamentale de la philosophie, C'est *ce qui est*. Alors, si la première question, c'est : qu'est-ce qui est ? Question [d'Aristote] … la théorie de la connaissance est seconde par rapport à la théorie de l'être, et la science elle-même est seconde par rapport à la connaissance. Si bien que ce que vous, vous appelez *valeur*, est-ce que nous ne devons pas l'appeler *vérité*, si nous définissons la vérité le recouvrement le plus entier qui soit possible du discours et de ce qui est ? Si vous accordez qu'il y a un problème de valeur pour la philosophie, le champ dans lequel vous intégrerez la valeur scientifique et les autres valeurs, c'est un champ justement où vient se manifester [le problème] que j'appelais tout à l'heure justement vérité, à savoir le recouvrement de l'être par son discours, et alors vous n'avez jamais qu'une forme, je ne dirai pas déchue, car c'est une forme ~~un peu~~ privilégiée, mais une forme dérivée de la vérité dans la vérité scientifique.

G. CANGUILHEM — Je pourrais répondre à votre question, d'une certaine manière, en la refusant. Je pourrais refuser votre définition de la vérité comme le recouvrement du discours et de ce qui est. Parce que précisément, pour la science, ce qui est, c'est ce qu'elle définit progressivement comme étant le vrai, indépendamment de tout rapport à un être supposé comme terme de référence. C'est dans la mesure où certaines philosophies ont conservé une certaine définition réaliste de la vérité, par cette confrontation du discours et de l'être, qu'on peut admettre que, tirant les conclusions de ce que, aujourd'hui, dans la science, on entend par vérité, on peut en tirer pour la philosophie cette conclusion qu'elle peut, tout en restant fidèle à son projet fondamental, définir ou du moins entrevoir sa propre valeur, sa propre authenticité, sans revendiquer pour elle-même ce concept de vérité, dont il est bien entendu qu'elle a à s'occuper dans la mesure où elle est le lieu où la vérité de la science se confronte avec d'autres valeurs, telles que les valeurs esthétiques ou les valeurs éthiques. Voilà… ce n'est peut-être pas très clair, mais je n'ai pas dit autre chose, [me semble-t-il], au cours de ma discussion avec Alain Badiou.

J. HYPPOLITE — Est-ce que je peux intervenir simplement pour ~~vous~~ dire : tu as dit qu'il n'y avait pas pour la science, d'objet total, ni nature, ni cosmos, ni univers, et tu as dit que la science, c'étaient les sciences à l'heure actuelle, c'est-à-dire des aspects extrêmement spécialisés, qui établissent techniquement leurs vérités, les seules qui existent. Dans cette mesure nous

nous réservons cette totalité, dans laquelle nous sommes, dans laquelle nous sommes pris, nature, cosmos, hommes, nous sommes pris dans cette totalité.

G. CANGUILHEM — Je n'ai pas dit autre chose.

[J. HYPPOLITE — Tu n'as pas dit autre chose.]

P. RICŒUR — Et donc, ce rapport avec la totalité, c'est la question de la vérité. C'est la question de la vérité. J'entends bien que, dans ses formes historiques, elles sont contemporaines de certaines formes de sciences que [donc], les énoncés philosophiques sont eux aussi frappés de vieillissement en tant qu'ils sont corrélatifs d'un état des science mais la question même, à savoir que je suis dans ce qui est, et que j'éprouve à la fois ma situation, j'y ai des projets, et que dans ce rapport [entre une situation et] un projet, je déploie une certaine lumière dans laquelle un discours est possible, c'est là le réseau de la vérité. Parce que si nous n'appelons pas cela vérité, mais que nous l'appelons valeur, le rapport entre les différentes valeurs en jeu dans notre existence d'homme va se trouver entièrement coupé de cette question de la totalité. Autrement dit l'idée de totalité est la façon dont se récupère rationnellement ce rapport de mon être à l'être.

G. CANGUILHEM — Oui, d'ailleurs il me semble que je ne vous ai pas dit, mon cher Badiou, autre chose, quand j'ai dit que la totalité, [ce] n'était pas du côté de la nature, [ou] du cosmos, [ou] du monde, que nous la trouvions, mais que c'était précisément l'affaire, l'affaire propre de la philosophie. Que les valeurs doivent être confrontées les unes aux autres à l'intérieur même d'une totalité qui ne peut être, précisément, que présumée. [J'en suis tout à fait d'accord.] Mais du moment qu'elle ne peut être que présumée, et que vous ne pouvez pas, selon moi, lui donner la signification de l'être au sens [aristotélicien], auquel vous vous référiez tout à l'heure. Alors, il me semble que je puis… je ne dis pas que j'ai raison, puisque ce serait contredire à mon propre axiome, il me semble que je suis fondé à concevoir la tâche propre du philosophe comme ne relèvant pas spécifiquement de ce mode de jugement auquel conviennent expressément les valeurs de vrai et de faux.

J. HYPPOLITE — Est-ce que vous seriez d'accord pour dire qu'il n'est plus possible aujourd'hui d'avoir une pensée philosophique qui ressemble à l'ontologie ancienne, c'est-à-dire à une théorie préalable [de l'être].

[G. CANGUILHEM — Je n'ai pas voulu dire autre chose.]

J. HYPPOLITE — Alors, ce qui [signifie] qu'il n'y a plus de théologie, il n'y a pas non plus de catégories objectives préexistantes à la science…

G. CANGUILHEM — Il n'y a pas de théologie, il n'y a pas de catégories objectives préexistantes à la science. Et alors, je ne suis pas surpris de voir que parmi les auditeurs qui ont pu être surpris… (Vous [me] disiez, mon cher Badiou, que je scandaliserais. [Je vous ai dit que de toute façon je ne crois pas que je vous scandaliserais], et même [je ne pensais pas, j'étais certain [de ne pas vous scandaliser,] vous) (Eh bien], parmi ceux [précisément] qui ont [pu être] surpris, il y a ceux pour qui la philosophie c'est à la rigueur un substitut de théologie ou ceux qui pensent qu'ils ont désormais le moyen de transformer la philosophie en science.

J. HYPPOLITE — … en catégories objectives substituables à une pensée révolutionnaire active.

P. RICŒUR — [Oui, mais] ces catégories objectives sont déjà [une] forme dégradée, de leur propre question. Et c'est cette question qu'il faut retrouver, [c'est le sens même de la question….]

J. HYPPOLITE — Tout à fait d'accord ! Tout à fait d'accord !

P. RICŒUR — [Donc s'il y a une question] comment appellerez-vous le rapport que nous avons avec cette question, si ce n'est pas un rapport de vérité ? Sinon, vous allez faire du rassemblement de vos valeurs et de leur confrontation simplement une grandeur culturelle. Or les cultures font apparaître certaines combinaisons de valeurs précisément, et les cultures sont le lieu historique de la confrontation des valeurs ; mais ce dont il est question lorsque nous disons avec Descartes et le Descartes du *Cogito* « je suis », donc la question qui est impliquée dans la question « je suis », cette question-là n'est pas liée à l'histoire d'une culture. Elle est d'une autre dimension.

G. CANGUILHEM — Elle est peut-être d'une autre dimension, mais si vous me permettez, vous me dites : « Est-ce que ce rapport de la question *Que suis-je* ? à l'être, est-ce que je ne peux pas appeler cela "*vérité*" ? ». Je vous répondrai : je ne peux pas appeler *vérité* une question, je pourrais à la rigueur appeler *vérité* une réponse.

P. RICŒUR — Oui, c'est la question de la vérité.

G. CANGUILHEM — je n'ai pas dit le contraire. La question de la vérité est peut-être une question philosophique; mais une philosophie, dans la mesure où elle se propose comme une réponse à cette question, une philosophie ne peut pas être classée par rapport à une autre philosophie donnant une réponse différente, selon le critère du vrai et du faux. Autrement dit, personnellement, je ne peux pas dire que Kant, que la philosophie de Kant est vraie, que celle de Nietzsche est une philosophie fausse. Il y a des philosophies ridicules, il y a des philosophies étroites. Je ne connais pas de philosophie fausse, par conséquent je n'en connais pas de vraie.

P. RICŒUR — Oui, mais nous nous intéressons à la philosophie, parce que chacune ayant un rapport interne, en somme, de ces questions à ces réponses et décidant [son] champ [fini], en somme, de sa vérité propre, elle nous intéresse parce que nous avons la conviction ou l'espoir qu'à travers ces œuvres finies de l'esprit humain se produit la rencontre avec le même être, sans quoi, nous serions schizophrènes. Mais nous n'avons pas en même temps le moyen de montrer qu'il s'agit de la même chose, c'est pourquoi [nous] tout ce que nous pouvons dire, c'est que nous espérons être dans la vérité, mais nous ne pouvons pas assigner la vérité à un système philosophique produit par l'histoire de la culture.

[Scène IV]

ALAIN BADIOU — Je voudrais ramener la question sur un terrain peut-être plus élémentaire et plus positif en même temps. Vous avez vous-même montré, en accord avec l'inspiration générale de l'épistémologie contemporaine, que la science ne *découvre* pas la vérité ou ne *révèle* pas une *réalité* qui lui serait antérieure, mais qu'elle *institue* ou *constitue* à la fois en somme, le problème de la vérité et les procédures effectives par quoi, partiellement, ce problème peut recevoir une série de réponses ordonnées. Vous accepteriez donc de dire que la science n'est pas ce à travers quoi l'homme découvre le vrai, mais que la science est historiquement la forme culturelle qui en quelque sorte institue, sur un terrain valable, le problème du vrai. Si vous admettez que l'homme est en somme historiquement producteur de la vérité, sous la forme de la pratique scientifique, alors, comme pour toute production, se pose le problème de la fin, du *telos* du produire et par conséquent je serais assez d'accord pour dire que d'une certaine manière la philosophie s'interroge non pas sans doute sur – plutôt la philosophie n'est pas comme telle une production de vérité – mais, elle s'interroge sur la fin, sur la destination de cet événement producteur, particulier.

G. Canguilhem — Il me semble que nous l'avions dit, au cours de notre entretien. Je crois avoir dit, autant que je me souvienne, que la question de la possibilité de la science n'était pas une question scientifique ; le pourquoi des mathématiques n'était pas une question de mathématicien. La science constitue la vérité, sans finalité, sans finalité de la vérité ; sa finalité c'est la vérité, mais il n'y a pas pour la science, la finalité de la vérité ! et alors l'interrogation sur la finalité de la vérité, c'est-à-dire ce qu'on peut en faire par exemple dans une pratique, ce qui a toujours été une question fondamentalement philosophique, ce qu'on peut en faire dans une pratique, *cela* est précisément philosophique. Mais, il me semble que toute la philosophie moderne, surtout depuis Kant, est caractérisée par ceci : c'est que la connaissance de la vérité n'est pas suffisante pour résoudre la question philosophique totale.

J. Hyppolite — Est-ce que tu m'accorderais que les sciences parlent un langage techniquement proche d'un langage univoque et constituent, seul, des vérités au sens strict du terme ?

G. Canguilhem — Oui.

J. Hyppolite — Ce langage qui a un certain code, c'est-à-dire qui est institué à partir de certaines conventions expresses, ce langage qui a un certain code est lui-même lié à un langage naturel. Nous ne partirons pas de données, nous partirons d'un langage naturel, qui était sans doute spontanément ontologique avant la philosophie, qui ne peut plus l'être aujourd'hui, mais qui n'en reste pas moins le langage naturel, lequel est à lui-même son propre code, tandis que tous les autres [ont un code] par rapport à ce langage. Il reste donc un certain *lieu* où se *rencontrent* tous les problèmes techniques de vérité qui sont découverts par les sciences de plus en plus culturelles et spécialisées, lieu d'où l'on part et lieu où l'on retourne et si j'osais, je dirais – et j'espère que les professeurs de philosophie ne m'en voudront pas – que la vraie philosophie aujourd'hui est obligée d'être une certaine vulgarisation dans le meilleur sens du terme, j'entends par là qu'elle est obligée de *retraduire* ce qui ne se traduira jamais de proche en proche, parce que, même dans les intersections des sciences, c'est encore des sciences spéciales : on ne peut pas dire que ni la chimie-biologie, ni l'information… tout ceci, ce sont des spécialités, même dans les intersections. De telle sorte que l'on a mal compris ta pensée [Canguilhem], on a cru que tu voulais dire qu'il y avait une vérité du scientisme, genre l'« avenir de la science », ou genre Straus[s][1], mais pas du tout, au contraire, il y a des vérités ! Et il y a un lieu où germe l'essence de la vérité, l'existence dans son projet total, de départ et de réduction, et alors il me semble que par rapport à votre question : certes la philosophie a commencé avec la science, et il y a un amont, et un jour la philosophie sous une certaine forme s'est terminée, pour donner naissance à une pensée philosophique d'autant plus indispensable..., mais il y a quelque chose d'irréversible : on ne peut plus refaire une ontologie, comme Aristote, on ne peut plus [re]faire une ontologie comme Descartes.

P. RICŒUR — Et en même temps, je puis parfaitement comprendre de quoi il était question dans les [grandes] philosophies du passé. Par conséquent ce que ces philosophes cherchaient, et si l'on peut dire, en reprenant votre langage, le lieu d'où elles partaient, le lieu où elles vont, et qui n'est plus un lieu qui nous soit interdit ou fermé.

C'est pourquoi l'histoire de la philosophie n'est pas l'histoire de la science. Vous disiez qu'il n'y a pas d'erreur en philosophie mais on pourrait dire aussi qu'il n'y a pas de progrès, aucune question n'est abolie, n'est périmée, alors que dans l'histoire des sciences, l'histoire des techniques, il y a vraiment quelque chose qui est définitivement perdu. Je puis en même temps comprendre que, ce qui dans le rapport avec les sciences et que pour les raisons du développement des sciences, nous appelons question d'existence, c'est la même question que celle qui était appelée question de l'être dans la philosophie grecque ; et par conséquent, cette reconnaissance d'un même lieu d'origine et d'un même lieu de destination du discours philosophique, c'est [cela] qui me permet de parler d'un problème de la vérité.

A. BADIOU — Est-ce que vous accepteriez de dire qu'une philosophie, c'est en somme un centre de totalisation de l'expérience d'une époque, étant entendu que l'ambiguïté des rapports avec la science naît peut-être de ce que cette totalisation s'efforce de s'opérer dans le cadre d'un code ou d'un langage qui, pour une part, importe ses critères de rigueur, voire de cohérence, de la science. Dès lors, nous aurions à la fois une définition du projet philosophique, et nous pourrions je crois reconnaître la valeur et la signi-

1. Sans doute David Friedrich Strauss (1808-1874), théologien allemand, auteur, comme Renan, d'une *Vie de Jésus* interprétant les *Évangiles* comme manifestation mythique (*Das Leben Jesu*, Tübingen, C.F. Osiander, 1837).

fication de ce projet indépendamment de la notion de vérité au sens strict, telle que vous l'avez introduite, nous disposerions d'autre part d'une sorte de norme à l'égard de ce projet, d'une finalité au regard de quoi ce projet prendrait son sens et sa dignité, et en même temps nous pourrions peut-être rendre compte des ambiguïtés, des difficultés qui localement se sont produites dans la confrontation [entre] sciences et philosophie, dans la mesure où, à diverses époques – et peut-être est-ce maintenant terminé – à diverses époques, la philosophie a pu croire que cette totalisation générale de l'expérience d'une époque, dans laquelle elle était engagée, pourrait se formuler dans un langage analogiquement rigoureux, par rapport au modèle ou paradigme que la science lui fournissait.

P. Ricœur — Oui, mais en même temps, il ne faut pas laisser retomber ces philosophies à de simples grandeurs culturelles qui seraient comme des points de concentration historiques sous peine de perdre ce qui était en question dans ces philosophies et du même coup de casser l'histoire de la philosophie. Si nous perdons le sens de la continuité des questions philosophiques et par conséquent de l'espace dans lequel ces questions sont promues, nous arrivons simplement à une sorte d'histoire culturelle de la philosophie et non [plus] une histoire philosophique de la philosophie.

J. Hyppolite — Il y a deux questions dans ce que disait Badiou [et] dont le rapport fait difficulté. Dire que la philosophie est le centre de totalisation de notre époque, c'est bien au fond ainsi que je la conçois pour ma part, mais dire aussi qu'elle est un dialogue avec toutes les philosophies du passé comme si on pouvait isoler ce rapport histoire de la philosophie, comme la philosophie, ce sont des choses assez différentes ; car il se pourrait qu'il y eût dans notre histoire des points de nouveauté essentiels à certains moments – ce qui ne fait pas disparaître le dialogue avec les philosophes du passé – il se pourrait que, avant que la philosophie naisse, pré-socratique, il y ait eu une certaine façon de poser le problème de la philosophie et de l'être qui y était lié, parce que la science n'était pas apparue. Et il se pourrait qu'il y ait eu une époque où la science est apparue presque se suffisant à elle-même – Newton – qui a entraîné un certain type de philosophies et une époque où il ne peut même plus y avoir de Newton et peut-être plus d'Einstein et où la philosophie est obligée encore de se poser d'une autre façon, sans rompre le dialogue avec le passé. Mais cette nouveauté pour penser une époque est aussi quelque chose d'essentiel. Vous êtes bien d'accord ?

A. BADIOU — Oui, je suis d'accord, mais il me semble que si la philosophie au sein même de son trajet, doit se [médier] ~~méfier~~ en somme par le travers de sa propre histoire, c'est qu'elle trouve, dans cette histoire, les instruments qui ont été progressivement forgés, et qui sont ceux de la catégorie de totalité. Autrement dit, il me semble que c'est la catégorie de totalité comme telle qui fonde la continuité du discours philosophique.

J. HYPPOLITE — Ce que je voulais éviter, c'est une conception des problèmes philosophiques tirés d'une *philosophia perennis* à laquelle je ne crois pas. Je crois au dialogue des philosophes, à la médiation des philosophes, et je crois beaucoup plus à la pensée philosophique que je ne crois à une histoire indépendante de problèmes philosophiques à travers les philosophes. Voyez-vous, c'est contre ça que j'en avais.

P. RICŒUR — En ce sens on ne peut répéter aucune philosophie, mais on peut comprendre sa question et c'est en la comprenant que je comprends ma question.

J. HYPPOLITE — Exactement.

G. CANGUILHEM — S'il est vrai que la philosophie est la totalisation de l'expérience d'une époque dans la mesure où cette expérience contient, elle, des modes d'expériences telles que la science ou la technique qui (je ne parle pas naturellement de l'art) mais pour la science et la technique, ce sont des activités qui disqualifient ou qui déprécient leur propre passé, et dont c'est même la fonction essentielle… L'intégration à un moment donné d'une mathématique comme celle de Hilbert, d'une physique comme celle d'Einstein, de forme d'art comme l'est, par exemple, la peinture de Picasso, l'intégration de ces modes d'expérience précisément parce que certains de ces modes comportent un progrès, ne peut jamais s'opérer de la même manière, cette intégration ne peut jamais s'opérer de la même manière même si l'intention, le projet de totalisation reste identique, et par conséquent s'il n'y a pas d'homogénéité des philosophies, c'est-à-dire de ces tentatives d'intégration, sous le rapport de leurs procédures, et par conséquent aussi de leur style et de leurs conclusions, alors on ne peut pas les confronter les unes aux autres sous un certain rapport qui puisse être dit de plus ou moins la vérité, et nous retrouvons encore ma proposition de l'autre jour. Les philosophies se distingueront donc les unes des autres, non pas parce que les unes sont plus vraies que les autres, mais parce qu'il y a des philosophies –

comme d'ailleurs vous l'avez dit tous les trois spontanément – parce qu'il y en a qui sont grandes et d'autres qui ne le sont pas.

D. Dreyfus — À quoi vous les reconnaissez? Autrement dit, y a-t-il un critère de cette grandeur ou de cette étroitesse ?

G. Canguilhem — Je ne pense pas qu'il y ait un critère. S'il y avait un critère, vous arriveriez à me faire dire ce que jusqu'à présent, je ne veux pas dire. Il y a peut-être des signes auxquels on reconnaît une grande philosophie et une philosophie petite ou étriquée, comme je l'ai proposé tout à l'heure. Si c'est vrai que la philosophie doit être la vulgarisation, en un sens non vulgaire, la vulgarisation, comme le disait Hyppolite de tous ces codes différents qui sont adoptés par les sciences en voie de constitution, par toutes les activités de type culturel d'une époque donnée, il me semble qu'il y a un côté fondamentalement naïf, je dirais même populaire, de la philosophie que l'on tend [trop] souvent à négliger et peut-être qu'une grande philosophie, c'est une philosophie qui a laissé dans le langage populaire un adjectif. Platon a donné « platonique », les stoïciens ont donné « stoïcien », Descartes a donné « cartésien », Kant a donné « kantien » et « impératif catégorique ». Autrement dit, il y a des philosophies qui, parce qu'elles ont bien totalisé l'expérience d'une époque, ont réussi à diffuser dans ce qui n'est pas la philosophie mais les modes de culture qui à leur tour seront à totaliser par une autre philosophie et qui ont en ce sens eu un impact direct sur ce qu'on peut appeler notre existence à tous, de tous les jours, notre existence quotidienne. Alors, il me semble que ce critère, cet indice pardon, peut paraître vulgaire et je me demande s'il n'est pas quand même authentiquement philosophique.

D. Dreyfus — Même si on se trompe quand on dit « stoïcien » ou « stoïcisme », même si le vulgaire se trompe dans l'acception des termes, de l'adjectif?

G. Canguilhem — Le vulgaire n'est pas obligé de connaître Cléanthe et Chrysippe, mais il sait quand même ce que c'est que stoïque, et stoïque c'est quand même un mode d'attitude qui a été proposé, réfléchi par une philosophie.

J. Hyppolite — [Une] grande philosophie est une philosophie qui est capable de se traduire d'une certaine façon dans la langue commune de tous. Simplement, il faut aussi distinguer totalisation de somme, nous sommes tous d'accord, – et une totalisation, pour avoir un point d'impact, est souvent une totalisation partielle et presque partiale par le point d'impact. De telle sorte que le caractère aigu du génie philosophique, – car c'est bien ici quelque chose qui touche au génie – est de rentrer en contact avec son époque, non pas par le travail des épigones, c'est-à-dire accumuler des sommes mais par un contact profond avec ce que l'époque est en train de balbutier.

G. CANGUILHEM — Certainement.

P. RICŒUR — Je ne voudrais pas que nous terminions sur un accord apparent !

G. CANGUILHEM — [Non ! Non !] Il vaut mieux que nous ne soyons pas d'accord.

P. RICŒUR — Il y a un point sur lequel je résisterai, si vous voulez sur un point de ramener à une sorte de signe social, ce qui tout de même me paraît plus important, à savoir que dans une grande philosophie, nous pressentons un pouvoir de rassemblement qui est l'équivalent d'un rapport avec la réalité, avec l'être et je dirais d'une grande philosophie, c'est celle où nous avons une impression de vérité. L'indice social est comme une sorte de signe qui montre et cache aussi l'importance de l'enjeu.

G. CANGUILHEM — Ah oui ! on peut mettre l'accent sur « montrer » ou « cacher ». Personnellement, je mettrai plutôt l'accent sur montrer.

P. RICŒUR — Oui, mais je voulais dire simplement que nous ne pouvons pas réduire à un critère d'influence sociale ce qui est aussi le rapport de chaque totalité partielle avec ce que nous appelions tout à l'heure cet espace de rencontre des philosophies où il est question de la vérité ou peut-être la vérité reste sur sa propre question. Cette présomption de vérité c'est peut-être aussi ce que le sentiment populaire ressent parfaitement : que vraiment, dans une grande philosophie, vient à la parole ce qui est notre rapport, varié dans l'histoire mais fondamentalement le même.

G. CANGUILHEM — Je ne dis pas le contraire et c'est pourquoi je préfère vous accorder le mot que vous venez de reprendre et dont je me suis servi, c'est populaire plutôt que social. Je n'ai pas voulu parler d'un critère social, populaire pour moi, c'est le signe d'une certaine authenticité.

P. RICŒUR — Pour ma part, je ne voudrais pas séparer authenticité de vérité.

G. Canguilhem — Eh bien moi, il me semble que, toute ma défense reviendrait à dire, je ne vois pas pourquoi employer le même mot et le même concept en deux sens différents.

D. Dreyfus — Mais, vous Alain Badiou qui êtes professeur, quand vous définissez une philosophie comme un centre de totalisation de l'expérience d'une époque, est-ce que cela vous permet d'enseigner la philosophie? Qu'enseignez-vous sous ce nom?

A. Badiou — On n'enseigne pas en tout cas une philosophie au sens que revêt cette définition. Cela, ce serait donner un enseignement dogmatique qui procéderait effectivement à cette totalisation. Ce serait quelque chose comme le cours de Hegel ou un cours de philosophie scolastique. Par conséquent, au sens rigoureux du terme, dans un enseignement élémentaire de la philosophie en tout cas, on ne philosophe pas. Alors que fait-on? Eh bien, je crois que l'on apprend aux élèves la possibilité de la philosophie. C'est-à-dire que par une série de détours, par l'examen des doctrines et des textes, par l'examen des concepts, par le parcours des problèmes, on leur montre qu'est possible un langage à travers quoi cette totalisation s'opérerait. Et je définirais volontiers l'enseignement de la philosophie comme l'enseignement de la possibilité de la philosophie ou la révélation de la possibilité de la philosophie. Sinon, il n'y aurait d'autre recours qu'enseigner une philosophie, ce dont précisément notre enseignement entend se garder.

D. Dreyfus — Et du point de vue de l'enseignement, est-ce qu'il serait possible de tirer des conclusions sur le débat qui nous a occupés, je veux dire sur la question de la vérité ou de la non-vérité philosophique?

A. Badiou — C'est une question difficile car vous n'êtes pas d'accord et je ne crois pas qu'il faille dissimuler ce désaccord. Il me semble que l'espace de votre désaccord est limité par deux accords qui sont malgré tout essentiels. D'abord, vous admettez tous que la science est l'un des lieux de la vérité. Autrement dit, qu'il est pleinement pourvu de sens de parler de la vérité scientifique ou des vérités scientifiques. Et d'autre part, vous admettez tous aussi que la question de l'essence de la vérité est une question proprement philosophique qui comme telle ne tombe pas dans le champ de l'activité scientifique. La philosophie consiste à se demander d'un point de vue qui est celui de la totalisation ce que doit être l'homme, quel rapport l'homme doit entretenir avec l'être, pour que l'homme soit celui pour qui il y a vérité. En somme, la philosophie s'interroge non pas, peut-être, sur les vérités mais sur le *telos* de la vérité au regard de l'existence humaine. Cette définition, pour les uns, suppose que la philosophie même relève d'une sorte de connivence fondamentale ou fondatrice avec la norme qu'elle entend interroger, et qu'elle se tient en somme à la lumière de cette norme ; et pour les autres, cette question suppose au contraire que la philosophie, interrogeant le lieu de la vérité, sort en somme de ce lieu et doit inventer ses propres normes. Si le statut de la vérité contrôlable, effectuée, précise, demeure l'objet de notre désaccord, il y a comme à l'horizon du dialogue, une visée du vrai ou une ouverture au vrai qui est peut-être ce à partir de quoi nous avons posé nos questions, compris nos questions, et aussi par conséquent formulé nos réponses.

ANNEXE VIII

LA FINALITÉ EN BIOLOGIE

Les Cahiers rationalistes, n° 233, décembre 1965, p. 349-351 [1]

J.-L. PARROT
Professeur à la Faculté de Médecine de Paris

Le problème de la finalité se pose chaque jour au physiologiste. Il m'est arrivé d'y réfléchir en utilisant les quelques informations dont je pouvais disposer, il m'est arrivé d'en parler avec des collègues. J'ai lu quelques livres à leur sujet et cette enquête menée au hasard de mes rencontres ne m'a apporté qu'un petit nombre de vérités premières ou prétendues telles.

Je diviserai mon exposé en deux parties :

1° La finalité de fait qui me semble relever de l'observation objective ;

2° Le finalisme qui paraît poser des problèmes dits métaphysiques.

I. LA FONCTION EN BIOLOGIE

Tout d'abord, la finalité de fait, on peut dire qu'elle fait partie de l'étude même de la physiologie. Cette finalité de fait apparaît comme une donnée d'observation : l'œil permet de voir, l'aile de voler, la jambe de marcher, le mot même de fonction que le physiologiste, même quand il cherche à le faire, ne peut pas éluder, implique cette finalité de fait.

Je ne pense pas que cette finalité de fait puisse être contestée d'une manière quelque peu fondée ; cette notion de finalité de fait est indissolublement liée naturellement à une structure organique ; et au mot de fonction, répond le mot d'organe ou mieux d'appareil ou de système. Il me paraît inutile de développer ici les nombreux mécanismes régulateurs qui régissent ces fonctionnements adaptés chacun à un but. Qu'on me permette

1. Nous reprenons ici exclusivement mais intégralement les communications auxquelles Canguilhem s'est lui-même référé dans la sienne, cf. *supra*, p. 1143-1147.

simplement de dire que l'auto-régulation ou la régulation par rétroaction était une notion parfaitement bien définie par les expérimentateurs de langue française, alors que nos amis américains n'avaient pas encore eu l'idée d'inventer l'expression de *feed back*. La finalité de fait a été magistralement illustrée par divers biologistes éminents, notamment par Cuénot, par Mlle Tétry[1], et on connaît les minutieux mécanismes que cette notion de finalité de fait les ont conduits à découvrir; mais ces biologistes eux-mêmes ne prétendent aucunement que seule existe cette finalité de bouton-pression et de fermeture éclair; il y a au-dessus de cette finalité anecdotique, la grande finalité. Le seul fait qu'un organe fonctionne constitue la preuve que pendant un certain temps existe un certain équilibre entre lui et un certain milieu intérieur. La même valeur de preuve peut être tirée de la vie d'un organisme dans un certain milieu extérieur; mais évitons l'erreur de Pangloss; ces adaptations ne sont pas les meilleures possibles dans le meilleur des mondes; plus exactement cette expression n'a pas de sens et selon l'organe, selon l'organisme, selon le milieu, selon le moment, les adaptations se trouvent sans cesse différentes; bien plus, les conditions étant les mêmes, divers organismes nous présentent diverses solutions.

Dans l'uniformisation universelle qui, nous disaient les physiciens, va croissant, il y avait ainsi une certaine anti-uniformisation qui reste localisée dans le temps et dans l'espace et qui atteint, momentanément, un certain but.

Cette simple finalité de fait, est l'occasion de diverses erreurs ou d'illusions. Tout d'abord, il devient de plus en plus frappant que chaque fois l'organe peut être comparé à une machine inventée par l'Homme. La jambe ressemble à une jambe artificielle, l'aile de l'oiseau qui plane, ressemble plus ou moins à l'aile de l'avion, le cerveau ressemble à une machine qui

1. Sur Lucien Cuénot, cf. *supra*, p. 57, n. 3. Cuénot avait notamment publié en 1941 *Invention et finalité en biologie* (« Bibliothèque de philosophie scientifique », Paris, Flammarion). Andrée Tétry (1907-1992), zoologiste française, élève puis assistante de Cuénot à la Faculté des Sciences de Nancy, y obtint un doctorat ès sciences naturelles en 1938 avec une thèse sur la faune de l'est de la France. Son premier livre, sur *Les outils chez les êtres vivants* (« L'Avenir de la science », Paris, Gallimard, 1948), ne manqua pas d'attirer l'attention de Canguilhem qui y réfère à quelques reprises; il se trouve dans sa bibliothèque (CAN 2476). Elle publia en 1950 *Le système sanguin Rhésus* (Paris, Albin Michel) et co-signa l'année suivante avec Cuénot le dernier ouvrage de celui-ci *L'Évolution, les faits, les incertitudes* (Paris, Masson). Sa carrière se poursuivit ensuite à Paris, à l'École pratique des Hautes Études. Elle publia alors avec Jean Rostand plusieurs ouvrages de synthèse et de haute vulgarisation et co-dirigea, avec Pierre-Paul Grassé, la *Zoologie* dans la collection de l'« Encyclopédie de la Bibliothèque de la Pléiade » (Paris, Gallimard, 1963-1974, 4 vol.).

traite les informations en utilisant le système binaire, et naturellement toute une pléiade de vulgarisateurs invitent le public à s'émerveiller devant ces analogies.

En fait, le cerveau n'est pas une machine à traiter les informations, je veux dire qu'il est beaucoup plus, c'est-à-dire tout autre chose. De même que la jambe de bois n'est pas ma jambe; ici la fonction ne suffit pas à faire l'organe; l'organe est bien davantage que son modèle physique. C'est par un abus de langage très grave qui est, semble-t-il, caractéristique d'un certain néo-scientisme, qu'on a pu parler de machine à penser. Le vulgarisateur s'inspire de la presse à sensations; en fait l'ordinateur, même s'il accomplit certaines opérations mieux que le cerveau et plus rapidement que lui, ne pense pas. Une autre différence distingue la machine et l'organe; la machine ne s'est pas faite elle-même. Entre l'un et l'autre, il reste au moins pour le moment une différence de complexité.

Il y a bien une certaine analogie de structure entre la machine et l'organe. L'homme voulant obtenir telle fonction d'une future machine a imité souvent sans le savoir tel organe qui existait déjà chez un animal. On peut dire qu'il y a eu convergence, et même cette convergence a pu (et nous pourrions évoquer ici certains projets de Léonard de Vinci) et pourra être volontairement utilisée pour guider l'invention et la construction de diverses machines.

Toute une autre série d'erreurs découle encore de l'absolutisme que Voltaire affecte pour les besoins de la satire : ou bien la finalité de fait est parfaite, dit-on, ou bien elle n'existe pas; et alors il s'agit d'une illusion ridicule. En réalité, cette finalité de fait n'implique aucunement que chacun de ces appareils soit le meilleur dans le meilleur des mondes : il est adapté d'une certaine manière à une certaine fonction pendant un certain temps, dans un certain milieu; par définition il a ses limites; la science humaine les dépasse souvent, mais elle ne le peut d'ailleurs pas dans tous les cas, puisque certains récepteurs, par exemple, les récepteurs rétiniens, atteignent la limite qui est imposée par la constitution même de la lumière. En tout cas, cet appareil, quel qu'il soit, subit des maladies, il est sujet à vieillir, et l'on se bornera à sourire lorsque Helmholtz devenant presbyte s'écrie : « Si un physicien avait fabriqué un instrument d'optique aussi imparfait que mon œil, je l'aurais refusé »[1].

Une attitude psychologique, qu'on pourrait qualifier de honteuse, mérite d'être dénoncée. Je crois qu'on peut, en physiologie, étudier cette finalité de fait en toute objectivité, indépendamment de toute préoccupation métaphysique et même de toute hypothèse; de même qu'on étudie l'activité volontaire ou la sensibilité consciente dès maintenant sans attendre d'avoir résolu les problèmes métaphysiques de la volonté et de la conscience. C'est là une position qu'il est important de prendre consciemment; mais on rencontre souvent chez les biologistes une certaine défiance plus ou moins consciente pour ceux qui, parmi eux, admettent la finalité de fait. Beaucoup de biologistes voient dans cette attitude une régression; ils craignent en l'adoptant de pêcher contre le déterminisme, contre le positivisme, contre la science elle-même, alors qu'il s'agit purement et simplement de constater un fait. Il faut insister sur ce complexe et il ne serait pas sans intérêt d'en entreprendre un jour la psychanalyse, car cette attitude est fausse aux yeux du philosophe et nuisible aux yeux du scientifique.

En effet, il faut aller plus loin, non seulement il faut accepter cette finalité comme un fait, mais il faut l'utiliser dans la méthode physiologique, car elle possède une vertu heuristique; elle conduit à des découvertes. Quand le morphologiste décrit une structure, le physiologiste se demande : « À quoi ça sert ? » C'est là son attitude naturelle et si l'on voulait ici un exemple historique, nous pourrions citer là Vulpian examinant les fonctions de la glande surrénale[2]. Naturellement, ici encore, ce serait commettre l'erreur de Pangloss de croire que toute structure exerce une fonction; nous savons que certaines formations sont des vestiges inutiles, nous savons que d'autres ressemblent à des fantaisies d'artiste; mais ce serait aborder là un autre

1. Sur Helmholtz, cf. *supra*, p. 981, n. 1. Cette citation est tirée de la conférence sur « La théorie de la vision » publiée dans les *Populäre wissenschaftliche Vorträge* (Braunschweig, Friedrich Vieweg und Sohn, 1865-1871, 2 vol.). Dans la traduction française par Serge Nicolas récemment publiée aux Éditions de l'Harmattan (Paris, 2008, 2 vol.), ce passage se trouve à la p. 28 du tome 2.

2. Alfred Vulpian (1826-1887), médecin français, professeur d'anatomie pathologique puis de pathologie comparée à la Faculté de Médecine de Paris, dont les travaux portèrent surtout sur la physiologie du système nerveux, avait découvert en 1856 l'existence d'une substance active issue des surrénales, l'adrénaline. *Cf.* « Notes sur quelques réactions propres à la substance des capsules surrénales », *Comptes rendus hebdomadaires des séances de l'Académie des sciences*, vol. 43, 1856, p. 663-665.

aspect de la finalité : une finalité qui ne serait pas strictement utilitaire et ceci nous entraînerait trop loin.

II. Les problèmes non résolus de la finalité en biologie

Dans la seconde partie de mon exposé, je voudrais envisager le « comment » de la finalité. Et là, il paraît sage de déclarer que nous ne le connaissons pas ; il n'est pas même établi que la question soit ainsi correctement posée, ni même qu'elle ait un sens ; cependant, quand on s'efforce de la poser, on parle d'un anti-hasard et cette expression paraît satisfaisante.

Les statisticiens, qui ont bien de la chance de disposer de nombreuses armées de singes dactylographes, voudraient nous convaincre que le hasard peut réaliser pendant un certain temps et en un certain lieu, une certaine organisation. Ils sont cependant incapables de nous montrer les myriades de galimatias qui doivent nécessairement accompagner cette seule réussite. Ils omettent également de nous expliquer comment le hasard aurait été capable, d'abord, de développer, puis d'entretenir et enfin de reproduire ladite organisation. Aussi cet apologue fameux m'inspire-t-il une grande méfiance ; l'analogie qu'il propose reste très illusoire et ne peut nous conduire bien loin ; le mot anti-hasard me paraît donc très heureusement choisi pour parler de cette « chose » que nous ne connaissons absolument pas aujourd'hui et qui est le comment de la finalité.

C'est déjà très important de pouvoir mettre un mot sur une chose que nous ne connaissons pas ; de plus, nous pouvons dire que ce facteur inconnu concerne évidemment à la fois l'embryogenèse et l'évolution des êtres organisés ; il ne concerne ni l'adulte, ni l'espèce ; l'un et l'autre sont stabilisés, réussis ou non.

Quand on ne sait pas, on imagine des hypothèses, c'est même la démarche normale de la recherche scientifique, c'est la condition de tout progrès. D'autre part, dans l'élaboration des hypothèses, il y a des règles qui sont utiles ; elles sont très simples. Par exemple, aucune hypothèse ne doit être en contradiction avec un fait connu. Il y a aussi des conventions qui méritent d'être respectées ; par exemple, toute hypothèse inutile est habituellement évitée.

Disons simplement, dans le problème qui nous occupe, qu'il est inutile d'imaginer un dualisme, je veux dire, la nature et une surnature. J'adopte, arbitrairement si l'on veut, l'unicisme et je dis, qu'il n'y a qu'une seule et même nature.

Et, puisqu'il s'agit du finalisme, cette fois avec le sens d'une structure qui est en cours de s'organiser en vue du futur, j'en observe tous les jours des exemples incontestables : ils me sont fournis par les inventions des hommes. Dans ces cas, incontestablement, l'image de l'avenir a exercé son action sur le passé ; de quelle manière, nous ne le comprenons pas, puisque le temps est irréversible, ou qu'il nous paraît tel. Mais l'exemple ne peut pas être réfuté car ce serait placer l'Homme en dehors de la nature et par conséquent renoncer à l'une des conventions initiales, à savoir qu'il n'y a pas de sur-nature. Il y a donc lieu d'admettre qu'il existe entre la finalité biologique et les inventions humaines, non pas une ressemblance superficielle, mais une communauté de nature ; en somme, les inventions humaines prolongent la finalité biologique. Nous arrivons donc au psychisme ; cela ne nous avance pas dans la compréhension des faits puisque nous ne comprenons pas le psychisme ; on pourrait même dire que cela complique les données du problème, parce que nous butons sur une apparence de dualisme « psychique et non-psychique » ; quant au problème du sujet, s'il est encore clair lorsqu'il s'agit de notre psychisme conscient, il l'est déjà moins pour le psychisme inconscient ; mais il paraît étrange si l'on pense à l'embryogenèse, à l'organogenèse ; il devient presque insaisissable s'il s'agit de l'évolution des êtres organisés.

Pourtant, cette réflexion nous conduit, je crois, plus loin qu'à un simple rapprochement de mots, elle présente plusieurs avantages.

1) Elle réunit des questions présentement non résolues, mais qui, vraisemblablement, recevront la même solution, à savoir : l'évolution des êtres organisés, l'embryogenèse, le fonctionnement cérébral.
2) Elle nous fait chercher la solution dans l'infiniment petit, peut-être dans les lois physiques telles qu'elles s'appliquent aux particules élémentaires : les organismes vivants apparaissant alors comme des agrandisseurs qui manifestent à notre échelle sensorielle les fonctionnements physiques de l'échelle particulaire.
3) Elle nous conduit à comprendre qu'il existe pour notre présente manière de penser des pseudo-dualismes ; prenons un exemple aussi élémentaire que possible : je vois sur la colline un ami qui utilise un sémaphore ; il y a phénomène physique, mais il y a aussi signal ; par conséquent l'évocateur chimique d'une organogenèse, le code de

l'acide désoxyribonucléique, etc., tout en possédant une structure que nous commençons à connaître, tout en agissant par une cascade de mécanismes déterministes, pourraient fort bien avoir aussi la valeur de signes.

Ces diverses considérations qui sont ici assez incomplètement et assez imparfaitement exprimées, s'inspirent très directement de l'œuvre de Raymond Ruyer. Je crois que Raymond Ruyer a eu le très grand mérite, non pas de résoudre des questions présentement non résolues, mais de ramener à l'unité plusieurs de ces questions; tous ici connaissent son œuvre (« le néo-finalisme », « la psychobiologie ») cette œuvre n'a pas pris encore la place éminente qu'elle prendra, je crois, dans la pensée contemporaine.

CONCLUSION

Je voudrais conclure en deux points : d'une part, il existe une finalité biologique de fait; la physiologie l'étudie et cela peut être fait sans que le physiologiste se pose la question du comment; d'autre part, les mécanismes de la finalité biologique nous échappent aujourd'hui, mais ils s'apparentent au mécanisme du psychisme, que nous ne connaissons pas davantage, et rien ne nous contraint à admettre un dualisme essentiel qu'il s'agisse du psychisme ou qu'il s'agisse de la finalité biologique.

J.-L. PARROT

F. STUTINSKY
Professeur à la Faculté des Sciences de Strasbourg

Je suis à la fois très satisfait et très embarrassé en prenant la parole dans cette réunion : satisfait, parce que je suis, je crois, un peu à l'origine de cette séance; embarrassé : parce que je croyais qu'il s'agissait d'une séance de travail à l'usage interne de l'U.R. et non pas d'une séance publique.

Nous avons à discuter d'un sujet très difficile et très controversé et quelques jours de réflexion ne suffisent pas pour clarifier le problème de la finalité en biologie.

Et d'abord de quel aspect de la finalité faut-il traiter? finalité de l'Évolution, finalité de l'organisation morphologique, finalité des mécanismes physiologiques?

Par goût et par nécessité, c'est surtout ce dernier aspect du problème que je me propose d'envisager.

Avant d'aborder le fond du problème, on peut se demander si un tel débat a vraiment quelque actualité. Ne s'agit-il pas d'un de ces faux problèmes hérités d'une époque révolue? Ou bien des développements récents justifient-ils une réévaluation des arguments des uns et des autres?

Pour ma part, j'estime que l'étude de ce problème présente d'abord un intérêt en soi. Il me paraît excellent que l'U.R. ait consenti à organiser une telle discussion. Il nous appartient, en effet, de remettre de temps en temps en question ce qui paraissait acquis et aller de soi, pour nous rendre compte si nos positions sont toujours adaptées à l'évolution accélérée de nos connaissances. C'est là une attitude normale de rationaliste, attitude qui est par définition antidogmatique.

En effet, la Science évolue vite, les concepts changent avec elle et de temps en temps il est bon de faire le point.

Un tel examen périodique ne peut être que profitable et nous pouvons être sûrs d'avance, que comme par le passé, une fois épuré de quelques scories, le rationalisme scientifique ne s'en portera que mieux.

Je voudrais tout d'abord faire une sorte d'exposé critique ou mieux d'autocritique, c'est-à-dire stigmatiser certaines attitudes dépassées mais que l'on trouve encore chez certains rationalistes; ensuite j'exposerai les raisons qui me paraissent militer contre l'intrusion du finalisme en biologie et dans une dernière partie je voudrais montrer quelle devrait être à mon sens l'attitude du rationaliste devant les difficultés qui subsistent.

Je dirai tout d'abord qu'il est impossible de traiter un tel problème par prétérition ou de discuter les arguments de nos adversaires en leur opposant des réponses simplistes. Cela a été beaucoup pratiqué dans un passé pas si lointain; et si dans le passé une pareille attitude a été tout à fait regrettable, elle serait aujourd'hui une grave erreur.

Certains rationalistes sont en effet restés à la biologie de papa et de grand'papa et la manière dont ils discutent des propriétés de la matière vivante et des apparences de finalité donnent facilement prise à la critique.

Cela est d'autant plus dangereux que nos adversaires, à la suite de Teilhard[1], sont devenus beaucoup plus habiles. Il est significatif, par exemple, que le titre d'une série de conférences données cette année au F.E.C.[2] de Strasbourg ait été : « Promotion de la matière ».

Je suis très heureux de cette promotion, mais cette évolution dans les préoccupations de nos adversaires, nous oblige à une plus grande rigueur dans le choix de nos arguments et dans la manière de les présenter.

Pour donner un exemple de ce qu'il ne faut plus faire, reportons-nous à un exposé fait en 1934 par G. Bohn[3] dans un Cahier de l'U.R. Pour réfuter « l'évolution créatrice, l'élan vital » Bohn s'efforce de prouver qu'un grand nombre d'espèces sont des malformés, des malades.

Ainsi l'Axolotl est un insuffisant thyroïdien. Cette insuffisance qui est réelle est due uniquement aux conditions écologiques. Les eaux dans lesquelles vit normalement cette larve manquent d'Iode. Dès qu'on la transplante, si elle trouve une eau ou une nourriture suffisamment riche en Iode, elle se transforme en Amblystome, ce qui est effectivement arrivé.

Parce que l'Oiseau excrète les déchets azotés sous forme d'acide urique, Bohn décrète que l'Oiseau a un métabolisme de goutteux.

Or, il suffit d'examiner le phénomène de l'excrétion de l'azote sous une forme plus générale pour qu'éclate aux yeux de tout observateur impartial les raisons de ce métabolisme apparemment dévié. La forme d'élimination générale de l'Azote est en effet l'urée, mais c'est l'acide urique qui devient la

1. Pierre Teilhard de Chardin (1881-1955), jésuite français, docteur de la Faculté des Sciences de Paris (1922), dont l'œuvre proprement scientifique, paléontologique et géologique, est abondante et importante, surtout en ce qui a trait au territoire chinois (*cf.* Nicole et Karl Schmitz-Moormann (dir.), *Pierre Teilhard de Chardin, L'œuvre scientifique*, Munich, Walter Verlag, 1971, 11 vol.). Mais ce sont plutôt ses travaux plus spéculatifs – sur l'évolution cosmique par « hasard dirigé », sur le processus d'hominisation et le développement de la « noosphère » – qui lui ont valu à la fois de sérieuses difficultés avec les autorités vaticanes et une persistante célébrité surtout parmi les intellectuels catholiques (*cf.* notamment *Le phénomène humain*, Paris, Seuil, 1955).

2. Il s'agit du Foyer de l'Étudiant Catholique qui offre, outre des chambres d'étudiants et un restaurant universitaire, un cycle annuel de conférences et d'activités culturelles.

3. Georges Bohn (1868-1948), zoologiste français, agrégé des sciences naturelles (1896), docteur de la Faculté des Sciences de Paris (1901), élève d'Alfred Giard et disciple de Jacques Loeb dont il partageait la perspective mécaniste, notamment dans l'étude des tropismes. Il termina sa carrière comme directeur du laboratoire de biologie et psychologie comparée à l'École des Hautes Études, sans jamais obtenir de chaire. Ses contributions les plus connues portent sur la psychologie animale : *La naissance de l'intelligence*, Paris, Flammarion, 1905 ; *La nouvelle psychologie animale*, Paris, Alcan, 1911.

forme la plus importante chez les insectes, les reptiles (à écailles), certaines tortues et les oiseaux. Notons d'ailleurs qu'au cours de son développement l'embryon de l'oiseau élimine d'abord de l'NH_3, puis de l'urée et ensuite vers la fin du développement seulement de l'acide urique.

Comment s'explique l'apparition de l'acide urique ?

S'agit-il d'un effet pathologique, ou au contraire, s'agit-il d'un changement métabolique à caractère adaptatif ?

Si nous examinons les espèces qui ont l'acide urique comme produit terminal de l'excrétion azotée, il faut nous demander ce que les oiseaux, les reptiles (à écailles) et les insectes ont en commun en dehors de ce métabolisme particulier.

On constate alors deux caractères évidents :

1) Ce sont des espèces qui ont une existence terrestre (non aquatique).
2) Ils se reproduisent par des œufs dont la coquille ou l'enveloppe est pratiquement imperméable ou au moins relativement imperméable à l'eau.

Les embryons de ces espèces se développent pendant un temps assez long dans un œuf *fermé* et tirent leur énergie de l'oxydation des acides aminés. L'NH_3 libéré par ce processus sera, dans l'espace clos que constitue l'œuf, rapidement toxique. L'acide urique, au contraire, est tout à fait insoluble dans l'eau et il peut donc être retenu et stocké sans lui nuire, jusqu'au complet développement de l'embryon, car un matériel *solide* n'est pas toxique.

Sans ce mécanisme « dévié » l'embryon serait intoxiqué avant d'avoir terminé son développement et le caractère *adaptatif* et non pathologique paraît assez clair.

Mais l'embryon paye sa survie par une dépense énergétique considérable. Pour faire la synthèse d'une molécule d'acide urique il faut 10 mol. d'ATP (2,5 par atome d'N) et de plus une élimination de 1 mol. d'acide urique (4 atomes d'N) entraîne l'élimination de 5 atomes de C. L'adaptation physiologique existe dans ce cas mais elle coûte très cher et on peut se demander si chez l'adulte, au moins, une solution « moins adaptée » ne serait pas plus avantageuse et moins onéreuse. Il faut chercher la réponse à cette question dans le fait que l'acide urique permet l'élimination de l'N avec une perte aqueuse minimale. L'acide urique est éliminé sous une forme plus ou moins dure et aucune énergie n'est nécessaire pour séparer l'acide urique insoluble de l'eau. Au contraire, il faudrait une énergie considérable pour séparer l'urée de l'eau et les animaux qui utilisent cette forme d'excrétion ou mieux l'ammoniaque (NH_3) comme produits finaux sont ceux qui vivent dans l'eau, ou qui éliminent une urine peu dense avec une grosse perte d'eau.

L'urée non plus n'est pas toxique, mais elle est très soluble dans l'eau; son accumulation dans les œufs imperméables créerait de sérieuses conséquences osmotiques.

L'urée est la forme d'élimination des Mammifères où le tube rénal a acquis la propriété de réabsorber de l'eau et de concentrer l'urée. L'ammoniaque est en général la forme d'élimination des animaux aquatiques. La toxicité est contrebalancée par sa grande diffusion. Et des animaux qui vivent comme les Grenouilles une semi-vie aquatique, éliminent de l'ammoniaque durant leur séjour aquatique, et de l'urée au cours de leur existence terrestre. Chez les tortues les faits sont schématiques. Les tortues marines éliminent de l'ammoniaque. Les tortues semi-aquatiques 50 % d'ammoniaque et 50 % d'urée. Les tortues terrestres de l'urée et de l'acide urique, et les tortues des régions sèches surtout de l'acide urique.

La forme sous laquelle les animaux excrètent leurs déchets azotiques dépend de leur écologie, c'est-à-dire du milieu dans lequel ils vivent.

La forme de l'excrétion varie quand l'animal change de milieu, il y a un processus adaptatif physiologique évident; d'une façon générale on peut dire que l'adaptation physiologique est constante dans des limites tantôt étroites, tantôt plus larges : les « constantes » physiologiques changent par réactions à des facteurs externes ou internes, réactions sans lesquelles l'animal ne survivrait pas.

Toute la physiologie plaide en faveur de cette constance du milieu intérieur déjà affirmée par Claude Bernard. Il n'est pas nécessaire d'y rechercher « une finalité » : c'est tout ou rien; ou bien, les mécanismes régulateurs permettent la survie ou bien, il n'y a pas de vie du tout. Le problème de l'adaptation physiologique n'est donc pas un faux problème. Il est tentant – et très facile – de lui donner une explication finaliste. Cette solution, qui est celle du « bon sens » est également favorisée par des négligences de langage.

Tout antifinaliste que je sois, je me surprends constamment à employer au cours de mon enseignement un langage ou un raisonnement finalistes. Il est souvent très difficile de faire autrement. Prenons quelques exemples dans la physiologie de la reproduction chez les Mammifères.

En règle générale, la femelle des Mammifères, sauf dans l'espèce humaine, n'accepte le mâle que lorsque la fécondation est possible. Ainsi chez le Cobaye, la femelle, non seulement refuse le mâle hors de la période d'œstrus, mais serait en fait dans l'impossibilité de le recevoir, car une sorte de peau – « hymen temporaire » – oblitère l'orifice vaginal et empêche toute pénétration du mâle. Cette lame cutanée disparaît pendant la durée de l'œstrus.

Chez d'autres animaux (Chat, Furet), c'est le coït qui provoque l'expulsion des œufs et chez la Lapine l'accouplement provoque d'abord la maturation de l'œuf, puis l'ovulation.

Des mécanismes encore plus curieux se trouvent chez la Rate et la Souris. Leurs cycles sont courts, 4 à 5 jours ; mais il faut 7 jours environ aux œufs fécondés pour arriver dans l'utérus et s'y fixer. On voit que si aucun phénomène spécial n'intervient, il se pourrait qu'il y ait en même temps deux portées de jeunes embryons en chemin. Avant que les premiers ne soient solidement nidés, les derniers seraient déjà sur les lieux, réclamant leur espace vital. Or, l'acte de l'accouplement lui-même signifie à l'ovaire (par l'intermédiaire de l'hypophyse) d'avoir à retarder le démarrage du cycle suivant. Celui-ci a lieu 10 jours plus tard, au lieu de 5, permettant ainsi à la gestation éventuelle de bien s'installer. On peut reproduire expérimentalement, le phénomène (pseudo-gestation sans fécondation) en introduisant dans le vagin d'une souris en œstrus une tige de verre rodée qui simule l'organe mâle. Voilà les faits qu'il s'agit d'interpréter et la célèbre formule « tout se passe comme si » ...ne me donne pas bonne conscience.

Pour échapper à la tentation du finalisme beaucoup de biologistes font appel au hasard chaque fois que cela leur paraît possible ; les variations au cours de l'évolution sont quelconques, les adaptations sont quelconques. Tout paraît se résoudre pour eux en coups de dés, à condition qu'on y joue assez longtemps. Le temps et le nombre des essais correspondants rendraient tout possible, expliqueraient l'évolution, l'adaptation morphologique et physiologique.

Je ne sais pas ce qui s'est passé au cours de l'Évolution et beaucoup d'autres biologistes partagent mon ignorance ; mais en physiologie, dans l'étude des régulations physiologiques je suis obligé de dire qu'on ne rencontre jamais le hasard, qui est tout autre chose qu'un déterminisme « statistique ». À l'échelle considérée, tout relève du déterminisme le plus strict sans lequel d'ailleurs, aucune science expérimentale biologique ne serait possible. Ce déterminisme se révèle actuellement, même et surtout au niveau de la Biologie moléculaire, dans l'étude de la synthèse des protéines, donc des enzymes.

Certains problèmes qui nous arrêtent aujourd'hui, exigent avant tout une connaissance plus approfondie des propriétés de la matière vivante. Bien que les éléments qui composent la matière vivante soient les mêmes que ceux que l'on trouve dans la nature inorganique, les propriétés des macromolécules qui sont caractéristiques de la matière vivante manifestent des propriétés tout à fait spéciales, et on n'est pas vitaliste lorsqu'on affirme ce fait.

La vie est échange, métabolisme, croissance, reproduction, assimilation chimique, lutte contre la tendance à l'équilibre.

« Alors que la matière inerte, dit Schrödinger, va vers l'entropie maxima d'une manière continue, la matière vivante essaye par les réactions métaboliques dont elle est le siège, de ralentir le processus c'est-à-dire la mort... » « La vie paraît être un comportement ordonné et réglementé de la matière, comportement qui n'est pas basé exclusivement sur la tendance de passer de l'ordre au désordre, mais basé en partie sur un ordre existant qui se maintient[1] ».

La matière vivante d'un organisme se constitue suivant une programmation qui s'inscrit sous forme d'informations dans l'œuf, en l'espèce l'acide désoxyribonucléique (DNA) des gènes. Au cours de son développement l'organisme réalise ce programme par des étapes successives qui se déterminent les unes des autres.

Peut-on dire que l'œuf est fait pour donner un adulte sans être taxé de finaliste ?

C'est une banalité que de dire que la réunion d'un ovule et d'un spermatozoïde aboutit à la formation d'un organisme adulte.

1. Erwin Schrödinger (1887-1961), physicien autrichien, puis irlandais, docteur en physique de l'Université de Vienne (1910), l'un des fondateurs de la mécanique quantique, fut récipiendaire du Prix Nobel de physique en 1933 (avec Paul Dirac). Il enseigna successivement à Stuttgart, Breslau, puis Zurich (1921), avant de succéder à Max Planck à Berlin en 1927. À compter de 1933, quittant l'Allemagne, son parcours de carrière fut mouvementé ; il séjourna à Oxford, puis à Princeton avant de revenir en Autriche en 1936 et de quitter pour l'Irlande après l'*Anschluss*. Il enseigna alors à Dublin jusqu'à sa retraite, puis retourna à Vienne en 1956. Les passages cités ici sont tirés de son ouvrage de 1944 *What is Life ?*, ouvrage influent dans les premiers cercles de développement de la biologie moléculaire. Cf. *Qu'est-ce que la vie ?* traduction de l'anglais par Léon Keffler, Paris, Le Club français du livre, 1949 ; « Points Sciences », Paris, Seuil, 1993, p. 125.

Y a-t-il une finalité ? Si oui il faut en accorder une au résultat provoqué par les effets d'une étincelle électrique dans un mélange d'Hydrogène et d'Oxygène suivant la réaction.

$$2 \text{ vol. H} + 1 \text{ vol. O} = H_2O$$

Cette réaction ne correspond à aucune finalité, elle révèle simplement des propriétés des deux corps.

On peut considérer la fécondation et le développement embryonnaire comme les conséquences d'une chaîne de réactions chimiques. Pour les rapprocher de la précédente il suffirait, par exemple, d'imaginer un changement d'unité de temps qui donnerait au développement embryologique la même vitesse qu'à la réaction chimique formant de l'eau. Nous avons tous eu l'occasion de voir au cinéma l'éclosion d'une fleur en accéléré. Appliquons un procédé cinématographique ultrarapide au processus du développement embryologique. Le défilement des images nous donnera l'impression d'un développement explosif, quoique contrôlé.

C'est parce que nous pouvons observer toutes les étapes intermédiaires du long processus qu'est le développement d'un organisme que nous avons tendance à admettre qu'une réaction chimique simple, et l'interaction de deux DNA, – l'un mâle, l'autre femelle – constituent deux processus fondamentalement différents.

L'embryologie causale est précisément un des aspects des phénomènes vitaux où les adaptations, les auto-régulations sont parfaitement déterminées.

Mais ce déterminisme permet-il d'écarter les tentations du finalisme ? Il me semble que oui. « Dans l'hypothèse d'une *adaptation* finalisée, dit J. Moreau, où placer la finalité ? On ne peut l'imaginer que dans le vivant ou dans le milieu. Mais encore ? L'adaptation étant une riposte de l'organe à l'agression du milieu, rien dans l'attitude du vivant qui puisse être intentionnel. Il s'en suit que la finalité ne peut être que dans le milieu… ou nulle part… »[1].

Dans la nature étudiée objectivement, la fonction est inséparable de l'organe et c'est elle qui oriente l'organe en l'ajustant; par ailleurs en

1. Joseph Moreau (1900-1988), docteur ès lettres (1939), professeur à la Faculté des Lettres de Bordeaux. Sa thèse complémentaire, *L'Âme du monde de Platon aux Stoïciens* (Paris, Les Belles Lettres, 1939), était une étude de la notion de finalité dans la pensée philosophique grecque.

rodant l'organe, elle s'oriente elle-même. Chez l'homme dominé par son psychisme qui l'incite à imiter la nature, l'outil est ajusté à la fonction. On peut dire que « l'outil est finalisé, il est le fruit de l'expérience qui permet de pressentir le futur... Celui-ci ne peut être atteint que par le processus du *devenir*, c'est-à-dire par un déterminisme. »

Le déterminisme crée une option sur le futur, mais en revanche le futur ne peut rien déterminer.

En effet « un but téléologique est une extrapolation temporelle qui suppose un temps réversible ou un déterminisme à rebours. »

Les tenants d'un finalisme insistent traditionnellement sur l'adaptation morphologique et physiologique de certains organes qui témoigneraient plus nettement que d'autres en faveur de leur thèse. L'exemple le plus souvent invoqué est certainement l'œil.

Acceptons la discussion sur ce terrain. L'exemple de l'œil va nous montrer comment un facteur psychologique fausse notre jugement. En effet, nous valorisons d'une manière indue une fonction à laquelle nous tenons beaucoup. Devenir aveugle créerait pour chacun d'entre nous une situation si dramatique que nous faisons implicitement le raisonnement suivant : sans nos yeux nous serions aveugles, donc nos yeux sont faits pour voir.

Mais si nous nous efforçons de donner de la fonction visuelle une définition qui bannit toute allusion à l'œil et à la lumière, il devient plus aisé de faire admettre que nous possédons des récepteurs sensibles à des ondes électro-magnétiques d'une certaine longueur sans que personne juge nécessaire de soutenir que ces récepteurs sont faits *pour* que nous percevions ces ondes. Cela devient encore plus évident si nous nous adressons à un autre organe des sens. Si nous envisageons la fonction gustative, il ne viendra à l'idée de personne d'affirmer que nos muqueuses sont faites pour goûter ou ne pas goûter la phénylthiocarbamide, aptitude qui permet précisément de classer les individus en « goûteurs » et « non goûteurs » sans que cela implique un défaut ou une qualité.

Enfin, il faut dire, que ce n'est pas avec l'œil que nous « voyons » mais avec notre cerveau. Sans pouvoir y insister, ajoutons qu'il en est de même pour tous nos organes des sens, toucher compris : nous « touchons » avec notre cerveau. Et quel que soit d'ailleurs le sens stimulé, ce ne sont pas seulement les zones de projections dites primaires-spécifiques, (occipitales pour la vision, temporales pour l'audition) qui sont alertées, mais rapidement de larges zones *associatives*, c'est-à-dire une vaste surface du cortex cérébral. Dirons-nous maintenant que le cerveau est fait *pour* voir, *pour* entendre, *pour* toucher ou n'est-il pas plus juste de dire que notre cerveau reçoit du milieu extérieur un certain nombre d'informations qui lui permettent de localiser l'origine de ces stimulations dans le temps et dans l'espace et d'y réagir ?

Une telle formulation ne préjuge rien ; elle est une description objective des phénomènes telle que l'analyse physiologique permet de les approcher.

Ce que nous venons d'exposer explique aussi que l'on ne peut rapporter une fonction intégrée comme la vision au seul organe récepteur. Sauf au cours d'une analyse physiologique, – et il s'agit là d'une condition artificielle – il n'est pas possible de découper l'organisme en « organes » ou en « fonctions isolées ». L'organisme, c'est-à-dire le cerveau, réagit toujours comme un tout et quand nous disons que l'œil « voit » ou qu'il est fait « pour voir » nous employons une tournure elliptique consacrée par l'usage qui ne traduit pas scientifiquement les faits.

Je n'ai pas la naïveté de croire que tous les problèmes concernant le finalisme en biologie se ramènent à une question de sémantique, mais il me semble que l'exemple de l'œil montre bien le rôle que peuvent jouer d'une part, un facteur psychologique, d'autre part, un langage approximatif dans la pérennité de certaines formulations.

Ayant plaidé contre l'idée que l'œil est fait *pour* voir, je me sens beaucoup plus à l'aise pour rappeler maintenant certaines adaptations très remarquables que l'on trouve au niveau de l'appareil visuel. Je n'en citerai qu'une parmi beaucoup d'autres : l'existence d'une formation anatomique qui existe chez presque tous les animaux nocturnes et favorise l'éclairement de la rétine. Il s'agit de ce que l'on appelle le « tapis » (*tapetum lucidum*) qui est situé entre la rétine et la choroïde. Il se trouve derrière les éléments récepteurs et réfléchit la lumière vers la rétine. Le tapis du chat accroît de 40 % l'intensité lumineuse qui frappe les photorécepteurs alors qu'un miroir parfait ne l'augmenterait guère que de 50 %.

On pourrait faire état de beaucoup d'autres faits de ce genre et prolonger le débat, mais le temps me manque.

Pour conclure, disons que le biologiste et en particulier le physiologiste se trouvent presque toujours en présence de mécanismes remarquablement coordonnés.

Personne ne peut se vanter, je crois, de posséder à l'heure actuelle la clef qui nous livrerait l'explication de chaque cas pris isolément. Mais on peut penser que certaines attitudes sont plus justifiées, plus profitables et plus riches d'avenir que d'autres.

L'explication finaliste est la première qui vient à l'esprit dans la mesure où on n'admet pas que les effets *conjugués* de la mutation et de la sélection ne laissent subsister que des organismes bien adaptés possédant des mécanismes physiologiques parfaitement coordonnés : ne survit que ce qui est viable.

Dans ce résultat le finaliste ne veut retrouver que les « prévisions » de la nature. Là s'arrête l'argumentation, car il n'existe aucun fait contraignant qui prouve la réalité de cette finalité. On peut répéter avec Ét. Rabaud[1] qu'« il n'y a pas de faits de finalité, il n'y a que des explications finalistes ».

L'explication finaliste ne mène à rien dans le domaine de la science, car quoi qu'on ait dit, elle n'est pas prospective. Elle se borne aux apparences. Le recours au hasard seul me paraît tout aussi décevant. Il est, en effet, bien improbable que les mutations qui réussissent puissent être quelconques car les propriétés spécifiques des macromolécules sont liées précisément à leur arrangement spatial particulier. Elles ne peuvent tolérer n'importe quelle modification de leur structure sans perdre ces propriétés.

C'est à ce niveau, me semble-t-il, qu'il faut rechercher les premières ébauches de l'adaptation et les premiers exemples d'asservissements qu'exercent certaines structures sur d'autres.

Malgré les énormes difficultés que l'on rencontrera dans l'étude de ces mécanismes élémentaires, mais fondamentaux, il me paraît cependant plus aisé de suivre les divers stades d'apparition de ces régulations que d'être confronté avec un organisme adulte qui est une résultante où participent, à la fois, des facteurs propres au développement de l'organisme et des facteurs apparus peu à peu au cours de l'Évolution. Sauf exception, nous n'avons que peu de prise sur ces derniers. Le passé nous échappe en grande partie, comme nous échappe l'importance du rôle du temps.

Sans doute les recherches paléontologiques permettent-elles de se faire une faible idée de l'immense déchet de la matière vivante au cours de l'Évolution. Et précisément l'existence de ces extravagants cimetières que révèle l'étude des fossiles me paraît également plaider contre une conception finaliste de l'Évolution.

1. Sur Étienne Rabaud, cf. *supra*, p. 463, n. 2. Cette citation est tirée de *Transformisme et adaptation* (« Bibliothèque de philosophie scientifique », Paris, Flammarion, 1942, p. 244) dans le contexte d'une critique par Rabaud des vues de Cuénot sur les coaptations, qui lui donneraient « l'occasion d'un argument spécieux » (p. 242).

Il est permis de demander au biologiste finaliste comment il peut concilier ses conceptions avec ces gigantesques hécatombes ? S'il y a finalité dans la nature d'aujourd'hui, elle existait aussi dans le passé. La conception finaliste permet-elle d'expliquer la disparition de certaines espèces, la survie des autres ? Peut-on imaginer un but dans la survie de certains « fossiles vivants » comme le Cœlacanthe, en dehors de celui de permettre à quelque biologiste de devenir membre de l'Institut ? Enfin, il faudrait aussi que le biologiste finaliste démontre que l'existence de toutes les espèces qui ont disparu était indispensable et que le peuplement actuel de la biosphère ne renferme aucun parasite superflu.

Pour terminer, je dirai que le finalisme est une explication purement verbale qui ne résout rien : ce finalisme n'a jamais fait ses preuves. La tentative récente de lui forger une assise plus solide par l'intervention d'un but prophétique, le fameux « point oméga »[1], montre que les meilleurs de nos adversaires sont obligés de sortir de la science pour y justifier l'introduction de cette notion. Une telle extrapolation ne peut être que l'expression d'un conformisme résigné et pitoyable sous le masque d'une pensée révolutionnaire.

Toute autre est l'attitude du rationaliste scientifique. Il sait qu'il doit encore livrer de durs combats : « la nature résiste » aimait à dire P. Langevin[2]. Malgré des succès éclatants, il reste toujours conscient de ses limites, mais chaque nouvelle victoire remportée sur la matière fortifie son optimisme : s'il a souvent le sentiment de ne pas avoir les bonnes réponses à toutes les questions, il a la conviction profonde de toujours poser les vrais problèmes.

F. STUTINSKY

1. Allusion à la théorie spiritualiste de Teilhard de Chardin.

2. Sur le physicien français Paul Langevin (1872-1946), *cf.* aussi *supra*, p. 1143, n. 1. Ancien élève de l'École normale supérieure (1894), agrégé de physique (1897), docteur ès sciences de la Faculté de Paris (1902), professeur de physique générale et expérimentale au Collège de France à compter de 1909, Langevin se fit surtout connaître scientifiquement pour ses importants travaux sur le magnétisme. Très actif politiquement, il présida en 1936 à la formation du Comité de vigilance des intellectuels antifascistes avec Alain et Paul Rivet (1876-1958) et présida l'Union rationaliste de 1938 à sa mort. D'abord proche, puis membre du Parti communiste, il fut en 1944 actif au sein du Comité parisien de la Libération et bientôt chargé avec Henri Wallon (1869-1962) de la Commission sur la réforme de l'éducation dont le rapport est depuis connu sous leurs noms conjoints. Sur Langevin, voir : Bernadette Bensaude-Vincent, *Langevin. Science et Vigilance*, Paris, Belin, 1987.

B. RYBAK
Professeur à la Faculté des Sciences de Caen

Je crois qu'il n'y a pas lieu de faire de la phénoménologie de la finalité. On peut toujours parler d'une façon subjective de la chose et, d'ailleurs, les Stoïciens comme Antipater – qui n'étaient pas seulement des moralistes mais aussi des épistémologistes – avaient déjà discerné le « telos » qui est la finalité et le « scopos » qui est la visée, l'exemple bien souvent repris étant celui de l'archer[1].

Donc on peut s'étendre énormément sur ces points de phénoménologie mais en tant que physiologiste, je voudrais examiner un certain nombre de points scientifiques.

Tout d'abord finaliser revient à diviniser, c'est-à-dire à admettre – voire solliciter – l'existence d'une intelligence suprême à laquelle implicitement nous participerions quelles que soient les errances qui se trouvent ainsi justifiées de droit divin. Or il n'est pas sûr que toujours les organes ou les organismes soient adaptés à certaines conditions de fonctionnement.

Nous pouvons notamment produire deux exemples.

D'une part il y a ce que l'on peut appeler l'*hypertélie phylétique.* Ainsi le développement de la ramure chez les Cervidés comme le *Megaceros* est une hypertélie qui a conduit à la mort de cette lignée animale. On ne peut dire que ce soit là adaptation bienfaisante à moins, évidemment, que l'on ne considère la mort comme une finalité…

Et puis il y a ce que l'on peut appeler l'*hypertélie ontologique* et je crois que le meilleur exemple est celui du « stress ».

Claude Bernard nous a enseigné que la régulation du milieu intérieur est la condition de toute vie libre. Or cette régulation est forcée lorsque l'animal est soumis à une agression et qu'il se défend de telle sorte que cette défense va plus loin que le « but », le but qui est quoi ? la conservation de la vie de

1. Antipater de Tarse (IIe siècle avant notre ère), disciple de Chrysippe (232-204), l'une des principales figures de l'ancien stoïcisme, dont il ne reste que des témoignages et quelques fragments, semble en fait avoir conçu le *telos* comme résidant dans la visée elle-même, alors que le *scopos* se confondrait avec le but extérieur. En se conformant toujours à la nature, on atteint la fin, même si dans certaines circonstances l'ordre de l'univers s'oppose à ce que soit atteint le but. La thèse est notamment reprise dans le traité *Des termes extrêmes des biens et des maux* de Cicéron, livre III, VI, 22, avec l'exemple du tir du javelot ou de la flèche (*cf.* édition de l'Association Guillaume Budé, texte établi et traduit par Jules Martha, Paris, Les Belles Lettres, 1961, 2 vol. ; vol. 1, p. 19.

l'individu considéré. Or, précisément dans le « stress » – dans le syndrome général d'adaptation de Selye [1] –, le but est totalement dépassé et le développement de cette débâcle physiologique est une conséquence extrême d'une structure vivante et pérennante par ailleurs adaptée à ses conditions de vie.

Donc il ne faut pas s'abuser sur les arguments téléologiques.

L'autre point que je veux considérer m'est inspiré en partie par ce qu'a dit Parrot tout à l'heure quand il nous a parlé de convergence entre machine électronique à calculer et cerveau. Je suis tout à fait d'accord avec lui pour dire qu'il n'y a qu'une analogie assez lointaine ici parce que la machine est incapable de penser, d'imaginer surtout, l'imagination étant une des facultés humaines essentielles. Mais ce n'est pas sur l'imagination que je veux parler, c'est sur le point plus général de la *convergence*, qui est un phénomène bien connu des biologistes. Il est remarquable que la plupart du temps ceux qui sont finalistes sont tentés par le créationnisme, sont anti-darwiniens – parce que le darwinisme établit à l'encontre du finalisme le déterminisme biotique – et la convergence précisément est un des arguments-clés des anti-darwiniens, représentant une pierre d'achoppement pour le néo-darwinisme. De quoi s'agit-il ?

Il y a des Mammifères marins qui sont pisciformes; il y a l'œil camérulaire des Mammifères et des Céphalopodes, etc. Exemples classiques, difficultés classiques. Parce qu'on demande : comment peut-on expliquer que des génomes totalement distincts puissent produire un organe si ce n'est identique, tout au moins semblable ?

Or il s'agit à mon sens de reconsidérer le problème sur un autre plan. La forme d'un animal, d'une plante est un *caractère* et toute la zoologie, toute la botanique systématiques ont été fondées sur la reconnaissance de caractères morphologiques. Mais la morphologie est l'expression d'un certain nombre de processus cryptiques, sous-jacents, beaucoup plus fondamentaux et qui dépendent de l'orientation donnée par le système des acides nucléiques, vecteurs génétiques. Ce qui veut dire que le psychisme – le comportement au moins – est un caractère biotique et c'est un caractère (un ensemble de caractères) aussi spécifique d'une espèce donnée que sa forme. Mais il y a encore bien d'autres caractères : les caractères métaboliques et, précisément, ces caractères métaboliques sont extrêmement généraux; ils sous-tendent la forme, ils sous-tendent le comportement et ils sous-tendent évidemment la

1. Sur Selye, cf. *supra*, p. 409, n. 1.

vie végétative, c'est-à-dire ce qu'on peut encore appeler la vie à la limite (un organisme dépourvu de système nerveux central peut encore survivre; la ménopause est une mort physiologique mais elle est compatible avec une certaine survie). De sorte que les caractères chimiques et biochimiques d'un être vivant sont caractères taxinomiques.

Examinons alors le cas des catabolismes protéique et purique (démonstration au tableau). Chez l'Homme le catabolisme protéique produit de l'urée et le catabolisme purique produit de l'acide urique. Chez les oiseaux, c'est le catabolisme protéique qui produit l'acide urique et chez les batraciens – autres génomes encore – c'est le catabolisme purique qui produit l'urée. Or l'urée ou l'acide urique sont des caractères, externes d'ailleurs car il s'agit de produits d'excrétion. Pour un taxinomiste chimiste qui ne s'en tiendrait qu'à ces critères, il y a « convergence » or il s'agit seulement de l'expression terminale commune de processus métaboliques distincts. Je crois que c'est dans ce cadre-là qu'il faut replacer le problème de la convergence des caractères morphologiques comme cas particulier de la caractérologie biologique.

On pourrait d'ailleurs aller beaucoup plus loin car à l'intérieur – et non à la fin – des processus métaboliques, les grands types moléculaires (protéines, lipides, glucides) sont capables de s'interconvertir; il existe en effet certains carrefours, certains points singuliers où s'établissent des jonctions entre des métabolismes distincts. Ainsi en est-il de l'acide pyruvique qui peut provenir du catabolisme des glucides mais qui peut provenir aussi, *via* l'acétone, du catabolisme des lipides, etc., et il y a donc possibilité à partir de l'acide pyruvique de repasser d'un type moléculaire à un autre. L'acide pyruvique est une sorte de convergence interne, une convergence métabolique.

Voici donc, rapidement exprimés, certains points qui doivent permettre de revoir les idées que l'on se fait sur une finalité.

D'autre part, puisqu'il était question de thermodynamique tout à l'heure, je me permettrai de tenter de situer le problème dans le cadre évolutif. En premier lieu les grands facteurs qui nous régissent du point de vue interne, ce sont les acides nucléiques. On pourrait presque les mettre en facteur commun de toute manifestation biotique. Évidemment ces acides nucléiques ne sont pas seuls, sinon nous en serions encore au stade des ultravirus et nous n'en saurions rien... Êtres vivants comme développements de ces molécules directrices, nous le sommes parce qu'il y a une liaison maintenant bien connue entre un gène et une protéine et en particulier un gène et un enzyme – protéine motrice. L'autre facteur essentiel, c'est l'existence d'un milieu. Autrement dit l'Évolution des êtres vivants s'est faite comme évolution d'acides nucléiques dans des milieux variables.

Alors on doit essayer de chercher ce que veut dire variation du milieu. De toute façon tout système vivant est lié à la biosphère, c'est-à-dire à un système commandé par les lois physiques et nous sommes donc sous cette contrainte physique, c'est-à-dire sous une contrainte thermodynamique. On pourrait peut-être y revenir tout à l'heure mais je tiens tout de suite à dire que l'irréversibilité et le caractère statistiquement orienté de l'Évolution sont l'expression de cette évolution énergétique. Ceci définit un déterminisme dont le finalisme représente la valorisation gnostique. Mais, peut-on dire, cette vectorialisation thermodynamique est un phénomène d'enveloppe et il reste à expliciter la multiplicité des types vivants et leur évolution spécifique.

En ce qui concerne la micro – voire la macro-évolution – c'est une affaire de génétique. En ce qui concerne la méga-évolution, il faut considérer que, pour les Vertébrés, l'évolution irréversible est telle qu'on constate une cérébralisation de plus en plus poussée; cela revient à une ectodermisation de plus en plus poussée au niveau embryonnaire et, parallèlement, il y a une réduction des structures végétatives. Or dans les structures embryonnaires, on peut définir un gradient animal-végétatif qui apparaît comme un gradient d'oxydo-réduction avec un pôle animal plus oxydatif. Ceci peut s'exprimer en termes thermodynamiques évidemment mais cela indique déjà que le développement toujours majorant du système nerveux résulterait de conditions écologiques de plus en plus oxydatives en même temps que le potentiel énergétique de notre planète s'abaisse lentement et continûment. Ainsi des animaux plus neutralisés sont apparus après des animaux plus « végétalisés », de sorte qu'*Homo sapiens* s'avère l'expression de ce déterminisme – dont le sens est compris dans les termes d'évolution irréversible – qui a même permis de créer le finalisme.

B. RYBAK

INDEX

COPYRIGHTS

Les éditions Vrin remercient, pour leur aimable autorisation, Madame Lise Halbwachs, Messieurs François Bing et Alain Badiou, l'Association des Amis d'Alain, la Société des Amis de Jean Cavaillès, le Comité Paul Ricoeur, l'Association Olivier Costa de Beauregard, l'Union rationaliste, l'Institut national de l'audiovisuel, l'Association des Professeurs de Philosophie de l'Enseignement Public, le Réseau Canopé (CNDP), les éditions Hachette et *La dépêche du Midi.*

La lettre de Georges Canguilhem à Jean-Richard Bloch (publiée à l'origine dans l'article « L'intellectuel dans l'action : lettres de Georges Canguilhem à Jean-Richard Bloch (1927-1946) », présentation par Michel Trebitsch, *Vingtième Siècle. Revue d'histoire*, 50, avril-juin 1996, p. 111-121, Les Presses de Sciences Po.) est reproduite avec l'aimable autorisation des éditeurs de la revue *Vingtième Siècle*

Pour les articles de Georges Canguilhem :
– « Sur une épistémologie concordataire » dans *Hommage à Gaston Bachelard, Études de philosophie et d'histoire des sciences*, 1957, p. 3-12.
– « La physiologie animale » dans René Taton (dir.), *Histoire générale des sciences, vol. II : La science moderne (de 1450 à 1800)*, 1958, p. 593-619.
– « Physiologie animale II-IV » dans René Taton (dir.), *Histoire générale des sciences, tome III, La science contemporaine, vol. 1, Le* XIX*e siècle*, 1961, p. 475-484.

Pour les différents extraits de textes, inclus dans le recueil *Besoins et tendances* (Hachette, 1952) et reproduits en pages 445-524 de ce volume :
– Alain, « Ô nuit, reine des villes ! », *Les Propos d'Alain* (1920), tome I, p. 61-62.
– Alain, *Les Idées et les Âges* (1927), tome I, p. 14-16.
– Kurt Goldstein, *La Structure de l'Organisme*, trad. fr. par Burckardt et Kuntz de l'ouvrage *Die Aufbau des Organismus* (1934), p. 31-32 et 169-170.
– Karl Marx, *Introduction à une critique de l'Économie politique* (1857) dans *Morceaux choisis de Marx*, par Nizan et Duret, 1934, p. 98-100.
– Friedrich Nietzsche, *La Volonté de Puissance* (1888) tome I, trad. fr. G. Bianquis, p. 212-213.
– Antoine de Saint-Exupéry, *Terre des Hommes* (1939). Au Centre du Désert, p. 153-186 *passim*.
– J.-P. Sartre, *L'Être et le néant* (1943), p. 130-131.
– Paul Valéry, *Histoires brisées* (1950), p. 44-47.

TABLE DES MATIÈRES

* Les mentions ci-dessous précédées de l'astérisque signalent des titres publiés par Canguilhem sous forme de livre ou insérés dans des recueils et qui ne se trouvent donc pas dans ce tome IV, bien qu'il y soient signalés pour faciliter une lecture chronologique de tous les écrits.

DEUXIÈME PARTIE

1948-1955 : LES ANNÉES D'INSPECTORAT

TROISIÈME PARTIE

1955-1965 : LA SORBONNE ET LA RUE DU FOUR

ANNEXES

Georges Canguilhem

écrits philosophiques et politiques 1926-1939

Personnage majeur, par ses fonctions institutionnelles et son rôle philosophique, dans l'univers intellectuel de la France de l'après-guerre, Georges Canguilhem exerça un influence profonde sur plusieurs générations d'universitaires et de professeurs d philosophie, ainsi que sur quelques grands noms des sciences humaines et sociales. Il fut longtemps connu pour ses travaux d'histoire des sciences et ses vues originales su technique. Il porta une attention plus particulière aux sciences de la vie et aux pratique la médecine qu'il aborda avec une grande rigueur conceptuelle. Mais depuis une déce en même temps que s'opérait une reconnaissance internationale dépassant largem cercle de ceux qui l'ont connu, un intérêt nouveau pour la personne et l'œuvre développé, qui déborde la seule spécialité philosophique.

Le premier volume des *Œuvres Complètes* que nous présentons ici et qui réunit les publiés par le jeune Canguilhem de 1926 à 1939, permet de comprendre ce phéno G. Canguilhem est sans aucun doute un représentant éminent de l'école française d'h des sciences, mais cette spécialisation intellectuelle repose chez lui sur un engag philosophique, politique, profond, passionné, parfois virulent, dont témoign engagement dans la Résistance. Ces textes de jeunesse, réunis par un c d'universitaires et de jeunes chercheurs, sont regroupés en trois parties : l'ensemb articles de revues, des lettres et divers documents de circonstance, le fascicule *Le Fa et les paysans* de 1935, et le *Traité de Logique et de Morale*, publié à compte d'au Marseille en 1939, avec Camille Planet.

œuvres complètes tome

ISBN 978-2-7116-2360-0 . 1034 pages . 2011 . 38 €

www.vrin.fr

Imprimé en France. - JOUVE, 1, rue du Docteur Sauvé, 53100 MAYENNE
N° 2204261E - Dépôt légal : mai 2015